"十二五"普通高等教育本科国家级规划教材

面向21世纪课程教材
Textbook Series for 21st Century

U0250786

电子技术基础

模拟部分（第7版）

华中科技大学电子技术课程组 编
主 编 康华光 张 林
副主编 陈大钦
参 编 秦 臻 邓天平 罗 杰

高等教育出版社·北京

内容简介

本书为“十二五”普通高等教育本科国家级规划教材，曾荣获全国高等学校优秀教材奖、优秀教材全国特等奖、科技进步二等奖和优秀教材一等奖。

本次修订力求注重运放的实际应用，强化线性和开关稳压电路的基本原理和工程应用，突出以 MOSFET 为主线的三极管电路。

全书共 11 章，分别是：绪论，运算放大器，二极管及其基本电路，场效应三极管及其放大电路，双极结型三极管及其放大电路，频率响应，模拟集成电路，反馈放大电路，功率放大电路，信号处理与信号产生电路和直流稳压电源。附录包含 PSpice/SPICE 软件简介（扫码资源形式）、电路理论简明复习、电阻的彩色编码和标称阻值。结合新形态教材的特点，本书配套了“重难点视频”“仿真例证”“知识扩展”等数字化资源。

本书可作为高等学校电子信息类、电气类、自动化类等专业的“模拟电子技术基础”课程的教材，也可供相关工程技术人员参考。

图书在版编目（CIP）数据

电子技术基础．模拟部分 / 康华光，张林主编；华中科技大学电子技术课程组编．-- 7 版．-- 北京：高等教育出版社，2021.6（2023.12重印）
ISBN 978-7-04-055419-9

Ⅰ．①电… Ⅱ．①康… ②张… ③华… Ⅲ．①电子技术-高等学校-教材②模拟电路-电子技术-高等学校-教材 Ⅳ．①TN

中国版本图书馆 CIP 数据核字(2021)第 015356 号

Dianzi Jishu Jichu Moni Bufen

策划编辑 欧阳舟　责任编辑 欧阳舟　封面设计 张 楠　版式设计 张 杰
插图绘制 黄云燕　责任校对 窦丽娜　责任印制 耿 轩

出版发行	高等教育出版社	网　址	http://www.hep.edu.cn
社　址	北京市西城区德外大街 4 号		http://www.hep.com.cn
邮政编码	100120	网上订购	http://www.hepmall.com.cn
印　刷	山东临沂新华印刷物流集团有限责任公司		http://www.hepmall.com
开　本	787 mm×1092 mm　1/16		http://www.hepmall.cn
印　张	33.5	版　次	1979 年 3 月第 1 版
字　数	780 千字		2021 年 6 月第 7 版
购书热线	010-58581118	印　次	2023 年 12 月第 9 次印刷
咨询电话	400-810-0598	定　价	67.00 元

本书如有缺页、倒页、脱页等质量问题，请到所购图书销售部门联系调换
版权所有　侵权必究
物 料 号　55419-00

作者声明

未经本书作者和高等教育出版社书面许可，任何单位和个人均不得以任何形式将《电子技术基础　模拟部分》（第7版）中的习题解答后出版，不得翻印或在出版物中选编、摘录本书的内容；否则，将依照《中华人民共和国著作权法》追究法律责任。

电子技术基础
模拟部分
（第7版）

康华光　张　林

1 计算机访问http://abook.hep.com.cn/1257823，或手机扫描二维码、下载并安装Abook应用。

2 注册并登录，进入“我的课程”。

3 输入封底数字课程账号（20位密码，刮开涂层可见），或通过Abook应用扫描封底数字课程账号二维码，完成课程绑定。

4 单击“进入课程”按钮，开始本数字课程的学习。

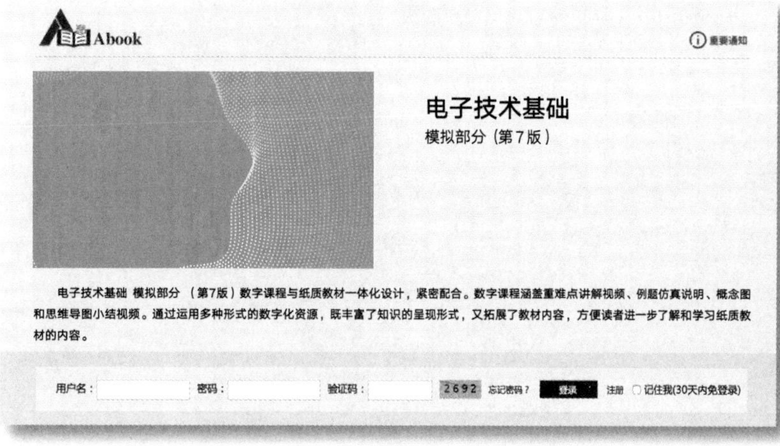

课程绑定后一年为数字课程使用有效期。受硬件限制，部分内容无法在手机端显示，请按提示通过计算机访问学习。

如有使用问题，请发邮件至abook@hep.com.cn。

http://abook.hep.com.cn/1257823

第 7 版 序

《电子技术基础(模拟、数字)》是高等学校电子信息类、电气类、自动化类等专业的重要基础课程教材。根据当今电子技术发展及教材使用实际情况,我们对前一版教材进行了本次修订。

一、遵循原则

(1) 保持内容的科学性、先进性,以适应电子技术的发展。

(2) 坚守基础性特征,精选内容,科学合理地控制内容的深度和广度,以适应我国高校的教学要求,力争好教好学。

(3) 加强与工程实际应用的联系。

(4) 适当引入新形态教材形式,以便更好地辅助读者学习。

二、主要变动

1. 模拟部分

(1) 将差模增益、共模增益和共模抑制比等概念提前到第 2 章运算放大器介绍,更加贴近运放实际应用。补充了应用实例——心电信号放大电路。

(2) 不再采用 MOS 管和 BJT 并重的方式组织第 4、5 章内容,改为以 MOSFET 为主介绍三极管放大电路,而简要介绍 BJT 放大电路。并将 4.6 节更新为 MOSFET 大信号工作及开关应用。

(3) 重新组织编排了第 6 章并缩减了内容,补充了短路时间常数法和开路时间常数法。

(4) 合并了 7.2 节和 7.3 节并重新梳理了内容。集成运算放大器补充了全差分运算放大器和电流反馈运算放大器,将 LF356 移至习题。加强了运放主要参数对实际应用影响的相关内容,补充了运放在单电源下工作的内容。

(5) 第 8 章用 MOS 管放大电路更换了部分 BJT 放大电路。

(6) 第 9 章新增了丁类(D 类)功率放大电路原理简介,更新了集成功率放大器。

(7) 第 10 章重写了有源滤波电路,使之更加符合当前实际设计应用情况。

(8) 重写了 11.2 线性稳压电路和 11.3 开关式稳压电路,补充了低压差稳压电路。

(9) 删除每章的"SPICE 仿真例题"一节,将部分内容分散到了正文适当的位置和习题中。删除了第 12 章电子电路的计算机辅助分析与设计的内容。

（10）在新媒体方面，有若干重难点讲解视频、例题仿真说明、各章的概念图和思维导图小结视频，附录 A PSpice/SPICE 软件简介，以及软件使用操作演示视频等。读者都可扫码浏览观看。

2. 数字部分

（1）注重组合和时序单元电路的模块化。压缩和删减了较少使用或已经淘汰的集成芯片内部结构的详细介绍。

（2）根据 Verilog HDL 最新版本更新了语法规则，并调整了描述顺序（先举例，再讲语法）。增加了测试激励模块的简介。仿真软件改用 ModelSim 并在附录中介绍测试模块的编写方法及软件的使用说明。

（3）第 3 章缩减了 TTL 逻辑门电路的内容，删除了 ECL 逻辑门电路，增加了差分信号传输内容的介绍。

（4）第 4 章注重单元电路的工作原理，弱化产品芯片型号及电路内部结构的介绍，增加了移位器等内容。在 4.6 节增加了实例引用带参数模块的例题。扩充了 Verilog 习题。

（5）第 5 章注重触发器的原理功能介绍，缩减了实际芯片内部电路的相关内容。删除了传输延迟触发器。

（6）第 6 章删除了已淘汰产品 GAL 的内容。

（7）第 7 章补充了 Flash 存储器的相关内容。

（8）第 8 章调整了 CPLD 和 FPGA 的顺序，补充了 CPLD 中逻辑宏单元的内容。

（9）第 9 章精简了单稳态和施密特内部电路的介绍，修改了多谐振荡电路的描述。补充了相关电路芯片信息。新增了并联谐振型晶体振荡电路。

（10）第 10 章增加了电阻串联分压式 D/A 转换器，修改了双极性输出的描述，以及误差的相关描述。补充了半闪速型、流水线型 A/D 转换器。

（11）第 11 章精简了 ASM 图介绍，重新组织了交通信号控制系统及数字密码锁的设计内容，便于用 CAD 方法设计。

（12）在新媒体方面，有若干难点视频讲解，Verilog 例题仿真说明文档，每章的思维导图，附录 D ModelSim 软件简介，以及软件使用操作演示视频等。读者都可扫码浏览观看。

参加模拟部分修订工作的有张林（第 1~7 章、附录及 17 个新媒体文档、15 个视频）、秦臻（第 8 章及 3 个新媒体文档）、邓天平（第 9、11 章及 1 个新媒体文档、9 个视频）、罗杰（第 10 章）等。参加数字部分修订工作的有秦臻（第 1、3、4、5、11 章、附录 A、B 及 6 个新媒体文档、2 个视频）、罗杰（第 2、8、9、10 章、各章 Verilog 语言部分、附录 C、D、E 及 12 个新媒体文档、14 个视频）、张林（第 6、7 章及 2 个新媒体文档、1 个视频）。张林为主编，负责全书的策划、组织和定稿。副主编协助主编工作。

与本教材配套的实验教材是罗杰、陈大钦主编的《电子技术基础实验》（高等教育出版社出版，2017 年）。

本书模拟部分分别由四川大学周群教授、大连理工大学林秋华教授主审，参加审阅的还有四川大学的刘婕副教授和刘雪山副教授。数字部分由浙江大学张德华教授主审。他们认真审阅了本书，提出了不少中肯的修改意见，在此表示衷心的感谢。原编者王岩教授也仔细审阅了模拟部分全稿，并提出了宝贵意见，也在此表示衷心感谢。

另外，原编者康华光、陈大钦、王岩、彭容修、瞿安连、杨华等前辈为本套教材的建设和发展做出了巨大贡献，也对本次修订工作给予了大力支持和帮助。特此向他们致以崇高的敬意！

第 6 版发行期间，承全国各兄弟院校师生给我们以鼓励，提出了不少宝贵意见和建议，编者在此一并致以谢忱。编者邮箱：campzh@ hust.edu.cn。

编者

2021 年 2 月于武汉华中科技大学

第 6 版序

《电子技术基础(模拟、数字)》是电子电气类专业的技术基础课程教材，该教材自 1979 年春由高等教育出版社出版发行以来，深受广大读者的欢迎。根据当前电子技术发展的新形势，在第 5 版的基础上，推陈出新。如今电子技术发展的现实是，MOSFET 器件在电子产品中已占统治地位。为了适应这一发展形势，新版教材大力加强了 MOSFET 的相关内容。现就模拟和数字两部分提出如下的新思路。

一、模拟部分

1. 运算放大器是模拟部分的核心内容。在第 2 章中，首先把它理想化，称之为理想运算放大器，实际的运放将在第 7 章(模拟集成电路)中讲述。这样的安排是为了让学生易于入门，分散难点，也为了让教师根据各专业的要求作相应的选择。讲完第 2 章后，即可在教师的指导下进行运放的基本实验，可使学生对该课程产生兴趣，并有初步的成就感。

2. 由于半导体材料和器件制造工艺的进步，场效应管(MOSFET)与双极结型三极管(BJT)相比显示出新的优越性而获得较广泛的应用。考虑到历史和现实将第 4、5 两章写成相互独立的内容，教师可以自由选择其中任一章先讲。不言而喻，后讲的章节可以加快进度。

3. 频率响应一章，除一般知识外，可有选择性地讲述 MOSFET 和 BJT 的相关电路。例如重点介绍 MOS 管及共源放大电路的高低频响应，最后介绍扩展频带的方法。

4. 模拟集成电路一章的内容丰富，可有选择性地讲述 MOSFET 和 BJT 的相关电路。至于运算放大器，也可按同样方法处理。

5. 反馈电子电路是电子电路的重要内容，通过大量的例题和习题来阐明负反馈的基本概念与分析方法，对反馈电路的稳定问题也作了简明分析。

二、数字部分

1. 现代数字电路和系统基本上不再使用中规模集成芯片搭建，而是采用 CPLD 或 FPGA 实现，甚至将系统集成在单一芯片上。其设计过程是将组合与时序单元电路作为基本模块由高层调用。因此，教材力求在弱化中规模集成芯片应用的同时，将组合与时序单元电路作为宏模型介绍。

2. 便携设备的发展要求 CMOS 集成电路的电源电压越来越低，导致低电压、超低电压器件的广泛使用。教材加强了低电源电压器件及其接口内容介绍，同时削减了 TTL 系列的内容。

3. 增加了 CMOS 通用电路中小逻辑与宽总线内容的介绍。小逻辑芯片是用来修改完善大规模集成芯片之间连线或外围电路的。与中规模器件相比，体积更小，速度更快。宽总线芯片是为满足计算机总线驱动而产生的。

4. 为了便于学生掌握 Verilog 描述单元电路的方法，加强了 Verilog 描述组合及时序单元电路的例题。

5. 当用指定器件实现电路设计时，力求成本低、速度快。介绍了 EDA 工具实现优化设计时，需要用到多乘积项的共用，提取公因子、函数分解等方法。

6. 增加了时钟同步状态机的同步问题。当数字系统的结构复杂、工作速度快时，时钟同步问题也越来越突出。由时钟偏移等问题引起触发器误翻转会造成系统的误动作。因此要在设计上避免这类问题的出现。

在本版修订工作中，重新改编了例题、复习思考题和习题，以利读者深入理解教材内容。SPICE 部分和 Verilog 语言部分的内容，供各校师生灵活选用。

参加本版模拟部分修订工作的有张林（第 1、3、12 章及附录 A、B、C）、王岩（第 2、7、11 章）、陈大钦（第 4、9、10 章）、杨华（第 5、6、8 章）等。

参加数字部分修订工作的有秦臻（第 1、3、4、11 章及附录 B、C）、罗杰（第 2 章及附录 A）、瞿安连（第 5、6 章）、张林（第 7、8 章）、彭容修（第 9、10 章）。康华光为主编，负责全书的策划、组织和定稿。陈大钦、张林为模拟部分的副主编；秦臻、张林为数字部分的副主编，协助主编工作。此外，张林还完成了模拟电路的 SPICE 分析；罗杰还完成了数字电路的 Verilog 的语言描述。

电子技术基础是一门实践性很强的课程，与本教材配套的实验教材是由高等教育出版社出版的，陈大钦、罗杰主编的《电子技术基础实验》。

本书由哈尔滨工业大学蔡惟铮教授主审，参加审阅的还有王淑娟教授、杨春玲教授和王立欣教授。他们认真审阅了本书，提出了不少中肯的修改意见，在此表示衷心的感谢。第 5 版发行期间，承全国各兄弟院校师生给我们以鼓励，寄来了不少宝贵意见和建议，编者在此一并致以谢忱。

康华光

2013 年 5 月于武汉华中科技大学

第 5 版序

当代电子技术的迅速发展，为人们的文化、物质生活提供了优越的条件，数码摄像机、家庭影院、空调、电子计算机等，都是典型的电子技术应用实例，可谓琳琅满目、异彩纷呈。至于电子技术在科技领域的应用，更是起着龙头作用，例如通信工程、测控技术、空间科学等比比皆是。而计算机的普及，也为大学生们提供了良好的学习平台。

本版是在前版的基础上修订而成，在修订过程中，参考了教育部组织编写的《电子技术基础（A）课程基本要求》，提出了如下的思路：精选内容，推陈出新；讲清基本概念、基本电路的工作原理和基本分析方法。对于较简单的电路，可用手工的方法进行近似计算；对于较复杂的电路，则可利用计算机及相应的软件进行仿真分析和设计。具体考虑有如下几点：

1. 简述信号与电子系统的概念，为学习模拟电路和数字电路提供引导性的背景知识。

2. 由于微电子学与制造工艺的进步，特别是在数字电路中，与双极型器件的性能相比，MOS 器件具有明显的优势。

3. 在模拟电路中增加了器件建模的内容，并利用 SPICE 软件对电路作具体的仿真分析与设计。在数字电路中增加了用 Verilog 语言建模的内容，借助 Quartus Ⅱ 集成开发软件对电路进行仿真分析与设计。

目前，硬件与软件之间的界限越来越模糊，模拟电路或数字电路均属硬件，在利用软件对电路进行辅助设计时，不能轻视硬件，应引导学生全面发展。

4. 重新改编了例题、复习思考题和习题，以便读者深入理解教材内容。SPICE 部分和 Verilog 语言部分的内容，供各院校师生灵活选用。

参加本版模拟部分修订工作的有张林（第 1、3、11 章及附录 A、B、C）、王岩（第 2、6、10 章）、杨华（第 4、7 章）、陈大钦（第 5、8、9 章）等。参加数字部分修订工作的有秦臻（第 1、3、4、10 章及附录 A、C、D）、罗杰（第 2 章及附录 B）、瞿安连（第 5、6 章）、张林（第 7 章）、彭容修（第 8、9 章）等。康华光为主编，负责全书的策划、组织和定稿。陈大钦、张林为模拟部分的副主编；邹寿彬、秦臻为数字部分的副主编，协助主编工作。此外，张林还完成了模拟电路的 SPICE 分析；罗杰还完成了数字电路的 Verilog 语言描述。

本书由哈尔滨工业大学蔡惟铮教授主审，参加模拟部分审阅的为王淑娟教授，数字部分审阅的为杨春玲教授，在此表示衷心的感谢。第4版发行期间，承全国各兄弟院校师生给我们以鼓励，寄来了不少宝贵意见和建议，编者在此一并致以谢忱。

康华光

2005年7月于武汉华中科技大学

第 4 版 序

在电子技术日新月异的形势下，为了培养跨世纪的电子技术人才，本书在第 3 版的基础上，经过教学改革与实践，对其内容作了较大的修改和更新，使之更符合电子信息时代的要求。在修订过程中，依照 1995 年教育部（原国家教委）颁发的《高等工业学校电子技术基础课程教学基本要求》，提出了如下的总思路：精选内容，推陈出新；讲清基本概念、基本电路的工作原理和基本分析方法。对其主要的技术指标，采用工程近似方法进行计算。至于更全面的分析或设计，则可借助 PSPICE① 软件来实现，这将有利于读者拓展思路。具体考虑如下：

1. 加强电子系统与信号的概念，为学习模拟电路和数字电路提供了引导性的背景知识。

2. 增加了部分新器件的内容，如砷化镓场效应管（MESFET）、VMOS 功率器件、BiCMOS 门电路、现场可编程门阵列（FPGA）器件等，以适应新技术发展的需要。

3. 将三端有源器件（BJT、FET）的六种电路组态（共射、共集、共基和共源、共漏、共栅）归结为三种通用的电路组态，即反相电压放大器、电压跟随器和电流跟随器，这就有利于电子电路的分析与综合，也为学习和使用 BiFET 和 BiCMOS 等一类新型集成电路器件奠定了基础。

4. 根据当前教学上的需要与设备条件的可能性，模拟部分增设了“电子电路的计算机辅助分析与设计”一章；数字部分增设了数字系统的分析与设计一章，为电子电路的仿真与设计自动化作了入门性的介绍。

5. 为便于读者深入理解教材内容，加强了例题，其中部分电路具有实用性。同时也改编了具有启发意义的复习思考题和习题，并附有少量的 PSPICE 例题及习题供各院校师生灵活选用。

参加本版模拟部分修订工作的有瞿安连（第 1 章）、康华光（第 2、3、7 章）、陈大钦（第 4、5、8、9 章）、王岩（第 6、8、10 章）、张林（第 11 章及附录）等同志。参加数字部分修订工作的有康华光（第 1 章及附录 A、B）、邹寿彬（第 2、3、4、5 章）、杨华（第 6、7 章）、李玲和张林（第 8 章）、彭容修（第 9、10 章）、秦臻和罗杰（第 11 章及附录 C）。康华光同志为主编，负责全书的策划、组织和定稿。陈大钦和邹寿彬同志分别为模拟部分和数字部分的副主编，协助主编工作。此外，杨华同志负责改编模拟部分第 2、3、7 章的习题和第 1 章的校订工作；张林同志协助有关各章的编

---

① 见附录 A。

者,完成了 PSPICE 例题及习题的解答工作。

本书由东南大学衣承斌教授主审,参加审阅的,模拟部分为刘京南教授、李桂安副教授;数字部分为皇甫正贤教授、戴义宝副教授。第 3 版发行期间,承全国各兄弟院校师生给我们以鼓励,寄来了不少宝贵意见和建议,编者谨此一并致以衷心的谢意。

编者

1998 年 8 月于武汉华中理工大学

第 3 版序

自本书第 1 版问世以来，已经历了近十年。在这期间，电子技术领域发生了迅猛而巨大的变化。新技术革命和教学改革的不断深入，促使本教材不断改进完善，第 3 版现在与读者见面了。

新版是在第 2 版的基础上，经过改革试验、总结提高、修改增删而成的。在修订工作中，依照 1987 年经国家教委批准的《高等工业学校电子技术课程教学基本要求》，在保证基本教学内容的前提下，为适应电子技术不断发展的新形势和教学上的灵活性以及因材施教的需要，本版适当增加了部分加宽加深的选讲内容，具体考虑如下：

1. 新版在体系上做了较大的调整。在模拟部分中，将“模拟集成电路”一章的位置提前，以致有可能在“反馈放大器”以及后续各章中，均以模拟集成电路为对象进行讨论，这就形成了以模拟集成电路为主干的体系。数字部分则直接以小规模数字集成电路引路，逐步向中大规模集成电路深入，几乎大部分内容都纳入“组合逻辑”和“时序逻辑”两大类电路之中。

2. 在保证基本理论完整性的原则下，删去或精简了一些分立元件电路内容，增强了集成电路的应用，并引入模拟乘法器、开关电容滤波器、压控振荡器、锁相环、直流变换器、门阵列、算术逻辑单元、动态存储器、集成 A/D 与 D/A 转换器等新技术内容。

3. 为了开拓学生的知识广度，新增了“调制与解调”一章。

4. 本书数字部分的内容安排与讲述方法，注意到了与“微处理器基础”的密切联系，以利于压缩学时，提高教学效果。

5. 为了贯彻理论联系实际的原则，书中以不同的方式，安排了一定数量的电路实例，并注意阅读电子电路图和查阅电子器件手册的训练。

6. 教材正文与例题、习题紧密配合。例题是正文的补充。某些内容则有意地让读者通过习题来掌握，以调节教学节律，利于理解深化。

7. 在编排上，对于加宽加深的内容，均注有 * 号，以便于教师选讲和读者自学参考。

本版仍沿用从模拟到数字的体系，若有需要，亦可按数字到模拟的体系讲授，只需将模拟部分的“半导体二极管和三极管”一章移到数字部分之前讲授即可。

参加新版模拟部分修订工作的有汤之璋（第1章）、康华光（第1、2、6、7章）、王岩（第5、8、11章）和陈大钦（第3、4、8、9、10章及附录A）等同志。参加数字部分修订工作的有康华光（第1、2章）、邹寿彬（第3、4、7章）和赵德宝（第5、6章及附录A）等同志。康华光同志为主编，负责全书的组织和定稿。陈大钦和邹寿彬同志分别为模拟和数字部分的副主编，协助主编工作。在修订过程中，得到了汤之璋教授的支持与帮助。赵德宝、瞿安连、肖锡湘同志协助校订了模拟部分的原稿。陈大钦、瞿安连同志协助校订了数字部分的原稿。丁素芳、罗杰、杨晓安和汪菊华等同志绘制了全书的插图。教研室的其他同志也参加了部分工作。

本书由南京工学院李士雄教授主审，负责组织审稿工作的为衣承斌副教授，参加审阅的，模拟部分为衣承斌、陈黎明、陈天授副教授，李桂安讲师；数字部分为丁康源副教授，郑虎申、严振祥、皇甫正贤讲师。在第2版发行期间，承全国许多师生给我们以鼓励，寄来了不少宝贵意见和建议，编者谨此一并致以谢忱。

本版虽有所改进提高，但离教学改革的要求尚远。敬希读者予以批评指正。

编者

1987年8月于武昌华工园

第 2 版序

本书是在第 1 版的试用基础上，并按照高等工业学校《电子技术基础教学大纲（草案）》（四年制自动化类和电力类专业试用），总结提高、修改增删而成的。主要做了下列几方面的工作：（1）从本课程的目的和任务出发，在保证打好基础的前提下，精选了内容，例如删去了“电子电路的计算机辅助分析”一章，适当精简了器件内部的物理过程、放大器的频率特性分析、分立元件电路以及设计方面的内容等，在篇幅上有较大的缩减；（2）删繁就简改写了第二、四、六章的大部分内容。同时，将第一版的第九、十章各分为两章，以利于教学；（3）增加了部分新内容，如集成运算放大器的应用电路，中规模数字集成电路等；（4）加强了电路分析方法，如用“虚短”的概念分析集成运算放大器的线性应用电路；在数字电路中，突出了组合逻辑与时序逻辑电路的分析方法；（5）近几年来，由于大规模集成电路的飞速发展，出现了微处理机对各个科学技术领域的渗透，为此，我们充实了“MOS 数字集成电路”一章的内容；（6）重新整理并增删了各章所附的思考题和习题。此外，在编排上，把基本内容排大字，选讲内容排小字，自学参考内容既排小字，又带 * 号。

本版各章基本上由原编者修订，参加的人员有汤之璋、康华光、陈婉儿、王岩、陈大钦、邹寿彬、朱立群等同志，全书由康华光同志定稿。在修订过程中，得到了汤之璋教授的帮助与指导，陈婉儿同志协助校阅了第一至第六章的书稿，肖锡湘、陈晓天、丘小云、石友惠、罗玉兰以及其他同志参加了许多工作。

本书由南京工学院李士雄教授主审，参加审阅工作的还有陈天授、陈黎明、皇甫正贤、郑虎申等同志；在本书第 1 版的试用期间，承全国有关兄弟院校的师生寄来不少宝贵意见和建议，编者在此深表谢忱。

本版内容虽有所改进，但离教学要求尚有差距，恳请使用本教材的师生和其他读者予以批评指正，以便不断提高。

编者

1982 年 10 月于武汉

第1版序

本书是根据高等学校工科基础课电工、无线电类教材编写会议（1977年11月合肥会议）所制订的“电子技术基础”（电力类）教材编写大纲编写的。在编写过程中，我们力图以马列主义、毛泽东思想为指导，运用辩证唯物主义观点和方法来阐明本学科的规律。

“电子技术基础”是电力工程类各专业的一门技术基础课，它是研究各种半导体器件的性能、电路及其应用的学科。从本学科内容大的方面来划分，本书上、中两册属模拟电子技术，下册属数字电子技术；前者主要是讨论线性电路，后者则着重讨论脉冲数字电路。

教材中注意总结我们近年来的教学实践经验，加强了基础理论，如加强了半导体的物理基础和电路的基本分析方法；同时也注意吸取国内外的先进技术，如加强了线性集成电路和数字集成电路（包括中、大规模集成电路）的原理和应用，新增了电子电路的计算机辅助分析等内容。

在内容的安排上，注意贯彻从实际出发，由浅入深、由特殊到一般、从感性上升到理性等原则。通过各种半导体器件及其电路来阐明电子技术中的基本概念、基本原理和基本分析方法。对于基本的和常用的半导体电路（包括脉冲数字电路），除了作定性的分析外，还介绍了工程计算或设计方法。为了加深对课堂知识的理解，列举了若干电路实例，并配有一定数量的例题、思考题和习题。

在使用本教材时，请注意下列几点：

（1）本课程是在学完普通物理学和电工原理的大部分内容之后开设的，课程之间的相互配合和衔接非常重要。例如，在第一章用能带理论来解释半导体内两种载流子——电子和空穴的导电规律时，应以普通物理学中讲的固体能带理论为基础；又如在分析放大器时，既讨论了稳态分析（频域），也介绍了瞬态分析（时域），在“运算放大器”一章中，又有积分、微分电路以及其他应用，这些内容应以电工原理中的无源线性电路的瞬态分析为基础，只有配合得好，才能取得满意的效果。

（2）本教材是按课程总学时数约200（包括实验课等环节）而编写的，除了基本内容之外，还编入了部分较深入的内容，这些内容均在标题前注有星号（*）或用小字排印，自成体系。不同专业可按学时多少，由教师灵活选择，也可供读者自学参考。

（3）课程中各个教学环节的配合十分重要，除了课堂讲授外，还必须通过习题课和实验课等环节加以补充，有些内容可以把这几个环节有机地结合起来。对于实验课，必须予以高度重视，通过实验课，不仅可以验证理论，加深对理论知识的理解，更重要的是，可以学会电子测试技术，使理论紧密结合实践。

参加本书编写工作的有汤之璋（第一章）、陈婉儿（第一、二、九章）、陈大钦（第三、五、十章）、康华光（第四、十一章）、王岩（第六、七、十三章）、林家瑞（第六章）、邹寿彬（第八、十二章）、周劲青（第十一章）和江庚和（第十三章）等同志，最后由康华光同志定稿。在编写过程中，张瑾、朱立群、赵月怀、肖锡湘、杨华、石友惠、汪菊华、罗玉兰以及其他同志参加了许多工作，给予很大支持。

本书由南京工学院李士雄副教授主审，参加主审工作的还有江正战、张志明、衣承斌、陈黎明和丁康源等同志。

在武汉和南京举行的审稿会上，承西安交通大学沈尚贤教授、清华大学童诗白教授、浙江大学邓汉馨副教授、上海交通大学徐俊荣副教授以及重庆大学、山东工学院、沈阳机电学院、合肥工业大学、大连工学院、湖南大学、华南工学院、同济大学、哈尔滨工业大学、天津大学、太原工学院和昆明工学院等兄弟院校的教师代表对初稿进行了认真的审阅，并提出了许多宝贵的意见。

在编写本书第八章（电子电路的计算机辅助分析）的过程中，承中国科学院湖北岩体土力学研究所计算机室协助解题。

对所有为本教材进行审阅并提出宝贵意见以及在编写出版过程中给予热情帮助和支持的同志们，我们在此一并表示衷心的感谢。

由于我们的水平有限，加之时间比较仓促，书中错误和不妥之处，在所难免，殷切希望使用本教材的师生及其他读者，给予批评指正。

编者

1979 年 3 月

本书常用符号表

A	集成运放器件
A,$\dot{A}$	增益
a	整流元件的阳极(正极)
A_f	反馈放大电路的闭环增益
A_v，$\dot{A}_v$	电压增益
A_i，$\dot{A}_i$	电流增益
A_r，$\dot{A}_r$	互阻增益
A_g，$\dot{A}_g$	互导增益
A_{vc}	共模电压增益
A_{vd}	差模电压增益
A_{vo}	开环电压增益
A_{vf}	闭环电压增益
B	势垒,衬底
b	BJT 的基极
BW	频谱宽度,带宽
BW_G	单位增益带宽
BW_P	全功率带宽
C	电容
c	BJT 的集电极
C_b	隔直电容(耦合电容)
C_e	发射极旁路电容
$C_{b'c}$	基极-集电极电容
$C_{b'e}$	基极-发射极电容
C_{gb}	栅极-衬底电容
C_{gd}	栅极-漏极电容
C_{gs}	栅极-源极电容
C_{ds}	漏极-源极电容
C_B	势垒电容
C_D	扩散电容
C_j	结电容
C_f	反馈电容
C_{ox}	栅极(与衬底间)氧化层单位面积电容
C_L	负载电容
D	二极管
d	场效应管的漏极
E	能量
e	BJT 的发射极,自然对数的底
$\boldsymbol{E}$	电场强度
F	反馈系数
F_v	电压反馈系数
f	频率
f_L	放大器的下限频率
f_H	放大器的上限频率
f_T	特征频率
f_β	β 的截止频率
f_p	通带截止频率
f_s	阻带截止频率
G	电导
g	微变电导
g_m	双口有源器件的互导(跨导)

g	场效应管的栅极
H	双口网络的混合参数
h_{ie}, h_{re}, h_{fe}, h_{oe}	BJT 共射接法的 h 参数
I, i	电流
I_B、I_C、I_E	BJT 的基极、集电极、发射极电流
I_g、I_d、I_s	FET 的栅极、漏极、源极电流
I_s	信号源电流
I_i	输入电流
I_o	输出电流
I_{CC}, I_{DD}	空载正电源电流
I_{EE}, I_{SS}	空载负电源电流
I_{CM}	最大集电极电流
I_{DM}	最大漏极电流
I_L	负载电流
I_n	噪声电流
I_{IB}	输入偏置电流
I_{IO}	输入失调电流
I_{OS}	输出短路电流
I_{REF}	参考电流(基准电流)
i_s	信号源电流
i_i	输入电流
i_o	输出电流
K	热力学温度的单位(开尔文)
K_n	电导常数
K'_n	本征电导因子
k	玻耳兹曼常数
k	整流元件的阴极(负极)
K_{CMR}	共模抑制比
K_{SVR}	电源电压抑制比
L	自感系数,电感,沟道长度
L	负载
l	长度
M	互感系数
N	电子型半导体
N	绕组匝数
N_F	噪声系数
P	功率
P_o	输出功率
P_T	管耗
P_V	直流电源供给的功率
P	空穴型半导体
Q	静态工作点,电荷,品质因数
q	脉冲波形占空比
R	电阻(直流电阻或静态电阻)
R_b、R_c、R_e	BJT 的基极、集电极、发射极电阻
R_g、R_d、R_s	FET 的栅极、漏极、源极电阻
R_{si}	放大电路输入端的信号源内阻
R_L	负载电阻
R_p	电位器(可变电阻)
r	电阻(交流电阻或动态电阻)
r_{be}	BJT 的输入电阻
r_{ce}	BJT 的输出电阻
R_i	放大电路交流输入电阻
R_{id}	放大电路差模输入电阻
R_{ic}	放大电路共模输入电阻
R_o	放大电路交流输出电阻
r_o	电流源、运放输出电阻
R_f	反馈电阻
S	面积,归一化频率,脉动系数
S	开关
s	复频率变量
s	FET 的源极,时间的单位(秒)
S/N	信噪比
S_R	转换速率
S_T	温度系数
S_V	电压调整率或线路调整率
S_I	电流调整率或负载调整率

T	温度(热力学温度以 K 为单位)
T	三端有源器件①
Tr	变压器
t	时间
t_{on}	导通时间
t_{off}	截止时间
V, v	电压
V_A	厄利电压
V_n	噪声电压
v_s	信号源电压
v_i	输入电压
v_f	反馈电压
v_{id}	差模输入电压
v_{ic}	共模输入电压
V_{th}	二极管、BJT 的门坎电压
V_{TN}	N 沟道 MOS 管的阈值电压
V_{TP}	P 沟道 MOS 管的阈值电压
V_T	温度的电压当量
V_P	结型场效应管的夹断电压
V_{CC}、V_{DD}、V_+	正电源电压
V_{EE}、V_{SS}、V_-	负电源电压
V_{IO}	输入失调电压
V_{REF}	参考电压(基准电压)
$V_{(BR)CBO}$	发射极开路,集电极-基极反向击穿电压
$V_{(BR)EBO}$	集电极开路,发射极-基极反向击穿电压
$V_{(BR)CEO}$	基极开路,集电极-发射极反向击穿电压
$V_{(BR)DS}$	漏源击穿电压
$V_{(BR)GD}$	栅漏击穿电压
$V_{(BR)GS}$	栅源击穿电压
W	沟道宽度
X	电抗
x	反馈电路中的信号量
x_s	源信号
x_i	输入信号
x_{id}	差值信号
x_f	反馈信号
x_o	输出信号
Y, y	导纳
Z, z	阻抗
α	BJT 共基极接法的电流放大系数
β	BJT 共射极接法的电流放大系数
γ	稳压系数
η	效率
θ	整流元件的导电角
μ	BJT 的内部电压反馈系数
ρ	电阻率
σ	电导率
ε_{ox}	氧化物介电常数
φ	相角
ϕ	时钟脉冲
τ	时间常数
Ω	电阻的单位(欧[姆])
$\varOmega, \omega$	角频率
ω_c、ω_0	特征角频率、中心角频率
ω_p	通带截止角频率
ω_s	阻带截止角频率
λ	沟道长度调制参数

① 三端有源器件指 BJT、FET 等。

在电路原理图中，以 BJT 为例，各电压和电流的符号规定如下表所示。

项目	电源	静态值	交流或随时间变化的分量			总量(直流+交流)
			瞬时值	有效值	相量	瞬时值
集电极电压	V_{CC}	V_C	v_c	V_c	$\dot{V}_c$	$v_C = V_C + v_c$
集电极电流	I_{CC}	I_C	i_c	I_c	$\dot{I}_c$	$i_C = I_C + i_c$
基极电压	V_{BB}	V_B	v_b	V_b	$\dot{V}_b$	$v_B = V_B + v_b$
基极电流	I_{BB}	I_B	i_b	I_b	$\dot{I}_b$	$i_B = I_B + i_b$
发射极电压	V_{EE}	V_E	v_e	V_e	$\dot{V}_e$	$v_E = V_E + v_e$
发射极电流	I_{EE}	I_E	i_e	I_e	$\dot{I}_e$	$i_E = I_E + i_e$

注：在电子电路的交流通路和小信号等效电路中，各元器件的电流、电压均标交流分量；在正弦稳态分析中，各信号量标为相量，如 $\dot{V}_c$、$\dot{I}_c$ 等；对于输入信号为非正弦波的，而且电路在零输入时为零输出，则标为 v_I、v_O 等；对于输入为非正弦波信号，而且在电路为零输入时为非零输出，则标为 Δv_I、Δv_O 等。

目 录

1 绪论

引言

由于物理学的重大突破，电子技术在20世纪取得了惊人的进步。特别是近50年来，微电子技术和其他技术的飞速发展，致使工业、农业、科技和国防等领域发生了令人瞩目的变革。与此同时，电子技术也正在改变着人们的日常生活。手机、机顶盒、电视机、个人计算机等大量的电子产品，几乎成为人们生活中不可缺少的部分。

本书作为电子技术基础课程教材（含模拟和数字两部分），在介绍半导体器件（包括分立元件和集成电路）的基础上，着重讨论一些基本电子电路的分析与设计方法，包括用EDA① 软件进行的分析与设计。当今世界集成电路产品丰富，功能强大，读者掌握基本电子电路的工作原理、主要特性以及电路之间的互连匹配等基本知识后，通过阅读器件产品手册，就可能设计出满足技术要求、性能可靠、成本低廉的应用电子电路，乃至构成某种功能完善的电子系统。

作为绪论，本章主要介绍电子电路的一些基本概念和放大电路的基本知识，为后续各章的学习提供入门知识。

1.1 信号

宇宙万物以及人类的活动中，包含着各种各样的信息。例如，环境气候中的温度、气压、风速等，机械运动中的力、位移、振动等，人类的语言、脉搏、呼吸等。信号就是这些信息的载体或表达形式。因此，信号的物理量形式是多种多样的。从信号处理的实现技术来看，目前最便于实现的是电信号的处理，所以在处理各种非电信号时，通常先将非电信号转换为电信号再进行处理。例如，播音员播音时，微音器（话筒）将声音（声波）信号转换为电信号，然后经过电子系统中的放大、滤波等处理电路，最后通过驱动扬声器复原出扩音后播音员的声音，为广大听众所收听。

能将各种非电信号转换为电信号的器件或装置称为传感器。上述的微音器即是将声音信号转换为电信号的传感器。由于传感器输出的是电信号，所以在电路中，常把传感器描述为信号源。根据电路理论知识，电路中的信号源都可以等效为图1.1.1所示的两种形式。其中图1.1.1a是理想电压源 v_s 和源内阻 R_{si} 串联的等效形式，称为戴维南（Thevenin）等效电

① electronic design automatic，意指电子设计自动化。

路；而图 1.1.1b 则是理想电流源 i_s 和源内阻 R_{si} 并联的等效形式，称为诺顿（Norton）等效电路。当信号源内阻为线性时不变电阻时，这两种信号源电路可以等效转换。根据不同的场合和需要，可以使用不同的信号源形式。

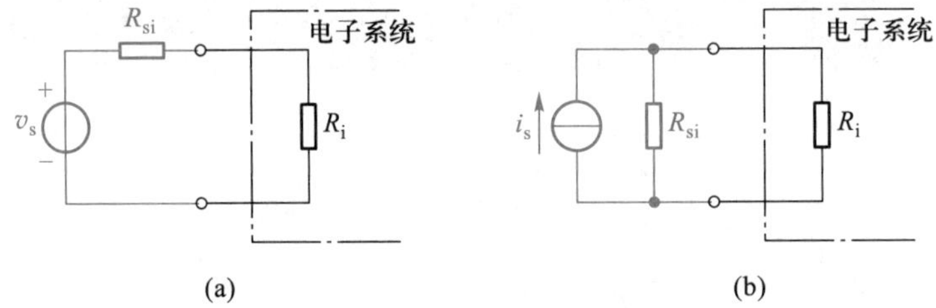

图 1.1.1 信号源的等效电路
（a）电压源等效电路 （b）电流源等效电路

通常，信号都是与时间有关的，即是时间的函数。前述的微音器输出的某一段电压信号的波形可能如图 1.1.2 所示。这个波形看似无规则，分析其特性显得有些困难，但实际上有办法从中提取出它的特征参数。信号中的特征参数是设计放大电路和电子系统的重要依据。

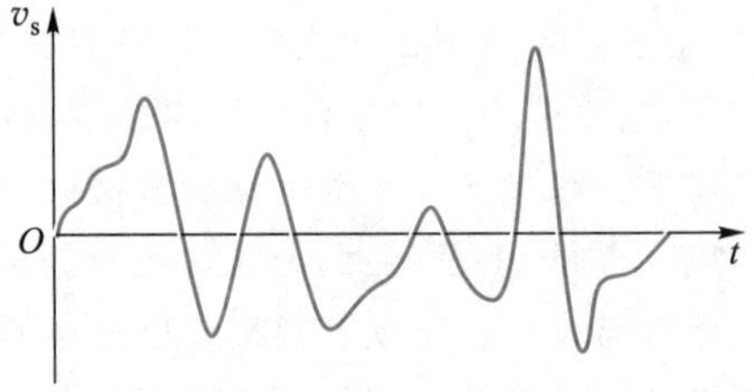

图 1.1.2 微音器输出的某一段电压信号的波形

1.2 信号的频谱

在信号分析中，为了简化信号特征参数的提取，通常是将信号从时域变换到频域。信号在频域中表示的图形或曲线称为信号的频谱。通过傅里叶变换可以实现信号从时域到频域的变换。为了对信号的频谱有进一步的了解，下面首先以正弦电压信号为例说明信号的表达方式及其基本特性。在此基础上，以最典型的方波为例介绍频谱的概念。图 1.2.1 以最直观的方式在时域中描述了正弦电压幅值与时间的函数关系，其数学表达式为

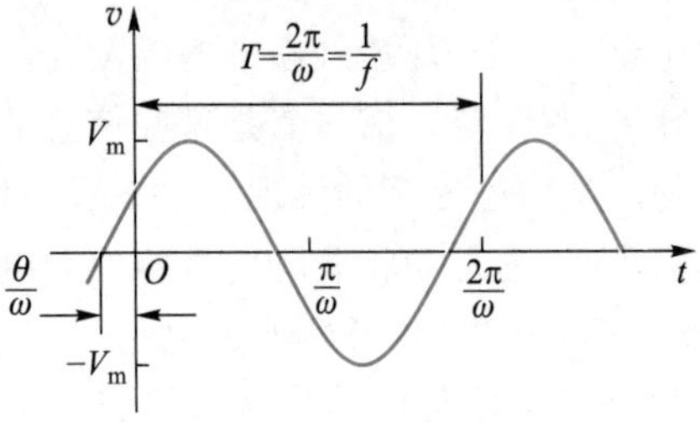

图 1.2.1 正弦波形

$$v(t)=V_m\sin(\omega t+\theta) \tag{1.2.1}$$

式中 V_m 是正弦电压的幅值，ω 为角频率，θ 为初始相角。当 $\omega=0$ 时，$v(t)$ 为直流电压信号。当 V_m、ω、θ 均为已知常数时，信号中就不再含有任何未知信息，这是最简单的信号。正因为如此，在电路中正弦波信号经常作为标准测试信号。

根据高等数学知识，任意周期函数只要满足狄里赫利条件，都可以展开成傅里叶级数。对于图 1.2.2 所示周期性方波信号，它的时间函数表达式为

$$v(t)=\begin{cases} V_s & \text{当 } nT \leqslant t<(2n+1)\dfrac{T}{2} \text{ 时} \\ 0 & \text{当 } (2n+1)\dfrac{T}{2} \leqslant t<(n+1)T \text{ 时} \end{cases} \tag{1.2.2}$$

式中 V_s 为方波幅值，T 为周期，n 为从 $-\infty$ 到 $+\infty$ 的整数。

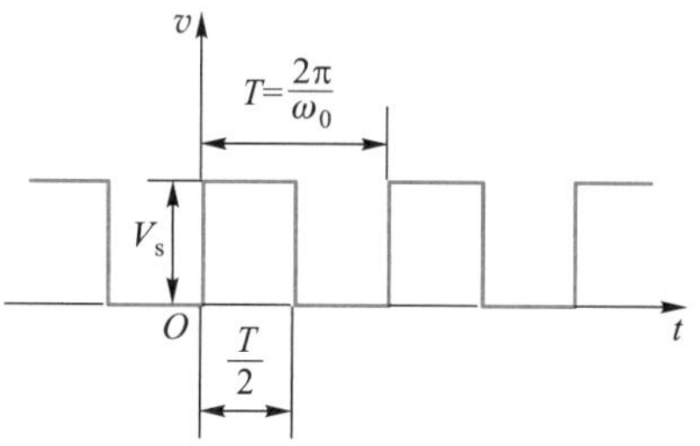

图 1.2.2 方波的时域表示

图 1.2.2 和式(1.2.2)中的电压 v 是时间 t 的函数，所以称为方波信号的时域表达方式。

此方波信号可展开为傅里叶级数表达式

$$v(t)=\frac{V_s}{2}+\frac{2V_s}{\pi}\left(\sin\omega_0 t+\frac{1}{3}\sin 3\omega_0 t+\frac{1}{5}\sin 5\omega_0 t+\cdots\right),\quad t\neq 0,\pm\frac{T}{2},\cdots,\pm m\frac{T}{2} \tag{1.2.3}$$

式中 $\frac{V_s}{2}$ 是方波信号的直流分量，$\omega_0=\frac{2\pi}{T}$ 为基波角频率，$\frac{2V_s}{\pi}\sin\omega_0 t$ 为该方波信号的基波，它的周期 $\frac{2\pi}{\omega_0}$ 与方波本身的周期相同。式(1.2.3)中其余各项都是高次谐波分量，它们的角频率是基波角频率的整数倍。$m=0,1,2,\cdots$。当 $t=0,\pm\frac{T}{2},\cdots,\pm m\frac{T}{2}$ 时，$v(t)$ 收敛于 $\frac{V_s}{2}$。

由此可以得到如图 1.2.3 所示的幅值与角频率关系的图解形式。这种信号各频率分量的振幅随角频率变化的分布，称为该信号的幅度频谱(简称幅度谱)。由此可知，正弦波的频谱只在基波频率上有相应的幅值，其他频率上的分量全部为零。

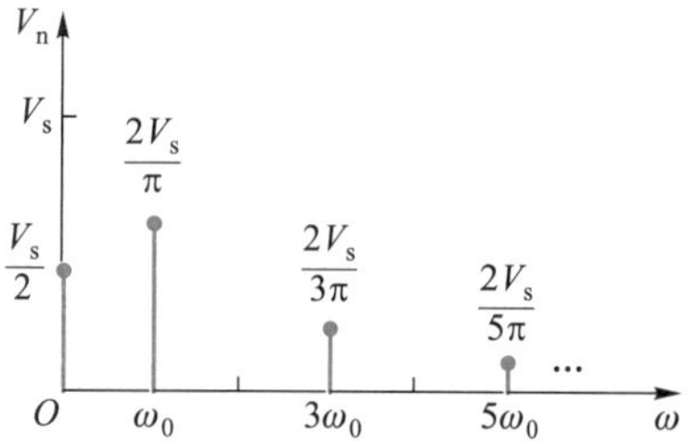

图 1.2.3 图 1.2.2 方波的幅度频谱

由傅里叶级数特性可知，许多周期信号的频谱都由直流分量、基波分量以及无穷多项高次谐波分量所组成。频谱表现为一系列离散频率上的幅值(常称为谱线)，并且随着谐波次数的递增，信号幅值的总趋势是逐渐减小的。如果只截取 $N\omega_0$(N 为有限正值)以下的信号组合，则可以得到原周期信号的近似波形，N 越大，波形的误差越小。

上述正弦信号和方波信号都是周期信号，即在一个周期内已包含信号的全部信息，任何重复周期都没有新的信息出现。实际上，客观物理世界的信号远没有这么简单，如果从时间函数来看，往往很难直接用一个简单的表达式来描述，例如气温变化曲线可能如图 1.2.4a 所示，它是一个非周期的时间函数波形。运用傅里叶变换可以将非周期信号波形变换为连续频率函数的频谱，它包含所有可能的频率($0\leqslant\omega<\infty$)成分。图 1.2.4b 为图 1.2.4a 的频谱示意图。

实际物理世界的各种非周期信号，随角频率升高，其频谱函数总趋势是衰减的。由于实际电路处理信号时，频率范围不可能延伸至无穷大频率处，所以对信号来说，通常选择一个

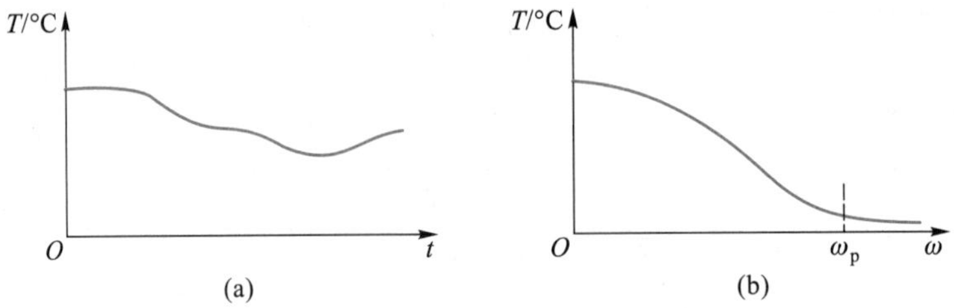

图 1.2.4 气温波形的时域和频域表示
(a) 气温时域波形 (b) 气温波形的频谱示意图

适当的 ω_p(截止角频率),若把高于此频率的部分截断,也能满足信号处理精度的要求,则把保留部分的频率范围称为信号的带宽。

由上述分析可知,从信号的频域表达方式中,可以得到比时域表达方式更有意义的参数。信号的频谱特性是设计电子电路频率响应指标的主要依据。

在计算机广泛应用之前,确定一个任意非周期信号的频谱并非易事。自从快速傅里叶变换(fast Fourier transformation,FFT)算法出现以后,人们可以用计算机迅速求出非周期时间函数的频谱函数。在电路的频率特性测试中,用此方法可以快速获得输入信号的频谱函数和输出信号的频谱函数,再将它们进行比较,可直接计算出被测电路的频率响应特性。这种快速测试方法经常用于电子装置的自动生产线上,也可以安装在所谓智能仪器中,用于仪器的自校正和故障自诊断。在一般的电路仿真软件中都包含有 FFT 程序,用来分析信号和电路的频率特性。

1.3 模拟信号和数字信号

实际上,信号从来都不是孤立存在的,它总是由某个系统产生又被另外的系统所处理。传感器输出的电信号总是被某个电子系统所处理。所谓电子系统,是指由若干相互连接、相互作用的基本电路组成的、具有特定功能的电路整体。视实际情况需要,电子系统的规模可大可小。由于集成电路技术的快速发展,目前已有单颗芯片就自成一个系统的集成电路,也称为芯片级系统或片上系统,常简称为 SoC(system on chip)。尽管如此,学习各种基本电子电路的工作原理和分析方法,仍然是分析设计电子系统必不可少的前提。根据处理信号类型的不同,通常可将电子系统分为模拟系统、数字系统和混合系统。信号类型的相关概念如下:

在时间上和幅值上均是连续的信号称为模拟信号,也就是数学上所说的连续函数。图 1.1.2 中微音器输出的电压信号以及经放大器放大后的电压信号都是模拟信号。从宏观上看,我们周围世界中的大多数物理量都是时间连续、数值连续的变量,如气温、气压、风速等,这些变量通过相应的传感器都可转换为模拟电信号,然后输入电子系统中。处理模拟信号的电子电路称为模拟电路。本书是教材的模拟部分,主要讨论各种模拟电子电路的基本概念、基本原理、基本分析方法及基本应用。

在信号分析中,按时间和幅值的连续性和离散性把信号分为 4 类:(1) 时间连续、数值连续信号;(2) 时间离散、数值连续信号;(3) 时间连续、数值离散信号;(4) 时间离散、数值离散信号。其中第(1)类即是前面所述的模拟信号;第(4)类称为数字信号。与本书配套的数字部分教材涉及上述(2)、(3)、(4)三类信号的处理电路。随着计算机技术的发展和普及,绝大多数电子系统都引入了计算机或微处理器来处理信号。由于微处理器是数字电路系统,只能处理数字信号,所以模拟信号需要通过模数转换器转换为数字信号,才能被这样的系统处理。相关的转换电路以及数字信号、数字电路的内容详见本套教材的数字部分。

1.4 放大电路模型

模拟信号最基本的处理是放大,它是通过放大电路实现的,大多数模拟电子系统中都包含放大电路。放大电路也是构成其他模拟电路,如滤波、振荡、稳压等电路的基本单元电路。可以说,放大电路是模拟电子技术的核心电路。

1. 模拟信号放大

传感器输出的电信号通常是很微弱的,例如,1.1 节提到的微音器的输出电压仅有毫伏量级,而细胞电生理实验中所检测到的电流甚至只有皮安(pA,10^{-12} A)量级。对这些过于微弱的信号,一般情况下既无法直接显示,也很难做进一步分析处理。若想用传统指针式仪表显示出来,通常必须把它们放大到数百毫伏量级才行。若对信号进行数字化处理,则需要把信号放大到伏特量级,才能被一般的模数转换器所接受。还有些电子系统需要输出较大的功率,例如,家用音响系统往往需要把音频信号功率提高到数瓦、数十瓦甚至更高。对这些信号的处理都离不开放大电路。

这里所说的放大都是指线性放大,也就是说放大电路输出信号中包含的信息与输入信号完全相同,既不减少任何原有信息,也不增加任何新的信息,只改变信号幅度或功率的大小,如果在时域或频域观察,就意味着信号任何一点的幅值都是按照相同的比例变化的。例如,将图 1.1.2 所示信号送入放大电路放大后,希望放大电路输出的信号,除了幅值增大外,应是输入信号的重现。输出波形的任何变形,都被认为是产生了失真。

针对不同的应用,需要设计不同的放大电路,其细节将在本书后续各章中讨论,这里作为引导,只简要介绍有关放大电路的基本概念。

我们知道,放大电路是用来放大信号的,所以放大电路应为双口网络,即它有一个信号输入口和一个信号输出口。在电子电路中,信号放大过程一般可用图 1.4.1 表示。其中 v_s 为信号源电压,R_{si}为信号源内阻,R_L为负载电阻(本书中 R_L都表示负载电阻)。A 为放大电路,v_i 和 i_i 分别为放大电路输入口的输入电压和输入电流;v_o 和 i_o 分别为放大电路输出口的输出电压和输出电流。

在实际应用中,根据输入信号的形式不同和对输出信号的要求不同,放大电路可以有不同的增益(放大倍数)表达形式。如果只需要考虑电路的输出电压 v_o 和输入电压 v_i 的关系,则可表达为

$$v_o = A_v v_i \tag{1.4.1}$$

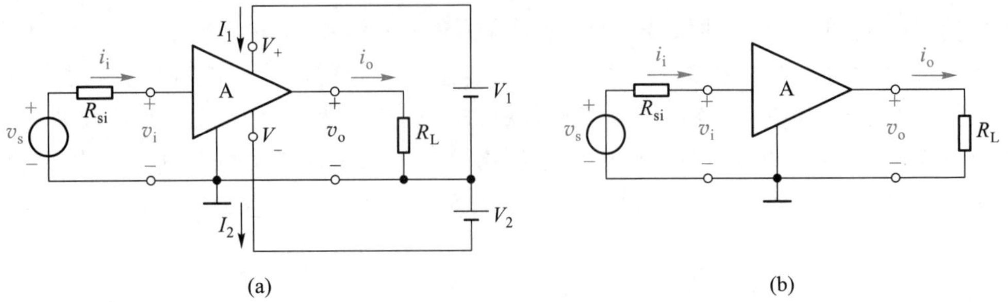

图 1.4.1 信号放大过程电路图

(a) 实际电路 (b) 简化电路

式中 A_v 为电路的电压增益。这种主要考虑电压增益的电路称为电压放大电路。语音放大系统中对微音器输出电压信号的放大,使用的就是这种放大电路。

同样,若主要考虑图 1.4.1 中放大电路的输出电流 i_o 和输入电流 i_i 的关系,则可表达为

$$i_o = A_i i_i \tag{1.4.2}$$

式中 A_i 为电流增益,这种电路称为电流放大电路。

当需要把电流信号转换为电压信号时,则可利用互阻放大电路,其表达式为

$$v_o = A_r i_i \tag{1.4.3}$$

式中 $A_r = v_o/i_i$ 为互阻增益,其单位为 Ω。与前述量纲为 1 的电压增益和电流增益不同,这里把信号放大的概念延伸了。

与上述情况相反,有时要求把电压信号转换为相应的电流输出,则电路中输入信号取电压 v_i,输出信号取电流 i_o,输出信号与输入信号的关系可表达为

$$i_o = A_g v_i \tag{1.4.4}$$

式中 $A_g = i_o/v_i$ 称为放大电路的互导增益,它具有导纳量纲,单位为 S。相应地,这种放大电路得名为互导放大电路。

上述的 A_v、A_i、A_r 和 A_g 是放大电路工作在线性条件下的增益。实际上放大电路还有一种增益表达形式——功率增益,它等于输出信号功率与输入信号功率之比,即 $A_p = v_o i_o/(v_i i_i) = A_v A_i$。在通信系统中它受到更多关注。

通常,放大电路输出信号的幅度远大于输入信号的幅度,即意味着输出的能量增加了。增加的能量并非无中生有,而是由供电电源能量转换得来的。因此,完整的放大电路应包括供电电源。图 1.4.1a 中的 V_1 为正电压供电电源,V_2 为负电压供电电源,电路为双电源供电形式,有些放大电路也可以只用单电源供电。符号"⊥"是电路输入与输出信号的共同端点,也是电路中正、负电压的参考电位点,常称为电路中的"地"。对于电子电路来说,这个参考点必不可少,它还可以为电路分析带来方便。图 1.4.1b 是图 1.4.1a 的简化表示,只是省略了供电电源符号。放大电路 A 是一个双口网络,有时也用矩形符号表示。

2. 放大电路模型

为了进一步讨论前述四类放大电路的性能指标,可以根据双口网络的端口特性,建立四种不同类型的放大电路模型,如图 1.4.2 所示。这些模型仅从输入和输出端口特性上等效

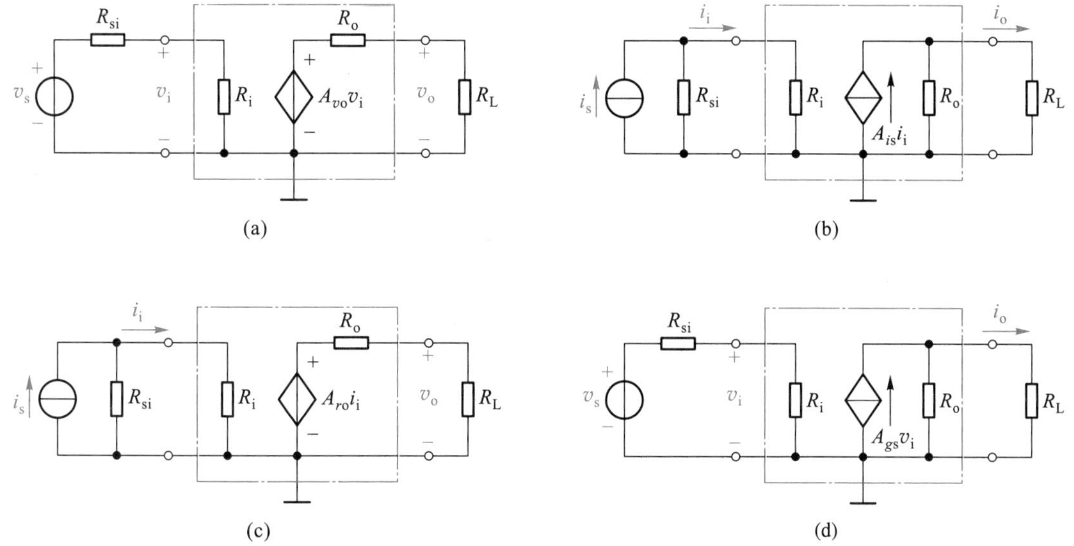

图 1.4.2 四种类型的放大电路模型

(a) 电压放大 (b) 电流放大 (c) 互阻放大 (d) 互导放大

放大电路,而并不关注各种放大电路实际的内部结构。

在图 1.4.1 中,放大电路输入端口电压和电流的关系,可以用一个等效电阻来反映。而对于放大电路的输出端口,一定会有输出信号,根据电路理论知识,可以用一个信号源和它的内阻来等效。这样,便得到图 1.4.2a 中点画线框内一般化的电压放大电路模型①。模型由输入电阻 R_i、输出电阻 R_o 和受控电压源 $A_{vo}v_i$ 三个基本元件构成,其中 v_i 为输入电压,A_{vo}为输出开路($R_L=\infty$)时的电压增益。值得注意的是,由于放大电路的输出总是与输入有关,即受输入信号的控制,所以,电路模型输出端口中的信号源是受控源,而不是独立信号源。在图 1.4.2a 所示模型中,受控电压源 $A_{vo}v_i$ 受输入电压 v_i 的控制,并随 v_i 线性变化。信号源中的信号通过该模型产生输出信号,在 R_L两端得到与 v_s 呈线性关系的 v_o。

从图 1.4.2a 可以看出,由于 R_o 与 R_L的分压作用,使负载电阻 R_L上的 v_o 小于受控电压源的幅值,即

$$v_o=A_{vo}v_i\frac{R_L}{R_L+R_o} \tag{1.4.5}$$

那么,实际的电压增益②为

$$A_v=\frac{v_o}{v_i}=A_{vo}\frac{R_L}{R_L+R_o} \tag{1.4.6}$$

① 这里都忽略了电路中电抗元件的影响。

② 由于此处电路模型为纯电阻网络,所以未采用相量形式表达。输入、输出信号采用小写字母(v_i、v_o)具有“变化量”的含义。本书在不考虑电抗元件影响的其他电路中均采用这种表达方式,此时通常假定输入信号为正弦波,放大电路能不失真地放大,输出信号也为正弦波。

可见，A_v 会受 R_L影响，随 R_L的减小而降低。为了减小负载电阻对放大电路电压增益的影响，就要求在电路设计时努力使 $R_o \ll R_L$。理想电压放大电路的输出电阻应为 $R_o = 0$。

信号衰减的另一个环节在输入回路。信号源内阻 R_{si}和放大电路输入电阻 R_i 的分压作用，使真正到达放大电路输入端的实际电压为

$$v_i = v_s \frac{R_i}{R_{si}+R_i} \tag{1.4.7}$$

显然，只有当 $R_i \gg R_{si}$时，才能明显减小 R_{si}对信号的衰减作用，这就要求设计电压放大电路时，应尽量提高电路的输入电阻 R_i。理想电压放大电路的输入电阻应为 $R_i \to \infty$。此时，$v_i = v_s$，避免了信号在信号源内阻上的衰减。

从上述分析可知，电压放大电路适用于信号源内阻 R_{si}较小而且负载电阻 R_L较大的场合。

图 1.4.2b 中点画线框内是电流放大电路模型，与电压放大电路模型不同，其输出回路由受控电流源 $A_{is} i_i$ 和输出电阻 R_o 并联而成，受控电流源的控制信号是输入电流 i_i。其中 A_{is}为输出短路($R_L = 0$)时的电流增益。该模型与信号源和负载相连时同样存在信号衰减问题。与电压放大电路类似，输出电阻 R_o 和信号源内阻 R_{si}分别在电路输出端和输入端对信号电流产生分流，造成了信号的衰减。由图 1.4.2b 可知，在电路输出端，R_L和 R_o 有如下的分流关系

$$i_o = A_{is} i_i \frac{R_o}{R_L+R_o} \tag{1.4.8}$$

带负载 R_L时的电流增益为

$$A_i = \frac{i_o}{i_i} = A_{is} \frac{R_o}{R_L+R_o} \tag{1.4.9}$$

在电路输入端，R_{si}和 R_i 有如下的分流关系：

$$i_i = i_s \frac{R_{si}}{R_{si}+R_i} \tag{1.4.10}$$

由此可见，只有当 $R_o \gg R_L$和 $R_i \ll R_{si}$时，才可以使电路具有较理想的电流放大效果。因此，在设计电流放大电路时，应尽量减小电路的输入电阻 R_i，而尽量提高电路的输出电阻 R_o。换言之，电流放大电路一般更适用于信号源内阻 R_{si}较大而负载电阻 R_L较小的场合。

图 1.4.2c 和图 1.4.2d 中点画线框内分别为互阻放大和互导放大电路模型。两电路的输出信号分别由受控电压源 $A_{ro} i_i$ 和受控电流源 $A_{gs} v_i$ 产生。在理想状态下，互阻放大电路要求输入电阻 $R_i = 0$ 且输出电阻 $R_o = 0$，而互导放大电路则要求输入电阻 $R_i \to \infty$，输出电阻 $R_o \to \infty$。电路中的 A_{ro}称为输出开路时的互阻增益，A_{gs}称为输出短路时的互导增益。两模型的详细情况读者可自行分析。

根据信号源的戴维南-诺顿等效变换原理，上述四种电路模型之间可以相互任意转换。例如，图 1.4.2a 所示电压放大电路模型的开路输出电压为 $A_{vo} v_i$，而根据电流放大电路模型可得开路输出电压为 $A_{is} i_i R_o$ 且 $i_i = v_i / R_i$，令两电路等效，于是有

$$A_{vo} v_i = A_{is} i_i R_o = A_{is} \frac{v_i}{R_i} R_o \tag{1.4.11}$$

即可得 $A_{vo}=A_{is}R_o/R_i$。同理可得 $A_{vo}=A_{ro}/R_i$ 和 $A_{vo}=A_{gs}R_o$。这样，其他三种电路模型都可转换为电压放大电路模型。同理可实现其他放大电路模型之间的转换。换言之，一个实际的放大电路原则上可以取四类模型中的任意一种，但是根据信号源的性质和负载的要求，一般只有一种模型在电路设计或分析中概念最明确，运用最方便。例如，信号源为低内阻的电压源，要求输出为电压信号时，以选用电压放大电路模型为宜。而某种场合需要将来自高阻抗传感器的电流信号变换为电压信号时，则采用互阻放大电路模型更方便，如此等等。

图 1.4.2 模型中的元件参数值，可以通过对实际电路和元器件的分析来确定，也可以通过对实际电路的测量而得到。

图 1.4.2 所示的所有电路模型中，输入回路和输出回路之间都是相连的。然而，为了提高安全性和抗干扰能力，目前有许多工业控制设备及医疗设备，在前级信号预放大中，普遍采用所谓的隔离放大，即放大电路的输入与输出电路（包括供电电源）相互绝缘，输入与输出信号之间不存在任何公共参考点。这种类型的电压放大电路通过磁或光传输信号，其模型如图 1.4.3 所示。输入和输出之间有无公共参考点对本章所有内容的讨论没有影响。

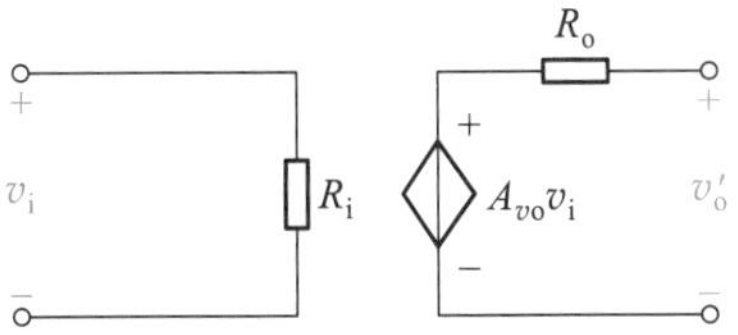

图 1.4.3 隔离型放大电路模型

复习思考题

1.4.1 某放大电路输入信号为 10 pA 时，输出为 500 mV，它的增益是多少？属于哪一类放大电路？

1.5 放大电路的主要性能指标

放大电路的性能指标是衡量它品质优劣的标准，并决定其适用范围。这里主要讨论放大电路的输入电阻、输出电阻、增益、频率响应和非线性失真等几项主要性能指标。

1. 输入电阻

由于四种模型之间可以相互转换，所以放大电路的输入电阻 R_i 和输出电阻 R_o 均可用图 1.5.1 来表示。由图看出，输入电阻等于输入电压与输入电流的比值，即 $R_i=v_i/i_i$。R_i 的大小决定了放大电路能从信号源获取多大的信号。对于输入为电压信号的放大电路，即电压放大和互导放大电路，R_i 越大，放大电路输入端的 v_i 值则越大。反之，输入为电流信号的放大电路，即电流放大和互阻放大电路，R_i 越小，流入放大电路的输入电流 i_i 越大。

当定量分析放大电路的输入电阻时，一般可假定在输入端外加一测试电压 v_t，如图 1.5.2a 所示，相应地产生一测试电流 i_t，于是可算出输入电阻

$$R_i=\frac{v_t}{i_t} \tag{1.5.1}$$

实际上，实验中大多采用测电压的方法求输入电阻，即在输入回路串入一个已知的电阻 R_1，如图 1.5.2b 所示，测得电压 v_i，由于回路中电流相同，所以由式 $R_i=R_1v_i/(v_t-v_i)$ 计算得

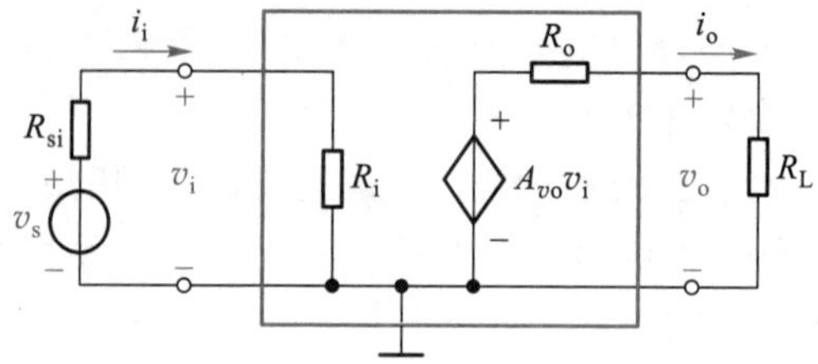

图 1.5.1 放大电路的输入电阻和输出电阻

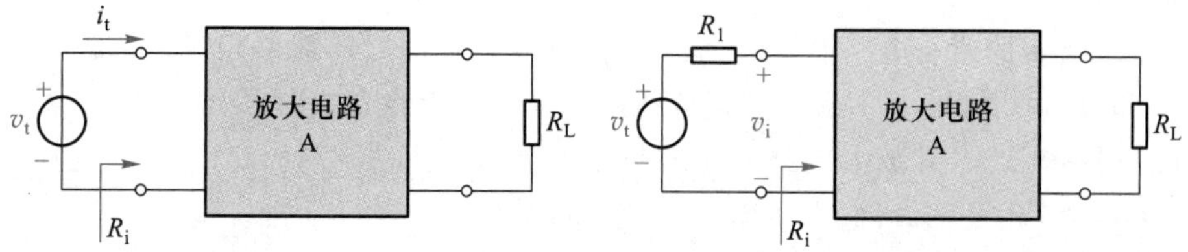

(a) (b)

图 1.5.2 放大电路的输入电阻

到 R_i 的值。

2. 输出电阻

放大电路输出电阻 R_o 的大小将影响它带负载的能力。所谓带负载能力,是指放大电路输出量随负载变化的程度。当负载变化时,输出量变化很小或基本不变表示带负载能力强,即输出量与负载大小的关联程度越弱,放大电路的带负载能力越强。对于不同类型的放大电路,输出量的表现形式是不一样的。例如,电压放大和互阻放大电路,输出量为电压信号。对于这类放大电路,R_o 越小,负载电阻 R_L 的变化对输出电压 v_o 的影响就越小[参见式(1.4.5)],表明带负载能力越强。对输出为电流信号的放大电路,即电流放大和互导放大,与受控电流源并联的输出电阻 R_o 越大,负载电阻 R_L 的变化对输出电流 i_o 的影响就越小[参见式(1.4.8)],表明带负载能力越强。

当定量分析放大电路的输出电阻时,可采用图 1.5.3 所示的方法。在信号源置零($v_s=0$,但保留 R_{si})和负载开路($R_L=\infty$)的条件下,在放大电路的输出端加一测试电压 v_t,相应地产生一测试电流 i_t,于是可得输出电阻为

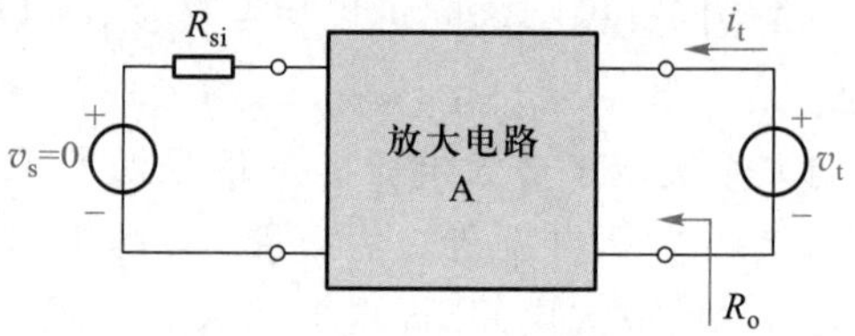

图 1.5.3 放大电路的输出电阻

$$R_o=\left.\frac{v_t}{i_t}\right|_{v_s=0,R_L=\infty} \tag{1.5.2}$$

根据这个关系,即可算出各种放大电路的输出电阻。

在实验中,通常采用测量电压的方法求输出电阻,即分别测得放大电路负载开路时的输出电压 v_o'和带已知负载 R_L时的输出电压 v_o,可由式 $R_o=(v_o'/v_o-1)R_L$计算得到 R_o 的值。

必须注意,以上所讨论的输入电阻和输出电阻不是直流电阻,而是放大电路在线性运用情况下的交流电阻(也称动态电阻),用符号 R 带有小写字母下标 i 和 o 来表示。有关这方面的详细情况,将在后续章节中讨论。

3. 增益

如前所述,四种放大电路分别具有不同的增益,如电压增益 A_v、电流增益 A_i、互阻增益 A_r 及互导增益 A_g。它们实际上反映了放大电路在输入信号控制下,将供电电源能量转换为信号能量的能力。其中 A_v 和 A_i 两种量纲为 1 的增益在工程上常用以 10 为底的对数增益表达,其基本单位为贝尔(Bel,B),平时用它的 1/10 单位“分贝”(decibel,dB)。这样用分贝表示的电压增益和电流增益分别如下所示:

$$电压增益=20\lg|A_v|\ \text{dB} \tag{1.5.3}$$
[①]

$$电流增益=20\lg|A_i|\ \text{dB} \tag{1.5.4}$$

由于功率与电压(或电流)的平方成比例,因而功率增益表示为

$$功率增益=10\lg A_p\text{dB} \tag{1.5.5}$$

因为在某些情况下,A_v 或 A_i 可能为负数,意味着信号的输出与输入之间存在 180°的相位差,这与对数增益为负值时的意义是不同的。所以为避免混淆,用分贝表示增益时,A_v 和 A_i 取绝对值。例如,当放大电路的电压增益为-20 dB 时,表示信号电压经过放大电路后,衰减到原来的 1/10,即 $|A_v|=0.1$;而当增益为-20 倍时,表示 $|A_v|=20$,但输出电压与输入电压之间是反相的。也就是说,当用分贝数表示放大电路增益时,仅反映输出与输入信号之间的大小关系,不包含相位关系。

在工程上,之所以广泛使用对数方式表达放大电路的增益是因为:(1) 当用对数坐标表达增益随频率变化的曲线时,可大大扩大增益变化的视野(参见本书有关频率响应的讨论);(2) 计算多级放大电路的总增益时,可将乘法运算化为加法运算,简化电路的分析和设计。

例 1.5.1 放大电路需要将幅值为 5 mV 的正弦波放大后,使 16 Ω 负载上获得 20 W 的功率,已知信号源的内阻 $R_{si}=10\ \text{k}\Omega$,放大电路的输入电阻 $R_i=20\ \text{k}\Omega$,试求放大电路对信号源的电压增益、电流增益和功率增益。

解:由负载阻值和其上功率可求得放大电路的输出电压幅值(不是有效值):

$$V_{om}=\sqrt{2P_oR_L}$$

所以电压增益

$$A_{vs}=\frac{V_{om}}{V_{sm}}=\frac{\sqrt{2P_oR_L}}{5\ \text{mV}}=\frac{\sqrt{2\times 20\ \text{W}\times 16\ \Omega}}{5\ \text{mV}}\approx 5\ 060$$

$$20\lg|A_{vs}|\approx 74\ \text{dB}$$

---

① 实际上分贝表示最初用于功率增益,即 $\lg A_p(\text{B})=10\lg A_p(\text{dB})$。而电压与功率有平方关系,即 $10\lg A_p=10\lg\frac{v_o^2/R_L}{v_i^2/R_i}$,当取放大电路的输入电阻 R_i 与负载电阻 R_L 相等时,$10\lg\frac{v_o^2/R_L}{v_i^2/R_i}=20\lg\left|\frac{v_o}{v_i}\right|=20\lg|A_v|$。通常 R_i 与 R_L 并非相等,这里只是利用这一概念而已。

由于信号源是电压源，所以其内阻与放大电路的输入电阻是串联结构，输入回路的电流幅值为

$$I_{sm}=\frac{V_{sm}}{R_{si}+R_i}=\frac{5\ \text{mV}}{10\ \text{k}\Omega+20\ \text{k}\Omega}=1.67\times10^{-7}\ \text{A}$$

而输出电流为

$$I_{om}=\sqrt{2P_o/R_L}$$

所以电流增益

$$A_{is}=\frac{I_{om}}{I_{sm}}=\frac{\sqrt{2P_o/R_L}}{1.67\times10^{-7}\ \text{A}}=\frac{\sqrt{2\times20\ \text{W}\div16\ \Omega}}{1.67\times10^{-7}\ \text{A}}\approx9.47\times10^{6}$$

$$20\lg|A_{is}|\approx139.5\ \text{dB}$$

功率增益

$$A_p=\frac{P_o}{P_s}=\frac{20\ \text{W}}{\frac{V_{sm}}{\sqrt{2}}\cdot\frac{I_{sm}}{\sqrt{2}}}=\frac{20\ \text{W}\times2}{5\ \text{mV}\times1.67\times10^{-7}\ \text{A}}\approx4.79\times10^{10}$$

$$10\lg|A_p|\approx106.8\ \text{dB}$$

4. 频率响应

1.4 节介绍的放大电路模型是极为简单的模型，实际的放大电路中总是存在电抗性元件的，如电容和电感元件，以及电子器件的极间电容、接线电容和接线电感等。因此，放大电路输出与输入之间的关系必然和信号频率有关。放大电路的频率响应是指，在输入正弦信号情况下，输出随输入信号频率连续变化的稳态响应。

若考虑电抗元件的作用和信号角频率变量，则放大电路的电压增益可表达为

$$\dot{A}_v(\text{j}\omega)=\frac{\dot{V}_o(\text{j}\omega)}{\dot{V}_i(\text{j}\omega)} \tag{1.5.6}$$

$$\text{或}\quad \dot{A}_v=A_v(\omega)\underline{/\varphi(\omega)} \tag{1.5.7}$$

式中 ω 为信号的角频率，$A_v(\omega)$ 表示电压增益的模与角频率之间的关系，称为幅频响应；而 $\varphi(\omega)$ 表示放大电路输出与输入正弦电压信号的相位差与角频率之间的关系，称为相频响应，将二者综合起来可全面表征放大电路的频率响应。

图 1.5.4 是一个普通音响系统放大电路的幅频响应。为了符合通常的习惯，横坐标采用频率单位 $f=\omega/(2\pi)$。值得注意的是，图中的坐标均采用对数刻度。这样处理不仅把频率和增益的变化范围扩展得很宽，而且在绘制近似频率响应曲线时也十分简便（详见 6.1 节）。

图 1.5.4 所示幅频响应的中间一段是平坦的，即增益保持常数 60 dB，称为中频区，也称为通带区。在 20 Hz 和 20 kHz 两点处，增益分别下降 3 dB，而在低于 20 Hz 和高于 20 kHz 的两个区域，随着频率远离这两点，增益逐渐下降。在输入信号幅值保持不变的条件下，对应于增益下降 3 dB 的频率点处，其输出功率约等于中频区输出功率的一半，因此该频率点也常称为半功率点。一般把幅频响应增益降 3 dB 所对应的高、低两个频率点间的频率差，

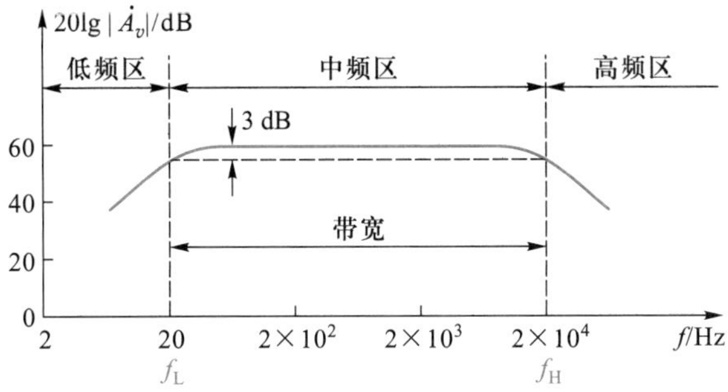

图 1.5.4 某音响系统放大电路的幅频响应

定义为放大电路的**带宽**或**通频带**,即

$$BW=f_H-f_L \tag{1.5.8}$$

式中 f_H 是频率响应的高端半功率点频率,也称为上限频率,而 f_L 则称为下限频率。由于通常有 $f_L \ll f_H$ 的关系,故有 $BW\approx f_H$。

有些放大电路的通频带一直延伸到直流,如图 1.5.5 所示。可以认为它是图 1.5.4 中下限频率为零的一种特殊情况。这种放大电路称为直流(直接耦合)放大电路,是指至少可以正常放大直流信号的一种放大电路。目前广泛使用的集成运算放大器大多具有这样的幅频响应。

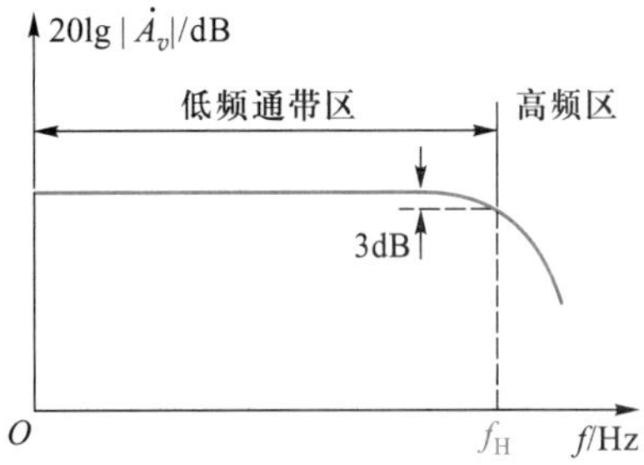

图 1.5.5 直流放大电路的幅频响应

现实生活中的绝大部分信号都不是单一频率的信号,它们的频率分布范围不尽相同。表 1.5.1 给出了某些典型信号的频率范围。放大这些信号时,放大电路的通频带应涵盖相应信号的频率范围。

表 1.5.1 某些典型信号的频率范围

信号	频率范围	信号	频率范围
心电图	0.05~200 Hz	调频无线广播	88~108 MHz
音频信号	20 Hz~20 kHz	超高频电视	470~806 MHz
模拟视频信号	直流~4.5 MHz	卫星电视	3.7~4.2 GHz
中波调幅无线广播	540~1 600 kHz		

从 1.2 节的讨论可知,理论上许多非正弦信号的频谱范围都延伸到无穷大,而放大电路的带宽却是有限的,并且相频响应也不能保持为常数。例如,图 1.5.6a 中输入信号由基波和二次谐波组成,如果受放大电路带宽限制,基波增益较大,而二次谐波增益较小,于是输出电压波形产生了失真。这种由于放大电路带宽所限,导致对信号不同频率分量幅值的放大倍数不同而产生的失真,称为**幅度失真**。同样,当放大电路对信号不同频率分量产生的时延不同时,也会产生失真,称为**相位失真**。在图 1.5.6b 中,如果放大后二次谐波的时延与基波的时延不同,输出电压波形也会变形。应当指出,一般情况下幅度失真和相位失真几乎是同时

发生的，在图 1.5.6 中分开讨论这两种失真，只是为了方便读者理解。幅度失真和相位失真总称为**频率失真**，它们都是由线性电抗元件引起的，所以又称为**线性失真**，以区别于由于元器件非线性特性造成的非线性失真。

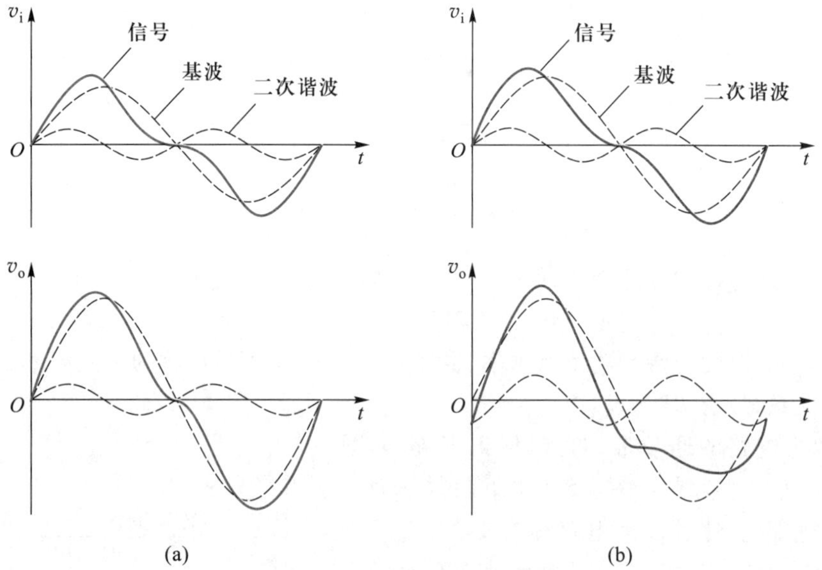

图 1.5.6 放大电路的输入输出波形
（a）幅度失真 （b）相位失真

为将信号的频率失真限制在容许的范围内，在设计放大电路时，就要求正确估计信号的有效带宽（即包含信号主要能量或信息的频谱宽度），以使放大电路带宽与信号带宽相匹配。若放大电路带宽不够，则会带来明显的频率失真；而带宽过宽，往往造成噪声电平升高或使电路成本增加。

前述音频系统放大电路带宽定在 20 Hz~20 kHz，这与人类听觉的生理功能相匹配。由于人耳对音频信号的相位变化不敏感，所以不过多考虑放大电路的相频响应特性。但在有些情况下，特别是对信号的波形形状有严格要求的场合，确定放大电路的带宽还须兼顾其相频响应特性。

5. 非线性失真

在 1.4 节曾提到，放大电路对信号的放大应是线性的。例如，可以通过图 1.5.7a 所示的电压传输特性曲线，来描述放大电路输出电压与输入电压的这种线性关系。描述放大电路输出量与输入量关系的曲线，称为放大电路的**传输特性曲线**。图 1.5.7a 中的电压传输特性是一条直线，表明输出电压 v_o 与输入电压 v_i 具有线性关系，直线的斜率就是电压增益。然而，实际的放大电路并非如此。由于构成放大电路的元器件本身是非线性的（将在第 3、4、5 章介绍），加之放大电路工作电源的电压都是有限的，意味着输出电压不能沿着图 1.5.7a 中的直线向两端无限延伸，较典型的情况如图 1.5.7b 所示。由此看出，曲线上各点切线的斜率并不完全相同，表明放大电路的电压增益不能保持恒定，而是随输入电压变化的。由放大电路这种非线性特性引起的失真称为**非线性失真**。在这种关系下，输入为标准正弦波时，输出不再是正弦波，从频域的角度看，非线性失真会使输出波形产生新的高次谐波分量。在设计和应用放大电路时，应尽可能使放大电路工作在线性区。对于图 1.5.7b 来说，应工作在曲线的中间部位，该部位的斜率基本相同。有关非线性失真的细节，将在后续相关章节中讨论。

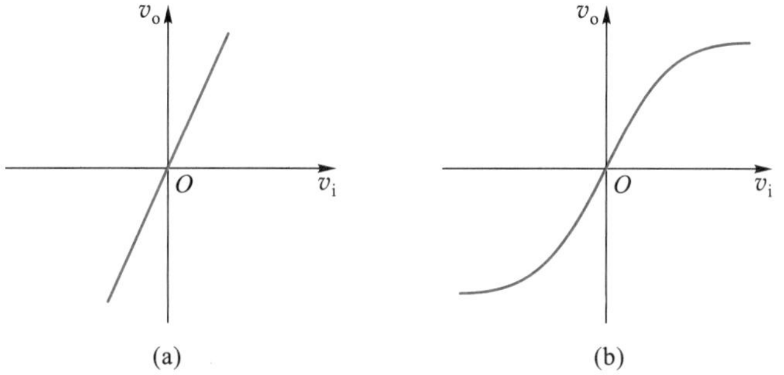

图 1.5.7 放大电路的电压传输特性
（a）理想特性 （b）实际特性

向放大电路输入标准的正弦波信号，可以测定输出信号的非线性失真程度，并用下面定义的非线性失真系数来衡量

$$\gamma = \frac{\sqrt{\sum_{k=2}^{\infty} V_{ok}^2}}{V_{o1}} \times 100\% \tag{1.5.9}$$

式中 V_{o1} 是输出电压信号基波分量的有效值，V_{ok} 是各高次谐波分量的有效值，k 为正整数。可见，非线性失真系数越大，表明失真越严重。非线性失真程度对某些放大电路来说显得比较重要，高保真度的音响系统即是常见的例子。随着电子技术的进步，目前即使增益较高、输出功率较大的放大电路，非线性失真系数也可做到不超过 0.01%。

放大电路除上述五种主要性能指标外，针对不同用途的电路，还会提出一些其他指标，诸如最大输出功率、效率、转换速率、信号噪声比、抗干扰能力等，甚至在某些特殊使用场合还会提出体积、质量、工作温度、环境温度等要求。其中有些在通常条件下很容易达到的技术指标，在特殊条件下往往就变得很难达到。高温、强噪声等恶劣运行环境，即属于这类特殊条件。要想全面达到应用中所要求的性能指标，除合理设计电路外，还要靠选择高质量的元器件及高水平的制造工艺来保证，尤其是后者经常被初学者忽视。上述问题有些在后续章节中进行讨论，有些则不属于本课程的范围，有兴趣的读者可参考有关文献资料及在以后工作实践中学习。

复习思考题

1.5.1 某放大电路开路输出电压为 v'_o，短路输出电流为 i_{os}，试求其输出电阻 R_o。

1.5.2 为什么常选用可产生正弦波的信号发生器作为放大电路实验、测试的信号源？配合示波器，能够测量放大电路的哪些性能指标。

1.5.3 一个有限带宽的放大电路，在放大一个正弦波信号时，是否有可能出现频率失真？为什么？

小 结

教学视频 1.1：
绪论小结

• 自然界及人类活动中的信号大多是非电信号，通过相应的传感器将它们转换为电信号才能被电子系统处理。任何电信号在电路中都可以等效为两种信号源电路，即戴维南等效电路和诺顿等效电路。

• 同一个信号既可以在时域中描述，也可以在频域中描述。理论上许多非正弦信号的频谱范围都会延伸到无穷大，而电路的处理能力却是有限的。通常都是在满足一定精度要求下，在有限的频率范围内实现信号处理。信号的频谱特性是设计电子电路频率响应指标的主要依据。

• 在时间上和幅值上均是连续的信号称为模拟信号，在时间上和幅值上均是离散的信号称为数字信号。处理模拟信号的电路称为模拟电路，处理数字信号的电路称为数字电路。

• 信号通过放大电路放大后，输出信号中增加的能量来自工作电源。电子电路中正、负电压的参考电位点常称为电路中的"地"，用符号"⊥"表示。它也常常作为电路输入与输出信号的共同端点。

• 放大电路是最基本的模拟信号处理电路。根据实际应用中输入信号（v_s 或 i_s）和输出信号（v_o 或 i_o）的不同，放大电路可分为四种类型：电压放大、电流放大、互阻放大和互导放大。可以用输入电阻 R_i、输出电阻 R_o 和受控电压源或受控电流源等基本元件，建立起这四种放大电路的模型，并通过它们分析放大电路的基本特性。四种放大电路模型之间可以相互转换，以便于不同情况下的电路分析。放大电路的输入电阻和输出电阻也会对信号的放大产生影响。在通信系统中功率放大更受到重视。

• 输入电阻、输出电阻、增益、频率响应和非线性失真等，是衡量放大电路品质优劣的主要性能指标，也是设计放大电路的依据。可以通过对电路的分析、计算或对实际电路的测量来确定这些性能指标。

习 题

1.2 信号的频谱

1.2.1 写出下列正弦电压信号的表达式（设初始相角为零）：

（1）峰-峰值 10 V，频率 10 kHz；

（2）有效值 220 V，频率 50 Hz；

（3）峰-峰值 100 mV，周期 1 ms；

（4）峰-峰值 0.25 V，角频率 1 000 rad/s。

1.2.2 图 1.2.2 所示方波电压信号加在一个电阻 R 两端，试用公式 $P=\frac{1}{T}\int_0^T \frac{v^2(t)}{R}\mathrm{d}t$ 计算信号在电阻上耗散的功率；然后根据式（1.2.3）分别计算方波信号的傅里叶展开式中直流分量、基波分量、三次谐波分量在电阻上耗散的功率，并计算这 3 个分量在电阻上耗散功率之和占电阻上总耗散功率的百分比。

1.4 放大电路模型

1.4.1 电压放大电路模型如图 1.4.2a 所示，设输出开路电压增益 $A_{vo}=10$。试分别计算下列条件下的源电压增益 $A_{vs}=v_o/v_s$：

（1）$R_i=10\ R_{si}$，$R_L=10\ R_o$；

（2）$R_i=R_{si}$，$R_L=R_o$；

（3）$R_i=R_{si}/10$，$R_L=R_o/10$；

（4）$R_i=10\ R_{si}$，$R_L=R_o/10$。

1.4.2 某电唱机拾音头内阻为 1 MΩ，输出电压为 1 V（有效值），如果直接与 10 Ω 扬声器相接，扬声器上的电压为多少？如果在拾音头和扬声器之间接入一个放大电路，它的输入电阻 $R_i=$ 1 MΩ，输出电阻 $R_o=10\ \Omega$，输出开路电压增益为 1，试求这时扬声器上的电压。

1.5 放大电路的主要性能指标

1.5.1 在某放大电路输入端测量到输入正弦信号电流和电压的峰-峰值分别为 5 μA 和 5 mV，输出端接 2 kΩ 电阻负载，测量到正弦电压信号峰-峰值为 1 V。试计算该放大电路的电压增益 A_v、电流增益 A_i、功率增益 A_p，并分别换算成 dB 数。

1.5.2 当负载电阻 $R_L=1$ kΩ 时，电压放大电路输出电压比负载开路（$R_L=\infty$）时输出电压减少 20%，求该放大电路的输出电阻 R_o。

1.5.3 一电压放大电路输出端接 1 kΩ 负载电阻时，输出电压为 1 V，负载电阻断开时，输出电压上升到 1.1 V，求该放大电路的输出电阻 R_o。

1.5.4 某放大电路输入电阻 $R_i=10$ kΩ，如果用 1 μA 电流源（内阻为∞）驱动，放大电路输出短路电流为 10 mA，开路输出电压为 10 V。求放大电路接 4 kΩ 负载电阻时的电压增益 A_v、电流增益 A_i、功率增益 A_p，并分别换算成 dB 数表示。

1.5.5 图题 1.5.5 所示电流放大电路的输出端直接与输入端相连，求输入电阻 R_i。

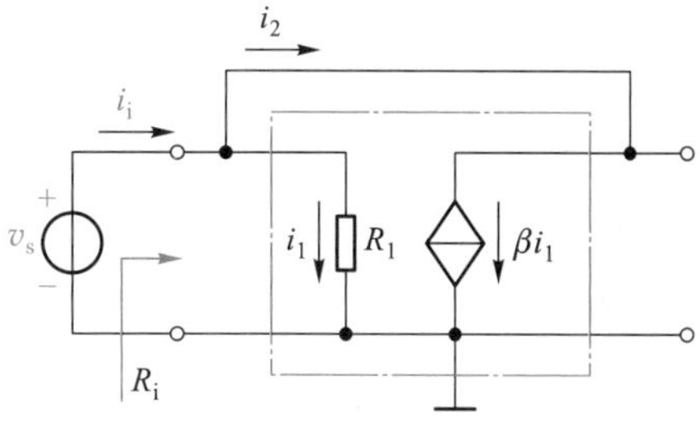

图题 1.5.5 电流放大电路

1.5.6 在电压放大电路的上限频率点处，电压增益比中频区增益下降了 3 dB，在相同输入电压条件下，该频率点处的输出电压是中频区输出电压的多少倍？

1.5.7 设一放大电路的通频带为 20 Hz～20 kHz，通带电压增益 $|\dot{A}_{vM}|=40$ dB，最大不失真交流输出电压范围是−3～+3 V。（1）若输入一个 $10\sin(4\pi\times10^3 t)$ mV 的正弦波信号，输出波形是否会产生频率失真和非线性失真？若不失真，则输出电压的峰值是多大？（2）若 $v_i=40\sin(4\pi\times10^4 t)$ mV，重复回答（1）中的问题；（3）若 $v_i=10\sin(8\pi\times10^4 t)$ mV，输出波形是否会产生频率失真和非线性失真？为什么？

第 1 章部分习题答案

2 运算放大器

引言

前面简述了放大电路的基本概念、电路模型和主要性能指标，下面来讨论一种十分重要的标准器件——集成电路运算放大器(integrated circuit-operational amplifiers，IC-OPA)，常简称集成运放或运放。自从 20 世纪 60 年代中期第一块集成运算放大器问世以后，由于其独特优势立刻受到广大电子工程师们的极大关注，在短短几年时间里，高性能、低价格的各种集成运放就应运而生，而且特性很快就接近理想。

正是因为集成运放具有近似理想的特性，设计实现各种应用电路简单方便，而且设计出的电路工作表现与理论预测得非常接近，所以集成运放已经成为模拟电路中应用极为广泛的一种器件，不仅用于信号的放大、运算、变换等线性电路，而且还可用于开关电路。

本章首先简要介绍集成运放内部的主要结构、电路模型、传输特性和几个重要指标。接着给出理想运放特性和电路模型。然后介绍用集成运放构成的线性应用电路，包括基本的同相放大电路和反相放大电路，求差(减法)、求和(加法)、积分、微分电路以及仪用放大器。希望读者学完本章后，就能用集成运放成功地设计出一些基本的应用电路。

2.1 集成电路运算放大器

1. 集成电路运算放大器简介

将制作在一小块硅片上的特定功能电路称为集成电路。该硅片上包含了电路需要的所有三极管、电阻、电容等元件以及它们的连线。集成电路具有功能强、体积小、功耗低、可靠性高、性价比高等优点。集成运放是目前应用最为广泛的一种模拟集成电路。由于还没有学习三极管电路，所以这里并不详细讨论集成运放内部电路，而是将它看作一个黑匣子，关注它的端口特性，其内部电路留待第 7 章介绍。

集成运放的种类很多，它们的内部电路也不尽相同，但绝大多数都可以划分为如图 2.1.1a 所示的输入级、中间级和输出级三个部分。输入级主要解决漂移的抑制和信号的有效放大问题；中间级的主要任务是极大地提高电压增益；输出级的主要任务是提高带负载能力。

电路有两个输入端：同相输入端 P(positive)和反相输入端 N(negative)，分别用“+”和“-”表示；一个输出端 O(output)。它们对“地”的电压分别用 v_P、v_N 和 v_O 表示。当仅有 P 端

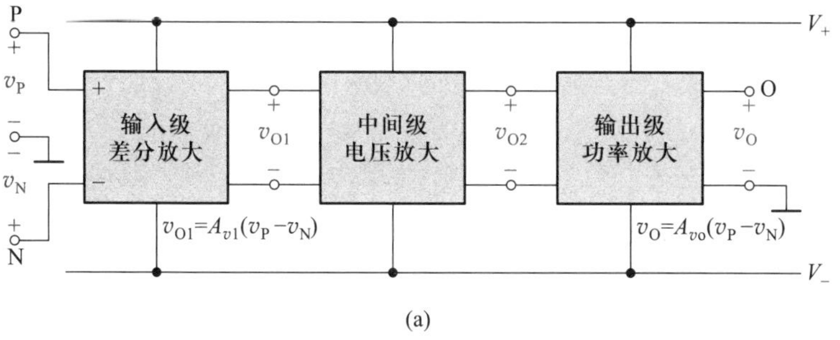

图 2.1.1 集成电路运算放大器

(a) 内部结构框图 (b) 一种双列直插封装的外形

加入电压信号 v_P时($v_N=0$),输出电压 v_O与 v_P同相;而当仅在 N 端加入电压信号 v_N 时($v_P=0$),v_O与 v_N反相。V_+和 V_-为供电电源接入端。

在图 2.1.1a 中,从信号放大的角度看,输入级放大的是 P、N 两输入端的电压差,即 $v_{O1}=A_{v1}(v_P-v_N)$,A_{v1}是输入级的电压增益。v_{O1}再经中间级和输出级放大后送至输出,$v_O=A_{vo}(v_P-v_N)$,A_{vo}是集成运放的总电压增益。由此看出,运放电路的功能是放大两个输入电压信号的差值。

图 2.1.1b 是集成运放的一种双列直插封装(dual in-line package,DIP)形式,此外还有许多其他封装形式,且引脚个数也不尽相同,这些在运放数据手册中都会给出描述。通常一个芯片内部会封装 1、2 或 4 个独立的运算放大器,但它们共用工作电源。

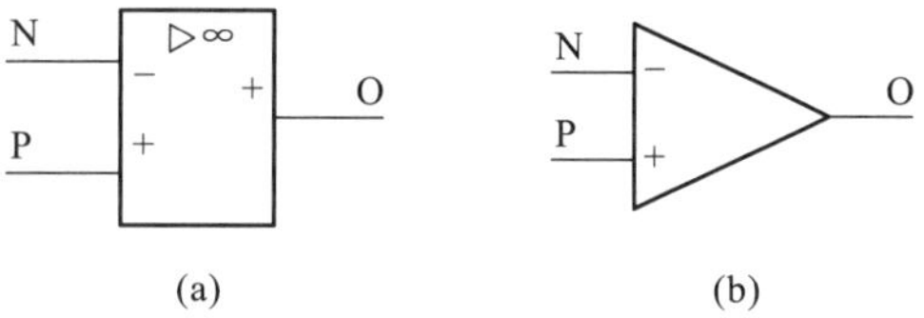

图 2.1.2 运算放大器的图形符号

(a) 国家标准规定的符号 (b) 国内外常用符号

两种常用的运算放大器图形符号如图 2.1.2 所示。其中▷表示信号从左(输入端)向右(输出端)传输的方向,两种符号均未画电源端。本书采用图 2.1.2b 所示的符号。

2. 运算放大器的电路简化模型

由第 1 章我们知道,在未知放大电路具体结构和参数情况下,可以通过建立电路的端口等效模型来研究放大电路,图 2.1.3 便是运算放大器的简化端口等效模型。运放的输入端口等效为一输入电阻 r_i,输出端口则等效为输出电阻 r_o 与受控电压源 $A_{vo}(v_P-v_N)$的串联,供电电源 V_1 和 V_2 分别为运放提供正、负工作电压。电源是运放工作的必备条件,为了简洁,电路原理图中通常省去供电电源电路,只在必要时才画出,但一定要注意它被隐含了。除非有特别说明,本书中所有运放电路均默认由对称的双电源供电。

由图 2.1.3 看出,受控源电压受同相端与反相端压差的控制,其中 A_{vo}是负载开路时的电压增益(图 2.1.1a 中的总增益),也称为开环电压增益,并且 $A_{vo}>0$。集成运放的 A_{vo}值较高,通常都超过 10^5;输入电阻 r_i 的值也较大,通常达 $10^6\Omega$ 或更高;相反,输出电阻 r_o 的值较小,常为几十欧或更低。A_{vo}、r_i 和 r_o 的值取决于运放内部电路。

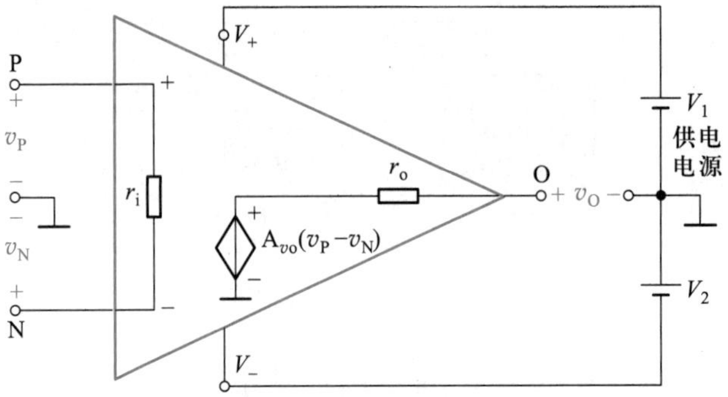

图 2.1.3 运算放大器的电路简化模型

3. 运算放大器的传输特性

图 2.1.3 中的输出电压 v_O受正、负工作电源电压的限制①，即 $V_- \leqslant v_O \leqslant V_+$。当 $A_{vo}(v_P-v_N)$ 超出电源电压时，$|v_O|$不再随$|v_P-v_N|$的增大而增加，v_O 只能保持在电源电压值（V_-或 V_+）上，此时称运放进入饱和状态，$v_O=A_{vo}(v_P-v_N)$的关系不再成立。

可以用电压传输特性曲线来描述 v_O与(v_P-v_N)的关系。运放的电压传输特性曲线如图 2.1.4 所示。曲线可以分为三段，中间斜线部分（ab 段）是**线性工作区**，此时输出与输入满足 $v_O=A_{vo}(v_P-v_N)$，斜率就是电压增益 A_{vo}。由此看出，输入压差只有在一定范围内，才能保证运放工作在线性区，而且增益越大，斜率越陡，(v_P-v_N)的线性范围也越小。

随着$|v_P-v_N|$的增大，当$|v_O|$受电源电压限制不再增加时，特性曲线转为水平（上、下两条水平线），输出与输入不再呈线性关系，此时的$|v_O|$达到最大值，也称饱和值。水平线区域称为**饱和区**，也称为**非线性区**或**限幅区**。

图 2.1.4 中 v_O的变化范围在正、负电源电压之间，这是一种理想情况。实际上，由于运放内部三极管会消耗一部分电压，所以最大输出电压通常会小于正电源电压，最小输出电压会大于负电源电压。当用 V_{om}表示输出电压的最大值时，有$+V_{om}=V_+-\Delta V$ 或$-V_{om}=V_-+\Delta V$，其中 ΔV 就是运放输出端的饱和压降②，且 $\Delta V>0$。

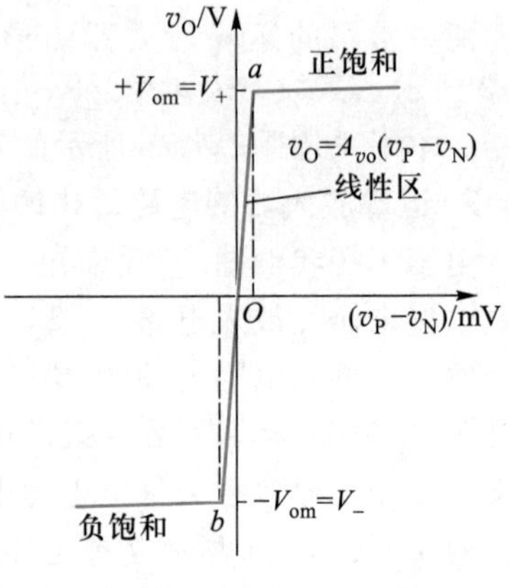

图 2.1.4 运算放大器的电压传输特性

在忽略输出饱和压降情况下，可用下列表达式来描述运放的电压传输特性：

若 $V_-<A_{vo}(v_P-v_N)<V_+$，则 $v_O=A_{vo}(v_P-v_N)$ (2.1.1)

当 $A_{vo}(v_P-v_N)\geqslant V_+$时，$v_O=+V_{om}=V_+$ (2.1.2)

当 $A_{vo}(v_P-v_N)\leqslant V_-$时，$v_O=-V_{om}=V_-$ (2.1.3)

例 2.1.1 电路如图 2.1.3 所示，运放的开环电压增益 $A_{vo}=2\times10^5$，输入电阻 $r_i=0.1\ \mathrm{M\Omega}$，输出饱和压降 $\Delta V=1\ \mathrm{V}$，电源电压 $V_+=+12\ \mathrm{V}$，$V_-=-12\ \mathrm{V}$。

---

① 受限原因将在后续三极管放大电路中见到。

② 运放内输出级三极管饱和时的压降。详见后续章节三极管工作原理。

(1) 求线性区输入压差(v_P-v_N)的范围,以及对应其极限值的输入电流 i_I;(2) 画出传输特性曲线 $v_O=f(v_P-v_N)$。

解:(1) 线性区输入压差的最大值

$$(v_P-v_N)_{max}=+V_{om}/A_{vo}=(V_+-\Delta V)/A_{vo}=11/(2\times10^5)\ V=+55\ \mu V$$

线性区输入压差的最小值

$$(v_P-v_N)_{min}=-V_{om}/A_{vo}=(V_-+\Delta V)/A_{vo}=-11/(2\times10^5)\ V=-55\ \mu V$$

对应的输入电流

$$i_I=(v_P-v_N)/r_i=\pm55\ \mu V/0.1\ M\Omega=\pm55\ \mu V/(0.1\times10^6)\ \Omega=\pm550\ pA$$

(2) 画传输特性曲线

在以(v_P-v_N)为横轴,v_O为纵轴的坐标系中,取 a 点(+55 μV, +11 V)和 b 点(-55 μV, -11 V),连接 a、b 两点得 ab 线段,其斜率 $A_{vo}=2\times10^5$。从 a 点开始向右侧画出水平线为正饱和区,以 b 点为起点,向左侧画出水平线为负饱和区。运放的电压传输特性如图 2.1.5 所示。当 $|v_P-v_N|<55\ \mu V$ 时,电路工作在线性区;否则,进入非线性区(限幅区)。

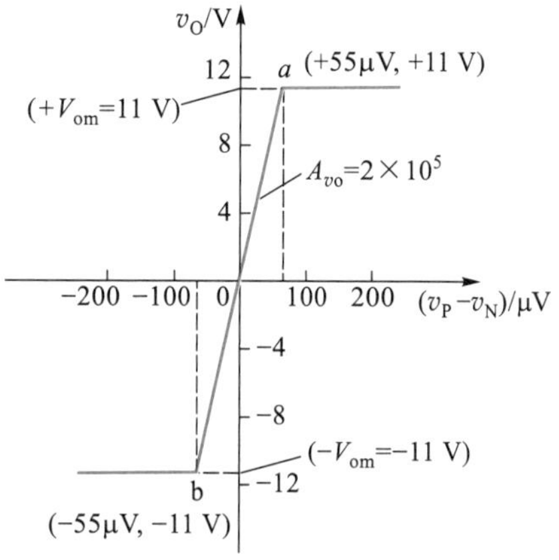

图 2.1.5 例 2.1.1 中运放的电压传输特性

4. 运算放大器的输出端电流

集成运放除了输出电压是有限值外,输出端的电流也是有限的。当运放输出端接负载(如图 2.1.6 所示)且 $v_O>0$ 时,电流将从输出端流出再流经负载 R_L;而当 $v_O<0$ 时,流经负载的电流将流入输出端。不论流入还是流出,集成运放输出端的电流都是有限的,一般通用型运放输出端最大电流的典型值约为±20 mA①。当负载阻值过小时,由于输出电流的限制,$|v_O|$的最大值将减小。例如,当运放电源电压为±15 V,输出端最大电流为±20 mA,负载电阻阻值为 200 Ω 时,v_O的变化范围将只有±20 mA ×200 Ω=±4 V,不再像正常工作时那样接近电源电压。

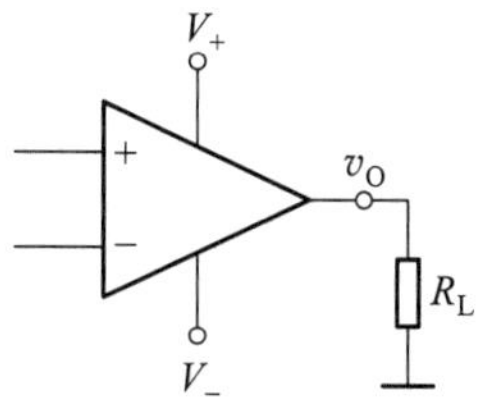

图 2.1.6 集成运放输出端接负载

5. 差模信号和共模信号

由图 2.1.3 看出,运放的输入电压 v_P 和 v_N 都是针对参考地而言的,它们可以表示成如图 2.1.7a 的形式。**差模输入信号**定义为两输入端信号的差值,那么,运放的差模输入电压 v_{id}就表示为

$$v_{id}=v_P-v_N \tag{2.1.4}$$

共模输入信号定义为两输入端信号的算术平均值,那么,运放的共模输入电压 v_{ic}就表示为

$$v_{ic}=\frac{v_P+v_N}{2} \tag{2.1.5}$$

---

① 不同型号的运放会有不同的值,需查阅运放具体型号的数据手册。

当用差模电压和共模电压表示两输入端电压时,由式(2.1.4)和式(2.1.5)得

$$v_P = v_{ic} + \frac{v_{id}}{2} \tag{2.1.6}$$

$$v_N = v_{ic} - \frac{v_{id}}{2} \tag{2.1.7}$$

由式(2.1.6)和式(2.1.7)看出,两输入端的共模电压大小相等,极性相同,而两输入端的差模电压大小相等,但极性相反。这时,运放的输入电压可以等效为如图 2.1.7b 所示的形式。

当用叠加原理仅考虑差模输入信号的作用时,可以等效为图 2.1.7c 的形式,定义这时的输出电压与差模输入电压之比为差模电压增益,即

$$A_{vd} = \frac{v'_O}{v_{id}} = \frac{v'_O}{v_P - v_N} \tag{2.1.8}$$

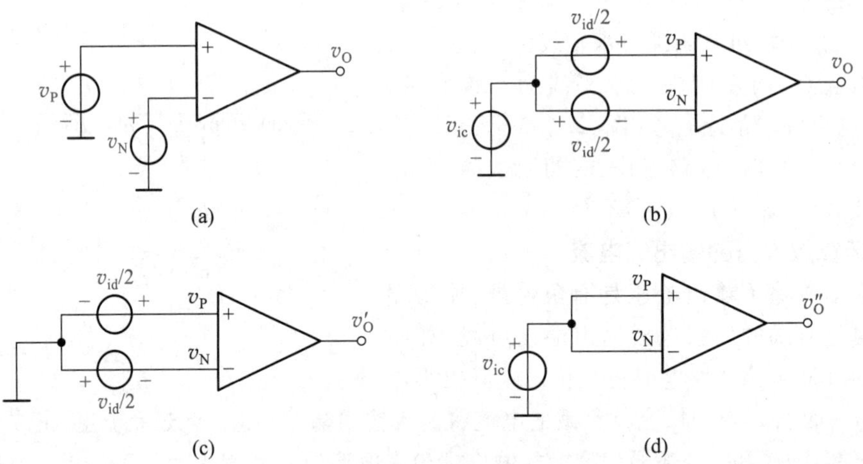

图 2.1.7 运算放大器的输入电压

(a) 同相端和反相端电压 (b) 用 v_{id} 和 v_{ic} 表示 v_P 和 v_N (c) 仅差模输入时 (d) 仅共模输入时

当仅考虑共模输入信号作用时,运放输入电压可等效为图 2.1.7d 的形式,定义此时的输出电压与共模输入电压之比为共模电压增益:

$$A_{vc} = \frac{v''_O}{v_{ic}} \tag{2.1.9}$$

当输入既有差模又有共模时,输出电压就是它们分别放大后的叠加,即根据式(2.1.8)和式(2.1.9)有

$$v_O = v'_O + v''_O = A_{vd} v_{id} + A_{vc} v_{ic} \tag{2.1.10}$$

对比图 2.1.7c 和图 2.1.3,由式(2.1.8)和式(2.1.1)可以看出,之前的开环电压增益就是差模电压增益,即 $A_{vo} = A_{vd}$。而在图 2.1.7d 的情况下,$v_P = v_N = v_{ic} \neq 0$ 时,实际运放的输出 $|v''_O|$ 非常小,与图 2.1.7c 情况下的输出相比完全可以忽略不计,即 $|v''_O| \ll |v'_O|$,$v_O \approx v'_O = A_{vd} v_{id}$。换言之,运放的共模电压增益非常小,理想情况为零,说明运放对共模信号有很强的抑制能力。为反映运算放大器放大差模信号与抑制共模信号的综合能力,定义差模增益与共模增益之比的绝对值为**共模抑制比**:

$$K_{CMR}=\left|\frac{A_{vd}}{A_{vc}}\right|①\tag{2.1.11}$$

理想情况下，共模电压增益为零，共模抑制比为无穷大，即 $A_{vc}=0$，$K_{CMR}=\infty$，运算放大器只放大差模输入电压。

复习思考题

2.1.1 集成运放的电压传输特性具有怎样的特点？输出电压的最大值与什么有关。

2.1.2 集成运放的三个重要参数：输入电阻 r_i、输出电阻 r_o 和开环电压增益 A_{vo} 通常的量值约为多少？

2.1.3 为什么运放工作在线性区时输入端压差非常小？

2.1.4 设某运放的输出电阻为 10 Ω，输出端最大电流为±20 mA，饱和压降为 1 V，电源电压为±12 V。当接 1 kΩ 负载时，$v_O=-10$ V，若将负载换为 100 Ω，则 v_O 约为多少伏？

2.1.5 差模输入电压和共模输入电压在运放的两个输入端分别表现出怎样的特征？

2.2 理想运算放大器

将集成运放的各项性能指标理想化就得到了理想的运放模型，常称为理想运算放大器或理想运放。它具有如下特性：

① 输出电压 v_O 的正负饱和值等于运放的电源电压，即 $+V_{om}=V_+$ 和 $-V_{om}=V_-$。亦即输出电压只能在正、负电源电压范围内变化。

② 开环电压增益趋近于无穷大，即 $A_{vo}\approx\infty$。当运放工作在线性区时，输出电压满足关系式 $v_O=A_{vo}(v_P-v_N)$，但 v_O 为有限值，所以有 $v_P-v_N=v_O/A_{vo}\approx0$，即 $v_P\approx v_N$，说明运放两输入端电压近似相等，如同两输入端近似短路，这种现象称为虚假短路，简称“虚短”。

③ 输入电阻趋近于无穷大，所以运放两输入端没有电流，即 $i_P\approx0$，$i_N\approx0$。

④ 输出电阻 $r_o\approx0$。

⑤ 共模电压增益为零，共模抑制比为无穷大，即 $A_{vc}\approx0$，$K_{CMR}\approx\infty$。

⑥ 开环带宽 $BW\approx\infty$（对所有频率的信号都有完全相同的 A_{vo}）。

⑦ 输出端电流无限制。

由此，图 2.1.3 可等效为图 2.2.1 所示的理想运放模型。相应地，图 2.1.4 电压传输特性曲线的斜线 ab 部分将变为理想的垂线。

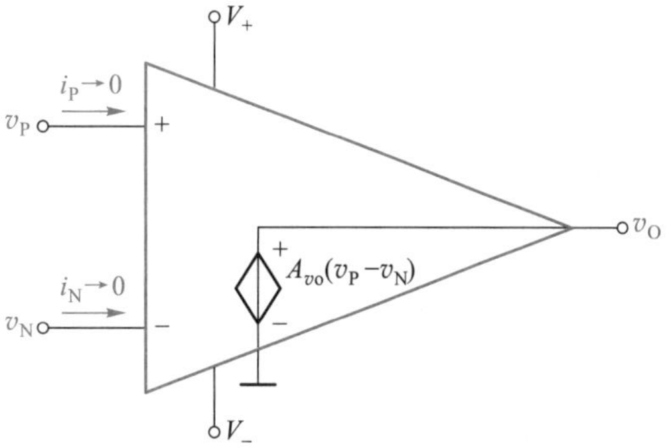

图 2.2.1 理想运放的电路模型

引入理想运放可以极大地简化运放电路的分析，而且实际运放的 A_{vo}、r_i、r_o、

① K_{CMR} 的下角是 common mode rejection 的缩写。

K_{CMR}等参数很接近理想运放，所以多数情况下用理想模型分析运放电路所产生的误差很小，结论与实际基本相符。本章接下来的电路分析大多采用理想运放模型，除非有特别说明。但是需要注意，理想运放的开环带宽和输出端电流与实际相差甚远，所以它不适合用来分析实际电路的这两项指标。

在线性区由理想运放导出的特性 $v_P - v_N \approx 0$（虚短）和 $i_P \approx 0$、$i_N \approx 0$（虚断），对分析和设计运放组成的各种线性应用电路非常重要，必须熟练掌握。

复习思考题

2.2.1 理想运放的开环电压增益为无穷大，为什么在线性区输出电压可以是有限值？什么情况下输出电压等于零？

2.2.2 当理想运放两输入端真实短路时，输出 v_O将为多少？

2.3 基本线性运放电路

由于集成运放的开环增益极高，线性区（$v_p - v_n$）的值非常小，一般的信号幅值都远超这个值，直接将其作为（$v_p - v_n$）的值放大，无法保证运放工作在线性区。为此需要在电路中引入负反馈，来减小（$v_p - v_n$）的值（如图 2.3.1 所示），从而保证运放工作在线性区。本章接下来讨论的内容都是运放在线性区的应用。

本节讨论同相放大电路和反相放大电路，它们是两种最基本的运放线性应用电路。许多其他线性应用电路都由这两种电路演变而成。

2.3.1 同相放大电路

1. 基本电路

我们知道，放大电路是一个双口网络，在图 2.3.1 所示电路中，运放的同相端与地之间构成输入端口，信号电压 v_i 由此端口输入，运放的输出端与地之间构成输出端口。输出电压 v_o 经 R_2 和 R_1 分压后送回到了反相输入端，这种将输出信号再送回到输入端的过程称为反馈。反相输入端的电压 $v_n = R_1 v_o / (R_1 + R_2)$，与无反馈（无 R_2、R_1 支路，反相端接地，$v_n = 0$）时相比，差模输入电压（$v_p - v_n$）大为减小，具有这种作用的反馈称为负反馈①。由于负反馈能极大地减小运放两输入端的压差，所以可以保证运放工作在线性区。本章后续电路中均有连接运放输出端和它的反相输入端的负反馈通路。由于反馈通路使电路形成了闭合环路，所以这种电路也常称为闭环电路。

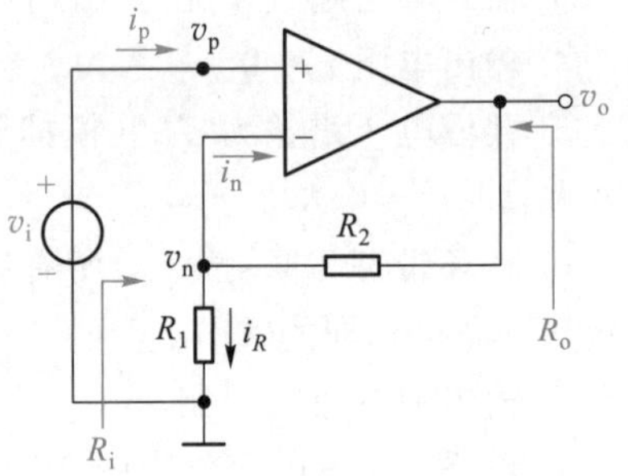

图 2.3.1 同相放大电路

① 关于反馈更详细的内容将在第 8 章讨论。当运放的输出信号通过电阻网络送回它的同相端时，引入的是正反馈，这种反馈常用于产生振荡，第 10 章将会看到这种应用电路。

2. 放大电路指标

在保证运放工作在线性区的情况下，就可以利用虚短和虚断的理想特性，分析运放电路的指标了。

(1) 闭环电压增益 A_v

图 2.3.1 电路通过 R_2 形成了闭环，这时称输出电压 v_o 与输入电压 v_i 之比为闭环电压增益。对运放反相端节点应用 KCL：

$$\frac{v_o - v_n}{R_2} = \frac{v_n}{R_1} + i_n \tag{2.3.1}$$

根据理想运放特性有 $v_n \approx v_p = v_i$，$i_p \approx i_n \approx 0$，代入式(2.3.1)得 $(v_o - v_i)/R_2 = v_i/R_1$，所以闭环电压增益为

$$A_v = \frac{v_o}{v_i} = 1 + \frac{R_2}{R_1} \tag{2.3.2}$$

A_v 为正值，表示 v_o 与 v_i 同相，所以称该电路为同相放大电路。同时，闭环电压增益 A_v 只取决于运放外部元件 R_1 和 R_2，而与运放本身的 A_{vo}、r_i 和 r_o 无关，那是否意味着与运放本身无关了呢？答案是否定的，运放的作用已经体现在推导出结果的前提条件中了，就是 $v_n \approx v_p$，$i_p \approx i_n \approx 0$。$A_v$ 的精度基本上取决于 R_1 和 R_2 的精度。

(2) 输入电阻 R_i

根据放大电路输入电阻的定义有

$$R_i = \frac{v_i}{i_i}$$

由于 $i_i \approx i_p \approx 0$，故从放大电路输入端口看进去的电阻为

$$R_i = \frac{v_i}{i_i} \approx \infty \tag{2.3.3}$$

这里需要注意，放大电路的输入电阻与运放的输入电阻是两个不同端口的电阻，不要混淆。

(3) 输出电阻 R_o

从图 2.3.1 电路输出端口向左看进去的等效电阻就是输出电阻，这个端口内的电路包括理想运放和电阻网络 R_1、R_2。由于理想运放的输出电阻约为零，且 R_1，R_2 引入的负反馈将进一步减小输出电阻（详见 8.3.4 节），所以电路的输出电阻也为零，即

$$R_o \approx 0 \tag{2.3.4}$$

例 2.3.1 同相放大电路如图 2.3.1 所示。设运放的最大输出电压为 10 V，即 $\pm V_{om} = \pm 10$ V，电阻 $R_1 = 1\ \text{k}\Omega$，$R_2 = 9\ \text{k}\Omega$。(1) 求放大电路的闭环电压增益和工作在线性区时输入电压 v_i 的变化范围，画出电路的传输特性 $v_o = f(v_i)$；(2) 当 $v_i = 0.5$ V 时，求流过 R_1 的电流和输出电压。

解：(1) 在线性区时，根据式(2.3.2)得闭环电压增益

$$A_v = v_o/v_i = (1 + R_2/R_1) = 10$$

对应 $v_o = +V_{om}$ 和 $v_o = -V_{om}$，v_i 的范围为

$$v_i \leqslant +V_{im} = +V_{om}/A_v = +10\ \text{V}/10 = +1\ \text{V}$$

$$v_i \geqslant -V_{im} = -V_{om}/A_v = -10\ V/10 = -1\ V$$

由此，在 v_i 为横轴、v_o 为纵轴的坐标系中确定两点：$(+V_{im}, +V_{om})$ 和 $(-V_{im}, -V_{om})$，即 $a(1\ V, 10\ V)$、$b(-1\ V, -10\ V)$ 两点，可画出电路的电压传输特性如图 2.3.2 所示。

(2) 根据虚短有 $v_n \approx v_p = v_i$。当 $v_i = 0.5\ V$ 时，求得流过 R_1 的电流

$$i_R = v_n/R_1 = v_i/R_1 = 0.5\ V/1\ k\Omega = 0.5\ mA$$

输出电压为

$$v_o = A_v v_i = 10 \times 0.5\ V = 5\ V$$

此时相当于传输特性曲线的 $M(0.5\ V, 5\ V)$ 点。

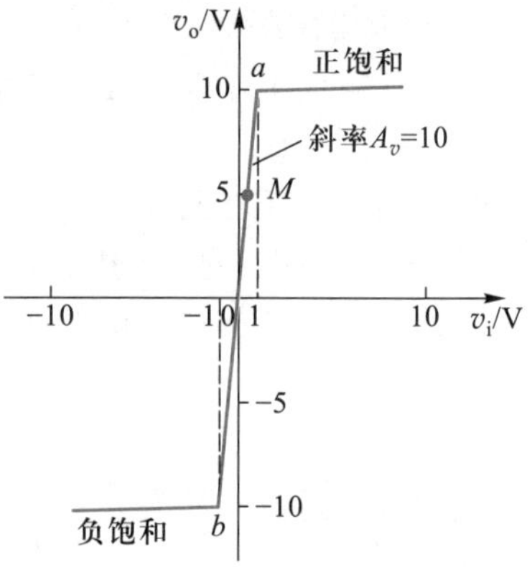

图 2.3.2　同相放大电路的电压传输特性

3. 电压跟随器

在图 2.3.1 所示同相放大电路中，令 $R_1 = \infty$，$R_2 = 0$，则得到如图 2.3.3 所示电路。由于输出电压 v_o 就是反相端的输入电压 v_n，利用虚短的概念，得到 $v_o = v_n \approx v_p = v_i$，即

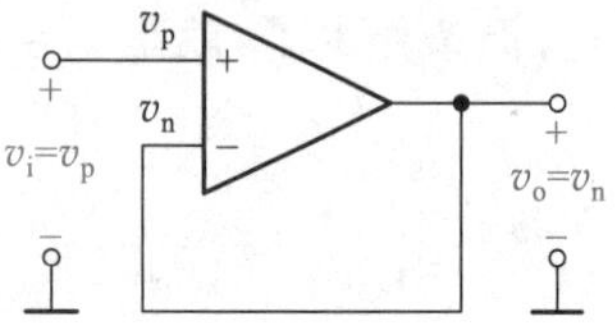

图 2.3.3　电压跟随器

$$A_v = \frac{v_o}{v_i} \approx 1 \tag{2.3.5}$$

可见，输出电压 v_o 与输入电压 v_i 大小相等，相位相同，因此，该电路称为电压跟随器。

同样可以得到它的输入电阻 $R_i \approx \infty$ 和输出电阻 $R_o \approx 0$。

电压跟随器的电压增益等于 1，是否意味着它对电压增益没有任何贡献呢？下面看一个例子。当一个内阻为 100 kΩ 的电压信号源直接驱动 1 kΩ 的负载时（如图 2.3.4a 所示），它的输出电压（也就是负载上获得的电压）v_o 为

$$v_o = \frac{R_L}{R_{si} + R_L} v_s = \frac{1}{100+1} v_s \approx 0.01 v_s$$

即负载从信号源获得的信号非常小。若在高内阻的信号源与低阻负载之间插入电压跟随器，如图 2.3.4b 所示。则因电压跟随器的输入电阻为无穷大，几乎不从信号源吸取电流，

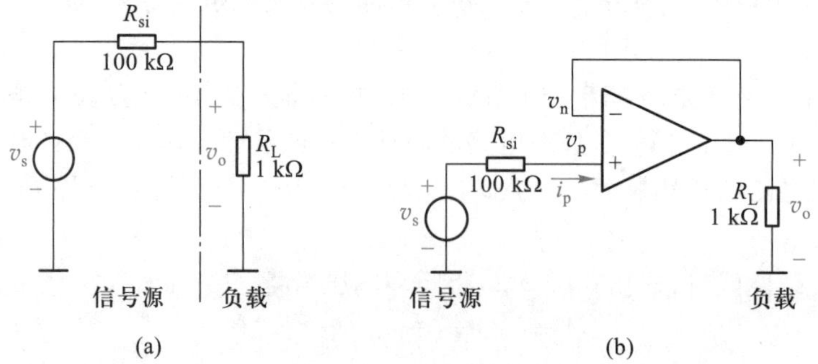

图 2.3.4　电压跟随器的应用

（a）高内阻的电压信号源驱动低阻负载　（b）接入电压跟随器后

$i_p=0$，故 $v_p=v_s$；又因为它的输出电阻为零，负载接入时输出电压不会衰减，所以 $v_o=v_n\approx v_p=v_s$，输出到负载上的电压大大增加了。可见，电压跟随器对电压增益是有贡献的。

由于电压跟随器具有几乎无穷大的输入电阻和无穷小的输出电阻，所以常将它看作阻抗变换器，用在高阻电压信号源和低阻负载之间，起到“隔离”或“缓冲”作用。故电压跟随器有时也称为**缓冲器**或**隔离器**。

另外还需注意，由于电压跟随器的 $v_n\approx v_p=v_i\neq 0$，意味着运放有共模信号输入，但只要共模抑制比足够高，就可以忽略它的影响，理想运放便是如此。

例 2.3.2　同相放大电路如图 2.3.5a 所示，设对交流信号频率而言电容的阻抗很小，可视作短路。(1) 试求电路的交流电压增益；(2) 若输入为直流电压，则电压增益又为多少？(3) 设电路中 $R_1=10\ \text{k}\Omega$，$R_2=100\ \text{k}\Omega$，$C=10\ \mu\text{F}$，运放采用 μA741，电源电压为±15 V，v_i 是幅值为 100 mV、频率为 1 kHz 的正弦波。用 SPICE[①] 仿真，绘出 v_i 和 v_o 的波形，并求电压增益；当输入为 2 V 直流电压时，再求输出的电压值。

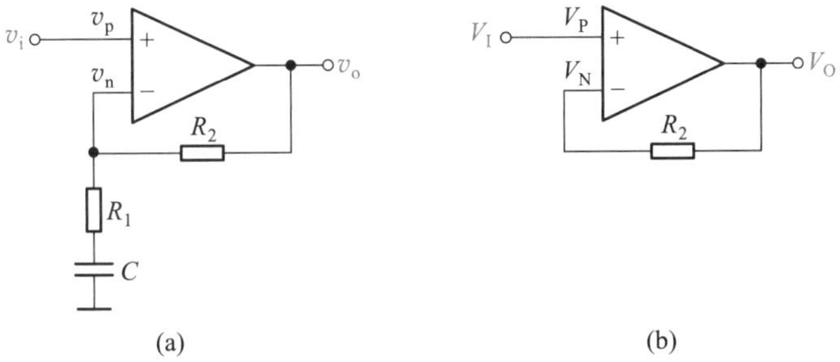

图 2.3.5　交流放大电路

(a) 电路图　(b) 直流情况的等效电路

解：(1) 由于对交流信号而言电容相当于短路，电路就是标准的同相放大电路，所以电压增益就是

$$A_v=\frac{v_o}{v_i}=1+\frac{R_2}{R_1}$$

(2) 当输入为直流电压时，电容相当于开路，电路可以等效为图 2.3.5b 的形式。这时虽然有电阻 R_2 存在，但是由于运放输入端无电流，所以 R_2 上没有压降，是等势体，仍有 $V_O=V_N\approx V_P=V_I$，电路就是电压跟随器，$A_v=1$。

该电路的交流电压增益可以远大于直流增益，专门用于放大交流信号，所以也称为交流同相放大电路。

仿真说明文档 2.1：
例 2.3.2 的仿真

(3) 仿真的 v_i 和 v_o 波形分别如图 2.3.6a 上、下所示。由图看出，输出波形的峰-峰值为 1.106 3 V−(−1.093 4 V) = 2.199 7 V，电压增益为 2.199 7 V/200 mV≈11 倍，与理论计算相符。当 $V_I=2$ V 时，V_I和 V_O波形分别如图 2.3.6b 上、下所示。可见 V_I和 V_O均为 2 V，电路对于直流相当

① Simulation Program with Integrated Circuit Emphasis 之字头，是一种电路仿真软件，最早由美国加州大学伯克利分校于 1970 年开发。更多信息请参见附录 A。

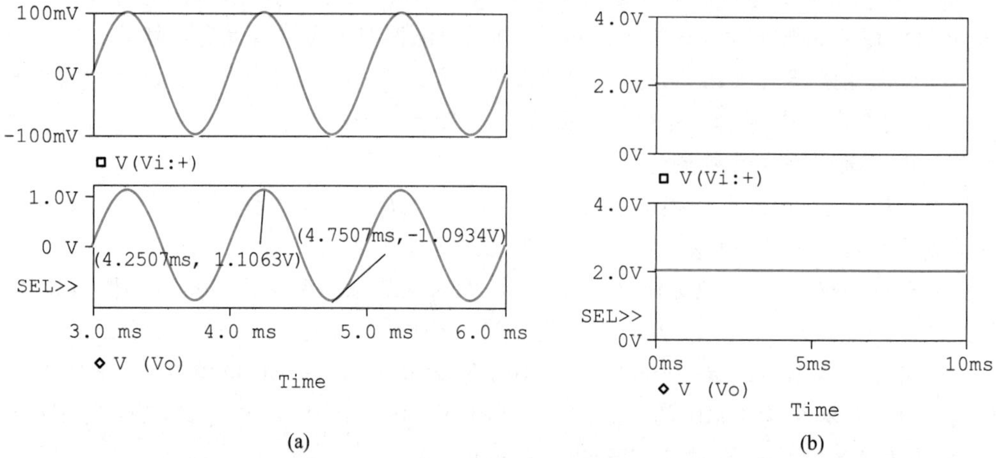

图 2.3.6 例 2.3.2 的仿真波形

（a）v_i 为 1 kHz 正弦波时的波形 （b）输入为直流时的波形

于电压跟随器。

2.3.2 反相放大电路

1. 基本电路

电路如图 2.3.7 所示，输入电压 v_i 通过 R_1 作用于运放的反相端，R_2 将输出信号送回到反相端，构成负反馈，同相端接地。由虚短的概念可知，$v_n \approx v_p = 0$，因此反相输入端的电位接近于地电位，故称“虚地”。虚地的存在是反相放大电路在闭环工作状态下的重要特征。

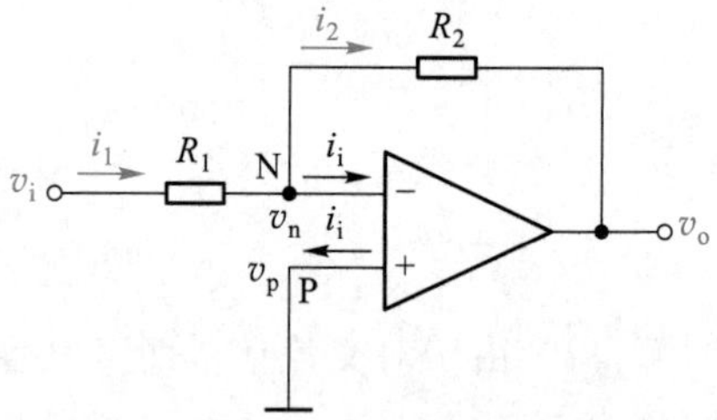

图 2.3.7 反相放大电路

2. 放大电路指标

（1）闭环电压增益

反相端为虚地点，即 $v_n \approx v_p = 0$，由 $i_p \approx i_n \approx 0$ 可知，$i_i = 0$，$i_1 = i_2$，故有

$$\frac{v_i - v_n}{R_1} = \frac{v_n - v_o}{R_2} \quad 或 \quad \frac{v_i}{R_1} = -\frac{v_o}{R_2}$$

由此得

$$A_v = \frac{v_o}{v_i} = -\frac{R_2}{R_1} \tag{2.3.6}$$

与同相放大电路类似，该电路的闭环电压增益也只与电阻 R_2 和 R_1 有关，负号表明输出电压 v_o 与输入电压 v_i 相位相反，当 $R_2 = R_1$ 时，就是单纯的反相电路，即 $v_o = -v_i$。

（2）输入电阻 R_i 和输出电阻 R_o

输入电阻是从 v_i 输入的端口看进去的等效电阻，因 $v_n = 0$，所以

$$R_i = \frac{v_i}{i_1} = \frac{v_i}{v_i / R_1} = R_1 \tag{2.3.7}$$

实际电路中过大的电阻会增大其热噪声①且容易引入干扰，所以 R_1 阻值会受到限制，意味着反相放大电路的输入电阻通常远小于同相放大电路的输入电阻。

与同相放大电路类似，反相放大电路的输出电阻也为零。

反相放大电路中 $v_p \approx v_n = 0$，所以运放无共模输入电压。而同相放大电路（图 2.3.1 所示）中，有 $v_p \approx v_n \neq 0$，表明运放的共模输入电压不为零，但当 K_{CMR} 接近理想值时，共模输出电压很小，可以忽略。换句话说，同相放大电路对运放的 K_{CMR} 有更高的要求。

例 2.3.3 将图 2.3.7 所示电路中的电阻 R_2 用 T 形网络代替，可以作为话筒的前置放大电路，如图 2.3.8 所示。（1）求电路的闭环电压增益表达式 $A_v = v_o / v_i$；（2）若选 $R_1 = 51\ \text{k}\Omega$，$R_2 = R_3 = 390\ \text{k}\Omega$，当 $v_o = -100\ v_i$ 时，计算 R_4 的值；（3）直接用 R_2 代替 T 形网络，当 $R_1 = 51\ \text{k}\Omega$，$A_v = -100$ 时，求 R_2 的值。

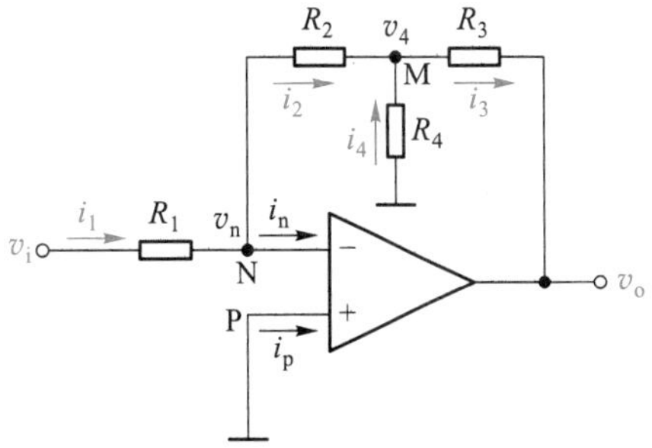

图 2.3.8 含有 T 形网络的反相放大电路

解：（1）利用理想运放特性有 $v_n \approx 0$ 和 $i_n \approx i_p \approx 0$，列出节点 N 和 M 的电流方程：

$$\begin{cases} i_1 = i_2 \\ i_2 + i_4 = i_3 \end{cases} \quad \text{即} \quad \begin{cases} \dfrac{v_i - 0}{R_1} = \dfrac{0 - v_4}{R_2} \\ \dfrac{0 - v_4}{R_2} + \dfrac{0 - v_4}{R_4} = \dfrac{v_4 - v_o}{R_3} \end{cases}$$

解上述方程组可得闭环电压增益

$$A_v = \frac{v_o}{v_i} = -\frac{R_2 + R_3 + (R_2 R_3 / R_4)}{R_1} = -\frac{R_2}{R_1}\left(1 + \frac{R_3}{R_2} + \frac{R_3}{R_4}\right) \tag{2.3.8}$$

（2）将 R_1、R_2、R_3 和 A_v 的值代入式（2.3.8），可求得 $R_4 = 35.2\ \text{k}\Omega$。可用 50 kΩ 电位器作为 R_4，将其调至 35.2 kΩ，使 $A_v = -100$。

（3）用 R_2 代替 T 形网络时，R_2 为

$$R_2 = -(A_v R_1) = 100 \times 51\ \text{k}\Omega = 5\ 100\ \text{k}\Omega$$

R_2 的阻值已达 5.1 MΩ，会带来较大噪声且容易引入干扰。而按比例减小 R_2 和 R_1 的值又不能满足电路对输入电阻（$R_i = R_1$）的要求。第（2）问中的 T 形网络则可以用低阻值电阻（R_2、R_3、R_4）得到高增益。

例 2.3.4 电流放大电路如图 2.3.9 所示。负载电阻 R_L 跨接在输出端与 M 点之间，没有接地（也称负载浮地）。（1）求电流增益表达式 $A_i = i_o / i_s$；（2）求电路的输入电阻。

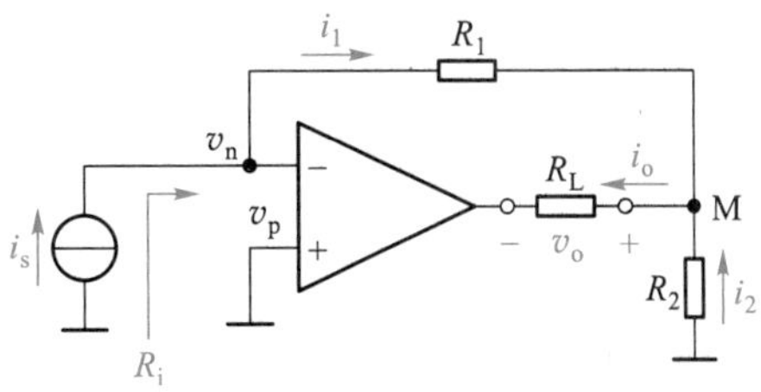

图 2.3.9 电流放大电路

解：（1）利用理想运放特性有 $v_n \approx v_p = 0$ 和 $i_n \approx i_p \approx 0$，则 $i_1 = i_s$，而且 R_1 和 R_2 相当于并联，

① 电阻的热噪声见 7.7 节。

所以 $i_1R_1=i_2R_2$，即

$$i_2=\frac{R_1}{R_2}\cdot i_1=\frac{R_1}{R_2}\cdot i_s$$

故电流增益为

$$A_i=\frac{i_o}{i_s}=\frac{i_1+i_2}{i_s}=\frac{i_s+\frac{R_1}{R_2}\cdot i_s}{i_s}=1+\frac{R_1}{R_2}$$

即

$$i_o=\left(1+\frac{R_1}{R_2}\right)i_s$$

可见输出电流 i_o 与负载 R_L 无关，改变 R_L 只会改变 v_o，i_o 相当于一个理想的受控电流源。另外还需注意，当改变输出电流 i_o 的参考方向时，A_i 和 i_o 的表达式将出现负号，表明实际的输入输出电流方向有固定的约束关系。

（2）电路的输入端口电压就是 v_n，由于 $v_n\approx 0$，所以输入电阻

$$R_i=\frac{v_n}{i_s}\approx 0$$

这时即使电流信号源是非理想的，其内阻也不会产生分流，所以这个电路是理想的电流放大电路。但是，在设计电路参数时要注意，$(R_2i_2+R_Li_o)$ 的最大电压值不能超过运放输出电压的最大范围，i_o 的最大值也不能超过运放输出端的最大电流，否则电路将无法正常工作。

* **例 2.3.5** 分析运放开环电压增益为有限值时，对图 2.3.7 所示反相放大电路闭环增益产生的影响。这里设 $R_1=1\ \text{k}\Omega$，$R_2=20\ \text{k}\Omega$，当运放的开环电压增益分别为 10^3、10^4 和 10^5 时（运放的其他参数仍为理想值），试计算对应的实际闭环电压增益，以及由理想运放求得的增益所产生的相对误差。

解：分析运放开环电压增益 A_{vo} 的影响时，就需要考虑输入端的差值电压，虚短不再成立，这时由 $v_o=A_{vo}(v_p-v_n)$ 和 $v_p=0$ 得

$$v_n=-v_o/A_{vo} \tag{2.3.9}$$

又因为 $i_i=0$，$i_2=i_1$，所以有

$$\frac{v_i-v_n}{R_1}=\frac{v_n-v_o}{R_2}$$

将式(2.3.9)代入上式整理后，得实际闭环电压增益：

$$A_v=\frac{v_o}{v_i}=-\frac{R_2}{R_1}\cdot\frac{1}{1+(1+R_2/R_1)/A_{vo}} \tag{2.3.10}$$

根据式(2.3.6)可知，理想运放情况下的闭环电压增益为 $-R_2/R_1$，所以相对误差为

$$E_r=\frac{|A_v|-|-R_2/R_1|}{|-R_2/R_1|}\times 100\% \tag{2.3.11}$$

由式(2.3.10)看出，只要 A_{vo} 远大于 $(1+R_2/R_1)$，A_v 就接近用理想运放求得的增益 $-R_2/R_1$。

将 R_1、R_2 和 A_{vo} 的值分别代入式(2.3.10)和式(2.3.11)中计算，得到实际闭环增益及对

应的理想运放闭环增益的相对误差如表 2.3.1 所示。由此看出，开环增益在 10^4 以上时，相对误差已经小于 3‰。而一般集成运放的 A_{vo} 都在 10^5 以上，所以有限的开环增益带来的误差通常都可以忽略不计，因为电阻 R_1、R_2 的误差所产生的影响远大于 A_{vo}。

表 2.3.1 相对误差

A_{vo}	A_v	E_r
10^3	-19.589	-2.06%
10^4	-19.958	-0.21%
10^5	-19.996	-0.02%

前面介绍了两种最基本的运放线性应用电路，主要关注的是增益、输入输出电阻等指标和输入输出关系，然而运放也是一个实际的电子器件，工作时不仅有电压和电流，还会消耗功率，下面通过一个例子说明这种情况。

例 2.3.6 在图 2.3.7 所示反相放大电路中，设 $R_1=10\ \text{k}\Omega$，$R_2=30\ \text{k}\Omega$，当信号为零时电源引脚电流 $I_Q=0.5\ \text{mA}$（也称为静态电流）。电路输出驱动一个 2 kΩ 的负载 R_L。(1) $v_i=0$ V时，求运放的输出电流、两电源引脚中的电流和运放的耗散功率；(2) $v_i=3$ V 时，再求(1)中的问题。

解：(1) 为便于分析，将补充了电源且标注了电流的电路重画于图 2.3.10 中。当 $v_i=0$ V 时，由式(2.3.6)可知 $v_o=0$，此时 $i_1=i_2=i_L=0$，运放的输出电流 $i_o=i_L+i_2=0$。由于信号为零，所以只有静态电流流过运放电源引脚端，即 $i_{V+}=i_{V-}=I_Q=0.5\ \text{mA}$。所以运放耗散功率 $P_A=(V_+-V_-)I_Q=30\ \text{V}\times0.5\ \text{mA}=15\ \text{mW}$。这时的功耗也称为静态功耗。

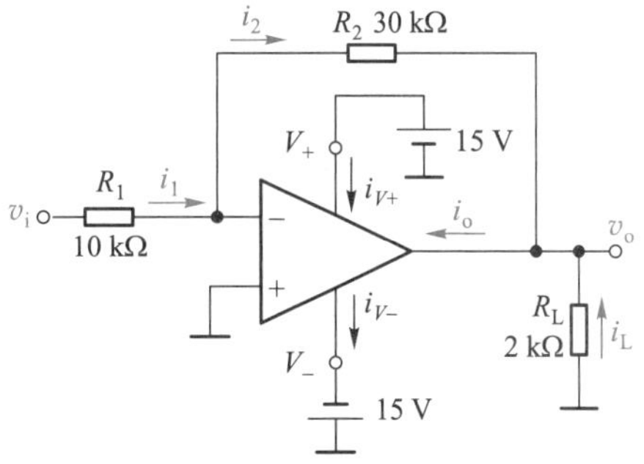

图 2.3.10 例 2.3.6 的电路

(2) 当 $v_i=3$ V 时，由式(2.3.6)得输出电压

$$v_o=-\frac{R_2}{R_1}v_i=-3\times3\ \text{V}=-9\ \text{V}$$

利用理想运放特性 $v_n\approx0$ 和 $i_n\approx i_p\approx0$，可求出各支路电流

$$i_2=i_1=\frac{v_i-0}{R_1}=\frac{3\ \text{V}}{10\ \text{k}\Omega}=0.3\ \text{mA}$$

$$i_L=\frac{0-v_o}{R_L}=\frac{9\ \text{V}}{2\ \text{k}\Omega}=4.5\ \text{mA}$$

$$i_o=i_L+i_2=4.5\ \text{mA}+0.3\ \text{mA}=4.8\ \text{mA}$$

注意，i_o 由输出端流入运放，从 V_- 引脚流出，经负电源和负载形成回路。所以此时 i_{V+} 仍为 0.5 mA，但 i_{V-} 在原来基础上叠加了 i_o，即

$$i_{V-}=I_Q+i_o=0.5\ \text{mA}+4.8\ \text{mA}=5.3\ \text{mA}$$

在原静态功耗的基础上加上 $v_i=3$ V 时新增的功耗，就可以得到当前运放的耗散功率。

由于同相端和反相端仍无电流，输出端电流流入后从负电源端流出，而输出端与负电源端的压差为(v_o − V_-)，所以运放的功耗

$$P_A = 15\ \text{mW} + (v_o - V_-)i_o = 15\ \text{mW} + 6\ \text{V} \times 4.8\ \text{mA} = 43.8\ \text{mW}$$

复习思考题

2.3.1 虚地和虚短的概念有何不同？什么情况下会出现虚地？

2.3.2 同相放大电路和反相放大电路在结构上有何异同？在放大电路指标上有何异同？

2.3.3 电压跟随器在电路中起到“隔离”或“缓冲”作用的关键因素是什么？

2.3.4 同相放大电路和反相放大电路闭环电压增益产生误差的主要原因是什么？

2.4 同相输入和反相输入放大电路的其他应用

2.4.1 求和电路

如果要将两个电压 v_{i1}、v_{i2} 相加，可以利用图 2.4.1 所示的求和电路来实现。两个输入电压均从运放的反相端输入。利用理想运放特性有虚地 $v_n \approx 0$ 和 $i_i \approx 0$，对反相输入端节点应用 KCL：

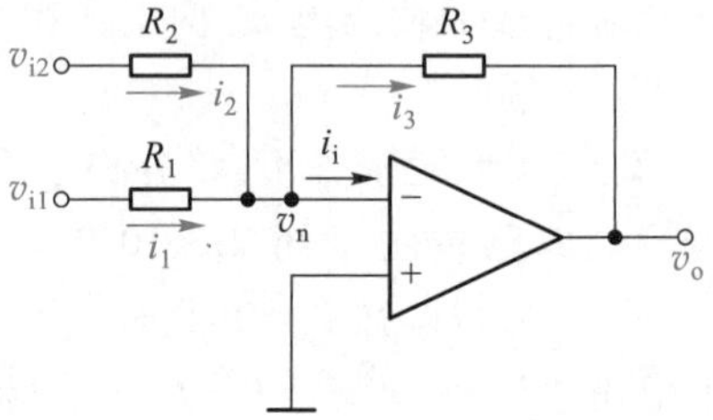

图 2.4.1 求和电路

$$i_1 + i_2 = i_3$$

即

$$\frac{v_{i1} - v_n}{R_1} + \frac{v_{i2} - v_n}{R_2} = \frac{v_n - v_o}{R_3} \tag{2.4.1}$$

将 $v_n \approx 0$ 代入式(2.4.1)得

$$\frac{v_{i1}}{R_1} + \frac{v_{i2}}{R_2} = -\frac{v_o}{R_3}$$

整理得

$$-v_o = \frac{R_3}{R_1}v_{i1} + \frac{R_3}{R_2}v_{i2} \tag{2.4.2}$$

即输出电压等于各输入电压按不同比例相加，式中负号是反相输入引起的。若 $R_1 = R_2 = R_3$，则式(2.4.2)变为

$$-v_o = v_{i1} + v_{i2} \tag{2.4.3}$$

若在图 2.4.1 的输出端再接一级反相电路，则可消去负号，实现完全符合常规的算术加法。

图 2.4.1 所示的电路可以扩展到更多的输入电压相加。也可以利用同相放大电路组成求和电路(见习题 2.4.2)。

例 2.4.1 某歌唱小组有一个领唱和两个伴唱，各自的歌声分别输入三个话筒，各话筒的内阻 $R_{si} = 500\ \Omega$，接入求和电路如图 2.4.2 所示。(1) 求输出电压 v_o 的表达式；(2) 当各话筒产生的电信号为 $v_s = v_{s1} = v_{s2} = v_{s3} = 10$ mV(有效值)时，$v_o = 2$ V(有效值)，伴唱支路增益 $A_{v1} = A_{v2}$，领唱支路增益 $A_{v3} = 2A_{v1}$，求各支路增益值；(3) 选择电阻 R_4、R_1、R_2 和 R_3 的阻值(要求阻值小于 100 kΩ)。

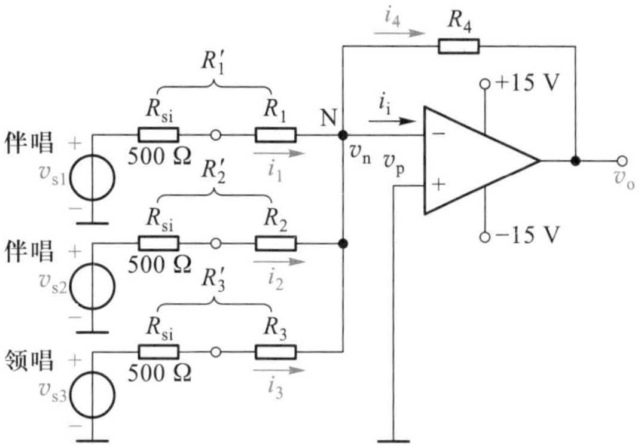

图 2.4.2 例 2.4.1 的电路

解:(1) 利用理想运放特性有 $v_n=0, i_i=0$,则对节点 N 应用 KCL 有

$$i_1+i_2+i_3=i_4 \quad 或 \quad \frac{v_{s1}}{R_{si}+R_1}+\frac{v_{s2}}{R_{si}+R_2}+\frac{v_{s3}}{R_{si}+R_3}=\frac{-v_o}{R_4}$$

由此得

$$v_o=-\frac{R_4}{R_{si}+R_1}v_{s1}-\frac{R_4}{R_{si}+R_2}v_{s2}-\frac{R_4}{R_{si}+R_3}v_{s3}=A_{v1}v_{s1}+A_{v2}v_{s2}+A_{v3}v_{s3} \tag{2.4.4}$$

(2) 将 $v_s=v_{s1}=v_{s2}=v_{s3}=10\text{ mV}, v_o=2\text{ V}, A_{v1}=A_{v2}$ 和 $A_{v3}=2A_{v1}$ 代入式(2.4.4)计算得

$$A_{v2}=A_{v1}=-50, \quad A_{v3}=2A_{v1}=-100$$

(3) 选择 $R_4=100\text{ k}\Omega$,由 $A_{v1}=-\dfrac{R_4}{R_{si}+R_1}$,得 $R_{si}+R_1=-\dfrac{R_4}{A_{v1}}=-\dfrac{100\text{ k}\Omega}{-50}=2\text{ k}\Omega$,则 $R_1=(2-0.5)\text{ k}\Omega=1.5\text{ k}\Omega$。同样可求得 $R_2=1.5\text{ k}\Omega$。再由 $A_{v3}=-\dfrac{R_4}{R_{si}+R_3}$,得 $R_{si}+R_3=-\dfrac{R_4}{A_{v3}}=-\dfrac{100\text{ k}\Omega}{-100}=1\text{ k}\Omega$,则 $R_3=(1-0.5)\text{ k}\Omega=0.5\text{ k}\Omega$。

2.4.2 求差电路

图 2.4.3a 所示电路是用来实现两个电压 v_{i1}、v_{i2} 相减的求差电路,又称差分放大电路。从电路结构上来看,它是反相输入和同相输入相结合的放大电路。利用理想运放特性有 $i_n\approx i_p\approx 0$,则节点 N 和 P 的电流方程为

$$\begin{cases} i_1=i_4 \\ i_2=i_3 \end{cases} \quad 即 \quad \begin{cases} \dfrac{v_{i1}-v_n}{R_1}=\dfrac{v_n-v_o}{R_4} \\ \dfrac{v_{i2}-v_p}{R_2}=\dfrac{v_p}{R_3} \end{cases} \tag{2.4.5}$$

根据虚短有 $v_p\approx v_n$,代入式(2.4.5)解得

$$v_o=\left(\frac{R_1+R_4}{R_1}\right)\left(\frac{R_3}{R_2+R_3}\right)v_{i2}-\frac{R_4}{R_1}v_{i1}=\left(1+\frac{R_4}{R_1}\right)\left(\frac{R_3/R_2}{1+R_3/R_2}\right)v_{i2}-\frac{R_4}{R_1}v_{i1} \tag{2.4.6}$$

如果选取阻值满足 $R_4/R_1=R_3/R_2$ 则式(2.4.6)的输出电压可简化为

$$v_o=\frac{R_4}{R_1}(v_{i2}-v_{i1}) \tag{2.4.7}$$

实现了求差功能。

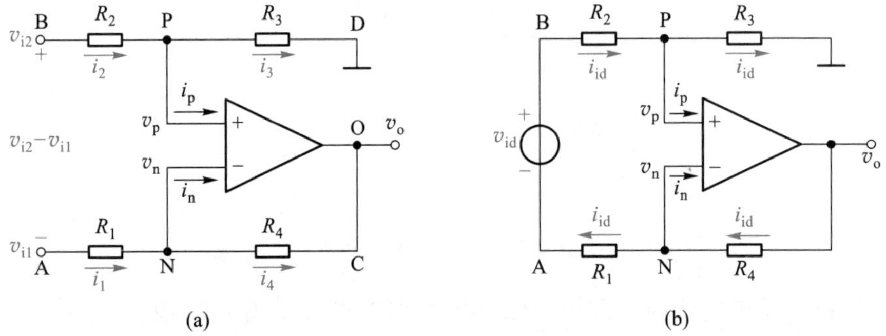

图 2.4.3 求差电路

(a) 电路图 (b) 求输入电阻的等效电路

同样可以将 2.1 节定义的差模信号和共模信号的概念应用于此。借助式(2.1.4)的定义,将式(2.4.7)中的($v_{i2}-v_{i1}$)看作差模输入电压 v_{id},由此得本电路的差模电压增益

$$A_{vd}=\frac{v_o}{v_{id}}=\frac{v_o}{v_{i2}-v_{i1}}=\frac{R_4}{R_1} \tag{2.4.8}$$

注意,如果交换表达式中 v_{i1} 和 v_{i2} 的位置,即用 $v_{i1}-v_{i2}$ 作为差模输入电压,式(2.4.8)的结果会有一个负号。

由式(2.4.7)可知,求差电路的输出只与差模输入电压有关,即它只能放大 v_{i2} 和 v_{i1} 两输入端的压差,不能放大它们的共模电压。但当电阻误差导致 $R_4/R_1\neq R_3/R_2$ 时,共模增益将不再为零,详见例 2.4.2。

除了差模电压增益,求差电路也有输入电阻指标。从图 2.4.3a 电路的 A、B 两端之间看进去的电阻称为差模输入电阻,它是在差模输入信号作用下的端口等效电阻,可由图 2.4.3b 所示的等效形式求得。由于信号源 v_{id} 正端流出电流必定等于其负端流入电流,再利用 $v_p\approx v_n$ 和 $i_p\approx i_n\approx 0$ 得

$$v_{id}=i_{id}R_1+i_{id}R_2$$

所以差模输入电阻为

$$R_{id}=\frac{v_{id}}{i_{id}}=R_1+R_2 \tag{2.4.9}$$

由于 R_1 和 R_2 的阻值越大,增益越小,故它们不能无限制地增大,所以该电路的输入电阻通常不会很大。

当然,根据端口等效电阻的定义,也可以求出 B 端与地之间的输入电阻为 R_2+R_3,A 端与地之间的输入电阻为 R_1。实际上它们分别就是同相放大电路的输入电阻和反相放大电路的输入电阻。

受运放输出电阻($r_o\approx 0$)的影响,电路的输出电阻 $R_o\approx 0$。

例 2.4.2 在图 2.4.3a 所示的求差电路中，设 $R_1=R_2=2\ \text{k}\Omega$，$R_3=R_4=200\ \text{k}\Omega$，(1) 求差模电压增益 A_{vd}；(2) 如果电阻值有±1%的误差，求最坏情况下的共模电压增益 A_{vc} 和共模抑制比 K_{CMR}。

解：(1) 由于有 $R_4/R_1=R_3/R_2$，所以由式(2.4.8)得差模电压增益

$$A_{vd}=\frac{v_o}{v_{id}}=\frac{v_o}{v_{i2}-v_{i1}}=\frac{R_4}{R_1}=100$$

(2) 当输入共模电压时，图 2.4.3a 电路可等效为图 2.4.4 所示电路。利用 $v_p\approx v_n$ 和 $i_p\approx i_n\approx 0$ 列写电路方程有

$$\begin{cases}v_p=\dfrac{R_3}{R_2+R_3}v_{ic}\\[2ex]\dfrac{v_{ic}-v_n}{R_1}=\dfrac{v_n-v_o}{R_4}\end{cases}\quad\text{或}\quad\begin{cases}v_p=\dfrac{R_3}{R_2+R_3}v_{ic}\\[2ex]\dfrac{v_{ic}-v_p}{R_1}=\dfrac{v_p-v_o}{R_4}\end{cases}\tag{2.4.10}$$

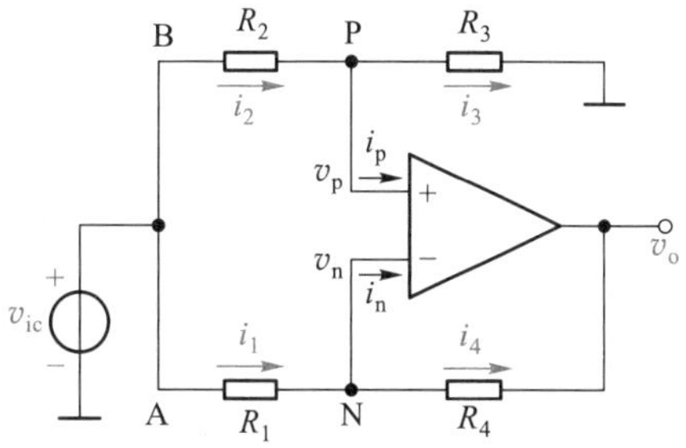

图 2.4.4 图 2.4.3a 输入共模电压时的等效电路

由此得到共模电压增益

$$A_{vc}=\frac{v_o}{v_{ic}}=\frac{R_3}{R_2+R_3}\left(1-\frac{R_2R_4}{R_1R_3}\right)\tag{2.4.11}$$

如果 $R_4/R_1=R_3/R_2$，且电阻值不存在误差，那么式(2.4.11)括号中将为 0，使 $A_{vc}=0$，共模抑制比 $K_{\text{CMR}}=|A_{vd}/A_{vc}|=\infty$。当电阻有±1%误差时，最坏情况是指所有电阻的偏差方向正好导致式(2.4.11)的绝对值最大，此时

$$A_{vc}=\frac{200\ \text{k}\Omega\times0.99}{2\ \text{k}\Omega\times1.01+200\ \text{k}\Omega\times0.99}\times\left(1-\frac{2\ \text{k}\Omega\times1.01\times200\ \text{k}\Omega\times1.01}{2\ \text{k}\Omega\times0.99\times200\ \text{k}\Omega\times0.99}\right)\approx-0.04$$

共模抑制比

$$K_{\text{CMR}}=\left|\frac{A_{vd}}{A_{vc}}\right|=2\ 500$$

为提高运算精度，有制造商将 4 个电阻与运放一起集成在一个芯片中，生产了称为精密单位增益差分放大器的产品，如 INA105。它的 4 个电阻取值为 $R_1=R_2=R_3=R_4=25\ \text{k}\Omega$，且除了两个电源端外，还有 5 个引出端，如图 2.4.3a 中的 A、B、C、D 和 O 端。若将这些端子进行不同的组合连接，也可现实不同的电路功能，见复习思考题 2.4.2。

2.4.3 仪用放大器

仪用放大器电路如图 2.4.5 所示。A_1、A_2 组成第一级放大电路，v_1 和 v_2 是它的输入，v_3 和 v_4 是它的输出。A_3 组成的第二级就是求差电路。针对第一级，利用理想运放的虚短和 $i_p=i_n=0$，有 $v_{n1}=v_1$，$v_{n2}=v_2$，且流过 R_1 和两个 R_2 的电流相等，即 $i_{R2}=i_{R1}=(v_{n1}-v_{n2})/R_1=(v_1-v_2)/R_1$，故得

$$v_3-v_4=i_{R1}R_1+2i_{R2}R_2=\left(1+\frac{2R_2}{R_1}\right)(v_1-v_2)\tag{2.4.12}$$

可见,第一级输出电压的差值就是输入电压差值的放大。

对比第二级与图 2.4.3a 的求差电路,以这里的 v_3-v_4 替换 $v_{i1}-v_{i2}$、R_3 替换 R_1,代入式(2.4.7)可得

$$v_o=-\frac{R_4}{R_3}(v_3-v_4)=-\frac{R_4}{R_3}\left(1+\frac{2R_2}{R_1}\right)(v_1-v_2) \tag{2.4.13}$$

于是电路的电压增益为

$$A_v=\frac{v_o}{v_1-v_2}=-\frac{R_4}{R_3}\left(1+\frac{2R_2}{R_1}\right) \tag{2.4.14}$$

与求差电路类似,这个增益也是差模电压增益,而且当电阻值有误差时,电路的共模电压增益也不为零,共模抑制比也变为有限值。

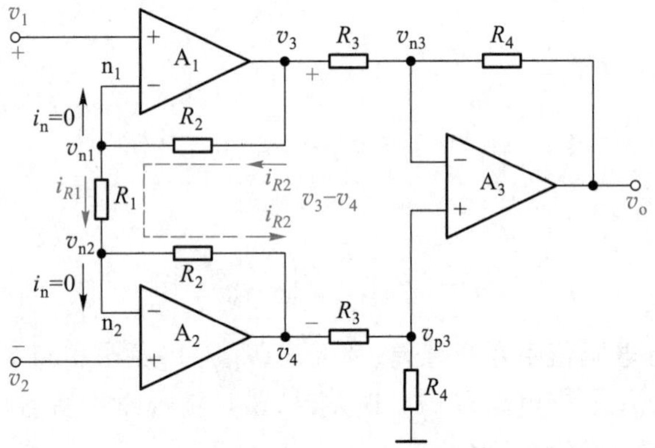

图 2.4.5 仪用放大器

目前有很多集成的仪用放大器供选用,芯片内通常包含了图 2.4.5 中除 R_1 以外的所有电路,使用时只需用户外接 R_1,如 INA128,其内部电阻 $R_2=25\ \text{k}\Omega$,$R_3=R_4=40\ \text{k}\Omega$。当外接电阻 R_1 在 50 kΩ~5 Ω 范围内变化时,增益 A_v 可在 2~10 001 范围内变化。R_1 开路时,$A_v=1$。

由于 v_1 和 v_2 的输入端电流近似为零,所以输入电阻趋于无穷大。

当两输入端信号中含有共模电压 v_{ic} 时,根据"虚短"有 v_{n1c}①$=v_{n2c}=v_{ic}$,那么共模电压在 R_1 上产生的电流 $i_{R1c}=(v_{n1c}-v_{n2c})/R_1=0$,同时 $i_{R2c}=i_{R1c}=0$,使 $v_{3c}-v_{4c}=i_{R1c}R_1+2i_{R2c}R_2=0$,即 $v_{3c}=v_{4c}$,表明 A_1、A_2 输出的共模电压相等,再经 A_3 的求差电路得 $v_{oc}=0$,说明仪用放大器有很强的抑制共模电压的能力。它在测量系统中得到广泛应用。

*** 应用实例——心电信号放大电路**

人体心电信号放大电路是仪用放大器的一个典型应用。图 2.4.6a 是心电信号放大电路的简化原理示意图。心电信号由左臂电极 LA 和右臂电极 RA 取出后,以差模电压($v_{la}-v_{ra}$)的形式送入仪用放大器 INA128 放大,其增益为

---

① 下标中的"c"表示共模分量。

$$A_v = \frac{v_o}{v_{la}-v_{ra}} = \left(1+\frac{50\ \text{k}\Omega}{R_1}\right) \tag{2.4.15}$$

通过选取 R_1 的阻值,就可以设计具体增益值。

差模的心电信号幅度通常在毫伏量级。而人体也会感应环境的电磁干扰,特别是50 Hz的工频干扰,那么电极电压 v_{la} 和 v_{ra} 中就都包含这个干扰,而且表现为共模电压,其幅度常常比心电信号高千倍以上。

尽管 INA128 有很高的共模抑制比(约 95 dB),但还是希望通过降低共模干扰来更好地放大心电信号。为此,增加一个右腿驱动电路,用它来提取 v_{la} 和 v_{ra} 中的共模干扰电压,然后反相放大,再通过右腿电极 RL 送回到人体,从而削减人体的共模干扰电压。图 2.4.6b 描述了这个电路的工作原理,所有放大器均用±15 V 电源供电。v_{cm} 是人体感应的等效共模干扰电压源,R_{si} 是其等效内阻①。在忽略人体电阻时,LA、RA、RL 三个电极相当于并接在共模信号源上,INA128 两输入端的共模干扰电压为 v_{ic}。

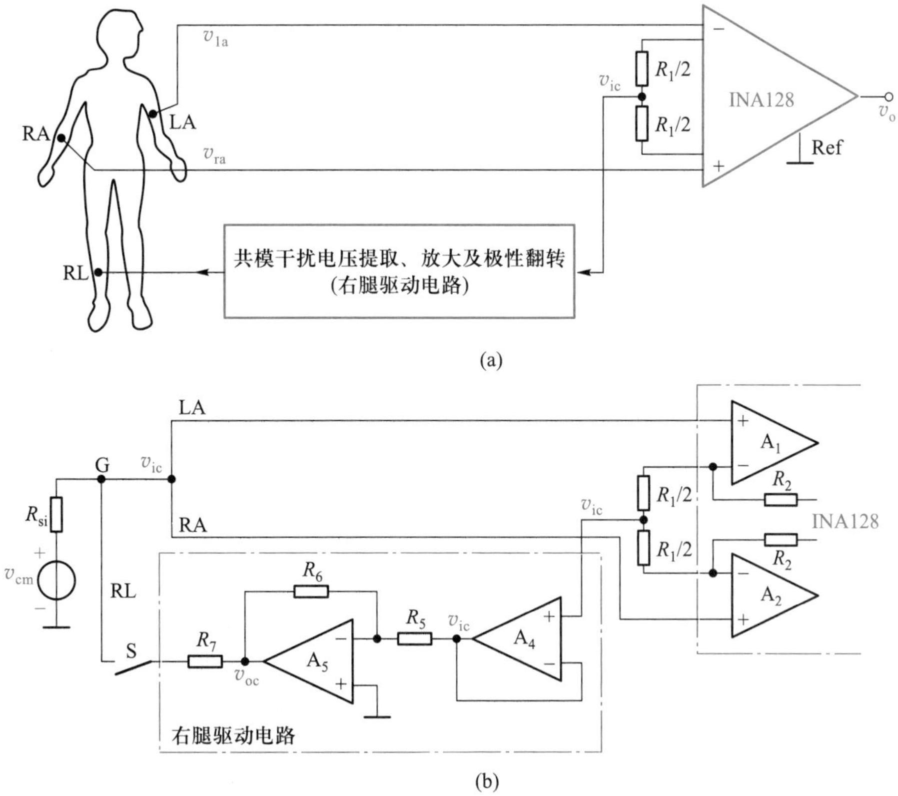

图 2.4.6 心电信号放大电路

(a) 心电信号放大简化原理示意图 (b) 等效共模信号及右腿驱动电路作用

① 实际干扰源的等效内阻往往是与频率相关的阻抗。

当未采用右腿驱动电路时，即开关 S 断开，由于 INA128 内 A_1、A_2 输入端电流为零，所以 R_{si} 中无电流，也就没有压降，这时有

$$v_{ic}=v_{cm} \tag{2.4.16}$$

可见，共模干扰电压 v_{cm} 全部加到了仪用放大器输入端。再根据式(2.1.9)和式(2.1.11)，可以得到 INA128 输出端的共模干扰电压幅值

$$v_{oc128}=|A_{vc}|v_{ic}=\frac{|A_v|}{K_{CMR}}\cdot v_{cm} \tag{2.4.17}$$

其中 A_v 就是式(2.4.15)的差模电压增益，K_{CMR} 为 INA128 的共模抑制比。当它们确定后，INA128 输出的共模干扰电压的大小就取决于共模干扰源 v_{cm} 的大小。

右腿驱动电路中 A_4 构成电压跟随器，A_5、R_5 和 R_6 构成反相放大电路。R_7 是限流电阻，以免电流超过安全值对人体造成伤害。由于 v_{ic} 同时加到了 A_1、A_2 的同相端，根据运放虚短特性可知，它们的反相端电压也都等于 v_{ic}。又因为 A_4 同相端无电流，所以两个 $R_1/2$ 中也无共模电流，是等势体，则 A_4 同相端电压就等于 v_{ic}。

当接入右腿驱动电路后(S 闭合)，对 G 点应用 KCL

$$\frac{v_{cm}-v_{ic}}{R_{si}}=\frac{v_{ic}-v_{oc}}{R_7} \tag{2.4.18}$$

又因为 A_5 反相放大电路有

$$v_{oc}=-\frac{R_6}{R_5}v_{ic}=-Kv_{ic} \tag{2.4.19}$$

其中 $K=R_6/R_5$。将式(2.4.19)代入式(2.4.18)得

$$v_{ic}=\frac{1}{(R_{si}/R_7)(1+K)+1}\cdot v_{cm} \tag{2.4.20}$$

可见，加到仪用放大器输入端的共模干扰电压 v_{ic} 明显小于 v_{cm}，而且 K 越大，v_{ic} 越小。将式(2.4.20)代入式(2.4.17)前半部分，便得到此时 INA128 输出端的共模干扰电压

$$v_{oc128}=|A_{vc}|v_{ic}=\frac{|A_v|}{K_{CMR}}\cdot\frac{1}{(R_{si}/R_7)(1+K)+1}\cdot v_{cm} \tag{2.4.21}$$

对照式(2.4.17)可以看出，共模干扰电压大大减小。

综上分析，右腿驱动电路从 INA128 输入端的信号中提取出共模电压，经反相放大后再通过右腿电极送回到人体，由于这个共模电压极性被翻转，所以叠加到人体上后可以抵消人体原来的共模干扰电压，从而减小了送到仪用放大器输入端的共模干扰电压，最终减小了 INA128 输出端的共模干扰。

将式(2.4.20)代入式(2.4.19)得

$$v_{oc}=-\frac{R_7}{R_{si}}\cdot\frac{K}{1+K+R_7/R_{si}}\cdot v_{cm}\xrightarrow{K\gg 1+R_7/R_{si}}v_{oc}\approx-\frac{R_7}{R_{si}}\cdot v_{cm} \tag{2.4.22}$$

由于共模干扰电压 v_{cm} 的幅值有可能超过运放的电源电压，所以由式(2.4.22)可知，R_7 的值通常要根据 v_{cm} 的幅值确定，使 v_{oc} 不超过 A_5 的线性工作范围。可以根据实际需要选择相关的元件参数。

实用的心电信号放大电路还需要考虑滤波等信号处理环节，这将在第 10 章介绍。

2.4.4 积分电路和微分电路

1. 积分电路①

积分是一种常见的数学运算，这里所讨论的是模拟信号的积分。积分电路如图 2.4.7 所示。利用理想运放特性有 $v_N \approx 0, i_I = 0$，因此有 $i_1 = i_2$，电容 C 以电流 $i_1 = v_I/R$ 进行充电。假设电容 C 的初始电压 $v_C(0) = 0$，则

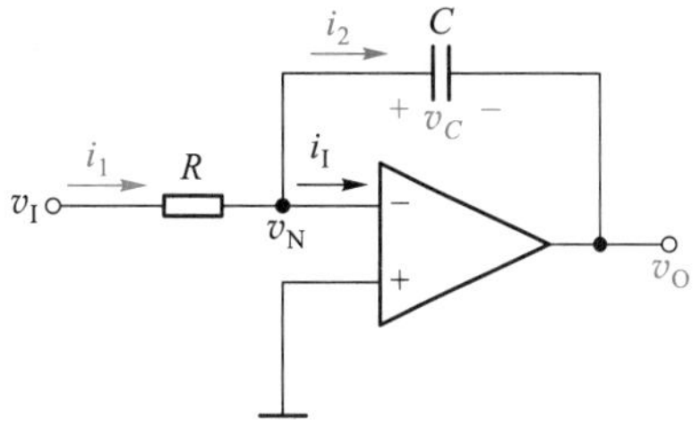

图 2.4.7　积分电路

$$v_N - v_O = -v_O = \frac{1}{C}\int i_1 dt = \frac{1}{C}\int \frac{v_I}{R} dt$$

得

$$v_O = -\frac{1}{RC}\int v_I dt \qquad (2.4.23)$$

即输出电压是输入电压对时间的积分，负号表示它们的极性相反，所以此电路又称为反相积分器。图中 $v_O = -v_C$。

当输入信号 v_I 为图 2.4.8a 所示的阶跃电压时，在 $t>0$ 后，电容器将以恒流方式充电，输出电压 v_O 与时间 t 呈线性关系，如图 2.4.8b 所示。即

$$v_O = -\frac{V_I}{RC}t = -\frac{V_I}{\tau}t \qquad (2.4.24)$$

式中积分时间常数 $\tau = RC$。由图 2.4.8b 看出，当 $t = \tau$ 时，$v_O = -V_I$。当 $t>\tau$ 后，$|v_O|$ 继续增大，直到 $v_O = -V_{om}$，此时受电源电压限制，$|v_O|$ 不再增大，运放进入饱和状态，电路停止积分。

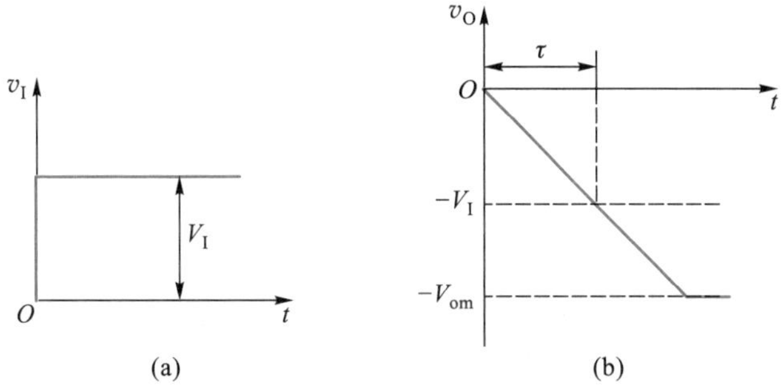

图 2.4.8　积分电路的阶跃响应

(a) 输入电压波形　(b) 输出电压波形

在实际的积分电路中，由于运放并非理想，即使 v_I 为零，运放输入端的直流误差（详见 7.5 节）也会始终对电容进行同一方向的充电，虽然电流很小，但只要时间足够长，就会导致运放进入饱和状态而无法再对信号进行积分运算。为解决这个问题，常在电容 C 两端并联一个大电阻，构成直流负反馈，防止运放进入饱和状态。

---

① 又称为米勒积分器（Miller integrator）。

积分电路应用广泛,可用来构成三角波或锯齿波发生器、有源滤波器、数模转换器等。它也是自动控制系统中 PID① 调节器的重要组成部分(见图 2.4.13)。

例 2.4.3 电路如图 2.4.7 所示,设电源电压为±15 V, $R=10\ \text{k}\Omega$, $C=5\ \text{nF}$,输入电压 v_I波形如图 2.4.9a 所示,在 $t=0$ 时,电容 C 的初始电压 $v_C(0)=0$,试画出输出电压 v_O的波形,并标出 v_O的幅值。

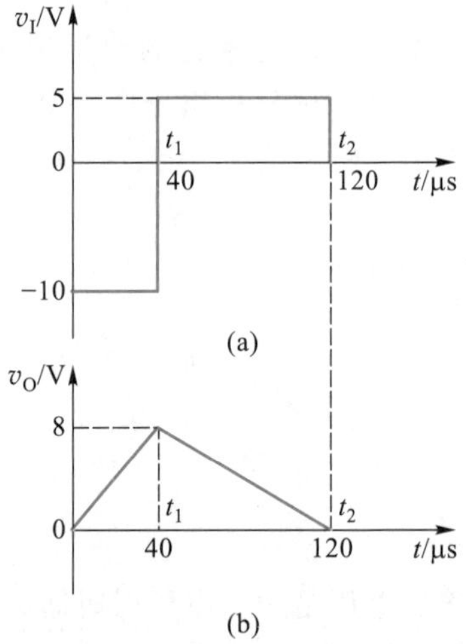

图 2.4.9 例 2.4.3 波形图

(a) 输入电压波形 (b) 输出电压波形

解: 在 $t=0$ 时, $v_O(0)=0$,当 $t_1=40\ \mu\text{s}$ 时

$$v_O(t_1)=-\frac{V_{I1}}{RC}t_1=-\frac{-10\times40\times10^{-6}}{10\times10^3\times5\times10^{-9}}\ \text{V}=8\ \text{V}$$

当 $t_2=120\ \mu\text{s}$ 时

$$v_O(t_2)=v_O(t_1)-\frac{V_{I2}}{RC}(t_2-t_1)$$

$$=\left[8-\frac{5\times(120-40)\times10^{-6}}{10\times10^3\times5\times10^{-9}}\right]\ \text{V}=0\ \text{V}$$

输出电压 v_O的波形如图 2.4.9b 所示。

2. 微分电路

将图 2.4.7 所示积分电路中的电阻和电容元件对换位置,便得到图 2.4.10 所示的微分电路。同样,利用$v_N\approx0$ 和 $i_I=0$,有 $i=i_1$。设 $t=0$ 时, C 的初始电压 $v_C(0)=0$,当信号接入后,流过电容的电流为

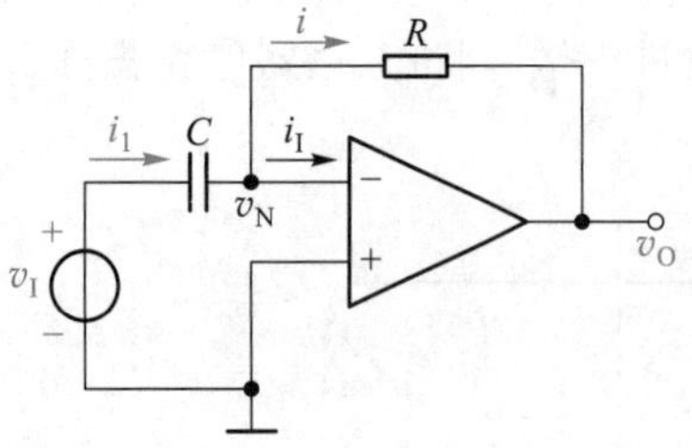

图 2.4.10 微分电路

$$i_1=C\frac{\text{d}v_I}{\text{d}t}$$

考虑到 $i=i_1$,则电阻上的压降

$$v_N-v_O=iR=i_1R=RC\frac{\text{d}v_I}{\text{d}t}$$

由于 $v_N\approx0$,从而得

$$v_O=-RC\frac{\text{d}v_I}{\text{d}t} \tag{2.4.25}$$

即输出电压 v_O与输入电压 v_I对时间的微商成比例,负号表示它们的相位相反。

当 v_I为图 2.4.11a 所示的阶跃信号时,考虑到信号源总存在内阻且运放电源电压的限制,在 $t=0$ 时,输出电压仍为一个有限值。随着电容器 C 的充电,输出电压 v_O将逐渐衰减,最后趋近于零,如图 2.4.11b 所示,由信号源内阻和电容 C 构成的时间常数的大小影响回零时间。一般选用比较小的时间常数。

如果输入信号是正弦函数 $v_i=\sin\omega t$,则输出信号 $v_o=-RC\omega\cos\omega t$。表明 v_o 的输出幅度将随信号频率的增加而线性增加。因此微分电路对高频噪声和干扰特别敏感,以致输出噪声和干扰可能完全淹没微分信号,还可能使电路不稳定。一种改进型的微分电路见习题 2.4.17,但也仅在有限的频率范围内使用。

① proportional-integral-differential 之字头,意指比例-积分-微分。

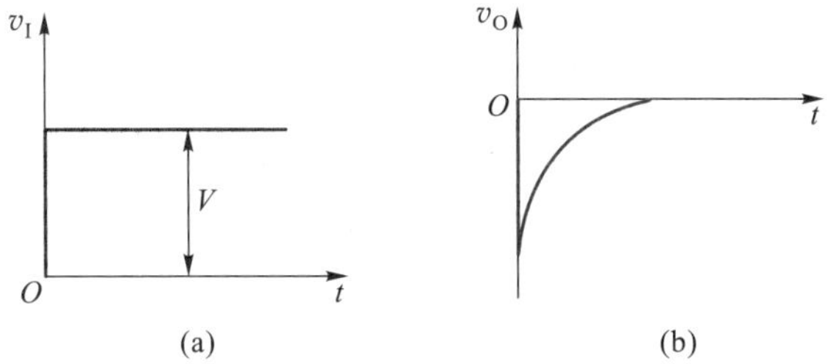

图 2.4.11 微分电路的电压波形
(a) 输入电压 (b) 输出电压

微分电路应用广泛,除了在线性系统中用于进行微分运算外,在数字电路中,常用来进行波形变换,例如将矩形波变换为尖顶脉冲波。

3. 归纳与推广

在以上分析的各种反相输入的运算电路中,可用通用阻抗 Z_1 和 Z_2 替换 R、C 元件,如图 2.4.12 所示。通常,阻抗可以由 R、L、C 的串联或并联组成(实际电路中必须保证运放反相输入端有直流回路)。应用拉氏变换,将 Z_1 和 Z_2 写成运算阻抗的形式 $Z_1(s)$、$Z_2(s)$,其中 s 为复频率变量。这样,电流的表达式就成为 $I(s)=V(s)/Z(s)$,原反相放大电路输出与输入的关系 $v_O=-(R_2/R_1)v_I$就可以表示为

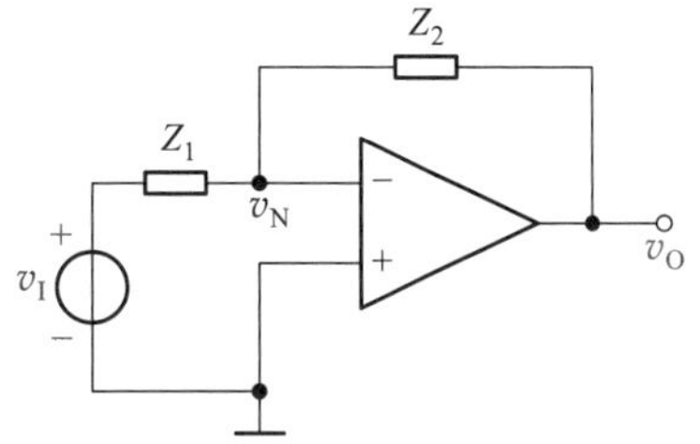

图 2.4.12 用通用阻抗表示的反相运算电路

$$V_o(s)=-\frac{Z_2(s)}{Z_1(s)}V_i(s) \tag{2.4.26}$$

这是反相运算电路的一般数学表达式。改变 $Z_1(s)$ 和 $Z_2(s)$ 的形式,即可实现各种不同的数学运算。

例如,图 2.4.13a 所示是一种比较复杂的运算电路,它的频域传递函数为

$$A(s)=\frac{V_o(s)}{V_i(s)}=-\frac{R_2+\dfrac{1}{sC_2}}{\dfrac{R_1}{sC_1}\Big/\left(R_1+\dfrac{1}{sC_1}\right)}=-\left(\frac{R_2}{R_1}+\frac{C_1}{C_2}+sR_2C_1+\frac{1}{sR_1C_2}\right) \tag{2.4.27}$$

式中右侧括号内第一、二两项表示比例运算;第三项表示微分运算,第四项表示积分运算①。即,该电路实现了比例-积分-微分(PID)运算。

需要特别注意,图 2.4.13a 电路在 v_I为直流信号时,电容器相当于开路,此时运放处于开环状态,而当 v_I的频率趋于无穷大时,电路的闭环增益也会趋于无穷大,这两种情况下,运放都会进入饱和状态。所以在实际电路中,为防止出现这种状态而使运算失效,常需要在图 2.4.13a 中的 C_1 支路串入一个电阻 R_3,同时在 R_2、C_2 支路旁并联一个电阻 R_4,如图 2.4.13b

① 复变函数的知识:s 是微分算子,$1/s$ 是积分算子。

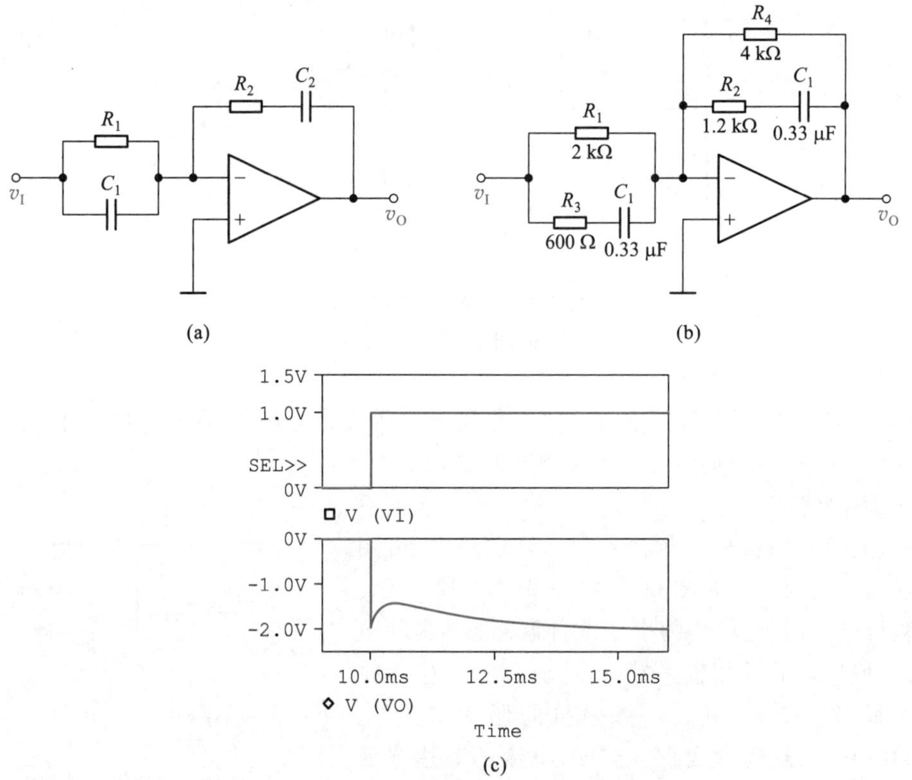

图 2.4.13 比例-积分-微分运算

(a) 电路图 (b) 补充电阻后的电路 (c) 图 b 的阶跃响应仿真波形

仿真说明文档 2.2： 图 2.4.13b 电路的仿真

所示。图 2.4.13c 是图 b 在阶跃信号作用下的 SPICE 仿真波形。

在自动控制系统中，比例-积分-微分运算经常用来组成 PID 调节器。在常规调节中，比例运算用作放大，积分运算用来提高调节精度，而微分运算则用来加速过渡过程。

在式(2.4.27)中，用 $j\omega$ 代替 s 就可以得到实际频率的传递函数，由此可以分析在输入正弦信号的角频率 ω 连续变化时，电路的稳态响应，包括幅频响应和相频响应。

复习思考题

2.4.1 若输入到图 2.4.3a 中两输入端的电压信号源 v_{s1} 和 v_{s2} 的内阻分别为 R_{si1} 和 R_{si2}，那么要使电路输出电压 v_o 完全是对($v_{s1}-v_{s2}$)的放大，则电路中电阻必须满足怎样的关系？

2.4.2 试对求差电路芯片 INA105 的引出端(见图 2.4.3a 中的 A、B、C、D 和 O 端)进行不同的组合连接，分别实现 $A_{vd}=v_o/(v_{i2}-v_{i1})=1$，$A_v=v_o/v_i=-1$、+1、+2 和 1/2 的电路功能，画出各种情况下的电路图。

2.4.3 能否用同相输入方式构建求和电路？请给出电路例子并求输入输出关系。

2.4.4 在图 2.4.5 所示的仪用放大器中，若它的两个输入端电压分别为 $v_1=(5+0.005\sin\omega t)$ V，$v_2=(5-0.005\sin\omega t)$ V，那么电路的差模输入电压和共模输入电压分别是多少？设电路中 $R_1=1\ \text{k}\Omega$，$R_2=0.5\ \text{M}\Omega$，$R_3=R_4=10\ \text{M}\Omega$，求电路中 v_3、v_4 和 v_o 的值。

2.4.5　试画出实现下列关系的电路

(1) $v_o=-3v_{i1}-v_{i2}-0.2v_{i3}$（设跨接在输出端和反相输入端之间的电阻 $R_2=100\ \text{k}\Omega$）；

(2) $v_O=-10\int_0^t v_{I1}(t)\,\text{d}t-2\int_0^t v_{I2}(t)\,\text{d}t$（给定 $C_1=1\ \mu\text{F}$，$v_O(t)\big|_{t=0}=0$）。

小　结

• 集成运算放大器是一种高增益直接耦合放大器，是被广泛使用的基本电子器件，可用于信号的放大、运算（比例、求和、求差、积分和微分）、变换、产生等模拟电路中。

教学视频 2.1：
运算放大器小结

• 集成运放至少有 5 个端子：反相输入端、同相输入端、输出端以及 2 个接工作电源的端子。在线性区，输出电压等于开环电压增益与两输入端电压差的乘积，即 $v_O=A_{vo}(v_P-v_N)$。运放的输出电压不能无限制地增大，受电源电压限制，输出正、负电压的极限值接近正、负电源电压值。在饱和区，输出与输入不再遵循线性关系。

• 集成运放有很高的开环电压增益、很大的输入电阻和很小的输出电阻，将它们理想化（$A_{vo}\approx\infty$，$r_i\approx\infty$，$r_o\approx0$）便得到运放的理想模型，也称为理想运放。“虚短”（$v_P\approx v_N$）和输入端电流为零（$i_P\approx i_N\approx0$，也常称作“虚断”）是理想运放的重要特性，它为分析运放组成的各种线性应用电路带来了极大方便。但要注意，只有运放工作在线性区“虚短”才成立。此外，还认为理想运放具有无穷大的共模抑制比、无穷大的带宽和无限制的输出端电流，实际上后两项与实际运放严重不符。

• 由于运放的增益极高，所以必须引入负反馈才能使其工作在线性区。通常，通过电阻、电容等元件连接运放的输出端与反相输入端来引入这个负反馈。

• 同相放大电路和反相放大电路是两种最基本的运放线性应用电路。由此可推广到求和、求差、积分和微分等电路。这些电路的输出与输入的关系只取决于运放外部的元件参数，而与运放自身的参数（A_{vo}、r_i、r_o）几乎无关。反相放大电路中的反相输入端具有“虚地”特征。

习　题

提示：习题的电路图中几乎所有运放都没画供电电源，均默认由对称的双电源供电。另外，在无特别说明时，均假设运放是理想的。

2.1　集成电路运算放大器

2.1.1　图题 2.1.1 所示电路中，假设 $v_I=0$ 时，有 $v_O=0$；而当 $v_I=20\ \text{mV}$ 时，测得 $v_O=4\ \text{V}$。求该运算放大器的开环电压增益 A_{vo}。

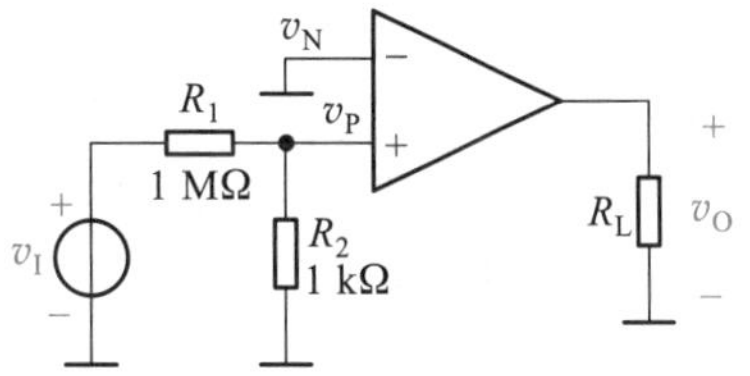

图题 2.1.1

2.1.2　电路如图 2.1.3 所示，运放的开环电压增益

$A_{vo}=10^6$，输入电阻 $r_i=10^9\ \Omega$，电源电压 $V_+=+10\ V$，$V_-=-10\ V$。当运放输出电压的极限值为电源电压时，求线性区输入压差（v_P-v_N）的范围，以及对应其极限值的输入电流 i_I。

2.1.3 设某集成运放开环差模电压增益 $A_{vd}=10^5$，共模抑制比为 80 dB，电源电压 $V_+=+15\ V$，$V_-=-15\ V$，输出极限电压 $\pm V_{om}=\pm 14\ V$。现测得 $v_P=6.025\ mV$，$v_N=6.055\ mV$，求此时运放的输出电压。

2.3 基本线性运放电路

2.3.1 同相放大电路如图题 2.3.1 所示。设 $v_S=1\ V$，(1) 求闭环电压增益 $A_v=v_O/v_S$、输出电压 v_O、各支路电流 i_I、i_1、i_2、i_L和 i_O；(2) 求电流增益 $A_i=i_L/i_I$和功率增益 $A_p=P_L/P_I$；(3) 在保持输入电压和闭环电压增益不变的情况下，要求流过 R_2 的电流为 100 μA，请再求 R_1、R_2 的值。

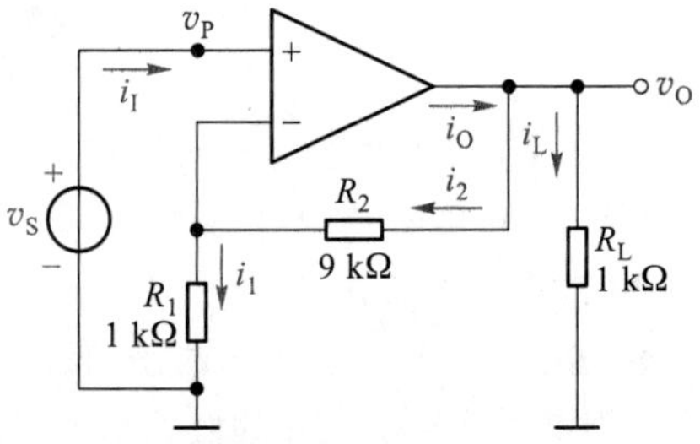

图题 2.3.1

2.3.2 试分别求出图题 2.3.2 中各运放电路的 V_O 电压值。

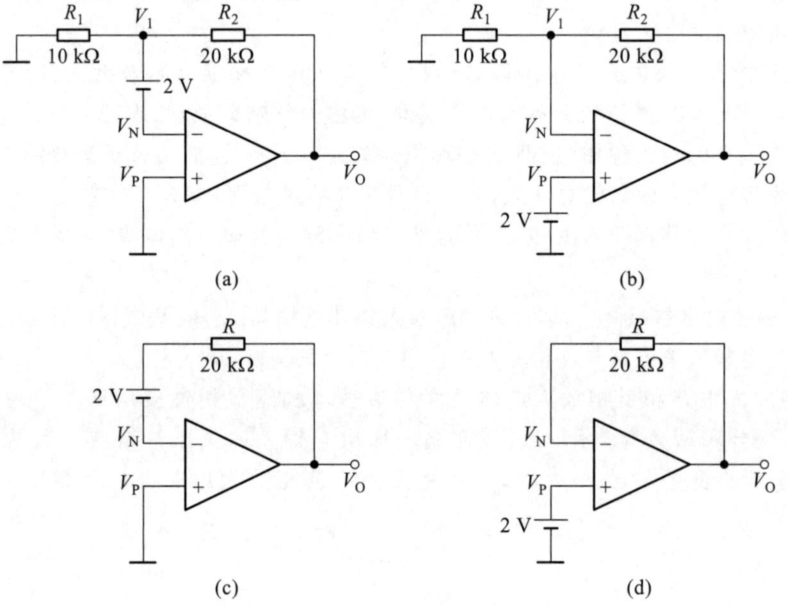

图题 2.3.2

2.3.3 同相放大电路如图题 2.3.3 所示，除输出端最大电流为±40 mA 外，运放其他特性如同理想运放。已知运放的电源电压为±15 V，$v_i=0.2\sin \omega t$ V。(1) 当 $R_L=500\ \Omega$ 时，求 v_o 波形；(2) 当 $R_L=100\ \Omega$ 时，再求 v_o 波形；(3) 运放选用 μA741（输出端最大电流为±40 mA），v_i 正弦波频率为 100 Hz，用 SPICE 分别绘出 (1) 和 (2) 情况下的 v_i 和 v_o 波形。

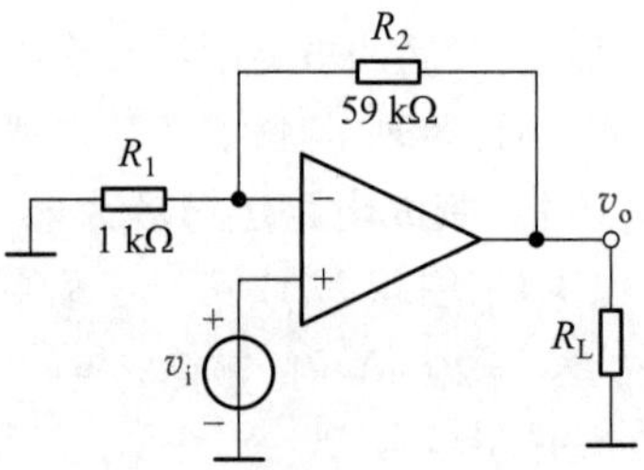

图题 2.3.3

2.3.4 放大电路如图题 2.3.4 所示。(1) 试求电路的电压增益 $A_v=v_o/v_i$ 和输入电阻 R_i；(2) 若运放的饱和压降为 2 V，要求 v_o 能在 −10 ~ +10 V 范围内变化，那么电源电压应为多少？(3) 在(2)的基础上，若运放输出端最大电流为 ±20 mA，且已知输出最大电压时，R_2 中的电流为 500 μA，那么电路对负载阻值有何要求？

*2.3.5 若运放的开环差模电压增益为 A_{vo}，共模抑制比为无穷大。(1) 求电压跟随器输出电压与输入电压的实际关系；(2) 若要求跟随误差不超过 0.01%，A_{vo} 至少要达到多少？

2.3.6 电流-电压转换电路如图题 2.3.6 所示。设 i_s 是光探测仪的输出电流，R_{si} 是其内阻。(1) 试证明输出电压 $v_o=-i_sR$；(2) 当 $i_s=0.5$ mA，$R_{si}=10$ kΩ，$R=10$ kΩ 时，求输出电压 v_o 和互阻增益 A_r。

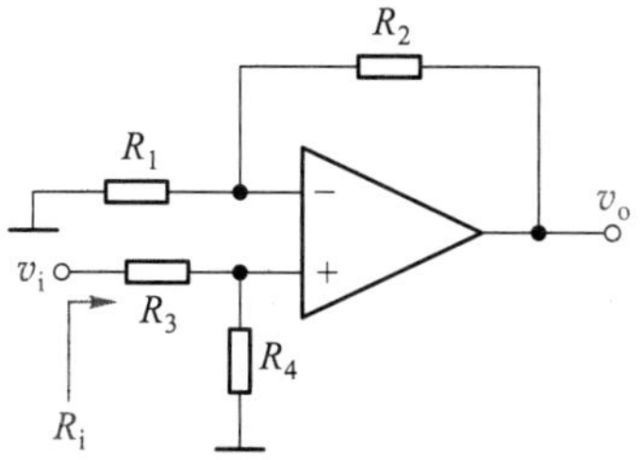

图题 2.3.4

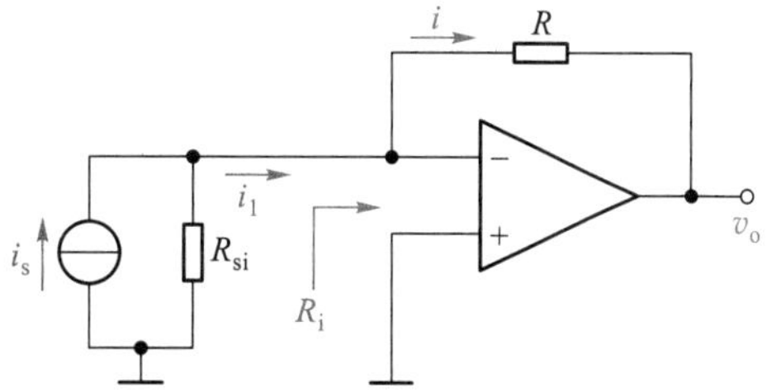

图题 2.3.6

2.3.7 电路如图题 2.3.7 所示，$v_i=0.5\sin\omega t$ V。(1) 试求 v_{o1}、v_{o2} 和 v_o；(2) 求电路的电压增益 $A_v=v_o/v_i$ 和输入电阻 R_i。

2.3.8 电路如图题 2.3.8 所示，三极管 T 电极 b、e 间的压差 $V_{BE}=V_B-V_E=0.7$ V。(1) 求三极管电极 c、b、e 的电位；(2) 若电压表的读数为 200 mV，试求三极管电流放大系数 $\beta=I_C/I_B$ 的值。

2.3.9 图 2.3.8 所示电路作为麦克风电路的前置放大器，麦克风的输入电压有效值为 12 mV，其内阻 $R_{si}=1$ kΩ，$R_1=R_1'+R_{si}$（R_1' 为外接电阻）。要求输出电压有效值为 1.2 V，求电路中各阻值，设计时该电路所有电阻小于 500 kΩ。

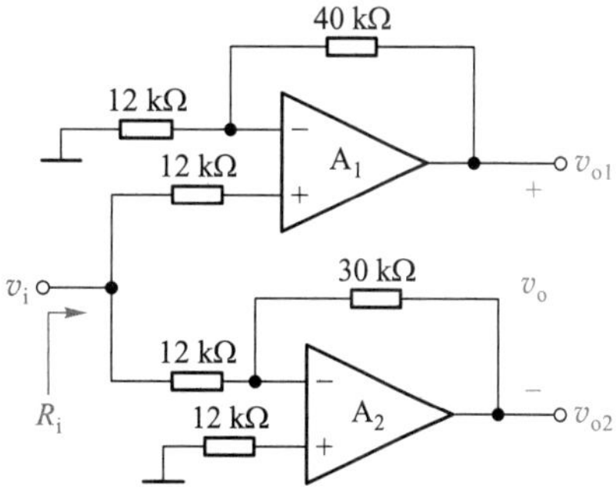

图题 2.3.7

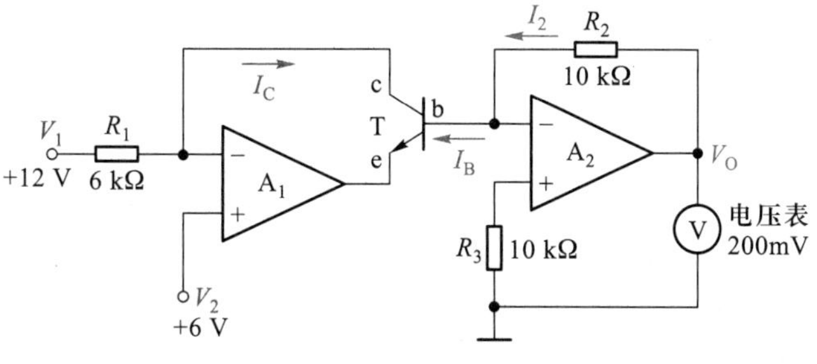

图题 2.3.8

2.3.10 图题 2.3.10 所示电路可以将电压源 v_s 转换为电流源 i_L，驱动线圈 Z_L。为使 i_L 独立于 Z_L，电路中设定 $R_2/(R_1R_3)=1/R_4$。试求 i_L/v_s 表达式。

2.3.11 电桥测量电路如图题 2.3.11 所示，试推导 v_o 与 δ 的关系式，并说明电路特点。

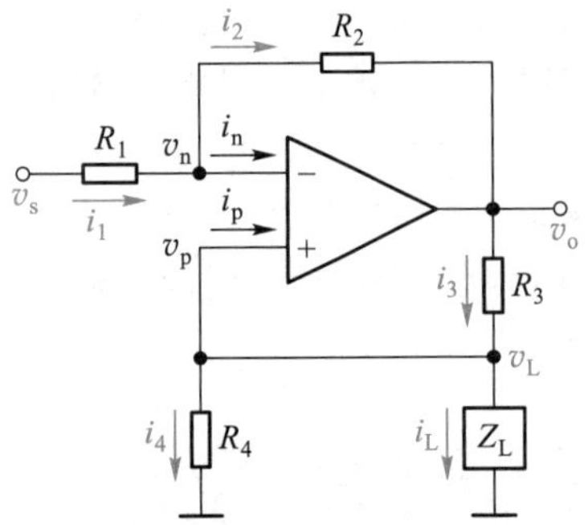

图题 2.3.10

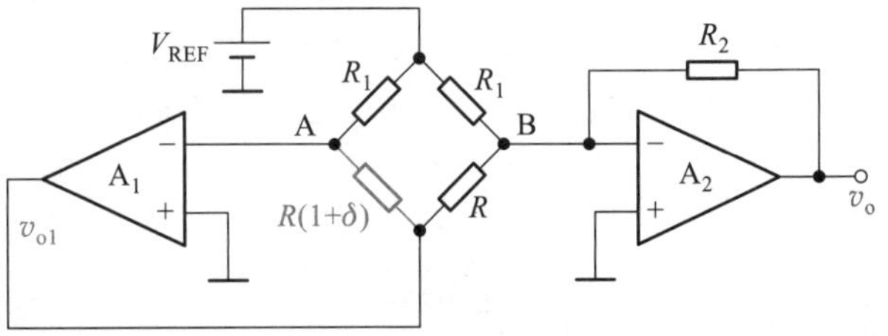

图题 2.3.11

2.3.12 电路如图题 2.3.12 所示，设运放的静态电流 $I_Q=1.5$ mA。(1) 当 $v_I=2$ V 时，求输出电压 v_O、各支路电流和运放的耗散功率；(2) 当 $v_I=-2$ V 时，再求输出电压 v_O、各支路电流和运放的耗散功率。

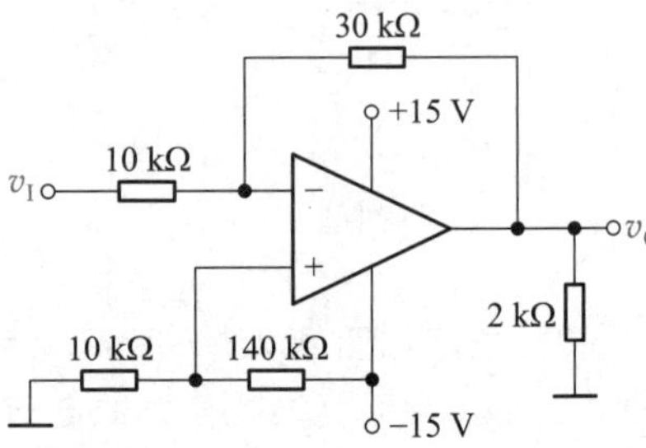

图题 2.3.12

2.4 同相输入和反相输入放大电路的其他应用

2.4.1 设计一反相加法器，使其输出电压 $v_o=-(7v_{i1}+14v_{i2}+3.5v_{i3}+10v_{i4})$，允许使用的最大电阻值为 280 kΩ，求各支路的电阻。

2.4.2 同相输入加法电路如图题 2.4.2a、b 所示。(1) 求图 a 中输出电压 v_o 的表达式。当 $R_1=R_2=R_3=R_4$ 时，v_o 应为多少？(2) 求图 b 中输出电压 v_o 的表达式，当 $R_1=R_2=R_3$ 时，v_o 应为多少？

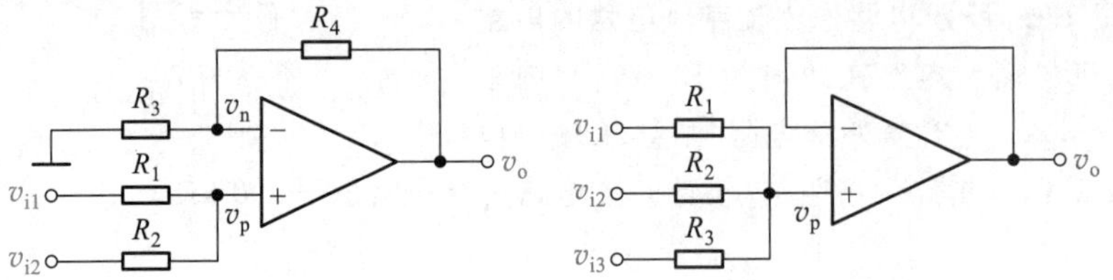

(a) (b)

图题 2.4.2

2.4.3 差分放大电路如图 2.4.3a 所示。已知电路的 $R_4/R_1=R_3/R_2$，差模电压增益 $A_{vd}=10$。(1) 若电路的差模输入电阻 $R_{id}=20$ kΩ，且 $R_1=R_2$，求 R_1、R_2、R_3 和 R_4 的阻值；(2) $v_{i2}=0$ 时，求从 v_{i1} 输入端看进去的输入电阻 R_{i1}；(3) $v_{i1}=0$ 时，求从 v_{i2} 输入端看进去的输入电阻 R_{i2}。

2.4.4 电桥信号放大电路如图题 2.4.4 所示。(1) 试写出 $v_o=f(\delta)$ 的表达式 ($\delta=\Delta R/R$)；(2) 当 $v_i=7.5$ V，$\delta=0.01$ 时，求 v_A、v_B、v_{AB} 和 v_o；(3) 说明 A_1、A_2 电路的作用。

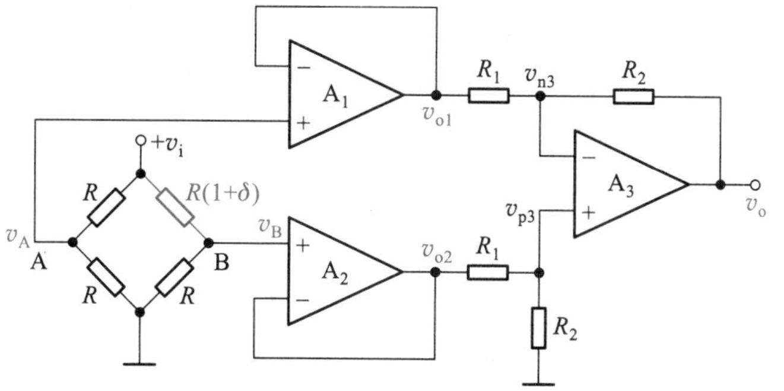

图题 2.4.4

2.4.5 增益可调求差电路如图题 2.4.5 所示，试推导函数关系 $v_O=f(v_1,v_2)$。

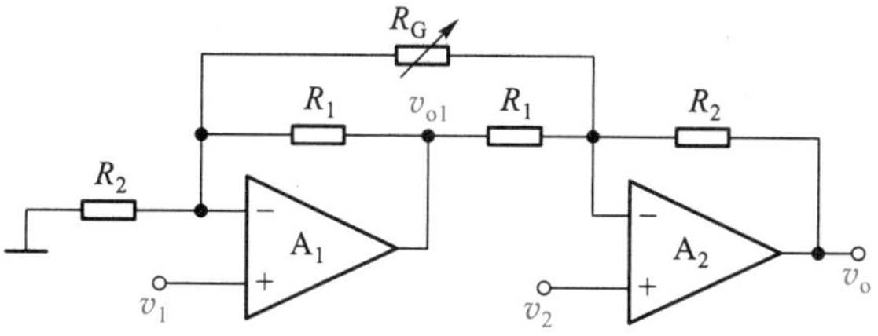

图题 2.4.5

2.4.6 图题 2.4.6 所示电路可将电压 v_{id} 转换为电流 i_o，驱动负载 Z_L，且 i_o 与 Z_L 无关，试求 i_o 与 v_{id} 的函数关系。

2.4.7 加减运算电路如图题 2.4.7 所示，求输出电压 v_o 的表达式。

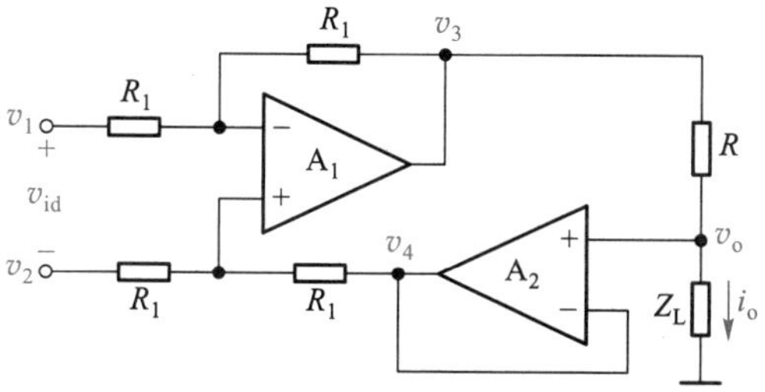

图题 2.4.6

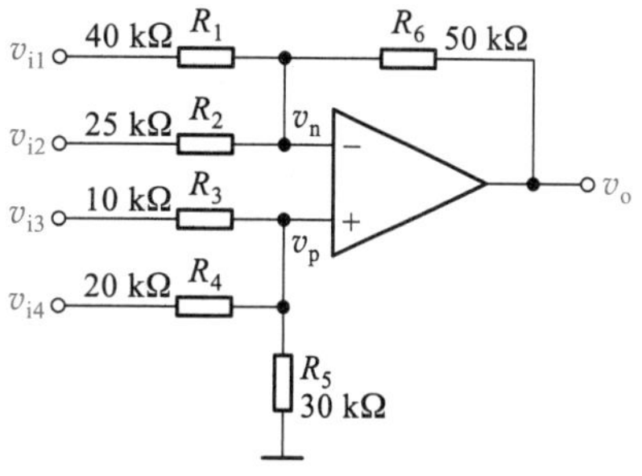

图题 2.4.7

2.4.8 仪用放大器电路如图 2.4.5 所示，设电路中 $R_4=R_3$，R_1 为固定电阻 $R'_1=1\ \mathrm{k\Omega}$ 和电位器 R_P 串联，若要求差模电压增益在 5～400 之间可调，求 R_2 和 R_P 的阻值，并选取 R_2、R_3、R_4 和 R_P 的标称阻值，要求电路中每个电阻值必须小于 250 kΩ。

2.4.9 INA128 型仪用放大器电路如图题 2.4.9 所示，其中 R_1 是外接电阻。(1) 它的输入干扰电压 $V_C=1\ \mathrm{V}$（直流），输入信号 $v_{i1}=v_{i2}=0.04\sin\omega t\ \mathrm{V}$，当 $R_1=1\ \mathrm{k\Omega}$ 时，求出 v_3、v_4、v_3-v_4 和 v_o 的电压值；(2) 当输入信号 $v_{i1}=v_{i2}=0.01\sin\omega t\ \mathrm{V}$，要求 $v_o=-6\sin\omega t\ \mathrm{V}$，求此时外接电阻 R_1 的阻值。

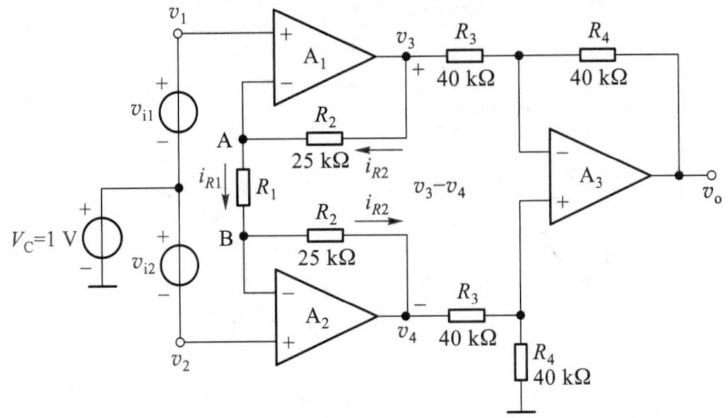

图题 2.4.9

2.4.10 在图 2.4.5 所示的仪用放大器中，已知 $R_1=2\ \text{k}\Omega$，$R_2=50\ \text{k}\Omega$，$R_3=30\ \text{k}\Omega$，$R_4=90\ \text{k}\Omega$。(1) 求差模电压增益 A_{vd}；(2) 如果 R_3 有 ±5% 的误差，求最大共模电压增益 $|A_{vc}|$ 和共模抑制比 K_{CMR}。

*2.4.11 在图 2.4.6 所示的心电信号放大电路中，设 $R_1/2=1\ \text{k}\Omega$，$R_{si}=120\ \text{k}\Omega$，$v_{cm}$ 的最大幅值为 20 V，所有运放的电源电压为 ±15 V，A_5 的输出饱和压降为 1 V。(1) 求心电信号的增益；(2) 若要求加到 INA128 输入端的共模电压是 v_{cm} 的 1/800，求 R_7 的最大值和 K 的值。

2.4.12 图题 2.4.12 所示为一增益线性调节运放电路，试推导该电路的电压增益表达式 $A_v=v_o/(v_{i1}-v_{i2})$。

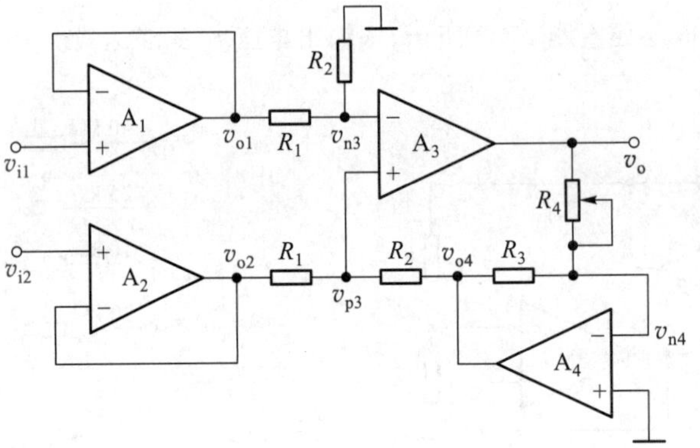

图题 2.4.12

2.4.13 积分电路如图题 2.4.13a 所示。已知初始状态时 $v_C(0)=0$，试回答下列问题：(1) 当 $R=100\ \text{k}\Omega$、$C=2\ \mu\text{F}$ 时，若 $t=0$ 时刻加入阶跃电压 $v_I(t)=1$ V，求 $t=1$ s 时的 v_O；(2) 若 $C=0.47\ \mu\text{F}$，输入电压波形如图题 2.4.13b 所示，试定量画出 v_O 的波形。

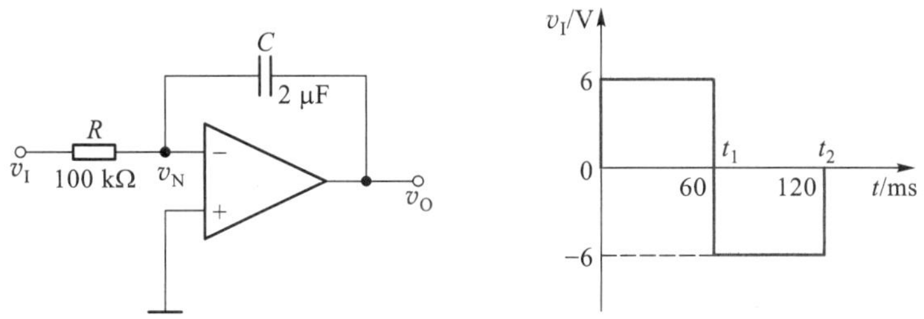

(a) (b)

图题 2.4.13

2.4.14 电路如图题 2.4.14 所示。设电容的初始电压 $v_C(0)=0$。(1)写出 v_O 与 v_{I1}、v_{I2} 和 v_{I3} 之间的关系式;(2)当电阻满足 $R_1=R_2=R_3=R_4=R_5=R_6=R$ 时,写出输出电压 v_O 的表达式。

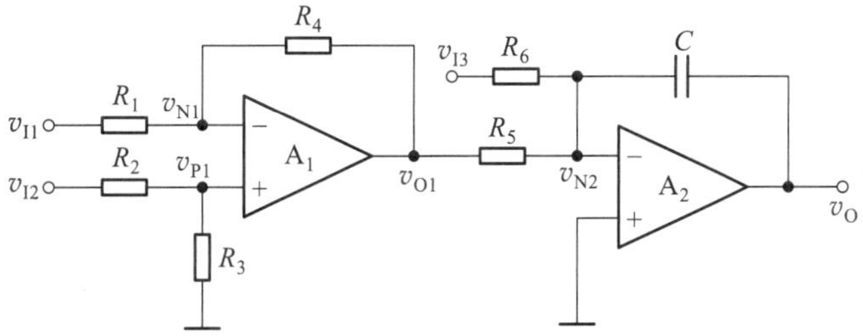

图题 2.4.14

2.4.15 差分式积分运算电路如图题 2.4.15 所示。设两电容器上的初始电压为零,且 $C_1=C_2=C$,$R_1=R_2=R$。(1)当 $v_{I1}=0$ 时,推导 v_O 与 v_{I2} 的关系;(2)当 $v_{I2}=0$ 时,推导 v_O 与 v_{I1} 的关系;(3)求 v_O 与 v_{I1}、v_{I2} 的关系式。

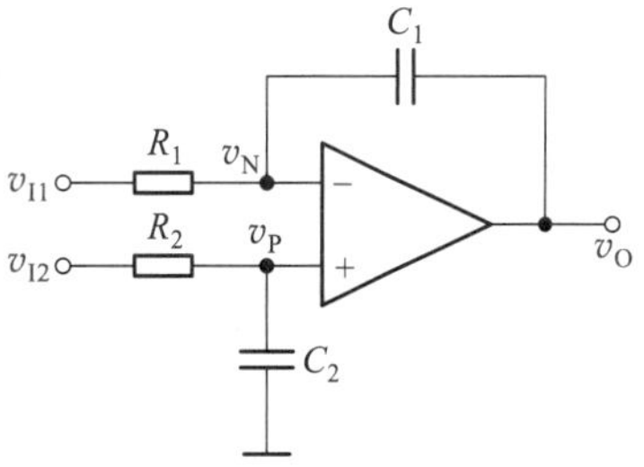

图题 2.4.15

2.4.16 微分电路及其输入电压波形如图题 2.4.16 所示,设 $R=10\ \text{k}\Omega$,$C=100\ \mu\text{F}$,试定量画出输出电压 v_O 的波形。

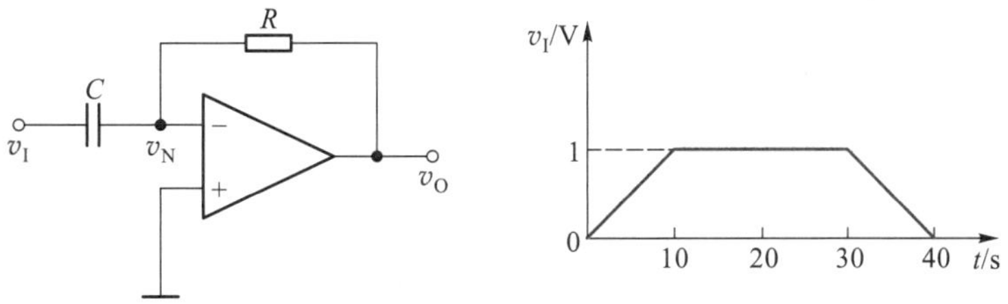

(a) (b)

图题 2.4.16

(a)微分电路 (b)v_I 的波形

2.4.17 一实用微分电路如图题 2.4.17 所示，它具有衰减高频噪声的作用。(1) 确定电路的传递函数 $V_o(s)/V_i(s)$；(2) 若 $R_1=R_2=R$，$C_1=C_2=C$，试问应当怎样限制 v_I 的频率，才能使电路不失去微分功能？

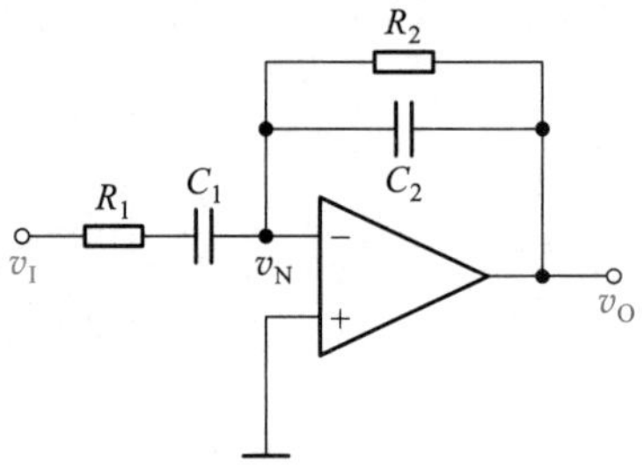

图题 2.4.17

2.4.18 电路如图题 2.4.18a 所示。设电容器 C 上的初始电压为零。(1) 求 v_{O1}、v_{O2}、v_O 与输入电压的关系；(2) 当输入电压 v_{I1}、v_{I2} 如图题 2.4.18b 所示时，试定量画出 v_O 的波形。

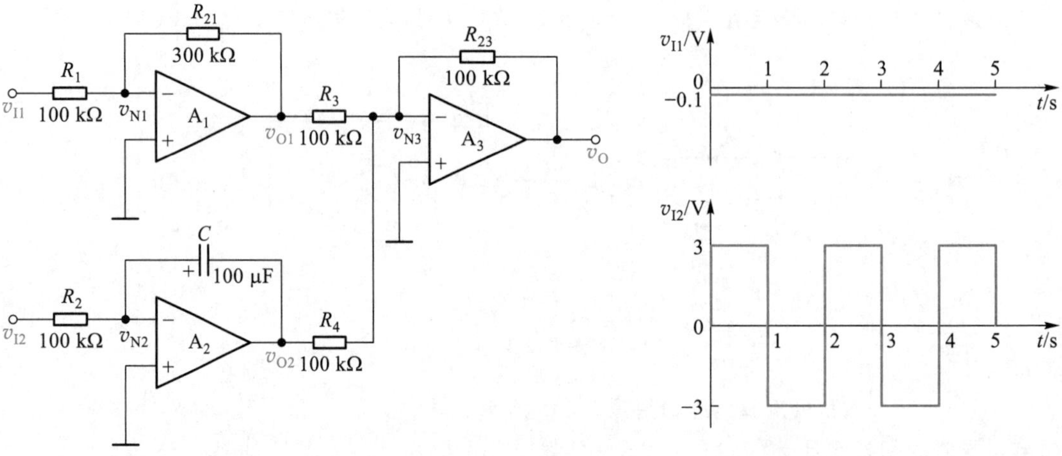

(a) (b)

图题 2.4.18

第 2 章部分习题答案

3 二极管及其基本电路

引言

上一章介绍了如何利用运算放大器优良的端口特性，分析和设计各种基本线性应用电路，它们并未涉及运算放大器的内部工作原理。这样做虽然可以解决一些信号处理问题，但是要想熟练运用和设计各种较复杂的电子电路，就必须掌握半导体基本器件及其基本电路的相关知识。本章开始将介绍这方面的知识。

半导体器件是现代电子技术的重要组成部分，由于它具有体积小、重量轻、使用寿命长、输入功率小和功率转换效率高等优点而得到广泛应用。

本章首先简单介绍半导体的基本知识，接着讨论半导体器件的基础——PN 结，并重点讨论半导体二极管的物理结构、工作原理、特性曲线和主要参数，以及二极管基本电路及其分析方法与应用；在此基础上，对齐纳二极管、变容二极管和光电子器件等也作了简要的介绍。希望读者学完本章后，能正确表述 PN 结特性，会分析设计二极管基本电路，并能根据工程要求选择合适的二极管。

3.1 半导体的基本知识

1. 半导体材料

多数现代电子器件是由性能介于导体与绝缘体之间的半导体材料制造而成的。为了理解这些器件在电路中呈现出的特性，首先必须从物理的角度了解它们是如何工作的。这里着重讨论半导体材料的特殊物理性质，以及这些性质对形成电子器件 $I-V$ 特性的影响。在电子器件中，常用的半导体材料有：元素半导体，如硅(Si)、锗(Ge)等；化合物半导体，如砷化镓(GaAs)等。其中硅是目前最常用的一种半导体材料，砷化镓及其化合物一般用在较特殊的场合，如超高速器件和光电器件中。半导体除了在导电能力方面与导体和绝缘体不同外，它还具有不同于其他物质的特点，例如，当半导体受到外界光和热的激励时，其导电能力将发生显著变化。又如在纯净的半导体中加入微量的杂质，其导电能力也会有显著的提高。为了理解这些特点，必须先了解半导体的结构。

2. 半导体的共价键结构

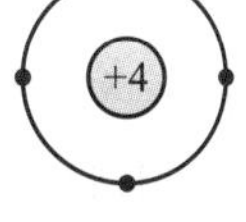

图 3.1.1 硅的原子结构简化模型

下面以硅材料为例讨论其物理结构和导电机理。硅的简化玻尔(Bohr)原子模型如图 3.1.1 所示。我们知道硅是四价元素，原子的最外层轨道上有 4 个电子，称为价电子。中间带圆圈的+4 表示正离子芯

(或正离子),以示原子呈电中性。半导体的导电性与价电子有关,因此,价电子是我们要研究的对象。

半导体与金属和许多绝缘体一样,均具有晶体结构,它们的原子在空间形成有序的排列,相邻原子之间由共价键连接,其平面示意图如图 3.1.2 所示。

3. 本征半导体、空穴及其导电作用

(1) 本征半导体

本征半导体是一种完全纯净的、结构完整的半导体晶体。在绝对温度 $T=0$ K 和没有外界其他能量激发时,由于所有原子的最外层电子(价电子)被共价键束缚,不能自由移动,半导体是无法导电的。但是,半导体中共价键对电子的束缚并不像绝缘体中那样牢固,在室温(300 K)下,部分价电子会获得足够的随机热振动能量而挣脱共价键的束缚,成为自由电子,如图 3.1.3 所示。这种现象称为本征激发。

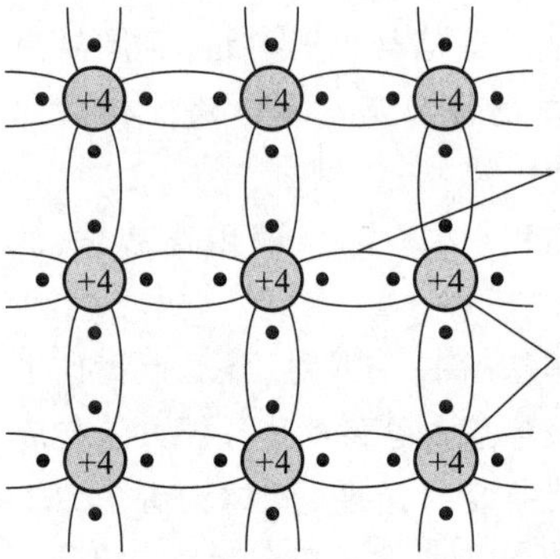

图 3.1.2 硅的二维晶格结构图

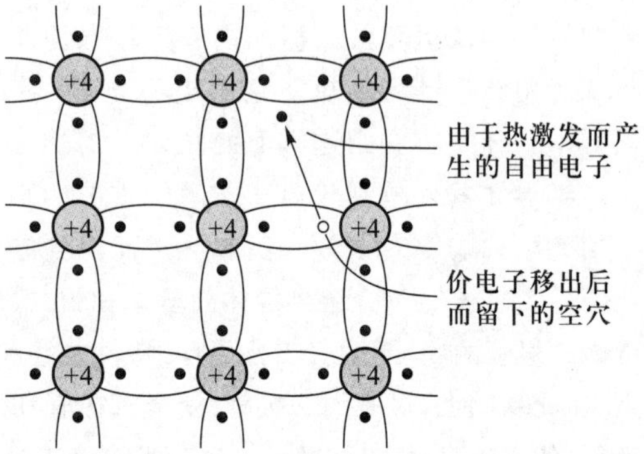

图 3.1.3 由于随机热振动致使共价键被打破而产生空穴-电子对

在外加电压作用下,这些自由电子将在本征硅晶体内形成电流。与良导体相比,本征硅晶体内的自由电子数量较少,因而它属于半导体。例如,在室温条件下,硅晶体本征激发的自由电子浓度 $n_i \approx 1.45\times10^{10}/\text{cm}^3$,而硅材料的原子密度约为 $5\times10^{22}/\text{cm}^3$。表明在 3.45×10^{12} 个原子中只有一个价电子挣脱共价键的束缚,成为自由电子,显然,其导电能力并不强。

半导体中能够自由移动的带电粒子称为**载流子**。自由电子便是一种带负电荷的载流子。

(2) 空穴

当电子挣脱共价键的束缚成为自由电子后,共价键中就留下一个空位,称为**空穴**。空穴的出现是半导体区别于导体的一个重要特征。

由于共价键中出现了空位,在外加电场或其他能量的作用下,邻近价电子就有可能填补这个空位,而这个价电子原来的位置又留下了新的空位,以后其他价电子又可以转移到这个新空位上。这一现象反映了共价键中的电荷迁移,常用空穴的移动反映这种电荷迁移。

图 3.1.4 显示了在外电场 E 的作用下,共价键中空穴和电子在晶体中的移动过程。图中的圆圈表示空穴。由图可见,如果在 x_1 处存在一个空穴,x_2 处的价电子便可以填补这个空穴,从而使空穴由 x_1 移到 x_2。如果接着 x_3 处的价电子又填补了 x_2 处的空穴,这样空穴又

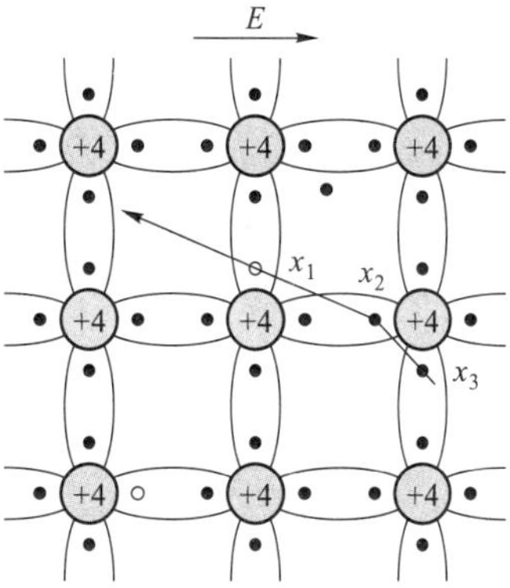

图 3.1.4 电子与空穴的移动

由 x_2 移到了 x_3 处。此过程中，价电子的移动方向是 $x_3 \to x_2 \to x_1$，空穴的移动方向与此相反，为 $x_1 \to x_2 \to x_3$。

由以上分析可见，在本征半导体中，价电子在电场的作用下能够移动并形成电流的根本原因是，共价键中出现了空穴。即，当共价键中出现了空穴以后，价电子也能参与导电。若将空穴看成是一个带电量与电子相等、但电极性为正的粒子，就可以用空穴移动产生的电流来代表价电子移动产生的电流。

到此为止，我们看到半导体中的载流子既有自由电子又有价电子，而用空穴来描述价电子的导电更容易区别于自由电子的导电。这时，空穴也就成为半导体中的一种载流子了。空穴越多，半导体中载流子的数目就越多，导电能力就越强。

在本征半导体内，自由电子和空穴总是成对出现的，因此在任何时候，本征半导体中的自由电子浓度和空穴浓度总是相等的，即

$$n_i = p_i \tag{3.1.1}$$

(3) 载流子的产生与复合

如前所述，在热能(或其他能量)的激励下，晶体中的共价键结构被打破、以一定的速率成对地产生自由电子和空穴。温度越高，其产生率越高。另一方面，当一个自由电子与一个空穴相遇，自由电子落入空穴中时，两者同时消失，这一现象称为**自由电子与空穴的复合**。实际上，半导体中一旦出现了一定浓度的自由电子和空穴后，复合现象是经常发生的。当载流子(自由电子和空穴)的复合率等于产生率时，便达到一种动态平衡，载流子的浓度便是一个定值。

当温度升高时，将产生更多的自由电子和空穴，意味着载流子的浓度升高，晶体的导电能力也会增强。

4. 杂质半导体

上述本征半导体中，载流子是由热激发产生的。在室温下，不仅其浓度远远达不到所期望导电能力的要求，而且，这种半导体的导电性与温度密切相关，这是电路工作时要极力避免的。实际的半导体器件，都是通过在本征半导体中加入一定浓度的杂质原子，来解决上述问题的。

在本征半导体中掺入微量的杂质，就会使半导体的导电性能发生显著改变。根据掺入杂质的性质不同，杂质半导体可分为 P 型半导体和 N 型半导体两大类。

(1) P 型半导体

在硅晶体内掺入少量三价元素杂质，如硼等。硼原子只有 3 个价电子，在晶体中它与相邻 4 个硅原子组成共价键时，因缺少一个电子，而产生一个空位，即空穴。当相邻共价键中的电子填补这个空穴时，硼原子便成了不能移动的负离子，如图 3.1.5 所示。

因为硼原子在硅晶体中能接受电子，故称硼为受主杂质。受主杂质除硼外尚有铟和铝。由于掺入一个三价杂质原子，就可以产生一个空穴，所以通过控制掺入杂质的多少，可以方便地控制空穴浓度。

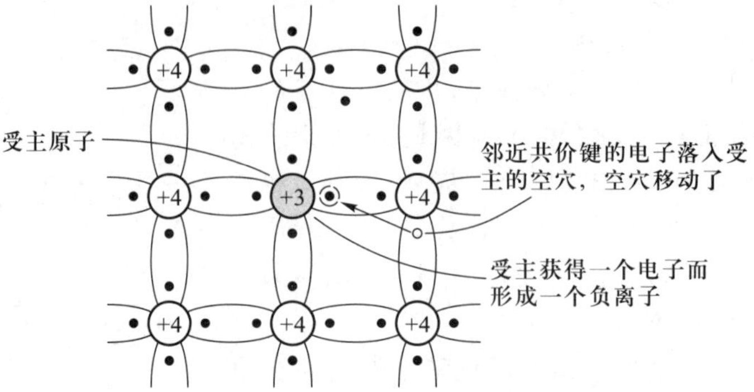

图 3.1.5 P 型半导体的共价键结构

值得注意的是，在加入杂质产生空穴的同时，并不产生新的自由电子，所以常温下本征激发出的自由电子数量小于半导体中空穴的数量。也就是说，在这种半导体中，空穴为多数载流子（简称多子），自由电子为少数载流子（简称少子），空穴是导电的主体，所以称它为 P① 型半导体。

若用 N_A 表示受主原子的浓度，n 表示自由电子浓度，p 表示总空穴（掺杂产生的空穴与本征激发出的空穴之和）的浓度，则有如下的浓度关系：

$$N_A+n=p \tag{3.1.2}$$

这是因为掺入杂质的半导体材料仍是电中性的。或者说，离子化的受主原子的负电荷加上自由电子的负电荷必然等于空穴的正电荷。通常，掺杂浓度 N_A 远大于本征激发载流子（电子或空穴）的浓度。

（2）N 型半导体

类似地，在硅晶体中掺入五价元素杂质，如磷等。这种杂质原子最外层有 5 个电子，在与 4 个相邻硅原子构成共价键时，会多出一个电子。该电子几乎不受约束而极易成为自由电子，当它移走后，磷原子因失去一个电子而成为不能移动的正离子，如图 3.1.6 所示。

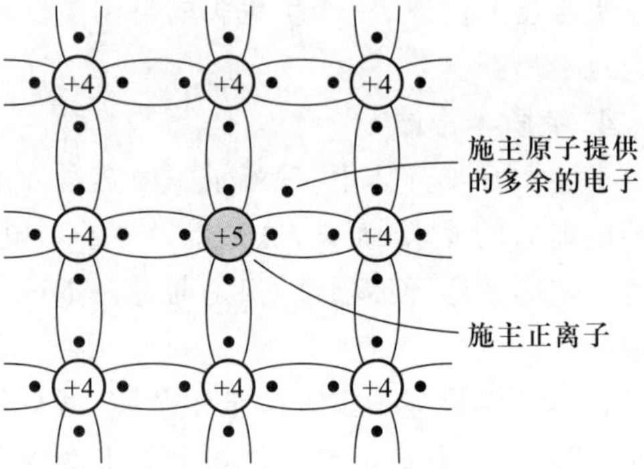

图 3.1.6 N 型半导体的共价键结构

因为磷原子能贡献一个电子，故称施主原子。典型的施主原子还有五价元素砷和锑。由于掺入施主杂质只增加自由电子，所以这种半导体中自由电子数量多于空穴数量，故称之为 N② 型半导体。即，N 型半导体中，自由电子为多子，空穴为少子。

综上所述，半导体掺入杂质后，载流子的数目都有相当程度的增加。若每个受主杂质都

---

① 系 positive 之字头，因该类型半导体中参与导电的多数载流子为带正电荷的空穴而得名。

② 系 negative 之字头，因该类型半导体中参与导电的多数载流子为带负电荷的自由电子而得名。

能产生一个空穴，或者每个施主杂质都能产生一个自由电子，则尽管杂质含量很少，但它们能显著提高半导体的导电能力。因而掺杂是提高半导体导电能力的最有效方法。

仿照前面的描述方法，若用 N_D 表示施主原子的浓度，n 表示总自由电子的浓度，p 表示空穴浓度，则有如下的浓度关系：

$$n=p+N_D \tag{3.1.3}$$

即离子化的施主原子的正电荷与空穴的正电荷之和必定与自由电子的负电荷达到平衡，以保持材料的电中性。

应当注意，前述通过掺杂提高多子浓度的同时，也会增加自由电子与空穴的复合几率，从而降低相同温度下本征激发产生的少子浓度。在一定的温度条件下，半导体中自由电子-空穴对的本征激发产生与它们的复合始终是平衡的（也称为热平衡），其表现为空穴浓度与自由电子浓度的乘积为一常数，即

$$pn=p_i n_i \tag{3.1.4}$$

式中 p_i、n_i 分别为本征材料中的空穴浓度和自由电子浓度，考虑式（3.1.1）中的关系，则有如下的等式：

$$pn=n_i^2 \tag{3.1.5}$$

即当掺杂使自由电子浓度 n 升高时，将相应地降低空穴的浓度 p，反之亦然。例如，在室温条件下，假设硅晶体本征激发的自由电子和空穴对的浓度均为 $n_i\approx1.45\times10^{10}/\text{cm}^3$，若掺杂后 N 型半导体中自由电子浓度提高到 $n=5\times10^{16}/\text{cm}^3$，则此时空穴的浓度变为 $p=n_i^2/n\approx4.2\times10^3/\text{cm}^3$。可以看出，N 型半导体中自由电子浓度比空穴浓度高约 10^{13} 倍，表明掺杂不仅能提高载流子浓度，还导致少子浓度远低于原本征激发的浓度，使杂质半导体的导电性与少数载流子几乎无关。

3.2 PN 结的形成及特性

3.2.1 载流子的漂移与扩散

1. 漂移

由于热能的激发，半导体内的载流子会随机无定向移动，它们在任意方向的平均速度为零。若有电场加到晶体上，则内部载流子将在电场力作用下定向移动。空穴的移动方向与电场方向相同，而自由电子则逆着电场的方向移动。

由于电场作用而导致载流子的运动称为漂移，其平均漂移速度与电场矢量 E 成比例。若用 V_n 和 V_p 分别表示自由电子和空穴的漂移速度矢量，则有

$$V_n=-\mu_n E \tag{3.2.1}$$

和

$$V_p=\mu_p E \tag{3.2.2}$$

式中 μ_n 称为自由电子的迁移率，负号表明电子的漂移速度矢量与电场的方向相反。μ_p 为空穴的迁移率。迁移率反映了载流子的移动能力。在室温（300 K）情况下，硅材料内的 μ_n 约

为 1 500 $cm^2/(V\cdot s)$，μ_p 约为 475 $cm^2/(V\cdot s)$。就是说，对于给定的电场，硅材料内自由电子移动的速度约为空穴移动速度的 3 倍。这是因为空穴代表了受共价键约束的电子的移动，所以在相同条件下比自由电子移动速度要慢。在数字电路或高频模拟电路中，电子导电器件优于空穴导电器件。

2. 扩散

在半导体内，由于制造工艺和运行机制等原因，会使不同区域的载流子浓度出现差异。基于载流子的浓度差异和随机热运动，载流子会从高浓度区域向低浓度区域扩散，从而形成扩散电流。如果没有外来的超量载流子的注入或电场的作用，晶体内的载流子浓度趋向于均匀直到扩散电流为零。

3.2.2 PN 结的形成

如前所述，P 型半导体中含有受主杂质，在室温下，其电离为带正电的空穴和带负电的受主离子。N 型半导体中含有施主杂质，在室温下，它电离为带负电的自由电子和带正电的施主离子。此外，P 型和 N 型半导体中还有少数受本征激发产生的自由电子和空穴，通常本征激发产生的载流子要比掺杂产生的载流子少得多。

在半导体两个不同的区域分别掺入三价和五价的杂质，便形成 P 型区和 N 型区。这样，在它们的交界处就出现了自由电子和空穴的浓度差异，N 区内自由电子浓度很高，而 P 区内空穴浓度很高。它们都要向浓度低的区域扩散，如图 3.2.1 所示①。假设扩散过程中在交界处附近的大部分自由电子和空穴都复合了，由此打破了两区域交界处原来的电中性。P 区一边失去空穴，留下了带负电的杂质离子（图 3.2.1 中用⊖表示）；N 区一边失去电子，留下了带正电的杂质离子（图中用⊕表示）。这些不能移动的带电离子集中在交界面附近，形成了一个很薄的空间电荷区，这就是所谓的 PN 结。在这个区域内，多数载流子已大多复合掉了，或者说消耗尽了，因此空间电荷区有时又称为耗尽区。由于该区域缺少载流子，所以它的电阻率很高。PN 结形成过程中的扩散越强，空间电荷区越宽。

教学视频 3.1：
PN 结的形成

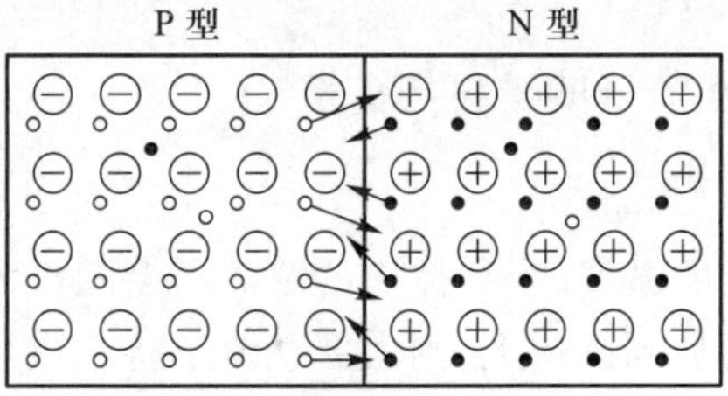

图 3.2.1 载流子的扩散

在出现了空间电荷区以后，就形成了一个电场，其方向是从带正电的 N 区指向带负电的 P 区。由于这个电场不是外加电压形成的，故称为内电场。显然，这个内电场会导致多子的扩散减弱。

另一方面，该电场反而会促进少子的漂移，即 N 区的空穴向 P 区漂移，P 区的自由电子

① 实际上半导体中还有数量更多的、共价键齐全的硅原子，但它们不影响 PN 结的形成，所以没有画出。

向 N 区漂移。从 N 区漂移到 P 区的空穴,补充了交界面附近 P 区原来失去的空穴,中和了部分负离子;而从 P 区漂移到 N 区的自由电子,则补充了交界面附近 N 区所失去的电子,中和了部分正离子,导致空间电荷区变窄。因此,漂移运动的作用正好与扩散运动相反。

由此可见,扩散运动和漂移运动是互相联系又互相对立的,扩散使空间电荷区加宽,电场增强,对多子扩散的阻力增大,但使少子的漂移增强;而漂移使空间电荷区变窄,电场减弱,又使扩散容易进行。当漂移运动和扩散运动相等时,空间电荷区便处于动态平衡状态,如图 3.2.2 所示。空间电荷区也称为势垒区,因为此时空穴从 P 区到 N 区必须越过一个能量高坡(图 3.2.2 中的势垒);同样,自由电子从 N 区到 P 区也要越过此能量高坡。

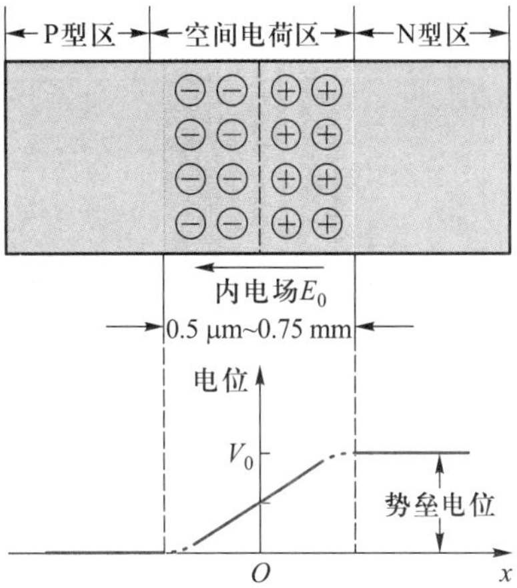

图 3.2.2 PN 结的形成

另外注意,如果 P 区和 N 区的掺杂浓度不同,两区域的杂质离子密度就不同,形成空间电荷区时,两侧的宽度就不对称了。

3.2.3 PN 结的单向导电性

上面讨论的 PN 结无任何外加电压,处于动态平衡状态,称为平衡 PN 结。所谓单向导电性是指 PN 结外加不同极性电压时,其导电能力会表现出巨大反差。单向导电性是 PN 结的基本特性。

1. 外加正向电压

当 PN 结接入电路中,P 区电位高于 N 区电位时(如图 3.2.3a 所示),称所加电压为正向电压,也称 PN 结正向偏置①。此时,外加电压形成的外加电场 E_F会打破 PN 结的平衡状态,使 P 区中的多子空穴和 N 区中的多子自由电子都向 PN 结移动。当 P 区空穴进入 PN 结后,会中和一部分原来的负离子,使 P 区的空间电荷量减少;同样,N 区的自由电子进入 PN 结后,也会中和部分正离子,减少 N 区的空间电荷量,结果 PN 结变窄,即耗尽区厚度变薄,其电阻率减小。由于半导体本身的体电阻与 PN 结的电阻相比阻值很小,所以大部分外加电压都降落在了 PN 结上。

换一个角度看,由于外加电场方向与 PN 结内电场方向相反,强制削弱了原内电场的作用,使 PN 结的电场由 E_0减小到 E_0-E_F,对多子扩散的阻碍作用变弱,使 N 区的自由电子和 P 区的空穴不断向对方区域扩散,并通过外部回路形成扩散电流(电源不断补充扩散失去的多子,形成一个流入 P 区的电流)。由于 PN 结电场减弱,所以少子的漂移减少,可以完全忽略它对回路电流的影响,回路电流基本上取决于扩散电流。此时的电流称为正向电流 I_F。当外加电压 V_F升高时,PN 结电场便进一步减弱,扩散电流随之增加。实验表明,在正常工作范围内,PN 结上外加电压只要稍有变化(如 0.1 V),便能引起电流的显著变化,因此电流 I_F是随外加

① 偏置对应英文 bias 一词,意指差值。

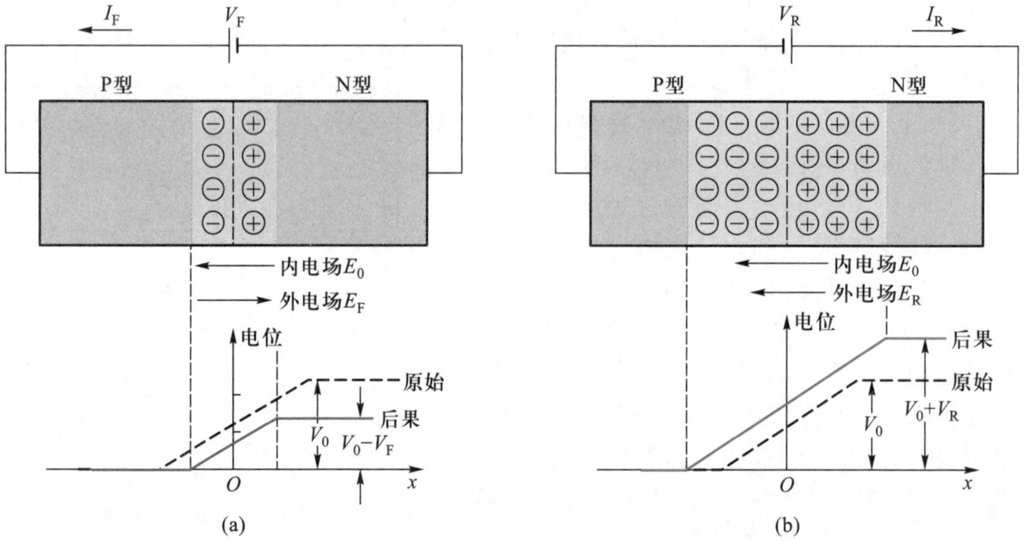

图 3.2.3 PN 结的单向导电性

（a）外加正向电压时的 PN 结 （b）外加反向电压时的 PN 结

电压急速上升的。这样，正向的 PN 结表现为一个阻值很小的电阻，此时也称 PN 结导通。

2. 外加反向电压

在图 3.2.3b 中，外加电压使 N 区电位高于 P 区电位，这种电压称为反向电压或反向偏置电压，PN 结处于反向偏置状态。此时，在外加电压形成的外电场 E_R 作用下，P 区中的空穴和 N 区中的电子都将进一步离开 PN 结，使耗尽区加宽。也即反向电压形成的外电场方向与 PN 结内电场方向相同，使 PN 结电场由 E_0 增加到 E_0+E_R，打破了 PN 结原来的平衡状态，阻碍了多子的扩散运动，因此扩散电流趋近于零。但是，结电场的增强使 N 区和 P 区中的少子更容易产生漂移运动，因此，漂移电流在 PN 结内起决定作用。

漂移电流的方向与扩散电流相反，在外电路中表现为一个流入 N 区的反向电流 I_R 它是由少子漂移形成的。由于少子的浓度很低，数量很少，所以 I_R 是很微弱的，一般硅管为微安数量级。又因为少子是由本征激发产生的，当器件制成后，少子的浓度决定于温度。换言之，在一定温度 T 下，少子的数量是一定的，它几乎与外加电压 V_R 无关。所以当外加反向电压时，电流 I_R 的值将趋于恒定，如图 3.2.4 所示。这时的反向电流 I_R 就是反向饱和电流，用 I_S表示。

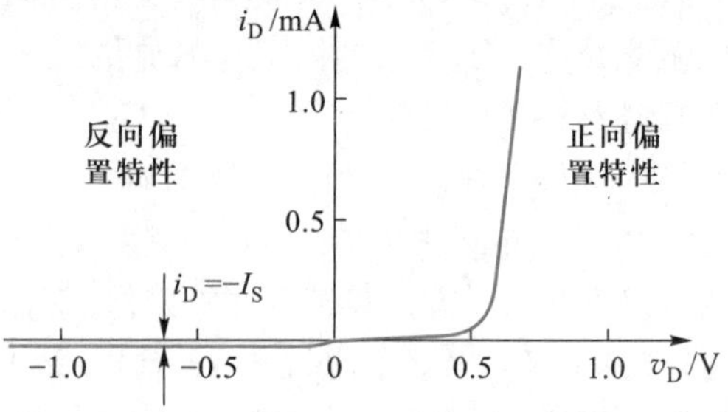

图 3.2.4 硅材料 PN 结的 $I-V$ 特性

由于 I_S 很小，所以 PN 结在反向偏置时，呈现出一个阻值很大的电阻，此时可认为它基本上是不导电的，称为 PN 结截止。但因 I_S受温度的影响，在某些实际应用中，还必须予以考虑。

由此看来，PN 结加正向电压时，电阻值很小，PN 结导通；加反向电压时，电阻值很大，

PN 结截止,这就是 PN 结的单向导电性。

3. PN 结 *I*-*V* 特性的表达式

现以硅材料 PN 结为例,来说明它的 *I*-*V* 特性表达式。在硅 PN 结的两端施加电压时,流过 PN 结的电流如图 3.2.4 所示。根据半导体物理的理论分析,PN 结的 *I*-*V* 特性可表达为

$$i_D = I_S(e^{v_D/(nV_T)} - 1)\text{①} \tag{3.2.3}$$

式中 i_D为通过 PN 结的电流,v_D为 PN 结两端的外加电压;n 为发射系数,它与 PN 结的尺寸、材料及通过的电流有关,其值在 1~2 之间;V_T为温度的电压当量,$V_T = kT/q$,其中 k 为玻耳兹曼常数(1.38×10^{-23}J/K),T 为热力学温度,即绝对温度(单位为 K,0 K=-273 ℃),q 为电子电荷(1.6×10^{-19}C),常温(300 K)下,$V_T = 0.026$ V;e 为自然对数的底;I_S为反向饱和电流。对于分立器件,其典型值在 10^{-8}~10^{-14}A 的范围内。集成电路中 PN 结的 I_S值更小。

关于式(3.2.3)的讨论如下:

(1) 当 PN 结两端加正向电压时,电压 v_D为正值,当 v_D比 V_T大几倍时,式(3.2.3)中的 e^{v_D/V_T}远大于 1,括号中的 1 可以忽略。这样,电流 i_D与电压 v_D呈指数关系,如图 3.2.4 中的正向特性部分所示。

(2) 当 PN 结加反向电压时,v_D为负值。若 $|v_D|$比 V_T大几倍时,指数项趋近于零,因此 $i_D = -I_S$,如图 3.2.4 中的反向特性部分所示。可见当温度一定时,反向饱和电流是个常数,就等于 I_S。

3.2.4　PN 结的反向击穿

在测量 PN 结的 *I*-*V* 特性时,如果 PN 结两端的反向电压增大到一定数值时,反向电流突然增加,如图 3.2.5 所示。这个现象就称为 PN 结的反向击穿,也称为电击穿。发生击穿所需的反向电压 V_{BR}称为反向击穿电压。PN 结电击穿后电流很大,易使 PN 结发热,并快速升温,从而烧毁 PN 结。反向击穿电压的大小与 PN 结制造参数有关。

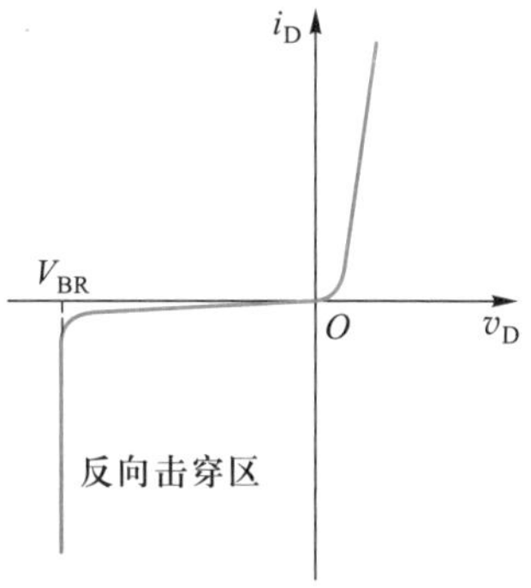

图 3.2.5　PN 结的反向击穿

产生 PN 结电击穿的原因是,当 PN 结反向电压增加时,空间电荷区中的电场随之增强。产生漂移运动的少数载流子通过空间电荷区时,在很强的电场作用下获得足够的动能,撞击出晶体原子共价键中的价电子,从而形成更多的自由电子-空穴对,这种现象称为碰撞电离。新产生的电子和空穴与原有的电子和空穴一样,在强电场作用下获得足够的能量,继续碰撞电离,再产生电子-空穴对,这就是载流子的倍增效应。当反向电压增大到某一数值后,载流子的倍增情况就像在陡峭的积雪山坡上发生雪崩一样,载流子增加得多而快,使反向电流急剧增大,于是 PN 结被击穿,这种击穿称为雪崩击穿。

PN 结击穿的另一个原因是,当反向电压产生的电场,强到可以直接从共价键中“推出”

---

① i_D 的下标“D”指二极管(diode)的字头,表达式推导详见文献[1]。

价电子，产生电子-空穴对时，便使载流子数目增加，从而形成较大的反向电流，这种击穿现象称为齐纳击穿①。发生齐纳击穿需要的电场强度较高，约为 2×10^5 V/cm 只有在高掺杂浓度的 PN 中才可能出现。因为杂质浓度越高，杂质离子密度就越大，在形成平衡 PN 结时，空间电荷区就更窄，相同外加电压下的电场强度就更高。

齐纳击穿的物理过程和雪崩击穿完全不同，它更容易被控制并加以利用，后面将要介绍的齐纳二极管就是例子。

上述两种电击穿都是可逆的，当反向电压降低后，PN 结可以恢复原来的状态，但其前提是反向电流和反向电压的乘积不超过 PN 结容许的耗散功率，否则就会因为热量散不出去而使 PN 结过热烧毁，这就是热击穿了。虽然热击穿和电击穿是不同的，但多数 PN 结的电击穿与热击穿几乎是同时发生的，除非特殊的 PN 结，如利用电击穿的齐纳二极管。

3.2.5 PN 结的电容效应

PN 结的电容效应直接影响半导体器件的高频特性和开关特性。

1. 扩散电容

PN 结也称为耗尽区。当 PN 结处于正向偏置时（如图 3.2.6 所示），多子将向对方区域扩散。实际上，它们并不会在耗尽区全部复合，穿过 PN 结未被复合的载流子称为剩余（或超量）载流子。例如，由 P 区穿过 PN 结到达 N 区的剩余空穴，在刚进入 N 区时浓度较高。随着空穴在 N 区中的继续移动，复合几率增加，浓度逐渐降低。所以剩余空穴在 N 区的浓度变化如曲线 p_N 所示。

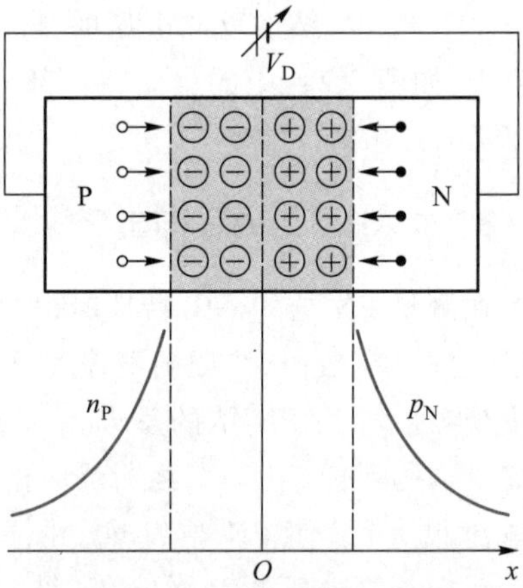

图 3.2.6 二极管的扩散电容

这种在 N 区剩余的空穴，可视为在 PN 结 N 区一侧存储的电荷，仿佛平板电容器一侧的电极所充电荷。N 区的自由电子扩散到 P 区也有类似的效果，浓度变化如曲线 n_P 所示。当 P、N 两区域掺杂浓度不同时，p_N 和 n_P 是不对称的。

存储电荷量的多少，取决于 PN 结上所加正向电压值的大小。若外加正向电压有一增量 ΔV，则相应的剩余空穴（电子）产生一电荷增量 ΔQ，二者之比 $\Delta Q/\Delta V$ 为扩散电容 C_D。如果取微增量，则有

$$C_D=\left.\frac{\mathrm{d}Q}{\mathrm{d}v_D}\right|_Q=\frac{\tau_t I_D}{V_T}\quad \text{F（法[拉]）②} \tag{3.2.4}$$

式中 τ_t 为剩余载流子的平均渡越时间或寿命，表示剩余载流子从进入对方区域到被复合所用的平均时间。I_D 为 PN 结正向偏置电流，V_T 为温度电压当量。

PN 结在正向偏置时，剩余载流子随正向电压的增加而很快增加，扩散电容较大。反向

① 在某些参考文献中，用隧道效应来解释齐纳击穿的物理过程。

② 参见文献[1]3.6.2 节。

偏置时，因为载流子数目很少，所以扩散电容数值很小，一般可以忽略。

2. 势垒电容

接下来考虑 PN 结处于反向偏置的情况，如图 3.2.3b 所示。当 PN 结处于反向偏置时，外加电压的变化，会引起空间电荷区宽窄的变化。意味着 PN 结内存储的正、负离子电荷数的增减，类似于平行板电容器两极板上电荷的变化。此时 PN 结呈现出的电容效应称为势垒电容 C_B。势垒电容是非线性的，可用微增量电容来定义，即

$$C_B = \left|\frac{dQ}{dv_D}\right| \tag{3.2.5}$$

式中 dQ 为势垒区每侧存储电荷的微增量，dv_D为作用于 PN 结上的电压微增量。最终 C_B 可表示为①

$$C_B = \frac{C_{B0}}{(1-V_D/V_0)^m} \tag{3.2.6}$$

式中 C_{B0}为零偏置情况下的势垒电容，V_D为 PN 结工作点上的电压（在反偏情况下为负值）。V_0为内建势垒电位（典型值为 1 V），m 为结的梯度系数，其值取决于 PN 结两侧的掺杂情况，当掺杂浓度差别不大时，$m=1/3$；而当差别很大时，$m=1/2$。

综上所述，PN 结的电容效应是扩散电容 C_D和势垒电容 C_B的综合反映，在高频运用时，必须考虑 PN 结电容的影响。PN 结电容的大小除了与本身结构和工艺有关外，还与外加电压有关。当 PN 结处于正向偏置时，结电容较大（主要决定于扩散电容 C_D）；当 PN 结处于反向偏置时，结电容较小（主要决定于势垒电容 C_B）。

复习思考题

3.2.1 空间电荷区是由电子、空穴还是由施主离子、受主离子构成的？为什么空间电荷区又称为耗尽区或势垒区？

3.2.2 如需使 PN 结处于正向偏置，外接电压的极性如何确定？

3.2.3 与无偏置电压相比，PN 结外加反向偏置时，耗尽区的宽度是增加还是减少？为什么？

3.2.4 PN 结的单向导电性在什么外部条件下才能显现出来？

3.3 二极管

实际上，半导体二极管与上一节介绍的 PN 结并无多大差别，可以将二极管看作是 PN 结的一个物化器件。因此，PN 结具有的特性均可在半导体二极管上反映出来。当然，作为一个电子元器件，半导体二极管还具有一些与制作工艺和特殊用途相关的一些特性。如大、中、小不同功率的二极管；高、中、低不同工作频率的二极管等。

1. 二极管的结构

半导体二极管按其结构的不同大致可分为面接触型和点接触型两类。

面接触型或称面结型二极管的 PN 结是用合金法或扩散法做成的，其结构如图 3.3.1a 所示。由于这种二极管的 PN 结面积大，可承受较大的电流，但极间电容也大。这类器件适

① 参见文献[1]3.6.1 节。

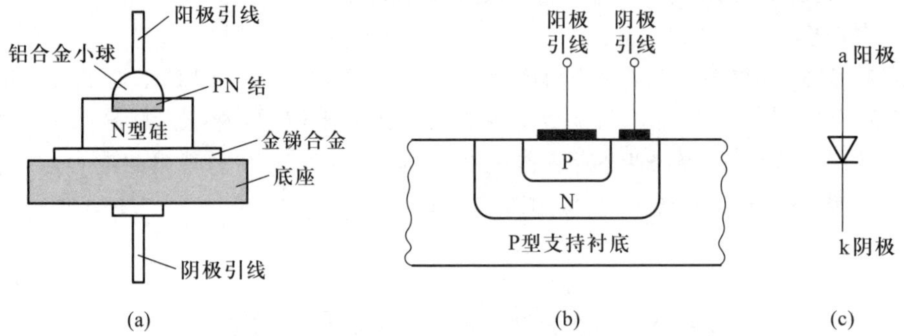

图 3.3.1 半导体二极管的结构及符号

（a）面接触型二极管 （b）集成电路中的平面型二极管 （c）代表符号

用于整流，而不宜用于高频电路中。如 2CP1[①] 为面接触型硅二极管，最大整流电流为 400 mA，最高工作频率只有 3 kHz。

点接触型二极管的 PN 结面积很小，所以极间电容很小，适用于高频电路和数字电路。如 2AP1 是点接触型锗二极管，最大整流电流为 16 mA，最高工作频率为 150 MHz。但是这种类型的二极管不能承受高的反向电压和大的电流。

图 3.3.1b 是硅工艺平面型二极管的结构图，它是集成电路中常见的一种形式。二极管的代表符号如图 3.3.1c 所示。

2. 二极管的 I–V 特性

两个实际的二极管 I–V 特性如图 3.3.2 所示。其中图 a 硅二极管的 I–V 特性和图 3.2.4 硅 PN 结的 I–V 特性基本上是相同的。观察图 3.3.2a 硅二极管和图 b 锗二极管的 I–V 特性，两者在局部细节上还是有些差别的。

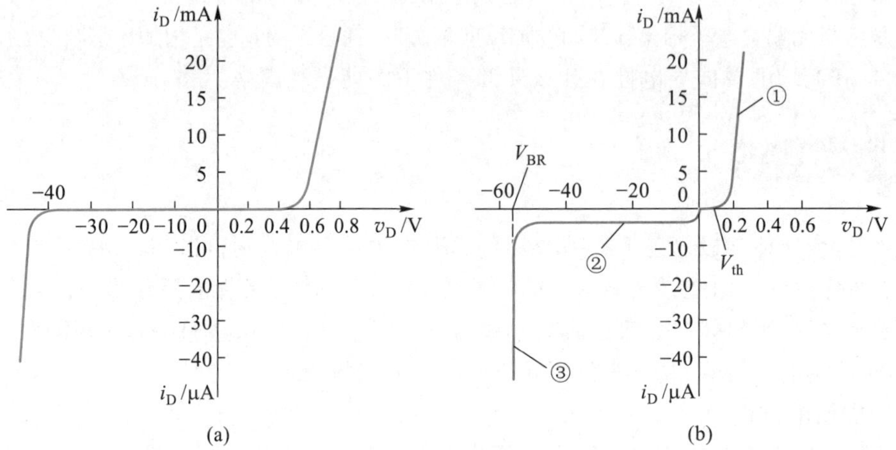

图 3.3.2 实际二极管的 I–V 特性

（a）硅二极管 2CP10 （b）锗二极管 2AP15

① 我国半导体分立器件型号命名方法参见国家标准 GB/T 249—2017。目前常见的以“1N”字符开头的二极管型号是根据美国半导体器件型号命名方法命名的。

(1) 正向特性

图 3.3.2b 的第①段为正向特性。在靠近原点的起始部分，由于正向电压较小，外电场还不足以影响 PN 结的内电场，因而这时的正向电流几乎为零，二极管呈现出一个大电阻，当正向电压超过一定值后，电流才开始明显增大，就好像有一个门坎。硅管的门坎电压 V_{th}（又称死区电压）约为 0.5 V，锗管的 V_{th} 约为 0.1 V，当正向电压大于 V_{th} 时，PN 结电场明显减弱，电流迅速增大，二极管正向导通。由于导通后，曲线较垂直陡峭，所以通常认为，硅管正向导通压降约为 0.7 V，锗管约为 0.2 V。此时二极管呈现的电阻很小。

(2) 反向特性

半导体中的少子在反向电压作用下产生漂移运动，形成反向饱和电流。但由于少子的数目很少，所以反向电流很小，如图 3.3.2b 的第②段所示。而且少子是本征激发产生的，所以当温度升高时，少子数目增加，反向电流也将随之明显增加。

对比图 3.3.2a 和 b 的反向特性部分，可以看出，一般硅管的反向电流比锗管小得多。

(3) 反向击穿特性

当反向电压增加到一定值（V_{BR}）时，反向电流将急剧增加，这便是二极管的反向击穿（实际上就是二极管中 PN 结的反向击穿），对应于图 3.3.2b 的第③段。

3. 二极管的主要参数

(1) 最大整流电流 I_F

指二极管长期运行时，允许通过的最大正向平均电流。因为电流通过 PN 结会发热，如果电流太大，发热量就会超过限度，烧毁 PN 结。例如 2AP1 最大整流电流为 16 mA。

(2) 反向击穿电压 V_{BR}

指二极管反向击穿时的电压值，通常标注为正值。击穿时，反向电流剧增，二极管的单向导电性被破坏，甚至因过热而烧坏。一般手册上给出的最高反向工作电压约为击穿电压的一半，以确保二极管安全运行。例如 2AP1 最高反向工作电压规定为 20 V，而反向击穿电压实际上大于 40 V。

(3) 反向电流 I_R

指二极管未击穿时的反向电流，其值越小，二极管的单向导电性越好。由于温度增加，反向电流会明显增加，所以在使用二极管时要注意温度的影响。

(4) 极间电容 C_d

在讨论 PN 结时已知，PN 结存在扩散电容 C_D 和势垒电容 C_B，极间电容是反映二极管中 PN 结电容效应的参数，$C_d = C_D + C_B$。利用二极管单向导电性在高频或开关状态工作时，必须考虑极间电容的影响。

(5) 反向恢复时间 T_{RR}

由于二极管中 PN 结存在电容效应，当二极管外加电压极性翻转时，其工作状态不能在瞬间改变。特别是外加电压从正向偏置变成反向偏置时，二极管中电流由正向变成反向，但其翻转后的反向电流很大，经过一定时间后反向电流才会变小。此过程的电流变化如图 3.3.3 所

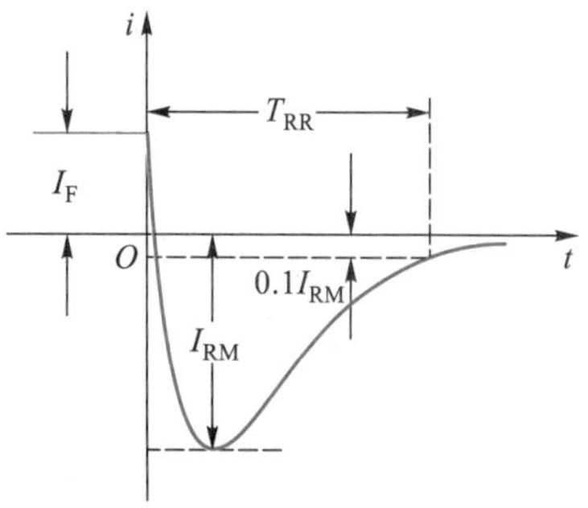

图 3.3.3 二极管由正向导通到反向截止时电流的变化

示。其中 I_F 为正向电流，I_{RM} 为最大反向恢复电流，T_{RR} 为反向恢复时间。

存在反向恢复时间的主要原因是扩散电容 C_D 的影响。由于二极管加正向电压时，PN 结两侧堆积了剩余载流子，如图 3.2.6 中曲线 p_N 和 n_P 所描述的。由于剩余载流子的电极性与所在区域少子的带电极性相同，且数量较多，所以当二极管外加电压极性由正变负时，它们会像少子那样产生漂移运动，形成较大的反向电流。剩余载流子消散后，反向电流才减小到正常值。扩散电容越小，反向恢复时间越短，二极管的工作频率越高。二极管由反向截止到正向导通则不存在剩余载流子的消散过程，所以由反向到正向的转换时间较短。

二极管的参数是正确使用二极管的依据。应特别注意，使用时不要超过规定的最大整流电流、最高反向工作电压和最大耗散功率等极限指标，否则容易损坏二极管。数据手册中都会给出各管型的具体参数值。表 3.3.1 中列出了部分二极管参数。

表 3.3.1 部分二极管参数

（1）检波、开关二极管

型号	参数							
	最大整流电流/mA	最高反向工作电压/V	反向击穿电压/V	正向电流/mA（正向电压为 1 V）	反向电流/μA	最高工作频率/MHz	极间电容/pF	反向恢复时间/ns
2AP1	16	20	≥40	≥2.5	≤250	150	≤1	—
2AP7	12	100	≥150	≥5.0	≤250	150	≤1	—
1N60	30	40	—	—	0.1	—	2	1
1N4148	150	75	100	—	5	—	4	4

（2）整流二极管参数

型号	最大整流电流/A	最高反向工作电压（峰值）/V	最高反向工作电压下的反向电流/μA		正向压降/V（平均值）(25 ℃)
			25 ℃	125 ℃	
2CZ52A～X	0.1	25,50,100,200,300,400,500,600,700,800,900,1 000,1 200,1 400,1 600,1 800,2 000,2 200,2 400,2 600,2 800,3 000	5	100	≤1
2CZ54 A～X	0.5		10	500	≤1
2CZ57 A～X	5		20	1 000	≤0.8
1N4001～1N4007	1	50,100,200,400,600,800,1 000	5	50	1

复习思考题

3.3.1 为什么说在使用二极管时，应特别注意不要超过最大整流电流和最高反向工作电压？

3.3.2 如何用万用表的“Ω”挡来辨别一只二极管的阴、阳两极？（提示：模拟型万用表的黑表笔接表内直流电源的正端，而红表笔接负端，数字表则相反。）

3.3.3 比较硅、锗两种二极管的性能。在工程实践中，为什么硅二极管应用得较普遍？

3.3.4 在二极管电路中,其他条件不变,温度升高时,二极管的反向电流会有怎样的变化趋势?受温度影响更大的是硅二极管还是锗二极管?

3.3.5 二极管的极间电容主要影响它的什么工作特性?

3.4 二极管的基本电路及其分析方法

在电子技术中,利用二极管的单向导电性,可以构成许多二极管应用电路,如整流电路、限幅电路、开关电路等。由二极管的 $I-V$ 特性可知,二极管是一种非线性器件,分析设计二极管电路时就会涉及非线性电路的分析,相对来说比较复杂。实际上经常采用图解法和简化模型法来分析设计二极管电路,从而避免复杂的非线性电路分析。

3.4.1 简单二极管电路的图解分析方法

图解法无须理会线性与非线性问题,简单直观,但前提条件是已知二极管的 $I-V$ 特性曲线。下面通过一个例子说明图解分析方法。

例 3.4.1 二极管电路如图 3.4.1a 所示,设二极管 $I-V$ 特性曲线如图 3.4.1b 所示。已知电源 V_{DD}和电阻 R,求二极管两端电压 v_D和流过二极管的电流 i_D。

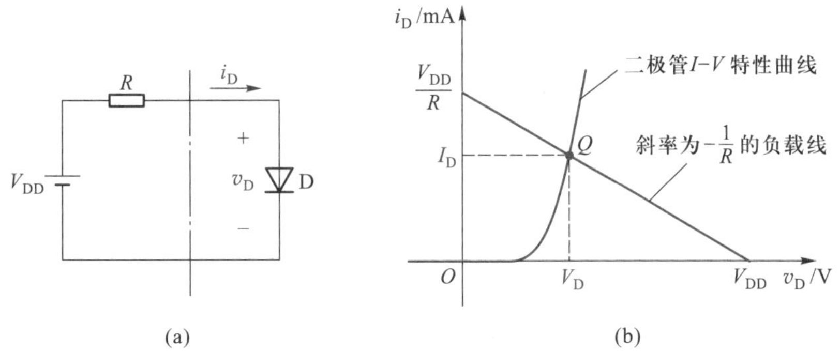

图 3.4.1 例 3.4.1 的二极管电路

(a) 电路图 (b) 图解分析

解:为便于作图,将图 3.4.1a 以虚线为界分为两部分,虚线的右侧仅有非线性器件二极管,虚线的左侧为线性电路。虚线右侧的端口电压和电流的关系满足二极管的特性曲线,而虚线左侧电路满足 KVL 方程

$$v_D = V_{DD} - i_D R \tag{3.4.1}$$

可写成

$$i_D = -\frac{1}{R}v_D + \frac{1}{R}V_{DD} \tag{3.4.2}$$

式(3.4.2)在图 3.4.1b 的坐标系中是一条斜率为$-1/R$ 的直线,称为负载线(意指二极管所带负载形成的),画出这条直线。由于图 3.4.1a 中点画线分割出的端口电压 v_D 和电流 i_D 是两侧共用的,所以它们必定同时满足特性曲线关系和直线方程关系,意味着图 3.4.1b 中两线的交点 Q 即为所求,由 Q 点便可读出二极管的电压 V_D和电流 I_D。Q 点也称为电路的工

作点。

图解法简单直观，但在实际应用中，往往不方便获得准确的二极管 I–V 曲线，而且当电路中有多个二极管时，图解法也会变得比较复杂。所以在工程上，图解法并不实用，但对理解电路的工作原理和工作点等相关概念却有很大帮助。

实际上，二极管的 I–V 特性有式(3.2.3)的关系，为方便阅读，将它重写如下(此处原式中的 n 取 1)

$$i_D = I_S(e^{v_D/V_T} - 1) \tag{3.4.3}$$

联立求解式(3.4.1)和式(3.4.3)，便可求出 v_D 和 i_D。但其过程涉及指数方程的求解，往往要用复杂的迭代算法。特别是电路复杂后，迭代法将变得非常复杂。工程上更倾向于用简单的方法来有效地解决问题，显然，图解法和非线性电路分析法都不实用。

工程实际常用简化模型代替二极管非线性特性来分析二极管电路，这种方法简单、快速，而且实用。

3.4.2 二极管电路的简化模型分析方法

简化模型法是将二极管的非线性关系近似为几段线性关系，也称分段线性化，从而获得二极管的简化模型，这样，就可以将二极管电路转化为线性电路来分析了。这里首先介绍二极管的几个常用简化模型，然后举例说明简化模型分析法的具体应用。

1. 二极管 I–V 特性的建模

(1) 理想模型

图 3.4.2 为二极管的理想模型。其中图 a 是理想的 I–V 特性，二极管正向偏置时，是一条与纵轴正半轴重合的垂线，表明管压降为 0 V；而当二极管处于反向偏置时，是一条与横轴负半轴重合的水平线，认为此时的电阻为无穷大，电流为零。图中的虚线表示二极管的实际 I–V 特性。图 3.4.2b 为理想二极管的代表符号。图 3.4.2c 和 d 分别为二极管正向偏置和反向偏置时的电路模型。在实际电路中，当工作电压远超二极管的正向压降时，用此模型所带来的误差通常是可以忽略的。

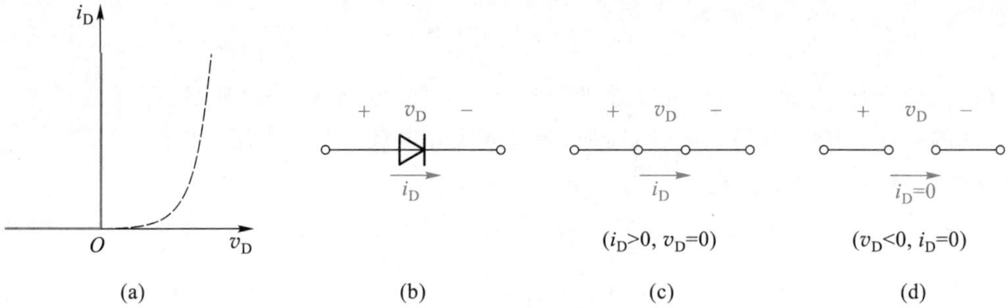

图 3.4.2 二极管理想模型

(a) I–V 特性 (b) 代表符号 (c) 正向偏置时的电路模型 (d) 反向偏置时的电路模型

(2) 恒压降模型

这个模型如图 3.4.3 所示，认为二极管导通后管压降是恒定的，即不随电流变化，在图 3.4.3a 中以垂线表示，其横轴对应的电压典型值为 0.7 V(硅管)或 0.2 V(锗管)。通常只有

在电流 i_D大于等于 1 mA 时二极管才可工作在垂线上。图 3.4.3b 是二极管恒压降电路模型。该模型提供了合理的近似,精度高于理想模型,因此应用也较广。

(3) 折线模型

为了更准确地描述二极管的 $I-V$ 特性,将恒压降模型的垂线改为倾斜的,以便尽可能与指数曲线重合,即认为二极管的正向管压降不是恒定的,而是随着流过二极管电流的增加而增加的,所以在模型中用一个电压源 V_{th}和一个电阻 r_D的串联来等效(参见图 3.4.4)。V_{th}选定为二极管的门坎电压,硅管约为 0.5 V,锗管约为 0.1 V。以硅管为例,r_D的值可以这样确定:当二极管的导通电流为 1 mA 时,管压降为 0.7 V,于是 r_D的值可计算如下:

$$r_D = \frac{0.7\ \text{V} - 0.5\ \text{V}}{1\ \text{mA}} = 200\ \Omega$$

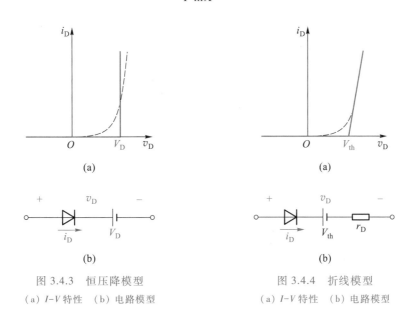

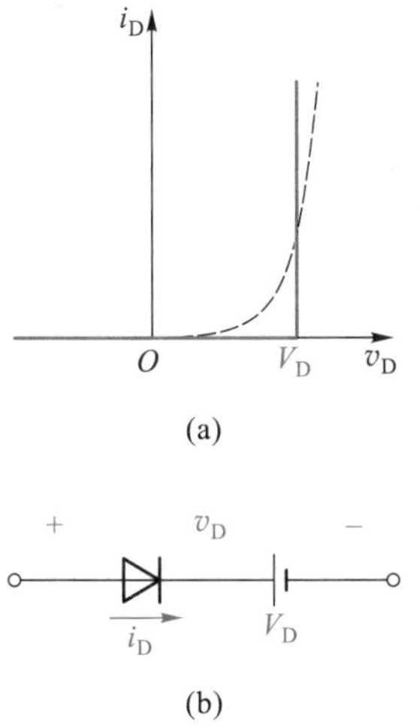

图 3.4.3 恒压降模型

(a) $I-V$ 特性 (b) 电路模型

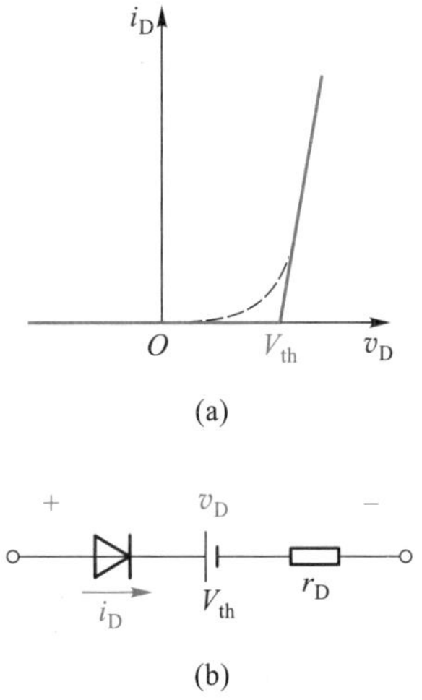

图 3.4.4 折线模型

(a) $I-V$ 特性 (b) 电路模型

由于二极管特性的分散性,V_{th}和 r_D的值不是固定不变的。

以上 3 种模型都是将二极管 $I-V$ 特性原本的指数关系近似为两段直线关系,这样,只要能够区分当前二极管工作于哪一段直线上,就可以将二极管电路转化成线性电路了。注意,上述 3 种模型均未描述反向击穿特性。

(4) 小信号模型

以上 3 个模型反映了二极管正偏和反偏时的全部特性,可用来分析工作电压在较大范围变化时的情况,所以也称为大信号模型。然而,当工作电压在某一确定值附近波动时(如电路在一定的直流激励源作用下再叠加一个小的交流信号),当仅考虑电压(或电流)小幅波动时所建立的模型称为**小信号模型**。例如,在图 3.4.1a 中串联一个交流小信号源 v_s,得到图 3.4.5a 的电路。当 $v_s = 0$ 时,电路中只有直流量,二极管两端电压和流过二极管的电流就是图 3.4.1b 中 Q 点的值。为便于分析,将图 3.4.1b 重画于图 3.4.5b 中。电路的直流工作状态也称**静态**,Q 点也称为静态工作点。当 $v_s = V_m \sin \omega t$ 时($V_m \ll V_{DD}$),电路的负载线为

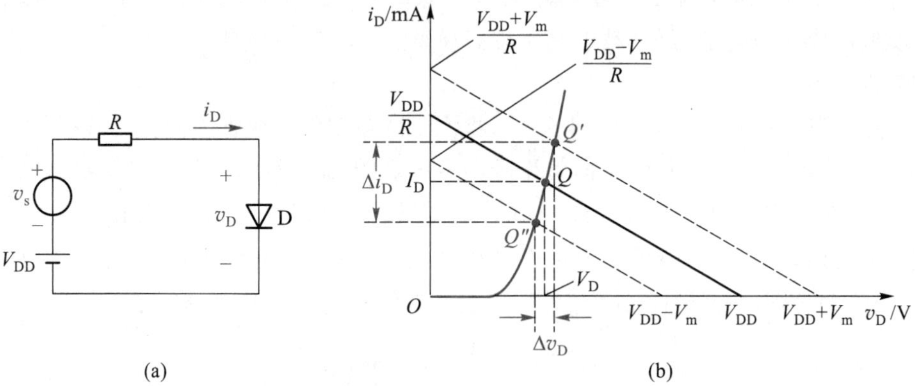

图 3.4.5 直、交流电压源同时作用时的二极管电路

(a) 电路图 (b) 图解分析

$$i_D = -\frac{1}{R}v_D + \frac{1}{R}(V_{DD}+v_s)$$

根据 v_s 的正负峰值 $+V_m$ 和 $-V_m$ 图解可知，工作点将在 Q' 和 Q'' 之间移动，则二极管电压和电流变化量为 Δv_D 和 Δi_D。

由此看出，在交流小信号 v_s 的作用下，工作点在 Q 点附近沿 $I-V$ 特性曲线小范围变化，这时可把特性曲线近似为以 Q 点为切点的一条直线，其斜率的倒数就是小信号模型的微变电阻 r_d，由此得到小信号模型如图 3.4.6 所示。

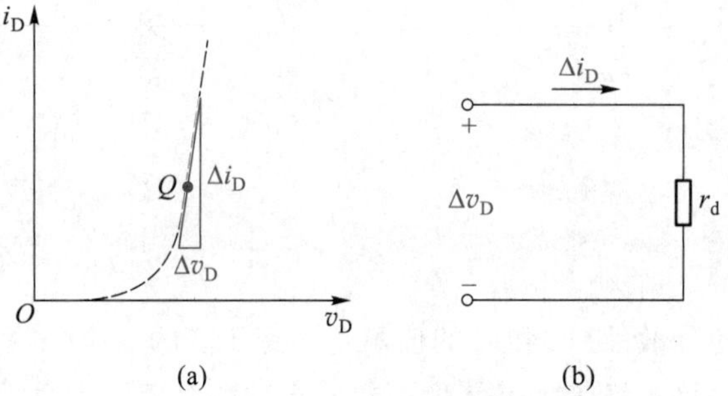

图 3.4.6 小信号模型

(a) $I-V$ 特性 (b) 电路模型

微变电阻 r_d 可由式 $r_d = \Delta v_D / \Delta i_D$ 求得，也可以从二极管 $I-V$ 特性的指数模型式(3.4.3)导出，即取 i_D 对 v_D 的微分，可得微变电导

$$g_d = \frac{di_D}{dv_D} = \frac{d}{dv_D}\left[I_S(e^{v_D/V_T}-1)\right] = \frac{I_S}{V_T}e^{v_D/V_T}$$

在 Q 点处 $v_D \gg V_T = 26$ mV 所以 $i_D \approx I_S e^{v_D/V_T}$，则

$$g_d = \frac{I_S}{V_T}e^{v_D/V_T}\bigg|_Q \approx \frac{i_D}{V_T}\bigg|_Q = \frac{I_D}{V_T}$$

式中 I_D 是 Q 点处的电流。由此可得

$$r_d=\frac{1}{g_d}=\frac{V_T}{I_D}=\frac{26\ \text{mV}}{I_D},\quad （常温下,T=300\ \text{K}）\tag{3.4.4}$$

例如,当 Q 点上的 $I_D=2$ mA 时,$r_d=26$ mV/2 mA = 13 Ω。

要特别注意,小信号模型中的微变电阻 r_d 与静态工作点 Q 有关,Q 点位置不同,r_d 的值也不同。该模型主要用于二极管处于正向偏置,且 $v_D \gg V_T$ 条件下。

另外,在高频或开关状态运用时,考虑到 PN 结电容的影响,可以用图 3.4.7a 所示的高频电路模型来等效二极管,其中 r_s 表示半导体电阻,r_d 表示结电阻,C_D 和 C_B 分别表示扩散电容和势垒电容。相比之下,r_s 通常很小,一般忽略不计,所以图 3.4.7b 所示电路模型更为常用。结电容 C_d 包括 C_D 和 C_B 的总效果。当二极管处于正向偏置时,r_d 为正向电阻,其值较小,C_d 主要取决于扩散电容 C_D;二极管反向偏置时,r_d 为反向电阻,其值很大[注意,这时 r_d 不能用式(3.4.4)计算],C_d 主要取决于势垒电容 C_B。

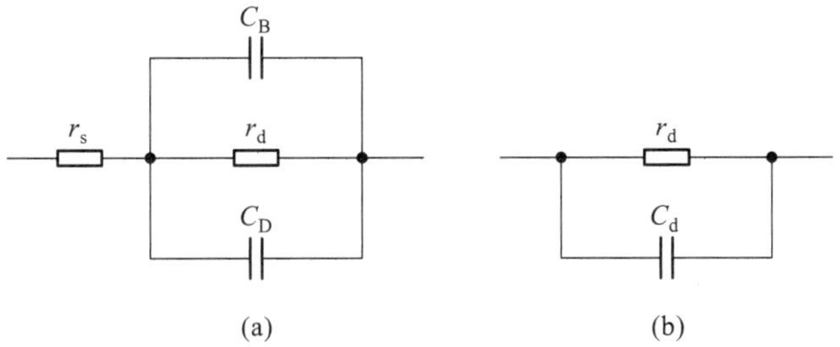

图 3.4.7 二极管的高频电路模型

（a）完整模型 （b）常用模型

2. 模型分析法应用举例

1）整流电路

所谓**整流**通常是指将双极性电压(或电流)变为单极性电压(或电流)的处理过程。

例 3.4.2 二极管基本电路如图 3.4.8a 所示,已知 v_s 为正弦波,如图 3.4.8b 所示。试利用二极管理想模型,定性地绘出 v_O 的波形。

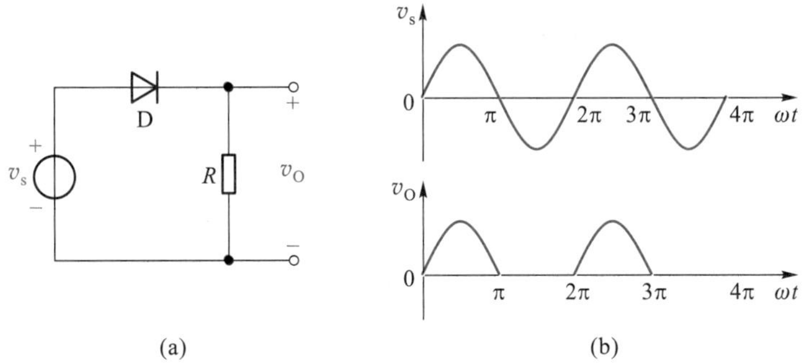

图 3.4.8 例 3.4.2 的电路

（a）电路图 （b）v_s 和 v_O 的波形

解:由于 v_s 的值有正有负,当 v_s 为正半周时,二极管正向偏置,根据理想模型,此时二极管导通,且导通压降为 0 V,所以 $v_O=v_s$。

当 v_s 为负半周时，二极管因反向偏置而截止，电阻 R 中无电流流过，$v_O=0$。所以波形如图 3.4.8b 中的 v_O所示。

该电路称为半波整流电路。

2）静态工作情况分析

例 3.4.3 设硅二极管电路如图 3.4.9a 所示，已知 $R=10\ \mathrm{k\Omega}$。对于下列两种情况，求电路的 I_D 和 V_D：(1) $V_{DD}=10\ \mathrm{V}$；(2) $V_{DD}=1\ \mathrm{V}$。在每种情况下，应用理想模型、恒压降模型和折线模型求解。设折线模型中 $r_D=0.2\ \mathrm{k\Omega}$。

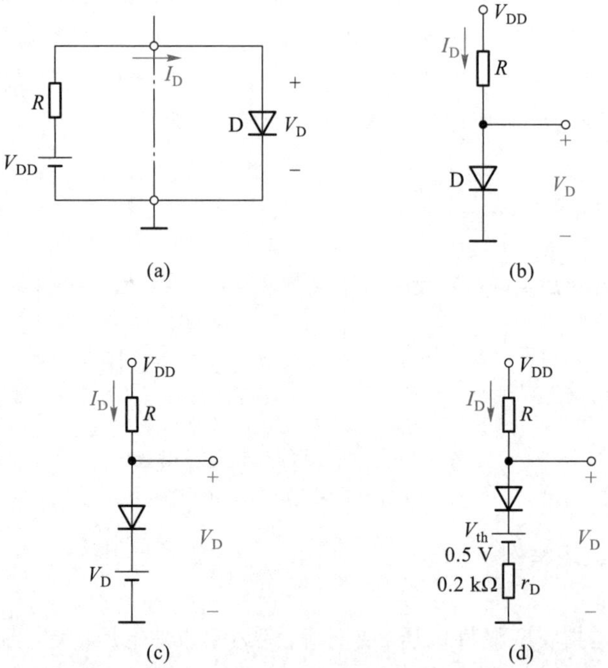

图 3.4.9 例 3.4.3 的电路

(a) 简单二极管电路 (b) 理想模型电路 (c) 恒压降模型电路 (d) 折线模型电路

解：图 3.4.9a 的电路中，点画线左边为线性部分，右边为非线性部分。符号“⊥”为参考电位点。现按题意，分别求解如下。

(1) $V_{DD}=10\ \mathrm{V}$

① 使用理想模型，等效电路如图 3.4.9b 所示，得

$$V_D=0\ \mathrm{V},\quad I_D=V_{DD}/R=10\ \mathrm{V}/10\ \mathrm{k\Omega}=1\ \mathrm{mA}$$

② 使用恒压降模型，等效电路如图 3.4.9c 所示。

由于是硅管，所以 $V_D=0.7\ \mathrm{V}$，则

$$I_D=\frac{V_{DD}-V_D}{R}=\frac{(10-0.7)\ \mathrm{V}}{10\ \mathrm{k\Omega}}=0.93\ \mathrm{mA}$$

③ 使用折线模型，等效电路如图 3.4.9d 所示，得

$$I_D=\frac{V_{DD}-V_{th}}{R+r_D}=\frac{(10-0.5)\ \mathrm{V}}{(10+0.2)\ \mathrm{k\Omega}}\approx 0.931\ \mathrm{mA}$$

$$V_D=0.5\ \text{V}+I_Dr_D=0.5\ \text{V}+0.931\ \text{mA}\times0.2\ \text{k}\Omega\approx0.69\ \text{V}$$

（2）$V_{DD}=1$ V

① 使用理想模型得

$$V_D=0\ \text{V},\quad I_D=\frac{V_{DD}}{R}=\frac{1\ \text{V}}{10\ \text{k}\Omega}=0.1\ \text{mA}$$

② 使用恒压降模型得

$$V_D=0.7\ \text{V},\quad I_D=\frac{V_{DD}-0.7\ \text{V}}{R}=\frac{(1-0.7)\ \text{V}}{10\ \text{k}\Omega}=0.03\ \text{mA}$$

③ 使用折线模型得

$$I_D=0.049\ \text{mA},\quad V_D=0.51\ \text{V}$$

以上说明，在电源电压远大于二极管管压降情况下，恒压降模型和折线模型结果非常接近，但恒压降模型更简单。当电源电压较低时，3 个模型的结果相差较大，此时折线模型能提供更高的精度，但是它的复杂程度最高。尽管理想模型误差最大，但是在精度要求不高的场合，特别是更关注二极管的工作状态（导通或截止）时，理想模型是不错的选择。在满足精度要求的前提下，尽可能选择简单的模型，是一般原则。

3）限幅与钳位电路

在电子电路中，常用限幅电路对各种信号的幅值进行限制。使信号在预置的电平范围内传输。限幅电路有时也称为削波电路。

例 3.4.4 一限幅电路如图 3.4.10a 所示，设 $R=1$ kΩ，$V_{REF}=3$ V，二极管为硅二极管。分别用理想模型和恒压降模型求解：（1）v_I分别为 0 V、4 V、6 V 时，求相应的输出电压 v_O。（2）当$v_i=6\sin\omega t$ V 时，绘出相应的 v_O 波形。（3）二极管用 1N4148，$v_i=6\sin(2\pi\times1\ 000t)$ V，试用 SPICE 绘出 v_O的波形以及电压传输特性 $v_O=f(v_i)$。

解：（1）理想模型电路如图 3.4.10b 所示。

当 $v_I=0$ V 时，二极管截止，R 中无电流，所以 $v_O=v_I=0$。

当 $v_I=4$ V 时，大于 V_{REF}，二极管导通，管压降为 0 V，$v_O=V_{REF}=3$ V。

当 $v_I=6$ V 时，同理，$v_O=V_{REF}=3$ V。

恒压降模型电路如图 3.4.10c 所示。硅二极管 $V_D=0.7$ V。

当 $v_I=0$ V 时，二极管截止，所以 $v_O=v_I=0$。

当 $v_I=4$ V 时，大于 $V_{REF}+V_D$，二极管导通，$v_O=V_{REF}+V_D=(3+0.7)$ V $=3.7$ V。

当 $v_I=6$ V 时，同理，$v_O=V_{REF}+V_D=3.7$ V。

（2）由于所加输入电压为振幅等于 6 V 的正弦电压，正半周有一段幅值大于 V_{REF}。

对于理想模型，当 $v_I\leqslant V_{REF}$时，二极管截止，$v_O=v_I$；当 $v_I>V_{REF}$时，二极管导通，$v_O=V_{REF}=3$ V，v_O波形如图 3.4.10d 实线所示，v_O被限制在 3 V 以内。

对于恒压降模型，当 $v_I\leqslant(V_{REF}+V_D)$时，二极管截止，$v_O=v_I$；当 $v_I>V_{REF}+V_D$时，二极管导通，$v_O=V_{REF}+V_D=3.7$ V，v_O波形如图 3.4.10e 实线所示，v_O被限制在 3.7 V 以内。

（3）分别设置瞬态分析和直流扫描分析，得到如图 3.4.10f 和 g 所示的结果。

图 f 输出波形的限幅值为 3.645 8 V，与恒压降模型的分析结果 3.7 V 很接近。

由此看出，无论是采用理想模型还是恒压降模型，关键是先确定限幅电压，然后根据二极

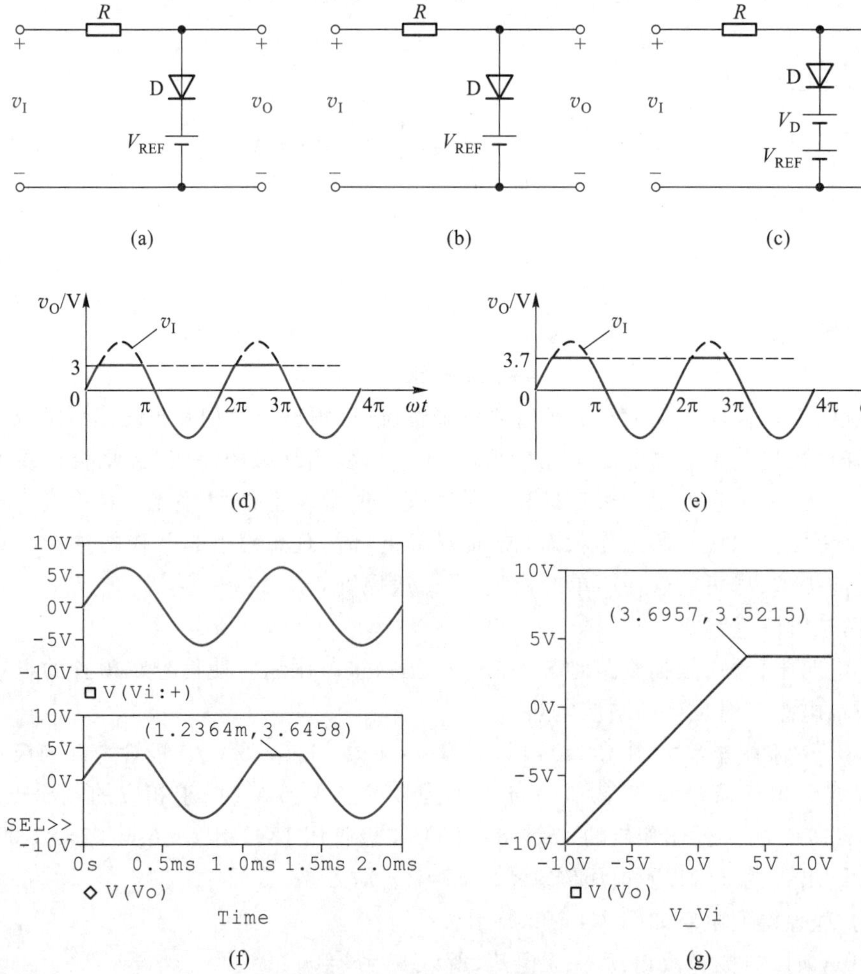

图 3.4.10 例 3.4.4 的电路

（a）限幅电路 （b）理想模型电路 （c）恒压降模型电路 （d）理想模型时的 v_I 和 v_O 波形
（e）恒压降模型时的 v_I 和 v_O 波形 （f）v_I 和 v_O 的 SPICE 仿真波形 （g）SPICE 仿真的电压传输特性

管的导通方向确定是高于限幅电压的波形被削掉，还是低于限幅电压的波形被削掉。本例中采用理想模型时的限幅电压为 3 V，采用恒压降模型时的限幅电压为 3.7 V，而且是高于限幅电压的部分被削掉。若对调图 3.4.10a 中二极管的两极（此时恒压降模型中的限幅电压为 2.3 V），则 v_O 小于限幅电压时，二极管导通，输出波形中低于限幅电压的部分被削掉。以此类推，图 3.4.10a 中若再并联一条二极管和 V_{REF} 方向均相反的支路，可实现波形的双向限幅。

钳位电路可以在完整的信号波形中叠加一个直流电平，通常需要与电容器配合使用。

例 3.4.5 二极管钳位电路如图 3.4.11a 所示，设二极管导通压降 $V_D=0.7$ V，$v_s=V_m\sin\omega t$ V，且 $V_m \gg V_D$，试绘出稳态时 v_O 的波形。

解：根据电路中二极管的方向可知，只有在 v_s 的负半周，D 才有可能导通，此时电容器充电，充电的最高电压为 $V_C=V_m-V_D=V_m-0.7$。

由于 D 导通时，整个回路的电阻非常小，所以电容器 C 上的电压可以快速充至最大值。

但是 C 并无放电回路，所以充电完毕后，C 上的电压 V_C 始终保持不变，此后电路进入稳态。这时输出电压为

$$v_O = v_s + V_C = v_s + V_m - 0.7 \tag{3.4.5}$$

v_s 和 v_O 的波形如图 3.4.11b 所示。v_O 相当于 v_s 在垂直方向平移了一个 V_C。

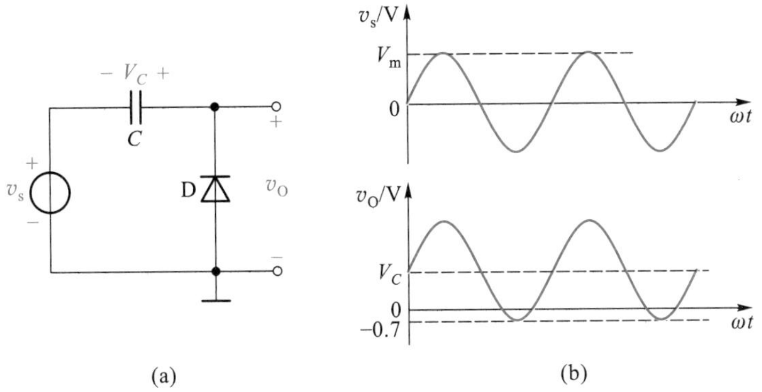

图 3.4.11　例 3.4.5 的电路及波形

(a) 二极管钳位电路　(b) v_s 和 v_O 波形

以上电路的作用可以看作是将输入波形的底部钳位在了−0.7 V 的直流电平上。同理，若颠倒二极管的方向，输出波形相当于输入波形的顶部钳位在了+0.7 V 的直流电平上。

需要指出的是，当图 3.4.11a 所示电路的输出端口接一负载电阻 R_L 时，电容器将有放电回路，但是只要放电回路的时间常数 $R_L C$ 远大于 v_s 的周期，C 的放电速度将远小于充电速度，V_C 电压就不会有明显的变化，钳位电路仍能正常工作。另外，如果在二极管支路串联一个直流电压源 V_{REF}，还可以改变钳位的直流电平。相关的内容参见习题 3.4.10 和习题 3. 4.11。

这种二极管与电容联合应用的例子还出现在倍压整流电路（见 11.1.3 节）和电荷泵电路（一种升压电路）中。

4）开关电路

利用二极管的单向导电性可以接通或断开电路。二极管的这种工作方式在开关电路中得到广泛应用。

例 3.4.6　二极管开关电路如图 3.4.12 所示。输入电压 v_{I1} 和 v_{I2} 只有两种取值：0 V 和 5 V。利用二极管理想模型，求两输入电压取值的所有组合情况下，对应的 v_O 电压值。

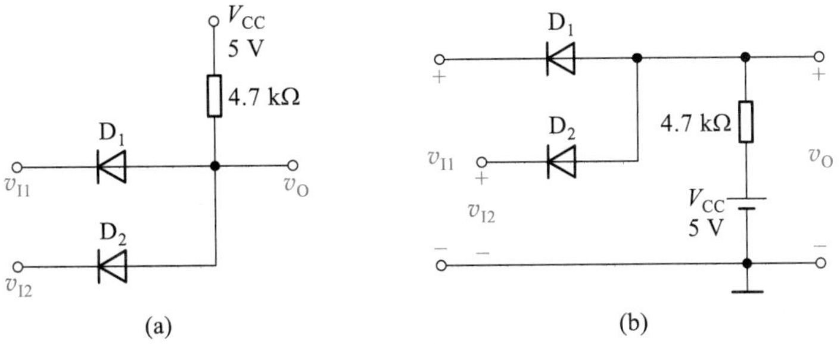

图 3.4.12　开关电路

(a) 习惯画法　(b) 理想模型时开关电路

解：二极管为理想模型时的电路如图 3.4.12b 所示。先假设两二极管均截止（断开），4.7 kΩ 电阻中无电流流过，两二极管阳极电位为 5 V。当 $v_{I1}=0$ V、$v_{I2}=5$ V 时，得 $v_{D1}=5$ V>0，$v_{D2}=0$，表明 D_1 的假设错误，实际上应为正向偏置，所以 D_1 导通；D_2 的偏置电压为 0 V，假设成立，即 D_2 截止。D_1 导通时，$v_O=0$ V，此时 D_2 的阴极电位为 5 V，阳极为 0 V，仍为截止状态。

以此类推，将 v_{I1} 和 v_{I2} 的其余三种组合及 v_O 的输出电压列于表 3.4.1 中。

表 3.4.1 例 3.4.6 分析结果

v_{I1}/V	v_{I2}/V	二极管工作状态		v_O/V
		D_1	D_2	
0	0	导通	导通	0
0	5	导通	截止	0
5	0	截止	导通	0
5	5	截止	截止	5

由表看出，在输入电压 v_{I1} 和 v_{I2} 中，只要有一个为 0 V，则输出为 0 V；只有当两个输入电压均为 5 V 时，输出才为 5 V，这种关系在数字电路中称为与逻辑。

在分析开关电路时，通常假定二极管电压 v_D 的参考方向为二极管正偏时的方向；二极管电流 i_D 的参考方向是它正向导通时的电流方向。分析步骤是：(1) 假设二极管处于截止状态（理想模型 $v_D<0$；恒压降模型 $v_D<V_D$，均有 $i_D=0$），相当于开路；(2) 求出 v_D 的值；(3) 若 $v_D\leqslant 0$，则说明假设成立，二极管实际处于截止状态，所得结果即为所求，若 $v_D>0$，则表明假设错误，二极管实际处于导通状态，再根据导通状态重新求解电路。

也可以假设二极管导通（$i_D>0$，理想模型 $v_D=0$；恒压降模型 $v_D=V_D$），然后求出 i_D 的值，若 $i_D>0$，则说明假设成立，结果即为所求；否则表明假设错误，二极管实际处于截止状态，再根据截止状态重新求解电路。

5）小信号工作情况分析

由于微变电阻 r_d 与静态工作点 Q 有关，所以在用小信号模型分析二极管电路时，需要先求电路的 Q 点，然后根据 Q 点算出微变电阻 r_d，由此得到小信号模型的交流等效电路，再求出小信号作用下电路的交流响应，最后与静态值叠加，得到电路的总响应。

例 3.4.7 在图 3.4.13a 所示的二极管电路中，设 $V_{DD}=5$ V，$R=5$ kΩ，恒压降模型的 $V_D=0.7$ V，信号源 $v_s=0.1\sin\omega t$ V。(1) 求输出电压 v_O 的交流量和总量；(2) 绘出 v_O 的波形。

解：(1) 先将 v_s 置零，只考虑 V_{DD} 的作用，等效电路如图 3.4.13b 所示。电路中只有直流分量，所以它也称为直流通路。由图可知，二极管是导通的，所以电路的静态工作点为

$$V_D=0.7\ \text{V}$$

$$I_D=(V_{DD}-V_D)/R=(5-0.7)\ \text{V}/5\ \text{k}\Omega=0.86\ \text{mA}$$

输出电压的直流分量为

$$V_O=I_DR=0.86\ \text{mA}\times 5\ \text{k}\Omega=4.3\ \text{V}\quad（或\ V_O=V_{DD}-V_D=(5-0.7)\ \text{V}=4.3\ \text{V}）$$

根据式(3.4.4)求得此时的微变电阻

$$r_d=\frac{V_T}{I_D}=\frac{26\ \text{mV}}{0.86\ \text{mA}}\approx 30\ \Omega=0.03\ \text{k}\Omega$$

接下来考虑在 v_s 作用下的情况。将 V_{DD}置零，二极管用小信号模型 r_d替代，就得到了图 3.4.13c 所示的小信号交流等效电路，也称为交流通路，电路中只有交流成分。注意，图 b 和图 c 两个等效电路中二极管的模型不同。

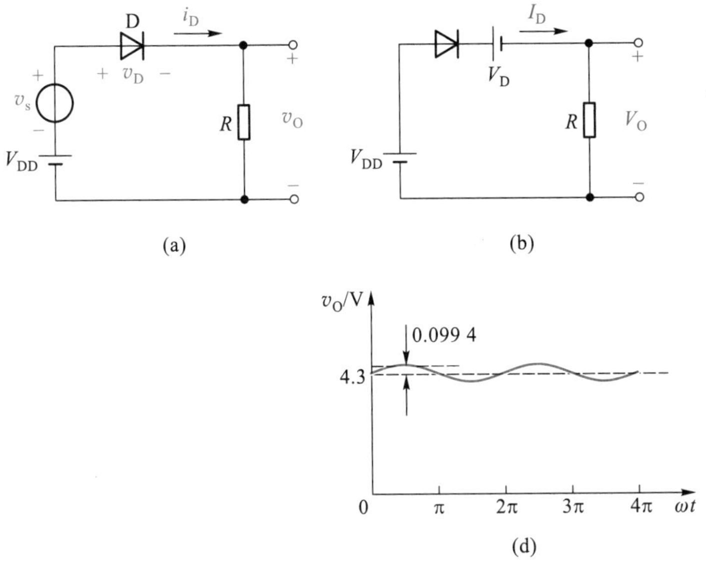

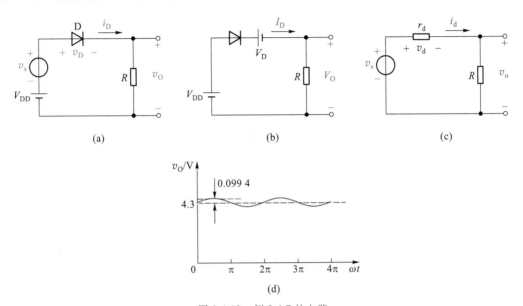

图 3.4.13　例 3.4.7 的电路

（a）原理电路　（b）恒压降模型的直流通路（静态）　（c）小信号模型的交流通路（动态）　（d）v_O的波形

通过图 3.4.13c 的交流通路，求得输出电压的交流分量为

$$v_o=\frac{R}{R+r_d}\cdot v_s=\frac{5\ \text{k}\Omega}{5\ \text{k}\Omega+0.03\ \text{k}\Omega}\times 0.1\sin\omega t\ \text{V}\approx 0.099\ 4\sin\omega t\ \text{V}$$

所以输出电压的总量为

$$v_O=V_O+v_o=(4.3+0.099\ 4\sin\omega t)\ \text{V}$$

（2）根据上述结果，绘出输出电压 v_O的波形如图 3.4.13d 所示，输出的交流量叠加在直流量上。

本例中提到的直流通路和交流通路的概念，以及将问题分解为静态和动态两种情况求解的方法非常重要，在放大电路的分析中会频繁用到，应引起足够重视。

6）低电压稳压电路

电子电路中经常需要非常稳定的电压，在电源波动或负载变化时，电压值都能基本维持恒定，稳压电路就是提供这种电压的电路。利用二极管的正向导通特性，可以获得稳定性较好的低电压。二极管小信号模型可以用来分析这种电路的稳压特性。

例 3.4.8　设低电压稳压电路如图 3.4.14a 所示。已知 $V_I=10$ V，$R=1$ kΩ，D_1、D_2 为硅二极管，正向导通压降约为 0.7 V，$R_L=1$ kΩ。试分析：（1）当电网电压波动使 V_I波动±1 V（$\Delta V_I=2$ V）时，求负载开路情况下输出电压 V_O的波动范围；（2）求负载电阻 R_L接入时引起的输出

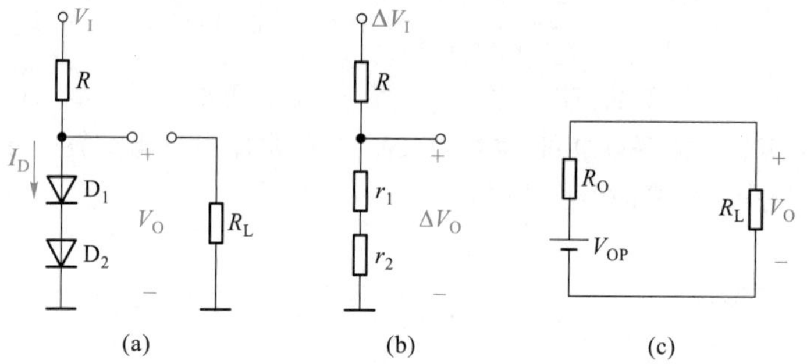

图 3.4.14 低电压稳压电路

(a) 电路图 (b) V_I产生波动后的电路 (c) 接负载后的等效电路

电压变化量。

解:(1) 分析 V_I波动对电路产生的影响,要先求二极管小信号模型的微变电阻 r_d。由于 $V_I=10\ V$,所以两只二极管处于导通状态,$V_O=2\times0.7\ V=1.4\ V$。此时流过二极管的静态电流为

$$I_D=(V_I-2\times0.7\ V)/R=(10-1.4)V/1\ k\Omega=8.6\ mA$$

得微变电阻

$$r_1=r_2=r_d=V_T/I_D=26\ mV/8.6\ mA\approx3\ \Omega$$

由此可得图 3.4.14b 所示的小信号等效电路。据此可得输出电压变化

$$\Delta V_O=\Delta V_I[2r_d/(2r_d+R)]=2\ V\times[6\ \Omega/(6\ \Omega+1\ k\Omega)]\approx11.9\ mV$$

可以看出,输入变化±1 V 时,相对变化量为±1 V/10 V=±10%;而输出仅变化±5.95 mV,相对变化量为±5.95 mV/1.4 V≈±0.43%,可见稳压效果非常明显。

(2) 先求图 3.4.14a 从输出端口 V_O向左侧看进去的戴维南等效电路。即端口开路电压为

$$V_{OP}=2\times0.7\ V=1.4\ V$$

端口等效电阻为两二极管微变电阻串联后再与电阻 R 并联,即

$$R_O=(2r_d)\,/\!/\,R\approx5.96\ \Omega$$

接负载后的等效电路如图 3.4.14c 所示。此时

$$V_O=V_{OP}[R_L/(R_O+R_L)]=1.4\ V\times[1\ k\Omega/(5.96\ \Omega+1\ k\Omega)]\approx1.392\ V$$

输出电压变化量 $\Delta V_O=V_{OP}-V_O=8\ mV$,相对变化量为 8 mV/1.4 V≈0.57%,表明输出电压稳定性很高。

上述分析看出,当前电路中二极管的小信号等效电阻非常小(仅为 3 Ω),所以流过它的电流发生变化时,其电压变化很小。也就是说,$I-V$ 特性曲线越陡,微变电阻 r_d越小,稳压特性也越好。实际上,在精度要求不高的场合,也可以用二极管的恒压降模型来理解正向稳压特性。

要特别注意,二极管小信号模型仅用于分析电路的变化状态,不能用来分析电路的静态(直流)。

可以串联多个二极管获得更高的稳压值。如,当 4 个硅二极管串联时,可以获得约

2.8 V的稳定电压。但是随着串联二极管数量的增多,其等效电阻也变大,稳压性能会降低,所以这种电路更适合于低电压的稳压。在第 9 章将会看到这种电路的应用。

复习思考题

3.4.1 在图 3.4.1 所示电路中,若将电阻 R 增大一倍,负载线将如何变化? 若电阻 R 不变,将 V_{DD}减小一半,负载线将如何变化? 若将 V_{DD}的正负极性颠倒,负载线又将如何变化?

3.4.2 为什么要建立二极管的简化模型? 在二极管电路分析中,如何选用合适的模型?

3.4.3 静态工作点和工作点有何区别?

3.4.4 根据例 3.4.7 的分析结果,如何理解“二极管可以通交流”的现象? 如果翻转 V_{DD}的极性,还有交流信号输出吗? 为什么?

3.5 特殊二极管

除前面所讨论的普通二极管外,还有若干种特殊二极管,如齐纳二极管、变容二极管、肖特基二极管、光电器件(包括光电二极管、发光二极管、激光二极管和太阳能电池)等。

3.5.1 齐纳二极管

由例 3.4.8 可知,利用二极管的正向导通特性可以构成低电压稳压电路。虽然可以通过串联多个二极管来提高电路的稳压值,但会降低稳压性能。实际上还有一种专门用于稳压的二极管——齐纳二极管,用一个齐纳二极管便可实现较高电压的稳压。

齐纳二极管又称稳压二极管,简称稳压管,是一种用特殊工艺制造的面结型硅半导体二极管,其代表符号如图 3.5.1a 所示。这种二极管的杂质浓度比较高,空间电荷区内的电荷密度也大,因而该区域很窄,容易形成强电场。当反向电压加到某一定值时,会产生反向击穿,特性如图 3.5.1b 所示。图中的 V_Z表示反向击穿电压,即稳压管的稳定电压,它是在特定的测试电流 I_{ZT}下得到的电压值。稳压管的稳压作用表现为电流在较大范围变化(ΔI_Z)时,电压变化(ΔV_Z)却很小。曲线越陡,动态电阻 $r_Z=\Delta V_Z/\Delta I_Z$越小,稳压性能越好。$-V_{Z0}$是过 Q 点(测试工作点)的切线与横轴的交点,切线的斜率为 $1/r_Z$。$I_{Z(\min)}$ 和 $I_{Z(\max)}$ 为稳压管工作在正常稳压状态的最小和最大工作电流。反向电流绝对值小于 $I_{Z(\min)}$时,稳压管进入反向特性的转弯段,稳压特性消失;反向电流绝对值大于 $I_{Z(\max)}$时,稳压管可能被烧毁。根据稳压管的反向击穿特性,得到如图 3.5.1c 所示的等效模型。由于稳压管正常工作时,都处于反向击穿状态,所以图 3.5.1c 中稳压管的电压、电流参考方向与普通二极管标法不同,反向击穿电压标注为正电压,反向电流也标注为正电流。由图 3.5.1c 有

$$V_Z=V_{Z0}+r_Z I_Z \tag{3.5.1}$$

一般稳压值 V_Z较大时,可以忽略 r_Z的影响,即 $r_Z=0$,V_Z为恒定值。

由于温度会影响半导体的导电性能,所以也将影响 V_Z的值。影响程度由温度系数衡量,一般不超过每度(℃)$\pm10\times10^{-4}$的相对变化量。表 3.5.1 列出了几种典型稳压管的主要参数。

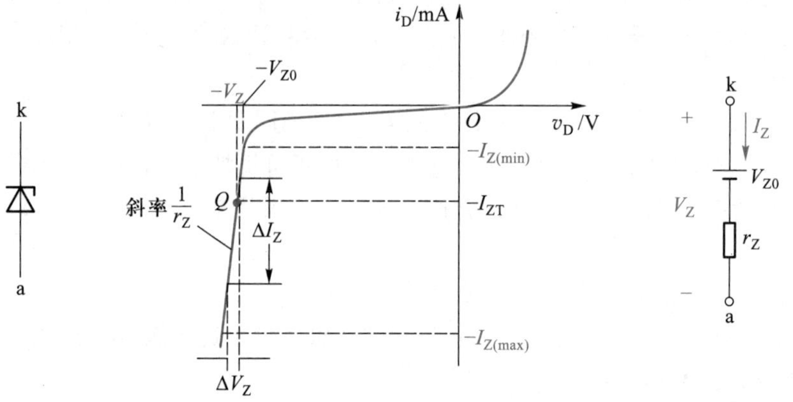

(a) (b) (c)

图 3.5.1 稳压管的代表符号与 I−V 特性

(a) 代表符号 (b) I−V 特性 (c) 反向击穿时的模型

表 3.5.1 几种典型稳压管的主要参数

型号	稳定电压 V_Z/V	稳定电流 I_Z/ mA	最大稳定电流 I_{ZM}/ mA	耗散功率 P_M/W	动态电阻 r_Z/Ω	温度系数 C_{TV}(%/℃)
2CW52	3.2~4.5	10	55	0.25	<70	≥−0.08
2CW107	8.5~9.5	5	100	1		0.08
2DW232*	6.0~6.5	10	30	0.20	≤10	±0.000 5
1N4733	5.1	—	178	1	7	−0.03~+0.04

* 2DW232 是具有温度补偿的稳压管。

稳压管常用于产生基准电压或做直流稳压电源。图 3.5.2 为一简单稳压电路，V_I为待稳定的直流电源电压，一般是由整流滤波电路提供（见第 11 章）。D_Z为稳压管，R 为限流电阻，它的作用是将稳压管的工作电流限定在合适的范围内（$I_{Z(min)} < I_Z < I_{Z(max)}$）。负载 R_L与稳压管并联，因而称为并联式稳压电路。当电源电压 V_I产生波动或负载电阻 R_L在一定范围内变化时，由于稳压管的稳压作用，负载上的电压 V_O将基本保持不变，达到稳压目的。

在实际的工程应用中，常常忽略动态电阻 r_Z的影响。下面在忽略 r_Z情况下，给出了一个并联式稳压电路的设计例子。

例 3.5.1 设计一稳压管稳压电路，作为汽车用收音机的供电电源。已知收音机的直流电源为 9 V，音量最大时需供给的功率为 0.5 W。汽车上的供电电源在 12~13.6 V 之间波动。要求选用合适的稳压管（$I_{Z(min)}$、$I_{Z(max)}$、V_Z、P_{ZM}），以及合适的限流电阻（阻值、额定功率）。

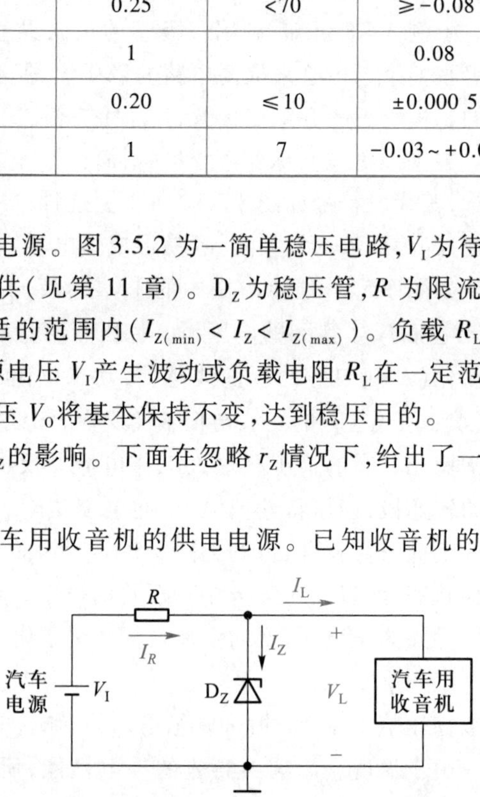

图 3.5.2 例 3.5.1 的电路

解：依题意，稳压电路如图 3.5.2 所示，$V_L = V_Z$。由于负载所消耗的功率 $P_L = V_L I_L$，所

以负载电流的最大值

$$I_{L(max)}=\frac{P_{L(max)}}{V_L}=\frac{0.5\ W}{9\ V}\approx 56\ mA$$

选取限流电阻 R 时,必须保证稳压管工作在反向击穿状态。R 太大可能使 I_Z 太小,无法使稳压管反向击穿;R 太小可能使 I_Z 太大,烧毁稳压管。所以,在保证稳压管可靠击穿的情况下,尽可能选择较大的 R 值。

根据电路,可得到限流电阻 R 的关系式

$$R=\frac{V_I-V_Z}{I_Z+I_L} \tag{3.5.2}$$

考虑最坏情况,即当输入电压最小(为 $V_{I(min)}$)负载电流最大(为 $I_{L(max)}$)时,流过稳压管的电流最小。此时 R 的最大值必须保证稳压管中的电流大于 $I_{Z(min)}$,即

$$\frac{V_{I(min)}-V_Z}{R_{(max)}}-I_{L(max)}>I_{Z(min)}$$

一般稳压管的 $I_{Z(min)}$ 为几毫安到十几毫安,比 I_{ZT} 略小。这里若取 $I_{Z(min)}=5\ mA$,则 R 的最大值为

$$R_{(max)}=\frac{V_{I(min)}-V_Z}{I_{Z(min)}+I_{L(max)}}=\frac{(12-9)\ V}{(5+56)\ mA}\approx 0.049\ k\Omega=49\ \Omega \tag{3.5.3}$$

当取电阻标称值 $R=47\ \Omega$ 时,还要考虑另一种最坏情况:输入电压达到最大,即 $V_I=V_{I(max)}$,负载电流达到最小,即负载开路,$I_L=0$。原本流过负载的电流将全部流经稳压管,此时 I_Z 的最大值为

$$I_{Z(max)}=\frac{V_{I(max)}-V_Z}{R}-I_{L(min)}=\frac{(13.6-9)\ V}{47\ \Omega}-0\approx 0.098\ A=98\ mA \tag{3.5.4}$$

已知收音机需要 9 V 直流电压,即稳压管的稳压值 $V_Z=9\ V$,此时稳压管最大耗散功率为

$$P_{ZM}=V_ZI_{Z(max)}=9\ V\times 98\ mA=882\ mW=0.882\ W$$

当 $V_I=V_{I(max)}$ 时,R 上所消耗的功率为

$$P_R=V_RI_R=(V_{I(max)}-V_Z)\frac{V_{I(max)}-V_Z}{R}=\frac{(V_{I(max)}-V_Z)^2}{R}=\frac{(13.6\ V-9\ V)^2}{47\ \Omega}\approx 0.45\ W$$

综上所述,对稳压管的参数要求是:稳压值等于 9 V,最小电流小于等于 5 mA,最大电流大于 98 mA,最大耗散功率大于 0.882 W。选用 2CW107(参数见表 3.5.1,国外型号 1N4739)可满足要求。

电阻的选取为:阻值等于 47 Ω,额定功率大于 0.45 W。为安全和可靠起见,限流电阻 R 选用 47 Ω、1 W 的电阻为宜。

当用稳压管做精密稳压时,就需要考虑动态电阻 r_Z 的影响。这时稳压管支路要用图 3.5.1c 的模型来等效,分析流过稳压管电流变化时,其两端电压的变化情况。

3.5.2 变容二极管

前已讨论,二极管中 PN 结电容的大小除了与其结构尺寸和工艺有关外,还与外加电压

有关。由式(3.2.6)可知,结电容随反向电压的增加而减小,该特性突出的二极管称为变容二极管,如图 3.5.3 所示。变容二极管型号不同时,其电容最大值也不同,一般在 5~300 pF 之间,通常变容比(电容最大值与最小值之比)可达 20 以上。变容二极管的应用已相当广泛,特别是在高频技术中。例如,电视机采用的电子调谐器,就是通过控制直流电压来改变二极管的结电容量,从而改变谐振频率来选择不同的频道。

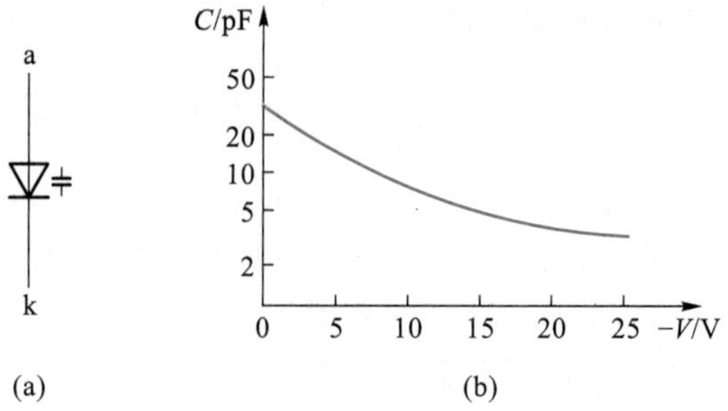

图 3.5.3 变容二极管

(a) 符号 (b) 结电容与电压的关系(纵坐标为对数刻度)

3.5.3 肖特基二极管

肖特基二极管(Schottky barrier diode,SBD)是利用金属(如,金属铝、金、钼、镍和钛等)与 N 型半导体接触,在交界面形成势垒的二极管。因此,肖特基二极管也称为金属-半导体结二极管或表面势垒二极管。图 3.5.4a 是它的符号,阳极连接金属,阴极连接 N 型半导体。

肖特基二极管的 $I-V$ 特性类似于普通 PN 结,同样满足式(3.2.3)的关系。但与一般二极管相比,肖特基二极管有两个重要特点:

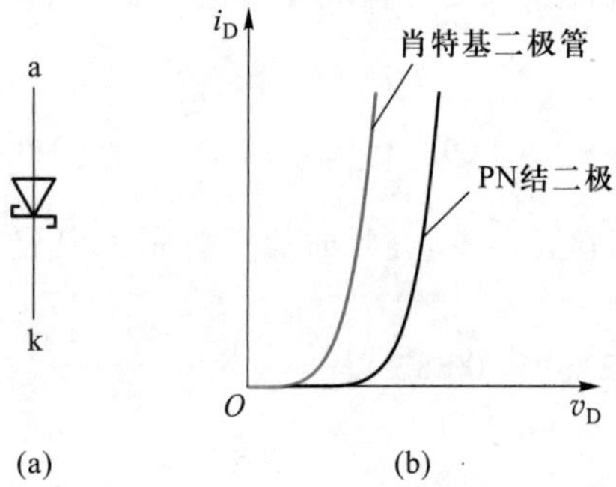

图 3.5.4 肖特基二极管

(a) 符号 (b) 正向 $I-V$ 特性

(1) 由于制作原理不同,肖特基二极管不存在剩余载流子在 PN 结附近积累和消散的过程,所以电容效应非常小,工作速度非常快,特别适合于高频或开关状态应用;

(2) 由于肖特基二极管的耗尽区只存在于 N 型半导体一侧(金属是良好导体,势垒区全部落在半导体一侧),相对较薄,故其正向导通门坎电压和正向压降都比硅 PN 结二极管低(约低 0.2 V),如图 3.5.4b 所示。

也正是由于它的耗尽区较薄,所以反向击穿电压比较低,大多不高于 60 V,最高约为 100 V,且反向漏电流比 PN 结二极管大。

3.5.4 光电器件

光信号的传输和存储应用越来越广泛。例如,用光纤传输信号,用光盘存储声音、影像和数据资料等,甚至在船舶和飞机的导航装置中也有光电系统的应用。光电系统的突出优点是,抗干扰能力较强,可大量地传送信息,而且传输损耗小,工作可靠。它的主要缺点在于,光路比较复杂,光信号的操作与调制需要精心设计。

光电系统中既含有光信号的处理又含有电信号的处理。光信号和电信号的接口需要一些特殊的光电器件,下面做一简要介绍。

1. 光电二极管

顾名思义，光电二极管就是能将光转换为电的二极管。它的结构与 PN 结二极管类似，但它的 PN 结能够通过透明管壳接收外部光照。在反向偏置状态下，光电二极管的反向电流随光照强度的增加而增大，其原因是光照可以激发出耗尽区更多的载流子——电子-空穴对，从而增大了二极管的反向饱和电流。图 3.5.5a 是光电二极管的符号，图 b 是它的电路模型，而图 c 则是它的特性曲线。由此看出，它的反向电流与照度 E 成正比，灵敏度数量级的典型值为 0.1 μA/lx①。

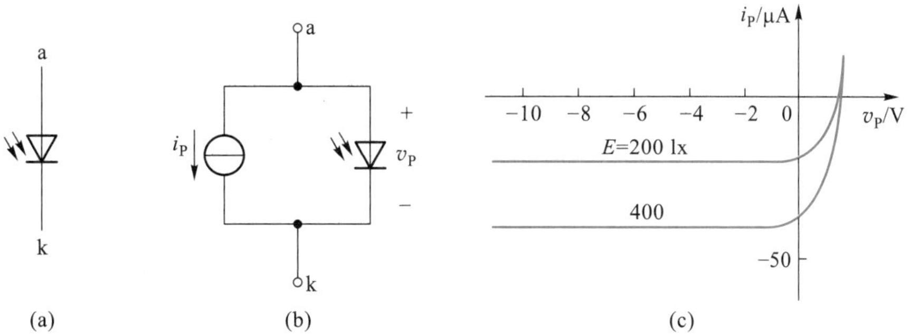

图 3.5.5 光电二极管

(a) 符号 (b) 电路模型 (c) 特性曲线

光电二极管可用于光强弱的测量，是将光信号转换为电信号的常用器件。

2. 发光二极管

发光二极管(light-emitting diode，LED)通常用元素周期表中Ⅲ、Ⅴ族元素的化合物制成，如砷化镓、磷化镓等。当二极管流过电流时会发光，它是电子与空穴复合时释放出的能量。其光谱范围通常较窄，波长取决于所使用的基本材料。图 3.5.6 表示 LED 的符号。几种常见材料的 LED 主要参数如表 3.5.2 所示。工作电流一般为几毫安到十几毫安之间。LED 常用来作为显示器件，除单个使用外，也常作成七段式或矩阵式器件。例如，用矩阵式 LED 构成的大型显示屏等。

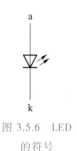

图 3.5.6 LED 的符号

表 3.5.2 LED 主要参数

颜色	波长/nm	基本材料	正向电压(10 mA 时)/V	光强(10 mA 时，张角±45°)/mcd*	光功率/μW
红外	900	砷化镓	1.3~1.5		100~500
红	655	磷砷化镓	1.6~1.8	0.4~1	1~2
鲜红	635	磷砷化镓	2.0~2.2	2~4	5~10
黄	583	磷砷化镓	2.0~2.2	1~3	3~8
绿	565	磷化镓	2.2~2.4	0.5~3	1.5~8

* cd 即坎[德拉]为发光强度的单位。

① lx(勒克斯)为照度(E)的单位。

LED 的另一种重要用途是信号变换。在以光缆为信号传输媒介的系统中，可以用 LED 将电信号变为光信号，通过光缆传输，然后用光电二极管接收，再现电信号。实现这一传输过程的例子如图 3.5.7 所示。在发送端一个 0～5 V 的脉冲信号通过 500 Ω 的电阻作用于 LED，这个驱动电路可使 LED 产生一数字光信号（LED 的亮和灭），并作用于光缆。在接收端，光缆中的光照射在光电二极管上，可以在接收电路的输出端复原出 0～5 V 电平的数字信号。

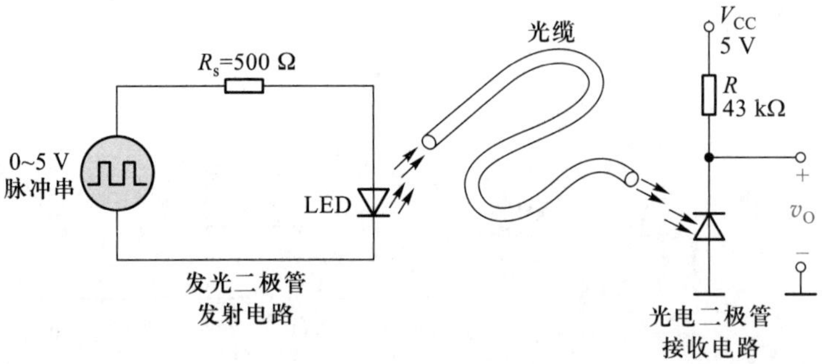

图 3.5.7　光电传输系统

目前在照明领域，LED 也大显身手。如 LED 灯已成为家用照明的主要光源，也广泛用于路灯、车灯等其他照明场合中。

3. 激光二极管

激光二极管可以产生单色光信号。图 3.5.8 是它的物理结构示意图和符号。它是在发光二极管的结间安置一层具有光活性的半导体，其端面经过抛光后具有部分反射功能，因而形成一个光谐振腔。在正向偏置的情况下，LED 结发射出光来并与光谐振腔相互作用，从而进一步激励从结上发射出单波长的光。同时，光在光谐振腔中产生振荡并被放大，形成激光。

根据材料的不同，激光二极管可产生不同波长的激光。它在小功率光电设备中得到广泛应用，如光盘驱动器、激光打印机中的打印头、条形码扫描仪、激光测距、激光医疗等。

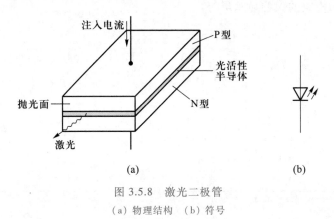

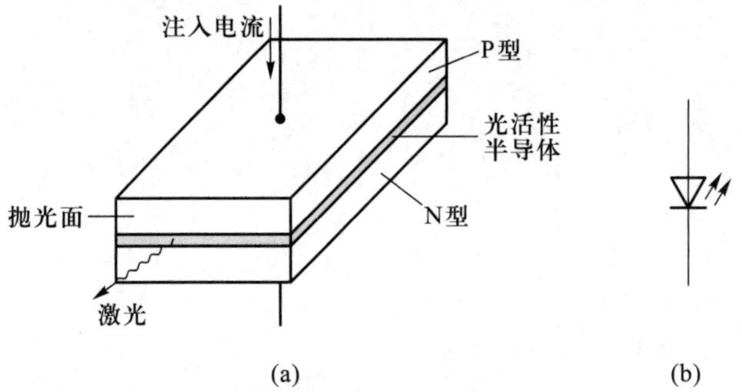

图 3.5.8　激光二极管
（a）物理结构　（b）符号

4. 太阳能电池

太阳能电池是由一个特殊的 PN 结构成的，该 PN 结能将太阳能转换为电能。接负载时的太阳能电池 PN 结如图 3.5.9 所示。

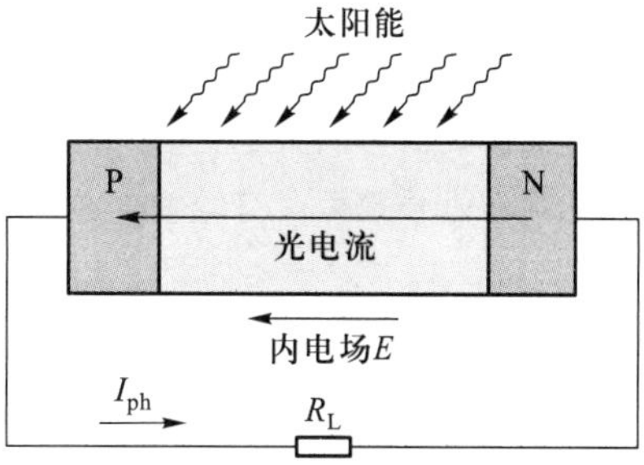

图 3.5.9 接负载时的太阳能电池示意图

当光照射在 PN 结的空间电荷区时，将激发出电子和空穴，它们在 PN 结的电场力作用下形成电流 I_{ph}，该电流称为光电流（图中箭头方向为空穴流动方向）。I_{ph} 流过负载 R_L，并在负载两端产生一定的电压，意味着太阳能电池在向负载供电。为了尽可能增大光照的有效面积，P、N 两区域通常做得很薄，且采用透明电极。太阳能电池通常用硅、砷化镓或元素周期表中Ⅲ、Ⅴ族元素的其他化合物制成。

太阳能电池很早就用于人造卫星等航天器中，也作为一些计算器的供电电源。在当今节能减排的大趋势下，太阳能电池在各领域的应用也越来越受到关注。

复习思考题

3.5.1 用稳压管做稳压电路时，应该注意哪些问题？当直流电源电压波动或负载电阻变动时，稳压电路的输出电压能否保持绝对稳定？为什么？

3.5.2 对于并联式稳压电路，限流电阻的选取原则是什么？

3.5.3 变容二极管的工作原理是怎样的？应用时，变容二极管应加什么极性的电压？

3.5.4 肖特基二极管与普通二极管有何差别？它主要应用在什么场合？

3.5.5 光电器件为什么在电子技术中得到越来越广泛的应用？试列举一二例。

小 结

教学视频 3.2：二极管及其基本电路小结

- 在本征（纯净）半导体中掺入杂质，一方面可以显著提高半导体的导电性能，另一方面可以减小温度对半导体导电性能的影响。此时，半导体的导电能力主要取决于掺杂浓度。在纯净的半导体中掺入受主杂质或施主杂质，便可制成 P 型半导体和 N 型半导体。空穴导电是半导体不同于金属导体的重要特征。
- PN 结是构成半导体二极管和其他半导体器件的基础，它是由 P 型半导体和 N 型半导体相结合而形成的。当 PN 结外加正向电压（正向偏置）时，耗尽区变窄，有较大电流流过；而当外加反向电压（反向偏置）时，耗尽区变宽，没有电流流过或电流极小，这就是 PN 结的单向导电性，也是二极管最重要的特性。PN 结还有两个重要特性：反向击穿特性和电容效应。
- 常用 I-V 特性来描述二极管的电流电压关系，其理论表达式为 $i_D=I_S(e^{v_D/(nV_T)}-1)$，常称为指数模型（通常 $n=1$）。该模型不包括 PN 结反向击穿时的电流电压关系。
- 二极管的主要参数有最大整流电流、最高反向工作电压和反向击穿电压等。在高频电路中，还要注意它的结电容、反向恢复时间及最高工作频率。

- 由于二极管是非线性器件，所以通常采用二极管的简化模型来分析设计二极管电路。这些模型主要有理想模型、恒压降模型、折线模型、小信号模型等。在分析电路的静态或大信号情况时，根据输入信号的大小，选用不同的模型；只有当分析电压（或电流）在某一确定值附近波动时，才采用小信号模型。指数模型主要在计算机仿真模型中使用。
- 齐纳二极管是一种特殊二极管，利用它在反向击穿状态下的恒压特性来构成简单的稳压电路。要特别注意稳压电路限流电阻的选取。齐纳二极管的正向特性与普通二极管相近。
- 其他非线性二端器件，如变容二极管，肖特基二极管，光电、发光和激光二极管，以及太阳能电池等均具有非线性特性，其中光电器件在信号处理、存储、传输和新能源中得到广泛应用。

习　题

3.2 PN 结的形成及特性

3.2.1 在室温（300 K）情况下，若二极管的反向饱和电流为 1 nA，问它的正向电流为0.5 mA时应加多大的电压？设二极管的指数模型为 $i_D=I_S(e^{v_D/(nV_T)}-1)$，其中 $n=1$，$V_T=26$ mV。

3.2.2 在室温（300 K）情况下，若二极管加 0.7 V 正向电压时，产生的正向电流为 1 mA。（1）求二极管的反向饱和电流；（2）当二极管正向电流增加 10 倍时，其电压应为多少？设 $n=1$。

3.4 二极管的基本电路及其分析方法

3.4.1 电路如图题 3.4.1 所示，电源 $v_s=2\sin\omega t$ V，试分别使用二极管理想模型和恒压降模型（$V_D=0.7$ V）分析，绘出负载 R_L 两端的电压波形，并标出幅值。

3.4.2 12 V 电池的简化充电电路如图题 3.4.2 所示，用二极管理想模型分析，若 v_s 是振幅为 24 V 的正弦波，则二极管流过的峰值电流和二极管两端的最大反向电压各是多少？

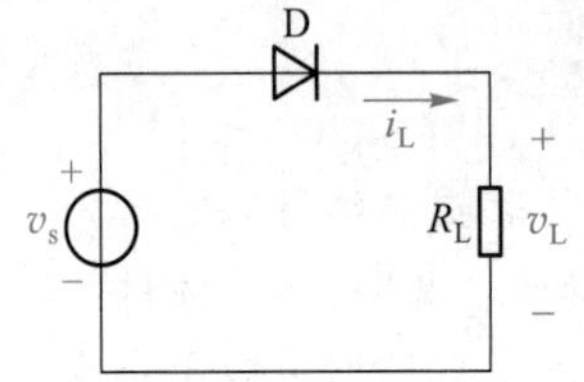

图题 3.4.1

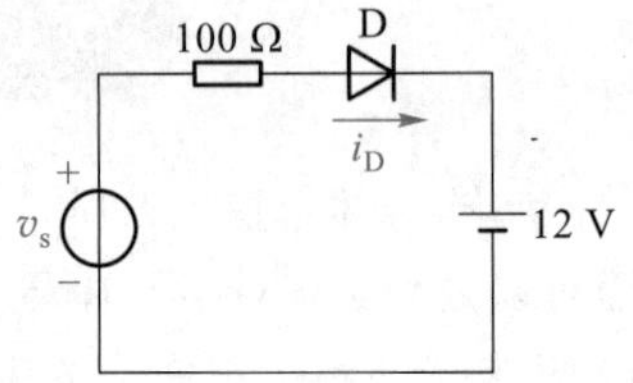

图题 3.4.2

3.4.3 电路如图题 3.4.3 所示，电源 v_s 为正弦波电压。（1）二极管采用理想模型，试绘出负载 R_L 两端的电压波形；（2）若 v_s 的有效值为 220 V，则二极管的最高反向工作电压值应为多少？

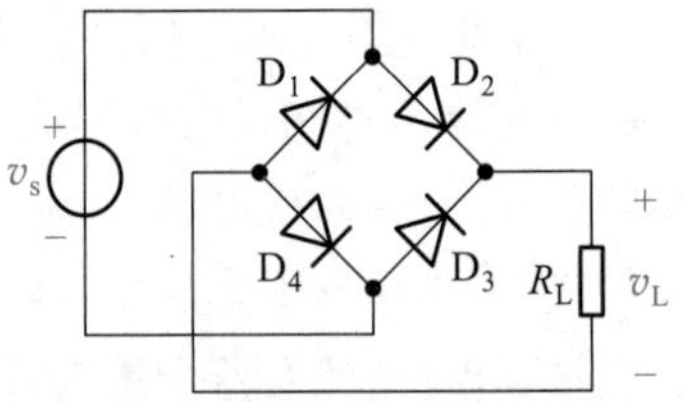

图题 3.4.3

3.4.4 图题 3.4.4 是一高输入阻抗交流电压表电路，二极管用理想模型分析，被测电压 $v_i=\sqrt{2}V_i\sin\omega t$。（1）当 v_i 瞬时极性为正时，标出流过表头 M 的电流方向，说明哪几个二极管导通；（2）写出流过表头 M 的电流平均值的表达式；（3）设表头的满刻度平均电流为

100 μA，要求当 $V_i=1$ V 时，表头的指针为满刻度，试求满足此要求的 R 的阻值；(4) 若将电压表改为 1 V 的直流电压表，表头指针为满刻度时，电路参数 R 应如何改变？

3.4.5　电路如图题 3.4.5 所示，设运放工作电源为±10 V 二极管导通压降为 0.7 V。(1) $v_s=2$ V 时，$v_A=?$ $v_O=?$ (2) $v_s=-2$ V 时，$v_A=?$ $v_O=?$ (3) 当正弦波 v_s 的振幅分别为 2 V 和 0.5 V 时，绘出相应的 v_A 和 v_O 的波形，并标出幅值。(4) 若图题 3.4.1 中的 v_s 也是振幅为 0.5 V 的正弦波，二极管导通压降也为 0.7 V，那么 v_L 的电压波形是怎样的？据此说明与图题 3.4.1 所示电路相比，本题电路有什么优点？(提示：v_s 为正半周和负半周时，两二极管的工作状态不同。)

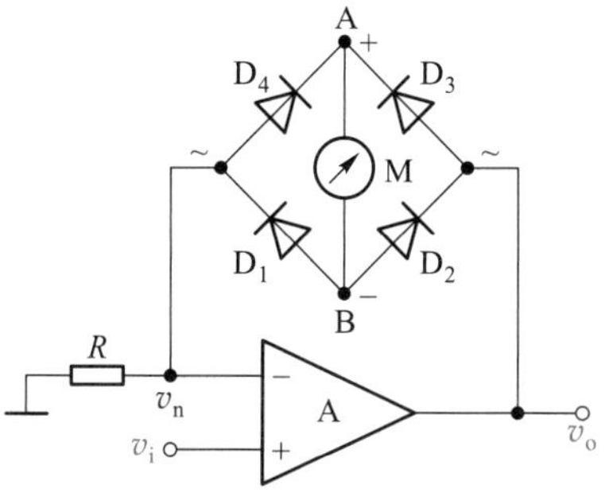

图题 3.4.4

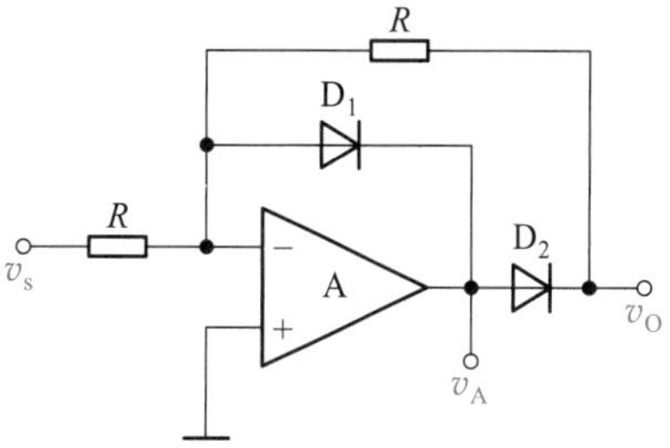

图题 3.4.5

3.4.6　电路如图题 3.4.6 所示，设二极管的导通压降为 0.7 V。(1) 试证明 $v_O=|v_s|$，即该电路为绝对值运算电路(提示：分 $v_s>0$ 和 $v_s\leqslant 0$ 两种情况推导出 v_O 和 v_s 的关系式)；(2) v_s 是振幅为 2 V 的正弦波时，绘出 v_{O1} 和 v_O 的波形，并标出幅值；(3) v_s 为正弦波时，v_O 的波形与图题 3.4.3 中 v_L 波形相同，但与图题 3.4.3 所示电路相比，本题电路有什么优缺点？(4) A_1、A_2 采用 μA741，工作电压为±12 V，D_1、D_2 用 1N4148，$R=10$ kΩ，$v_s=\sin(2\pi\times 1\,000t)$ V 时，试用 SPICE 绘出 v'_{O1}、v_O 波形以及电压传输特性 $v_O=f(v_s)$。

3.4.7　电路如图题 3.4.7 所示，D_1、D_2 为硅二极管，(1) 当 $v_s=6\sin\omega t$ V 时，试用恒压降模型分析电路，绘出 v_O 的波形；(2) 二极管用 1N4148，$v_s=6\sin(2\pi\times 100t)$ V，试用 SPICE 绘出 v_O 的波形以及电压传输特性 $v_O=f(v_s)$。

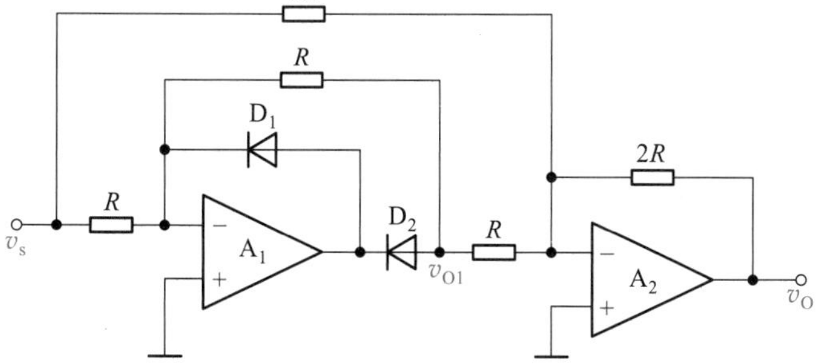

图题 3.4.6

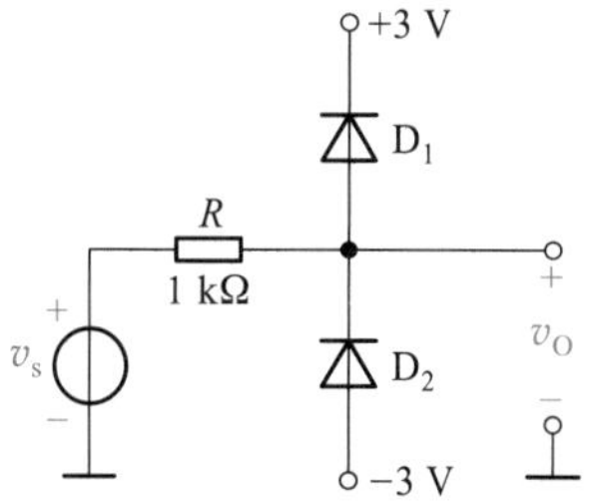

图题 3.4.7

3.4.8　二极管电路如图题 3.4.8a 所示，设输入电压 $v_I(t)$ 波形如图题 3.4.8b 所示，在 $0<t<5$ ms的时间间隔内，(1) 试绘出 $v_O(t)$ 的波形，设二极管是理想的；(2) 二极管用 1N4148，$v_I=10\sin(2\pi\times 1\,000t)$ V，试用 SPICE 绘出 $v_O(t)$ 的波形。

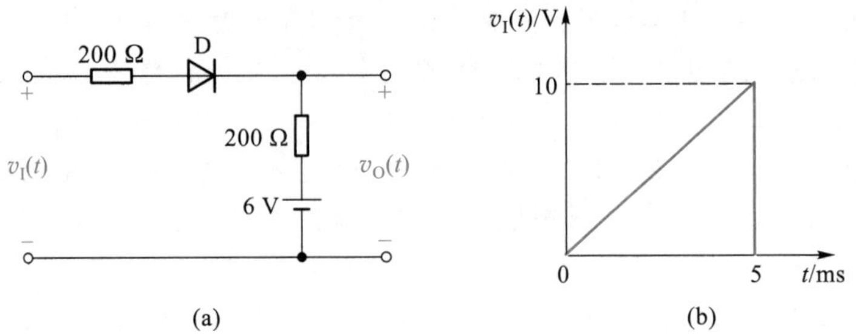

图题 3.4.8

3.4.9 使用恒压降模型（V_D = 0.7 V），重复题 3.4.8 第（1）问。

3.4.10 二极管钳位电路如图题 3.4.10 所示，已知 D 为硅二极管，$v_s = 6\sin\ \omega t$ V，且 $R_L C \gg (2\pi/\omega)$。试用恒压降模型分析电路，绘出输出电压 v_O 的稳态波形。

3.4.11 钳位电路如图题 3.4.11 所示，已知 D 为硅二极管。（1）当 $v_s = 4\sin\ \omega t$ V 时，试用恒压降模型分析电路，绘出输出电压 v_O 的稳态波形；（2）二极管用 1N4148，$v_s = 4\sin\ (2\pi\times1\ 000t)$ V，$C = 10\ \mu F$，试用 SPICE 绘出 $v_O(t)$ 的稳态波形。

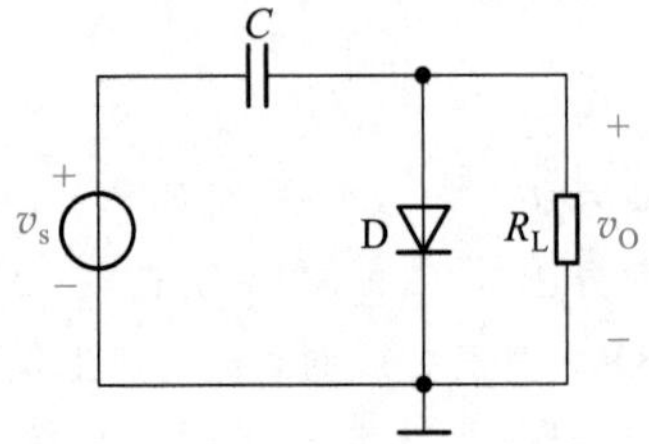

图题 3.4.10

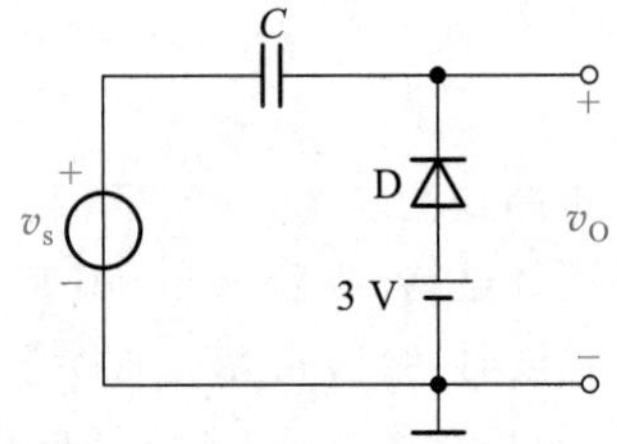

图题 3.4.11

3.4.12 二极管电路如图题 3.4.12 所示，试判断图中的二极管是导通还是截止，并求出 AO 两端电压 V_{AO}。设二极管是理想的。

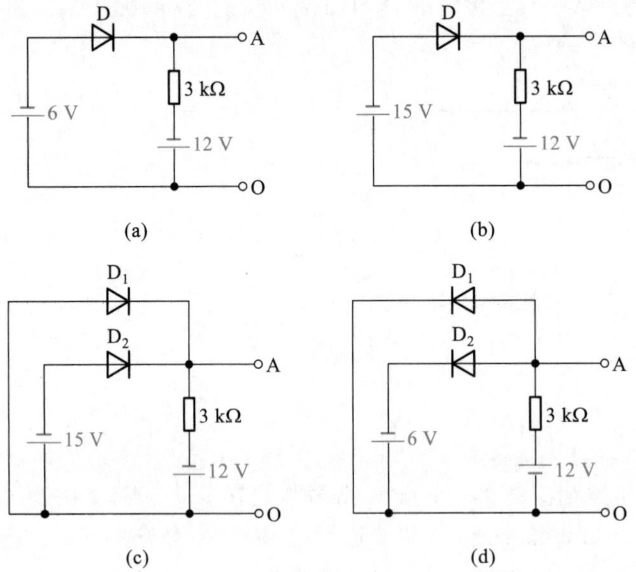

图题 3.4.12

3.4.13 试判断图题 3.4.13 中二极管是导通还是截止，为什么？设二极管是理想的。

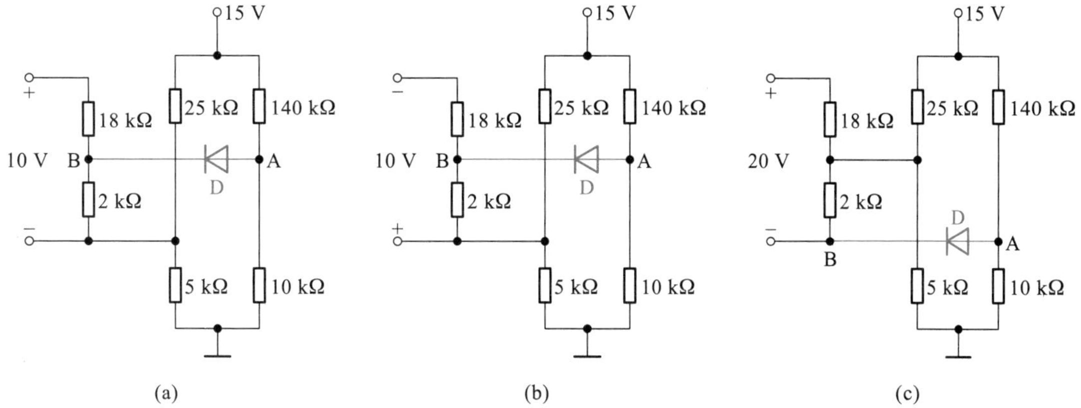

图题 3.4.13

3.4.14 电路如图题 3.4.14 所示，D 为硅二极管，$V_{DD}=2$ V，$R=1$ kΩ，正弦信号 $v_s=50\sin(2\pi\times50t)$ mV。(1) 静态（即 $v_s=0$）时，求二极管中的静态电流和 v_O 的静态电压；(2) 动态时，求二极管中的交流电流振幅和 v_O 的交流电压振幅；(3) 求输出电压 v_O 的总量。

3.4.15 低压稳压电路如图题 3.4.15 所示。(1) 利用硅二极管恒压降模型求电路的 I_D 和 V_O（$V_D=0.7$ V）；(2) 在室温（300 K）情况下，利用二极管的小信号模型求 V_O 的变化范围。

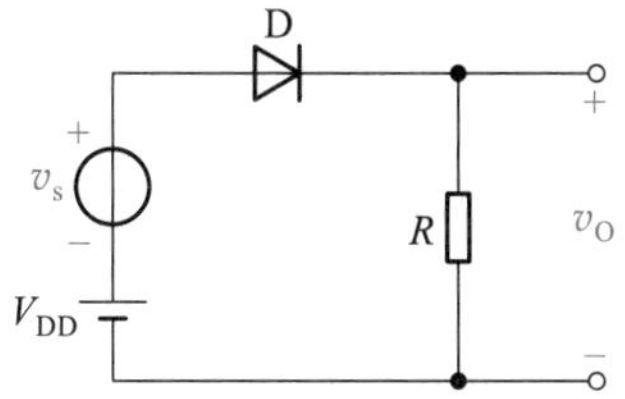

图题 3.4.14

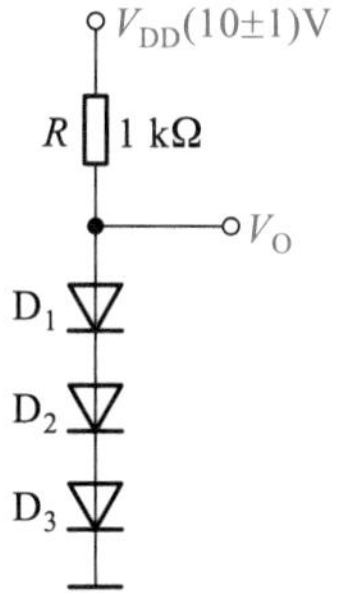

图题 3.4.15

3.4.16 在图题 3.4.15 的基础上，输出端外接一负载电阻 $R_L=1$ kΩ 时，问输出电压的变化范围是多少？

3.4.17 低压稳压电路如图题 3.4.17 所示。已知 5 V $\leqslant V_I \leqslant$ 10 V，保证二极管正向导通压降为 0.7 V 的最小电流 $I_{D(min)}=2$ mA，二极管的最大整流电流 $I_{D(max)}=15$ mA。利用恒压降模型，在保持 $V_O=0.7$ V 时，讨论电阻 R 和 R_L 的取值范围。

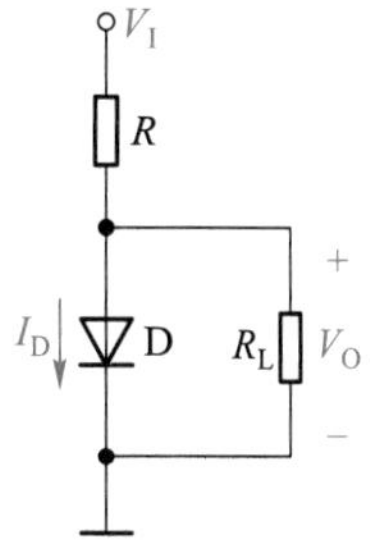

图题 3.4.17

3.5 特殊二极管

3.5.1 电路如图题 3.5.1 所示，所有稳压管均为硅管，且稳定电压 $V_Z=8$ V，设 $v_i=15\sin\omega t$ V，试绘出 v_{O1} 和 v_{O2} 的波形。

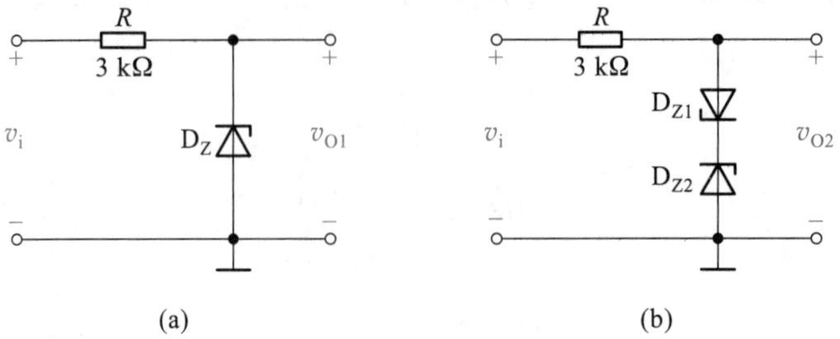

图题 3.5.1

3.5.2 稳压电路如图题 3.5.2 所示。(1)试近似写出稳压管的耗散功率 P_Z 的表达式，并说明输入 V_I 和负载 R_L 在何种情况下，P_Z 达到最大值或最小值；(2)写出负载吸收的功率表达式和限流电阻 R 消耗的功率表达式。(3)稳压管选用 1N4733($V_Z = 5.1$ V，$I_{Z(max)} = 178$ mA，$I_{ZT} = 49$ mA)，若输入直流电压 $V_I = 10$ V，$R = 30\ \Omega$，输出稳压值 $V_O = 5.1$ V，试用 SPICE 分析 V_O 不小于 5 V 时，输出电流的范围。

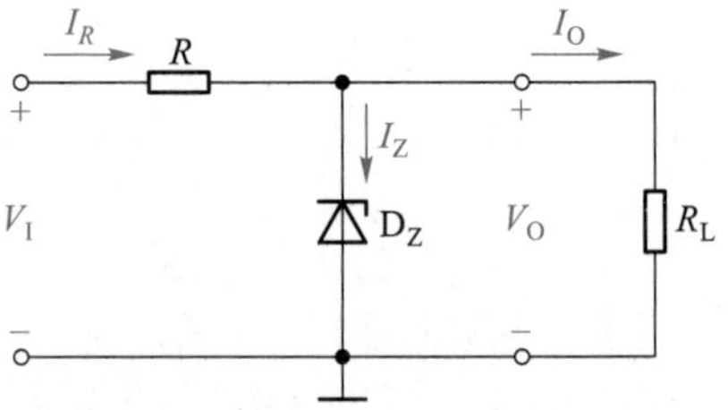

图题 3.5.2

3.5.3 稳压电路如图题 3.5.2 所示。若 $V_I = 10$ V，$R = 100\ \Omega$，稳压管的 $V_Z = 5$ V，$I_{Z(min)} = 5$ mA，$I_{Z(max)} = 50$ mA，问：(1)允许负载 R_L 的变化范围是多少？(2)稳压电路的最大输出功率 P_{OM} 是多少？(3)稳压管的最大耗散功率 P_{ZM} 和限流电阻 R 上的最大耗散功率 P_{RM} 是多少？

3.5.4 设计一稳压管并联式稳压电路，要求输出电压 $V_O = 4$ V，输出电流 $I_O = 15$ mA，若输入直流电压 $V_I = 6$ V，且有 10% 的波动。试选用稳压管型号和合适的限流电阻值，并检验它们的功率定额。

第 3 章部分习题答案

4 场效应三极管及其放大电路

引言

场效应三极管是一种利用电场效应来控制电流的三端放大器件。这种器件不仅具有体积小、重量轻、耗电省、寿命长等特点，而且还有输入阻抗高、噪声低、抗辐射能力强和制造工艺简单等优点，因而获得了广泛应用。

场效应三极管(field effect transistor, FET)，简称场效应管或 FET。它有两种主要类型：金属-氧化物-半导体场效应管(metal-oxide-semiconductor FET，MOSFET)和结型场效应管(junction FET，JFET)。其中 MOSFET 在大规模和超大规模集成电路中占有重要地位。结型 FET 中的结可以是普通的 PN 结，构成通常所说的 JFET；也可是肖特基(Schottky)势垒栅结，构成金属-半导体场效应管(metal-semiconductor FET, MESFET)。MESFET 更多地用在高速或高频电路中，例如微波放大电路。

本章先介绍 MOSFET 的结构和工作原理，然后以共源极放大电路为例，说明电路的组成及工作原理，接着介绍图解分析法和小信号模型分析法，然后再讨论另外两种组态的放大电路：共漏极和共栅极放大电路。

JFET 应用相对较少，因此将简要介绍。

另一种三极管——BJT 将在第 5 章讨论。

学完本章后，希望读者会分析 MOS 管放大电路，并能根据要求设计基本 MOS 管放大电路。

4.1 金属-氧化物-半导体场效应三极管

MOSFET 和 JFET 是两种最主要的场效应管。在 MOSFET 中，从导电载流子的带电极性来看，有 N 沟道 MOSFET 和 P 沟道① MOSFET，常称为 NMOS 管和 PMOS 管；按照导电沟道形成机理不同，它们又各自分为增强型 E 型和耗尽型 D 型两种②。因此，MOS 管共有四种类型：增强型 NMOS 管、耗尽型 NMOS 管、增强型 PMOS 管、耗尽型 PMOS 管。

---

① N 沟道——电子型沟道；P 沟道——空穴型沟道。

② 增强型——enhancement-mode，也称 E 型；耗尽型——depletion-mode，也称 D 型。

4.1.1 N 沟道增强型 MOSFET

1. 结构及电路符号

增强型 NMOS 管的结构、简图和代表符号分别如图 4.1.1a、b 和 c 所示。它以一块掺杂浓度较低、电阻率较高的 P 型硅半导体薄片作为衬底，利用扩散的方法在 P 型硅中形成两个高掺杂的 N^+区。然后在 P 型硅表面生长一层很薄的二氧化硅绝缘层，并在二氧化硅的表面及 N^+区的表面上分别安置三个铝电极——栅极 g(gate)、源极 s(source)和漏极 d(drain)，就制成了增强型 NMOS 管。

由于栅极与源极、栅极与漏极均无电接触，故称为绝缘栅型场效应管。图 4.1.1c 是增强型 NMOS 管的代表符号。箭头方向表示由 P(衬底)指向 N(沟道)，漏极与源极间的垂直短划线代表沟道，该线是间断的，表示在未加适当栅极电压之前，漏极与源极之间无导电沟道。

图 4.1.1a 中还标出了沟道长度 L 和宽度 W，它们通常在纳米至微米之间，且长度尺寸小于宽度尺寸。而氧化物厚度 t_{ox} 的典型值在 400Å(0.4×10^{-7}m)数量级以内。

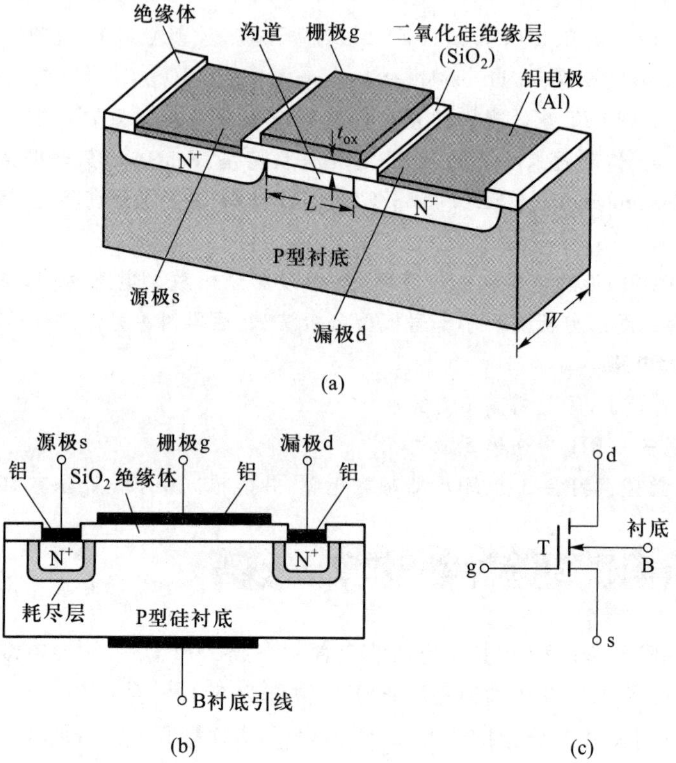

图 4.1.1 N 沟道增强型 MOSFET 结构及符号

(a) 结构 (b) 简图(纵剖面图) (c) 代表符号

2. 工作原理

(1) $v_{GS}=0$，没有导电沟道

在图 4.1.2a 中，由于两 N 型区(源极区和漏极区)之间间隔了 P 型衬底，所以漏极和源极之间形成两个背靠背的 PN 结(二极管)如图 4.1.2c 所示。在断开衬底 B 与 s 极的连接

时，无论外加电压 v_{DS} 的极性如何，其中总有一个 PN 结是反偏的，d、s 之间无导电沟道。当短接 B、s（见图 4.1.2a）时，由于 $v_{GS}=0$，d、s 间没有导电沟道，所以即使 d、s 间加了正向电压 V_{DD}，漏极电流仍为零，如图 4.1.2d 所示。

（2）$v_{GS}\geqslant V_{TN}$ 时，出现 N 型沟道

若 $v_{GS}>0$，如图 4.1.2b 所示，相当于在栅极与衬底之间加了正向电压，而栅极与衬底之间隔有二氧化硅绝缘层，不会产生栅极电流 i_G，但会产生由栅极指向衬底的垂直电场。由于绝缘层很薄，即使 v_{GS} 只有几伏，也可产生高达 $10^5\sim10^6$ V/cm 数量级的强电场。该电场力会排斥 P 型衬底中的多子空穴，使它们远离绝缘层，缺少了空穴的区域成为耗尽层。相反，该电场会吸引少子自由电子在绝缘层下方聚集，当 v_{GS} 达到一定数值时，绝缘层下方便会形成电子层，即 N 型层。相对于 P 型衬底，它也称为反型层。这个反型层就是 d 和 s 之间的 N 型导电沟道，它连通了两电极。

由于沟道是由栅源电压通过电场感应产生的，所以也称感生沟道，场效应管也因此而得名。显然，v_{GS} 的值越大，电场就越强，吸引到绝缘层下方的电子就越多，感生沟道就越厚，沟道电阻的阻值就越小。这种关系反映了栅源电压对沟道的控制作用。一般把能够使漏源之间开始导电的栅源电压称为**阈值电压** V_{TN}①（threshold voltage）。

这种在 $v_{GS}=0$ 时没有导电沟道，而必须依靠栅源电压的作用，才形成感生沟道的 FET 称为**增强型 FET**。图 4.1.1c 中的短划线就反映了在 $v_{GS}=0$ 时，增强型 MOS 管的沟道是断开的。

（3）可变电阻区和恒流区的形成机制

感生沟道出现后，若施加正的 v_{DS}，沟道中的自由电子将从源极流向正极性的漏极，而电流 i_D 则流入漏极，经过沟道流出源极（见图 4.1.2b）。注意，由于漏极的正电压使漏极与衬底之间的 PN 结处于反偏状态，所以 i_D 不会流经衬底。

当 v_{DS} 较小时，i_D 与 v_{DS} 为近似线性关系，如图 4.1.2e 所示。直线的斜率就是沟道电导，也就是 MOS 管 d、s 间电阻的倒数，d、s 间电阻称为沟道电阻。另外，由于 v_{GS} 不同时感生沟道厚度也不同，导致直线的斜率不同。表明 v_{GS} 可以控制沟道电阻的大小，所以称这个区域为可变电阻区。

当 v_{GS} 为固定电压 V_{GS}，且 $V_{GS}>V_{TN}$ 时，随着 v_{DS} 由 0 开始逐渐增大（参见图 4.1.3a），i_D 将随之快速上升，对应于图 4.1.3c 所示曲线的 *OA* 段，其斜率较大。但随着 v_{DS} 增大，由于沟道电阻与沟道长度成正比，所以 i_D 在沟道长度方向不同位置产生的电压降也不同，从源极到漏极电位逐渐升高，但是，整个栅极电位是相同的，导致栅极与沟道间的电压差，从左至右逐渐减小，意味着垂直电场强度从左至右也逐渐减弱，使得沟道厚度从左至右逐渐变薄。这时沟道呈楔形分布，如图 4.1.3a 所示的沟道形状。

当 v_{DS} 增大到满足 $v_{GD}=v_{GS}-v_{DS}=V_{TN}$，即栅漏压差正好等于阈值电压时，靠近漏端的反型层会消失，出现夹断点。若 v_{DS} 继续增加，夹断点将向源极方向移动，形成一夹断区（反型层

① V_{TN} 的下标 T 为 threshold 一词的字头，下标第二个字母 N 表示 N 沟道器件。衬底与源极连在一起时的阈值电压称为零衬偏阈值电压，也常用 V_{TN0} 表示，以示区别。本书未特别说明时都是衬底与源极并接的，所以没用 V_{TN0}。另外，有的教材也用 V_{GS}(th) 表示阈值电压。

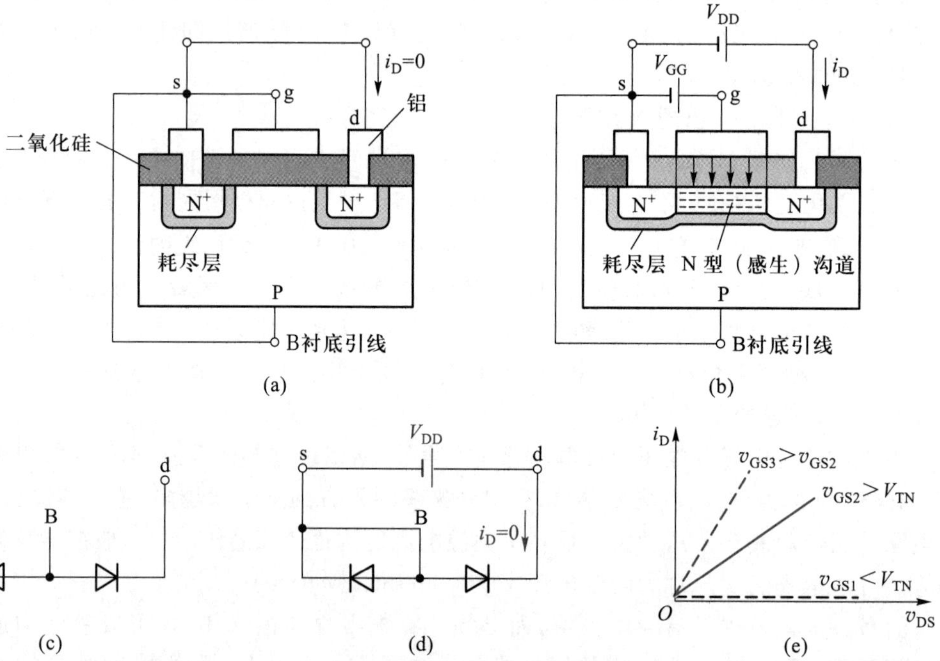

图 4.1.2 N 沟道增强型 MOSFET 的基本工作原理示意图

（a）$v_{GS}=0$ 时，没有导电沟道 （b）$v_{GS}\geqslant V_{TN}$ 时，出现 N 型导电沟道

（c）图 a 所示 MOSFET 截止时源极和漏极之间等价的背靠背二极管

（d）$v_{GS}=0$ 时，即使漏源极加正电压时，也无漏极电流

（e）v_{DS} 较小时，不同 v_{GS} 时的 i_D 随 v_{DS} 变化曲线可近似看成直线

教学视频 4.1：
MOSFET 的
工作原理

消失后的耗尽区），如图 4.1.3b 所示。由于夹断区的电阻远大于沟道其余部分的电阻，v_{DS} 再增加的电压大都降在了夹断区上，沟道其余部分的电压并未增加，所以 i_D 不再增大，曲线转为水平，如图 4.1.3c 所示的 *AB* 段。

那么，沟道出现夹断后，i_D 是否会减小呢？答案是否定的。这是因为出现夹断区后虽然会增大 d、s 间的电阻，但 v_{DS} 再增加的电压绝大部分会降落在夹断区（耗尽区）上，在夹断区水平方向产生一个从漏极指向源极的电场，促使沟道中的自由电子穿过夹断区漂移到漏极区，形成漏极电流。

以上看出，v_{DS} 对 i_D 的影响可以分成沟道夹断前、后两种情况（参见图 4.1.3c）。夹断前，i_D 随 v_{DS} 增加而快速增大，其斜率的倒数近似为电阻，且 v_{GS} 可以控制它的大小，该区域为可变电阻区；夹断后，i_D 不再随 v_{DS} 变化而保持恒定，该区域称为恒流区①。夹断点就是可变电阻区与恒流区的分界点。夹断点处有 $v_{GD}=v_{GS}-v_{DS}=V_{TN}$ 或 $v_{DS}=v_{GS}-V_{TN}$。

另外注意到，沟道中只有一种载流子——自由电子参与导电，所以这种器件称为单极型

① 国外教材大多称为饱和区（saturation region），为了避免与 BJT 的饱和区混淆，本书称其为恒流区。

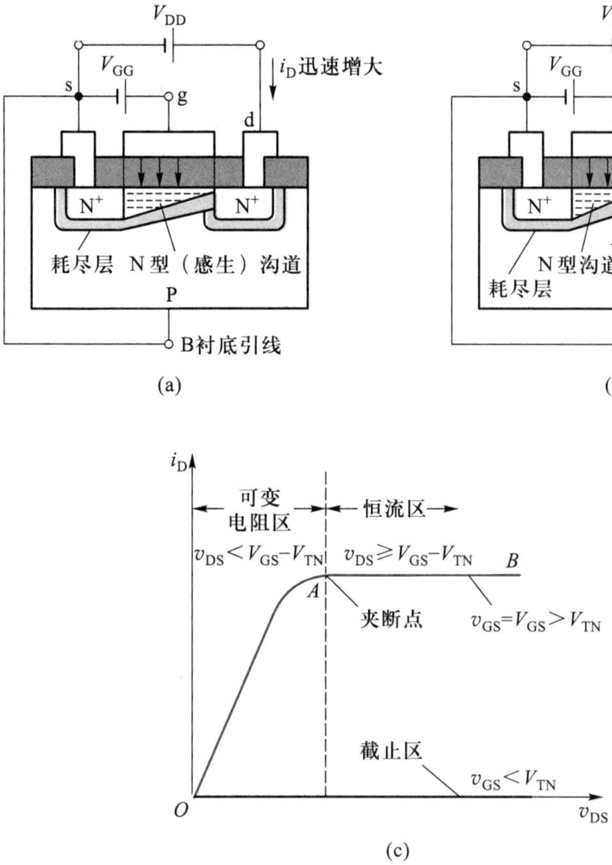

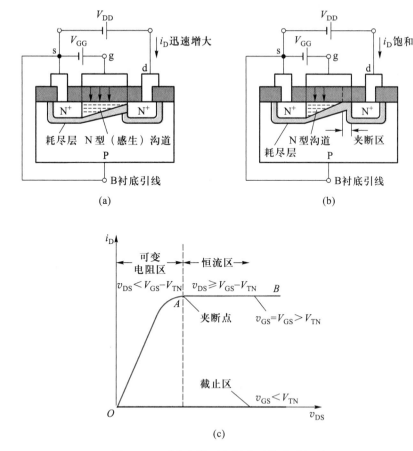

图 4.1.3 可变电阻区和恒流区的形成机制

（a）当 $v_{GS}>V_{TN}$，工作在可变电阻区 N 沟道增强型 MOSFET 工作示意图

（b）当 $v_{GS}>V_{TN}$，工作在恒流区的 N 沟道增强型 MOSFET 工作示意图

（c）可变电阻区和恒流区的特性曲线

器件。

还需要注意，若翻转 d、s 间所加电压极性，那么漏极与衬底间的 PN 结将处于正偏，大部分 i_D将经此 PN 结由衬底电极流出，不再流过沟道，也就不受 v_{GS}控制，上述电压电流关系就不再成立，MOS 管不能正常工作。

3. *I–V* 特性曲线及特性方程

（1）输出特性及特性方程

放大电路是双口网络，而 MOS 管作为放大电路的核心器件，也应该以双口网络的形式工作。由于 MOS 管的 v_{GS}可以控制 i_D，所以可以将 v_{GS}看作输入，i_D看作输出，那么电极 g、s 就构成输入端口；而电极 d、s 则构成输出端口。输出特性是指在 v_{GS}一定的情况下，i_D与 v_{DS}之间的关系，即

$$i_D=f(v_{DS})\big|_{v_{GS}=\text{常数}}$$

图 4.1.4 所示为一增强型 NMOS 管完整的输出特性。因为 $v_{DS}=v_{GS}-V_{TN}$是夹断点的条

件，据此可在输出特性上画出夹断点轨迹，如图 4.1.4 中左边的虚线所示。该虚线也是可变电阻区和恒流区的分界线。这里用 v_{DSpop}①表示夹断点轨迹上的 v_{DS} 以示区别。现分别对三个区域进行讨论。

① 截止区

当 $v_{GS}<V_{TN}$ 时，导电沟道尚未形成，$i_D=0$，为截止工作状态。

② 可变电阻区

在可变电阻区内

$$v_{GS}\geqslant V_{TN}，且\ v_{DS}<(v_{GS}-V_{TN}) \tag{4.1.1}$$

其 $I-V$ 特性可近似表示为

$$i_D=K_n[2(v_{GS}-V_{TN})v_{DS}-v_{DS}^2] \tag{4.1.2}$$

其中

$$K_n=\frac{K_n'}{2}\cdot\frac{W}{L}=\frac{\mu_n C_{ox}}{2}\left(\frac{W}{L}\right) \tag{4.1.3}$$

式中本征导电因子 $K_n'=\mu_n C_{ox}$ 通常情况下为常量，μ_n 是反型层中电子迁移率，C_{ox} 为栅极（与衬底间）氧化层单位面积电容②，电导常数 K_n 的单位是 mA/V^2。

在特性曲线原点附近，因为 v_{DS} 很小，可以忽略 v_{DS}^2 的影响，式(4.1.2)可近似为

$$i_D\approx 2K_n(v_{GS}-V_{TN})v_{DS} \tag{4.1.4}$$

由此可以求出当 v_{GS} 一定时，在可变电阻区内原点附近的输出电阻 r_{dso} 为

$$r_{dso}=\left.\frac{dv_{DS}}{di_D}\right|_{v_{GS}=常数}=\frac{1}{2K_n(v_{GS}-V_{TN})} \tag{4.1.5}$$

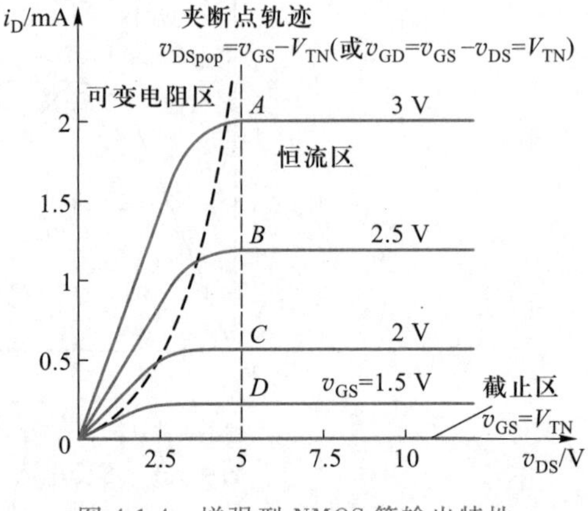

图 4.1.4 增强型 NMOS 管输出特性

表明 r_{dso} 是一个受 v_{GS} 控制的可变电阻。

③ 恒流区（又称放大区）

当 $v_{GS}\geqslant V_{TN}$，且 $v_{DS}\geqslant(v_{GS}-V_{TN})$ 时，MOS 管工作在恒流区。

由于在恒流区内，可近似看成 i_D 不随 v_{DS} 变化。因此，将夹断点条件 $v_{DS}=v_{GS}-V_{TN}$ 代入式(4.1.2)，便得到恒流区的 $I-V$ 特性表达式

$$i_D=K_n(v_{GS}-V_{TN})^2=K_n V_{TN}^2\left(\frac{v_{GS}}{V_{TN}}-1\right)^2=I_{DO}\left(\frac{v_{GS}}{V_{TN}}-1\right)^2 \tag{4.1.6}$$

式中 $I_{DO}=K_n V_{TN}^2$，它是 $v_{GS}=2V_{TN}$ 时的 i_D。由式(4.1.6)看出，给定一个 v_{GS} 就有一个对应的 i_D，此时，可将 i_D 视为 v_{GS} 控制的电流源。

MOS 管用于放大时都工作在恒流区。

---

① 下标中的 pop 取自 pinch-off point（夹断点）首字母。

② C_{ox} = 氧化物介电常数 ε_{ox}/氧化物的厚度 t_{ox}。对于硅器件，$\varepsilon_{ox}\approx 34.52\times10^{-14}$ F/cm。可参见文献【2】3.1.3 节。

(2) 转移特性

转移特性描述了输入端口电压 v_{GS} 与输出端口电流 i_D 的关系①,即

$$i_D = f(v_{GS})\big|_{v_{DS}=常数}$$

通常 v_{DS} 不同时转移特性也有所不同,但在恒流区 i_D 与 v_{DS} 几乎无关,转移特性近似为一条曲线。可以直接从输出特性曲线上用作图法求出转移特性。例如,在图 4.1.4 所示的输出特性恒流区,作 $v_{DS}=5$ V 的一条垂线,它与各条输出特性曲线的交点分别为 A、B、C、D,根据这些点的 i_D 及 v_{GS} 的值,在 i_D-v_{GS} 的直角坐标系中,标出它们的位置,用曲线连接这些点,就可得到转移特性如图 4.1.5 所示。

此外,转移特性也可由式(4.1.6)画出,它是一条二次曲线。

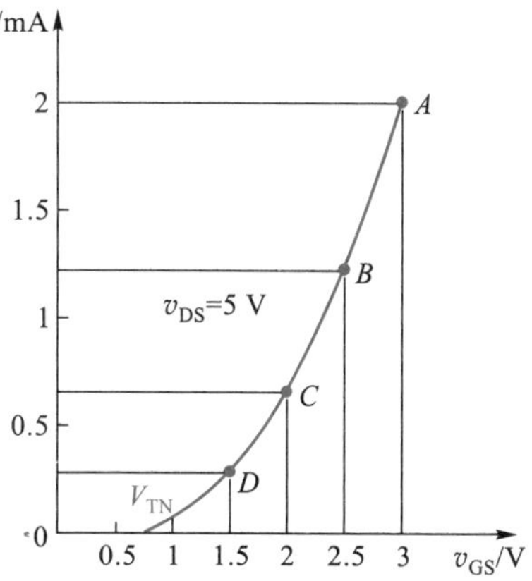

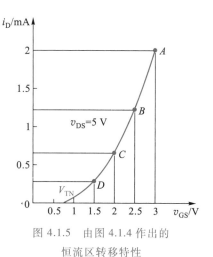

图 4.1.5 由图 4.1.4 作出的恒流区转移特性

4.1.2 N 沟道耗尽型 MOSFET

1. 结构和工作原理简述

前面详细讨论了增强型 NMOS 管,耗尽型 NMOS 管的结构与增强型基本相同,不同的只是制造时,在二氧化硅绝缘层中注入了大量的正离子。这样,在正离子产生的电场力作用下,感生沟道已经形成。表明耗尽型 NMOS 管在 $v_{GS}=0$ 时就存在导电沟道,如图 4.1.6a 所示。图 b 是其电路符号,与图 4.1.1c 所示增强型符号相比,差别仅在于表示 d、s 间沟道的竖线是连通的。

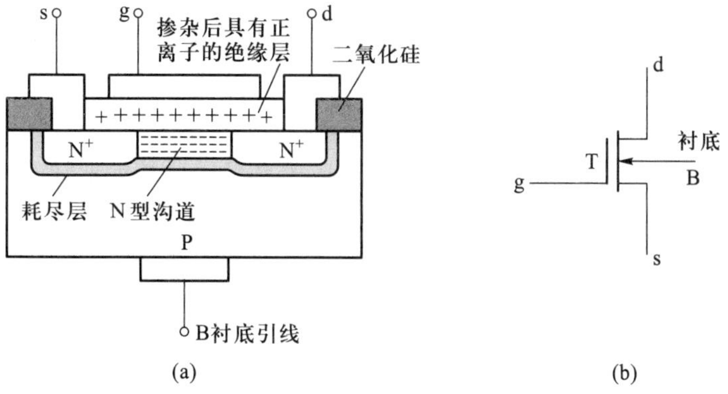

图 4.1.6 耗尽型 NMOS 管

(a) 结构图 (b) 电路符号

当 $v_{GS}>0$ 时,沟道将变厚,在同样的 v_{DS} 作用下,i_D 将变大。

当 $v_{GS}<0$ 时,则沟道变薄,同样 v_{DS} 下的 i_D 将减小。

---

① 由于栅极是绝缘的,基本上无电流,故不讨论 FET 的输入特性。

当 $v_{GS}<V_{TN}$时，感生沟道将消失，$i_D=0$。

显然，耗尽型 NMOS 管的阈值电压 $V_{TN}<0$。所以，这类 MOS 管既可以在正的栅源电压下工作，也可以在负的栅源电压下工作。

由于耗尽型 MOS 管制造工艺较特殊，所以通常只在特殊场合应用，普遍应用的是增强型 MOS 管。

2. *I–V* 特性曲线及特性方程

耗尽型 NMOS 管的输出特性曲线和转移特性曲线分别如图 4.1.7a、b 所示。输出特性曲线同样可以分为截止区、可变电阻区和恒流区。与增强型不同的是耗尽型 NMOS 管的 V_{TN}为负值。

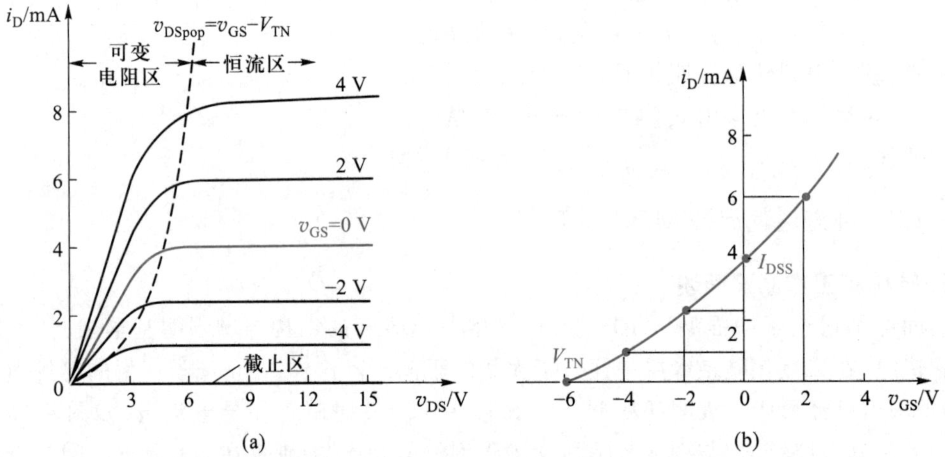

图 4.1.7 耗尽型 NMOS 管特性曲线

(a) 输出特性曲线 (b) $v_{DS}>(v_{GS}-V_{TN})$时的转移特性曲线

耗尽型 NMOS 管的特性方程与式(4.1.2)、式(4.1.4)和式(4.1.6)相同。

在恒流区($v_{DS}\geqslant v_{GS}-V_{TN}$)，当 $v_{GS}=0$ 时，由式(4.1.6)可得

$$i_D\approx K_n V_{TN}^2=I_{DSS} \tag{4.1.7}$$

式中 I_{DSS}为零栅压的漏极电流，称为饱和漏极电流，也就是转移特性曲线与纵轴交点处的 i_D(参见图 4.1.7b)。I_{DSS}下标中的第二个 S 表示栅–源极间短路的意思。此时恒流区的 i_D可表示为

$$i_D\approx I_{DSS}\left(1-\frac{v_{GS}}{V_{TN}}\right)^2 \tag{4.1.8}$$

4.1.3 P 沟道 MOSFET

与 NMOS 管相似，PMOS 管也有增强型和耗尽型两种，所不同的是衬底为 N 型，沟道为 P 型，意味着工作时电极所加电压极性也要翻转，而且实际的电流方向为流出漏极，也与 NMOS 管相反。它们的电路符号如图 4.1.8a、b 所示，除了代表衬底的 B 的箭头方向向外，其他部分均与 NMOS 管相同，此处不再赘述。

增强型 PMOS 管的输出特性曲线和转移特性曲线如图 4.1.9a、b 所示。此处 i_D的参考方

向为流入漏极。由图可见，它的 v_{GS}、阈值电压 V_{TP}①、i_D 等都是负值。

增强型 PMOS 管产生沟道的条件为

$$v_{GS} \leqslant V_{TP} \tag{4.1.9}$$

可变电阻区与恒流区的界线为

$$v_{DS} = v_{GS} - V_{TP} \tag{4.1.10}$$

在可变电阻区，$v_{GS} \leqslant V_{TP}$，$v_{DS} > v_{GS} - V_{TP}$，i_D 为

$$i_D = -K_p[2(v_{GS} - V_{TP})v_{DS} - v_{DS}^2] \tag{4.1.11}$$

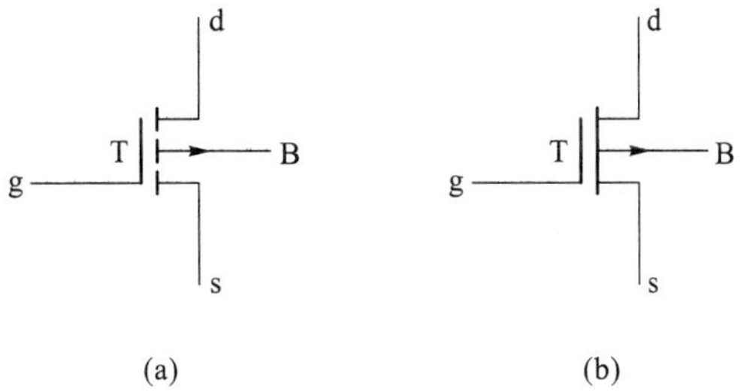

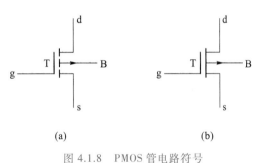

图 4.1.8 PMOS 管电路符号

（a）增强型电路符号 （b）耗尽型电路符号

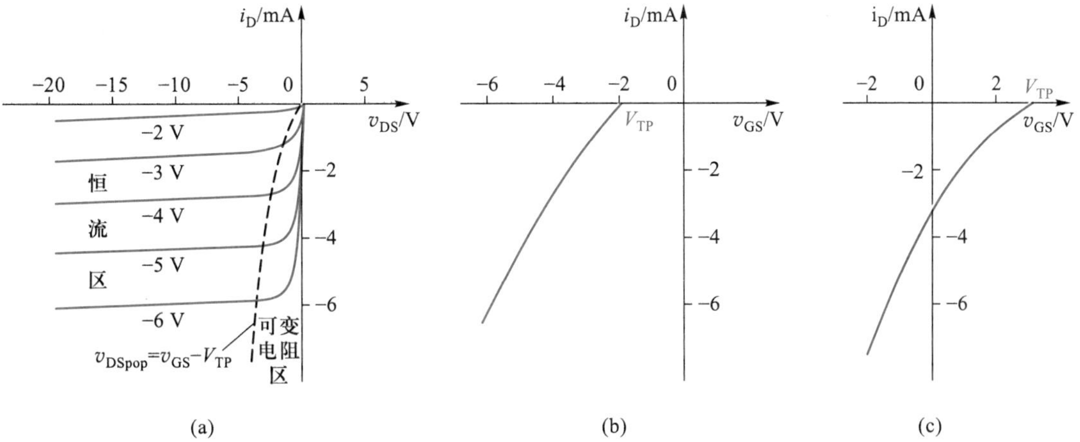

图 4.1.9 PMOS 管的 I-V 特性曲线

（a）增强型输出特性曲线 （b）增强型转移特性曲线 （c）耗尽型转移特性曲线

在恒流区内，$v_{GS} \leqslant V_{TP}$，$v_{DS} \leqslant (v_{GS} - V_{TP})$，$i_D$ 为

$$i_D = -K_p(v_{GS} - V_{TP})^2 = -I_{DO}\left(\frac{v_{GS}}{V_{TP}} - 1\right)^2 \tag{4.1.12}$$

式中 $I_{DO} = K_p V_{TP}^2$，K_p 是 P 沟道器件的电导常数，可表示为

$$K_p = \frac{W\mu_p C_{ox}}{2L} \tag{4.1.13}$$

W、L、C_{ox} 分别是沟道宽度、沟道长度、栅极氧化物单位面积上电容。μ_p 是反型层中空穴的迁移率。在通常情况下，P 沟道中空穴的迁移率比 N 沟道中电子的迁移率要小，μ_p 约为 $\mu_n/2$。

要特别注意，如果 i_D 的参考方向是流出漏极，那么要去掉式(4.1.11)～式(4.1.12)等号右边的负号。

耗尽型 PMOS 管的转移特性曲线如图 4.1.9c 所示。其阈值电压 V_{TP} 为正值，可与增强型共用特性方程。

---

① V_{TP} 下标第二个字母 P 表示 P 沟道器件。

4.1.4 沟道长度调制等几种效应

实际上还有一些因素会影响 MOS 管特性,下面分别简要介绍。

1. 沟道长度调制效应

由图 4.1.4 输出特性曲线可看出,在恒流区 i_D 与 v_{DS} 无关,曲线是水平的,这是理想情况。实际 MOS 管在恒流区工作时,v_{DS} 会对沟道长度 L 产生调制作用。由图 4.1.3b 可知,当 v_{GS} 固定,v_{DS} 增加时,沟道夹断区会延伸,有效的沟道长度 L 会变短,导致 i_D 会有所增加,这种现象称为沟道长度调制效应。也就是说,恒流区输出特性曲线会向上倾斜,如图 4.1.10 所示。这时需要用沟道长度调制参数 λ 对恒流区特性方程进行修正。以增强型 NMOS 管为例,考虑沟道长度调制效应后,式(4.1.6)修正为

$$i_D = K_n(v_{GS}-V_{TN})^2(1+\lambda v_{DS}) = I_{DO}\left(\frac{v_{GS}}{V_{TN}}-1\right)^2(1+\lambda v_{DS}) \tag{4.1.14}$$

当 $i_D = 0$ 时,得 $v_{DS} = -1/\lambda$,可见 λ 的单位为 V^{-1}。令 $V_A = 1/\lambda$ 称为厄利(Early)电压,意味着沿输出特性曲线向左侧做延长线,它们会汇聚到横轴上 $-V_A$ 处。

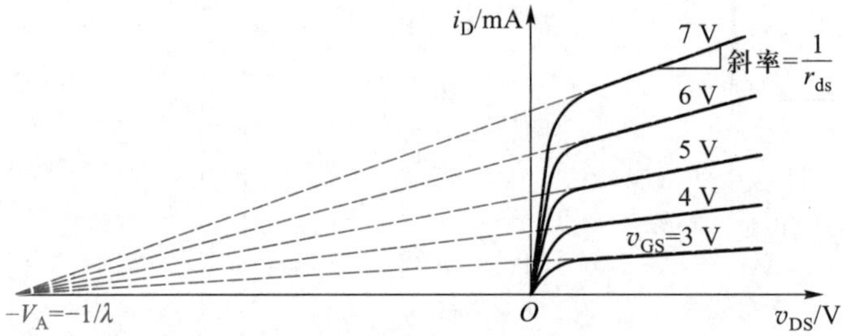

图 4.1.10 考虑沟道长度调制效应的增强型 NMOS 管输出特性曲线

2. 衬底调制效应(体效应)

在分立元件电路中,MOS 管的衬底通常与源极相连,即 $v_{BS} = 0$,但在集成电路中,MOS 管共用衬底,若再将源极与衬底相连,就相当于所有 MOS 管的源极并接在了一起,这是不现实的。这时可能有 $v_{BS} \neq 0$。为了保证导电沟道与衬底的隔离,就要求沟道与衬底之间的 PN 结始终处于反偏状态,即要求 NMOS 管的衬底接电路的最低电位($v_{BS} \leqslant 0$),而 PMOS 管的衬底接电路的最高电位($v_{BS} \geqslant 0$)。

设 V_{TN0} 表示 $v_{BS} = 0$ 的阈值电压。在 NMOS 管衬底为负偏压($v_{BS}<0$)情况下,沟道与衬底间的耗尽层加厚,致使 $v_{GS} = V_{TN0}$ 时,不能形成导电沟道,意味着这时的 $V_{TN}>V_{TN0}$。v_{BS} 对增强型 NMOS 管转移特性的影响如图 4.1.11 所示,$|v_{BS}|$ 越大,则 V_{TN} 就越大。这种现象称为衬底调制效应。衬底 B 因此又称为背栅。

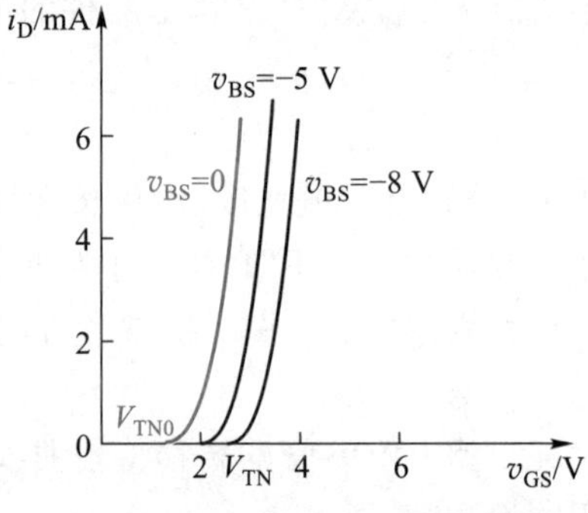

图 4.1.11 具有衬底调制效应的转移特性曲线示意图

3. 温度效应

V_{TN}和电导常数 K_n是温度的函数,且都随着温度升高而下降。由于温度对 K_n的影响强于对 V_{TN}的影响,所以由式(4.1.2)可知,当温度升高时,对于给定的 V_{GS},总的效果是漏极电流要减小。这种负温度系数关系可以使 MOS 管电路在不采取其他措施情况下,就具有热稳定性。

4.1.5 MOSFET 的主要参数

MOS 管参数是它的规格说明,也是分立 MOS 管的选管依据。下面以增强型和耗尽型 NMOS 管为例,介绍它们的主要参数。

一、直流参数

1. 阈值电压 V_{TN}

V_{TN}是 NMOS 管的参数。它定义为当 v_{DS}为某一固定值(例如 10 V),使 i_D等于一微小电流(例如 50 μA)时的栅源电压。$v_{GS}>V_{TN}$时,d、s 间可导电。增强型的 $V_{TN}>0$,耗尽型的$V_{TN}<0$。

(V_{TP}是 PMOS 管的阈值电压,$v_{GS}<V_{TP}$时,漏源之间可导电。增强型的 $V_{TP}<0$,耗尽型的 $V_{TP}>0$。)

2. 饱和漏极电流 I_{DSS}

I_{DSS}是耗尽型 MOS 管的参数。定义为 MOS 管工作在恒流区时,对应 $v_{GS}=0$ 时的漏极电流,也称为饱和漏极电流。通常在 $|v_{DS}|=10$ V 时测得。

3. 直流输入电阻 R_{GS}

在漏源之间短路的条件下,栅源之间加一定电压时的栅源直流电阻就是 R_{GS}。MOS 管的 R_{GS}可达 $10^9\sim10^{15}$ Ω。由于 MOS 管栅极绝缘层很薄($t_{ox}\approx40$ nm),为防止栅极聚集的静电荷将其击穿,MOS 管内部常接有栅源过压保护齐纳二极管,这时 R_{GS}会受齐纳二极管反向截止电阻的影响。

二、交流参数

1. 输出电阻 r_{ds}

交流的输出电阻定义为输出端口的电压变化量与电流变化量之比,即

$$r_{ds}=\left.\frac{\partial v_{DS}}{\partial i_D}\right|_{V_{GS}} \tag{4.1.15}$$

是输出特性曲线某一点上切线斜率的倒数,它反映了 v_{DS}对 i_D的影响。在恒流区,当 $\lambda\neq0$ 时,由式(4.1.14)和式(4.1.15)可导出

$$r_{ds}=[\lambda K_n(v_{GS}-V_{TN})^2]^{-1}$$

而 $i_D\approx K_n(v_{GS}-V_{TN})^2$,可进一步有

$$r_{ds}\approx\frac{1}{\lambda i_D} \tag{4.1.16}$$

r_{ds}一般在几十千欧到几百千欧之间。当 $\lambda=0$ 时,有 $r_{ds}\to\infty$。

2. 低频互导 g_m

在 v_{DS}等于常数时,输出端口漏极电流的微变量和引起这一变化的输入端口栅源电压的

微变量之比称为互导,即

$$g_m = \left.\frac{\partial i_D}{\partial v_{GS}}\right|_{V_{DS}} \tag{4.1.17}$$

以增强型 NMOS 管为例,可利用式(4.1.6)和式(4.1.17)近似估算 g_m 值,即

$$g_m = \left.\frac{\partial i_D}{\partial v_{GS}}\right|_{V_{DS}} = \left.\frac{\partial[K_n(v_{GS}-V_{TN})]^2}{\partial v_{GS}}\right|_{V_{DS}} = 2K_n(v_{GS}-V_{TN}) \tag{4.1.18}$$

考虑到 $i_D = K_n(v_{GS}-V_{TN})^2$ 和 $I_{DO}=K_n V_{TN}^2$,式(4.1.18)又可改写为

$$g_m = 2\sqrt{K_n i_D} = \frac{2}{V_{TN}}\sqrt{I_{DO} i_D} \tag{4.1.19}$$

g_m 表征 v_{GS}对 i_D的控制,也就是转移特性曲线的斜率,其值与 MOS 管的 K_n值和工作点位置(i_D)有关,其单位为 mS 或 μS。它是 MOS 管小信号建模的重要参数之一。数据手册中常给出在一定的 v_{DS}和 i_D下的 g_m 值(常标注为 g_{fs})。

三、极限参数

1. 最大漏极电流 I_{DM}

I_{DM}是 MOS 管正常工作时漏极电流允许的上限值。有时也细分为最大连续工作电流和脉冲峰值电流。

2. 漏源击穿电压 $V_{(BR)DS}$

指 MOS 管漏-源极之间发生击穿、i_D开始急剧上升时的 v_{DS}值。

3. 栅源击穿电压 $V_{(BR)GS}$和漏栅击穿电压 $V_{(BR)DG}$

$V_{(BR)GS}$是指源极一侧绝缘层击穿时的栅源电压;而 $V_{(BR)DG}$是指漏极一侧绝缘层击穿时的漏栅电压。如果 MOS 管内有保护齐纳二极管,击穿的是齐纳二极管而非绝缘层,此时击穿是可逆的。

4. 最大耗散功率 P_{DM}

MOS 管的耗散功率等于 v_{DS}和 i_D的乘积,即 $P_{DM}=v_{DS}i_D$,该功率转换为热量消散到环境中。若热量不能及时消散,会导致器件温度升高直至烧毁。为此就要限制 MOS 管的耗散功率,使之不超过最大耗散功率 P_{DM}。显然,P_{DM}除与散热条件有关外,还与器件材料能承受的最高工作温度有关。

最大耗散功率曲线在输出特性坐标系中的描述,如图 4.1.12 中的 P_{DM}所示。图中也同时标出了最大漏极电流 I_{DM}和漏源击穿电压 $V_{(BR)DS}$的位置。

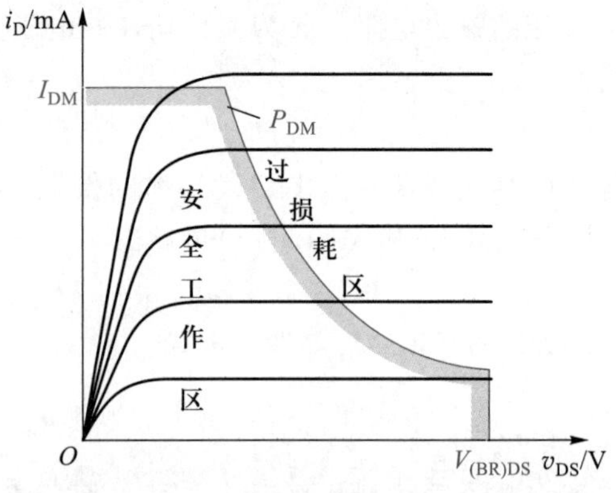

图 4.1.12 MOS 管的耗散功率曲线

除以上参数外,还有极间电容、开关时间等其他参数。选用 MOS 管时,需查阅相关器件数据手册。表 4.1.1 列出了几种 FET 的主要参数。

表 4.1.1 几种 FET 的主要参数

参数名称	零栅压漏极电流	阈值电压	栅源漏电流①	漏源导通电阻	低频互导	最大漏源电压	最大栅源电压	最大耗散功率	最大漏源电流	管型	封装
参数符号	I_{DSS} /μA	V_{TN} 或 V_{TP}/V	I_{GSS} /μA	$r_{DS(on)}$ /Ω	g_m/S	$V_{(BR)DS}$ /V	$V_{(BR)GS}$ /V	P_{DM} /W	I_{DM} /A		
2N7000	<1	2.1	<0.01	1.2	320 m (I_D = 200 mA)	60	±20	0.4	0.2	E 型 NMOS	TO92
BS270	<1	2.1	<0.01	1.2	320 m (I_D = 200 mA)	60	±20	0.625	0.4	E 型 NMOS	TO92
FQNL2N50B	<1	3	<0.1	4.2	0.72 (I_D = 0.175 A)	500	±30	1.5	0.35	E 型 NMOS	TO92
BSR202N	<1	0.95	<0.1	25m	17 (I_D = 3.8 A)	20	±12	0.5	3.8	E 型 NMOS	SC-59
BSS83P	-0.1	-1.5	-0.01	2	0.47 (I_D = 0.27 A)	-60	±20	0.36	-0.33	E 型 PMOS	SOT23
CEM2281	-1	-0.5~-1.3	<0.1	25m	41 (I_D = -7.2 A)	-20	±12	2.5	-7.2	E 型 PMOS	SO-8
CEK01N6G	<20	2~4	<0.1	7.3	<10 (I_D = 0.4 A)	600	±30	3.1	0.4	E 型 NMOS	TO92
ELM23401CA-S	-1	-0.7	<0.1	65m	15 (I_D = -5 A)	-30	±12	1.2	-4	E 型 PMOS	SOT23
ELM57412A-S	<1	0.4~0.8	<0.1	52m	10 (I_D = 3.6 A)	20	±12	0.35	3.8	E 型 NMOS	SC-70
J111	>20 000	-3 ~ -10	-0.001	<20		-35	-35	0.35		N 沟道 JFET	TO92
J175	-7 000 ~ -60 000	3	0.001	125		-30	30	0.35		P 沟道 JFET	TO92

① 如果是 MOSFET,则是其输入保护管——齐纳二极管的反向漏电流。

复习思考题

4.1.1 为什么 MOS 管的输入电阻很高?

4.1.2 何谓增强型 MOS 管?耗尽型 MOS 管与增强型 MOS 管有何不同?

4.1.3 何谓阈值电压?各种 MOS 管的阈值电压有何不同?

4.1.4 试分别画出增强型和耗尽型 NMOS 管、PMOS 管的图形符号。

4.1.5 试总结四种 MOS 管转移特性各自的特点。

4.2 MOSFET 基本共源极放大电路

4.2.1 基本共源极放大电路的组成

放大电路在输入信号控制下,将工作电源能量转换为信号能量输出,从而实现信号放大,其中关键因素是控制。由于 MOS 管工作在恒流区时,v_{DS}对 i_D 的影响很小常可忽略,所以通过 v_{GS}对 i_D 的控制很容易实现信号的放大,因此恒流区也称为放大区。换言之,放大信号时必须让 MOS 管工作在恒流区,这意味着 MOS 管的 v_{GS}和 v_{DS}必须满足图 4.2.1a 中不等式的要求。为此就需要在 g、s 之间加一个大于 V_{TN}的电压 V_{GG},如图 4.2.1b 所示。在 d、s 之间也需要施加一个电压 V_{DD},以满足 $v_{DS} \geq v_{GS}-V_{TN}$。待放大的小信号 v_i(时变电压)加在 g、s 间的输入回路中影响 v_{GS},从而控制 i_D变化。但在很多时候,也希望能输出变化的电压,所以在漏极上串入电阻 R_d,这样,$v_{DS}=V_{DD}-i_DR_d$,漏源之间就可以输出变化电压了。当然,调整 R_d 也可以方便地改变 v_{DS}。

由于 g、s 构成的输入回路和 d、s 构成的输出回路共用源极,所以图 4.2.1b 所示电路称为共源极放大电路。

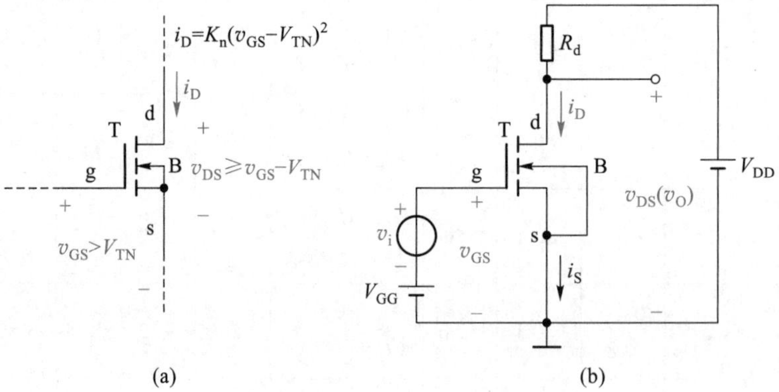

图 4.2.1 增强型 NMOS 管基本共源极放大电路
(a) 处于恒流区的工作条件 (b) 电路结构

4.2.2 基本共源极放大电路的工作原理

图 4.2.1b 中的直流电压源 V_{GG}和 V_{DD}是保证 MOS 管正常工作的工作电源,时变信号 v_i 则是待放大的信号源。若 v_i 为正弦波,即交流信号,那么放大电路中的电压或电流就是直流与交流的叠加。

1. 静态

当输入信号 $v_i=0$ 时,放大电路的工作状态称为**静态**或**直流工作状态**。此时电路中的电压、电流都是直流量。

静态时,MOS 管的漏极电流及各电极间的电压分别用 I_D、V_{GS}、V_{DS}表示,当它们确定后,就对应于特性曲线上的一个点,该点称为静态工作点 Q(quiescent),因此常将上述三个量写成 I_{DQ}、V_{GSQ}和 V_{DSQ}。

设置静态工作点的目的是在信号放大过程中,保证 MOS 管始终工作在恒流区。亦即要求放大电路静态工作点必须设置在恒流区,对于增强型 NMOS 管必须满足:$V_{GSQ} \geqslant V_{TN}$和 $V_{DSQ} \geqslant V_{GSQ}-V_{TN}$。其他管型工作在恒流区的条件可参见表 4.9.1。

如果静态工作点设置不合适,就无法正常放大信号。例如,若图 4.2.1b 中 $V_{GS}=V_{GG}<V_{TN}$,则 MOS 管处于截止状态,当加入微弱的输入信号 v_i 时,无法使 MOS 管导通,也就没有信号输出了。

可以通过直流通路分析放大电路的静态工作点。所谓**直流通路**就是只有直流电流能够流过的路径。下面通过一个例题来说明分析过程。

例 4.2.1 电路如图 4.2.1b 所示,设 $V_{GSQ}=V_{GG}=2\ \text{V}$, $V_{DD}=5\ \text{V}$, $V_{TN}=1\ \text{V}$, $K_n=0.2\ \text{mA/V}^2$, $R_d=12\ \text{k}\Omega$。试求电路的 Q 点。

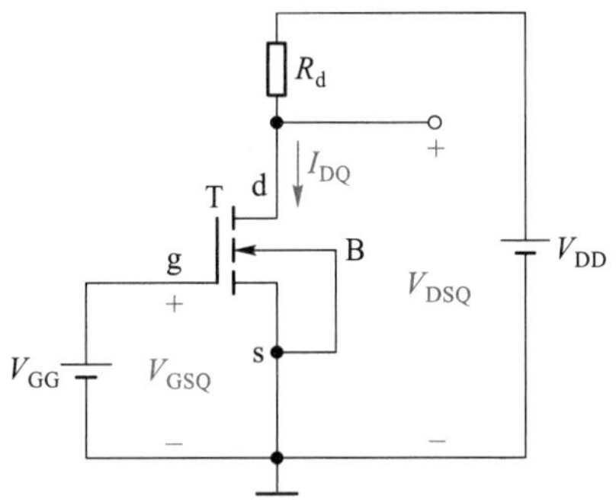

图 4.2.2 图 4.2.1b 所示电路的直流通路

解:(1)将信号置零,即令 $v_i=0$,画出放大电路的直流通路如图 4.2.2 所示,标出各电流、电压。

(2)由于 $V_{GSQ}=V_{GG}=2\ \text{V}> V_{TN}=1\ \text{V}$,所以沟道已形成。

(3)假设 MOS 管工作于恒流区,则漏极电流为

$$I_{DQ}=K_n(V_{GSQ}-V_{TN})^2 \tag{4.2.1}$$

将已知参数代入,可得

$$I_{DQ}=K_n(V_{GSQ}-V_{TN})^2=0.2\ \text{mA/V}^2\times(2\ \text{V}-1\ \text{V})^2=0.2\ \text{mA}$$

漏源电压为

$$V_{DSQ}=V_{DD}-I_{DQ}R_d \tag{4.2.2}$$

代入参数计算得

$$V_{DSQ}=V_{DD}-I_{DQ}R_d=5\ \text{V}-0.2\ \text{mA}\times12\ \text{k}\Omega=2.6\ \text{V}$$

以上结果有 $V_{DSQ}>(V_{GSQ}-V_{TN})$,说明 MOS 管的确工作在恒流区,假设成立,静态工作点 $Q(I_{DQ}=0.2\ \text{mA}, V_{GSQ}=2\ \text{V}, V_{DSQ}=2.6\ \text{V})$即为所求。

根据以上求解过程,将 NMOS 管放大电路的静态分析步骤归纳如下:

① 设 MOS 管工作于恒流区,则有 $V_{GSQ}>V_{TN}$, $I_{DQ}>0$, $V_{DSQ}>V_{GSQ}-V_{TN}$。

② 利用恒流区特性方程 $i_D=K_n(v_{GS}-V_{TN})^2$ 和直流通路的电路方程,求出静态工作点的电压、电流。由于是二次方程,要舍去不满足 $V_{GSQ}>V_{TN}$的根。

③ 判断结果是否满足两个不等式,如果满足,说明假设成立,结果即为所求;如果出现 $V_{GSQ}<V_{TN}$,则 MOS 管可能处于截止状态,要按照 $I_{DQ}=0$ 计算其他量;如果 $V_{GSQ}>V_{TN}$,但 $V_{DSQ}<V_{GSQ}-V_{TN}$,则 MOS 管可能工作在可变电阻区,需要用式(4.1.2)或式(4.1.4)的特性方程重新求解。

注意耗尽型 NMOS 管的 V_{TN}为负值。P 沟道 MOS 管电路的分析与 N 沟道类似,但要注意其电源极性与电流方向不同,以及恒流区工作条件的两个不等式的差异。

2. 动态

图 4.2.1b 所示电路中，当 $v_i \neq 0$ 时，MOS 管各电极电流及电压都在静态值基础上随 v_i 变化，此时电路的工作状态称为动态。假设 v_i 是正弦波，那么 $v_{GS}=V_{GSQ}+v_{gs}$，如图 4.2.3a 所示。这里 $v_{gs}=v_i$ 是 g、s 间的交流电压。通过 v_{GS}对 i_D的控制，i_D也在 I_{DQ}基础上叠加一个近似正弦波。图 4.2.3a 中的 i_d是漏极交流电流。因为输出电压 $v_{DS}=V_{DD}-i_D R_d$，即 i_D增大对应 v_{DS}减小。又因为 $v_{DS}=V_{DSQ}+v_{ds}$，所以 v_{ds}与 i_d反相。于是 v_{ds}与 v_i 也反相。如果用适当方式只取出 v_{DS}的交流量 v_{ds}，它就是放大电路的输出电压信号 v_o。只要电路参数选择适当，就可以使 $v_{ds}(v_o)$的幅度大于 v_i 的幅度，从而实现电压放大。

由图 4.2.3a 可以看出，放大电路电压、电流包含两个分量：一个是静态工作情况决定的直流分量 V_{GSQ}、I_{DQ}、V_{DSQ}；另一个是由输入信号引起的交流分量 v_{gs}、i_d、$v_{ds}(v_o)$。虽然这些电流、电压总量的瞬时值是变化的，但它们的方向、极性始终是不变的。

实际上，因为 i_D与 v_{GS}是二次方的关系，所以 i_d并不是标准的正弦波。但是，当信号幅值比较小时，可以通过互导 g_m，将Δi_D与Δv_{GS}近似为线性关系，如图 4.2.3b 所示。

以上讨论看出，可以将 MOS 管放大电路划分成**静态**和**动态**两种情况分别讨论，这是将复杂问题简单化的有效方法，后续三极管电路的分析大都采用这种思路。但要注意，这里的动态只做了定性分析，定量分析将在 4.3 和 4.4 节介绍。

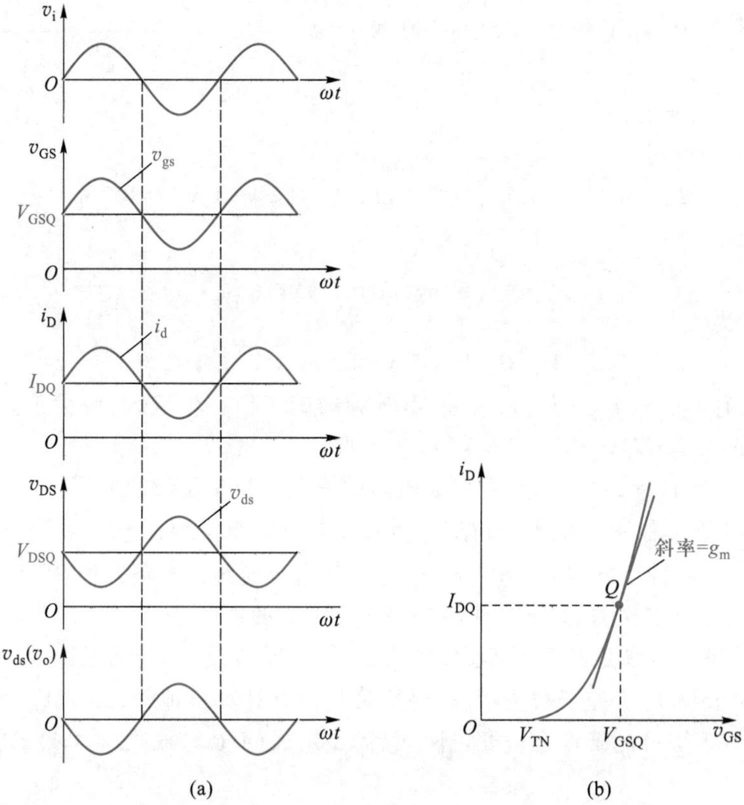

图 4.2.3 图 4.2.1b 所示电路中的电压、电流关系

(a) 时域波形 (b) 转移特性及互导

4.2.3 放大电路的习惯画法

由图 4.2.1b 可看出，放大电路的输入端口、输出端口和直流电源都有连接到公共“地”（“⊥”）的端子，这种连接常称为“共地”。为简洁起见，三极管放大电路也常采用 3.4 节提到的电路习惯画法，即省去与地相连的电压源符号，而直接标出节点对地电压，这样图 4.2.1b 所示电路就画成图 4.2.4 所示的形式。

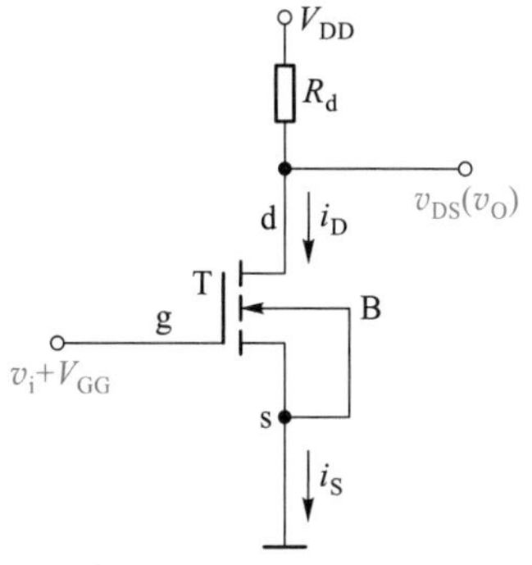

图 4.2.4 图 4.2.1b 所示电路的习惯画法

为讨论方便，电压的参考极性通常规定为所标节点为正，地点为负；电流的参考方向则以图中所标箭头为准。

复习思考题

4.2.1 在图 4.2.1b 所示放大电路中，为什么要接直流电源 V_{DD}？

4.2.2 在分析电路时，为什么要规定参考电位点和电流的参考方向？

4.2.3 在电子电路中放大的实质是什么？放大的对象是什么？负载上获得的能量来自何处？

4.2.4 如何计算共源极放大电路的静态工作点？

4.3 图解分析法

图解分析法就是用作图的方式分析放大电路的静态及动态特性。它的前提是已知三极管的特性曲线。下面首先以图 4.2.1b 所示基本共源极放大电路为例，介绍图解分析法。

4.3.1 用图解方法确定静态工作点 Q

为讨论方便，现将图 4.2.1b 改画成图 4.3.1，并用点画线把电路分成三部分：MOS 管 T、输入端口的管外电路、输出端口的管外电路。

确定静态工作点 Q，就是要在 $v_i=0$ 时，求出 MOS 管的 I_{DQ}、V_{GSQ} 和 V_{DSQ}。此时由图 4.3.1 所示的输入端口管外电路可得

$$v_{GS}=V_{GSQ}=V_{GG}$$

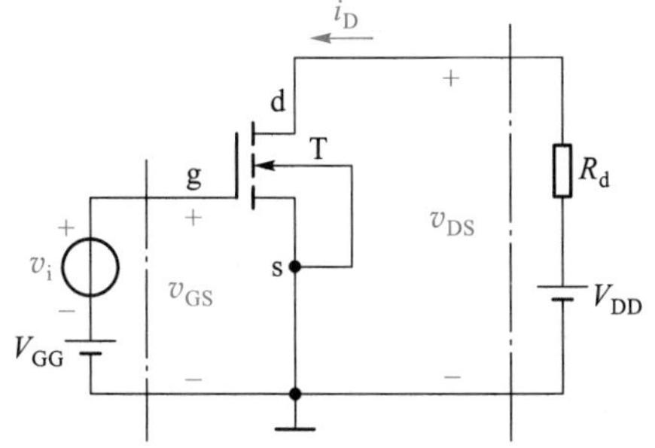

图 4.3.1 基本共源极放大电路

这样，在图 4.3.2 所示输出特性曲线上，就确定了对应 $v_{GS}=V_{GSQ}$ 的那条曲线。

再看图 4.3.1 所示的输出回路，点画线左侧就是 MOS 管的输出端口，其电压和电流关系就是输出特性曲线。而点画线右侧可以列出回路方程 $v_{DS}=V_{DD}-i_DR_d$，它在图 4.3.2 所示输出特性坐标系中就是一条直线。利用它与两坐标轴的交点，可以画出这条直线。由于图 4.3.1 输出回路点画线右侧可看作 MOS 管的负载，故该直线通常

称为负载线。又因为它是在直流通路下得到的直线方程，所以也称直流负载线。

由于 v_{DS} 和 i_D 既要满足直线方程，又要满足输出特性曲线电压电流关系，所以图 4.3.2 所示直流负载线与输出特性曲线 $i_D = f(v_{DS})\big|_{v_{GS}=V_{GSQ}}$ 的交点，就是静态工作点 Q。由其横坐标和纵坐标就可以得到 V_{DSQ} 和 I_{DQ}，这便是作图法得到的静态工作点。

由图 4.3.2 看出，负载线跨越了输出特性的三个区域，底部 M 点附近为截止区，夹断点与截止点之间为恒流区，夹断点左上方为可变电阻区。此处的夹断点也称为临界点。V_{GSQ} 不同时，Q 点在负载线上的位置也不同。放大信号时 Q 点必须设置在恒流区。

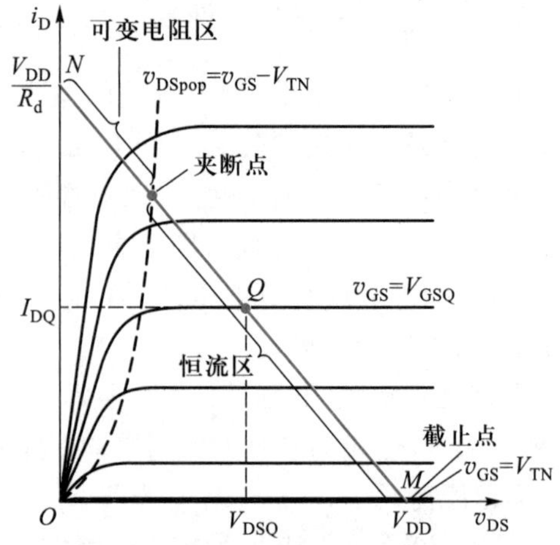

图 4.3.2 图 4.3.1 电路静态工作点的图解分析

4.3.2 动态工作情况的图解分析

1. 正常放大信号时的工作情况

动态图解分析是在静态分析的基础上进行的。由图 4.3.1 可知，当 $v_i = V_{im}\sin \omega t$ 时，则有 $v_{GS} = V_{GSQ}+v_i$，那么，在图 4.3.3 所示特性曲线中，表现为输出特性曲线上下移动。在 v_i 的一个周期中，特性曲线与负载线的交点，从 Q 点移动到 Q' 点（对应 v_i 的波峰），再反方向移动到 Q'' 点（对应 v_i 的波谷），最后回到 Q 点。对应 Q 点的移动，反映了 i_D 在 I_{DQ} 基础上的波

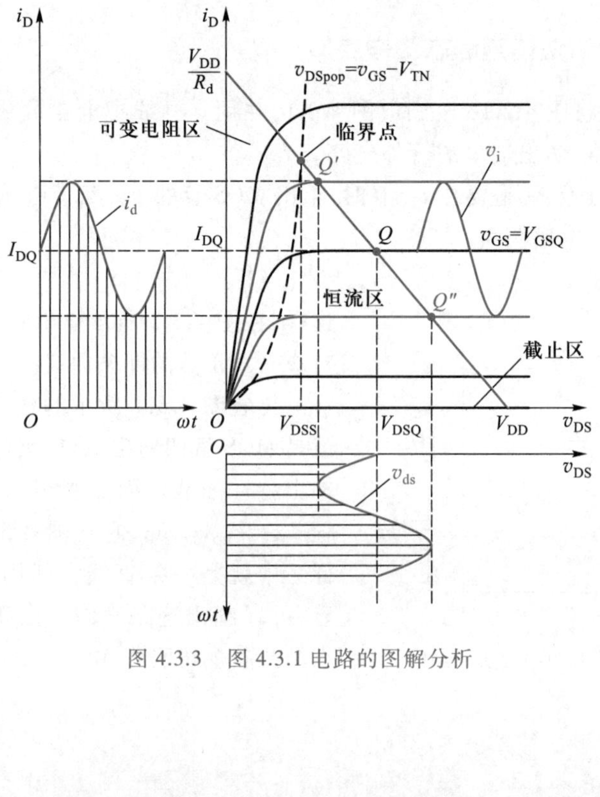

图 4.3.3 图 4.3.1 电路的图解分析

动，v_{DS}也有类似的波动，如图 4.3.3 中的阴影线所示。v_{DS}的变化量 v_{ds}，就是交流输出信号。在坐标中读出它的幅值，再除以 v_i 的幅值，就是电压放大倍数。

注意，v_{ds}与 v_i 的相位相反，这是共源极放大电路的一个重要特点。

2. 静态工作点对波形失真的影响

当 Q 点过低，即 I_{DQ}、V_{GSQ}过小，如图 4.3.4 所示，则在交流信号 $v_{gs}=v_i$ 负半周峰值附近，工作点沿负载线进入截止区，使 i_D、v_{DS}的波形明显失真，这种因工作点进入截止区而产生的失真称为**截止失真**。此时 Q''和 Q 分别对应的 v_{DS}的差值电压，就决定了最大不失真输出电压的幅值 V_{om}。如果负载线的斜率是$-1/R_d$，则

$$V_{om} \approx V_{DD}-V_{DSQ}=I_{DQ}R_d \tag{4.3.1}$$

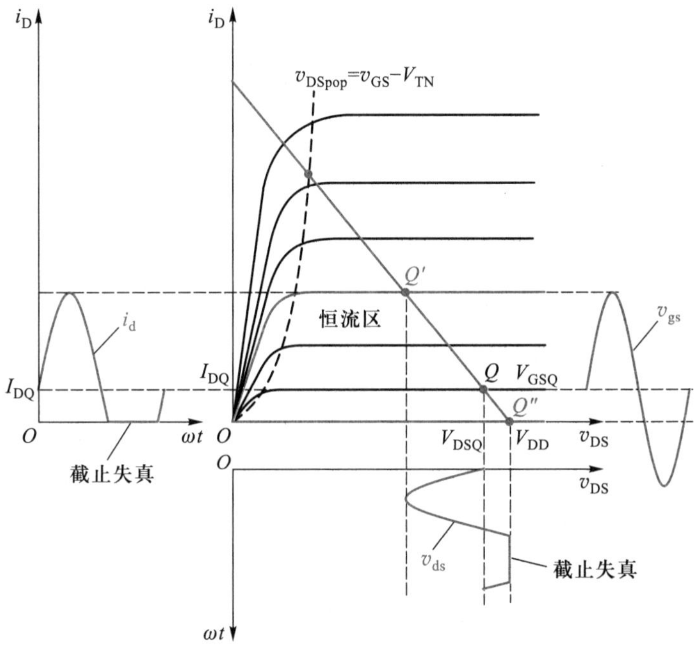

图 4.3.4 截止失真的图解分析

如果 Q 点过高，即 I_{DQ}、V_{GSQ}过大，如图 4.3.5 所示。则在 v_{gs}正半周峰值附近，Q'进入可变电阻区后，就不再按恒流区的比例移动了，这时 i_D和 v_{DS}波形也会出现明显失真。由于 i_D不能再随 v_{GS}增大而按之前的比例升高，已经达到饱和值，所以这种失真称为饱和失真。此时 Q 和夹断点分别对应的 v_{DS}的差值电压，就决定了最大不失真输出电压的幅值 V_{om}，即

$$V_{om}=V_{DSQ}-V_{DSS} \tag{4.3.2}$$

V_{DSS}为负载线与夹断点轨迹 $v_{DS}=v_{GS}-V_{TN}$交点上的 v_{DS}值，也经常用 $V_{DSS}=V_{GSQ}-V_{TN}$近似估算。

另外，即使 Q 点设置合理，如果 v_i 幅值过大，v_o也可能同时出现截止失真和饱和失真。

截止失真和饱和失真都是由于 MOS 管特性曲线的非线性引起的，因而又统称为非线性失真。

实际上，就是在恒流区，i_D与 v_{GS}也是非线性关系，只是在信号幅值较小时，非线性失真也比较小，可近似认为是线性放大。

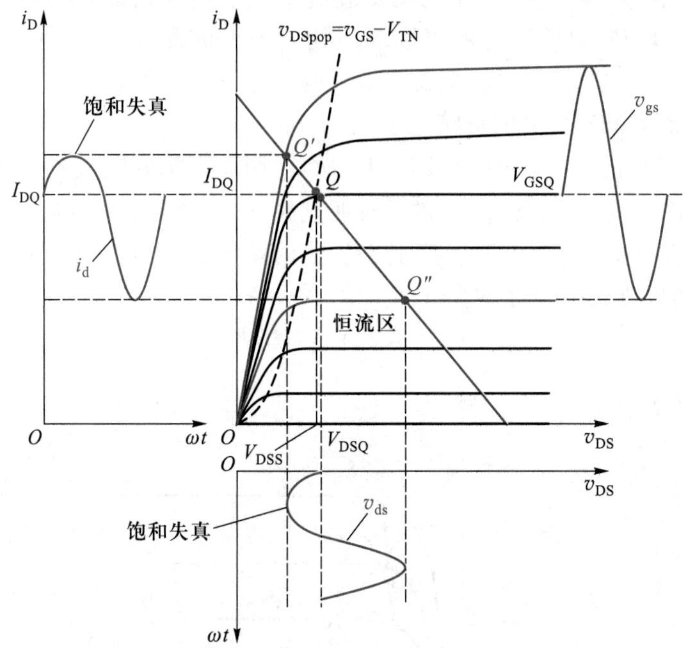

图 4.3.5　饱和失真的图解分析

3. 交流负载线及图解分析举例

在很多情况下，电子电路中的信号源、输入端口、输出端口和直流电源等常要求共地，而图 4.3.1 所示电路信号源没有共地，而且还需要两个独立的直流电源。若采用如图 4.3.6a 所示的共源极放大电路就既可以使信号源共地，又可以减少一个电源。图中用电阻 R_{g1} 和 R_{g2} 对 V_{DD} 分压获得所需要的 V_{GSQ}。电容 C_{b1} 和 C_{b2} 称为隔直电容或耦合电容，它们在电路中的作用是“隔离直流，传送交流”。这种在信号传输路径上有耦合电容的放大电路称为**阻容耦合放大电路**，而像图 4.2.1 那样直接传输（无耦合电容）信号的放大电路称为**直接耦合放大电路**。

放大电路工作时，输出端总要接上一定的负载 R_L，如图 4.3.6a 所示。下面通过例 4.3.1 来说明接入 R_L 后带来的影响。

例 4.3.1　已知电路和 MOS 管的输出特性分别如图 4.3.6a 和图 4.3.7 所示。电路参数为 $R_{g1}=160\ k\Omega$、$R_{g2}=40\ k\Omega$、$R_d=10\ k\Omega$、$R_L=40\ k\Omega$、$V_{DD}=10\ V$。（1）试用图解法确定静态工作点 Q；（2）作出交流负载线；（3）当 $v_i=0.4\sin\omega t$ V 时，求出相应的 v_o 和电压增益。

解：（1）直流通路与交流通路

静态时（$v_i=0$），由于 C_{b1}、C_{b2} 有隔离直流作用，即对直流相当于开路，因此，R_L 和 v_i 对电路的静态不产生影响。由此可画出直流通路如图 4.3.6b 所示。

动态时（$v_i\neq 0$），信号是交流量，这时要由交流通路分析。所谓**交流通路**就是只有交流电流能够流过的路径。若 v_i 的频率足以使 C_{b1}、C_{b2} 呈现的阻抗小到可以忽略其上的压降，则 C_{b1} 和 C_{b2} 可视作短路。另外，V_{DD} 是理想直流电压源，其内阻为零，无交流压降，所以对交流信号也可视为短路。因此可画出如图 4.3.6c 所示的交流通路。图中的电压、电流都为交流量。

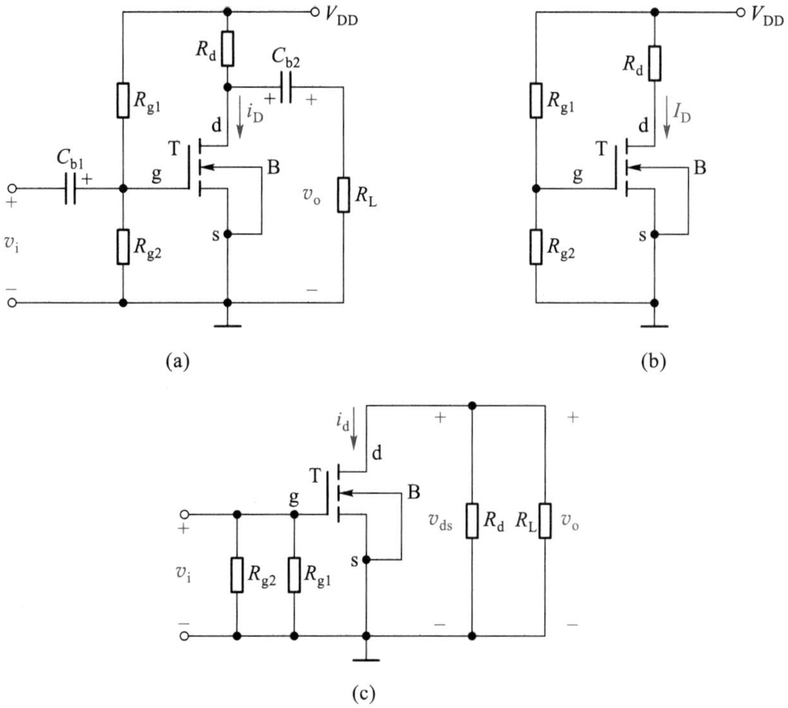

图 4.3.6 例 4.3.1 的电路

（a）完整的原理电路 （b）直流通路 （c）交流通路

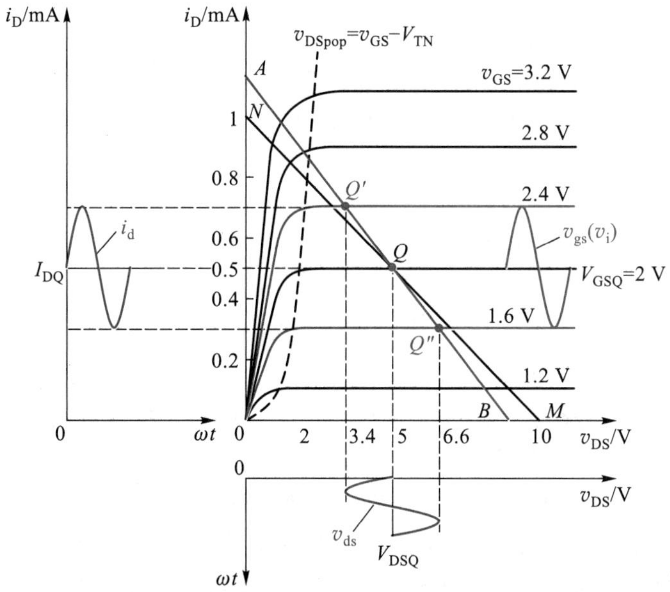

图 4.3.7 例 4.3.1 的图解分析

（2）用图解法确定静态工作点 Q

由图 4.3.6b 所示直流通路的输入回路求得

$$v_{GS}=V_{GSQ}=\frac{R_{g2}}{R_{g1}+R_{g2}}V_{DD}=\frac{40}{160+40}\times 10\ \text{V}=2\ \text{V}$$

由输出回路写直流负载线方程

$$v_{DS}=V_{DD}-i_D R_d=10-10i_D$$

很容易在图 4.3.7 所示输出特性上作出该直流负载线 NM，其斜率为 $-1/R_d$。直流负载线与 $v_{GS}=V_{GSQ}=2\ \text{V}$ 那条输出特性曲线的交点即为 Q 点，其纵坐标值 $I_{DQ}=0.5\ \text{mA}$，横坐标值 $V_{DSQ}=5\ \text{V}$。

（3）作交流负载线

由图 4.3.6c 所示交流通路可得

$$v_o=v_{ds}=-i_d(R_d/\!/R_L)=-i_d R'_L \tag{4.3.3}$$

其中 $R'_L=R_d/\!/R_L$，i_d 和 v_o 都是交流量，而输出特性坐标轴电量都是总量，所以无法直接画出式(4.3.3)的直线。但是电路中的总量是静态值与交流量的叠加，所以有 $v_{ds}=v_{DS}-V_{DSQ}$，$i_d=i_D-I_{DQ}$。将它们代入式(4.3.3)并整理得

$$i_D=-\frac{1}{R'_L}v_{DS}+\frac{1}{R'_L}V_{DSQ}+I_{DQ} \tag{4.3.4}$$

这就是输出特性坐标系中的一条直线（如图 4.3.7 中直线 AB 所示），其斜率为 $-1/R'_L$。由于其来自交流通路，所以称之为**交流负载线**，是动态时工作点移动的轨迹。当 $v_i=0$ 时，它必过 Q 点。令 $i_D=0$，可求得它与横轴的交点 $B(v_{DS}=V_{DSQ}+I_{DQ}R'_L=9\ \text{V})$。

可以看出，接上 R_L 后，交流负载线与直流负载线的斜率是不同的，分别为 $-1/R'_L$ 和 $-1/R_d$。且 V_{DSQ} 到 B 点的距离小于到 M 点的距离，意味着 v_{DS} 向右侧的波动范围变小了。

（4）当 $v_i=0.4\sin\omega t\ \text{V}$ 时，画出 v_o 波形，求出电压增益 A_v

当 $v_i=v_{gs}=0.4\sin\omega t\ \text{V}$ 时有 $v_{GS}=V_{GSQ}+v_{gs}=(2+0.4\sin\omega t)\text{V}$，在 v_{gs} 的正半周峰值顶端，v_{GS} 与交流负载线 AB 交于 Q' 点，而在 v_{gs} 的负半周峰值顶端，v_{GS} 与交流负载线 AB 交于 Q'' 点，据此可分别画出 i_D、i_d、v_{DS} 和 v_{ds} 的波形，如图 4.3.7 所示。由图可见

$$v_o=v_{ds}=1.6\sin\omega t\ \text{V}$$

因此有 $V_{om}=1.6\ \text{V}$，可求出电压增益为

$$A_v=\frac{v_o}{v_i}=-\frac{V_{om}}{V_{im}}=-\frac{1.6}{0.4}=-4$$

式中负号表示共源放大电路的输出信号电压与输入信号电压的相位相反（相差 180°）。

由以上分析可知，当输入信号 $v_{gs}(v_i)$ 较大时，应把 Q 点设在恒流区内交流负载线（而非直流负载线）靠近中点的位置，这时输出电压可以有最大的动态范围。当 $v_{gs}(v_i)$ 较小时，为了降低电路的功耗，在保证无截止失真前提下，可把 Q 点设得低一些。

图解法直观、形象，有助于建立和理解交、直流共存，静态和动态等重要概念。能全面地分析放大电路的静态和动态工作情况，有助于理解合理设置静态工作点的重要性，但因为并未考虑三极管内 PN 结电容的影响，所以图解法不能分析信号工作频率较高的情况，也不能用来求放大电路的输入电阻和输出电阻等动态指标。

复习思考题

4.3.1 如何根据放大电路的原理电路画出直流通路和交流通路？

4.3.2 放大电路的直流负载线和交流负载线的概念有何不同？什么情况下这两条负载线是重合的？

4.3.3 何谓截止失真和饱和失真？如何设置 Q 点才能使动态范围最大？

4.4 小信号模型分析法

前面看到，图解法应用的前提是已知 MOS 管的定量特性曲线，通常情况下这一条件并不容易满足，所以图解法有很大的局限性。而通过电路方程和 MOS 管特性方程求解动态指标时，则会涉及复杂的非线性电路求解问题（静态的求解相对简单）。为此，工程上通过建立 MOS 管的线性小信号模型，来简化其电路分析。

在输入信号幅值比较小的条件下，可以把 MOS 管在静态工作点附近小范围内的特性曲线近似为直线，从而将 MOS 管组成的放大电路当作线性电路来处理，这就是小信号模型分析法。MOS 管的小信号模型就是特性曲线线性化的电路表达形式。

4.4.1 MOSFET 的小信号模型

MOS 管用于信号放大时需要工作在恒流区，当忽略沟道长度调制效应（$\lambda=0$）时，以增强型 NMOS 管为例，并考虑到总量、静态量和信号量的关系，其特性方程由式（4.1.6）可变形为

$$\begin{aligned} i_D &= K_n(v_{GS}-V_{TN})^2 \\ &= K_n(V_{GSQ}+v_{gs}-V_{TN})^2 \\ &= K_n[(V_{GSQ}-V_{TN})+v_{gs}]^2 \\ &= K_n(V_{GSQ}-V_{TN})^2+2K_n(V_{GSQ}-V_{TN})v_{gs}+K_n v_{gs}^2 \end{aligned} \tag{4.4.1}$$

式中第一项为静态工作电流 $I_{DQ}=K_n(V_{GSQ}-V_{TN})^2$。第二项是漏极信号电流 $i_d=2K_n(V_{GSQ}-V_{TN})v_{gs}$，它同 v_{gs} 是线性关系。考虑到在 Q 点处有 $v_{GS}=V_{GSQ}$，则由式（4.1.18）得 $g_m=2K_n(V_{GSQ}-V_{TN})$，因此第二项可写为

$$i_d = 2K_n(V_{GSQ}-V_{TN})v_{gs} = g_m v_{gs} \tag{4.4.2}$$

第三项与 v_{gs} 平方成正比。当 $v_{gs}=v_i$ 时，平方项就是信号产生非线性失真的部分。如果式（4.4.1）中第三项远小于第二项，即

$$v_{gs} \ll 2(V_{GSQ}-V_{TN}) \tag{4.4.3}$$

就可以忽略第三项，得

$$\begin{aligned} i_D &= K_n(V_{GSQ}-V_{TN})^2+2K_n(V_{GSQ}-V_{TN})v_{gs} \\ &= I_{DQ}+g_m v_{gs} = I_{DQ}+i_d \end{aligned} \tag{4.4.4}$$

在转移特性曲线上，这一线性化过程可看作用 Q 点的切线代替原本 Q 点附近一段曲线的过程，如图 4.4.1 所示。式（4.4.3）就是线性化的小信号条件。

式（4.4.2）反映了 MOS 管线性化后的小信号控制关系，可以用图 4.4.2b 的电路来描述

该控制关系，它就是图 4.4.2a 所示 MOS 管的小信号模型。注意，由于 MOS 管栅极是绝缘的，所以图 4.4.2b 中输入端口 g 极是开路状态。当考虑沟道长度调制效应($\lambda \neq 0$)时，输出端口 d、s 间的输出电阻 r_{ds}[参见式(4.1.16)]为有限值，小信号模型则如图 4.4.2c 所示(图中 i_d、v_{gs}、v_{ds} 也可用相量表示)。因为没有考虑 MOS 管内结电容和极间电容，所以这里的模型也称为低频小信号模型。

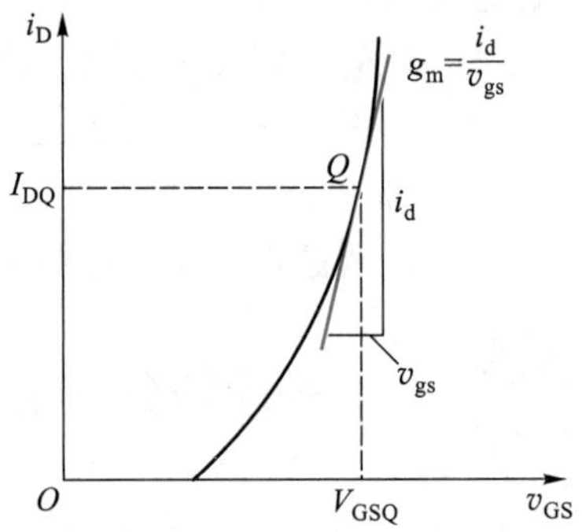

图 4.4.1 在转移特性上求 g_m 和 i_d

但要特别注意以下几点：

(1) MOS 管必须工作在恒流区，并且是小信号情况下，模型才可用。

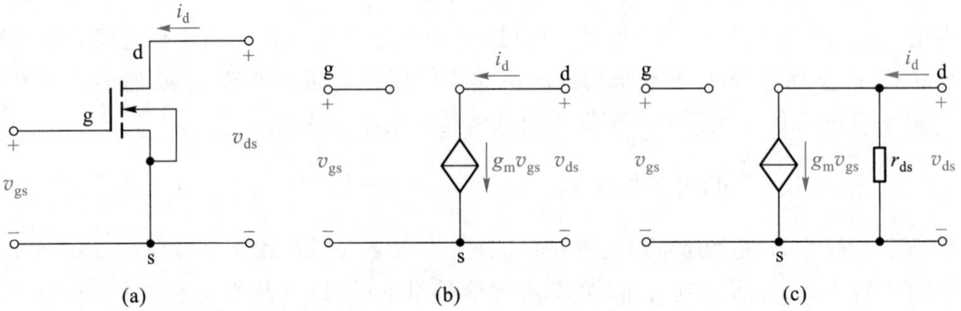

图 4.4.2 共源极 NMOS 管的低频小信号模型

(a) 增强型 NMOS 管 (b) $\lambda=0, r_{ds}=\infty$ 的低频小信号模型

(c) $\lambda \neq 0, r_{ds}$为有限值的低频小信号模型

(2) 由于 g_m、r_{ds}是交流参数或称微变参数，所以模型只适用于交流信号或变化量的分析。不能用来分析静态工作点。

(3) 模型中的参数都与静态工作点位置有关。Q 点不同，参数值也不同。

(4) 受控源 g_mv_{gs}的电流方向和控制电压 v_{gs}的极性是关联的。即改变其中任何一个参考方向的标注方式，另一个也必须改变。

因为小信号模型反映的是特性曲线 Q 点切线上电压、电流变化量的关系，与总量电压极性和总量电流方向无关，所以其他类型 MOS 管的小信号模型与此完全相同①。

4.4.2 用小信号模型分析共源极放大电路

用小信号模型分析放大电路的大致步骤是，先确定静态工作点及静态工作点附近的动态参数(g_m、r_{ds}等)，再画放大电路的小信号等效电路，然后按线性电路处理，求出 A_v、R_i 和 R_o等。

---

① 对于 PMOS 管，如果 i_D 的正方向定义为流出漏极，那么 g_mv_{gs}的方向要翻转，且 g_m 为负值，这时与 g_mv_{gs}的方向不翻转且 g_m 为正值是等价的。

下面通过例题来说明。

例 4.4.1 电路如图 4.4.3a 所示，设 $V_{DD}=5V$，$R_d=3.9\ k\Omega$，$R_{g1}=60\ k\Omega$，$R_{g2}=40\ k\Omega$。C_{b1} 足够大对交流信号可视为短路。MOS 管参数为 $V_{TN}=1\ V$，$K_n=0.8\ mA/V^2$，$\lambda=0.02\ V^{-1}$。试确定电路的静态工作点、小信号电压增益 A_v 和 R_i、R_o。

解：(1) 求静态值

$$V_{GS}=V_{GSQ}=\frac{R_{g2}V_{DD}}{R_{g1}+R_{g2}}=\frac{40}{40+60}\times 5\ V=2\ V$$

$$I_{DQ}\approx K_n(V_{GS}-V_{TN})^2=0.8\times(2-1)^2\ mA=0.8\ mA$$

$$V_{DSQ}=V_{DD}-I_{DQ}R_d=(5-0.8\times 3.9)\ V=1.88\ V$$

满足 $V_{DSQ}>V_{GSQ}-V_{TN}$，MOS 管的确工作于恒流区，能正常放大信号。

(2) 求 g_m 和 r_{ds}

由式(4.1.18)可求出

$$g_m=2K_n(V_{GSQ}-V_{TN})=2\times 0.8\times(2-1)\ mS=1.6\ mS$$

由式(4.1.16)得

$$r_{ds}=\frac{1}{\lambda I_{DQ}}=\frac{1}{0.02\times 0.8}\ k\Omega=62.5\ k\Omega$$

(3) 画出小信号等效电路

初学时，可以先画交流通路，再画小信号等效电路。画交流通路的原则是：① 直流电压源视为短路，直流电流源视为开路；② 容量足够大的电容视为短路。

根据上述原则，将 V_{DD} 短路，即接地；将 C_{b1} 短路，可画出图 4.4.3b 所示的交流通路。再用图 4.4.2c 所示模型替换图 4.4.3b 中的 MOS 管符号，便得到图 4.4.4 所示的小信号等效电路。

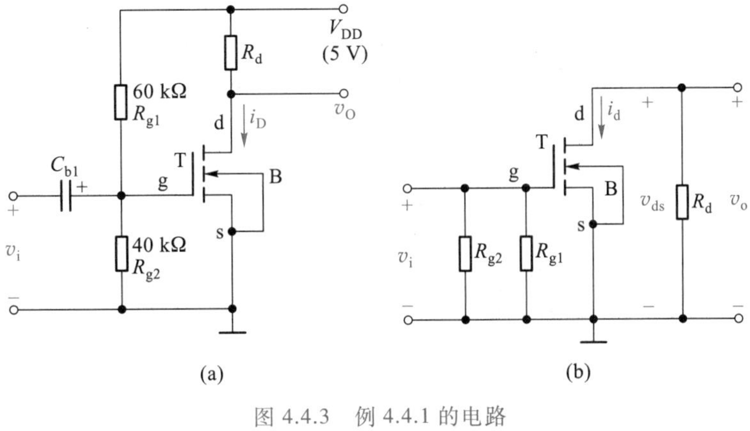

图 4.4.3 例 4.4.1 的电路

(a) 原理图 (b) 交流通路

(4) 求电压增益 A_v

由图 4.4.4 有

$$v_o=-g_m v_{gs}(r_{ds}/\!/R_d)$$

故电压增益为

$$A_v=\frac{v_o}{v_i}=\frac{v_o}{v_{gs}}=-g_m(r_{ds}/\!/R_d)=-5.87$$

式中负号表示 v_o 与 v_i 反相。共源极电路属反相电压放大电路。

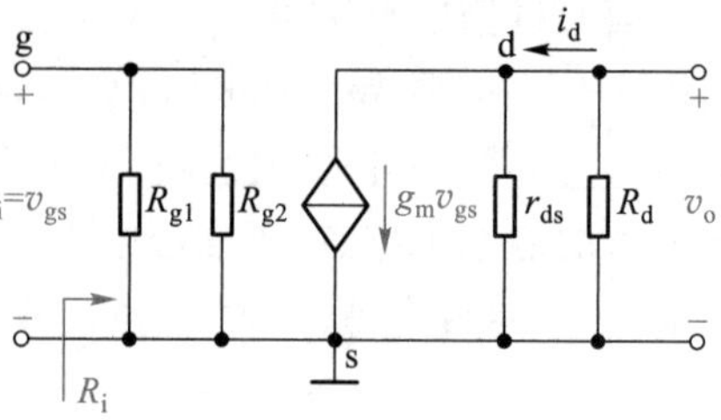

图 4.4.4 图 4.4.3 所示电路的小信号等效电路

（5）求输入电阻 R_i

由输入电阻定义，可求出图 4.4.3 所示电路的输入电阻

$$R_i=v_i/i_i=R_{g1}/\!/R_{g2}=\frac{60\times40}{60+40}\ \text{k}\Omega=24\ \text{k}\Omega$$

（6）求输出电阻 R_o

利用外加测试电压的方法求输出电阻。电路如图 4.4.5 所示，负载开路，输出端口加测试电压 v_t，电路内部独立源 v_i 置零。根据 R_o 的定义，可得

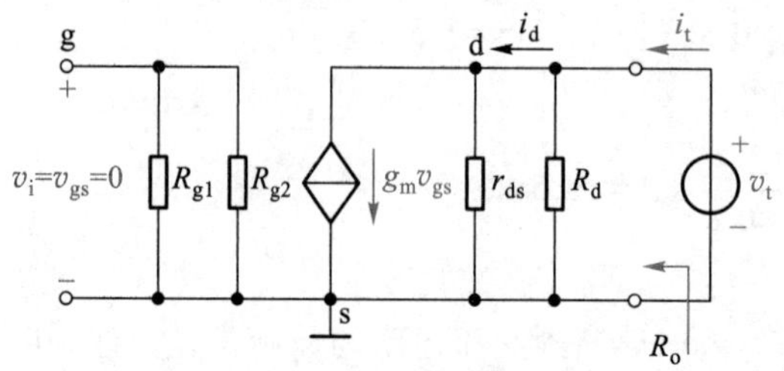

图 4.4.5 求输出电阻的电路

$$R_o=\left.\frac{v_t}{i_t}\right|_{v_i=0,R_L=\infty}$$

由于 $v_i=v_{gs}=0$，所以 $g_m v_{gs}=0$，从而 $i_t=v_t/(r_{ds}/\!/R_d)$，故

$$R_o=v_t/i_t=r_{ds}/\!/R_d=\frac{62.5\times3.9}{62.5+3.9}\ \text{k}\Omega=3.67\ \text{k}\Omega$$

4.4.3 带源极电阻的共源极放大电路的分析

实际应用中，MOS 管老化、环境温度变化等，会引起静态工作点的不稳定，影响放大电路的正常工作。图 4.4.6a 所示电路具有稳定静态工作点的作用。对比图 4.4.3a，这里电路主要增加了源极电阻 R_s，并采用双电源供电（也可不用负电源 $-V_{SS}$，而是仍接地）。

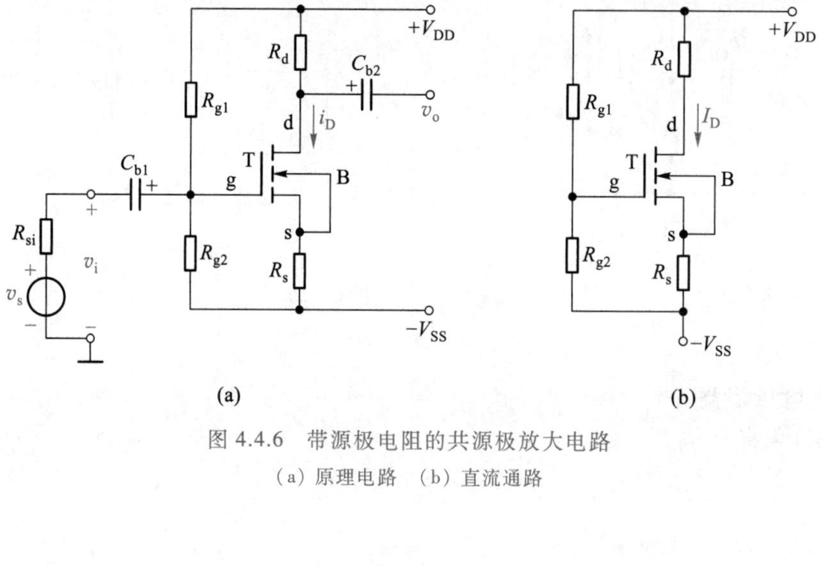

图 4.4.6 带源极电阻的共源极放大电路

（a）原理电路 （b）直流通路

1. 稳定静态工作点 Q 的原理

图 4.4.6a 电路的直流通路如图 b 所示。其栅极电压为

$$V_G=\frac{R_{g2}}{R_{g1}+R_{g2}}(V_{DD}+V_{SS})-V_{SS} \tag{4.4.5}$$

可见 V_G 与 MOS 管无关，不受温度等因素影响，可以保持不变。

假设由于温度等因素影响，导致 MOS 管的 I_{DQ} 减小，则在其他参数不变情况下，会有如下调节过程：

$$I_{DQ}\downarrow\longrightarrow V_{SQ}\downarrow\xrightarrow{V_G\text{不变}}V_{GSQ}\uparrow\longrightarrow I_{DQ}\uparrow$$

结果使 I_{DQ} 基本维持不变，达到自动稳定静态工作点的目的。这种利用 I_{DQ} 的变化，通过电阻 R_s 取样反过来控制 V_{GSQ}，使 I_{DQ} 基本保持不变的自动调节方式称为反馈控制。R_s 越大，稳定效果越好。但 R_s 还会带来其他影响，要综合考虑其影响来取值。

2. 静态工作点及动态指标的计算

图 4.4.6a 电路中串入 R_s 后，源极并未接地，这给判断电路是否为共源极带来困难。实际上更有效的方法是根据信号的输入输出电极来判断。容易看出图 4.4.6a 电路的输入信号 v_s 由栅极输入，输出信号 v_o 由漏极输出（信号的另一端接地），剩下的另一个电极就是公共电极，所以它是共源极放大电路。下面通过实例来分析电路的静态和动态特性。

例 4.4.2 电路如图 4.4.6a 所示，设 MOS 管的参数为 $V_{TN}=1\ \text{V}$，$K_n=0.5\ \text{mA/V}^2$，$\lambda=0$。电路参数为 $V_{DD}=V_{SS}=5\ \text{V}$，$R_d=10\ \text{k}\Omega$，$R_s=0.5\ \text{k}\Omega$，$R_{si}=4\ \text{k}\Omega$，$R_{g1}=150\ \text{k}\Omega$，$R_{g2}=47\ \text{k}\Omega$。电容足够大对交流信号可视为短路。试确定静态工作点，求出电路的动态指标。

解：（1）静态工作点计算

设 MOS 管工作于恒流区，则有

$$I_D=K_n(V_{GS}-V_{TN})^2 \tag{4.4.6}$$

即

$$I_D=0.5\ (V_{GS}-1)^2\ \text{mA} \tag{4.4.7}$$

由图 4.4.6b 有

$$\begin{aligned}V_{GS}=V_G-V_S&=\left[\frac{R_{g2}}{R_{g1}+R_{g2}}(V_{DD}+V_{SS})-V_{SS}\right]-(I_DR_s-V_{SS})\\&=2.39-0.5\ I_D\end{aligned} \tag{4.4.8}$$

联合求解式（4.4.7）和式（4.4.8）得

$$I_D=\frac{7\pm6.71}{0.5}\ \text{mA}$$

其中

$$I_D=I_{DQ}=\frac{7-6.71}{0.5}\ \text{mA}=0.58\ \text{mA}$$

是合理的，另一值将使 $V_{GSQ}<V_{TN}$，不合理，舍去。

将 I_{DQ} 值代入式（4.4.8）可得

$$V_{GS}=V_{GSQ}=2.39-0.5I_D=2.1\ \text{V}$$

而漏源电压为

$$\begin{aligned}V_{DS}=V_{DSQ}&=(V_{DD}+V_{SS})-I_D(R_d+R_s)\\&=[10-0.58\times(10+0.5)]\ \text{V}=3.91\ \text{V}\end{aligned}\tag{4.4.9}$$

满足 $V_{DSQ}>(V_{GSQ}-V_{TN})$，即 MOS 管工作于恒流区，与假设一致，所求 Q 点正确。

（2）动态指标计算

由于信号由栅极输入漏极输出，所以是共源极放大电路。由 $V_{GSQ}=2.1$ V，得

$$g_m=2K_n(V_{GSQ}-V_{TN})=2\times0.5\times(2.1-1)\ \text{mS}=1.1\ \text{mS}$$

由于 $\lambda=0$，故 $r_{ds}=\infty$。

将 $+V_{DD}$、$-V_{SS}$ 短路，即接地；将 C_{b1}、C_{b2} 短路，并用图 4.4.2b 的模型替换 MOS 管符号，可画出图 4.4.6a 所示电路的小信号等效电路如图 4.4.7 所示。

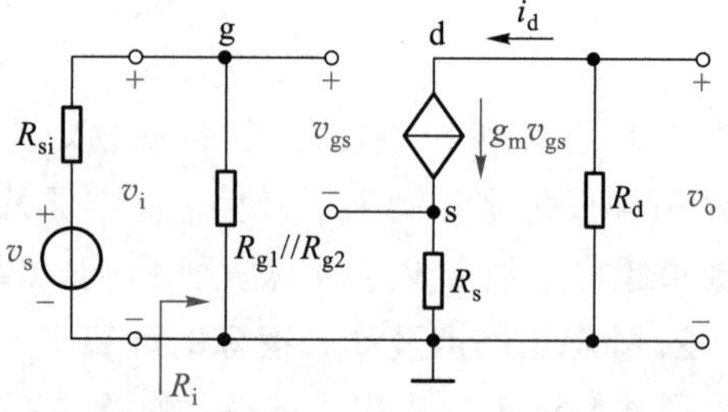

图 4.4.7　图 4.4.6a 所示电路的小信号等效电路

因为

$$v_o=-g_m v_{gs}R_d$$

而

$$v_i=v_{gs}+(g_m v_{gs})R_s=v_{gs}(1+g_m R_s)$$

故电压增益

$$A_v=\frac{v_o}{v_i}=-\frac{g_m R_d}{1+g_m R_s}=-\frac{1.1\times10}{1+1.1\times0.5}\approx-7.1\tag{4.4.10}$$

如果 $g_m R_s\gg1$，则 $A_v\approx-R_d/R_s$。

输入电阻不能包含信号源的内阻，显然由图 4.4.7 输入端口向右看进去的输入电阻

$$R_i=R_{g1}/\!/R_{g2}\approx35.79\ \text{k}\Omega$$

输出电压与信号源电压之比称为**源电压增益**，所以源电压增益为

$$A_{vs}=\frac{v_o}{v_s}=\frac{v_o}{v_i}\cdot\frac{v_i}{v_s}=A_v\cdot\frac{R_i}{R_i+R_{si}}=-7.1\times\frac{35.79}{35.79+4}\approx-6.39\tag{4.4.11}$$

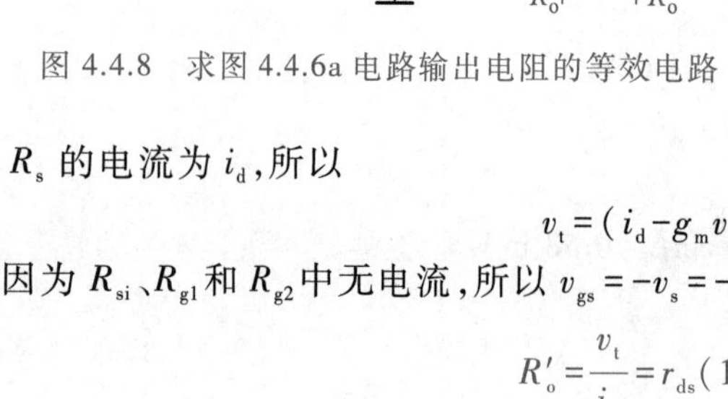

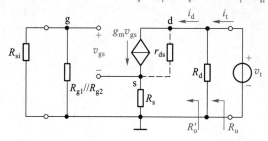

图 4.4.8　求图 4.4.6a 电路输出电阻的等效电路

去掉负载（本电路未带负载），将独立源置零并保留其内阻，在输出端口加测试电压，可画出如图 4.4.8 所示的求 R_o 的等效电路。由于不能确定受控源是否有电流（因为 $g_m v_{gs}$ 和 v_{gs} 互为前提），所以这里考虑实际情况（$\lambda\neq0$）补充了 r_{ds}。先求出 R'_o，再求 R_o。

由于流过 r_{ds} 的电流为 $i_d-g_m v_{gs}$，而流过 R_s 的电流为 i_d，所以

$$v_t=(i_d-g_m v_{gs})r_{ds}+i_d R_s$$

又因为 R_{si}、R_{g1} 和 R_{g2} 中无电流，所以 $v_{gs}=-v_s=-i_d R_s$，代入上式并整理得

$$R'_o=\frac{v_t}{i_d}=r_{ds}(1+g_m R_s)+R_s\tag{4.4.12}$$

显然 $R'_o > r_{ds}$。

最终输出电阻为

$$R_o = \frac{v_t}{i_t} = R'_o // R_d$$

若 $\lambda = 0$，则 $r_{ds} = \infty$，有 $R'_o = \infty$，$R_o \approx R_d$。若 $\lambda \neq 0$，由于 r_{ds}通常为百千欧数量级，所以常有 $R'_o \gg R_d$，故

$$R_o \approx R_d \tag{4.4.13}$$

如果 $\lambda = 0.008\ \text{V}^{-1}$。将参数代入有 $R'_o \approx 335\ \text{k}\Omega$，可见 $R'_o \gg R_d = 10\ \text{k}\Omega$，所以

$$R_o = R_d = 10\ \text{k}\Omega$$

由式(4.4.10)看出，接入源极电阻 R_s，会降低电压增益 A_v。实际上，在 R_s旁并联一个容量较大的旁路电容 C_s(分流了 R_s的交流电流所以称为旁路电容)，就可以消除 R_s对增益的影响，同时保留稳定静态工作点的作用。

用电流源为 MOS 管设置静态工作点，也是一种常用方法，特别是在集成电路中最为常见。只要电流源有很高的温度稳定性，就可以稳定 MOS 管的 Q 点，图 4.4.9 所示就是这样一种电路。

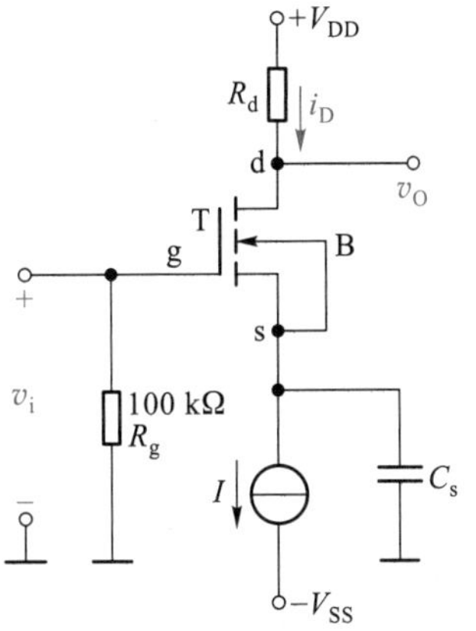

图 4.4.9 由电流源提供偏置的 NMOS 管共源极放大电路

例 4.4.3 电路如图 4.4.9 所示。设 NMOS 管的参数为 $V_{TN} = 1\ \text{V}$，$K_n = 500\ \mu\text{A/V}^2$ 和 $\lambda = 0$。电源电压 $V_{DD} = V_{SS} = 5\ \text{V}$，电流源 $I = 0.25\ \text{mA}$，$V_{DQ} = 2.5\ \text{V}$，C_s足够大对交流信号可视为短路。(1) 判断 MOS 管工作在哪个区域；(2) 试求 R_d 和电路的动态指标；(3) 当 $C_s = 47\ \mu\text{F}$，v_i 采用幅值为10 mV，频率为 1 kHz 的正弦波。试用 SPICE 绘出 v_i和 v_O波形。

解：(1) 静态工作点计算

令 $v_i = 0$，将电容 C_s开路，便得到直流通路。此时栅极相当于接地，R_g上无电流通过。设 MOS 管工作于恒流区，将已知参数代入特性方程 $I_{DQ} = I = K_n(V_{GSQ} - V_{TN})^2$，有$0.25 = 0.5(V_{GSQ} - 1)^2$，从而得(舍去不合理的值)

$$V_{GSQ} \approx 1.71\ \text{V}$$

源极电压

$$V_S = 0 - V_{GSQ} = -1.71\ \text{V}$$

而漏源电压为

$$V_{DSQ} = V_{DQ} - V_S = [2.5 - (-1.71)]\ \text{V} = 4.21\ \text{V}$$

满足 $V_{DSQ} > V_{GSQ} - V_{TN}$，假设成立，MOS 管工作在恒流区，上述分析结果正确。

(2) 求 R_d

考虑到漏极电流 $I_{DQ} = (V_{DD} - V_{DQ})/R_d$，将已知参数代入得

$$R_d = \frac{V_{DD} - V_{DQ}}{I_{DQ}} = \frac{5 - 2.5}{0.25}\ \text{k}\Omega = 10\ \text{k}\Omega$$

动态指标计算

将 C_s 短路,直流电流源开路,用小信号模型替换 MOS 符号,则得小信号等效电路如图 4.4.10 所示。其中互导

$$g_m = 2K_n(V_{GSQ}-V_{TN}) = 2\times0.5\times(1.71-1)\text{ mS} = 0.71\text{ mS}$$

输出电压为 $v_o=-g_m v_{gs}R_d$,而 $v_{gs}=v_i$,所以电压增益为

$$A_v=\frac{v_o}{v_i}=-g_m R_d=-0.71\times10=-7.1$$

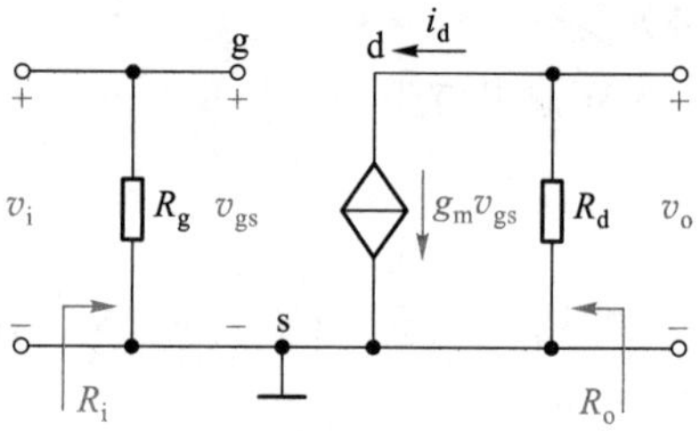

图 4.4.10 图 4.4.9 所示电路的小信号等效电路

输入电阻

$$R_i=R_g=100\text{ k}\Omega$$

输出电阻

$$R_o=R_d=10\text{ k}\Omega$$

(3) SPICE 仿真

仿真的 v_i 和 v_0 波形分别如图 4.4.11 上、下所示。由图看出,输出波形在 2.5 V 直流电压处上下波动,且与输入波形反相。由两波形振幅值看出放大倍数约为 7 倍。

仿真说明文档 4.1:
例 4.4.3 的仿真

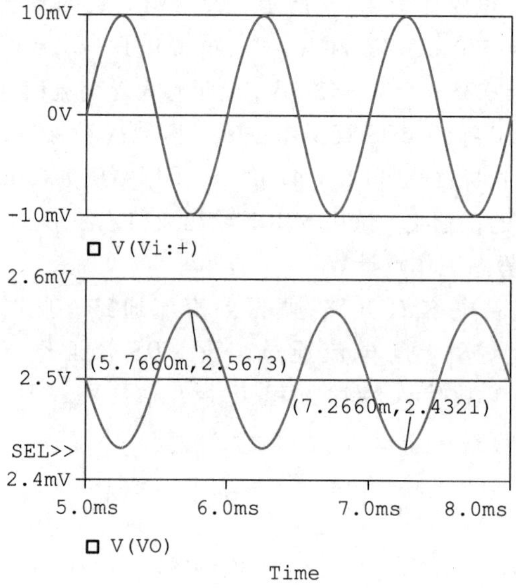

图 4.4.11 图 4.4.9 电路的输入输出仿真波形

* 4.4.4 MOS 管做负载的共源极放大电路分析

在集成电路中,由于 MOS 管占用面积远小于电阻,所以常用它取代电阻来提高集成度,如用 MOS 管代替上述共源极放大电路中的 R_d。由于 R_d 也可看作放大管漏极的负载,所以它改为 MOS 管后也称为有源负载(MOS 管属有源器件)。这里作为入门,仅介绍增强型 NMOS 管接成二极管形式做负载的情况。

1. 接成二极管的 MOS 管

当 MOS 管的漏极和栅极连接在一起成为二端器件时，就构成所谓的“接成二极管的三极管”，如图 4.4.12a 所示。这时有 $v_{GS}=v_{DS}=v$。那么，只要 $v>V_{TN}$，就有 $v_{GS}>V_{TN}$ 和 $v_{DS}>v_{GS}-V_{TN}$，即 MOS 管必定工作在恒流区。此时，由式(4.1.14)的 MOS 管特性方程得到这个二端器件的 i-v 关系为

$$i=K_n(v-V_{TN})^2(1+\lambda v) \tag{4.4.14}$$

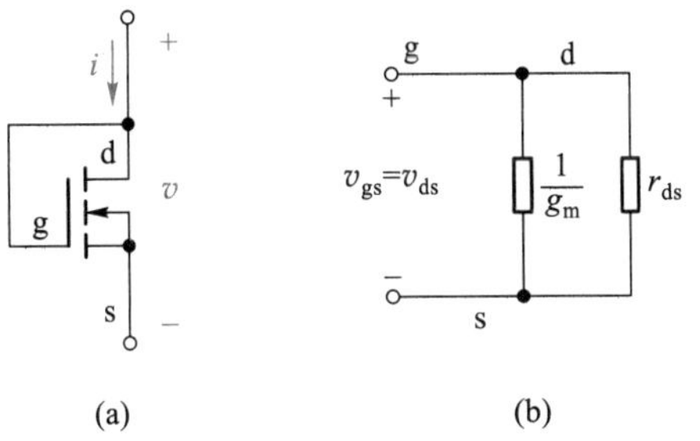

图 4.4.12 接成二极管的 MOS 管
(a) 原理图 (b) 小信号等效电路

那么，在静态工作点 $Q(V_Q,I_Q)$ 上，其微变电阻(交流电阻)为

$$r=\left.\frac{\partial v}{\partial i}\right|_Q=\left(\left.\frac{\partial i}{\partial v}\right|_Q\right)^{-1} \tag{4.4.15}$$

将式(4.4.14)代入式(4.4.15)，并结合式(4.1.16)和式(4.1.18)得

$$\begin{aligned} r &=\left[2K_n(v-V_{TN})(1+\lambda v)+K_n(v-V_{TN})^2\lambda\,|_Q\right]^{-1} \\ &=\left[2K_n(V_Q-V_{TN})(1+\lambda V_Q)+K_n(V_Q-V_{TN})^2\lambda\right]^{-1} \\ &\approx\left[2K_n(V_Q-V_{TN})+I_Q\lambda\right]^{-1} \\ &\approx\left(g_m+\frac{1}{r_{ds}}\right)^{-1}=\frac{1}{g_m}/\!/ r_{ds} \end{aligned} \tag{4.4.16}$$

此时图 4.4.12a 的小信号模型就如图 4.4.12b 所示。通常 $1/g_m \ll r_{ds}$，式(4.4.16)还可以进一步简化成 $r\approx 1/g_m$。

而当图 4.4.12a 中的 $v<V_{TN}$ 时，MOS 管截止，$i=0$。

由此看出，三极管的这种连接之所以称为“二极管”，是因为一方面它看上去只有两个电极，另一方面，它也有单向导电性，而且其导通时也有一个与二极管类似的微变电阻。

2. 带有源负载的共源极放大电路

用接成二极管的 MOS 管做带有源负载的共源极放大电路如图 4.4.13a 所示。

静态时，$v_i=0$，由 MOS 管特性方程和电路的漏源支路有

$$\begin{cases} I_{DQ1}=K_{n1}(V_{GSQ1}-V_{TN1})^2 \\ I_{DQ2}=K_{n2}(V_{GSQ2}-V_{TN2})^2 \\ V_{DD}=V_{DSQ1}+V_{DSQ2} \end{cases} \tag{4.4.17}$$

又因为

$$\begin{cases} V_{GSQ1}=V_{GG} \\ V_{DSQ2}=V_{GSQ2} \\ I_{DQ1}=I_{DQ2} \end{cases} \tag{4.4.18}$$

在已知电源电压、两管的 K_n 和 V_{TN} 时，便可由式(4.4.17)和式(4.4.18)求得电路的静态工作点。据此便可求得互导

$$g_{m1}=2\sqrt{K_{n1}I_{DQ1}} \quad 和 \quad g_{m2}=2\sqrt{K_{n2}I_{DQ2}} \tag{4.4.19}$$

动态时，$v_i \neq 0$，结合图 4.4.12b，可以画出图 4.4.13a 所示电路的小信号等效电路，如图 4.4.13b 所示。于是输出电压

$$v_o = -g_{m1}v_{gs1}\left(r_{ds1} /\!/ \frac{1}{g_{m2}} /\!/ r_{ds2}\right)$$

所以电压增益

$$A_v = \frac{v_o}{v_i} = \frac{v_o}{v_{gs1}} = -g_{m1}\left(r_{ds1} /\!/ \frac{1}{g_{m2}} /\!/ r_{ds2}\right) \tag{4.4.20}$$

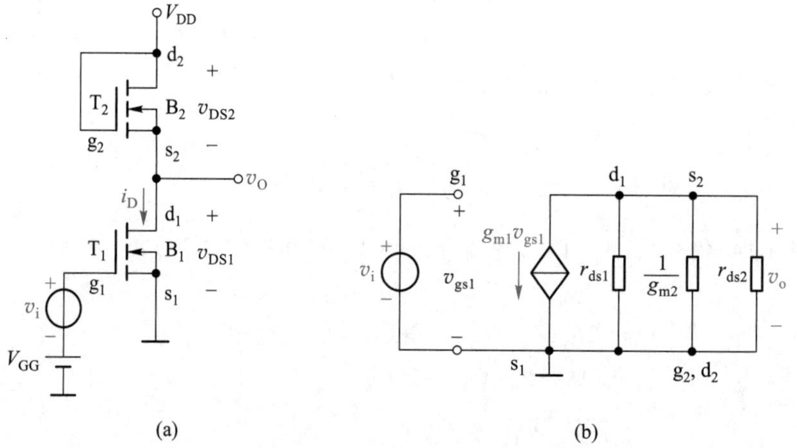

图 4.4.13　带有源负载的共源放大电路

（a）原理图　（b）小信号等效电路

若已知两管沟道长度调制参数 λ_1 和 λ_2，便可由式(4.1.16)求得 r_{ds1} 和 r_{ds2}，代入上式就可算出电压增益。当 r_{ds1} 和 r_{ds2} 都远大于 $1/g_{m2}$ 时，式(4.4.20)可近似为

$$A_v \approx -\frac{g_{m1}}{g_{m2}} \tag{4.4.21}$$

考虑到 $I_{DQ1}=I_{DQ2}$，结合式(4.4.19)以及式(4.1.3)，且除了宽长比不同外，其他制造参数均相同时，则电压增益进一步表示为

$$A_v \approx -\sqrt{\frac{K_{n1}}{K_{n2}}} = -\sqrt{\frac{(W/L)_1}{(W/L)_2}} \tag{4.4.22}$$

表明只要设计好该电路 MOS 管的几何制造尺寸，便可得到所需要的增益。

注意，在集成电路中衬底是公共的，即两 NMOS 管的衬底是连在一起的，而且要接电路的最低电位点，即图 4.4.13a 中的 B_1 和 B_2 均接地，这时必须考虑 T_2 的衬底调制效应。

复习思考题

4.4.1　MOS 管的小信号模型是在什么条件之下建立的？其中 $g_m v_{gs}$ 是什么性质的电流源？

4.4.2　试比较图解法和小信号模型分析法的特点及应用范围。

4.4.3　放大电路静态工作点不稳定的影响因素是什么？

4.4.4　小信号等效电路属于交流通路还是直流通路？画交流通路时，应该如何处理直

流电压源、直流电流源、耦合电容和旁路电容?

4.4.5　用外加电压法求放大电路输出电阻时,需要先对电路做哪些处理?

4.5 共漏极和共栅极放大电路

除了已讨论的共源极放大电路外,还有共漏极和共栅极两种组态的放大电路。下面分别予以讨论。

4.5.1　共漏极(源极跟随器)放大电路

共漏极放大电路如图 4.5.1a 所示,图 b 和图 c 分别是它的直流通路和交流通路。由交流通路可见,输入信号 v_i 由栅极输入,输出信号 v_o 由源极取出,所以漏极是公共电极,电路为共漏极放大电路。由于 v_o从源极输出,所以共漏极电路又称为源极输出器。

1. 静态分析

设增强型 NMOS 管工作于恒流区,则由图 4.5.1b 所示的直流通路有(估算静态工作点时都忽略 λ 的影响)

$$I_{DQ}=K_n(V_{GSQ}-V_{TN})^2 \tag{4.5.1}$$

而栅源电压为

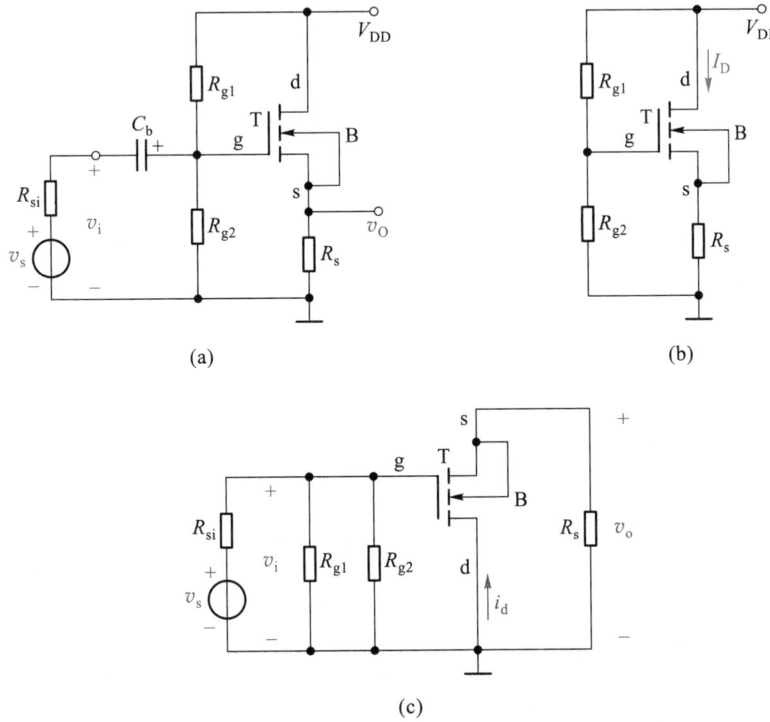

(a)　　(b)　　(c)

图 4.5.1　共漏极(源极跟随器)放大电路

(a) 原理图　(b) 直流通路　(c) 交流通路

$$V_{GSQ}=V_G-V_S=\frac{R_{g2}}{R_{g1}+R_{g2}}V_{DD}-I_{DQ}R_s \tag{4.5.2}$$

联合求解式(4.5.1)和式(4.5.2)，便可得到 I_{DQ} 和 V_{GSQ}。由

$$V_{DSQ}=V_{DD}-I_{DQ}R_s \tag{4.5.3}$$

可求得漏源电压。然后校验假设是否成立，从而确定 Q 点。

2. 动态分析

用小信号模型取代图 4.5.1c 中 MOS 管符号，则可得到共漏极放大电路的小信号等效电路，如图 4.5.2 所示。

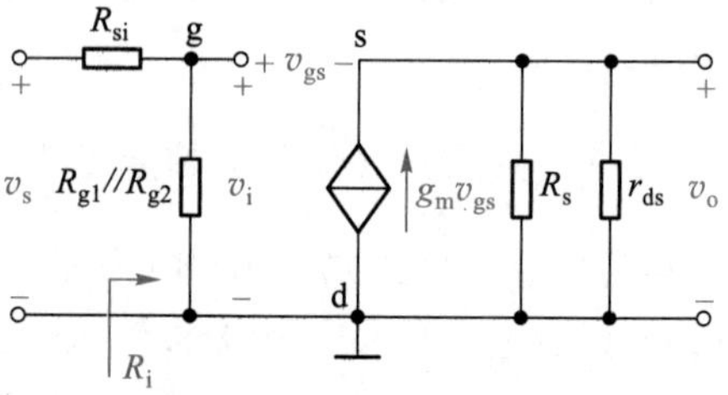

图 4.5.2 图 4.5.1c 所示电路的小信号等效电路

其中输出电压

$$v_o=(g_m v_{gs})(R_s // r_{ds}) \tag{4.5.4}$$

输入电压

$$v_i=v_{gs}+v_o=v_{gs}+(g_m v_{gs})(R_s // r_{ds}) \tag{4.5.5}$$

因此电压增益为

$$A_v=\frac{v_o}{v_i}=\frac{(g_m v_{gs})(R_s // r_{ds})}{v_{gs}+g_m v_{gs}(R_s // r_{ds})}=\frac{g_m(R_s // r_{ds})}{1+g_m(R_s // r_{ds})}=\frac{R_s // r_{ds}}{\dfrac{1}{g_m}+R_s // r_{ds}} \tag{4.5.6}$$

由图 4.5.2 还可看到

$$R_i=R_{g1} // R_{g2}$$

$$v_i=\frac{R_i}{R_{si}+R_i}v_s$$

所以源电压增益

$$A_{vs}=\frac{v_o}{v_s}=\frac{v_o}{v_i}\cdot\frac{v_i}{v_s}=\frac{R_s // r_{ds}}{\dfrac{1}{g_m}+R_s // r_{ds}}\left(\frac{R_i}{R_i+R_{si}}\right) \tag{4.5.7}$$

式(4.5.6)和式(4.5.7)表明，源极跟随器电压增益小于 1 但接近于 1。输出电压与输入电压同相。

求输出电阻时，在图 4.5.2 中，令 $v_s=0$，保留其内阻 R_{si}，然后在输出端加一测试电压 v_t(若有 R_L，应将 R_L 开路)，由此可画出求输出电阻 R_o 的电路，如图 4.5.3 所示。

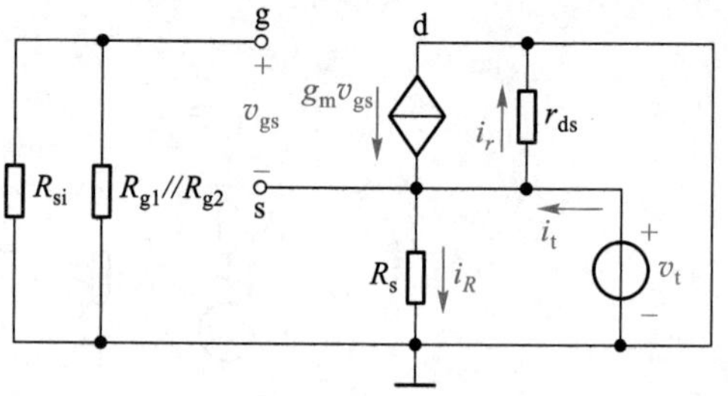

图 4.5.3 求图 4.5.1a 电路输出电阻 R_o 的电路

由 s 节点 KCL 有

$$i_t=i_R+i_r-g_m v_{gs}=\frac{v_t}{R_s}+\frac{v_t}{r_{ds}}-g_m v_{gs}$$

而 $v_{gs}=-v_t$，于是

$$i_t=v_t\left(\frac{1}{R_s}+\frac{1}{r_{ds}}+g_m\right)$$

故

$$R_o=\frac{v_t}{i_t}=\frac{1}{\frac{1}{R_s}+\frac{1}{r_{ds}}+g_m}=R_s /\!/ r_{ds} /\!/ \frac{1}{g_m} \tag{4.5.8}$$

即源极跟随器的输出电阻 R_o 等于源极电阻 R_s、MOS 管输出电阻 r_{ds} 和互导的倒数 $1/g_m$ 相并联，所以 R_o 较小。如果有 $R_s \gg 1/g_m$ 和 $r_{ds} \gg 1/g_m$，则 $R_o \approx 1/g_m$。

4.5.2　共栅极放大电路

电路如图 4.5.4 所示，输入信号 v_i 由源极输入，输出信号 v_o 由漏极输出，所以电路是共栅极放大电路。栅极通过 C_g 相当于交流接地。

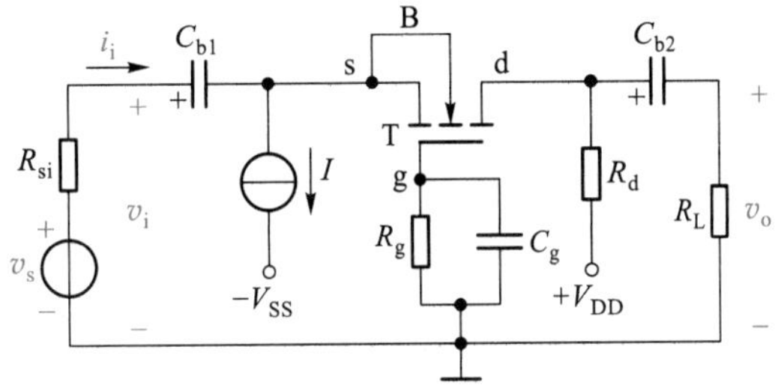

图 4.5.4　共栅极放大电路

1. 静态分析

断开耦合电容 C_{b1}、C_{b2} 和旁路电容 C_g，容易得到直流通路（这里不再单独画出）。设 MOS 管工作在恒流区，则有

$$I=I_{DQ}=K_n(V_{GSQ}-V_{TN})^2 \tag{4.5.9}$$

若电流源 I 和 K_n、V_{TN} 已知，即可求出静态工作点的 V_{GSQ} 值。而小信号互导

$$g_m=2K_n(V_{GSQ}-V_{TN}) \tag{4.5.10}$$

2. 动态分析

将电容 C_{b1}、C_{b2} 和 C_g 短路，将 $+V_{DD}$ 和 $-V_{SS}$ 短路（接地）、电流源 I 开路，并用小信号模型替换 MOS 管符号（设 $\lambda=0$），得小信号等效电路如图 4.5.5 所示。

（1）电压增益

由图 4.5.5 可知

$$v_o=-(g_m v_{gs})(R_d /\!/ R_L) \tag{4.5.11}$$

而输入回路有 $v_i=-v_{gs}$，所以电压增益

$$A_v=\frac{v_o}{v_i}=g_m(R_d /\!/ R_L) \tag{4.5.12}$$

又因为

$$v_s=i_i R_{si}-v_{gs}$$

式中 $i_i=-g_m v_{gs}$，所以

$$v_s=-g_m v_{gs} R_{si}-v_{gs} \tag{4.5.13}$$

由式(4.5.11)和式(4.5.13)得源电压增益

$$A_{vs}=\frac{v_o}{v_s}=\frac{g_m(R_d /\!/ R_L)}{1+g_m R_{si}} \tag{4.5.14}$$

电压增益表达式无负号，说明 v_o 与 v_s 同相。

（2）电流增益

若输入信号为电流信号，即将图 4.5.5 中信号源等效为诺顿电路的电流信号源，如图 4.5.6 所示。由图有

$$i_o=\left(\frac{R_d}{R_d+R_L}\right)(-g_m v_{gs}) \tag{4.5.15}$$

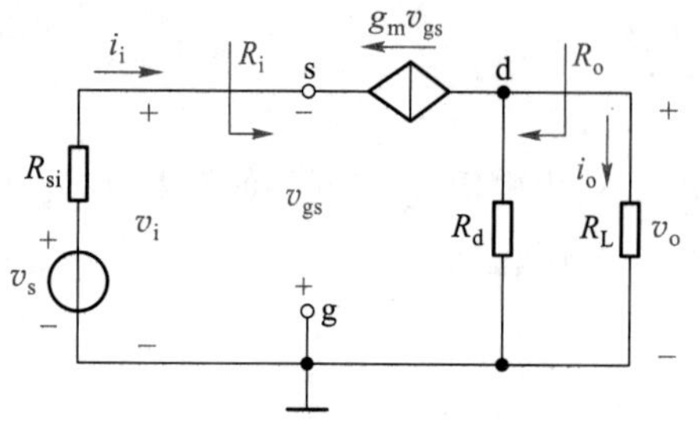

图 4.5.5 图 4.5.4 电路的小信号模型等效电路

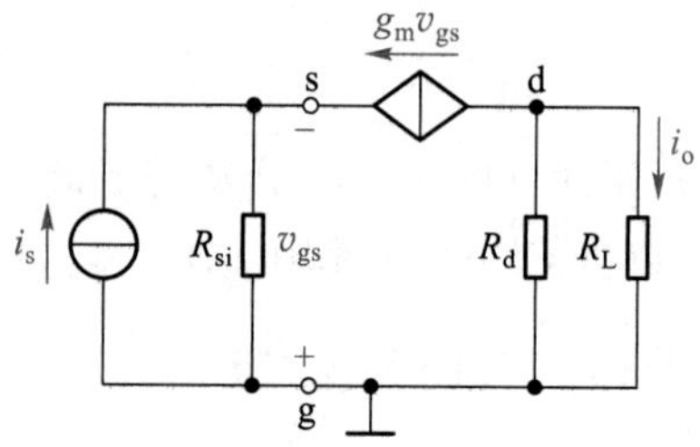

图 4.5.6 信号为电流源时的小信号等效电路

对 s 点应用 KCL

$$i_s + g_m v_{gs} + \frac{v_{gs}}{R_{si}} = 0 \tag{4.5.16}$$

得

$$i_s = -g_m v_{gs} - \frac{v_{gs}}{R_{si}} \tag{4.5.17}$$

于是由式(4.5.15)和式(4.5.17)得源电流增益

$$A_{is} = \frac{i_o}{i_s} = \left(\frac{R_d}{R_d + R_L}\right)\left(\frac{g_m R_{si}}{1 + g_m R_{si}}\right) \tag{4.5.18}$$

上式说明，当 $R_d \gg R_L$ 和 $g_m R_{si} \gg 1$ 时，$A_{is} \approx 1$，输出电流与输入电流基本相同，即共栅极电路有电流跟随作用。

(3) 输入电阻和输出电阻

由图 4.5.5 有 $i_i = -g_m v_{gs}$，故输入电阻

$$R_i = \frac{v_i}{i_i} = \frac{-v_{gs}}{i_i} = \frac{1}{g_m} \tag{4.5.19}$$

表明，共栅极电路具有较低的输入电阻。当输入信号为电流时，低输入电阻有显著优点，它可以减小信号源内阻对电流的分流，使更多的信号电流流入放大电路。

当 $r_{ds} \gg R_d$ 和 $r_{ds} \gg R_{si}$ 时，由图 4.5.5(注意图中省略了 r_{ds})同样很快能求出其输出电阻近似为

$$R_o \approx R_d \tag{4.5.20}$$

例 4.5.1 共栅极放大电路如图 4.5.7 所示。已知 $V_{DD} = V_{SS} = 5$ V，MOS 管参数为 $V_{TN} = 1$ V，$K_n = 1$ mA/V^2，$\lambda = 0$。其他参数如图中所示。用 SPICE 仿真：(1) 设输入电流为

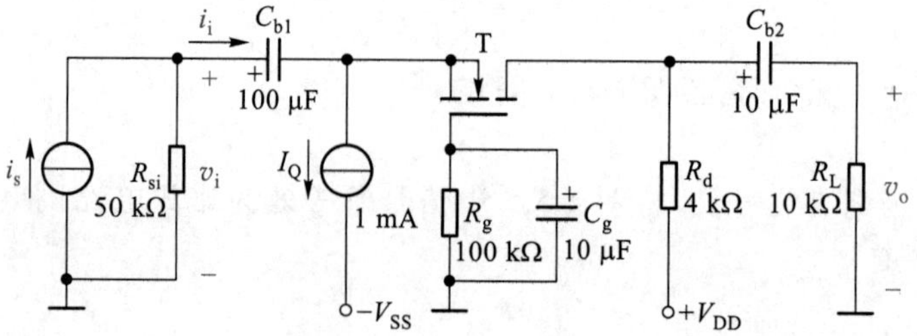

图 4.5.7 例 4.5.1 的电路

100sin $(2\pi\times10^3 t)$ μA，求输出电压；(2) 确定小信号电压增益、电流增益、输入电阻及输出电阻。

解：场效应管选用 IRF150 模型，根据要求修改其参数为：Kp = 50 μA/V^2，W = 80 μm，L = 2 μm，Vto = 1 V。

(1) 设置时域分析，输入电流和输出电压仿真波形如图 4.5.8a 所示。由波形幅值之比可得互阻增益约为 2 855 Ω。

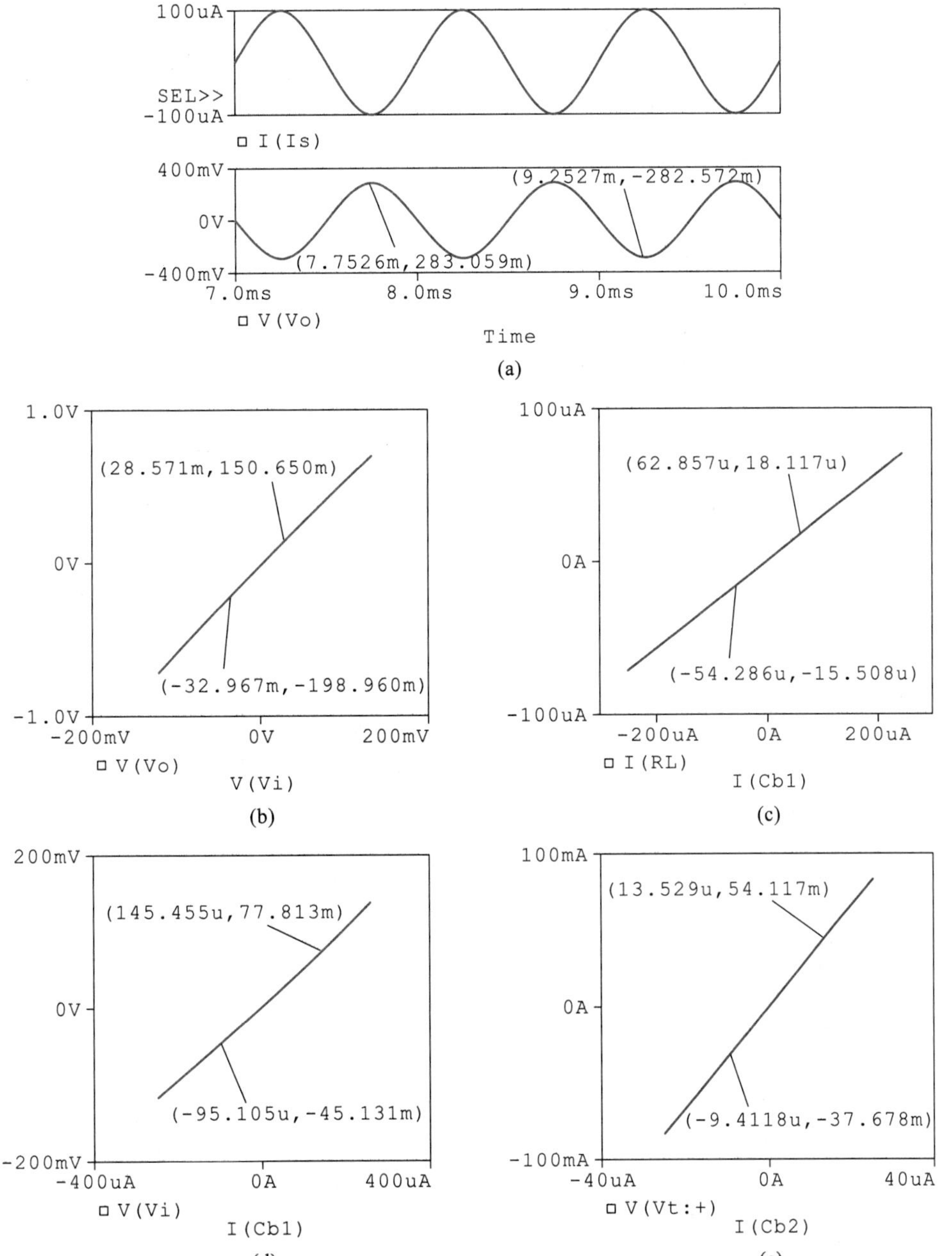

图 4.5.8 例 4.5.1 的分析结果

(a) 输入电流及输出电压的波形 (b) 电压传输特性曲线 (c) 电流传输特性曲线
(d) 输入端口伏安特性曲线 (e) 输出端口伏安特性曲线

（2）设置时域分析（略微增大输入波形的幅值，如 300 μA，但要保证放大电路工作在线性区），将显示输出波形的横轴时间变量换为输入电压，得到图 4.5.8b 所示电压传输特性曲线，由其斜率得到电压增益为（150.65+198.96）mV/（28.571+32.967）mV ≈ 5.68。类似地，将显示负载电流波形的横轴时间换成输入电流（C_{b1}中的电流就是端口电流），得电流传输特性曲线如图 4.5.8c 所示，斜率即为电流增益，约为 0.29 倍（R_d分流了 2/3 以上的电流）。输入端口的伏安特性曲线如图 4.5.8d 所示，其斜率就是输入电阻，约为 511 Ω。

去掉负载，在输出端加上测试电压源，且将输入电流信号源开路，保留其内阻 R_{si}，仿真得输出端口的伏安特性曲线如图 4.5.8e 所示。由其斜率可得输出电阻约为 4 kΩ。

4.5.3 MOSFET 放大电路三种组态的总结和比较

1. 三种组态的判别

如何判别组态？一般看输入信号加在哪个电极，输出信号从哪个电极取出，剩下的那个电极便是共同电极。如共源极放大电路，信号由栅极输入，漏极输出；共漏极放大电路，信号由栅极输入，源极输出；而共栅极放大电路，信号由源极输入，漏极输出。

2. 三种组态的特点及用途

共源极放大电路的电压增益绝对值通常都大于 1，输入输出电压反相。输入电阻很高，输出电阻主要决定于 R_d。共漏极放大电路电压增益小于 1 但接近于 1，输入输出同相，有电压跟随作用。其输入电阻高，输出电阻低，可作阻抗变换用。共栅极放大电路电压增益一般也较高，电流增益小于 1 但接近于 1，有电流跟随作用。其输入电阻小，输出电阻主要决定于 R_d。共栅极放大电路的高频特性较好（见第 6 章），常用于高频或宽带低输入阻抗的场合。

现将 MOS 管放大电路三种组态的主要性能列于表 4.5.1 中，以做比较。

表 4.5.1 MOSFET 三种基本放大电路的比较

电路形式（原理电路）	电压增益 $A_v=v_o/v_i$	输入电阻 R_i	输出电阻 R_o	基本特点
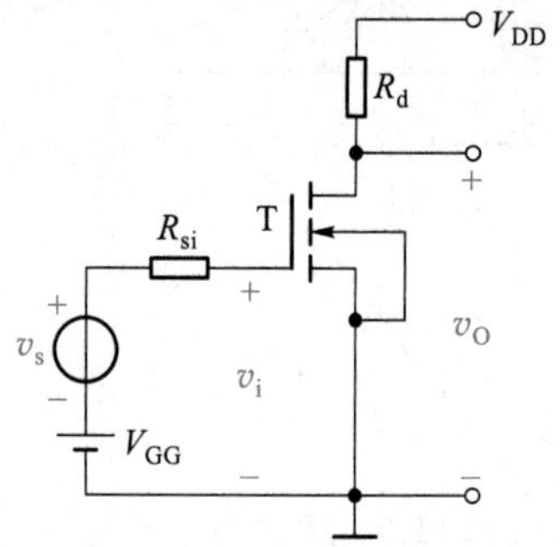 共源极放大电路（反相电压放大器）	$A_v=-g_m(R_d // r_{ds})$	很高	$R_o=R_d // r_{ds}$	电压增益高，输入输出电压反相，输入电阻大，输出电阻主要由 R_d决定

续表

电路形式(原理电路)	电压增益 $A_v=v_o/v_i$	输入电阻 R_i	输出电阻 R_o	基本特点
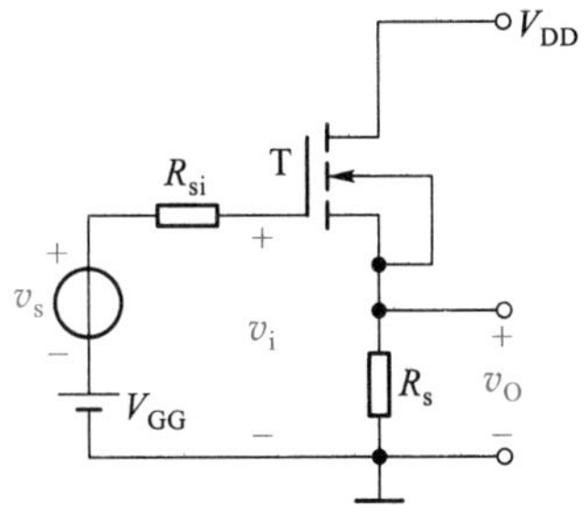 共漏极放大电路(电压跟随器)	$A_v=\frac{g_m(R_s/\!/r_{ds})}{1+g_m(R_s/\!/r_{ds})}$	很高	$R_o=\frac{1}{g_m}/\!/R_s/\!/r_{ds}$	电压增益小于1但接近于1，输入输出电压同相，有电压跟随作用。输入电阻高，输出电阻低，可作阻抗变换用
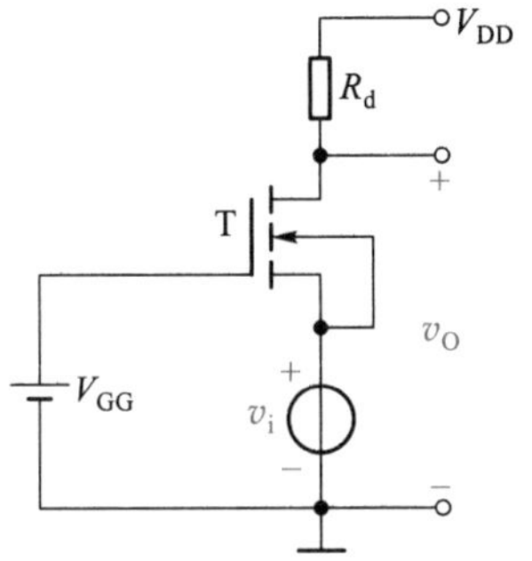 共栅极放大电路(电流跟随器)	$A_v=\frac{\left(g_m+\frac{1}{r_{ds}}\right)R_d}{1+(R_d/r_{ds})}$ $\approx g_mR_d$(当 $r_{ds}\gg R_d$)	$R_i\approx 1/g_m$	$R_o=R_d/\!/r_{ds}$	电压增益高，输入输出电压同相，电流增益小于1但接近1，有电流跟随作用。输入电阻小，输出电阻主要由 R_d 决定，常用于高频和宽带放大

复习思考题

4.5.1 MOS 管放大电路有哪几种组态？如何判断？

4.5.2 三种组态的放大电路各有什么特点？

4.5.3 为什么可以称共漏极放大电路为电压跟随器？又为什么可以称共栅极放大电路为电流跟随器？

4.6 MOSFET 大信号工作及开关应用

前面重点讨论了 MOS 管用于小信号放大时的电路构成及分析方法，强调了电路在静态工作点基础上对信号线性放大的过程。本节则关注大信号作用下，使 MOS 管跨区工作时的情况分析。

4.6.1 共源极电路的大信号工作分析

图 4.6.1a 所示为基本共源极电路。当 v_I 是与 V_{DD} 同等数量级的大信号时，可能会使 MOS 管跨越三个区域工作，输出电压 v_O 与输入电压 v_I 不再是简单的近似线性关系，这时常用电压传输特性来描述它们的关系。

如果已知 MOS 管的输出特性曲线如图 4.6.1b 所示(设 $\lambda=0$),便可用 4.3 节的图解法做出负载线 MN。那么,负载线与特性曲线就有一系列交点 A、B、C、…。注意,P 点是负载线与夹断点轨迹的交点,有 $v_{DSS}=v_{GS}-V_{TN}$,即 $v_{GS}=v_{DSS}+V_{TN}$。因为 $v_I=v_{GS}$,$v_O=v_{DS}$,所以,根据图 4.6.1b 中每个交点对应的 v_{GS} 和 v_{DS},在以 v_I 为横轴 v_O 为纵轴的坐标系中,就可以标出 A、B、C、…点的位置,如图 4.6.1c 所示,用曲线连接这些点,就得到了电压传输特性曲线。实际上,也可以由负载线方程和 MOS 管三个工作区的特性方程,求得电压传输特性。

由图 4.6.1c 看出,在 $v_I<V_{TN}$ 时,MOS 管截止,漏极电流为零(见图 a、b),输出电压处于高电平状态,即 $v_O=V_{DD}$。反映了共源极电路在输入低电平时,输出为高电平。

当输入电压增大到使输出电压小于夹断点 P 点的电压时(见图 c),即 $v_I>V_{DSS}+V_{TN}$,MOS 管工作进入可变电阻区,漏极电流接近最大值(见图 a、b),所以也常称此时 MOS 管处于导通状态,输出电压进入低电平状态,即 $v_O<V_{DSS}$。这时反映了输入高电平时,输出为低电平。

在数字电路中,具有上述输入-输出电平关系的电路称为逻辑反相器或者非门。

在 M 点和 P 点之间,MOS 管工作在恒流区,v_O 与 v_I 呈现近似线性关系,信号放大就工作在这个区域。

可见,图 4.6.1c 所示的电压传输特性曲线完整地反映了在输入大信号情况下($0\leqslant v_I\leqslant V_{DD}$)$v_O$ 与 v_I 的关系。

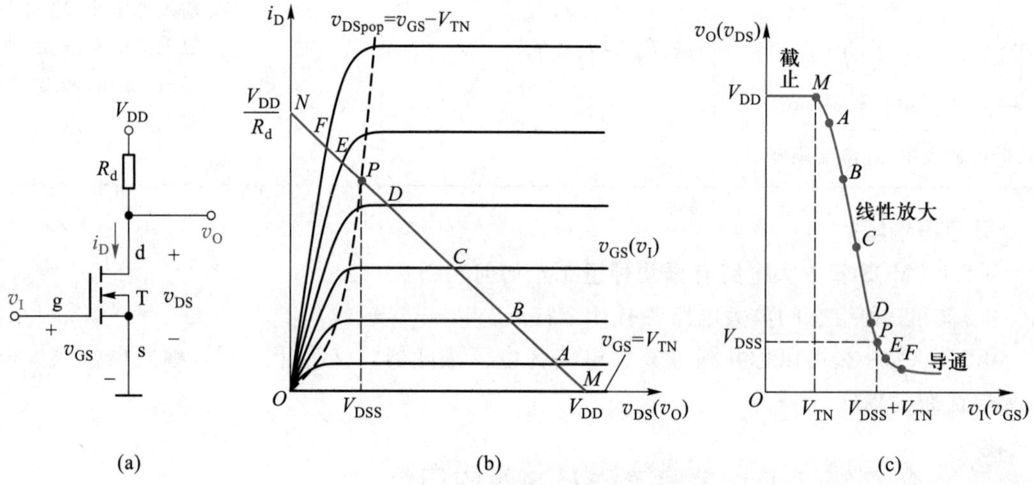

图 4.6.1 共源极电路大信号工作图解

(a) 电路 (b) 输出特性曲线和负载线 (c) 电压传输特性曲线

4.6.2 MOSFET 开关应用

当 MOS 管仅在截止和导通两种工作状态之间转换时,其特性表现为一个受控的电子开关,如图 4.6.2 所示。

(1) 当 v_I 为低电平时($v_I<V_{TN}$),如 $v_I=0$ V,MOS 管截止,i_D 为零,相当于图 4.6.2b 中的开关断开。这时 $v_O=5$ V。

(2) 当 v_I 为高电平时($v_I>V_{DSS}+V_{TN}$),如 $v_I=5$ V,MOS 管导通,相当于图 4.6.2c 中的开

关闭合。需要注意，此时闭合的开关有一个不为零的导通电阻 r_{dso}①，如图 4.6.2d 所示，其阻值可由式(4.1.5)计算得到。这时的导通电流 $i_D=5\ V/(R_d+r_{dso})$，输出电压为

$$v_O=\frac{r_{dso}}{R_d+r_{dso}}\times 5\ V \tag{4.6.1}$$

只要电路设计满足 $R_d \gg r_{dso}$，就可以使 v_O 为接近 0 V 的低电平。

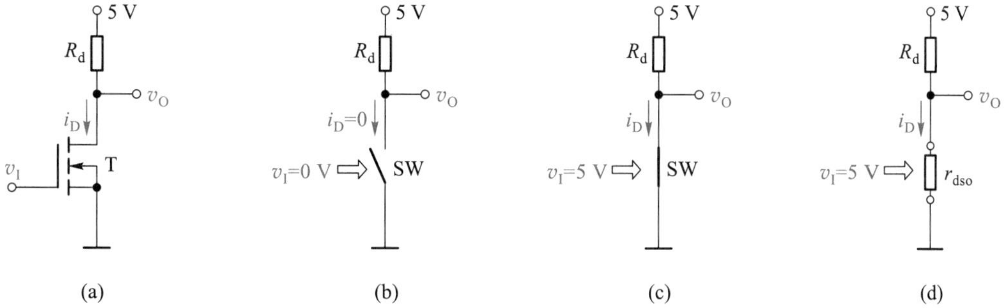

图 4.6.2 MOS 管工作于开关状态

（a）电路 （b）输入低电平时的等效情况 （c）输入高电平时的等效情况 （d）MOS 管导通时的等效电路

当 MOS 管工作在开关状态时，放大区（恒流区）只是其状态转换的过渡区域。

例 4.6.1 电路如图 4.6.2a 所示，已知 $R_d=5.1\ k\Omega$，v_I 为 5 V 正方波，其周期为 1 ms，占空比为 50%。MOS 管参数为 $V_{TN}=1\ V$，$K_n=1\ mA/V^2$，$\lambda=0$。（1）分别求 v_O 的高、低电平值；（2）用 SPICE 绘出 v_I 和 v_O 的波形。

解：（1）当 $v_I=0$ V 时，MOS 管截止，$i_D=0$，此时输出高电平

$$v_O=5\ V-i_D R_d=5\ V$$

当 $v_I=5$ V 时，有 $v_{GS}=v_I=5$ V，MOS 管导通，由式(4.1.5)得

$$r_{dso}=\frac{1}{2K_n(v_{GS}-V_{TN})}=\frac{1}{2\times 1\ mA/V^2\times(5-1)\ V}=0.125\ k\Omega$$

将参数代入式(4.6.1)得到输出低电平电压

$$v_O=\frac{0.125\ k\Omega}{5.1\ k\Omega+0.125\ k\Omega}\times 5\ V\approx 0.12\ V$$

（2）v_I 和 v_O 的仿真波形如图 4.6.3 所示。由此看出 v_O 与 v_I 反相，v_O 的高电平为 4.999 5 V，低电平约为 0.121 9 V，与(1)的结果基本一致。

目前，LED 广泛用于各种灯饰照明中，而 MOS 管常用来驱动 LED 的亮灭，如以下例题。

例 4.6.2 现有某增强型 NMOS 管一只，相关参数为：最大漏极电流 2 A，最大栅源电压 ±8 V，漏源击穿电压 20 V，最大耗散功率 0.5 W，$V_{TN}=0.55$ V，导通电阻 $r_{dso}=0.05\ \Omega$，截止时漏源之间漏电流 10 μA。试用其设计一个能控制 0.5 W LED 灯珠亮灭的驱动电路，当控制电压为高电平时，点亮 LED，否则 LED 熄灭。已知 LED 灯珠工作电流为 150 mA，正向压降为 3.2~3.5 V。（1）确定电路结构、电源电压和控制电压大小；（2）计算电路相关参数，并确

① 数据手册中常标注为 $r_{DS(on)}$ 或 $R_{DS(on)}$。

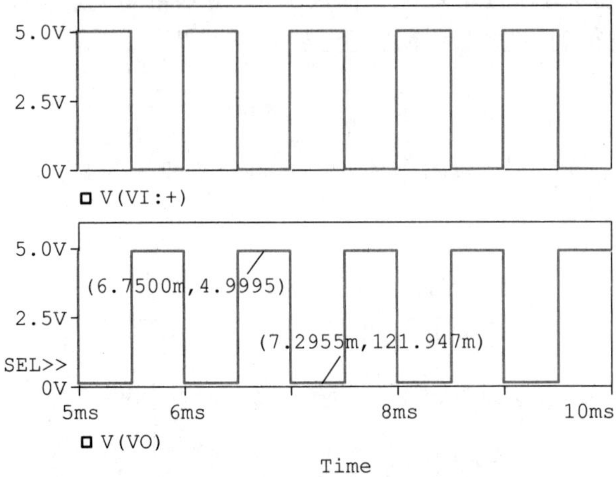

图 4.6.3 例 4.6.1 的输入输出仿真波形

定 MOS 管实际的耗散功率。

解:(1) 根据控制关系,可采用如图 4.6.4 所示电路。由于 LED 的正向压降在 3.5 V 以内,所以选择 5 V 工作电源。串入电阻 R_d用于限流。控制电压 v_I选择 0 V 和 5 V,可以让 MOS 管可靠截止和导通。

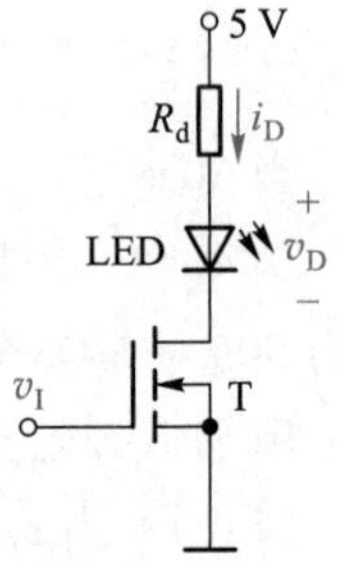

图 4.6.4 LED 灯驱动电路

(2) 当 $v_I=0$ V 时,MOS 管截止,LED 熄灭,忽略 10 μA 漏电流在 R_d和 LED 上的压降,此时 MOS 管承受的压降 $v_{DS}=5$ V,其耗散功率 $P_{M(off)}=5\ \text{V}\times10\ \mu\text{A}=0.05$ mW。

当 $v_I=5$ V 时,MOS 管导通,此时有

$$i_D(R_d+r_{dso})+v_D=5\ \text{V}$$

所以限流电阻

$$R_d=\frac{5\ \text{V}-v_D}{i_D}-r_{dso} \tag{4.6.2}$$

将 $i_D=150$ mA、$v_D=3.2\sim3.5$ V 和 $r_{dso}=0.05\ \Omega$ 代入式(4.6.2)计算得到

$$R_d\approx(10\sim12)\ \Omega$$

因 r_{dso}很小,所以在式(4.6.2)中的影响基本上可以忽略。R_d的最大耗散功率

$$P_{Rd}=i_D^2R_d=0.27\ \text{W}$$

MOS 管的导通压降

$$v_{DS}=i_Dr_{dso}=7.5\ \text{mV}$$

MOS 管的耗散功率

$$P_{M(on)}=i_D^2r_{dso}=1.125\ \text{mW}$$

以上看出,MOS 管的工作电压、电流及功耗均未超出极限值,可以安全工作。由 $P_{M(off)}$和 $P_{M(on)}$看出,无论导通还是截止,MOS 管的实际功耗都非常小,不到 2 mW。反而是限流电阻 R_d的功耗较大,达到了 0.27 W,所以选取 R_d时,不仅要注意阻值,还要注意额定功率不能小于 0.27 W。

另外需要注意，R_d的阻值不宜过大，否则其功耗将明显增加。如果发现需要较大阻值的R_d时，可以考虑适当降低电源的工作电压。

若想增加灯的亮度，通常是串联多个 LED，这时电流不变，但需要升高电源电压。

10.4 节和 11.3 节中将看到 MOS 管的开关应用。

复习思考题

4.6.1 增强型 NMOS 管用作开关时，栅源控制电压应满足怎样的条件才能使其可靠导通或截止？增强型 PMOS 管又如何？

4.6.2 MOS 管用作开关时，应更加关注哪些参数？

4.7 多级放大电路

在实际应用中，单管 MOSFET 放大电路往往不能满足特定的增益、输入电阻、输出电阻的要求，为此，常用多个 MOS 管构成所谓的组合放大电路或多级放大电路，以获得更好的性能。集成运算放大器中的电路设计采用的便是这种思路。本节以两个组合放大电路为例，讨论多级放大电路的分析以及级与级之间的关系。

4.7.1 共源–共漏放大电路

图 4.7.1 是共源–共漏放大电路，根据信号由输入传输到输出所经历的电极可知，T_1组成共源组态，T_2 组成共漏组态。由于两管是串联的，故又称为串接放大电路。

下面通过一例题分析它的静态和动态。

例 4.7.1 电路如图 4.7.1 所示，设 MOS 管的参数为$K_{n1}=0.5\ \text{mA/V}^2$，$K_{n2}=0.2\ \text{mA/V}^2$，$V_{TN1}=V_{TN2}=1.2\ \text{V}$，$\lambda_1=\lambda_2=0$，且它们的衬底都与各自的源极相连。电路其他参数$R_{d1}=16\ \text{k}\Omega$，$R_{s1}=3.9\ \text{k}\Omega$，$R_{g1}=390\ \text{k}\Omega$，$R_{g2}=140\ \text{k}\Omega$，$R_{si}=5\ \text{k}\Omega$，$R_{s2}=8.2\ \text{k}\Omega$，$R_L=4\ \text{k}\Omega$，$V_{DD}=V_{SS}=5\ \text{V}$。试分析电路的静态工作点和动态指标。

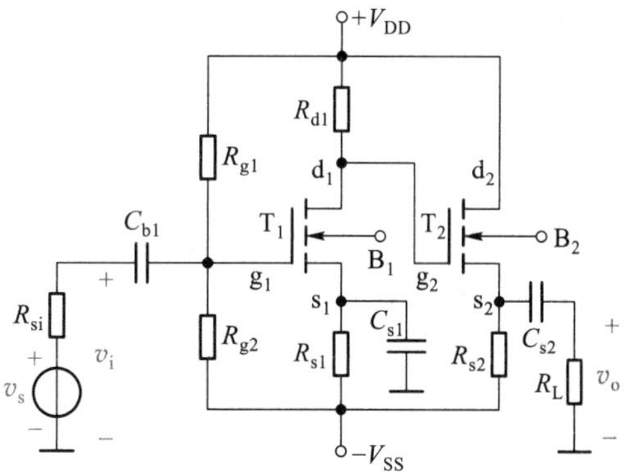

图 4.7.1 共源–共漏放大电路

解：(1) 静态工作点计算

令 $v_s=0$，电路处于直流工作状态，C_{b1}、C_{s2}、C_{s1}可看成开路。对 T_1有

$$V_{GS1Q}=V_{G1}-V_{S1}=\frac{R_{g2}}{R_{g1}+R_{g2}}(V_{DD}+V_{SS})-I_{D1Q}R_{s1}$$

$$=\frac{140}{390+140}\times 10-3.9\ I_{D1Q}\approx 2.64-3.9\ I_{D1Q} \tag{4.7.1}$$

设 T_1工作在恒流区，则有

$$I_{D1Q}=K_{n1}(V_{GS1Q}-V_{TN1})^2=0.5\ (V_{GS1Q}-1.2)^2 \tag{4.7.2}$$

将式(4.7.2)代入式(4.7.1)，得

$$V_{GS1Q}=2.64-3.9\times0.5\ (V_{GS1Q}-1.2)^2 \tag{4.7.3}$$

整理后有

$$V_{GS1Q}=\frac{3.68\pm\sqrt{3.68^2-4\times1.95\times0.168}}{2\times1.95}\ \text{V}=\frac{3.68\pm3.497}{3.9}\ \text{V}$$

只有 $V_{GS1Q}=\dfrac{3.68+3.497}{3.9}\ \text{V}\approx1.84\ \text{V}$ 合理,故

$$I_{D1Q}=0.5(V_{GS1Q}-V_{TN1})^2=0.2\ \text{mA}$$
$$V_{DS1Q}=V_{DD}+V_{SS}-I_{D1Q}(R_{d1}+R_{s1})=6.02\ \text{V}$$

对于 T_2,因为

$$V_{G2}=V_{D1}=V_{DD}-I_{D1Q}R_{d1}=(5-0.2\times16)\ \text{V}=1.8\ \text{V}$$

故有

$$V_{GS2Q}=V_{G2}-V_{S2}=1.8-I_{D2Q}R_{s2}+V_{SS} \tag{4.7.4}$$

同样假设其工作在恒流区,有

$$\begin{aligned}I_{D2Q}&=K_{n2}(V_{GS2Q}-V_{TN2})^2\\&=0.2(1.8-I_{D2Q}\times8.2+5-1.2)^2\\&=0.2(5.6-8.2\ I_{D2Q})^2\end{aligned} \tag{4.7.5}$$

经整理后得

$$I_{D2Q}^2-1.44I_{D2Q}+0.466=0$$

所以

$$I_{D2Q}=\frac{1.44\pm\sqrt{1.44^2-4\times0.466}}{2}\ \text{mA}=\frac{1.44\pm0.458}{2}\ \text{mA}$$

只有 $I_{D2Q}=(1.44-0.458)/2\ \text{mA}\approx0.49\ \text{mA}$ 合理(因为另一值将使 $V_{GS2Q}<V_{TN2}$,导致 MOS 管截止)。故由式(4.7.4)有

$$V_{GS2Q}=(1.8+5-0.49\times8.2)\ \text{V}\approx2.78\ \text{V}$$
$$V_{DS2Q}=V_{DD}+V_{SS}-I_{D2Q}R_{s2}=(10-8.2\times0.49)\ \text{V}\approx5.98\ \text{V}$$

以上结果均满足 MOS 管工作在恒流区的条件。

(2) 动态指标计算

图 4.7.1 所示电路的小信号等效电路如图 4.7.2 所示。

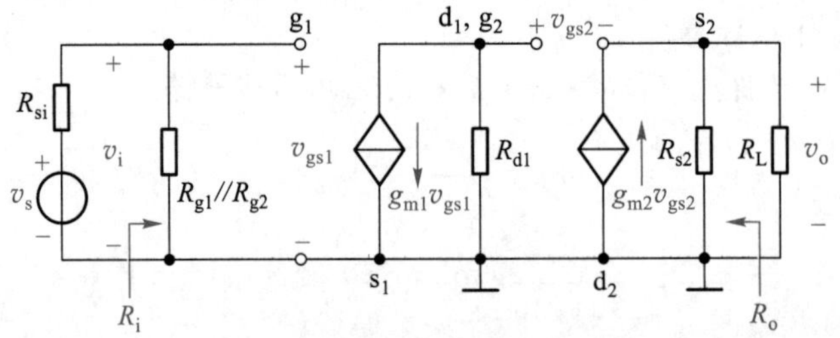

图 4.7.2 图 4.7.1 所示电路的小信号等效电路

① 电压增益

由图 4.7.2 可得输出电压

$$v_o = g_{m2} v_{gs2}(R_{s2} /\!/ R_L) \tag{4.7.6}$$

和

$$v_{gs2} + v_o = -g_{m1} v_{gs1} R_{d1} \tag{4.7.7}$$

将式(4.7.7)代入式(4.7.6)，并整理可得

$$v_o[1+g_{m2}(R_{s2} /\!/ R_L)] = -g_{m1} g_{m2} R_{d1} v_{gs1}(R_{s2} /\!/ R_L) \tag{4.7.8}$$

则电压增益

$$A_v = \frac{v_o}{v_i} = \frac{v_o}{v_{gs1}} = -\frac{g_{m1} g_{m2} R_{d1}(R_{s2} /\!/ R_L)}{1+g_{m2}(R_{s2} /\!/ R_L)} \tag{4.7.9}$$

② 输入电阻和输出电阻

多级放大电路的输入电阻就是第一级的输入电阻，由图 4.7.2 有

$$R_i = R_{g1} /\!/ R_{g2} = \frac{390\times140}{390+140}\ \text{k}\Omega \approx 103.02\ \text{k}\Omega \tag{4.7.10}$$

而放大电路的输出电阻等于最后一级(输出级)的输出电阻，考虑到末级为共漏极放大电路，因此由图 4.7.2 并参考 4.5.1 节中的式(4.5.8)可得(注意此例 $\lambda_2=0, r_{ds2}\to\infty$)

$$R_o = R_{s2} /\!/ r_{ds2} /\!/ \frac{1}{g_{m2}} = R_{s2} /\!/ \frac{1}{g_{m2}} \tag{4.7.11}$$

考虑到

$$g_{m1} = 2K_{n1}(V_{GS1Q}-V_{TN1}) = 2\times0.5\times(1.84-1.2)\ \text{mS} = 0.64\ \text{mS}$$
$$g_{m2} = 2K_{n2}(V_{GS2Q}-V_{TN2}) = 2\times0.2\times(2.78-1.2)\ \text{mS} = 0.632\ \text{mS}$$

故

$$R_o = R_{s2} /\!/ \frac{1}{g_{m2}} = \frac{8.2\times1.58}{8.2+1.58}\ \text{k}\Omega \approx 1.32\ \text{k}\Omega$$

③ 源电压增益

由式(4.7.9)有

$$A_v = \frac{-g_{m1} g_{m2} R_{d1}(R_{s2} /\!/ R_L)}{1+g_{m2}(R_{s2} /\!/ R_L)} = \frac{-0.64\times0.632\times16(8.2\times4)/(8.2+4)}{1+0.632(8.2\times4)/(8.2+4)} \approx \frac{-17.4}{2.7} \approx -6.44 \tag{4.7.12}$$

考虑到 $v_i = v_{gs1} = \dfrac{R_i}{R_i+R_{si}}\cdot v_s$，故

$$A_{vs} = \frac{v_o}{v_s} = \frac{v_o}{v_i}\cdot\frac{v_i}{v_s} = A_v\cdot\frac{R_i}{R_i+R_{si}}$$
$$= -6.44\times\frac{103.02}{103.02+5} \approx -6.14 \tag{4.7.13}$$

上述分析表明，由于共漏极放大电路的电压增益略小于 1，所以共源-共漏放大电路的电压增益主要决定于第一级的电压增益。但共漏极放大电路的输出电阻较小，所以有较好的带电压负载能力。

4.7.2 多级放大电路讨论

1. 静态分析

由例 4.7.1 看出,多级放大电路需要计算每个 MOS 管的静态工作点,由于 T_1漏极和 T_2栅极是直接连接(无隔直电容),所以它们的直流通路是联系在一起的,静态工作点也就相关了。即这种连接方式可能要联立求解两级(或以上)的电路方程,才可解出结果。反之,如果它们之间有隔直电容,则静态工作点是独立的,可以分别单独求解。但由于连接信号源和负载时都加了隔直电容,所以电路整体上还是阻容耦合放大电路。

2. 多级的贡献

如果去掉图 4.7.1 所示电路的第二级,直接将 C_{s2}和负载 R_L接到 T_1的漏极,可求出此时电路的电压增益为

$$A_{v1}=-g_{m1}(R_{d1}/\!/R_L)=-0.64\ \text{mS}\times\left(\frac{16\times4}{16+4}\right)\ \text{k}\Omega\approx-2$$

可见增益远低于式(4.7.12)两级的增益 6.44。说明接入第二级后,增益明显提高。

3. 多级放大电路的增益计算

例 4.7.1 是通过完整的小信号等效电路,列写电路方程求解增益的。实际上,还可以直接用前面各组态单级放大电路增益的结论,快速估算出多级放大电路的增益。例如,对于图 4.7.3 所示的两级放大电路框图,总电压增益就是各单级增益的乘积,即

$$A_{v1}=\frac{v_{o1}}{v_i},\quad A_{v2}=\frac{v_o}{v_{o1}}$$

$$A_v=\frac{v_o}{v_i}=\frac{v_{o1}}{v_i}\cdot\frac{v_o}{v_{o1}}=A_{v1}\cdot A_{v2} \tag{4.7.14}$$

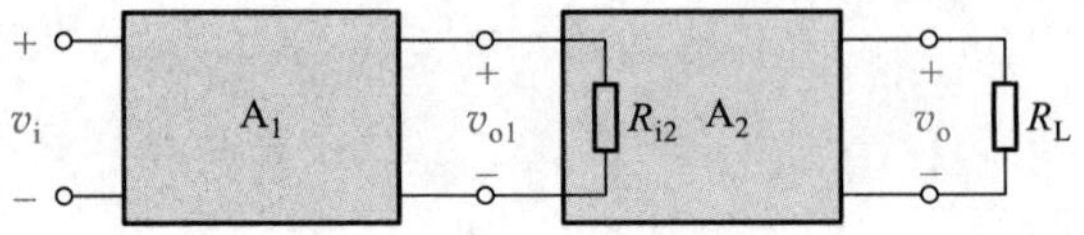

图 4.7.3 两级放大电路框图

但要注意,必须将第二级的输入电阻作为第一级的负载,计算在第一级的增益内。

还是以例 4.7.1 为例,由图 4.7.1 看出,第二级的输入电阻就是 T_2 的栅极电阻,而栅极是绝缘的,所以 $R_{i2}=\infty$,则利用共源极放大电路增益求出第一级增益

$$A_{v1}=-g_{m1}R_{d1}=-10.24$$

再用共漏极放大电路增益求出第二级增益(参见表 4.5.1)

$$A_{v2}=\frac{g_{m2}(R_{s2}/\!/R_L)}{1+g_{m2}(R_{s2}/\!/R_L)}\approx0.629$$

则总电压增益

$$A_v=A_{v1}\cdot A_{v2}\approx-6.44$$

与式(4.7.12)的结果完全一致。

4.7.3 共源-共栅放大电路

1. cascode① 放大电路

在图 4.7.4a 所示电路中，信号 v_i 由 T_1 栅极输入，漏极输出，所以 T_1 构成共源极电路。接着信号再由 T_2 的源极输入漏极输出，所以 T_2 构成共栅极电路。该电路也称为 cascode 放大电路。直流电压 V_{G1} 和 V_{G2} 分别为 T_1 和 T_2 提供合适的 Q 点。V_{G1} 和 V_{G2} 也相当于交流地。电流源 I 做 T_2 的有源负载，其内阻为无穷大。图 4.7.4b 是图 a 的小信号等效电路。

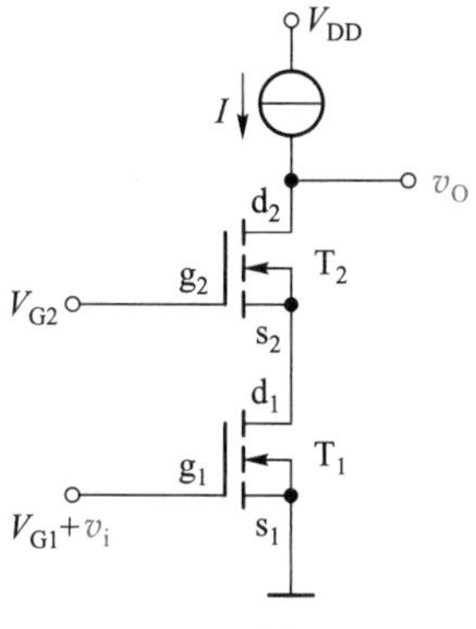

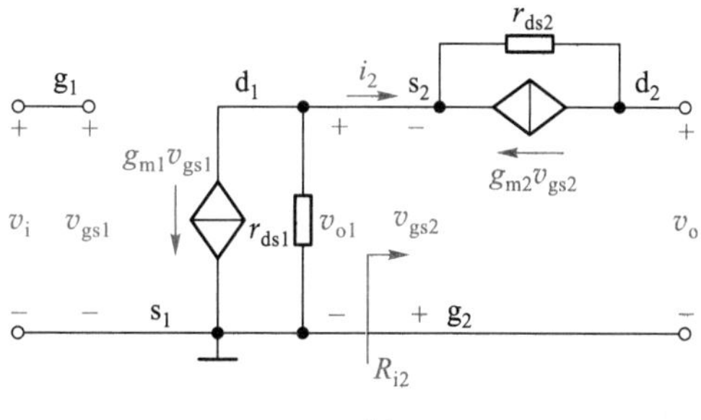

图 4.7.4 cascode 放大电路

（a）原理图 （b）小信号等效电路

由于输出开路，所以 $i_2=0, R_{i2}=\infty$，则第一级共源电路的电压增益

$$A_{v1}=v_{o1}/v_i=-g_{m1}(r_{ds1}/\!/R_{i2})=-g_{m1}r_{ds1} \tag{4.7.15}$$

对于第二级，由于电流 $g_{m2}v_{gs2}$ 仅在受控源和 r_{ds2} 构成的回路中流动，所以

$$v_o=-v_{gs2}-g_{m2}v_{gs2}r_{ds2}=-v_{gs2}(1+g_{m2}r_{ds2})$$

于是第二级电压增益

$$A_{v2}=\frac{v_o}{v_{o1}}=\frac{v_o}{-v_{gs2}}=1+g_{m2}r_{ds2} \tag{4.7.16}$$

则总电压增益

$$A_v=A_{v1}\cdot A_{v2}=-g_{m1}r_{ds1}(1+g_{m2}r_{ds2}) \tag{4.7.17}$$

若两 MOS 管参数完全相同，且 $g_m r_{ds}\gg 1$，则

$$A_v=A_{v1}\cdot A_{v2}\approx-(g_m r_{ds})^2 \tag{4.7.18}$$

可见电路可以有很高的增益，若 $g_m=2\ \mathrm{mS}, r_{ds}=200\ \mathrm{k\Omega}$，则增益可达 104 dB。

2. 折叠式 cascode 放大电路

在低电压工作电源情况下，如果叠放过多的 MOS 管，就会使每个 MOS 管分得的工作电压过低，可能导致无法正常工作。为此，可以将图 4.7.4a 电路中的 T_2 改为 PMOS 管，并增加一个电流源 I_2，得到如图 4.7.5 所示的折叠式 cascode 放大电路，其小信号等效电路与图 4.7.4b 完全

① 是真空管时代的产物，为“cascaded cathode”（级联阴极）的合成词。现在意指前级 MOS 管的漏极串接后一级 MOS 管的源极，或者前级 BJT 的集电极串接后一级 BJT 的发射极（BJT 见第 5 章）。

相同,所不同的是 T_1 输出的信号电流 i_{d1} 被反折流入 T_2 的源极,所以称该电路为折叠式 cascode 放大电路。这种由 N 沟道和 P 沟道互补型 MOS 管构成的放大电路也称为 **CMOS**(complementary MOS)**放大电路**,折叠式 cascode 是 CMOS 放大电路中一种非常流行的结构。

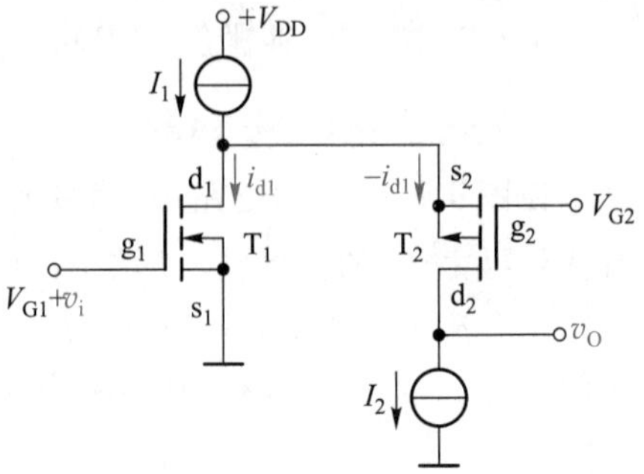

图 4.7.5 折叠式 cascode 放大电路

复习思考题

4.7.1 在多级放大电路中,输入、输出电阻分别决定于哪一级?

4.7.2 多级放大电路的增益与各单级的增益有怎样的关系?在计算多级放大电路中某一单级增益时需要注意什么?

4.7.3 在多级放大电路中,级与级之间的直接耦合和阻容耦合对电路分析带来的最大差异是什么?

4.8 结型场效应管(JFET)及其放大电路

与 MOS 管类似,结型场效应管(JFET)也是利用半导体内的电场效应进行工作的,不同的是 JFET 的栅极没有绝缘层,而是通过栅源间 PN 结所加反向电压形成的电场工作的。

4.8.1 JFET 的结构和工作原理

1. 结构

JFET 的结构示意图如图 4.8.1a 和图 4.8.2a 所示。在图 4.8.1a 中,是在一块 N 型半导体材料两边扩散高浓度的 P 型区(用 P^+ 表示),形成两个 PN 结。两边 P^+ 型区引出两个电极并连在一起称为栅极 g,在 N 型半导体材料的两端各引出一个电极,构成源极 s 和漏极 d。两个 PN 结中间的 N 型区域就是导电沟道。这种结构称为 N 沟道 JFET。图 4.8.1b 是它的代表符号,其中箭头方向表示栅极与沟道间 PN 结正向偏置方向,由此可知,沟道是 N 型的。

按照类似的方法,可以制成 P 沟道 JFET,如图 4.8.2 所示。

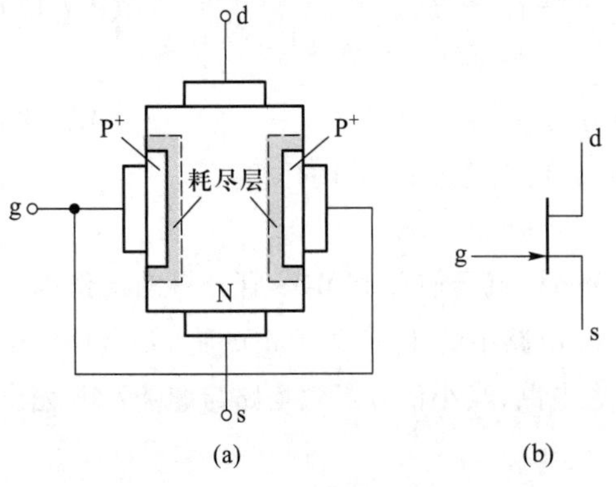

图 4.8.1 N 沟道 JFET
(a) 结构示意图 (b) 代表符号

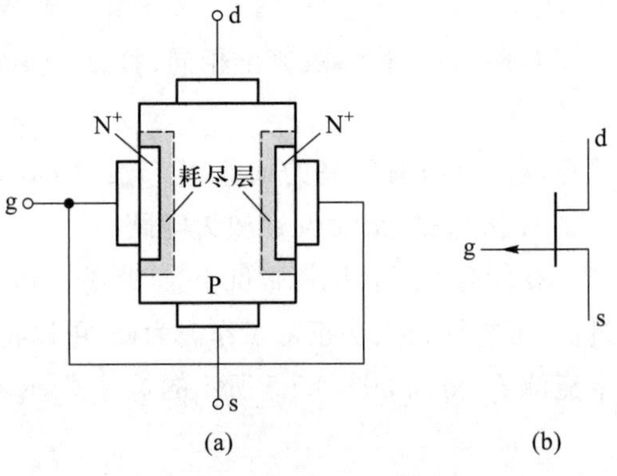

图 4.8.2 P 沟道 JFET
(a) 结构示意图 (b) 代表符号

2. 工作原理

下面以 N 沟道 JFET 为例,分析 JFET 的工作原理。

(1) v_{GS}对导电沟道及 i_D的控制作用

为了讨论方便,先假设 $v_{DS}=0$。当 v_{GS}由零往负向增大时,如图 4.8.3a、b 所示(由于 N 区掺杂浓度小于 P^+区,即 P^+区的耗尽层宽度较小,图中只画出了 N 区的耗尽层)。在反偏电压 v_{GS}作用下,两个 PN 结的耗尽层将加宽,使导电沟道变窄,沟道电阻增大,当栅源电压小于阈值电压($v_{GS}<V_{TN}$)时,两侧耗尽层合拢,沟道全部被夹断,如图 4.8.3c 所示。所以这里习惯上称阈值电压为**夹断电压**,并统一用 V_P 替换 V_{TN} 和 V_{TP}。此时导电沟道消失,漏源极间的电阻将趋于无穷大,即使 $v_{DS}\neq 0$,也无漏极电流。

上述分析表明,改变 v_{GS}的大小,可以有效地控制沟道电阻的大小。若在漏源极间加上固定的正向电压 v_{DS},则由漏极流向源极的电流 i_D将受 v_{GS}的控制,$|v_{GS}|$增大时,沟道电阻增大,i_D减小。

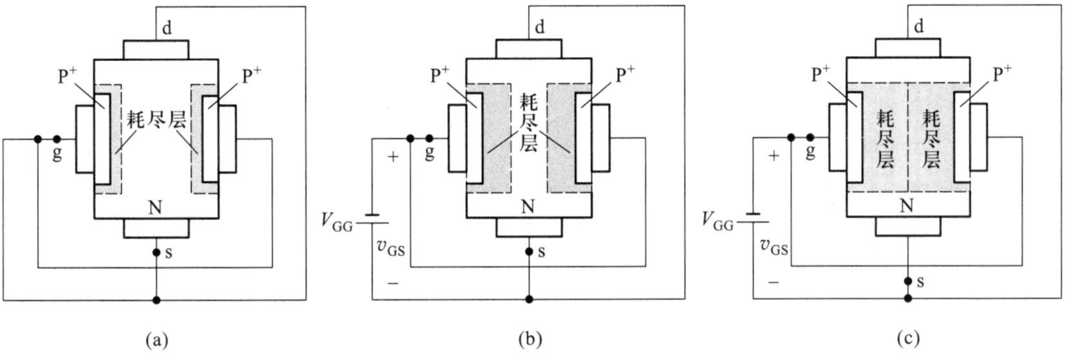

图 4.8.3 $v_{DS}=0$ 时,栅源电压 v_{GS}改变对导电沟道的影响

(a) $v_{GS}=0$ (b) $V_P<v_{GS}<0$ 时 (c) $v_{GS}\leq V_P$时

(2) v_{DS}对 i_D的影响

为简明起见,首先从 $v_{GS}=0$ 开始讨论。

当 $v_{DS}=0$ 时,沟道如图 4.8.3a 所示,并有 $i_D=0$,这是容易理解的。但随着 v_{DS}的接入并逐渐增加,如图 4.8.4a 所示,一方面沟道电场强度加大,有利于 i_D增加;另一方面,有了 v_{DS},就在由源极经沟道到漏极组成的 N 型半导体区域中,产生了一个沿沟道的电位梯度。若源极为零电位,漏极电位为$+v_{DS}$,沟道区的电位则从靠近源端的零电位逐渐升高到靠近漏端的 v_{DS}。所以在从源端到漏端的不同位置上,栅极与沟道之间的电位差是不相等的,离源极越远,电位差越大,加到该处 PN 结的反向电压也越大,耗尽层也越向 N 型半导体中心扩展,使靠近漏极处的导电沟道比靠近源极的要窄,导电沟道呈楔形。在 v_{DS}较小时,导电沟道虽有倾斜,但靠近漏端区域仍较宽,这时 i_D随 v_{DS}升高几乎成正比地增大,构成如图 4.8.5a 所示输出特性曲线的上升段。

当 v_{DS}继续增加,使漏栅间的电位差加大,靠近漏端电位差最大,耗尽层也最宽。当两耗

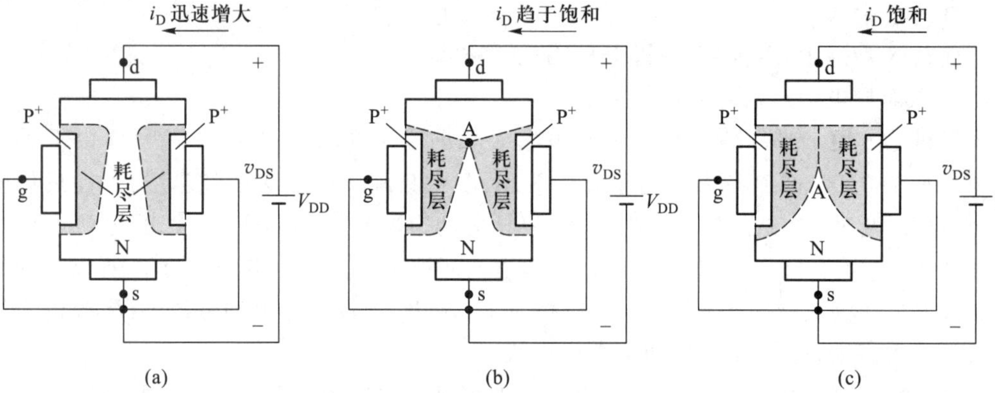

图 4.8.4 改变 v_{DS}时 JFET 导电沟道的变化

(a) $v_{GS}=0$, $v_{DS}<|V_P|$时的情况 (b) $v_{GS}=0$, $v_{DS}=|V_P|$时的情况 (c) $v_{GS}=0$, $v_{DS}>|V_P|$时的情况

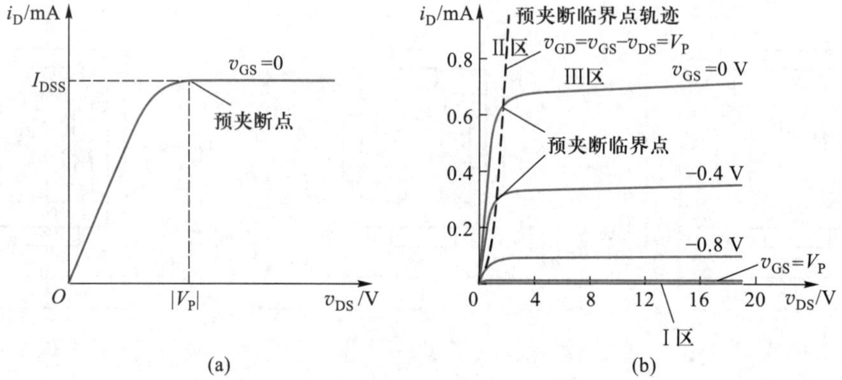

图 4.8.5 N 沟道 JFET 的输出特性

(a) $v_{GS}=0$时 (b) 栅源电压 v_{GS}改变时

尽层在 A 点相遇时(如图 4.8.4b),称为预夹断①,此时,A 点耗尽层两边的电位差用夹断电压 V_P来描述。由于 $v_{GS}=0$,故有 $v_{GD}=-v_{DS}=V_P$,对应于图 4.8.5a 中的预夹断点。

沟道一旦在 A 点预夹断后,随着 v_{DS}上升,预夹断长度会有增加,亦即 A 点将向源极方向延伸,如图 4.8.4c。但此时预夹断区域由 v_{DS}产生的垂直电场强度也增强,仍能将电子拉过预夹断区(即耗尽层),形成漏极电流,这与增强型 NMOS 管在漏端夹断时,仍能把沟道中的电子拉向漏极是相似的。v_{DS}再增加的电压主要降在了预夹断区上,预夹断区外的沟道电场基本上不随 v_{DS}改变而变化。所以,i_D基本上不随 v_{DS}增加而上升,漏极电流趋于饱和,对应图 4.8.5a 中水平线段。

当 $v_{GS}<0$ 时,沟道起始宽度变窄,在同样的 v_{DS}变化下,i_D将小于 $v_{GS}=0$ 时的情况,因此,改变 v_{GS}可得一族曲线,如图 4.8.5b 所示。

在预夹断临界点 A 处 V_P与 v_{GS}、v_{DS}之间有如下关系:

$$v_{GD}=v_{GS}-v_{DS}=V_P \tag{4.8.1}$$

① 用"预夹断"主要是为了与"全夹断"的截止状态相区别。

由此可知，预夹断临界点在输出特性上的轨迹如图 4.8.5b 中左边虚线所示。

综上分析，可得下述结论：

① JFET 正常工作时，栅极与沟道之间的 PN 结必须反向偏置，因此，其 $i_G \approx 0$，栅极电阻的阻值很高，在 $10^7\ \Omega$ 以上。

② JFET 是电压控制电流器件，i_D 受 v_{GS} 控制。

③ 预夹断前，i_D 与 v_{DS} 呈近似线性关系；预夹断后，i_D 趋于饱和。

P 沟道 JFET 工作时，其电源极性与 N 沟道 JFET 的电源极性相反。

4.8.2 JFET 的特性曲线

1. 输出特性

图 4.8.5b 所示为一 N 沟道 JFET 的输出特性。其工作情况仍可分为三个区域。

（1）Ⅰ区为截止区（夹断区）

此时，$v_{GS}<V_P$，$i_D=0$。

（2）Ⅱ区为可变电阻区

当 $V_P \leqslant v_{GS} \leqslant 0$，$v_{DS} \leqslant v_{GS}-V_P$ 时，则 N 沟道 JFET 工作在可变电阻区，其 $I-V$ 特性可表示为

$$i_D = K_n[2(v_{GS}-V_P)v_{DS}-v_{DS}^2] \tag{4.8.2}$$

（3）Ⅲ区为恒流区（放大区）

当 $V_P \leqslant v_{GS} \leqslant 0$，$v_{DS}>v_{GS}-V_P$ 时，JFET 工作在恒流区，此时

$$i_D = K_n(v_{GS}-V_P)^2 = I_{DSS}\left(1-\frac{v_{GS}}{V_P}\right)^2 \tag{4.8.3}$$

式中 $K_n = I_{DSS}/V_P^2$。如果考虑沟道长度调制效应（即 $\lambda \neq 0$）。则式（4.8.3）应修正为

$$i_D = I_{DSS}\left(1-\frac{v_{GS}}{V_P}\right)^2(1+\lambda v_{DS}) \tag{4.8.4}$$

2. 转移特性

JFET 的转移特性同样可以直接从输出特性上用作图法求出。

图 4.8.6 所示为一族典型的转移特性曲线。由图可看出，当 v_{DS} 大于某一定的数值后（例如 5 V），不同 v_{DS} 的转移特性曲线是很接近的。实际上，恒流区的转移特性曲线常用一条曲线描述。

此外，只要已知 I_{DSS} 和 V_P，恒流区转移特性曲线也可由式（4.8.3）绘出。

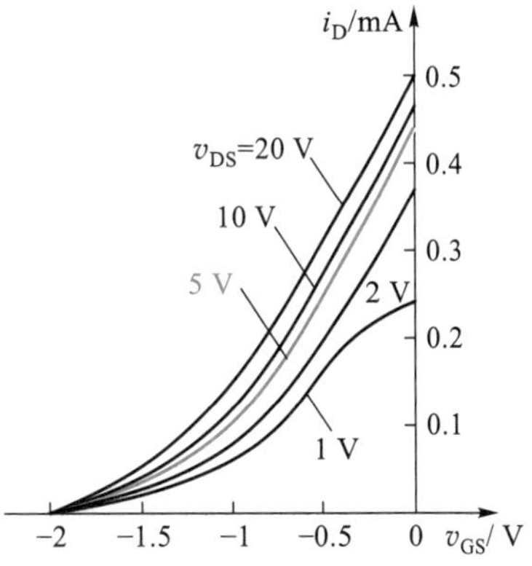

图 4.8.6 N 沟道 JFET 转移特性

4.8.3 JFET 放大电路的小信号模型分析法

1. JFET 的小信号模型

在 4.1 节和 4.4 节中讨论了 MOS 管的互导 g_m 和输出电阻 r_{ds}，并且导出了它的低频小信

号模型,如图 4.4.2b、c 所示。同样,也可导出 JFET(如图 4.8.7a 所示)的小信号模型如图 4.8.7b 所示。由于 JFET 工作时栅源 PN 结是反偏的,因此模型中将栅源间近似看成开路。可以看出,图 4.8.7b 与图 4.4.1c 是完全一样的。

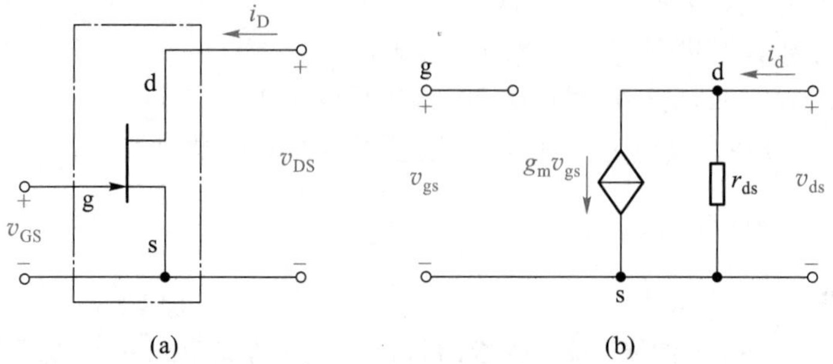

图 4.8.7 JFET 的小信号模型

(a) JFET 在共源接法时的双口网络 (b) 低频模型

由式(4.8.3)可得互导

$$g_m = \left.\frac{\partial i_D}{\partial v_{GS}}\right|_{V_{DS}} = -\frac{2I_{DSS}}{V_P}\left(1-\frac{V_{GS}}{V_P}\right) \quad (V_P \leqslant V_{GS} \leqslant 0) \tag{4.8.5}$$

r_{ds}仍可由式(4.1.16)求得。

2. 应用小信号模型法分析 JFET 放大电路

共源极放大电路如图 4.8.8a 所示。其小信号等效电路如图 4.8.8b 所示,图中 r_{ds}通常在几百千欧的数量级,一般负载电阻(R_d和 R_L)比 r_{ds}小很多,故此时可以近似认为 r_{ds}开路。

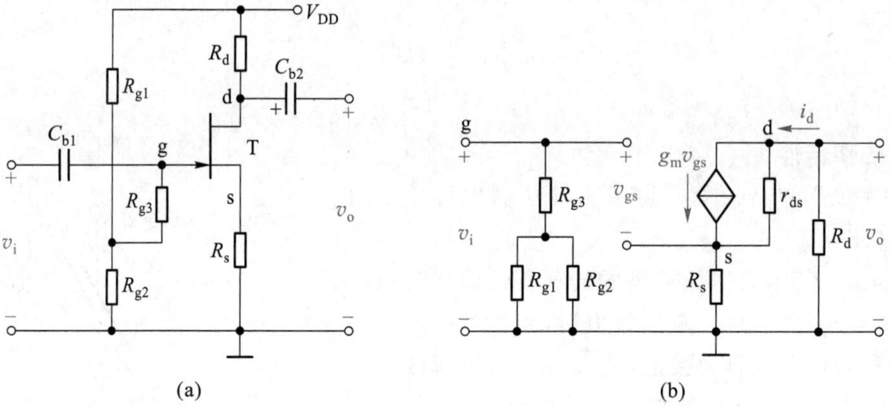

图 4.8.8 共源极电路及其小信号等效电路

(a) 电路图 (b) 图 4.8.8a 所示电路的小信号等效电路

(1) 电压增益

$$v_i = v_{gs} + g_m v_{gs} R_s = v_{gs}(1+g_m R_s)$$

$$v_o = -g_m v_{gs} R_d$$

$$A_v = -\frac{g_m R_d}{1+g_m R_s} \tag{4.8.6}$$

式中的负号表示 v_o与 v_i 反相。

(2) 输入电阻

$$R_i \approx R_{g3}+R_{g2} // R_{g1} \tag{4.8.7}$$

由此可看出 R_{g3}的接入并不影响静态工作点的设置,但能有效提高输入电阻。

(3) 输出电阻

$$R_o \approx R_d \tag{4.8.8}$$

例 4.8.1 电路如图 4.8.8a 所示,设 $R_{g3}=10\ \text{M}\Omega, R_{g1}=2\ \text{M}\Omega, R_{g2}=47\ \text{k}\Omega, R_d=30\ \text{k}\Omega, R_s=2\ \text{k}\Omega, V_{DD}=18\ \text{V}$,JFET 的 $V_P=-1\ \text{V}$, $I_{DSS}=0.5\ \text{mA}$,且 $\lambda=0$。试确定 Q 点。

解:由于 $i_G=0$,在静态时无电流流过 R_{g3}、V_G的大小仅决定于 R_{g2}、R_{g1}对 V_{DD}的分压,而与 R_{g3}无关。因此有

$$V_{GS}=V_G-V_S=\frac{R_{g2}}{R_{g1}+R_{g2}}V_{DD}-I_DR_s$$

即

$$V_{GS}=\frac{47\times 18}{2\ 000+47}-2I_D \tag{4.8.9}$$

设 JFET 工作在恒流区,则由式(4.8.3)和式(4.8.9)解得 $I_D=(0.95\pm0.64)$ mA, 但是 $I_{DSS}=0.5$ mA, 而 I_D不应大于 I_{DSS}, 所以 $I_D=0.31$ mA, $V_{GSQ}=0.4-2I_{DQ}=-0.22$ V, $V_{DSQ}=V_{DD}-I_{DQ}(R_d+R_s)=8.1$ V。

结果满足 $V_{DSQ}>(V_{GSQ}-V_P)$, JFET 的确工作在恒流区,与假设一致。因此前面的计算正确。

与 MOS 管类似, JFET 也可以构成共漏极和共栅极放大电路, 此处不再赘述。

复习思考题

4.8.1 为什么 JFET 的栅极电阻比 MOSFET 的低?

4.8.2 JFET 用于信号放大时,其栅极与沟道间的 PN 结能正向偏置吗? 耗尽型 MOS 管能加正的栅源电压吗?

4.8.3 图 4.8.9 所示符号各表示哪种沟道的 JFET? 正常工作时,它们的 v_{GS}各有何要求?

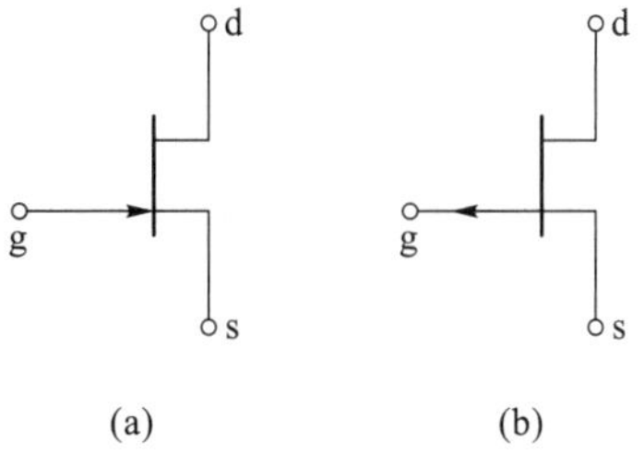

图 4.8.9 复习思考题 4.8.3 图

4.8.4 试分别画出 N 沟道和 P 沟道 JFET 的输出特性和转移特性示意图,并标出坐标变量以及相关变量和关键参数,说明 v_{DS}、v_{GS}和 V_P在两种沟道 JFET 中的极性。

4.9 各种 FET 的特性及使用注意事项

1. 各种 FET 的特性比较

前面讨论了 MOSFET 和 JFET,为帮助读者学习,现将各类 FET 的特性列于表 4.9.1 中。

值得指出的是 MOS 器件发展迅速。目前在分立器件方面, 大功率 MOS 管已广泛使用。在集成运放(含 BiMOS 运放)及其他模拟集成电路中,MOS 电路也已成为主流,特别是数字电路已经是 MOS 器件的天下。

表 4.9.1 各种场效应管的特性比较

	N 沟道			P 沟道		
	增强型 MOSFET	耗尽型 MOSFET	耗尽型 JFET	增强型 MOSFET	耗尽型 MOSFET	耗尽型 JFET
电路符号	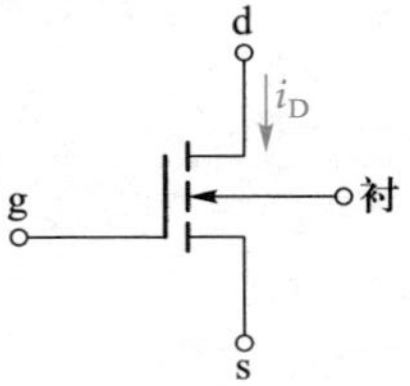	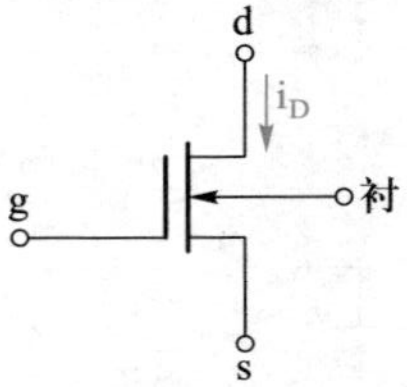	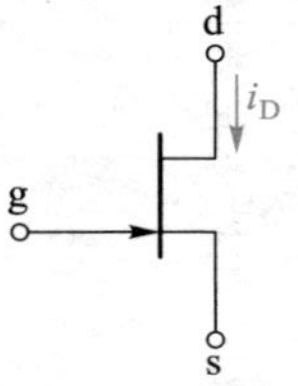	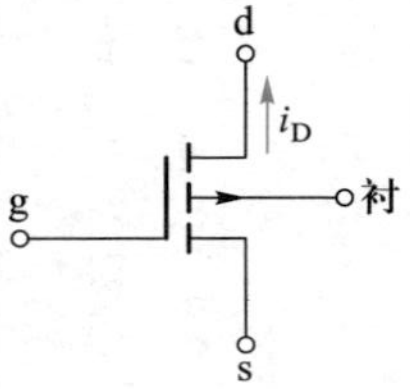	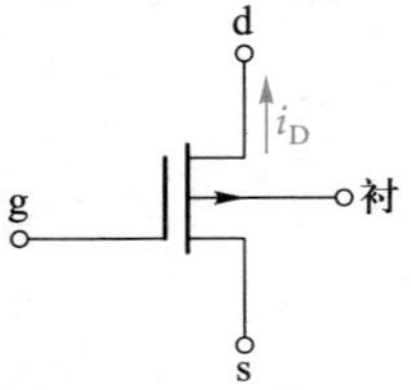	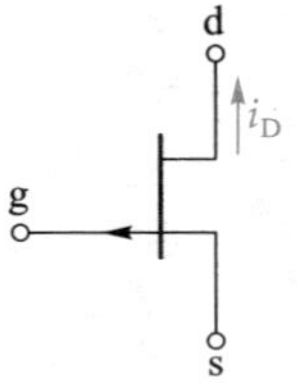
V_{TN}、V_{TP}或 V_p	+	−	−	−	+	+
K_n 或 K_p	$K_n=\frac{1}{2}\mu_n C_{ox}(W/L)=\frac{1}{2}K'_n(W/L)$		$K_n=I_{DSS}/V_P^2$	$K_p=\frac{1}{2}\mu_p C_{ox}(W/L)=\frac{1}{2}K'_n(W/L)$		$K_p=I_{DSS}/V_P^2$
输出特性[①]	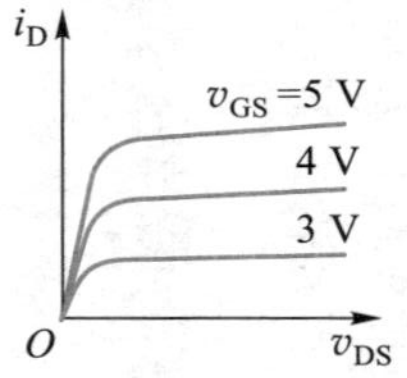	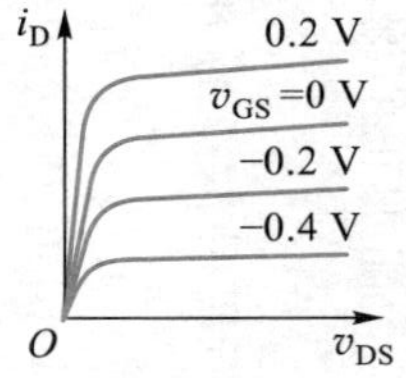	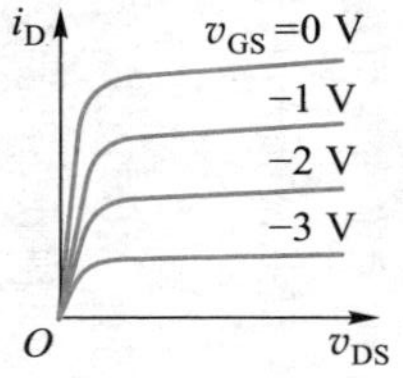	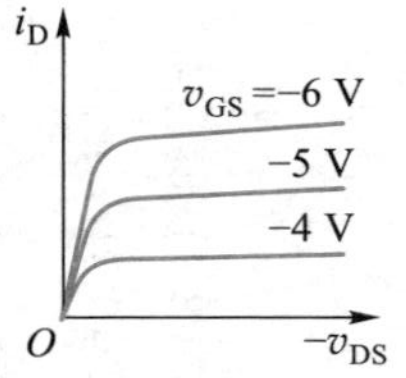	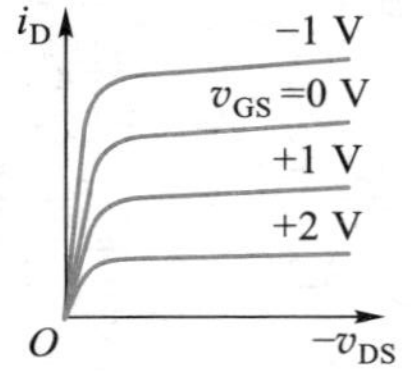	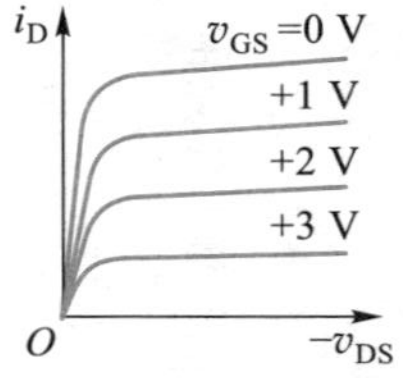
转移特性	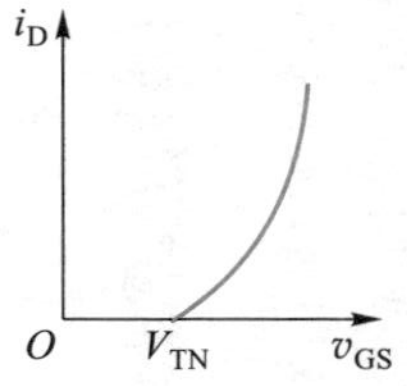	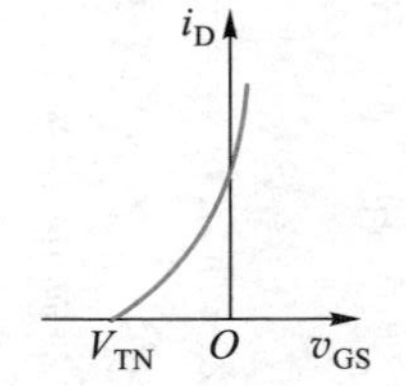	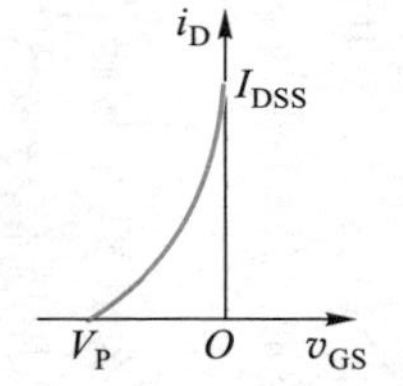	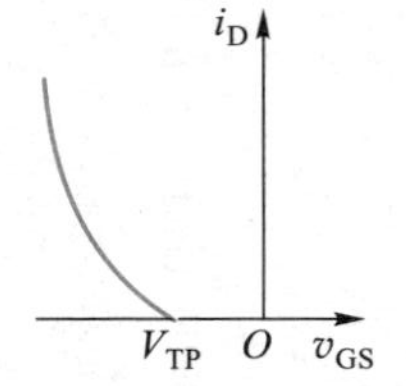	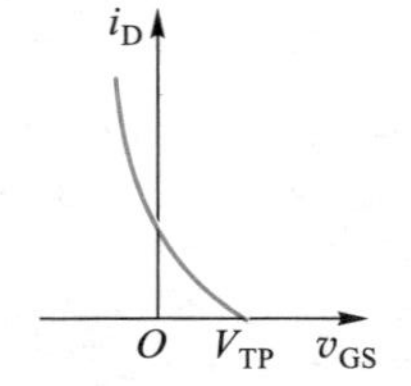	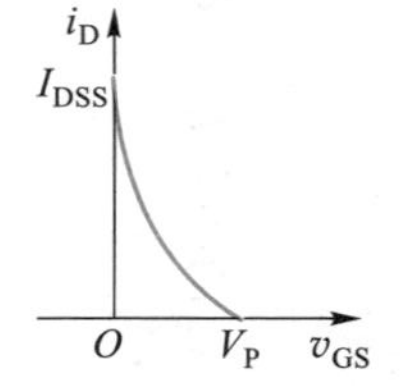
截止区	$v_{GS}<V_{TO}$[②] $i_D=0$			$v_{GS}>V_{TO}$ $i_D=0$		

续表

	N 沟道			P 沟道		
	增强型 MOSFET	耗尽型 MOSFET	耗尽型 JFET	增强型 MOSFET	耗尽型 MOSFET	耗尽型 JFET
可变电阻区	$v_{GS} \geqslant V_{TO}, 0 \leqslant v_{DS} < v_{GS} - V_{TO}$ $i_D = K_n[2(v_{GS} - V_{TO})v_{DS} - v_{DS}^2](1+\lambda v_{DS})$			$v_{GS} \leqslant V_{TO}, 0 \geqslant v_{DS} > v_{GS} - V_{TO}$ $i_D = K_p[2(v_{GS} - V_{TO})v_{DS} - v_{DS}^2](1+\lambda v_{DS})$		
恒流区	$v_{GS} \geqslant V_{TO}, v_{DS} \geqslant v_{GS} - V_{TO}$ $i_D = K_n(v_{GS} - V_{TO})^2(1+\lambda v_{DS})$			$v_{GS} \leqslant V_{TO}, v_{DS} \leqslant v_{GS} - V_{TO}$ $i_D = K_p(v_{GS} - V_{TO})^2(1+\lambda v_{DS})$		
λ	+			−		
g_m（假定工作在恒流区）	$g_m = 2\sqrt{K_n I_{DQ}}$ $g_m = \sqrt{2K'_n(W/L)I_{DQ}}$		$g_m = 2\sqrt{K_n I_{DQ}}$ $g_m = 2\dfrac{\sqrt{I_{DSS} I_{DQ}}}{\vert V_{TO} \vert}$	$g_m = 2\sqrt{K_p I_{DQ}}$ $g_m = \sqrt{2K'_p(W/L)I_{DQ}}$		$g_m = 2\sqrt{K_p I_{DQ}}$ $g_m = 2\dfrac{\sqrt{I_{DSS} I_{DQ}}}{\vert V_{TO} \vert}$
SPICE 参数③	$\mathrm{Vto} = V_{TO}$ $\mathrm{Kp} = \mu_n C_{ox}$ L W $\mathrm{Lambda} = \lambda$		$\mathrm{Vto} = V_{TO}$ $\mathrm{Beta} = K$ $\mathrm{Lambda} = \lambda$	$\mathrm{Vto} = V_{TO}$ $\mathrm{Kp} = \mu_p C_{ox}$ L W $\mathrm{Lambda} = \vert \lambda \vert$		$\mathrm{Vto} = V_{TO}$ $\mathrm{Beta} = K$ $\mathrm{Lambda} = \vert \lambda \vert$

① 注意 i_D 的参考方向为：N 沟道为流进漏极，P 沟道为流出漏极，如表中的电路符号所示，这是实际的电流方向。

② V_{TO}为阈值电压。对于 NMOS 管，$V_{TO} = V_{TN}$；对于 PMOS 管，$V_{TO} = V_{TP}$；对于 JFET，$V_{TO} = V_p$（夹断电压）。

③ SPICE 参数：对 N 沟道，$\mathrm{Kp} = K'_n$，$\mathrm{K} = K_n$；对 P 沟道，$\mathrm{Kp} = K'_p$，$\mathrm{K} = K_p$

JFET 具有低噪声特点,在低噪声放大电路方面得到了广泛应用。

2. 使用注意事项

(1) 在 MOS 管中,有的产品引出了衬底电极(这种管子有四个管脚),使用者可根据需要灵活连接(通常 NMOS 管衬底电极接电路低电位,PMOS 管衬底电极接高电位)。最常用的方式是将源极与衬底连在一起。

(2) 对于源极区和漏极区对称的 MOS 管,其漏极与源极可以互换使用,但有些产品出厂时已将源极与衬底连在一起,这时源极与漏极就不能互换了。JFET 只要源极区和漏极区对称,漏、源极就可以互换使用。

(3) 焊接 MOS 管时,电烙铁必须有外接地线,以屏蔽交流电场,防止损坏管子。

小 结

教学视频 4.2:
场效应三极管及其放大电路小结

- FET 是电压控制电流器件,只依靠一种载流子导电,因而属于单极型器件。分析的方法是图解法和小信号模型分析法,前者无关线性或非线性,后者是当输入信号幅值较小且 FET 在恒流区工作时,将非线性特性局部线性化。用图解法可求工作点,而小信号模型分析法用于分析增益、输入电阻和输出电阻等动态指标。

- 在 FET 放大电路中,V_{DS}的极性决定于沟道性质,N 沟道为正,P 沟道为负;不同类型的 FET 对偏置电压的极性有不同要求:增强型 MOSFET 的 V_{GS}与 V_{DS}同极性,耗尽型 MOSFET 的 V_{GS}可正、可负或为零,JFET 的 V_{GS}与 V_{DS}极性相反。

- 当信号为零时,放大电路的工作状态称为静态或直流工作状态,此时 FET 的 I_{DQ}、V_{GSQ}和 V_{DSQ}可用输出特性曲线上一个确定点表示,称为静态工作点 Q。

- 一般通过直流通路分析放大电路的静态工作点。此时电路中的电容做开路处理(电感做短路处理),由电路方程结合 FET 特性方程可求出静态工作点,但需要对结果进行校验。

- 一般通过交流通路分析放大电路的交流参数。画交流通路的原则是:电路中的直流电压源(如 V_{DD}等)可视为短路,电流源可视为开路。容量较大的耦合电容和旁路电容可视为短路。

- 小信号模型中的受控电流源 $g_m v_{gs}$,反映 v_{gs}对 i_d的控制作用。小信号等效电路中所研究的电压、电流都是变化量,因此,不能用小信号等效电路来求静态工作点 Q,但小信号模型参数大小与 Q 点在 I–V 特性曲线上的位置有关。

- MOS 管在恒流区工作时可用于信号放大,而在截止区和可变电阻区之间转换时,可作为压控电子开关使用。常用传输特性分析大信号工作情况。

- MOSFET 或 JFET 可以构成共源极放大电路、共漏极放大电路和共栅极放大电路。但依据输出量与输入量之间的大小与相位关系特征,又分别称为反相电压放大器、电压跟随器和电流跟随器。

习　题

4.1 金属-氧化物-半导体场效应三极管

4.1.1 图题 4.1.1 所示为 MOS 管的转移特性，请分别说明各属于何种类型的 MOS 管。指出它们的阈值电压各为多少？（图中 i_D 的参考方向为流进漏极。）

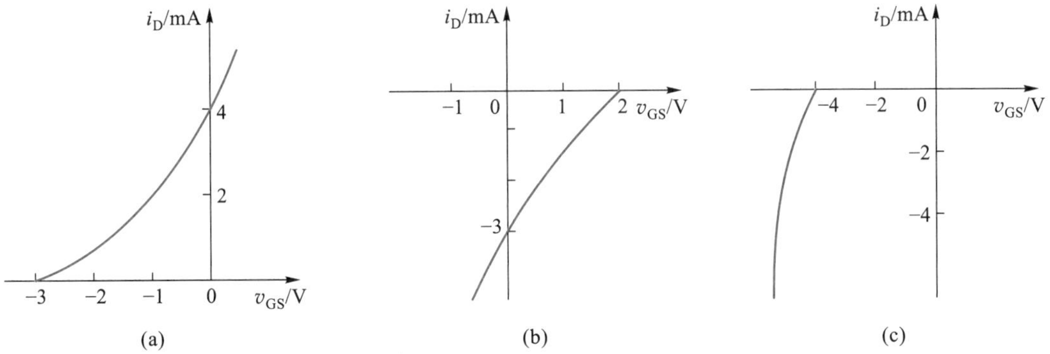

图题 4.1.1

4.1.2 某增强型 NMOS 管在较低的 v_{DS} 电压下工作，以使 MOS 管工作在可变电阻区。已知 $K'_n=50\ \mu A/V^2$，$W=10\ \mu m$，$L=1\ \mu m$，$V_{TN}=1\ V$，当 r_{dso} 在 500 Ω 到 20 kΩ 之间变化时，求 v_{GS} 的变化范围。

4.1.3 已知耗尽型 PMOS 管的参数为 $K_p=0.2\ mA/V^2$，$V_{TP}=0.5\ V$，$i_D=-0.5\ mA$（参考方向为流进漏极）。试求此时的夹断点栅源电压 v_{GS} 和漏源电压 v_{DS}。

4.1.4 设增强型 NMOS 管的参数为 $V_{TN}=1\ V$，$W=100\ \mu m$，$L=5\ \mu m$，$\mu_n=650\ cm^2/(V\cdot s)$，$C_{ox}=76.7\times 10^{-9}\ F/cm^2$。已知 $V_{GS}=2V_{TN}$ 时，MOS 管工作在恒流区，试计算此时的电流 I_D。

4.1.5 接成"二极管"的 MOS 管如图题 4.1.5 所示。（1）试分别说明在什么情况下它们的 i-v 关系为 $i=K(v-|V_T|)^2$；（2）为什么可以称它们为"二极管"？（注：V_T 表示 V_{TN} 或 V_{TP}，K 表示 K_n 或 K_p）

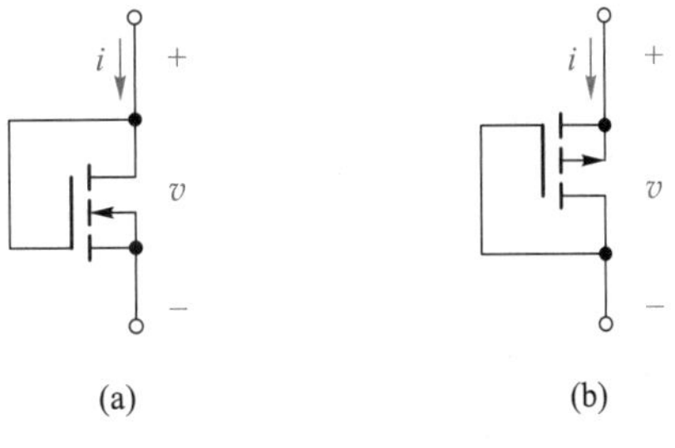

图题 4.1.5

4.2 MOSFET 基本共源极放大电路

4.2.1 试分析图题 4.2.1 所示各电路对交流信号有无放大作用，并简述理由（设各电路元件参数合适，电容对交流信号可视为短路）。

4.2.2 测量电路中 MOS 管的漏源电压、栅源电压值如下，它们的阈值电压也已知，试判断各管工作在什么区域（恒流区、可变电阻区、夹断点或截止区）。设 MOS 管的衬底电极均与源极并接在一起。

（1）$V_{DS}=3\ V$，$V_{GS}=2\ V$，$V_{TN}=1\ V$

（2）$V_{DS}=1\ V$，$V_{GS}=2\ V$，$V_{TN}=1\ V$

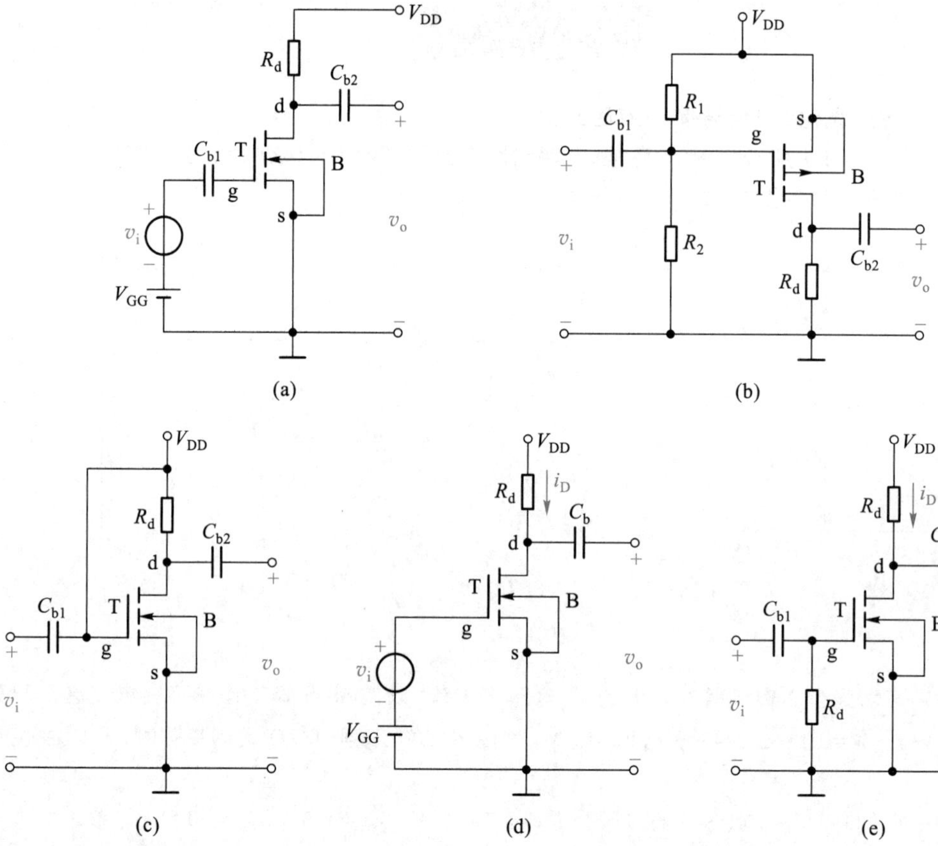

图题 4.2.1

（3）$V_{DS}=3\ V, V_{GS}=1\ V, V_{TN}=1.5\ V$

（4）$V_{DS}=3\ V, V_{GS}=-1\ V, V_{TN}=-2\ V$

（5）$V_{DS}=-3\ V, V_{GS}=-2\ V, V_{TP}=-1\ V$

（6）$V_{DS}=3\ V, V_{GS}=-2\ V, V_{TP}=-1\ V$

（7）$V_{DS}=-3\ V, V_{GS}=-1\ V, V_{TP}=-1.5\ V$

4.2.3　电路如图 4.3.6b 所示，设 $R_{g1}=90\ k\Omega, R_{g2}=60\ k\Omega, R_d=30\ k\Omega, V_{DD}=5\ V, V_{TN}=1\ V, K_n=0.1\ mA/V^2$。试计算电路的 V_{GS} 和 V_{DS}。

4.2.4　电路如图题 4.2.4 所示，已知 MOS 管的 $K_p=4\ mA/V^2, \lambda=0, V_{TP}=-1.5\ V$，电源电压 $V_{DD}=18\ V$，现要求 MOS 管工作在恒流区，静态时，$I_{DQ}=1\ mA, V_{DSQ}=-9\ V$，$R_{g1}$、$R_{g2}$ 支路电流为 2 μA。（1）试确定 R_d、R_{g1}、R_{g2} 的阻值；（2）若要保证静态工作点在恒流区内，R_d 的最大值为多少？

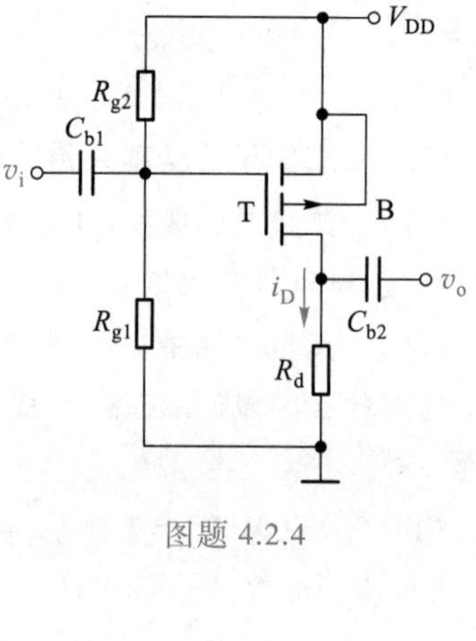

图题 4.2.4

4.2.5　求图题 4.2.5 所示每个电路所标节点的电压。已知所有 MOS 管的 $K_n=0.25\ mA/V^2, \lambda=0, V_{TN}=0.8\ V$。

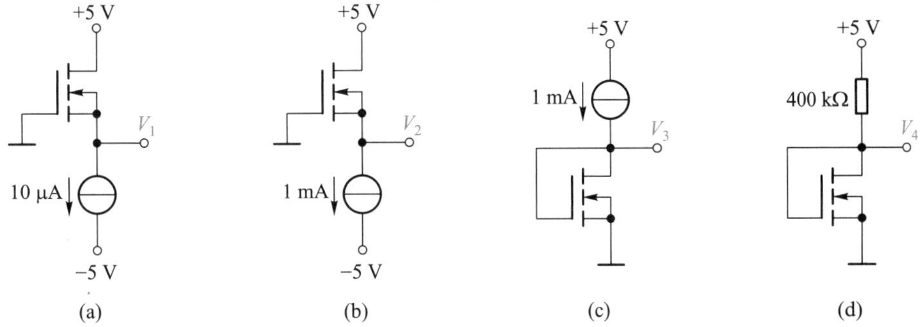

图题 4.2.5

4.3 图解分析法

4.3.1 已知电路如图 4.3.6a 所示，MOS 管的输出特性如图题 4.3.1 所示。电路参数为：R_{g1} = 180 kΩ，R_{g2} = 60 kΩ，R_d = 10 kΩ，R_L = 20 kΩ，V_{DD} = 10 V。（1）试用图解法作出直流负载线，确定静态工作点 Q 值；（2）作交流负载线；（3）当 $v_i = 0.5\sin \omega t$ V 时求出相应的 v_o 波形和电压增益。

4.3.2 在题 4.3.1 所给电路参数条件下，最大不失真输出电压的幅值 V_{om} 约为多少？

4.3.3 已知电路如图 4.3.6a 所示，该电路的交、直流负载线绘于图题 4.3.3 中，已知 R_{g1} = 200 kΩ。试求：（1）V_{GSQ}、I_{DQ} 和 V_{DSQ}；（2）R_{g2}；（3）R_d、R_L；（4）最大不失真输出电压幅值 V_{om}（设 v_i 为正弦信号）。

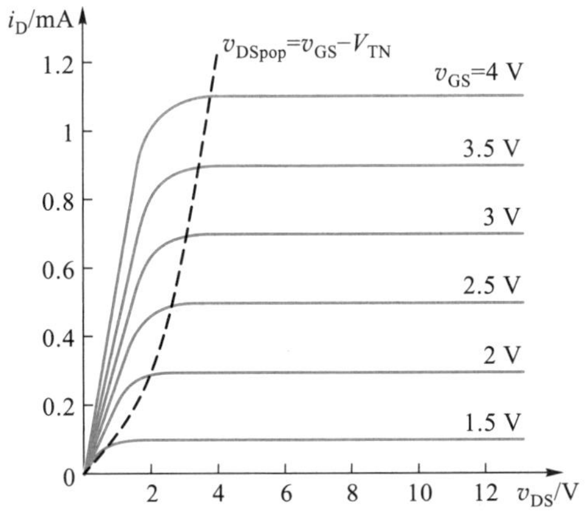

图题 4.3.1

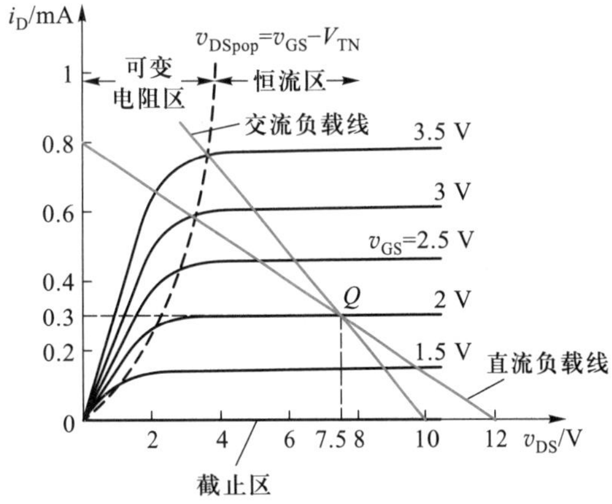

图题 4.3.3

4.4 小信号模型分析法

4.4.1 电路如图 4.4.6a 所示。已知 R_d = 10 kΩ，$R_{si} = R_s$ = 0.5 kΩ，R_{g1} = 165 kΩ，R_{g2} = 35 kΩ，MOS 管参数 V_{TN} = 0.8 V，K_n = 1 mA/V²，λ = 0。电路静态工作点处 V_{GS} = 1.5 V。试求电压增益 $A_v = v_o/v_i$、源电压增益 $A_{vs} = v_o/v_s$、输入电阻 R_i 和输出电阻 R_o。

4.4.2 电路如图题 4.4.2 所示，设所有电容对信号而言可视为短路。已知 MOS 管的 V_{TP} = −0.4 V，K_p = 0.8 mA/V²，λ = 0.02 V^{-1}。试求（1）I_{DQ} 和 V_{DSQ}；（2）电压增益 $A_v = v_o/v_i$。

4.4.3 已知电路参数如图题 4.4.3 所示，MOS 管工作点上的互导 g_m = 1 mS，设 $r_{ds} \gg R_d$。（1）画出电路的小信号等效电路；（2）求电压增益 A_v；（3）求电路的输入电阻 R_i 和输出电阻 R_o；

(4)设输入信号 v_i 为正弦波，其频率为 1 kHz、幅值为 10 mV，MOS 管参数设置为 Kp = 110 μA/V^2，W = 40 μm，L = 2 μm，Vto = 1.7 V，试用 SPICE 观测 v_i、v_o 波形。

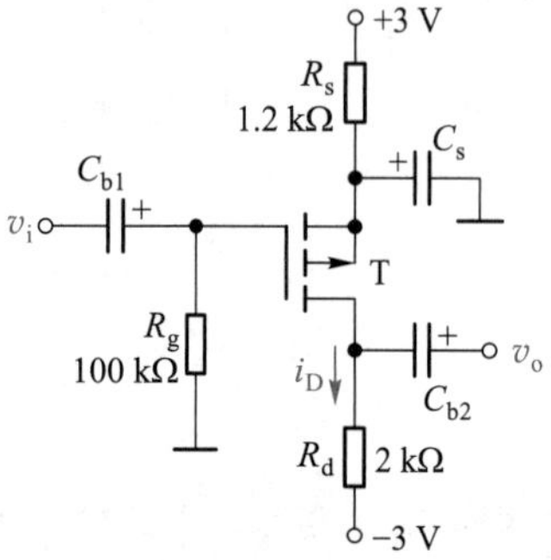

图题 4.4.2

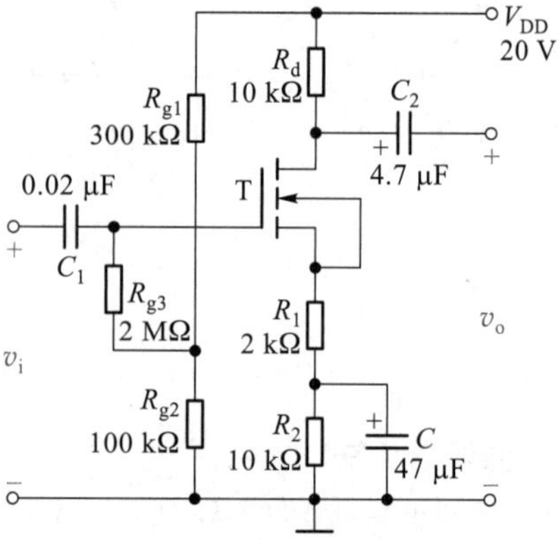

图题 4.4.3

4.4.4 设电路中各电容对交流信号均可视为短路。试分别画出图题 4.4.4 所示电路的小信号等效电路。

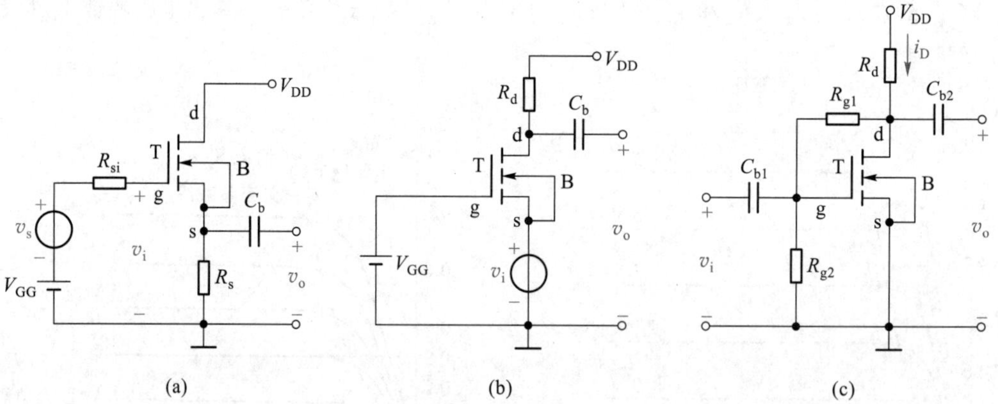

图题 4.4.4

4.4.5 电路如图题 4.4.5 所示，设所有电容对信号而言可视为短路。已知电路参数 $V_{DD} = V_{SS} = 12$ V，$R_g = 1$ MΩ，$R_d = 10$ kΩ，$R_s = 1$ kΩ，$R_{si} = 100$ kΩ，$R_L = 30$ kΩ。MOS 管参数 $V_{TN} = 1$ V，$K_n = 1$ mA/V^2，$\lambda = 0$。试求电压增益 $A_v = v_o/v_i$、源电压增益 $A_{vs} = v_o/v_s$、输入电阻 R_i 和输出电阻 R_o。

4.5 共漏极和共栅极放大电路

4.5.1 电路如图 4.5.1a 所示，设电路参数为 $V_{DD} = 12$ V，$R_{g1} = 150$ kΩ，$R_{g2} = 450$ kΩ，$R_s = 1$ kΩ，$R_{si} = 10$ kΩ。MOS 管参数为 $V_{TN} = 1.5$ V，$K_n = 2$ mA/V^2，$\lambda = 0$。试求（1）静态工作点 Q；（2）电压增益 A_v 和源电压增益 A_{vs}；（3）输入电阻 R_i 和输出电阻 R_o。

4.5.2 源极跟随器电路如图题 4.5.2 所示，MOS 管参数为 $K_n = 1$ mA/V^2，$V_{TN} = 1.2$ V，$\lambda = 0$。电路参数为 $V_{DD} = V_{SS} = 5$ V，$R_g = 500$ kΩ，$R_L = 4$ kΩ。若电流源 $I = 1$ mA，试求小信号电压增益 $A_v = v_o/v_i$ 和输出电阻 R_o。

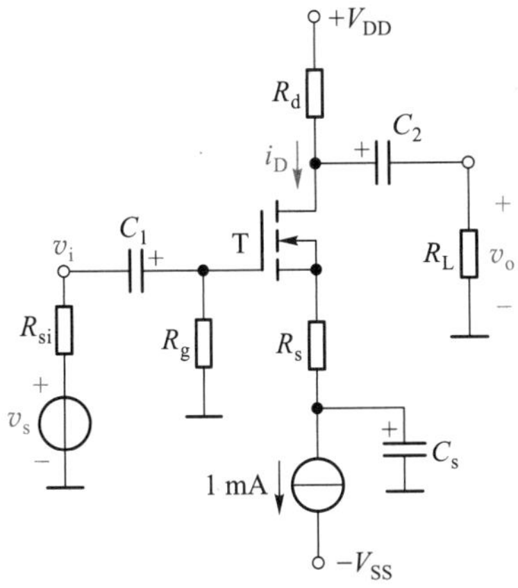

图题 4.4.5

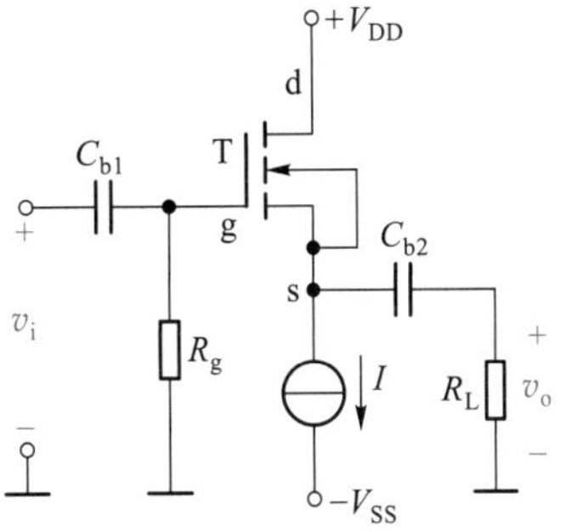

图题 4.5.2

4.5.3 源极跟随器电路如图题 4.5.3 所示。$V_{DD}=V_{SS}=5$ V。电流源 $I=5$ mA，$R_g=200$ kΩ，$R_L=1$ kΩ，MOS 管参数为 $V_{TP}=-2$ V，$K_p=5$ mA/V^2，$\lambda=0$。试求：(1) 电路的输出电阻和输入电阻；(2) 小信号电压增益。

4.5.4 电路如图 4.5.4 所示。电路参数为 $I=1$ mA，$V_{DD}=V_{SS}=12$ V，$R_g=100$ kΩ，$R_d=10$ kΩ，$R_L=1$ kΩ，$R_{si}=1$ kΩ。MOS 管参数为 $V_{TN}=1$ V，$K_n=1$ mA/V^2，$\lambda=0$。试求 (1) 输入电阻 R_i 和输出电阻 R_o；(2) 电压增益 $A_v=v_o/v_i$ 和电流增益 $A_i=i_o/i_i$。

4.5.5 共栅极放大电路如图题 4.5.5 所示。电路参数为 $V_{DD}=V_{SS}=5$ V，$R_s=10$ kΩ，$R_d=5$ kΩ，$R_L=5$ kΩ。MOS 管参数 $K_n=3$ mA/V^2，$V_{TN}=1$ V，$\lambda=0$。(1) 计算静态工作点 Q；(2) 求 g_m；(3) 求 $A_v=v_o/v_i$。

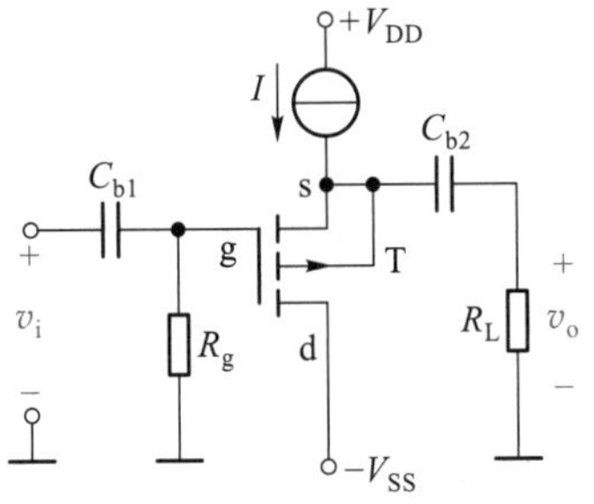

图题 4.5.3

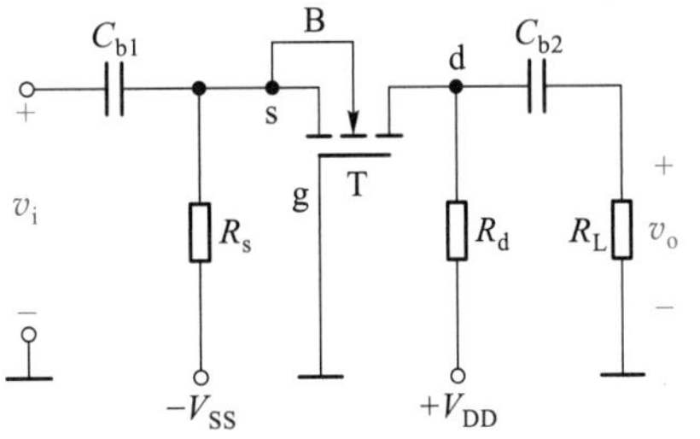

图题 4.5.5

4.6 MOSFET 大信号工作及开关应用

4.6.1 电路如图题 4.6.1 所示，已知 MOS 管参数 $V_{TN}=0.4$ V，$K_n'=120$ μA/V^2，$\lambda=0$。当 $v_I=2.6$ V 时，要求 $v_O=0.08$ V，试求 MOS 管的宽长比 W/L。

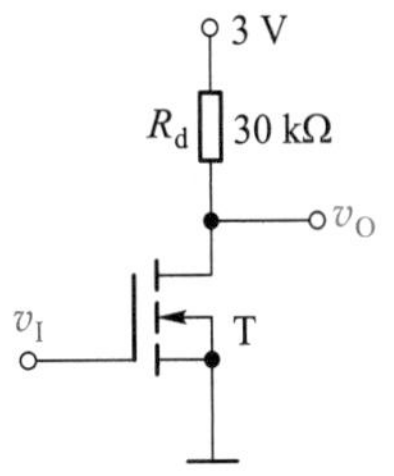

图题 4.6.1

4.6.2 试用 MOS 管设计一个能控制 LED 灯珠亮灭的驱动电路。已知灯珠由 2 个 LED 串联构成，当控制电压为高电平时，点亮灯珠，否则灯珠熄灭。已知 LED 工作电流为 150 mA，正向压降为 3.2～3.5 V，设 MOS 管的 $V_{TN}=1.7$ V，$K_n=30$ mA/V^2。(1) 确定电路结构、电源电压和控制电压大小；(2) 计算电路相关参数，并确定 MOS 管的极限参数。

4.7 多级放大电路

4.7.1 电路如图 4.7.1 所示。电路参数为 $R_L = 5\ k\Omega$，$R_{d1} = 3.3\ k\Omega$，$R_{si} = 20\ k\Omega$，$R_{s2} = 5\ k\Omega$，$R_{g1} = 500\ k\Omega$，$R_{g2} = 300\ k\Omega$，设 MOS 管工作在恒流区且 $V_{GS1Q} = V_{GS2Q} = 3\ V$。MOS 管参数 $K_{n1} = K_{n2} = 1\ mA/V^2$，$V_{TN1} = V_{TN2} = 1.5\ V$，$\lambda_1 = \lambda_2 = 0$，且它们的衬底都与各自的源极相连。试求（1）输入和输出电阻；（2）源电压增益 A_{vs}。

4.7.2 电路如图 4.7.1 所示，电路参数为 $V_{DD} = V_{SS} = 10\ V$，$R_L = 4\ k\Omega$，$R_{s1} = 1.7\ k\Omega$，$R_{s2} = 5\ k\Omega$，$R_{si} = 10\ k\Omega$，$R_{d1} = 3.3\ k\Omega$，$R_{g1} = 560\ k\Omega$，$R_{g2} = 300\ k\Omega$。MOS 管参数为 $K_{n2} = K_{n1} = 1\ mA/V^2$，$V_{TN1} = V_{TN2} = 2\ V$，$\lambda_1 = \lambda_2 = 0$，且它们的衬底都与各自的源相相连。试求（1）静态工作点；（2）输入电阻和输出电阻；（3）源电压增益。

4.7.3 电路如图 4.7.4a 所示。设 MOS 管工作在恒流区且 $V_{GS1Q} = V_{GS2Q} = 2.8\ V$。MOS 管参数为 $K_{n1} = K_{n2} = 1.2\ mA/V^2$，$V_{TN1} = V_{TN2} = 1.9\ V$，$\lambda_1 = \lambda_2 = 0.01\ V^{-1}$。试求该电路的电压增益。

4.7.4 有以下三种放大电路备用。（1）高输入电阻型：$R_{i1} = 1\ M\Omega$，$A_{vo1} = 10$，$R_{o1} = 10\ k\Omega$。（2）高增益型：$R_{i2} = 10\ k\Omega$，$A_{vo2} = 100$，$R_{o2} = 1\ k\Omega$。（3）低输出电阻型：$R_{i3} = 10\ k\Omega$，$A_{vo3} = 1$，$R_{o3} = 20\ \Omega$。用这三种放大电路组合，设计一个能在 100 Ω 负载电阻上提供至少 0.5 W 功率的放大器。已知信号源开路电压为 30 mV（有效值），内阻为 $R_{si} = 0.5\ M\Omega$。

4.8 结型场效应管（JFET）及其放大电路

4.8.1 四个 FET 的转移特性分别如图题 4.8.1a、b、c、d 所示，其中漏极电流 i_D 的参考方向是它的实际方向。试问它们各是哪种类型的 FET？

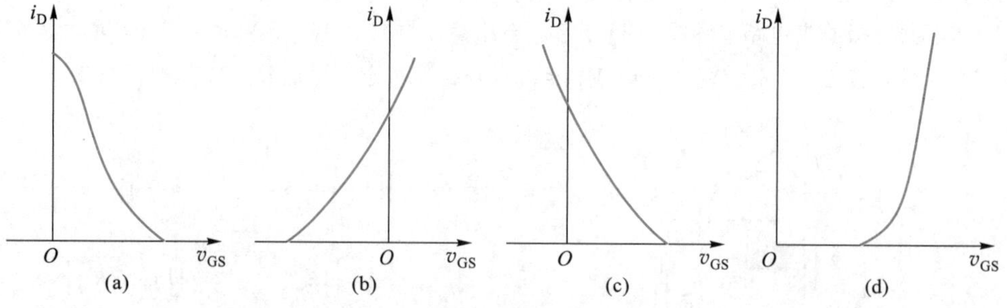

图题 4.8.1

4.8.2 已知电路如图题 4.8.2a 所示，图 b 是 JFET 的输出的特性。电路参数为 $R_d = 25\ k\Omega$，$R_s = 1.5\ k\Omega$，$R_g = 5\ M\Omega$，$V_{DD} = 15\ V$。试用图解法和估算法求静态工作点 Q。

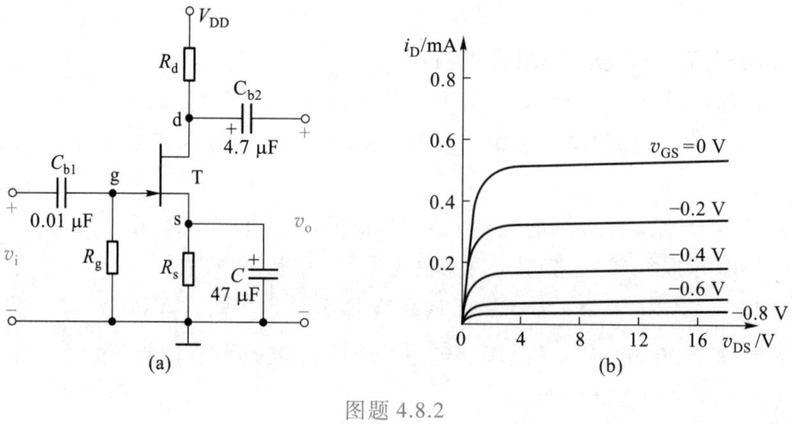

图题 4.8.2

4.8.3 在图题 4.8.3 所示 JFET 放大电路中，已知 $V_{DD}=20$ V，$V_{GS}=-2$ V，JFET 参数 $I_{DSS}=4$ mA，$V_P=-4$ V。设 C_1、C_2 在交流通路中可视为短路。(1) 求电阻 R_1 和静态电流 I_{DQ}；(2) 若要求 $V_{DS}=6$ V，求 R_2 的值；(3) 设 r_{ds} 可忽略，在上述条件下计算 A_v 和 R_o。

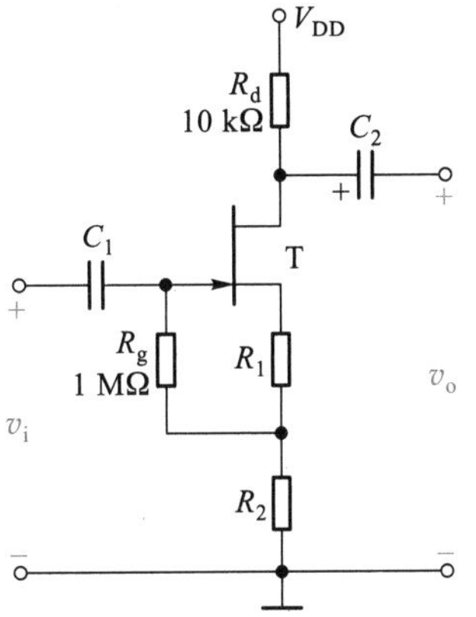

图题 4.8.3

4.8.4 源极输出器电路如图题 4.8.4 所示。已知 JFET 工作点上的互导 $g_m=0.9$ mS，其他参数如图中所示。求电压增益 A_v、输入电阻 R_i 和输出电阻 R_o。

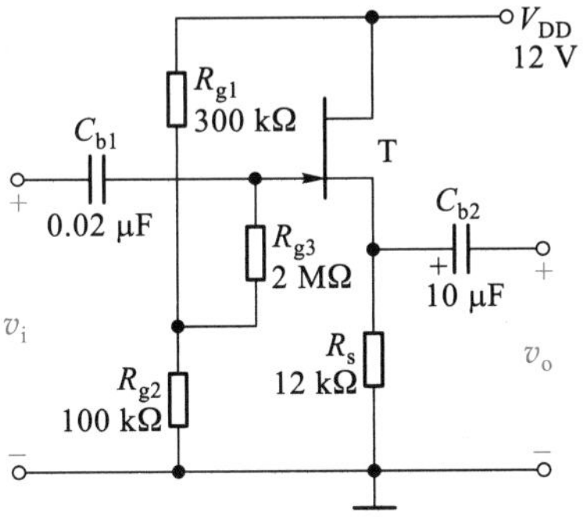

图题 4.8.4

第 4 章部分习题答案

5 双极结型三极管（BJT）及其放大电路

引言

双极结型三极管(bipolar junction transistor,BJT)①又称半导体三极管,是除场效应三极管之外的另一种重要的三端电子器件。在它问世后的30多年里,BJT一直是电子电路设计中的首选器件,如今,MOSFET则成为应用最为广泛的电子器件。然而,BJT在某些应用领域仍然具有一定的优势。在集成技术中也常把BJT和MOSFET相结合,充分发挥它们各自的优势,构成BiMOS、BiFET电路及IGBT器件。

本章将首先介绍BJT的物理结构、工作原理、*I*–*V*特性曲线和主要参数。接着介绍由BJT构成的基本放大电路,并用图解法和小信号模型法分析BJT放大电路。然后对FET和BJT基本放大电路的性能进行了对比。最后也介绍由BJT、BJT与MOS管组成的多级放大电路。希望读者学完后,会分析BJT基本放大电路,清楚MOSFET和BJT两种放大电路各自的特点。

5.1 BJT

5.1.1 BJT的结构简介

BJT的结构示意图如图5.1.1a、b所示。在一个硅片上生成三个杂质半导体区域:一个P区夹在两个N区中间,或者一个N区夹在两个P区中间。因此,BJT有两种类型:NPN型和PNP型。从三个杂质半导体区域各自引出一个电极,分别称为发射极e、集电极c、基极b,它们对应的杂质半导体区域分别称为发射区、集电区和基区。三个区域之间形成了两个PN结,发射区与基区间的PN结称为发射结,集电区与基区间的PN结称为集电结。

三个区域的特点:

(1) 基区宽度很薄(微米数量级),而且掺杂浓度很低;

(2) 发射区的掺杂浓度最高;

(3) 集电区的掺杂浓度远低于发射区;集电结面积大于发射结面积,因此发射区和集电区并不是对称的。

BJT的外特性与这三个区域的特点密切相关。

---

① 于1948年由Bardeen、Brattain和Shockley在美国贝尔实验室研制成功,三人于1956年获诺贝尔物理学奖。

图 5.1.1c、d 分别是 NPN 型和 PNP 型 BJT 的电路符号，其中发射极上的箭头表示发射结外加正偏电压时，发射极电流的实际方向。

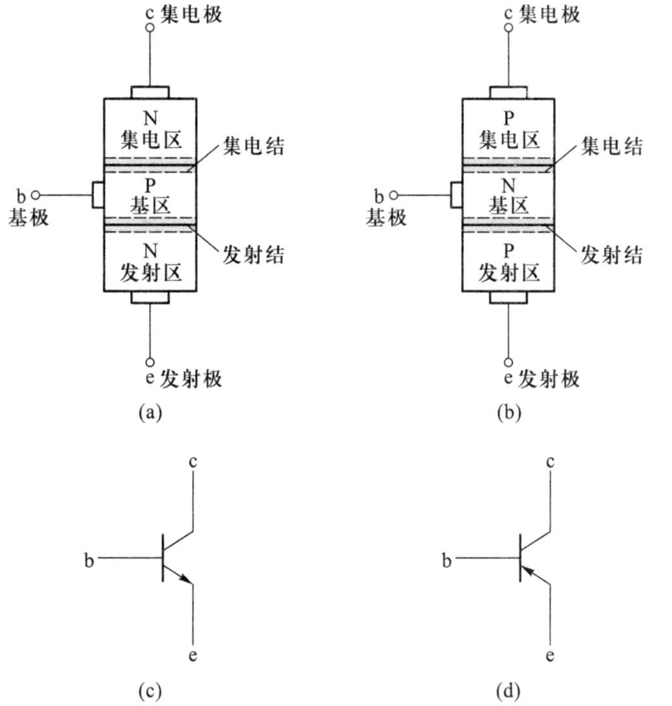

图 5.1.1　两种类型 BJT 的结构示意图及其电路符号
（a）NPN 型管结构示意图　（b）PNP 型管结构示意图
（c）NPN 型管的电路符号　（d）PNP 型管的电路符号

图 5.1.2 是集成电路中典型的 NPN 型 BJT 的截面图。周围的 P^+ 型区和 P 型衬底与 N 型的集电区形成 PN 结，且将 P 型衬底接至电路中的最低电位点，使这些 PN 结始终处于反向偏置状态，从而达到与其他 BJT 隔离的目的。为了减小集电区的电阻，集电区在连接电极前增加了高掺杂的 N^{++} 型区。N^{++} 的埋层可以减小集电区与衬底之间 PN 结的厚度，以免影响集电区工作。

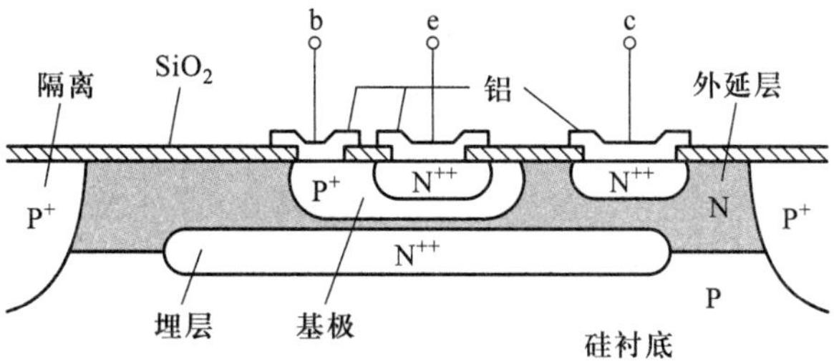

图 5.1.2　集成电路中典型 NPN 型 BJT 的截面图

5.1.2 放大状态下 BJT 的工作原理

BJT 内部含有两个背靠背的 PN 结。当这两个 PN 结的偏置条件（正偏或反偏）不同时，BJT 将呈现不同的特性，对应四种可能的偏置组合，有四种工作状态：放大、饱和、截止与倒置。在发射结正偏、集电结反偏条件下，BJT 处于放大状态。

与 MOS 管类似，BJT 也是通过其控制作用实现信号放大的。下面以 NPN 管为例，分析两个 PN 结在上述偏置条件下实现控制关系的原理。

1. BJT 内部载流子的传输过程

在图 5.1.1a 中，当基极无任何连接时，集电极和发射极之间相当于两个背靠背的 PN 结二极管如图 5.1.3 所示。这时无论 c、e 间加什么极性的电压，总有一个 PN 结是反偏的，c、e 间都不能导通。

教学视频 5.1：
BJT 的工作原理

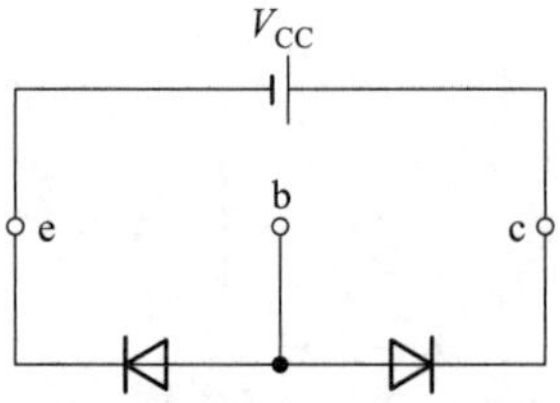

图 5.1.3 基极断开时的情况

（1）仅有集电结反偏电压时

当在如图 5.1.4a 所示集电极和基极之间外加电压 V_{CC} 时（电阻 R_c 起限流作用），集电结处于反向偏置，阻止多子扩散，但有利于少子的漂移，即基区的少子——电子和集电区的少子——空穴在回路中产生漂移电流 I_{CBO}，这个电流也称为集电结反向饱和电流。这时集电结的电压和电流关系，就是 PN 结反向截止状态时的电压电流关系，相当于图 5.1.5a 所示的二极管反向截止时的特性曲线。如果以流入集电极的电流 i_C 为纵轴，电压 v_{CB} 为横轴，那么，由于 $i_C=-i_D$，$v_{CB}=-v_D$，所以在 i_C、v_{CB} 构成的坐标系中就相当于曲线旋转了 180°，如图 5.1.5b 中贴近横轴的那条曲线。

由于此时发射结没有偏置电压，所以发射极电流为零，即 $I_E=0$。

（2）发射结再加正偏电压时

如图 5.1.4b 所示在基极和发射极之间外加电压 V_{EE}，发射结处于正偏，有利于多子的扩散。这时，高掺杂浓度的发射区向基区注入带负电荷的自由电子，形成发射极电流 I_E。注入基区的载流子的带电极性与基区的少子——电子一样，所以在集电结电场力作用下很容易漂移到集电区，形成电流 I_{CN}（电流方向与电子流方向相反）。I_{CN} 和 I_{CBO} 一起构成集电极电流 I_C，即

$$I_C=I_{CN}+I_{CBO} \tag{5.1.1}$$

这时集电极电流明显增大，而且电流的大小主要取决于发射区注入载流子的多少，也就是 I_E 的大小。增大发射结正偏电压 v_{BE}，导致 I_E 增加，集电极电流也会增加，这时 i_C 与 v_{CB} 的关系就如图 5.1.5b 中不断上移的曲线。至此，可以看出发射极电流对集电极电流的控制作用。

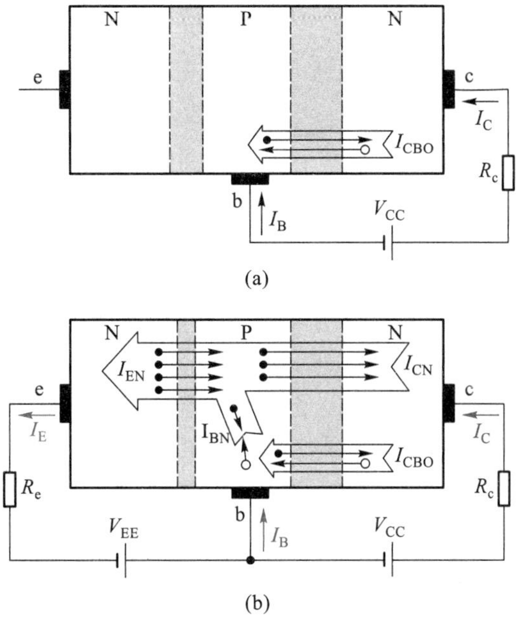

图 5.1.4　BJT 外加偏置电压时载流子的传输过程

（a）仅有集电结反偏电压　（b）同时有集电结反偏和发射结正偏

另外，发射极电流 i_E 与发射结正偏电压 v_{BE} 的关系就是 PN 结正偏时的电压电流关系，如图 5.1.5c 所示。由 3.2 节知识可知，它们满足

$$i_E = I_{ES}(e^{v_{BE}/V_T} - 1) \approx I_{ES}e^{v_{BE}/V_T} \quad (v_{BE} \gg V_T) \tag{5.1.2}$$

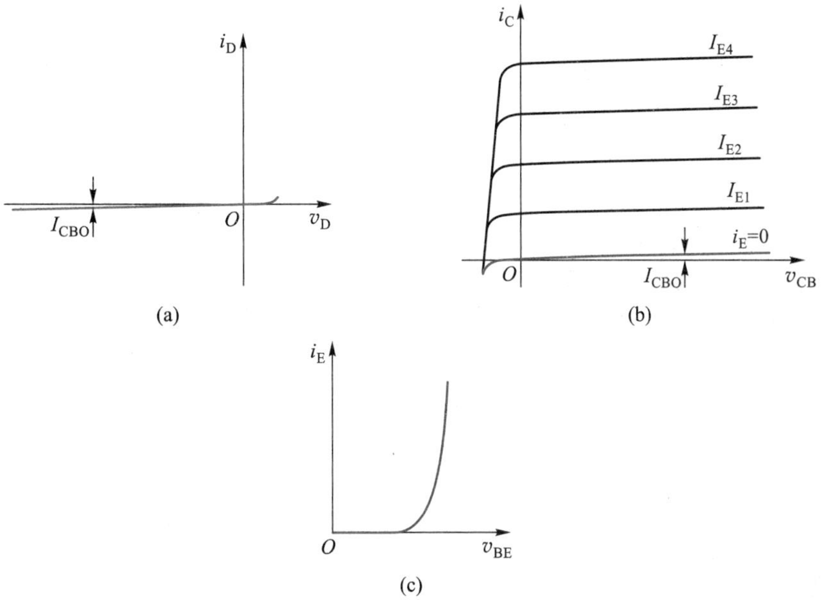

图 5.1.5　BJT 控制关系曲线

（a）二极管反向截止区曲线　（b）不同 i_E 下的 i_C 与 v_{CB} 的关系　（c）i_E 与 v_{BE} 的关系

其中 I_{ES}是发射结反向饱和电流，其值很小，一般为 $10^{-12} \sim 10^{-15}$ A。

由此看出，改变发射结正偏电压就可以改变发射极电流，从而改变集电极电流，这就是 BJT 中的控制关系。显然，它也是非线性的，而且所需工作条件是：发射结正偏，集电结反偏。

以上过程还需注意几个细节：

① 发射区注入基区的自由电子，除了被集电区收集外，还有一部分与基区的多子——空穴复合，形成基区复合电流 I_{BN}，它与 I_{CBO}一起形成基极电流 I_B

$$I_B = I_{BN} - I_{CBO} \tag{5.1.3}$$

但是由于基区很薄，掺杂浓度又低，所以来自发射区的载流子，在基区被复合掉的只是一小部分，更多的是形成了集电极电流，所以 I_C远大于 I_B。

② 发射区注入基区的载流子看上去与基区少子一样，都是自由电子，但实际上它们有本质的差别，因为来自发射区的自由电子绝大部分是由掺杂引起的、而非本征激发产生，所以受温度影响小，但是集电结电场对它们产生的作用是相同的。

③ 当发射结正向偏置时，基区的多子——空穴也会向发射区扩散，但是因为基区掺杂浓度远远低于发射区，所以通常忽略它们的影响。发射极电流 I_E就近似等于发射区注入基区的载流子形成的电流 I_{EN}。

实际上，当集电结零偏压时，PN 结的内电场仍然存在，也能收集发射区注入基区的载流子，只要外部回路条件成立，就能形成集电极电流。当然，集电结在正偏电压作用下，其内电场被削弱，无法收集载流子，就不能形成集电极电流了。

由图 5.1.4b 看出，BJT 三个电极的电流关系满足

$$I_E = I_B + I_C \tag{5.1.4}$$

以上看出，BJT 中两种带电极性的载流子——自由电子和空穴均参与了导电，这有别于单极型的 FET，所以称为双极型器件，BJT 因此而得名。

2. BJT 放大状态下的控制关系

（1）I_E对 I_C的控制

为了突出发射结电压对集电极电流的控制，就希望在相同的 I_E下产生更大的 I_C，亦即尽可能减少载流子在基区的复合比例。这样，就需要基区掺杂浓度远低于发射区，并且基区尽可能薄，使发射区注入的载流子很快到达集电结附近，被集电区收集。换言之，基区掺杂浓度与发射区掺杂浓度的差异和基区尺寸决定了载流子在基区的复合比例。BJT 一旦制成，这个比例也就确定了，且不受外加电压的影响。通常定义 $\overline{\alpha}$ 来描述这个比例，即

$$\overline{\alpha} = \frac{\text{传输到集电极的电流}}{\text{发射极注入电流}} = \frac{I_{CN}}{I_E} \tag{5.1.5}$$

将式(5.1.1) 代入式(5.1.5)得

$$\overline{\alpha} = \frac{I_C - I_{CBO}}{I_E} \quad \text{或} \quad I_C = \overline{\alpha} I_E + I_{CBO} \tag{5.1.6a}$$

通常 $I_C \gg I_{CBO}$，则

$$I_C \approx \overline{\alpha} I_E \tag{5.1.6b}$$

由控制关系可知，集电极电流是受控量，常作为双口网络的输出电流，发射极电流作为

输入电流，所以，$\bar{\alpha}$ 也称为电流放大系数。$\bar{\alpha}$ 越大，载流子在基区的复合比例越低。显然，$\bar{\alpha}$ 小于 1，但通常都接近 1，一般在 0.98 以上。式(5.1.6b)体现了 BJT 的 I_E 对 I_C 的控制。

(2) I_B 对 I_C 的控制

还有一个更常用的电流放大系数 $\bar{\beta}$，定义为

$$\bar{\beta}=\frac{I_{CN}}{I_{BN}} \tag{5.1.7}$$

将式(5.1.1)和式(5.1.3)代入式(5.1.7)得

$$\bar{\beta}=\frac{I_C-I_{CBO}}{I_B+I_{CBO}} \quad 或 \quad I_C=\bar{\beta}I_B+(1+\bar{\beta})I_{CBO} \tag{5.1.8a}$$

当 $\bar{\beta}I_B \gg (1+\bar{\beta})I_{CBO}$ 时，有

$$I_C \approx \bar{\beta}I_B \tag{5.1.8b}$$

$\bar{\beta}$ 与 $\bar{\alpha}$ 有同样的性质，它是从另一个角度反映载流子在基区的复合比例。$\bar{\beta}$ 越大，复合比例越低。显然，BJT 一旦制成，$\bar{\beta}$ 也就确定了。$\bar{\beta}$ 一般远大于 1，通常在几十到几百之间。式(5.1.8b)可以看作是 I_B 对 I_C 的控制。

(3) $\bar{\beta}$ 与 $\bar{\alpha}$ 的关系

将式(5.1.4)代入式(5.1.6a)并整理得

$$I_C=\frac{\bar{\alpha}}{1-\bar{\alpha}}I_B+\frac{1}{1-\bar{\alpha}}I_{CBO} \tag{5.1.9}$$

对比式(5.1.8a)和式(5.1.9)可以得到 $\bar{\beta}$ 与 $\bar{\alpha}$ 的关系：

$$\bar{\beta}=\frac{\bar{\alpha}}{1-\bar{\alpha}} \tag{5.1.10}$$

(4) 关于 I_{CBO} 和 I_{CEO}

将式(5.1.8b)代入式(5.1.4)得到发射极电流与基极电流的关系：

$$I_E=I_B+I_C=(1+\bar{\beta})I_B \tag{5.1.11}$$

另外，式(5.1.8a)可继续表示为

$$I_C=\bar{\beta}I_B+(1+\bar{\beta})I_{CBO}=\bar{\beta}I_B+I_{CEO} \tag{5.1.12}$$

其中

$$I_{CEO}=(1+\bar{\beta})I_{CBO} \tag{5.1.13}$$

是集电极与发射极之间的反向饱和电流，常称为穿透电流。对比式(5.1.11)和式(5.1.13)看出，I_{CEO} 相当于 I_{CBO} 在基区通过 I_B 对 I_E 的控制关系产生的发射极电流。尽管 I_{CBO} 被放大了 $(1+\bar{\beta})$ 倍，但在放大区，它还是远小于 $\bar{\beta}I_B$，一般可以忽略。

要注意，电流 I_{CBO} 不是发射区载流子形成的电流(参见图 5.1.4)，不受发射结电压控制，因而对放大没有贡献。而且它与温度密切相关，所以会影响 BJT 的温度稳定性。

3. BJT 放大信号时的三种连接方式

与 MOS 管相似，BJT 用作信号放大时也是构成双口网络，也有三种组态，即共基极组态、共发射极(简称共射极)组态和共集电极组态，如图 5.1.6 所示。要特别注意，集电极始终不能做输入端子，基极始终不能做输出端子，这是由 BJT 内部载流子的控制关系决定的。

无论哪种连接方式，要使 BJT 有放大作用，都必须保证发射结正偏、集电结反偏，其内部

载流子的传输过程是相同的，电极间电流控制关系也是相同的。

由式(5.1.6b)和式(5.1.8b)可知，i_C与i_E或i_B的控制关系是线性的，但i_E或i_B与v_{BE}是指数关系，而且$\overline{\alpha}$就是共基极的电流放大系数，$\overline{\beta}$就是共射极的电流放大系数。由式(5.1.11)可知，i_B也可以控制i_E，所以i_E也可作为输出电流（参见图5.1.6c）。

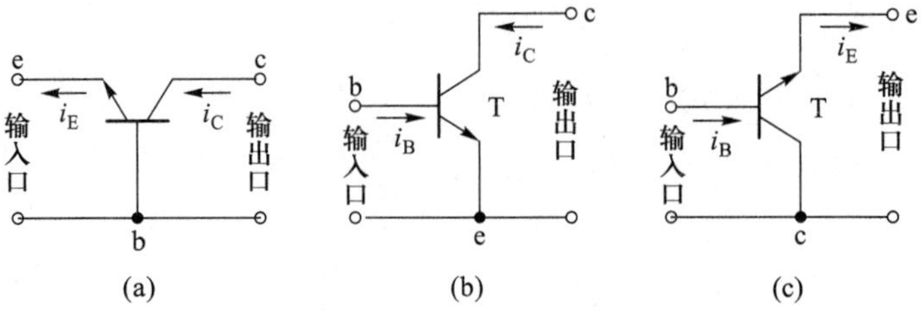

图 5.1.6　BJT 的三种连接方式

（a）共基极　（b）共发射极　（c）共集电极

5.1.3　BJT 的 *I–V* 特性曲线

对于图5.1.6所示的连接方式，都可以用BJT的端口特性曲线定量描述它的电压电流关系。与MOS管不同，BJT三个电极都是有电流的，所以工程上常用的是输入特性和输出特性，而非转移特性。输入特性曲线用来描述输入端口电压和电流之间的关系，而输出特性曲线则描述输出端口电压和电流的关系。

1. 共基极连接时的 *I–V* 特性曲线

BJT共基极连接时，端口电流和电压如图5.1.7所示。注意，这里为了与发射结正偏电压极性一致，输入端口电压极性标注以b极为正。

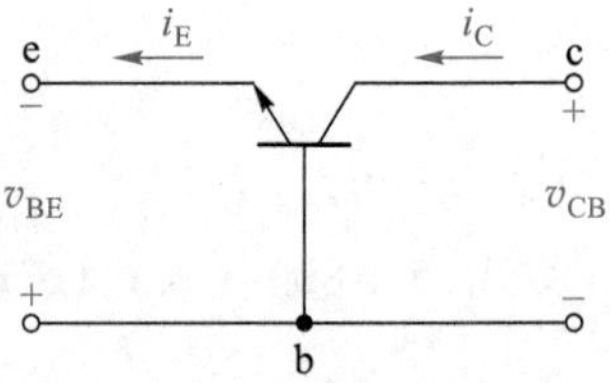

图 5.1.7　共基极连接

（1）输入特性

当v_{CB}为某一常数时，输入端口的i_E与v_{BE}之间的关系曲线称为共基极输入特性曲线，用函数表示为

$$i_E = f(v_{BE})\big|_{v_{CB}=\text{常数}}$$

对比图5.1.7和图5.1.4b，它们的连接相同，所以输入特性曲线如图5.1.5c所示。

（2）输出特性

当i_E为某一常数时，输出端口的i_C与v_{CB}间的关系曲线称为共基极输出特性曲线，用函数表示为

$$i_C = f(v_{CB})\big|_{i_E=\text{常数}}$$

同样，图5.1.5b所示为输出特性曲线。

2. 共射极连接时的 *I–V* 特性曲线

共射极连接形式如图5.1.8所示。

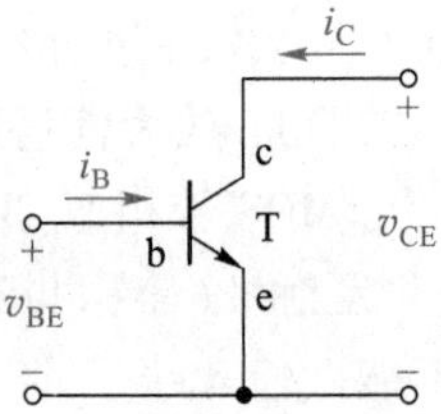

图 5.1.8　共射极连接

（1）输入特性

共射极连接时的输入特性曲线描述了当输出电压v_{CE}为某一常数时，输入端口的i_B与v_{BE}之间的关系，用函数表示为

$$i_B = f(v_{BE})\big|_{v_{CE}=常数}$$

由于 i_B 是流过发射结电流的一部分，所以它与 v_{BE} 也呈指数关系，在发射结正偏时，输入特性曲线就是 PN 结的正向 $I-V$ 特性曲线。图 5.1.9 是 NPN 型硅 BJT 共射极连接时的输入特性曲线。图中绘出了对应 v_{CE} 三种不同值时的情况。

v_{CE} 对曲线产生影响的原因解释如下：共射极连接时，集电结反偏电压 $v_{CB} = v_{CE} - v_{BE}$。在 v_{BE} 不变的情况下，当 v_{CE} 较小时，集电结可能处于正偏或反偏电压很小，集电区收集载流子的能力较弱，载流子在基区停留时间变长，复合机率增大，i_B 较大。随着 v_{CE} 的增加，集电结反偏电压 v_{CB} 也增大，收集载流子能力增强，发射区注入基区的载流子在基区停留时间变短；与此同时，反偏电压也使集电结空间电荷区变宽，从而使基区的有效宽度减小（参见图 5.1.4b），这两种变化都使载流子在基区的复合机会减少，结果使 i_B 减小。意味着在同样的 v_{BE} 下 i_B 减小，特性曲线右移。通常将 v_{CE} 变化引起基区有效宽度变化，致使基极电流 i_B 变化的效应称为**基区宽度调制效应**。

实际上，当 $v_{CE}>1$ V 以后，其影响已经很小。因为这时集电结的电场已足够强，几乎能收集到所有可收集的载流子，以至于 v_{CE} 再增加时，i_B 也不再明显减小，常用一条曲线代替。

由图 5.1.9 看出，硅发射结正向导通时，其压降与硅二极管正向压降相同，约为 0.7 V。

（2）输出特性

共射极连接时的输出特性曲线描述了当输入电流 i_B 为某一常数时，输出端口的 i_C 与 v_{CE} 间的关系，用函数表示为

$$i_C = f(v_{CE})\big|_{i_B=常数}$$

这个曲线可以从共基极输出特性曲线推出。由于 $v_{CB} = v_{CE} - v_{BE}$，对于硅管，v_{BE} 约为 0.7 V，即 $v_{CB} \approx v_{CE} - 0.7$ V，即横轴由 v_{CB} 变换成 v_{CE} 时，相当于纵轴向左平移约 0.7 V，即由图 5.1.5b 变换到了图 5.1.10。同时，不同的曲线，对应不同的 i_B 而非 i_E。

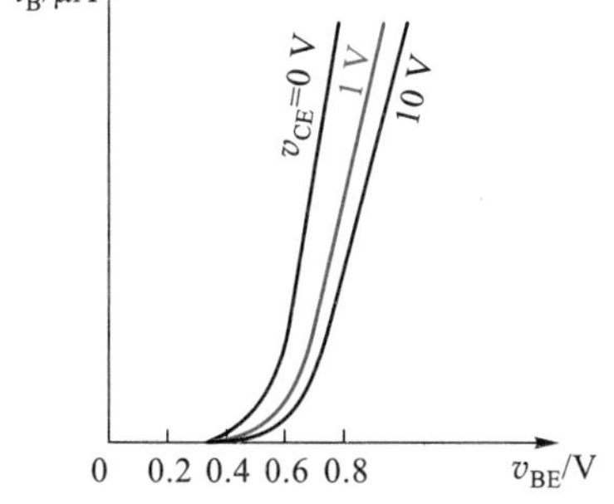

图 5.1.9 NPN 型硅 BJT 共射极连接时的输入特性曲线

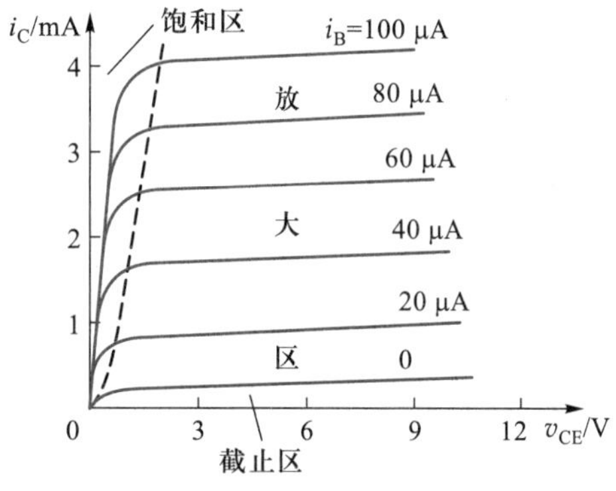

图 5.1.10 NPN 型硅 BJT 共射极连接时的输出特性曲线

当 v_{CE} 等于零时，v_{CB} 约为 −0.7 V，集电结正偏，没有收集载流子的能力。所以集电极电流为零。

可以看出，BJT 的输出特性曲线与 MOS 管的输出特性曲线形状相似，只是控制关系不

同，但同样可分为三个工作区域：放大区、饱和区和截止区（图中的截止区范围有所夸大，实际上对硅管而言，$i_B=0$ 的那条曲线几乎与横轴重合）。

① 放大区

$i_B=0$ 上方特性曲线基本水平的区域是放大区。BJT 工作在放大区时，发射结正偏电压大于开启电压，而集电结反偏。i_C 主要受 i_B 控制，有 $i_C=\overline{\beta}i_B$。

实际上曲线随着 v_{CE} 的增加略微上倾，反映了 v_{CE} 对 i_C 略有影响，这便是基区宽度调制效应带来的影响，类似于 MOS 管的沟道长度调制效应（参见图 4.1.10）。BJT 也有一个与 MOS 管类似的厄利电压 V_A。

② 饱和区

横轴上方左侧特性曲线快速上升的区域是饱和区。在该区域内，v_{CE} 较小，集电结收集载流子的能力较弱，这时即使 i_B 增加，i_C 也增加不多，或者基本不变，有 $i_C<\overline{\beta}i_B$。但 i_C 随 v_{CE} 的增加而迅速上升。

在饱和区，发射结正偏，集电结正偏，即 $v_{CE}\leqslant v_{BE}$。对于小功率管，认为当 $v_{CE}=v_{BE}$（即集电结零偏）时，BJT 处于饱和区与放大区的临界点，也称临界饱和（或临界放大），对应于图 5.1.10 中的虚线位置。但在实际应用中，当集电结零偏或正偏电压较小（硅管小于 0.4 V，锗管小于 0.1 V）时，集电结内电场仍有收集载流子的能力，电流的控制关系和放大状态接近。

③ 截止区

在该区域，发射结偏置电压小于 PN 结的开启电压，BJT 无法导通，$i_B=0$。此时，虽有 $i_C=I_{CEO}$，但小功率管的 I_{CEO} 通常很小，可以忽略不计，即 $i_C\approx 0$。

以上结论对 PNP 型 BJT 同样适用，只是两者所需的偏置电压极性相反，产生的电流方向也相反。

5.1.4 BJT 的主要参数

1. 电流放大系数

（1）直流电流放大系数 $\overline{\beta}$

$$\overline{\beta}=(I_C-I_{CEO})/I_B \tag{5.1.14a}$$

当 $I_C\gg I_{CEO}$ 时，$\overline{\beta}$ 可近似表示为

$$\overline{\beta}\approx I_C/I_B \tag{5.1.14b}$$

在数据手册中，$\overline{\beta}$ 通常被标注为 h_{fe}。在理想情况下，对于给定的 BJT，$\overline{\beta}$ 是个常数。实际上它仅在 i_C 的一定范围内基本不变，超出范围后会明显下降。

（2）交流电流放大系数 β

β 定义为集电极电流变化量与基极电流变化量之比，即

$$\beta=\left.\frac{\Delta i_C}{\Delta i_B}\right|_{v_{CE}=\text{常数}} \tag{5.1.15}$$

β 反映动态（交流工作状态）时的电流放大特性。在绝大部分情况下认为 $\beta\approx\overline{\beta}$，即两者可混用。无特别说明时，本书后面均将两者混用。

由于元器件参数具有分散性，所以数据手册通常将 β 标注为一个范围。分立元件 BJT

的 β 一般为几十到几百,集成电路中 BJT 的 β 值差异很大,可小到低于 10,如横向 PNP 型管,大到数千,如超 β 管。

另一个电流放大系数 α 可以通过 β 由式(5.1.10)求得。

2. 极间反向电流

(1) 集电极-基极反向饱和电流 I_{CBO}

I_{CBO}是发射极开路时,由少子形成的集电结反向饱和电流。它受温度影响较大,小功率硅管的 I_{CBO}一般小于 1 μA,小功率锗管约为 10 μA。

(2) 集电极-发射极反向饱和电流 I_{CEO}

I_{CEO}是基极开路时,由集电区穿过基区流向发射区的反向饱和电流,也常称为穿透电流。其值越小性能越好,温度稳定性越高。

3. 极限参数

(1) 集电极最大允许电流 I_{CM}

β 值下降到一定值时的 i_C 即为 I_{CM}。当工作电流 I_C 大于 I_{CM} 时,BJT 不一定会烧坏,但 β 值将过小,放大能力下降。

(2) 集电极最大允许耗散功率 P_{CM}

虽然 BJT 内的两个 PN 结上都会消耗功率,但一般情况下,集电结上的电压降远大于发射结上的电压降,因此与发射结相比,集电结上耗散的功率 P_C 要大得多,其值近似为 $P_C \approx i_C v_{CE}$。BJT 工作时不得超过最大允许耗散功率 P_{CM} 值,否则器件将烧毁。P_{CM} 的大小与最高结温和环境温度及 BJT 的散热条件有关。

(3) 反向击穿电压

① $V_{(BR)EBO}$

指集电极开路时,发射极-基极间的反向击穿电压。在正常放大状态时,发射结是正偏的。而在某些场合,例如工作在大信号或者开关状态时,发射结上就有可能出现较大的反向电压,所以要考虑发射结反向击穿电压的大小。小功率管的 $V_{(BR)EBO}$一般为几伏。

② $V_{(BR)CBO}$

指发射极开路时集电极-基极间的反向击穿电压,其值较高,通常为几十伏,有些 BJT 可达几百伏。

③ $V_{(BR)CEO}$

指基极开路时集电极-发射极间的击穿电压。这个电压的大小与穿透电流 I_{CEO} 直接相关,当 V_{CE} 增加使 I_{CEO} 明显增大时,表明集电结出现雪崩击穿。

与 MOS 管类似,大部分极限参数也可以反映在输出特性坐标系中,如图 5.1.11 所示。

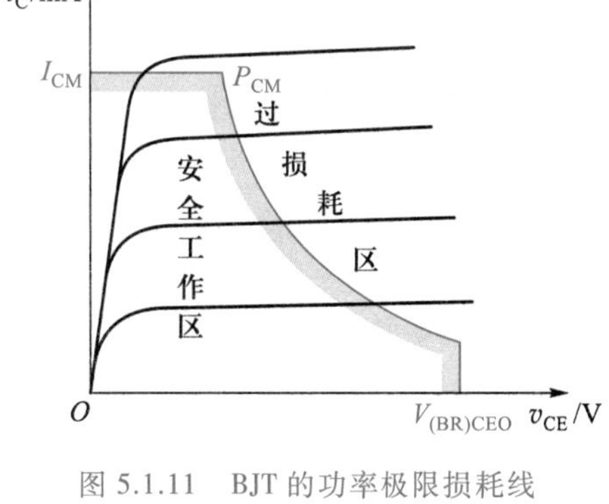

图 5.1.11 BJT 的功率极限损耗线

表 5.1.1 列出了几种 BJT 的主要参数。

表 5.1.1 几种 BJT 的主要参数

参数名称	最大集电极-基极电压	最大集电极-发射极电压	最大发射极-基极电压	最大集电极电流	最大耗散功率	电流放大系数	集电极-发射极饱和压降	集电极-基极反向饱和电流	截止穿透电流	管型
参数符号	$V_{(BR)CBO}$ /V	$V_{(BR)CEO}$ /V	$V_{(BR)EBO}$ /V	I_{CM} /mA	P_{CM} /W	h_{fe}	V_{CES}/V	I_{CBO}/nA	I_{CEO} /nA	
2N3904	60	40	6	200	1.5	100~400	<0.3 (I_C = 50 mA)		<50	硅 NPN
2N3906	-40	-40	-6	-200	0.5	100~300	$\lvert V_{CES}\rvert$<0.2 (I_C = -50 mA)	$\lvert I_{CBO}\rvert$<50		硅 PNP
9013①	45	25	5	500	0.625	64~300	<0.6 (I_C = 500 mA)		<100	硅 NPN
9015	-50	-45	-5	-100	0.45	60~600	$\lvert V_{CES}\rvert$<0.7 (I_C = -100 mA)	$\lvert I_{CBO}\rvert$<50		硅 PNP
9018	30	15	5	50	0.4	28~198	<0.5 (I_C = 10 mA)		<50	硅 NPN

① 9013 的 $V_{(BR)CBO}$、$V_{(BR)CEO}$和 $V_{(BR)EBO}$的值是击穿电压值。

复习思考题

5.1.1 能否将 BJT 的发射极 e、集电极 c 交换使用？为什么？

5.1.2 v_{BE}和 v_{CE}要各加什么极性的电压，才能使 PNP 型 BJT 工作在放大区？使其处于截止及饱和状态时的条件分别是什么？

5.1.3 BJT 是通过什么方式来控制集电极电流的？试说明集电极电流和基极电流的组成部分。

5.1.4 BJT 的电流放大系数 α、β 是如何定义的，能否从共射极输出特性曲线上求得 β 值，并算出 α 值？

5.1.5 用哪几个参数可以确定 BJT 的安全工作区？

5.2 BJT 放大电路

5.2.1 基本共射极放大电路

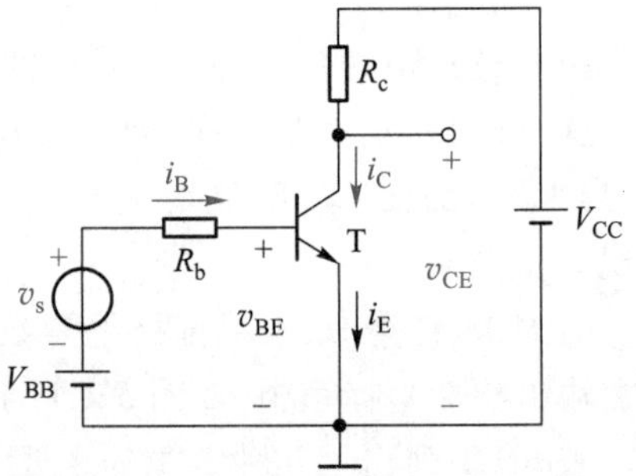

图 5.2.1 基本共射极放大电路

基本共射极放大电路如图 5.2.1 所示。直流电源 V_{BB}通过电阻 R_b给 BJT 的发射结提供正偏电压，并产生基极直流电流 I_B（常称为偏流）。直流电源 V_{CC}通过电阻 R_c，并与 V_{BB}和 R_b配合，给集电结提供反偏电压，使 BJT 工作于放大状态。电阻 R_c的另一个作用是将集电极电流 i_C的变化转换为电压的变化，再送到放大电路的输出端。v_s是待放大的时变输入信号,加在基极与发射极之间的输入回路中,输出信号从集电极-发射极间取出,发射极是输入回路与输出回路的共同端,所以称为共射极放大电路。

电路中也是交流量、直流量共存,交流量叠加在直流量上。分析或设计 BJT 放大电路时,也是要先确定直流量,后分析交流性能。

令 $v_s=0$(短路 v_s),通过直流通路可以求得电路的静态工作点 $Q(I_{BQ}、I_{CQ}、V_{CEQ})$。

由基极-发射极回路有

$$I_{BQ}=\frac{V_{BB}-V_{BEQ}}{R_b} \tag{5.2.1}$$

式中,V_{BEQ}常被认为是已知量(发射结处于正向偏置,可用二极管恒压降模型分析),硅管的V_{BEQ}为 0.6~0.7 V,锗管的 V_{BEQ}为 0.2~0.3 V。

由 BJT 放大区的控制关系求得

$$I_{CQ}=\beta I_{BQ} \tag{5.2.2}$$

由集电极-发射极回路有

$$V_{CEQ}=V_{CC}-I_{CQ}R_c \tag{5.2.3}$$

以上计算均假设 BJT 工作于放大区,如果参数不合适,结果可能不满足工作在放大区时两个 PN 结的偏置条件。

当 $v_s\neq 0$ 时,BJT 各电极电流及电压都在 Q 点的基础上随输入信号作相应的变化。$v_{BE}=V_{BEQ}+v_{be}$, v_{be}是 v_s在发射结上产生的交流电压($v_{be}\ll V_{BEQ}$)。v_{BE}的变化必然导致 i_B、i_C产生相应变化,即 $i_B=I_{BQ}+i_b$,$i_C=I_{CQ}+i_c$,其中 $i_c=\beta i_b$是交流电流。同时有 $v_{CE}=V_{CC}-i_CR_c=V_{CEQ}+v_{ce}$。将 v_{ce}用适当方式取出就得到该放大电路的输出电压 v_o。

5.2.2 BJT 放大电路的图解分析

与 FET 放大电路类似,BJT 放大电路也可以用图解分析。

1. 静态工作点的图解分析

将图 5.2.1 所示电路改画成图 5.2.2 的形式,并用点画线把电路分成三部分。

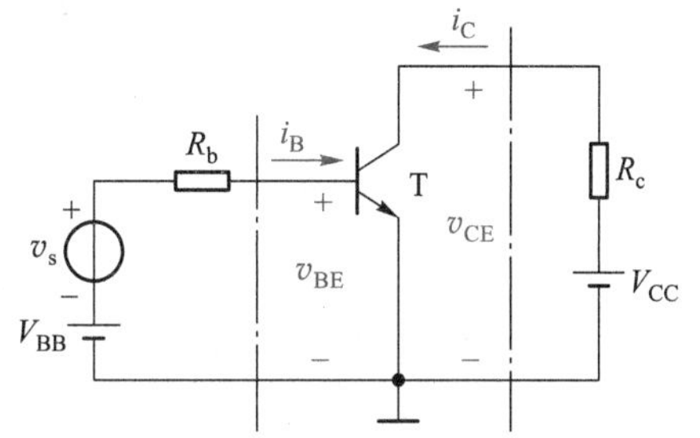

图 5.2.2 基本共射极放大电路原理图

令 $v_s=0$,可列出输入回路中点画线左侧的回路直线方程 $v_{BE}=V_{BB}-i_BR_b$。在输入特性坐标系中作出该直线如图 5.2.3a 所示。它与输入特性曲线的交点就是电路的静态工作点 Q,由此得到 V_{BEQ}和 I_{BQ}。图中的直线也称为输入直流负载线。

列出输出回路中点画线右侧的负载线方程 $v_{CE}=V_{CC}-i_CR_c$。在输出特性坐标系中作出该直线如图 5.2.3b 所示,其斜率为 $-1/R_c$。它与 I_{BQ}对应的那条特性曲线的交点便是 Q 点,由此得到 V_{CEQ}和 I_{CQ}。

2. 动态工作情况的图解分析

当 $v_s=V_{sm}\sin\omega t$ 时,有 $v_{BE}=V_{BB}+v_s-i_BR_b$,相应的输入负载线是一组斜率为 $-1/R_b$,且随 v_s变化而平行移动的直线,如图 5.2.4a 所示。根据负载线与输入特性曲线交点的移动过程,可画出 v_{BE}和 i_B的波形。

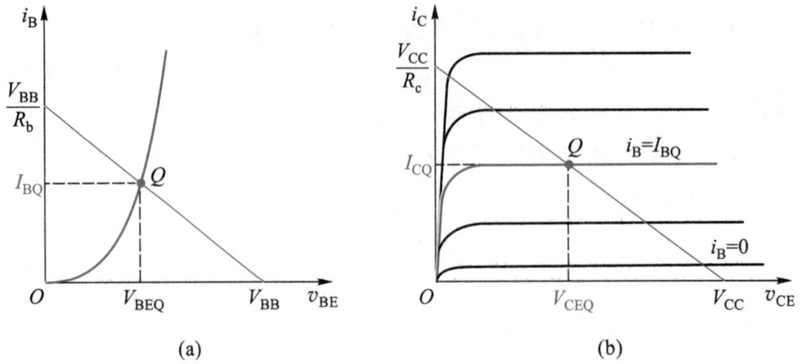

图 5.2.3 静态工作点的图解分析
（a）输入回路的图解分析 （b）输出回路的图解分析

图 5.2.4a 中，i_B 在 i_{B1} 和 i_{B2} 之间的变化，将引起图 b 中输出特性曲线与负载线的交点 Q 在 Q' 和 Q'' 之间变化，由此便可画出 i_C 及 v_{CE} 的波形，如图 5.2.4b 所示。v_{ce} 就是输出电压 v_o，它是与 v_s 同频率的正弦波，但二者的相位相反。用 v_{ce} 的幅值除以 v_s 的幅值就是电路的电压放大倍数。

图 5.2.4b 中的 V_{CES} 是 BJT 集电极-发射极饱和压降，V_{CES} 的典型值约为 0.2 V。

显然，Q 点过高，Q' 点容易进入饱和区而使输出波形出现饱和失真；Q 点过低，容易使 Q'' 点进入截止区而产生截止失真。表明要使 BJT 放大电路不失真地放大输入信号，必须设置合适的静态工作点 Q。

5.2.3 BJT 的小信号模型

与 FET 类似，BJT 也是一个非线性器件，在输入为低频小信号的情况下，也可以用线性化的小信号模型代替 BJT，从而将 BJT 放大电路当作线性电路来分析。

BJT 有多种小信号模型，这里仅介绍使用最广泛的混合（hybrid，H）参数模型，常称为 H 参数小信号模型。

1. BJT 的 H 参数的引出

在图 5.2.5a 所示的双口网络中，分别用 v_{BE}、i_B 和 v_{CE}、i_C 表示输入端口和输出端口的电压及电流。若以 i_B、v_{CE} 作自变量，v_{BE}、i_C 作因变量，由 BJT 的输入、输出特性曲线可写出以下两个方程式：

$$v_{BE}=f_1(i_B,v_{CE}) \tag{5.2.4}$$

$$i_C=f_2(i_B,v_{CE}) \tag{5.2.5}$$

式中 i_B、i_C、v_{BE}、v_{CE} 均为总量瞬时值，而小信号模型是指 BJT 在交流低频小信号工作状态下的模型，这时要考虑的是电压、电流间的微变关系。为此，对上两式取全微分，即

$$dv_{BE}=\left.\frac{\partial v_{BE}}{\partial i_B}\right|_{V_{CEQ}}di_B+\left.\frac{\partial v_{BE}}{\partial v_{CE}}\right|_{I_{BQ}}dv_{CE} \tag{5.2.6}$$

$$di_C=\left.\frac{\partial i_C}{\partial i_B}\right|_{V_{CEQ}}di_B+\left.\frac{\partial i_C}{\partial v_{CE}}\right|_{I_{BQ}}dv_{CE} \tag{5.2.7}$$

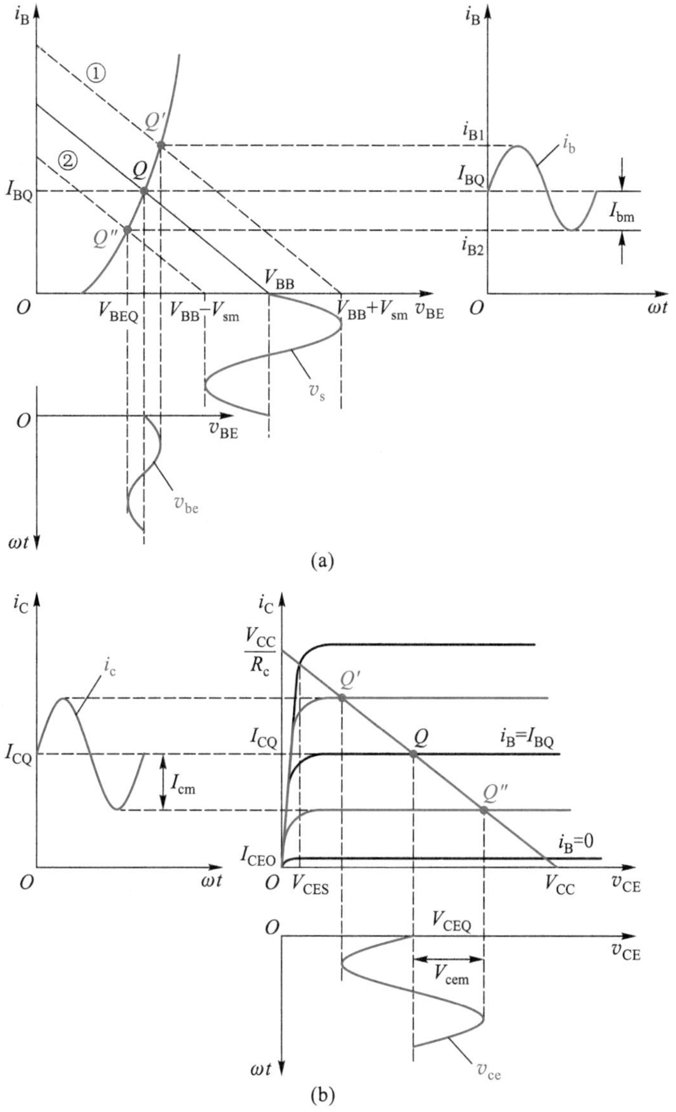

图 5.2.4　动态工作情况的图解分析

（a）由 v_s 在输入特性曲线上画 v_{BE} 及 i_B 的波形　（b）由 i_B 在输出特性曲线上画 i_C 及 v_{CE} 的波形

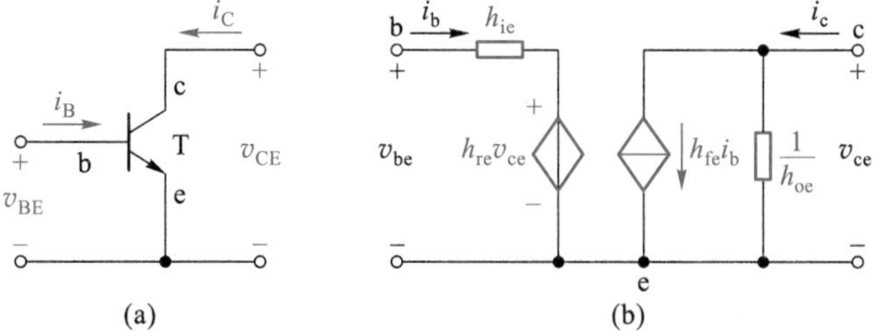

图 5.2.5　BJT 的双口网络及 H 参数小信号模型

（a）BJT 在共射极连接时的双口网络　（b）H 参数小信号模型

式中，dv_{BE}表示 v_{BE}中的变化量，若输入为低频小幅值的正弦波信号，则 dv_{BE}可用 v_{be}（发射结电压中的交流分量）表示。同理，dv_{CE}、di_B、di_C 可分别用 v_{ce}、i_b、i_c 表示。于是，可将式(5.2.6)、式(5.2.7)写成下列形式：

$$v_{be}=h_{ie}i_b+h_{re}v_{ce} \tag{5.2.8}$$

$$i_c=h_{fe}i_b+h_{oe}v_{ce} \tag{5.2.9}$$

式中，h_{ie}、h_{re}、h_{fe}、h_{oe}称为 BJT 共射极连接时的 H 参数①。其中

$h_{ie}=\left.\dfrac{\partial v_{BE}}{\partial i_B}\right|_{V_{CEQ}}$ 是 BJT 输出端交流短路（即 $v_{ce}=0$，$v_{CE}=V_{CEQ}$）时的输入电阻，即小信号作用下 b-e 极间的交流电阻，单位为 Ω（欧[姆]），也常用 r_{be}表示。

$h_{fe}=\left.\dfrac{\partial i_C}{\partial i_B}\right|_{V_{CEQ}}$ 是 BJT 输出端交流短路时的正向电流传输比，或电流放大系数（量纲为 1），即 β。

$h_{re}=\left.\dfrac{\partial v_{BE}}{\partial v_{CE}}\right|_{I_{BQ}}$ 是 BJT 输入端交流开路（即 $i_b=0, i_B=I_{BQ}$）时的反向电压传输比（量纲为 1）。它反映了 BJT 输出回路电压 v_{CE}对输入回路电压 v_{BE}的影响程度。

$h_{oe}=\left.\dfrac{\partial i_C}{\partial v_{CE}}\right|_{I_{BQ}}$ 是 BJT 输入端交流开路时的输出电导，单位为 S（西[门子]），也可用$1/r_{ce}$②表示。它就是放大区输出特性曲线倾斜的斜率，反映了电压 v_{CE}对电流 i_C的影响程度。

由于这四个参数的量纲各不相同，故称为混合参数。

2. BJT 的 H 参数小信号模型

式(5.2.8)表明，在 BJT 的输入回路中，v_{be}等于两个电压相加，其中一个是 $h_{ie}i_b$，表示输入电流 i_b在 h_{ie}上产生的电压降；另一个是 $h_{re}v_{ce}$，表示输出电压 v_{ce}对输入回路的反作用，可以用一个受控电压源来表示。式(5.2.9)表明，在输出回路中，i_c由两个并联支路的电流相加组成，一个是受基极电流 i_b控制的 $h_{fe}i_b$，可以用受控电流源表示；另一个是由于输出电压 v_{ce}加在输出电阻 $1/h_{oe}$上引起的电流 $h_{oe}v_{ce}$。由此可以画出 BJT 的 H 参数小信号模型，如图 5.2.5b 所示。要特别注意以下几点：

① BJT 必须工作在放大区，并且是小信号情况下，模型才是可用的。

② 模型只适用于交流信号或变化量的分析，不能用来分析静态工作点。

③ H 参数的数值大小与 Q 点的位置有关，它们都是在 Q 点上求得的。

④ 受控源 $h_{fe}i_b$的电流方向和控制电流 i_b的方向是关联的。也就是说，改变其中任何一个参考方向的标注方式，另一个也必须改变。

3. 小信号模型的简化

BJT 在共射极连接时，其 H 参数的数量级一般为

---

① H 参数中的第一个下标的意思是：i——输入，r——反向传输，f——正向传输，o——输出。第二个下标 e 表示共射极接法。

② r_{ce}是小信号作用下，c-e 极间的动态电阻，称为共射极连接时 BJT 的输出电阻。

$$h_e=\begin{bmatrix} h_{ie} & h_{re} \\ h_{fe} & h_{oe} \end{bmatrix}=\begin{bmatrix} 10^3\ \Omega & 10^{-3}\sim10^{-4} \\ 10^2 & 10^{-5}\ \text{S} \end{bmatrix}$$

可见 h_{re} 和 h_{oe} 都很小，所以可以忽略它们的影响，即将受控电压源 $h_{re}v_{ce}$ 作短路处理，输出电阻 $1/h_{oe}$ 作开路处理。于是，可得到 BJT 的简化小信号模型，如图 5.2.6 所示。

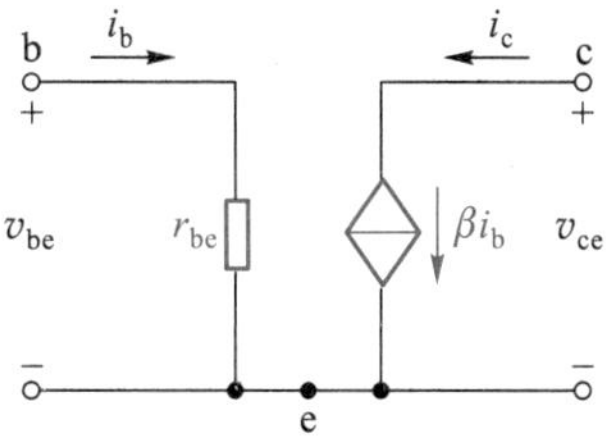

图 5.2.6 BJT 的简化小信号模型

应当注意，如果 BJT 输出回路所接的负载电阻 R_c 或 R_L 与 $1/h_{oe}$（即 r_{ce}）接近时，则应考虑 $1/h_{oe}$ 的影响。

4. H 参数值的确定

当用 H 参数小信号模型替代 BJT 进行交流分析时，必须首先求出 BJT 在静态工作点处的 H 参数值。它们可以从 BJT 的特性曲线上求得，也可用 H 参数测试仪或晶体管特性图示仪测得。此外，r_{be}（即 h_{ie}）可由下式求得：

$$r_{be}=r_{bb'}+(1+\beta)(r_e+r_e') \tag{5.2.10a}$$

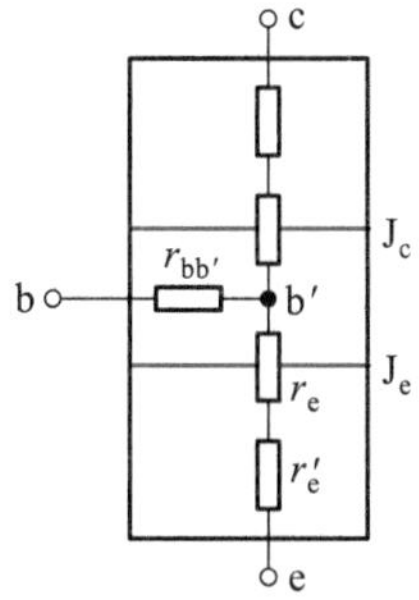

图 5.2.7 BJT 内部交流（动态）电阻示意图

式中，$r_{bb'}$ 为 BJT 基区的体电阻，如图 5.2.7 所示，r_e' 是发射区的体电阻。$r_{bb'}$ 和 r_e' 仅与掺杂浓度及制造工艺有关，基区掺杂浓度比发射区掺杂浓度低，所以 $r_{bb'}$ 比 r_e' 大得多，对于小功率的 BJT，$r_{bb'}$ 为几十至几百欧，而 r_e' 仅为几欧或更小，可以忽略。r_e 为发射结电阻，根据 PN 结的电流方程，可以推导出 $r_e=V_T/I_{EQ}$。常温下 $r_e=26\ \text{mV}/I_{EQ}$，所以常温下，式(5.2.10a)可写成

$$r_{be}=r_{bb'}+(1+\beta)\frac{26\ \text{mV}}{I_{EQ}}\approx200\ \Omega+(1+\beta)\frac{26\ \text{mV}}{I_{EQ}} \tag{5.2.10b}$$

特别需要指出的是：

① 流过 $r_{bb'}$ 的电流是 i_b，流过 r_e 的电流是 i_e，$(1+\beta)r_e$ 是 r_e 折合到基极回路的等效电阻。

② r_{be} 是交流（动态）电阻，只能用来计算 BJT 放大电路的交流性能指标，不能用来求静态工作点 Q 的值，但它的大小与静态电流 I_{EQ} 的大小有关。

③ 式(5.2.10b)的适用范围为 $0.1\ \text{mA}<I_{EQ}<5\ \text{mA}$，超出此范围时，将会产生较大误差。

与 NPN 型 BJT 相比，PNP 型 BJT 只是偏置电压极性相反，电极实际电流方向也相反，但去掉静态，只考虑交流时并无差别，所以它们的小信号模型是相同的。

5.2.4 共射极放大电路

在图 5.2.8a 所示电路中，信号由基极输入、集电极输出，所以它是共射极放大电路。与图 5.2.1 所示的基本共射极放大电路不同，这里信号源、输出信号和工作电源均“共地”。可以看出，由 V_{CC} 出发，经 R_{b1}、发射结、R_e 到地形成的通路，可以为发射结提供正向偏置。通过设置合适的 R_{b1}、R_{b2} 的分压和 R_c 的压降，也可以使集电结处于反偏，所以该电路称为基极分压式射极偏置共射极放大电路。

1. 静态分析

断开耦合电容 C_{b1}、C_{b2} 支路，得到直流通路如图 5.2.9a 所示。BJT 的基极电流会对分压

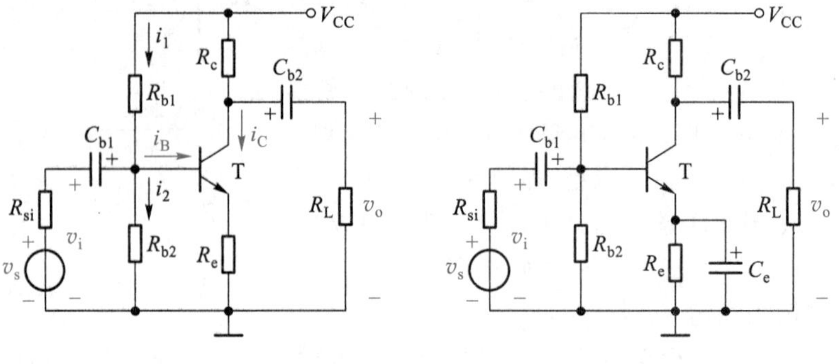

(a) (b)

图 5.2.8 基极分压式射极偏置共射极放大电路

（a）无射极旁路电容 （b）有射极旁路电容

支路产生分流。为此，可以先求出由 M、N 两端向左侧看进去的戴维南等效的直流通路如图 5.2.9b 所示，其中

$$V_{TH}=\frac{R_{b2}}{R_{b1}+R_{b2}}\cdot V_{CC} \tag{5.2.11}$$

是 M、N 两端的开路电压，而

$$R_{TH}=R_{b1}/\!/R_{b2} \tag{5.2.12}$$

是端口等效电阻。此时，根据 KVL 由图 5.2.9b 所示的基极-发射极回路方程为

$$V_{TH}=I_{BQ}R_{TH}+V_{BEQ}+I_{EQ}R_e$$

和电流关系 $I_{EQ}=(1+\beta)I_{BQ}$，可求得基极电流

$$I_{BQ}=\frac{V_{TH}-V_{BEQ}}{R_{TH}+(1+\beta)R_e} \tag{5.2.13}$$

则集电极电流

$$I_{CQ}=\beta I_{BQ}$$

再由输出回路求得

$$V_{CEQ}=V_{CC}-I_{CQ}R_c-I_{EQ}R_e\approx V_{CC}-I_{CQ}(R_c+R_e) \tag{5.2.14}$$

图 5.2.9a 所示电路具有稳定静态工作点的作用，其原理是：当温度升高时，半导体内载流子浓度会升高，导致 I_{CQ} 增大，则在其他参数不变情况下，会有如下调节过程：

$$I_{CQ}\uparrow \longrightarrow V_{EQ}\uparrow \xrightarrow{V_{BQ}\text{不变}} V_{BEQ}\downarrow \longrightarrow I_{BQ}\downarrow \longrightarrow I_{CQ}\downarrow$$

结果使 I_{CQ} 基本维持不变，达到自动稳定静态工作点的目的。但要求 V_{BQ} 不受 I_{BQ} 分流的影响而保持稳定。当电路参数设计满足 $I_1 \gg I_{BQ}$ 时，便可忽略 I_{BQ} 的分流，有

$$V_{BQ}\approx\frac{R_{b2}}{R_{b1}+R_{b2}}\cdot V_{CC} \tag{5.2.15}$$

对比式（5.2.15）和式（5.2.11），相当于 $V_{BQ}\approx V_{TH}$，意味着图 5.2.9b 所示电路中 R_{TH} 上的压降

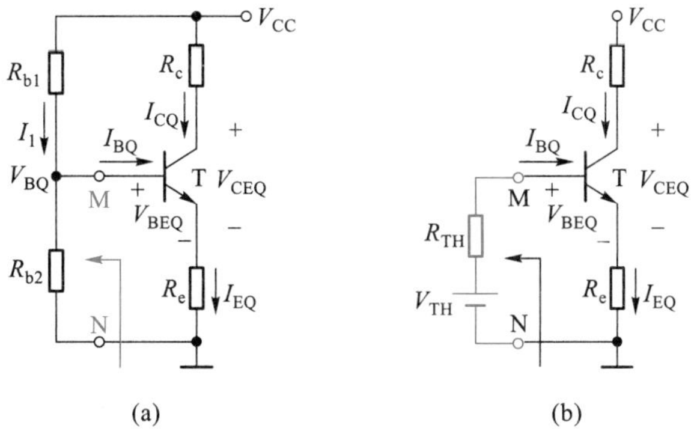

图 5.2.9 基极分压射极偏置电路

(a) 直流通路 (b) 戴维南等效直流通路

可以忽略不计，即要求 $R_{TH} \ll (1+\beta)R_e$。但是 $R_{TH}=R_{b1}/\!/R_{b2}$ 的阻值过小，会增大电路功耗，所以工程上一般选择

$$R_{TH} \approx 0.1(1+\beta)R_e \tag{5.2.16}$$

这时可用 V_{BQ} 替换 V_{TH}，式(5.2.13)可近似为

$$I_{BQ} \approx \frac{V_{BQ}-V_{BEQ}}{(1+\beta)R_e}$$

通常 $\beta \gg 1$，所以

$$I_{CQ}=\beta I_{BQ} \approx \frac{\beta(V_{BQ}-V_{BEQ})}{(1+\beta)R_e} \approx \frac{V_{BQ}-V_{BEQ}}{R_e} \tag{5.2.17}$$

2. 动态分析

假设所有电容对信号而言都可视作短路，将直流电压源置零（接地），并用小信号模型替换 BJT，则得到图 5.2.8a 所示电路的小信号等效电路如图 5.2.10 所示。由式(5.2.10b)可求出 r_{be}。

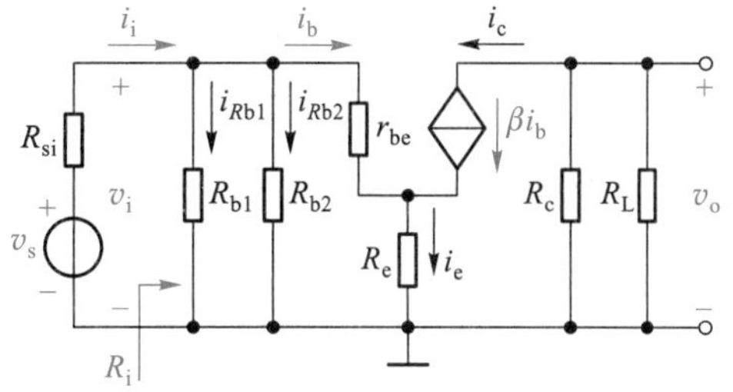

图 5.2.10 图 5.2.8a 所示电路的小信号等效电路

(1) 电压增益 A_v

因为有

$$v_o=-\beta i_b R_L' \quad (\text{式中 } R_L'=R_c/\!/R_L)$$
$$v_i=i_b r_{be}+i_e R_e=i_b r_{be}+(1+\beta)i_b R_e$$

所以

$$A_v=\frac{v_o}{v_i}=-\frac{\beta R_L'}{r_{be}+(1+\beta)R_e} \tag{5.2.18}$$

式中负号表示 v_o 与 v_i 反相。

(2) 输入电阻 R_i

根据图 5.2.10，由 $v_i=i_b[r_{be}+(1+\beta)R_e]$ 和 $i_i=i_b+i_{Rb1}+i_{Rb2}=\dfrac{v_i}{r_{be}+(1+\beta)R_e}+\dfrac{v_i}{R_{b1}}+\dfrac{v_i}{R_{b2}}$ 得

$$R_i=\frac{v_i}{i_i}=\frac{1}{\dfrac{1}{r_{be}+(1+\beta)R_e}+\dfrac{1}{R_{b1}}+\dfrac{1}{R_{b2}}}=R_{b1}/\!/R_{b2}/\!/[r_{be}+(1+\beta)R_e] \tag{5.2.19}$$

此时的源电压增益为

$$A_{vs}=\frac{v_o}{v_s}=\frac{v_o}{v_i}\cdot\frac{v_i}{v_s}=-\frac{\beta R_L'}{r_{be}+(1+\beta)R_e}\cdot\frac{R_i}{R_{si}+R_i}$$

$$=-\frac{\beta R_L'}{r_{be}+(1+\beta)R_e}\cdot\frac{R_{b1}/\!/R_{b2}/\!/[r_{be}+(1+\beta)R_e]}{R_{si}+R_{b1}/\!/R_{b2}/\!/[r_{be}+(1+\beta)R_e]}$$

由式(5.2.18)可看出，接入 R_e后，提高了静态工作点的稳定性，但电压增益也下降了，R_e越大，A_v下降越多。在 R_e两端并联一只大容量的旁路电容 C_e(如图 5.2.8b 所示)，可以解决这一问题。它将 R_e交流短路，式(5.2.18)分母中不再有$(1+\beta)R_e$项，电压增益变成

$$A_v=-\frac{\beta R_L'}{r_{be}} \tag{5.2.20}$$

增加 C_e后，输入电阻变成 $R_i=R_{b1}/\!/R_{b2}/\!/r_{be}$，此时的源电压增益为

$$A_{vs}=\frac{v_o}{v_s}=-\frac{\beta R_L'}{r_{be}}\cdot\frac{R_i}{R_{si}+R_i}=-\frac{\beta R_L'}{r_{be}}\cdot\frac{R_{b1}/\!/R_{b2}/\!/r_{be}}{R_{si}+R_{b1}/\!/R_{b2}/\!/r_{be}}$$

(3) 输出电阻 R_o

如果把 BJT 的输出电阻 r_{ce}考虑进去，根据在输出端口加入测试电压求输出电阻的方法(去掉负载，独立源置零并保留其内阻)，可画出求图 5.2.8a 所示电路输出电阻为 R_o时的等效电路，如图 5.2.11 所示，其中 $R_b=R_{b1}/\!/R_{b2}$。先求出 R_o'，然后再与 R_c并联，即可求得 R_o。

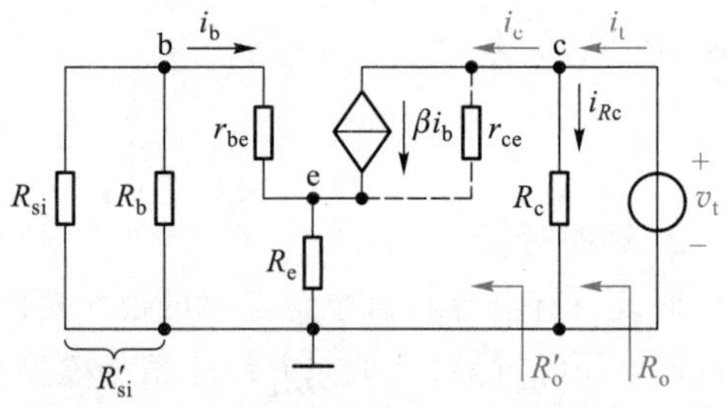

图 5.2.11　求图 5.2.8a 所示电路输出电阻为 R_o时的等效电路

由于流过 R_e 的电流为 i_b+i_c，所以基极回路方程为

$$i_b(r_{be}+R_{si}')+(i_b+i_c)R_e=0$$

而流过 r_{ce}的电流为 $i_c-\beta i_b$，所以集电极回路方程为

$$v_t-(i_c-\beta i_b)r_{ce}-(i_b+i_c)R_e=0$$

由以上两式可解得

$$v_t=i_c\left[r_{ce}+R_e+\frac{R_e}{r_{be}+R_{si}'+R_e}(\beta r_{ce}-R_e)\right]$$

考虑到实际情况下 $r_{ce}\gg R_e$，故有

$$R_o'=\frac{v_t}{i_c}\approx r_{ce}\left(1+\frac{\beta R_e}{r_{be}+R_{si}'+R_e}\right) \tag{5.2.21}$$

于是

$$R_o=\frac{v_t}{i_t}=R_o'/\!/R_c$$

由式(5.2.21)看出 $R_o'>r_{ce}$，且通常 $R_o'\gg R_c$，故有

$$R_o \approx R_c \tag{5.2.22}$$

例 5.2.1 含电流源偏置的共射极放大电路如图 5.2.12 所示。设电路中的 $V_{CC}=V_{EE}=10$ V，电流源的电流 $I_O=1$ mA，$R_b=100$ kΩ，$R_c=R_L=8$ kΩ，$R_{si}=1$ kΩ，所有电容对信号而言都可视作短路，BJT 的 $\beta=100$，$V_{BEQ}=0.7$ V。试求：(1) I_{BQ}、I_{CQ}、V_{BQ}、V_{EQ}、V_{CEQ}；(2) 电路的 $A_v(=v_o/v_i)$、R_i、$A_{vs}(=v_o/v_s)$ 和 R_o。

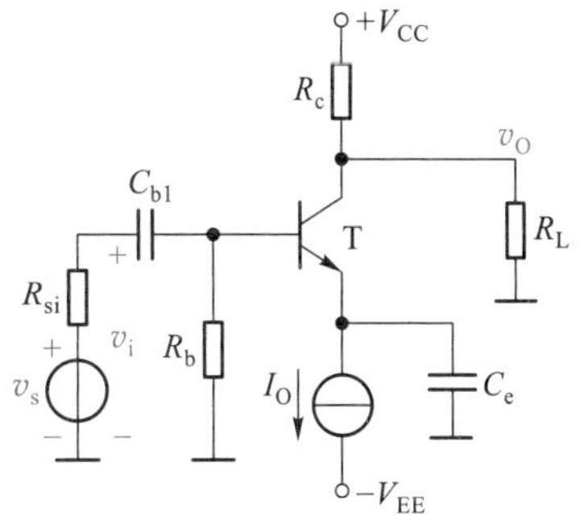

图 5.2.12 例 5.2.1 的电路

解：(1) 将图 5.2.12 中的电容 C_{b1}、C_e 断开，即可得该电路的直流通路如图 5.2.13a 所示。从电流源入手，有

$$I_{BQ}=\frac{I_{EQ}}{1+\beta}=\frac{I_O}{1+\beta}=\frac{1\ \text{mA}}{1+100}\approx 0.01\ \text{mA}$$

$$I_{CQ}\approx I_{EQ}=I_O=1\ \text{mA}$$

$$V_{BQ}=-I_{BQ}R_b=-0.01\ \text{mA}\times 100\ \text{k}\Omega=-1\ \text{V}$$

$$V_{EQ}=V_{BQ}-V_{BEQ}=(-1-0.7)\ \text{V}=-1.7\ \text{V}$$

对集电极节点应用 KCL

$$\frac{V_{CC}-V_{CQ}}{R_c}=I_{CQ}+\frac{V_{CQ}}{R_L}$$

由此得

$$V_{CQ}=\frac{(V_{CC}-I_{CQ}R_c)R_L}{R_c+R_L}=\frac{(10-1\times 8)\ \text{V}\times 8\ \text{k}\Omega}{(8+8)\ \text{k}\Omega}=1\ \text{V}$$

则

$$V_{CEQ}=V_{CQ}-V_{EQ}=(1+1.7)\ \text{V}=2.7\ \text{V}$$

(2) 将图 5.2.12 中的耦合电容和旁路电容短路，将直流电压源 $+V_{CC}$ 和 $-V_{EE}$ 对地短路，直流电流源 I_O 开路，可画出放大电路的小信号等效电路如图 5.2.13b 所示。动态指标求解如下：

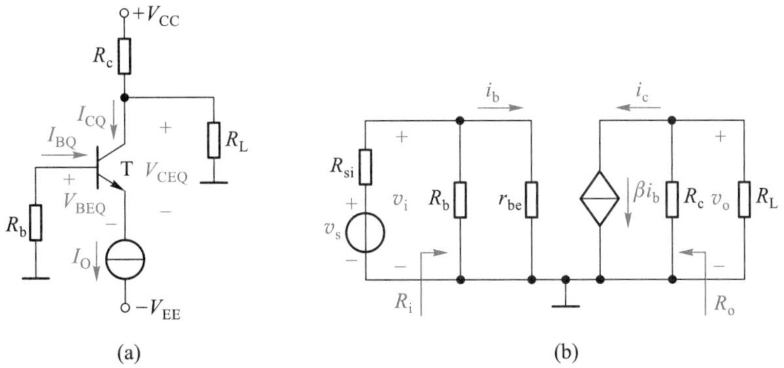

图 5.2.13 图 5.2.12 的等效电路

(a) 直流通路 (b) 小信号等效电路

$$r_{be}=r_{bb'}+(1+\beta)\frac{V_T}{I_{EQ}}=200\ \Omega+(1+100)\frac{26\ \text{mV}}{1\ \text{mA}}\approx 2.8\ \text{k}\Omega$$

$$A_v=\frac{v_o}{v_i}=-\frac{\beta i_b R'_L}{i_b r_{be}}=-\frac{\beta R'_L}{r_{be}}=-\frac{100\times\dfrac{8\times 8}{8+8}\ \text{k}\Omega}{2.8\ \text{k}\Omega}\approx -142.9$$

$$R_i=R_b /\!/ r_{be}=\frac{100\times 2.8}{100+2.8}\ \text{k}\Omega\ \approx 2.7\ \text{k}\Omega$$

对信号源电压的增益需要考虑信号源内阻的损耗，即

$$A_{vs}=\frac{v_o}{v_s}=\frac{v_o}{v_i}\cdot\frac{v_i}{v_s}=A_v\frac{R_i}{R_i+R_{si}}=-142.9\times\frac{2.7\ \text{k}\Omega}{2.7\ \text{k}\Omega+1\ \text{k}\Omega}\approx -104.3$$

$$R_o\approx R_c=8\ \text{k}\Omega$$

5.2.5 共集电极和共基极放大电路

除了上面讨论的共射极放大电路外，还有共集电极和共基极两种 BJT 放大电路，虽然它们的性能指标有差异，但它们的静态、动态分析方法相同。下面做简要讨论。

1. 共集电极放大电路

图 5.2.14a 是共集电极放大电路的原理图，图 5.2.14b、c 分别是它的直流通路和交流通路。由交流通路可见，信号由基极输入、发射极输出，所以该电路为共集电极电路，也称为射极输出器。

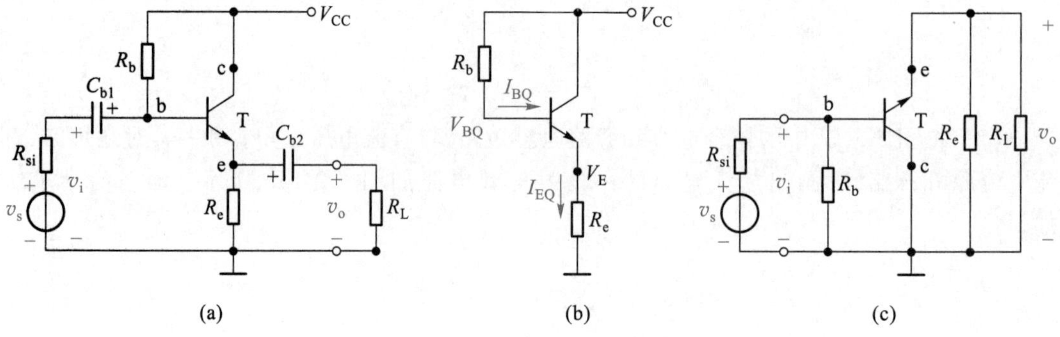

图 5.2.14 共集电极放大电路

（a）原理图 （b）直流通路 （c）交流通路

（1）静态分析

由图 5.2.14b 的直流通路可求得

$$I_{BQ}=\frac{V_{CC}-V_{BEQ}}{R_b+(1+\beta)R_e}\quad 或\quad I_{EQ}=\frac{V_{CC}-V_{BEQ}}{\dfrac{R_b}{1+\beta}+R_e} \tag{5.2.23}$$

$$I_{CQ}=\beta I_{BQ}\approx I_{EQ} \tag{5.2.24}$$

$$V_{CEQ}=V_{CC}-I_{EQ}R_e \tag{5.2.25}$$

(2) 动态分析

用 BJT 的 H 参数简化小信号模型取代图 5.2.14c 中的 BJT，即可得到共集电极放大电路的小信号等效电路，如图 5.2.15 所示。

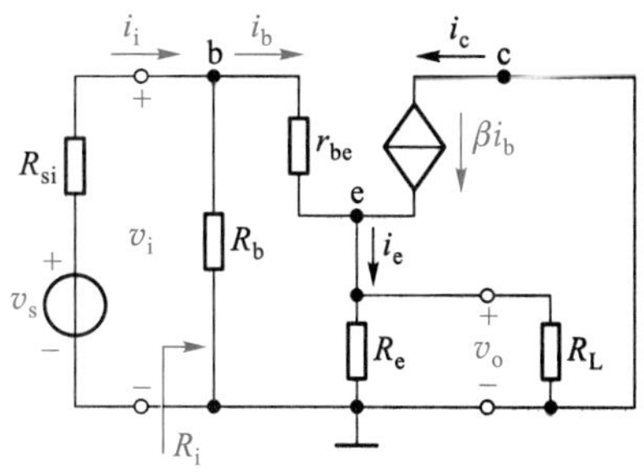

图 5.2.15 共集电极放大电路的小信号等效电路

由图 5.2.15 可分别写出 v_o、v_i 的表达式

$$v_o=(i_b+\beta i_b)(R_e /\!/ R_L)=(1+\beta)i_b R'_L$$

$$v_i=i_b r_{be}+v_o=i_b[r_{be}+(1+\beta)R'_L]$$

则电压增益

$$A_v=\frac{v_o}{v_i}=\frac{(1+\beta)i_b R'_L}{i_b[r_{be}+(1+\beta)R'_L]}=\frac{(1+\beta)R'_L}{r_{be}+(1+\beta)R'_L} \tag{5.2.26}$$

式中 $R'_L=R_e /\!/ R_L$。式(5.2.26)表明 $A_v<1$，且 v_o 与 v_i 同相。通常有 $(1+\beta)R'_L \gg r_{be}$，所以 $A_v \approx 1$，即输出电压 v_o 约等于输入电压 v_i，因此共集电极放大电路又称为电压跟随器。

根据输入电阻定义求得

$$R_i=\frac{v_i}{i_i}=\frac{v_i}{\dfrac{v_i}{R_b}+\dfrac{v_i}{r_{be}+(1+\beta)R'_L}}=R_b /\!/ [r_{be}+(1+\beta)R'_L] \tag{5.2.27}$$

可见，负载会影响输入电阻。

令 $v_s=0$，保留其内阻 R_{si}，将 R_L 开路，然后在输出端加一测试电压 v_t，由此可画出求 R_o 的等效电路如图 5.2.16 所示。

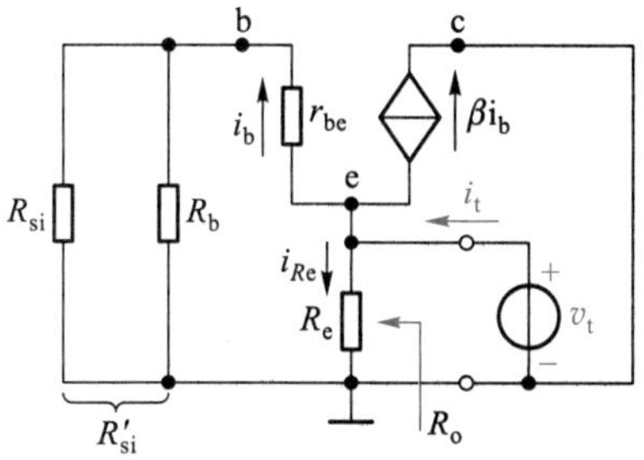

图 5.2.16 计算共集电极放大电路 R_o 的等效电路

由图有

$$i_t=i_b+\beta i_b+i_{Re}=v_t\left(\frac{1}{R'_{si}+r_{be}}+\beta\frac{1}{R'_{si}+r_{be}}+\frac{1}{R_e}\right)$$

式中 $R'_{si}=R_{si} /\!/ R_b$。由此得输出电阻

$$R_o=R_e /\!/ \frac{R'_{si}+r_{be}}{1+\beta} \tag{5.2.28a}$$

通常有 $R_e \gg \dfrac{R'_{si}+r_{be}}{1+\beta}$，所以

$$R_o \approx \frac{R'_{si}+r_{be}}{1+\beta} \tag{5.2.28b}$$

2. 共基极放大电路

如果把信号改到发射极输入、集电极输出，基极交流接地，就构成共基极放大电路。图 5.2.17 便是一种共基极放大电路。图 5.2.18a 是它的直流通路。显然，它就是基极分压式射极偏置电路，由 5.2.4 节的方法就可求得其 Q 点。图 5.2.18b 是图 5.2.17 的小信号等效电路。通过列写电路方程，同样可以求

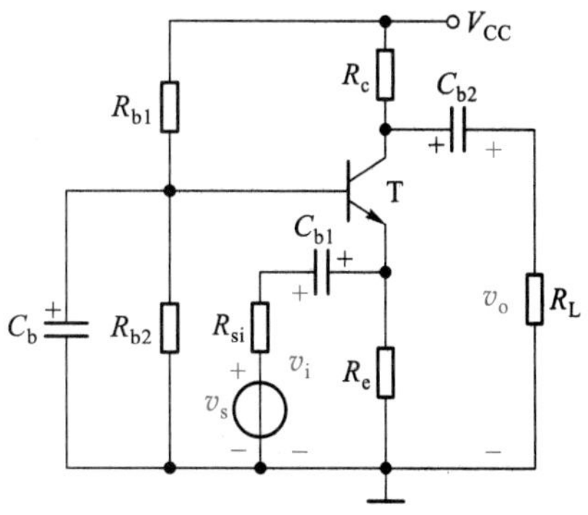

图 5.2.17 共基极放大电路

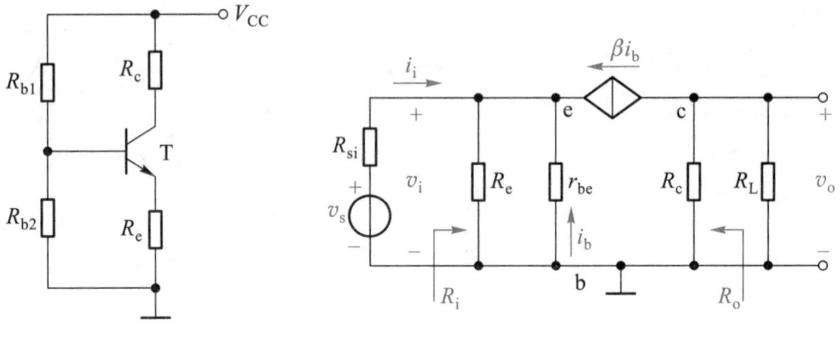

图 5.2.18 共基极放大电路的等效电路

（a）直流通路 （b）小信号等效电路

得共基极放大电路的各项动态指标，此处留待读者自行分析。

3. BJT 放大电路三种组态的比较

共发射极放大电路既有电压放大作用又有电流放大作用，输出电压和输入电压相位相反；输入电阻在三种组态中居中，输出电阻较大，适用于低频情况下，作多级放大电路的中间级。共集电极放大电路的电压增益小于 1 而接近于 1，输出电压和输入电压相位相同，只有电压跟随作用，但有电流放大作用。在三种组态中，共集电极放大电路的输入电阻最高，输出电阻最小，可作多级放大电路的输入级、输出级或缓冲级。共基极放大电路有电压放大作用，且输入电压和输出电压的相位相同，有电流跟随作用，在三种组态中，共基极放大电路输入电阻最小，输出电阻较大；常用于高频或宽频带低输入阻抗的场合。三种组态的频率响应也有差别，将在第 6 章讨论。

为便于比较，表 5.2.1 列出了 BJT 放大电路三种组态的主要性能。

表 5.2.1 BJT 放大电路三种组态的主要性能

	共射极放大电路	共集电极放大电路	共基极放大电路
电路图	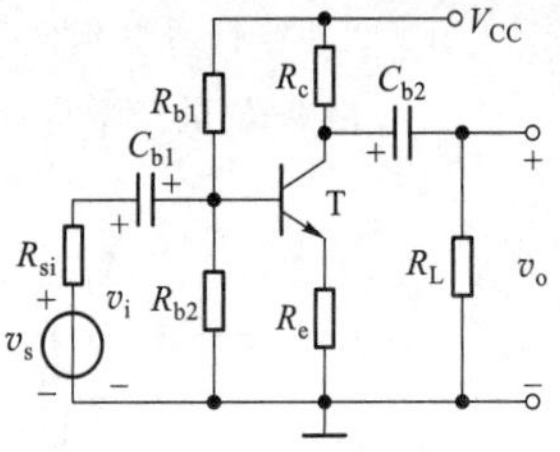	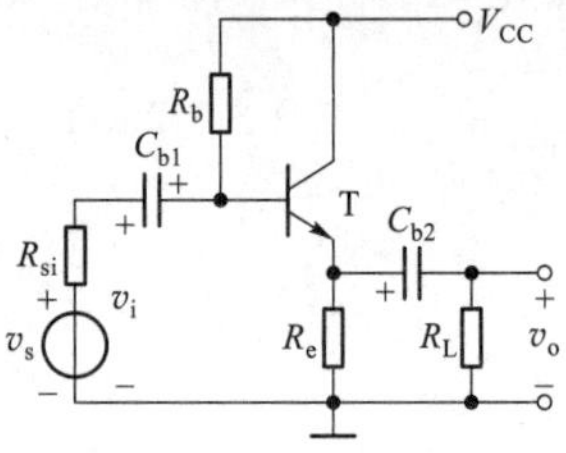	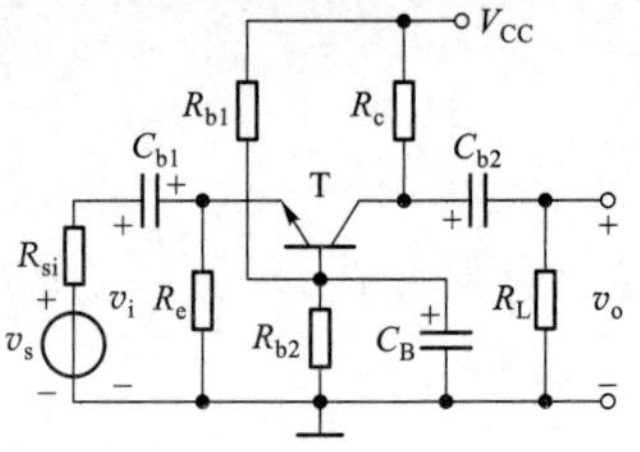
电压增益 A_v	$A_v=-\dfrac{\beta R_L'}{r_{be}+(1+\beta)R_e}$ $(R_L'=R_c/\!/R_L)$	$A_v=\dfrac{(1+\beta)R_L'}{r_{be}+(1+\beta)R_L'}$ $(R_L'=R_e/\!/R_L)$	$A_v=\dfrac{\beta R_L'}{r_{be}}$ $(R_L'=R_c/\!/R_L)$
v_o与 v_i的相位关系	反相	同相	同相
最大电流增益 A_i	$A_i\approx\beta$	$A_i\approx 1+\beta$	$A_i\approx\alpha$

续表

	共射极放大电路	共集电极放大电路	共基极放大电路
输入电阻	$R_i = R_{b1} // R_{b2} // [r_{be}+(1+\beta)R_e]$	$R_i = R_b // [r_{be}+(1+\beta)R'_L]$	$R_i = R_e // \dfrac{r_{be}}{1+\beta}$
输出电阻	$R_o \approx R_c$	$R_o = \dfrac{r_{be}+R'_{si}}{1+\beta} // R_e$ $(R'_{si} = R_{si} // R_b)$	$R_o \approx R_c$
用途	多级放大电路的中间级	输入级、输出级、缓冲级	高频或宽频带电路

复习思考题

5.2.1 BJT 的小信号模型是在什么条件下建立的？

5.2.2 若用万用表的“Ω”挡测量 b、e 两极之间的电阻，测量结果是否为 r_{be}？

5.2.3 图 5.2.12 所示的放大电路中能否不加 C_e？为什么？

5.2.4 BJT 放大电路有哪几种组态？判断组态的基本方法是什么？

5.2.5 BJT 三种组态的放大电路各有什么特点？

5.2.6 为什么可以称共集电极放大电路为电压跟随器？

5.3 FET 和 BJT 及其基本放大电路性能的比较

前面介绍了 FET 和 BJT 这两类器件及其基本放大电路，本节将对它们的性能加以比较，以便于读者进一步了解这两类器件及其基本放大电路之间的相似与差异之处。

5.3.1 FET 和 BJT 重要特性的比较

FET 和 BJT 这两类器件是当今电子学应用的基础，它们在特定的应用中发挥着各自的优势。

增强型 MOS 管是目前使用最为广泛的场效应管。表 5.3.1 中列出了增强型 NMOS 管和 NPN 型 BJT 的比较（PMOS 管和 PNP 型管也可以作类似的比较）。

表 5.3.1 增强型 NMOS 管和 NPN 型 BJT 的比较

	增强型 NMOS 管	NPN 型 BJT
电路符号	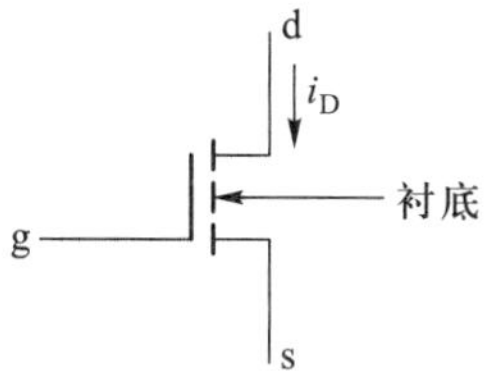	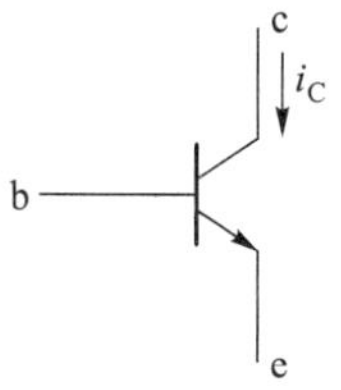
工作在放大区的两个条件	（1）生成沟道 $v_{GS} \geqslant V_{TN}$（$=0.3\sim0.5$ V，现代工艺可达到的数值） （2）沟道出现夹断 $v_{DS} \geqslant v_{GS}-V_{TN}$	（1）发射结正偏 $v_{BE} \geqslant V_{th}$（≈ 0.5 V） （2）集电结反偏 $v_{BC} \leqslant 0$

续表

	增强型 NMOS 管	NPN 型 BJT
放大区的电流电压关系	$i_D=\dfrac{\mu_n C_{ox}}{2}\cdot\dfrac{W}{L}(v_{GS}-V_{TN})^2(1+\lambda v_{DS})$ $=K_n(v_{GS}-V_{TN})^2(1+\lambda v_{DS})$ $i_G=0$	$i_E\approx I_{ES}e^{v_{BE}/V_T}$ $i_C=\alpha i_E$ $i_B=i_C/\beta$
简化的低频小信号模型（共源、共射）	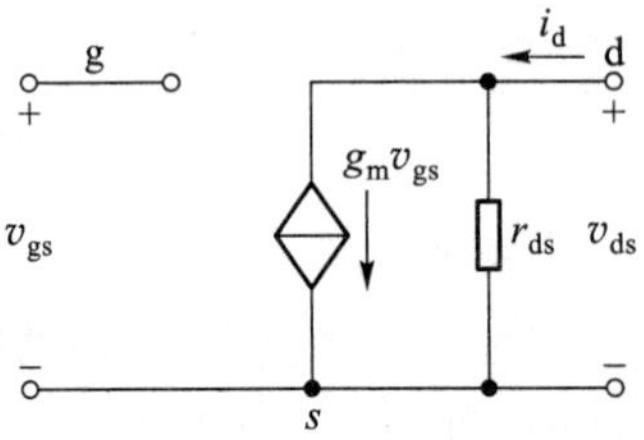	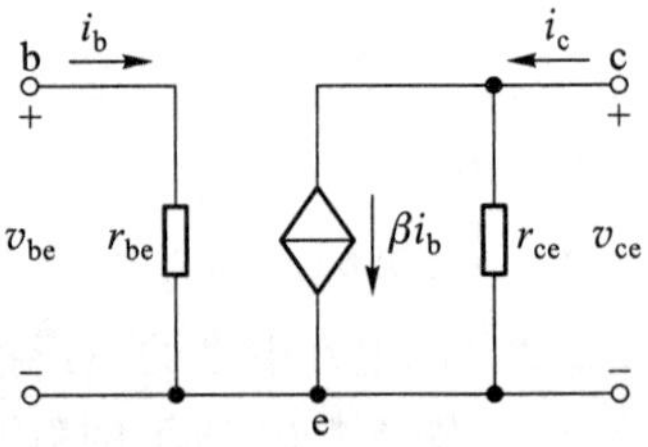
互导（或跨导）g_m	$g_m=2K_n(V_{GSQ}-V_{TN})=2\sqrt{K_n I_{DQ}}$	BJT 也有 g_m 这个参数，详见第 6 章
共源、共射连接时的输入电阻	$r_{gs}=\infty$	$r_{be}=r_{bb'}+(1+\beta)\dfrac{26\ \text{mV}}{I_{EQ}}\approx\dfrac{\beta}{g_m}$
输出电阻	$r_{ds}=[\lambda K_n(v_{GS}-V_{TN})^2]^{-1}\approx\dfrac{1}{\lambda I_{DQ}}=\dfrac{V_A}{I_{DQ}}$	$r_{ce}\approx\dfrac{V_A}{I_{CQ}}$

（1）MOS 管和 BJT 内部都含有两个 PN 结，外部都有 3 个电极。MOS 管的栅极 g、源极 s、漏极 d 对应于 BJT 的基极 b、发射极 e、集电极 c。但这两类器件的工作原理并不相同。

（2）增强型 NMOS 管和 NPN 型 BJT 工作在放大区的条件类似，在现代制造工艺中两者的阈值电压（开启电压）几乎相等。

（3）这两类器件都可以利用两个输入电极之间的电压控制流过第三个电极的电流来实现一个受控电流源。MOS 管利用 v_{GS} 控制 i_D，BJT 利用 v_{BE} 控制 i_C。但在放大区内，MOS 管的 i_D 与 v_{GS} 之间是平方关系，而 BJT 的 i_C 与 v_{BE} 之间是指数关系。显然，指数关系更加敏感。另外，因 MOS 管的 $i_G=0$，而 BJT 的 $i_B\neq 0$，且 v_{BE} 首先影响 i_B（或 i_E），然后通过 i_B（或 i_E）实现对 i_C 的控制，故常将 BJT 称为电流控制器件，MOS 管称为电压控制器件，以示两者之差别。

（4）这两类器件的低频小信号模型相似，只是 MOS 管的栅极电流为零，因而从栅极看进去的输入电阻为无穷大，而 BJT 的基极电流不为零，所以从基极看进去的输入电阻为有限值。

（5）这两类器件的输出电阻都等于厄利电压 V_A 与静态电流（I_{DQ} 或 I_{CQ}）的比值。BJT 的 V_A 比 MOS 管的 V_A 大。

（6）MOS 管的 K_n 与 BJT 的 β 或 α 具有类似的性质，即它们主要取决于 MOS 管与 BJT 的固有参数（如尺寸、掺杂浓度、载流子迁移率等），而与它们所在的电路无关。

5.3.2 FET 和 BJT 放大电路性能的比较

第 4 章中已经讨论过，FET 放大电路有三种组态，即共源极(CS)、共漏极(CD)和共栅极(CG)。与之对应的 BJT 也有三种组态，即共射极(CE)、共集电极(CC)和共基极(CB)。依据输出电量与输入电量间关系特征，这两种器件的六种组态可归纳为三种通用的组态，即反相电压放大电路(含 CS、CE)、电压跟随器(含 CD、CC)和电流跟随器(含 CG、CB)。现将它们的一般电路示意图、主要特征、电路名称及用途列于表 5.3.2 中。

表 5.3.2 FET 和 BJT 放大电路的重要性能的比较

	反相电压放大电路	电压跟随器	电流跟随器	备注
通用组态电路示意图	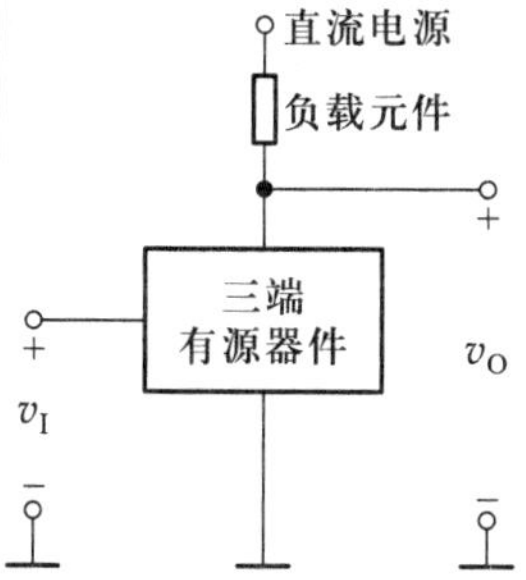	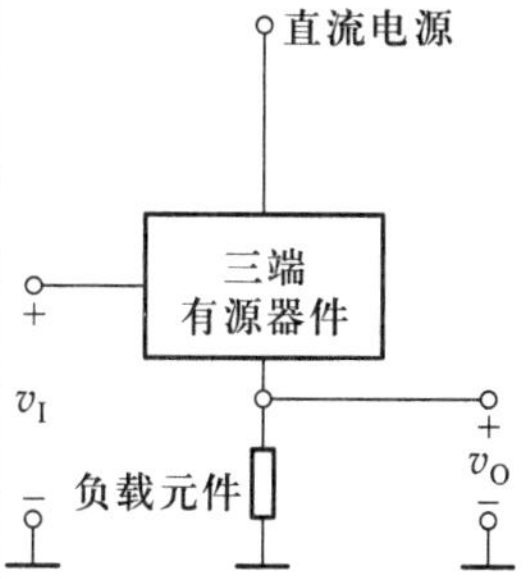	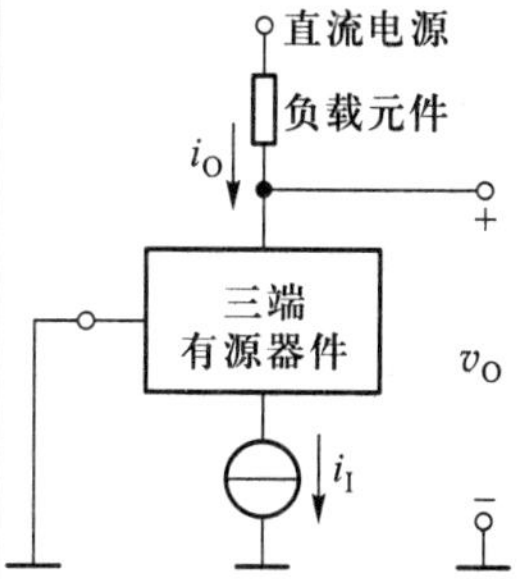	
组态命名依据的主要特征	不仅有 v_O 与 v_I 反相，而且一般有 $\|A_v\|>>1$	$v_O \approx v_I$，$A_v \approx 1$，即 v_O 与 v_I 大小接近相等，相位相同。	$i_O \approx i_I$ 对于 BJT 有 $i_c \approx i_e$ 对于 FET 有 $i_d = i_s$	其他特点见表 4.5.1 和表 5.2.1
电路名称	共源极电路 共射极电路	共漏极电路 共集电极电路	共栅极电路 共基极电路	
用途	电压增益高，输入电阻和输入电容均较大，适用于多级放大电路的中间级	输入电阻高、输出电阻低，可作阻抗变换，用于输入级、输出级或缓冲级	输入电阻小，输入电容小，适用于高频、宽带电路	

实际应用中，可根据技术指标的要求，将上述电路适当组合，取长补短，构成性能更优的放大电路。

复习思考题

5.3.1 为什么称 FET 为单极型器件，而称 BJT 为双极型器件？

5.3.2 MOS 管有哪些特性优于 BJT？BJT 有哪些特性优于 MOS 管？

5.3.3 BJT 的基区宽度调制效应与 MOS 管的什么效应相对应？

5.3.4 为什么说 MOS 管放大电路的输入电阻通常可以高于 BJT 放大电路的输入电阻？

5.4 多级放大电路

在实际应用中，特别是在集成电路中，常需要构成多级放大电路，以满足增益等指标要求。

5.4.1 共源-共基放大电路

图 5.4.1 是共源-共基组合放大电路，其中 MOS 管 T_1 构成共源组态作输入级，以提高输入电阻；BJT 管 T_2 构成共基组态，以发挥 BJT 高 β 值优势提高增益。下面通过例 5.4.1 来分析它的交流性能。

例 5.4.1 设图 5.4.1 中 T_1 的互导 $g_{m1}=18\ \text{mS}$，T_2 的 $\beta=100$，其他电路元件参数如图中所示，电路有合适的静态工作点。试求该电路的 A_v、R_i、R_o 和源电压增益 A_{vs}。

解： 图 5.4.2 是图 5.4.1 所示电路的小信号等效电路，其中 $R_L'=R_c /\!/ R_L$。由图 5.4.2 可得

$$g_{m1}v_{gs}=i_b+\beta i_b\approx\beta i_b$$

$$v_o=-\beta i_b R_L'\approx -g_{m1}v_{gs}R_L'$$

$$v_i=v_{gs}$$

所以

$$A_v=\frac{v_o}{v_i}=\frac{-g_{m1}v_{gs}R_L'}{v_{gs}}=-g_{m1}R_L'=-18\ \text{mS}\times\frac{20\times20}{20+20}\ \text{k}\Omega=-180$$

可见，该增益表达式与单级共源电路增益相同，似乎增加的共基电路没有任何贡献，实际上它展宽了放大电路的频带，这将在 6.4.1 节中看到。

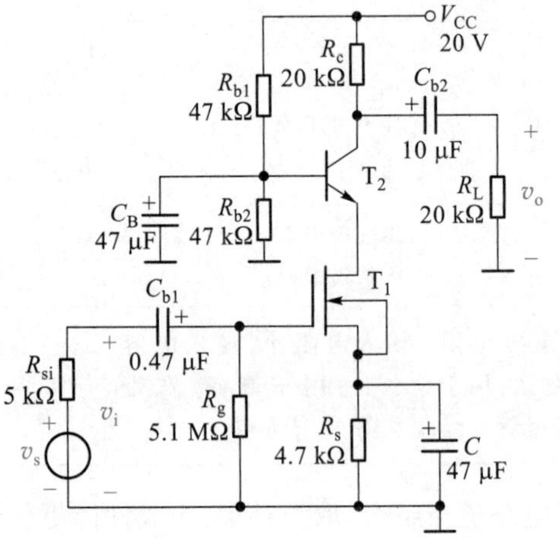

图 5.4.1 共源-共基放大电路

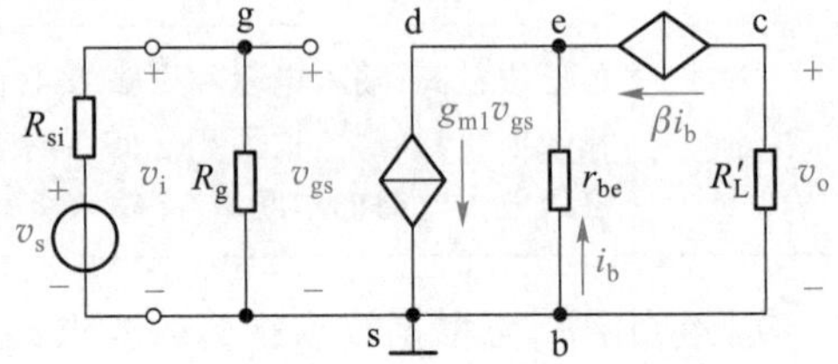

图 5.4.2 图 5.4.1 的小信号等效电路

以上是通过完整小信号等效电路求解增益的。实际上，还可以直接用前面各组态单级放大电路增益的结论，快速估算出多级放大电路的增益。这时要特别注意，后级的输入电阻要作为前级的负载，代入前级增益表达式中。

输入电阻和输出电阻分别为

$$R_i=R_{i1}\approx R_g=5.1\ \text{M}\Omega$$

$$R_o\approx R_c=20\ \text{k}\Omega$$

该电路的源电压增益

$$A_{vs}=\frac{v_o}{v_s}=\frac{v_o}{v_i}\cdot\frac{v_i}{v_s}=A_v\cdot\frac{R_g}{R_g+R_{si}}$$

由于 $R_g \gg R_{si}$，所以 $A_{vs} \approx A_v = -180$。

5.4.2 共集-共集放大电路

图 5.4.3a 所示电路中 T_1 和 T_2 都是共集组态。图 5.4.3b 是它的交流通路。实际上 T_1、T_2 两管的这种结构可以等效为一只三极管，称为复合管①。等效为一只三极管后，电路便可作为单管放大电路来分析了。

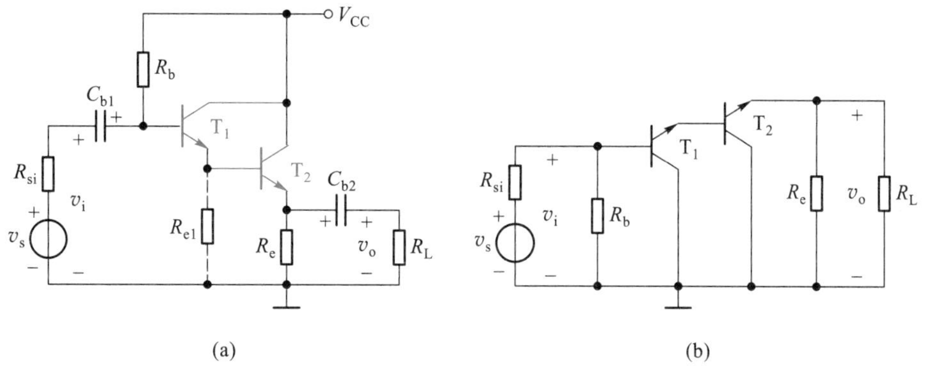

图 5.4.3 共集-共集放大电路

(a) 原理图 (b) 交流通路

1. 复合管的主要特性

(1) 复合管的组成及类型

复合管的组成原则是：① 同类型（NPN 型或 PNP 型）的 BJT 构成复合管时，应将 T_1 的发射极接至 T_2 的基极；不同类型（NPN 型与 PNP 型）的 BJT 构成复合管时，应将 T_1 的集电极接至 T_2 的基极，以实现两次电流放大作用。② 必须保证两只 BJT 均工作在放大状态。图 5.4.4a～d 即是按上述原则构成的复合管原理图。其中图 a 和图 b 为同类型的两只 BJT 组成的复合管，而图 c 和图 d 是不同类型的两只 BJT 组成的复合管。由各图中所标电流的实际方向可以确定，两管复合后可等效为一只 BJT，其类型与 T_1 相同。需要时还可以用两个以上的 BJT 组成复合管，如图 5.4.4e 所示。

(2) 复合管的主要参数

① 电流放大系数 β

以图 5.4.4a 为例，由图可知，复合管的集电极电流为

$$i_C = i_{C1} + i_{C2} = \beta_1 i_{B1} + \beta_2 i_{B2} = \beta_1 i_B + \beta_2 (1+\beta_1) i_B$$

所以复合管的电流放大系数

$$\beta = \beta_1 + \beta_2 + \beta_1\beta_2$$

一般有 $\beta_1 \gg 1$，$\beta_2 \gg 1$，$\beta_1\beta_2 \gg \beta_1 + \beta_2$，所以

$$\beta \approx \beta_1\beta_2 \tag{5.4.1}$$

---

① 把两只或三只 BJT 按一定规则连接起来所构成的三端器件叫作复合管，又称为达林顿（Darlinton）管。

即复合管的电流放大系数近似等于各组成管电流放大系数的乘积。这个结论同样适合于其他类型的复合管。

② 输入电阻 r_{be}

对于同类型的两只 BJT 构成的复合管而言（参见图 5.4.4a、b），其输入电阻为

$$r_{be}=r_{be1}+(1+\beta_1)r_{be2} \tag{5.4.2a}$$

由图 5.4.4c、d 可见，对于由不同类型的两只 BJT 构成的复合管，其输入电阻为

$$r_{be}=r_{be1} \tag{5.4.2b}$$

式（5.4.2a）、式（5.4.2b）说明，复合管的输入电阻与 T_1、T_2 管的接法有关。

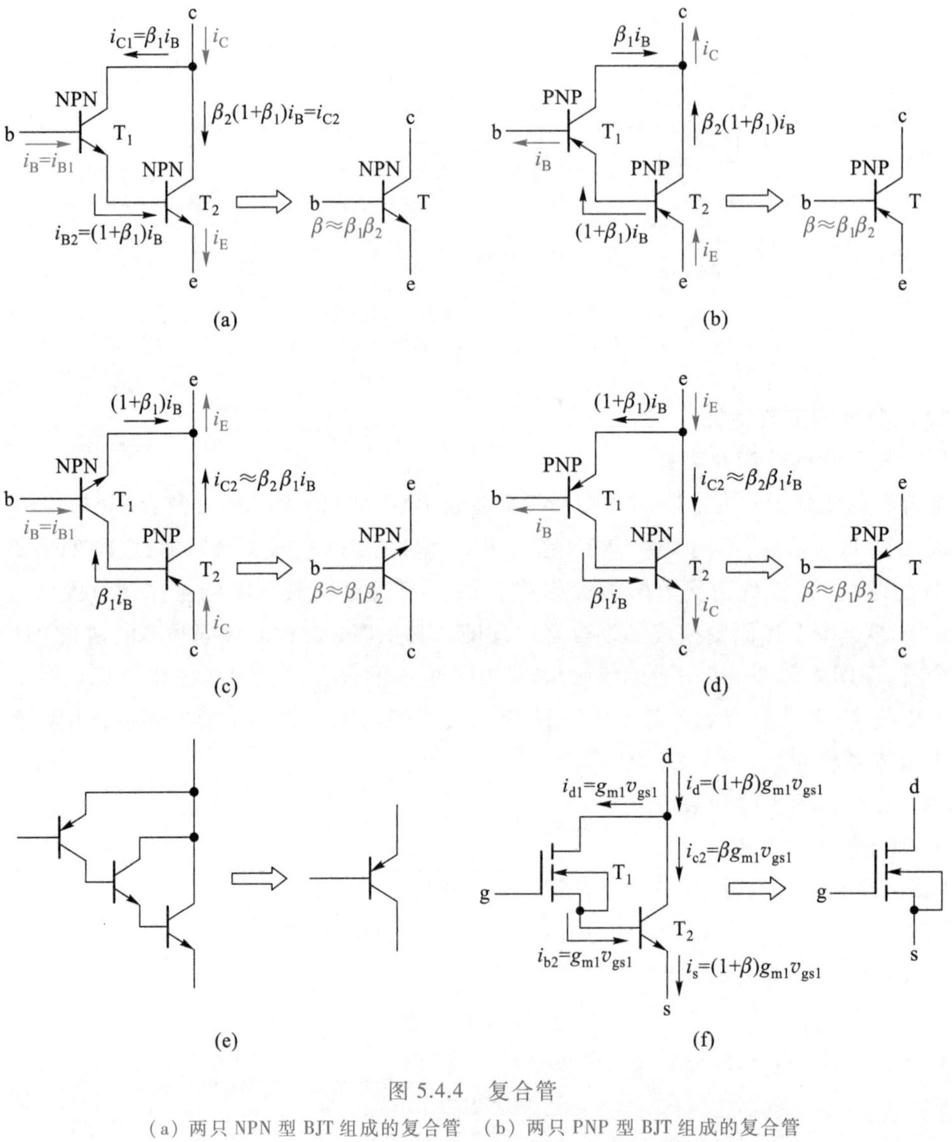

图 5.4.4　复合管

（a）两只 NPN 型 BJT 组成的复合管　（b）两只 PNP 型 BJT 组成的复合管

（c）NPN 型与 PNP 型 BJT 组成的复合管　（d）PNP 型与 NPN 型 BJT 组成的复合管

（e）三只 BJT 组成的复合管　（f）MOS 管与 BJT 组成的复合管

综上所述,BJT 复合管具有很高的电流放大系数。若用同类型的 BJT 构成复合管时,其输入电阻会增加。因而,与单管共集电极放大电路相比,图 5.4.3 所示共集-共集放大电路的动态性能会更好。

在现代集成电路中还常用 MOS 管和 BJT 一起组成复合管,称为 BiMOS 复合管,如图 5.4.4f 所示,BiMOS 复合管的类型与 T_1 管相同,其互导 $g_m=(1+\beta)g_{m1}/(1+g_{m1}r_{be})$。另外,与 BJT 复合管相比,其输入电阻为无穷大。

2. 共集-共集放大电路的 A_v、R_i、R_o

对于图 5.4.3a 所示电路,利用单管共集电极放大电路的结论得

$$A_v=\frac{v_o}{v_i}=\frac{(1+\beta)R_L'}{r_{be}+(1+\beta)R_L'} \tag{5.4.3}$$

式中 $\beta\approx\beta_1\beta_2$,$r_{be}=r_{be1}+(1+\beta_1)r_{be2}$,$R_L'=R_e/\!/R_L$。

$$R_i=R_b/\!/[r_{be}+(1+\beta)R_L'] \tag{5.4.4}$$

$$R_o=R_e/\!/\frac{R_{si}/\!/R_b+r_{be}}{1+\beta} \tag{5.4.5}$$

由于复合管的 β 远大于单管的 β,所以由式(5.4.3) ~ 式 (5.4.5)看出,共集-共集放大电路比单管共集电极放大电路的电压跟随特性更好,即 A_v 更接近于 1,输入电阻 R_i 更高,而输出电阻 R_o 更小。

复习思考题

5.4.1 用 BJT 组成复合管时应遵循什么原则?

5.4.2 由 MOS 管和 BJT 组成的 BiMOS 复合管有什么特点?组成 BiMOS 复合管时,能把 BJT 放在 MOS 管的前面吗?为什么?

5.5 光电三极管

光电三极管是能将光转换为电的三极管,也称为光敏三极管,大多由硅材料制成 NPN 型。其内部结构与普通三极管类似,也有三个区域两个 PN 结,但多数情况下基区没有引出电极。图 5.5.1 描述了光电三极管的工作原理。与普通三极管类似,正常工作时,外加电压使集电结反偏,发射结正偏。光电三极管的集电结面积较大,作为受光结,类似于光电二极管。当光线通过管壳上的通光窗口照射到集电结的耗尽区时,可以激发出更多的少数载流子——电子-空穴对,电子和空穴在电场力作用下分别向集电区和基区漂移,形成光生电流 I_{phN} 和 I_{phP}。构成 I_{phP} 的空穴在基区与发射区扩散到基区的电子复合,形成相当于普通三极管中的基极电流。若三极管的电流放大系数为 β,则有 $I_E=I_{EN}=I_{CN}+I_{BN}=\beta I_{phP}+I_{phP}=(\beta+1)\cdot I_{phP}$ 和 $I_C=I_{CN}+I_{phN}=I_{CN}+I_{phP}=(\beta+1)I_{phP}=I_E$。

由于受光结的光电转换作用相当于光电二极管,其产生的电流 I_{phP} 相当于基极电流,所以光电三极管可以等效为图 5.5.2a 所示的电路,图 b 是它的符号,图 c 为它的输出特性曲线。与普通三极管相比,这里基极电流换作光照度,其他是相同的。

无光照情况下的集电极电流称为暗电流,有光照情况下的集电极电流称为光电流。由于三极管的放大作用,同等光照度下,光电三极管的光电流远大于光电二极管的光电流,可

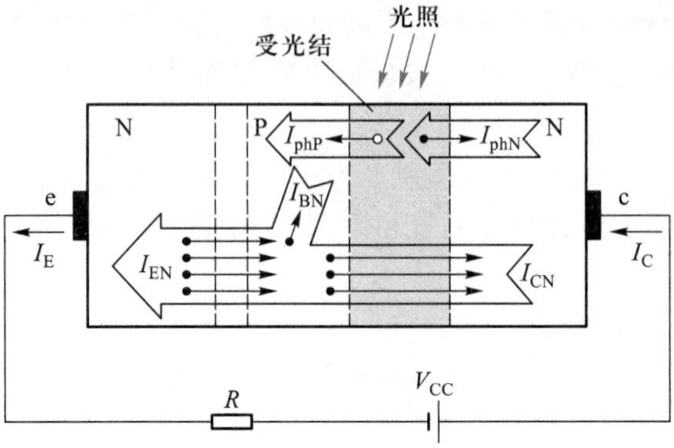

图 5.5.1 光电三极管工作原理示意图

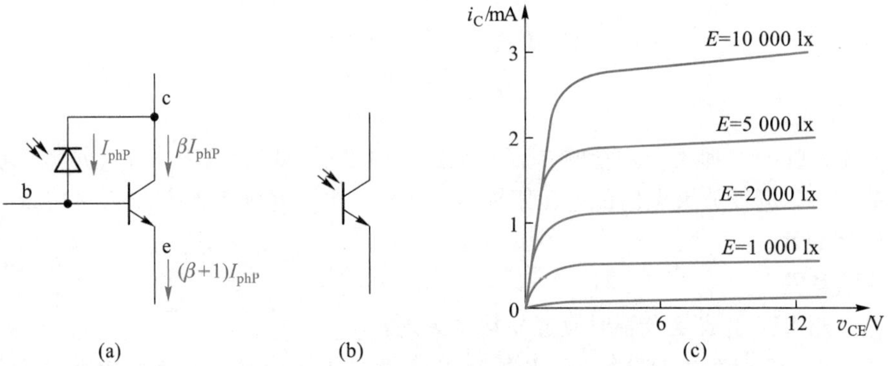

图 5.5.2 光电三极管

（a）等效电路 （b）符号 （c）输出特性曲线

以达到毫安数量级，即灵敏度远高于二极管，但其缺点是线性度比二极管差。所以光电三极管多用来作光电开关，工作状态在饱和区和截止区之间转换。例如，在第 3 章图 3.5.9 示意的光电传输系统中，可以将接收端的光电二极管换成光电三极管，并选取合适的电阻，从而提高光信号检测的灵敏度。

光电三极管有光窗，一般情况下，只引出集电极和发射极，有的也有基极引出线，此时可以通过引出的基极设置一个静态偏置，以满足特殊应用的需要。

光电三极管除了上述特性外，还有光谱特性和类似普通三极管的其他特性参数，使用时必须参阅相关型号的数据手册。

目前，光电三极管除了广泛用于光信号检测外，还有一种典型的应用是光电隔离器。光电隔离器是由发光二极管和光电三极管构成的一种电子器件，它的内部结构如图 5.5.3 所示。

由于输入与输出之间没有电的直接联系，信号是通过光进行耦合的，所以称为光电隔离器或光电耦合器。用它很容易实现核心控制电路与外围电路的隔离，避免外围电路的干扰。在信息传输和控制系统中光电隔离器获得了广泛应用。

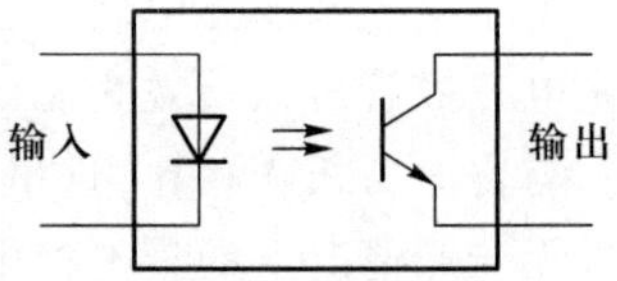

图 5.5.3 光电隔离器

小　结

• BJT 是由三层杂质半导体区域、两个 PN 结组成的三端有源器件，有 NPN 和 PNP 两种类型。它的三个电极分别称为发射极 e、基极 b 和集电极 c。它有两种载流子参与导电，因而称为双极型器件。

教学视频 5.2：
双极结型三极管
及其放大电路小结

• 在 BJT 的两个 PN 结上外加不同极性的偏置电压时，BJT 可有四种不同的工作模式，即放大、饱和、截止、倒置。本章主要讨论 BJT 的放大作用，故偏置电压应使发射结正偏、集电结反偏。

• BJT 的输入特性反映了输入电流（i_B或 i_E）与发射结正偏电压 v_{BE}间的指数关系；输出特性则反映了 i_C与 i_B或 i_E间的近似线性关系。β 是 BJT 的重要参数。另外，在使用 BJT 时还需保证其工作电流、电压和耗散功率不能超过它的极限参数规定的值。

• BJT 用于信号放大时，必须使发射结正偏，集电结反偏。静态工作点不合适容易出现饱和失真或截止失真。

• 同 FET 放大电路一样，分析 BJT 放大电路也是采用图解法和小信号模型分析法。

• BJT 放大电路有共射极、共集电极和共基极三种组态，它们的性能指标各有特点，分别适用于不同场合。根据三种组态电路的输出量与输入量之间的大小和相位关系，又可分别将它们称为反相电压放大器、电压跟随器和电流跟随器。

习　题

5.1 BJT

5.1.1 测得某放大电路中处于放大状态的 BJT 的三个电极 A、B、C 的对地电位分别为 $V_A=-9$ V，$V_B=-6$ V，$V_C=-6.2$ V，试分析 A、B、C 中哪个是基极 b、发射极 e、集电极 c，并说明此 BJT 是 NPN 型管还是 PNP 型管。

5.1.2 某 BJT 的极限参数 $I_{CM}=100$ mA，$P_{CM}=150$ mW，$V_{(BR)CEO}=30$ V，若它的工作电压 $V_{CE}=10$ V，则工作电流 I_C不得超过多大？若工作电流 $I_C=1$ mA，则工作电压的极限值应为多少？

5.1.3 设某 BJT 处于放大状态。(1) 若基极电流 $i_B=6$ μA，集电极电流 $i_C=510$ μA，试求 β、α 及 i_E；(2) 如果 $i_B=50$ μA，$i_C=2.65$ mA，试求 β、α 及 i_E。

5.2 BJT 放大电路

5.2.1 试分析图题 5.2.1 所示各电路对正弦交流信号有无放大作用，并简述理由（设各电容对正弦交流信号可视作短路，电路参数合适）。

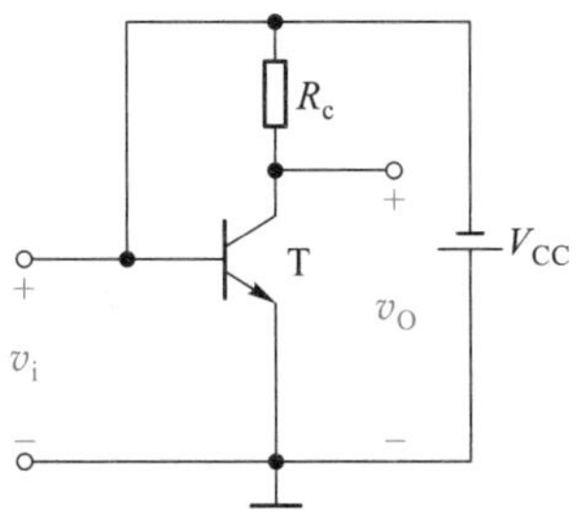

(a)

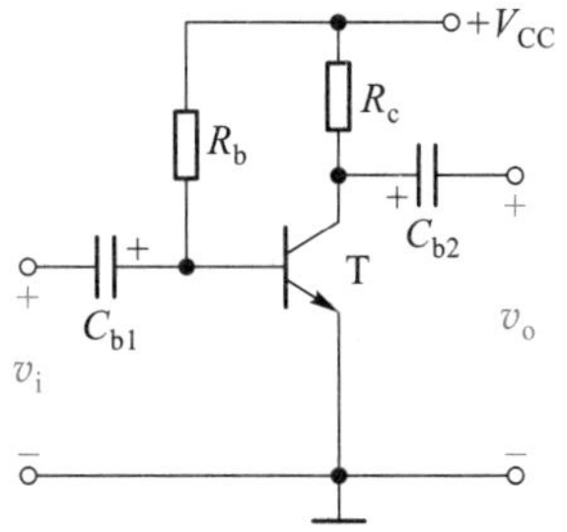

(b)

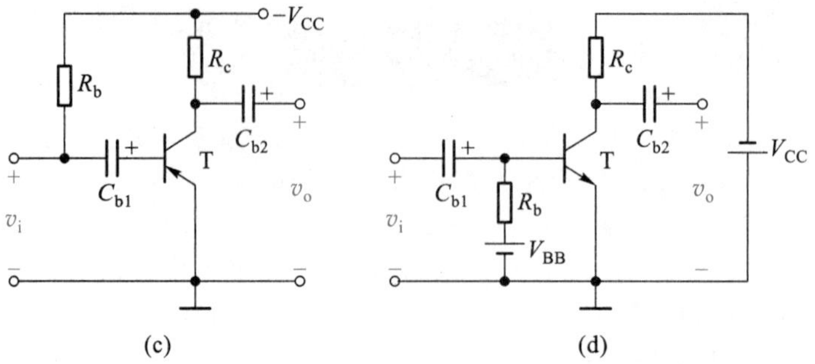

图题 5.2.1

5.2.2 电路如图题 5.2.2 所示，设 BJT 的 $\beta=80$，$V_{BE}=0.6$ V，I_{CEO}、V_{CES} 可忽略不计，试分析当开关 S 分别接通 A、B、C 三位置时，BJT 各工作在其输出特性曲线的哪个区域，并求出相应的集电极电流 I_C。

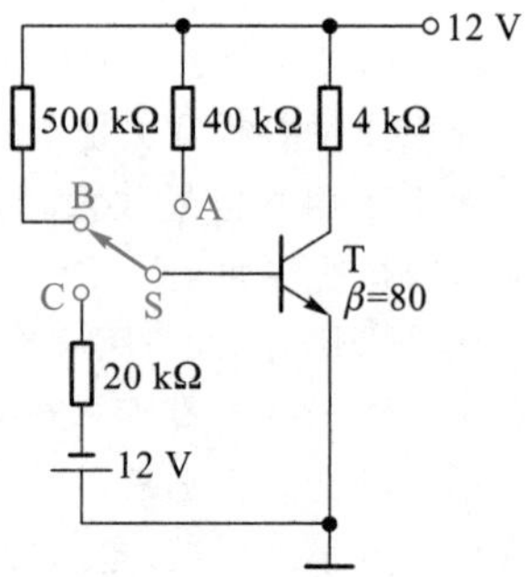

图题 5.2.2

5.2.3 试分析图题 5.2.3 所示各电路对正弦交流信号有无放大作用，并简述理由（设各电容对正弦交流信号可视作短路，电路参数合适）。

5.2.4 在图题 5.2.4 电路中，设 $V_{CC}=V_{EE}=12$ V，$R_c=4$ kΩ，$R_e=6.2$ kΩ，BJT 的 $\beta=100$，$V_{BEQ}=0.7$ V。(1) 估算 Q 点；(2) 求 A_v、R_i 和 R_o。

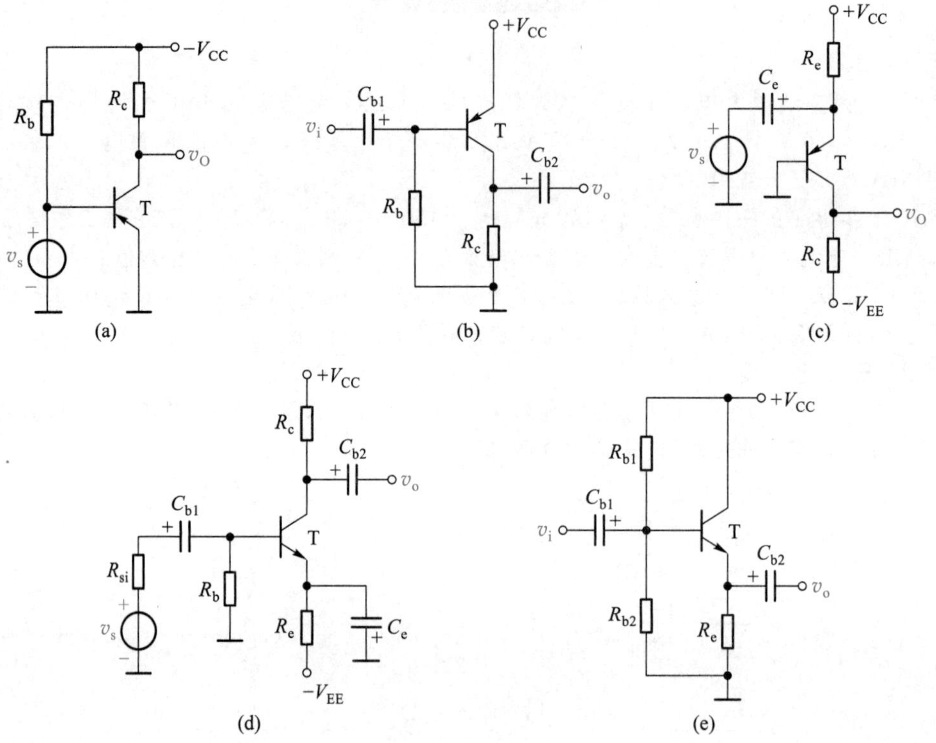

图题 5.2.3

5.2.5 放大电路如图题 5.2.5 所示。设 BJT 的 $\beta=100$，$V_{BEQ}=0.7\ \text{V}$，$V_{CC}=12\ \text{V}$，$R_c=4.3\ \text{k}\Omega$，$I_1=10I_B$。要求电路的 $I_{CQ}=1\ \text{mA}$，$V_{CEQ}=5\ \text{V}$。试设计电阻 R_e、R_{b1} 和 R_{b2} 的值。

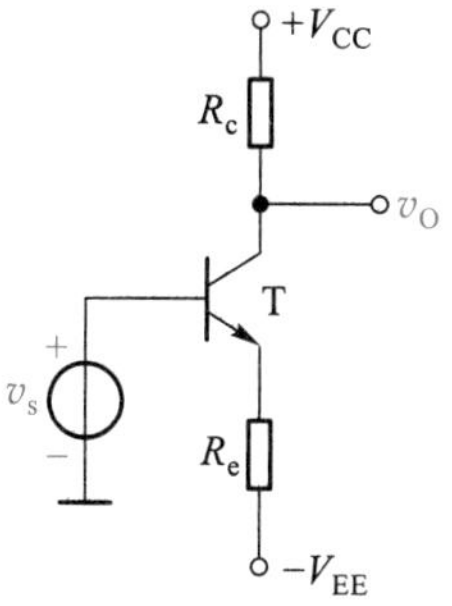

图题 5.2.4

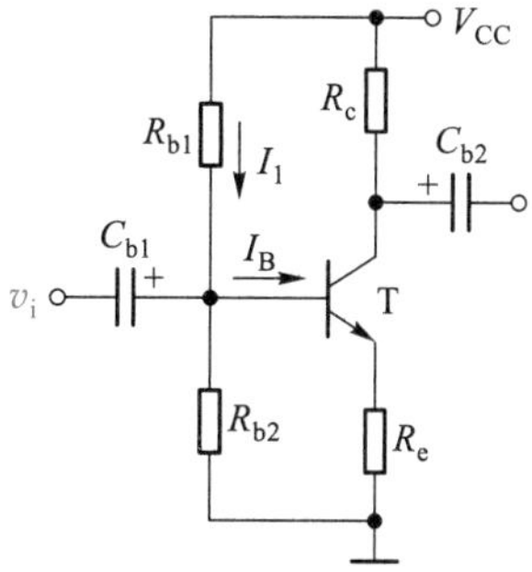

图题 5.2.5

5.2.6 画出图题 5.2.6 所示电路的小信号等效电路，并注意标出电压、电流的参考方向，设电路中各电容对信号而言均可视为短路。

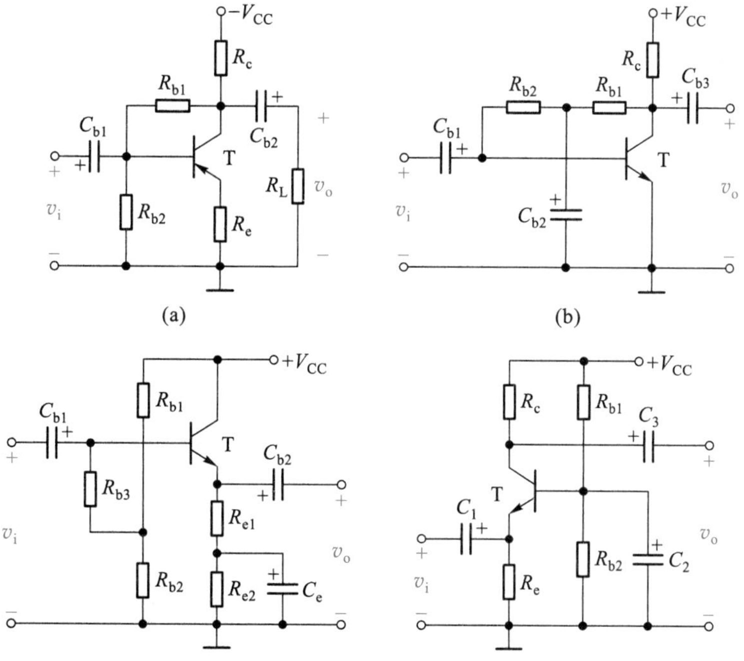

(a) (b) (c) (d)

图题 5.2.6

5.2.7 电路如图题 5.2.7a 所示，已知 BJT 的 $\beta=100$，$V_{BEQ}=-0.7\ \text{V}$。(1) 试估算该电路的 Q 点；(2) 画出小信号等效电路；(3) 求该电路的电压增益 A_v、输入电阻 R_i、输出电阻 R_o；(4) 若 v_o 出现图题 5.2.7b 所示的失真现象，问是截止失真还是饱和失真？为消除此失真，应调整电路中的哪个元件？如何调整？

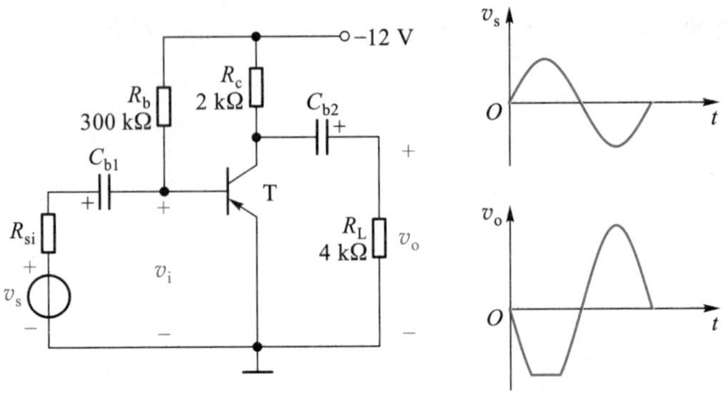

(a) (b)

图题 5.2.7

5.2.8 射极偏置电路如图题 5.2.8 所示，已知 $\beta=60$。(1) 用估算法求 Q 点；(2) 求 BJT 的输入电阻 r_{be}；(3) 用小信号模型分析法求电压增益 A_v；(4) 电路其他参数不变，如果要使 $V_{CEQ}=4$ V，问基极上偏流电阻 R_{b1} 为多大？

5.2.9 在图题 5.2.9 所示的放大电路中，设信号源内阻 $R_{si}=600\ \Omega$，BJT 的 $\beta=50$，$v_{BE}=0.7$ V。(1) 画出该电路的小信号等效电路；(2) 求该电路的输入电阻 R_i 和输出电阻 R_o；(3) 当 $v_s=15\sin\omega t$ mV 时，求输出电压 v_o；(4) 设信号源内阻 $R_s=0$，BJT 的型号为 2N3906，$\beta=80$，$r_{bb'}(r_b)=100\ \Omega$，耦合电容取10 μF，旁路电容取 50 μF。试用 SPICE 求电路的电压增益、输入电阻和输出电阻。

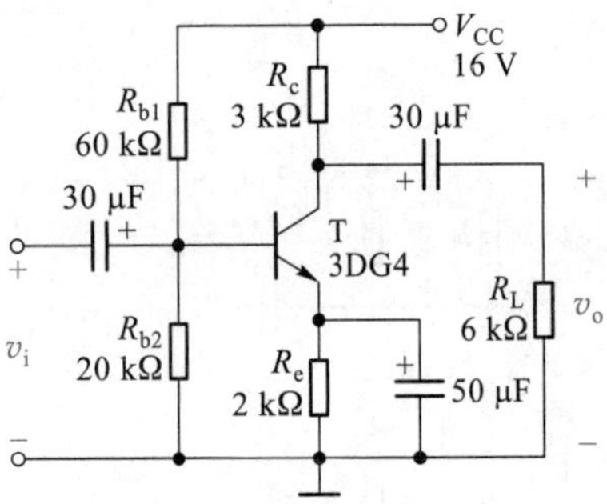

图题 5.2.8

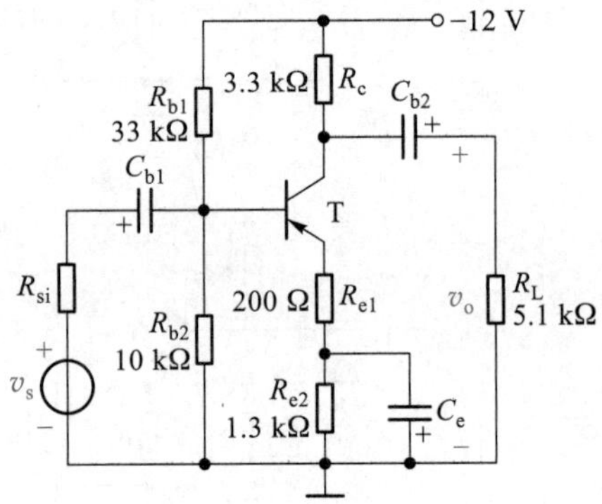

图题 5.2.9

5.2.10 在图题 5.2.10 所示的电路中，v_s 为正弦波信号，$R_{si}=500\ \Omega$，BJT 的 $\beta=100$，$v_{BE}=0.7$ V，C_{b1} 和 C_{b2} 的容抗可忽略。(1) 为使发射极电流 I_{EQ} 约为 1 mA，求 R_e 的值；(2) 如需建立集电极电压 V_{CQ} 为+5 V，求 R_c 的值；(3) 若 $R_L=5$ kΩ，求 A_{vs}。

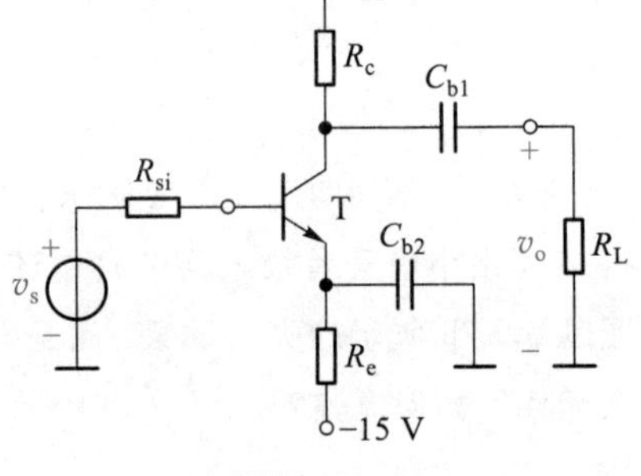

图题 5.2.10

5.2.11 设图题 5.2.11 所示电路中的 $V_{CC}=V_{EE}=12$ V，电流源的 $I_0=1$ mA，BJT 的 $\beta=100$，$V_{BEQ}=0.6$ V，电阻 $R_b=110$ kΩ，$R_c=R_L=10$ kΩ，C_{b1} 和 C_e 的容抗可以

忽略不计。(1)求 I_{BQ}、I_{CQ}、负载电流 I_L、I_{Rc} 及 V_{CEQ};(2)画出该电路的小信号等效电路;(3)求电压增益 A_v、输入电阻 R_i 和输出电阻 R_o。

5.2.12　共基极电路如图题 5.2.12 所示。射极回路里接入一个恒流源,设 $\beta=100$,$R_{si}=0$,$R_L=\infty$。试确定电路的电压增益 A_v、输入电阻 R_i 和输出电阻 R_o。

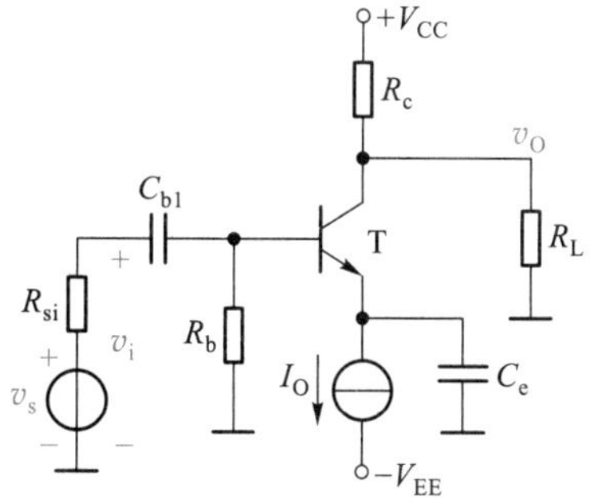

图题 5.2.11

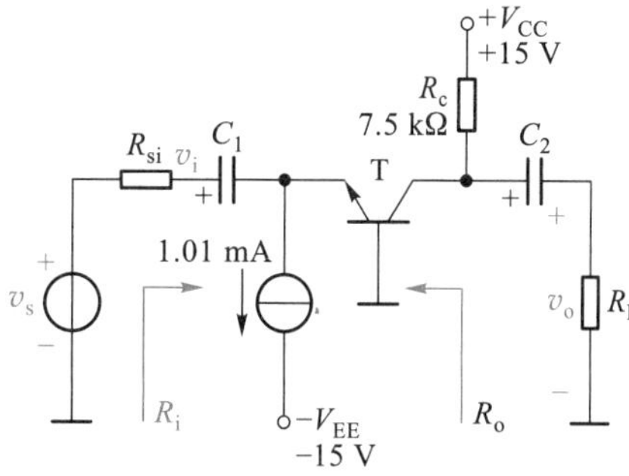

图题 5.2.12

5.2.13　电路如图题 5.2.13 所示,设 BJT 的 $\beta=100$,$V_{BEQ}=0.7$ V。(1)求各电极的静态电压值 V_{BQ}、V_{EQ} 及 V_{CQ};(2)求 r_{be} 的值;(3)若 Z 端接地,X 端接信号源且 $R_{si}=10$ kΩ,Y 端接一个 10 kΩ 的负载电阻,求 $A_{vs}(v_Y/v_s)$;(4)若 X 端接地,Z 端接一个 $R_{si}=200$ Ω 的信号电压 v_s,Y 端接一个 10 kΩ的负载电阻,求 $A_{vs}(v_Y/v_s)$;(5)若 Y 端接地,X 端接一个内阻 R_{si} 为 100 Ω 的信号电压 v_s,Z 端接一个负载电阻 1 kΩ,求 $A_{vs}(v_Z/v_s)$。电路中容抗可忽略。

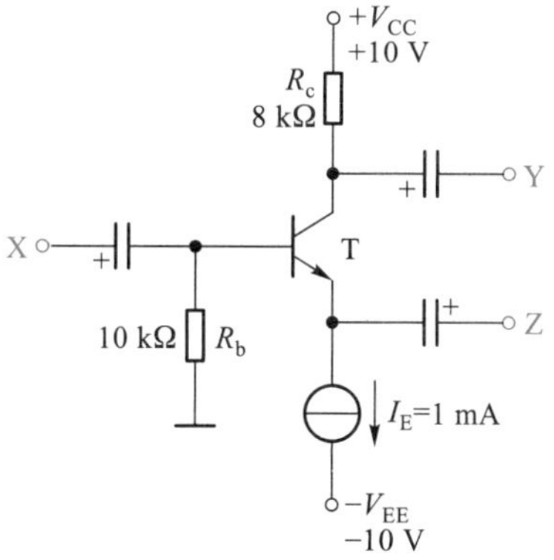

图题 5.2.13

5.3 FET 和 BJT 及其基本放大电路性能的比较

5.3.1　设图题 5.3.1 所示各电路均设置了合适的静态工作点。已知 BJT 的 $\beta=50$,$r_{be}=1.53$ kΩ,MOS 管的 $g_m=1$ mS。比较三个电路,试回答下列问题:(1)输入电阻最大的是哪个电路?最小的是哪个电路?(2)输出电阻最大的是哪个电路?最小的是哪个电路?(3)电压增益绝对值最大的是哪个电路?最小的是哪个电路?(4)输出电压与输入电压相位相反的是哪个电路?

5.4 多级放大电路

5.4.1　电路如图题 5.4.1 所示。设两管的 $\beta=100$,$V_{BEQ}=0.7$ V,试求:(1)I_{C1Q}、V_{CE1Q}、I_{C2Q}、

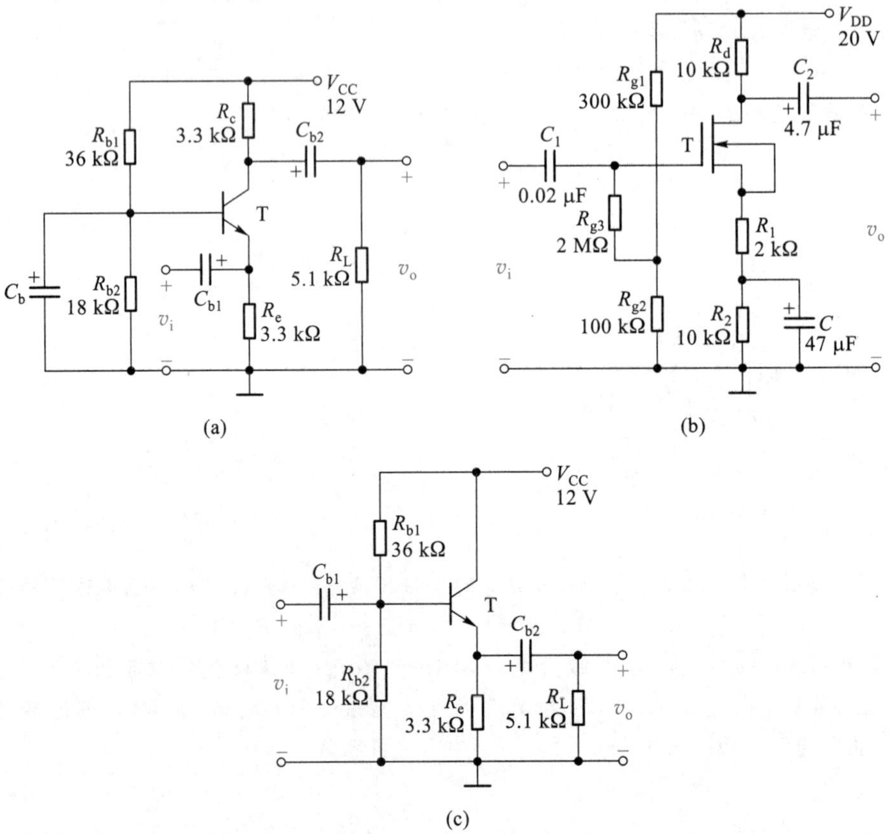

图题 5.3.1

V_{CE2Q}；(2) T_1、T_2 各组成何种组态？(3) A_{v1}、A_{v2}、A_v、R_i 和 R_o。

5.4.2 电路如图题 5.4.2 所示。设两管的特性一致，$\beta_1=\beta_2=50$，$V_{BE1Q}=V_{BE2Q}=0.7$ V。(1) 试画出该电路的交流通路，说明 T_1、T_2 各为何种组态；(2) 估算 I_{C1Q}、V_{CE1Q}、I_{C2Q}、V_{CE2Q}（提示：因 $V_{BE1Q}=V_{BE2Q}$，故有 $I_{B1Q}=I_{B2Q}$）；(3) 求 A_v、R_i 和 R_o。

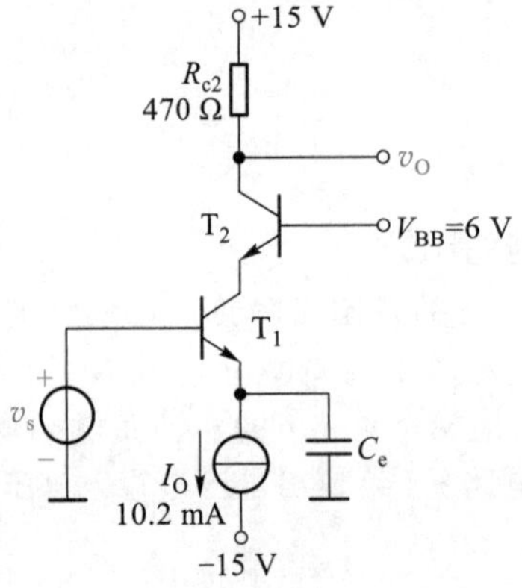

图题 5.4.1

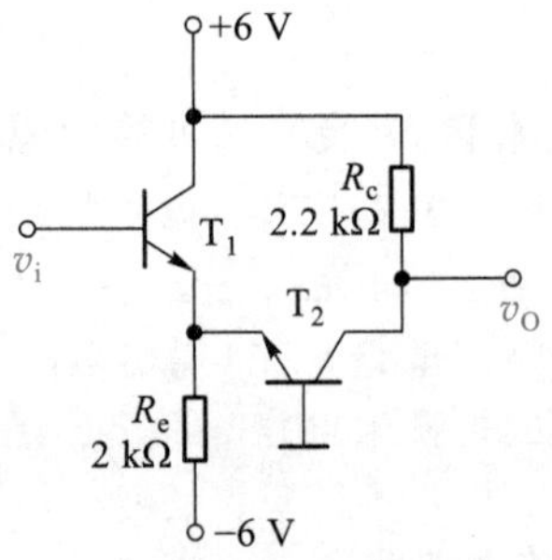

图题 5.4.2

5.4.3 电路如图题 5.4.3 所示，其中 $V_{DD}=+5\ \text{V}$，$R_{si}=100\ \text{k}\Omega$，$R_{g1}=R_{g2}=10\ \text{M}\Omega$，$R_s=6.8\ \text{k}\Omega$，$R_c=3\ \text{k}\Omega$，$R_L=1\ \text{k}\Omega$，BJT 的 $V_{BEQ}=0.7\ \text{V}$，$\beta=200$，MOS 管的 $V_{TN}=1\ \text{V}$，$K_n=1\ \text{mA/V}^2$。对交流信号，电容 C_{b1}、C_{b2}、C_{b3} 均可视为短路。(1) 分别求解两管的静态电流，即 T_1 管的 I_{DQ}、T_2 管的 I_{CQ}。(2) 画出该电路的交流通路。(3) 求该电路的电压增益 A_v、输入电阻 R_i 和输出电阻 R_o。

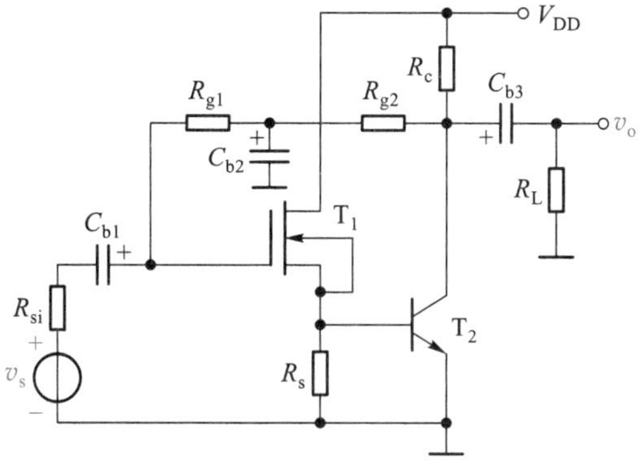

图题 5.4.3

5.4.4 设图题 5.4.4 所示电路处于正常放大状态，试说明 T_1、T_2 管各构成何种组态，并写出该电路 A_v、R_i、R_o 的表达式。设各电容对交流均可视为短路。

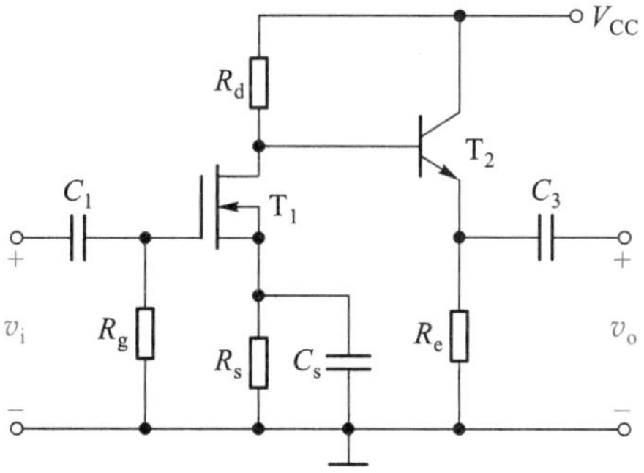

图题 5.4.4

第 5 章部分习题答案

6 频率响应

引言

1.5 节介绍放大电路的主要性能指标时已经指出，由于电抗元件的存在，放大电路对于不同频率的正弦波输入信号呈现不同的放大能力，即增益的大小和相移都是频率的函数。本章将讨论由电路中电容和三极管内部电容所引起的放大电路增益的频率响应，介绍频率响应的分析方法、带宽的确定及其影响因素，以期为设计满足要求的放大电路打下基础。

前两章分析放大电路的性能指标时，是假设对信号频率而言，电路中所有耦合电容和旁路电容都可视为短路，三极管（FET 或 BJT）的极间电容、电路中的负载电容及分布电容均可视为开路。实际上，当信号频率较低或较高时，上述电容的容抗将会明显影响电路的增益，此时放大电路的增益是输入信号频率的函数。这种函数关系称为放大电路的**频率响应**或**频率特性**。图 6.0.1 是某阻容耦合单级共源放大电路的频率响应曲线，其中图 a 是幅频响应曲线，图 b 是相频响应曲线。

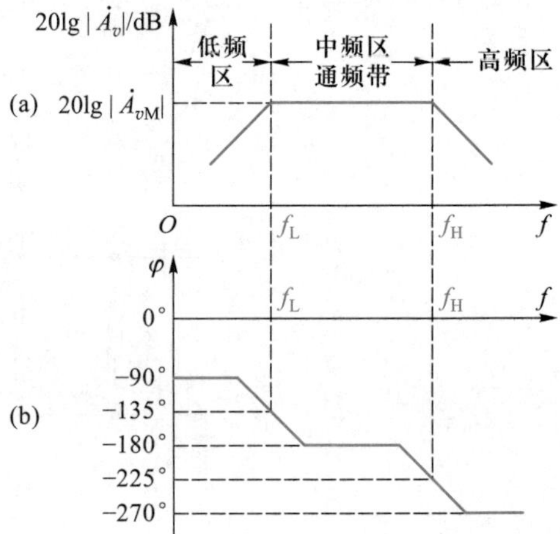

图 6.0.1 阻容耦合单级共源放大电路的频率响应

（a）幅频响应曲线 （b）相频响应曲线

在中频区（$f_L \sim f_H$ 之间的通频带内），电路中所有电容的影响均可忽略不计，电路中无电抗元件，所以频率响应曲线在该区域基本上为水平线，也称该区域为通频带。在 $f<f_L$ 的低频区，耦合电容和旁路电容的容抗增大，不能再视为短路，导致增益（幅值和相位）随频率变化；而在 $f>f_H$ 的高频区，三极管的极间电容和电路中的负载电容及分布电容等小电容的容抗减小，不能再视为开路，也导致增益随频率变化。

由于多数信号都涵盖一定的频率范围（信号带宽），如广播电视中语言及音乐信号的频率范围为 20 Hz～20 kHz，卫星电视信号的频率范围为 3.7～4.2 GHz 等。所以为避免频率失真，就要求放大电路的带宽能够满足信号带宽要求。这也是讨论放大电路频率响应的意义所在。

6.1 单时间常数 RC 电路的频率响应

单时间常数 *RC* 电路是指由一个电阻和一个电容组成或者最终可以简化成一个电阻和一个电容组成的电路,它构成双口网络时有两种类型,即 *RC* 高通电路和 *RC* 低通电路。它们的频率响应可分别用来模拟放大电路的低频响应和高频响应。

6.1.1 RC 高通电路的频率响应

图 6.1.1 所示电路为单时间常数 *RC* 高通电路。设其电压增益为$\dot{A}_{vL}$,由图可得

$$\dot{A}_{vL}=\frac{\dot{V}_o}{\dot{V}_i}=\frac{R}{R+\dfrac{1}{j\omega C}}=\frac{1}{1+\dfrac{1}{j\omega RC}} \tag{6.1.1}$$

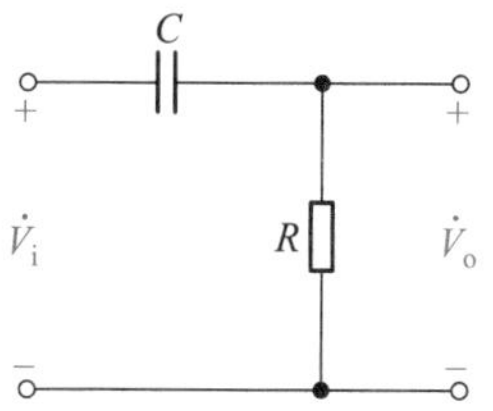

图 6.1.1 *RC* 高通电路

式中 ω 为输入信号的角频率,与频率 f 的关系是 $\omega=2\pi f$。令

$$f_L=\frac{1}{2\pi RC}=\frac{1}{2\pi\tau_L} \tag{6.1.2}$$

其中时间常数 $\tau_L=RC$。则式(6.1.1)变为

$$\dot{A}_{vL}=\frac{\dot{V}_o}{\dot{V}_i}=\frac{1}{1-j(f_L/f)} \tag{6.1.3}$$

将$\dot{A}_{vL}$分别表示为幅值(模)和相角

$$|\dot{A}_{vL}|=\frac{1}{\sqrt{1+(f_L/f)^2}} \tag{6.1.4}$$

$$\varphi_L=\arctan(f_L/f) \tag{6.1.5}$$

式(6.1.4)称为**幅频响应**,描述了电压增益的幅值随频率的变化。式(6.1.5)称为**相频响应**,表明输出信号与输入信号间的相位差随频率的变化。用描点法可以画出这两条曲线,但工程上常用更简单的作图方法。

1. 幅频响应

由式(6.1.4)按下列步骤可画出图 6.1.1 所示电路的幅频响应曲线。

(1) 当 $f\gg f_L$时,$(f_L/f)^2\ll 1$,得

$$|\dot{A}_{vL}|=\frac{1}{\sqrt{1+(f_L/f)^2}}\approx 1$$

用分贝(dB)表示则有

$$20\lg|\dot{A}_{vL}|\approx 20\lg 1=0\ \text{dB}$$

这是一条与横轴平行的零分贝线。

(2) 当 $f\ll f_L$时,$(f_L/f)^2\gg 1$

$$|\dot{A}_{vL}|=\frac{1}{\sqrt{1+(f_L/f)^2}}\approx\frac{f}{f_L}$$

用分贝表示，则有

$$20\lg|\dot{A}_{vL}|\approx 20\lg\frac{f}{f_L}$$

当 $f=0.01f_L$ 时，$20\lg|\dot{A}_{vL}|=-40$ dB；当 $f=0.1f_L$ 时，$20\lg|\dot{A}_{vL}|=-20$ dB。所以这是一条斜率为 20 dB/十倍频的直线，与零分贝线在 $f=f_L$ 处相交。由以上两条直线构成的折线，就是近似的幅频响应曲线，如图 6.1.2a 所示(注意，横轴未画在纵轴 0 dB 的位置上)。f_L 对应于两条直线的交点，所以 f_L 称为转折频率。由式(6.1.4)可知，当 $f=f_L$ 时，$|\dot{A}_{vL}|=1/\sqrt{2}\approx 0.707$，即当频率降为 f_L 时，电压增益下降为中频值的 0.707 倍，用分贝表示时，下降了 3 dB，所以 f_L 又称为下限截止频率或下限转折频率，简称为下限频率，也称下限 3 dB 截止频率。

这种用折线近似描述实际响应曲线(图 6.1.2a 中的虚线所示)的方法简便实用，会有一定的误差，当 $f=f_L$ 时误差最大，为 3 dB。

2. 相频响应

根据式(6.1.5)可作出相频响应曲线，它可用三条直线来近似描述：

(1) 当 $f\gg f_L$ 时，$\varphi_L\to 0°$，得到一条 $\varphi_L=0°$ 的水平线；

(2) 当 $f\ll f_L$ 时，$\varphi_L\to +90°$，得到一条 $\varphi_L=+90°$ 的水平线；

(3) 当 $f=f_L$ 时，$\varphi_L=+45°$。

由于当 $f/f_L=0.1$ 和 $f/f_L=10$ 时，φ_L 分别接近 +90°和 0°，故在 $0.1f_L$ 和 $10f_L$ 之间，可用一条斜率为 -45°/十倍频的直线来表示，于是可画出相频响应曲线如图 6.1.2b 所示。图中亦用虚线画出了实际的相频响应曲线。同样它们之间也存在误差，最大相位误差为 5.7°，发生在 $f=0.1f_L$ 和 $f=10f_L$ 处。这种用折线绘制出的频率响应曲线称为**波特图**[①]。

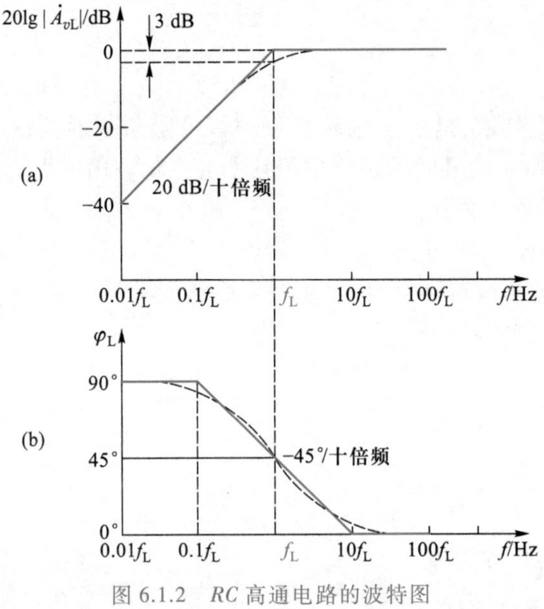

图 6.1.2 *RC* 高通电路的波特图

(a) 幅频响应 (b) 相频响应

---

① 系 Bode Plot 的译称，由 H.W.Bode 所提出。

由上述分析可知，当输入信号的频率高于 f_L 时，电压增益最大，而且与频率无关，始终为 1（0 dB），即高频信号通过 RC 电路不会衰减，也不产生明显的相移（0°），所以称该电路为 RC 高通电路。当 $f=f_L$ 时，增益下降 3 dB，且产生 +45°相移（这里的正号表示输出电压相位超前于输入电压）。当信号频率低于 f_L 后，随着频率的降低，增益按一定的规律衰减，且相移增大，最终趋于 +90°。可见，RC 高通电路主要用来分析电路低频区的响应。换言之，RC 高通电路会导致低频信号的衰减。

6.1.2　RC 低通电路的频率响应

图 6.1.3 所示为单时间常数 RC 低通电路。设其电压增益为 $\dot{A}_{vH}$，由图可得

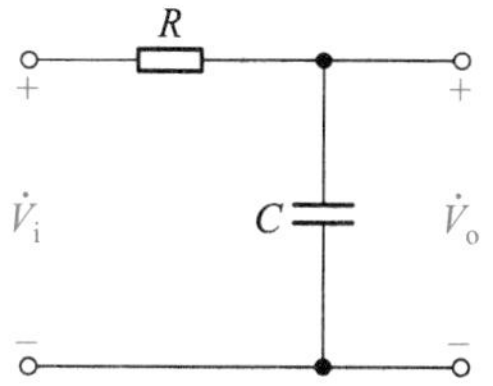

图 6.1.3　RC 低通电路

$$\dot{A}_{vH}=\frac{\dot{V}_o}{\dot{V}_i}=\frac{\frac{1}{j\omega C}}{R+\frac{1}{j\omega C}}=\frac{1}{1+j\omega RC} \tag{6.1.6}$$

令

$$f_H=\frac{1}{2\pi RC}=\frac{1}{2\pi\tau_H} \tag{6.1.7}$$

其中时间常数 $\tau_H=RC$。则式(6.1.6)变为

$$\dot{A}_{vH}=\frac{1}{1+j(f/f_H)} \tag{6.1.8}$$

其幅频响应和相频响应分别为

$$|\dot{A}_{vH}|=\frac{1}{\sqrt{1+(f/f_H)^2}} \tag{6.1.9}$$

$$\varphi_H=-\arctan(f/f_H) \tag{6.1.10}$$

式中 f_H 是 RC 低通电路的上限截止频率或上限转折频率，简称为上限频率，也称上限 3 dB 截止频率。

仿照 RC 高通电路波特图的绘制方法，由式(6.1.9)和式(6.1.10)可画出 RC 低通电路的波特图，如图 6.1.4 所示。

由此波特图可知，当输入信号的频率低于 f_H 时，电压增益最大，且不随信号频率变化始终为 1（0 dB），即低频信号通过 RC 电路不会衰减，也不产生明显的相移（0°），所以称该电路为 RC 低通电路。当 $f=f_H$ 时，增益下降 3 dB，且产生 −45°相移（这里的负号表示输出电压相位滞后于输入电压）。当信号频率高于 f_H 后，随着频率的升高，增益按 −20 dB/十倍频斜率衰减，且产生明显相移，最终趋于 −90°。可见，RC 低通电路主要用来分析电路高频区的响应。换言之，RC 低通电路会导致高频信号的衰减。

通过对单时间常数 RC 高通和低通电路频率响应的分析，可以得到下列具有普遍意义的结论：

（1）分析电路的频率响应时，先要画出该电路的等效 RC 电路；

（2）写出其增益的频率响应（幅频响应和相频响应）表达式；

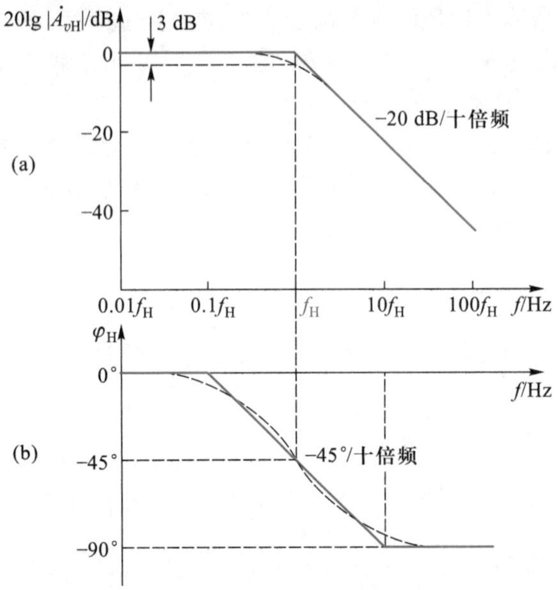

图 6.1.4 *RC* 低通电路的波特图

（a）幅频响应 （b）相频响应

（3）电路的截止频率决定于相关电容所在回路的时间常数 $\tau=RC$①，见式（6.1.2）和式（6.1.7）；

（4）当输入信号的频率等于上限频率 f_H 或下限频率 f_L 时，电路的增益比通带增益下降 3 dB，或下降为通带增益的 0.707 倍，且在通带相移的基础上产生−45°或+45°的相移；

（5）工程上常用折线化的波特图表示电路的频率响应。

复习思考题

6.1.1 为什么要研究放大电路的频率响应？

6.1.2 影响放大电路频率响应的主要因素是什么？

6.1.3 为什么要研究 *RC* 高、低通电路的频率特性？

6.1.4 如何画出 *RC* 高、低通电路的波特图？

6.1.5 *RC* 高、低通电路各有什么特点？

6.2 单管放大电路的低频响应

上一节以单时间常数 *RC* 高、低通电路为例，介绍了频率响应的分析方法，本节以共源和共射放大电路为例，分析耦合电容和旁路电容对放大电路低频特性的影响。

6.2.1 共源放大电路的低频响应

单级共源放大电路如图 6.2.1a 所示，在中频区，耦合电容 C_{b1} 和 C_{b2}，旁路电容 C_s 等这些

① 这里的 *R* 和 *C* 分别是相关回路的等效电阻和等效电容。

大电容的容抗很小，都视作短路，从而可求得与频率无关的中频增益，这在 4.4.3 节已给出分析。但在低频范围内，C_{b1}、C_{b2}和 C_s的容抗增大，不能再视为短路，此时可画出该电路的低频小信号等效电路，如图 6.2.1b 所示（设 $\lambda=0$）。图中 $R_g=R_{g1}/\!/R_{g2}$。为简化分析，假设旁路电容 C_s的值足够大，以至在低频范围内，它的容抗X_{C_s}远小于 R_s的值，即

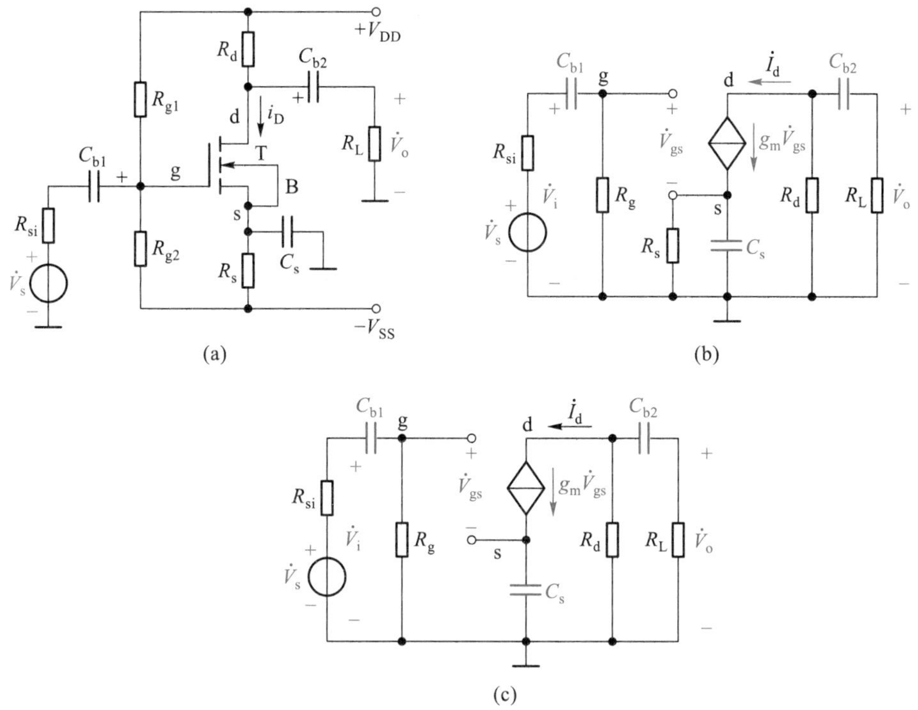

图 6.2.1 共源放大电路及其低频小信号等效电路

（a）原理图 （b）图 a 的低频小信号等效电路 （c）简化的等效电路

$$\frac{1}{\omega C_s}<<R_s \quad 或 \quad \omega C_s R_s>>1 \tag{6.2.1}$$

可将 R_s视为开路，于是得到图 6.2.1c 所示的简化等效电路。由此可得栅极电压与信号源关系

$$\dot{V}_g=\frac{R_g}{R_{si}+R_g+\dfrac{1}{j\omega C_{b1}}}\dot{V}_s$$

又因为$\dot{V}_g=\dot{V}_{gs}+g_m\dot{V}_{gs}\cdot\dfrac{1}{j\omega C_s}$，则

$$\dot{V}_{gs}=\frac{\dot{V}_g}{1+\dfrac{g_m}{j\omega C_s}}=\frac{1}{1+\dfrac{g_m}{j\omega C_s}}\cdot\frac{R_g}{R_{si}+R_g+\dfrac{1}{j\omega C_{b1}}}\dot{V}_s \tag{6.2.2}$$

在输出回路，R_L和 C_{b2}的串联支路与 R_d支路并联分流，得到负载中的电流 $\dot{I}_L$，则输出电

压为

$$\dot{V}_o=-\dot{I}_L R_L=-g_m\dot{V}_{gs}\frac{R_d}{R_d+R_L+\frac{1}{j\omega C_{b2}}}R_L$$

将式(6.2.2)代入上式得

$$\dot{V}_o=-g_m\frac{1}{1+\frac{g_m}{j\omega C_s}}\cdot\frac{R_g}{R_{si}+R_g+\frac{1}{j\omega C_{b1}}}\dot{V}_s\frac{R_dR_L}{R_d+R_L+\frac{1}{j\omega C_{b2}}}$$

则源电压增益为

$$\begin{aligned}\dot{A}_{vsL}&=\frac{\dot{V}_o}{\dot{V}_s}=-g_m\cdot\frac{1}{1+\frac{g_m}{j\omega C_s}}\cdot\frac{R_g}{R_{si}+R_g+\frac{1}{j\omega C_{b1}}}\cdot\frac{R_dR_L}{R_d+R_L+\frac{1}{j\omega C_{b2}}}\\&=-g_m\cdot\frac{1}{1+\frac{g_m}{j\omega C_s}}\cdot\frac{R_g/(R_{si}+R_g)}{1+\frac{1}{j\omega(R_{si}+R_g)C_{b1}}}\cdot\frac{R_d/\!/R_L}{1+\frac{1}{j\omega(R_d+R_L)C_{b2}}}\\&=-g_m(R_d/\!/R_L)\cdot\frac{R_g}{R_{si}+R_g}\cdot\frac{1}{1+\frac{g_m}{j\omega C_s}}\cdot\frac{1}{1+\frac{1}{j\omega(R_{si}+R_g)C_{b1}}}\cdot\frac{1}{1+\frac{1}{j\omega(R_d+R_L)C_{b2}}}\\&=\dot{A}_{vsM}\cdot\frac{1}{1-j\frac{f_{L1}}{f}}\cdot\frac{1}{1-j\frac{f_{L2}}{f}}\cdot\frac{1}{1-j\frac{f_{L3}}{f}}\end{aligned}\tag{6.2.3}$$

式中$\dot{A}_{vsM}$是中频源电压增益，f_{L1}、f_{L2}和f_{L3}是分别由3个RC高通电路构成的3个转折频率，即

$$\dot{A}_{vsM}=-g_m(R_d/\!/R_L)\frac{R_g}{R_{si}+R_g}\tag{6.2.4}$$

$$f_{L1}=\frac{1}{2\pi C_{b1}(R_{si}+R_g)}\tag{6.2.5}$$

$$f_{L2}=\frac{g_m}{2\pi C_s}\tag{6.2.6}$$

$$f_{L3}=\frac{1}{2\pi C_{b2}(R_d+R_L)}\tag{6.2.7}$$

由式(6.2.3)可见，图6.2.1a所示阻容耦合共源放大电路在满足式(6.2.1)的条件下，其低频响应具有f_{L1}、f_{L2}和f_{L3}三个转折频率。通常$(1/g_m)$的阻值小于$(R_{si}+R_g)$和(R_d+R_L)，而C_{b1}、C_{b2}、C_s相差不大，因此f_{L2}通常要大于f_{L1}和f_{L3}。如果f_{L2}与f_{L1}或f_{L3}相差4倍以上，则取f_{L2}作为共源放大电路源电压增益的下限频率f_L。如果f_{L1}、f_{L3}很小，可只考虑C_s对低频响应的影响时，式(6.2.3)可简化为

$$\dot{A}_{vsL}=\dot{A}_{vsM}\cdot\frac{1}{1-\mathrm{j}\dfrac{f_{L2}}{f}} \tag{6.2.8}$$

其对数幅频响应和相频响应的表达式为

$$20\lg|\dot{A}_{vsL}|=20\lg|\dot{A}_{vsM}|-20\lg\sqrt{1+(f_{L2}/f)^2} \tag{6.2.9a}$$

$$\varphi=-180°-\arctan(-f_{L2}/f)=-180°+\arctan(f_{L2}/f) \tag{6.2.9b}$$

由式(6.2.9)可画出只考虑电容 C_s影响时的低频响应波特图，如图 6.2.2 所示。

如果不满足式(6.2.1)的条件，则实际的下限截止频率与f_{L2}将存在较大误差。更精确的分析可以通过 SPICE 仿真获得。

以上分析可知，为了获得更低的下限频率，需要加大耦合电容、旁路电容及其相应回路的等效电阻，以增大回路的时间常数，从而降低下限频率。但这种改善是很有限的，因此在信号频率很低的应用场合，可考虑用直接耦合方式。

例 6.2.1 电路如图 6.2.3 所示。已知 $R_{si}=100\ \text{k}\Omega$，$R_g=10\ \text{M}\Omega$，$R_d=R_L=10\ \text{k}\Omega$，$g_m=2\ \text{mS}$，$C_{b1}=C_{b2}=C_s=1\ \mu\text{F}$。试求该电路的中频源电压增益$\dot{A}_{vsM}$、$f_{L1}$、$f_{L2}$、$f_{L3}$和下限频率$f_L$，并用 SPICE 再求$|\dot{A}_{vsM}|$和$f_L$。

解：图 6.2.3 所示电路的低频小信号等效电路与图 6.2.1c 的形式相同。由式(6.2.4)求得中频源电压增益为

$$\dot{A}_{vsM}=-g_m(R_d/\!/R_L)\frac{R_g}{R_{si}+R_g}=-2\times10^{-3}\times\frac{10\times10}{10+10}\times10^3\times\frac{10\times10^3}{100+10\times10^3}\approx-9.9$$

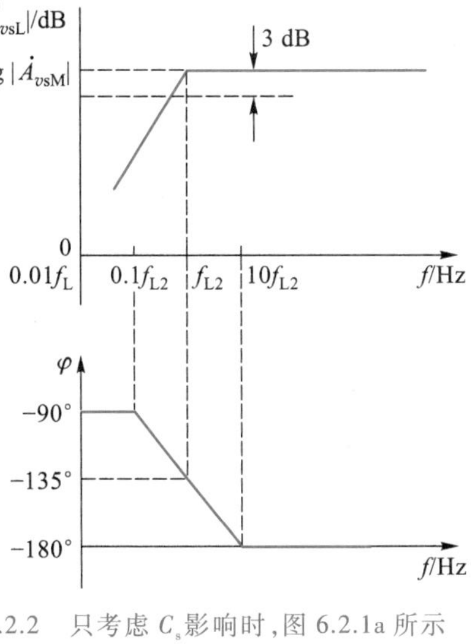

图 6.2.2 只考虑 C_s影响时，图 6.2.1a 所示电路的低频响应波特图

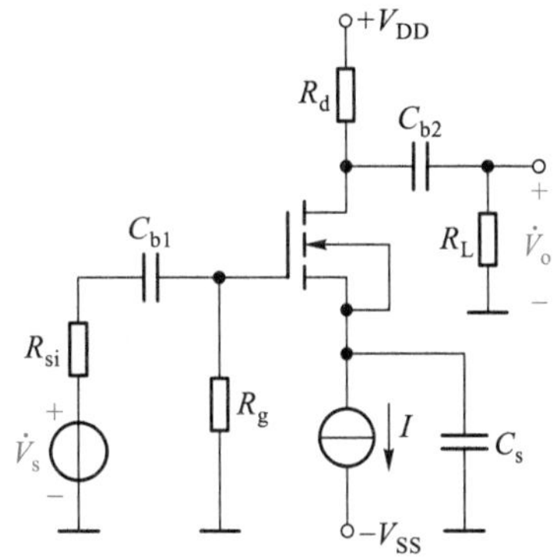

图 6.2.3 例 6.2.1 的电路图

由式(6.2.5)求得

$$f_{L1}=1/[2\pi C_{b1}(R_{si}+R_g)]=\frac{1}{2\times3.14\times1\times10^{-6}(0.1+10)\times10^6}\text{Hz}\approx0.016\ \text{Hz}$$

由式(6.2.6)求得

$$f_{L2}=\frac{g_m}{2\pi C_s}=\frac{2\times10^{-3}}{2\times3.14\times1\times10^{-6}}\text{Hz}\approx318.47\ \text{Hz}$$

由式(6.2.7)求得

$$f_{L3}=1/[2\pi C_{b2}(R_d+R_L)]=\frac{1}{2\times3.14\times1\times10^{-6}\times(10+10)\times10^3}\text{Hz}\approx7.96\ \text{Hz}$$

因有 $f_{L2}\gg f_{L1}$ 和 $f_{L2}\gg f_{L3}$，所以该电路的下限频率 $f_L\approx f_{L2}\approx318.47$ Hz。

SPICE 仿真时设 $V_{DD}=V_{SS}=8$ V，$I=0.5$ mA，MOS 管参数为 $K_n'=0.1\ \text{mA/V}^2$，$W=80\ \mu\text{m}$，$L=2\ \mu\text{m}$，$V_{TN}=0.8$ V，此时有 $g_m=2$ mS，求得 $|\dot{A}_{vsM}|\approx9.7$，$f_L\approx308.8$ Hz，与上述计算很接近。

6.2.2 共射放大电路的低频响应

除了上述通过直接推导含电抗元件的增益表达式来分析电路的频率响应外，还可以通过时间常数法简单快速估算截止频率 。

若电路中有耦合电容和旁路电容 C_1、C_2、C_3……可以求出每个电容单独作用时的时间常数 $\tau_1=R_1C_1$、$\tau_2=R_2C_2$、$\tau_3=R_3C_3$……那么下限频率就近似为①

$$f_L\approx\frac{1}{2\pi}\sum_{i=1}^{n}\frac{1}{\tau_i}\tag{6.2.10}$$

其中 n 是电容总数。虽然应用该方法的前提是基于其中一个时间常数远小于其他时间常数的假设，但即使不满足该假设条件，由式(6.2.10)估算出的下限频率误差也并不大。由于在求某一个电容单独作用时的时间常数时，需要将其他电容短路处理(等效为通带内的状态)，所以该方法也称为**短路时间常数法**。下面用这种方法分析共射极放大电路的低频响应。

图 6.2.4b 是图 6.2.4a 所示电路的低频小信号等效电路，其中 $R_b=R_{b1}/\!/R_{b2}$。

(1) 仅考虑 C_{b1} 作用时的时间常数

将图 6.2.4b 中的 C_e 和 C_{b2} 短路，信号源置零，且保留信号源内阻，得到求 C_{b1} 构成的时间常数等效电路如图 6.2.4c 所示。从 C_{b1} 两端看出去的等效电阻为 $R_{si}+R_b/\!/r_{be}$，所以

$$\tau_1=(R_{si}+R_b/\!/r_{be})C_{b1}\tag{6.2.11a}$$

(2) 仅考虑 C_e 作用时的时间常数

将图 6.2.4b 中的 C_{b1} 和 C_{b2} 短路，信号源置零且保留其内阻，得到等效电路如图 6.2.4d 所示。用外加电压($\dot{V}_t$)法求 C_e 两端等效电阻的电路如图 6.2.4e 所示。对节点 e 应用 KCL

$$\dot{I}_t=\dot{I}_b+\beta\dot{I}_b+\frac{\dot{V}_t}{R_e}=(1+\beta)\frac{\dot{V}_t}{R_{si}/\!/R_b+r_{be}}+\frac{\dot{V}_t}{R_e}$$

得等效电阻

$$R_2=\frac{\dot{V}_t}{\dot{I}_t}=\frac{R_{si}/\!/R_b+r_{be}}{1+\beta}/\!/R_e$$

① 参见 P.E.Gray and C.L. Searle，Electronic Principles，New York：Wiley，1969.

所以

$$\tau_2=\left(\frac{R_{si}/\!/R_b+r_{be}}{1+\beta}/\!/R_e\right)C_e \tag{6.2.11b}$$

（3）仅考虑 C_{b2} 作用时的时间常数

类似地，将图 6.2.4b 中的 C_{b1} 和 C_e 短路，信号源置零且保留内阻，可得到时间常数

$$\tau_3=(R_c+R_L)C_{b2} \tag{6.2.11c}$$

最后，由式（6.2.10）得图 6.2.4a 所示电路的下限频率

$$f_L\approx\frac{1}{2\pi}\left(\frac{1}{\tau_1}+\frac{1}{\tau_2}+\frac{1}{\tau_3}\right) \tag{6.2.12}$$

在 5.2.4 节已分析过电路的中频源电压增益为 $\dot{A}_{vsM}=-\frac{\beta R_L'}{r_{be}}\cdot\frac{R_b/\!/r_{be}}{R_{si}+R_b/\!/r_{be}}$，则低频区的源电压增益为

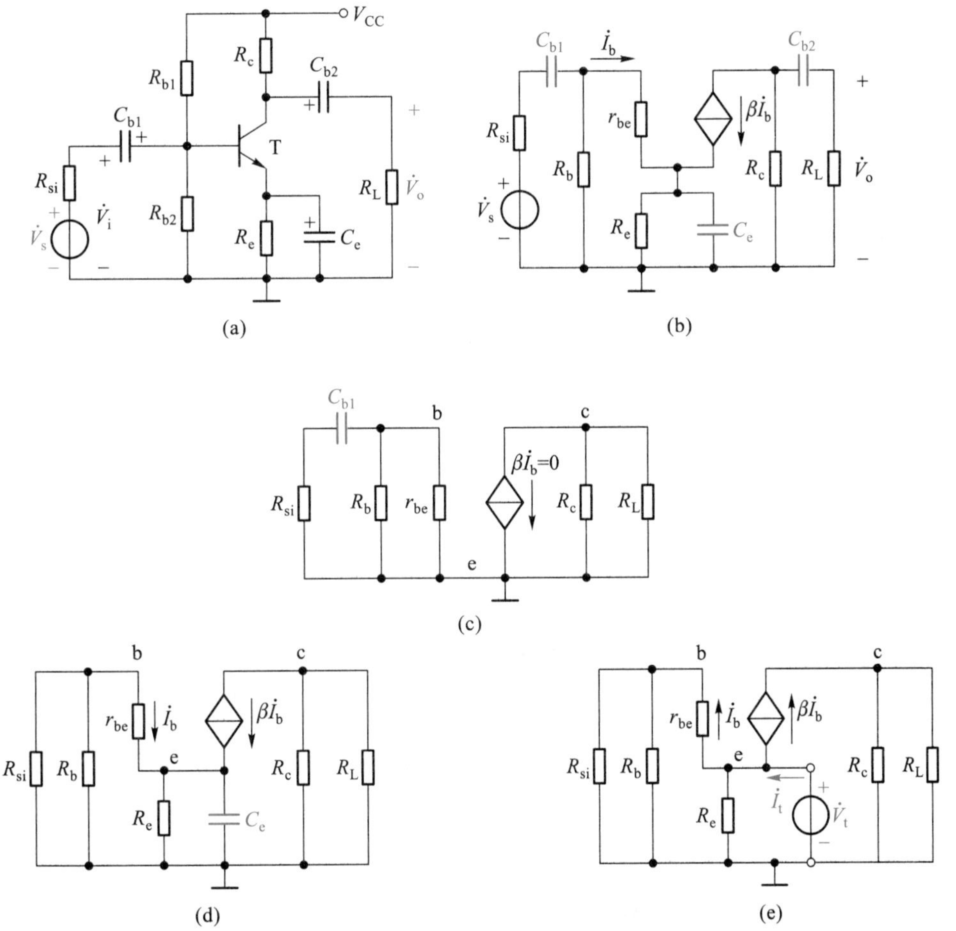

图 6.2.4 共射放大电路及其低频小信号等效电路

（a）原理图 （b）完全等效电路 （c）求 C_{b1} 构成的时间常数

（d）求 C_e 构成的时间常数 （e）求 C_e 两端的等效电阻

$$\dot{A}_{vsL}=\frac{\dot{V}_o}{\dot{V}_s}=\dot{A}_{vsM}\cdot\frac{1}{1-j(f_L/f)} \tag{6.2.13}$$

其对数幅频响应和相频响应分别为

$$20\lg|\dot{A}_{vsL}|=20\lg|\dot{A}_{vsM}|-20\lg\sqrt{1+(f_L/f)^2} \tag{6.2.14a}$$

$$\varphi=-180°-\arctan(-f_L/f)=-180°+\arctan(f_L/f) \tag{6.2.14b}$$

由此可画出图 6.2.4a 所示电路的低频响应波特图，其形式与图 6.2.2 相似。

例 6.2.2 在图 6.2.4a 所示电路中，设 BJT 的 $\beta=80$，$r_{be}\approx1.5\ \text{k}\Omega$，$V_{CC}=15\ \text{V}$，$R_{si}=50\ \Omega$，$R_{b1}=110\ \text{k}\Omega$，$R_{b2}=33\ \text{k}\Omega$，$R_c=4\ \text{k}\Omega$，$R_L=2.7\ \text{k}\Omega$，$R_e=1.8\ \text{k}\Omega$，$C_{b1}=30\ \mu\text{F}$，$C_{b2}=1\ \mu\text{F}$，$C_e=50\ \mu\text{F}$，试估算该电路源电压增益的下限频率，并用 SPICE 再求 f_L。

解：根据已知参数，由式(6.2.11a)~式(6.2.11c)求得 3 个时间常数

$$\tau_1=(R_{si}+R_b/\!/r_{be})C_{b1}=(R_{si}+R_{b1}/\!/R_{b2}/\!/r_{be})C_{b1}\approx44.1\ \text{ms}$$

$$\tau_2=\left(\frac{R_{si}/\!/R_b+r_{be}}{1+\beta}/\!/R_e\right)C_e\approx0.95\ \text{ms}$$

$$\tau_3=(R_c+R_L)C_{b2}=6.7\ \text{ms}$$

则电路源电压增益的下限频率

$$f_L\approx\frac{1}{2\pi}\left(\frac{1}{\tau_1}+\frac{1}{\tau_2}+\frac{1}{\tau_3}\right)\approx195\ \text{Hz}$$

SPICE 仿真求得 $f_L\approx153.7\text{Hz}$，与上述结果有一定误差，但上述方法作为工程估算还是可行的。

同样，也可以用短路时间常数法分析三极管其他组态放大电路的低频响应，此处不再赘述。

复习思考题

6.2.1 影响放大电路低频响应的原因是什么？

6.2.2 通常情况下，对共源电路低频特性影响更大的是耦合电容还是源极旁路电容？

6.2.3 通常情况下，对共射电路低频特性影响更大的是耦合电容还是射极旁路电容？

6.2.4 直接耦合式放大电路的下限频率 f_L 等于多少？

6.3 单管放大电路的高频响应

由于影响放大电路高频响应的主要因素是三极管的极间电容，因此本节先分别介绍 MOS 管和 BJT 的高频小信号模型，然后利用它们分析共源和共射放大电路的高频响应。

6.3.1 三极管的高频小信号模型

1. MOS 管的高频小信号模型

在 4.1 节介绍 MOS 管结构（为便于讨论将 NMOS 管结构重画于图 6.3.1a 中）及工作原理时就已指出，MOS 管的栅极与沟道组成一个以氧化物为介质的平板电容器，称为栅极电容。此外，在 MOS 管的源极与衬底、漏极与衬底间还存在两个 PN 结电容。于是在 MOS 管

的 4 个电极（g、s、d 和 B）之间共有 4 个电容，即栅-源电容 C_{gs}，栅-漏电容 C_{gd}，源-衬电容 C_{sb}，漏-衬电容 C_{db}。在分立元件电路中，MOS 管的源极和衬底多数情况下是连在一起的，这时 C_{sb} 被短接，而 C_{db} 变为 C_{ds}。此时在图 4.4.2c 所示模型基础上，补充上述电容便可得到 MOS 管的高频小信号模型如图 6.3.1b 所示。其中电容的容量与器件尺寸直接相关，集成电路中一般在零点几到几皮法，分立小功率 MOS 管通常在几十至几百皮法。依据电容对频率响应的影响程度，为简化分析，常忽略 C_{ds}，得到图 6.3.1c 所示常用简化高频小信号模型。

由于在集成电路中，MOS 管的源极与衬底是断开的，所以模型有所不同，在此不做讨论。

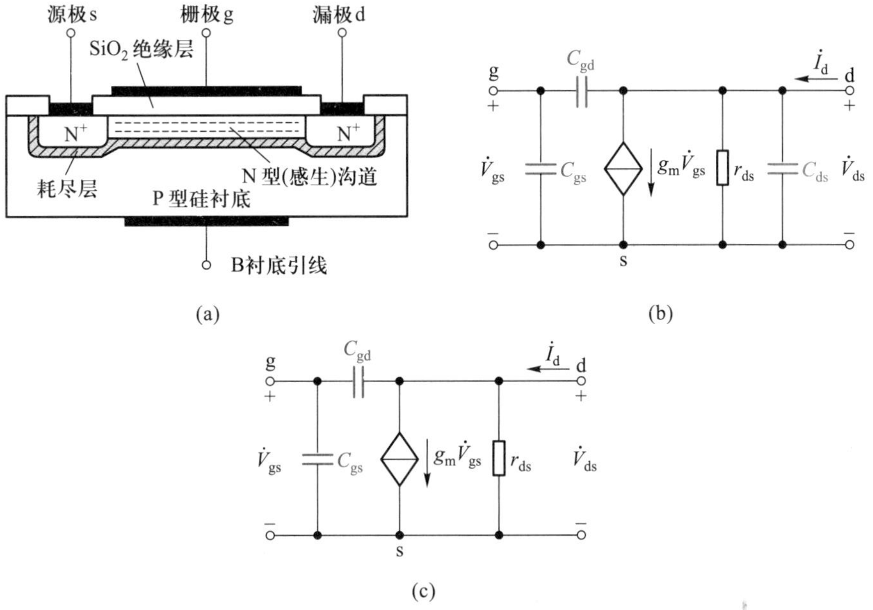

图 6.3.1 MOSFET 的结构与模型

（a）结构剖面图 （b）高频小信号模型 （c）简化高频小信号模型

2. BJT 的高频小信号模型

（1）模型

在高频情况下，考虑 BJT 发射结电容和集电结电容影响时，其高频小信号模型如图 6.3.2a 所示。图中 b′是为分析方便而在基区内虚拟出的一个节点，$r_{bb'}$ 和 $r_{b'e}=(1+\beta)r_e$ 在式（5.2.10a）中已给出说明。$C_{b'e}$ 是发射结电容，小功率管的 $C_{b'e}$ 一般在几十至几百皮法范围内。$r_{b'c}$ 是集电结反偏电阻，一般在 100 kΩ～10 MΩ 范围内。$C_{b'c}$ 是集电结反偏时的电容，其值较小，一般为几个皮法，可用器件手册中的 C_{ob} 代替。

由于在高频区 $r_{b'c}$ 远大于 $C_{b'c}$ 的容抗 $1/(\omega C_{b'c})$，所以 $r_{b'c}$ 可视为开路；另外，BJT 的输出电阻 r_{ce} 和与它并接的外部电阻相比，一般远大于外接电阻，因此 r_{ce} 也可视为开路，这样便可得到简化模型如图 6.3.2b 所示。因其形状像 π，各元件参数具有不同的量纲，故又称之为 BJT 的高频小信号混合 π 模型。

需要注意，为了消除结电容对受控电流源的影响，将原 H 参数小信号模型中的 $\beta\dot{I}_b$ 变

换成了 $g_m \dot{V}_{b'e}$。这里的互导 g_m 表明发射结电压对受控电流 $\dot{I}_c$ 的控制能力，定义为

$$g_m = \left.\frac{\partial i_C}{\partial v_{B'E}}\right|_{V_{CE}} = \left.\frac{\Delta i_C}{\Delta v_{B'E}}\right|_{V_{CE}}$$

在中频区(通带内)，图 6.3.2b 模型中的结电容可视为开路，成为图 6.3.3a 的形式，它与图 6.3.3b 所示的 H 参数小信号模型是等价的，所以由 $r_{be}=r_{bb'}+r_{b'e}$、$\dot{V}_{b'e}=\dot{I}_b r_{b'e}$、$r_{b'e}=(1+\beta_0)\cdot\frac{V_T}{I_{EQ}}$ 和 $g_m\dot{V}_{b'e}=\beta_0\dot{I}_b$ 可得

$$g_m = \frac{\beta_0}{r_{b'e}} = \frac{\beta_0}{(1+\beta_0)V_T/I_{EQ}} \approx \frac{I_{EQ}}{V_T} \tag{6.3.1}$$

可见 g_m 与信号的频率无关。此处用 β_0 表示 BJT 在中频区和低频区的电流放大系数，以示与高频区 β 的区别。同时也看到 $r_{b'e}$ 和 g_m 是与静态工作点有关的参数。

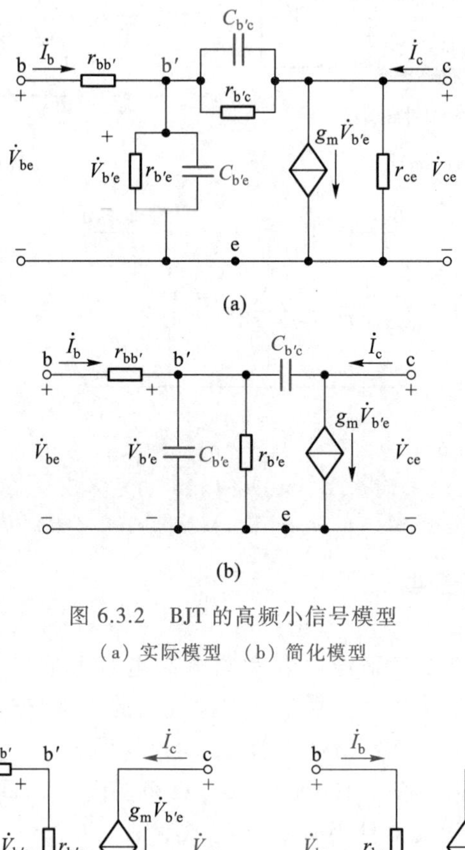

图 6.3.2 BJT 的高频小信号模型

(a) 实际模型 (b) 简化模型

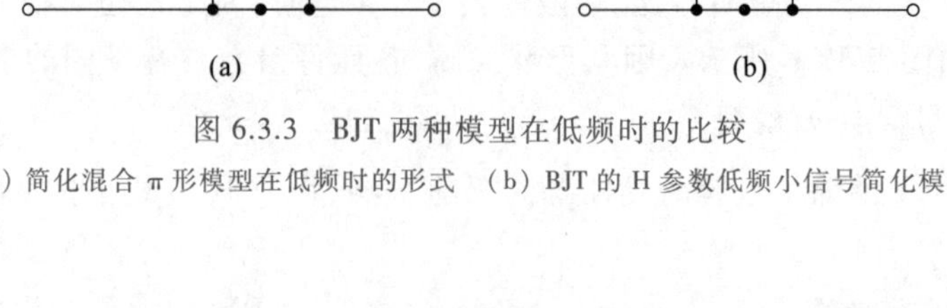

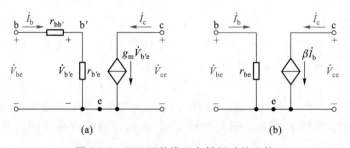

图 6.3.3 BJT 两种模型在低频时的比较

(a) 简化混合 π 形模型在低频时的形式 (b) BJT 的 H 参数低频小信号简化模型

(2) $\dot{\beta}$ 的频率响应

根据 5.2.3 节 β 的定义

$$h_{fe}=\left.\frac{\partial i_c}{\partial i_B}\right|_{V_{CEQ}} \quad 或 \quad \dot{\beta}=\left.\frac{\dot{I}_c}{\dot{I}_b}\right|_{\dot{V}_{ce}=0}$$

式中 $\dot{V}_{ce}=0$ 意味着在小信号模型中 c、e 之间短路，则得到图 6.3.4 所示的等效电路。由此可见，集电极短路电流为

$$\dot{I}_c=(g_m-j\omega C_{b'c})\dot{V}_{b'e} \tag{6.3.2}$$

基极电流

$$\dot{I}_b=\frac{\dot{V}_{b'e}}{r_{b'e}}+j\omega C_{b'e}\dot{V}_{b'e}+j\omega C_{b'c}\dot{V}_{b'e}=\left(\frac{1}{r_{b'e}}+j\omega C_{b'e}+j\omega C_{b'c}\right)\dot{V}_{b'e} \tag{6.3.3}$$

由式(6.3.2)和式(6.3.3)可得$\dot{\beta}$的表达式

$$\dot{\beta}=\frac{\dot{I}_c}{\dot{I}_b}=\frac{g_m-j\omega C_{b'c}}{\dfrac{1}{r_{b'e}}+j\omega(C_{b'e}+C_{b'c})}$$

可见，BJT 的 $\dot{\beta}$ 是频率的函数。在图 6.3.4 所示模型的有效频率范围内通常有$g_m \gg \omega C_{b'c}$，因而

$$\dot{\beta}\approx\frac{g_m r_{b'e}}{1+j\omega(C_{b'e}+C_{b'c})r_{b'e}}$$

由式(6.3.1)中 $g_m r_{b'e}=\beta_0$的关系，得

$$\dot{\beta}=\frac{\beta_0}{1+j\omega(C_{b'e}+C_{b'c})r_{b'e}}=\frac{\beta_0}{1+j\dfrac{f}{f_\beta}}$$

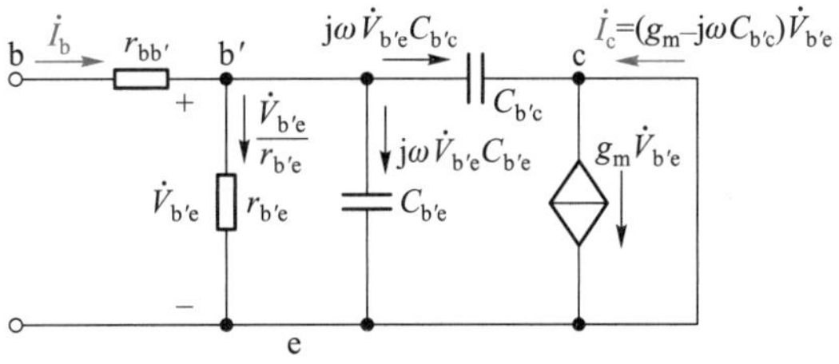

图 6.3.4 计算$\dot{\beta}=\dot{I}_c/\dot{I}_b$的模型

其幅频响应和相频响应的表达式为

$$|\dot{\beta}|=\frac{\beta_0}{\sqrt{1+(f/f_\beta)^2}} \tag{6.3.4a}$$

$$\varphi=-\arctan\frac{f}{f_\beta} \tag{6.3.4b}$$

式中

$$f_\beta=\frac{1}{2\pi(C_{b'e}+C_{b'c})r_{b'e}} \tag{6.3.5}$$

f_β称为 $\dot{\beta}$ 的截止频率，即$|\dot{\beta}|$下降到 $0.707\beta_0$时的信号频率，其值主要决定于 BJT 的结构。

由式(6.3.4)很容易绘出 $\dot{\beta}$ 的波特图如图 6.3.5 所示。图中 f_T称为 BJT 的特征频率，是使$|\dot{\beta}|$下降到 1 (即 0 dB)时的信号频率。f_T与 BJT 的制造工艺有关，器件手册中会给出该值，目前可高达几吉赫。

令式(6.3.4a)等于1,则可得

$$f_T \approx \beta_0 f_\beta \tag{6.3.6a}$$

将 $\beta_0 = g_m r_{b'e}$ 及式(6.3.5)代入式(6.3.6a),则

$$f_T \approx \frac{g_m}{2\pi(C_{b'e}+C_{b'c})} \tag{6.3.6b}$$

一般有 $C_{b'e} \gg C_{b'c}$,故

$$f_T \approx \frac{g_m}{2\pi C_{b'e}}$$

f_T越高,表明 BJT 的高频性能越好,由它构成的放大电路的上限频率就越高。

需要说明的是,由于忽略了一些参数的影响,图 6.3.2b 所示的 BJT 高频小信号模型只能在小于 $f_T/3$ 的频率范围内适用,频率更高时,分析结果的误差会增大。

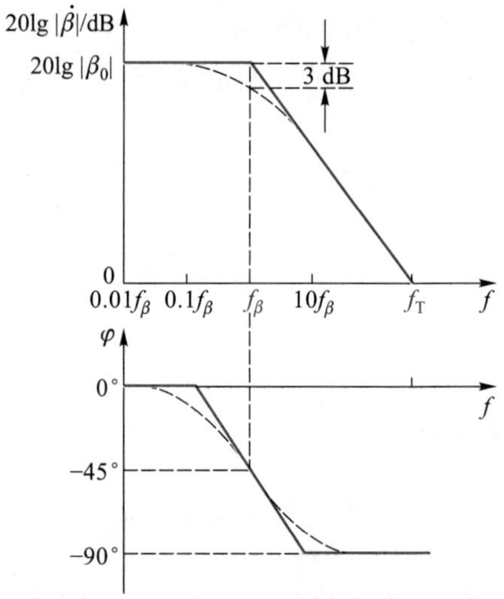

图 6.3.5 $\dot{\beta}$的波特图

几种 MOS 管和 BJT 的高频相关参数分别如表 6.3.1 和表 6.3.2 所示。

表 6.3.1 几种 MOS 管的高频相关参数

参数名称	栅漏电容	输出电容①	输入电容②	导通时间	上升时间	关断时间	下降时间
参数符号	C_{gd}/pF	C_{oss}/pF	C_{iss}/pF	t_{on}/ns	t_r/ns	t_{off}/ns	t_f/ns
2N7000	4	11	20	<10		<10	
BS270	4	11	20	<10		<10	
FQNL2N50B	4	30	180	6	25	10	20
BSR202N	40	278	863	8.8	16.7	19	3.7
BSS83P	7	19	62	23	71	56	61
CEM2281	200	295	2 035	11	10	356	110
CEK01N6G	25	55	210	19	10	31	37
ELM23401CA-S	50	60	830	5.4	19.4	45.9	12.4
ELM57412A-S	60	120	850	10	16	31	10

①② 漏源电容 $C_{ds}=C_{oss}-C_{gd}$,栅源电容 $C_{gs}=C_{iss}-C_{gd}$。

表 6.3.2 几种 BJT 的高频相关参数

参数名称	特征频率	集电结电容	发射结电容	导通时间	延迟时间	上升时间	关断时间	存储时间	下降时间
参数符号	f_T/MHz	$C_{b'c}$或C_c/pF	$C_{b'e}$或C_e/pF	t_{on}/ns	t_d/ns	t_r/ns	t_{off}/ns	t_s/ns	t_f/ns
2N3904	300	4	8		<35	<35		<200	<50
2N3906	>250	4.5	10	<60	<35	<35	<300	<225	<75
9013	>150								
9015	190	4.5							
9018	1 100	1.3							

6.3.2 共源放大电路的高频响应

1. 高频响应

现仍以图 6.2.1a 所示共源放大电路为例，分析其高频响应。为便于分析重画于图 6.3.6a中。在高频区，电路中的耦合电容 C_{b1}、C_{b2}和旁路电容 C_s的容抗都很小，可视为短路，于是画出其高频小信号等效电路，如图 6.3.6b 所示。其中 $R_g = R_{g1} /\!/ R_{g2}$，$R_L' = R_d /\!/ R_L$。可以通过列写方程求得增益表达式，从而分析其频率响应，但为了便于从电路原理层面理解，此处通过电路等效变换，求得等效的 RC 电路来分析频率响应。

求图 6.3.6b 中 C_{gs}左侧端口的戴维南等效电路。同时考虑到输出回路，通常有 $r_{ds} \gg R_L'$，故可将 r_{ds}开路；电容 C_{ds}很小，在所分析的频率范围内，其容抗远大于 R_L'，也可以忽略 C_{ds}的影响，将其开路，由此得简化电路如图 6.3.6c 所示。其中

$$\dot{V}_s' = \frac{R_g}{R_{si}+R_g} \cdot \dot{V}_s \tag{6.3.7a}$$

$$R_{si}' = R_{si} /\!/ R_g \tag{6.3.7b}$$

接下来，可以将图 c 中跨接在输入和输出回路之间的电容 C_{gd}，分别等效到输入回路和输出回路，即求出阻抗 Z_1和 Z_2。变换过程如下：

在图 6.3.6c 中，设$\dot{A}_v' = \dot{V}_o / \dot{V}_{gs}$，则由 g 点流入电容 C_{gd}的电流为

$$\dot{I}_{Cgd} = \frac{\dot{V}_{gs} - \dot{V}_o}{\dfrac{1}{j\omega C_{gd}}} = (1-\dot{A}_v')\dot{V}_{gs} j\omega C_{gd}$$

求得阻抗 Z_1

$$Z_1 = \frac{\dot{V}_{gs}}{\dot{I}_{Cgd}} = \frac{1}{j\omega C_{gd}(1-\dot{A}_v')}$$

显然 Z_1是一个电容，该电容为

$$C_{M1} = (1-A_v')C_{gd} \tag{6.3.8}$$

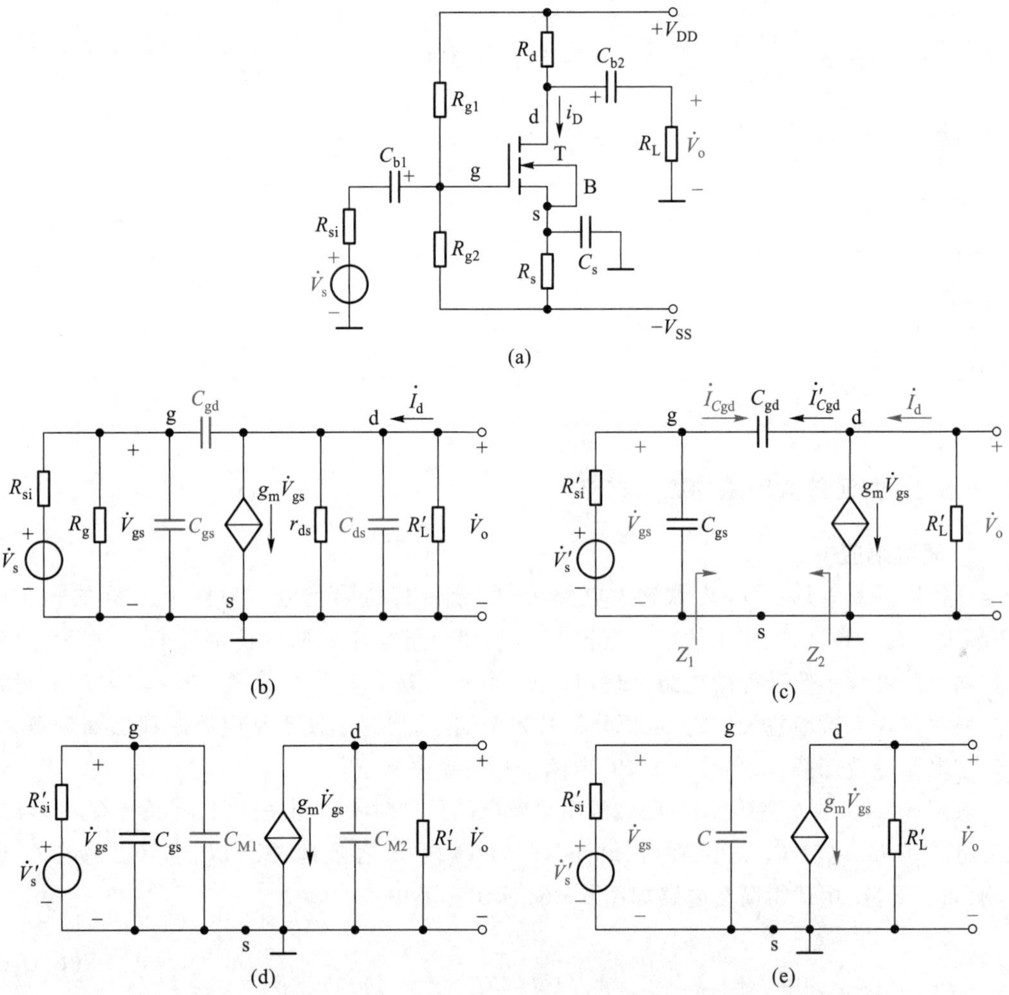

图 6.3.6　单级共源电路及其高频小信号等效电路

(a) 原理图　(b) 图 a 的高频小信号等效电路　(c) 图 b 的简化电路

(d) 图 c 的密勒等效电路　(e) 图 d 的简化电路

所以输入回路可以等效为图 6.3.6d 的形式。

同理，在图 6.3.6c 的输出回路中，由 d 点流入 C_{gd} 的电流为

$$\dot{I}'_{Cgd}=\frac{\dot{V}_o-\dot{V}_{gs}}{\dfrac{1}{j\omega C_{gd}}}=\dot{V}_o\left(1-\frac{1}{\dot{A}'_v}\right)j\omega C_{gd}$$

则阻抗 Z_2 为

$$Z_2=\frac{\dot{V}_o}{\dot{I}'_{Cgd}}=\frac{1}{j\omega C_{gd}(1-1/\dot{A}'_v)}$$

Z_2 同样也是一个电容，该电容为

$$C_{M2}=(1-1/\dot{A}'_v)C_{gd} \tag{6.3.9}$$

所以输出回路可以等效为图 6.3.6d 的形式。

上述各式中的$\dot{A}'_v$是图 6.3.6c 所示电路的$\dot{V}_o$对$\dot{V}_{gs}$的增益，一般有$|\dot{A}'_v|\gg 1$。由图 6.3.6c 可求得$\dot{A}'_v$的表达式：

$$\dot{A}'_v=\frac{\dot{V}_o}{\dot{V}_{gs}}=\frac{-(g_m\dot{V}_{gs}-\dot{I}_{C_{gd}})R'_L}{\dot{V}_{gs}}=\frac{-[g_m\dot{V}_{gs}-j\omega C_{gd}(1-\dot{A}'_v)\dot{V}_{gs}]R'_L}{\dot{V}_{gs}}\approx -g_mR'_L-j\omega C_{gd}\dot{A}'_vR'_L$$

即

$$\dot{A}'_v=\frac{-g_mR'_L}{1+j\omega C_{gd}R'_L}$$

因为 C_{gd}很小，通常有 $R'_L\ll\dfrac{1}{\omega C_{gd}}$，所以得

$$\dot{A}'_v\approx -g_mR'_L \tag{6.3.10a}$$

将式(6.3.10a)代入式(6.3.8)和式(6.3.9)，可得 C_{gd}等效到输入回路的电容 $C_{M1}=(1+g_mR'_L)C_{gd}$和等效到输出回路的电容 $C_{M2}=[1+1/(g_mR'_L)]C_{gd}$。由于可以由密勒定理①求得这两个电容，所以也称它们为密勒电容。当 $g_mR'_L\gg 1$ 时，有

$$C_{M1}\gg C_{gd},\quad C_{M2}\approx C_{gd} \tag{6.3.10b}$$

即等效到输出回路的电容远小于等效到输入回路的电容，上限频率取决于大时间常数的输入回路，所以可以忽略 C_{M2}的影响，于是图 6.3.6d 可简化为图 e 的形式，其中

$$C=C_{gs}+C_{M1}=C_{gs}+(1+g_mR'_L)C_{gd} \tag{6.3.10c}$$

可以看出，最后的等效电路只有一个 RC 电路，当以 $\dot{V}'_s$为输入、$\dot{V}_{gs}$为输出时，该 RC 电路就是与图 6.1.3 一样的低通电路。由图 6.3.6e 和式(6.3.7a)，可得图 6.3.6a 所示放大电路在高频区源电压增益的表达式

$$\dot{A}_{vsH}=\frac{\dot{V}_o}{\dot{V}_s}=\frac{\dot{V}_o}{\dot{V}_{gs}}\cdot\frac{\dot{V}_{gs}}{\dot{V}'_s}\cdot\frac{\dot{V}'_s}{\dot{V}_s}=-g_mR'_L\cdot\frac{1}{1+j\omega R'_{si}C}\cdot\frac{R_g}{R_{si}+R_g}$$

$$\approx\dot{A}_{vsM}\cdot\frac{1}{1+j\omega R'_{si}C}=\frac{\dot{A}_{vsM}}{1+j\dfrac{f}{f_H}} \tag{6.3.11}$$

式中$\dot{A}_{vsM}$为中频(即通带)源电压增益，即

$$\dot{A}_{vsM}=-g_mR'_L\cdot\frac{R_g}{R_{si}+R_g} \tag{6.3.12}$$

f_H是源电压增益的上限频率

$$f_H=\frac{1}{2\pi R'_{si}C} \tag{6.3.13}$$

---

① 见附录 A.4。

式中 $C=C_{gs}+(1+g_m R'_L)C_{gd}$，$R'_{si}=R_{si}/\!/R_g$，而 $R_g=R_{g1}/\!/R_{g2}$。可以看出，等效时间常数 $R'_{si}C$ 决定了放大电路的上限频率。

$\dot{A}_{vsH}$ 的对数幅频响应和相频响应的表达式分别为

$$20\lg|\dot{A}_{vsH}|=20\lg|\dot{A}_{vsM}|-20\lg\sqrt{1+(f/f_H)^2} \tag{6.3.14a}$$

$$\varphi=-180°-\arctan(f/f_H) \tag{6.3.14b}$$

由式(6.3.14)可画出图 6.3.6a 所示共源放大电路的高频响应波特图，如图 6.3.7 所示。

仿真说明文档 6.1：
图 6.3.6a 电路增益的频率响应仿真

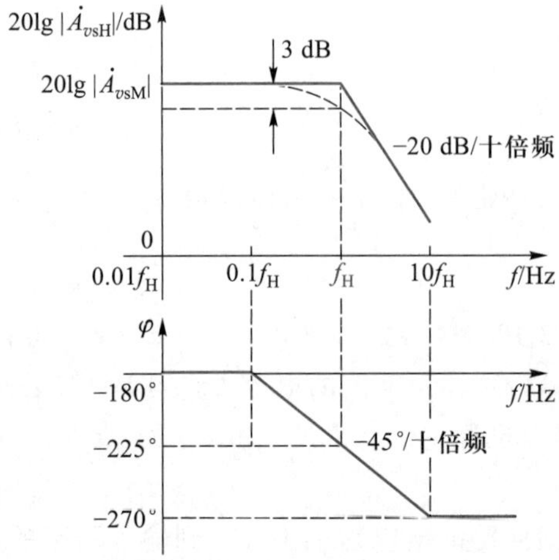

图 6.3.7 图 6.3.6a 所示电路的高频响应波特图

由式(6.3.13)看出，要提高 f_H，就要减小 R'_{si} 和 C。通常信号源内阻 R_{si} 远小于偏置电阻 R_g，所以 $R'_{si}=R_{si}/\!/R_g\approx R_{si}$。可见选用内阻 R_{si} 小的信号源有利于提高 f_H。另外，$C=C_{gs}+(1+g_m R'_L)C_{gd}$，所以选用 C_{gs}、C_{gd} 小的 MOS 管也有利于提高 f_H。而且由于密勒电容的存在，使 C_{gd} 的影响效果增大了 $(1+g_m R'_L)$ 倍，对 f_H 影响最为严重。因此选择 C_{gd} 小的 MOS 管，可以明显提高共源极放大电路的上限频率。注意，只有跨接在输入输出端口（非接地端）之间的电容才有密勒效应。

将图 6.3.7 与图 6.2.2 组合在一起即可得图 6.3.6a 所示共源电路的完整的频率响应波特图，其形式与图 6.0.1 相似。

例 6.3.1 电路如图 6.3.8a 所示。已知 $R_{si}=100\ \text{k}\Omega$，$R_g=4.7\ \text{M}\Omega$，$R_d=R_L=15\ \text{k}\Omega$，$g_m=1\ \text{mS}$，MOS 管的 $C_{gs}=1\ \text{pF}$，$C_{gd}=0.4\ \text{pF}$。(1) 试求该电路的中频源电压增益 $\dot{A}_{vsM}$ 和源电压增益的上限频率 f_H；(2) 若信号源内阻 R_{si} 减小为 10 kΩ，再求此时的 $\dot{A}_{vsM}$ 和 f_H。

解：(1) 图 6.3.8b 是图 6.3.8a 所示电路的高频小信号等效电路。由式(6.3.7b)和式(6.3.10c)得

$$R'_{si}=R_{si}/\!/R_g=\frac{100\times4\ 700}{100+4\ 700}\ \text{k}\Omega\approx97.92\ \text{k}\Omega$$

$$\begin{aligned}C&=C_{gs}+(1+g_m R'_L)C_{gd}=C_{gs}+[1+g_m(R_d/\!/R_L)]C_{gd}\\&=[1+(1+1\times7.5)\times0.4]\ \text{pF}=4.4\ \text{pF}\end{aligned}$$

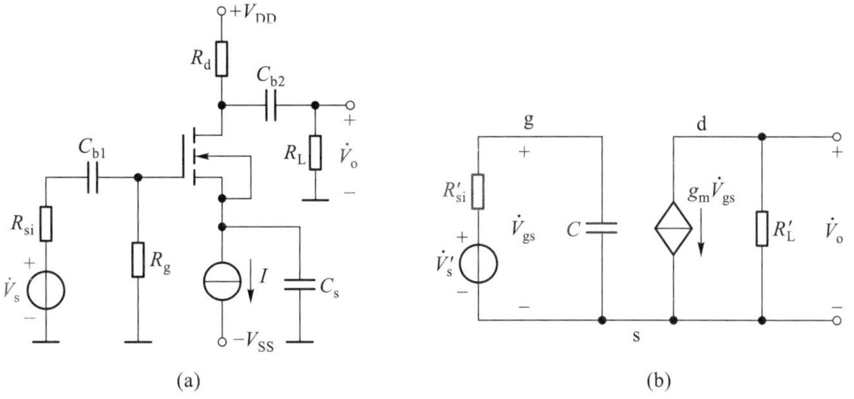

图 6.3.8 例 6.3.1 的电路图

（a）原理图 （b）高频小信号等效电路

由式(6.3.12)求得中频源电压增益为

$$\dot{A}_{vsM}=-g_m R'_L\cdot\frac{R_g}{R_{si}+R_g}=-g_m(R_d /\!/ R_L)\cdot\frac{R_g}{R_{si}+R_g}$$

$$=-1\times10^{-3}\times\frac{15\times15}{15+15}\times10^3\times\frac{4\ 700}{100+4\ 700}\approx-7.34$$

由式(6.3.13)求得上限截止频率为

$$f_H=\frac{1}{2\pi R'_{si}C}=\frac{1}{2\times3.14\times97.92\times10^3\times4.4\times10^{-12}}\text{Hz}\approx369.59\ \text{kHz}$$

(2) R_{si}减小为 10 kΩ 时，$R'_{si}=R_{si} /\!/ R_g=\frac{10\times4\ 700}{10+4\ 700}\ \text{k}\Omega\approx9.98\ \text{k}\Omega$

中频源电压增益为

$$\dot{A}_{vsM}=-g_m(R_d /\!/ R_L)\cdot\frac{R_g}{R_{si}+R_g}=-1\times10^{-3}\times\frac{15\times15}{15+15}\times10^3\times\frac{4\ 700}{10+4\ 700}\approx-7.48$$

上限截止频率为

$$f_H=\frac{1}{2\pi R'_{si}C}=\frac{1}{2\times3.14\times9.98\times10^3\times4.4\times10^{-12}}\text{Hz}\approx3.63\ \text{MHz}$$

2. 增益-带宽积

上述分析看出，密勒等效电容 $C_{M1}=(1+g_m R'_L)C_{gd}$ 对高频响应的影响极为显著，可以通过减小 $g_m R'_L$ 来减小 C_{M1} 从而提高 f_H，但这是以牺牲电压增益为代价的（参见式(6.3.12)）。由此可见，提高 f_H 与增大 $|\dot{A}_{vsM}|$ 是相互矛盾的。对于大多数放大电路而言，都有 $f_H \gg f_L$，即通频带 $BW=f_H-f_L\approx f_H$，因此可以说带宽与增益是互相制约的。为综合考虑这两方面的性能，引入**增益-带宽积**这一参数，定义为中频增益与带宽乘积的绝对值。对于图 6.3.6a 所示电路，由式(6.3.12)和式(6.3.13)可得其增益-带宽积

$$|\dot{A}_{vsM}\cdot f_H|=g_m R'_L\cdot\frac{R_g}{R_{si}+R_g}\cdot\frac{1}{2\pi R'_{si}C}=g_m R'_L\cdot\frac{R_g}{R_{si}+R_g}\cdot\frac{1}{2\pi(R_{si} /\!/ R_g)[C_{gs}+(1+g_m R'_L)C_{gd}]}$$

通常有 $R_g \gg R_{si}$，$g_m R'_L \gg 1$，$(1+g_m R'_L)C_{gd} \gg C_{gs}$，则

$$|\dot{A}_{vsM} \cdot f_H| \approx \frac{g_m R'_L}{2\pi R_{si}[C_{gs}+(1+g_m R'_L)C_{gd}]} \approx \frac{1}{2\pi R_{si} C_{gd}} \tag{6.3.15}$$

式(6.3.15)说明，在 MOS 管及信号源确定后，增益-带宽积近似为常数，即提高通带增益，带宽将变窄，反之亦然。因此选择电路参数时，必须兼顾 $|\dot{A}_{vsM}|$ 和 f_H 的要求。

密勒效应使共源放大电路具有较大的等效输入电容 C，从而导致上限频率 f_H 较低。

6.3.3 共射放大电路的高频响应

与分析下限截止频率的短路时间常数法类似，在分析放大电路上限截止频率时也可以采用开路时间常数法。若电路中有三极管极间电容 C_1、C_2、C_3……可以求出每个电容单独作用时的时间常数 $\tau_1=R_1C_1$、$\tau_2=R_2C_2$、$\tau_3=R_3C_3$……那么①

$$\tau_H = \sum_{i=1}^{n} \tau_i \tag{6.3.16}$$

其中 n 是电容总数。上限频率就近似为

$$f_H \approx \frac{1}{2\pi\tau_H} \tag{6.3.17}$$

由于在求某一个电容单独作用时的时间常数，需要将其他电容开路处理（等效为通带内的状态），所以该方法称为**开路时间常数法**。下面用这种方法分析共射极放大电路的高频响应。

仍以图 6.2.4a 所示电路为例。为便于分析将其重画于图 6.3.9a 中。在高频区，电路中的 C_{b1}、C_{b2} 和 C_e 等容量较大的电容都可视为短路，于是该电路的高频小信号等效电路如图 6.3.9b 所示，其中 $R_b=R_{b1}/\!/R_{b2}$，$R'_L=R_c/\!/R_L$。注意，BJT 用图 6.3.2b 的混合 π 模型替换。

（1）仅考虑 $C_{b'e}$ 作用时的时间常数

将图 6.3.9b 中的 $C_{b'c}$ 开路，信号源置零，且保留信号源内阻，得到求 $C_{b'e}$ 构成的时间常数等效电路如图 6.3.9c 所示。所以

$$R_1=(R_{si}/\!/R_b+r_{bb'})/\!/r_{b'e} \tag{6.3.18}$$

$$\tau_1=R_1C_{b'e} \tag{6.3.19}$$

（2）仅考虑 $C_{b'c}$ 作用时的时间常数

将图 6.3.9b 中的 $C_{b'e}$ 开路，其余与上述过程类似，得到等效电路如图 6.3.9d 所示。用外加电压法求 $C_{b'c}$ 两端等效电阻的电路如图 6.3.9e 所示。考虑 c 点的 KCL，可列出回路方程

$$\dot{V}_t=\dot{V}_{b'e}+(\dot{I}_t+g_m\dot{V}_{b'e})R'_L$$

将 $\dot{V}_{b'e}=[(R_{si}/\!/R_b+r_{bb'})/\!/r_{b'e}]\dot{I}_t$ 代入上式，并结合式(6.3.18)整理得

$$R_2=\frac{\dot{V}_t}{\dot{I}_t}=(1+g_mR'_L)R_1+R'_L$$

所以

① 参见 P.E. Gray and C.L. Searle. Electronic Principles. New York: Wiley, 1969.

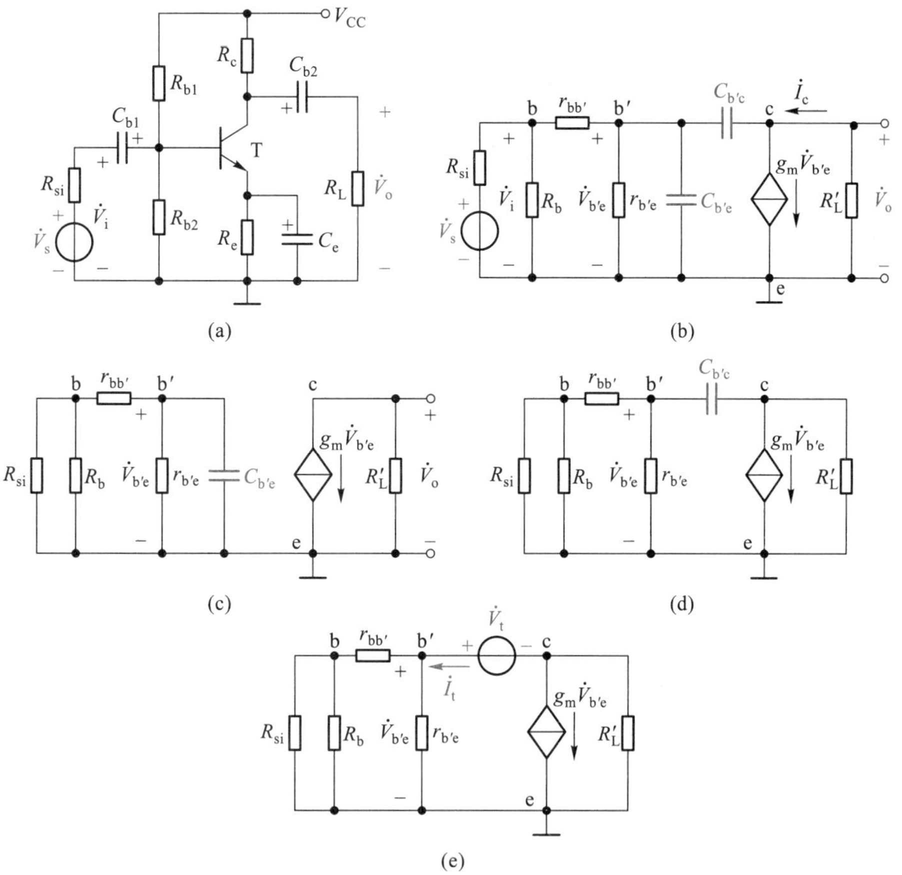

图 6.3.9　共射电路及其高频小信号等效电路

（a）共射电路原理图　（b）图 a 的高频小信号等效电路　（c）求 $C_{b'e}$ 构成的时间常数

（d）求 $C_{b'c}$ 构成的时间常数　（e）求 $C_{b'c}$ 两端的等效电阻

$$\tau_2 = R_2 C_{b'c} = [\,(1+g_m R'_L)R_1 + R'_L\,]C_{b'c} \tag{6.3.20}$$

由此得

$$\tau_H = \tau_1 + \tau_2$$

利用式(6.3.17)便可估算出电路的上限频率。

在 5.2.4 节已分析过电路的中频增益为

$$\dot{A}_{vsM} = -\frac{\beta R'_L}{r_{be}} \cdot \frac{R_b /\!/ r_{be}}{R_{si} + R_b /\!/ r_{be}} \tag{6.3.21}$$

则高频区的源电压增益为

$$\dot{A}_{vsH} = \frac{\dot{V}_o}{\dot{V}_s} = \dot{A}_{vsM} \cdot \frac{1}{1+j(f/f_H)} \tag{6.3.22}$$

其幅频和相频响应波特图与图 6.3.7 相似。

由开路时间常数法得到的上限频率虽有误差，但作为手工快速近似估算，它不失为一种有效方法。当然，这里采用分析共源放大电路的方法同样可行。

共射放大电路输入回路也有密勒等效电容

$$C_{M1}=(1+g_m R_L')C_{b'c} \tag{6.3.23}$$

PN 结电容是影响 f_H 的主要因素，选用 f_T 高［参见式(6.3.6b)］的 BJT 是提高 f_H 最有效的方法。BJT 放大电路也遵循**增益－带宽积**近似为常数的规律。

6.3.4 共栅和共基放大电路的高频响应

由于密勒效应的影响，共源和共射放大电路的上限频率较低，因而带宽较窄。下面我们再看看其他几种组态的情况。

1. 共栅电路

共栅放大电路如图 6.3.10a 所示。在高频区，电路中的耦合电容和旁路电容均可视为短路，而需要考虑三极管极间电容的影响，于是可画出它的高频小信号等效电路，如图 6.3.10b 所示。图中电容 C_{gs}、C_{gd} 分别在输入回路和输出回路，且都有一端接地，所以不存在密勒倍增效应。

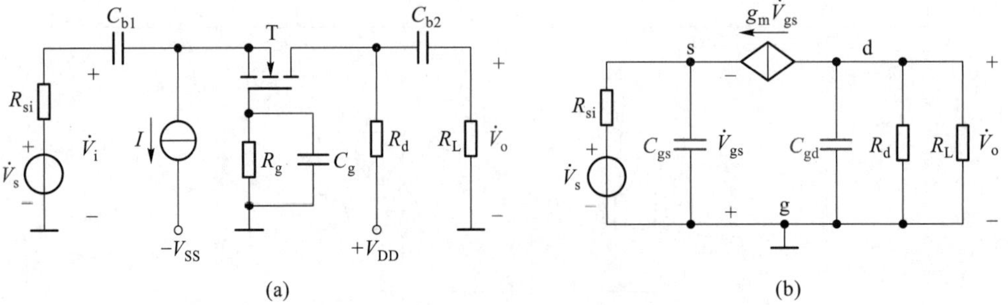

图 6.3.10 共栅放大电路

(a) 原理图 (b) 图 a 的高频小信号等效电路

用开路时间常数法分析图 6.3.10b 所示电路，考虑到式(4.5.19)共栅极电路的输入电阻，所以 C_{gs} 构成的时间常数为

$$\tau_1=\left(R_{si}//\frac{1}{g_m}\right)C_{gs}$$

C_{gd} 左侧端口等效电阻类似于式(4.4.12)，其阻值通常远大于 R_d，可视作开路，所以 C_{gd} 构成的时间常数为

$$\tau_2\approx(R_d//R_L)C_{gd}=R_L'C_{gd}$$

可见 τ_1 和 τ_2 均明显小于式(6.3.13)中的时间常数 $R_{si}'C$。意味着共栅放大电路的上限频率

$$f_H\approx\frac{1}{2\pi\tau_H}=\frac{1}{2\pi(\tau_1+\tau_2)}$$

高于共源放大电路的上限频率［参见式(6.3.13)］。

将图 6.3.10b 中的 C_{gs} 和 C_{gd} 开路，很容易求得共栅电路的中频源电压增益

$$\dot{A}_{vsM}=g_m R_L'\cdot\frac{R_i}{R_{si}+R_i}=g_m R_L'\cdot\frac{1/g_m}{R_{si}+1/g_m} \tag{6.3.24}$$

对比式(6.3.24)与共源放大电路的中频源电压增益式(6.3.12)，由于通常有 $1/g_m<R_g$，

所以共栅电路的通带源电压增益的倍数（$|\dot{A}_{vsM}|$）小于共源电路，主要原因是共栅电路的输入电阻 $R_i = 1/g_m$ 小于共源电路的输入电阻 $R_i = R_g$。

2. 共基电路

共基放大电路如图 6.3.11a 所示。由于在很宽的频率范围内 $\dot{I}_b$ 比 $\dot{I}_c$ 及 $\dot{I}_e$ 小得多，而且 $r_{bb'}$ 的数值很小，因此 $r_{bb'}$ 上的压降可以忽略，即 $\dot{V}_{b'} \approx 0$，此时可得高频小信号简化等效电路如图 6.3.11b 所示。$C_{b'e}$ 和 $C_{b'c}$ 不存在密勒倍增效应。

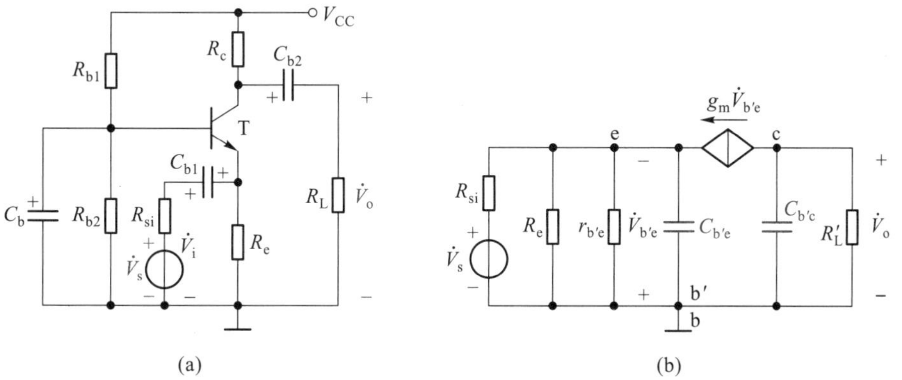

图 6.3.11　共基放大电路

（a）原理图　（b）图 a 的高频小信号简化等效电路

两开路时间常数为

$$\tau_1 = \left(R_{si} /\!/ R_e /\!/ r_{b'e} /\!/ \frac{1}{g_m}\right) C_{b'e} \tag{6.3.25}$$

$$\tau_2 \approx R'_L C_{b'c} \tag{6.3.26}$$

考虑到 $g_m = \beta_0 / r_{b'e}$，所以式（6.3.25）可写为

$$\tau_1 = \left(R_{si} /\!/ R_e /\!/ \frac{r_{b'e}}{1+\beta_0}\right) C_{b'e} \tag{6.3.27}$$

对比式（6.3.27）和式（6.3.19）、式（6.3.26）和式（6.3.20）看出，共基放大电路的时间常数远小于共射电路的时间常数，意味着共基放大电路的上限频率大大高于共射电路的上限频率。

对增益进行分析，同样也可以得到共基电路通带源电压增益小于共射电路通带源电压增益的结论。

例 6.3.2　设图 6.3.10 所示共栅电路中元器件参数的值均与例 6.3.1 相同，试求该电路的中频源电压增益及上限频率。

解：图 6.3.10 所示电路的中频源电压增益

$$\dot{A}_{vsM} = g_m R'_L \cdot \frac{1/g_m}{R_{si}+1/g_m} = \frac{g_m R'_L}{1+g_m R_{si}} = \frac{1\times\dfrac{15\times15}{15+15}}{1+1\times100} \approx 0.07$$

两个时间常数

$$\tau_1=\left(R_{si}/\!/\frac{1}{g_m}\right)C_{gs}=\left(100\ \text{k}\Omega/\!/\frac{1}{1\ \text{mS}}\right)\times 1\ \text{pF}\approx 10^{-9}\ \text{s}$$

$$\tau_2\approx(R_d/\!/R_L)C_{gd}=(15\ \text{k}\Omega/\!/15\ \text{k}\Omega)\times 0.4\ \text{pF}=3\times 10^{-9}\ \text{s}$$

电路的上限频率

$$f_H\approx\frac{1}{2\pi(\tau_1+\tau_2)}=\frac{1}{2\times 3.14\times(1\times 10^{-9}\ \text{s}+3\times 10^{-9}\ \text{s})}\approx 39.8\ \text{MHz}$$

增益带宽积

$$|\dot{A}_{vsM}f_H|=|0.07\times 39.8\ \text{MHz}|\approx 2.79\ \text{MHz}$$

与例 6.3.1 中求得的 $f_H\approx 369.59$ kHz、$|\dot{A}_{vsM}|\approx 7.34$ 相比，说明在相同工作条件下共栅电路的上限频率远高于共源电路的上限频率，而中频源电压增益下降了不少，但是它们的增益带宽积基本相等（共源电路的增益-带宽积 $|7.34\times 369.59\ \text{kHz}|\approx 2.71$ MHz）。

上述结果表明，由于共栅和共基电路中不存在密勒电容效应，而且两种电路的输入电阻都很小，所以它们的等效 *RC* 低通电路的时间常数也很小，上限频率大大提高。因此共栅和共基放大电路有较宽的频带。但由于它们的输入电阻较小，电压信号源的内阻损耗增大，导致源电压增益小于共源和共射电路。

可以用同样的方法分析共漏和共集放大电路的高频响应，这里不再赘述。

6.3.5 三极管基本放大电路通频带比较

在表 5.3.2 中曾将 FET 和 BJT 两种器件的六种组态归纳为三种通用的组态，这里同样以这种形式，将它们的频率响应特点归纳于表 6.3.3 中。

表 6.3.3 FET 和 BJT 基本放大电路的频率响应特点

	反相电压放大电路	电流跟随器	电压跟随器
通用组态电路示意图	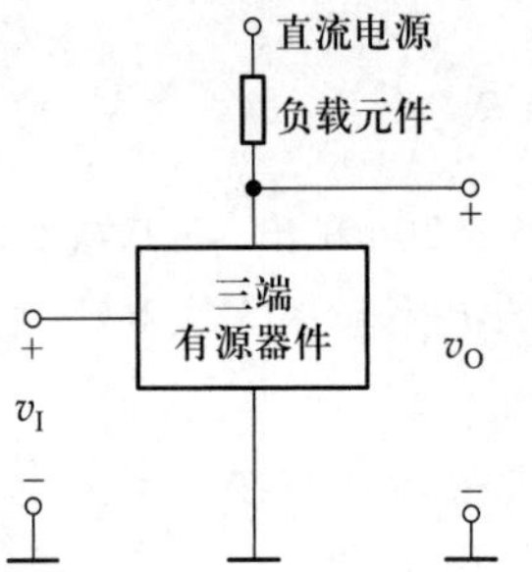	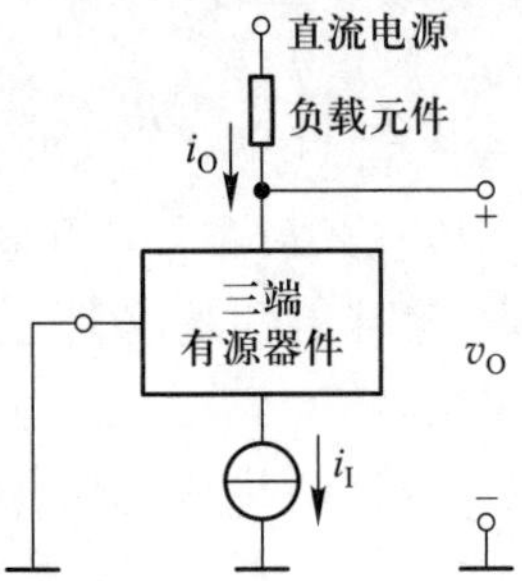	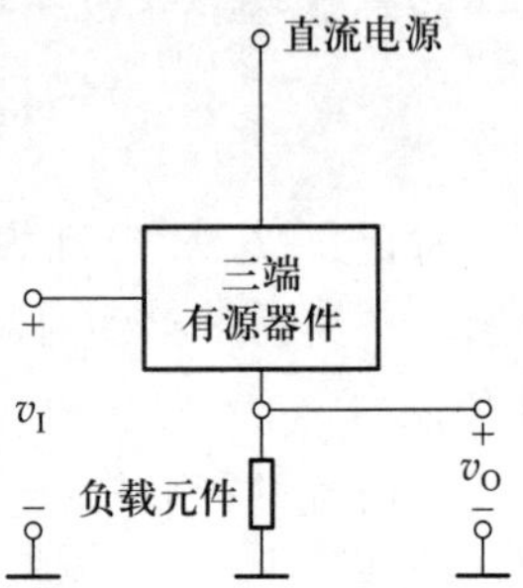
电路名称	共源极电路 共射极电路	共栅极电路 共基极电路	共漏极电路 共集电极电路
特点	密勒等效电容较大，上限频率较低，通带源电压增益最高	基本上不存在密勒等效电容，上限频率较高，通带源电压增益小于反相电压放大电路	通带源电压增益最低，密勒效应很小，上限频率最高

（1）由于存在密勒电容效应，反相电压放大电路（共源和共射电路）源电压增益的上限频率 f_H 较低。

(2) 由于电流跟随器(共栅和共基电路)中不存在密勒电容效应,因此其源电压增益的上限频率f_H高于反相电压放大电路。不过由于它的输入阻抗较低,所以对于同样的信号源,其通带源电压增益要低于反相电压放大电路。这也符合增益-带宽积近似为常数的规律。

(3) 由于电压跟随器(共漏和共集电路)的增益约为1,所以密勒倍增效应很小。而且根据增益-带宽积约为常数的规律,在相同信号源和负载条件下,电压跟随器的带宽通常都大于另外两种组态的带宽,但其通带源电压增益也是最低的。但是如果前两种电路增益绝对值降低到远小于1,带宽也会大于电压跟随器的带宽。

(4) 不管是哪种类型的放大电路,下限频率都与耦合电容和旁路电容密切相关。在相同的耦合电容和旁路电容条件下,不同类型的电路,差别主要体现在等效 RC 高通电路的 R 上。

实际应用中可根据要求,通过这些电路的适当组合,构成增益和带宽俱佳的放大电路。

上述分析过程虽然做了不少近似处理,所得结果存在误差,但它们对实际放大电路频带设计仍有重要的指导意义。在实际工程中,常用 SPICE 等计算机仿真软件进行更精确的计算,但电路设计方案选择和参数修改方向仍需要人工来抉择。

复习思考题

6.3.1 影响放大电路高频响应的原因是什么?

6.3.2 MOS 管和 BJT 内部各含有哪些极间电容?

6.3.3 在 BJT 的高频小信号模型中为什么要改用 $g_m\dot{V}_{b'e}$表示受控电流源,而不用 $\beta\dot{I}_b$?

6.3.4 在共源、共射电路的高频等效电路中分别是哪个电容引入了密勒效应?

6.3.5 当共源放大电路的静态电流增大时,MOS 管栅-源极间的密勒等效电容如何变化?为什么?

6.3.6 为提高共源、共射电路的上限频率,可分别采取哪些措施?

6.3.7 共栅和共漏电路的带宽为什么通常比共源电路的宽?

6.3.8 共基和共集电路的带宽为什么通常比共射电路的宽?

6.4 扩展放大电路通频带的方法

扩展放大电路的通频带是指降低下限频率和提高上限频率,而它们都取决于等效 RC 电路的时间常数。采用直接耦合方式可以将下限频率降至零,而提高上限频率通常有三种方法,即将不同组态的放大电路级联组合、外接补偿元件、采用负反馈(见8.3.5节)。本节只讨论第一种方法。

通过级联扩展频带本质上是通过前后级的相互影响,减小等效 RC 电路的时间常数,从而提高上限频率。下面举例简要说明。

6.4.1 共源-共基电路

在6.3.2节中介绍过,共源电路中 C_{gd}的密勒电容 $C_{M1}=(1+g_mR_L')C_{gd}$是制约上限频率的主要因素。在 MOS 管已选定的情况下,减小 R_L'可以减小 C_{M1},从而提高上限频率,但 R_L'的减小又会使中频源电压增益下降。共射电路也有类似的情况。若在共源(或共射)电路与负

载电阻 R_L之间接入共栅(或共基)电路,利用共栅(或共基)电路输入电阻低、电流跟随能力强、高频特性好的特点,可提高共源(或共射)电路的上限频率,而且这一类组合电路的中频电压增益与单级共源(或共射)电路基本相同。

图 6.4.1a 就是图 5.4.1 的共源-共基组合电路,其高频小信号等效电路如图 6.4.1b 所示,其中 $R'_L=R_c /\!/ R_L$。由于 $R_g \gg R_{si}$,可将 R_g看作开路。又因为$r_{bb'}$很小,可视为短路。再将 T_1 的 C_{gd}分别等效到它的输入输出回路(参见式(6.3.10b)和式(6.3.10c)),则得到图 6.4.1c,其中

$$C_2=C_{b'e}+C_{M2}\approx C_{b'e}+C_{gd} \tag{6.4.1}$$

$$C_1=C_{gs}+C_{M1}=C_{gs}+(1+g_{m1}R'_{L1})C_{gd} \tag{6.4.2}$$

这里 R'_{L1}就是第二级共基电路通带内的输入电阻 R_{i2},对图 6.4.1b 节点 e 应用 KCL(断开 $C_{b'e}$):$i_e=v_{b'e}/r_{b'e}+g_{m2}v_{b'e}$和 $g_{m2}=\beta_0/r_{b'e}$求得 $R'_{L1}=R_{i2}=v_{b'e}/i_e=r_{b'e}/(1+\beta_0)$。于是式(6.4.2)中共源电路的密勒电容

$$C_{M1}=[1+g_{m1}r_{b'e}/(1+\beta)]C_{gd}$$

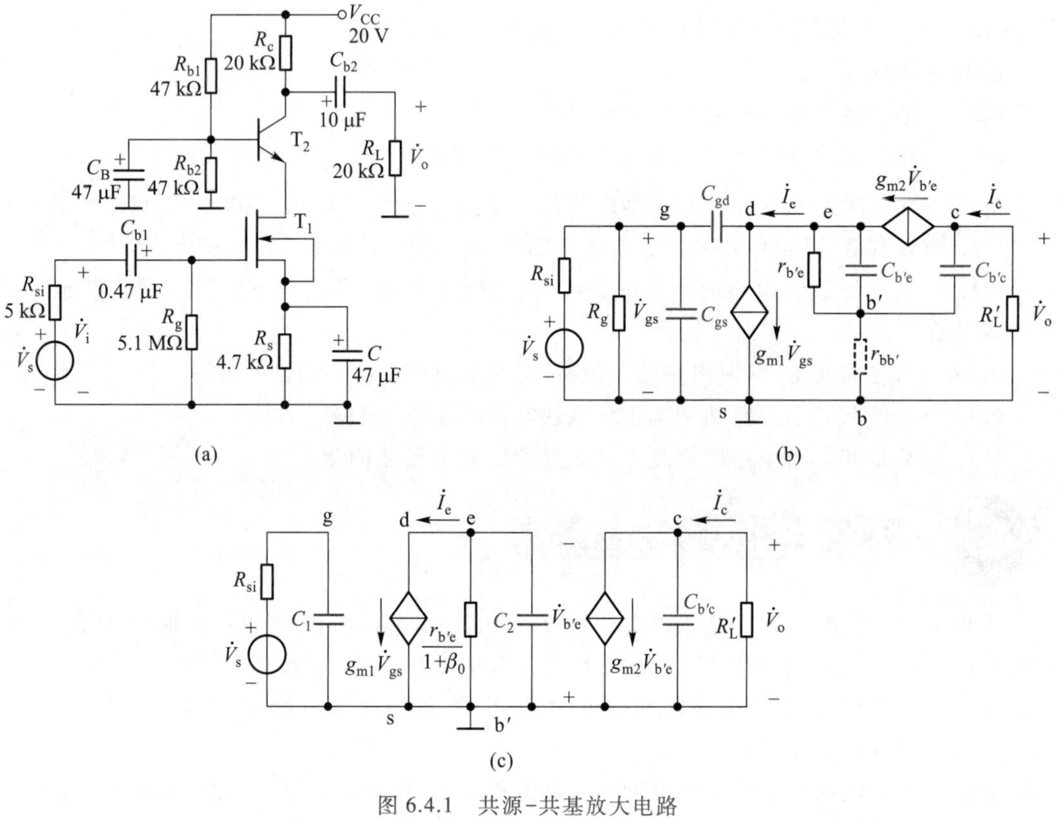

图 6.4.1 共源-共基放大电路

(a)原理图 (b)高频小信号等效电路 (c)简化的高频小信号等效电路

由于共基电路的输入电阻$[r_{b'e}/(1+\beta)]$很小,因而减小了 C_{gd}的密勒效应,从而提高了共源电路的上限频率,其增益的损失通过第二级共基电路得到补偿。而共基电路的上限频率通常又比较高,故共源-共基组合电路的上限频率比具有相同负载、相同静态工作点的单级共源电路的上限频率要高。共源(或共射)电路与共基(或共栅)电路构成的这一类组合电路

特别适用于负载较大的应用场合。

例 **6.4.1**　共源-共基组合电路如图 6.4.1a 所示。设 T_1 的参数为 $K_n'=1.2\text{mA/V}^2$，$W=320\ \mu\text{m}$，$L=2\ \mu\text{m}$，$V_{TN}=-2\ \text{V}$，$\lambda=0.01\ \text{V}^{-1}$，$C_{gs}=4\ \text{pF}$，$C_{gd}=3.7\ \text{pF}$，$T_2$ 选用 Q2N2222 模型。试用 SPICE 求其上限频率，并与第一级单级共源电路直接带负载时的上限频率进行比较。

仿真说明文档 **6.2**：例 6.4.1 的仿真

解：通过交流分析，由幅频响应曲线可以得到组合电路的上限频率约为 2.7 MHz。当第一级单独直接带负载时（单级共源）的上限频率约为 186 kHz，它们的增益均为 42 dB，但组合电路的带宽明显展宽了。

6.4.2　共集-共射电路

由式（6.3.13）可知，除了减小密勒电容外，还可以通过减小信号源内阻 R_{si} 来减小时间常数，从而提高共源（或共射）电路的上限频率。当信号源内阻不够小时，可在信号源与共源（或共射）电路之间接入共漏或共集电路，利用其输入电阻大输出电阻小的特点实现阻抗变换，相当于减小了信号源内阻 R_{si}，从而提高共源（或共射）电路的上限频率。而共漏或共集电路的上限频率原本就比较高，所以电路总的上限频率将明显提高。减小 R_{si} 不会降低共源电路的增益，所以这种组合电路的中频电压增益与单级共源电路基本相同。

图 6.4.2a 是一个共集-共射组合电路，图 6.4.2b 是它的交流通路，其中 $R_b=R_{b1}/\!/R_{b2}$，$R_L'=R_{c2}/\!/R_L$。由于共集电路的输出电阻（即第二级的信号源内阻）较小，所以第二级共射电路的上限频率得以提高，而且由于共集电路输入电阻大于共射电路的输入电阻，减小了信号源电压的衰减，所以该组合电路的中频电压增益也有所提高。

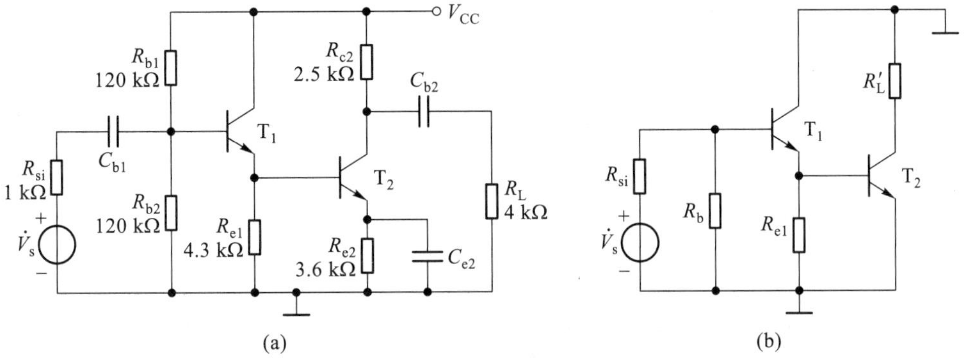

图 6.4.2　共集-共射组合电路

（a）原理图　（b）图 a 的交流通路

复习思考题

6.4.1　扩展放大电路通频带的思路是什么？

6.4.2　共射-共基组合电路能扩展通频带吗？为什么？

6.4.3　共漏-共源组合电路能扩展通频带的原因是什么？

6.4.4　共源-共漏组合电路能扩展通频带吗？

6.5 多级放大电路的频率响应

本节仅从定性角度讨论多级放大电路的频带与构成它的各单级电路频带的关系，归纳出一般性规律。

由 4.7 节的分析已知，多级放大电路的电压增益为各级电压增益的乘积（考虑了后级作为负载对前级增益的影响）。而各级的电压增益是信号频率的函数，因而，多级放大电路的电压增益 A_v 也必然是信号频率的函数。为了简明起见，假设有一个两级放大电路，由两个电压增益和通频带均相同的单管放大电路构成，图 6.5.1a 是两级示意图，级间采用阻容耦合方式。

设在级联情况下每级的通带电压增益为A_{vM1}，则每级的上限频率 f_{H1} 和下限频率 f_{L1} 处对应的电压增益为 0.707 A_{vM1}，两级放大电路的通带电压增益为A_{vM1}^2，如图 6.5.1b 所示。显然，这个两级放大电路的上、下限频率不可能是 f_{H1} 和 f_{L1}，因为对应于这两个频率的电压增益是 $(0.707\ A_{vM1})^2=0.5\ A_{vM1}^2$。根据通频带的定义，电压增益为 0.707 A_{vM1}^2 对应的低端频率为下限频率 f_L，高端频率为上限频率 f_H。

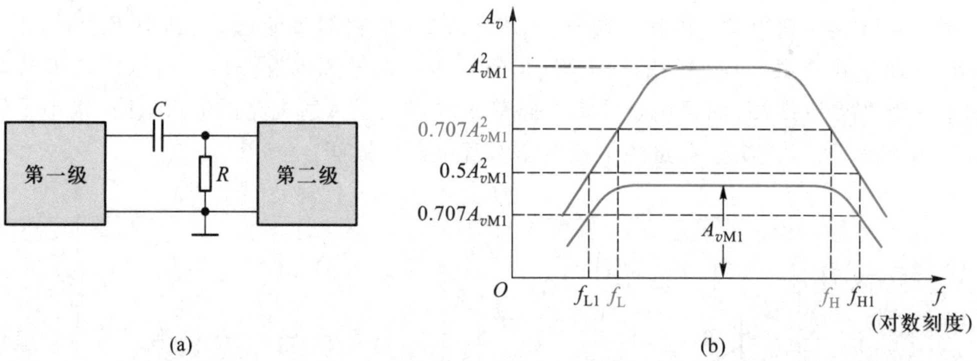

图 6.5.1 两级放大电路

（a）两级放大电路的结构示意图 （b）单级和两级放大电路的幅频响应

显然，$f_L>f_{L1}$，$f_H<f_{H1}$，即两级放大电路的通频带变窄了。由此可推知，多级放大电路的通频带一定小于等于构成它的任何一级，级数越多，则 f_L 可能越高、f_H 可能越低，通频带越窄。亦即，串联若干级放大电路，总电压增益虽然提高了，但通频带会变窄，这是多级放大电路的一个重要规律。

复习思考题

6.5.1 共射-共基组合电路的通频带比其中共射电路的通频带窄吗？为什么？

*6.6 单级放大电路的瞬态响应

根据电路理论知识，对电路的研究有两种不同的方法，即稳态分析法和瞬态分析法。

稳态分析法也就是前面讨论过的频率响应分析法。它的优点是分析简单，实际测试时并不需要很特殊的设备，缺点是用幅频响应和相频响应不能直观地确定放大电路的波形失真，因此也难于用这种方法选择使波形失真最小的电路参数。

瞬态分析法是以单位阶跃信号为放大电路的输入信号，研究放大电路的输出波形随时间变化的情况，称为**放大电路的阶跃响应**，也称为**时域响应**，常以上升时间和平顶降落大小作为衡量波形失真的指标。瞬态分析法的优点在于，从瞬态响应上可以直观地判断放大电路放大阶跃信号的波形失真情况，并可利用脉冲示波器直接观测放大电路的瞬态响应。它的缺点是分析比较复杂，在分析复杂电路和多级放大电路时这一点更为突出。

在工程实际运用中，这两种方法可以互相结合，取长补短。

1. 阶跃电压作为放大电路的基本信号

图 6.6.1 所示为一个阶跃电压波形，它表示为

$$v(t)=\begin{cases}0, & t<0\\ V, & t\geqslant 0\end{cases} \tag{6.6.1}$$

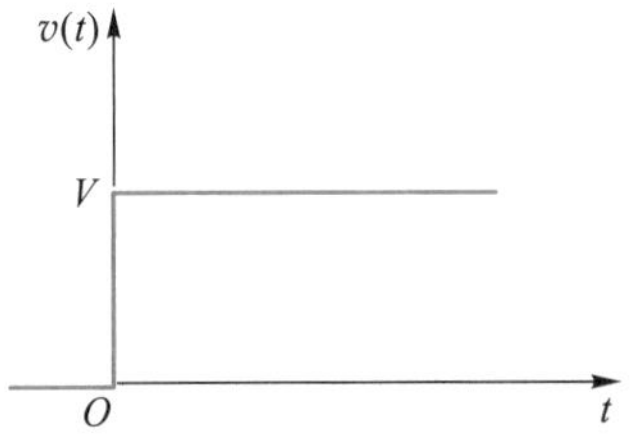

图 6.6.1 阶跃电压

可见阶跃电压既有变化速度很快的上升部分，又有变化速度很慢的平顶部分。把这样的信号加到放大电路的输入端，如果放大电路对阶跃信号的上升沿能很好地响应，即输出电压的上升沿也很陡的话，那么放大电路就能够很好地放大变化极快的信号。另一方面，如果放大电路对阶跃信号的平顶部分也能很好地响应，即输出电压的顶部也很平，那么，放大电路就能很好地放大变化缓慢的信号。因此把阶跃电压作为基本信号，可判断放大电路放大其他信号时产生失真的程度。

2. 单级放大电路的阶跃响应

分析单级共源放大电路阶跃响应时，可采用小信号等效电路，而且可以根据不同的情况进行简化。因为阶跃电压可分为上升阶段和平顶阶段，故可按照这两个时间段的特点对电路进行简化。

放大电路的阶跃响应主要由上升时间 t_r 和平顶降落 δ 来表示，下面分析的目的是求出这两个参数，并与稳态分析中的通频带相联系。

(1) 上升时间 t_r

阶跃电压上升较快的部分，与稳态分析中的高频区相对应，所以可用 RC 低通电路来模拟，如图 6.6.2a 所示。由图可知

$$v_O=V_S(1-e^{-\frac{t}{RC}})\text{①} \tag{6.6.2}$$

式中 V_S 是阶跃信号平顶电压值。式(6.6.2)表示在上升阶段时输出电压 v_O 随时间变化的关系。v_O/V_S 与时间的关系如图 6.6.2b 所示。

输入电压 V_S 在 $t=0$ 时是突然上升到最终值的，而输出电压则按指数规律上升，经过一定时间才能达到终值，这种现象称为前沿失真。

一般用输出电压从最终值的 10%上升至 90%所需的时间 t_r 来表示前沿失真。t_r 称为上

① 式中的 v_O 是指 RC 电路的输出电压，单级放大电路的输出电压还要加以变换。

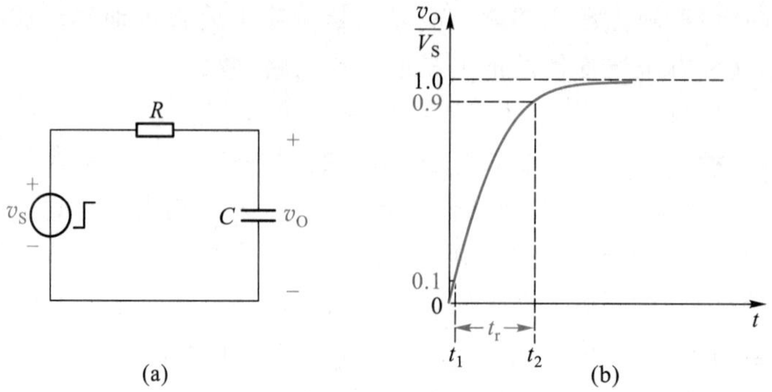

图 6.6.2 单级放大电路的上升时间

（a）简化等效电路 （b）v_O/V_S的时间响应

升时间，其值与 RC 有关。

由图 6.6.2b 可见，当 $t=t_1$时

$$v_O(t_1)/V_S=1-e^{-t_1/(RC)}=0.1$$

则

$$e^{-t_1/(RC)}=0.9$$

同理，当 $t=t_2$时

$$v_O(t_2)/V_S=1-e^{-t_2/(RC)}=0.9$$

则

$$e^{-t_2/(RC)}=0.1$$

由此可得

$$\frac{e^{-t_1/(RC)}}{e^{-t_2/(RC)}}=\frac{0.9}{0.1}=9$$

两边取对数，整理后得

$$t_r=t_2-t_1=(\ln 9)RC$$

将 $f_H=\dfrac{1}{2\pi RC}$代入可得

$$t_r=\frac{0.35}{f_H} \quad 或 \quad t_r f_H=0.35 \tag{6.6.3}$$

因此，上升时间 t_r与上限频率 f_H成反比，f_H越高，则上升时间越短，前沿失真越小。从物理意义上讲，如果放大电路对阶跃电压的上升沿响应很好，即很陡直，那么，就说明放大电路能真实地放大变化很快的电压，因为实际上频率很高的正弦波正是一种变化很快的信号。例如，当某放大电路的通频带为 1 MHz 时，其前沿上升时间 $t_r=0.35\ \mu s$。

（2）平顶降落 δ

阶跃电压的平顶阶段与稳态分析中的低频区相对应，所以可用 RC 高通电路来模拟，如图 6.6.3a 所示。由图可得

$$v_O=V_S e^{-t/(RC)} \tag{6.6.4}$$

v_O与时间 t 的关系如图 6.6.3b 中降落的曲线所示。在 t_p内，虽然输入电压维持不变，但

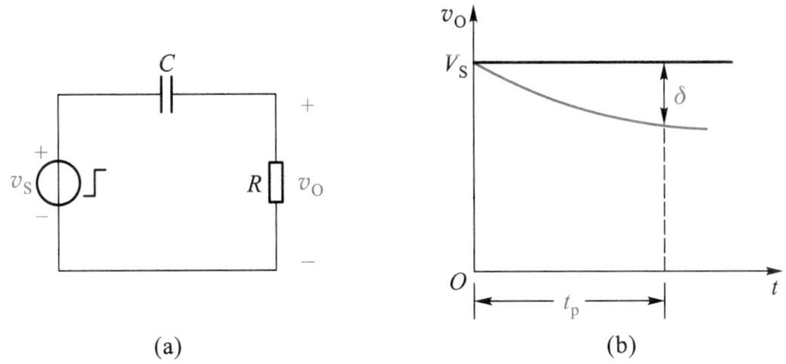

图 6.6.3 单级放大电路的平顶降落
(a) 简化等效电路 (b) v_O 的时间响应

由于电容 C 的影响,输出电压却是按指数规律下降的,下降速度决定于时间常数 RC,这种现象称为平顶降落。

下面计算在 t_p 时间内的平顶降落值 δ。

在平顶阶段,时间常数 $RC \gg t_p$,可得

$$v_O \approx V_S\left(1-\frac{t_p}{RC}\right)^{①} \tag{6.6.5}$$

考虑到 $f_L = 1/(2\pi RC)$,可得

$$\delta = V_S - v_O = \frac{t_p V_S}{RC} = 2\pi f_L t_p V_S \tag{6.6.6}$$

由此可见,平顶降落 δ 与下限频率 f_L 成正比,f_L 越低,平顶降落 δ 越小。在物理意义上,如果放大电路对阶跃电压的平顶部分响应很好,即很平,那么,就说明放大电路能很好地放大变化很慢的电压,实际上频率很低的正弦波电压正是一种变化很慢的电压。

如果输入电压是一个方波信号,则 t_p 代表方波的半个周期,V_S 代表输入方波信号的峰值,如图 6.6.4 所示。以 V_S 的百分数来表示平顶降落,有

$\delta = \frac{V_S - V_1'}{V_S} \times 100\% = \frac{t_p}{RC} \times 100\%$ [注意,式中 δ 的量纲与式(6.6.6)中 δ 的量纲不同]

因 $t_p = \frac{T}{2}$,而 $f = \frac{1}{T}$,以及 $f_L = \frac{1}{2\pi RC}$,则有

$$\delta = \frac{\pi f_L}{f} \times 100\% \tag{6.6.7}$$

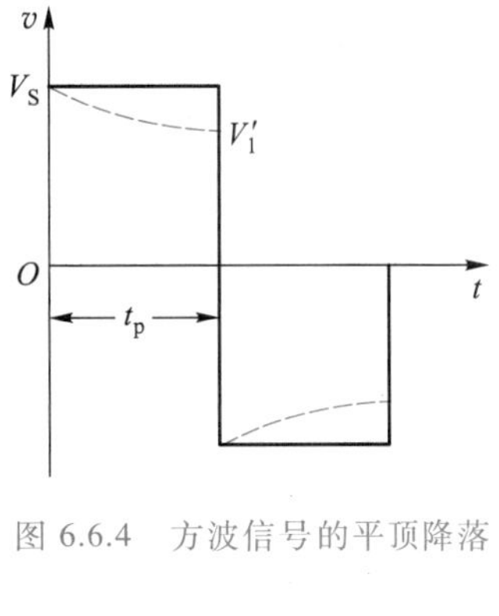

图 6.6.4 方波信号的平顶降落

式(6.6.7)说明 δ 与 f_L 成正比。如要求 50 Hz 的方波通过时平顶降落不超过 10%,则 f_L 不能高于 1.6 Hz。

以上分析看出,瞬态分析法和稳态分析法虽然是两种不同的方法,但它们是有内在联系的。当放大电路的输入信号为阶跃电压时,在阶跃电压的上升阶段,放大电路的瞬态响应

① 此式可将式(6.6.4)用幂级数展开,并略去高次项后得到。

(上升时间)决定于放大电路的高频响应(f_H);而在阶跃电压的平顶阶段,放大电路的瞬态响应(平顶降落)又决定于放大电路的低频响应(f_L)。因此,一个频带很宽的放大电路,同时也是一个很好的方波信号放大电路。

需要注意,这里是假设放大电路可以等效为单时间常数的 *RC* 电路,而实际电路常常是多时间常数的高阶电路,这时的瞬态响应就要求解高阶微分方程,阶跃响应结果也不再是简单的上升后接着平顶降落,常常伴随着振荡衰减过程。

因此,稳态分析法在放大电路的分析中仍占主导地位,这是因为:① 任何周期性的信号都可分解为一系列的正弦波,因此考察放大电路对正弦波的响应仍是重点,放大电路的技术指标之一也用频率响应来给定,例如频带宽度;② 在频域中,电路的分析和综合比在时域中要成熟得多,所以电路的设计常常在频率响应的基础上进行;③ 在瞬态计算极其复杂时,往往可根据稳态响应的结果,来间接地了解电路瞬态响应的定性结论;④ 在反馈放大电路中,消除自激的补偿电路设计也是以频率响应为基础的(见 8.6.2 节)。

复习思考题

6.6.1 当一个阶跃信号加入放大电路的输入端时,若其响应信号的上升时间很短,意味着该放大电路的高频响应好,这种说法科学吗?

6.6.2 同前题,若输出信号的平顶降落很小,表示放大电路的低频响应好,试从电路的工作原理来理解。

小 结

教学视频 6.1:频率响应小结

● 放大电路的频率响应用来衡量电路对不同频率信号的放大能力。如果放大电路的频带不能涵盖信号的频带,输出信号会出现频率失真。表征频率响应的三个参数是中频(通带)增益、下限截止频率和上限截止频率。FET 或 BJT 的极间电容及电路中的分布电容、负载电容使放大电路的高频增益下降,且产生滞后的相移。电路中的耦合电容和旁路电容使放大电路的低频增益下降,且产生超前的相移。

● 在中频区,小信号等效电路中不包含任何电抗元件,放大电路的增益与频率无关。在高频区或低频区,放大电路的高、低频响应可分别用 *RC* 低通和高通电路的频率响应来模拟。直接耦合放大电路因无耦合电容和旁路电容,所以其增益在低频段不会衰减。

● 研究放大电路的高频响应时,要用到 FET 或 BJT 的高频小信号模型。共源和共射电路受密勒电容效应的影响最大,所以在同样的信号源和三极管条件下,这两种电路的带宽最窄。

● 通过级联扩展频带,实质上是通过前后级的相互影响,减小等效 *RC* 电路的时间常数,从而提高上限频率。共源或共射电路与共栅或共基电路组合后,利用共栅或共基电路输入电阻小的特点,可以减小共源或共射电路中密勒电容的影响,提高上限频率,而损失的增益由共栅或共基电路补偿;共漏或共集电路与共源或共射电路组合后,利用共漏或共集电路输入电阻大输出电阻小的特点,可以减小信号源内阻对共源或共射电路频率特性的影响,提高上限频率。

- 多级放大电路的通频带一定比它的任何一级都窄，级数越多，则 f_L 越高而 f_H 越低，通频带越窄，附加相移也越大。
- 瞬态响应和稳态响应是分析放大电路时域响应和频域响应的两种方法，二者存在内在的联系，互相补充。工程上以频域分析用得较普遍。
- 放大电路频率响应的精确计算可借助计算机辅助分析工具完成，如 SPICE 仿真工具等。

习　题

6.1　单时间常数 *RC* 电路的频率响应

6.1.1　电路如图题 6.1.1 所示，设其中 $R_1=1\ \text{k}\Omega, R_2=10\ \text{k}\Omega, C=1\ \mu\text{F}$。(1) 该电路是高通电路还是低通电路？(2) 求电压增益表达式及其最大值；(3) 求转折频率。

6.1.2　设图题 6.1.1 所示电路中的 $R_1=R_2=4\ \text{k}\Omega$，转折频率 $f_L=20\ \text{Hz}$，试求电容 C 的值。

6.1.3　电路如图题 6.1.3 所示，设 $R_1=1\ \text{k}\Omega, R_2=10\ \text{k}\Omega, C=3\ \text{pF}$。(1) 该电路是高通电路还是低通电路？(2) 求电压增益表达式及其最大值；(3) 求转折频率。

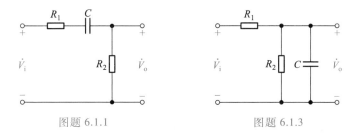

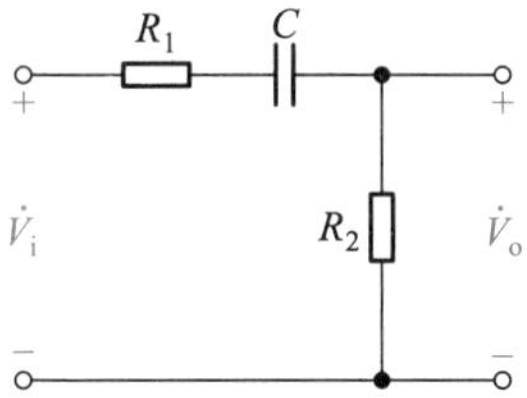

图题 6.1.1

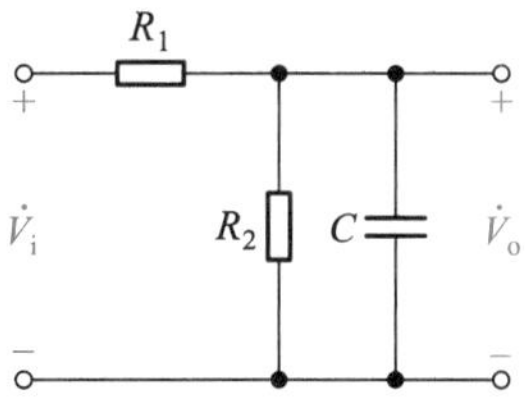

图题 6.1.3

6.1.4　设图题 6.1.3 所示电路中的 $R_1=R_2=10\ \text{k}\Omega$，转折频率 $f_H=500\ \text{kHz}$，试求电容 C 的值。

6.1.5　某放大电路中 $\dot{A}_v$ 的幅频响应如图题 6.1.5 所示。(1) 试求该电路的中频电压增益 $|\dot{A}_{vM}|$，上限频率 f_H，下限频率 f_L；(2) 当输入信号的频率 $f=f_H$ 或 $f=f_L$ 时，该电路实际增益是多少分贝？

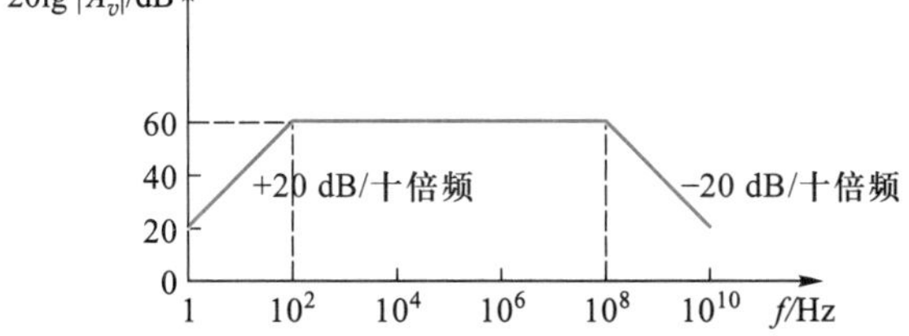

图题 6.1.5

6.1.6 已知某放大电路电压增益表达式为

$$\dot{A}_v=\frac{100\mathrm{j}\dfrac{f}{10}}{\left(1+\mathrm{j}\dfrac{f}{10}\right)\left(1+\mathrm{j}\dfrac{f}{10^5}\right)}\quad（式中 f 的单位为 Hz）$$

试求该电路的上、下限频率，中频电压增益的分贝数，输出电压与输入电压在中频区的相位差。

6.2 单管放大电路的低频响应

6.2.1 电路如图题 6.2.1 所示，其中 $V_{DD}=5\ \mathrm{V}$，$R_{si}=1\ \mathrm{k\Omega}$，$R_{g1}=15\ \mathrm{k\Omega}$，$R_{g2}=10\ \mathrm{k\Omega}$，$R_d=4\ \mathrm{k\Omega}$，$g_m=0.8\ \mathrm{mS}$，$\lambda=0$，$C_{b1}=1\ \mu\mathrm{F}$。试估算源电压增益的下限频率 f_L 和中频源电压增益 $\dot{A}_{vsM}$。

6.2.2 电路如图题 6.2.2 所示，已知静态偏置使 MOS 管的 $g_m=2\ \mathrm{mS}$，且设 $\lambda=0$。(1) 要求中频源电源增益为 -20，试确定 R_d 的值；(2) 要求下限频率低于 100 Hz，试确定 C_s 的值。

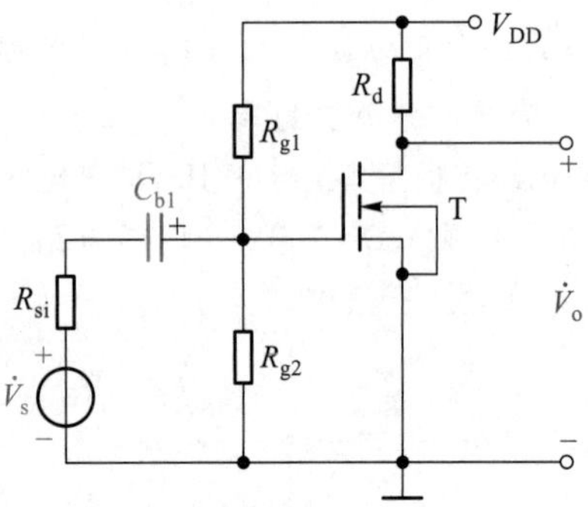

图题 6.2.1

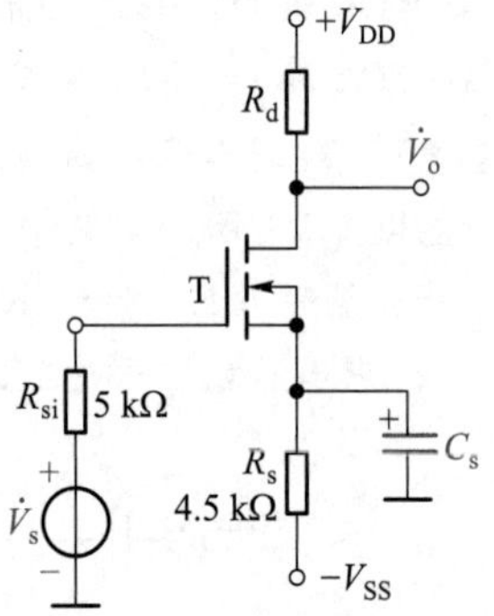

图题 6.2.2

6.2.3 电路如图题 6.2.3 所示，已知 BJT 的 $\beta=50$，$r_{be}=0.72\ \mathrm{k\Omega}$，且 $(R_{b1}/\!/R_{b2})\gg r_{be}$。(1) 试估算该电路源电压增益的下限频率；(2) $|\dot{V}_{im}|=10\ \mathrm{mV}$，且 $f=f_L$，求 $|\dot{V}_{om}|$，$\dot{V}_o$ 与 $\dot{V}_i$ 间的相位差是多少？

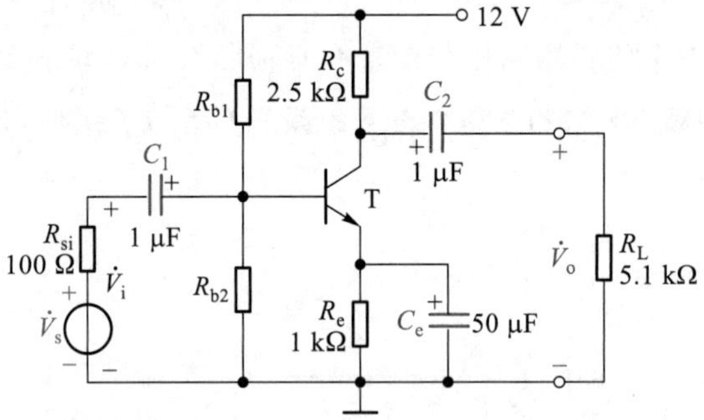

图题 6.2.3

6.2.4 设图题 6.2.4 所示放大电路中的 $R_{si}=5\ \mathrm{k\Omega}$，$R_{b1}=60\ \mathrm{k\Omega}$，$R_{b2}=40\ \mathrm{k\Omega}$，$R_e=3.9\ \mathrm{k\Omega}$，$R_c=4.7\ \mathrm{k\Omega}$，$R_L=5.1\ \mathrm{k\Omega}$，$C_{b1}=C_{b2}=1\ \mu\mathrm{F}$，$C_e=10\ \mu\mathrm{F}$，$V_{CC}=5\ \mathrm{V}$，BJT 的 $\beta=120$。试求该电路源电压增益的下限频率 f_L，并用 SPICE 再求 f_L。

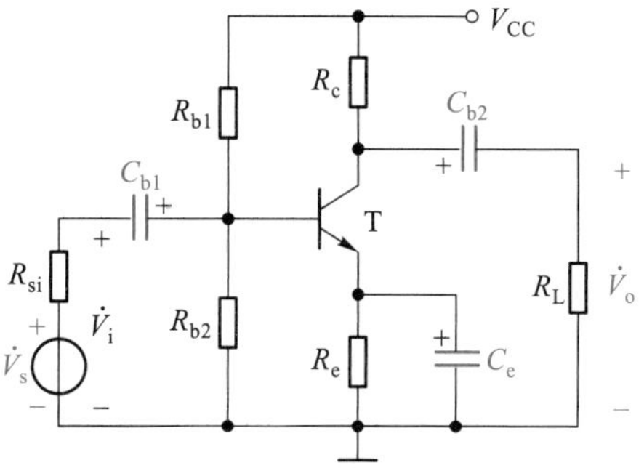

图题 6.2.4

6.2.5　共射放大电路如图题 6.2.5 所示。已知 BJT 的 $\beta=100$，要求电路的 $f_L=100$ Hz，试用短路时间常数法确定电容 C_e、C_{b1}和 C_{b2}的值。其中它们构成的时间常数对 f_L的影响程度占比分别是：C_e占 80%，C_{b1}和 C_{b2}各占 10%。

6.3　单管放大电路的高频响应

6.3.1　在一个共源放大电路中，已知中频电压增益 $\dot{A}'_v=-g_mR'_L=-27$，MOS 管的 $C_{gs}=0.3$ pF，$C_{gd}=0.1$ pF。(1) 试求该电路输入回路的总电容；(2) 若要求源电压增益的上限频率 $f_H>10$ MHz，试求信号源内阻 R_{si}的取值范围。设该电路的输入电阻（$\approx R_g$）很大，其影响可以忽略。

6.3.2　电路如图题 6.3.2 所示，其中 $V_{DD}=5$ V，$R_{si}=2$ kΩ，$R_{g1}=75$ kΩ，$R_{g2}=39$ kΩ，$R_d=R_L=5.1$ kΩ，MOS 管参数为 $K_n=0.8$ mA/V^2，$V_{TN}=1$ V，$\lambda=0$，$C_{gs}=1$ pF，$C_{gd}=0.4$ pF。试求该电路的中频源电压增益$\dot{A}_{vsM}$和上限频率 f_H。

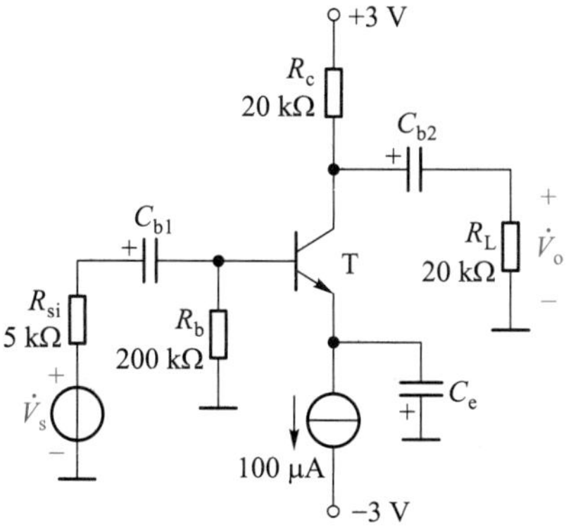

图题 6.2.5

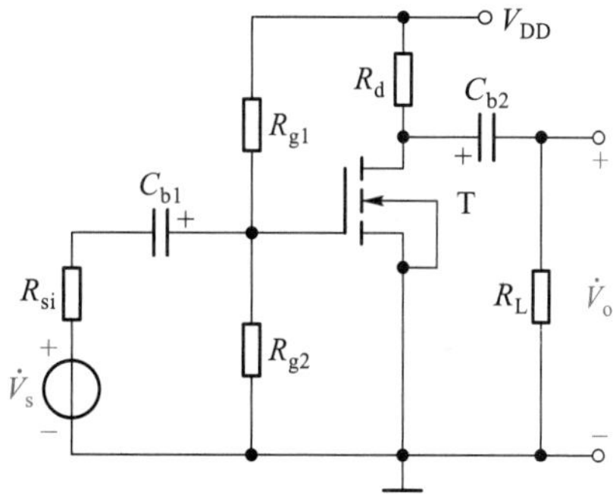

图题 6.3.2

6.3.3　一高频 BJT，在 $I_{CQ}=1.5$ mA 时，测出其低频 H 参数为：$r_{be}=1.1$ kΩ，$\beta_0=50$，特征频率 $f_T=100$ MHz，$C_{b'c}=3$ pF，试求混合 π 形参数 g_m、$r_{b'e}$、$r_{bb'}$、$C_{b'e}$和 f_β。

6.3.4　电路如图题 6.2.3 所示，BJT 的 $\beta=40$，$C_{b'c}=3$ pF，$C_{b'e}=100$ pF，$r_{bb'}=100$ Ω，$r_{b'e}=418$ Ω，且$(R_{b1}/\!/R_{b2})\gg r_{be}$。(1) 画出高频小信号等效电路，求源电压增益的上限频率 f_H；(2) 如 R_L提高 10 倍，问中频源电压增益、上限频率及增益-带宽积各变化多少倍？

6.3.5 在图题 6.2.4 所示电路中，设 $R_{si}=5\ k\Omega$，$R_{b1}=33\ k\Omega$，$R_{b2}=22\ k\Omega$，$R_e=3.9\ k\Omega$，$R_c=4.7\ k\Omega$，$R_L=5.1\ k\Omega$，$C_e=50\ \mu F$，$V_{CC}=5\ V$，$\beta_0=120$，$r_{ce}=300\ k\Omega$，$r_{bb'}=50\ \Omega$，$f_T=700\ MHz$ 及 $C_{b'c}=1\ pF$。求：(1) 中频区电压增益 $\dot{A}_{vM}$ 及源电压增益 $\dot{A}_{vsM}$；(2) 源电压增益的上限频率 f_H；(3) 用SPICE再分别求(1)和(2)。

6.3.6 图题 6.3.6 所示电路中，$R_{si}=10\ k\Omega$，$R_g=100\ k\Omega$，$I=1\ mA$，$R_d=4\ k\Omega$，$R_L=2\ k\Omega$。MOS 管的 $V_{TN}=1\ V$，$K_n=1\ mA/V^2$，$\lambda=0$，$C_{gs}=5\ pF$，$C_{gd}=0.4\ pF$。试求该电路的中频源电压增益 $\dot{A}_{vsM}$ 和上限频率 f_H。

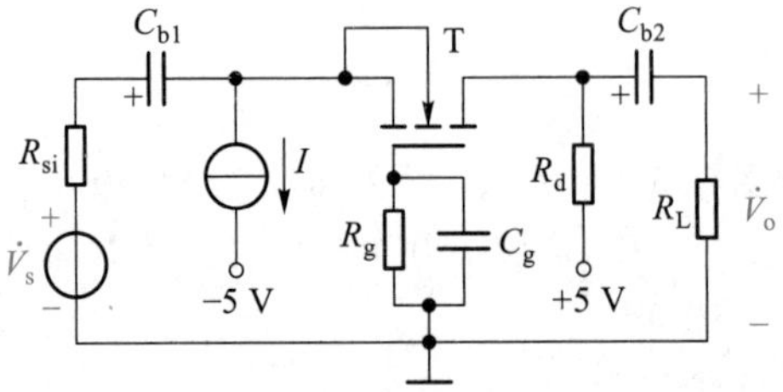

图题 6.3.6

6.3.7 共基电路的交流通路如图题 6.3.7 所示，其中 $R_{si}=1\ k\Omega$，$R_c=2\ k\Omega$，$R_L=2.5\ k\Omega$。BJT 的 $\beta_0=80$，$r_{ce}=100\ k\Omega$，$r_{bb'}=50\ \Omega$，$r_e=26\ \Omega$，$f_T=300\ MHz$ 及 $C_{b'c}=4pF$。试求该电路源电压增益的上限频率 f_H。

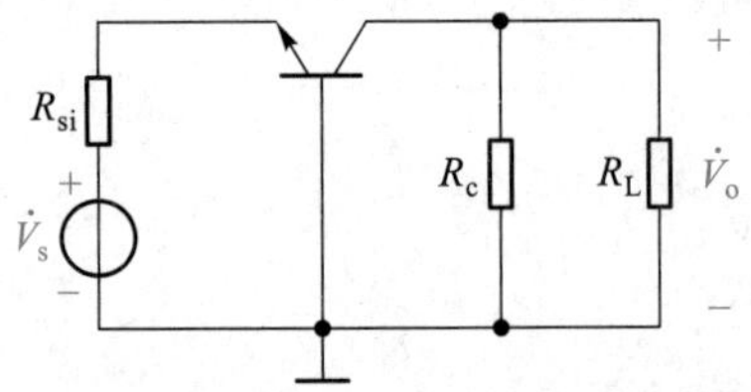

图题 6.3.7

6.4 扩展放大电路通频带的方法

6.4.1 已知图题 6.4.1 所示电路中的 $+V_{CC}=10\ V$，$-V_{EE}=-10\ V$，$R_{si}=0.1\ k\Omega$，$R_1=28.3\ k\Omega$，$R_2=20.5\ k\Omega$，$R_3=42.5\ k\Omega$，$R_e=5.4\ k\Omega$，$R_c=5\ k\Omega$，$R_L=10\ k\Omega$。BJT 的 $\beta=150$，$V_{BE}=0.7\ V$，$r_{bb'}=30\ \Omega$，$C_{b'e}=35\ pF$，$C_{b'c}=4\ pF$。(1) 试求该电路的中频源电压增益和上限频率；(2) 去掉第二级的 T_2，T_1 的集电极接 R_c 和 C_4，通过微调 R_3 以保持 T_1 集电极电流不变，电路其他部分均未改变，再求中频源电压增益和上限频率。

*6.6 单级放大电路的瞬态响应

6.6.1 若将一宽度为 1 μs 的理想脉冲信号加到一单级共源放大电路(假设只有一个时间常数)的输入端，画出下列三种情况下的输出波形。设 V_m 为输出电压最大值：(1) 频带为80 MHz；(2) 频带为 10 MHz；(3) 频带为 1 MHz。(假设 $f_L=0$。)

6.6.2 电路如图题 6.6.2 所示。(1) 当输入方波电流的频率 200 Hz 时，计算输出电压的平顶降落；(2) 当平顶降落小于 2% 时，输入方波的最低频率为多少？

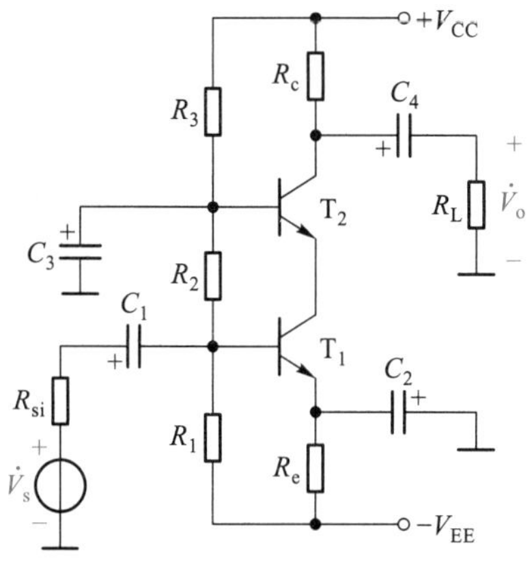

图题 6.4.1

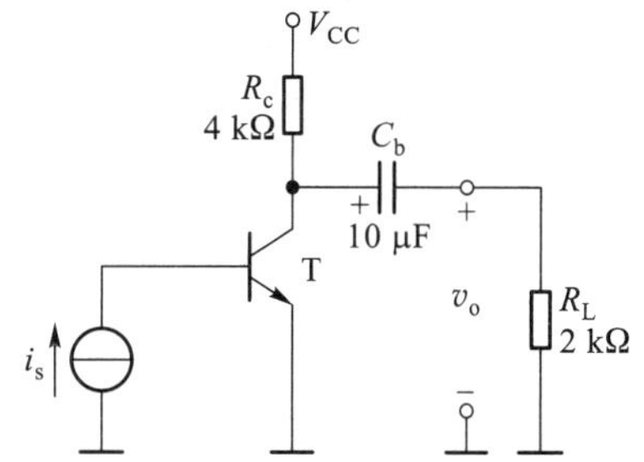

图题 6.6.2

第 6 章部分习题答案

7 模拟集成电路

引言

集成电路按其处理信号类型来分，有数字集成电路和模拟集成电路。而模拟集成电路也种类繁多，其中以运算放大器最为典型，第 2 章已经介绍了它的几个重要特性以及由它构成的一些线性应用电路，但其特性的由来和内部电路构成并未阐述，本章将对此进行讨论，以便有的放矢地用好集成运算放大器。

本章首先介绍模拟集成电路中普遍使用的电流源电路，其次讨论重要的单元电路——差分式放大电路，接着简要介绍集成运算放大器的几种典型电路，最后给出集成运放的主要参数描述，并讨论它们对应用所造成的影响。

除了运算放大器，模拟集成电路还有乘法器、锁相环、稳压器等其他功能的模拟器件。本章仅简要介绍其中的变跨导模拟乘法器及其应用，最后也对放大电路中的噪声和干扰的来源及其抑制措施作了简述。希望读者学习本章后，会分析集成运放内部基本电路，会正确选择合适的运算放大器设计满足要求的电路，包括单电源工作的电路。

7.1 模拟集成电路中的直流偏置技术

在第 4 和第 5 章讨论的分立元件三极管放大电路中，一般是利用电阻分压、限流来设置静态工作点的。但在集成电路中制造一个三极管比制造一个电阻所占用的面积更小，因而采用三极管构成直流电流源，为放大电路提供静态偏置成为首选。

电流源具有恒流特性，即接不同负载时，流过负载的电流保持不变。那么，三极管是如何实现恒流的呢？实际上，无论是 FET 还是 BJT，它们在放大区的输出特性曲线都近似为水平线，也就是当控制量 v_{GS}（或 i_B）不变时，受控的电流 i_D（或 i_C）便可保持恒定，从而构成电流源。下面分别讨论由 FET 和 BJT 构成的电流源。

7.1.1 FET 电流源电路

1. MOSFET 镜像电流源

电路如图 7.1.1a 所示，T_1、T_2 是增强型 NMOS 对管，两管参数完全相同。由于 T_1 的漏、栅两极相连，接成了二极管形式（参见 4.4.4 节），使得 $V_{DS1}=V_{GS}$，所以只要保证 $V_{GS}>V_{TN}$，就有 $V_{DS1}>V_{GS}-V_{TN}$，即 T_1 必然工作在恒流区。只要负载接入能保证 T_2 也工作在恒流区，那么由

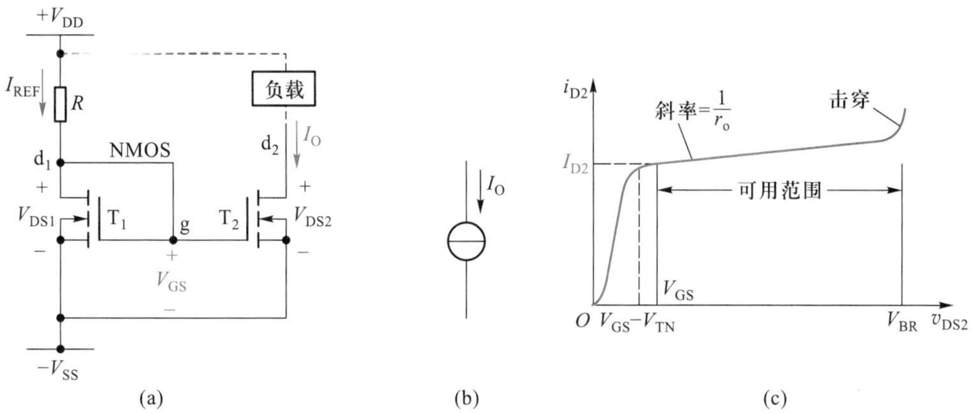

图 7.1.1 MOSFET 镜像电流源

（a）基本的镜像电流源电路 （b）代表符号 （c）输出特性

于两管参数完全相同且有共同的 V_{GS}，所以 T_2 的漏极电流亦即负载中的电流 I_O，就等于 T_1 的漏极电流 I_{REF}。当电路参数和 MOS 管参数确定后，便可根据

$$I_O=I_{REF}=\frac{V_{DD}+V_{SS}-V_{GS}}{R} \tag{7.1.1}$$

和 MOS 管恒流区特性方程

$$I_{REF}=I_{D1}=K_n(V_{GS}-V_{TN})^2 \tag{7.1.2}$$

求得电流 I_O。显然 I_O 与负载无关。当负载在一定范围内变化时（保证 $V_{DS2}>V_{GS}-V_{TN}$），I_O 的值将保持不变，表现出恒流特性。

由于 $I_O=I_{REF}$，即可以将 I_O 看作 I_{REF} 的镜像，所以称图 7.1.1a 电路为镜像电流源，图 b 是它的代表符号。当 T_2 的 $\lambda\neq 0$ 时，其输出特性如图 7.1.1c 所示，恒流区曲线并非水平，意味着电流源的输出电阻不是无穷大，由式（4.1.16）可知

> 教学视频 7.1：MOS 管用于放大信号和用于电流源的差别

$$r_o=r_{ds2}=\frac{1}{\lambda I_{D2}} \tag{7.1.3}$$

r_o 越大，恒流特性越好，当 r_o 为无穷大（$\lambda=0$）时，是理想电流源特性。在图 7.1.1b 中 r_o 与电流源并联（图中未画出）。要特别注意，这个电阻是动态电阻（交流参数），不用于静态分析（开路）。

当 T_1、T_2 只是宽长比不同，且忽略它们的沟道长度调制效应时，根据

$$I_{REF}=I_{D1}=\frac{1}{2}K_n'\left(\frac{W}{L}\right)_1(V_{GS}-V_{TN})^2 \tag{7.1.4a}$$

$$I_O=I_{D2}=\frac{1}{2}K_n'\left(\frac{W}{L}\right)_2(V_{GS}-V_{TN})^2 \tag{7.1.4b}$$

可得

$$\frac{I_O}{I_{REF}}=\frac{(W/L)_2}{(W/L)_1}=m \tag{7.1.5}$$

m 称为电流传输比。式（7.1.5）说明此时 I_O 与 I_{REF} 的关系可由两 MOS 管的几何尺寸（宽长

比)决定。

用其他方法也可以构成电流源,但是由于 T_1和 T_2有相同的温度特性,所以 T_1对 T_2具有温度补偿作用,因而镜像电流源具有更高的温度稳定性。但要注意,电源电压变化会影响电流的稳定性。

如果用 T_3代替 R,便可得到如图 7.1.2 所示的占用芯片面积更小的镜像电流源。若 T_1和 T_3特性完全相同,则有 $V_{GS3}=V_{GS}=\frac{1}{2}(V_{DD}+V_{SS})$,只要 $V_{GS}>V_{TN}$,T_1、T_3必定工作在恒流区。当所有 MOS 管的 K'_n相同且 $\lambda=0$ 时,只要保证负载接入时 T_2也工作在恒流区,则输出电流为

$$I_O=I_{D2}=\frac{1}{2}(W/L)_2K'_{n2}(V_{GS2}-V_{TN2})^2=K_{n2}(V_{GS}-V_{TN2})^2 \tag{7.1.6}$$

当 T_1 与 T_2 仅宽长比不同时,I_O与 I_{REF}的关系取决于它们的宽长比。

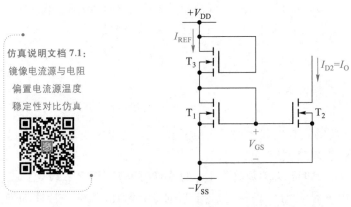

仿真说明文档 7.1:
镜像电流源与电阻偏置电流源温度稳定性对比仿真

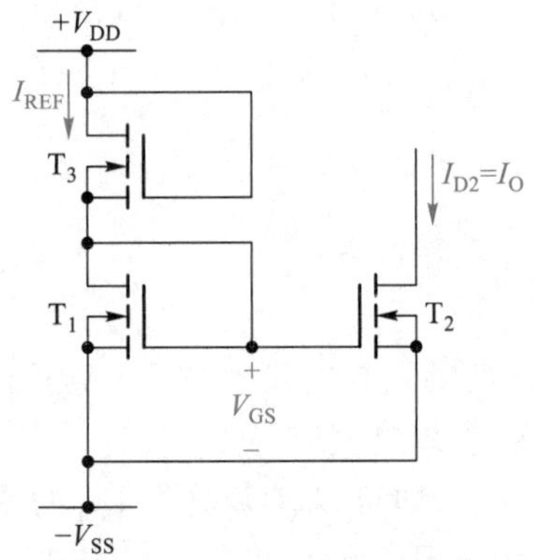

图 7.1.2 常用的镜像电流源

2. 多路电流源

集成运放内的电路通常都是多级的,这就需要多路电流源提供静态偏置。在实际电路中往往使用一个基准电流 I_{REF}获得多路电流 I_2、I_5(如图 7.1.3 所示),为各级放大电路提供不同的静态偏置电流。图中 $T_0\sim T_3$为 NMOS 管,T_4和 T_5为 PMOS 管。

由 $V_{GS0}+V_{GS1}=V_{DD}+V_{SS}$和 T_1、T_2的恒流区特性方程,可以求出基准电流 I_{REF}。T_1和 T_2、T_1和 T_3构成两组镜像电流源。而 T_4和 T_5也构成镜像电流源,它们的电流与 I_3有关。注意,NMOS 管的电流是流入漏极的,而 PMOS 管的电流则流出漏极。

假设电路中 $T_1\sim T_3$的 K'_n、V_{TN}、λ 皆相同,那么各管漏极电流仅与宽长比有关,即

$$I_2=\frac{(W/L)_2}{(W/L)_1}I_{REF},\quad I_3=\frac{(W/L)_3}{(W/L)_1}I_{REF} \tag{7.1.7a}$$

当 T_4、T_5的 K'_p、V_{TP}、λ 也相同时,则有

$$I_5=\frac{(W/L)_5}{(W/L)_4}I_4=\frac{(W/L)_5}{(W/L)_4}I_3=\frac{(W/L)_5(W/L)_3}{(W/L)_4(W/L)_1}I_{REF} \tag{7.1.7b}$$

应当指出,电路中的 $T_0\sim T_5$都必须工作在恒流区。

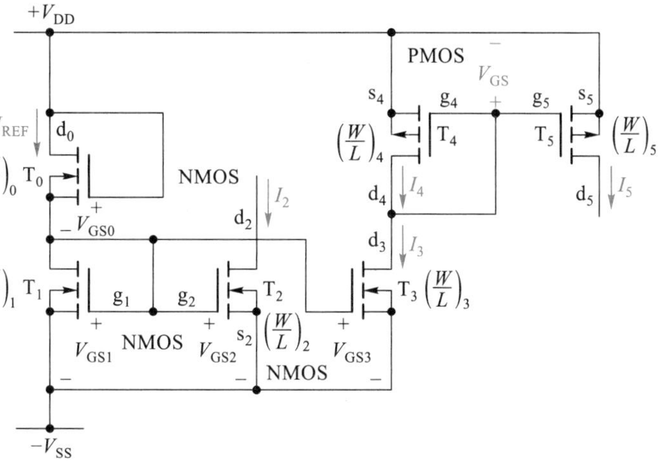

图 7.1.3 多路电流源电路

3. JFET 电流源

如将 N 沟道 JFET 的栅极直接与源极相连，便可得到简单的电流源，如图 7.1.4 所示。此时有 $v_{GS}=0$，只要 $v_{DS}>v_{GS}-V_P=-V_P$，JFET 就工作在恒流区。电流源的电流为

$$i_D=I_O=I_{DSS}(1+\lambda v_{DS}) \tag{7.1.8}$$

I_{DSS}是 $v_{GS}=0$ 时的漏极饱和电流。可以在源极支路串入阻值不同的电阻来改变电流。耗尽型 MOS 管也可用类似的方法构成电流源。

7.1.2 BJT 电流源电路

1. 镜像电流源

电路如图 7.1.5 所示，其结构与 MOS 管镜像电流源（图 7.1.1a）类似，但有两点不同：一是 BJT 的基极电流不为零；二是电流传输比 m 的影响因素不同，BJT 镜像电流源 T_1 和 T_2的电流传输比由它们的相对面积决定。

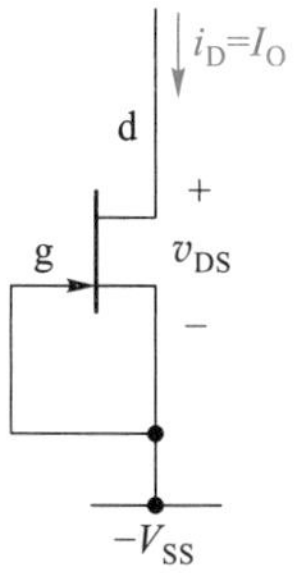

图 7.1.4 JFET 电流源

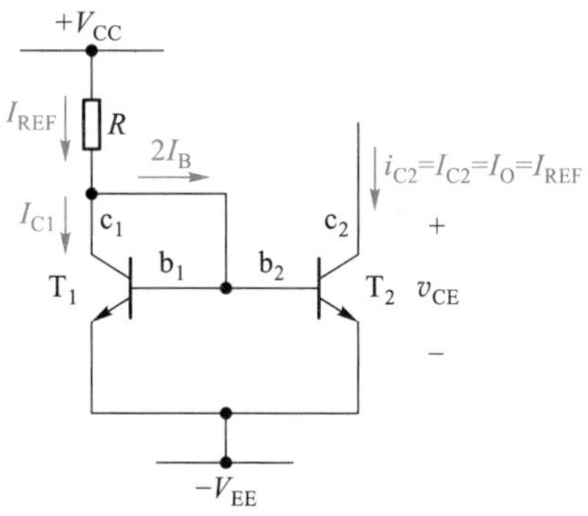

图 7.1.5 BJT 镜像电流源电路

设 T_1、T_2的参数全相同，由于 $V_{BE1}=V_{BE2}$，所以有 $I_{E1}=I_{E2}$，$I_{C1}=I_{C2}$。电路的基准电流

$$I_{REF}=\frac{V_{CC}-V_{BE}-(-V_{EE})}{R} \tag{7.1.9}$$

又因为

$$I_{REF}=I_{C1}+2I_B=I_{C2}+2I_{C2}/\beta=I_O+2I_O/\beta=I_O(1+2/\beta) \quad (7.1.10)$$

所以

$$I_O=I_{C2}=\frac{I_{REF}}{1+2/\beta} \quad (7.1.11)$$

当 BJT 的 β 较大时，可以忽略基极分流，此时 I_{C2} 近似等于 I_{REF}，即

$$I_O=I_{C2}\approx I_{REF}=\frac{V_{CC}-V_{BE}-(-V_{EE})}{R}\approx\frac{V_{CC}+V_{EE}}{R} \quad (7.1.12a)$$

由此看出，当电路参数确定后，输出电流 I_O 就确定了，它与负载大小无关。可将 I_{C2} 看作是 I_{REF} 的镜像。当 T_1、T_2 发射结的相对面积① A_1、A_2 不同时，输出电流为

$$I_O=\frac{A_2}{A_1}I_{REF}=mI_{REF} \quad (7.1.12b)$$

应当指出，要使上述关系成立，T_2 必须工作在放大区（$V_{CE2}>0.3$ V）。

与 FET 电流源类似，图 7.1.5 所示电路的输出电阻为

$$r_o=\left(\frac{\partial v_{CE2}}{\partial i_{C2}}\right)\bigg|_{I_{B2}}=r_{ce2}=\frac{1}{\lambda I_{C2}} \quad (7.1.13)$$

镜像电流源的电流通常在毫安数量级。若需减少 I_{C2} 的值（例如微安级），必须要求 R 的值很大，这在集成电路中难以实现，这时常采用微电流源。

2. 微电流源②

图 7.1.6 是模拟集成电路中常用的一种电流源。与图 7.1.5 相比，在 T_2 的射极电路接入电阻 R_{e2}。当基准电流 I_{REF} 一定时，I_{C2} 可确定如下：

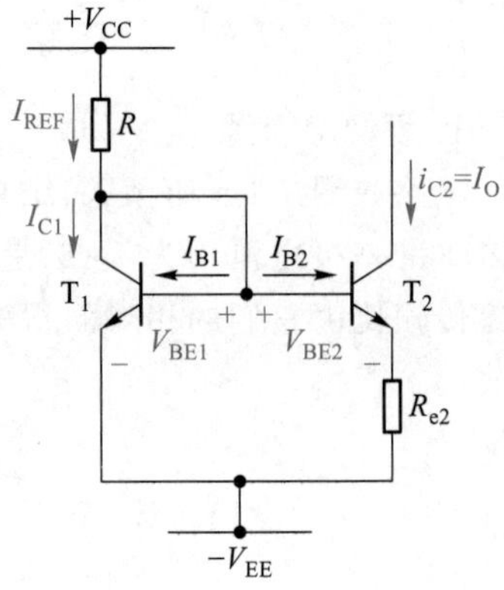

图 7.1.6 BJT 微电流源

因为

$$V_{BE1}-V_{BE2}=\Delta V_{BE}=I_{E2}R_{e2}$$

所以

$$I_O=I_{C2}\approx I_{E2}=\frac{\Delta V_{BE}}{R_{e2}} \quad (7.1.14a)$$

利用 $I_{REF}=I_{C1}=I_S e^{V_{BE1}/V_T}$ 和 $I_O=I_{C2}=I_S e^{V_{BE2}/V_T}$ 的关系得

$$\Delta V_{BE}=V_{BE1}-V_{BE2}=V_T\ln\left(\frac{I_{REF}}{I_O}\right)$$

故

$$R_{e2}I_O=V_T\ln\left(\frac{I_{REF}}{I_O}\right) \quad (7.1.14b)$$

当 R_{e2}、I_{REF} 已知，可用累试法求出 I_O。

由式(7.1.14a)可知，利用两管基-射极电压差 ΔV_{BE}（几十毫伏）可以控制输出电流 I_{C2}。

① 未给出 T_1、T_2 两管的结面积的几何尺寸。

② 又称维德拉（Widlar）电流源。

由于 ΔV_{BE}的值很小，故用阻值不大的 R_{e2}即可获得微小的工作电流，称为微电流源。仿照式(5.2.21)R_o'的求解可得电路的输出电阻 $r_o \approx r_{ce2}\left(1+\dfrac{\beta R_{e2}}{r_{be2}+R_{e2}}\right)$，因 r_o很大，所以 I_O的恒流特性非常好。

例 7.1.1 图 7.1.7 是 BJT 的多路电流源电路，设 $T_1 \sim T_6$的参数完全相同，且 $V_{BE(N)}=-V_{BE(P)}=0.6\ V$。电路中其他参数 $V_{CC}=V_{EE}=15\ V$，$R_1=39\ k\Omega$。(1) 求电路的基准电流 I_{REF}；(2) 电路有几种类型的电流源？

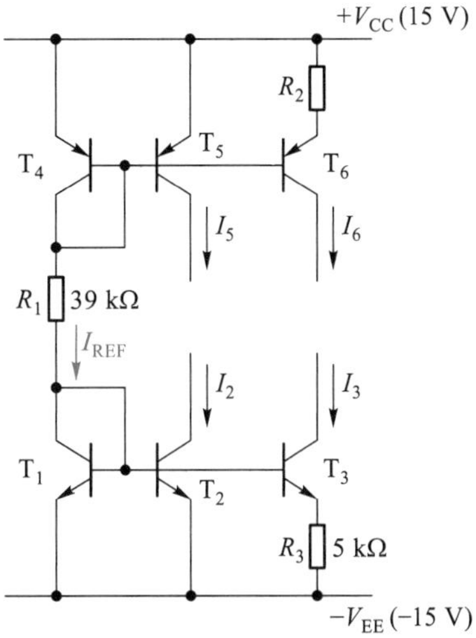

图 7.1.7 BJT 多路电流源

解：(1) 图 7.1.7 中由 T_4、R_1 和 T_1 组成主偏置电路，可求得基准电流

$$I_{REF}=\frac{+V_{CC}-V_{EB4}-V_{BE1}-(-V_{EE})}{R_1}$$

$$=\frac{(15+15-2\times0.6)\ V}{39\ k\Omega}=0.74\ mA$$

(2) T_1和 T_2、T_4和 T_5构成镜像电流源，而 T_1和 T_3、T_4和 T_6则构成微电流源。

实际上还有其他恒流特性更好、输出电阻更高的改进型电流源，如 Cascode 镜像电流源、威尔逊（Wilson）电流源等，限于篇幅此处不再介绍。

复习思考题

7.1.1 三极管用作电流源与用作放大电路有什么不同？

7.1.2 电流源电路有什么特点？在模拟集成电路中，为什么要采用电流源来实现直流偏置？

7.1.3 为什么要设计多路电流源？

7.2 差分式放大电路

放大电路中的耦合电容和旁路电容都是大电容，而电容的容量与面积成正比，因此在集成电路有限的面积中制作这些大电容是不现实的，所以集成电路中的多级放大电路基本上采用直接耦合方式。但在直接耦合的多级放大电路中，由温度变化、电源电压波动等因素导致第 1 级静态工作点的漂移，会传递到下一级并被逐级放大，这个漂移会严重影响信号的放大。而选用差分式放大电路作为第 1 级是解决漂移问题的有效方法。

差分式放大电路中的相关概念和指标，如差模信号、共模信号、差模增益、共模增益和共模抑制比等可参照 2.1 节介绍的式(2.1.4)~式(2.1.11)。

7.2.1 FET 差分式放大电路

1. MOSFET 源极耦合差分式放大电路

(1) 基本电路

图 7.2.1a 所示电路是第 4 章介绍的电流源偏置的共源极放大电路，其中的电流源就可以用 7.1 节的电路实现。该电路的信号传输路径上没有耦合电容，是直接耦合电路①，但是它只有一个信号输入端，无法构成差分式输入。如果再增加一个完全相同的 MOS 管和相同的 R_d 电阻，便可构成如图 7.2.1b 所示的差分式放大电路②。由于源极支路是公共的，所以这个电路也称为源极耦合差分式放大电路。电路由 $+V_{DD}$ 和 $-V_{SS}$ 双电源供电，有两个输入端 v_{i1} 和 v_{i2}、两个输出端 v_{O1} 和 v_{O2}。可以仿照图 2.1.7a、b 的方法，将两输入端的信号等效为差模信号 $v_{id}/2$ 和共模信号 v_{ic} 的叠加，如图 7.2.1c 所示。

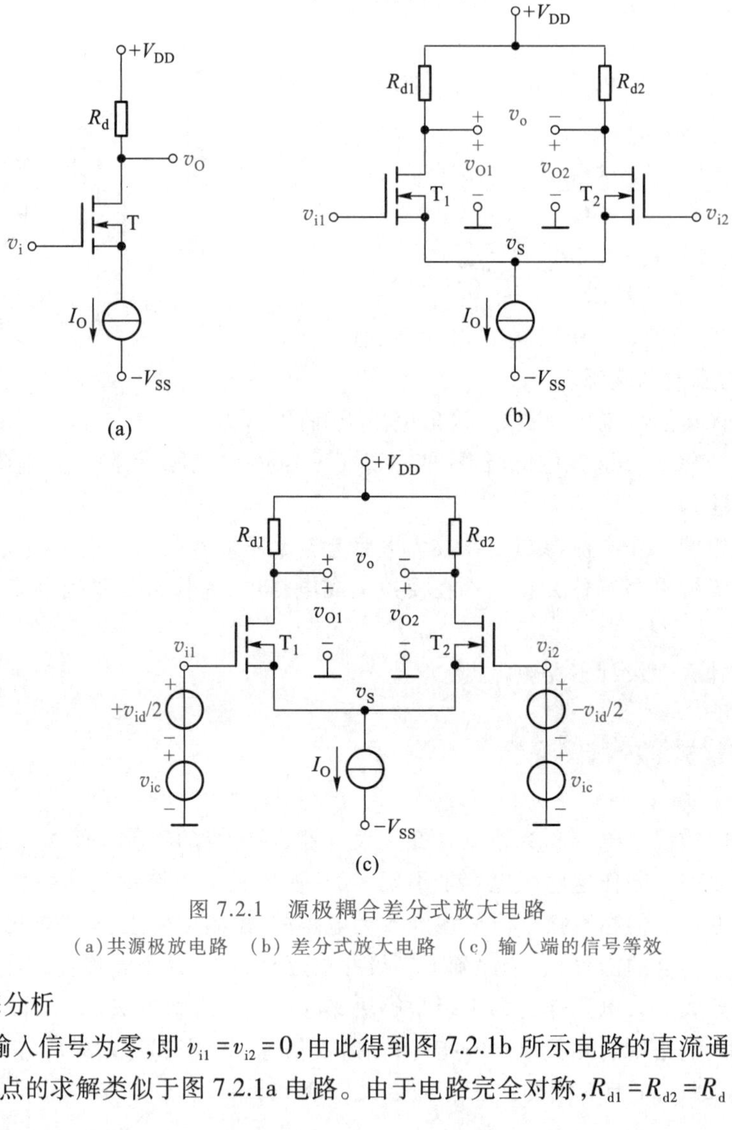

图 7.2.1 源极耦合差分式放大电路

(a) 共源极放电路 (b) 差分式放大电路 (c) 输入端的信号等效

(2) 静态分析

静态时，输入信号为零，即 $v_{i1}=v_{i2}=0$，由此得到图 7.2.1b 所示电路的直流通路如图7.2.2 所示。静态工作点的求解类似于图 7.2.1a 电路。由于电路完全对称，$R_{d1}=R_{d2}=R_d$，所以

① 由于电流源的动态电阻很大，所以电压增益极低，实际电路需在源极到地之间接入旁路电容。

② 在集成电路中，NMOS 管 T_1、T_2 的衬底电极是接电路最低电位点 $-V_{SS}$ 的，这时会出现衬底调制效应。为简单起见，本章均不考虑这种情况。

$$I_{D1Q}=I_{D2Q}=I_{DQ}=I_O/2 \tag{7.2.1}$$

漏极电压

$$V_{D1Q}=V_{D2Q}=V_{DQ}=V_{DD}-I_{DQ}R_d \tag{7.2.2}$$

假设 T_1和 T_2工作在恒流区,若已知 MOS 管的参数 K_n 和 V_{TN},根据

$$I_{DQ}=K_n(V_{GSQ}-V_{TN})^2$$

和式(7.2.1)便可求得 V_{GSQ}。由此得源极电压

$$V_{SQ}=0-V_{GSQ}=-V_{GSQ} \tag{7.2.3}$$

由式(7.2.2)和式(7.2.3)可得漏源电压

$$V_{DS1Q}=V_{DS2Q}=V_{DSQ}=V_{DQ}-V_{SQ}=V_{DD}-I_{DQ}R_d+V_{GSQ}$$

当然,最后还需要校验是否满足工作在恒流区的条件。

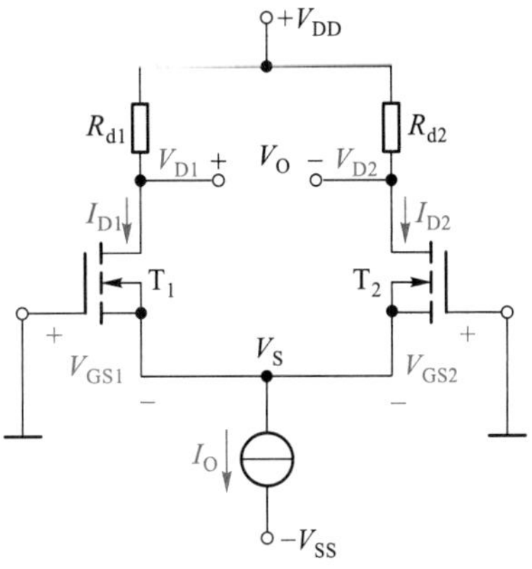

图 7.2.2 图 7.2.1b 的直流通路

需要注意,静态时有 $V_{D1Q}=V_{D2Q}$,所以静态时双端输出的电压也为零,即

$$V_O=V_{D1Q}-V_{D2Q}=0$$

(3) 动态小信号分析

① 差模电压增益

根据式(2.1.4)和式(2.1.8)的定义,差模电压增益是仅有差模输入信号时的输出电压与输入电压之比。为此令图 7.2.1c 中的 $v_{ic}=0$,仅保留差模电压信号 v_{id},即 $v_{i1}=-v_{i2}=v_{id}/2$。此时称为双端输入方式。再根据画交流通路的方法,将直流电压源对地短路,直流电流源开路但保留其动态电阻 r_o,便得到如图 7.2.3a 所示的交流通路。

假设电路完全对称,在差模电压作用下,v_{i1}和 v_{i2}的大小相等,相位相反。亦即 v_{gs1}和 v_{gs2} 的大小也相等,相位相反。而 $i_{d1}=g_m v_{gs1}$和 $i_{d2}=g_m v_{gs2}$(设 $\lambda_1=\lambda_2=0$),所以 $i_{s1}=i_{d1}=-i_{d2}=-i_{s2}$,由节点 s 的 KCL 可知,$r_o$中的电流为零,即 $v_s=0$,相当于 s 点交流接地,如图 7.2.3b 所示。为简化分析,以下均假设 $r_{ds}\gg R_d$,即可忽略 r_{ds}。

a. 双端输入、单端输出时

利用共源放大电路电压增益的结论,T_1漏极输出时有

$$A_{v1}=\frac{v_{o1}}{v_{i1}}=-g_m R_{d1} \tag{7.2.4a}$$

而差模电压增益应该是 v_{o1}与 v_{id}之比,又因为 $v_{i1}=v_{id}/2$,所以 T_1漏极单端输出时的差模电压增益为

$$A_{vd1}=\frac{v_{o1}}{v_{id}}=\frac{v_{o1}}{2v_{i1}}=\frac{1}{2}A_{v1}=-\frac{1}{2}g_m R_{d1} \tag{7.2.4b}$$

式中 $g_m=2\sqrt{K_n I_{DQ}}=2K_n(V_{GSQ}-V_{TN})$。

如果从 T_2的漏极输出,考虑到 $v_{i2}=-v_{id}/2$,则增益为

$$A_{vd2}=\frac{v_{o2}}{v_{id}}=\frac{v_{o2}}{-2v_{i2}}=\frac{1}{2}g_m R_{d2} \tag{7.2.4c}$$

可见两者仅在相位上不同。实际上,观察图 7.2.3b 可以看出,差模信号在两个输入端产生了大小相等、相位相反的电压信号,所以导致两个输出电压大小相等、相位相反。

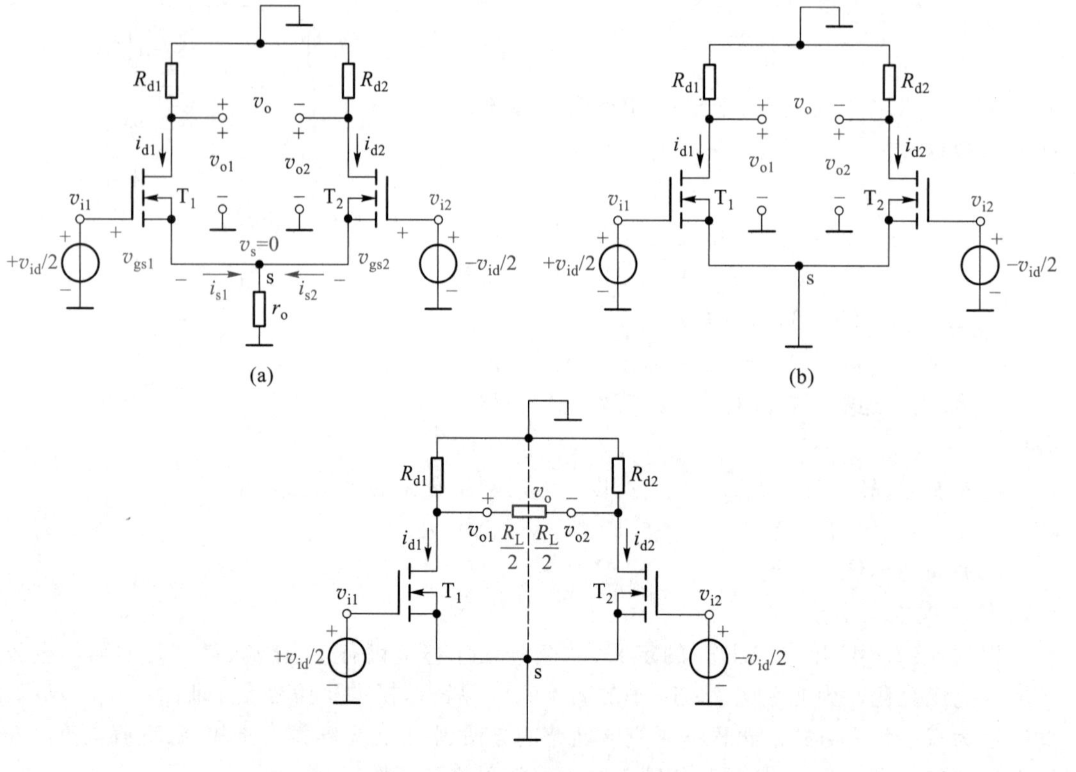

图 7.2.3 差模信号输入时的源极耦合差分式放大电路

（a）交流通路 （b）源极公共支路等效后的交流通路 （c）双端输出带负载时

如果 T_1或 T_2漏极单端输出到地之间带了负载 R_L（此时会改变漏极静态电压），则式(7.2.4b)或式(7.2.4c)中的漏极电阻再并联 R_L即可。

b. 双端输入、双端输出时

由图 7.2.3b 可知，因 $v_{i1}=-v_{i2}$，故 $v_{o1}=-v_{o2}$，那么双端输出差模电压增益就为

$$A_{vd}=\frac{v_o}{v_{id}}=\frac{v_{o1}-v_{o2}}{v_{i1}-v_{i2}}=\frac{2v_{o1}}{2v_{i1}}=\frac{v_{o1}}{v_{i1}}=-g_m R_d \tag{7.2.5}$$

其中 $R_d=R_{d1}=R_{d2}$。与式(7.2.4b)比较可以看出，双端输出的差模电压增益是单端输出的 2 倍，但它与单管共源放大电路的电压增益相同[参见式(7.2.4a)]。也就是说，增加了近一倍的元器件，并未提高信号的电压增益。实际上提高的是抑制漂移能力和抗共模干扰能力，这在接下来的讨论中将会看到。

当双端输出带负载 R_L时，负载是跨接在 T_1和 T_2两漏极之间的，如图 7.2.3c 所示。由于在差模信号作用下，v_{o1}和 v_{o2}总是大小相等相位相反，导致 R_L的中点电位始终不变，相当于交流地电位，所以单边负载等效为 $R_L/2$，此时的差模电压增益为

$$A_{vd}=\frac{v_o}{v_{id}}=\frac{v_{o1}}{v_{i1}}=-g_m\left(R_d /\!/ \frac{R_L}{2}\right) \tag{7.2.6}$$

c. 单端输入时

在实际系统中,常常要求放大电路的输入端口有一端接地,即 $v_{i1}=v_{id}$,$v_{i2}=0$,那么图 7.2.1b 所示电路便成为图 7.2.4a 的形式,这时称为单端输入或非对称输入,差模输入电压仍然是 $v_{id}(v_{i1}-v_{i2}=v_{id})$。可将单端输入信号等效为图 7.2.4b 的形式,其中 v_{ic}为共模信号,意味着信号的这种不对称输入必然伴随着共模信号的输入。当仅考虑差模输入信号时,将两个 v_{ic}置零后,其交流通路与图 7.2.3 完全相同。由此得到结论:单端输入时的差模情况等效于双端输入,所以差模增益指标的计算与双端输入时相同。

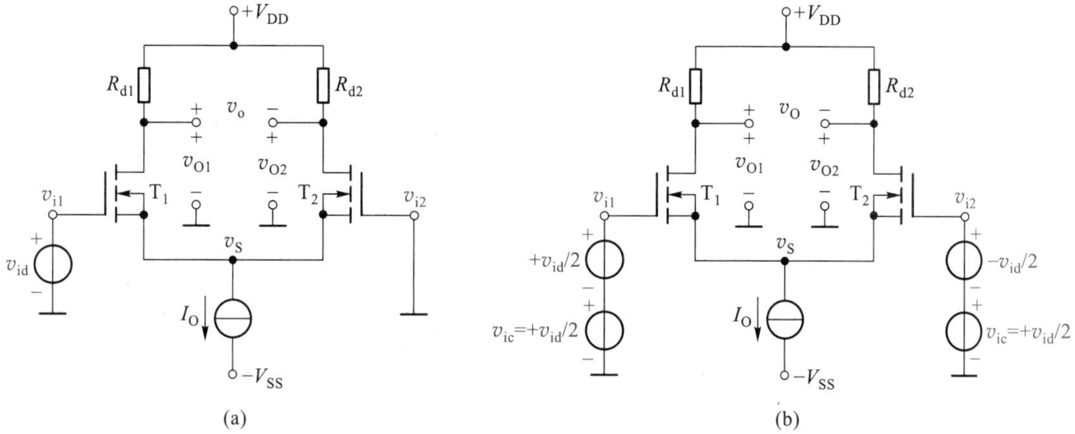

图 7.2.4 单端输入时的差分式放大电路

(a) 原理电路 (b) 等效的输入形式

② 共模电压增益

将图 7.2.1c 中的差模信号源置零,即 $v_{id}=0$,再根据画交流通路的方法,得到只有共模输入信号的交流通路如图 7.2.5a 所示,其中 r_o是电流源的动态电阻。

假设电路完全对称,在共模电压作用下,v_{i1}和 v_{i2}的大小相等,相位相同,使 $v_{gs1}=v_{gs2}$,于是有 $i_{d1}=i_{d2}$和 $i_{s1}=i_{s2}$。由节点 s 的 KCL 可知,此时 r_o中的电流 $i_s=i_{s1}+i_{s2}=2i_{s1}$,表明流过源极公共支路的电流不再为零,源极电压 $v_s=2i_{s1}r_o\neq 0$,r_o不能再像差模输入时那样被视作交流短路。在保持 v_s不变情况下,可以将 r_o分别等效到 T_1和 T_2各自的源极支路上,便得到图 7.2.5b 所示的等效电路。

a. 单端输出时

图 7.2.5b 可看作两个独立的共源放大电路,无论从哪个漏极输出,增益都是相同的。但要注意,源极上的电阻 $2r_o$,会出现在共源电路电压增益表达式的分母中。根据式(4.4.10),可得差分式放大电路单端输出的共模电压增益

$$A_{vc1}=\frac{v_{oc1}}{v_{ic}}=\frac{v_{oc2}}{v_{ic}}=-\frac{g_m R_d}{1+g_m(2r_o)} \tag{7.2.7}$$

由于通常有 $g_m(2r_o)\gg 1$,所以对比式(7.2.7)与式(7.2.4b)可以看出,共模电压增益远小于差模电压增益。此时式(7.2.7)可简化为

$$A_{vc1}=-\frac{g_m R_d}{1+g_m(2r_o)}\approx-\frac{R_d}{2r_o} \tag{7.2.8}$$

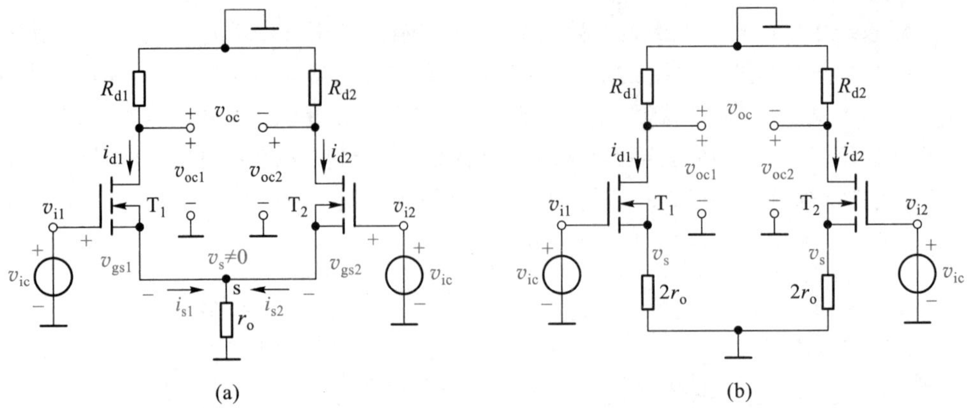

图 7.2.5 共模信号输入时的源极耦合差分式放大电路

(a) 交流通路 (b) 源极公共支路等效后的交流通路

由此看出，源极公共支路的电流源越理想，r_o 就越大，共模增益 A_{vc1} 就越小，抑制共模电压的能力也就越强。

需要指出，由于共模电压在两输入端表现为大小、相位均相同，所以无论由哪个漏极输出，共模的输出与输入总是反相的。

b. 双端输出时

由于两边的共模电压增益相同，所以

$$v_{oc} = v_{oc1} - v_{oc2} = 0$$

则双端输出时的共模电压增益为

$$A_{vc} = \frac{v_{oc}}{v_{ic}} = \frac{v_{oc1} - v_{oc2}}{v_{ic}} = 0 \tag{7.2.9}$$

表明差分式放大电路双端输出时，可以将共模电压衰减为零，但实际电路不可能完全对称，所以这个结果是理想的。

在图 7.2.1c 中，如果温度变化或电源电压波动，都将引起 T_1 和 T_2 漏极电流以及漏极电压产生相同的变化，其效果相当于在两个输入端加入了共模电压 v_{ic}。而以上分析已经看到，差分式放大电路，无论是双端输出还是单端输出，其共模增益都非常小（绝对值远小于 1），也就是说对共模信号有很强的抑制能力，因此也就抑制了零点漂移。

所谓**零点漂移**是指当放大电路在输入信号为零时，输出端还有缓慢变化的电压产生，即输出电压偏离原来的起始点而上下漂动，简称**零漂**。温度变化或电源电压波动是产生零漂的主要原因，它们都可以等效为共模输入电压。为了表示由于温度变化引起的漂移，常把温度每升高 1℃时产生的输出漂移电压 ΔV_o/℃，除以放大电路的电压增益 A_v，折算为等效输入漂移电压 $\Delta V_i (= \Delta V_o / A_v)$/℃作为温漂指标。

对比图 7.2.3b 和图 7.2.5b 可以看出，源极公共支路的电阻，是导致共模电压增益小于差模电压增益的根本原因。因此尽可能提高该支路电流源的动态电阻是提高抑制零点漂移的最有效方法。另外，差分式放大电路的对称性也会对抑制共模信号的能力产生重要影响。

由于共模信号是指两输入端完全相同的信号，所以不再区分双端输入和单端输入。

③ 共模抑制比

共模抑制比是衡量差分式放大电路放大差模信号能力和抑制共模信号能力的综合指标。根据式(2.1.11)的定义,如果电路是理想对称的,双端输出的共模电压增益 $A_{vc}=0$,则共模抑制比为无穷大。单端输出时,根据式(7.2.4b)和式(7.2.7)可得共模抑制比为

$$K_{CMR1}=\left|\frac{A_{vd1}}{A_{vc1}}\right|\approx\frac{1+2g_m r_o}{2}\approx g_m r_o \tag{7.2.10}$$

可见,源极公共支路电流源的恒流特性越好,r_o越大,K_{CMR}也越大,意味着差模信号增益与共模信号增益的差别就越大,在同样差模增益下抑制共模信号的能力就越强。

单端输出时,由式(2.1.10)(其中 $A_{vd}=A_{vd1}, A_{vc}=A_{vc1}$)和式(7.2.10)得总的输出电压为

$$v_{o1}=A_{vd1}v_{id}\left(1\pm\frac{v_{ic}}{K_{CMR1}v_{id}}\right) \tag{7.2.11}$$

式中的正负号表示共模信号对输出产生的两种可能的影响。

由式(7.2.11)可知,在设计放大电路时,为了放大差模信号,抑制共模信号,要尽可能使括号中的第二项共模的贡献远小于 1,即 $K_{CMR1}\gg|v_{ic}/v_{id}|$,否则输出中的信号分量($v_{id}$引起的输出)将有可能被漂移等干扰淹没。例如,设 $K_{CMR1}=1\ 000, v_{ic}=1\ \text{V}, v_{id}=1\ \text{mV}$,则式(7.2.11)中的第二项与第一项相等,此时信号 v_{id}产生的输出电压与干扰 v_{ic}产生的输出电压相等,信号被“淹没”了。如果将 K_{CMR1}值增至 10 000,则式(7.2.11)中的第二项只有第一项的 1/10,输出电压中的信号比干扰大 10 倍,再一次说明共模抑制比越高,抑制共模信号能力越强。

有时也用分贝(dB)数来表示 K_{CMR},即

$$K_{CMR}=20\lg\left|\frac{A_{vd}}{A_{vc}}\right|\ \text{dB} \tag{7.2.12}$$

④ 输入电阻

对于图 7.2.1c 所示的差分式放大电路,由于 MOS 管的栅极是绝缘的,所以无论是差模信号的放大还是共模信号的放大,它们的输入电阻都约等于无穷大。即差模输入电阻

$$R_{id}\approx\infty \tag{7.2.13}$$

和共模输入电阻

$$R_{ic}\approx\infty \tag{7.2.14}$$

⑤ 输出电阻

无论是差模情况还是共模情况,图 7.2.1b 所示电路都可以等效为左右对称的共源放大电路,所以输出电阻也与共源放大电路类似。单端输出时的输出电阻就等于共源电路的输出电阻,即

$$R_o=R_d \tag{7.2.15}$$

双端输出时,是由 T_1、T_2两个漏极之间看进去的等效电阻,此时 R_{d1}和 R_{d2}形成串联结构(见图 7.2.3b 和图 7.2.5b,设 $r_{ds1}=r_{ds2}\approx\infty$)。所以双端输出时的输出电阻约为

$$R_o=R_{d1}+R_{d2}=2R_d \tag{7.2.16}$$

⑥ 频率响应

差分式放大电路的幅频响应要考虑 A_{vd}、A_{vc}、K_{CMR}随频率的变化。由于源极耦合差分式

放大电路最后可以等效为共源电路，所以差模电压增益在高频区的幅频响应$|\dot{A}_{vd}|$与共源放大电路类似，但因为是直接耦合电路，所以在低频区增益不会衰减，如图 7.2.6a 所示，f_H为差模电压增益的上限频率。单端输出与双端输出差模电压增益在带宽上的差异遵循增益带宽积近似为常数的规律。

由于单端输出共模电压增益与源极公共支路电流源的动态电阻成反比，而电流源也是由 MOS 管构成的，因此源极 s 到地之间也会存在三极管极间等效电容 C_o，它与 r_o并联构成阻抗 Z_o，代替共模电压增益表达式(7.2.8)中的 r_o，即

$$Z_o = r_o // \frac{1}{j2\pi f C_o}$$

和

$$\dot{A}_{vc2} = \frac{R_d}{2Z_o} = \frac{R_d}{2r_o}(1 + j2\pi f C_o r_o)$$

则共模电压增益幅频响应的转折频率为

$$f_{HC} = \frac{1}{2\pi r_o C_o}$$

当信号频率大于 f_{HC}后，阻抗 Z_o将减小，共模增益将随频率升高逐渐增大，如图 7.2.6b 所示。取分贝数(dB)的共模抑制比 $20\lg\dot{K}_{CMR} = 20\lg|\dot{A}_{vd}| - 20\lg|\dot{A}_{vc}|$，其波特图如图 7.2.6c 所示。$\dot{K}_{CMR}$的带宽通常比$|\dot{A}_{vd}|$的带宽要窄($f_{HC}<f_H$)。

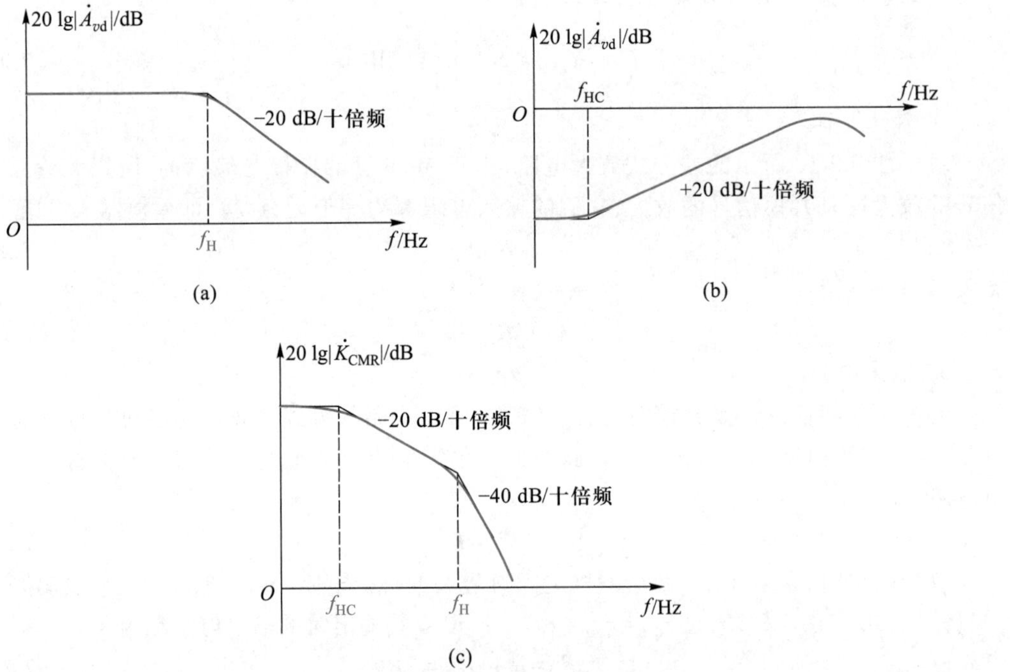

图 7.2.6 差分式放大电路的幅频响应

(a) 差模增益 (b) 共模增益 (c) 共模抑制比

综上分析,源极耦合差分式放大电路有以下结论:

◆ 电路参数确定后,电压增益、共模抑制比等指标与输出方式有关,而与输入方式无关。

◆ 双端输出、负载开路的情况下,图 7.2.3b 电路的差模电压增益与单边共源电路的增益相等;单端输出时的差模电压增益则是单边共源电路增益的一半,可见增加了几乎成倍的元器件并没有提高增益,而是换取了抑制共模信号的能力。

◆ 放大差模信号时,源极公共支路相当于短路,对于共模信号,源极公共支路电阻相当于单边源极支路电阻的两倍。这是差模增益与共模增益出现差别的根本原因。

◆ 源极公共支路电阻越大,共模抑制比越高,抑制零点漂移能力越强。该电阻通常是直流偏置电流源的动态电阻。

◆ 由于 MOS 管栅极是绝缘的,因此以栅极做输入端的输入电阻都趋于无穷大。

例 7.2.1 电路如图 7.2.7 所示,MOS 管 $T_1 \sim T_4$的 $K_n = 0.75\ \text{mA/V}^2$,$T_1$和 T_2的 $\lambda_1 = \lambda_2 = 0.001\ \text{V}^{-1}$,$V_{TN1} = V_{TN2} = 1.2\ \text{V}$,$T_3$和 T_4的 $\lambda_3 = \lambda_4 = 0.01\ \text{V}^{-1}$,$V_{TN3} = V_{TN4} = 1\ \text{V}$,基准电流 $I_{REF} = I_O = 1.4\ \text{mA}$,$V_{DD} = V_{SS} = 5\ \text{V}$,$R_d = 5\ \text{k}\Omega$。试求:(1) 电路的静态工作点;(2) 双端输入、双端输出的差模电压增益 A_{vd}、差模输入电阻 R_{id}和输出电阻 R_o;(3) T_1漏极单端输出的差模电压增益 A_{vd1}、共模电压增益 A_{vc1}和共模抑制比 K_{CMR1};(4) 保证 T_1、T_2工作在恒流区时,求允许的共模输入电压 v_{ic}的范围($V_{icmin} \sim V_{icmax}$)和差模输入电压 v_{id}的范围。

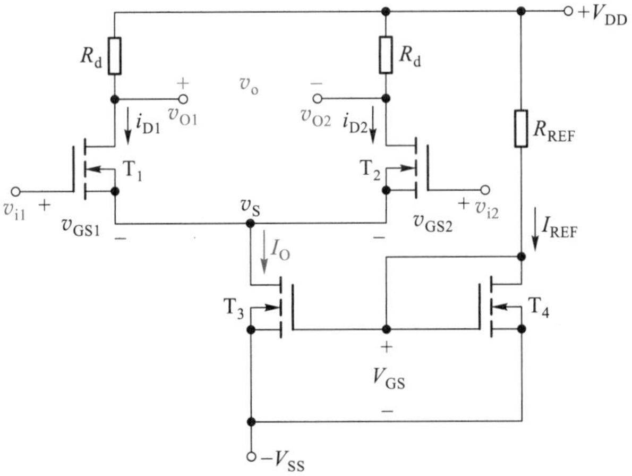

图 7.2.7 例 7.2.1 的电路

解:(1) 静态工作点

静态时 $v_{i1} = v_{i2} = 0$。由于 $I_O = 1.4\ \text{mA}$,差分对管的漏极电流和电压分别为

$$I_{D1Q} = I_{D2Q} = I_{DQ} = \frac{1}{2} I_O = 0.7\ \text{mA}$$

$$V_{D1Q} = V_{D2Q} = V_{DD} - I_{DQ} R_d = (5 - 0.7 \times 5)\ \text{V} = 1.5\ \text{V}$$

假设 T_1和 T_2工作在恒流区,由 $I_{D1Q} = K_n (V_{GS1Q} - V_{TN1})^2$得

$$V_{GS1Q} \approx 2.17\ \text{V}$$

而 $V_{G1Q} = 0$,所以 $V_{S1Q} = V_{G1Q} - V_{GS1Q} = -2.17\ \text{V}$,则

$$V_{DS1Q}=V_{DS2Q}=V_{D1Q}-V_{S1Q}=(1.5+2.17)\text{ V}=3.67\text{ V}$$

满足 $V_{DS}>V_{GS}-V_{TN}$ 的条件，假设成立。

（2）双端输入-双端输出的 A_{vd}、R_{id} 和 R_o

$$r_{ds1}=r_{ds2}=1/(\lambda_1 I_D)=\frac{1}{0.001\text{ V}^{-1}\times 0.7\text{ mA}}=1.43\text{ M}\Omega\gg R_d$$

$$g_m=2\sqrt{K_n I_{DQ}}=2\sqrt{0.75\text{ mA/V}^2\times 0.7\text{ mA}}\approx 1.449\text{ mS}$$

$$A_{vd}=-g_m(R_d /\!/ r_{ds})\approx -g_m R_d=-1.449\text{ mS}\times 5\text{ k}\Omega=-7.25$$

$$R_{id}=\infty$$

$$R_o=2R_d=2\times 5\text{ k}\Omega=10\text{ k}\Omega$$

（3）T_1 漏极单端输出的差模电压增益

$$A_{vd1}=\frac{1}{2}A_{vd}=-3.625$$

$$r_{ds3}=r_{o3}=\frac{1}{\lambda_3 I_O}=\frac{1}{0.01\text{ V}^{-1}\times 1.4\text{ mA}}=71.429\text{ k}\Omega$$

共模电压增益

$$A_{vc1}=-\frac{g_m R_d}{1+2g_{m1}r_{o3}}=-\frac{7.25}{1+2\times 1.449\times 71.429}=-0.034\ 9$$

共模抑制比

$$K_{CMR1}=\left|\frac{A_{vd1}}{A_{vc1}}\right|=\left|\frac{-3.625}{-0.034\ 9}\right|=103.9$$

（4）v_{ic} 和 v_{id} 的范围

① 共模输入电压范围

由于共模信号对差分对管的影响相同，且不改变电流源 I_O，所以两边电流也保持 I_{D1Q} 和 I_{D2Q} 不变，v_{GS1}、v_{GS2} 也保持在 V_{GS1Q}、V_{GS2Q} 不变，漏极电压 V_{D1Q}、V_{D2Q} 也不变，所以共模输入只会引起 v_S 变化，导致的漏源电压变化仅考虑单边即可。

共模输入时 $v_{i1}=v_{i2}=v_{ic}$，此时 $v_S=v_{ic}-V_{GS1Q}$，v_{ic} 增加 v_S 也跟随增加，使 v_{DS1} 减小，直至 T_1 工作点进入夹断点轨迹时（恒流区的边界点），可求得 V_{icmax}。此时根据夹断点轨迹 $V_{DS1pop}=V_{GS1Q}-V_{TN1}$ 和 $V_{DS1pop}=V_{D1Q}-V_S=V_{D1Q}-(V_{icmax}-V_{GS1Q})$ 得到

$$V_{icmax}=V_{D1Q}+V_{TN1}=(1.5+1.2)\text{ V}=2.7\text{ V}$$

当 v_{ic} 减小时，v_S 也减小，导致 v_{DS3} 减小，致使 T_3 工作点进入夹断点轨迹（$v_{DS3}=V_{DS3\,pop}$），由此确定 V_{icmin}。即根据 $I_O=I_{D3}=K_n(V_{GS3Q}-V_{TN3})^2$ 得

$$V_{GS3Q}=\sqrt{\frac{I_O}{K_n}}+V_{TN3}=\sqrt{\frac{1.4\text{ mA}}{0.75\text{ mA/V}^2}}+1\text{ V}=2.37\text{ V}$$

因为要求 $V_{GS3Q}>V_{TN3}$，所以开根号时取正值。

由夹断点轨迹得

$$V_{DS3pop}=V_{GS3Q}-V_{TN3}=1.37\text{ V}$$

又因为 $V_{DS3pop}=V_S-(-V_{SS})=V_{icmin}-V_{GS1Q}-(-V_{SS})$，所以

$$V_{\text{icmin}}=V_{\text{DS3pop}}+V_{\text{GS1Q}}-V_{\text{SS}}=(1.37+2.17-5)\text{ V}=-1.46\text{ V}$$

故允许 v_{ic} 的变化范围为$(-1.46\sim2.7)$ V。

② 差模输入电压变化范围

差模输入电压 $v_{\text{id}}=v_{\text{i1}}-v_{\text{i2}}=v_{\text{GS1}}-v_{\text{GS2}}$，当差模电压达到最大值时，即 $v_{\text{id}}=V_{\text{idmax}}$，会使 T_2 截止，I_O 全部流过 T_1，即

$$I_{\text{D1max}}=I_O,\quad I_{\text{D2min}}=0,\quad V_{\text{idmax}}=V_{\text{GS1max}}-V_{\text{GS2min}}$$

而 $V_{\text{GS2min}}=V_{\text{TN2}}$，$V_{\text{GS1max}}=\sqrt{\dfrac{I_{\text{D1max}}}{K_n}}+V_{\text{TN1}}=\sqrt{\dfrac{I_O}{K_n}}+V_{\text{TN1}}$

因为 $V_{\text{TN1}}=V_{\text{TN2}}$，所以

$$V_{\text{idmax}}=\sqrt{\frac{I_O}{K_n}}+V_{\text{TN1}}-V_{\text{TN2}}=\sqrt{\frac{I_O}{K_n}}=\sqrt{\frac{1.4\text{ mA}}{0.75\text{ mA/V}^2}}\approx1.37\text{ V}$$

同理，v_{id} 达到最小值（实际上是上述情况极性的翻转）时，即 $v_{\text{id}}=v_{\text{idmin}}$，使 T_1 截止，I_O 全部流过 T_2，即

$$v_{\text{idmin}}=V_{\text{GS1min}}-V_{\text{GS2max}}=-\sqrt{\frac{I_O}{K_n}}\approx-1.37\text{ V}$$

故允许 v_{id} 的变化范围是 $-\sqrt{\dfrac{I_O}{K_n}}\leqslant v_{\text{id}}\leqslant+\sqrt{\dfrac{I_O}{K_n}}$，即$(-1.37\sim+1.37)$ V。

2. JFET 差分式放大电路

N 沟道的 JFET 差分式放大电路如图 7.2.8 所示，其中 T_3 构成电流源，为 T_1、T_2 提供静态偏置，$I_{D1}=I_{D2}=I_O/2$，I_O 的动态电阻 $r_o=1/(\lambda I_{\text{DSS}})$ 很大，可以很好地抑制共模信号。

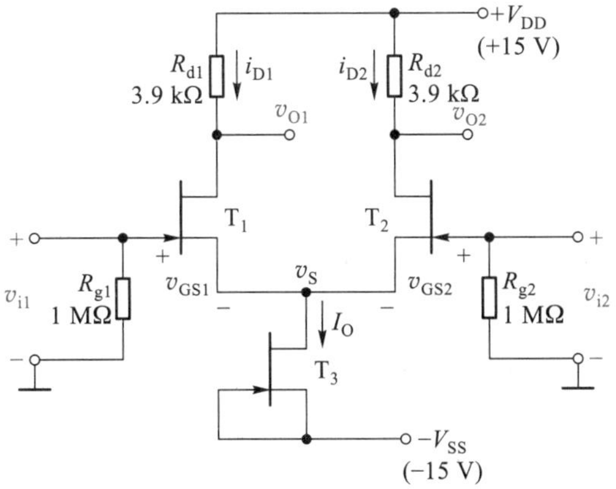

图 7.2.8 JFET 差分式放大电路

与 MOS 管差分式放大电路分析类似，同样可以得到双端输出的差模电压增益

$$A_{vd}=\frac{v_{O1}-v_{O2}}{v_{\text{id}}}=-g_m R_d \tag{7.2.17}$$

单端输出的差模电压增益

$$A_{vd1}=\frac{v_{o1}}{v_{id}}=-\frac{1}{2}g_m R_d \quad 或 \quad A_{vd2}=+\frac{1}{2}g_m R_d \tag{7.2.18}$$

式中 g_m 为 T_1、T_2 的互导，$R_d=R_{d1}=R_{d2}$。共模电压增益等其他指标与 MOS 管差分式放大电路基本相同，不再赘述。

由于 JFET 的栅极是 PN 结反偏时的电极，所以其电阻比 MOS 管的略小。JFET 差分式放大电路的输入电阻约为 $10^{12}\ \Omega$，而 MOS 管的输入电阻则可达 $10^{15}\ \Omega$。

7.2.2 BJT 差分式放大电路

1. 基本电路

用两只 BJT 替换图 7.2.1c 中的 T_1 和 T_2，就得到如图 7.2.9a 所示的射极耦合差分式放大电路。

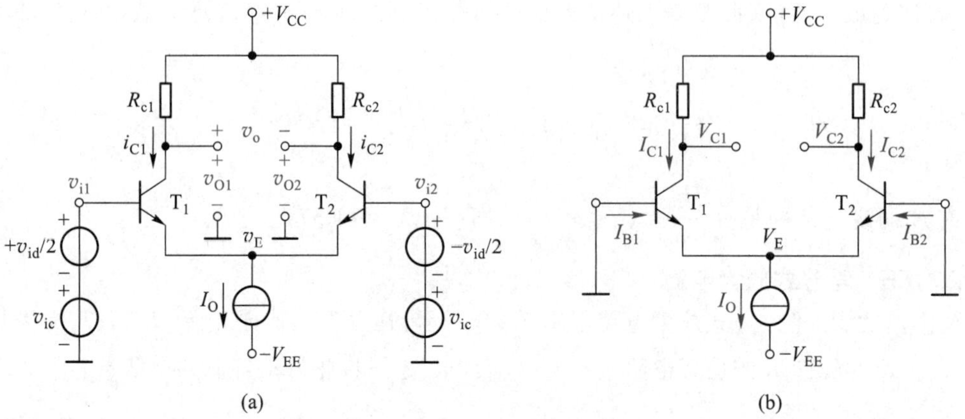

图 7.2.9 射极耦合差分式放大电路
(a) 原理图 (b) 直流通路

2. 静态分析

静态时，$v_{i1}=v_{i2}=0$，得到直流通路如图 7.2.9b 所示。假设电路完全对称，$R_{c1}=R_{c2}=R_c$，所以

$$I_{C1Q}=I_{C2Q}=I_{CQ}=I_O/2$$

集电极电压

$$V_{C1Q}=V_{C2Q}=V_{CQ}=V_{CC}-I_{CQ}R_c$$

发射极电压

$$V_{EQ}=0-V_{BEQ}=-V_{BEQ}$$

若 BJT 为硅管，则 $V_{BEQ}\approx 0.7\text{V}$。所以集电极-射极压差

$$V_{CE1Q}=V_{CE2Q}=V_{CEQ}=V_{CQ}-V_{EQ}=V_{CC}-I_{CQ}R_c+V_{BEQ}$$

若已知 BJT 的 β，则基极电流

$$I_{B1Q}=I_{B2Q}=I_{BQ}=I_{CQ}/\beta$$

3. 动态分析

(1) 差模电压增益

在图 7.2.9a 所示的电路中仅有差模输入电压时，即 $v_{ic}=0$，$v_{i1}=-v_{i2}=v_{id}/2$，则与 MOS 管

差分式放大电路类似，发射极公共支路的交流电压也为零，故交流通路如图 7.2.10 所示，其左右两边就是对称的共射电路，利用第 5 章共射极放大电路的结论，很容易求得该电路的动态指标。为简单起见，以下分析均假设 $r_{ce} \gg R_c$，即忽略 r_{ce}。

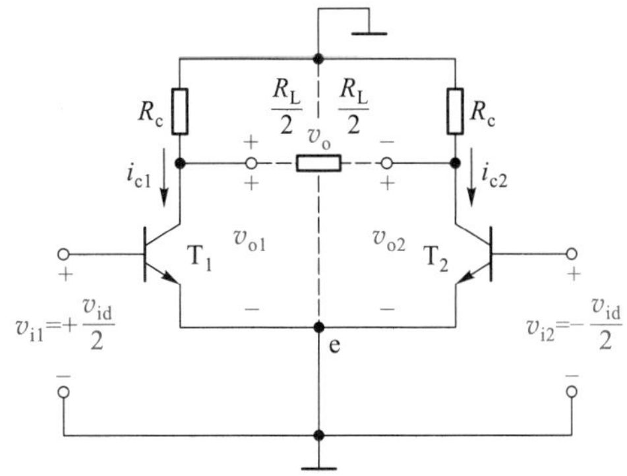

图 7.2.10 输入差模信号时的射极耦合差分式放大电路的交流通路

① 双端输入、单端输出时

从图 7.2.10 电路的 v_{o1} 输出且不带负载 R_L 时，差模电压增益为

$$A_{vd1}=\frac{v_{o1}}{v_{id}}=\frac{v_{o1}}{2v_{i1}}=-\frac{\beta R_c}{2r_{be}} \quad (7.2.19a)$$

当从 v_{o2} 输出时，由于有 $v_{i2}=-v_{id}/2$，则

$$A_{vd2}=\frac{v_{o2}}{v_{id}}=\frac{v_{o2}}{-2v_{i2}}=+\frac{\beta R_c}{2r_{be}} \quad (7.2.19b)$$

② 双端输入、双端输出时

若从图 7.2.10 电路的 v_o 输出且未接 R_L 时，差模电压增益是单端输出的 2 倍，即

$$A_{vd}=\frac{v_o}{v_{id}}=2A_{vd1}=-\frac{\beta R_c}{r_{be}} \quad (7.2.20)$$

当接入负载电阻 R_L 时

$$A'_{vd}=-\frac{\beta R'_L}{r_{be}} \quad (7.2.21)$$

其中 $R'_L=R_c /\!/ \frac{R_L}{2}$。

③ 单端输入时

单端输入时，与 MOS 管差分式放大电路有相同的结论：单端输入时的差模情况等效于双端输入，差模增益指标的计算与双端输入时相同。当然，这种不对称输入形式一定伴随了共模信号的输入。

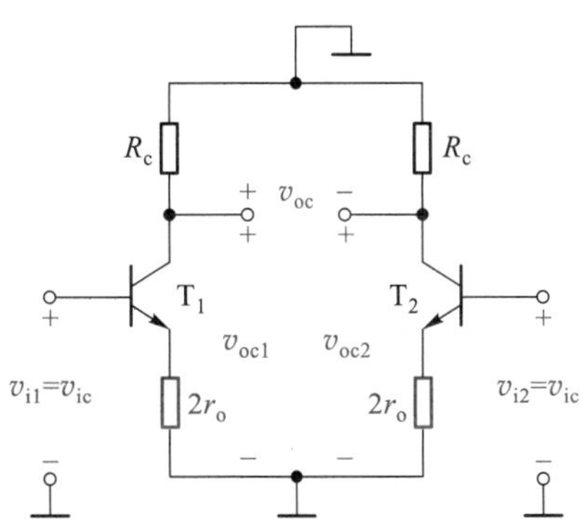

图 7.2.11 共模输入时的射极耦合差分式放大电路的交流通路

(2) 共模电压增益

① 双端输出的共模电压增益

将图 7.2.9a 所示电路的差模信号置零（$v_{id}=0$），仅保留 v_{ic} 时，其交流通路如图 7.2.11 所示，其中 r_o 是电流源的动态电阻（其等效过程与图 7.2.5 电路类似）。

当从两管集电极输出时，输出电压为 $v_{oc}=v_{oc1}-v_{oc2}\approx 0$，其双端输出的共模电压增益为

$$A_{vc}=\frac{v_{oc}}{v_{ic}}=\frac{v_{oc1}-v_{oc2}}{v_{ic}}\approx 0 \quad (7.2.22)$$

② 单端输出的共模电压增益

由 v_{oc1}或 v_{oc2}输出时，共模电压增益

$$A_{vc1}=\frac{v_{oc1}}{v_{ic}}=\frac{v_{oc2}}{v_{ic}}=\frac{-\beta R_c}{r_{be}+(1+\beta)2r_o} \tag{7.2.23}$$

一般情况下，有$(1+\beta)2r_o \gg r_{be}$，$\beta \gg 1$，故式(7.2.23)可简化为

$$A_{vc1}\approx -\frac{R_c}{2r_o} \tag{7.2.24}$$

由此看出，射极公共支路电流源的动态电阻 r_o是决定共模增益的关键因素，r_o越大，抑制共模信号的能力越强，与 MOS 管电路的结论一致。

共模输入没有单端输入、双端输入之分。

(3) 共模抑制比 K_{CMR}

若电路完全对称，双端输出时由于共模电压增益 $A_{vc}=0$，所以其共模抑制比 K_{CMR}为无穷大。如果单端输出，则根据式(7.2.19a)和式(7.2.24)可得

$$K_{CMR}=\left|\frac{A_{vd1}}{A_{vc1}}\right|\approx\frac{\beta r_o}{r_{be}} \tag{7.2.25}$$

同样，r_o越大，K_{CMR}越高。

(4) 输入电阻

差模输入电阻等于差模输入电压与端口电流之比，可将图 7.2.10 电路等效为图 7.2.12a 所示的输入端口形式。此时由 v_{id}向右侧看进去的端口电阻就是差模输入电阻，它相当于两个共射电路输入电阻的串联，即

$$R_{id}=\frac{v_{id}}{i_{id}}=r_{be1}+r_{be2}=2r_{be} \tag{7.2.26}$$

类似地，可将图 7.2.11 电路等效为图 7.2.12b 所示的输入端口形式。此时由 v_{ic}向右看进去的端口电阻就是共模输入电阻，它相当于两个共射电路输入电阻的并联，但射极上接有电阻 $2r_o$，即

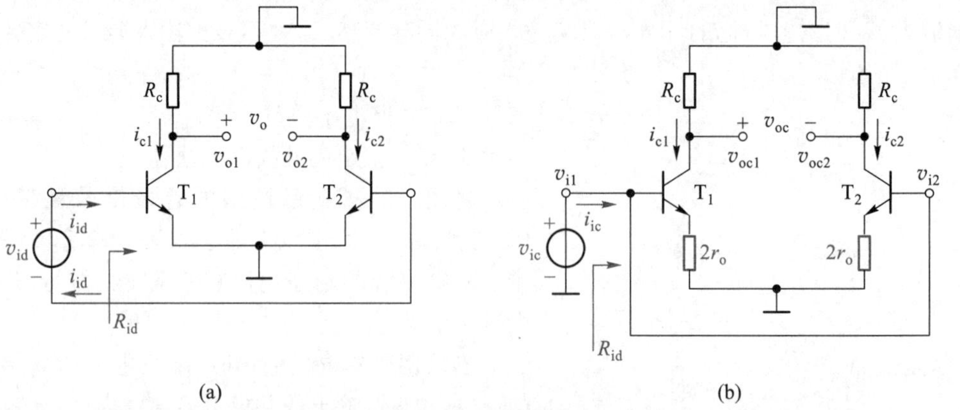

图 7.2.12 求输入电阻的端口等效形式

(a) 差模输入电阻 (b) 共模输入电阻

$$R_{ic}=\frac{v_{ic}}{i_{ic}}=\frac{1}{2}[r_{be}+(1+\beta)(2r_o)] \tag{7.2.27}$$

(5) 输出电阻

由图 7.2.12 看出，单端输出时的输出电阻与单边共射电路相同，即

$$R_o=R_c \tag{7.2.28}$$

双端输出时，是由 T_1、T_2两个集电极之间看进去的等效电阻，相当于两个 R_c的串联（忽略 r_{ds}的影响），即

$$R_o=R_c+R_c=2R_c \tag{7.2.29}$$

BJT 射极耦合差分式放大电路的频率响应有与 MOS 管电路类似的结论。

例 7.2.2 电路如图 7.2.9a 所示，设 T_1、T_2的 $\beta=200$，$V_{BE}=0.7\ V$，$I_O=1\ mA$，$R_{c1}=R_{c2}=R_c=10\ k\Omega$，$V_{CC}=V_{EE}=10\ V$。试求：(1) 电路的静态工作点；(2) 双端输出的差模电压增益 A_{vd}、差模输入电阻 R_{id}和输出电阻 R_o；(3) 当电流源的 $r_o=83\ k\Omega$ 时，T_1 集电极单端输出的 A_{vd1}、A_{vc1}和 K_{CMR1}；(4) 当 $v_{id}=0$，v_{ic}分别为−5 V 和+5 V 时，对应的两管 V_{CE}的值各为多少？保证 BJT 工作在放大区时共模输入电压的范围为多少？

解：(1) 静态时，$v_{i1}=v_{i2}=0$，$V_{EQ}=0-V_{BE}=-0.7\ V$。

由于 $I_O=1\ mA$，差分对管的集电极电流和电压分别为

$$I_{CQ}=I_{C1Q}=I_{C2Q}=\frac{1}{2}I_O=0.5\ mA$$

$$V_{C1Q}=V_{C2Q}=V_{CC}-I_{CQ}R_c=(10-0.5\times10)\ V=5\ V$$

所以

$$V_{CE1Q}=V_{CE2Q}=V_{CQ}-V_{EQ}=[5-(-0.7)]\ V=5.7\ V$$

$$I_{BQ}=I_{CQ}/\beta=2.5\ \mu A$$

(2) 双端输出的 A_{vd}、R_{id}和 R_o

$$r_{be}=200\ \Omega+(1+\beta)\frac{26}{I_{CQ}}=\left[200+(1+200)\times\frac{26}{0.5}\right]\ \Omega=10.7\ k\Omega$$

$$A_{vd}=-\frac{\beta R_c}{r_{be}}=-\frac{200\times10\ k\Omega}{10.7\ k\Omega}=-187$$

$$R_{id}=2r_{be}=21.4\ k\Omega$$

$$R_o=2R_c=20\ k\Omega$$

(3) 单端输出时

$$A_{vd1}=+\frac{1}{2}A_{vd}=-93.5$$

$$A_{vc1}\approx-\frac{R_c}{2\,r_o}=-\frac{10\ k\Omega}{2\times83\ k\Omega}=-0.06$$

$$K_{CMR1}=\left|\frac{A_{vd1}}{A_{vc1}}\right|=\frac{93.5}{0.06}=1\ 558$$

(4) 共模输入时，两管电压变化相同，所以只需计算一边即可。

当 $v_{ic}=-5\ V$，$V_E=(-5-0.7)\ V=-5.7\ V$，$I_{C1}=0.5\ mA$，$V_{C1}=V_{CC}-I_{C1}R_C=5\ V$。所以

$$V_{CE}=V_{CE2}=V_{CE1}=V_{C1}-V_{E}=[5-(-5.7)]\ \text{V}=10.7\ \text{V}$$

当 $v_{ic}=+5$ V，$V_E=(5-0.7)$ V $=4.3$ V，$V_{C1}=5$ V。所以

$$V_{CE}=V_{CE2}=V_{CE1}=V_{C1}-V_{E}=(5-4.3)\ \text{V}=0.7\ \text{V}$$

以上分析可知，当共模电压 v_{ic} 变化时，电流源 I_O 和 I_{C1}、I_{C2} 不变，但 V_{CE} 变了，这意味着工作点变了，当 v_{ic} 增大时，可能使 T_1、T_2 进入饱和区，这说明对输入的共模电压要限制在一定的范围内，才能保证 T_1 和 T_2 工作在放大区。设 V_{CE} 的临界饱和电压为 0.3 V，那么根据

$$V_{CE1}=V_{C1}-V_{E}=V_{C1}-(V_{icmax}-0.7\ \text{V})\geqslant 0.3\ \text{V}$$

共模电压的最大值为

$$V_{icmax}\leqslant V_{C1}+(0.7-0.3)\ \text{V}=V_{CC}-I_{C1}R_c+0.4\ \text{V}$$

共模电压的最小值取决于电流源的工作状态，如果用图 7.1.5 所示的镜像电流源，相当于使 T_2 进入饱和区时的共模输入电压，即

$$V_{icmin}-V_{BE1}-(-V_{EE})\geqslant 0.3\ \text{V}$$

$$V_{icmin}\geqslant (0.3+0.7)\ \text{V}-V_{EE}=-V_{EE}+1\ \text{V}$$

7.2.3 差分式放大电路的传输特性

前面讨论了差分式放大电路在小信号线性工作状态下的放大作用，传输特性则可以反映电路在大信号作用下输入输出关系的全貌。

1. MOSFET 差分式放大电路的传输特性

通常用漏极电流与差模输入电压之间的关系来描述 MOS 管差分式放大电路的传输特性。在图 7.2.1b 中，利用 $i_{D1}=K_n(v_{GS1}-V_{TN})^2$、$i_{D2}=K_n(v_{GS2}-V_{TN})^2$、$v_{id}=v_{i1}-v_{i2}=v_{GS1}-v_{GS2}$ 和 $i_{D1}+i_{D2}=I_O$ 的基本关系，可求出 i_{D1}、$i_{D2}=f(v_{id})$ 的关系式

$$i_{D1}=\frac{I_O}{2}+\sqrt{2K_nI_O}\left(\frac{v_{id}}{2}\right)\sqrt{1-\frac{(v_{id}/2)^2}{I_O/(2K_n)}}\qquad\left(|v_{id}|\leqslant\sqrt{\frac{I_O}{K_n}}\right)^{①}\tag{7.2.30a}$$

$$i_{D2}=\frac{I_O}{2}-\sqrt{2K_nI_O}\left(\frac{v_{id}}{2}\right)\sqrt{1-\frac{(v_{id}/2)^2}{I_O/(2K_n)}}\qquad\left(|v_{id}|\leqslant\sqrt{\frac{I_O}{K_n}}\right)\tag{7.2.30b}$$

由式(7.2.30a)和式(7.2.30b)可画出 i_{D1}/I_O、i_{D2}/I_O 对 v_{id} 的传输特性曲线如图 7.2.13 中实线所示。因为式(7.2.30)中含有 v_{id}^2 项，所以传输特性是非线性的，它具有以下特点。

(1) 静态：当 $v_{i1}=v_{i2}=0$，即 $v_{id}=v_{i1}-v_{i2}=0$ 时，$i_{D1}/I_O=i_{D2}/I_O=0.5$，$Q$ 点即为电路的静态工作点。

(2) 线性区：当 $\dfrac{(v_{id}/2)^2}{I_O/(2K_n)}\ll 1$ 时，式(7.2.30)可近似为 $i_{D1}=\dfrac{I_O}{2}+\sqrt{2K_nI_O}\left(\dfrac{v_{id}}{2}\right)$ 和 $i_{D2}=\dfrac{I_O}{2}-\sqrt{2K_nI_O}\left(\dfrac{v_{id}}{2}\right)$，电路工作在线性区。一般取 $\dfrac{(v_{id}/2)^2}{I_O/(2K_n)}\leqslant 0.1$，即 v_{id} 线性区范围(图中灰色区

---

① 因为利用了恒流区才成立的方程 $i_{D1}=K_n(v_{GS1}-V_{TN})^2$，所以式(7.2.30)仅在 $|v_{id}|\leqslant\sqrt{I_O/K_n}$ 时成立。当 $|v_{id}|>\sqrt{I_O/K_n}$ 时，不能再由式(7.2.30)绘出曲线。实际上，当 $|v_{id}|=\sqrt{I_O/K_n}$ 时，$i_{D1}=I_O$，$i_{D2}=0$，已进入限幅区。

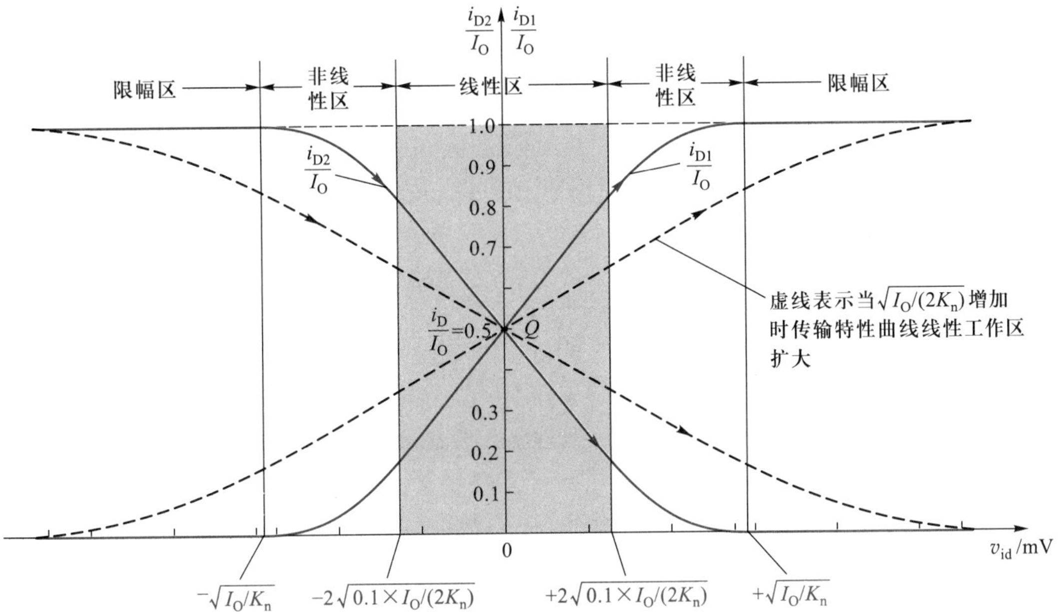

图 7.2.13 i_{D1}/I_O和 i_{D2}/I_O与 v_{id}关系的归一化传输特性

域）为

$$|v_{id}|\leqslant 2\sqrt{0.1\times I_O/(2K_n)} \tag{7.2.31}$$

实际上条件$\frac{(v_{id}/2)^2}{I_O/(2K_n)}=\frac{(v_{id}/2)^2}{(V_{GSQ}-K_{TN})^2}\ll 1$，即$|v_{id}/2|\ll|v_{GSQ}-K_{TN}|$就是小信号模型的前提条件［参见式(4.4.3)］。

(3) 非线性区：当 v_{id}满足 $2\sqrt{0.1\times I_O/(2K_n)}<|v_{id}|<\sqrt{I_O/K_n}$时，$i_{D1}/I_O$、$i_{D2}/I_O$与 v_{id}呈明显非线性关系，电路工作于非线性区。

(4) 限幅区：当 v_{id}满足

$$|v_{id}|\geqslant\sqrt{I_O/K_n} \tag{7.2.32}$$

时，电路工作在限幅区，曲线趋于平坦。

这里忽略了沟道长度调制效应。

要想扩大线性范围，就要增加 $I_O/(2K_n)$的值，如图 7.2.13 的虚线所示。一般情况是 I_O保持不变，减小 K_n的值。而 $K_n=\frac{K_n'}{2}\left(\frac{W}{L}\right)$，所以可以减小宽长比$\left(\frac{W}{L}\right)$扩大线性范围。但减小$\left(\frac{W}{L}\right)$也会减小 g_m和 A_{vd}；如果 K_n不变，通过增加 I_O来扩大线性范围，就会使 g_m和 A_{vd}增加，但代价是电路功耗增加，这在集成电路中是严格限制的。

2. BJT 差分式放大电路的传输特性

通常用集电极电流与差模输入电压之间的关系来描述 BJT 差分式放大电路的传输特性。在图 7.2.9a 中，利用 BJT 发射结电压电流关系：$i_{C2}\approx i_{E2}\approx I_{ES}\cdot e^{v_{BE2}/V_T}$，$i_{C1}\approx i_{E1}\approx I_{ES}e^{v_{BE1}/V_T}$，以及 $v_{id}=v_{i1}-v_{i2}=(v_{BE1}+v_E)-(v_{BE2}+v_E)=v_{BE1}-v_{BE2}$和 $i_{C1}+i_{C2}=I_O$，可求得

$$i_{C1}=\frac{I_O}{1+e^{-v_{id}/V_T}} \tag{7.2.33a}$$

$$i_{C2}=\frac{I_O}{1+e^{v_{id}/V_T}} \tag{7.2.33b}$$

由此可画出归一化传输特性曲线 i_{C1}/I_O、$i_{C2}/I_O=f(v_{id})$ 如图 7.2.14 中的实线所示。可看出以下特点。

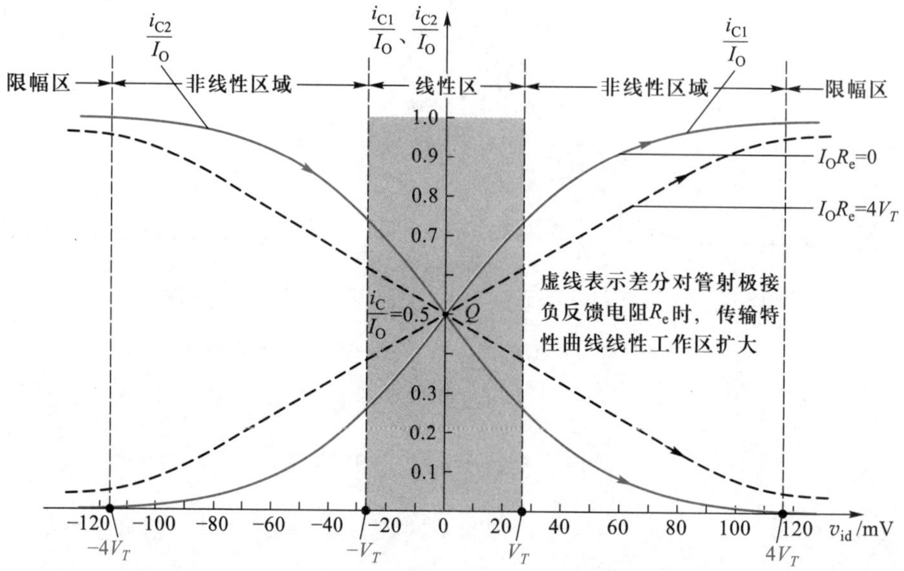

图 7.2.14 i_{C1}/I_O 和 i_{C2}/I_O 与 v_{id} 关系的传输特性

（1）当 $v_{i1}=v_{i2}=0$，即 $v_{id}=0$ 时，$i_{C1}/I_O=i_{C2}/I_O=0.5$，电路处于静态，即工作点在曲线的 Q 点。

（2）当 $|v_{id}|<V_T$ 时，i_{C1}/I_O、i_{C2}/I_O 与 v_{id} 间呈近似线性关系，放大电路工作在放大区，如图 7.2.14 中的灰色区域。

（3）当 $V_T<|v_{id}|<4V_T$ 时，i_{C1}/I_O、i_{C2}/I_O 与 v_{id} 间呈现明显非线性关系。

（4）当 $|v_{id}|>4V_T$ 时，曲线趋于平坦，T_1 和 T_2 一个饱和一个截止，工作点进入限幅区。

可以通过在两管各自发射极串入电阻（$R_{e1}=R_{e2}=R_e$）降低差模增益来扩大线性工作范围。当 $I_OR_e=4V_T$ 时，传输特性曲线如图 7.2.14 中的虚线所示。

必须指出，最大差模输入电压的幅值会受到 BJT 发射结反向击穿电压的限制。

对比图 7.2.13 和图 7.2.14 的线性范围可以看出，MOS 管电路传输特性的线性范围更大，一般 MOS 管的 $v_{idmax}=2\sqrt{0.1\times I_O/(2K_n)}$ 的值比 BJT 的 $v_{idmax}=V_T$ 的值要大 6~8 倍，但在 I_O 相同的条件下，MOS 管的 g_m 和 A_{vd} 远小于 BJT 的 g_m 和 A_{vd}。

复习思考题

7.2.1 共模信号的主要来源是什么？试举例说明。

7.2.2 差分式放大电路源极（或射极）公共支路电流源的动态电阻 r_o 在差模交流通路

和共模交流通路中应分别如何处理？

7.2.3 为什么差分式放大电路要追求尽可能高的共模抑制比？它与差分式放大电路的哪些参数有关？

7.2.4 比较 FET 差分式放大电路和 BJT 差分式放大电路的输入电阻，它们的数量级各为多少？

7.2.5 差分式放大电路的幅频响应与共源（或共射）放大电路的幅频响应有什么不同？

7.2.6 在图 7.2.13 和图 7.2.14 的两个传输特性曲线中，线性区曲线的斜率各表示什么？它们与电路的差模电压增益 A_{vd} 有什么关系？

*7.3 带有源负载的差分式放大电路

在集成电路中为节省面积，常用三极管代替电阻。当用电流源代替差分式放大电路中的电阻 R_d 或 R_c 时，就构成了所谓的带有源负载的差分式放大电路。

7.3.1 带有源负载的源极耦合差分式放大电路

将图 7.2.1b 所示电路中的电阻 R_{d1} 和 R_{d2} 用电流源替换，就构成带有源负载的差分式放大电路如图 7.3.1 所示。两只 PMOS 管 T_3 和 T_4 组成镜像电流源，代替原来的漏极电阻，作为 T_1、T_2 的漏极负载，所以称为有源负载。由于 T_1、T_2 是 NMOS 管，T_3、T_4 是 PMOS 管，所以电路也称为 CMOS 差分式放大电路。该电路通常仅用于单端输出。

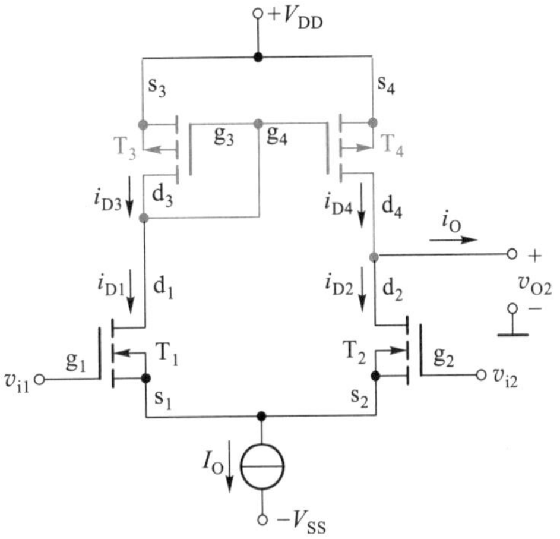

图 7.3.1 带有源负载的源极耦合差分式放大电路

（1）静态分析

由于电路对称，即 T_1 与 T_2 参数相同，T_3 与 T_4 参数相同，且栅极不取电流，所以 $I_{D1Q}=I_{D2Q}=I_{D3Q}=I_{D4Q}=I_O/2$。再根据 $I_{D1Q}=K_{n1}(V_{GS1Q}-V_{TN1})^2$ 和 $I_{D3Q}=K_{p3}(V_{GS3Q}-V_{TP3})^2$ 可求出 V_{GS1Q} 和 V_{GS3Q}。

同时，由于 T_3 的栅极与漏极相连，所以 $V_{D1Q}=V_{D3Q}=V_{DD}+V_{GS3Q}$。又因为静态时，$v_{i1}=v_{i2}=0$，所以 $V_{S1Q}=0-V_{GS1Q}$。由此可求得 $V_{DS1Q}=V_{D1Q}-V_{S1Q}$。

基于差分式电路的左右对称性，有 $V_{DS2Q}=V_{DS1Q}$，$V_{GS2Q}=V_{GS1Q}$，$V_{GS4Q}=V_{GS3Q}$ 和 $V_{DS4Q}=V_{DS3Q}$。

（2）动态分析

首先做简单的定性分析。当输入差模电压 v_{id} 时，$v_{i1}=v_{id}/2$ 使 T_1 的漏极电流增加 Δi_D，由于 T_1 和 T_3 串联，T_3 和 T_4 又是镜像电流源，所以 T_4 的漏极电流也增加 Δi_D；而 $v_{i2}=-v_{id}/2$ 使 T_2 的漏极电流减小 Δi_D，所以 T_2 和 T_4 相连的输出端电流变化量为 $i_O=i_{D4}-i_{D2}=2\Delta i_D$（输出构成回路后），意味着差模信号在左右两边引起的变化均反映到了单边输出上，表明这种电路单端输出的差模信号等效于双端输出。

当输入共模电压 v_{ic} 时，$v_{i1}=v_{i2}=v_{ic}$。若 I_O 特性理想，则 v_{ic} 不会改变电路两边电流，即 $i_O=0$，说明单端输出的共模信号也与双端输出相同（理想情况下共模信号双端输出为零）。由此看出，无论是差模输入还是共模输入，带有源负载的差分式放大电路的单端输出都等效于双端输出。

下面做定量分析。当输出端接阻值为无穷大的负载（如 MOS 管的栅极）时，在差模输入电压作用下，图 7.3.1 电路的交流通路如图 7.3.2a 所示。为简单起见，设电路中 $T_1\sim T_4$ 的 g_m 相同。当它们的 r_{ds} 足够大时，有 $i_{d1}\approx g_m(v_{id}/2)$，$i_{d3}\approx g_m v_{gs3}$，$i_{d4}\approx g_m v_{gs4}$，而 $i_{d2}\approx g_m(-v_{id}/2)=-i_{d1}$。由于 $i_{d4}=i_{d3}=i_{d1}$，所以 $v_{gs4}=v_{gs3}\approx v_{id}/2$。此时 T_2 和 T_4 漏极回路的小信号等效电路如图 7.3.2b 所示，对节点 $d_2(d_4)$ 应用 KCL

$$g_m\left(\frac{v_{id}}{2}\right)-g_m\left(-\frac{v_{id}}{2}\right)-\frac{v_{o2}}{r_{ds2}}-\frac{v_{o2}}{r_{ds4}}=0$$

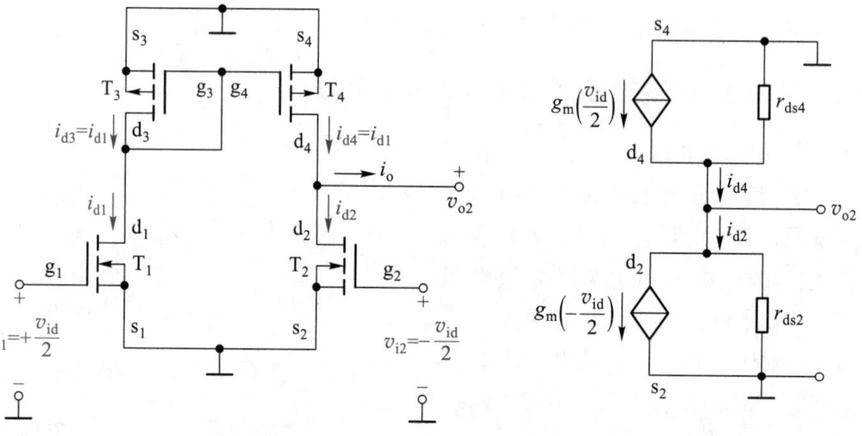

(a) (b)

图 7.3.2 图 7.3.1 电路在差模信号作用下的情况

（a）交流通路 （b）T_2 和 T_4 漏极回路的小信号等效电路

由此求得 v_{o2} 单端输出的差模电压增益

$$A_{vd2}=\frac{v_{o2}}{v_{id}}=g_m(r_{ds2}/\!/r_{ds4})\tag{7.3.1}$$

由此看出，式中没有前述基本差分式放大电路单端输出时的 1/2，而是与双端输出的形式相同。

拓展文档 7.1：
图 7.3.1 电路共模电压增益求解

前面定性分析已经得到共模输出近似为零的结论，但由于 T_3 和 T_4 的连接方式并不相同，所以电路不完全对称，共模电压增益并不真的为零，可以用小信号模型分析。有兴趣可扫码阅读。

电路的输入电阻与基本差分式放大电路相同，但输出电阻不同。由图 7.3.2b 看出，差模情况下的输出电阻 $R_{od}=r_{ds2}/\!/r_{ds4}$（电路中独立源置零，即 $v_{id}=0$）；而在共模输入情况下，根据式（4.4.12），当 T_2 源极电阻为 $2r_o$ 时，有 $r_{o2}\gg r_{ds4}$，所以共模输出电阻 $R_{oc}=r_{o2}/\!/r_{ds4}\approx r_{ds4}$。

以上看出，带有源负载的差分式放大电路提高了差模增益，降低了共模增益，有很高的共模抑制比，而且还可以节省芯片面积，所以在集成电路中得到广泛应用。另外它还可以将双端输入转换为单端输出。

例 7.3.1 电路如图 7.3.3 所示，假设 NMOS 管的 $V_{TN}=0.65\ V$，$K_{n5}=K_{n6}=K_{n7}=K_{n8}=0.1\ mA/V^2$，忽略 $T_5\sim T_8$ 的沟道长度调制效应，$T_1\sim T_4$ 的 $K_{n1}=K_{n2}=K_{p3}=K_{p4}=1\ mA/V^2$，$\lambda=0.02\ V^{-1}$。试求(1) 偏置电流 I_O；(2) 差模电压增益 A_{vd} 和差模输出电阻 R_{od}；(3) 理想情况下的共模抑制比 K_{CMR}。

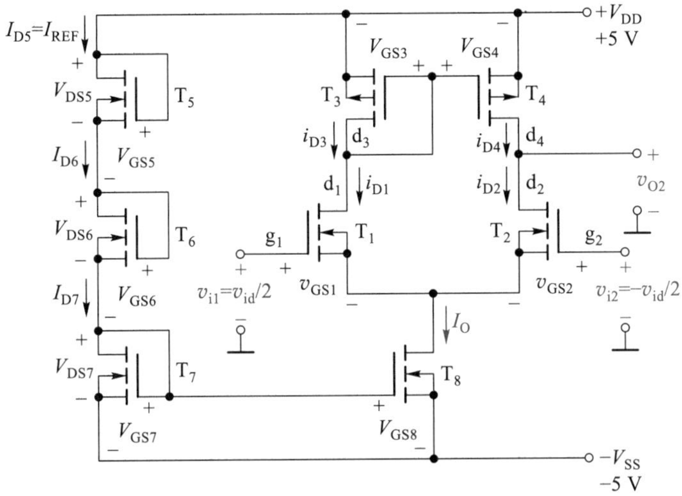

图 7.3.3 例 7.3.1 的电路

解：(1) 实际上图 7.3.3 与图 7.3.1 并无差别，只是画出了电流源 I_O 的具体电路（$T_5\sim T_8$ 组成的电路），其中 T_5、T_6 和 T_7 支路用来建立基准电流 I_{REF}。由于 $T_5\sim T_8$ 的 K_n 和 V_{TN} 相同，所以 $V_{GS7}=V_{GS6}=V_{GS5}$，因此有

$$V_{GS7Q}=(V_{DD}+V_{SS})/3=10/3\ V$$

故

$$I_O=I_{REF}=K_{n7}(V_{GS7Q}-V_{TN})^2=(0.1\ mA/V^2)\times(10/3\ V-0.65\ V)^2\approx 0.72\ mA$$

静态时有

$$I_{D1Q}=I_{D2Q}=I_{D3Q}=I_{D4Q}=I_{DQ}=I_O/2=0.36\ mA$$

(2) $T_1\sim T_4$ 的 g_m

$$g_m=2\sqrt{K_{n1}I_{DQ}}=2\sqrt{1\ mA/V^2\times 0.36\ mA}=1.2\ mS$$

T_2、T_4 的 r_{ds}

$$r_{ds2}=r_{ds4}=\frac{1}{\lambda I_{DQ}}=\frac{1}{0.02\ V^2\times 0.36\ mA}\approx 138.9\ k\Omega$$

由式(7.3.1)得差模电压增益 A_{vd2}

$$A_{vd2}=\frac{v_{o2}}{v_{id}}=g_m(r_{ds2}/\!/r_{ds4})=1.2\ mS\times(138.9\ k\Omega/\!/138.9\ k\Omega)\approx 83.3$$

差模输出电阻

$$R_{od}=r_{ds2}/\!/r_{ds4}\approx 69.5\ \text{k}\Omega$$

（3）由于单端输出近似于双端输出，所以理想情况下，共模电压增益 $A_{vc}\approx 0$，则共模抑制比为

$$K_{CMR}\approx\infty$$

之前提到 T_3 与 T_4 的连接方式有差异，电路并非完全对称，因此上述 A_{vc} 和 K_{CMR} 的结果仅是简单近似。

7.3.2 带有源负载的射极耦合差分式放大电路

用镜像电流源 T_3、T_4 代替图 7.2.9a 中的集电极电阻 R_{c1} 和 R_{c2}，便可得到图 7.3.4 所示的带有源负载的 BJT 差分式放大电路。T_5、T_6 和 R、R_{e6}、R_{e5} 构成射极公共支路的直流偏置电流源。

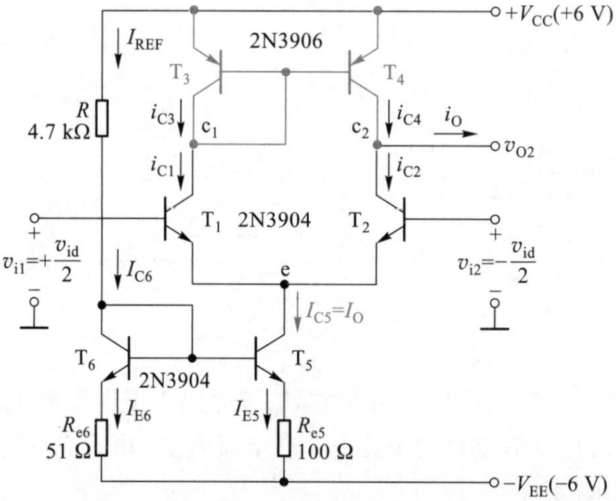

图 7.3.4 带有源负载的射极耦合差分式放大电路

根据 7.1.2 节知识，可求出基准电流

仿真说明文档 7.2：
图 7.3.4 电路的仿真

$$I_{E6}\approx I_{REF}=\frac{V_{CC}+V_{EE}-V_{BE6}}{R+R_{e6}}$$

当 T_5 和 T_6 的 V_{BE} 近似为恒压降模型时，有 $I_{E5}R_{e5}=I_{E6}R_{e6}$，则得到电流源电流

$$I_O=I_{E5}=I_{E6}\frac{R_{e6}}{R_{e5}}$$

当 T_3、T_4 的 β 足够大时，可忽略它们基极的分流，那么在电路对称情况下，电路的静态电流 $I_{C1Q}=I_{C2Q}\approx I_{C3Q}=I_{C4Q}=I_O/2$，$I_{B1Q}=I_{B2Q}=I_{C1Q}/\beta_1=I_O/2\beta_1$。

仿照图 7.3.1 所示电路的分析过程，可以得到类似的结果，即差模电压增益为

$$A_{vd2}=\frac{v_{o2}}{v_{id}}=\frac{\beta(r_{ce2}/\!/r_{ce4})}{r_{be}} \tag{7.3.2}$$

这里假设了 $T_1 \sim T_4$ 的 β 和 r_{be} 相同，且 $\beta=1$。

综上分析，无论是 MOS 管还是 BJT 构成的带有源负载的差分式放大电路，均有单端输出近似于双端输出的效果，有很高的差模电压增益，非常小的共模电压增益，从而能获得很高的共模抑制比。

复习思考题

7.3.1 带有源负载的差分式放大电路与基本差分式放大电路相比有哪些优点？

7.3.2 若想输出电压信号并保持高增益，带有源负载的差分式放大电路对负载阻值有何要求？

7.4 集成运算放大器电路简介

在介绍了典型单元电路后，本节接下来介绍集成运算放大器的几种典型电路，以便了解它们具备良好特性的原因。

7.4.1 两级 CMOS 运算放大器

1. 电路结构

一种典型的 CMOS 运放电路结构如图 7.4.1a 所示。该电路仅由两级构成，其中 PMOS 管 T_1 和 T_2 组成源极耦合差分式放大电路作为输入级，NMOS 管 T_3 和 T_4 作为 T_1、T_2 的有源负载。输出级是 NMOS 管 T_7 构成的共源放大电路，C_C 是频率补偿电容，用以保证引入负反馈时电路能稳定工作①。PMOS 管 T_5 和 T_6 以及 T_5 和 T_8 构成两组镜像电流源，其中 T_6 为输入级提供偏置电流；T_8 为输出级提供偏置电流，并作为 T_7 的有源负载。信号由 v_P、v_N 输入，经输入级放大后，由 T_2 的漏极输出送至 T_7 的栅极，再经 T_7 放大后由漏极输出。

2. 电路性能指标

(1) 差模电压增益

实际上，输入级与图 7.3.3 电路结构基本相同，只是管型不同。由于图 7.4.1a 电路中 T_7 的输入电阻为无穷大，它是前级的负载，所以由 7.3.1 节的结论可知输入级的差模电压增益为

$$A_{vd2}=\frac{v_{O2}}{v_{id}}=-g_{m1}(r_{ds2}/\!/r_{ds4}) \tag{7.4.1}$$

在通带内 C_C 可视为开路，输出级共源电路的电压增益为

$$A_{v2}=\frac{v_O}{v_{O2}}=-g_{m7}(r_{ds7}/\!/r_{ds8}) \tag{7.4.2}$$

因此，得总差模电压增益

$$A_{vd}=A_{vd2}\cdot A_{v2}=g_{m1}(r_{ds2}/\!/r_{ds4})\cdot g_{m7}(r_{ds7}/\!/r_{ds8}) \tag{7.4.3}$$

如果 $T_1 \sim T_8$ 的 $V_{TN}=|V_{TP}|=0.5\ \text{V}$，$\lambda=0.014\ \text{V}^{-1}$，各管的电导常数如表 7.4.1 所示，当用电阻 $R_{REF}=225\ \text{k}\Omega$ 替换电流源 I_{REF} 后，则可求出图 7.4.1a 电路的差模电压增益为 40 804，约为 92.2 dB，具有运算放大器高增益的特点。

---

① 相关内容见 8.6 节。

表 7.4.1 T_1 ~ T_8 各管的参数

	T_1	T_2	T_3	T_4	T_5	T_6	T_7	T_8
K_p 或 K_n/(μA·V^{-2})	160	160	160	160	160	160	320	160

由于 v_P 与 v_{O2} 反相，而 v_{O2} 又与 v_O 反相（共源电路的相位关系），所以 v_P 是同相输入端，v_N 是反相输入端。用运放电路符号表示如图 7.4.1b 所示。

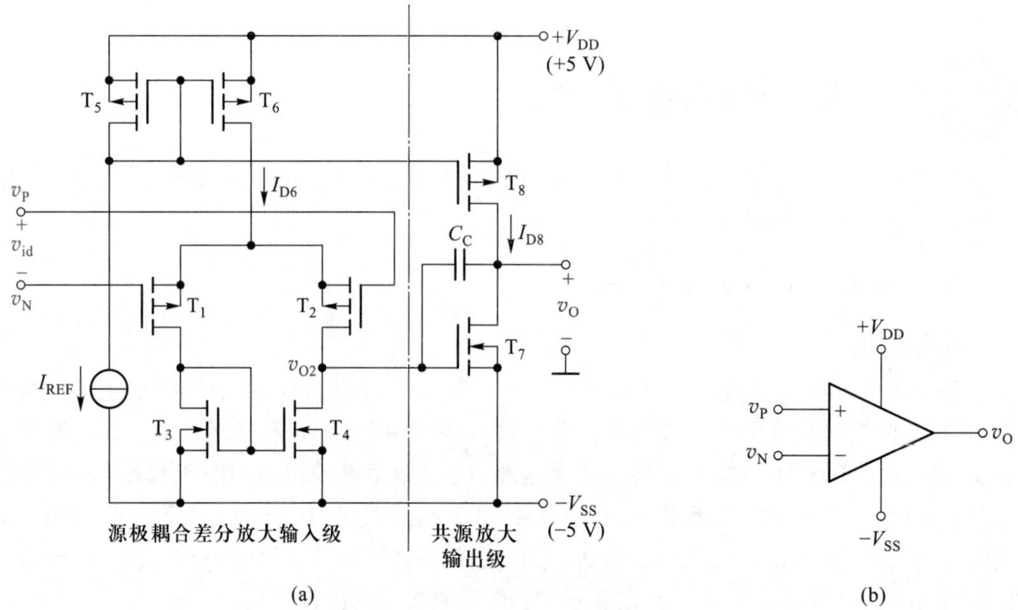

图 7.4.1 两级 CMOS 运算放大器

(a) 原理图 (b) 运算放大器符号

(2) 共模抑制比

电路的共模抑制比取决于输入级差分式放大电路的共模抑制比。由于电路无法做到完全对称，所以共模抑制比并非无穷大，但通常都可以达到 80 dB 以上。

(3) 输入输出电阻

由于输入端栅极是绝缘的，所以无论是差模还是共模的输入电阻均为无穷大。输出电阻就是 T_7 和 T_8 两管输出电阻的并联，即

$$R_o = r_{ds7} // r_{ds8} \tag{7.4.4}$$

显然输出电阻很大，不适合用来驱动低阻负载。然而，它很适合驱动其他 CMOS 电路，所以这种简洁高效的电路已成为一种经典电路，广泛用于超大规模集成电路中。

(4) 输入失调电压

根据运放输入输出关系，当 $v_P = v_N = 0$ 时，电路应该有 $v_O = 0$。然而，实际电路存在的失配（取决于电路的对称程度和电位配合情况）导致输出不为零，即 $v_O \neq 0$。这时需要在输入端加入一个校正电压 V_{IO}，使 $v_O = 0$。V_{IO} 就称为失调电压，温度也会影响 V_{IO}，它是导致运放电路零点漂移的重要原因。

(5) 输入偏置电流和失调电流

为了防止静电和过压损坏 MOS 管的绝缘栅极，大多数 CMOS 运算放大器在输入端都增加了保护二极管，如图 7.4.2a 中的 $D_1 \sim D_4$。当 $v_P = v_N = 0$ 时，由于二极管的漏电流不完全相等，从而使两输入端有电流 I_{BP} 和 I_{BN}。偏置电流定义为

$$I_{IB} = (I_{BP} + I_{BN})/2 \tag{7.4.5}$$

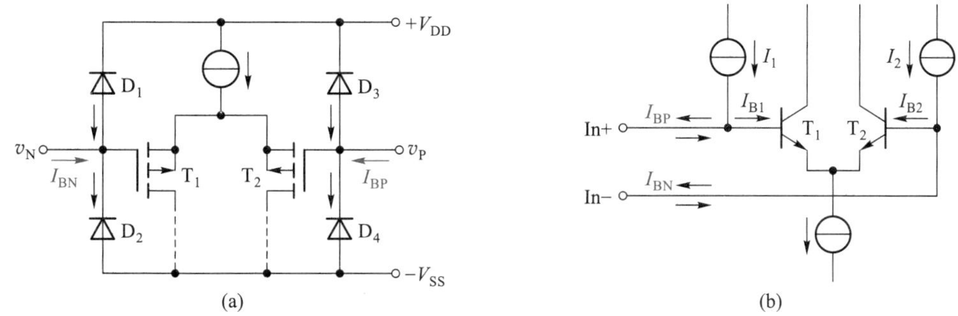

图 7.4.2 运放的输入偏置电流和失调电流

(a) CMOS 运放的输入端 (b) BJT 运放有偏置电流消除电路的输入端

失调电流定义为

$$I_{IO} = |I_{BP} - I_{BN}| \tag{7.4.6}$$

I_{IB} 和 I_{IO} 通常在 pA 数量级，它们也是运放电路产生零点漂移的原因之一。需要注意，I_{IB} 和 I_{IO} 会受温度影响。

这里有一问题需要引起注意，输入信号为零时，相当于 v_P 和 v_N 接地，这时运放内部电路有合适的静态工作点(参见图 7.4.1a)。但是如果运放构成如图 7.4.3a 的交流同相放大电路时，由于电容 C 的存在，运放同相输入端的直流通路是断开的，同相端内 MOS 管 T_2 的栅极没有直流电压(见图 7.4.1a)，运放内部电路无法建立合适的静态工作点，所以也就无法正常放大信号了。可见，运放的两个输入端必须有直流回路，否则运放内的三极管可能没有合适的静态工作点，运放无法正常工作。

解决图 7.4.3a 电路问题的最简单方法，是在同相端到地之间接一个电阻 R_2，如图 7.4.3b 所示。此时，电路的输入电阻从原来的近似于无穷大下降为 R_2 了。

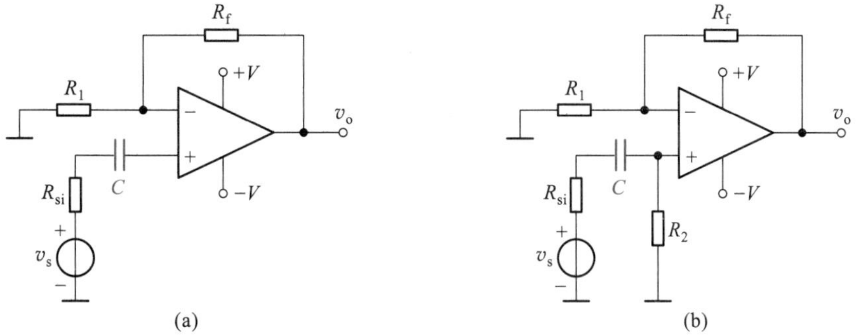

图 7.4.3 交流同相放大电路

(a) 不能正常工作的电路 (b) 修改后的电路

对于有些内部输入级设置了偏置电流消除电路的 BJT 型运放(如图 7.4.2b 所示),由于输入端内部已有直流偏置,所以图 7.4.3a 电路是可用的。这种运放的 I_{IB} 和 I_{IO} 大小基本相同,据此可以判断所用运放是否为该类运放。

在直接耦合放大电路中,通常不会出现上述问题。

(6) 共模输入电压范围

由第 2 章知识可知,运放在线性应用时"虚短"总是成立的,即 $v_P \approx v_N$。当 $v_P \approx v_N \neq 0$ 时,就有共模输入电压

$$v_{ic} = (v_P + v_N)/2 \approx v_P \approx v_N \tag{7.4.7}$$

图 7.4.1a 的输入级正常工作时,所有 MOS 管须工作在恒流区。当 v_{ic} 增大($v_P \approx v_N$ 同时增大),使 T_1、T_2 的源极电压升高(电流不会变),$|v_{DS6}|$ 减小,导致 T_6 工作点进入夹断点轨迹时($|v_{DS6min}| = |V_{DS6pop}| = |V_{GS6Q} - V_{TP6}|$),$v_{ic}$ 达到最大值,即

$$V_{icmax} = V_{DD} - |v_{DS6\,min}| - |V_{GS1Q}| = V_{DD} - |V_{GS6Q} - V_{TP6}| - |V_{GS1Q}| \tag{7.4.8}$$

只要静态工作点已知,就可以由式(7.4.8)求出共模输入电压的最大值。

由于共模电压对差分电路两边影响相同,且不改变电流,所以接下来只考虑单侧即可。当 v_{ic} 减小,使 T_1、T_2 的源极电压降低,$|v_{DS1}|$ 减小,导致 T_1 工作点进入夹断点轨迹时,v_{ic} 达到最小值。此时的 T_1 有 $V_{DS1pop} = V_{GS1Q} - V_{TP1}$,则

$$V_{GD1min} = V_{GS1Q} - V_{DS1pop} = V_{TP1} \tag{7.4.9}$$

另外由于 $i_{D3} = I_{D3Q}$ 不变,所以 $v_{DS3} = V_{DS3Q} = V_{GS3Q}$ 也不变,结合式(7.4.9)得到共模输入电压的最小值

$$V_{icmin} = -V_{SS} + V_{DS3Q} + V_{GD1\,min} = -V_{SS} + V_{GS3Q} + V_{TP1} \tag{7.4.10}$$

共模输入电压范围限制了运放用作电压跟随器时输入电压的范围。

(7) 输出电压摆幅

输出电压摆幅也就是 v_O 的波动范围。T_7 和 T_8 的饱和压降(夹断点轨迹上的漏源电压)决定了输出电压的摆幅,即

$$V_{omax} = V_{DD} - |V_{DS8pop}| \approx V_{DD} - |V_{GS8Q} - V_{TP8}| \tag{7.4.11a}$$

和

$$V_{omin} = -V_{SS} + V_{DS7pop} \approx -V_{SS} + V_{GS7Q} - V_{TN7} \tag{7.4.11b}$$

仿真说明文档 7.3:
图 7.4.1a 电路增益的幅频响应仿真

(8) 频率响应

由第 6 章知识可知,图 7.4.1a 电路中跨接在栅-漏极之间的电容 C_C 会在共源电路中产生较大的密勒等效电容,由此产生的大时间常数决定了电路开环电压增益的带宽。由于是直接耦合电路,所以低频区的增益不会衰减,可以放大直流信号。

当取 $C_C = 30$ pF,并用电阻 $R_{REF} = 225$ kΩ 替换电流源 I_{REF},经 SPICE 仿真可得电路带宽约为 17.37 Hz。

将图 7.4.1a 所示电路中的电流源 I_{REF} 替换为用户外接的电阻 R_{REF},就是 Motorola 公司的早期产品 MC14573。

以上两级 CMOS 运放电路的输出电阻很大,不适合用来驱动低阻负载。为了减小输出电阻,提高带负载能力,常常在第二级之后再增加一特殊的输出级,构成三级 CMOS 电路。

第 9 章将介绍这种输出级。目前,运算放大器产品内部大都采用三级结构。

7.4.2 全差分运算放大器

差模信号具有的高抗干扰能力使它在高速系统中得到越来越广泛的应用,这促进了全差分运算放大器的应用。与标准运算放大器[①]相比(除非特别说明,本书所说运放均指标准运放),全差分运算放大器有两个输出端,可以直接输出放大后的差模信号,为差模信号的传输和处理提供了极大方便。

1. 两级全差分 CMOS 运算放大器

一种全差分 CMOS 运放简化电路如图 7.4.4a 所示,它是在图 7.4.1a 电路基础上改进而来的。为简洁起见,图中省略了 V_{G34}、V_{G810}和 V_{G1112}等电压的产生电路。

在图 7.4.1a 电路基础上,断开 T_3漏极与栅极的连接,由 V_{G34}提供偏置,使 T_3和 T_4构成两个完全对称的电流源。同时,在 T_1、T_3的漏极也输出信号,送至新扩展的第二级 T_9和 T_{10}(见图 7.4.4a)。可以看出,左侧电路 T_1、T_3、T_9和 T_{10}与右侧电路 T_2、T_4、T_7和 T_8是完全对称的。放大后的差模信号可以从两个输出端 v_{OP}和 v_{ON}之间输出。

由于电路有两个输出端,所以输出信号也有与输入信号类似的定义,即差模输出电压

$$v_{OD}=v_{OP}-v_{ON} \tag{7.4.12a}$$

和共模输出电压

$$v_{OC}=(v_{OP}+v_{ON})/2 \tag{7.4.12b}$$

为了能方便调整共模输出电压,图 7.4.4a 中还增加了 $T_{11}\sim T_{16}$电路,可以通过外部电压 $V_{OC(set)}$控制共模输出电压 v_{OC},工作原理如下:

(1) 假设电路参数完全对称。当 $v_P=v_N$时,有 $v_{OP}=v_{ON}$,即 $v_{G13}=v_{G16}$,此时 T_{11}漏极负载(T_{13}和 T_{14})和 T_{12}漏极负载(T_{15}和 T_{16})是平衡的。又因为 $I_{D11}=I_{D12}$,所以 $V_{D11}=V_{D12}$,即 $T_{13}\sim T_{16}$的源极电压相等,因此有 $I_{D14}=I_{D15}$,$I_{D13}=I_{D16}$,加之 $I_{D11}=I_{D12}$,可得 $T_{13}\sim T_{16}$的漏极电流相等,所以它们的 V_{GS}相等,栅极电压也就相等了,结果有 $v_{OP}=v_{ON}=V_{OC(set)}$。

(2) 若因某种原因(包括输入共模电压)使 $v_{OP}=v_{ON}>V_{OC(set)}$时,使 T_{13}和 T_{16}的漏极电流增大(由于 I_{D11}和 I_{D12}不变,所以 T_{14}和 T_{15}的漏极电流会减小),导致 T_5的电流 $I_{D5}=I_{D13}+I_{D16}$也增大,通过镜像电流关系使 T_6的电流增大,即 T_1和 T_2的电流也增大,它们的 $|V_{DS}|$减小,拉高了 T_7和 T_9的栅极电压,迫使 v_{OP}和 v_{ON}降回到 $V_{OC(set)}$。反之,如果 v_{OP}和 v_{ON}低于 $V_{OC(set)}$,通过上述过程会使 v_{OP}和 v_{ON}升回到 $V_{OC(set)}$。

(3) 当有差模信号输入时,两输出端产生对称的摆幅 $v_{OP}=V_{OC(set)}+v_{OD}/2$ 和 $v_{ON}=V_{OC(set)}-v_{OD}/2$。它们使 T_{13}的电流增大而 T_{16}的电流等量减小,所以 T_{13}、T_{16}的电流之和不变,即 T_5的电流不变,不会改变共模输出电压。

实际上 $T_{11}\sim T_{16}$引入了共模负反馈,从而保证了共模输出电压 $v_{OC}\approx V_{OC(set)}$。

全差分运算放大器的常用符号如图 7.4.4b 所示,输出端的小圈表示该输出与同相输入端是反相的。

---

① 这里称之前介绍的运算放大器(包括第 2 章)为标准运算放大器是为了与特殊型运算放大器相区别。

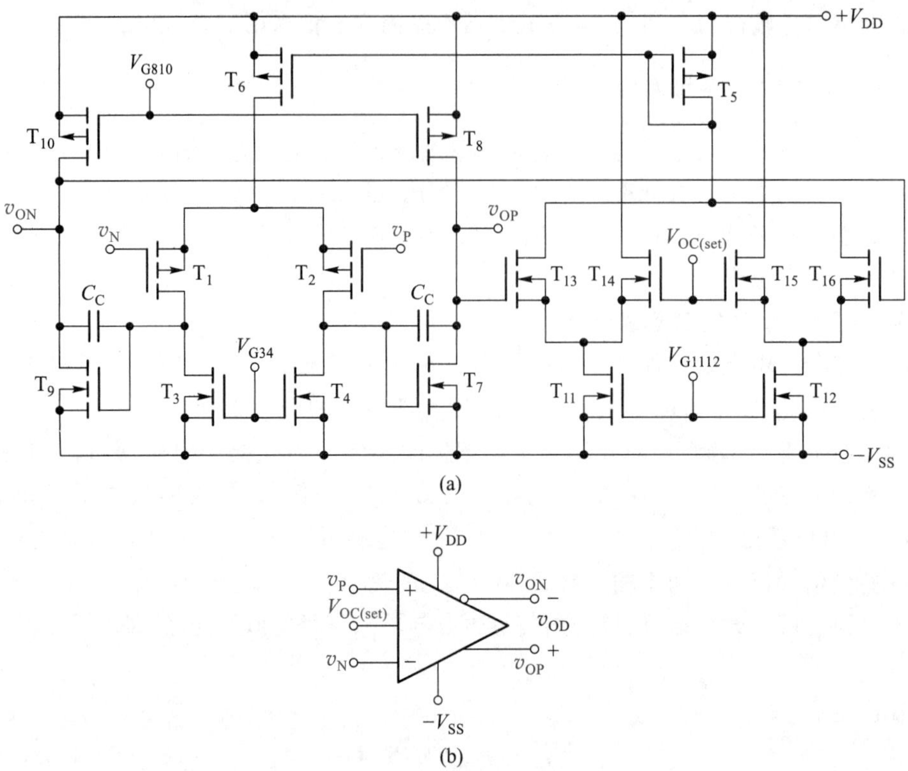

图 7.4.4　全差分运算放大器

（a）两级 CMOS 简化原理图　（b）常用符号

2. 全差分运算放大器的基本应用电路

与标准运算放大器应用最大的不同是，全差分运算放大器需要两条完全对称的反馈通路。单端信号转差分信号的典型电路如图 7.4.5a 所示，利用 $v_P \approx v_N$ 和 $v_{od} = v_{OP} - v_{ON}$，很容易得到

$$v_{od} = \frac{R_2}{R_1} v_i \tag{7.4.13}$$

电路的共模输出电压为零，v_{OP} 和 v_{ON} 以 0 V 为基准，在时变信号 v_i 作用下产生互逆的变化。

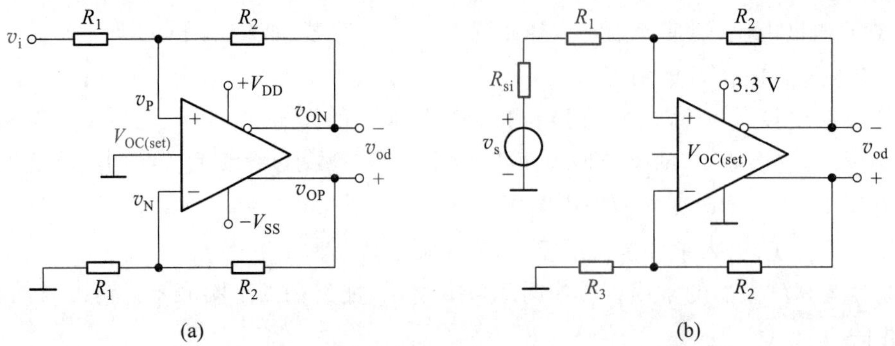

图 7.4.5　全差分运算放大器的基本应用电路

（a）单端转差分　（b）单电源工作电路

全差分运放也可以在单电源下工作，如图 7.4.5b 所示。由于信号源有内阻 R_{si}，所以为保持电路对称，必须使 $R_3 = R_1 + R_{si}$。

有些全差分运放的内部电路预设了 $V_{OC(set)}$。使用这种运放时，$V_{OC(set)}$ 引脚可不接任何外部电压，数据手册会给出它的相关信息。假设图 7.4.5b 电路中的运放内部将 $V_{OC(set)}$ 预设在了正负电源电压的中间值上，其单电源工作时 $V_{OC(set)}$ 引脚悬空（实际应用时经常在该引脚到地之间接入一个电容以消除噪声干扰），相当于将共模输出电压设置在了电源电压的二分之一处，即 $V_{OC} = V_{OC(set)} = 3.3\ V/2 = 1.65\ V$。

全差分运放还广泛用于差分高速模数转换器的驱动、差分有源滤波器、差分传输线驱动器等。

7.4.3 BJT 型 LM741 集成运算放大器

作为 BJT 型运算放大器的典型例子，本节介绍一种通用型集成运算放大器 741①，其原理电路如图 7.4.6 所示。

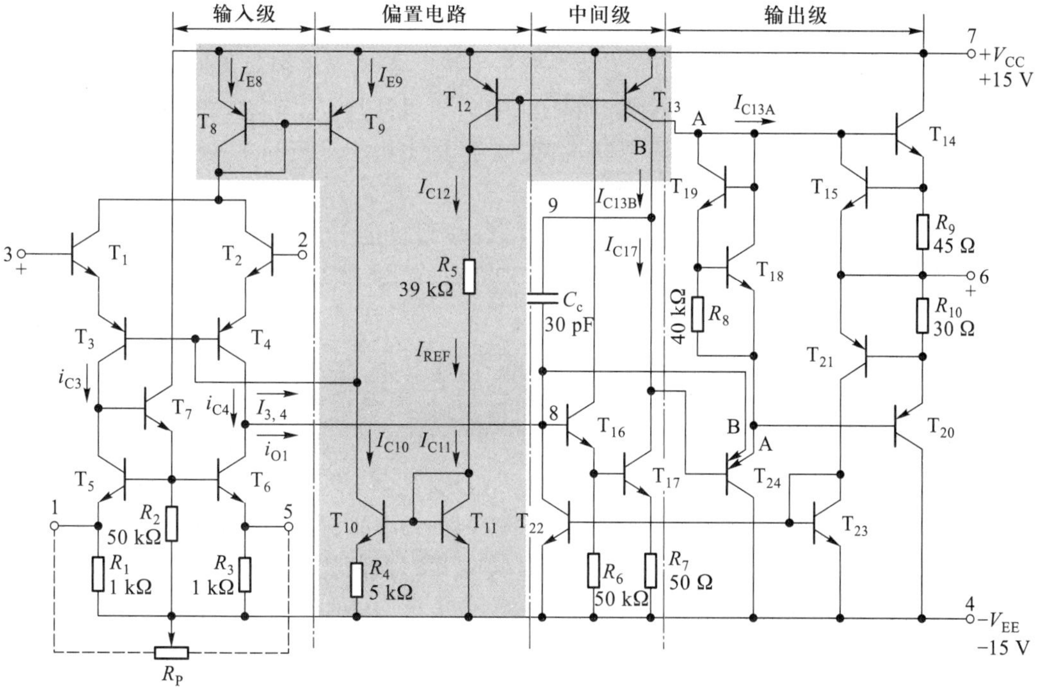

图 7.4.6 741 型集成运算放大器的原理电路

1. 偏置电路

741 型集成运放由 24 个 BJT、10 个电阻和 1 个电容所组成。为了降低功耗，电路采用了几组微电流源进行静态偏置。

---

① 通用型 741 由于生产厂家的不同，其型号有 μA741、LM741、MC741 和 KA741 等。图 7.4.6 中数码标号为封装引脚号。

741 的偏置电路如图 7.4.6 阴影部分所示，它是一种组合电流源。上部的 T_8、T_9、T_{12}、T_{13} 为 PNP 管，下部的 T_{10}、T_{11} 为 NPN 管。由 $+V_{CC} \to T_{12} \to R_5 \to T_{11} \to -V_{EE}$ 构成主偏置支路，决定偏置电路的基准电流 I_{REF}。T_{11} 和 T_{10} 组成微电流源，I_{C10} 远小于 I_{REF}，是微安级电流。

T_8 和 T_9 组成镜像电流源，$I_{E8}=I_{E9}=I_{C10}-I_{3,4}\approx I_{C10}$，为输入级 $T_1 \sim T_7$ 提供工作电流。

T_{12} 和 T_{13} 构成另一组镜像电流源，T_{13} 是双集电极 BJT，它内部的两个集电结彼此并联。其中 T_{13} 集电极的 B 支路为中间级 T_{17} 提供偏置电流，并作为它的有源负载；T_{13} 集电极的 A 支路为输出极提供偏置电流。

T_{18}、T_{19} 可简单看作两个二极管，它们的导通压降 $2V_{BE}$ 在 T_{14} 和 T_{20} 两基极间建立起一个固定压差，为 T_{14} 和 T_{20} 的两个发射结提供正向偏置电压。

电路设计时已考虑输入端（2、3 号引脚）接地时输出也为零。另外，741 还设计了调零电路，在 T_5、T_6 发射极两端（1、5 号引脚）外接一电位器 R_P（图中虚线部分），中间滑动触头接负电源。调节 R_P 可以改变输入级电路的左右对称性，从而将静态时的输出电压调为零值。

2. 保护电路

为了防止输入级信号过大或输出短路而造成的芯片损坏，741 设有过流保护电路。当输出电流过大时，流过 T_{14} 发射极和 R_9 的电流过大，R_9 两端的压差会使 T_{15} 由截止转为导通，分流了 T_{14} 的基极电流，从而限制了 T_{14} 的发射极电流。在灌入电流过大时，流过 T_{20} 发射极和 R_{10} 的电流过大，R_{10} 两端电压会使 T_{21} 由截止变为导通，同时 T_{23} 和 T_{22} 也导通（T_{23} 和 T_{22} 构成镜像电流源），减小了 T_{16} 和 T_{17} 的基极电流，使 T_{17} 的集电极电压和 T_{24} 的发射极电压升高，从而限制了 T_{20} 的导通程度，达到保护的目的。

在输入信号过大导致 T_{16} 基极电压过高时，T_{24} 发射极的 B 支路导通，分流了 T_{16} 的基极电流，以免 T_{16} 的电流过大超出额定耗散功率（其电压 $V_{CE16}\approx 30V$）而烧毁。

正常工作时，T_{15}、T_{21}、T_{22} 和 T_{23} 均不导通。

3. 输入级

将图 7.4.6 中电流源电路用电流源符号代替，并去掉保护电路，得到图 7.4.7 所示的简化电路。输入级是由 $T_1 \sim T_7$ 组成的差分式放大电路，其中 T_1、T_3 和 T_2、T_4 组成共集-共基复合差分式电路。T_1、T_2 的共集组态可以提高输入阻抗，共集-共基电路可扩大最大差模输入电压范围（$V_{idm}=\pm 30$ V）和共模输入电压范围（$V_{icm}\approx \pm 13$ V），同时也可以提高带宽。T_5、T_6、T_7 组成输入级的有源负载，有利于提高电压增益和共模抑制比。由于 T_7 的电流放大作用，减小了 T_5、T_6 基极电流对 T_3 集电极电流的分流，使 I_{C5} 与 I_{C3} 的误差更小，左右对称性更好。信号由 T_4 的集电极单端输出。

当 $v_i>0$ 时，T_3、T_5 和 T_6 的电流增加，$i_{C3}=i_{C5}=i_{C6}=I_C+i_c$，而 T_4 的电流减小，$i_{C4}=I_C-i_c$，所以，输出电流 $i_{O1}=i_{C4}-i_{C6}=-2i_c$，可见单端输出有双端输出的效果。

当输入为共模信号时，i_{C3} 和 i_{C4} 相等，$i_{O1}=0$，抑制了共模信号。

4. 中间电压放大级

该级由 T_{16}、T_{17} 组成。T_{16} 为共集电路，构成缓冲级，它有很高的输入电阻，T_{17} 为共射电路，它的集电极负载为电流源 T_{13} 的 B 支路，其动态电阻很大，故本级可以获得很高的电压增益。R_7 提高了 T_{17} 的输入电阻。

电容 C_C（参见图 7.4.6）的作用与图 7.4.1a 中的电容相同，用作频率补偿。

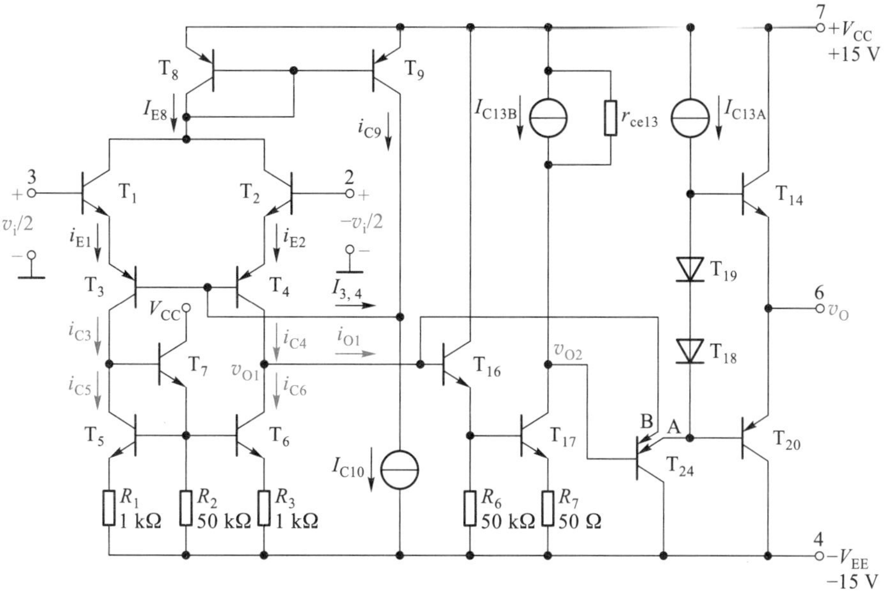

图 7.4.7 741 集成运算放大器的简化电路

5. 输出级

输出级由 T_{24A} 和 T_{14}、T_{20} 两级组成，其中 T_{24A} 接成共集电路以提高本级输入电阻，减小对中间级增益的影响；T_{14} 和 T_{20} 构成互补对称电路①。

假设某时刻，v_i 使输入端 v_{i1}（3 端）为信号正半周（+）、v_{i2}（2 端）为信号负半周（-）时，电路中信号传输路径上各点信号情况为

$$v_i \begin{array}{l} \nearrow v_{i1}(3)^{(+)} \searrow \\ \searrow v_{i2}(2)^{(-)} \nearrow \end{array} v_{O1}(\text{即 } v_{C4})^{(-)} \rightarrow v_{O2}(v_{C17})^{(+)} \rightarrow v_{C24A}^{(+)} \rightarrow v_O^{(+)}$$

说明 v_O 与 v_{i1}（3 端）同相，与 v_{i2}（2 端）反相，即 v_{i1}（3 端）为同相输入端，v_{i2}（2 端）为反相输入端。741 的主要参数见表 7.5.1。

7.4.4 电流反馈运算放大器

标准运算放大器两输入端都呈现高阻状态，电流反馈运放则不同，它的反相输入端呈现低阻特性，由该输入端的电流控制输出电压。

1. 电路结构及模型

一种典型的电流反馈运放简化原理图如图 7.4.8 所示。其中 T_3 和 T_4 的发射极作为反相输入端，输入电阻较小，不再具有虚断特征。另外，由于 T_1 和 T_3 发射结压降相互抵消（T_2 和 T_4 也一样），所以同相输入端和反相输入端之间的电压差为零，即 $v_P = v_N$，说明它不像标准运放那样，需要依靠外部负反馈来使 $v_P \approx v_N$。同时还注意到，从同相端 T_1、T_2 的基极输入到

---

① 见第 9 章。

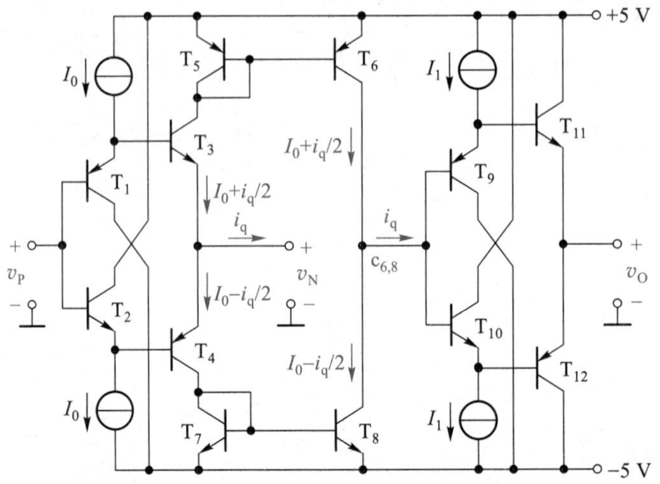

图 7.4.8 互补对称电流反馈型运放简化原理图

T_3、T_4的射极输出就是互补型(NPN 管和 PNP 管组合的)电压跟随器。输出级 T_9 ~ T_{12}与输入级 T_1 ~ T_4结构相同,也是电压跟随器。

若在输入信号作用下,反相端产生电流 i_q,那么 T_3和 T_4的电流一个增加 $i_q/2$,一个减少 $i_q/2$,它们通过两个镜像电流源 T_5、T_6和 T_7、T_8传递到输出级。如果 T_6、T_8集电极节点 $c_{6,8}$对地的等效电阻为 r_{eq},则该节点电压为 $i_q r_{eq}$,经 T_9 ~ T_{12}电压跟随器得输出电压

$$v_O = i_q r_{eq} \tag{7.4.14}$$

r_{eq}通常为兆欧数量级。从增益的角度看有互阻增益

$$A_r = \frac{v_O}{i_q} = r_{eq} \tag{7.4.15}$$

因此这类运放也称为互阻型运算放大器,r_{eq}也称为开环互阻,数据手册中通常会给出该值。

由式(7.4.14)看出,**电流反馈运放**是在反相输入端电流 i_q控制下产生输出电压的,而不像标准运放那样在输入端压差($v_P - v_N$)控制下产生输出电压。意味着反馈信号最终是通过控制输入端电流来影响输出的,故该运放因而得名。与此相对应,标准运放也常称为电压反馈运放。

可以用图 7.4.9a 所示电路模型来等效图 7.4.8 的运放,其中 r_{in}表示反相端的等效电阻,通常为几欧到几十欧,小三角形表示电压跟随器。

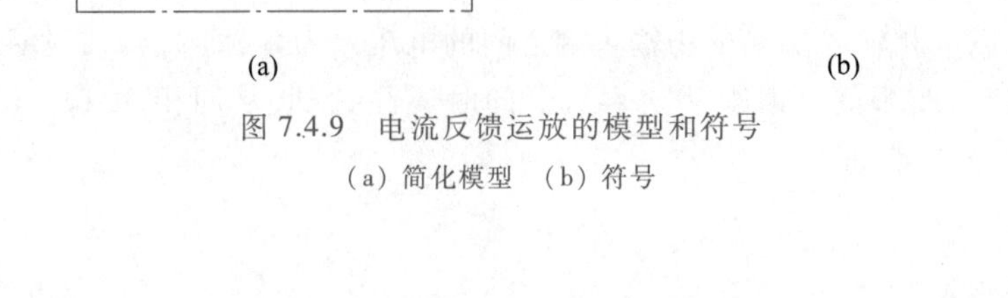

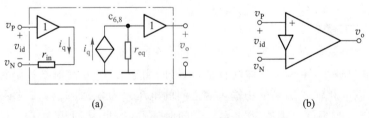

图 7.4.9 电流反馈运放的模型和符号

(a) 简化模型 (b) 符号

有时也用图 7.4.9b 所示符号表示电流反馈运放,其中小三角形可理解为电压跟随器(缓冲器),表示同相端为高阻,反相端则是低阻的。

2. 特点及应用

电流反馈运放也可以像标准运放那样构成同相放大电路和反相放大电路,如图 7.4.10 所示,但是对 R_1 和 R_f 会有一些约束。只有在满足 $r_{in} \ll R_1 /\!/ R_f$ 和 $R_f \ll r_{eq}$ 时,才有图 7.4.10 中电压增益的结果。另外,在确定的增益下,R_f 有一个最佳值,以保证增益的幅频响应尽可能平坦,即使用作电压跟随器时(如图 7.4.10c 所示),R_f 也不能减小到零。数据手册中会给出 R_f 的建议值。

相比标准运放,电流反馈运放的独特优势是不受增益带宽积的掣肘,即改变电路增益可以不影响带宽(将在 8.3.5 节讨论),而且动态响应速度快。所以电流反馈运放特别适合高频、宽带信号的放大。

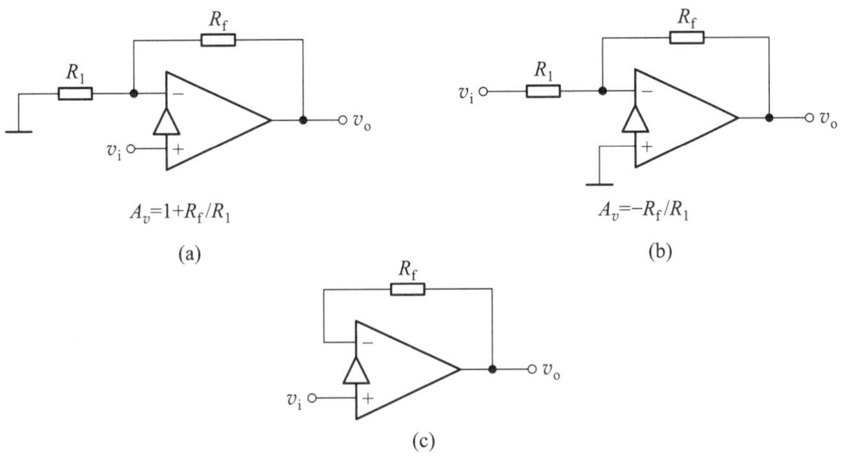

图 7.4.10　基本应用电路

(a) 同相放大电路　(b) 反相放大电路　(c) 电压跟随器

以上简要介绍了几种不同类型的运算放大器。按制造工艺划分,集成运放除了有 CMOS 型和 BJT 型外,还有混合型 BiMOS(或 BiFET),这种运放充分发挥了 FET 和 BJT 各自的优点,具有更好的性能。

复习思考题

7.4.1　通用型运放电路的第一级通常采用什么电路?有什么优点?

7.4.2　全差分运算放大器在使用时与标准运放有哪些不同?

7.4.3　BJT 型运放 LM741 是如何提高输入电阻的?

7.4.4　电流反馈运算放大器有什么特点?

7.5　实际运算放大器的主要参数和相关应用问题

评价运放性能的参数很多,一般可分为输入直流误差特性、差模特性、共模特性、大信号特性和电源特性等,它们对应用电路会产生或多或少的影响,知晓这些影响对用好运算放大器具有重要意义。

7.5.1 输入直流误差特性（输入失调特性）

1. 输入失调电压 V_{IO} 及其温漂 $\Delta V_{IO}/\Delta T$ [①]

2. 输入偏置电流 I_{IB}

3. 输入失调电流 I_{IO} 及其温漂 $\Delta I_{IO}/\Delta T$

V_{IO}、I_{IB} 和 I_{IO} 的含义可参见 7.4.1 节，它们都是导致运放输出零点漂移的原因。$\Delta V_{IO}/\Delta T$ 是指在规定温度范围内 V_{IO} 的温度系数，而 $\Delta I_{IO}/\Delta T$ 是指 I_{IO} 的温度系数。

不同运放的 V_{IO} 会有较大的差异，小至几 μV，大至几 mV。目前也有所谓零漂移的运算放大器（自稳零型和斩波型），可实现 nV 级失调电压和极低的温度漂移。在对零漂要求非常高的应用电路设计中可以考虑选用零漂移运放。

下面看看 V_{IO}、I_{IB} 和 I_{IO} 是如何引起输出误差电压的。

图 7.5.1a、b 所示的同相和反相放大电路是运放最基本的线性应用电路。当输入信号为零时，它们都变成图 c 的形式，理想情况下此时输出应该为零，但实际上 V_{IO}、I_{IB} 和 I_{IO} 会使 $V_O \neq 0$。

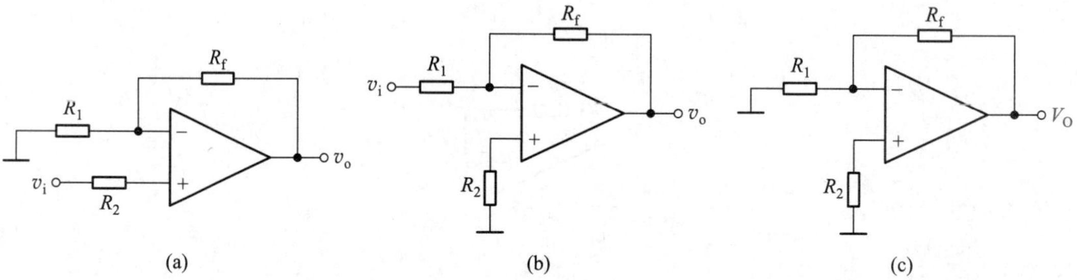

图 7.5.1 运放基本应用电路

（a）同相放大电路 （b）反相放大电路 （c）输入信号为零时的电路

当考虑 V_{IO}、I_{IB} 和 I_{IO} 的作用时，可以将图 7.5.1c 电路等效为图 7.5.2 所示电路，其中嵌套在内部右侧的小三角形符号表示理想运放。可以写出理想运放同相端电压

$$V_P = \left(\frac{I_{IO}}{2} - I_{IB}\right) R_2 \tag{7.5.1}$$

和反相端电压

$$V_N = V_O \frac{R_1}{R_1 + R_f} - V_{IO} - \left(I_{IB} + \frac{I_{IO}}{2}\right)(R_1 /\!/ R_f) \tag{7.5.2}$$

又因为 $V_P = V_N$，解得

$$V_O = (1 + R_f/R_1)\left[V_{IO} + I_{IB}(R_1 /\!/ R_f - R_2) + \frac{1}{2} I_{IO}(R_1 /\!/ R_f + R_2)\right] \tag{7.5.3}$$

可见，V_{IO}、I_{IB} 和 I_{IO} 都会产生输出误差电压，而且它们的值越小，引起的 V_O 也越小。另外，当取 $R_2 = R_1 /\!/ R_f$ 时，可以消除 I_{IB} 引起的误差，式(7.5.3)可简化为

---

① 这里的温度 T 均用℃作单位。

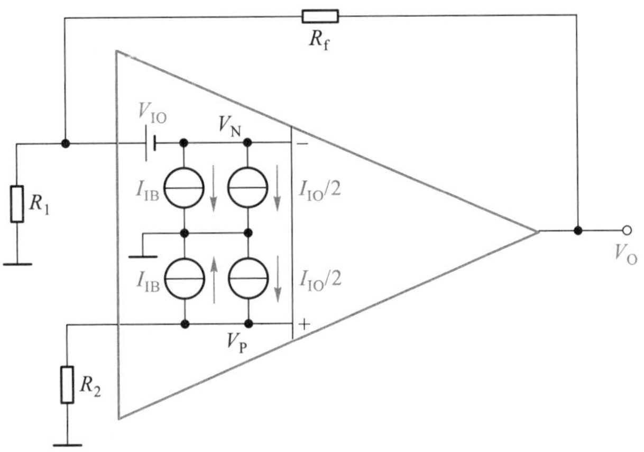

图 7.5.2　V_{IO}和 I_{IO}、I_{IB}不为零时图 7.5.1c 电路的等效

$$V_O=(1+R_f/R_1)[V_{IO}+I_{IO}(R_1/\!/R_f)]=(1+R_f/R_1)V_{IO}+I_{IO}R_f \tag{7.5.4}$$

可见，接入 R_2是为了消除 I_{IB}带来的影响。有时也称 R_2为运放输入端的平衡电阻。

在实际电路设计中，需要根据所选运放的具体参数，核算和比较 $R_2=0$ 时式(7.5.3)括号中三项的大小。如果 $I_{IB}(R_1/\!/R_f)$所占比例无足轻重，就无须添加 R_2，否则反而会引入更多的噪声。

通常 FET 输入级运放的 I_{IB}和 I_{IO}都较小(pA 量级)，BJT 输入级的运放一般在 nA 至 μA 数量级。有些精密低噪声 BJT 型运放内部设有输入偏置电流消除电路(参见图 7.4.2b)，可以大大降低 I_{IB}，但可能导致两输入端偏置电流不对称或有不同的极性，这时添加 R_2不会带来任何好处。选用 FET 输入级的运放通常也不需要 R_2。

当用作积分运算时，式(7.5.4)中用 $1/(sC)$代替 R_f，输出误差电压为

$$V_o(s)=[1+1/(sCR_1)]V_{IO}+I_{IO}/(sC)$$

在时域中有

$$v_O(t)=V_{IO}+\frac{1}{R_1C}\int V_{IO}\,dt+\frac{1}{C}\int I_{IO}\,dt=V_{IO}+\frac{V_{IO}}{R_1C}t+\frac{I_{IO}}{C}t \tag{7.5.5}$$

由此看出，随着时间推移，输出电压会不断增大(也可能是负向的)，直至最大值，使运放进入饱和状态，导致积分运算失效。为避免出现这种情况，常常在电容两端并联一个较大的电阻 R_f如图 7.5.3 所示。如果运放最大输出电压为 V_{omax}，信号最大值为 V_{imax}，那么 R_f的阻值在满足不等式 $|(-R_f/R_1)V_{imax}|\leqslant V_{omax}$前提下尽可能取大一些，以减少对积分运算的影响。

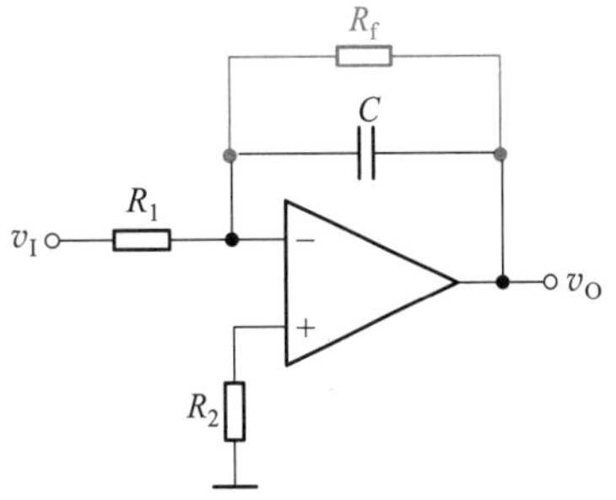

图 7.5.3　实际积分电路

为消除输出直流误差电压，除信号正常放大电路外，可以在输入端增加调零电路，如图 7.5.4a 所示，通过调节电位器 R_P将输出调为零。

许多早期运放产品设有专门的调零端，只要外接一个调零电位器，就可以方便地调零。例如 741 的调零如图 7.5.4b 所示。

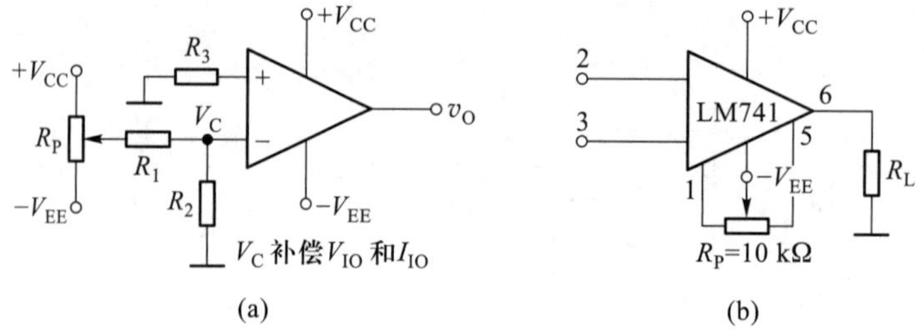

图 7.5.4 运算放大器的调零

(a) 反相端加入补偿电路 (b) 直接调零电路

但是上述的调零方法无法消除因温度变化由 $\Delta V_{IO}/\Delta T$ 和 $\Delta I_{IO}/\Delta T$ 引起的输出误差。因此,减小零点漂移最简单而有效的方法是选择 V_{IO}、I_{IB} 和 I_{IO} 尽可能小的运放,这种运放的 $\Delta V_{IO}/\Delta T$ 和 $\Delta I_{IO}/\Delta T$ 也小。高精度运放就属于这类运放。

这里还要注意,并不是所有电路对零点漂移都有很高要求,如放大高频交流信号时,零漂则是无关紧要的指标。

7.5.2 差模特性

1. 开环差模电压增益 A_{vo} 和带宽 BW

(1) 开环差模电压增益 A_{vo}

是指集成运放工作在线性区,在标称电源电压下,接规定的负载,无负反馈情况下的直流差模电压增益。也就是 7.4.1 节所说的差模电压增益。由第 6 章知识可知,A_{vo} 是频率的函数,图 7.5.5 表示 741 型运放 A_{vo} 的幅频响应。一般运放通带内的 A_{vo} 为 60~130 dB。通用型运放 A_{vo} 的典型值为 100~140 dB。而超高增益运放如 LTC1150 的 $A_{vo}\geqslant$180 dB。

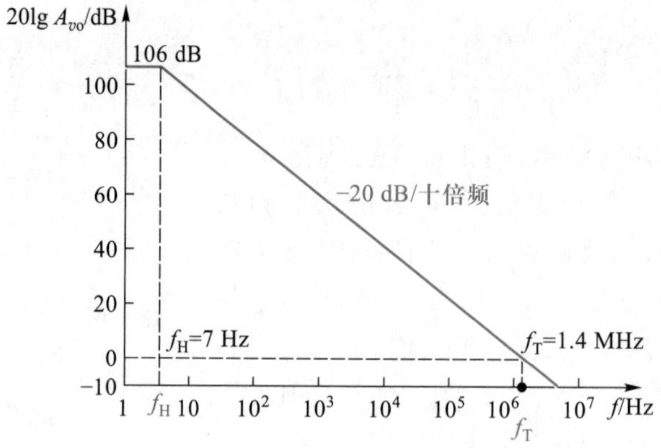

图 7.5.5 741 型运放 A_{vo} 的幅频响应

(2) 开环带宽 $BW(f_H)$

指运放 A_{vo} 的带宽,也就是运放差模电压增益的带宽。由图 7.5.5 看出,运放 741 的开环带宽约为 7 Hz。带宽很窄的原因是其内部电路中补偿电容 C_C 产生的影响。

(3) 单位增益带宽 $BW_G(f_T)$

指频率升高到使 $|\dot{A}_{vo}|$ 降为 1(0 dB)时对应的频率,常用 f_T 表示。它是集成运放的重要参数。f_T 越大,运放构成电路的带宽也越宽。目前高速运放的 f_T 可达几个 GHz。

观察图 7.5.5 所示幅频响应曲线,斜线上任何一点对应的增益(倍数)与带宽(频率)的乘积为常数,就等于 f_T。说明随频率升高,增益下降时带宽也加宽。标准运放电路遵循增益带宽积为常数的规律(将在 8.3.5 节介绍)。在选用运算放大器时,要核算运放的 f_T 是否大于所设计电路的增益带宽积,如果不是,则所选运放不可用。

另外需要注意,电流反馈运放不遵循增益带宽积为常数的规律。

当运放的开环差模电压增益是有限值时,会产生运算误差,它的影响程度分析参见第 2 章例 2.3.5 和习题 2.3.5。

2. 差模输入电阻 r_{id} 和输出电阻 r_o

以 BJT 为输入级的运放,r_{id} 一般在几百千欧到数兆欧;MOSFET 为输入级的运放 $r_{id}>10^{12}\ \Omega$,而超高输入电阻运放如 AD549,$r_{id}>10^{13}\ \Omega$、$I_{IB}\leqslant 0.04$ pA。一般运放的 $r_o<200\ \Omega$,而超高速 AD9610 的 $r_o=0.05\ \Omega$。

3. 最大差模输入电压 V_{idmax}

指运放两输入端之间所能承受的最大电压差。超过这个电压值,BJT 运放输入级某侧的发射结被反向击穿。而 CMOS 运放输入级大都有保护二极管,所以最大差模输入电压通常超出电源电压零点几 V。

4. 最大输出电压 V_{omax}

也称输出电压摆幅。主要受限于运放输出级三极管的饱和压降[参见式(7.4.11)]。为适应低电压应用场合,目前很多运放的输出电压摆幅可接近电源电压,称为轨到轨输出(rail-to-rail output,RRO)特性,将正负工作电源电压看作两个电源轨。这种运放的输出电压摆幅最高仅低于正电源电压 0.2 V,最低也只高于负电源电压 0.2 V。有些运放的输出电压甚至可以距离电源几 mV,这时要注意对负载阻值大小的要求。

5. 最大输出电流 I_{omax}

指在保证一定输出电压下的输出端最大电流,包括拉电流和灌电流,常用正负号区别。因为 I_{omax} 与输出电压有关,所以很多数据手册中用输出短路电流 I_{sc} 代替。一般运放的 I_{sc} 在几十至上百 mA。

在电路设计时要关注运放的驱动能力,否则电路可能达不到期望的输出电压值(参见 2.1 节第 4 点)。

7.5.3 共模特性

1. 共模抑制比 K_{CMR} 和共模输入电阻 r_{ic}

一般通用型运放 K_{CMR} 为 80~120 dB,高精度运放可达 140 dB,$r_{ic}\geqslant 100$ MΩ。数据手册中也常用 CMRR (common-mode rejection ratio)表示共模抑制比。K_{CMR} 越大,运放的运算精度也越高。作为例子,下面分析了 K_{CMR} 对电压跟随器的影响。设图 7.5.6 所示电路中运放的开环差模电压增益为 $A_{vo}(A_{vo}>0)$,共模抑制比为 K_{CMR}。电路的差模输入电压和共模输入

电压分别为 $v_{ID}=v_P-v_N=v_I-v_O$，$v_{IC}=(v_P+v_N)/2=(v_I+v_O)/2$。再根据 $K_{CMR}=|A_{vo}|/|A_{vc}|$ 和 $v_O=A_{vo}v_{ID}+A_{vc}v_{IC}$，可得

$$v_O=A_{vo}(v_I-v_O)\pm\frac{A_{vo}}{K_{CMR}}\cdot\frac{v_I+v_O}{2} \tag{7.5.6}$$

整理得电压增益

$$A_v=\frac{v_O}{v_I}=\frac{A_{vo}\left(1\pm\frac{1}{2K_{CMR}}\right)}{1+A_{vo}\left(1\mp\frac{1}{2K_{CMR}}\right)} \tag{7.5.7}$$

考虑到 $A_{vo}\gg1$ 和 $K_{CMR}\gg1$，则电压跟随器的输出误差约为

$$E_r=1-A_v=\frac{1\mp\frac{A_{vo}}{K_{CMR}}}{1+A_{vo}\left(1\mp\frac{1}{2K_{CMR}}\right)}\approx\frac{1}{A_{vo}}\mp\frac{1}{K_{CMR}} \tag{7.5.8}$$

式中第 1 项是运放开环差模电压增益产生的误差，第 2 项是共模抑制比产生的误差，当它们为无穷大时误差为零。当 E_r 为负值时，说明输出电压大于输入电压。

2. 最大共模输入电压 V_{icmax}

运放应用中常伴有共模输入电压，图 7.5.6 所示电路的共模输入电压就等于输入电压 v_I。式(7.4.8)和式(7.4.10)描述了图 7.4.1a 电路影响最大共模输入电压范围的原因。经过特殊设计的输入级可以使共模输入电压范围超出电源电压 0.1 V 或更多。如果用这种运放构成图 7.5.6 所示的电路，v_I 的范围就可以是 −0.1 ~ +3.4 V。这种特性称为轨到轨输入(rail-to-rail iutput，RRI)特性。

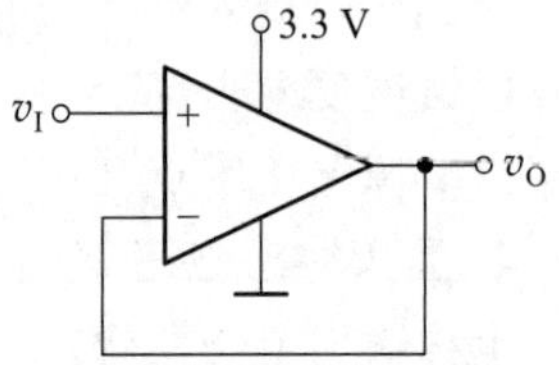

图 7.5.6 电压跟随器

实际上，要使图 7.5.6 电路的输出在 0 ~ 3.3 V 范围内都能正常跟随输入，运放还要具有 RRO 特性。两种特性合并称作 RRIO 特性。

7.5.4 大信号动态特性

1. 转换速率 S_R (Slew Rate)

转换速率也称为"压摆率"。一般规定运放构成单位电压增益电路(如图 7.5.7 所示，其中 $R_1=R_3$)，用单位时间内输出电压变化的最大值(取绝对值)，来标定转换速率，即

$$S_R=\left|\frac{\mathrm{d}v_o(t)}{\mathrm{d}t}\right|_{max} \tag{7.5.9}$$

影响转换速率的主要因素是运放内部的补偿电容，此外还有其中各三极管的极间电容、杂散电容等也是影响因素。在大信号情况下，只有在这些电容被充电后，输出电压才随输入电压作线性变化。所以用转换速率来衡量运放在大信号情况下的工作速度。

在实际应用中，要求运放的 S_R 大于理论上信号输出电压最大变化速率的绝对值，否则由于运放的转换速率跟不上，输出波形会出现变形而失真，如图 7.5.8 所示。

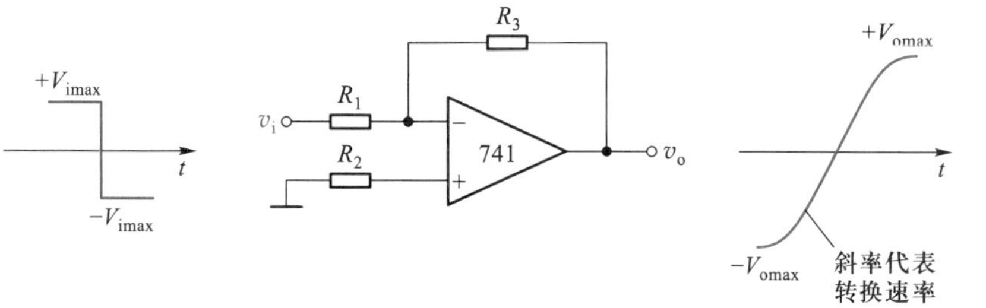

图 7.5.7 转换速率的标定

例如，图 7.5.7 所示电路的输入信号为 $v_i(t)=V_{im}\sin\omega t$，经电路反相放大后的输出信号为 $v_o(t)=-V_{om}\sin\omega t$。由此可以求出输出电压的最大变化速率

$$\left.\frac{\mathrm{d}v_o(t)}{\mathrm{d}t}\right|_{max}=\left.\frac{\mathrm{d}v_o(t)}{\mathrm{d}t}\right|_{t=0}=-V_{om}\omega\cos\omega t\big|_{t=0}=-2\pi fV_{om} \tag{7.5.10}$$

这时，在输出波形不失真情况下，要求所选运放的 S_R 应满足

$$S_R\geqslant|-2\pi fV_{om}|=2\pi fV_{om} \tag{7.5.11}$$

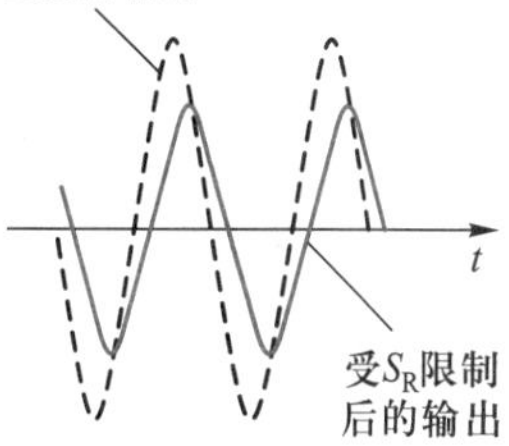

图 7.5.8 受转换速率限制出现的波形失真

2. 全功率带宽 BW_P

式(7.5.11)取临界值时，可以得到信号最高频率与运放转换速率的关系

$$f_{max}=\frac{S_R}{2\pi V_{om}} \tag{7.5.12}$$

可以看出，当运放的 S_R 一定时，增大信号的输出幅度 V_{om}，电路所能放大信号的最高频率 f_{max} 也将下降。

全功率带宽 BW_P 就是指运放输出最大不失真正弦电压幅值时允许的最高频率，即

$$BW_P=f_{max}=\frac{S_R}{2\pi V_{om}} \tag{7.5.13}$$

在电路设计中，不仅要根据电路增益带宽积大于 f_T 的要求选择运放，而且还要根据电路全功率带宽 BW_P 和最大输出电压 V_{om} 要求，核算所选运放的 S_R 是否满足 $S_R>2\pi V_{om}\cdot BW_P$。

在放大方波信号时，S_R 直接决定了输出方波电压跳变沿的斜率。

S_R 和 BW_P 是运放在大信号情况下工作时的重要指标。一般通用型运放的 S_R 在 1 V/μs 以下，而高速运放要求 $S_R>30$ V/μs。目前超高速的运放如 OPA2694 的 $S_R\geqslant 17\ 000$ V/μs，$f_T=800$ MHz。

7.5.5 电源特性

1. 电源电压抑制比 K_{SVR}①

K_{SVR} 是用来衡量电源电压波动对输出电压的影响，通常定义为

---

① K_{SVR} 的下角是 power supply voltage rejection ratio 的缩写，数据手册中也经常用 PSRR 表示。

$$K_{SVR}=\frac{\Delta V_{IO}}{\Delta(V_{CC}+V_{EE})} \tag{7.5.14}$$

式中 ΔV_{IO} 表示电源电压变化 $\Delta(V_{CC}+V_{EE})$ 时，引起输出电压变化 ΔV_O 折合到输入端的失调电压 $\Delta V_{IO}=\Delta V_O/A_{vd}$。$K_{SVR}$ 的典型值一般为 1 μV/V，有时也用 dB 描述①。

2. 静态功耗 P_V

当输入信号为零时，运放消耗的总功率，即

$$P_V=V_{CC}I_{CO}+V_{EE}I_{EO} \tag{7.5.15}$$

电源特性还有电源电压范围 $V_{CC}+V_{EE}$、电源电流等。此外，还有运放允许的最大耗散功率 P_{CO} 和噪声特性等。这里不再赘述。

7.5.6 运放在单电源下工作

随着电池供电的便携式设备大量普及，在低电压单电源供电方式下工作的运放应用越来越多。本节最后再简单介绍运放在单电源下工作的基本原理以及注意事项。

运放在正负对称的双电源（如±15 V）下工作时的情况如图 7.5.9a 所示。无 RRO 特性运放的输出电压摆幅要小于电源电压 1~2 V。因为运放没有接地端，所以当把两个电源加在一起供电时（如图 7.5.9b 所示），运放本身并不会感知这个变化，说明它可以在非对称的单电源下工作。当然，此时输入电压和输出电压的基准线不再是 0 V，而是向正电压方向移动了 15 V。因此静态时，输出电压应设定在 15 V 上。

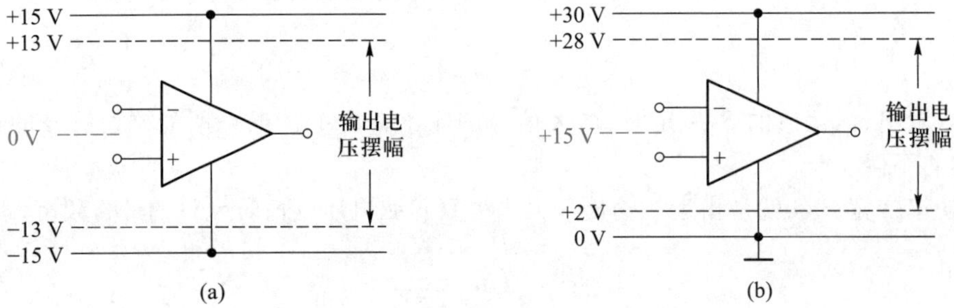

图 7.5.9 工作电压对输出电压摆幅的影响

（a）对称的双电源工作 （b）非对称的单电源工作

由此可知，运放单电源工作时，关键是将输出端的静态电压设置为电源电压的一半。而且在接入信号后，也不能影响输出的静态电压。这样，输入信号的正、负半周使输出电压围绕 1/2 的电源电压波动。

图 7.5.10a 所示为单电源交流反相放大电路，它的交流通路和直流通路分别如图 7.5.10b 和c 所示。由图 b 看出，它是典型的反相放大电路，电压增益为 $A_v=v_o/v_i=-R_f/R_1$。

图 7.5.10c 直流通路中的 R_f 无电流，电路就是电压跟随器，所以静态输出电压 $V_{OQ}=V_P=V_{DD}/2$。

① 也有将式(7.5.14)分子分母颠倒来定义 K_{SVR} 的，业界对此没有公认标准，所以数据手册中的 dB 数有正有负。

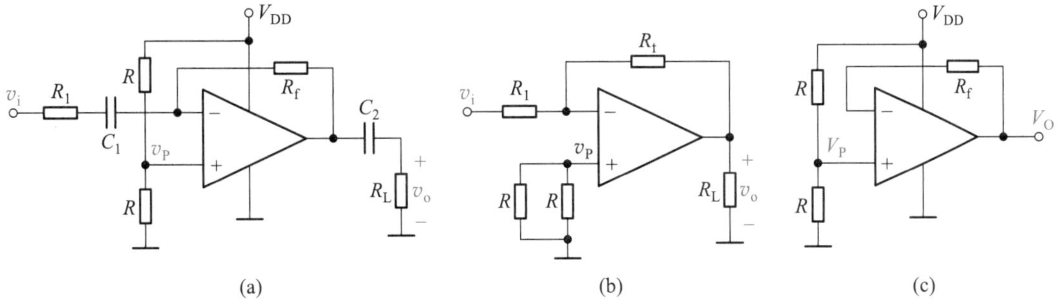

图 7.5.10 单电源阻容耦合反相放大电路

(a) 原理电路 (b) 交流通路 (c) 直流通路

如果将 v_i通过电容接至 v_P节点,原 v_i端接地,就可以构成单电源交流同相放大电路。

单电源直接耦合反相放大电路如图 7.5.11 所示。可以求出输出电压

$$v_O=\left(1+\frac{R_f}{R_1}\right)v_P-\frac{R_f}{R_1}v_I \tag{7.5.16}$$

当 $v_I=0$ V 时,需要使 $v_O=V_{DD}/2$,所以

$$\frac{V_{DD}}{2}=\left(1+\frac{R_f}{R_1}\right)v_P \tag{7.5.17}$$

根据 R_2和 R_3的分压有 $v_P=V_{DD}R_2/(R_2+R_3)$,代入式(7.5.17)可得电阻约束关系:

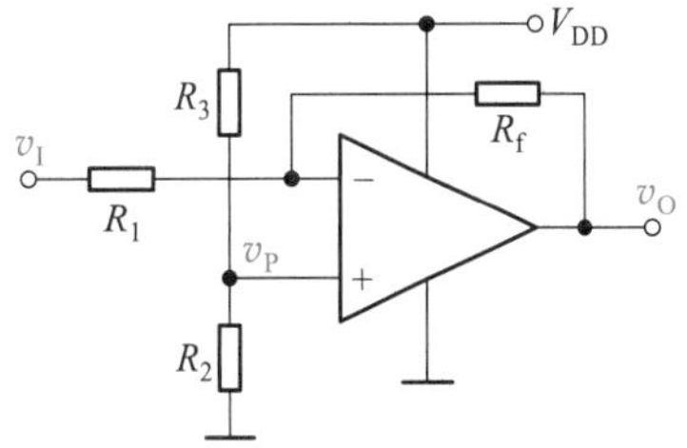

图 7.5.11 单电源直接耦合反相放大电路

$$\frac{R_2}{R_2+R_3}=\frac{1}{2}\cdot\frac{R_1}{R_1+R_f} \tag{7.5.18}$$

由此看出,分压电阻不再是简单的相等关系。此时将式(7.5.17)代入式(7.5.16)得

$$v_O=\frac{1}{2}V_{DD}-\frac{R_f}{R_1}v_I \tag{7.5.19}$$

当 v_I为正弦波时,v_O以 $V_{DD}/2$ 为基准上下波动,且与 v_I反相。但要注意,接入信号源时,会有直流电流流过信号源,信号源内阻也会影响电路的静态偏置。

在图 7.5.10a 和图 7.5.11 所示电路中,用电阻分压提供静态偏置的方法有个缺点:运放电源电压抑制比特性将不再起作用,V_{DD}的波动很容易通过 v_P的波动,导致 v_O波动。可以用其他方法提供更加稳定的 v_P,如齐纳二极管、基准电压源等。

如果 v_I是单极性的,则不需要将 v_O的静态设置在 $V_{DD}/2$,可以用图 7.5.12 所示的简单电路放大 v_I。但要注意,当 $v_I=0$ 时,两电路的输入输出都为零,等于电源的下轨电压(地),所以必须选用具有 RRIO 特性的运放,且最低电压能基本等于电源下轨电压。

还有一种更简单的方法可以实现运放单电源工作,即将信号源的地和负载的地统一升至电源电压的中点,可以看作在电路中又设置了另一个“地”,称为“浮动地”(简称“浮地”),如图 7.5.13 所示。该电路通过齐纳二极管 D_Z和 R_2设置了“浮地”,这样 v_i和 v_o仍有相同的“地”(共同的参考电位)。利用虚短和虚断,由电路可列出方程 $v_i/R_1=(v_o-v_i)/R_f$,所以

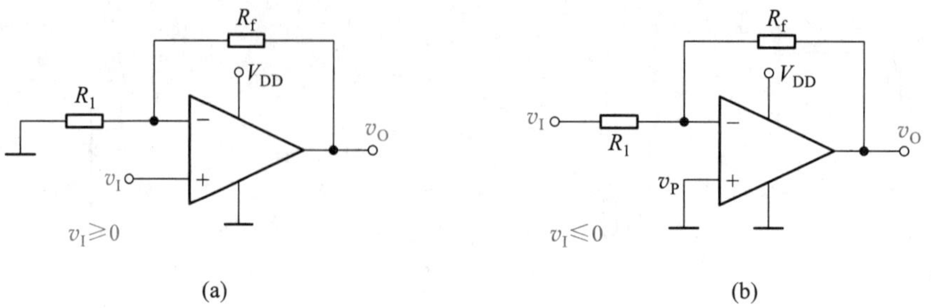

图 7.5.12 v_I为单极性时的单电源放大电路

(a) 同相放大电路 (b) 反相放大电路

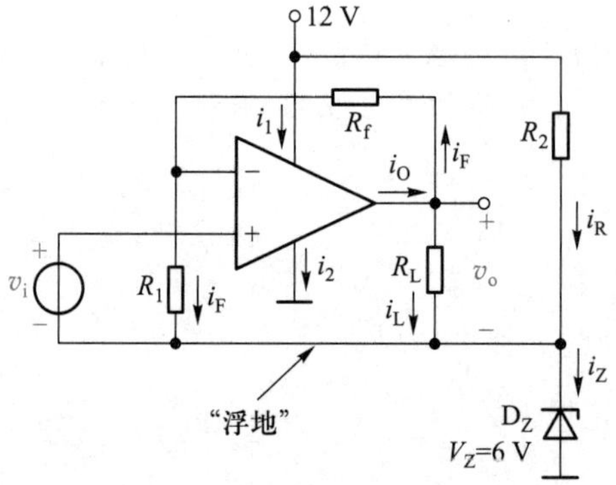

图 7.5.13 设置“浮地”的单电源放大电路

$$A_v = \frac{v_o}{v_i} = 1 + \frac{R_f}{R_1}$$

可见,电路就是标准的同相放大电路。

需要注意,当 v_o达到最大值时,要满足 $i_R+i_L+i_F \leqslant i_{Zmax}$;而当 v_o达到最小值(负值)时,要满足 $i_R+i_L+i_F \geqslant i_{Zmin}$(此时 i_L和 i_F均为负值)。设计电路参数时要保证这两个不等式成立,否则“浮地”将不能稳定。

还可以用其他方法设置“浮地”(见习题 7.5.6)。另外还要注意以下几点:

(1) 对信号的极性没有限制,这是“浮地”工作方式的优点。

(2) 信号源和负载与供电电源不能“真实共地”。有共地要求的应用不能采用这种工作方式。

(3) 要求“浮地”与电源地之间呈现低阻抗特性(对信号而言可视为短路),否则电路工作可能不稳定,有振荡的风险。

本节简要介绍了运放的主要参数以及对应用电路的影响。实际上,各项指标均达到完美的运算放大器是不存在的。各种指标比较均衡,适用于一般工程要求的运放常称为通用型运放;可以满足某些特殊要求的、部分指标非常出色的运放称为专用型运放。如高精度、低噪声、高速、宽带、低功耗等。使用者可以根据电路设计要求选用最适合的运放,以获得较好的性价比。为便于比较,现将几种不同类型运放的参数列于表 7.5.1 中。

表 7.5.1 典型集成电路运算放大器参数表(工作电压为 ±15 V(除非特别说明)、T=25℃)

参数名称 符号 / 型号	总电源电压 $V_+(V_-)$/V min max	电源电流 I_{OC}/mA typ max	最大输出电压 V_{omax}/V	最大差模输入电压 V_{idmax}/V	最大共模输入电压 V_{icmax}/V	最大输出电流 I_{omax}/mA	输入电阻 r_{id}/kΩ	输出电阻 r_o/Ω	开环差模电压增益 A_{VO}/dB min typ	共模抑制比 K_{CMR}/dB min typ	电源电压抑制比 K_{SVR}/dB min typ
LM741	±10 ±22	1.7 2.8	±14	±30	±13	25	2×10^3		94 106	80 95	86 96
OPA177F	±22	1.3 2	±14	±30	±14		45×10^3	60	134 141	130 140	115 125
LF356	±18	5 10	±13	±30	−12~+15.1	±20	10^9		88 106	80 100	80 100
LH0032C	±18	20 22	±13	±30	±12	100	10^9		60 70	50 60	50 60
LM3886(工作电压±28 V)	±42	50 80		60	±40	11 500			95 115	85 110	85 105
TLC2272(工作电压 5 V)	±8	2.2 3	RRO	±16	0~3.5	±50	10^9	140	84 91	70 75	80 95
ADA4528(工作电压 5 V)	±1.1 ±2.75	1.5 1.8	RRO	V_+-V_-	RRI	±40	190		127 139	137 160	130 150
LTC6268-10(工作电压 5 V)	3.1 5.25	16.5 18	RRO	5	−0.1~4.5	90	$>10^9$		102 108	72 85	78 95
AD8515(工作电压 5 V)	1.8 5	0.41 0.55	RRO	±6	RRI				113 126	60 75	65 85
TLV9001(工作电压 5 V)	1.8 5.5	60 70	RRO	5.2	RRI	±40		1 200	104 117	63 77	80 105
LTC6363(工作电压 5 V)	2.8 11	1.75 1.85	RRO		0~3.8	−35 +75	40		125	85 115	90 125
ADA4870(工作电压±20 V)	10 40	32.5 33	±18	±0.7	±18	1 000	2×10^3(同相端)		2.5 MΩ(开环互阻)①	58 60	62 64
AD620	±2.3 ±18	0.9 1.3	$V_-+1.2$~$V_+-1.4$	25	$V_-+1.9$~$V_+-1.4$	±18	10×10^9		0~80	110 130 ($A_v=10^2$~10^3)	110 140 ($A_v=10^2$~10^3)

续表

参数名称 符号 型号	输入失调电压 V_{IO}/mV		失调电压温漂 $\Delta V_{IO}/\Delta T$/(μV·℃$^{-1}$)		输入失调电流 I_{IO}/nA		偏置电流 I_{IB}/nA		转换速率 S_R/(V·μs^{-1})	开环带宽 BW/Hz	单位增益带宽 BW_G/MHz	噪声电压 V_n/(nV·$\sqrt{Hz}^{-1}$)	功耗 P_{CO}/mW	备注	生产厂家
	typ	max	typ	max	typ	max	typ	max							
LM741	1	5	15		20	200	80	500	0.5	7	0.437 1 5		<500	通用 BJT	TI②
OPA177F	0.01	0.025	0.1	0.3	0.3	1.5	0.5	±2	0.3		0.6		40	高精度 BJT	TI
LF356	3	10	5		0.003	0.05	0.03	0.2	12		5	15	<400	BiJFET	TI
LH0032C	5	15	15	50		0.05	0.5		500		70		1 500	高速 BiJFET	Calogic
LM3886 (工作电压 ±28 V)	1	10			10	200	200	1 000	19		8			大功率 BJT	TI
TLC2272 (工作电压 5 V)	0.3	2.5	2		0.000 5	0.06	0.001	0.06	3.6		2.18	50		低偏流、高转换速率 CMOS	TI
ADA4528 (工作电压 5 V)	0.000 3	0.002 5	0.002	0.015	0.18	0.4	0.09	0.2	0.5		3.4	5.9		高精度 CMOS	ADI③
LTC6268-10 (工作电压 5 V)	0.2	0.7	4		6×10^{-6}	4×10^{-5}	3×10^{-6}	2×10^{-5}	1 000		4 000④	4		高速、超低偏流	ADI/Linear
AD8515 (工作电压 5 V)	1	6	4		0.001	0.01	0.005	0.03	2.7		5	22		低功率 CMOS	ADI
TLV9001 (工作电压 5 V)	±0.4	±1.6	±0.6		±0.002		±0.005		2		1	30		低成本 CMOS	TI
LTC6363 (工作电压 5 V)	0.025	0.1	0.45	1.25	±5	±50	500	1 000	75	125	500	2.9		全差分、高速、低噪声	Linear
ADA4870 (工作电压 ±20 V)	−1	+10	4				9(同相端) −12(反相端)		2 500	60×10^6(2 V)⑤ 52×10^6(20 V)		2 1		电流反馈型	ADI
AD620	0.03	0.125	0.000 3	0.001	0.3	1	0.5	2	1.2	($\dot{A}_v=100$) $1\ 2\times10^5$	1	9~13	650	仪用放大器	ADI

① 电流反馈型运放的开环互阻增益。
② TI 是 Texas Instruments(德州仪器)公司的缩写。
③ ADI 是 Analog Devices(亚德诺)公司的缩写。
④ 闭环增益大于等于 10 稳定。
⑤ 电流反馈型运放不遵循增益带宽积为常数的规则。这里是 5 倍闭环增益,输出为 2 V 和 20 V 时的带宽。

复习思考题

7.5.1 当设计一个电子秤称重信号放大电路时，如何考虑运放的选型？可以用什么办法消除或减小零点漂移？

7.5.2 用某运放构成电压跟随器，若它的开环差模电压增益为 100 dB，共模抑制比为 80 dB，那么它们分别会带来多大的相对误差？

7.5.3 在设计高速和宽带放大电路时，如何依据运放的 S_R 和 f_T 选型？

7.5.4 试说明在下列情况下，对所选运放的哪些特性有较高或特殊要求？（1）桥梁应变信号的放大；（2）手持式测量仪表中信号的放大；（3）与数字系统共用 3.3 V 电源，驱动高速模数转换器；（4）构成积分电路。

7.5.5 查表 7.5.1 试比较 BJT-741、CMOS-TLC2272 和 BiJFET-LF356 集成运放的输入电阻 r_i，偏置电流 I_{IB}，转换速率 S_R，单位增益带宽 BW_G，噪声特性和输出电阻 r_o 各有什么优缺点，一般应用于什么场合？

7.6 变跨导式模拟乘法器

模拟集成乘法器是实现两个模拟量相乘的非线性电子器件，它广泛应用于通信、广播、电视、自动检测、医疗仪器和控制系统中，已成为模拟集成电路的重要分支。它也是大规模集成电路系统中的重要单元电路。

实现模拟量相乘的方法很多，其中以差分式电路为基础的变跨导相乘方法最为典型。该电路性能好且便于集成，在模拟集成电路中得到广泛应用。下面简要介绍变跨导式四象限模拟乘法器。

7.6.1 变跨导式模拟乘法器的工作原理

变跨导式模拟乘法器是在射极耦合差分式放大电路的基础上发展起来的，与 7.2.2 节所讨论的差分式放大电路的差异在于，电流源 I_O 变为 i_{EE}，且受输入电压 v_Y 的控制，如图 7.6.1a 所示。

由式(7.2.20)的关系，可得

$$v_{O1}=-\frac{\beta R_c}{r_{be}}v_X=-g_m R_c v_X \tag{7.6.1}$$

由式(6.3.1)的关系，得知

$$g_m=\frac{i_{E1}}{V_T}$$

而 $i_{E1}=\dfrac{i_{EE}}{2}$，故

$$g_m=\frac{i_{EE}}{2V_T} \tag{7.6.2}$$

图中 T_3、T_4 构成压控镜像电流源，当 $v_Y \gg V_{BE}$ 时，有

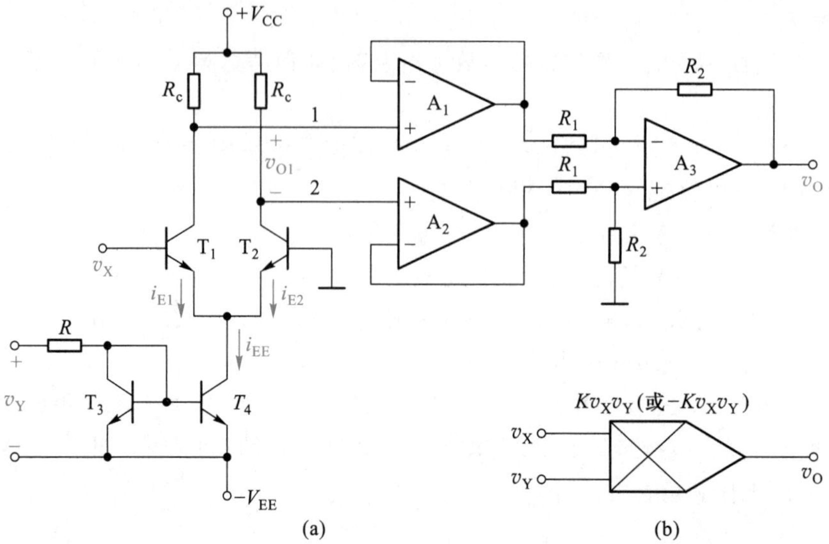

图 7.6.1 变跨导二象限乘法器

(a) 原理电路 (b) 同相(或反相)乘法器的代表符号

$$i_{EE}=\frac{v_Y}{R} \tag{7.6.3}$$

将式(7.6.2)和式(7.6.3)代入式(7.6.1),可得

$$v_{O1}=-\left(\frac{R_c}{2RV_T}\right)v_Xv_Y=-Kv_Xv_Y \tag{7.6.4}$$

式中 $K=R_c/(2RV_T)$。则输出电压为

$$v_O=-\left(\frac{R_2}{R_1}\right)v_{O1}=K\frac{R_2}{R_1}v_Xv_Y \tag{7.6.5}$$

可见 v_O与 v_X、v_Y的乘积成正比。

电路是由 v_Y控制电流源 T_3、T_4的电流 i_{EE},而 i_{EE}的变化导致 T_1和 T_2的跨导 g_m变化,因此该电路称为变跨导式模拟乘法器。应当指出的是,图中 T_1、T_2的输出电压 v_{O1}是接至电压跟随器 A_1、A_2再接运放 A_3组成的求差电路的输入端,它不仅将双端输入 v_{O1}转换为单端输出 v_O,同时又有放大差模信号和抑制共模信号的作用。图 7.6.1b 所示为同相(或反相)乘法器的符号。

图 7.6.1a 所示的乘法电路不仅精度差(v_Y幅值小时误差大),而且 v_Y必须为正值才能工作。虽然 v_X可正可负,但电路只能作为二象限乘法器。为了使 v_X、v_Y均能在任意极性下正常工作,可采用如图 7.6.2 所示的双平衡式四象限乘法器,又称压控吉尔伯特(Gilbert)乘法器。该电路由两个并联工作的射极耦合差分式电路 T_1、T_2和 T_3、T_4及压控电流源电路的 T_5、T_6组成。

由图 7.6.2 所示电路可知,若 $I_{ES1}=I_{ES2}=I_{ES}$,并利用 $i_C\approx i_E=I_{ES}(e^{v_{BE}/V_T}-1)\approx I_{ES}e^{v_{BE}/V_T}$的关系,则有

$$\frac{i_{C1}}{i_{C2}}=e^{(v_{BE1}-v_{BE2})/V_T}=e^{v_X/V_T} \tag{7.6.6}$$

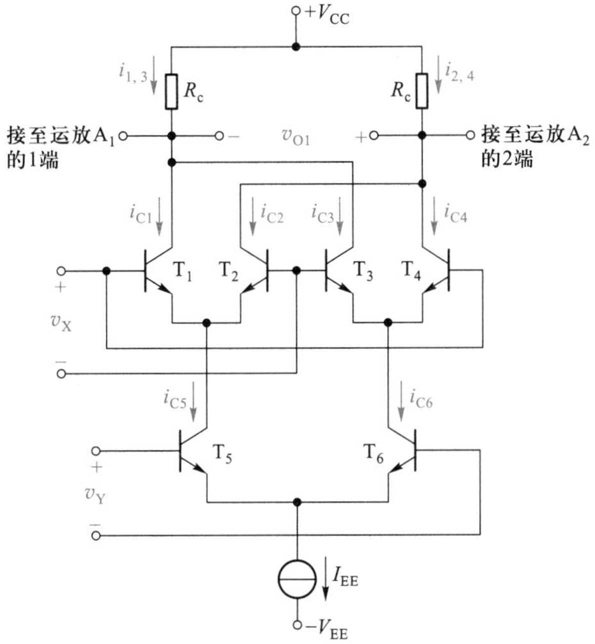

图 7.6.2 BJT 双平衡式四象限乘法器原理图

由于

$$i_{C1}+i_{C2}=i_{C5} \tag{7.6.7a}$$

$$i_{C4}+i_{C3}=i_{C6} \tag{7.6.7b}$$

由式(7.6.6)及式(7.6.7a)可得

$$i_{C1}=\frac{e^{v_X/V_T}}{e^{v_X/V_T}+1}i_{C5};\quad i_{C2}=\frac{i_{C5}}{e^{v_X/V_T}+1} \tag{7.6.8}$$

因此有

$$i_{C1}-i_{C2}=i_{C5}\frac{e^{v_X/V_T}-1}{e^{v_X/V_T}+1}=i_{C5}\tan\frac{v_X}{2V_T} \tag{7.6.9}$$

同理可得

$$i_{C4}-i_{C3}=i_{C6}\tan\frac{v_X}{2V_T} \tag{7.6.10}$$

$$i_{C5}-i_{C6}=I_{EE}\tan\frac{v_Y}{2V_T} \tag{7.6.11}$$

在图中的参考方向下,输出电压 v_{O1} 为

$$v_{O1}=(i_{1,3}-i_{2,4})R_c=[(i_{C1}-i_{C2})-(i_{C4}-i_{C3})]R_c \tag{7.6.12}$$

式中 $i_{1,3}=i_{C1}+i_{C3}$,$i_{2,4}=i_{C2}+i_{C4}$,将式(7.6.9)和式(7.6.10)代入式(7.6.12)中,得

$$v_{O1}=(i_{C5}-i_{C6})R_c\tan\frac{v_X}{2V_T} \tag{7.6.13a}$$

由式(7.6.11)和式(7.6.13a),可得

$$v_{O1}=R_cI_{EE}\tan\frac{v_X}{2V_T}\tan\frac{v_Y}{2V_T} \tag{7.6.13b}$$

当 $v_X \ll 2V_T$、$v_Y \ll 2V_T$①（即 v_X 及 v_Y 分别远小于 52 mV）时，$\tan\left(\frac{v_X}{2V_T}\right)\approx\frac{v_X}{2V_T}$，$\tan\left(\frac{v_Y}{2V_T}\right)\approx\frac{v_Y}{2V_T}$，上式可简化为

$$v_{O1}=\frac{R_cI_{EE}}{4V_T^2}v_Xv_Y \tag{7.6.14}$$

或

$$v_{O1}=Kv_Xv_Y \tag{7.6.15}$$

式中 $K=\frac{R_cI_{EE}}{4V_T^2}$，称为增益系数或标定因子，其单位为 V^{-1}。

由式(7.6.15)可知，当输入信号较小时，可得到理想的相乘作用。v_X或 v_Y的极性可正可负，故图 7.6.2 所示电路具有四象限乘法功能。当输入信号较大时，会带来很大误差。为此，在信号输入前加一非线性补偿电路（可参阅文献[22]），扩大输入信号 v_X、v_Y的范围。电路消除了 V_T的影响，温度稳定性更高。这种乘法器频带宽、精度高，特别适用于单片集成制造。如 AD734 和 AD834 都是四象限集成模拟乘法器。

也可以用 MOS 管构成类似的四象限乘法器②。它的动态范围大、精度高，广泛用于超大规模集成电路系统中。

7.6.2 模拟乘法器的应用

利用集成模拟乘法器和集成运放相组合，通过各种不同的外接电路，可组成各种运算电路，还可组成各种函数发生器、调制、解调和锁相环电路等。下面介绍几种基本应用。

1. 运算电路

(1) 乘方运算电路

利用四象限乘法器能够实现平方运算电路，如图 7.6.3a 所示，输出电压为

$$v_O=Kv_i^2 \tag{7.6.16a}$$

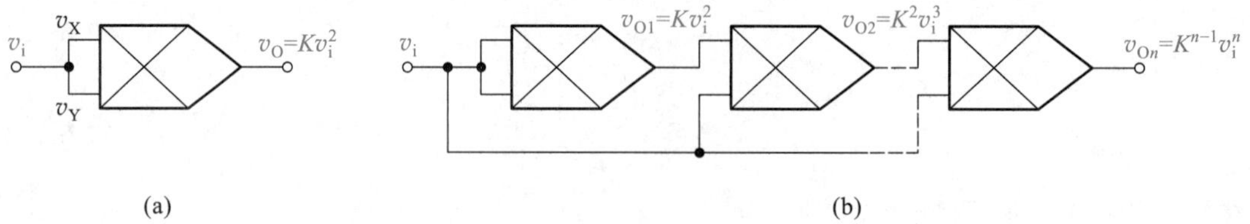

图 7.6.3 乘方运算

(a) 平方运算电路 (b) n 次方运算电路

---

① 从差分式放大电路的传输特性（图 7.2.14）来看，当差模输入信号小于 V_T时，可认为是线性运用，与这里近似条件基本一致。

② 可参阅杜怀昌，肖怀宝，黄玲玲编著.CMOS 集成电路原理与应用.北京：国防工业出版社，2006。

从理论上讲，用多个乘法器串联可组成任意次幂的运算电路如图 7.6.3b 所示，输出电压为

$$v_{\mathrm{On}}=K^{n-1}v_{\mathrm{i}}^{n} \tag{7.6.16b}$$

但是，实际上串联的乘法器数超过 3 时，积累误差会增大，难以满足精度要求较高的场合。

(2) 除法运算电路

图 7.6.4 所示的除法运算电路由反相比例运算电路和乘法器组合而成。乘法器接在运放电路的反馈回路中，对运放反相端节点应用 KCL

$$\frac{v_{\mathrm{X1}}}{R_1}+\frac{v_2}{R_2}=0$$

将乘法器运算关系 $v_2=Kv_{\mathrm{O}}v_{\mathrm{X2}}$ 代入上式得

$$v_{\mathrm{O}}=-\frac{R_2}{KR_1}\cdot\frac{v_{\mathrm{X1}}}{v_{\mathrm{X2}}} \tag{7.6.17}$$

应当指出，在图 7.6.4 所示电路中，因运放输入端输入电流 $i_{\mathrm{i}}=0$，所以 $i_1=-i_2$，即要满足 $v_{\mathrm{X1}}>0$，$v_2<0$ 或 $v_{\mathrm{X1}}<0$，$v_2>0$ 时，才能保证电路电流的正常流动，也就是说只有当 v_{X2} 为正极性时，才能保证 v_{X1} 与 v_2 极性相反。而 v_{X1} 则可正可负，故电路属二象限除法器。

(3) 开平方电路

利用乘方运算电路作为运放的反馈通路，就可以构成开平方运算电路，如图 7.6.5 所示。根据运放的虚短虚断有

$$\frac{v_2}{R}+\frac{v_{\mathrm{i}}}{R}=0 \quad 或 \quad v_2=-v_{\mathrm{i}}$$

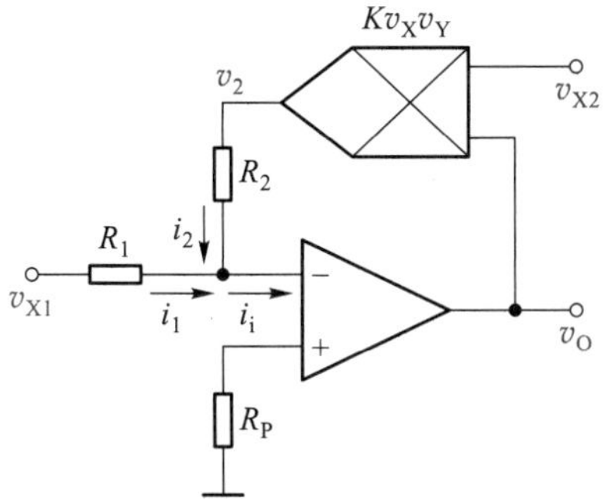

图 7.6.4 除法运算电路

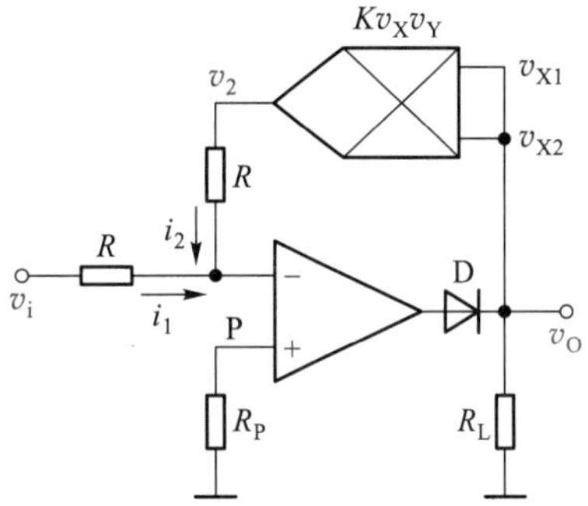

图 7.6.5 负电压开平方运算电路

又根据乘法器电路得到

$$Kv_{\mathrm{O}}^2=v_2=-v_{\mathrm{i}}$$

$$v_{\mathrm{O}}=\sqrt{-\frac{v_{\mathrm{i}}}{K}} \tag{7.6.18}$$

可见，v_{O} 是 $-v_{\mathrm{i}}$ 的平方根，即 v_{i} 必须为负值。因为无论 v_{O} 极性如何，v_2 始终为正值，所以 $v_{\mathrm{i}}<0$ 才能保证 $i_2=-i_1$，电路才能正常工作。在输出回路中串联一个二极管 D 并且接入 R_{L}，

目的是当 $v_i>0$ 时，D 截止，使 $v_O=0$。

若要实现 v_i在正值时工作，则乘法器输出电压 v_2经一反相器再加到运放的输入端。

同理，运算放大器的反馈电路中串入多个乘法器就可以得到开高次方运算电路。如利用两个乘法器组成开立方运算电路（见习题 7.6.2）。

在模拟乘法器和集成运放构成的运算电路中，乘法器通常接在运放电路的反馈回路中，同时保证电路必须引入负反馈，使运放电路输入端电流能正常流动才能实现正确的运算关系。

2. 压控放大器（voltage-controlled amplifiers，VCA）

电路如图 7.6.6 所示，乘法器的一个输入端加一直流控制电压 V_C，另一输入端加一信号电压 v_s时，乘法器就成了增益为 KV_C的放大器。当 V_C为可调电压时，就得到可控增益放大器。输出电压

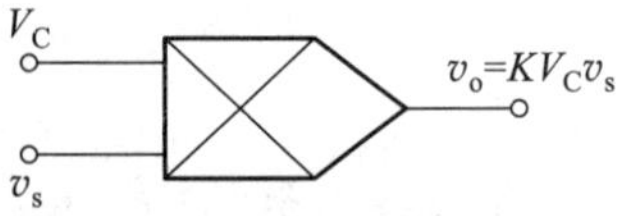

图 7.6.6 可控增益放大器

$$v_o=KV_Cv_s \tag{7.6.19}$$

3. 调制和解调

调制和解调在通信、广播、电视和遥控等领域中有广泛的应用。利用模拟乘法器很容易实现调制和解调的功能。

（1）调制

现以无线电调幅广播为例来说明调幅原理。音频信号频率较低，在空间的传播距离很短，需要加载到高频信号上才能传播得更远。这里的高频信号称为载波，音频信号称为调制信号，将音频信号“装载”于高频信号的过程称为调制。在图 7.6.7a 中，模拟乘法器的两个输入端分别加入载波信号 $v_c=V_c\cos\omega_ct$ 和调制信号 $v_s=V_s\cos\omega_st$，且 $\omega_c\gg\omega_s$。模拟乘法器的输出电压为

$$v_{o1}=KV_sV_c\cos\omega_st\cos\omega_ct=V\cos\omega_ct \tag{7.6.20}$$

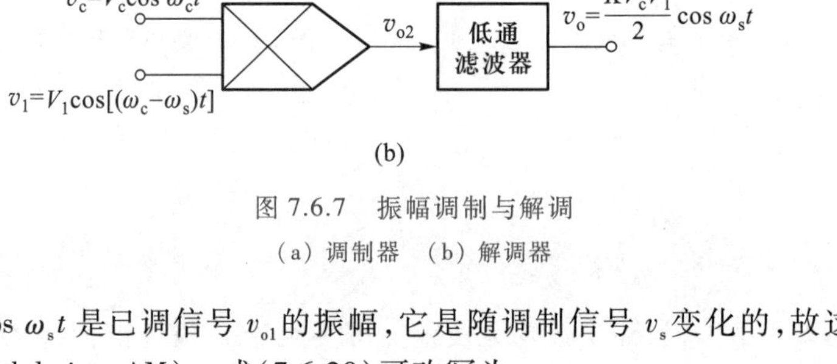

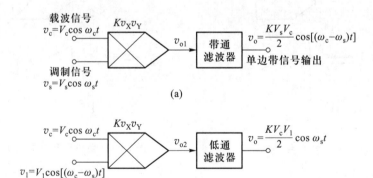

图 7.6.7 振幅调制与解调

（a）调制器 （b）解调器

式中 $V=KV_sV_c\cos\omega_st$ 是已调信号 v_{o1}的振幅，它是随调制信号 v_s变化的，故这种调制称为调幅（amplitude modulation，AM）。式（7.6.20）可改写为

$$v_{o1}=\frac{KV_cV_s}{2}\{\cos[(\omega_c+\omega_s)t]+\cos[(\omega_c-\omega_s)t]\} \tag{7.6.21}$$

由式(7.6.21)可见，乘法器的输出是一标准的调幅波。输出电压的频谱仅由两个边频($\omega_c+\omega_s$)和($\omega_c-\omega_s$)组成，分别称为上边频和下边频。实际上，音频信号的 ω_s 不是单一频率，而是一个频带，如 20 Hz～5 kHz。若载波信号的频率为 $f_c=800$ kHz 时，则下边频($\omega_c-\omega_s$)和上边频($\omega_c+\omega_s$)成为下边带和上边带，形成以 800 kHz 载波频率为中心的频带。

若在调制器输出端加一个带通滤波器①，滤掉频率为($\omega_c+\omega_s$)的上边带信号，如图 7.6.7a 所示，就变成单边带振幅调制器，它的输出电压为

$$v_o=\frac{KV_sV_c}{2}\cos[(\omega_c-\omega_s)t]=V_1\cos[(\omega_c-\omega_s)t] \tag{7.6.22}$$

式中 $V_1=KV_sV_c/2$ 是下边带信号的振幅。

(2) 解调

调幅波的解调亦称检波，是调幅的逆过程，即从调幅波提取调制(音频)信号的过程，如图 7.6.7b 所示，它也是用一个模拟乘法器和低通滤波器②来实现解调功能的。乘法器的两个输入端分别接入调幅波的下边带信号 $v_1=V_1\cos[(\omega_c-\omega_s)t]$ 和载波信号 $v_c=V_c\cos\omega_ct$，其输出电压为

$$v_{o2}=\frac{KV_cV_1}{2}\{\cos\omega_st+\cos[(2\omega_c-\omega_s)t]\} \tag{7.6.23}$$

通过低通滤波器，滤除不需要的频率($2\omega_c-\omega_s$)信号，而取出的调制信号为

$$v_o=K\frac{V_cV_1}{2}\cos\omega_st \tag{7.6.24}$$

模拟乘法器除了可以用来实现信号的调制(调幅、调频)、解调(调幅波解调、鉴频、鉴相)外，还可实现变频、倍频等非线性运算功能及自动增益控制(automatic gain control, AGC)，也是压控振荡器(voltage controlled oscillator, VCO)的重要环节，这里就不一一介绍了。

复习思考题

7.6.1 用差分式电路实现乘法运算的原理是什么？

7.6.2 图 7.6.5 所示电路对输入电压 v_i 的极性有什么要求？若 v_i 为正极性电压时，为使电路正常工作，在乘法器的输出端 v_2 应加何种电路？请画出电路图。

7.7 放大电路中的噪声与干扰

放大电路是一种弱电系统，具有很高的灵敏度，因而容易受到环境和电路内部噪声的干扰。例如，当放大电路的输入端短路时，输出端仍有杂乱无规则的电压输出，利用示波器或扬声器就可觉察到。这就是放大电路的噪声或干扰。如果这些噪声与干扰的幅度可以与有用信号相比较，那么在放大电路的输出端有用信号将被淹没，妨碍观察和测量。因此，在高

①② 见第 10 章。

灵敏度放大电路中就必须认真对待噪声和干扰。

*7.7.1 放大电路中的噪声

放大电路中的内部噪声(又称固有噪声)是放大电路中各元器件内部载流子运动的不规则所造成的,主要由电路中的电阻热噪声和三极管(FET 或 BJT)内部噪声所形成,它实际上是杂乱无章的变化电压 v_n 或电流 i_n,即是随机的,如图 7.7.1 所示。

图 7.7.1 噪声电压(电流)波形

1. 噪声的种类及性质

(1) 电阻的热噪声

任何电阻(导体)即使不与电源接通,它的两端仍有电压,这是由于导体中构成传导电流的自由电子随机的热运动引起的。因此,某一时刻向一个方向运动的电子有可能比向另一个方向运动的电子数目多,即在任何时刻通过导体每个截面的电子数目的代数和不等于零。这一电流流经电路就产生一个正比于电路电阻的电压,这种由电子随机热运动而产生的随时间变化的电压称为热噪声电压。它包含在所有无源电阻元件中,而纯电抗元件没有热噪声。

理论和实践都证明,一个阻值为 $R(\Omega)$ 的电阻(或 BJT 的体电阻、FET 的沟道电阻)未接入电路时,在频带宽度 B 内所产生的热噪声电压均方值为

$$V_n^2 = I_n^2 R_n^2 = 4kTRB \tag{7.7.1}$$

式中 k 为玻耳兹曼常数,其值为 1.38×10^{-23} J/K; T 是热力学温度(K)($T(\text{K}) = T(℃) + 273$); B 为频带宽度(Hz)。

式(7.7.1)可改写为功率或电压的形式,即

$$P_n = \frac{V_n^2}{R} = 4kTB \tag{7.7.2}$$

$$V_n = \sqrt{4kTRB} \tag{7.7.3}$$

由式(7.7.3)可以看出,噪声电压 V_n(有效值)与温度、电阻值和频带宽度乘积的平方根成正比,也称为 RMS(root mean square)值。由式(7.7.2)有

$$\frac{P_n}{B} = 4kT \tag{7.7.4}$$

P_n/B 称为热噪声的功率频谱密度,即在频带范围(例如高至 10^{13} Hz)内,对于每赫(Hz)具有相同功率。具有均匀功率频谱的噪声称为白噪声,取其与白色光包含的所有可见光的频率成分相似,即由等值的可见光频谱组成。

式(7.7.3)可改写为

$$V_n/\sqrt{B} = \sqrt{4kTR} \tag{7.7.5a}$$

$V_n/\sqrt{B}$ 称为热噪声电压密度,又称热噪声电压频谱密度,单位为 nV/$\sqrt{\text{Hz}}$。在 $T = 300$ K 时,$4kT = 1.656\times10^{-20}$ W/Hz,$R = 1$ kΩ 时,$V_n/\sqrt{B} = \sqrt{4kTR} = 4$ nV/$\sqrt{\text{Hz}}$,因此,如果 R 以千欧

计,那么只要知道电阻的阻值,就可算出电阻的热噪声电压频谱密度

$$V_n/\sqrt{B}=4\sqrt{R}\quad(\mathrm{nV}/\sqrt{\mathrm{Hz}})\tag{7.7.5b}$$

式中当 $R=100\ \Omega$ 时,$V_n/\sqrt{B}=4\sqrt{0.1}\ \mathrm{nV}/\sqrt{\mathrm{Hz}}=1.26\ \mathrm{nV}/\sqrt{\mathrm{Hz}}$。

热噪声电压本身是一个非周期变化的时间函数,它的频率范围是很宽广的。因而噪声电压 V_n将随放大电路带宽的增加而增加。所以在设计放大电路时要综合考虑增益、带宽等诸多因素。

(2) 三极管的噪声

当有电流流过三极管时,就会产生噪声。三极管的噪声来源有四种。

① 热噪声

由于载流子不规则的热运动,电流通过 BJT 内三个区的体电阻及相应的引线电阻时会产生热噪声。其中 $r_{bb'}$所产生的噪声是主要的。FET 主要是沟道电阻的热噪声。

② 散粒噪声

通常所说的 BJT 中的电流,只是一个平均值。实际上通过 PN 结注入基区的载流子数目,在各个时刻都不相同,因而引起发射极电流或集电极电流有一个无规则的波动,产生散粒噪声。散粒噪声电流为

$$I_n=\sqrt{2qIB}\tag{7.7.6}$$

式中 $q=1.602\times10^{-19}$ C,是每个载流子所带电荷量的绝对值;I 表示通过 PN 结电流的平均值;B 为频带宽度。散粒噪声具有白噪声的性质。

③ 闪烁噪声①

闪烁噪声存在于所有的有源器件和某些无源器件中。根据器件类型的不同,产生噪声的原因是多方面的。在有源器件中,主要原因是陷阱。当电流流过时,它会随机地捕获和释放电荷载流子,因此会引起电流本身随机地波动。在 BJT 中,这些陷阱与基射结里的杂质和晶体缺陷有关。在 MOSFET 中,它们与硅和二氧化硅边界上的额外电子能态有关。在有源器件中,MOSFET 中所含的这种噪声最多。这也是在低噪声 MOS 管应用中最关注的一点。这种噪声与频率成反比,故又称为 $1/f$ 噪声或低频噪声。闪烁噪声总是与直流电流有关,它的功率密度形式为

$$I_n^2=K\frac{I^a}{f}\tag{7.7.7}$$

式中 K 是器件常数; I 是直流电流; a 是另一种器件常数,范围为 1/2~2。

闪烁噪声也会存在于某些无源器件中,例如炭质电阻。在炭质电阻中,除了已存在的热噪声外还含有闪烁噪声,因此把这种噪声称为附加噪声(excess noise)。线绕电阻器中的 $1/f$ 噪声最小,碳膜电阻和金属膜电阻的噪声介于炭质电阻和绕线电阻两者之间。

④ 雪崩噪声

雪崩噪声存在于工作在反向击穿模式的 PN 结中。在空间电荷区中强电场的作用下,电子获得足够的动能,它们碰撞晶格产生出新的电子空穴对,发生雪崩击穿。最终的电流是

① 可参阅何乐年,王忆编著.模拟集成电路设计与仿真.北京:科学出版社,2008:60~78。

由流经反向偏置结的随机分布噪声尖峰组成的。与散粒噪声类似,雪崩噪声也要求有电流流动。然而,雪崩噪声一般要比散粒噪声更加剧烈,这也使齐纳二极管的噪声闻名遐迩。

值得指出的是,BJT 的噪声主要是 r_b产生的热噪声和 I_C产生的散粒噪声,而 $1/f$ 噪声较小。JFET 的噪声来源于沟道电阻热噪声,在室温和中频的条件下输入电流噪声可以忽略。而 MOSFET 是表面场效应器件,它的 $1/f$ 噪声较严重,沟道电阻热噪声较小,$1/f$ 噪声的大小与 MOSFET 的宽长积($W\times L$)成反比。因而低频 MOSFET 比 JFET 的噪声大。一般而言,FET 的输入噪声电流比 BJT 小很多,而噪声电压比 BJT 大。

集成运放的噪声,主要源自内部元器件、内部电路连接等。对于高内阻信号源,一般要求运放的输入噪声电流要小(该电流会在信号源高内阻上产生大噪声电压)。而针对低内阻信号源,运放的输入噪声电压起主要作用。

2. 放大电路的噪声指标——噪声系数

放大电路噪声性能的好坏,可用等效输入、输出噪声功率的大小、输出端信噪比(signal to noise raio,SNR)(信号功率对噪声功率的比值)、噪声系数等来评价。当比较两个低噪声放大电路的设计方案,或讨论运放各级的噪声与总噪声的关系时,通常利用噪声系数 N_F来衡量噪声的大小,它的定义是

$$N_F=\frac{\text{输入端信号噪声比}}{\text{输出端信号噪声比}}=\frac{P_{si}/P_{ni}}{P_{so}/P_{no}}=\frac{P_{no}}{A_pP_{ni}} \tag{7.7.8}$$

式中 P_{si}、P_{so}分别表示输入端和输出端的信号功率;P_{ni}表示信号源输入的噪声功率,等于信号源内阻 R_{si}产生的热噪声功率;P_{no}表示输出端的总噪声功率,它包括信号源带来的噪声,器件本身的噪声以及放大电路其他元件产生的噪声等;A_p表示信号的功率增益。

放大电路不仅放大输入的噪声,而且它自身也产生噪声。所以,其输出端的信噪比必然小于输入端信噪比。放大电路本身噪声越大,它的输出端信噪比就越小于输入端信噪比,N_F就越大。

当 N_F用分贝(dB)表示时

$$N_F(\text{dB})=10\lg\frac{P_{si}/P_{ni}}{P_{so}/P_{no}}=10\lg\frac{P_{no}}{A_pP_{ni}}(\text{dB}) \tag{7.7.9}$$

如果 V_{si}、V_{so}分别表示输入端和输出端信号电压,V_{ni}、V_{no}分别表示输入端和输出端的噪声电压。又因为 $P_{si}=V_{si}^2/R_{si}$,$P_{ni}=V_{ni}^2/R_{si}$,$P_{so}=V_{so}^2/R_o$,$P_{no}=V_{no}^2/R_o$,当取 $R_{si}=R_o$时,则 N_F可表示为另一种形式:

$$N_F(\text{dB})=20\lg\frac{V_{si}/V_{ni}}{V_{so}/V_{no}}=20\lg\frac{V_{si}}{V_{ni}}-20\lg\frac{V_{so}}{V_{no}}(\text{dB}) \tag{7.7.10}$$

V_{si}/V_{ni}及 V_{so}/V_{no}分别表示输入端和输出端信噪电压比。一个无噪声放大电路的噪声系数是 0 dB,一个低噪声放大电路的噪声系数应小于 3 dB。

3. 减小噪声的措施

以上对放大电路中噪声的来源、性质作了简要的介绍。在工程实践中,如要放大强背景噪声下的微弱信号,可以采取如下措施:

(1) 首选低噪声运放。为了减小热噪声,要降低温度。

(2) 如果市场产品低噪声运放不能满足要求时,可用 JFET 对管(例如 U430,Siliconix)

和相关的低噪声元器件组成低噪声放大电路（如用 CS-CB、CS-CG 串级放大电路）来实现测量微弱的电流信号的任务（参见 7.7.3 节）。

（3）选择内阻合适的信号源和工作带宽。

（4）进行滤波处理或引入负反馈以抑制噪声。

（5）借助软件方法，对数据进行处理以减小噪声的影响。

7.7.2 放大电路中的干扰

干扰是外界因素对放大电路所造成的影响。一般来说，干扰主要是外界电磁场、不合理的接地线和电源等造成的，表现为输入信号为零时输出端可能出现交流干扰电压。

1. 杂散电磁场干扰和抑制措施

电路工作环境一般有许多电磁干扰源，常见的有工频干扰、无线电信号及雷电现象等，它们所产生的电磁波或尖峰脉冲，通过接线电容耦合、电感耦合或交流电源线等进入放大电路，从而引入干扰。

图 7.7.2 为静电感应造成干扰的原理图。干扰源和放大电路的输入电路（或某些重要元件）之间存在杂散电容 C，构成了干扰电流的回路。此干扰电流在放大电路输入电阻 R_i 上产生干扰电压。可见，放大电路输入电阻越高或杂散电容 C 越大，干扰电压也越大。

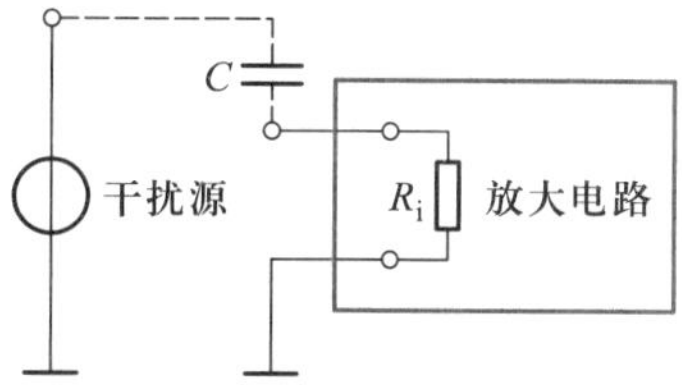

图 7.7.2 由静电感应造成干扰的原理图

放大电路中的磁性材料元件（如变压器等）对空间杂散电磁场的干扰源是很敏感的。当干扰电磁场足够强时，在输入端产生的干扰电压就会妨碍放大电路的正常工作。

针对杂散电磁场的干扰，可采取下列抑制措施。

（1）合理布局

从放大电路的结构布线来说，电源变压器要尽量远离放大电路，更应远离输入电路。在安装变压器时要选择它们的安装位置，使之不易对放大电路产生严重干扰。

此外，放大电路的布线要合理，放大电路的输入线与输出线、交流电源线要分开走线，不要平行走线。输入走线越长，越易接收干扰。放大电路要尽量远离干扰源。特别是对高增益、高输入电阻和宽频带放大电路的布线要求更严格，应想办法尽量缩短连线以减小分布电容和导线电阻。

（2）屏蔽

为了减小外界干扰，可采用屏蔽措施。屏蔽分静电屏蔽和磁场屏蔽两种。静电屏蔽的结构一般可用电导率高的铜、铝等金属薄板材料制成，它可以将干扰源或受干扰的元件用屏蔽罩屏蔽起来，并将它妥善接地，干扰电流经屏蔽罩短路到地，使干扰源不经过放大电路的输入电阻 R_i。特别是多级放大电路的第一级更为重要。如第一级的输入线采用具有金属网套的屏蔽线，外套要选一点接地。在抗干扰要求较高时，可把放大电路的前置级甚至整个放大电路都屏蔽起来。磁屏蔽用具有高磁导率的磁性材料，如坡莫合金等作屏蔽罩。

2. 由直流电源电压波动引起的干扰和抑制

一般放大电路的直流电源是用 50 Hz 的交流电源经整流、滤波、稳压后得到的。如果电源质量不好,便会有 50 Hz 或 100 Hz 的纹波电压,开关电源则会有近百 kHz 的纹波电压,由此对电路形成干扰电压。特别是第一级,电源产生的干扰电压将被后续各级放大而使输出端产生较大的干扰电压。此时可考虑采用性能更好稳压电源[①]供电,并在稳压电路的输入端和输出端分别加一足够大的电解电容或钽电容的滤波电路。对于运算放大器,可在其电源引脚和地之间加一钽电容(一般为 10~30 μF)防止低频干扰,加一独石电容(0.01~0.1 μF)防止高频干扰。

3. 由交流电源串入的干扰和抑制

当交流电网的负载突变(如电机的起动和制动)时,在负载突变处交流电源线与地之间将产生高频干扰电压。它引起的高频电流将通过直流稳压电源、放大电路及放大电路与地之间的分布电容,经过地线再返回负载突变处组成回路,如图 7.7.3 中虚线所示。这样就构成对放大电路的高频干扰,而且这个高频电流不仅沿导线流动,凡有分布电容的地方都是良好的通道,如变压器一次侧、二次侧之间的分布电容、放大电路与地之间的分布电容等。这个高频干扰对高灵敏度放大电路来说影响较大,因此必须采取措施加以抑制。

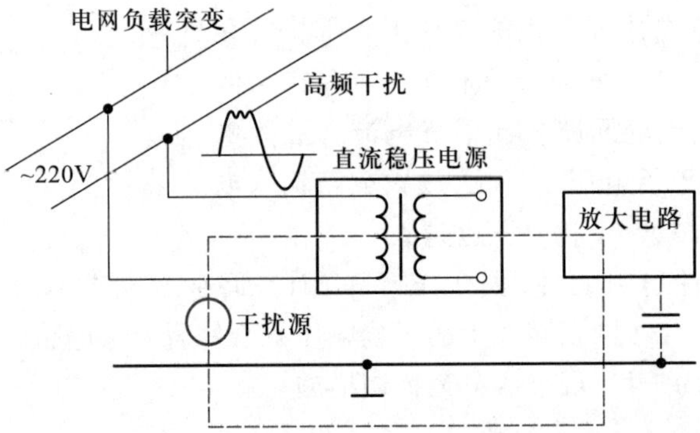

图 7.7.3 交流电网负载突变引起干扰

(1) 在稳压电源中电源变压器一次侧和二次侧之间加屏蔽层,同时屏蔽层要很好接地,这样高频电流由变压器一次侧通过屏蔽层流入地线而不经过放大电路。

(2) 在稳压电源交流进线处加滤波电路滤去干扰信号,一般由电感 L(几至几十毫亨)和电容 C(几千皮法)组成。

(3) 抑制交流干扰的另一个措施是采用“浮地”,即交流地线与直流地线分开,而且只有交流地线接大地,这样可以避免交流干扰由公共地线串入而影响放大电路的工作。

4. 由接地点安排不正确而引起的干扰和正确接地

(1) 多级放大电路的接地

在多级放大电路中,如果接地点安排不当,就会造成严重的干扰。如在同一电子设备中的放大电路由前置差分放大级和功率级组成,功率级的输出电流比较大,此电流通过导线产生的压降与电源电压一起,作用于前置级,引起骚动,甚至产生振荡。还因负载电流流回电源时,造成机壳(地)与电源负端之间电压波动,当前置放大电路的输入端接到这个不稳定

---

① 见第 11 章。

的“地”上，会引起更为严重的干扰。若将各级的共同端都直接接到直流电源的共地点，实行一点接地方式，如图 7.7.4 所示，则可克服上述弊端。在某些场合下，也可采用 RC 去耦电路，如图 7.7.5 所示，使强信号放大级与弱信号放大级的交流通路彼此隔离，以防止干扰或低频自激。在要求较严或条件恶劣的情况下，也常采用精密稳压电源对弱信号放大级单独供电。

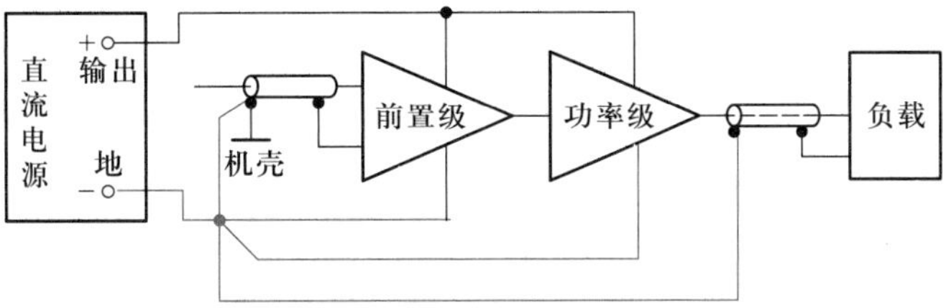

图 7.7.4　接地正确的多级放大电路

(2) 电子设备共同端的正确连接

当两台电子设备相连时，共同端没有正确地连在一起，电子设备中的电源变压器一次侧和二次侧之间的漏电作用会产生一感应电压。如果测试仪器的共同端没有和放大电路的共同端连在一起，则即使仪器的输入电压为零，但变压器感应电压却加到了放大电路的输入端而产生干扰电压。因此电子设备连接时，必须把它们的共同端连接在一起，这样才不致使感应电压加到放大电路的输入端。同时将变压器一次侧和二次侧之间的屏蔽层接地，也可减少干扰源。

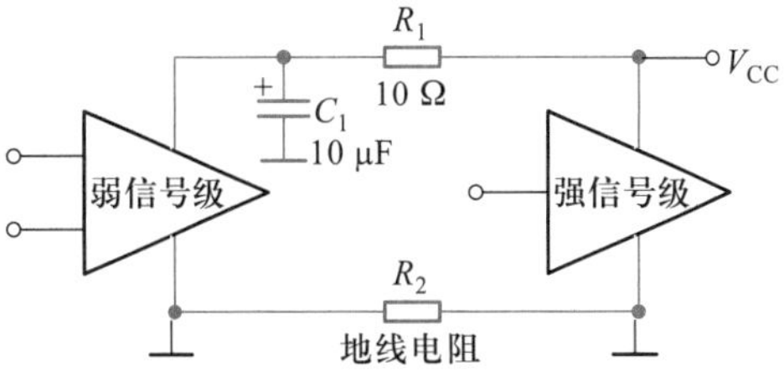

图 7.7.5　RC 去耦电路

7.7.3 低噪声放大电路举例

图 7.7.6 是一个低噪声互阻放大电路的原理图①，在细胞生理实验中用于测量细胞膜离子通道的弱电流（皮安量级，10^{-12} A）信号，该信号源具有高阻低频（0~100 kHz）特性。由于信号电流很微弱，因而放大电路前置级（探头）的设计思想集中在低噪声和高输入阻抗上。现就其电路结构和低噪声分析分别介绍如下。

1. 电路结构

该电路为带电流源的共源-共基（CS-CB）串接差分式放大电路，输出接至集成运放 A（LF356）进行放大。为使电路稳定工作，从运放输出端通过电阻 R_f（50 GΩ）接到输入端，形成负反馈电路。并将输入电流 $i_I = 1\ \text{pA} = 10^{-12}$ A 变换为输出电压 $v_O = -50$ mV，互阻增益为 $A_r = \dfrac{v_O}{i_I} \approx R_f = 50\ \text{G}\Omega$。输出灵敏度为 0.02 pA/mV。

① 该电路是华中科技大学研制的膜片钳放大器的前置放大电路。

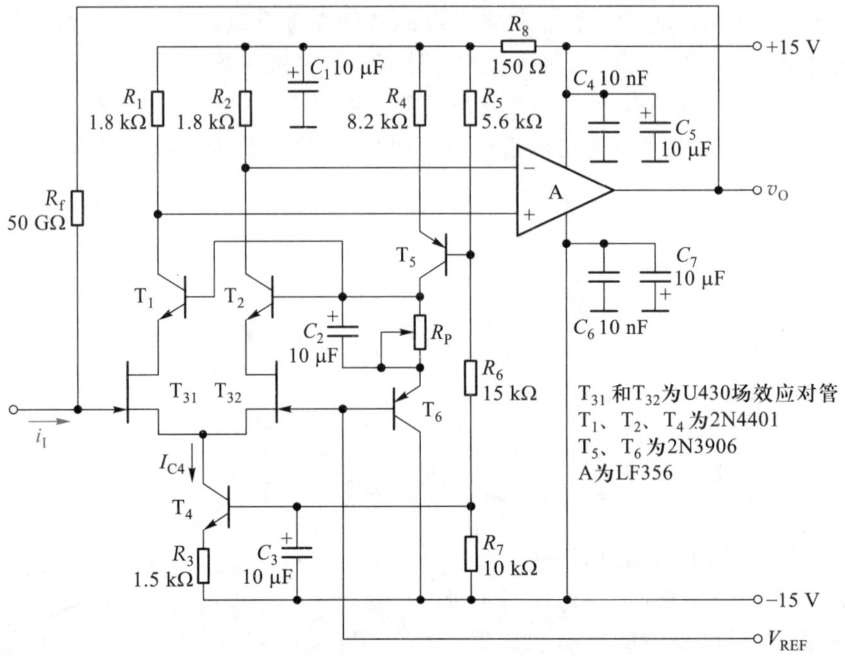

图 7.7.6 低噪声互阻放大电路(电流-电压变换器)

2. 低噪声分析

在上述电路结构的条件下,其噪声水平关键取决于所使用的元器件。电路中的电流源 $I_O=I_{C4}$由 T_4(2N4401,Motorola)、R_3、R_5、R_6和 R_7的电路提供,在所示参数的情况下,I_{C4}的值为 6 mA,这样,差分式电路两边的静态电流 $I_{D31}=I_{D32}=3$ mA,此电流值既限制了电路中过高的噪声电平,也可兼顾电路的增益。

T_{31}、T_{32}对管(U430,Siliconix,USA)组成共源差放电路,它们属于低噪声($V_{3n}=2\ \text{nV}/\sqrt{\text{Hz}}$)、高输入阻抗、互导 g_m也大(在 $I_{D31}=3$ mA 时 $g_m=8$ mS)的 JFET 器件。T_1、T_2为低噪声的 BJT(2N4401)器件,组成共基差放电路。在 $I_C=3$ mA 条件下,它们的噪声电压 $V_{1n}<1\ \text{nV}/\sqrt{\text{Hz}}$。该共基电路一方面可以扩展电路的频带,同时又隔离了共源电路 T_{31}、T_{32}与负载电阻 R_1、R_2,使 R_1、R_2所产生的热噪声电压($V_{Rn}=5.4\ \text{nV}/\sqrt{\text{Hz}}$)无法经 C_{gd}耦合到两输入端。这是 CS-CB 差分式电路的另一特点。T_4(2N4401)、T_5和 T_6(2N3906)、R_4、R_P和 R_5、R_6、R_7组成的偏置电路,为 CS-CB 差分式电路提供稳定的偏置。C_3滤除-15 V 电源的干扰电压,C_2滤除电位器 R_P和该支路(R_4、T_5、T_6)的噪声电压,以及+15 V 电源引入的干扰电压;C_1、R_8为去耦电路,隔离电源前后级之间的相互影响,防止低频自激。靠近运放电源引脚处接 $C_4\sim C_7$是减小正、负电源对运放 A 的高、低频干扰。一般大电容 C_5、C_7用钽电解电容,C_4、C_6用高频瓷介电容①。

运放 A 为 BiFET 的 LF356,具有低噪声、高输入电阻、高增益的特性,其噪声电压 $V_{An}=12\ \text{nV}/\sqrt{\text{Hz}}$。它与 CS-CB 组态配合使用,获得了较好的噪声抑制效果,满足了低噪声的

① 高频瓷介电容器,其高频性能良好,可抵消分布电感的影响,减小高频阻抗。对时间、温度和电压有很高的稳定性,一般在 1 000 pF 以下。

要求。

反馈电阻 R_f 的阻值较高，达 GΩ 量级，从理论上讲电阻器的阻值越高，电流噪声越小；但阻值越高，电阻器本身的热噪声和分布电容也越大，但因电路对通带要求不高，故选用 Kobra（K&M，Electronics）的合成膜精密电阻器。电路中为了减小分布电容，让 R_f 远离地线。该电路在通带范围内是稳定的。

对于低噪声放大电路，除了合理设计电路结构和选择高品质的元器件外，它的制作工艺还需要特别的设计，如将前置差分式电路制成厚膜电路，并将输入端悬空搭接在用四氟乙烯塑料绝缘的探头插座上。

复习思考题

7.7.1　电子电路所用电子器件中有哪几种噪声？其含义如何？在低噪声放大电路的设计中应怎样选用器件？MOSFET、JFET 和 BJT 三种器件的噪声各有何特点？

7.7.2　在观测放大电路输出电压时，有时会出现 50 Hz 和 100 Hz 的干扰电压，何故？应采用何种措施加以抑制？

7.7.3　电子系统中地线接法很重要，请举例说明当地线接法不正确产生的干扰源。如何消除这种干扰？

7.7.4　现有 MOSFET、JFET 和 BJT 三种器件，如果放大的对象是高内阻信号源的电流信号，而且又要求用于低噪声放大电路，你应选用哪种器件？

小　结

教学视频 7.2：
模拟集成电路小结

• 电流源电路是模拟集成电路的基本单元电路，具有很大的动态输出电阻。镜像电流源温度稳定性好，常用来作为放大电路的静态偏置电路和有源负载。

• 差分式放大电路是模拟集成电路的重要组成单元，特别是作为运算放大器的输入级，它既能有效放大差模信号，又能有效抑制共模信号。电路的静态和动态分析方法与第 4、5 章相同，关键要区分电路对差模信号和共模信号产生的不同作用。

• K_{CMR} 是衡量差分式放大电路优劣的重要指标，K_{CMR} 越大，抑制零点漂移能力越强。其大小与源极（或射极）公共支路电流源的动态电阻以及电路的对称性密切相关。

• 带有源负载的差分式放大电路有极高的差模电压增益和共模抑制比。其单端输出近似于双端输出效果。

• 集成运算放大器是用集成工艺制成的、具有高增益的直接耦合多级放大电路。它一般由输入级、中间级、输出级和偏置电路四部分组成。为了抑制温漂和提高共模抑制比，常采用差分式放大电路作输入级；中间级为高电压增益级，多采用带有源负载的共源（共射）电路组成；互补对称电压跟随电路常用作输出级；电流源构成偏置电路。

• 除了标准运放外，全差分运放和电流反馈运放以它们独特的优势，在高速、宽带放大电路设计中应用越来越多。

● 实际集成运放的参数是非理想的，A_{vo}、r_i、K_{CMR}、BW 都是有限值，r_o、V_{IO}、I_{IO}、I_{IB}、$\Delta V_{IO}/\Delta T$ 和 $\Delta I_{IO}/\Delta T$ 等并不为零，这些都给运放电路的输出带来误差。在高频和大信号情况工作时，要考虑运放的 BW、S_R 和 BW_P 等参数的影响。此外，低电压、单电源的应用场合越来越多，这时还要关注运放的 RRI 和 RRO 特性。

● 模拟乘法器是一种重要的模拟信号变换与处理器件，常用于信号的调制解调、频率变换和锁相环等电路中。

● 放大电路中噪声和干扰的产生和抑制等相关知识，是电子工程技术中的重要基础知识。要制作高质量的放大器，不仅需要正确地设计电路，合理地选择元器件，而且还要采取有效措施抑制干扰和噪声。

习 题

7.1 模拟集成电路中的直流偏置技术

7.1.1 电路如图 7.1.1a 所示，已知 $V_{DD}=2.5$ V，$V_{SS}=0$ V，$R=15$ kΩ，MOS 管的参数为：$V_{TN}=0.5$ V，$K_n=0.24$ mA/V²，$\lambda=0$。试求 I_{REF}、I_O 和 T_2 的饱和压降 V_{DSS2}。

*7.1.2 电路如图 7.1.1a 所示，已知 $V_{DD}=2.5$ V，$V_{SS}=0$ V，$R=30$ kΩ，MOS 管的参数为：$V_{TN}=0.5$ V，$K_n'=80$ μA/V²，$\lambda=0.015$ V^{-1}。要求 $I_{REF}=50$ μA，$I_O=100$ μA。(1) 分别求 T_1 和 T_2 的 W/L；(2) 求 T_2 漏极看进去的动态电阻 r_{o2}；(3) 当 T_2 的漏源电压 V_{DS2} 变化 1 V 时，求 I_O 变化的百分比（设 T_2 始终工作在恒流区）。

7.1.3 电路如图题 7.1.3 所示，$I_1=1$ mA，NMOS 管的参数为：$V_{TN}=1$ V，$K_n'=50$ μA/V²，$\lambda_n=0$。PMOS 管的参数为：$V_{TP}=-1$ V，$K_p'=25$ μA/V²，$\lambda_p=0$，设所有 MOS 管均运行于恒流区，试求 R、I_3 和 I_4 的值。各管的 W/L 值见图示。

7.1.4 电流源电路如图题 7.1.4 所示，$T_1\sim T_5$ 的 $V_{TN}=2$ V，$\lambda=0$，而 $K_{n2}=K_{n3}=K_{n4}=K_{n5}=0.25$ mA/V²，$K_{n1}=0.1$ mA/V²，求 I_{REF} 和 I 值。

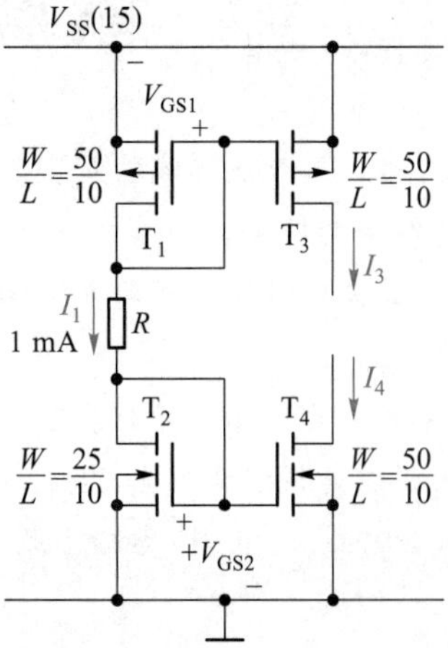

图题 7.1.3

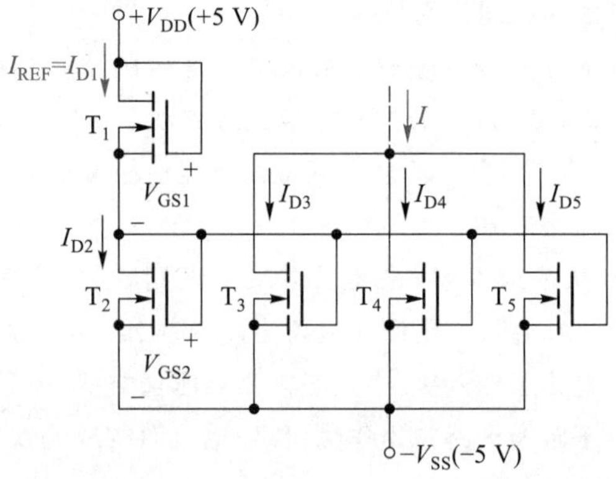

图题 7.1.4

7.1.5　电路如图题 7.1.5 所示。已知 BJT 的参数为：$|V_{BE}| = 0.7\ V$，$\beta = 40$，$V_A = \infty$。要求 $I_O = 0.2\ mA$，试求 I_{REF} 和电阻 R。

7.1.6　电路如图 7.1.6 所示，设 T_1、T_2 的特性完全相同，且 $r_{ce} \gg R_{e2}$，$r_e \approx \frac{V_T}{I_E} \ll R$，求电流源的输出电阻。

7.1.7　多路电流源电路如图题 7.1.7 所示（LM741 的偏置电路），求各支路电流 I_{REF}、I_{C10}、I_{E9}、I_{C12} 和 $I_{C13B}[=(3/4)I_{C12}]$、$I_{C13A}[=(1/4)I_{C12}]$。假设 BJT 的 $|V_{BE}| = 0.6\ V$，$\beta = \infty$，各管结面积相同。

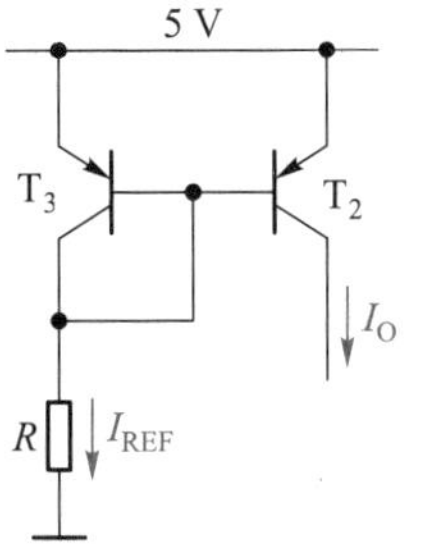

图题 7.1.5

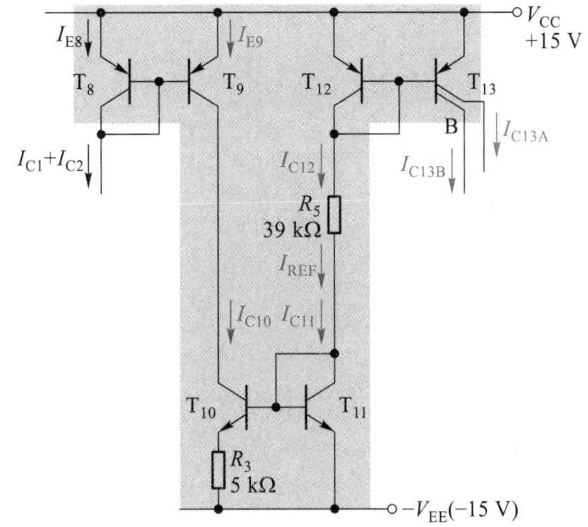

图题 7.1.7

7.2　差分式放大电路

7.2.1　在图 7.2.1b 所示的源极耦合差分式放大电路中，$V_{DD} = V_{SS} = 5\ V$，$I_O = 0.2\ mA$，$r_o = 100\ k\Omega$（图中未画出），$R_{d1} = R_{d2} = R_d = 10\ k\Omega$，$T_1$、$T_2$ 的参数 $K_n = 1.5\ mA/V^2$，$\lambda_{n1} = \lambda_{n2} = 0$，求 T_2 漏极单端输出时的 A_{vd2}、A_{vc2} 和 K_{CMR}。

7.2.2　电路结构如图 7.2.7 所示，设 $V_{DD} = V_{SS} = 1.5\ V$，$R_d = 2.5\ k\Omega$，T_1、T_2 管的 $K_n = 2\ mA/V^2$，$\lambda_{n1} = \lambda_{n2} = 0.001\ V^{-1}$，$V_{TN} = 0.5V$，$T_3$ 管的 $\lambda_{n3} = 0.002\ V^{-1}$，$I_O = I_{REF} = 0.4\ mA$。(1) 当 $v_{i1} = v_{i2} = 0$ 时，求 I_{D1}、I_{D2}、V_S、V_{D1} 和 V_{D2} 的值；(2) 当 $v_{i1} = v_{i2} = v_{ic} = 0.2\ V$ 时，求 i_{D1}、i_{D2}、v_S、v_{D1} 和 v_{DS1} 的值；(3) 求电路中双端输出差模电压增益 A_{vd} 和 v_{O1} 单端输出时的 A_{vd1}、A_{vc1}、K_{CMR} 的值。

7.2.3　电路及参数与题 7.2.2 相同，忽略 λ_{n3} 的影响，另外 $V_{TN3} = 0.5\ V$，$K_{n3} = 4\ mA/V^2$ 试求电路的共模输入电压范围。

7.2.4　差分式放大电路如图题 7.2.4 所示。已知 MOS 管参数 $V_{TN} = 0.5\ V$，$K_n = 0.16\ mA/V^2$，$\lambda = 0$。(1) 当 $v_{i1} = v_{i2} = 0$ 时，$I_{D1} = I_{D2} = 80\ \mu A$，$V_{D2} = 2\ V$，求 I_O 和 R_d；(2) 求 v_{O2} 输出时的差模电压增益；(3) 电路的最大共模输入电压是多少？

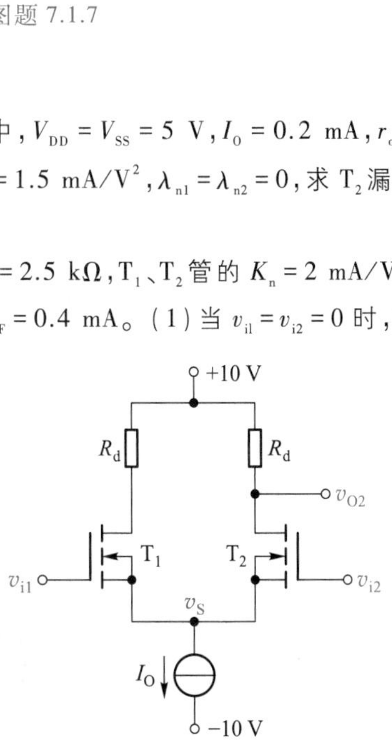

图题 7.2.4

7.2.5　差分式放大电路如图题 7.2.5 所示。已知

$V_{DD}=V_{SS}=5$ V，$I_O=0.15$ mA，$R_d=30$ kΩ，MOS 管参数 $V_{TP}=-0.5$ V，$K_p=0.12$ mA/V^2，$\lambda=0$，电流源动态电阻 $r_o=4$ MΩ。(1) 当输入分别为 $v_{i1}=+0.05$ V，$v_{i2}=-0.05$ V 和 $v_{i1}=+0.1$ V，$v_{i2}=-0.1$ V 时，对应的 $v_{O1}-v_{O2}=$？(2) 当输入从 $v_{i1}=v_{i2}=0$ 变化到 $v_{i1}=+0.1$ V和 $v_{i2}=-0.1$ V 时，求 v_{O2} 的变化；(3) 当输入从 $v_{i1}=v_{i2}=0$ 变化到 $v_{i1}=-1.1$ V 和 $v_{i2}=-0.9$ V 时，求 v_{O2} 的变化。

7.2.6 电路如图题 7.2.6 所示，已知 JFET 均工作在恒流区，T_1、T_2 的 $g_m=1.41$ mS，T_3 构成的电流源的动态电阻 $R_{AB}=2\ 110$ kΩ，其他参数如图中所示。(1) 求电路 A_{vd2}、A_{vc2}（从 d_2 输出时）和 K_{CMR2}；(2) 当 $v_{i1}=50$ mV，$v_{i2}=10$ mV 时，求它们引起的输出电压 v_{o2}；(3) 求差模输入电阻 R_{id}、共模输入电阻 R_{ic} 和输出电阻 R_{o2}。

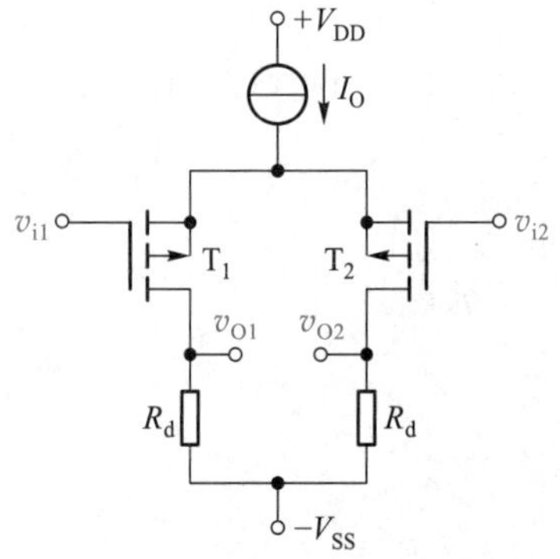

图题 7.2.5

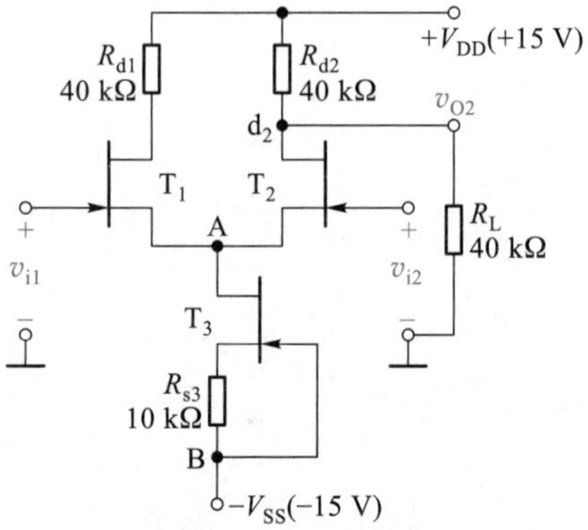

图题 7.2.6

7.2.7 在图 7.2.9a 所示的射极耦合差分式放大电路中，$V_{CC}=V_{EE}=10$ V，$I_O=1$ mA，$r_o=25$ kΩ（图中未画出），$R_{c1}=R_{c2}=10$ kΩ，BJT 的 $\beta=200$，$V_{BE}=0.7$ V。(1) 当 $v_{i1}=v_{i2}=0$ 时，求 I_C、V_E，V_{CE1} 和 V_{CE2}；(2) 求双端输出时的 A_{vd}，和 T_1 集电极单端输出的 A_{vd1}、A_{vc1} 和 K_{CMR1} 的值。

7.2.8 电路如图题 7.2.8 所示，$R_{e1}=R_{e2}=100$ Ω，BJT 的 $\beta=100$，$V_{BE}=0.6$V，电流源动态电阻 $r_o=100$ kΩ（电路中未画出）。(1) 当 $v_{i1}=0.01$ V、$v_{i2}=-0.01$ V 时，求输出电压 v_O 的值；(2) 当 c_1、c_2 间接入负载电阻 $R_L=5.6$ kΩ 时，再求 v_o 的值；(3) 当 v_{O2} 单端输出且 $R_L=\infty$ 时，求 A_{vd2}、A_{vc2} 和 K_{CMR2} 的值；(4) 求电路的差模输入电阻 R_{id}、共模输入电阻 R_{ic} 和 v_{O2} 输出时的输出电阻 R_{o2}。

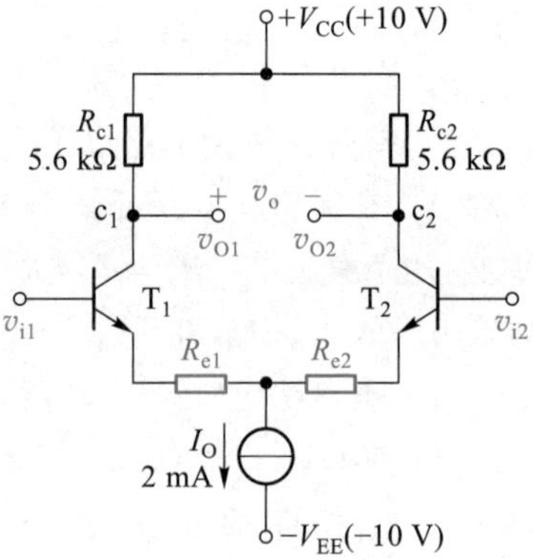

图题 7.2.8

7.2.9 在图题 7.2.9 所示电路中，电流表的满偏电流 I_M 为 100 μA，电流表支路的电阻 R_m 为 2 kΩ，两管的 $\beta=50$，$V_{BE}=0.7$V，$r_{bb'}=300$ Ω，试问：(1) 当 $v_{s1}=v_{s2}=0$ 时，每只管的 I_C，I_B，V_{CE} 各为多少？(2) 为使电流表指针满偏，需加多大的输入电压？

7.2.10 试解释为什么在图 7.2.9a 所示电路中的差分对管的射极电路里各接入射极电阻 $R_{e1}=R_{e2}$ 时（参见图题 7.2.8），可以扩大线性工作范围。它是以什么代价换取的？

*7.2.11 图 7.2.1c 所示电路。$R_{d1}=R_{d2}=R_d=5$ kΩ，$V_{DD}=V_{SS}=5$ V，$I_O=400$ μA，$V_{TN}=0.5$ V，$W=$

20 μm, L = 0.5 μm, K_n' = 200 μA/V², (1) 求 MOS 管的 V_{GS}、g_m 和线性区的最大差模输入电压、最大差模输出电压；(2) 当要求最大差模输入电压加倍时，求在 K_n'和 W/L 不变的情况下 I_O 的值及其对应的最大差模输出电压，或在 K_n'和 I_O 不变的情况下 W/L 的值及其对应的最大差模输出电压。

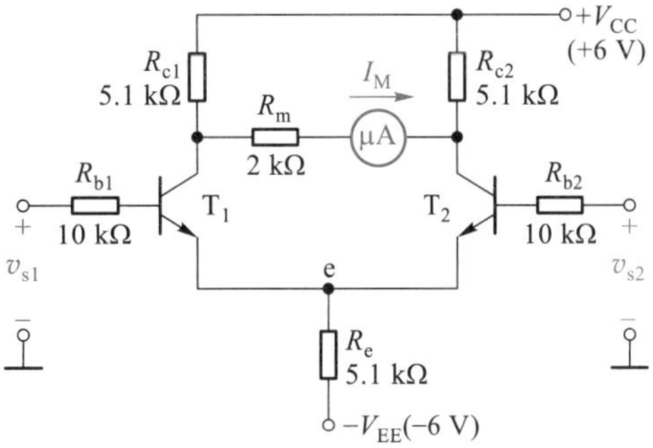

图题 7.2.9

*7.2.12 在图 7.2.9a 中设 $V_{CC} = V_{EE}$ = 15 V, $R_{c1} = R_{c2}$ = 9.1 kΩ, I_O = 1 mA, 电流源动态电阻 $r_o = \infty$, BJT 的 V_{BE} = 0.7 V, 饱和压降 V_{CES} = 0.1 V, 当 $v_{ic} = 0$, v_{id} 从 $4V_T$ 变化到小于 $-4V_T$ 时，输出电压 v_{O1} 和 v_{O2} 的变化范围和 $v_o = v_{O1} - v_{O2}$ 的幅值。

* 7.3 带有源负载的差分式放大电路

7.3.1 CMOS 源极耦合差分式放大电路如图题 7.3.1 所示，电路参数为 $V_{DD} = V_{SS}$ = 10 V, I_O = 0.1 mA, PMOS 管 T_3、T_4 的 K_p = 100 μA/V², λ_p = 0.015 V⁻¹, V_{TP} = −1 V。NMOS 管 T_1、T_2 的 K_n = 100 μA/V², λ_n = 0.01 V⁻¹, V_{TN} = 1 V。求差模电压增益 A_{vd2}。

7.3.2 CMOS 差分式放大电路如图 7.3.3 所示，已知 T_5、T_6、T_7、T_8 特性相同，它们的 $K_{n5\sim8}$ = 10 μA/V², $V_{TN5\sim8}$ = 2.33 V, $\lambda_{5\sim8}$ = 0。T_1 与 T_2 和 T_3 与 T_4 是匹配的对管，$K_{n1} = K_{n2} = K_{p3} = K_{p4}$ = 45 μA/V²、$\lambda_{1\sim4}$ = 0.05 V⁻¹。(1) 求电路的电流 I_{REF}、I_O、I_{D1} 和 I_{D2}；(2) 当 $v_{i1} = -v_{i2} = v_{id}/2$ = 5 μV 时，求 v_{O2} 输出的信号电压、差模电压增益 A_{vd2}、共模电压增益 A_{vc2} 和共模抑制比 K_{CMR2}。

7.3.3 电路如图题 7.3.3 所示，电路中 JFET T_1、T_2 的 g_m = 1.41 mS, λ = 0.01 V⁻¹, BJT 的 r_{ce} = 100 kΩ, 电流源 I_O 的动态电阻 r_o = 2 000 kΩ。设电路可以正常工作于线性区。(1) 求 v_{O2} 输出时的差模电压增益 A_{vd2}、共模电压增益 A_{vc2} 和共模抑制比 K_{CMR2}；(2) 当 v_{id} = 40 mV 时，求负载上获得的信号电压。

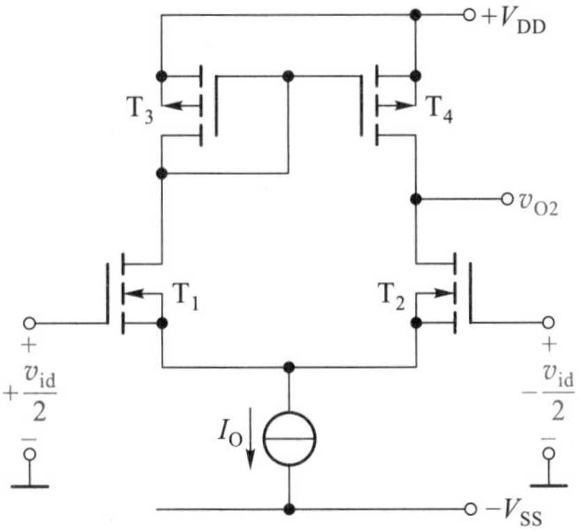

图题 7.3.1

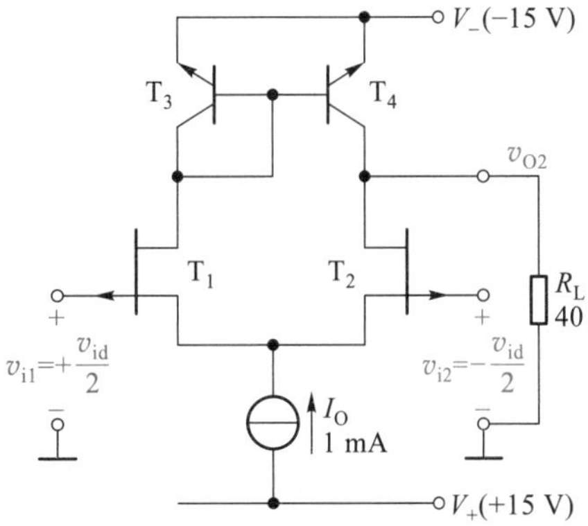

图题 7.3.3

7.3.4 电路如图 7.3.4 所示，$T_1 \sim T_4$ 特性相同，设 β = 107, $r_{bb'}$ = 200 Ω, V_{BE} = 0.7 V, $r_{ce2} = r_{ce4}$ = 167 kΩ, T_5 的 r_{ce5} = 100 kΩ。(1) 计算电路的偏置电流；(2) 求 c_2 端输出时的差模电压增益 A_{vd2}、

共模电压增益 A_{vc2} 和共模抑制比 K_{CMR}；(3) 求差模输入电阻 R_{id}、从 c_2 看入的输出电阻 R_o。提示：$R_{o5}=r_{ce5}\left(1+\dfrac{\beta R_{e5}}{r_{be5}+R_{e5}}\right)$。

7.4 集成运算放大器电路简介

7.4.1 图题 7.4.1 所示为 CMOS 运放 TLV9001 的电路原理示意图。输入级有两个源极耦合差分式放大电路，它们分别由 NMOS 对管 T_1 和 T_2、PMOS 对管 T_3 和 T_4 构成，两个差分电路的输入端并联在一起作为运放的输入端。第二级也是两对互补型 MOS 管 (T_5 和 T_6、T_7 和 T_8)，构成两个栅极耦合(共栅极)差分式放大电路。整个电路上下对称，并联在一起。(1) 该电路的共模输入电压范围可以扩展到正负电源电压，试解释缘由；(2) 从上半边或下半边看，串接的第一、二级构成什么组合(多级)电路？它有什么优点？(3) 如果已知 T_9 和 T_{10} 的阈值电压 $V_{TN}=|V_{TP}|=0.5\text{ V}$，若要使输出电压摆幅为 $-V_{SS}+0.02\text{ V}\sim+V_{DD}-0.02\text{ V}$，则对 T_9 和 T_{10} 的栅极电压有何要求？

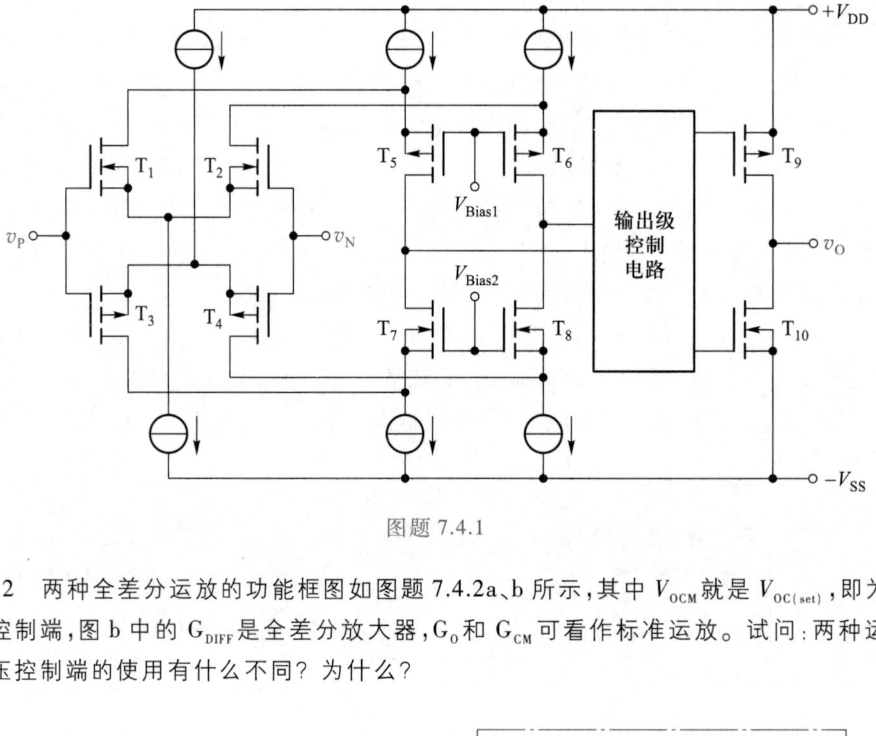

图题 7.4.1

7.4.2 两种全差分运放的功能框图如图题 7.4.2a、b 所示，其中 V_{OCM} 就是 $V_{OC(set)}$，即为输出共模电压控制端，图 b 中的 G_{DIFF} 是全差分放大器，G_O 和 G_{CM} 可看作标准运放。试问：两种运放输出共模电压控制端的使用有什么不同？为什么？

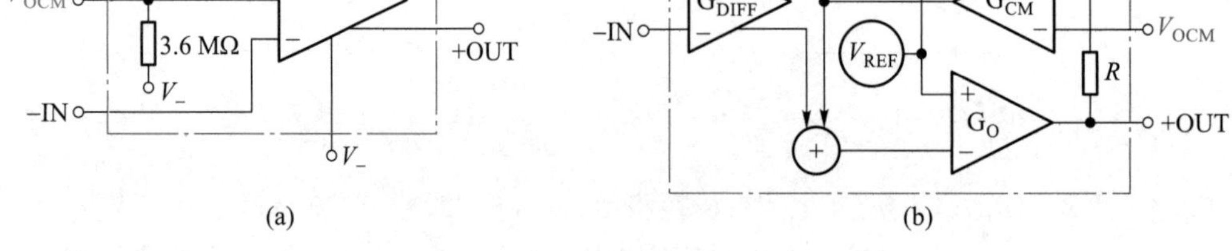

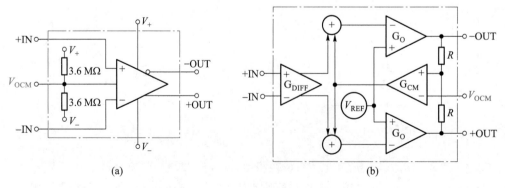

图题 7.4.2

7.4.3 图题 7.4.3 所示电路是运放 LM741 中间级的局部电路。若已知 $\beta_{16}=\beta_{17}=200$，$r_{ce17}=r_{ce13}=1\ \text{M}\Omega$，$r_{be16}=r_{be17}=3\ \text{k}\Omega$，$R_{i24}=800\ \text{k}\Omega$。试求 T_{17} 共射电路的电压增益 $A_v=v_{o2}/v_{i2}$ 和 T_{16} 基极的输入电阻 R_{i16}。

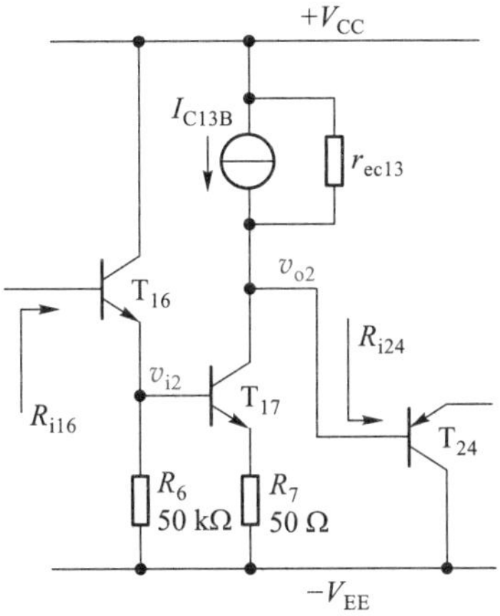

图题 7.4.3

7.4.4 BiJFET 型运放 LF356 的简化原理电路如图题 7.4.4 所示。(1) 分别指出输入级、中间级和输出级各由哪些电路构成？(2) 指出 R_P 的作用；(3) 电路有何特点？

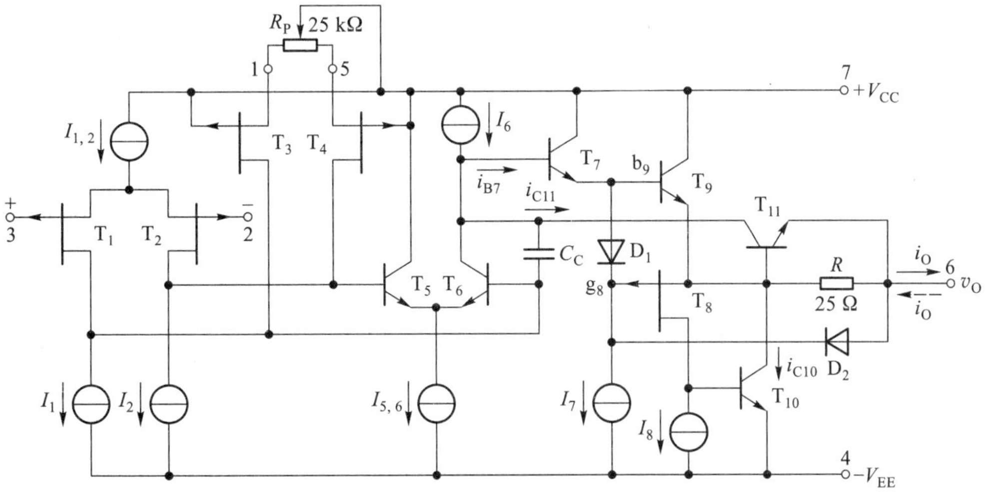

图题 7.4.4

7.5 实际运算放大器的主要参数和相关应用问题

7.5.1 已知运放 LM741 的 $V_{IO}=1\ \text{mV}$，$I_{IB}=80\ \text{nA}$，$I_{IO}=20\ \text{nA}$。用它构成 10 倍的反相放大电路如图题 7.5.1 所示。(1) 当电阻取值为 $R_1=1\ \text{k}\Omega$，$R_f=10\ \text{k}\Omega$ 时，求可能的最大输出误差电压；(2) 当电阻取值为 $R_1=100\ \text{k}\Omega$，$R_f=1\ \text{M}\Omega$ 时，求可能的最大输出误差电压；(3) 在同相端

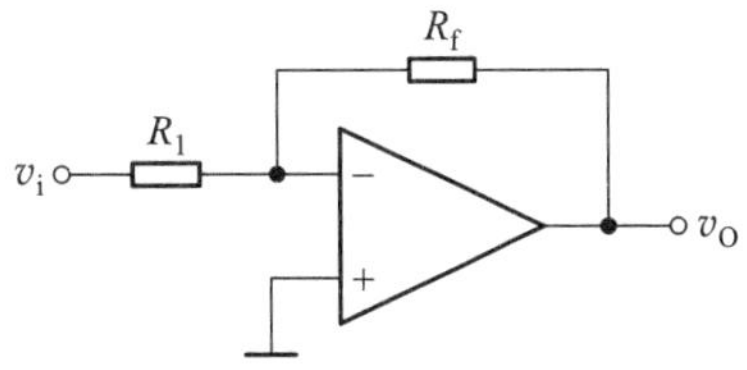

图题 7.5.1

接入平衡电阻 $R_2=R_1 /\!/ R_f$，再求(1)和(2)的结果。对于给定的运放，给出电阻取值大小和平衡电阻对输出误差电压影响的分析结论。

7.5.2 电子秤重量信号放大电路如图题 7.5.2 所示。$v_O=5$ V 对应 5 kg 的满量程，要求运放零点漂移导致的误差不超过 5 g。问：(1)在不加调零电路的前提下，下列两种运放哪种可用？说明理由。(2)运放选用 OPA177 时，如果芯片工作温度达 80℃ 时，电路最大输出零点漂移误差电压为多少？

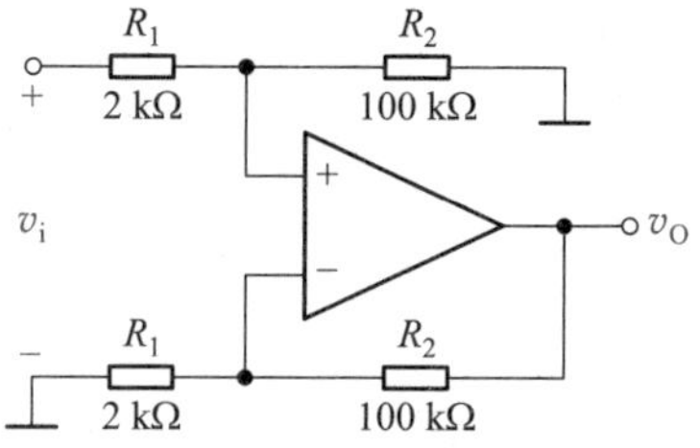

图题 7.5.2

运放参数：LM741 的 $V_{IO}=1$ mV，$I_{IB}=80$ nA，$I_{IO}=20$ nA；OPA177 的 $V_{IO}=10$ μV(25℃)，$I_{IB}=0.5$ nA(25℃)，$I_{IO}=0.5$ nA(25℃)，$\Delta V_{IO}/\Delta T=0.1$ μV/℃，$\Delta I_{IB}/\Delta T=8$ pA/℃，$\Delta I_{IO}/\Delta T=1.5$ pA/℃。

7.5.3 LF356 型集成运放的单位增益带宽 $BW_G(f_T)=5$ MHz，转换速率 $S_R=12$ V/μs，用它构成电压增益为 10 倍的放大电路。(1)要求最大不失真输出电压幅值为 10 V 时，求电路的带宽；(2)当正弦信号的频率等于全功率带宽的 5 倍时，问此时最大不失真输入电压幅值是多少？

7.5.4 同相放大电路如图题 7.5.4 所示，它的闭环增益 $A_v=10$，运放 LTC6268－10 的 $BW_G(f_T)=4$ GHz，$S_R=1\,000$ V/μS。(1)求通带内最大不失真输出电压幅值为多少？(2)若要求最大不失真输出电压幅值达到 1V，那么电路的实际带宽为多少？

7.5.5 10 倍电压增益的反相放大电路如图题 7.5.5 所示。所用运放 TLV9001 的工作电源为 ±2.75 V，对应输出电压极限值±2.5 V 时的输出端最大电流为±10 mA，接入负载时要保证输出电压仍能达到±2.5 V。(1)若电阻取值为 $R_1=1$ kΩ，$R_f=10$ kΩ，则负载 R_L 的最小值为多少？(2)电阻改用 $R_1=100$ Ω，$R_f=1$ kΩ，R_L 的最小值又为多少？

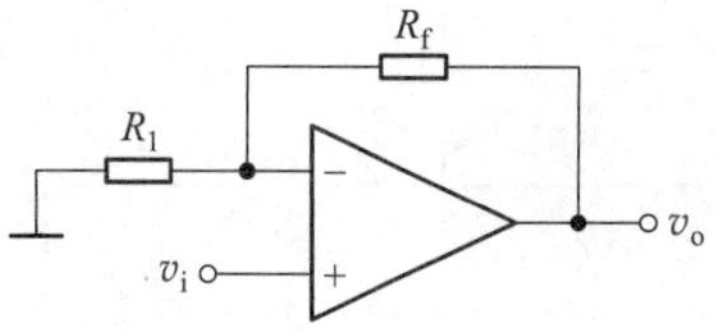

图题 7.5.4

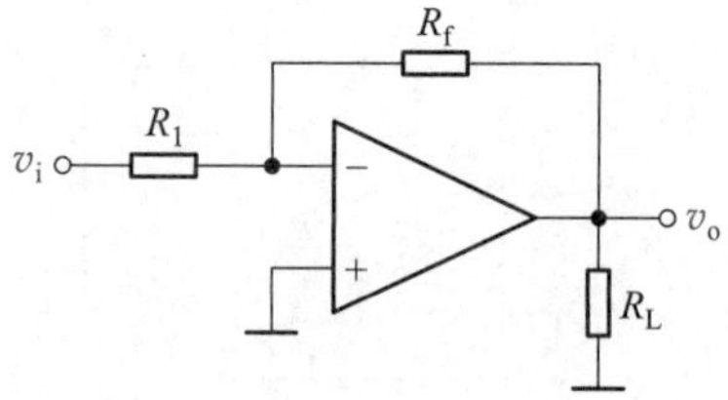

图题 7.5.5

7.5.6 单电源供电的放大电路如图题 7.5.6 所示。(1)求电压增益表达式 $A_v=v_o/v_i$；(2)若 v_i 的幅值范围为－0.1～+0.1 V，频带为 0～20 kHz，要求将其放大 100 倍。试确定对 A_2 所选运放指标 $BW_G(f_T)$、S_R 以及工作电源的要求；(3)当 R_L 最小值为 1 kΩ 时，试设计 R_1 和 R_2 的阻值，并确定

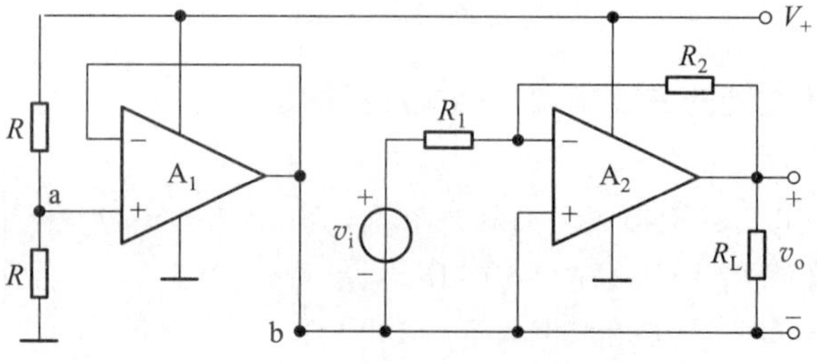

图题 7.5.6

对 A_2所选运放输出端电流的要求;(4)能否去掉 A_1电路直接将 b 点连接到 a 点? 为什么?

7.6 变跨导式模拟乘法器

7.6.1 有效值检测电路如图题 7.6.1 所示,若 R_2为∞,试证明

$$v_O=\sqrt{\frac{1}{T}\int_0^T v_i^2 \mathrm{d}t}$$

式中 $T=\frac{CR_1R_3K_2}{R_4K_1}$。

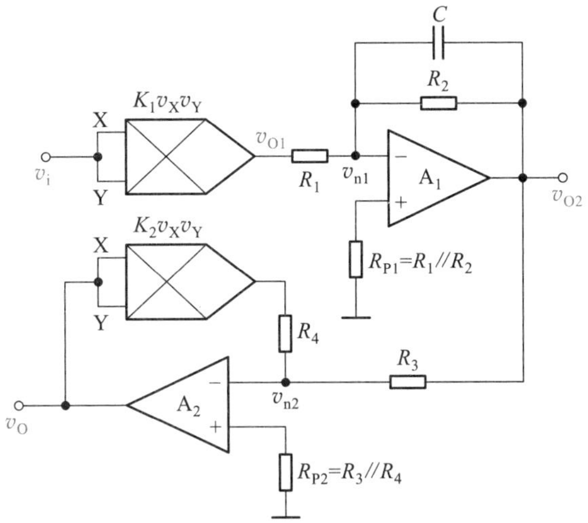

图题 7.6.1

7.6.2 电路如图题 7.6.2 所示,试求输出电压 v_O的表达式。

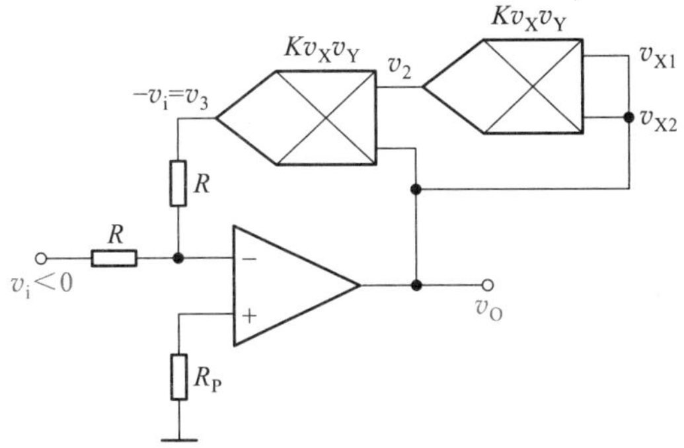

图题 7.6.2

7.6.3 电路如图题 7.6.3 所示,运放和乘法器(Ⅰ和Ⅱ相同)都具有理想特性。(1)求 v_{O1}、v_{O2}和 v_O的表达式;(2)当 $v_{s1}=V_{sm}\sin\omega T$,$v_{s2}=V_{sm}\cos\omega T$,说明此电路具有检测正交振荡幅值的功能(称为平方律振幅检测电路)。

提示:$\sin^2\omega T+\cos^2\omega T=1$。

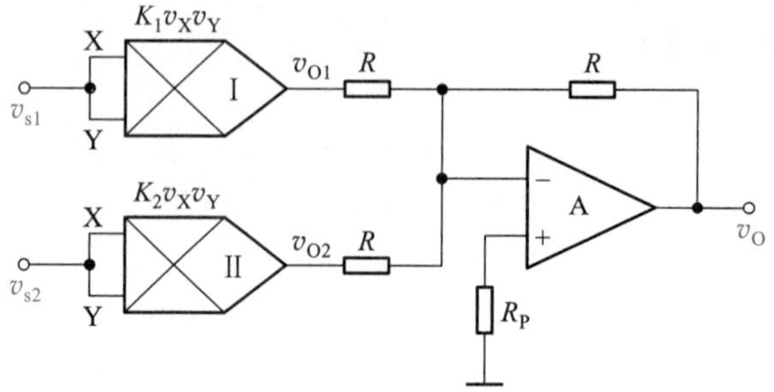

图题 7.6.3

7.6.4 电路如图题 7.6.4 所示，设电路器件是理想的，乘法器的系数 $K=0.1\ \mathrm{V}^{-1}$，V_C 为直流控制电压，其值在+5～+10 V 间可调，试求 $A_{vf}(s)=V_o(s)/V_s(s)$ 的表达式、截止频率及其可调范围。

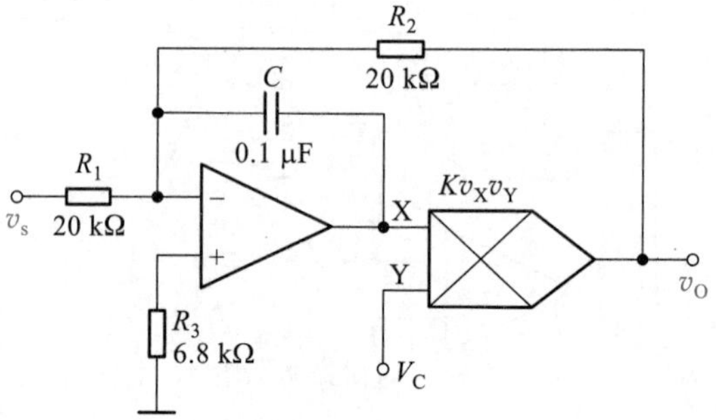

图题 7.6.4

7.6.5 （1）图题 7.6.5a 是由乘法器构成的倍频电路方框图，输入信号为 $v_s=V_s\cos\omega_s t$，图中带通滤波器只允许倍频电压通过，写出输出电压 v_{O1} 和 v_O 的表达式；（2）图题 7.6.5b 中 $v_{s1}=V_{s1}\cos\omega_s t$ 和 $v_{s2}=V_{s2}\cos(\omega_s t+\varphi)$ 是两个频率相同，相位差为 φ 的高频小信号，该电路将相位差 φ 变换成电压，其低通滤波器滤除高频信号，取出与两输入信号相位差成比例的低频输出电压 v_O，试分别写出 v_{O2} 和 v_O 的表达式。

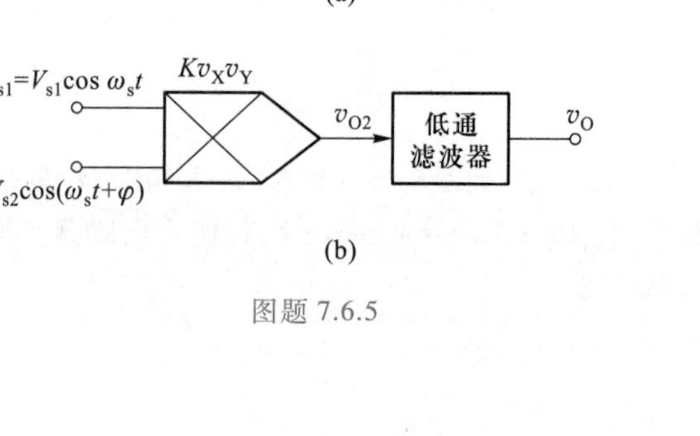

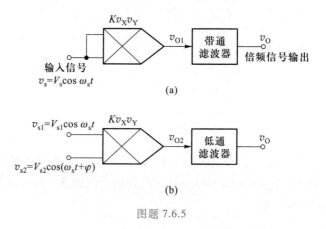

图题 7.6.5

7.7 放大电路中的噪声与干扰

*7.7.1 在 $T=25$ ℃条件下，电阻 $R=100\ \Omega$ 和 $10\ \text{k}\Omega$ 时，分别求(1)它的热噪声电压频谱密度 $V_n/\sqrt{B}$；(2)热噪声电流频谱密度 $I_n/\sqrt{B}$；(3)音频范围内(20 Hz~20 kHz)噪声电压 V_n。

*7.7.2 由运放 741 组成的同相放大电路如图题 7.7.2 所示，R_{si}是信号源 v_s 的内阻 741 噪声电压 $V_n=13\ \text{nV}/\sqrt{\text{Hz}}$，$I_{nn}$和 I_{np}是它的噪声电流 $I_{nn}=I_{np}=2\ \text{pA}/\sqrt{\text{Hz}}$。(1)当 $v_s=0$、温度 $T=25$ ℃，求电阻 R_{si}、R_1、R_f的噪声电压 V_{nsi}、V_{n1}、V_{nf}和 741 的输入噪声源电压；(2)求电路总的输出噪声电压 V_{on}，并讨论电阻 R_1、R_f、R_{si}的噪声电压 V_{n1}、V_{nf}、V_{nsi}和运放的 V_n和 I_n($I_{nn}=I_{np}$)对总的输出噪声电压的影响。

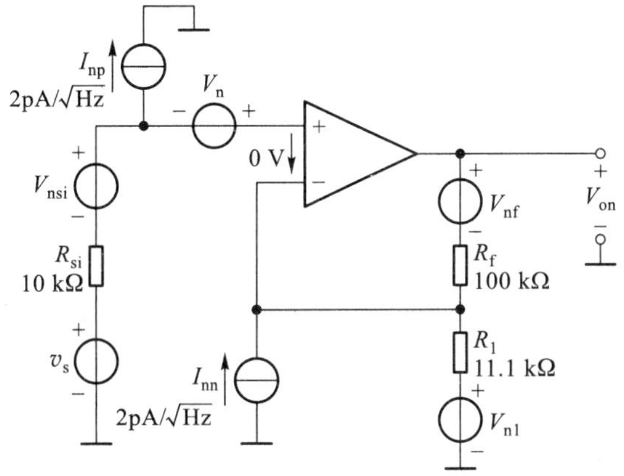

图题 7.7.2

第 7 章部分习题答案

8 反馈放大电路

引言

反馈理论被广泛应用于许多领域，如电子技术、控制科学、生命科学、人类社会学等。

在电子电路中，反馈的应用更为普遍。按照极性的不同，反馈分为负反馈和正反馈两种类型，它们在电子电路中所起的作用不同。在所有实用的放大电路中都要适当地引入负反馈，用于改善或控制放大电路的一些性能指标，例如提高增益的稳定性、减小非线性失真、抑制干扰和噪声、扩展带宽、控制输入电阻和输出电阻等，但这些性能的改善都是以降低增益为代价的。在某些情况下，放大电路中的负反馈可能转变为正反馈。正反馈会造成放大电路的工作不稳定，但在波形产生电路中则要有意地引入正反馈，以构成自激振荡的条件。

本章首先介绍反馈的基本概念及负反馈放大电路的类型，接着介绍负反馈放大电路增益的一般表达式，负反馈对放大电路性能的影响，闭环电压增益的近似计算，然后介绍负反馈放大电路的设计，最后讨论负反馈放大电路的稳定性问题。

8.1 反馈的基本概念与分类

8.1.1 什么是反馈

在电子电路中，所谓反馈，是指将电路输出电量（电压或电流）的一部分或全部通过反馈网络，用一定的方式送回到输入回路，以影响输入、输出电量（电压或电流）的过程。反馈体现了输出信号对输入信号的反作用。

在前面各章中虽然没有具体地介绍反馈，但是在许多电路中都引入了反馈。例如，第 2 章讨论过的反相和同相放大电路以及各种运算电路，就是由集成运放和反馈网络组成的。又如，在图 4.4.6a 所示的共源极放大电路中，实质上就是通过外接源极电阻 R_s 引入负反馈，来稳定漏极静态电流 I_{DQ} 的。这种通过外接电路元件产生的反馈称为外部反馈。

在 BJT 的内部也存在着反馈，观察图 5.2.5b 所示 BJT 的 H 参数小信号模型便知，输入回路中的电压 $h_{re}v_{ce}$ 就反映了 BJT 的输出电压 v_{ce} 对输入电压 v_{be} 的反作用，这种存在于器件内部的反馈称为内部反馈或寄生反馈，其作用很小，可以忽略。

在放大电路中还存在着由杂散电容或杂散电感将输出信号反馈到输入端而产生的寄生反馈。这种寄生反馈是有害的，严重时可使放大电路不能正常工作，实践中应竭力设法避免或消除。

本章主要讨论放大电路中的各种外部反馈。

引入反馈的放大电路称为反馈放大电路,它由基本放大电路 A 和反馈网络 F 组成一个闭合环路,如图 8.1.1 所示。其中 x_I是反馈放大电路的输入信号,x_O是输出信号,x_F是反馈信号,x_{ID}是基本放大电路的净输入信号。对于负反馈放大电路而言,x_{ID}是输入信号 x_I与反馈信号 x_F相减后的差值信号。以上这些信号可以是电压,也可以是电流,但 x_I、x_{ID}和 x_F必须是同一种电量。

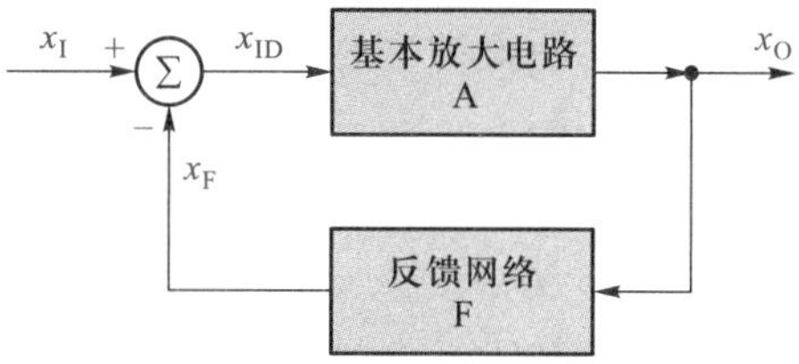

图 8.1.1 反馈放大电路的组成框图

为了简化分析,可以认为反馈环路中信号是单向传输的,如图中箭头所示。即信号从输入到输出的正向传输(放大)只经过基本放大电路,而不通过反馈网络,因为反馈网络一般由无源元件组成,没有放大作用,故其正向传输作用可以忽略。基本放大电路的增益为 $A=x_O/x_{ID}$。信号从输出到输入的反向传输只通过反馈网络,而不通过基本放大电路。反向传输系数为 $F=x_F/x_O$,称为反馈系数。

由图 8.1.1 可以得知,判断一个放大电路中是否存在反馈,只要看该电路的输出回路与输入回路之间是否存在反馈网络,即反馈通路。若没有反馈网络,则不能形成反馈,这种状态称为开环。若有反馈网络存在,则能形成反馈,称这种状态为闭环。

例 8.1.1 试判断图 8.1.2 所示各电路中是否存在反馈。

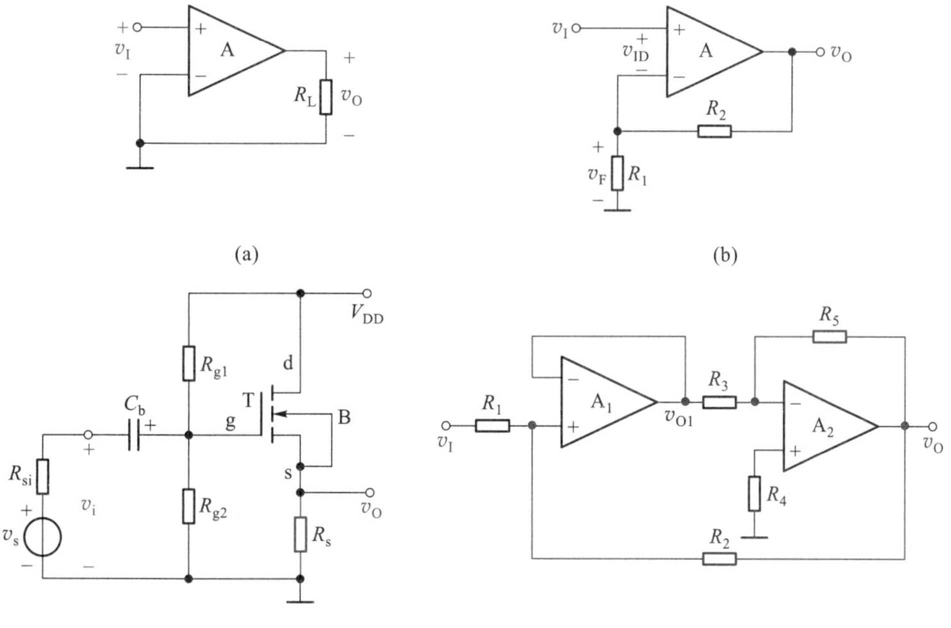

图 8.1.2 例 8.1.1 的电路图

解：图 8.1.2a 所示电路中，输出回路与输入回路间不存在反馈网络（通常情况下电源连线或地线都不会引入反馈），因而该电路中不存在反馈，为开环状态。

图 8.1.2b 所示电路中，运放 A 构成基本放大电路，电阻 R_2 和 R_1 构成了反馈通路，因而该电路中存在反馈。

图 8.1.2c 为共漏极放大电路，由它的交流通路（即将电容 C_b 视为对交流短路，电源 V_{DD} 视为交流的“地”）可知，源极电阻 R_s 既在输入回路中，又在输出回路中，它构成了反馈通路，因而该电路中存在着反馈。

图 8.1.2d 为两级放大电路，其中每一级都有一条反馈通路，第一级为电压跟随器，它的输出端与反相输入端之间由导线连接，形成反馈通路；第二级为反相放大电路，它的输出端与反相输入端之间由电阻 R_5 构成反馈通路。此外，从第二级的输出到第一级的输入也有一条反馈通路，由 R_2 构成。通常称每级各自存在的反馈为局部（或本级）反馈，称跨级的反馈为级间反馈。

8.1.2 直流反馈与交流反馈

在放大电路中既含有直流分量，也含有交流分量，因而，必然有直流反馈与交流反馈之分。

存在于放大电路的直流通路中的反馈为直流反馈。直流反馈影响放大电路的直流性能，如静态工作点。

存在于交流通路中的反馈为交流反馈。交流反馈影响放大电路的交流性能，如增益、输入电阻、输出电阻和带宽等。

本章讨论的主要内容均针对交流反馈而言。

例 8.1.2 试判断图 8.1.3 所示电路中，哪些元件引入了级间直流反馈？哪些元件引入了级间交流反馈？

解：图 8.1.3a 所示电路中，在直流情况下，电容 C 可视为开路，电阻 R_2、R_3 和 R_4 形成反馈通路，引入直流反馈。电容 C 对交流信号可视为短路，交流情况下，R_2 并接在运放的反相输入端与地之间、R_3 并接在输出端与地之间。不存在反馈通路。

图 8.1.3b 所示电路中，在直流情况下，电容 C 开路，不存在反馈通路。在交流情况下，电容 C 可视为短路，R_2 将运放输出端与反相输入端相连。所以 R_2 和 C 引入了交流反馈。

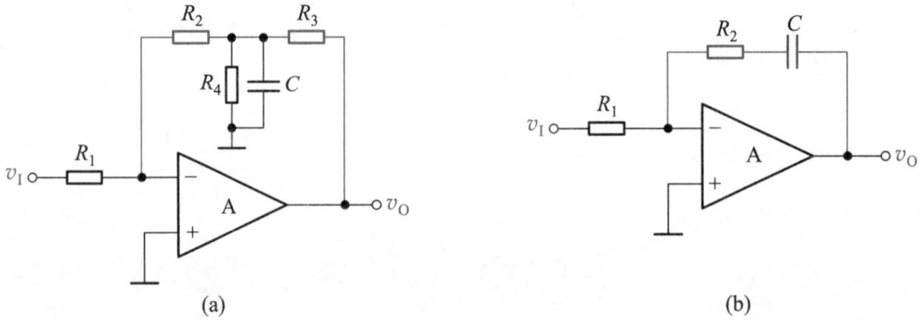

图 8.1.3 例 8.1.2 的电路图

（a）引入直流反馈的电路 （b）引入交流反馈的电路

8.1.3　正反馈与负反馈

由图 8.1.1 所示的反馈放大电路组成框图可以得知，反馈信号送回到放大电路的输入回路与原输入信号共同作用后，对净输入信号的影响有两种效果：一种是使净输入信号量比没有引入反馈时减小了，这种反馈称为负反馈；另一种是使净输入信号量比没有引入反馈时增加了，这种反馈称为正反馈。在放大电路中一般引入负反馈。

判断反馈极性的基本方法是瞬时变化极性法，简称瞬时极性法。即判断电路中有关节点电压瞬时的值，增加用(+)、减少用(-)号标出。

具体做法是：先假设输入信号 v_i 在某一瞬时的值增加了，用(+)号标出，并设 v_i 的频率在放大电路的通带内(即中频区)，然后沿着信号正向传输的路径，根据各种基本放大电路的输出信号与输入信号间的相位关系，从输入到输出逐级标出放大电路中各相关点电位的瞬时极性，或相关支路电流的瞬时流向，再经过反馈通路，确定从输出回路到输入回路的反馈信号的瞬时极性，最后判断反馈信号是削弱还是增强了净输入信号，如果是削弱，则为负反馈，反之则为正反馈。

例 8.1.3　试判断图 8.1.4 所示各电路中级间交流反馈的极性。

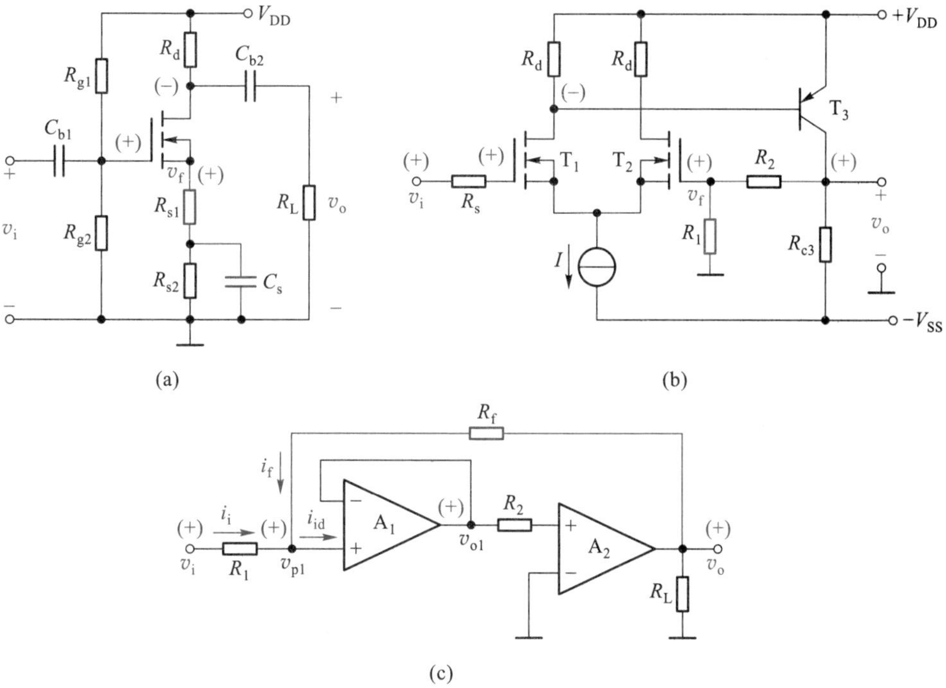

图 8.1.4　例 8.1.3 的电路(为简化起见，图中只标出交流信号分量)
(a) 共源极放大电路　(b) 多级放大电路　(c) 运放电路

解：图 8.1.4a 所示电路中，因源极电容 C_s 的旁路作用，所以对交流信号而言，电阻 R_{s2} 上不存在交流信号，而电阻 R_{s1} 为交流通路的输入回路和输出回路所共有，构成了反馈通路。R_{s1} 上的交流电压即为反馈信号 v_f，基本放大电路的净输入信号是 v_{gs}。设输入信号 v_i 的瞬时极性为正，如图 8.1.4a 中所标，经 NMOS 管放大后，其漏极电压为负，源极电压 v_s(即反馈信号 v_f)为正，因而使该放大电路的净输入信号电压 $v_{gs}(=v_i-v_f)$ 比没有反馈（即将 R_{s1}短路）时的 $v_{gs}(=v_i)$减小了，所以由 R_{s1}引入的交流反馈是负反馈。

图 8.1.4b 所示电路是一个两级放大电路，第一级是由 T_1和 T_2构成的单端输入-单端输出式差分放大电路，第二级是由 T_3组成的共射电路。在第二级的输出回路和第一级的输入回路之间由电阻 R_1与 R_2构成了级间交流反馈通路（虽然也引入直流反馈，但这里仅考虑交流反馈）。R_1上的交流电压是反馈信号 v_f，T_1和 T_2两个栅极间的信号电压是该电路的净输入信号。

设输入信号 v_i的瞬时极性为（+），则 T_1栅极的交流电压 v_{g1}也为（+），根据 NMOS 管输入输出相位关系，第一级的输出（T_1的漏极）信号 v_{d1}为（-），第二级的输出信号 v_{c3}为（+），经 R_1与 R_2反馈到 T_2栅极的反馈信号 $v_f(=v_{g2})$也为（+），因而使该电路的净输入信号电压 $v_{id}(=v_{g1}-v_{g2})$比没有反馈时（断开 R_2）减小了，所以 R_1与 R_2引入的是负反馈。

图 8.1.4c 所示电路中，R_f构成了级间交流反馈通路。设输入信号 v_i的瞬时极性为（+），则运放 A_1同相端电压 v_{p1}的极性也为（+），由 A_1组成的电压跟随器的输出电压 v_{o1}也为（+），第二级输出电压 v_o与其输入电压 v_{o1}同相位，并且有 $v_o>v_{p1}$（放大作用）。根据上述分析，可标出输入电流 i_i、净输入电流 i_{id}和反馈电流 i_f的瞬时流向如图中箭头所示。因而净输入电流 $i_{id}(=i_i+i_f)$比没有反馈时（$i_f=0$）增加了，所以该电路中 R_f引入了正反馈。

前面介绍的瞬时极性法同样适合直流反馈的判断。

8.1.4 串联反馈与并联反馈

是串联还是并联反馈由反馈网络的输出端口①与基本放大电路输入端口的连接方式来判定。

在反馈放大电路的输入回路，凡是反馈网络的输出端口与基本放大电路的输入端口串联连接的，称为串联反馈，如图 8.1.5a 所示。这时，输入回路的信号 x_i、x_f及 x_{id}分别以电压 v_i、v_f及 v_{id}出现，并满足 KVL 方程，实现电压比较。对于串联负反馈，有 $v_{id}=v_i-v_f$。所以图 8.1.5a 中引入的是串联负反馈。

凡是反馈网络的输出端口与基本放大电路的输入端口并联连接的，称为并联反馈，如图 8.1.5b 所示。这时，输入回路的信号 x_i、x_f及 x_{id}分别以电流 i_i、i_f及 i_{id}出现，并满足 KCL 方程，实现电流比较。对于并联负反馈，有 $i_{id}=i_i-i_f$。图 8.1.5b 中引入的是并联负反馈。

实际上，由图 8.1.5 可以总结出判断串、并联反馈的更快捷的方法：当反馈信号与输入信号分别接至基本放大电路的不同输入端时，引入的是串联反馈；当反馈信号与输入信号接至基本放大电路的同一个输入端时，引入的是并联反馈。这里信号源的另一个端口接地。

需要说明的是，信号源内阻 R_{si}的大小，会对串联负反馈和并联负反馈的效果带来不同的影响。由图 8.1.5a 所示的串联负反馈框图可见，基本放大电路的净输入电压 $v_{id}=v_i-v_f$，要使串联负反馈的效果最佳，即反馈电压 v_f对净输入电压 v_{id}的调节作用最强，则要求输入电

① 在图 8.1.5 所示的反馈环中，基本放大电路左边为输入端口，右边为输出端口；反馈网络则相反，右边为输入端口，左边为输出端口。

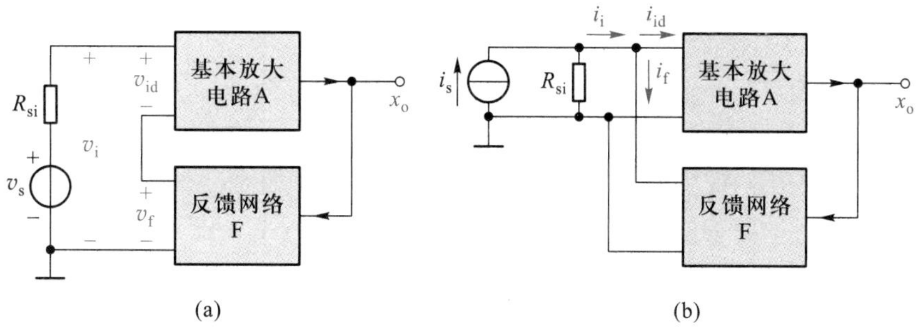

图 8.1.5 串联反馈与并联反馈

(a) 串联反馈 (b) 并联反馈

压 v_i最好固定不变，而这只有在信号源 v_s的内阻 $R_{si}=0$ 时才能实现，此时有 $v_i=v_s$。如果信号源内阻 $R_{si}=\infty$，则反馈信号 v_f的变化对净输入信号 v_{id}就没有影响，负反馈将不起作用。所以串联负反馈要求信号源内阻越小越好。

相反，对于图 8.1.5b 所示的并联负反馈而言，为增强负反馈效果，则要求信号源内阻越大越好。信号源内阻 $R_{si}=\infty$ 时，有 $i_i=i_s$，i_i固定不变，净输入电流 $i_{id}=i_i-i_f$，反馈电流 i_f对净输入电流 i_{id}的调节作用最强，并联负反馈的效果最佳。若 $R_{si}=0$，则负反馈将不起作用。

例 8.1.4 试判断图 8.1.2d 和图 8.1.4b 所示电路中的级间交流反馈是串联反馈还是并联反馈。

解： 图 8.1.2d 所示电路中，R_2引入级间交流负反馈。由于反馈信号与输入信号均接至基本放大电路的同一个输入端（运放 A_1的同相输入端），显然是以电流形式进行比较，因此是并联反馈。

图 8.1.4b 所示电路中，R_1和 R_2引入了级间交流负反馈。由于反馈网络的输出端口接于基本放大电路的一个输入端（T_2管的栅极）和地之间，而输入信号 v_i通过 R_s加在基本放大电路的另一个输入端（T_1管的栅极）和地之间，反馈信号与输入信号接于不同的输入端，因此是串联反馈。

8.1.5 电压反馈与电流反馈

是电压反馈还是电流反馈由反馈网络的输入端口在放大电路输出端口的取样对象来决定。如果把输出电压的一部分或全部取出来回送到放大电路的输入回路，则称为电压反馈。此时反馈信号 x_f和输出电压成比例，即 $x_f=Fv_o$。如图 8.1.6a 所示，电压反馈时反馈网络的输入端口并联于放大电路输出端口，如同万用表并联测电压一样。

当反馈信号 x_f与输出电流成比例，即 $x_f=Fi_o$时，则是电流反馈。如图 8.1.6b 所示，此时反馈网络的输入端口串联于放大电路输出端口，如同万用表串联测电流一样。需要指出的是 i_o多指放大器件的输出电流。

判断电压与电流反馈的常用方法是“输出短路法”，即假设输出电压 $v_o=0$，或令负载电阻 $R_L=0$，然后看反馈信号是否还存在，若反馈信号不存在了（即 $x_f=0$），则说明反馈信号与输出电压成比例，是电压反馈；若反馈信号还存在（即 $x_f\neq0$），则说明反馈信号不是与输出

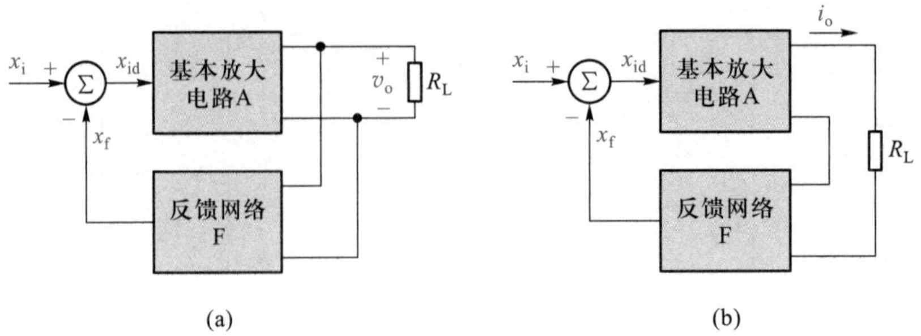

图 8.1.6 电压反馈与电流反馈

（a）电压反馈 （b）电流反馈

电压 v_o成比例，而是与输出电流 i_o成比例，是电流反馈。

电压负反馈的重要特点是能够稳定输出电压。例如，在图 8.1.6a 中，如果 x_i大小保持一定，当负载电阻 R_L减小而引起输出电压 v_o下降时，该电路能自动进行调节，使 v_o基本稳定不变。调节过程如下：

$$R_L\downarrow\rightarrow v_o\downarrow\rightarrow x_f(=Fv_o)\downarrow\xrightarrow{x_i\text{ 一定时}}x_{id}(=x_i-x_f)\uparrow$$
$$v_o\uparrow\leftarrow$$

可见，电压负反馈能减小 v_o受 R_L等变化的影响，说明电压负反馈放大电路具有较好的恒压输出特性。

电流负反馈的重要特点是能够稳定输出电流。例如，如果图 8.1.6b 中的 x_i大小保持一定，当负载电阻 R_L增加（或运放中 BJT 的 β 值下降）而引起输出电流 i_o减小时，该电路能自动进行如下调节过程：

$$\left.\begin{matrix}R_L\uparrow\searrow\\ \beta\downarrow\nearrow\end{matrix}\right. i_o\downarrow\rightarrow x_f(=Fi_o)\downarrow\xrightarrow{x_i\text{ 一定时}}x_{id}(=x_i-x_f)\uparrow$$
$$i_o\uparrow\leftarrow$$

因此，电流负反馈具有近似于恒流的输出特性。

例 8.1.5 试判断图 8.1.7 所示各电路中的交流反馈是电压反馈还是电流反馈。

解： 图 8.1.7a 所示电路中，交流反馈信号是流过反馈元件 R_f的电流 i_f（并联反馈），且有 $i_f=\dfrac{v_n-v_o}{R_f}\approx\dfrac{-v_o}{R_f}$，因为 $v_n\approx 0$。令 $R_L=0$，即令 $v_o=0$ 时，有 $i_f=0$，故该电路中引入的交流反馈是电压反馈。

图 8.1.7b 所示电路中，交流反馈信号是输出电流 i_o在电阻 R_f上的压降 v_f，且有 $v_f=i_oR_f$，令 $R_L=0$ 时，$v_o=0$，但运放 A 的输出电流 $i_o\neq 0$，故 $v_f\neq 0$，反馈信号依然存在，说明反馈信号与输出电流成比例，是电流反馈。

图 8.1.7c 所示电路中，电阻 R_s和 R_L并联构成交流反馈通路，由它们送回到输入回路的交流反馈信号是电压 v_f，而且 $v_f=v_o$，当用“输出短路法”，令 $R_L=0$，即令 $v_o=0$ 时，有 $v_f=0$，反

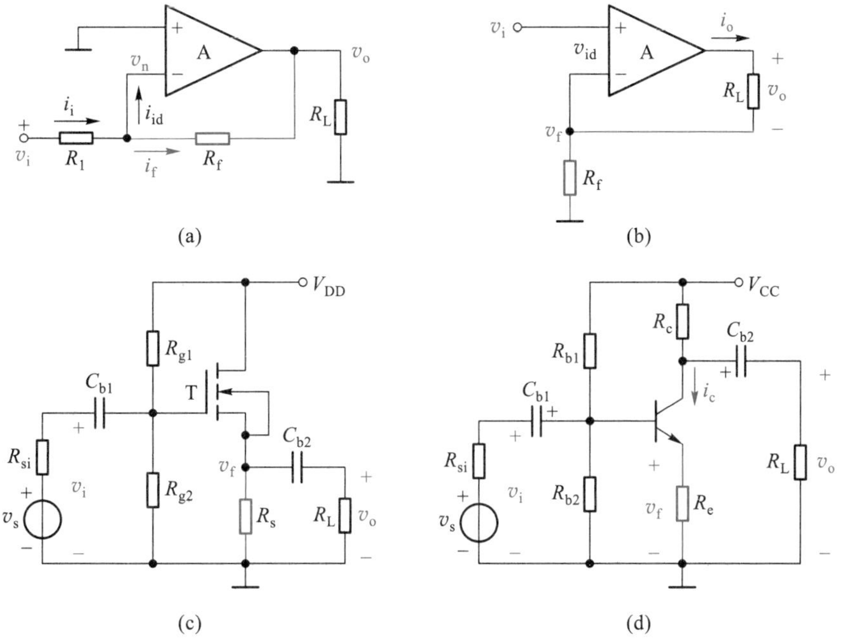

图 8.1.7 例 8.1.5 的电路图(为简化起见,图中只标出交流信号分量)

馈信号不存在了,所以该电路中的交流反馈是电压反馈。

图 8.1.7d 所示电路中,送回到输入回路的交流反馈信号是电阻 R_e上的电压信号,且有 $v_f=i_eR_e\approx i_cR_e$(i_c是 BJT 的输出交流电流)。用"输出短路法",令 $v_o=0$,即令 R_L短路时,$i_c\neq0$(因 i_c受 i_b控制),因此反馈信号 v_f仍然存在,说明反馈信号与 BJT 的输出电流成比例,是电流反馈。

8.1.6 负反馈放大电路的四种组态

由于反馈网络在放大电路输出端有电压和电流两种取样方式,在输入端有串联和并联两种连接方式,因此,负反馈放大电路有四种基本组态(或类型),即电压串联、电压并联、电流串联和电流并联。

正确判断反馈放大电路的组态十分重要,因为反馈组态不同,放大电路的性能就不同。

1. 电压串联负反馈放大电路

(1) 运放构成的放大电路

图 8.1.8 所示电路中,运放 A 构成基本放大电路,电阻 R_1与 R_f构成反馈网络。反馈信号 v_f和输入信号 v_i接于基本放大电路 A 的不同输入端,因而是串联反馈,有 $v_{id}=v_i-v_f$。

用瞬时极性法判断反馈极性,v_f与 v_i相位相同,净输入 v_{id}比没有反馈时减小了,是负反馈。

对交流反馈而言,反馈信号为

$$v_f=\frac{R_1}{R_1+R_f}v_o$$

当令 $R_L=0$ 时，有 $v_o=0, v_f=0$，即反馈信号不存在了，是电压反馈。反馈系数（v_f/v_o）为电压反馈系数 F_v，显然有

$$F_v=\frac{v_f}{v_o}=\frac{R_1}{R_1+R_f}$$

综合上述分析，图 8.1.8 所示为电压串联负反馈放大电路。

（2）三极管构成的放大电路

图 8.1.9 所示电路中，电阻 R_1 和 R_2 构成级间交流反馈通路。在放大电路的输入回路，反馈信号 v_f 与输入信号 v_i 分别接 T_1 管的源极和栅极，显然是串联反馈，净输入信号为 v_{gs}。用瞬时极性法判断反馈极性，v_f 与 v_i 相位相同，$v_{gs}=v_i-v_f$，比没有反馈时减小了，是负反馈。通常第一级电流远小于第二级电流，在忽略 T_1 源极信号电流情况下，反馈电压近似为

$$v_f=\frac{R_1}{R_1+R_2}v_o$$

令 $v_o=0$ 时，有 $v_f=0$，所以是电压反馈。综上分析可知，该电路是电压串联负反馈。

由于串联反馈输入回路的电压满足 KVL 方程，即输入信号以电压形式出现，而电压负反馈具有较好的恒压输出特性。因此，电压串联负反馈放大电路是一个电压控制的电压源，称为电压放大电路，可以实现电压-电压变换。

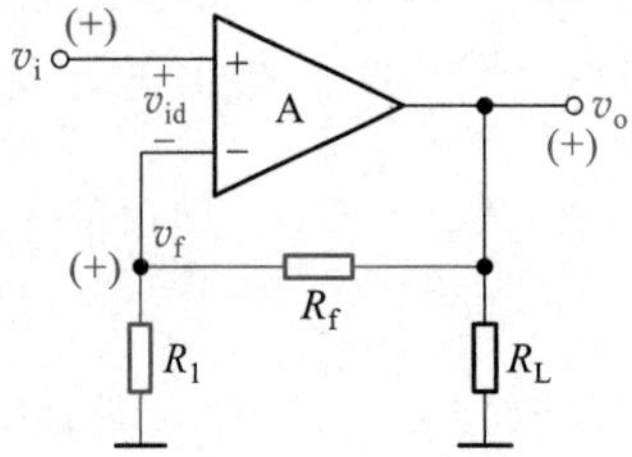

图 8.1.8 运放电路

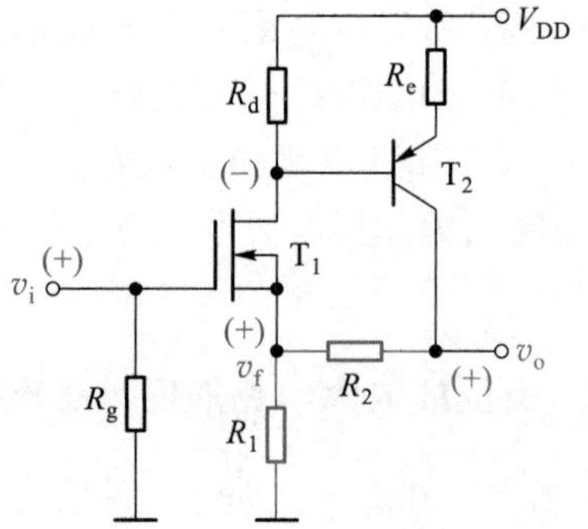

图 8.1.9 三极管电路

2. 电压并联负反馈放大电路

（1）运放构成的放大电路

图 8.1.10 所示电路，由例 8.1.5 中图 a 已知，该电路引入了电压反馈。另从反馈网络在放大电路输入端的连接方式看，为电流求和形式，是并联反馈。用"瞬时极性法"，设交流输入信号 v_i 在某一瞬时的极性为（+），则图中 v_n 也为（+），经运放 A 反相放大后，输出电压 v_o 为（−），电流 i_i、i_f、i_{id} 的瞬时流向如图中箭头所示。于是，净输入电流 i_{id}（$=i_i-i_f$）比没有反馈时减小了，故为负反馈。综合以上分析，图 8.1.10 所示为电压并联负反馈放大电路，反馈电流为

$$i_f=-\frac{v_o}{R_f}$$

（2）三极管构成的放大电路

图 8.1.11 所示共射极放大电路中，R_f 和 C_{b2} 构成交流反馈通路。在放大电路的输入回路，忽略 R_{b1}、R_{b2} 支路的分流，反馈信号 i_f 与输入电流 i_i 均接在 T 的基极，显然是并联反馈，净输入信号为 i_{id}。利用瞬时极性法，当 v_i 为(+)时，经共射极放大后，输出电压 v_o 为(-)，电流 i_i、i_f、i_{id} 的瞬时流向如图中箭头所示。于是，净输入电流 $i_{id}(=i_i-i_f)$ 比没有反馈时减小了，故为负反馈。同理，令 $v_o=0$ 时，有 $i_f=0$，所以是电压反馈。综合以上分析，图 8.1.11 所示为电压并联负反馈放大电路，其反馈电流为

$$i_f=-\frac{v_o}{R_f}$$

由于并联反馈输入回路的电流满足 KCL 方程，即输入信号以电流形式出现，而电压负反馈具有较好的恒压输出特性。因此，可以说电压并联负反馈放大电路是一个电流控制的电压源，称为互阻放大电路，可以实现电流-电压变换。

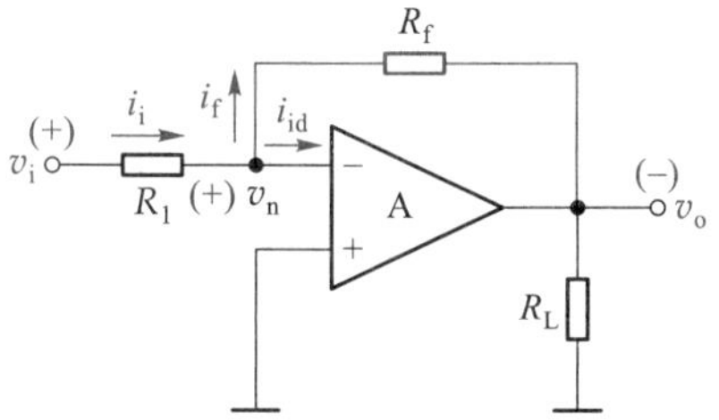

图 8.1.10 运放电路

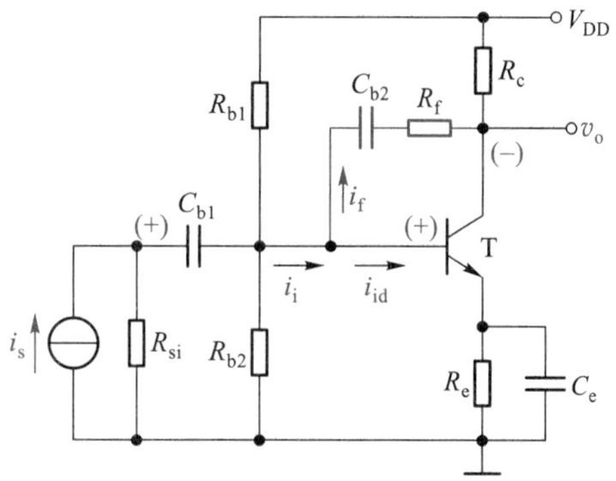

图 8.1.11 BJT 电路

3. 电流串联负反馈放大电路

（1）运放构成的放大电路

图 8.1.12 所示电路中，运放 A 构成基本放大电路，电阻 R_f 构成反馈网络。当设 v_s、v_i 的瞬时极性为(+)时，经运放 A 同相放大后，v_o 及 v_f 的瞬时极性也为(+)，使净输入电压 $v_{id}(=v_i-v_f)$ 比没有反馈时减小了，因此是负反馈。此电路的反馈信号和输入信号接在放大电路的不同输入端，所以是串联反馈。又由例 8.1.5 中图 b 分析已知，该电路中 R_f 引入的是电流反馈，故图 8.1.12 所示为电流串联负反馈放大电路，其反馈电压为

$$v_f=R_f i_o$$

（2）三极管构成的放大电路

图 8.1.13 所示共源极电路中，R_s 跨接在输入回路与输出回路之间，引入反馈，而且在直流通路与交流通路中都存在，因此，既有直流反馈，又有交流反馈。

当设 v_s、v_i 瞬时极性为(+)时，漏极电压为(-)，则 $i_o=i_d$，电流方向如图所示。i_o 在 R_s 上产生的压降 v_f 即为反馈电压，极性为(+)，净输入电压 $v_{id}(=v_{gs}=v_i-v_f)$ 减小了，故电路引入负反馈，并且是串联反馈。

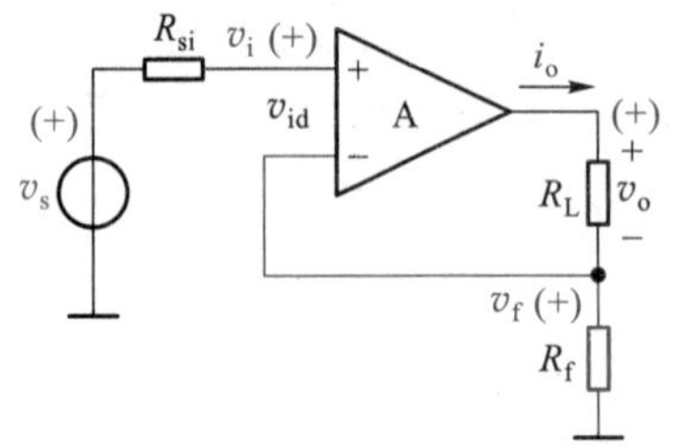

图 8.1.12 运放电路

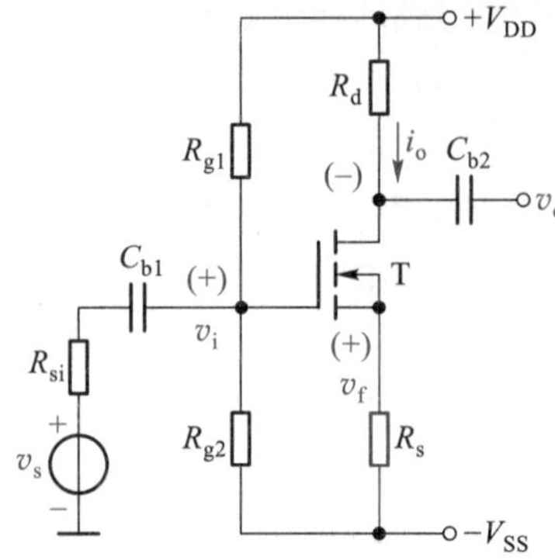

图 8.1.13 MOS 管电路

令输出电压 $v_o=0$，由于 $i_o(=i_d)$ 是由 v_{gs} 控制的仍然存在，致使 v_f 仍然存在，所以电路引入电流反馈，反馈电压为

$$v_f=R_s i_o$$

由于串联反馈输入回路的电压满足 KVL 方程，即输入信号以电压形式出现，而电流负反馈能稳定输出电流，所以电流串联负反馈放大电路是电压控制的电流源，称为互导放大电路，可以实现电压-电流变换。

4. 电流并联负反馈放大电路

(1) 运放构成的放大电路

图 8.1.14 所示电路中，电阻 R_f 和 R_1 构成反馈网络。反馈信号和输入信号均接于运放的反相端，信号以电流形式求和，所以是并联反馈。反馈信号 i_f 是输出电流 i_o 的一部分，即 $i_f \approx \dfrac{R_1}{R_1+R_f}i_o$（因为 v_n 很小，近似为 0，R_f 与 R_1 近似于并联），令负载 $R_L=0$ 时，反馈量 i_f 仍然存在，所以是电流反馈。用瞬时极性法可以判断出是负反馈。因此，这是一个电流并联负反馈放大电路。反馈电流为

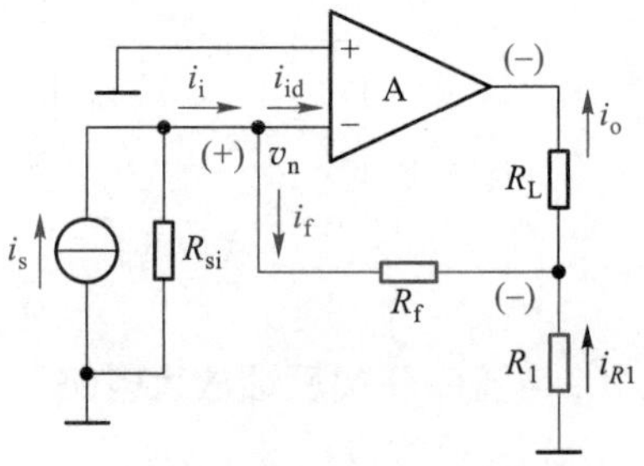

图 8.1.14 运放电路

$$i_f=\frac{R_1}{R_1+R_f}i_o$$

(2) 三极管构成的放大电路

图 8.1.15 电路中，用上述类似的方法，可以判断出由 R_5、R_2 引入了级间交流电流并联负反馈。反馈电流为

$$i_f=\frac{R_5}{R_2+R_5}i_o$$

类似地，该电路是电流控制的电流源，称为电流放大电路，可以实现电流-电流变换。

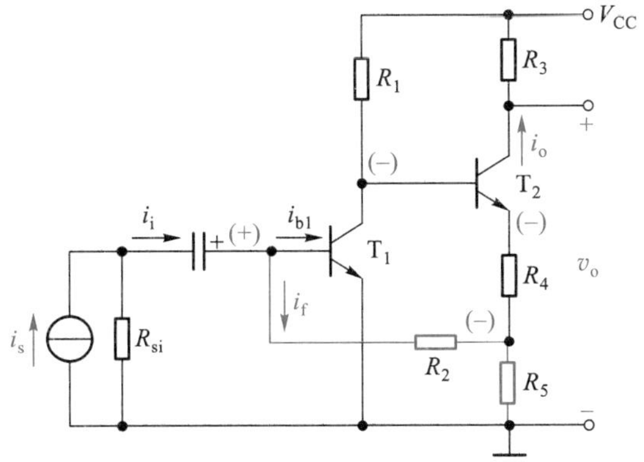

图 8.1.15 BJT 电路

例 8.1.6 试判断图 8.1.16 所示电路的交流反馈的类型。

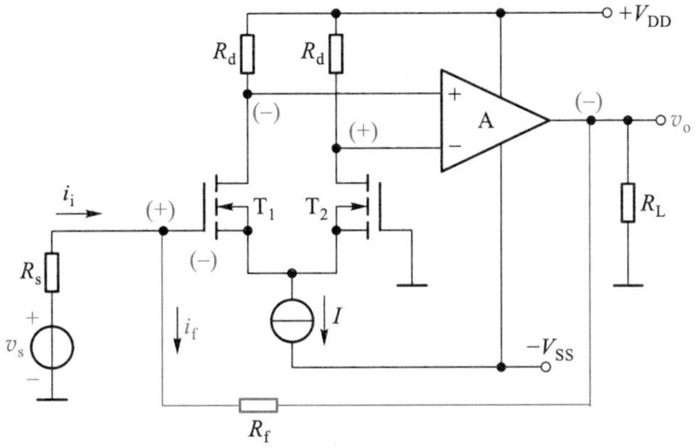

图 8.1.16 例 8.1.6 的电路图

解：图 8.1.16 所示电路中，第一级是由 T_1、T_2组成的单端输入-双端输出差分式放大电路，第二级是运放构成的放大电路，电阻 R_f是联系输出回路与输入回路的反馈元件。反馈信号与输入信号接于电路的同一个输入端(T_1的栅极)，但 T_1的栅极电流几乎为 0，不容易判断净输入电流，此时可以用净输入电压判断。

设 T_1栅极交流电压 v_{g1}的瞬时极性为(+)，则 T_1的漏极为(−)(T_2的输出与 T_1反相为(+))，第二级运放的输出为(−)，由 R_f反馈到 T_1栅极的电压也为(−)，与输入的(+)电压叠加。因此，净输入电压(T_1与 T_2栅极压差)比无反馈时减小了，所以是负反馈。

由电路可得 $i_f=\dfrac{v_{g1}-v_o}{R_f}\approx\dfrac{-v_o}{R_f}$(因为经放大后 $|v_o|\gg|v_{g1}|$)，用输出短路法令 $R_L=0$，$v_o=0$ 时，有 $i_f=0$，故它是电压反馈。综上所述，图 8.1.16 所示电路中引入了电压并联负反馈。

例 8.1.7 图 8.1.17 所示是某放大电路的交流通路，试判断其级间交流反馈的类型。

解：图 8.1.17 所示电路是两级共源放大电路，电阻 R_f构成了级间交流反馈的通路。在该电路的输入回路，输入信号 v_i接在 T_1的栅极，反馈信号 v_f接在 T_1的源极，是串联反馈。在该电路的输出回路，令 $v_o=0$（即将 R_L 短接）时，$i_o\neq0$（因为 i_o 是 T_2 的漏极信号电流 i_{d2}，它受控于该管的信号电压 v_{gs}），$v_f\neq0$，所以是电流反馈。设 v_i 的瞬时极性为（+），则 T_1 管的漏极电压为（-），T_2 管的源极电压 v_{s2} 及反馈信号 v_f 也为（-），结果使该电路的净输入电压 $v_{gs1}=v_i-(-v_f)=v_i+v_f$ 增加了，大于没加反馈时的输入电压 v_i，是正反馈。综合上述分析，该电路中的级间交流反馈是电流串联正反馈。

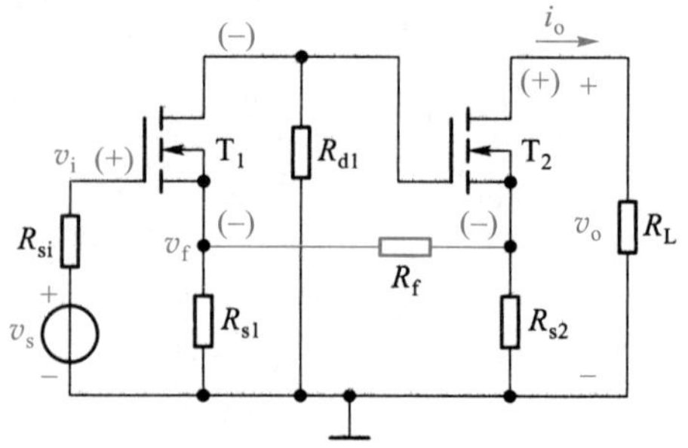

图 8.1.17　例 8.1.7 的电路图

复习思考题

8.1.1　什么是反馈？如何判断电路中有无反馈？

8.1.2　什么是放大电路的开环状态和闭环状态？

8.1.3　怎样判断直流反馈和交流反馈？为什么要引入直流负反馈？

8.1.4　什么叫正反馈和负反馈？如何判断引入的反馈是正反馈还是负反馈？

8.1.5　串联反馈与并联反馈有何区别？为了使负反馈的效果更佳，对信号源内阻应有什么要求？

8.1.6　什么是电压反馈和电流反馈？如何判断引入的反馈是电压反馈还是电流反馈？

8.1.7　电压负反馈和电流负反馈各有什么特点？

8.1.8　负反馈放大电路有哪几种组态？如何判断？

8.2 负反馈放大电路增益的一般表达式

本节将依据负反馈放大电路的组成框图，推导并讨论闭环增益的一般表达式。

由图 8.2.1 所示的负反馈放大电路组成框图可写出下列关系式：

基本放大电路的净输入信号为

$$x_{id}=x_i-x_f \tag{8.2.1}$$

基本放大电路的增益（开环增益）为

$$A=\frac{x_o}{x_{id}} \tag{8.2.2}$$

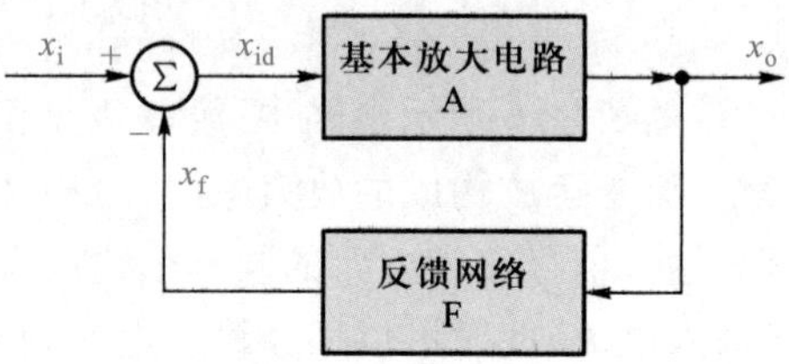

图 8.2.1　负反馈放大电路的组成框图

反馈网络的反馈系数为

$$F=\frac{x_f}{x_o} \tag{8.2.3}$$

负反馈放大电路的增益（闭环增益）为

$$A_f=\frac{x_o}{x_i} \tag{8.2.4}$$

将式（8.2.1）~式（8.2.3）代入式（8.2.4），可得负反馈放大电路增益的一般表达式为

$$A_{\mathrm{f}}=\frac{x_{\mathrm{o}}}{x_{\mathrm{i}}}=\frac{x_{\mathrm{o}}}{x_{\mathrm{id}}+x_{\mathrm{f}}}=\frac{x_{\mathrm{o}}}{\dfrac{x_{\mathrm{o}}}{A}+Fx_{\mathrm{o}}}=\frac{A}{1+AF} \tag{8.2.5}$$

由式(8.2.5)可以看出,引入负反馈后,放大电路的闭环增益 A_{f}减小了,减小的程度与($1+AF$)有关。通常把($1+AF$)称为反馈深度,而将 AF 称为环路增益(详见 8.6 节)。

由于在一般情况下,A 和 F 都是频率的函数,即它们的幅值和相位角都是频率的函数。当考虑信号频率的影响时,A_{f}、A 和 F 分别用$\dot{A}_{\mathrm{f}}$、$\dot{A}$ 和$\dot{F}$表示。下面分几种情况对$\dot{A}_{\mathrm{f}}$的表达式进行讨论。

① $1+AF>1$,则 $|A_{\mathrm{f}}|<|A|$,即引入反馈后,增益下降了,这时的反馈是负反馈。引入负反馈时,AF 为正实数,x_{f}与 x_{i}相位相同。

② $1+AF\gg1$ 时,称为深度负反馈,此时

$$A_{\mathrm{f}}\approx\frac{1}{F}$$

说明在深度负反馈条件下,闭环增益几乎只取决于反馈系数,而与开环增益的具体数值无关。

③ 当$\dot{A}\dot{F}<0$ 时,环路增益$\dot{A}\dot{F}$产生$-180°$附加相移,x_{f}与 x_{i}相位相反,净输入 x_{id}增加,使得输出量 x_{o}增加,则 $|\dot{A}_{\mathrm{f}}|>|\dot{A}|$,这说明电路中的反馈已从原来的负反馈变成了正反馈。

④ 当 $1+\dot{A}\dot{F}=0$ 时,则 $|\dot{A}_{\mathrm{f}}|\to\infty$,这就是说,放大电路在没有输入信号时,也会有输出信号,产生了自激振荡,使放大电路不能正常工作。在负反馈放大电路中,必须避免出现自激振荡现象。

必须指出,对于不同的反馈类型,x_{i}、x_{o}、x_{f}及 x_{id}所代表的电量不同,因而,四种负反馈放大电路的 A、A_{f}、F 相应地具有不同的含义和量纲。现归纳如表 8.2.1 所示,其中 A_v、A_i分别表示电压增益和电流增益(量纲为 1);A_r、A_g分别表示互阻增益(单位为 Ω)和互导增益(单位为 S),相应的反馈系数 F_v、F_i、F_g及 F_r的量纲也各不相同,但环路增益 AF 总是量纲为 1 的。

表 8.2.1 负反馈放大电路中各种信号量的含义

信号量或信号传递比	反馈类型			
	电压串联	电流并联	电压并联	电流串联
x_{o}	电压	电流	电压	电流
x_{i}、x_{f}、x_{id}	电压	电流	电流	电压
$A=x_{\mathrm{o}}/x_{\mathrm{id}}$	$A_v=v_{\mathrm{o}}/v_{\mathrm{id}}$	$A_i=i_{\mathrm{o}}/i_{\mathrm{id}}$	$A_r=v_{\mathrm{o}}/i_{\mathrm{id}}$	$A_g=i_{\mathrm{o}}/v_{\mathrm{id}}$
$F=x_{\mathrm{f}}/x_{\mathrm{o}}$	$F_v=v_{\mathrm{f}}/v_{\mathrm{o}}$	$F_i=i_{\mathrm{f}}/i_{\mathrm{o}}$	$F_g=i_{\mathrm{f}}/v_{\mathrm{o}}$	$F_r=v_{\mathrm{f}}/i_{\mathrm{o}}$
$A_{\mathrm{f}}=x_{\mathrm{o}}/x_{\mathrm{i}}=\dfrac{A}{1+AF}$	$A_{v\mathrm{f}}=v_{\mathrm{o}}/v_{\mathrm{i}}=\dfrac{A_v}{1+A_vF_v}$	$A_{i\mathrm{f}}=i_{\mathrm{o}}/i_{\mathrm{i}}=\dfrac{A_i}{1+A_iF_i}$	$A_{r\mathrm{f}}=v_{\mathrm{o}}/i_{\mathrm{i}}=\dfrac{A_r}{1+A_rF_g}$	$A_{g\mathrm{f}}=i_{\mathrm{o}}/v_{\mathrm{i}}=\dfrac{A_g}{1+A_gF_r}$
功能	v_{i}控制 v_{o},电压放大	i_{i}控制 i_{o},电流放大	i_{i}控制 v_{o},电流转换为电压	v_{i}控制 i_{o},电压转换为电流

例 8.2.1 已知某电压串联负反馈放大电路在通带内（中频区）的反馈系数 $F_v=0.01$，输入信号 $v_i=10\ \text{mV}$，开环电压增益 $A_v=10^4$，试求该电路的闭环电压增益 A_{vf}、反馈电压 v_f 和净输入电压 v_{id}。

解：方法一：由式（8.2.5）可求得该电路的闭环电压增益为

$$A_{vf}=\frac{A_v}{1+A_vF_v}=\frac{10^4}{1+10^4\times0.01}\approx99.01$$

反馈电压为

$$v_f=F_vv_o=F_vA_{vf}v_i=0.01\times99.01\times10\ \text{mV}\approx9.9\ \text{mV}$$

净输入电压为

$$v_{id}=v_i-v_f=(10-9.9)\ \text{mV}=0.1\ \text{mV}$$

方法二：求 A_{vf} 的方法同方法一。

由式（8.2.1）推出如下关系式：

$$x_{id}=x_i-x_f=x_i-Fx_o=x_i-FAx_{id}$$

整理得

$$x_{id}=\frac{x_i}{1+AF}$$

对于本例题则有

$$v_{id}=\frac{v_i}{1+A_vF_v}=\frac{10\ \text{mV}}{1+10^4\times0.01}\approx0.099\ \text{mV}\approx0.1\ \text{mV}$$

而

$$v_f=v_i-v_{id}=(10-0.1)\ \text{mV}=9.9\ \text{mV}$$

由此例可知，在深度负反馈 $(1+AF)\gg1$ 条件下，反馈信号与输入信号的大小相差甚微，净输入信号则远小于输入信号。

复习思考题

8.2.1 在通带内，负反馈放大电路的增益与其开环增益相比，是增加了还是减小了？

8.2.2 负反馈放大电路增益的一般表达式是在什么条件下推导出来的？

8.2.3 什么是深度负反馈？

8.3 负反馈对放大电路性能的影响

在放大电路中引入负反馈后，除了使闭环增益下降外，还会影响放大电路的许多性能，现分述如下。

8.3.1 提高增益的稳定性

放大电路的增益可能由于元器件参数的变化、环境温度的变化、电源电压的变化、负载大小的变化等因素的影响而不稳定，引入适当的负反馈后，可提高闭环增益的稳定性。

当负反馈很深，即 $(1+AF)\gg1$ 时，由式（8.2.5）得

$$A_f=\frac{A}{1+AF}\approx\frac{1}{F}\tag{8.3.1}$$

这就是说，引入深度负反馈后，放大电路的增益取决于反馈网络的反馈系数，而与基本放大电路几乎无关。反馈网络一般由稳定性能优于三极管的无源线性元件（如 R、C）组成，因此，闭环增益是比较稳定的。

在一般情况下，增益的稳定性常用有、无反馈时增益的相对变化量之比来衡量。用 $\mathrm{d}A/A$ 和 $\mathrm{d}A_{\mathrm{f}}/A_{\mathrm{f}}$ 分别表示开环和闭环增益的相对变化量。将 $A_{\mathrm{f}}=\dfrac{A}{1+AF}$ 对 A 求导数得

$$\frac{\mathrm{d}A_{\mathrm{f}}}{\mathrm{d}A}=\frac{(1+AF)-AF}{(1+AF)^2}=\frac{1}{(1+AF)^2} \quad 或 \quad \mathrm{d}A_{\mathrm{f}}=\frac{\mathrm{d}A}{(1+AF)^2} \tag{8.3.2}$$

将式(8.3.2)两边分别除以 $A_{\mathrm{f}}=\dfrac{A}{1+AF}$，得

$$\frac{\mathrm{d}A_{\mathrm{f}}}{A_{\mathrm{f}}}=\frac{1}{1+AF}\cdot\frac{\mathrm{d}A}{A} \tag{8.3.3}$$

该式表明，引入负反馈后，闭环增益的相对变化量为开环增益相对变化量的 $\dfrac{1}{1+AF}$，即闭环增益的相对稳定度提高了，$(1+AF)$ 越大，即负反馈越深，$\mathrm{d}A_{\mathrm{f}}/A_{\mathrm{f}}$ 越小，闭环增益的稳定性越好。

例 8.3.1 设某放大电路的 $A=1\ 000$，由于环境温度的变化，使增益下降为 900，引入负反馈后，反馈系数 $F=0.099$。求闭环增益的相对变化量。

解：无反馈时，增益的相对变化量为

$$\frac{\mathrm{d}A}{A}=\frac{1\ 000-900}{1\ 000}=10\%$$

反馈深度为

$$1+AF=1+1\ 000\times0.099=100$$

有反馈时，闭环增益的相对变化量为

$$\frac{\mathrm{d}A_{\mathrm{f}}}{A_{\mathrm{f}}}=\frac{1}{1+AF}\ \frac{\mathrm{d}A}{A}=\frac{1}{100}\times10\%=0.1\%$$

式中

$$A_{\mathrm{f}}=\frac{A}{1+AF}=\frac{1\ 000}{100}=10$$

显而易见，引入负反馈后，降低了闭环增益，但换取了增益稳定度的提高。不过有两点值得注意。

① 负反馈不能使输出量保持不变，只能使输出量趋于不变。而且只能减小由开环增益变化而引起的闭环增益的变化。如果反馈系数发生变化而引起闭环增益变化，则负反馈是无能为力的。所以，反馈网络一般都由无源元件组成。

② 不同类型的负反馈能稳定的增益也不同，如电压串联负反馈只能稳定闭环电压增益，而电流串联负反馈只能稳定闭环互导增益。

8.3.2 减小非线性失真

由于半导体器件的非线性特性引起放大电路的非线性失真，使输出信号与输入信号之

间不是线性关系。引入负反馈后，可以减小这种非线性失真，现以下例说明。

某放大电路的开环传输特性和闭环传输特性分别如图 8.3.1a、b 所示，由图 a 看出，输入信号在不同范围内，开环增益的变化很大，x_o与 x_{id}具有明显的非线性关系。

引入负反馈后，反馈系数 $F=0.099$，根据式（8.2.5）可以求出三个范围内的闭环增益如图 8.3.1b 所示，可以看出，闭环增益随输入信号的变化程度减小，输出信号线性度变好。即负反馈减小了非线性失真，但要注意增益也减小了。负反馈减小非线性失真的程度与反馈深度（$1+AF$）有关。

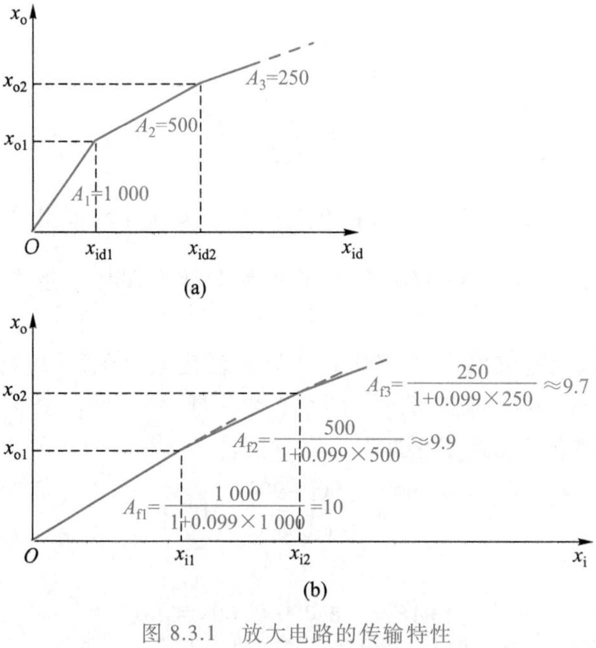

图 8.3.1 放大电路的传输特性

（a）开环传输特性 （b）闭环传输特性

应当注意的是，负反馈减小非线性失真所指的是反馈环内的失真。如果输入波形本身就是失真的，这时即使引入负反馈，也是无济于事的。

8.3.3 抑制反馈环内噪声

对放大电路来说，噪声或干扰是有害的，下面介绍负反馈抑制噪声的原理。设在图 8.3.2a 的输入端，存在由该放大电路内部产生的折算到输入端的噪声或干扰电压 $\dot{V}_n$①。由于信号和噪声都被放大了相同倍数，所以无反馈时电路的输出电压信噪比为

$$\frac{S}{N}=\frac{|\dot{V}_s|}{|\dot{V}_n|} \tag{8.3.4}$$

① 一般而言，噪声电压 $\dot{V}_n$ 的频谱分布很广，严格地说，用 $\dot{V}_n$ 来表示是不妥的，这里只是说明负反馈能抑制噪声并提高信噪比的原理。

为了提高电路的信噪比，在图 8.3.2a 的基础上，另外增加一增益为$\dot{A}_{v2}$的前置级，并假定该级无噪声，然后对此整体电路加一反馈系数为$\dot{F}_{v}$的反馈网络（反馈信号可以取自输出电压或输出电流，所以没有画连接方式），如图 8.3.2b 所示。利用叠加原理分别求出 $\dot{V}_{s}$ 和 $\dot{V}_{n}$ 作用产生的输出电压 $\dot{V}_{os}$和 $\dot{V}_{on}$。当 $\dot{V}_{n}=0$ 时，根据式(8.2.5)可得引入负反馈后的输出信号电压

$$\dot{V}_{os}=\frac{\dot{A}_{v1}\dot{A}_{v2}}{1+\dot{A}_{v1}\dot{A}_{v2}\dot{F}_{v}}\dot{V}_{s} \tag{8.3.5a}$$

当 $\dot{V}_{s}=0$ 时，反馈信号$(-\dot{F}_{v}\dot{V}_{on})$经过 $\dot{A}_{v2}$后与 $\dot{V}_{n}$ 叠加，然后再经过 $\dot{A}_{v1}$产生 $\dot{V}_{on}$，即 $\dot{V}_{on}=(\dot{V}_{n}-\dot{A}_{v2}\dot{F}_{v}\dot{V}_{on})\dot{A}_{v1}$，则得引入负反馈后的输出噪声电压

$$\dot{V}_{on}=\frac{\dot{A}_{v1}}{1+\dot{A}_{v1}\dot{A}_{v2}\dot{F}_{v}}\dot{V}_{n} \tag{8.3.5b}$$

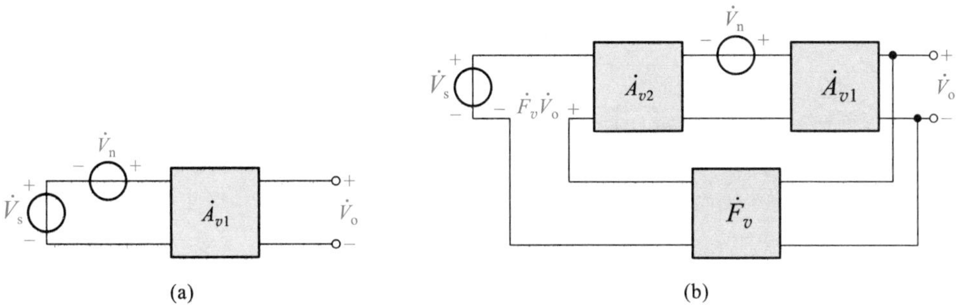

图 8.3.2 负反馈抑制反馈环内噪声的原理框图
(a) 无反馈 (b) 引入负反馈及前置级

由式(8.3.5a)和式(8.3.5b)可得引入负反馈后的输出信噪比为

$$\left(\frac{S}{N}\right)_{f}=\left|\frac{\dot{V}_{os}}{\dot{V}_{on}}\right|=|\dot{A}_{v2}|\cdot\left|\frac{\dot{V}_{s}}{\dot{V}_{n}}\right|=|\dot{A}_{v2}|\cdot\frac{S}{N} \tag{8.3.6}$$

它比原有的信噪比提高了$|\dot{A}_{v2}|$倍。必须注意的是，无噪声放大电路$\dot{A}_{v2}$在实践中是很难做到的，但可使它的噪声尽可能小，如精选器件、调整参数、改进工艺等。

例如，一台扩音机的功率输出级常有交流噪声，来源于电源的 50 Hz 干扰。其前置级或电压放大级由稳定的直流电源供电，噪声或干扰较小，当对整个系统的后面几级外加一负反馈环时，对改善系统的信噪比具有明显的效果。

若噪声或干扰来自反馈环外，则引入负反馈也无济于事。

8.3.4 对输入电阻和输出电阻的影响

放大电路中引入的交流负反馈的类型不同，则对输入电阻和输出电阻的影响也就不同，下面分别加以讨论。

1. 对输入电阻的影响

负反馈对放大电路输入电阻的影响取决于反馈网络输出端口与基本放大电路输入端口的连接方式,即取决于是串联还是并联负反馈,与输出回路中反馈的取样方式无直接关系(取样方式只改变$\dot{A}\dot{F}$的具体含义)。因此,分析负反馈对输入电阻的影响时,只需画出输入回路的连接方式,如图 8.3.3 所示。其中 R_i是基本放大电路的输入电阻(开环输入电阻),R_{if}是负反馈放大电路的输入电阻(闭环输入电阻)。

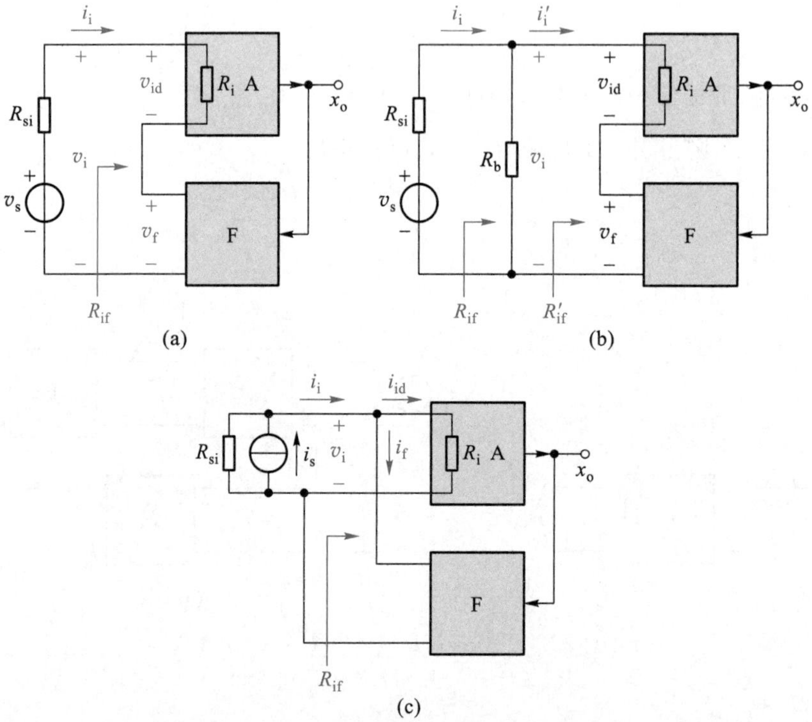

图 8.3.3 负反馈对输入电阻的影响

(a) 串联反馈 (b) 偏置电阻在反馈环之外时的串联负反馈电路方框图 (c) 并联反馈

(1) 串联负反馈对输入电阻的影响

由图 8.3.3a 可知,开环输入电阻为

$$R_i = \frac{v_{id}}{i_i} \tag{8.3.7}$$

有负反馈时的闭环输入电阻为

$$R_{if} = \frac{v_i}{i_i} \tag{8.3.8}$$

而
$$v_i = v_{id} + v_f = (1+AF)v_{id} \tag{8.3.9}$$

所以
$$R_{if} = (1+AF)\frac{v_{id}}{i_i} = (1+AF)R_i \tag{8.3.10}$$

式(8.3.10)表明,引入串联负反馈后,输入电阻增加了。闭环输入电阻是开环输入电阻的(1+AF)倍。当引入电压串联负反馈时,$R_{if}=(1+A_vF_v)R_i$。当引入电流串联负反馈时,$R_{if}=(1+A_gF_r)R_i$。

需要指出的是,在某些负反馈放大电路中,有些电阻并不在反馈环内,如共射电路中的基极偏置电阻 R_b,负反馈对它并不产生影响。这类电路的方框图如图 8.3.3b 所示,由图可知,$R'_{if}=(1+AF)R_i$,而整个电路的输入电阻 $R_{if}=R_b /\!/ R'_{if}$。

(2) 并联负反馈对输入电阻的影响

由图 8.3.3c 可见,在并联负反馈放大电路中,反馈网络的输出端口与基本放大电路的输入电阻并联,因此闭环输入电阻 R_{if}小于开环输入电阻 R_i。由于

$$R_i=\frac{v_i}{i_{id}} \tag{8.3.11}$$

$$R_{if}=\frac{v_i}{i_i} \tag{8.3.12}$$

而

$$i_i=i_{id}+i_f=(1+AF)i_{id}$$

所以

$$R_{if}=\frac{v_i}{(1+AF)i_{id}}=\frac{R_i}{1+AF} \tag{8.3.13}$$

式(8.3.13)表明,引入并联负反馈后,输入电阻减小了。闭环输入电阻是开环输入电阻的 1/(1+AF)。引入电压并联负反馈时,闭环输入电阻 $R_{if}=\dfrac{R_i}{1+A_rF_g}$。引入电流并联负反馈时,$R_{if}=\dfrac{R_i}{1+A_iF_i}$。

2. 对输出电阻的影响

负反馈对输出电阻的影响取决于反馈网络输入端口在放大电路输出回路的取样方式,即是电压还是电流负反馈。与反馈网络输出端口在放大电路输入回路的连接方式无直接关系(输入连接方式只改变 AF 的具体含义)。

(1) 电压负反馈对输出电阻的影响

由于电压负反馈能使放大电路的输出电压趋于稳定,即从输出端口看进去更接近理想的电压源,其内阻更小。因此,电压负反馈可使放大电路的输出电阻减小。图 8.3.4 是求电压负反馈放大电路输出电阻的框图。其中 R_o是基本放大电路的输出电阻(即开环输出电阻),A_o是基本放大电路在负载 R_L开路时的增益。按照求放大电路输出电阻的方法,图中已令输入信号源 $x_s=0$,且忽略了信号源 x_s的内阻 R_{si}。将 R_L开路(令 $R_L=\infty$),在输出端加一测试电压 v_t,于是,闭环输出电阻为

$$R_{of}=\frac{v_t}{i_t} \tag{8.3.14}$$

为简化分析,假设反馈网络的输入电阻为无穷大,这样,反馈网络对放大电路输出端没有负载效应。由图 8.3.4 可得

$$v_t=i_tR_o+A_ox_{id} \tag{8.3.15}$$

而

$$x_{id}=-Fv_t \tag{8.3.16}$$

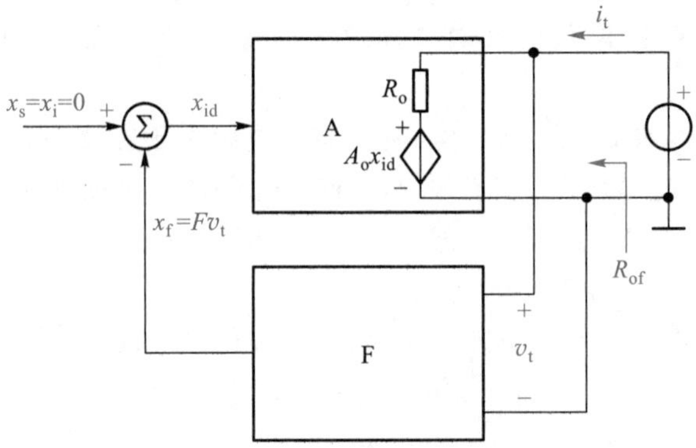

图 8.3.4 求电压负反馈放大电路输出电阻的框图

将式(8.3.16)代入式(8.3.15)得

$$v_t = i_t R_o - A_o F v_t \tag{8.3.17}$$

于是得

$$R_{of} = \frac{v_t}{i_t} = \frac{R_o}{1+A_o F} \tag{8.3.18}$$

式(8.3.18)表明,引入电压负反馈后,输出电阻减小了。闭环输出电阻是开环输出电阻的 $1/(1+A_o F)$ 倍。当引入电压串联负反馈时,$R_{of}=\dfrac{R_o}{1+A_{vo}F_v}$。当引入电压并联负反馈时,$R_{of}=\dfrac{R_o}{1+A_{ro}F_g}$。

(2) 电流负反馈对输出电阻的影响

由于电流负反馈能使输出电流趋于稳定,即从输出端口看进去更接近理想的电流源,其内阻更大。因此,电流负反馈可使放大电路的输出电阻增大。图 8.3.5 是求电流负反馈放大电路输出电阻的框图。其中 R_o 是基本放大电路的输出电阻,A_s 是基本放大电路在负载短路时的增益。同样,图中已令输入信号源 $x_s=0$,且忽略 x_s 的内阻 R_{si}。将 R_L 开路,在输出端加一测试电压 v_t,并假设反馈网络的输入电阻为零,于是它对放大电路输出端没有负载效应。由图 8.3.5 可得

$$i_t = \frac{v_t}{R_o} + A_s x_{id} = \frac{v_t}{R_o} - A_s F i_t$$

于是

$$R_{of} = \frac{v_t}{i_t} = (1+A_s F) R_o \tag{8.3.19}$$

式(8.3.19)表明,引入电流负反馈后,输出电阻增加了。闭环输出电阻是开环输出电阻的 $(1+A_s F)$ 倍。当引入电流串联负反馈时,$R_{of}=(1+A_{gs}F_r)R_o$。当引入电流并联负反馈时,$R_{of}=(1+A_{is}F_i)R_o$。

值得注意的是,与求输入电阻相类似,式(8.3.19)所求的是反馈环内的输出电阻。例如,图 8.1.7d 为电流串联负反馈,R_c 不在反馈环内,式(8.3.19)所求的输出电阻与 R_c 并联后才是实际的输出电阻。

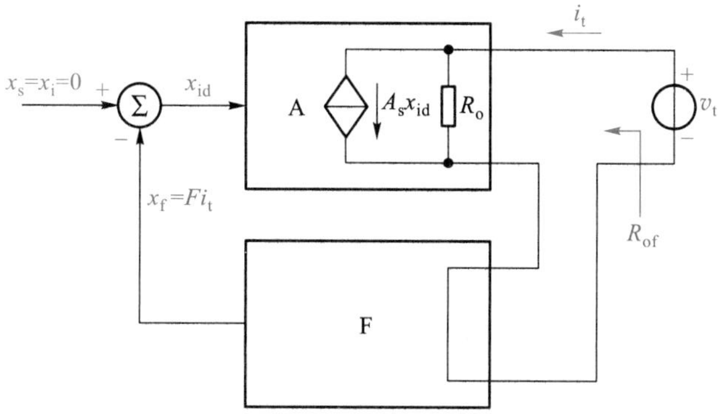

图 8.3.5 求电流负反馈放大电路输出电阻的框图

8.3.5 扩展带宽

到目前为止，我们对反馈放大电路的讨论限于通带内，即假设放大电路的开环增益 A 和反馈系数 F 均与信号频率无关。然而，由第 6 章的讨论得知，由于电路中电抗性元件及半导体器件内部结电容的存在，任何放大电路的增益都是信号频率的函数，增益的大小和相移都是随频率变化的。另外，当反馈网络中含有电抗性元件时，反馈系数也是频率的函数。因此，反馈放大电路的增益也必然是信号频率的函数。

1. 频率响应的一般表达式

为了使问题简单化，我们设反馈网络由纯电阻组成，即反馈系数是与信号频率无关的实数，而且设放大电路在高频区和低频区各有一个转折频率（一个时间常数）。

由第 6 章已知，基本放大电路的高频响应表达式为

$$\dot{A}_H=\frac{\dot{A}_M}{1+j\dfrac{f}{f_H}} \tag{8.3.20}$$

式中 $\dot{A}_M$ 为开环通带（中频区）增益；f_H 为开环上限频率。

引入负反馈后，由式（8.2.5）可知

$$\dot{A}_{Hf}=\frac{\dot{A}_H}{1+\dot{A}_H F} \tag{8.3.21}$$

将式（8.3.20）代入式（8.3.21），得

$$\dot{A}_{Hf}=\frac{\dfrac{\dot{A}_M}{1+j\dfrac{f}{f_H}}}{1+\dfrac{\dot{A}_M F}{1+j\dfrac{f}{f_H}}}=\frac{\dot{A}_M}{1+j\dfrac{f}{f_H}+\dot{A}_M F}=\frac{\dot{A}_M/(1+\dot{A}_M F)}{1+j\dfrac{f}{(1+\dot{A}_M F)f_H}}=\frac{\dot{A}_{Mf}}{1+j\dfrac{f}{f_{Hf}}} \tag{8.3.22}$$

式中

$$\dot{A}_{\mathrm{Mf}}=\frac{\dot{A}_{\mathrm{M}}}{1+\dot{A}_{\mathrm{M}}F} \tag{8.3.23}$$

为闭环通带增益；

$$f_{\mathrm{Hf}}=(1+\dot{A}_{\mathrm{M}}F)f_{\mathrm{H}} \tag{8.3.24}$$

为闭环上限频率。

由式(8.3.23)可见，闭环通带增益是开环通带增益的$\frac{1}{1+\dot{A}_{\mathrm{M}}F}$倍，但闭环增益的上限频率增加到开环增益上限频率的$(1+\dot{A}_{\mathrm{M}}F)$倍[见式(8.3.24)]。不过对于不同组态的负反馈放大电路，其增益的物理意义不同，因而$f_{\mathrm{Hf}}=(1+\dot{A}_{\mathrm{M}}F)f_{\mathrm{H}}$的含义也就不同。例如，对于电压并联负反馈放大电路，是将互阻增益的上限频率增加到$(1+\dot{A}_{r\mathrm{M}}F_{g})f_{\mathrm{H}}$。

利用上述推导方法，可以得到负反馈放大电路的低频响应表达式

$$\dot{A}_{\mathrm{Lf}}=\frac{\dot{A}_{\mathrm{Mf}}}{1-\mathrm{j}\dfrac{f_{\mathrm{Lf}}}{f}} \tag{8.3.25}$$

式中$f_{\mathrm{Lf}}=\frac{f_{\mathrm{L}}}{1+\dot{A}_{\mathrm{M}}F}$。显然引入负反馈后，下限频率减小了，减小的程度与反馈深度有关。

综上分析可知，引入负反馈后，放大电路的通频带展宽了，即

$$BW_{\mathrm{f}}=f_{\mathrm{Hf}}-f_{\mathrm{Lf}}\approx f_{\mathrm{Hf}} \tag{8.3.26}$$

当放大电路的波特图中有多个转折频率，而且反馈网络不是纯电阻网络时，问题将复杂得多，但是通频带展宽的趋势不会变。

例 8.3.2 由标准运放构成的同相放大电路如图 8.3.6a 所示，设运放的开环低频电压增益$A_v=10^5$，开环上限频率$f_{\mathrm{H}}=10\ \mathrm{Hz}$，且 0 dB 以上只有这一个转折频率。

(1) 试求当R_1分别为 1 kΩ、11 kΩ 和开路时的闭环电压增益和带宽。

(2) 作出开环电压增益及R_1取不同值时闭环电压增益的幅频响应波特图。

解：(1) 已知同相放大电路的闭环电压增益

$$A_{v\mathrm{f}}=1+\frac{R_{\mathrm{f}}}{R_1} \tag{8.3.27}$$

根据$A_{v\mathrm{f}}=\frac{A_v}{1+A_vF_v}$并考虑到$A_{v\mathrm{f}}\ll A_v$，得到反馈系数

$$F_v=\frac{1}{A_{v\mathrm{f}}}-\frac{1}{A_v}\approx\frac{1}{A_{v\mathrm{f}}}=\frac{R_1}{R_1+R_{\mathrm{f}}} \tag{8.3.28}$$

根据式(8.3.24)得

$$f_{\mathrm{Hf}}=(1+A_vF_v)f_{\mathrm{H}} \tag{8.3.29}$$

将已知参数代入式(8.3.28)~式(8.3.29)，便可求得R_1三种情况下的闭环通带增益和带宽如下：

$R_1 = 1\ \text{k}\Omega$：$F_v = 1/101$，$A_{vf1} = 101$，$20\lg A_{vf1} \approx 40\ \text{dB}$，$f_{\text{Hf1}} = 9.9\ \text{kHz}$；

$R_1 = 11\ \text{k}\Omega$：$F_v = 11/111$，$A_{vf2} = 10.09$，$20\lg A_{vf2} \approx 20\ \text{dB}$，$f_{\text{Hf2}} \approx 99.1\ \text{kHz}$；

R_1开路：是电压跟随器，$A_{vf3} \approx 1$，$20\lg A_{vf3} \approx 0\ \text{dB}$，$f_{\text{Hf3}} \approx 1\ \text{MHz}$；

（2）根据开环增益 $20\lg A_v = 20\lg 10^5\ \text{dB} = 100\ \text{dB}$ 和上限频率 $f_{\text{H}} = 10\ \text{Hz}$，可作出波特图如图 8.3.6b 中的曲线①所示。同样，根据（1）计算的闭环结果作出三种情况下的幅频响应分别如图 8.3.6b 中的曲线②、③、④所示。

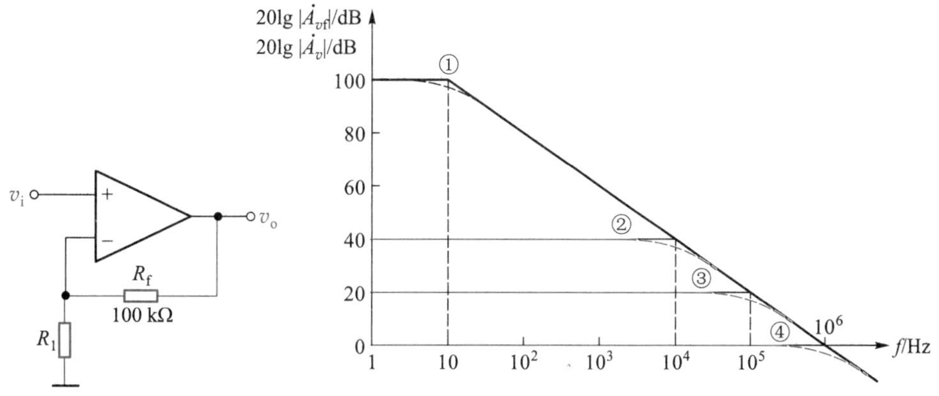

(a) (b)

图 8.3.6 例 8.3.2 的电路与幅频响应波特图

（a）同相放大电路 （b）波特图

上例说明，引入负反馈后，闭环增益下降，但通频带变宽，二者变化的程度均与反馈深度有关。负反馈越深，闭环增益下降得越多，而通频带则越宽。

2. 增益-带宽积

放大电路的增益与带宽的乘积的绝对值称为**增益-带宽积**。引入负反馈后，由式（8.3.23）、式（8.3.24）和式（8.3.26）得到放大电路的增益-带宽积为

$$|\dot{A}_{\text{Mf}} \cdot BW| \approx |\dot{A}_{\text{Mf}} \cdot f_{\text{Hf}}| = \left|\frac{\dot{A}_{\text{M}}}{1+\dot{A}_{\text{M}}\dot{F}} \cdot (1+\dot{A}_{\text{M}}\dot{F})f_{\text{H}}\right| = |\dot{A}_{\text{M}} f_{\text{H}}| \tag{8.3.30}$$

即闭环增益-带宽积等于开环增益带宽积，说明放大电路的增益-带宽积近似为常数。但要注意，这是在反馈网络是纯电阻网络，而且假设放大电路在高频区 0 dB 以上只有一个上限频率并忽略下限频率的条件下得到的。对标准运放构成的负反馈放大电路来说，它的增益-带宽积就等于运放的单位增益带宽 f_{T}。例 8.3.2 验证了这个结论，三种情况下的增益带宽积基本相同，约为 1 MHz。它也是该运放的单位增益带宽（图 8.3.6b 中 $20\lg|\dot{A}_v|$ 与横轴交点的频率）。

拓展文档 8.1：
用标准运放构成
多级放大电路来
扩展频带

上述结论启示我们，对于一个给定的放大电路，可以通过降低增益来增加带宽，反之亦然。同时也给我们另一个启示，当用选定的标准运放设计一个确定增益的放大电路时，采用多级实现比单级实现时的带宽更宽。例如，用例

8.3.2 中的两个运放，构成两个 10 倍增益的放大电路，将它们级联实现 100 倍增益，其带宽可达64 kHz（扫码看扩展文档），高于用单级实现的 10 kHz。当然代价是运放及其他元件数量增加，电路复杂度提高，相移增大，自激振荡的风险增加（见 8.6 节）。

3. 电流反馈型运放的闭环带宽

7.4.4 节曾经提到，对于电流反馈型运放，当改变电路的闭环增益时带宽不受影响，即增益带宽积不为常数。下面分析这种运放构成的放大电路的闭环增益与带宽。

电流反馈型运放构成的同相放大电路如图 8.3.7a 所示，图 b 画出了运放电路模型（参见图 7.4.9a），其中在电路中高阻节点 $c_{6,8}$处补充了高频时的等效电容 C_{eq}（该处的时间常数最大，决定了运放开环上限频率）。

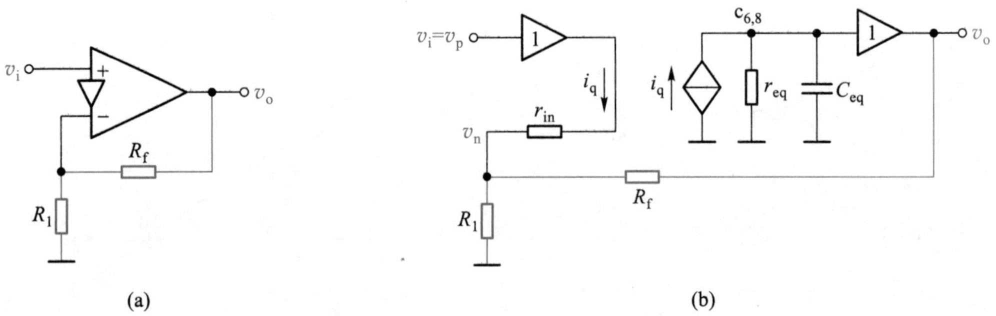

图 8.3.7 电流反馈型运放构成的同相放大电路
（a）同相放大电路 （b）用运放电路模型表示

由图 8.3.7b 电路可得

$$\dot{V}_o=\dot{I}_q\left(r_{eq}/\!/\frac{1}{j\omega C_{eq}}\right) \tag{8.3.31}$$

因为通常有 $r_{in}\ll R_1/\!/R_f$，所以可以忽略 r_{in}上的压降，即 $v_n\approx v_p=v_i$，此时 v_n 节点的 KCL

$$\dot{I}_q+\frac{\dot{V}_o-\dot{V}_i}{R_f}=\frac{\dot{V}_i}{R_1} \tag{8.3.32}$$

由式（8.3.31）和式（8.3.32）得到电路的高频区闭环电压增益

$$\dot{A}_{vf}=\frac{\dot{V}_o}{\dot{V}_i}=\left(1+\frac{R_f}{R_1}\right)\cdot\frac{1}{1+j\omega R_f C_{eq}+R_f/r_{eq}}$$

由于 r_{eq}是 MΩ 数量级，所以电路设计容易满足 $R_f\ll r_{eq}$，则闭环增益近似为

$$\dot{A}_{vf}\approx\left(1+\frac{R_f}{R_1}\right)\cdot\frac{1}{1+j\omega R_f C_{eq}}=A_{vMf}\cdot\frac{1}{1+j(f/f_{Hf})} \tag{8.3.33}$$

其中

$$A_{vMf}=1+\frac{R_f}{R_1} \tag{8.3.34a}$$

$$f_{Hf}=\frac{1}{2\pi R_f C_{eq}} \tag{8.3.34b}$$

A_{vMf}为闭环通带电压增益，f_{Hf}就是闭环带宽（上限频率）。对比式（8.3.34a）和式（8.3.27）可

以看出，电流反馈型运放电路的闭环通带增益与标准运放电路的完全相同。但是由式(8.3.34b)看出，它的闭环带宽除了与运放内部电路等效电容有关外，还与反馈电阻 R_f 有关。

由式(8.3.34)可知，当固定 R_f，通过改变 R_1 而改变 A_{vMf} 时，f_{Hf} 不会改变，即电路的带宽不变，用幅频响应描述时如图 8.3.8 所示。这是电流反馈型运放独特的优势，它特别适合用来做宽带放大器，也特别适合用编程方法改变增益而带宽不变的场合。

当减小 R_f 并按一定比例同时减小 R_1 时，可以保持增益不变而扩展带宽。

但要注意，电阻值的选取要满足 $r_{in} \ll R_1 /\!/ R_f$ 和 $R_f \ll r_{eq}$。不仅如此，不同闭环增益下 R_f 有一个最佳值，如果 R_f 偏离最佳值太多，会影响通带增益的平坦度。所以电流反馈型运放使用起来要比标准运放复杂些。

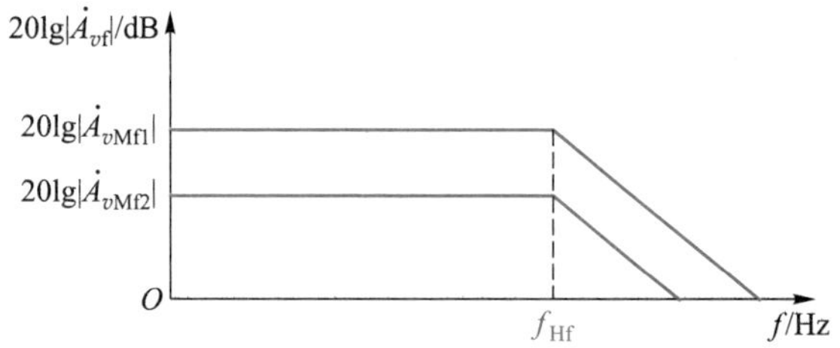

图 8.3.8 图 8.3.7a 电路固定 R_f 改变 R_1 时的闭环增益幅频响应

综上分析，可以得到这样的结论：负反馈之所以能够改善放大电路的多方面的性能，归根结底是由于将电路的输出量(v_o 或 i_o)引回到输入端与输入量(v_i 或 i_i)进行比较，从而随时对输出量进行调整。

前面讨论过的增益稳定性的提高、非线性失真的减小、抑制噪声、对输入电阻和输出电阻的影响以及扩展频带(除电流反馈型运放外)，均可用自动调整作用来解释。反馈越深，即$(1+AF)$的值越大，调整作用越强，对放大电路性能的影响越大，但闭环增益下降也越多。

由此可知，负反馈对放大电路性能的影响，是以牺牲增益为代价的。另一方面，也必须注意到，反馈深度$(1+AF)$或环路增益 AF 的值也不能无限制增加，否则在多级放大电路中，将容易产生不稳定现象(自激振荡)，这一问题将在 8.6 节讨论。因此，这里所得的结论在一定条件下才是正确的。

为了便于比较和应用，现将负反馈对各类放大电路性能的影响归纳于表 8.3.1 中。

表 8.3.1 负反馈对各类放大电路性能的影响

反馈类型	放大类型	稳定的增益	输入电阻 R_{if}	输出电阻 R_{of}	通频带
电压串联	电压	A_{vf}	$(1+A_vF_v)R_i$ 增大	$R_o/(1+A_{vo}F_v)$ 减小	增宽
电压并联	互阻	A_{rf}	$R_i/(1+A_rF_g)$ 减小	$R_o/(1+A_{ro}F_g)$ 减小	增宽
电流串联	互导	A_{gf}	$(1+A_gF_r)R_i$ 增大	$(1+A_{gs}F_r)R_o$ 增大	增宽
电流并联	电流	A_{if}	$R_i/(1+A_iF_i)$ 减小	$(1+A_{is}F_i)R_o$ 增大	增宽

注：这里所列的 R_{if} 和 R_{of} 是指反馈环内的输入和输出电阻表达式。

复习思考题

8.3.1 负反馈对放大电路增益的稳定性有何影响？反馈放大电路的闭环增益表达式(8.3.1)中 $A_f \approx 1/F$ 的物理意义是什么？

8.3.2 在多级放大电路中，为了抑制噪声，为什么特别重视第一级的低噪声设计？若引入负反馈，则反馈环外的前置级的低噪声设计显得更为重要，何故？

8.3.3 在多级放大电路中，其输出级多属功率放大级，这时容易产生非线性失真或工频(50 Hz)干扰，试问用什么方法可以有效地改善上述工作情况？

8.3.4 负反馈对放大电路的输入电阻有何影响？

8.3.5 负反馈对放大电路的输出电阻有何影响？

8.3.6 引入负反馈后，放大电路的上、下限频率有何变化？带宽有何变化？

8.3.7 增益-带宽积为常数有哪些前提条件？电流反馈型运放电路遵循这一规律吗？

8.4 深度负反馈条件下的近似计算

从原则上来说，反馈放大电路是一个带反馈回路的有源线性网络。利用大家都熟悉的电路理论中的节点电流法、回路电压法或二端口网络理论均可求解。但是，当电路较复杂时，这类方法使用起来很不方便。

本节从工程实际出发，讨论在深度负反馈的条件下，反馈放大电路增益的近似计算。

一般情况下，大多数负反馈放大电路，特别是由集成运放组成的放大电路都能满足深度负反馈的条件。

由图 8.2.1 所示方框图可得

$$A_f = \frac{x_o}{x_i} \tag{8.4.1}$$

$$\frac{1}{F} = \frac{x_o}{x_f} \tag{8.4.2}$$

前面讨论过，在深度负反馈条件下闭环增益 $A_f \approx \dfrac{1}{F}$，所以有

$$x_i \approx x_f \tag{8.4.3}$$

此式表明，当 $(1+AF) \gg 1$ 时，反馈信号 x_f 与输入信号 x_i 相差甚微，净输入信号 x_{id} 甚小，因而有

$$x_{id} = x_i - x_f \approx 0 \tag{8.4.4}$$

对于串联负反馈有 $v_i \approx v_f$，$v_{id} \approx 0$，因而在基本放大电路输入电阻上产生的输入电流也必然趋于零，即 $i_{id} \approx 0$。对于并联负反馈有 $i_i \approx i_f$，$i_{id} \approx 0$，因而在基本放大电路输入电阻上产生的输入电压 $v_{id} \approx 0$。总之，不论是串联还是并联负反馈，在深度负反馈条件下，均有 $v_{id} \approx 0$（虚短）和 $i_{id} \approx 0$（虚断）同时存在。利用“虚短”“虚断”的概念可以快速方便地估算出负反馈放大电路的闭环增益或闭环电压增益。下面举例说明。

例 8.4.1 设图 8.4.1 所示电路满足 $(1+AF) \gg 1$ 的条件，试写出该电路的闭环电压增益表达式。

解：图 8.4.1 所示电路是一多级放大电路，电阻 R_1 和 R_2 组成反馈网络。在放大电路的输出回路，反馈网络接至信号输出端，用输出短路法判断是电压反馈；在放大电路的输入回路，输入信号加在 T_1 的栅极，反馈信号 v_f 加在 T_2 的栅极，净输入信号 $v_{id}=v_i-v_f$，是串联反馈；用瞬时极性法可判断该电路为负反馈。由于是深度负反馈，利用"虚短"和"虚断"，即 $v_i\approx v_f$，$i_{g1}=i_{g2}\approx 0$，可直接写出

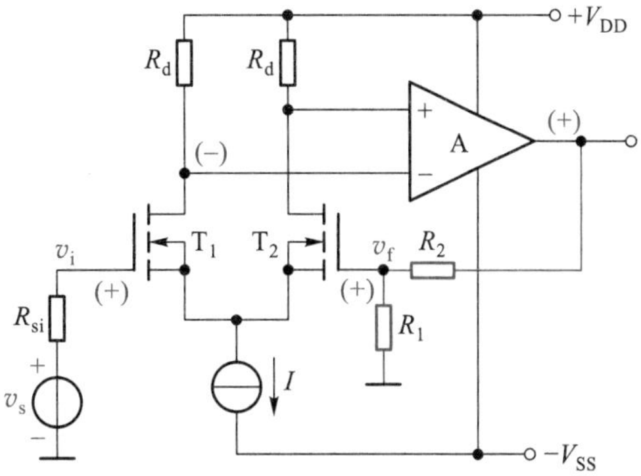

图 8.4.1 例 8.4.1 的电路

$$v_i\approx v_f=\frac{R_1}{R_1+R_2}v_o$$

于是得闭环电压增益

$$A_{vf}=\frac{v_o}{v_i}\approx 1+\frac{R_2}{R_1}$$

例 8.4.2 试写出图 8.4.2 所示电路的闭环增益和闭环电压增益表达式。

解：显然，图 8.4.2 所示电路中 R_f 是反馈元件。由图中所标各有关点的交流电位的瞬时极性及各有关支路的交流电流的瞬时流向，可以判断 R_f 引入了负反馈。又从反馈在放大电路输出端的电压取样方式和输入端的电流求和方式可知，该电路是电压并联负反馈放大电路。它的内部含有一个集成运放，因而开环增益很大，能够满足 $(1+AF)\gg 1$ 的条件，根据虚断概念有 $i_{id}\approx 0$，$i_f\approx i_1$，即 $(v_i-v_n)/R_1\approx (v_n-v_o)/R_f$，$v_p=0$。由虚短概念得 $v_n\approx v_p=0$，所以闭环增益

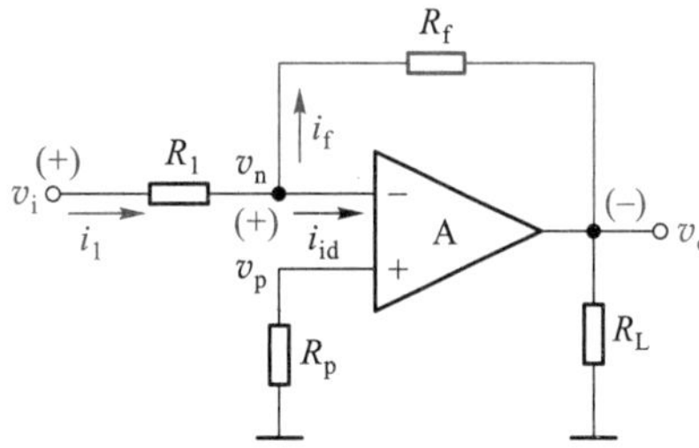

图 8.4.2 例 8.4.2 的电路

$$A_{rf}=\frac{v_o}{i_1}=\frac{v_o}{i_f}=-R_f$$

闭环电压增益

$$A_{vf}=\frac{v_o}{v_i}=\frac{v_o}{R_1 i_1}=\frac{1}{R_1}A_{rf}=-\frac{R_f}{R_1}$$

例 8.4.3 共源极放大电路如图 8.4.3 所示。试近似计算它的闭环电压增益 A_{vf}。

解：此电路中由 R_s 引入电流串联负反馈。利用虚短、虚断的概念，可直接计算其闭环电压增益。按照图中各电压、电流的参考方向，可得 $v_i\approx v_f=i_sR_s\approx i_oR_s$，而 $v_o\approx -i_oR_d$，故得闭环电压增益

$$A_{vf}=\frac{v_o}{v_i}\approx\frac{v_o}{v_f}\approx -\frac{R_d}{R_s}$$

将上式与式(4.4.10)做比较可知，当 $g_mR_s\gg 1$ 时，式(4.4.10)即可简化成上式。

例 8.4.4 设图 8.4.4 所示电路满足深度负反馈的条件，近似计算它的闭环电流增益和

闭环电压增益，并定性地分析它的输入电阻。

解：该电路与图 8.1.14 电路类似，引入了电流并联负反馈。在深度负反馈的条件下，有 $i_i \approx i_f$，$i_{id} \approx 0$，$v_n \approx v_p = 0$。由此得

$$i_f = \frac{R}{R_f + R} i_o$$

所以闭环电流增益

$$A_{if} = \frac{i_o}{i_i} \approx \frac{i_o}{i_f} = \frac{R_f + R}{R}$$

闭环电压增益

$$A_{vf} = \frac{v_o}{v_s} = \frac{-R_L i_o}{R_{si} i_i} = -\frac{R_L}{R_{si}} \cdot \frac{i_o}{i_i} = -\frac{R_L}{R_{si}} \cdot \frac{R_f + R}{R}$$

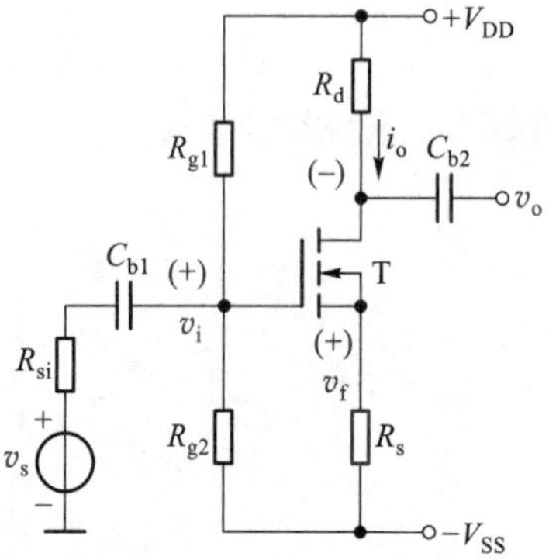

图 8.4.3 例 8.4.3 的电路

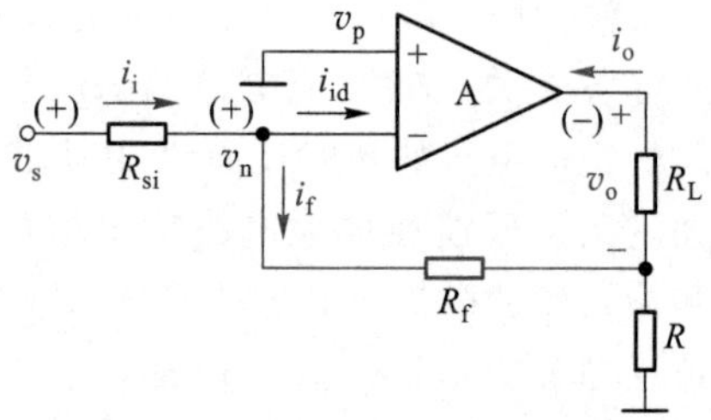

图 8.4.4 例 8.4.4 的电路

输入电阻的定性分析：由于 R_{si}是信号源内阻，所以端口电压是 v_n，考虑到 $v_n \approx 0$，所以该电路的输入电阻近似地表示为 $R_{if} \approx v_n / i_i \approx 0$，接近于理想值。从负反馈效果最佳的角度考虑，这种电路适合于放大高内阻的电流源信号。

例 8.4.5 图 8.4.5 所示为某反馈放大电路的交流通路。电路的输出端通过电阻 R_f与电路的输入端相连，形成大环反馈。(1) 试判断电路中大环反馈的组态；(2) 判断 T_2和 T_3之间所引反馈的极性；(3) 求深度负反馈条件下该电路闭环互阻增益的近似表达式；(4) 定性分析该电路的输入电阻和输出电阻。

解：(1) 首先用瞬时极性法判断该反馈的极性。设电流源 i_s的流向如图中箭头所示，则由此引起的电路中各支路电流的流向亦如图中箭头所示；而各节点电压的极性如图中(+)、(−)号所示，净输入电流 $i_{id} = i_{b1} = i_i - i_f$比没有该反馈时减小了，因此，$R_f$引入负反馈。根据 R_f在电路输出端、输入端的连接方式可知，该反馈为电压并联负反馈。

(2) 设 T_2基极电压的瞬时极性为(−)，则 T_3的基极为(+)，其发射极也为(+)，由 R_2引回到 T_2发射极的反馈信号的极性也为(+)，于是使 T_2的净输入电压 v_{be2}增加，说明 T_2、T_3间引入的是正反馈。

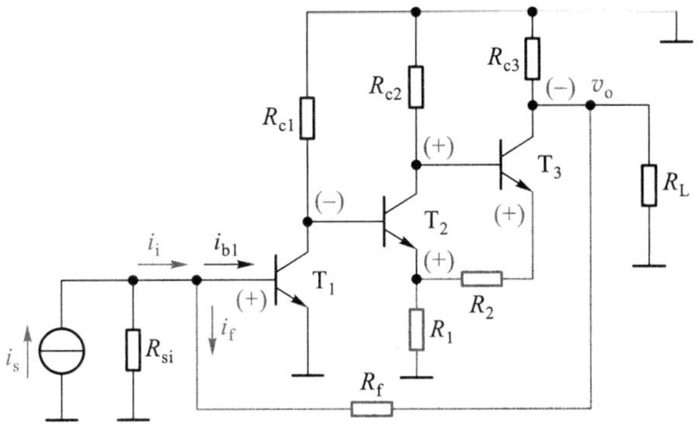

图 8.4.5 例 8.4.5 的电路

(3) 在深度负反馈条件下，由虚断得 $i_i \approx i_f$，$i_{b1} \approx 0$。由虚短得 $v_{b1} \approx v_{e1} = 0$，于是 $i_i \approx i_f \approx \dfrac{-v_o}{R_f}$，闭环互阻增益 $A_{rf} = \dfrac{v_o}{i_i} \approx -R_f$。

(4) 并联负反馈使 R_{if}减小。在深度负反馈条件下，$v_{be1} \approx 0$，故 $R_{if} = \dfrac{v_{be1}}{i_i} \approx 0$。由于电压负反馈的特点是使输出电压更加稳定，故该电路的闭环输出电阻 R_{of}很小，其值趋近于 0。

在深度负反馈条件下，放大电路的闭环增益也可由 $A_f = \dfrac{1}{F}$求得。

例 8.4.6 电路如图 8.4.6 所示。MOS 管参数：$K_n = 10\ \text{mA/V}^2$，$K_p = 4\ \text{mA/V}^2$，$V_{TN} = 1\ \text{V}$，$V_{TP} = -1.149\ \text{V}$，$\lambda = 0$。

(1) 判断电路中极间反馈组态，近似计算闭环电压增益 $A_{vf} = v_o / v_s$，定性分析输入电阻 R_i和 R_{if}。

(2) 试运用 SPICE 求：电路的闭环电压增益 A_{vf}和输出电阻 R_{of}。去掉 R_f，电路的开环电压增益 A_v和输出电阻 R_o。

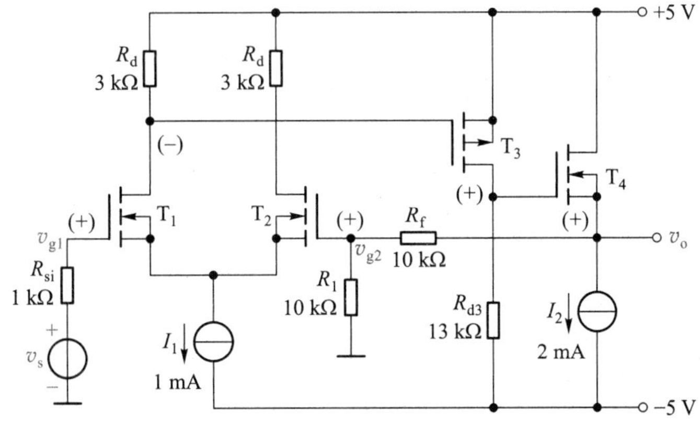

图 8.4.6 例 8.4.6 的电路

解：(1) 电路中 R_f、R_1 引入电压串联负反馈。深度负反馈条件下利用虚短和虚断，有 $v_s \approx v_{g1} \approx v_{g2} = \dfrac{R_1}{R_1+R_f} v_o$，所以

$$A_{vf} = \frac{v_o}{v_i} \approx \frac{v_o}{v_s} = \frac{R_1+R_f}{R_1} = 2$$

仿真说明文档 8.1：
例 8.4.6 电路的仿真

由于 MOS 管的栅极电阻趋于无穷，所以电路的输入电阻 R_i 和 R_{if} 也趋于无穷。

(2) 用 SPICE 仿真分析有反馈电阻 R_f 与去掉 R_f 的结果列于表 8.4.1 中。电路引入的是电压串联负反馈，由于 $A_v = 237$，$F = R_1/(R_1+R_f) = 0.5$，则 $1+AF \approx 120$，所以引入反馈后，电压增益和输出电阻均约为原值的 1/120。仿真结果与理论计算基本一致。

表 8.4.1 例 8.4.6 电路 SPICE 仿真分析结果

条件	电压增益	输出电阻
无 R_f	237	98.6 Ω
有 R_f	1.98	0.83 Ω
A_{vf}/A_v 或 R_{of}/R_o	1/120	1/119

复习思考题

8.4.1 在负反馈放大电路中，什么叫虚短和虚断？其物理实质是什么？

8.4.2 深度负反馈条件下，如何估算放大电路的闭环增益及闭环电压增益？

8.5 负反馈放大电路设计

在放大电路中引入适当的负反馈，可以影响电路的许多性能，而且反馈的组态不同，所产生的影响也各不相同。因此，在设计负反馈放大电路时，应根据实际需要和设计目标引入合适的负反馈。

8.5.1 设计负反馈放大电路的一般步骤

1. 选定需要的反馈类型

选择反馈类型可参照下面的一些原则。

(1) 根据信号源的性质选择串联负反馈或并联负反馈。当信号源为电压源时，为了减小信号源内阻的电压损耗，使放大电路获得尽可能大的输入电压，需要尽可能增大放大电路的输入电阻，应引入串联负反馈。当信号源为电流源时，为了使放大电路获得尽可能大的输入电流，必须减小放大电路的输入电阻，应选择并联负反馈。

(2) 根据对放大电路输出信号的要求，选择电压负反馈或电流负反馈。当要求放大电路输出稳定的电压信号时，应选择电压负反馈。而要求输出稳定的电流信号时，则应选择电流负反馈。

(3) 根据表 8.3.1 中列出的四种反馈放大电路的功能，选择合适的反馈组态。例如，若要求电路接近理想的电压放大电路，则应该选择电压串联负反馈放大电路；若要求将电压信号转换为电流信号，则应该选择电流串联负反馈放大电路；等等。

上述原则是针对交流负反馈而言的，若要稳定放大电路的静态工作点，则应在电路中引入直流负反馈。

2. 确定反馈系数的大小

通常情况下，假设引入的是深度负反馈，由设计指标及 $A_f \approx \frac{1}{F}$ 的关系确定反馈系数 F 的大小。

3. 适当选择反馈网络中的电阻阻值

多数情况下，反馈网络由电阻或电阻和电容组成。一个给定的反馈系数值，往往可由不同的电阻值组合获得。例如，当电压反馈系数 $F_v = \frac{R_1}{R_1+R_2} = 0.1$ 时，可以取 $R_1 = 1\ \Omega$、$R_2 = 9\ \Omega$，也可以取 $R_1 = 0.3\ \mathrm{k\Omega}$、$R_2 = 2.7\ \mathrm{k\Omega}$ 等。为满足设计要求，必须适当选择反馈网络中的电阻值，以减小反馈网络对放大电路输入端口和输出端口的负载效应（即影响）。

显然，反馈类型不同，对反馈网络中电阻值的要求也就不同。在串联负反馈中，当反馈网络输出端口的等效阻抗远小于基本放大电路的输入阻抗时，它对放大电路输入端口的影响才能被忽略（因两个阻抗是串联的，见图 8.1.5a）。相反，在并联负反馈中，当反馈网络输出端口的等效阻抗远大于基本放大电路的输入阻抗时，它对放大电路输入端口的影响才能被忽略（因两个阻抗是并联的，见图 8.1.5b）。

为减小反馈网络输入端口对放大电路输出端口的负载效应，在电压负反馈中，因两个端口是并联的（见图 8.1.6a），反馈网络输入端口的等效阻抗应远大于基本放大电路的输出阻抗；而电流负反馈中，因两个端口是串联的（见图 8.1.6b），反馈网络输入端口的等效阻抗应远小于基本放大电路的输出阻抗。

4. 用 SPICE 分析设计的电路，检验是否符合设计目标

下面结合例题说明以上设计过程。

8.5.2 设计举例

例 8.5.1 用集成运放设计一个负反馈放大电路，它的输入信号来自一个内阻 $R_{si} = 2\ \mathrm{k\Omega}$ 的电压源 v_s，负载电阻 $R_L = 50\ \Omega$。要求该电路向负载提供的输出电压 $v_o = 10v_s$，且当负载变化时，输出电压趋于稳定。设计中所用集成运算放大器的参数为 $A_{vo} = 10^5$，$R_i = 200\ \mathrm{k\Omega}$，$R_o = 100\ \Omega$。设计合适的反馈网络，并用 SPICE 检验设计结果。

解：(1) 选择反馈类型

因为所用信号源是内阻 $R_{si} = 2\ \mathrm{k\Omega}$ 的电压源，为减小放大电路对信号源的负载效应，待设计的反馈放大电路必须有很高的输入电阻，因此，选择同相输入的放大电路，同时电路中引入串联负反馈。

根据设计要求，当负载变化时，输出电压趋于稳定。因此，电路中必须引入电压负反馈。

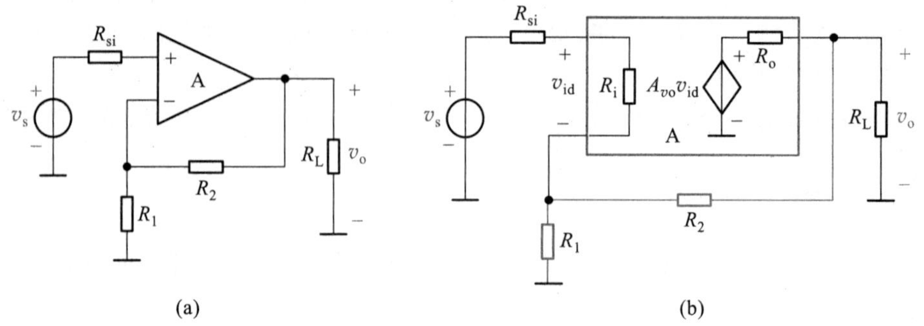

图 8.5.1 例 8.5.1 的电路图

（a）电压串联负反馈放大电路 （b）图 8.5.1a 的小信号等效电路

综上所述，需要设计一个近乎理想的电压放大电路，其电路结构如图 8.5.1a 所示，图 8.5.1b 所示为其小信号等效电路。

（2）确定反馈系数 F_v

由设计要求知，该反馈放大电路的闭环源电压增益 $A_{vsf}=\dfrac{v_o}{v_s}=10$，又 $A_{vsf}=\dfrac{v_o}{v_i}\cdot\dfrac{v_i}{v_s}=A_{vf}\cdot\dfrac{R_{if}}{R_{si}+R_{if}}$。已知 $R_i\gg R_{si}$，而闭环输入电阻 $R_{if}=(1+A_{vo}F_v)R_i$，所以有 $A_{vsf}\approx A_{vf}$。又因在深度负反馈条件下 $A_{vf}\approx\dfrac{1}{F_v}\approx A_{vsf}=10$，所以 $F_v=0.1$。

由此可得反馈深度 $1+A_{vo}F_v=1+10^5\times0.1\approx10^4\gg1$。$R_{if}=(1+A_{vo}F_v)R_i=10^4\times200\ \text{k}\Omega=2\times10^6\ \text{k}\Omega$，很大。而闭环输出电阻 $R_{of}=R_o/(1+A_{vo}F_v)=0.01\ \Omega$，很小。这样的输入电阻和输出电阻几乎是理想的，因此可以确保负载变化时，输出电压基本不变。

（3）确定反馈网络中 R_1、R_2 的阻值

因为 $F_v=\dfrac{R_1}{R_1+R_2}=0.1$，所以 $R_2/R_1=9$。另外，为消除运放输入偏置电流产生的误差，应使运放两输入端等效电阻相等，即 $R_1/\!/R_2=R_{si}=2\ \text{k}\Omega$。解得 $R_1=2.2\ \text{k}\Omega$，$R_2=19.8\ \text{k}\Omega$。

由图 8.5.1b 可见，在放大电路的输出端，反馈网络也是放大电路的负载，为了减小反馈网络对放大电路输出端的负载效应，要求 $R_2+R_1\gg R_o$。同时，由于反馈网络输出端口与放大电路输入端口串联作为信号源的负载，为了减小反馈网络对信号源的负载效应，要求 $R_1/\!/R_2\ll R_i$。

R_1、R_2 的选择可以满足上述要求。实际电路中，R_2 可用一个小阻值的可变电阻串联一个固定电阻替代，以减小电阻公差对闭环增益精度的影响。

（4）用 SPICE 分析检验设计结果

采用图 8.5.1a 所示电路，将参数代入进行仿真（扫码看仿真说明文档），结果如下：

闭环源电压增益：$A_{vsf}=9.998$，即 $v_o=9.999v_s$，与设计要求相对误差为 0.02%。

闭环输入电阻：$R_{if}=1\ 572\ \text{M}\Omega$。

闭环输出电阻：$R_{of}=0.008\ \Omega$，远小于 50 Ω 的负载电阻。负载变化时，输出电压几乎不变。

仿真说明文档 8.2：
例 8.5.1 电路的仿真

下面介绍一个光电信号传输系统，然后为系统中的光电隔离器设计带负反馈的驱动放大电路。光电隔离器可由 3.5.4 节介绍的发光二极管和光电二极管构成，由光电隔离器构成的光电信号传输系统的基本组成如图 8.5.2 所示。利用光电隔离器可以实现输入、输出回路间没有直接电气连接的信号传输。

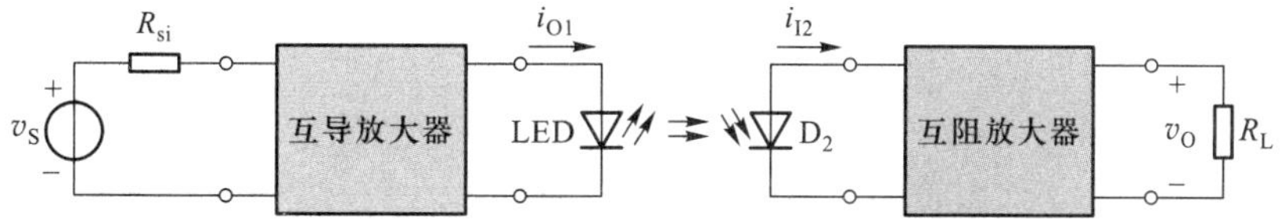

图 8.5.2 光电信号传输系统的基本组成

发光二极管 LED 也具有单向导电性，其电流方程与普通二极管的电流方程相似，外加正向电压使电流足够大时，LED 会发光。发光强度与 LED 的正向电流成正比。不同颜色 LED 的正向压降不同，通常为 1.5~2 V，高亮管达到 3.6 V，普通 LED 的导通电流为 2~10 mA，高亮的导通电流达 20 mA。

光电隔离器中的光电二极管（图中 D_2）接收到 LED 发出的光后，会将其转换为电流，此电流的大小与入射光的照度成正比。

由于 LED 的发光强度与正向电流成正比，而 LED 的 $I-V$ 特性是非线性的，所以如果将输入电压直接加在 LED 上，则不能保证信号传输的线性关系。为了使流过 LED 的电流与输入电压 v_S 呈线性关系，需要设计驱动 LED 的互导放大器电路。

同理，在输出回路中，为了使输出电压与光电二极管的电流具有线性关系，需要设计互阻放大器。

例 8.5.2 试设计图 8.5.2 所示光电传输系统中的互导放大器和互阻放大器。信号源电压 v_S 的变化范围为 0~5 V，内阻 $R_{si}=500\ \Omega$。负载电阻 $R_L=500\ \Omega$。所用集成运放的开环增益 $A_{vo}=10^5$，开环输入电阻 $R_i=200\ \text{k}\Omega$，开环输出电阻 $R_o=100\ \Omega$。

（1）设计互导放大器可以将 0~5 V 的电压 v_S 线性地转换为 0~5 mA 电流，以驱动 LED。设计后用 SPICE 检验发光二极管的电流。

（2）设计互阻放大器能将流过光电二极管 D_2 的 0~50 μA 电流线性地转换为 0~5 V 输出电压。设计后用 SPICE 检验光电二极管的电流及电压。

解：（1）因为输入信号来自一个有内阻的电压源，所以需要设计一个高输入电阻的放大电路，即需要引入串联负反馈，以减小放大电路对信号源的负载效应。又因为要求向 LED 提供 0~5 mA 且不失真的电流，所以需要引入电流负反馈。

综上所述，需要设计一个电流串联负反馈放大电路。可采用图 8.5.3a 所示的电路结构。

由设计要求知，该反馈放大电路的闭环源互导增益 $A_{gsf}=\dfrac{i_{O1}}{v_S}=5\ \text{mA}/5\ \text{V}=1\ \text{mS}=10^{-3}\ \text{S}$。

而 $A_{gsf}=\dfrac{i_{O1}}{v_I}\cdot\dfrac{v_I}{v_S}=A_{gf}\cdot\dfrac{R_{if}}{R_{si}+R_{if}}$，但 $R_{if}=(1+A_{vo}F_v)R_i\gg R_{si}$，所以有 $A_{gsf}\approx A_{gf}$。又因在深度负反

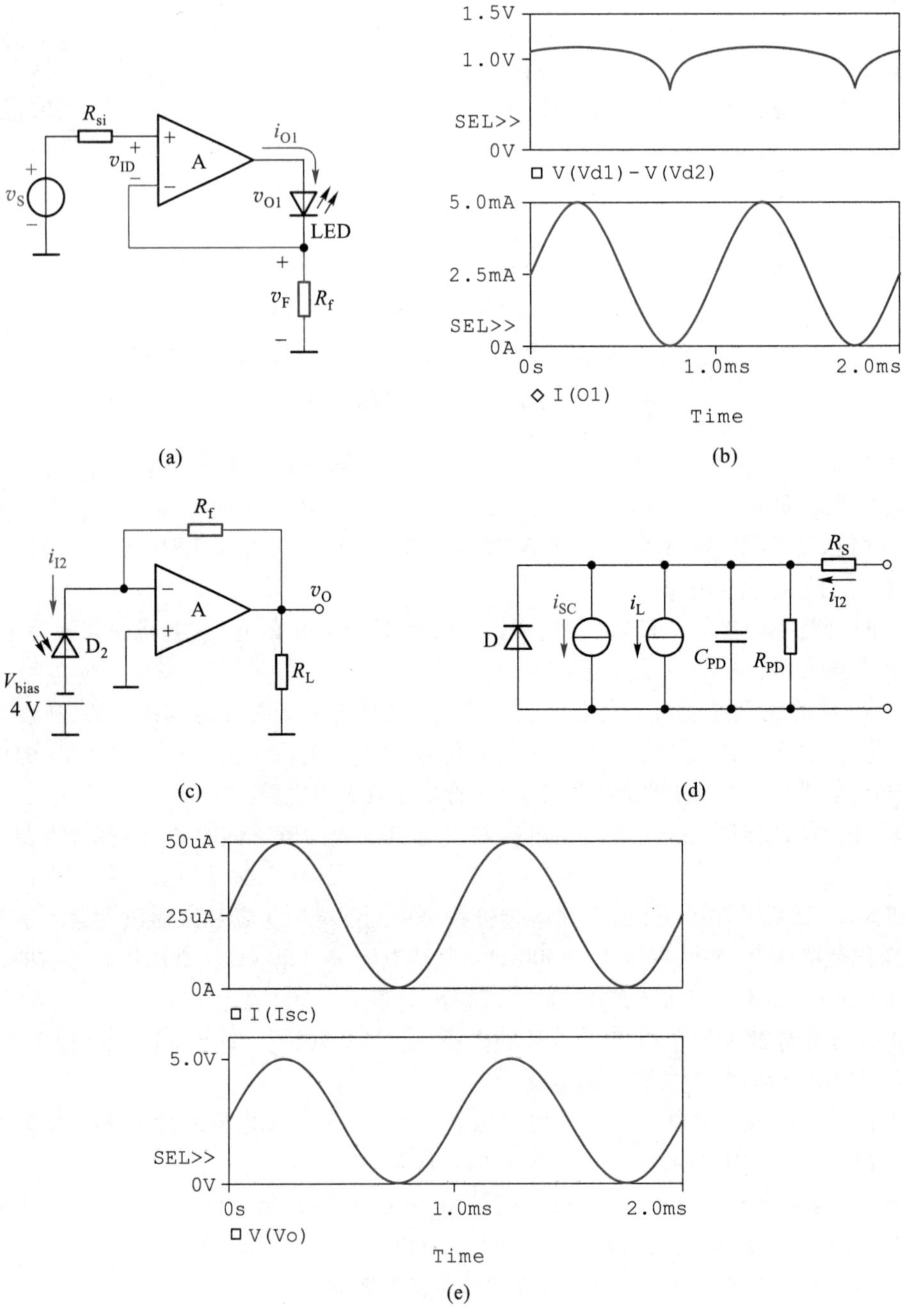

图 8.5.3 例 8.5.2 的图

(a) 互导放大电路 (b) LED 的仿真波形 (c) 互阻放大电路

(d) 光电二极管仿真模型 (e) 光电二极管电流及输出电压的仿真波形

馈条件下 $A_{gf}\approx\frac{1}{F_r}\approx A_{gef}=1\ \text{mS}$,所以 $F_r\approx1\ \text{k}\Omega$。又因为 $F_r=\frac{v_F}{i_{O1}}=\frac{i_{O1}R_f}{i_{O1}}=R_f$,故取 $R_f=1\ \text{k}\Omega$。

现在用 SPICE 验证设计结果,得到 LED 的电压和电流波形如图 8.5.3b 所示。由图可见,LED 两端的电压 v_{O1}(即仿真波形中的 V(Vd1)-V(Vd2))波形失真很严重,这是由于 LED 的 $I-V$ 特性的非线性引起的。LED 的电流几乎是理想的正弦波,且有 $i_{O1}=10^{-3}v_S$。说明设计的放大电路符合设计要求。

(2) 光电二极管在反相电压作用下工作,并且其电流的大小与入射光的照度成正比,短路电流可达数十至数百 μA。为了减小对光电二极管的影响,互阻放大电路的输入电阻要尽可能小,同时为了稳定输出电压,输出电阻也要尽可能小,因此应在放大电路中引入电压并联负反馈。其电路结构如图 8.5.3c 所示。其中直流电源 V_{bias}是光电二极管工作时需要的反向偏置电压。

仿真说明文档 8.3:
例 8.5.2 电路的仿真

由已知条件可求得互阻放大电路的闭环互阻增益 $A_{rf}=\frac{v_O}{i_{I2}}=5\ \text{V}/50\ \mu\text{A}=10^5\ \Omega$。

在深度负反馈条件下,$A_{rf}=R_f$,所以选择 $R_f=100\ \text{k}\Omega$。

拓展文档 8.2:
脉搏血氧仪的
LED 驱动电路

最后,用 SPICE 对设计的电路进行仿真。光电二极管模型如图 8.5.3d 所示,其中 D 为理想二极管,i_{SC}是被辐射光激发的电流源,i_L是表示光电二极管漏电流,可以忽略。C_{PD}是结电容,可取 50 pF。R_{PD}是寄生的暗电阻,典型值为 1 000 MΩ。串联寄生电阻 R_S的典型值为 100 Ω。用模型代替图 8.5.3c 光电二极管,得到光电二极管电流及输出电压的仿真波形如图 8.5.3e 所示。由图可见,该电路的输入电流与输出电压满足 0~50 μA 到 0~5 V 的线性转换关系。

实际光电耦合器的光敏器件除光电二极管外,还有光电三极管等,可以对信号进行放大。限于篇幅更多内容不再赘述。

复习思考题

8.5.1 设计负反馈放大电路时,如何选择反馈类型?

8.5.2 设计何种类型的反馈放大电路才能使其既可以从信号源获得尽可能大的电流,又能稳定输出电流?

8.5.3 减小放大电路对信号源的负载效应与减小反馈网络输出端对信号源的负载效应是同一个概念吗?为什么?

8.6 负反馈放大电路的稳定性

从前面的讨论得知,交流负反馈对放大电路性能的影响程度由负反馈深度的大小决定,$1+AF$ 越大,放大电路的性能越好。然而反馈过深时,不但不能改善放大电路的性能,反而会使电路产生自激振荡而不能稳定地工作。下面先分析产生自激振荡的原因,研究负反馈放大电路稳定工作的条件,然后介绍消除自激振荡的方法——频率补偿。

8.6.1 负反馈放大电路的自激振荡及稳定工作的条件

1. 产生自激振荡的原因

前面讨论的负反馈放大电路都是假定其工作在通带内(中频区),这时电路中各个电抗性元件的影响均可忽略。按照定义,引入负反馈后,放大电路的净输入信号$\dot{X}_{id}(=\dot{X}_i-\dot{X}_f)$将减小,因此,$\dot{X}_f$与$\dot{X}_i$必然是同相的,即有 $\varphi_a+\varphi_f=2n\times180°,n=0,1,2,\cdots$($\varphi_a$、$\varphi_f$分别是$\dot{A}$、$\dot{F}$的相角)。

可是,在高频区或低频区,电路中各种电抗性元件的影响不能再被忽略。$\dot{A}$、$\dot{F}$是频率的函数,它们的幅值和相位都会随频率而变化。相位的改变,使$\dot{X}_f$与$\dot{X}_i$不再同相,产生了附加相移($\Delta\varphi_a+\Delta\varphi_f$)。可能在某一频率下,$\dot{A}$、$\dot{F}$的附加相移达到 180°,使 $\varphi_a+\varphi_f=(2n+1)\times180°$。这时,$\dot{X}_f$与$\dot{X}_i$必然由通带内的同相变为反相,使放大电路的净输入信号增大,放大电路中引入的负反馈就变成了正反馈。

当正反馈较强以致$\dot{X}_{id}=-\dot{X}_f=-\dot{A}\dot{F}\dot{X}_{id}$,也就是$\dot{A}\dot{F}=-1$时,即使没有输入信号,输出端也会产生输出信号,电路产生自激振荡,如图 8.6.1 所示,这时电路会失去正常的放大作用。环路增益$\dot{A}\dot{F}$表示信号在环路上绕行一周的增益(不含求和环节的-1)。

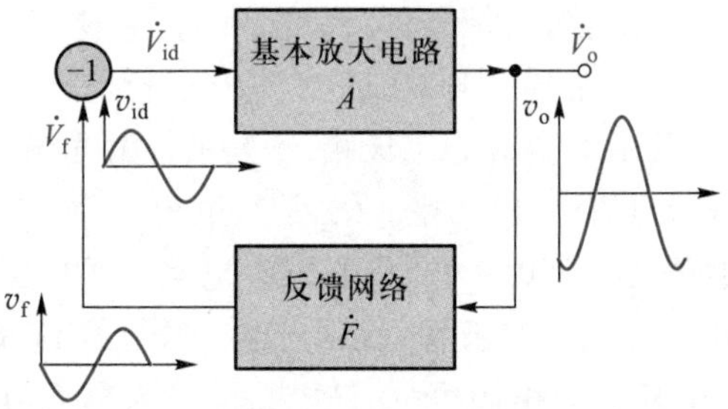

图 8.6.1 负反馈放大电路的自激振荡现象

实际上,需要放大的信号通常都是在通带内的,不会出现 180°的附加相移。而电路中噪声的频谱分布非常广,总会有某一频率的噪声,使$\dot{A}\dot{F}$产生 180°的附加相移。当正反馈足够强时,便会出现自激振荡。

2. 自激振荡的条件

由上述分析可知,负反馈放大电路产生自激振荡的条件是环路增益

$$\dot{A}\dot{F}=-1 \tag{8.6.1}$$

它包括幅值条件和相位条件,即

$$\begin{cases}|\dot{A}\dot{F}|=1\\ \varphi_a+\varphi_f=(2n+1)\times180°,n=0,1,2,\cdots\end{cases} \tag{8.6.2}$$

为了突出附加相移,相位条件也常写为

$$\Delta\varphi_a+\Delta\varphi_f=\pm180° \tag{8.6.3}$$

当幅值条件和相位条件同时满足时,负反馈放大电路就会产生自激振荡。在 $\Delta\varphi_a+\Delta\varphi_f=\pm180°$及$|\dot{A}\dot{F}|>1$时,更加容易产生自激振荡。

3. 稳定工作的条件

由自激振荡的条件可知,如果频率变化时,环路增益$\dot{A}\dot{F}$的幅值条件和相位条件不能同

时满足,负反馈放大电路就不会产生自激振荡。故负反馈放大电路稳定工作的条件是:

$$\begin{cases}|\dot{A}\dot{F}|=1\\|\Delta\varphi_a+\Delta\varphi_f|<180^\circ\end{cases} \quad 或 \quad \begin{cases}|\dot{A}\dot{F}|<1\\\Delta\varphi_a+\Delta\varphi_f=\pm180^\circ\end{cases}$$

为了直观地运用这个条件,工程上常用环路增益$\dot{A}\dot{F}$的波特图来分析判断负反馈放大电路的稳定性。

图 8.6.2 是某负反馈放大电路环路增益$\dot{A}\dot{F}$的近似波特图。令 $20\lg|\dot{A}\dot{F}|=0$ dB 和 $\Delta\varphi_a+\Delta\varphi_f=-180^\circ$ 对应的频率分别为 f_0 和 f_{180}。

由此图可知,当 $f=f_{180}$ 时,有 $20\lg|\dot{A}\dot{F}|<0$ dB,即 $|\dot{A}\dot{F}|<1$;而当 $f=f_0$ 时,有 $|\Delta\varphi_a+\Delta\varphi_f|<180^\circ$,说明幅值条件和相位条件不会同时满足,放大电路是稳定的,不会产生自激振荡。

与此相反,当 $f=f_{180}$ 时,有 $20\lg|\dot{A}\dot{F}|\geq0$ dB,即 $|\dot{A}\dot{F}|\geq1$;或当 $f=f_0$ 时,有 $|\Delta\varphi_a+\Delta\varphi_f|\geq180^\circ$,则会产生自激振荡。

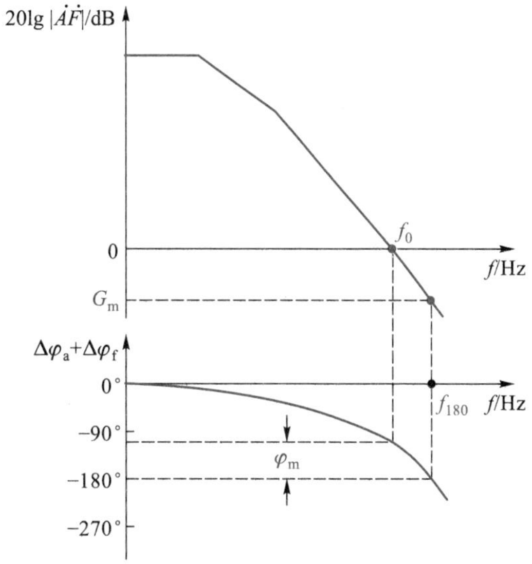

图 8.6.2 某负反馈放大电路环路增益$\dot{A}\dot{F}$的近似波特图

由图 8.6.2 可见,用环路增益的波特图判断负反馈放大电路是否稳定的方法是:

(1) 若 $f_{180}>f_0$,则负反馈放大电路是稳定的;

(2) 若 $f_{180}<f_0$,则负反馈放大电路会产生自激。

为使电路具有足够的稳定性,不仅要避免电路进入自激状态,还要使其远离自激状态,即要有一个稳定的裕量,称为稳定裕度。这样,当环境温度、电源电压、电路参数等在一定范围内变化时,电路都能稳定地工作。稳定裕度包括增益裕度和相位裕度。

定义 $f=f_{180}$ 时对应的 $20\lg|\dot{A}\dot{F}|$ 为增益裕度,用 G_m 表示,如图 8.6.2 所示幅频特性中的标注。G_m 的表达式为

$$G_m=20\lg|\dot{A}\dot{F}|_{f=f_{180}}(\text{dB}) \tag{8.6.4}$$

稳定的负反馈放大电路的 $G_m<0$ dB,一般要求 $G_m\leq-10$ dB,保证电路有足够的增益裕度。

定义 $f=f_0$ 时,$|\Delta\varphi_a+\Delta\varphi_f|$ 与 180°的差值为相位裕度,用 φ_m 表示,如图 8.6.2 所示相频特性中的标注。φ_m 的表达式为

$$\varphi_m=180^\circ-|\Delta\varphi_a+\Delta\varphi_f|_{f=f_0} \tag{8.6.5}$$

稳定的负反馈放大电路的 $\varphi_m>0^\circ$,一般要求 $\varphi_m\geq45^\circ$,保证电路有足够的相位裕度。

在工程实践中,通常要求 $G_m\leq-10$ dB,或 $\varphi_m=45^\circ\sim60^\circ$。按此要求设计的放大电路,不

仅可以在预定的工作情况下满足稳定条件，而且环境温度、电路参数及电源电压等因素在一定范围内发生变化时，也能满足稳定条件，这样的放大电路才能正常地工作。

4. 负反馈电路的稳定性分析

当负反馈放大电路中的反馈网络由纯电阻构成时，反馈系数$\dot{F}$为一常数，同时有 $\varphi_f=0°$。这种情况下，环路增益表示为

$$20\lg|\dot{A}\dot{F}|=20\lg|\dot{A}|-20\lg\frac{1}{|\dot{F}|}=20\lg|\dot{A}|-20\lg\frac{1}{F} \tag{8.6.6}$$

因此，基本放大电路增益 $20\lg|\dot{A}|$与 $20\lg(1/F)$的差值就是环路增益的幅频响应。由于 F 与频率无关，所以在波特图中 $20\lg(1/F)$是一条水平线，$20\lg|\dot{A}|$与 $20\lg(1/F)$的交点满足 $20\lg|\dot{A}\dot{F}|=0$，其对应的频率即为 f_0。下面举例说明。

例 8.6.1 设一电压放大电路的开环电压增益表达式为

$$\dot{A}_v=\frac{10^5}{\left(1+\mathrm{j}\frac{f}{10^5}\right)\left(1+\mathrm{j}\frac{f}{10^6}\right)\left(1+\mathrm{j}\frac{f}{10^7}\right)}$$

$\dot{A}_v$的频率响应波特图如图 8.6.3 所示。在电路中，由电阻引入电压串联负反馈。试判断：

(1) 若 $F_v=3\times10^{-5}$时，电路是否稳定？

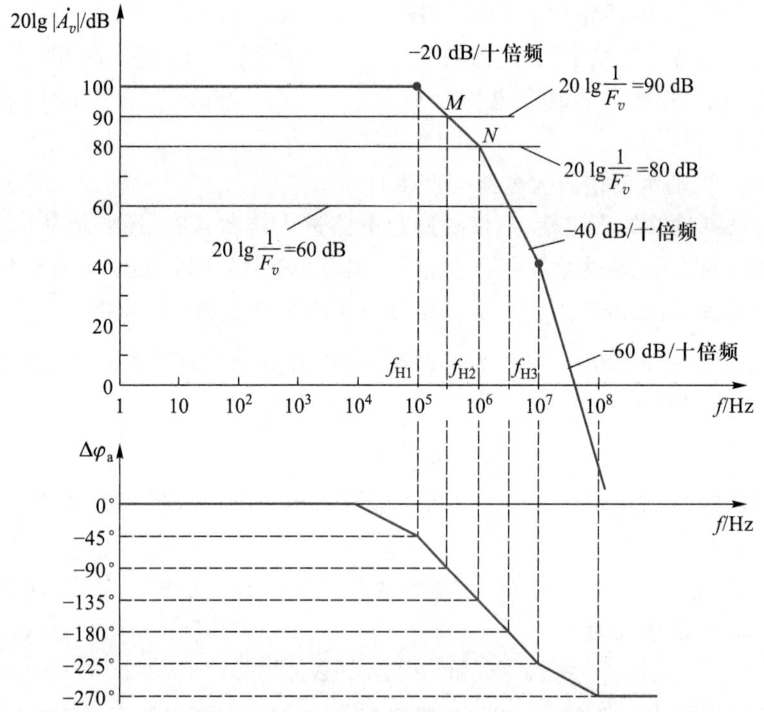

图 8.6.3 例 8.6.1 电路的稳定性波特图分析

（2）若 $F_v=10^{-4}$时，电路是否稳定？

（3）若 $F_v=10^{-3}$时，电路稳定性如何？

解：基本放大电路有三个转折频率，$f_{H1}=10^5$ Hz，$f_{H2}=10^6$ Hz，$f_{H3}=10^7$ Hz。开环增益的带宽由 f_{H1}决定，故 f_{H1}为上限频率。反馈系数 F_v为一常数，$\varphi_f=0°$，即 $\Delta\varphi_a+\Delta\varphi_f=\Delta\varphi_a$。

（1）$20\lg\dfrac{1}{F_v}=20\lg\dfrac{1}{3\times10^{-5}}\approx90$ dB，该水平线与基本放大电路幅频特性交于 M 点。以此线为横轴，根据式(8.6.6)，得到 $20\lg|\dot{A}\dot{F}|$ 的幅频特性，以及相频特性如图 8.6.4 所示，M 点即为 f_0点。

由图可见，$f_0<f_{180}$，电路是稳定的。其 f_0点对应的相位裕度 $\varphi_m=180°-|-90°|=90°$

（2）$20\lg\dfrac{1}{F_v}=20\lg\dfrac{1}{10^{-4}}=80$ dB，与基本放大电路幅频特性交于 N 点（见图 8.6.3），其相位裕度 $\varphi_m=180°-|-135°|=45°$。

因此，$f_0<f_{180}$，电路仍是稳定的，但处于临界稳定状态。$F_v=10^{-4}$是满足相位裕度要求的最大反馈系数。

（3）$20\lg\dfrac{1}{F_v}=20\lg\dfrac{1}{10^{-3}}=60$ dB，其 f_0 对应的相移为 $-180°$，相位裕度 $\varphi_m=0°$（见图 8.6.3）。电路不稳定。

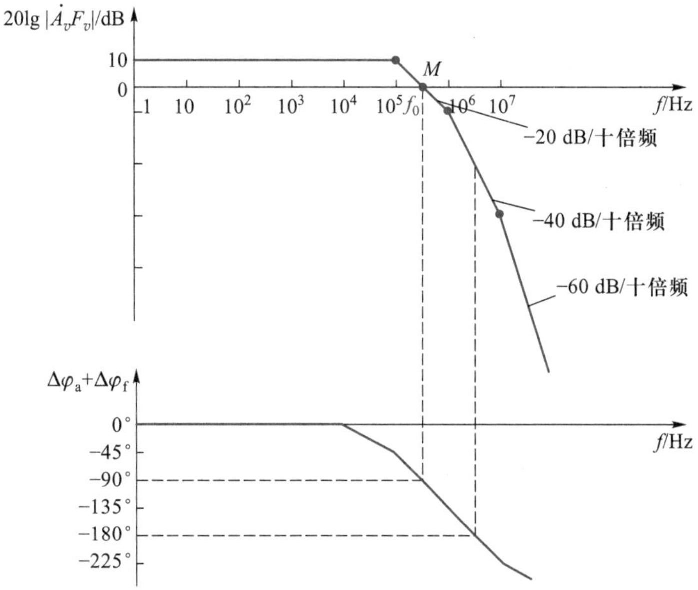

图 8.6.4 $F_v=3\times10^{-5}$时环路增益的频率响应

由上面的分析得知以下几点。

① 对于同一个基本放大电路，引入的负反馈越深，即反馈系数越大，相位裕度就越小，增益裕度也越小，电路越容易产生自激。因此，对反馈深度需加以限制，并注意 φ_m和 G_m的要求。

② 从图 8.6.3 中可见，对于纯电阻的反馈网络，如果反馈线 20lg（$1/F_v$）与幅频特性曲线 20lg｜$\dot{A}_v$｜相交于-20 dB/十倍频的斜率上。电路是绝对稳定的。

也就是 20lg｜$\dot{A}_v\dot{F}_v$｜幅频特性横坐标以上只有一个转折频率，并且使 $f_{H1}<0.1f_0$，其他较高的转折频率（如 f_{H3}）都大于 $10f_0$。

③ 在只有一个上限转折频率的放大电路中引入负反馈，最大附加相移为-90°，相位条件无法满足，故不可能产生自激。

在有两个上限转折频率的放大电路中引入负反馈，最大附加相移为-180°（此时 $\varphi_m<45°$），电路不能可靠稳定工作，须采取消振措施。

在有两个以上转折频率的放大电路中引入负反馈，附加相移超过-180°，电路肯定会自激，必须采取消振措施。

例 8.6.2 试用图 8.6.5 所示的 SPICE 电路验证例 8.6.1 的分析结果。该电路使用了由两个跨导和一个单位增益放大器组成的三级放大电路，其中直流增益 $A_{10}=G_{m1}R_1=10^3$ V/V，$A_{20}=G_{m2}R_2=10^2$ V/V，因此，$A_0=A_{10}A_{20}=10^5$ V/V，三个转折点频率分别为 $f_1=1/(2\pi R_1C_1)=10^5$ Hz，$f_2=1/(2\pi R_2C_2)=10^6$ Hz，$f_3=1/(2\pi R_3C_3)=10^7$ Hz。

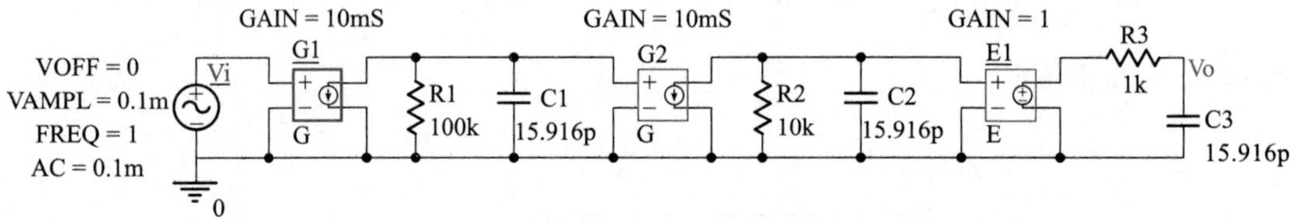

图 8.6.5 例 8.6.2 电压放大电路的 SPICE 电路

解：进行交流扫描分析，得到幅频响应和相频响应如图 8.6.6 所示。当引入负反馈后，保证有 45°的相位裕度，即环路附加相移在 0°～-135°之内，电路就可以稳定工作。由于反馈网络没有相移，所以环路的附加相移就是开环放大电路的相移。

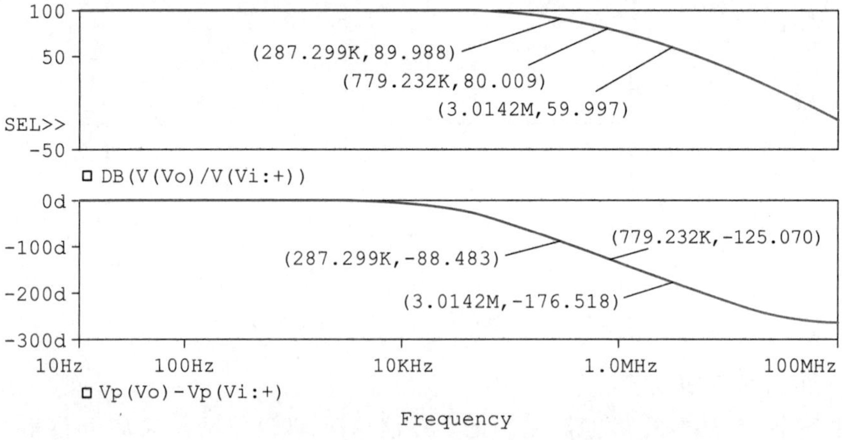

图 8.6.6 例 8.6.2 SPICE 电路仿真的幅、相频率特性

(1) 当 $F_v=3\times10^{-5}$时,$20\lg(1/F_v)=90$ dB,与基本放大电路幅频特性交点对应的相位为$-88°$,相位裕度 $\varphi_m\approx180°-|-88°|=92°$,电路是稳定的。

(2) 当 $F_v=10^{-4}$时,$20\lg(1/F_v)=80$ dB 对应的相位为$-125°$,相位裕度为 $\varphi_m\approx180°-|-125°|=55°$,电路是稳定的,接近临界稳定状态。

(3) 当 $F_v=10^{-3}$时,$20\lg(1/F_v)=60$ dB 对应的相位为$-177°$,相位裕度为 $\varphi_m\approx180°-|-177°|=3°$,电路不稳定。

上述仿真结果与例 8.6.1 的理论分析有误差,特别是 80 dB 处误差大些,原因是三个转折频率在此处合并相移所致。

*8.6.2 自激振荡的消除——频率补偿

发生在负反馈放大电路中的自激振荡是有害的,必须设法消除。最简单的方法是减小反馈深度,如减小反馈系数$\dot{F}$,但这又不利于改善放大电路的其他性能。为解决此矛盾,通常采用频率修正的方法,或称频率补偿法。实施方法是在反馈环路内增加一些电抗性元件,从而改变环路增益$\dot{A}\dot{F}$的频率特性,破坏自激振荡的条件。下面介绍几种常用的频率补偿方法,为简单起见,仍假设反馈网络由纯电阻构成,基本放大电路是直接耦合电路。

1. 滞后补偿

(1) 增加转折频率

在基本放大电路中增加一个转折频率,并使它远小于之前的最低转折频率,从而改变环路增益的频率特性,实现频率补偿。

例 8.6.3 在例 8.6.1 中基本放大电路基础上,由电阻网络引入负反馈,反馈系数 $F_v=0.01$。试分析该电路的工作稳定性。若不稳定,请用增加转折频率的方法实现频率补偿。

解:根据例 8.6.1 分析可知,$F_v=10^{-4}$是满足相位裕度要求的最大反馈系数。因此,$F_v=0.01$ 时,电路工作不稳定。用增加一个转折频率进行频率补偿。具体做法如下:

① 在$\dot{A}_v$的表达式中插入一个转折频率f_H。

在$\dot{A}_v$的分母中增加一个二项式因子,而原来的三个转折频率不变,得到的新表达式为

$$\dot{A}_v'=\frac{10^5}{\left(1+\mathrm{j}\dfrac{f}{f_H}\right)\left(1+\mathrm{j}\dfrac{f}{10^5}\right)\left(1+\mathrm{j}\dfrac{f}{10^6}\right)\left(1+\mathrm{j}\dfrac{f}{10^7}\right)}$$

② 确定新增的转折频率f_H。

在保证相位裕度 $\varphi_m\geqslant45°$ 的条件下,应使反馈线 $20\lg(1/F_v)$ 与$\dot{A}_v'$幅频特性曲线 $20\lg|\dot{A}_v'|$ 相交于斜率为-20 dB/十倍频的线段上,同时使低于f_0的转折频率数为 1。

据此可通过作图确定新增转折频率 f_H。在图 8.6.7 中,过 f_{H1} 点作垂线,与反馈线 $20\lg(1/0.01)=40$ dB 交于 N 点。过 N 点作斜率为-20 dB/十倍频的直线,它与$\dot{A}_v$的幅频特性曲线低频段交点的横坐标即是新增加的转折频率 f_H。

再根据$\dot{A}_v'$的表达式作出幅频和相频特性曲线。在相频特性曲线中,f_H处的 $\varphi_a=-45°$。在 $0.1f_H\leqslant f\leqslant10f_H$范围内,$\varphi_a$以$-45°$/十倍频的斜率变化,此间最大相移为$-90°$。在 $0.1f_{H1}$~

f_{H1}之间，φ_a在$-90°$的基础上，又以$-45°$/十倍频的斜率变化，到第二转折频率f_{H1}处，$\varphi_a = -135°$。此处正是$F_v = 0.01$时的f_0频率点，满足相位裕度。

可见，用增加转折频率法补偿后，在$F_v \leqslant 0.01$的范围内，负反馈放大电路都能稳定工作。与图 8.6.3 相比，F_v的最大值由补偿前的10^{-4}，增加到补偿后的 0.01。因此，引入的反馈更深。但这是以牺牲带宽为代价的（补偿前带宽是f_{H1}，补偿后带宽为f_H）。另外，补偿后环路增益的相位更加滞后，故又称为滞后补偿。

③ 由$f_H = 1/(2\pi RC)$确定新增 RC 电路中电阻 R 和电容 C 的值，即

$$f_H = \frac{1}{2\pi RC}$$

因为f_H较低，所以 C 的值较大。同时要求新增 RC 电路对原来电路的各个转折频率不产生影响。

请读者自行分析，若取$F_v = 1$，补偿后该电路的带宽如何变化。

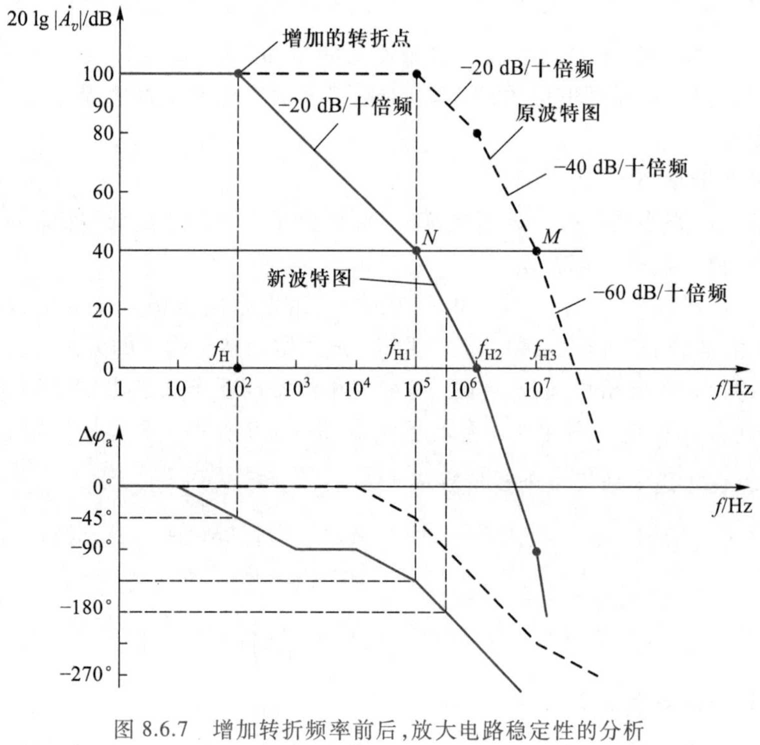

图 8.6.7 增加转折频率前后，放大电路稳定性的分析

(2) 改变转折频率

与前一种方法相比，这种方法在补偿前、后转折频率的个数不变，只是把原来的转折频率f_{H1}左移，使之远离其他转折频率，直到$|\dot{A}\dot{F}|$幅频响应波特图上的第二个转折点不超过 0 dB 线为止。这样，在$|\dot{A}\dot{F}|$幅频响应大于 0 dB 的范围内，相移不会超过$-135°$。

具体方法是在基本放大电路中时间常数最大的回路（决定最小转折频率的回路）接入一电容，如图 8.6.8a 所示，图 8.6.8b 是它的部分等效电路。补偿前的转折频率为

$$f_{H1}=\frac{1}{2\pi(R_{o1}/\!/R_{i2})C_{i2}}$$

补偿后的转折频率

$$f_{H1}=\frac{1}{2\pi(R_{o1}/\!/R_{i2})(C+C_{i2})}$$

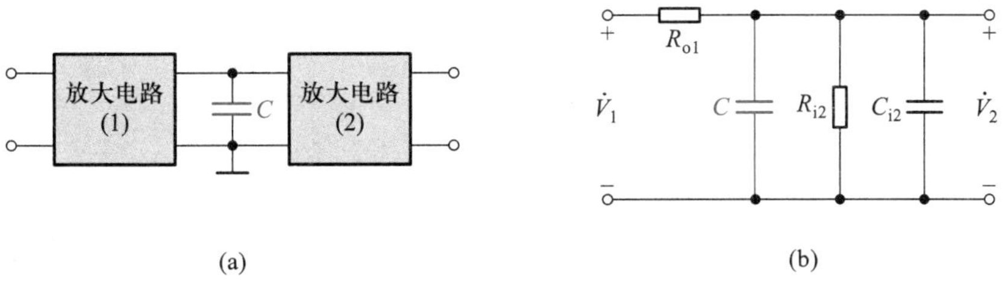

图 8.6.8 改变转折频率的频率补偿

（a）原理电路 （b）图 a 的部分等效电路

例 **8.6.4** 对图 8.6.5 所示电路采用改变转折频率的频率补偿法，即在电容 C_1 两端并联一个电容 C_p 来降低上限转折频率。求出反馈系数 $F=1$ 时，在相位裕度 $\varphi_m=45°$ 下，电路稳定工作时电容 C_p 的值，并用 SPICE 验证。

解：加补偿电容后转折频率点的个数不变，只是把原来的转折频率 f_{H1} 左移至 f_{HD}，为使电路在 $F=1$ 时稳定，要求 $20\lg|\dot{A}_v\dot{F}_v|$ 幅频特性在横坐标以上只有一个转折点，即幅频特性与横坐标交于 f_{H2} 点，频率补偿后的幅频特性如图 8.6.9 所示。

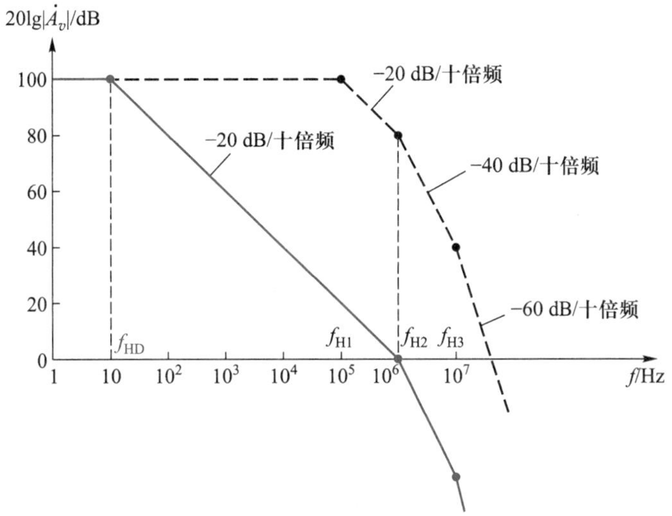

图 8.6.9 改变转折频率前后的幅频特性分析

利用增益带宽积的恒定性，有 $A_0\cdot f_{HD}=f_{H2}$，则 $f_{HD}=f_{H2}/A_0=10$。因为

$$f_{HD}=\frac{1}{2\pi R_1(C_1+C_P)}$$

所以

$$C_P=\frac{1}{2\pi R_1 f_{HD}}-C_1=\left(\frac{1}{2\times3.14\times10^5\times10}-15.9\times10^{-12}\right)\text{F}=159.2\ \text{nF}$$

仿真电路如图 8.6.10 所示，进行交流扫描分析，可以得到图 8.6.11 所示频率特性曲线。由于水平线 $20\lg(1/F)=0$ dB 即为横坐标，图中幅频特性与横坐标的交点所对应的相移约为$-132°$，所以补偿后的电路是稳定。

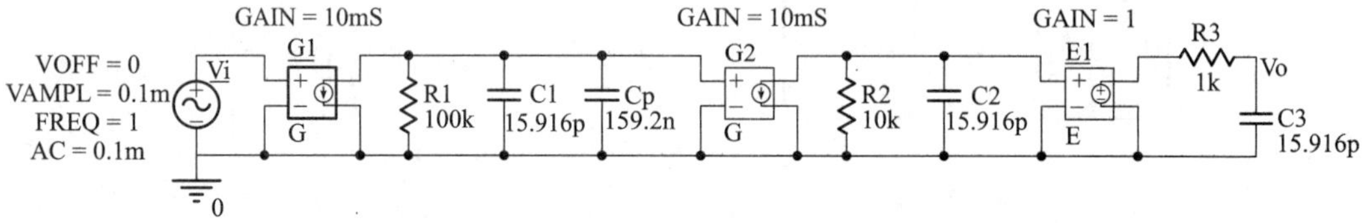

图 8.6.10　例 8.6.4 的 SPICE 仿真电路

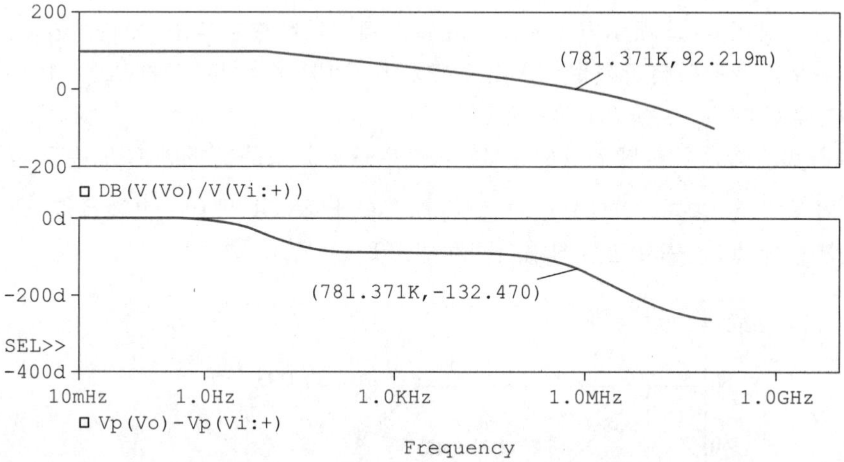

图 8.6.11　例 8.6.4 的幅、相频率响应仿真结果

2. 密勒补偿

上述滞后补偿中转折频率较低，时间常数都比较大，在集成电路内部制作大电容比较困难，这时可以采用密勒电容补偿。

密勒电容补偿是将补偿电容 C 跨接在某级放大电路的输入、输出之间，如图 8.6.12 所示。这样，用较小的电容（有的用几至几十皮法）就可以获得满意的补偿效果（参见图 7.4.1a 中的 C_C 及习题 8.6.4）。

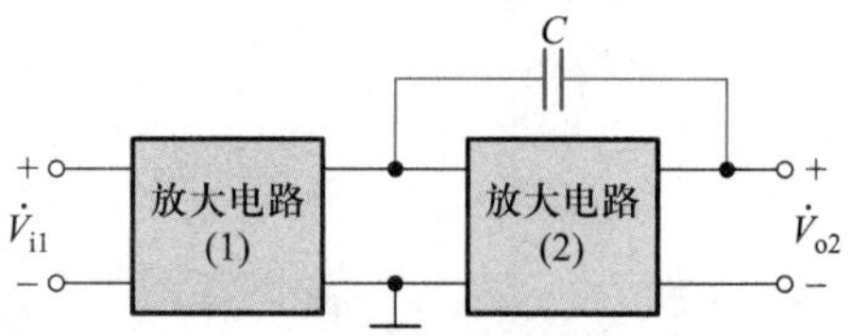

图 8.6.12　密勒效应补偿

集成运放 741 内部就是采用这种方式进行补偿的（参见图 7.4.6），补偿电容 C_C 为30 pF，补偿后的幅频响应从上限截止频率点 f_{H1}（$=7$ Hz）到 f_T 间都以-20 dB/十倍频的斜率下降。

为了保证相位裕度 $\varphi_m \geqslant 45°$，在设计负反馈放大电路时，通常应使 $20\lg|\dot{A}\dot{F}|=0$ dB 时的频率 $f_0 \leqslant f_{H2}$（f_{H2}是第二个转折频率）。对于纯电阻的反馈网络，应使反馈线 $20\lg(1/F_v)$ 与幅频特性曲线 $20\lg|\dot{A}_v|$ 相交于斜率为 -20 dB/十倍频的线段上。同时使低于f_0的转折频率数为 1，并且该转折频率 $f_{H1}<0.1f_0$，其他较高的各转折频率（如 f_{H3}）都大于 $10f_0$。

标准型集成运放的幅频响应通常都满足上述要求，所以在用电阻网络引入负反馈时电路都能稳定工作。而且如果电路出现振荡，可以通过在反馈电阻 R_f 两端并联电容的方法（类似如图 8.6.12 中电容的效果）消除振荡。但如果是电流反馈型运放，这种方法适得其反。因为电流反馈型运放的反相输入端对电流非常敏感，电容的电流是电压的微分，会引入更多的高频噪声和干扰，导致电路不稳定。所以实际应用中，不用电流反馈型运放构成积分电路。

复习思考题

8.6.1　什么是自激振荡？负反馈放大电路产生自激振荡的原因是什么？

8.6.2　为什么放大电路中的负反馈会变成正反馈？

8.6.3　什么是环路增益？如何用环路增益的波特图来判断负反馈放大电路是否稳定？

8.6.4　什么是增益裕度？什么是相位裕度？

8.6.5　频率补偿的含义是什么？

小　结

教学视频 8.1：
反馈放大电路小结

● 几乎在所有实用的放大电路中都要引入负反馈。反馈是指把输出电压或输出电流的一部分或全部通过反馈网络，用一定的方式回送到放大电路的输入回路，以影响输入电量的过程。反馈网络与基本放大电路一起组成一个闭合环路。通常假设反馈环内的信号是单向传输的，即信号从输入到输出的正向传输只经过基本放大电路，反馈网络的正向传输作用被忽略；而信号从输出到输入的反向传输只经过反馈网络。

● 有无反馈的判断方法是：除了信号正向放大通路外，看放大电路的输出回路与输入回路之间是否还存在其他传输通路，若有则存在反馈，电路为闭环的形式；否则就不存在反馈，电路为开环的形式。

● 交、直流反馈的判断方法是：存在于放大电路交流通路中的反馈为交流反馈。引入交流负反馈是为了改善放大电路的性能；存在于直流通路中的反馈为直流反馈。引入直流负反馈的目的是稳定放大电路的静态工作点。

● 反馈极性的判断方法是：瞬时极性法，即假设输入信号在某瞬时的极性为（+），再根据各类放大电路输出信号与输入信号间的相位关系，逐级标出电路中各有关点电位的瞬时极性或各有关支路电流的瞬时流向，最后看反馈信号是削弱还是增强了净输入信号，若是削弱了净输入信号，则为负反馈；反之则为正反馈。

● 电压、电流反馈的判断方法是：输出短路法，即设 $R_L=0$（或 $v_o=0$），若反馈信号不存在了，则是电压反馈；若反馈信号仍然存在，则为电流反馈。电压负反馈能稳定输出电压，电流负反馈能稳定输出电流。

● 串联、并联反馈的判断方法是：观察反馈网络输出端口与基本放大电路输入端口的连接方式。若二者以串联方式连接，则为串联反馈，此时 x_f 与 x_i 以电压形式求和；若二者以并联方式连接，则为并联反馈，此时 x_f 与 x_i 以电流形式求和。为了使负反馈的效果更好，当信号源为电压源时，宜采用串联负反馈；当信号源为电流源时，宜采用并联负反馈。

● 负反馈放大电路有四种类型：电压串联负反馈、电压并联负反馈、电流串联负反馈及电流并联负反馈放大电路。它们又常被对应称为电压放大器（或压控电压源）、互阻放大器（或流控电压源）、互导放大器（或压控电流源）和电流放大器（或流控电流源）。

● 引入负反馈后，虽然降低了增益，但是放大电路的许多性能指标得到了改善，如提高了放大电路增益的稳定性、减小了反馈环内的非线性失真，抑制了反馈环内的干扰和噪声，串联负反馈使输入电阻增加，并联负反馈使输入电阻减小，电压负反馈减小输出电阻，电流负反馈使输出电阻增加。负反馈还可以扩展放大电路的通频带。标准型运放构成放大电路时，增益-带宽积基本为常数 。负反馈对放大电路所有性能的影响程度均与反馈深度（$1+AF$）有关。实际应用中，可依据负反馈的上述作用引入符合设计要求的负反馈。

● 设计负反馈放大电路时，首先要选择反馈类型，然后确定反馈系数的大小，再选择反馈网络中的电阻阻值，最后检验设计效果。

● 在深度负反馈条件下，利用“虚短、虚断”概念可求四种反馈放大电路的闭环增益或闭环电压增益。

● 负反馈越深，放大电路性能改善越显著。但由于电路中存在电容等电抗性元件，导致环路增益$\dot{A}\dot{F}$的大小和相位都随频率而变化，当频率的变化同时满足 $|\dot{A}\dot{F}|\geqslant 1$ 及 $\varphi_a+\varphi_f=(2n+1)\times 180°$（或 $\Delta\varphi_a+\Delta\varphi_f=\pm 180°$）时，电路就会产生自激振荡。通常用频率补偿法来消除自激振荡。

● 电流反馈型运算放大器的增益-带宽积不是常数。

习　题

8.1　反馈的基本概念与分类

8.1.1　在图题 8.1.1 所示的各电路中，哪些元件组成了级间反馈通路？它们所引入的反馈是正反馈还是负反馈？是直流反馈还是交流反馈（设各电路中电容的容抗对交流信号均可忽略）？

8.1.2　试判断图题 8.1.1 所示各电路中，级间交流反馈的组态。

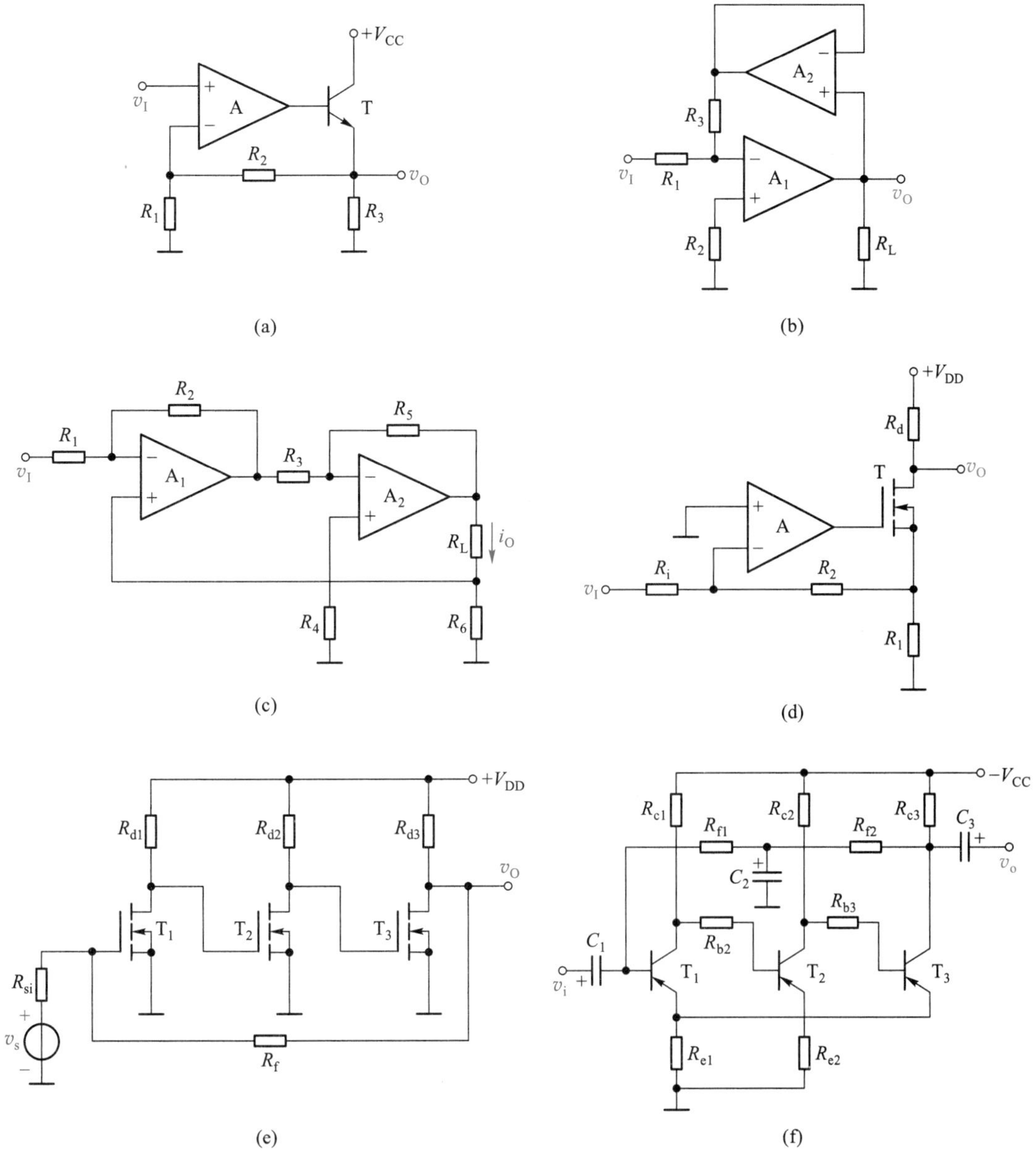
+V_{CC}
v_I
A
T
R_2
v_O
R_1
R_3
(a)
A_2
R_3
v_I
R_1
A_1
v_O
R_2
R_L
(b)
R_2
R_5
R_1
v_I
A_1
R_3
A_2
R_L
i_O
R_4
R_6
(c)
+V_{DD}
R_d
T
v_O
A
R_i
v_I
R_2
R_1
(d)
+V_{DD}
R_{d1}
R_{d2}
R_{d3}
v_O
T_1
T_2
T_3
R_{si}
v_s
R_f
(e)
$-V_{CC}$
R_{c1}
R_{f1}
R_{c2}
R_{f2}
R_{c3}
C_3
C_2
v_o
R_{b3}
C_1
R_{b2}
v_i
T_1
T_2
T_3
R_{e1}
R_{e2}
(f)

图题 8.1.1

8.1.3 在图题 8.1.3 所示的两电路中，从反馈的效果来考虑，对信号源内阻 R_{si} 的大小有何要求？

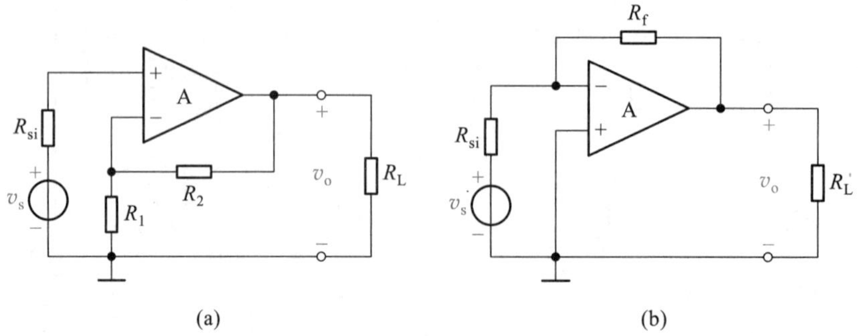

图题 8.1.3

8.1.4 指出图题 8.1.4 所示电路中的反馈元件，并说明引入了何种组态的反馈。

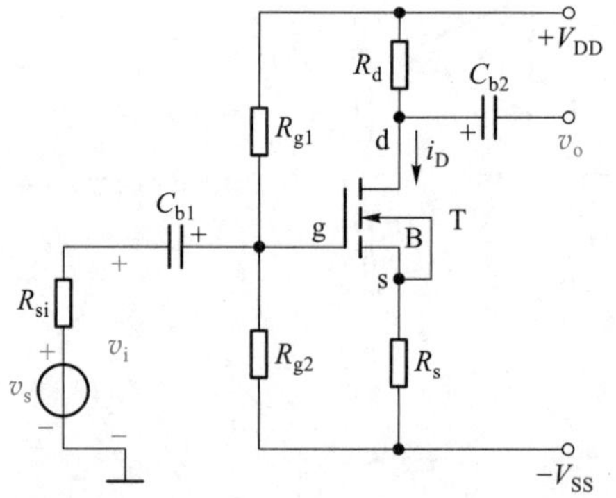

图题 8.1.4

8.1.5 试指出图题 8.1.5a、b 所示电路能否实现规定的功能，若不能，应如何改正？

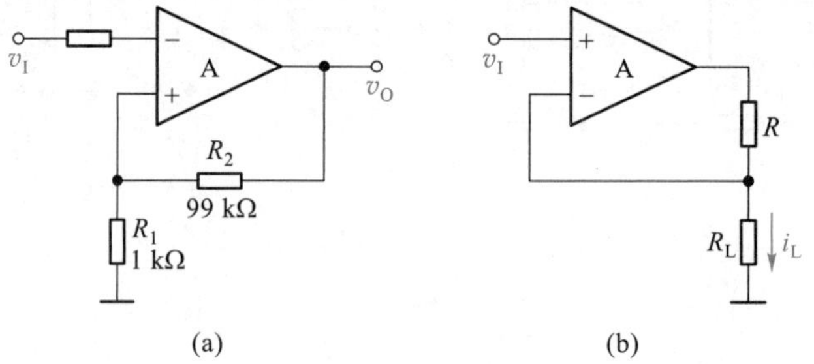

图题 8.1.5

（a）$A_{vf}=100$ 的直流放大电路 （b）$i_L=v_I/R$ 的压控电流源

8.1.6 由集成运放 A 及 BJT T_1、T_2 组成的放大电路如图题 8.1.6 所示，试分别按下列要求将信号源 v_s、电阻 R_f 正确接入该电路。

（1）引入电压串联负反馈。

（2）引入电压并联负反馈。

（3）引入电流串联负反馈。

（4）引入电流并联负反馈。

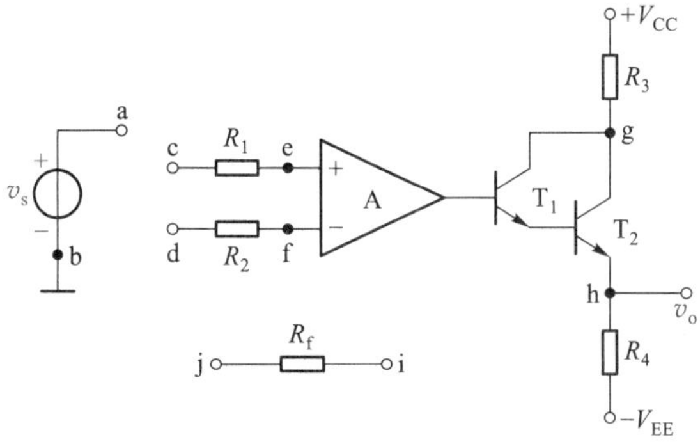

图题 8.1.6

8.1.7　试判断图题 8.1.7 所示各电路中，级间交流反馈的极性及组态。

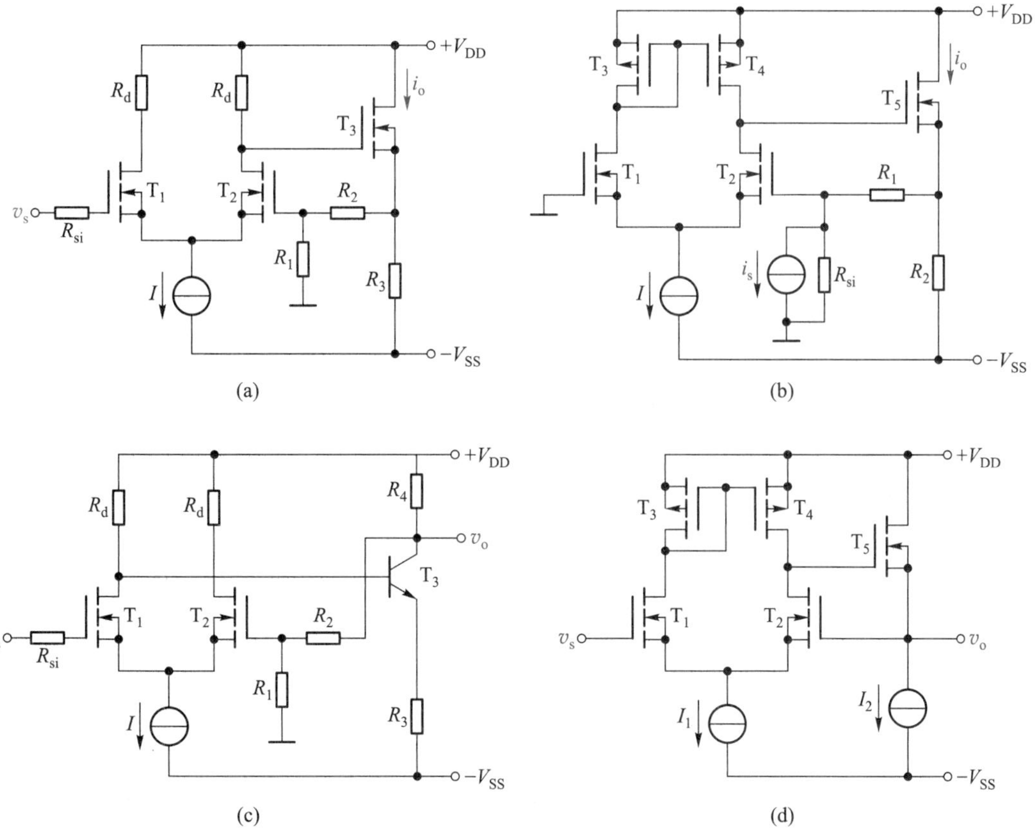

图题 8.1.7

8.1.8 图题 8.1.8a、b 分别是两个 MOS 管放大电路的交流通路，试分析两电路中各能引入下列反馈中的哪几种，并将反馈电阻 R_f 正确接入两电路的输入和输出回路中：

(1) 电压串联负反馈。

(2) 电压并联负反馈。

(3) 电流并联负反馈。

(4) 电流串联负反馈。

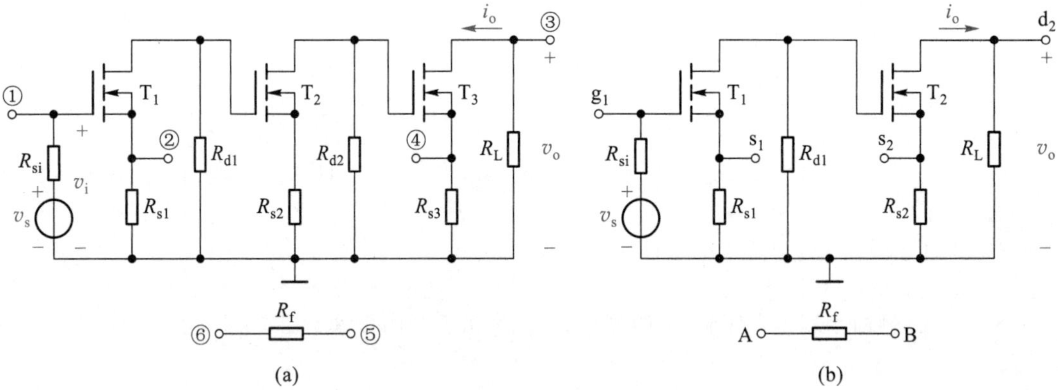

图题 8.1.8

8.2 负反馈放大电路增益的一般表达式

8.2.1 某反馈放大电路的方框图如图题 8.2.1 所示，已知其开环电压增益 $A_v = 2\ 000$，反馈系数 $F_v = 0.049\ 5$。若输出电压 $v_o = 2$ V，求输入电压 v_i、反馈电压 v_f 及净输入电压 v_{id} 的值。

8.2.2 某反馈放大电路的方框图如图题 8.2.2 所示，试推导其闭环增益 x_o/x_i 的表达式。

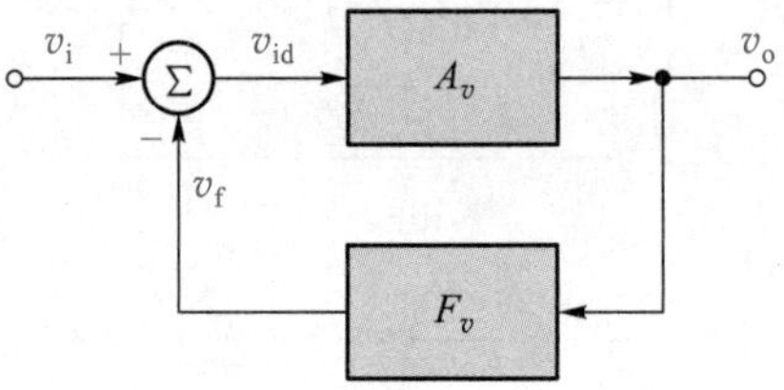

图题 8.2.1

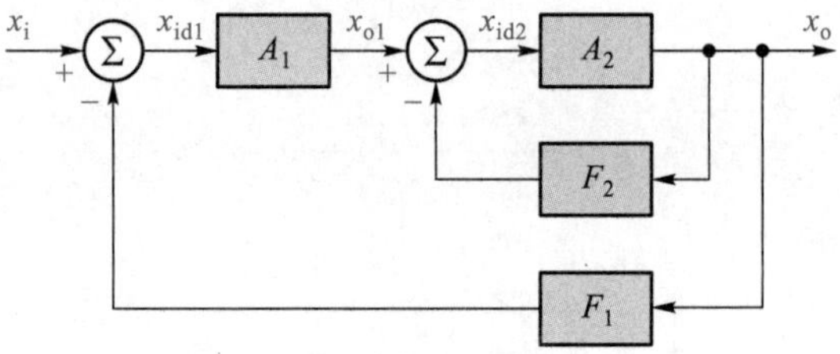

图题 8.2.2

8.2.3 由运放组成的同相放大电路中，运放的 $A_{vo} = 10^6$，$R_f = 47\ \text{k}\Omega$，$R_1 = 5.1\ \text{k}\Omega$，求反馈系数 F_v 和闭环电压增益 A_{vf}。试与 SPICE 仿真的闭环电压增益进行比较，运放模型采用 μA741。

8.3 负反馈对放大电路性能的影响

8.3.1 一放大电路的开环电压增益为 $A_{vo} = 10^4$，当它接成负反馈放大电路时，其闭环电压增益为 $A_{vf} = 50$，若 A_{vo} 变化 10%，问 A_{vf} 变化多少？

8.3.2 反馈放大电路的方框图如图题 8.3.2 所示，设 $\dot{V}_1$ 为输入端引入的噪声，$\dot{V}_2$ 为基本放大电路内引入的干扰（例如电源干扰），$\dot{V}_3$ 为放大电路输出端引入的干扰。放大电路的开环电压增益为 $\dot{A}_v = \dot{A}_{v1}\dot{A}_{v2}$。证明

$$\dot{V}_o=\frac{\dot{A}_v[(\dot{V}_i+\dot{V}_1)-\dot{V}_2/\dot{A}_{v1}-\dot{V}_3/\dot{A}_v]}{1+\dot{A}_v\dot{F}_v}$$

并说明负反馈抑制干扰的能力。

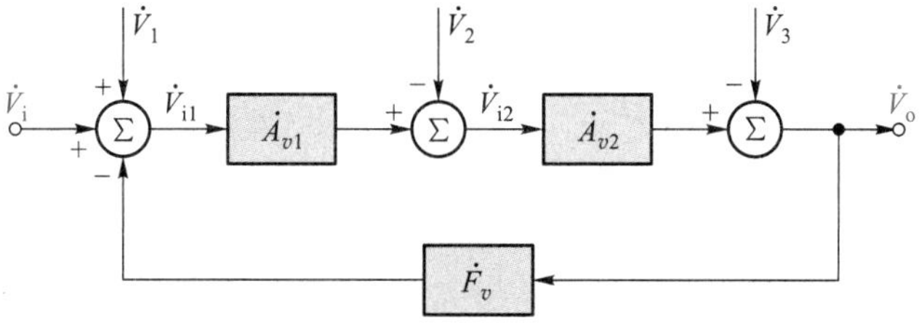

图题 8.3.2

8.3.3　图题 8.1.1 所示各电路中，哪些电路能稳定输出电压？哪些电路能稳定输出电流？哪些电路能提高输入电阻？哪些电路能降低输出电阻？

8.3.4　电路如图题 8.3.4 所示。

（1）分别说明由 R_{f1}、R_{f2} 引入的两路反馈的组态及各自的主要作用。

（2）这两路反馈在影响该放大电路性能方面可能出现的矛盾是什么？

（3）为了消除上述可能出现的矛盾，有人提出将 R_{f2} 断开，此办法是否可行？为什么？怎样才能消除这个矛盾？

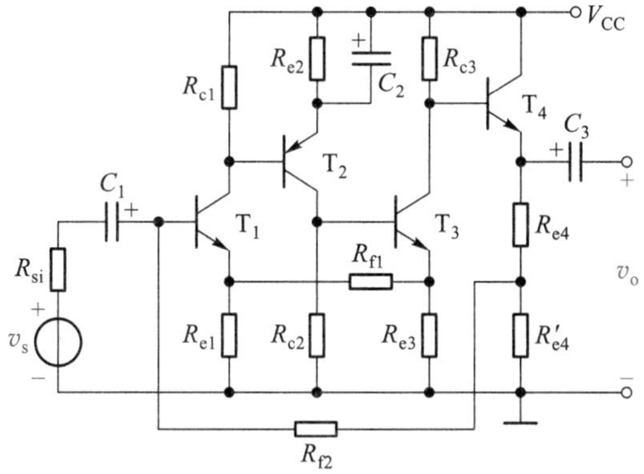

图题 8.3.4

8.3.5　在图题 8.3.5 所示电路中，按下列要求分别接成所需的两级反馈放大电路：

（1）具有低输入电阻和稳定的输出电流。

（2）具有高输入电阻和低输出电阻。

（3）具有低输入电阻和稳定的输出电压。

（4）具有高输入电阻和高输出电阻。

8.3.6　试在图题 8.3.6 所示多级放大电路的交流通路中正确接入反馈元件 R_f，以分别实现下列要求：

（1）当负载变化时，v_o 变化不大，并希望该电路有较小的输入电阻 R_{if}。

（2）当电路参数变化时，i_o 变化不大，并希望有较大的 R_{if}。

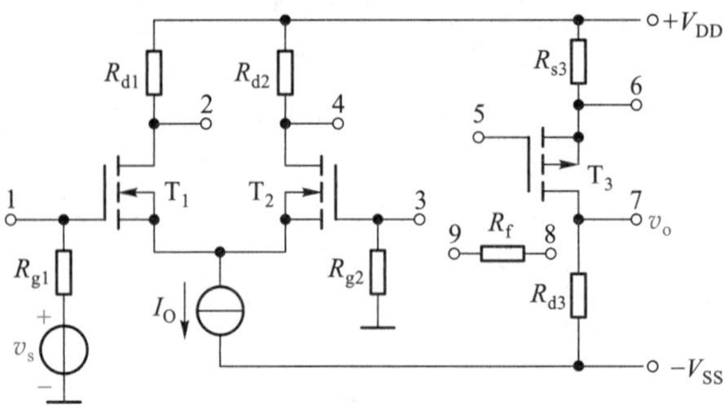

图题 8.3.5

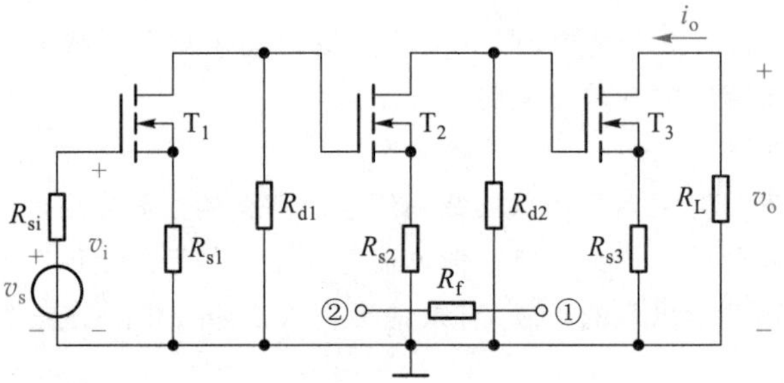

图题 8.3.6

8.3.7 设某运算放大器的增益-带宽积为 4×10^5 Hz，若将它组成一同相放大电路时，其闭环增益为 50，则它的闭环带宽为多少？

8.3.8 设某运放的开环增益为 10^6，其最低的转折频率为 5 Hz。若将该运放组成一同相放大电路，并使它的增益为 100，则此时的带宽和增益-带宽积各为多少？

8.3.9 设某直接耦合放大电路的开环电压增益为 $\dot{A}=\dfrac{300}{1+j\omega/(2\pi\times10^4)}$，若在该电路中引入反馈系数 $F=0.3$ 的电压串联负反馈，试问引入该反馈后电路的中频电压增益是多大？带宽是多少？

8.4 深度负反馈条件下的近似计算

8.4.1 电路如图题 8.1.1a、b、d、e、f 所示，试在深度负反馈条件下，近似计算它们的闭环增益和闭环电压增益。

8.4.2 电路如图题 8.4.2 所示，MOS 管参数：$V_{TN}=1$ V，$V_{TP}=-1$ V，$K_n=10$ mA/V^2，$K_p=4$ mA/V^2，$\lambda=0$。

（1）试指出反馈通路并判断反馈组态。

（2）在深度负反馈条件下，求反馈系数和闭环增益表达式。

（3）如果闭环增益为 100 μS，试求 R_2

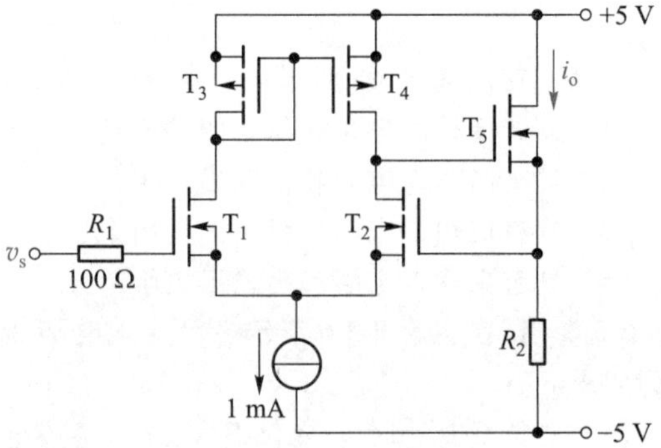

图题 8.4.2

的值。

(4) 试与 SPICE 仿真的闭环增益进行比较。

8.4.3 电路如图题 8.4.3 所示,试在深度负反馈的条件下,近似计算它的闭环电压增益。

8.4.4 设图题 8.4.4 所示电路中运放的开环增益 A_{vo}很大。

(1) 指出所引反馈的组态;

(2) 写出输出电流 i_o的表达式;

(3) 说明该电路的功能。

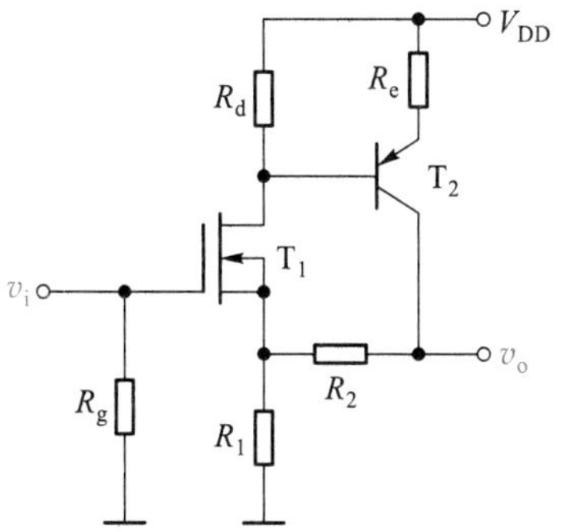

图题 8.4.3

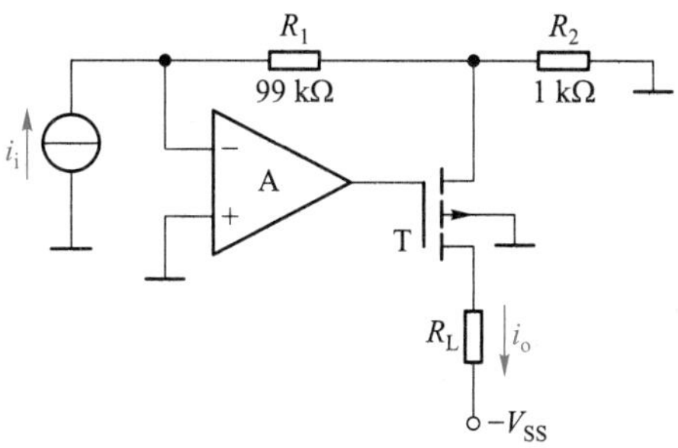

图题 8.4.4

8.4.5 电路如图题 8.4.5 所示。

(1) 判断 R_f引入的反馈组态,求它的闭环电压增益表达式,定性分析引入反馈后输入电阻和输出电阻的变化。并与 SPICE 时域仿真求得的闭环增益进行比较,仿真时各管的β均为 100。

(2) 若要求既提高该电路的输入电阻又有较小的输出电阻,图中的连线应作哪些变动?

(3) 连线变动后的闭环电压增益是多少?

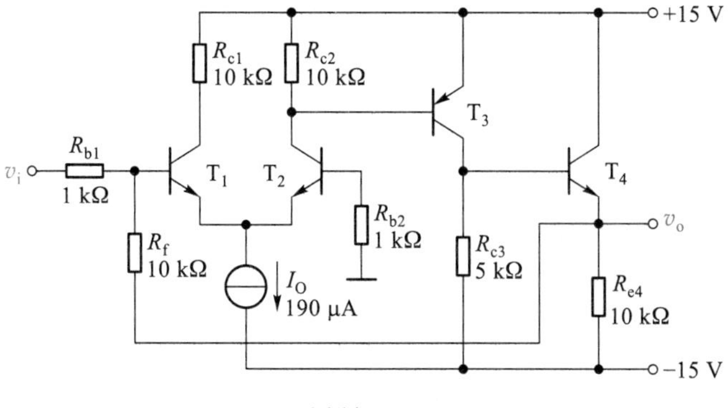

图题 8.4.5

8.4.6 电路如图题 8.4.6 所示,MOS 管参数:$V_{TN}=0.8$ V,$K_n=1.2$ mA/V^2,$\lambda=0$。

(1) 判断电路中的反馈组态。

(2) 当 $R_f=\infty$ 时,求其电压增益。

(3) 在深度负反馈的条件下,求 $R_f=47$ kΩ 时的闭环增益和闭环电压增益。

(4) 当 K_n变为 $K_n=1.5$ mA/V^{2}时,重复计算(2)(3)中电压增益,并计算它们的相对变化量。

*8.4.7 电路如图题 8.4.7 所示，MOS 管参数：$V_{TN}=1\ \text{V}$，$V_{TP}=-1\ \text{V}$，$K_n=K_p=10\ \text{mA/V}^2$，$\lambda_n=\lambda_p=0$。发光二极管 LED 导通压降 $V_D=1.6\ \text{V}$，交流电阻 $r_d=0$。

（1）判断电路中的反馈组态。

（2）计算 T_1 和 T_2 的静态漏极电流。

（3）画出电路的交流小信号等效电路，计算闭环增益。

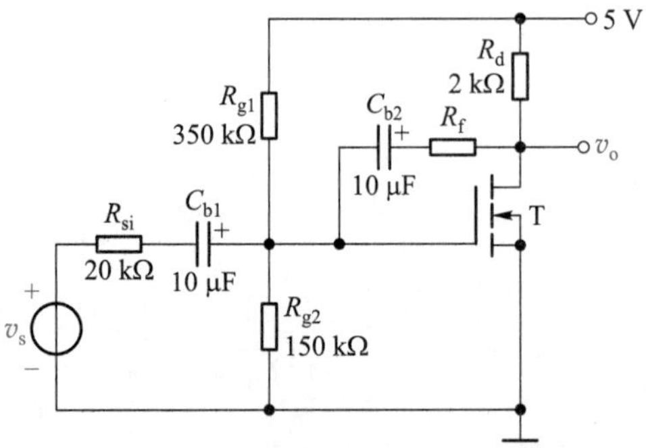

图题 8.4.6

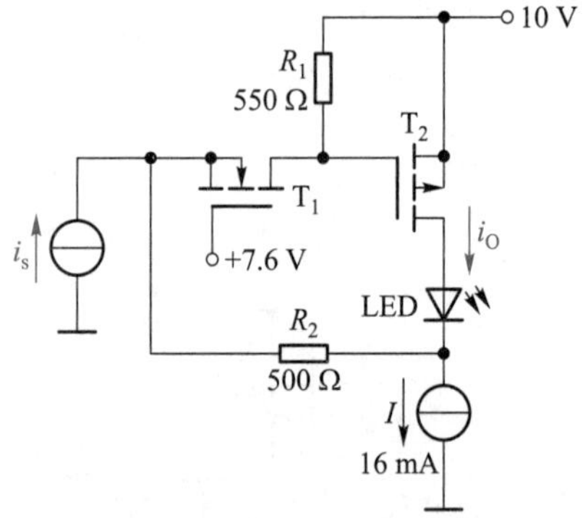

图题 8.4.7

8.5 负反馈放大电路设计

8.5.1 设计一个电压放大电路，用以放大内阻为 5 kΩ 麦克风输出的电压信号。当麦克风输出 10 mV 时，要求 75 Ω 负载上获得 0.5 V 的信号。所用集成运放的输入电阻 $R_i=200\ \text{k}\Omega$，输出电阻 $R_o=100\ \Omega$，低频电压增益 $A_{vo}=10^5$。

8.5.2 试设计一个电流放大电路，放大倍数 $A_{if}=10$，用于驱动 $R_L=50\ \Omega$ 的负载。它由一个内阻 $R_{si}=10\ \text{k}\Omega$ 的电流源提供输入信号。所用集成运放的参数同题 8.5.1。

8.5.3 试用单个运放设计一个电流-电压转换电路（互阻放大器），将某传感器输出的 0~50 nA 电流信号，转换为 0~5 V 电压输出。要求所用电阻在 1~10 kΩ 范围内。运放的参数同题 8.5.1。

8.5.4 试用单个运放设计一个电压-电流转换电路（互导放大器），将输入 0~5 V 电压转换为 0~0.5 mA 电流输出。考虑负载没有接地（浮地）和接地两种情况，并且所用电阻在 1~10 kΩ 范围内。已知集成运放的输入电阻 $R_i=200\ \text{k}\Omega$，输出电阻 $R_o=100\ \Omega$，低频开环电压增益 $A_{vo}=10^5$，输出电压最大值 $\pm V_{om}=\pm 13\ \text{V}$，最大输出电流 ±25 mA。

8.6 负反馈放大电路的稳定性

8.6.1 设某集成运放的开环频率响应的表达式为

$$\dot{A}_v=\frac{10^5}{\left(1+\text{j}\dfrac{f}{f_{H1}}\right)\left(1+\text{j}\dfrac{f}{f_{H2}}\right)\left(1+\text{j}\dfrac{f}{f_{H3}}\right)}$$

其中 $f_{H1}=1\ \text{MHz}$，$f_{H2}=10\ \text{MHz}$，$f_{H3}=100\ \text{MHz}$。

（1）画出它的波特图。

（2）若为该运放引入纯电阻网络构成的负反馈，并要求有 45°的相位裕度，问此放大电路的最大低频环路增益为多少？

（3）若用该运放组成一电压跟随器，能否稳定地工作？

（4）用 SPICE 仿真频率响应，判断组成电压跟随器时电路的稳定性。

8.6.2 设某运放开环频率响应如图题 8.6.2 所示。若将它接成一个电压串联负反馈电路，其反馈系数 $F_v=R_1/(R_1+R_2)$。为保证该电路具有 45°的相位裕度，试问 F_v 的变化范围为多少？低频环路增益的范围为多少？

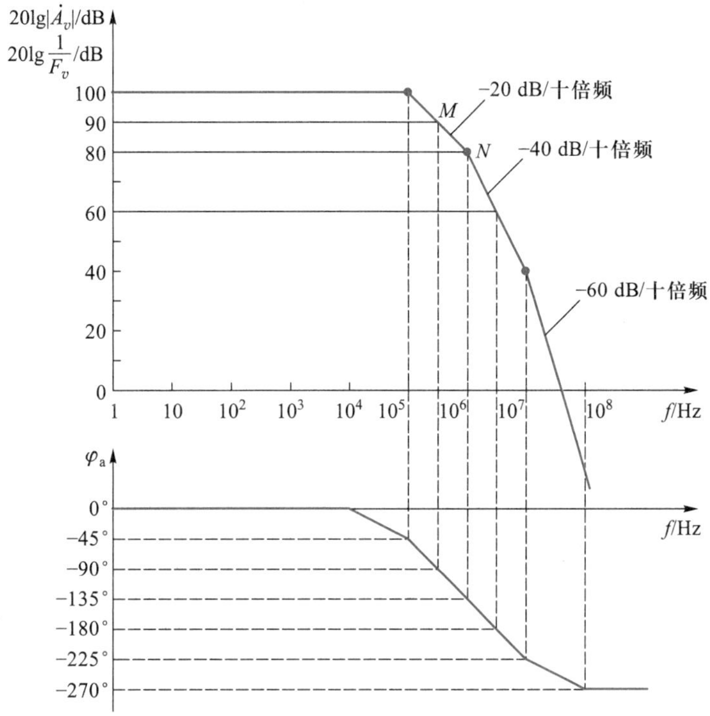

图题 8.6.2

*8.6.3 负反馈放大电路与题 8.6.2 相同，若补偿后的运放开环频率响应如图题 8.6.3 所示。为保证该电路稳定地工作，F_v 的变化范围是多少？

*8.6.4 两级 CMOS 电路如图题 8.6.4 所示，试用 SPICE 仿真分析无密勒电容和有密勒电容 C_C 时（增加电容值使相位裕度为 45°），电路的稳定性。场效应管模型选择及需要修改的参数如下，其余参数采用默认值。

T1、T2 选用 IRF9512，参数修改为：Kp = 10.15 u，W = 16 u，L = 1 u，Vto = −0.7，Rds = 266.7 K。

T3、T4 选用 IRF832，参数修改为：Kp = 20.85 u，W = 16 u，L = 1 u，Vto = 0.7，Rds = 2MEG。

T5 选用 IRF840，参数修改为：Kp = 20.85 u，W = 32 u，L = 1 u，Vto = 0.7，Rds = 2MEG。

T6、T7、T8 选用 IRF9510，参数修改为：Kp = 10.15 u，W = 16 u，L = 1 u，Vto = −0.7，Rds = 266.7 K。

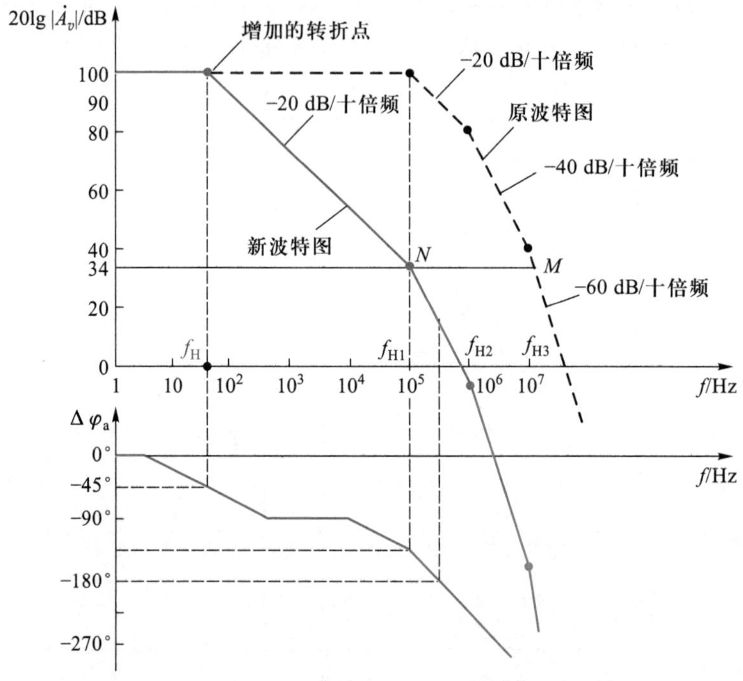

图题 8.6.3

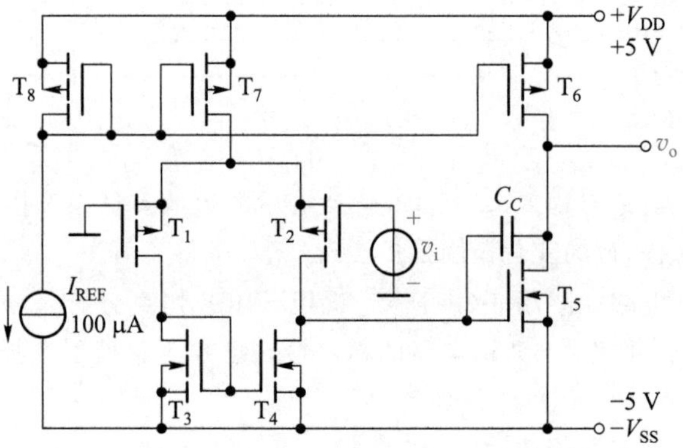

图题 8.6.4

第 8 章部分习题答案

9 功率放大电路

引言

在多级放大电路中，输出信号往往要驱动一定的装置。例如，扬声器的音圈、电动机的控制绕组等。多级放大电路除了应有电压放大级外，还要求有一个能输出一定信号功率的输出级。这类主要用于向负载提供功率的放大电路常称为功率放大电路。前面所讨论的放大电路主要用于增强电压幅度或电流幅度，因而相应地称为电压放大电路或电流放大电路。但无论哪种放大电路，在负载上都同时存在输出电压、电流和功率，上述称呼上的区别只不过是强调输出量的不同而已。

本章以分析功率放大电路的输出功率、效率和非线性失真之间的矛盾为主线，逐步提出解决矛盾的措施。在电路方面，以 BJT 互补对称功率放大电路为重点进行较详细的分析与计算。最后，对功率器件的散热问题，功率 BJT、VMOS、DMOS、MOS 管互补对称电路和集成功率放大器实例等也予以介绍。

9.1 功率放大电路的一般问题

1. 功率放大电路的特点及主要研究对象

如前所述，放大电路实质上都是能量转换电路。从能量控制的观点来看，功率放大电路和电压放大电路没有本质的区别。但是，功率放大电路和电压放大电路所要完成的任务是不同的。电压放大电路的主要要求是使其输出端得到不失真的电压信号，讨论的主要指标是电压增益、输入和输出阻抗等，输出功率并不一定大。而功率放大电路则不同，它主要要求获得一定的不失真（或失真较小）的输出功率，因此功率放大电路包含着一系列在电压放大电路中没有出现过的特殊问题，这些问题如下。

（1）要求输出功率尽可能大

为了获得大功率输出，要求功放管的输出电压和电流都要有足够大的幅度，因此器件往往在接近极限状态下工作。

（2）效率更高

由于输出功率大，因此直流电源消耗的功率也大，这就存在一个效率问题。所谓效率就是负载得到的有用信号功率和电源供给的直流功率的比值。这个比值越大，效率就越高。

（3）非线性失真要小

功率放大电路通常在大信号下工作，所以不可避免会产生非线性失真，而且同一功放管输出功率越大，非线性失真往往越严重，这就使输出功率和非线性失真成为一对主要矛盾。但是，在不同场合下，对非线性失真的要求不同，例如，在测量系统和电声设备中，这个问题显得很重要，而在工业控制系统等场合中，则以输出功率为主要目的，对非线性失真的要求就降为次要问题了。

（4）功率器件的散热问题

在功率放大电路中，有相当大的功率消耗在管子上，使结温和管壳温度升高。为了充分利用允许的管耗而使放大管输出足够大的功率，放大器件的散热就成为一个重要问题。

此外，在功率放大电路中，为了输出较大的信号功率，器件承受的电压要高，通过的电流要大，功率管损坏的可能性也就比较大，所以功率管的损坏与保护问题也不容忽视。

在分析方法上，由于管子在大信号状态下工作，需要同时考虑直流和交流对管子工作状态的影响，故通常采用图解法。

2. 提高功率放大电路效率的主要途径

从前面的讨论可知，在电压放大电路中，在整个信号周期内都有电流流过放大器件，这种工作方式通常称为甲类放大。甲类放大的典型工作状态如图 9.1.1a 所示，此时 $i_C \geq 0$。在甲类放大电路中，电源始终不断地输送功率，在没有信号输入（静态）时，这些功率全部消耗在电路内部的元器件上，并转化为热量耗散出去。当有信号输入时，其中一部分转化为有用的输出功率，信号越大，输送给负载的功率越大。通过下节射极输出器的讨论可以证明，甲类放大电路的效率较低。

怎样才能使电源供给的功率大部分转化为有用的信号功率输出呢？从甲类放大电路可知，静态电流是造成管耗的主要因素。如果把静态工作点 Q 向下移动，使信号等于零时电源供给的功率减小，甚至为零，信号增大时电源供给的功率随之增大，这样电源供给功率及管耗都随着输出功率的大小而变，从而解决甲类放大效率低的问题。利用图 9.1.1b、c 所示工作情况，就可实现上述设想。在图 9.1.1b 中，器件在大于信号半个周期内导通（$i_C>0$）；图 9.1.1c 中，器件只在半个周期内导通，它们分别称为甲乙类和乙类放大①。这两种放大主要用于功率放大电路中。

虽然甲乙类和乙类放大减小了静态功耗，提高了效率，但都出现了严重的波形失真，因此，既要保持静态时管耗小，又要使失真不太严重，就需要改进电路结构。有关这方面的讨论将在 9.3 节进行。下面首先研究一个甲类功率放大电路实例。

① 若在一周期内，器件的导通时间小于半个周期，则称为丙类放大，丙类放大多用于高频调谐大功率电路中。

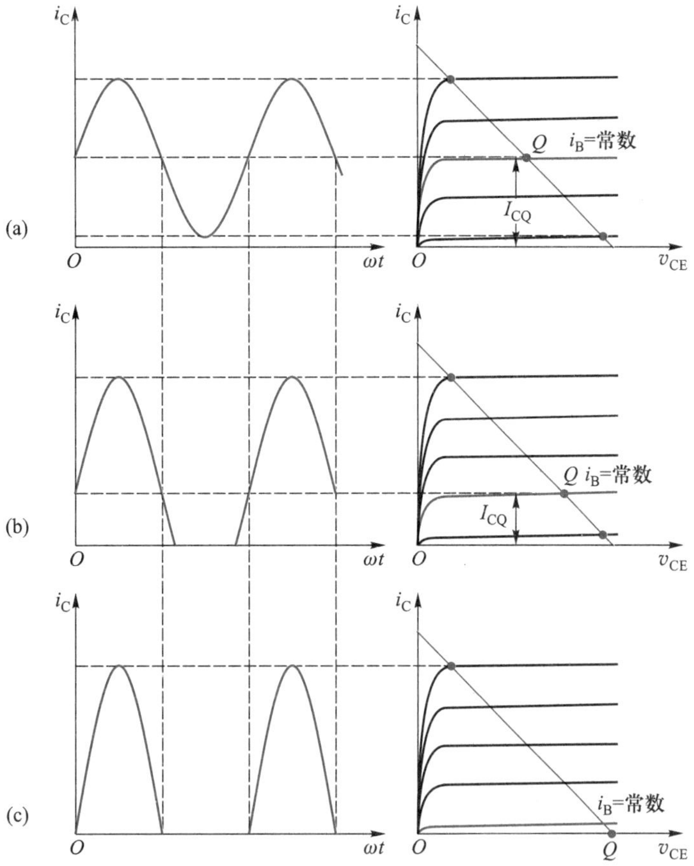

图 9.1.1 Q 点对放大电路工作状态的影响

(a) 甲类放大在一周期内 $i_C>0$ (b) 甲乙类放大在一周期期内有半个周期以上 $i_C>0$

(c) 乙类放大在一个周期内只有半个周期 $i_C>0$

9.2 射极输出器——甲类放大的实例

射极输出器的电压增益虽然近似为 1。但电流增益很大,可获得较大的功率增益。由于它的输出电阻很小,带负载能力强,因而常用作集成放大器的输出级。

1. 电路结构及工作原理

用电流源作射极偏置的射极输出器简化电路如图 9.2.1 所示。

设 v_i为正弦波,T 工作在放大区,它的基射极间电压近似为 0.6 V,因此输出电压与输入电压的关系为

$$v_o \approx v_i - 0.6\ \text{V} \tag{9.2.1}$$

当 v_i为正半周,T 进入临界饱和时,v_o正向振幅达到最大值。设 T 的饱和压降 $V_{CES} \approx$ 0.2 V,则有

$$V_{om+} \approx V_{CC} - 0.2\ \text{V} \tag{9.2.2}$$

当 v_i 为负半周，加在 T 基射极间电压 v_{BE} 将减小，如 v_i 幅值太大，将导致 T 出现截止，v_O 出现削波。在临界截止时由于 $i_C \approx i_E = 0$，输出的（负向）电流和电压的振幅分别为

$$I_{om-} = |-I_{bias}| \tag{9.2.3}$$

和

$$V_{om-} = |-I_{bias}R_L| \tag{9.2.4}$$

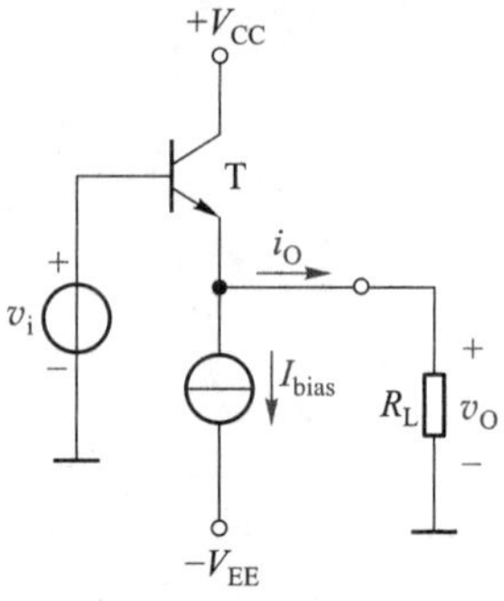

图 9.2.1 一个集成射极输出器输出级

2. 功率及效率的计算举例

例 9.2.1 设电路如图 9.2.1 所示。$V_{CC} = V_{EE} = 15$ V，$I_{bias} = 1.85$ A，$R_L = 8$ Ω。在基极回路设置一偏置电压源 $V_{bias} = 0.6$ V，$v_I = V_{bias} + v_i$，当 $v_i = 0$ 时，输出电压 $v_O \approx 0$。若 v_i 为正弦信号电压，试计算最大输出功率 P_{om}、直流电源供给的功率 P_V 和效率 η。

解：（1）求最大输出功率 P_{om}

由式（9.2.2）和式（9.2.4）分别可求出

$$V_{om+} \approx V_{CC} - 0.2\ \text{V} = 14.8\ \text{V}$$

和

$$V_{om-} = |-I_{bias}R_L| = |-1.85\times 8|\ \text{V} = 14.8\ \text{V}$$

因此输出电压是正负最大幅值均为 $V_{om} = 14.8$ V 的正弦波，最大输出功率为

$$P_{om} = \left(\frac{V_{om}}{\sqrt{2}}\right)^2 \cdot \frac{1}{R_L} = \left(\frac{14.8}{\sqrt{2}}\right)^2 \cdot \frac{1}{8}\ \text{W} = 13.69\ \text{W}$$

（2）求直流电源供给的功率

由于在正弦信号一个完整周期内，T 的 i_C 和 v_{CE} 的平均值就是它们的静态值，即 $I_{cav} = I_{bias} = 1.85$ A，$V_{CEcav} = V_{CC}$。因此正电源 V_{CC} 提供的功率

$$P_{V_{CC}} = V_{CEcav}I_{cav} = V_{CC}I_{cav} = 15\times 1.85\ \text{W} = 27.75\ \text{W}$$

负电源 $-V_{EE}$ 提供的功率 $P_{V_{EE}}$ 也是电流源消耗的功率 P_{bias}，即

$$P_{V_{EE}} = P_{bias} = V_{EE}I_{bias} = 27.75\ \text{W}$$

而直流电源供给的总功率

$$P_V = P_{V_{CC}} + P_{V_{EE}}$$

（3）求放大器的效率 η

$$\eta = \frac{P_{om}}{P_{V_{CC}} + P_{V_{EE}}}\times 100\% = \frac{13.69}{27.75+27.75}\times 100\% = 24.7\%$$

这说明，工作在甲类的图 9.2.1 所示射极输出器的效率小于 25%。可以证明，若采用变压器耦合连接负载，在理想情况下，甲类放大电路的效率最高也只能达到 50%。

9.3 乙类双电源互补对称功率放大电路

9.3.1 BJT 乙类双电源互补对称功率放大电路组成

乙类放大电路虽然管耗小，有利于提高效率，但存在严重的失真，使得输出信号的半个

波形被削掉了。如果用两个管子,使之都工作在乙类放大状态,但一个在正半周工作,而另一个在负半周工作,同时使这两个输出波形都能加到负载上,从而在负载上得到一个完整的波形,这样就能解决效率与失真的矛盾。

采用图 9.3.1a 所示的互补对称电路便可实现上述设想。T_1为 NPN 型管、T_2为 PNP 型管,两管的基极、发射极分别连接在一起,信号从基极输入、从射极输出,R_L为负载。这个电路可以看成是由图 9.3.1b、c 所示的两个射极输出器组合而成。因为 BJT 发射结处于正向偏置时才导电,当信号处于正半周时,T_2截止,T_1承担放大任务,有电流通过负载 R_L;而当信号处于负半周时,T_1截止,由 T_2承担放大任务,仍有电流通过负载 R_L,只是与 T_1工作时电流方向相反;这样,图 9.3.1a 所示基本互补对称电路实现了静态($v_i=0$)时两管不导电,而在有信号时,T_1和 T_2轮流导电,组成推挽式功率放大电路。由于两管互补对方的不足,工作性能对称,所以这种电路通常称为互补对称电路。又由于两管都为射极输出,所以也称为互补射极输出电路。

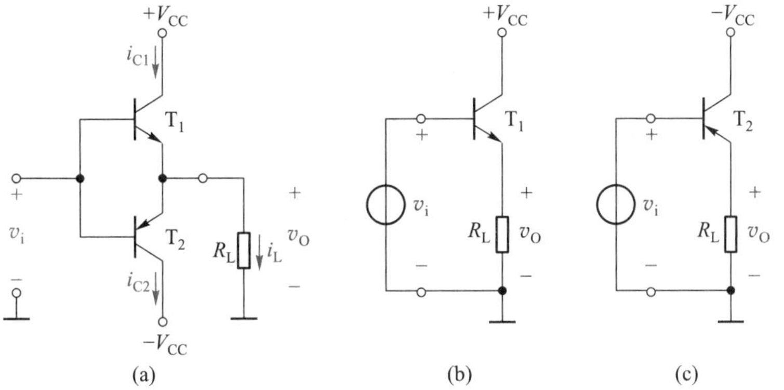

图 9.3.1 两射极输出器组成的基本互补对称电路

(a) 基本互补对称电路 (b) 由 NPN 型管组成的射极输出器

(c) 由 PNP 型管组成的射极输出器

9.3.2 分析计算

图 9.3.2a 表示图 9.3.1a 所示电路在 v_i为正半周时 T_1的工作情况(注意图中 i_{C1}、i_{C2}的参考方向都是电流实际方向)。图中假定,只要 $v_{BE}>0$,T_1就开始导电,则在一个周期内 T_1导电时间约为半个周期。图 9.3.1a 中 T_2的工作情况和 T_1相似,只是在信号的负半周导电。为了便于分析,将 T_2的特性曲线倒置画在 T_1的右下方($-v_{CE2}$的箭头指向左边),并令二者在 Q 点,即 $v_{CE1}=-v_{CE2}=V_{CC}$处重合($v_i=0$ 时两管均处于截止状态),形成 T_1和 T_2的所谓合成曲线,如图 9.3.2b 所示。这时负载线通过 V_{CC}点形成一条斜线,其斜率为$-1/R_L$。显然,负载电流变化的最大范围为 $2I_{cm}$,电压的变化范围为 $2(V_{CC}-V_{CES})=2V_{cem}=2I_{cm}R_L$。如果忽略管子的饱和压降 V_{CES},则 $V_{cem}=I_{cm}R_L\approx V_{CC}$。

根据以上分析,不难求出工作在乙类的互补对称电路的输出功率、管耗、直流电源供给的功率和效率。

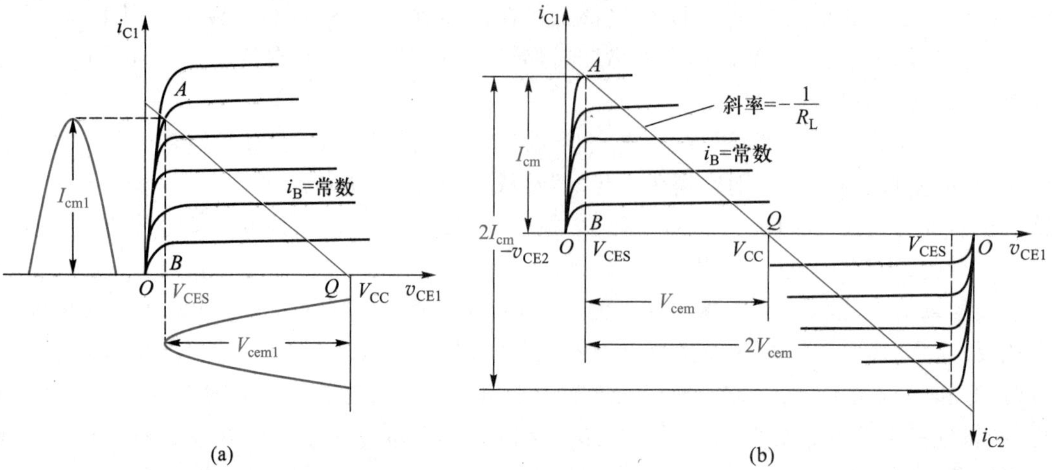

图 9.3.2 互补对称电路图解分析

(a) 图 9.3.1a 所示电路 v_i为正半周时 T_1管工作情况 (b) 互补对称电路工作情况

1. 输出功率

输出功率为输出电压有效值 V_o和输出电流有效值 I_o的乘积。设输出电压的幅值为 V_{om}，则

$$P_o = V_o I_o = \frac{V_{om}}{\sqrt{2}} \cdot \frac{V_{om}}{\sqrt{2} R_L} = \frac{1}{2} \cdot \frac{V_{om}^2}{R_L} \tag{9.3.1}$$

图 9.3.1 中的 T_1、T_2可以看成工作在射极输出器状态，$A_v \approx 1$。当输入信号足够大，使 $V_{im} = V_{om} = V_{CC} - V_{CES} \approx V_{CC}$ 和 $I_{om} = I_{cm}$时，可获得最大输出功率

$$P_{om} = \frac{1}{2} \cdot \frac{V_{om}^2}{R_L} = \frac{1}{2} \cdot \frac{V_{cem}^2}{R_L} \approx \frac{1}{2} \cdot \frac{V_{CC}^2}{R_L} \tag{9.3.2}$$

I_{cm}和 V_{cem}可以分别用图 9.3.2b 中的 AB 和 BQ 表示，因此，$\triangle ABQ$ 的面积就代表了工作在乙类的互补对称电路输出功率的大小，面积越大，输出功率 P_o也越大。但该三角形受 BJT 安全工作区的限制（见图 5.1.11）。

2. 管耗 P_T

考虑到 T_1和 T_2在一个信号周期（2π）内各导电约半个周期，且通过两管的电流和两管电极的电压 v_{CE}在数值上都分别相等（只是在时间上错开了半个周期）。因此，为求出总管耗，只需先求出单管的损耗就行了。设输出电压为 $v_o = V_{om}\sin \omega t$，则 T_1的管耗为

$$\begin{aligned}
P_{T1} &= \frac{1}{2\pi}\int_0^{\pi} v_{CE} i_C \mathrm{d}(\omega t) \\
&= \frac{1}{2\pi}\int_0^{\pi} (V_{CC} - v_o)\frac{v_o}{R_L}\mathrm{d}(\omega t) \\
&= \frac{1}{2\pi}\int_0^{\pi} (V_{CC} - V_{om}\sin \omega t)\frac{V_{om}\sin \omega t}{R_L}\mathrm{d}(\omega t)
\end{aligned}$$

$$= \frac{1}{2\pi}\int_0^{\pi}\left[\frac{V_{CC}V_{om}}{R_L}\sin\ \omega t - \frac{V_{om}^2}{R_L}\sin^2\ \omega t\right]d(\omega t)$$

$$= \frac{1}{R_L}\left(\frac{V_{CC}V_{om}}{\pi} - \frac{V_{om}^2}{4}\right) \tag{9.3.3}$$

而两管的管耗为

$$P_T = P_{T1} + P_{T2} = \frac{2}{R_L}\left(\frac{V_{CC}V_{om}}{\pi} - \frac{V_{om}^2}{4}\right) = \frac{2V_{CC}V_{om}}{\pi R_L} - \frac{V_{om}^2}{2R_L} \tag{9.3.4}$$

3. 直流电源供给的功率 P_V

直流电源供给的功率 P_V 包括负载得到的信号功率和 T_1、T_2 消耗的功率两部分。当 $v_i = 0$ 时，$P_V = 0$；当 $v_i \neq 0$ 时，由式(9.3.1)和式(9.3.4)得

$$P_V = P_o + P_T = \frac{2V_{CC}V_{om}}{\pi R_L} \tag{9.3.5}$$

当输出电压幅值达到最大，即 $V_{om} \approx V_{CC}$ 时，则得电源供给的最大功率为

$$P_{Vm} \approx \frac{2}{\pi}\cdot\frac{V_{CC}^2}{R_L} \tag{9.3.6}$$

4. 效率 η

一般情况下效率为

$$\eta = \frac{P_o}{P_V} = \frac{\pi}{4}\cdot\frac{V_{om}}{V_{CC}} \tag{9.3.7}$$

当 $V_{om} \approx V_{CC}$ 时，则

$$\eta = \frac{P_o}{P_V} \approx \frac{\pi}{4} \approx 78.5\% \tag{9.3.8}$$

这个结论是假定互补对称电路工作在乙类，负载电阻为理想值，忽略管子的饱和压降 V_{CES}，且输入信号足够大（$V_{im} \approx V_{om} \approx V_{CC}$）情况下得来的，实际效率会低于这个值。

9.3.3 功率 BJT 的选择

1. 最大管耗和最大输出功率的关系

工作在乙类的基本互补对称电路，在静态时，管子几乎不取电流，管耗接近于零，因此，当输入信号较小时，输出功率较小，管耗也小，这是容易理解的；但能否认为，当输入信号越大，输出功率也越大，管耗就越大呢？答案是否定的。那么，最大管耗发生在什么情况下呢？由式(9.3.3)可知，管耗 P_{T1} 是输出电压幅值 V_{om} 的函数，因此，可以用求极值的方法来求解。由式(9.3.3)有

$\dfrac{dP_{T1}}{dV_{om}} = \dfrac{1}{R_L}\left(\dfrac{V_{CC}}{\pi} - \dfrac{V_{om}}{2}\right)$，令 $\dfrac{dP_{T1}}{dV_{om}} = 0$，则 $\dfrac{V_{CC}}{\pi} - \dfrac{V_{om}}{2} = 0$ 故

$$V_{om} = \frac{2V_{CC}}{\pi} \tag{9.3.9}$$

即，当 $V_{om} = \dfrac{2V_{CC}}{\pi} \approx 0.6V_{CC}$ 时有最大管耗

$$P_{\mathrm{T1m}}=\frac{1}{R_{\mathrm{L}}}\left[\frac{\frac{2}{\pi}V_{\mathrm{CC}}^{2}}{\pi}-\frac{\left(\frac{2V_{\mathrm{CC}}}{\pi}\right)^{2}}{4}\right]=\frac{1}{R_{\mathrm{L}}}\left(\frac{2V_{\mathrm{CC}}^{2}}{\pi^{2}}-\frac{V_{\mathrm{CC}}^{2}}{\pi^{2}}\right)=\frac{1}{\pi^{2}}\cdot\frac{V_{\mathrm{CC}}^{2}}{R_{\mathrm{L}}} \tag{9.3.10}$$

考虑到最大输出功率 $P_{\mathrm{om}}\approx\frac{1}{2}\cdot\frac{V_{\mathrm{CC}}^{2}}{R_{\mathrm{L}}}$，则每管的最大管耗和电路的最大输出功率具有如下的关系：

$$P_{\mathrm{T1m}}=\frac{1}{\pi^{2}}\cdot\frac{V_{\mathrm{CC}}^{2}}{R_{\mathrm{L}}}\approx 0.2P_{\mathrm{om}} \tag{9.3.11}$$

式(9.3.11)常用来作为乙类互补对称电路选择功率管的依据之一，它表明，如果要求输出功率为 10 W，则两个功率管的额定功率都必须大于 2 W。

诚然，上面的计算是在理想情况下进行的，实际上在确定管子额定功耗时，还要留有充分的余地。考虑到 P_{o}、P_{V}和 P_{T1}都是 V_{om}的函数，如用 $V_{\mathrm{om}}/V_{\mathrm{CC}}$表示的自变量作为横坐标，纵坐标分别用 P_{o}、P_{V}和 P_{T1}除 $P_{\mathrm{om}}\approx V_{\mathrm{CC}}^{2}/(2R_{\mathrm{L}})$的归一化表示。则 P_{o}、P_{V}和 P_{T1}与 $V_{\mathrm{om}}/V_{\mathrm{CC}}$的关系曲线如图 9.3.3 所示。图 9.3.3 也进一步说明，P_{o}和 P_{T1}与 $V_{\mathrm{om}}/V_{\mathrm{CC}}$不是线性关系。

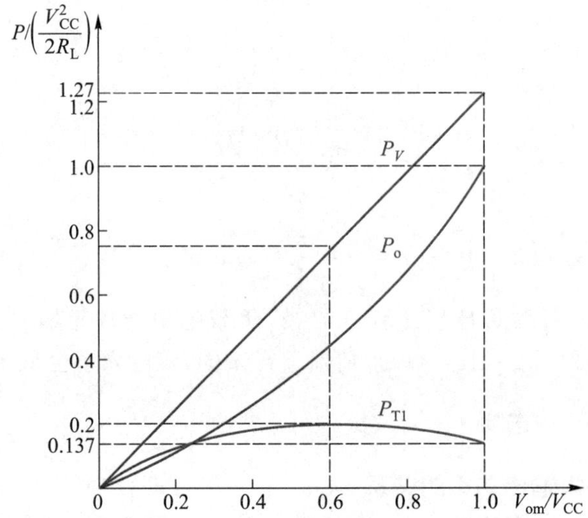

图 9.3.3 乙类互补对称电路 P_{o}、P_{V}和 P_{T1}与 $V_{\mathrm{om}}/V_{\mathrm{CC}}$变化的关系曲线

2. 功率 BJT 的选择

由上述分析可知，若想得到最大输出功率，功率 BJT 的参数必须满足下列条件：

(1) 每只 BJT 的最大允许管耗 P_{CM}必须大于 $0.2P_{\mathrm{om}}$；

(2) 考虑到当 T_2导通时，$-v_{\mathrm{CE2}}\approx 0$，此时 v_{CE1}具有最大值，且等于 $2V_{\mathrm{CC}}$。因此，应选用$|V_{(\mathrm{BR})\mathrm{CEO}}|>2V_{\mathrm{CC}}$的功率管；

(3) 通过功率 BJT 的最大集电极电流为 $V_{\mathrm{CC}}/R_{\mathrm{L}}$，所选功率 BJT 的 I_{CM}一般不宜低于此值。

例 9.3.1 功放电路如图 9.3.1a 所示，设 $V_{\mathrm{CC}}=12\ \mathrm{V}$，$R_{\mathrm{L}}=8\ \Omega$，功率 BJT 的 $V_{\mathrm{CES}}=0$，极限参数为$I_{\mathrm{CM}}=2\ \mathrm{A}$，$|V_{(\mathrm{BR})\mathrm{CEO}}|=30\ \mathrm{V}$，$P_{\mathrm{CM}}=5\ \mathrm{W}$。试求：(1) 最大输出功率 P_{om}值，并检验所给

功率 BJT 是否能安全工作;(2) 放大电路在 $\eta=0.6$ 时的输出功率 P_o值。

解:(1) 求 P_{om},并检验功率 BJT 的安全工作情况

由式(9.3.2)可求出

$$P_{om}\approx\frac{1}{2}\cdot\frac{V_{CC}^2}{R_L}=\frac{(12\ \text{V})^2}{2\times8\ \Omega}=9\ \text{W}$$

通过 BJT 的最大集电极电流、BJT c、e 极间的最大压降和它的最大管耗分别为

$$i_{Cm}=\frac{V_{CC}}{R_L}=\frac{12\ \text{V}}{8\ \Omega}=1.5\ \text{A}$$

$$v_{CEm}=2V_{CC}=24\ \text{V}$$

$$P_{T1m}\approx0.2P_{om}=0.2\times9\ \text{W}=1.8\ \text{W}$$

所求 i_{Cm}、v_{CEm}和 P_{T1m},均分别小于极限参数 I_{CM}、$|V_{(BR)CEO}|$和 P_{CM},故功率 BJT 能安全工作。

(2) 求 $\eta=0.6$ 时的 P_o值

由式(9.3.7)可求出

$$V_{om}=\eta\cdot4\frac{V_{CC}}{\pi}=\frac{0.6\times4\times12\ \text{V}}{\pi}\approx9.2\ \text{V}$$

将 V_{om}代入式(9.3.1)得

$$P_o=\frac{1}{2}\cdot\frac{V_{om}^2}{R_L}=\frac{1}{2}\cdot\frac{(9.2\ \text{V})^2}{8\ \Omega}\approx5.3\ \text{W}$$

9.3.4 MOSFET 乙类双电源互补对称功率放大电路

如果将图 9.3.1(a)中的 BJT 管替换成 MOS 管,就可以得到图 9.3.4 所示的 MOSFET 乙类双电源互补对称功率放大电路。

如果输入的信号幅度足够大,且 MOS 管的阈值电压可以忽略不计时,图 9.3.4 电路同样可以实现静态时两管不导电,而在有信号时,T_1和 T_2轮流导电的乙类互补工作方式。由于两管都为源极输出,所以也称为互补源极输出电路。若忽略功放管的饱和压降,负载上最大电压可达电源电压,计算方法和 BJT 互补对称功率放大电路计算类似,读者可以自行分析计算。

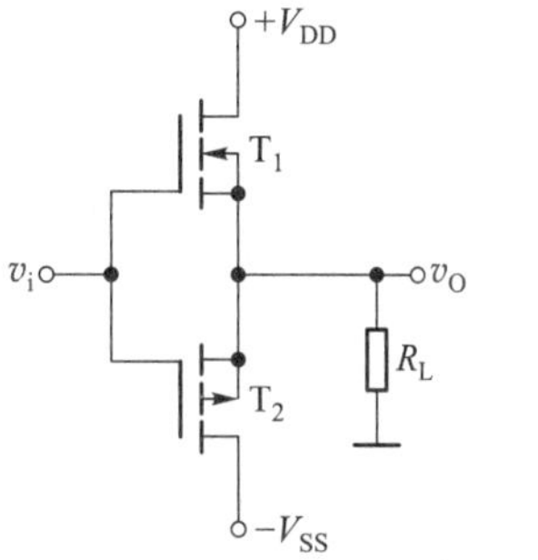

图 9.3.4 MOSFET 乙类双电源互补对称功率放大电路

复习思考题

9.3.1 由于功率放大电路中的功率 BJT 常处于接近极限工作状态,因此,在选择 BJT 时必须特别注意哪三个参数?

9.3.2 有人说:“在功率放大电路中,输出功率最大时,功放管的功率损耗也最大。”你认为对吗?设输入信号为正弦波,工作在甲类的功率放大输出级和工作在乙类的互补对称功率输出级,管耗最大各发生在什么工作情况?

9.3.3 与甲类功率放大电路相比,乙类互补对称功率放大电路的主要优点是什么?

9.3.4 乙类互补对称功率放大电路的效率在理想情况下可达到多少?

9.3.5 设采用双电源互补对称电路,如果要求最大输出功率为 5 W,则每只功率 BJT 的最大允许管耗 P_{CM}至少应大于多少?

9.4 甲乙类互补对称功率放大电路

前面讨论的乙类互补对称电路(图 9.4.1a),由于没有直流偏置,所以输入信号 $|v_i|$ 必须大于发射结的门槛电压(硅管约为 0.6 V),功率管才能导通,因此这种电路的输出波形并不能很好地反映输入的变化。当 $|v_i|$ 低于门槛电压时,T_1 和 T_2 都截止,i_{C1} 和 i_{C2} 基本为零,负载 R_L 上无电流通过,出现一段死区,如图 9.4.1b 所示。这种现象称为交越失真。

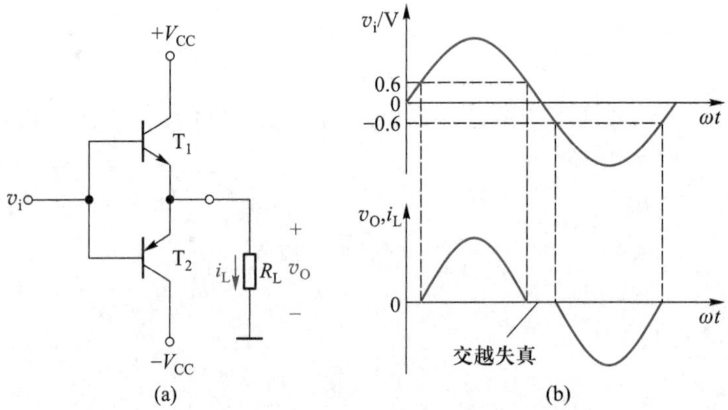

图 9.4.1 工作在乙类的双电源互补对称电路

(a) 电路 (b) 交越失真的波形

9.4.1 甲乙类双电源互补对称电路

为克服交越失真,就需要为功率管预先设置一个刚刚导通的静态工作点,图 9.4.2 所示的左侧支路就是这样一种偏置电路。图中 T_3 构成前置放大级,V_{B3} 是 T_3 的静态电压(图中未画出 T_3 的直流偏置电路),只要 T_3 能正常工作,D_1、D_2 就始终处于正向导通状态,可以近似用恒压降模型代替 D_1 和 D_2。静态时,在 D_1、D_2 上产生的压降为 T_1、T_2 提供了一个适当的偏压,使之处于微导通状态。通过适当调整 R_{e3} 和 R_{c3} 可以使输出电路上下两部分达到对称,静态时 $i_{C1}=i_{C2}$,$i_L=0$,$v_O=0$。而有信号时,由于电路工作在甲乙类,即使输入交流信号 v_i 很小,也可产生相应的输出 v_O。另外要注意的是,D_1 和 D_2 采用恒压降模型时,T_1 和 T_2 两管基极的交流信号电压完全相同。基本上可线性地进行放大。

上述偏置方法的缺点是,T_1 和 T_2 两基极间的静态偏置电压不易调整。而在图 9.4.3 中,流入 T_4 的基极电流远小于流过 R_{e1}、R_{e2} 的电流,则由图可求出 $V_{CE4}=V_{BE4}(R_{e1}+R_{e2})/R_{e2}$,因此,利用 T_4 管的 V_{BE4} 基本为一固定值(硅管为 0.6~0.7 V),只要适当调节 R_{e1}、R_{e2} 的比值,就可改变 T_1、T_2 的偏压值。这种方法,在集成电路中经常用到。

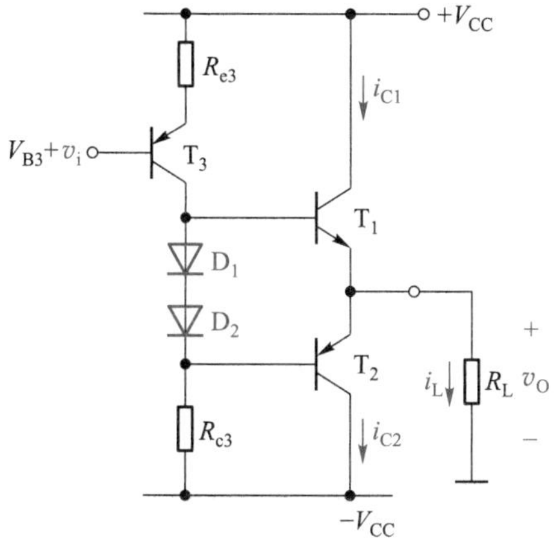

图 9.4.2 利用二极管进行偏置的互补对称电路

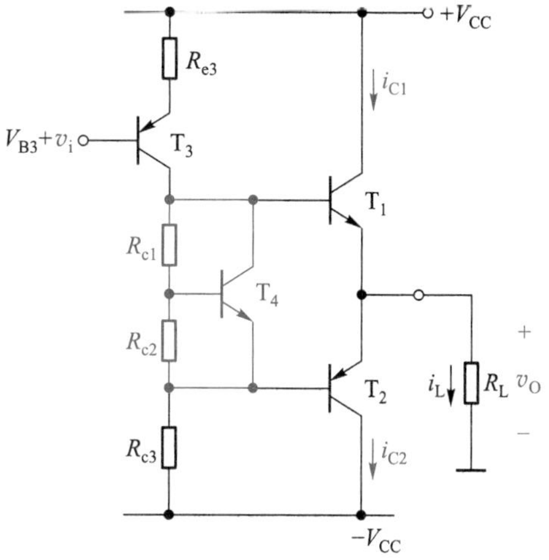

图 9.4.3 利用 V_{BE} 扩大电路进行偏置的互补对称电路

9.4.2 甲乙类单电源互补对称电路

在图 9.4.2 的基础上，令 $-V_{CC}=0$，并在输出端与负载 R_L 之间接入一大电容 C，就得到图 9.4.4 所示的单电源互补对称原理电路①。由图可见，在输入信号为零（静态）时，只要将 D_1、D_2 之间的电位设置在 $V_{CC}/2$，由于 T_1、T_2 上下对称，就会使 K 点电位 $V_K=V_C$（电容 C 两端电压）$\approx V_{CC}/2$。

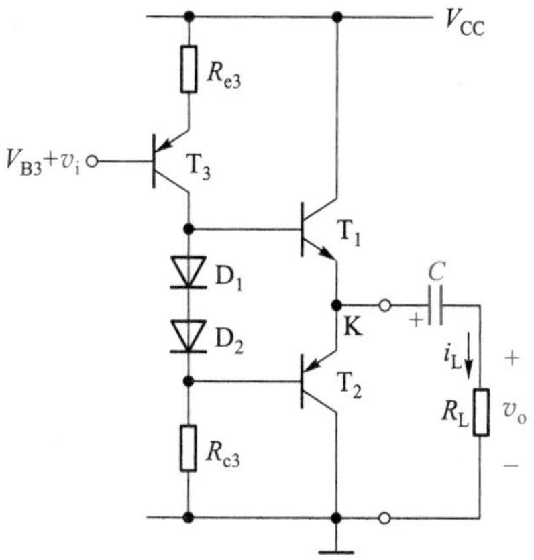

图 9.4.4 采用单电源的互补对称原理电路

当有信号时，在信号 v_i 的负半周，T_3 集电极输出电压为正半周，T_1 导通，有电流通过负载 R_L，同时向 C 充电，负载上获得正半周信号；在信号的正半周，T_3 集电极为负半周，T_2 导通，则已充有 $V_{CC}/2$ 电压的电容 C，通过负载 R_L 放电，负载上得到负半周信号。只要选择时间常数 R_LC 足够大（比信号的最长周期还大得多）②，就可以认为用电容 C 和一个电源 V_{CC} 可代替原来的 $+V_{CC}$ 和 $-V_{CC}$ 两个电源的作用。

值得指出的是，采用单电源的互补对称电路，由于每个管子的工作电压不是原来的 V_{CC}，而是 $V_{CC}/2$（输出电压最大也只能达到约 $V_{CC}/2$），所以前面导出的计算 P_o、P_T、P_V 和 P_{Tm} 的公式，

① 这种电路的输出通过电容 C 与负载 R_L 相耦合，而不用变压器，因而称为 OTL 电路。OTL 是 output transformerless（无输出变压器）的缩写。与此相对应，前面讨论的双电源互补对称功放电路常称为 OCL 电路。OCL 为 output capacitorless（无输出电容器）的缩写。

② 选择 C 时，应满足 $C>(5\sim10)/(2\pi f_L R_L)$，其中 f_L 为下限频率。

必须加以修正才能使用。修正的方法也很简单,只要以 $V_{CC}/2$ 代替原来公式中的 V_{CC} 即可。单电源互补对称电路的典型应用参见图 9.7.3。

9.4.3 MOS 管甲乙类双电源互补对称电路

前面讨论了 BJT 甲乙类互补对称电路,下面简要介绍 MOS 管甲乙类互补对称电路。

图 9.4.5 电路中 MOS 管上下对称,T_1 和 T_2 的栅极和漏极直接相连,构成所谓的"二极管"(参见 4.4.4 节)。静态时,恒定电流 I_{bias} 流过 T_1 和 T_2,产生两个固定电压 V_{GS1} 和 V_{GS2},即 $V_{GG}=V_{GS1}+V_{GS2}$ 为 T_3 和 T_4 的栅源极提供合适的静态偏置电压,确保 T_3 和 T_4 不会工作于截止区,以避免交越失真。注意,静态电压 V_{G4} 等于 $-V_{GS2}$ 时,才能保证 v_o 静态输出为零。与图 9.4.2 电路不同的是,图 9.4.5 中的功放管 T_3 和 T_4 工作时栅极不取电流,可以维持 T_1 和 T_2 的偏置电流保持常数,因此偏置电压 V_{GG} 也就维持恒定,与输出电压和输出电流无关。

另一种性能更好的 BiMOS 甲乙类双电源互补对称功率放大电路如图 9.4.6 所示。图中 R_1、R_2 和 T_3 构成的 V_{BE} 扩大电路与两个二极管一起产生静态电压 V_{BB},为 T_1 和 T_2 提供合适的静态偏置,以克服交越失真。而 R_3 上的压降则为 T_5 和 T_6 提供合适的静态偏置。T_1 和 T_2 构成的射极跟随器,具有很低的输出电阻,与 T_5 和 T_6 的栅极电容构成很小的时间常数,可以大大提高输出级的工作速度,充分发挥功率 MOS 管的优势。

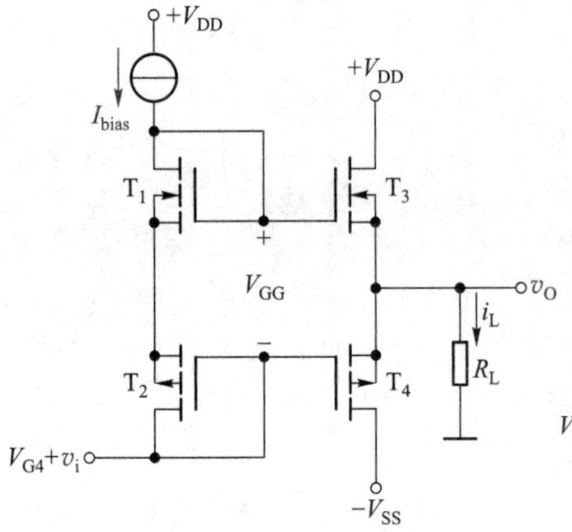

图 9.4.5　MOS 管甲乙类双电源互补对称电路

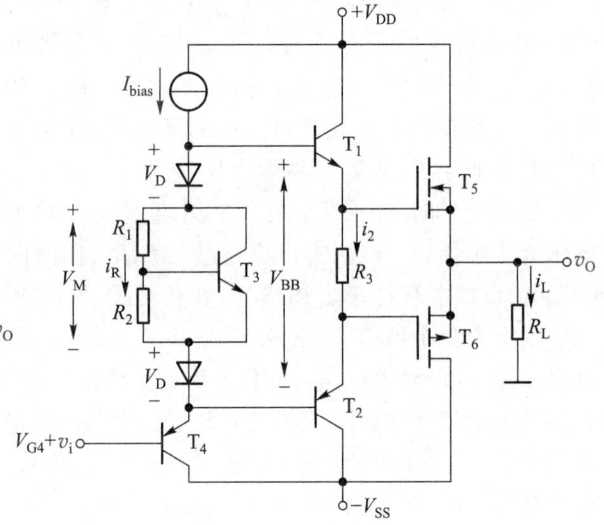

图 9.4.6　BiMOS 甲乙类双电源互补对称电路

复习思考题

9.4.1　在图 9.4.1a 所示双电源互补对称电路中,输入信号为 1 kHz、10 V 的正弦电压,输出电压波形如图 9.4.7 所示,这说明电路出现了何种失真?为了改善上述的输出波形,应在电路中采取什么措施?

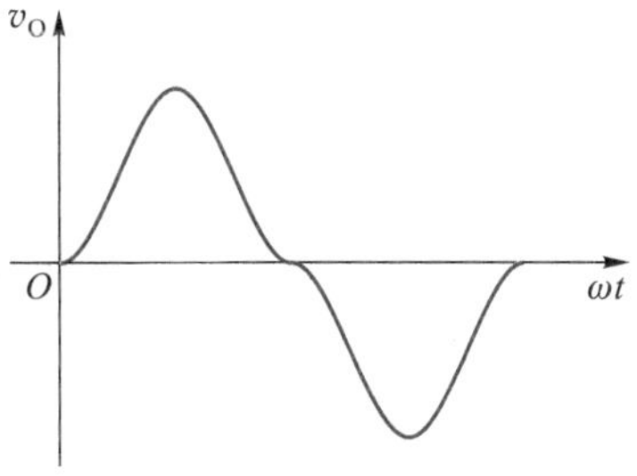

图 9.4.7 复习思考题 9.4.1 的图

9.4.2 在图 9.4.2 所示电路中，用二极管 D_1 和 D_2 的管压降为 T_1 和 T_2 提供适当的偏置，而二极管具有单向导电的特性，此时输入的交流信号能否通过此二极管从而亦为 T_1 和 T_2 供给交流信号？请说明理由。

9.4.3 在正弦输入信号作用下，互补对称电路输出波形有可能出现线性（即频率）失真吗？为什么？

9.4.4 在单电源互补对称电路中，能用式（9.3.1）~式（9.3.11）直接计算输出功率、管耗、电源供给的功率、效率并选择管子吗？

9.5 丁类（D 类）功率放大电路原理简介

在丁类功率放大电路中，三极管交替工作于饱和导通与截止的开关状态。由于管子饱和导通时，管压降近似为零，而截止时的管电流近似为零，因此工作于开关状态下的管耗很小，从而可以获得很高的效率。同时，由于丁类功放的管耗很小，可以不用散热器或者减小散热器的尺寸，所以广泛应用于空间受限的便携式设备和大功率场合。

为使三极管工作于开关模式，通常采用脉冲宽度调制（pulse width modulation，PWM）将音频信号转换为脉冲信号来控制三极管的导通和截止，其基本原理框图如图 9.5.1 所示。

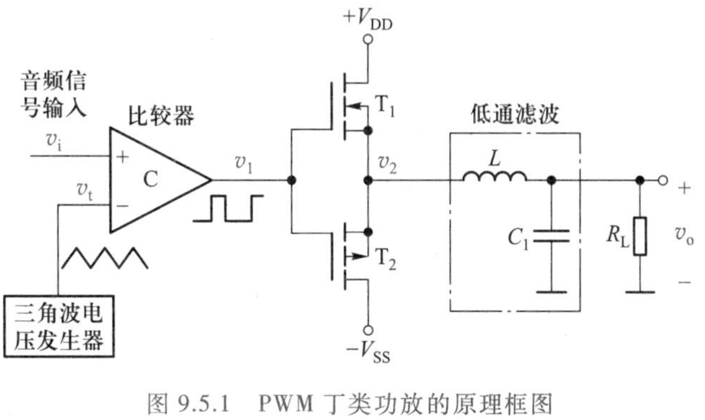

图 9.5.1 PWM 丁类功放的原理框图

音频输入信号 v_i（此处用频率较低的正弦波代表音频信号）和三角波发生器输出信号 v_t 被送入比较器（将在 10.8 节介绍），它们的波形如图 9.5.2a 所示。当 v_i 大于 v_t 时，输出近似为比较器的正电源电压；反之，近似为比较器的负电源电压，因此，在比较器的输出端，得到如图 9.5.2b 所示的脉冲波形。观察可知，这个脉冲波的频率等于三角波频率（称为取样频率 f_s），脉冲的宽度随音频信号瞬时值的增减而增减，从而实现脉冲宽度调制。三角波的取样频率 f_s 一般设计为至少 10 倍于音频信号最高频率，f_s 过高会增加开关管的动态管耗，过低则不利于 PWM 信号中高频分量的滤除。该 PWM 信号控制开关管的导通和截止，得到 v_2 波形如图 9.5.2c 所示。

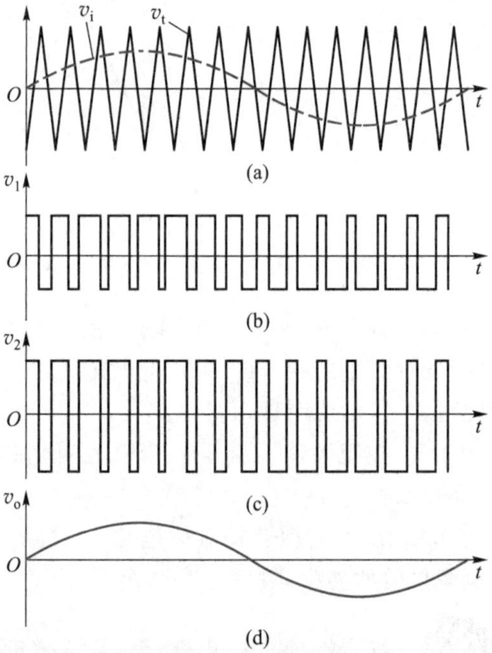

图 9.5.2 脉宽调制丁类功放波形示意图
(a) 音频输入信号 v_i 和三角波参考信号 v_t (b) 比较器输出的 PWM 信号 (c) 功率放大后的 PWM 信号 (d) 低通滤波后的音频输出信号

由于脉冲波形的平均值取决于其占空比（脉冲波形的高电平时间占整个周期的比值），而占空比又正比于音频信号，因此 v_2 的平均值正比于音频信号 v_i，用低通滤波器[①]（见图 9.5.1）滤除高频分量，就可以从脉冲波形中恢复放大后的 v_i 信号。低通滤波器的上限频率只要高于音频信号的最高频率，就可以重现音频信号如图 9.5.2d 所示。

TPA3255 是一款高性能丁类功率放大器（不含低通滤波），4 Ω 负载时，最高效率可达 90%，电源电压范围：18～53.5 V，在单声道时最大功率可达 600 W，广泛用于高端一体化家庭影院（home theater in a box，HTIB）、视音频接收机（AV 接收机）、高端条形音箱、有源扬声器和低音炮等，具体应用请查阅其数据手册。

9.6 功率管

9.6.1 功率 BJT

大功率 BJT 与小功率 BJT 的工作原理完全相同，只是 PN 结面积大得多。为了能更好地散热，功率 BJT 通常在封装上采取一些特殊措施，将集电极衬底与它的金属外壳保持良好接触，以便通过散热器快速散热[②]。典型的功率 BJT 外形如图 9.6.1 所示。

在实际工作中，常发现功率 BJT 的功耗并未超过允许的 P_{CM} 值，管身也并不烫，但功率 BJT 却突然失效或者性能显著下降。这种损坏的原因，很多是由于二次击穿所造成的。

---

① 滤波器的概念将在第 10 章详细介绍。

② 散热方法和保护措施可参考器件手册。

一般说来，二次击穿是一种与电流、电压、功率和结温都有关系的效应。它的物理过程多数认为是由于流过 BJT 结面电流的不均匀，造成结面局部高温（称为热斑），因而产生热击穿所致。这与 BJT 的制造工艺有关。

为了保证功率管安全工作，必须考虑二次击穿的因素。因此，功率管的安全工作区，不仅受集电极允许的最大电流 I_{CM}、集射间允许的最大击穿电压 $V_{(BR)CE}$ 和集电极允许的最大功耗 P_{CM} 所限制，而且还受二次击穿临界曲线所限制，其安全工作区如图 9.6.2 虚线内所示。显然，考虑了二次击穿以后，功率 BJT 的安全工作范围变小了。

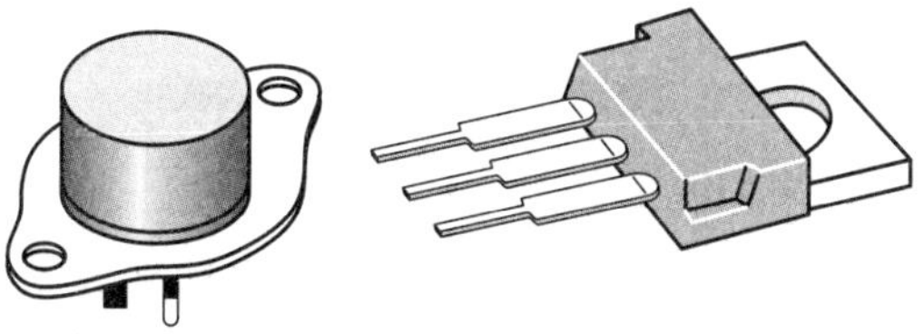

图 9.6.1 功率 BJT 外形图

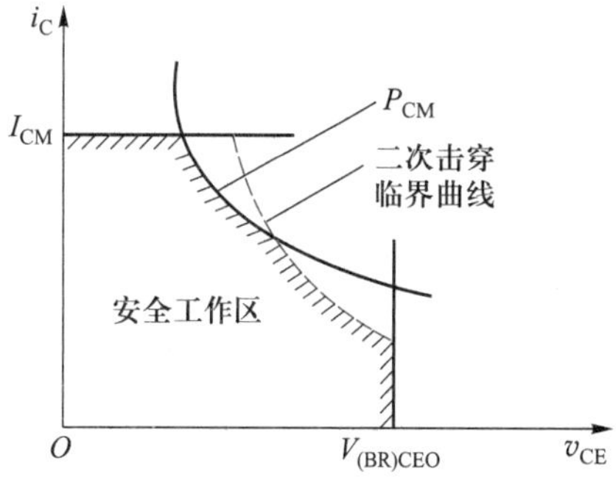

图 9.6.2 安全工作区

9.6.2 功率 VMOSFET 和 DMOSFET

为了适应大功率的要求，20 世纪 70 年代末出现了一种 V 形开槽的纵向 MOS 管，称为 VMOS(vertical MOS)。由于它的许多优良特性，受到人们的重视。20 世纪 80 年代末又出现了一种更新型的双扩散 MOS 管，称为 DMOS(double-diffused MOS)。下面对这两种纵向 MOS 管的结构和特性做简要介绍。

1. VMOS

VMOSFET 的结构剖面图如图 9.6.3 所示。它以 N^+ 型衬底作漏极，在其上生长一层 N^- 型外延层，然后在外延层上掺杂形成一个 P 型层和一个 N^+ 型层源极区，最后利用光刻的方法沿垂直方向刻出一个 V 形槽，并在 V 形槽表面生长一层二氧化硅和覆盖一层金属铝，形成栅极。当栅极加正电压，且 $v_{GS}>V_{TN}$ 时，靠近栅极 V 形槽下面的 P 型半导体将形成一个反型层 N 型导电沟道（图中未画出）。可见，自由电子沿导电沟道由源极到漏极的运动是纵向的，它与第 4 章介绍的载流子是横向从源极到漏极的小功率 MOSFET 不同。因此，这种器件被命名为 VMOS。

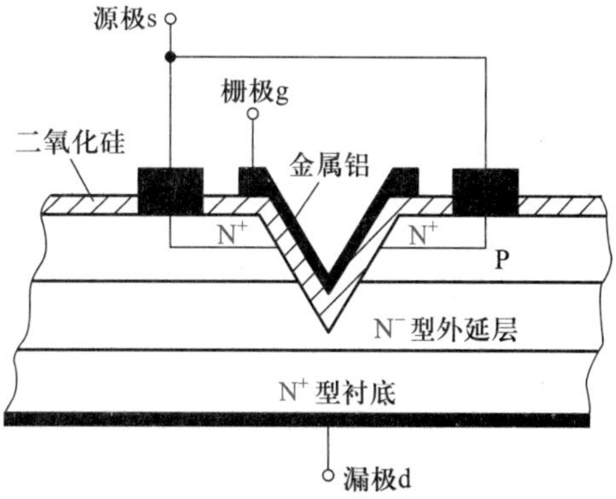

图 9.6.3 VMOSFET 结构剖面图

由此可见，VMOS 管的漏区面积大，有利于利用散热片散去器件内部耗散的功率。沟道长度（当栅极加正电压时在 V 形槽下 P 型层部分形成）可以做得很短，且沟道间又呈并联关系（根据需要可并联多个），故允许流过的电流 I_D 很大。此外，利用现代工艺，使它靠近栅极形成一个低浓度的 N^- 外延层，当漏极与栅极间的反向电压形成耗尽区时，这一耗尽区主要出现在 N^- 外延区，N^- 区的正离子密度低，电场强度低，因而能承受较高的电压。这些都有利于 VMOS 制成大功率器件。目前 VMOS 产品耐压能力达 1 200 V 以上，最大连续电流值高达 200 A。

2. DMOS

DMOS 是一种短沟道功率 MOSFET，其结构剖面图如图 9.6.4 所示。它以低掺杂浓度的 N^- 作为衬底，其底部做一层高掺杂浓度的 N^+ 层，以便与漏极接触。衬底的上部进行两次扩散，一次扩散生成高掺杂浓度的 P^+ 沟道体，另一次扩散生成高掺杂浓度的 N^+ 源区。表面形成 SiO_2 氧化层，并覆盖一层金属作为栅极，源区与 P^+ 区也通过金属短接。

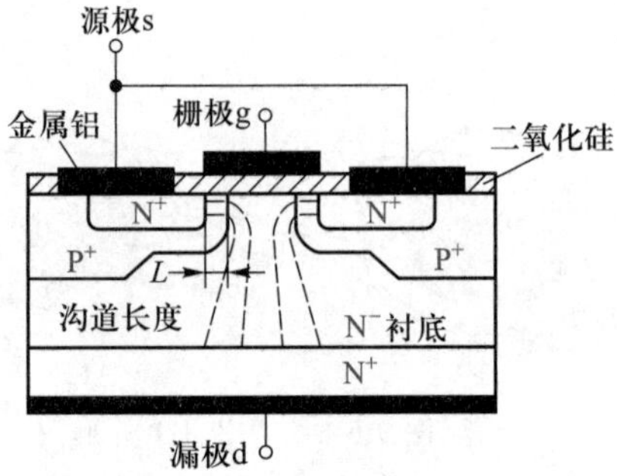

图 9.6.4　DMOS 结构剖面图

当 $v_{GS}>V_{TN}$ 时，在 P^+ 沟道体靠近栅极的氧化层下面形成反型层 N 沟道，沟道长度 L 很短（1～2 μm），如图 9.6.4 中所示。这样，当外加电压 v_{DS} 时，电子将从源极出发，经过沟道进入 N^- 区，然后垂直向下到达漏极。可见，DMOS 的沟道虽是横向的，但电流却是纵向的。

DMOS 的沟道虽然很短，但其击穿电压却很高（可达 600 V 以上），这是因为衬底和沟道体之间的耗尽层主要出现在低掺杂的衬底。此外，其电流容量也很大，可达 50 A 以上。

与 BJT 相比，VMOS 和 DMOS 器件有许多优点。

（1）与 MOS 器件一样是电压控制电流器件，输入电阻极高，因此所需驱动电流极小，功率增益高。

（2）功率 MOS 管在不同温度时呈现的 i_D-v_{GS} 特性如图 9.6.5 所示。由图可见，存在一个 v_{GS} 值（大多数 MOS 管该值为 4～6 V）漏极电流 i_D 的温度系数等于 0，当 v_{GS} 值增大时 i_D 的温度系数是负的，有天然的温度补偿作用。

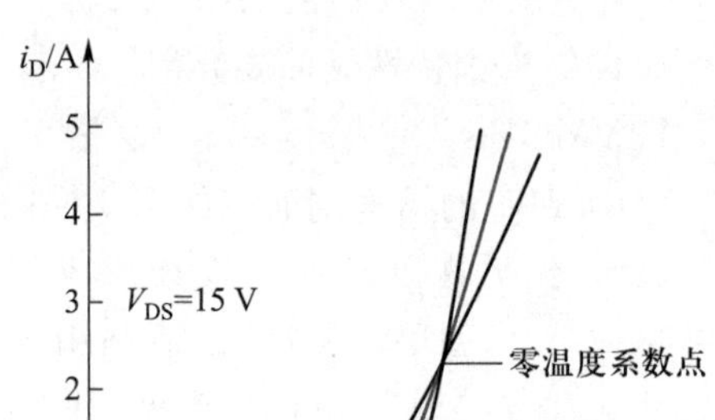

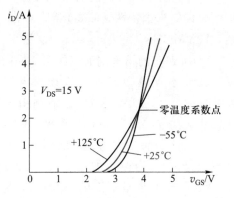

图 9.6.5　MOS 功率管（IRF630，Siliconix）在外壳温度分别为 −55 ℃，+25 ℃ 和 +125 ℃ 时的 i_D-v_{GS} 特性曲线（Siliconix 公司）

（3）MOS 管不存在二次击穿。

（4）因为少子存储问题，功率 MOS 管具有更高的开关速度，双极型功率管的开关时间为 100 ns～1 μs，而 MOS 功率管的开关时间为 10～100 ns，其工作频率可达 1 MHz 以上，所以大功率 MOS 管常用于高频电路或开关式稳压电源等。VMOS 在这一点上更显优越(其 $f_T = 600$ MHz)。

(5) MOS 管与 BJT 相比几乎不需要直流驱动电流。但 MOS 功率放大电路的驱动级至少要提供足够的电流来保证对 MOS 管较大的输入电容进行充放电。

9.6.3 功率器件 IGBT

值得指出的是,功率 MOS 管存在一个突出矛盾:高耐压和低导通电阻之间的矛盾,这使它不利于作为耐压大于 500 V 的器件。这个矛盾虽可用增加芯片面积来解决,但又导致开关速度变慢及成本提高。为解决此矛盾,人们设计了一种新型器件:绝缘栅双极型功率管(insulated gate bipolar transistor, IGBT)。这种器件一方面保留了功率 MOS 管具有高输入阻抗、高速的特点,同时又引入了低饱和压降的 BJT,因此 IGBT 就具有它们共同的优点。图 9.6.6 是这种 IGBT 结构的简化等效电路及器件符号。

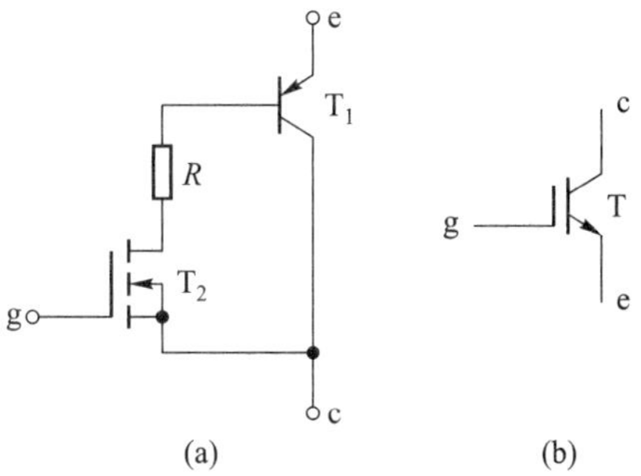

图 9.6.6 IGBT 的等效电路及符号

(a) 等效电路 (b) 符号

图 9.6.6a 中 T_2 为增强型 MOS 管,工作时,首先在施加一定栅压之后形成导电沟道,出现 PNP 型管 T_1 的基极电流,IGBT 导电;当 FET 沟道消失,基极电流切断,IGBT 截止。有关 IGBT 的详细工作原理可参阅有关器件手册,这里不再赘述。①

市场上已有很多上述 VMOS、DMOS 和 IGBT 功率器件产品,读者可根据不同需要选用。表 9.6.1 列举了几款功率管样例。

表 9.6.1 功率管样例

型号	类型	主要参数
2N3055	功率 BJT	$V_{CE(max)} = 60$ V; $I_{C(max)} = 15$ A; $P_{C(max)} = 115$ W
2N6678	功率 BJT	$V_{CE(max)} = 400$ V; $I_{C(max)} = 20$ A; $P_{C(max)} = 175$ W
IRFP264	功率 MOSFET	$V_{DS(max)} = 200$ V; $I_{D(max)} = 46$ A; $P_{D(max)} = 280$ W
BUZ380	功率 MOSFET	$V_{DS(max)} = 1\,000$ V; $I_{D(max)} = 8$ A; $P_{D(max)} = 150$ W
GT40M101	功率 IGBT	$V_{CES} = 900$ V; $I_{C(max)} = 40$ A; $P_{D(max)} = 90$ W
IRG4PH30KPBF	功率 IGBT	$V_{CES} = 1\,200$ V; $I_{C(max)} = 40$ A; $P_{D(max)} = 100$ W

复习思考题

9.6.1 与功率 BJT 相比,VMOS 和 DMOS 管突出的优点是什么?

9.6.2 与功率 BJT 相比,IGBT 的优点是什么?

① 参阅黄继昌主编.常用电子器件实用手册.北京:人民邮电出版社,2009。

9.7 集成功率放大器举例

9.7.1 以 MOS 功率管作输出级的集成功率放大器

TDA7294 是一款以 DMOS 功率管作输出级的大功率音频集成功率放大器，有 ±10 ~ ±40 V 的宽电压工作范围，100 W 的音乐输出功率，而且具有静音和待机功能，很低的噪声和失真，主要应用于有源超低音系统以及 Hi-Fi 领域。

其内部简化原理电路如图 9.7.1 所示，电路由三级组成。$T_1 \sim T_4$构成带有源负载的双入单出差分式输入级，I_1为其提供静态偏置。第二级由 T_5构成共源放大电路，I_2为其提供静态偏置并做有源负载。T_6产生一个恒定的压差 $V_{DS6}(=V_{GS6})$，为 T_7提供合适的栅源静态偏置电压，以克服交越失真，同时也可以将 T_5漏极的输出信号无损地传送到 T_7的栅极。T_7和 A_1、T_8构成输出级。

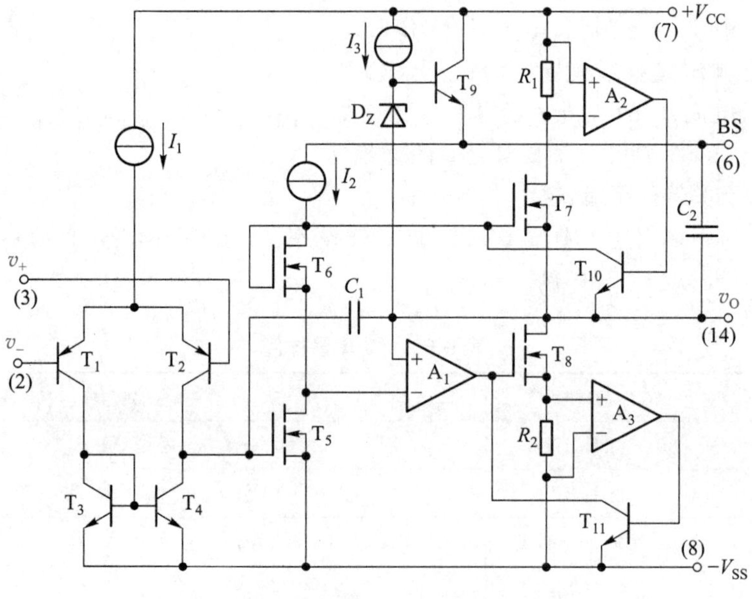

图 9.7.1　TDA7294 集成功率放大器简化原理电路

R_1、A_2、T_{10}及 R_2、A_3、T_{11}构成输出短路保护电路，当 T_7电流过大时，R_1上压降增大，经差分放大器 A_2放大后使 T_{10}饱和导通，其饱和压降 V_{CES10}远小于 T_7的阈值电压，从而使 T_7截止，限制输出电流。类似地，当 T_8电流过大时，R_2、A_3、T_{11}构成的保护电路也会使 T_8截止，限制灌入电流。

I_3、T_9、D_Z及 C_2构成自举电路。静态时 C_2充电电压约为齐纳二极管 D_Z的击穿电压，即 $V_{C2} \approx V_Z$。当电路正常工作输出信号正半周时，BS 端的电压 $V_{BS}=V_{C2}+v_O$，v_O使 V_{BS}升高($>V_{CC}$)，T_7的栅极便有足够高的电压，从而保证 v_O正半周的幅值足够大，仿佛 v_O自己提升了自己。但需保证 C_2的放电时间常数远大于信号的最长周期。

电容 C_1用于频率补偿,避免电路出现自激振荡。

输出级的 T_7和 T_8是 DMOS 功率管。T_8为共源组态,其输出漏极又连接到 A_1的同相端形成负反馈,这样 A_1和 T_8一起构成了电压跟随器,等效于一个 PMOS 管的源极跟随器。同时,这个负反馈也消除了 T_8可能出现的交越失真。而 T_7为 NMOS 管源极跟随器,因此 T_7和 T_8(及 A_1)一起构成等效的甲乙类互补推挽输出级,该级也称为 DMOS 单位增益输出缓冲器。

单片 TDA7294 的典型应用电路如图 9.7.2 所示,图中的小圆圈边的数字表示芯片引脚编号,外围的分立器件主要功能为:

(1) 电阻 R_1连接在同相输入端和地之间,决定放大器的输入阻抗;

(2) 电阻 R_2、R_3和电容 C_2决定放大器的交流闭环电压增益,$A_v = 1+R_3/R_2$;

(3) 电阻 R_4、电容 C_4决定 STBY 的时间常数。STBY 为芯片待机控制端子,低电平时维持待机状态;

(4) 电阻 R_5、电容 C_3决定 MUTE 的时间常数。MUTE 为芯片静音控制端子,低电平时芯片静音;

(5) 电容 C_1为输入耦合电容,与电阻 R_1一起影响电路的下限截止频率;

(6) 电容 C_2也与电阻 R_2一起影响电路的低频特性;

(7) 电容 C_5为自举电容(接于输出端与 BS 端之间,见图 9.7.1);

(8) C_6 ~ C_9为电源去耦电容,并抑制高频干扰。

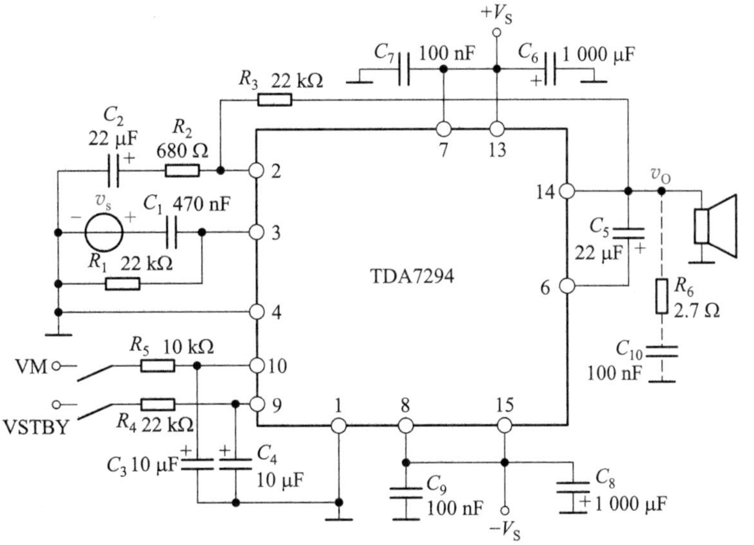

图 9.7.2 TDA7294 典型应用电路

9.7.2 BJT 集成功率放大器举例

BJT 集成音频功率放大器 LM386 的原理电路如图 9.7.3a 所示,它由输入级、中间级和输出级所组成。T_1、T_2和 T_3、T_4构成 CC-CE 复合管差分放大器,T_5、T_6构成的镜像电流源作为其有源负载。中间级为 T_7组成的带电流源负载的共射放大电路,以提高本级的电压增益。输出级为 T_8、T_9、T_{10} 组成准互补对称的甲乙类功率放大电路，其中 T_8、T_9 等效于一个 PNP 型管，这种复合管方案是考虑到集成电路中的横向 PNP 型管的电流放大系数较低的缘故。二极管 D_1、D_2 组成偏置电路，为 T_8、T_9、T_{10} 提供直流偏置，以克服交越失真。电阻 R_6 引入了级间交直流负反馈，其中直流负反馈用以稳定电路的静态工作点，交流反馈为电压串联负反馈，用于确定电路初始增益并改善电路的交流性能。

LM386 是一个 8 引脚的器件，图 9.7.3a 括号中的数字是其引脚编号。查阅数据手册可知，当 1 脚和 8 脚之间开路时，电压增益为初始增益 20；当 1 和 8 脚之间接 10 μF 电容将 R_5 交流短路时，增益为最大值 200；如果在引脚 1 和 8 之间串接电容和不同大小的电阻，就可以使电压增益在 20~200 之间可调。

LM386 可在 4~12 V 单电源下工作。当电源电压为 6 V，负载电阻为 8 Ω 时，典型输出功率为 325 mW，典型静态电流 4 mA，静态功率为 24 mW，因此 LM386 非常适合用于收音机、对讲机等电池供电的应用电路。图 9.7.3b 为 LM386 应用于调幅收音机的典型应用电路。

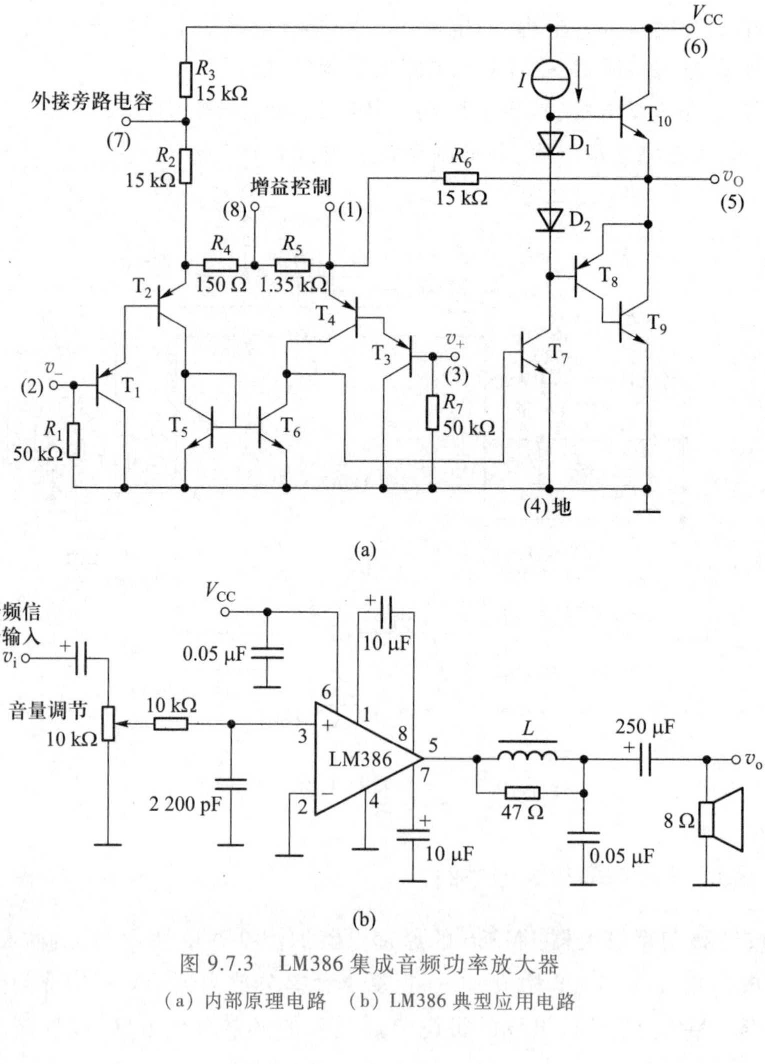

图 9.7.3 LM386 集成音频功率放大器

（a）内部原理电路 （b）LM386 典型应用电路

另一种集成音频功率放大器的型号为 LM3886，其供电电压范围可达±28 V，4 Ω 负载时，输出功率可达 68 W。

小　结

教学视频 9.1：
功率放大电路小结

• 功率放大电路是在大信号下工作，通常采用图解法进行分析。研究的重点是如何在有限的失真情况下，尽可能提高输出功率和效率。

• 与甲类功率放大电路相比，乙类互补对称功率放大电路的主要优点是效率高，在理想情况下，其最大效率约为 78.5%。为保证 BJT 安全工作，双电源互补对称电路工作在乙类时，器件的极限参数必须满足：$P_{CM} > P_{T1} \approx 0.2P_{om}$，$|V_{(BR)CEO}| > 2V_{CC}$，$I_{CM} > V_{CC}/R_L$。

• 由于功率 BJT 输入特性存在死区，工作在乙类的互补对称电路将出现交越失真，克服交越失真的方法是采用甲乙类（接近乙类）互补对称电路。通常可利用二极管或 V_{BE} 扩大电路进行偏置。

• 在单电源互补对称电路中，计算输出功率、效率、管耗和电源供给的功率时，可借用双电源互补对称电路的计算公式，但要用 $V_{CC}/2$ 代替原公式中的 V_{CC}。

• 在丁类功率放大电路中，三极管工作于开关状态，管子饱和导通时，管压降近似为零，而截止时的管电流近似为零，因此管耗很小，可以获得很高的效率。

• MOS 功率管不存在二次击穿。但 MOS 功放电路的驱动级至少要提供足够的电流来完成对 MOS 管较大的输入电容的充放电。此外，MOS 管的运行速度比 BJT 高，因此 MOS 功率管特别适合作为开关应用。

习　题

9.1　功率放大电路的一般问题

9.1.1　在甲类、乙类和甲乙类放大电路中，放大管的导通角分别等于多少？它们中哪一类放大电路效率最高？

9.3　乙类双电源互补对称功率放大电路

9.3.1　在图题 9.3.1 所示电路中，设 BJT 的 $\beta = 100$，$V_{BE} = 0.7$ V，$V_{CES} = 0.5$ V，$I_{CEO} = 0$，电容 C 对交流可视为短路。输入信号 v_i 为正弦波。（1）计算电路可能达到的最大不失真输出功率 P_{om}；（2）此时 R_b 应调节到什么数值？（3）此时电路的效率 η = ？试与工作在乙类的互补对称电路比较；（4）图中 T 采用 Q2N3904，将其电流放大系数改为 100，利用 SPICE 仿真电路的静态工作点。当输入正弦波的幅值为 50 mV，频率为 1 kHz 时，仿真绘出输入和输出信号的波形。

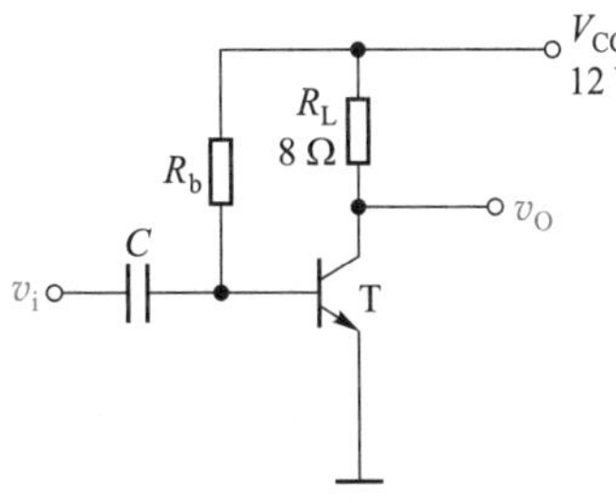

图题 9.3.1

9.3.2 一双电源互补对称电路如图题 9.3.2 所示，设已知 $V_{CC}=12$ V，$R_L=16$ Ω，v_i为正弦波。求：(1) 在 BJT 的饱和压降 V_{CES}可以忽略不计的条件下，负载上可能得到的最大输出功率 P_{om}；(2) 每个管子允许的管耗 P_{CM}至少应为多少？(3) 每个管子的耐压 $|V_{(BR)CEO}|$ 应大于多少？(4) 若 BJT 管的饱和压降 $V_{CES}=2$ V，重新计算上述问题。

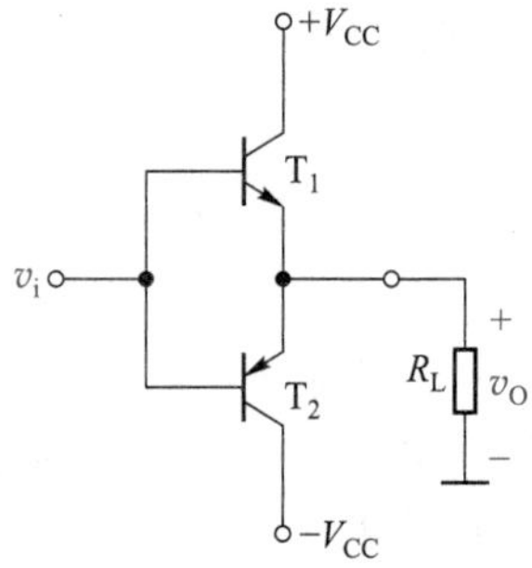

图题 9.3.2

9.3.3 在图题 9.3.2 所示电路中，设 v_i为正弦波，$R_L=8$ Ω，要求最大输出功率 $P_{om}=9$ W。试在 BJT 的饱和压降 V_{CES}可以忽略不计的条件下，求：(1) 正、负电源 V_{CC}的最小值；(2) 根据所求 V_{CC}最小值，计算相应的 I_{CM}、$|V_{(BR)CEO}|$ 的最小值；(3) 输出功率最大 ($P_{om}=9$ W) 时，电源供给的功率 P_V；(4) 每个管子允许的管耗 P_{CM}的最小值；(5) 当输出功率最大 ($P_{om}=9$ W) 时的输入电压有效值；(6) 图中 T_1采用 Q2N3904，T_2采用 Q2N3906，试利用 SPICE 仿真求解，当 $R_L=8$ Ω，电源电压为±12 V 时，可输出的最大功率为多少？并与题目给定的最大功率作比较。

9.3.4 设电路如图题 9.3.2 所示，管子在输入信号 v_i作用下，在一周期内 T_1和 T_2轮流导电约 180°，电源电压 $V_{CC}=20$ V，负载 $R_L=8$ Ω，试计算：(1) 在输入信号 $V_i=10$ V（有效值）时，电路的输出功率、管耗、直流电源供给的功率和效率；(2) 当输入信号 v_i的幅值为 $V_{im}=V_{CC}=20$ V 时，电路的输出功率、管耗、直流电源供给的功率和效率。

9.3.5 电路如图 9.3.4 所示，设 MOS 管 T_1和 T_2的 $K_n=K_p=0.25$ A/V^2，忽略它们的阈值电压，即 $V_{TN}=V_{TP}=0$。若电路中 $V_{DD}=V_{SS}=10$ V，$R_L=8$ Ω。当 T_1工作于恒流区时，试求输出电压的最大值，以及对应的负载电流和输入电压。

9.4 甲乙类互补对称功率放大电路

9.4.1 一单电源互补对称功放电路如图题 9.4.1 所示，设 v_i为正弦波，$R_L=8$ Ω，管子的饱和压降 V_{CES}可忽略不计。试求最大不失真输出功率 P_{om}（不考虑交越失真）为 9 W 时，电源电压 V_{CC}至少应为多大？

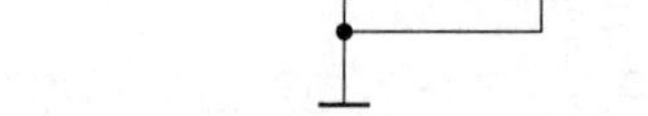

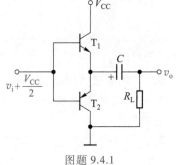

图题 9.4.1

9.4.2 在图题 9.4.1 所示单电源互补对称电路中，设 $V_{CC}=12$ V，$R_L=8$ Ω，C 的电容量很大，v_i为正弦波，(1) 在忽略管子饱和压降 V_{CES}情况下，试求该电路的最大输出功率 P_{om}；(2) 设三极管饱和压降 $V_{CES}=1$ V，再求该电路的最大输出功率 P_{om}。

9.4.3 一单电源互补对称电路如图题 9.4.3 所示，设 T_1、T_2的特性完全对称，v_i为正弦波，$V_{CC}=12$ V，$R_L=8$ Ω。试回答下列问题：(1) 静态时，电容 C_2两端电压应是多少？调整哪个电阻能满足这一要求？(2) 动态时，若输出电压 v_O出现交越失真，应调整哪个电阻？如何调整？(3) 若 $R_1=R_3=1.1$ kΩ，T_1和 T_2的 $\beta=40$，$|V_{BE}|=0.7$ V，$P_{CM}=400$ mW，假设 D_1、D_2、R_2中任意一个开路，将会产生什么后果？

9.4.4 在图题 9.4.3 所示单电源互补对称电路中，已知 $V_{CC}=35$ V，$R_L=35$ Ω，流过负载电阻的电流为 $i_o=0.45\cos\omega t$A。求：(1) 负载上所能得到的功率 P_o；(2) 电源供给的功率 P_V。

9.4.5 一双电源互补对称电路如图题 9.4.5 所示（图中未画出 T_3的偏置电路），设输入电压 v_i为正弦波，电源电压 $V_{CC}=24$ V，$R_L=16$ Ω，由 T_3组成的放大电路的电压增益 $\Delta v_{C3}/\Delta v_{B3}=-16$，射极输出器的电压增益为 1,当输入电压有效值 $V_i = 1$ V 时,试计算电路的输出功率 P_o、电源供给的功率 P_V、两管的管耗 P_T以及效率 η。

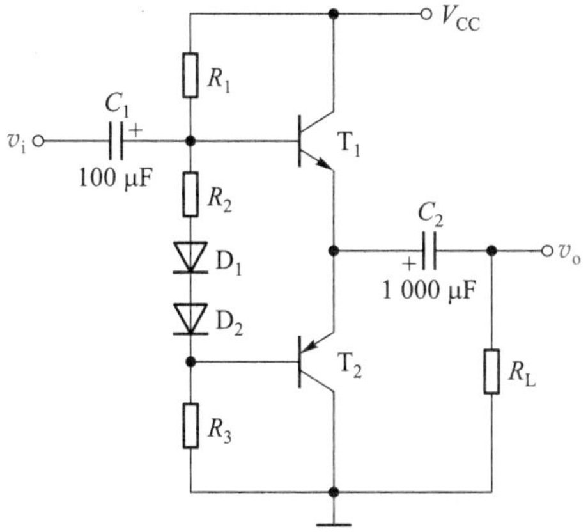

图题 9.4.3

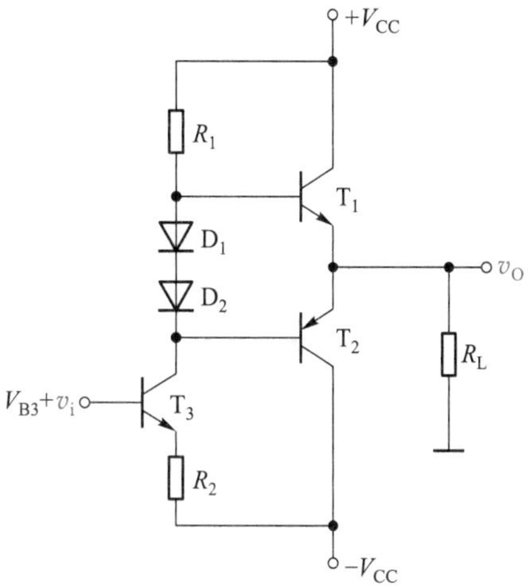

图题 9.4.5

9.4.6 某集成电路的输出级如图题 9.4.6 所示。试说明:(1)R_1、R_2和 T_3组成什么电路,在电路中起何作用;(2)恒流源 I 在电路中起何作用;(3)电路中引入了 D_1、D_2作为过载保护,试说明其理由。

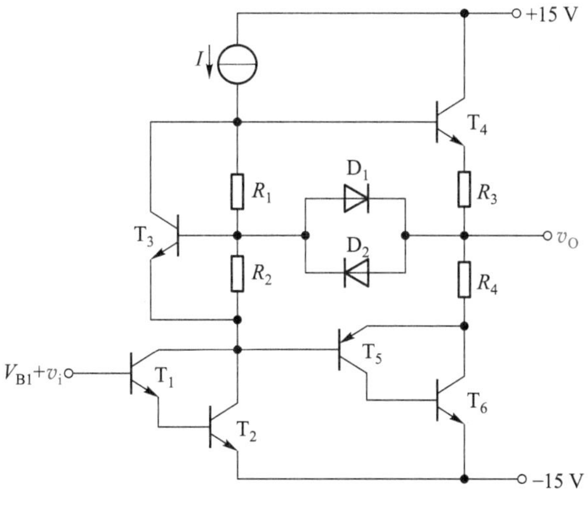

图题 9.4.6

9.4.7 电路如图 9.4.5 所示,MOS 管的参数为 $V_{TN} = -V_{TP} = 1$ V,$K_{n1} = K_{p2} = 5$ mA/V^2,电路中 $R_L = 0.5$ kΩ,$I_{bias} = 200$ μA,$V_{DD} = V_{SS} = 12$ V。若 T_3和 T_4的 $K_{n3} = K_{p4}$,为了使 T_3和 T_4的静态电流为 5 mA,试求 K_{n3}和 K_{p4}的值。

9.5 丁类(D 类)功率放大电路原理简介

*9.5.1 在图 9.5.1 所示的电路中。若 v_t是峰值为±10 V,频率为 1 kHz 的三角波,比较器的

输出电压为±10 V；若音频信号输入端的电压分别为：(1) 0 V，(2) 5 V，(3) 10 V，(4) −5 V，(5) −10 V 时，试求输出波形的占空比和输出电压的平均值。

*9.5.2 在图 9.5.1 所示的电路中。(1) 若 v_i 是幅值为 5 V 的正弦波，v_t 为峰值为±10 V 的三角波，v_t 的频率为 v_i 的 5 倍，且比较器的输出电压幅值为±10 V，试画出比较器的输出电压 v_i 的波形；(2) 利用 SPICE 仿真比较器输出的 v_i 波形。

9.7 集成功率放大器举例

9.7.1 在图 9.7.3b 所示的 LM386 的应用电路中，说明图中 250 μF 电容的作用？

9.7.2 阅读 LM386 的数据手册，说明在图 9.7.3b 所示的 LM386 的应用电路中，若将一个阻值为 1.2 kΩ 的电阻与 10 μF 电容串接于 1 脚和 8 脚之间，此时电路的闭环电压增益为多少？

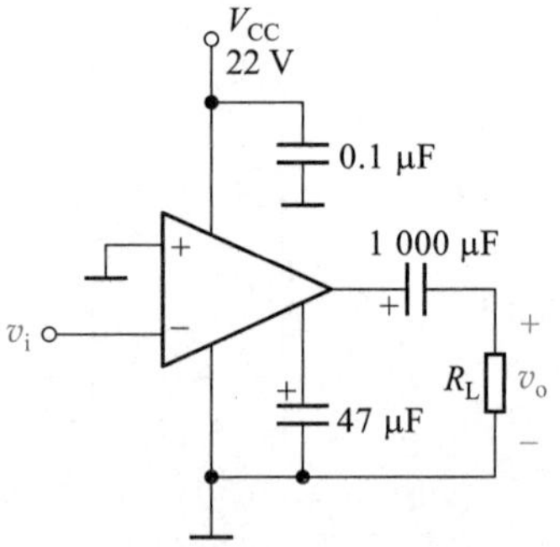

图题 9.7.3

9.7.3 某集成功放组成的功率放大电路如图题 9.7.3 所示。已知电路在通带内的电压增益为 40 dB，在 $R_L = 8\ \Omega$ 时不失真的最大输出电压（峰-峰值）可达 18 V（接 47 μF 电容的引脚类似于 LM386 的 7 号引脚）。求当 v_i 为正弦信号时：(1) 最大不失真输出功率 P_{om}；(2) 输出功率最大时的输入电压有效值。

9.7.4 电路如图 9.7.2 所示，若 $R_2 = 1.2\ \text{k}\Omega$，$R_3 = 12\ \text{k}\Omega$，若电路的输入和输出电压均在合理范围时，试求电路交流的电压增益值。

第 9 章部分习题答案

10 信号处理与信号产生电路

引言

本章主要讨论信号的处理(滤波)和信号的产生(振荡),它主要涉及四种电路。这些电路和它们的用途如下。

1. 有源滤波器。滤波器的主要功能是传送输入信号中有用的频率成分,衰减或抑制无用的频率成分。本章在主要讨论由 R、C 和运放组成的有源滤波电路之后,接着简要介绍开关电容滤波器。

2. 正弦波振荡电路。例如,在通信、广播、电视系统中,都需要射频(高频)发射,这里的射频波就是载波,把音频(低频)、视频信号或脉冲信号运载出去,这就需要能产生高频信号的振荡器。又如工业生产中的高频感应加热、熔炼、淬火,超声波焊接和生物医学领域内的超声诊断和核磁共振成像等设备中,都需要功率或大或小、频率或高或低的振荡器。可见,正弦波振荡电路在各领域的应用是十分广泛的。

3. 非正弦波产生电路。一些电子系统需要的特殊信号,如方波、三角波等,就可通过非正弦波产生电路来产生。

4. 本章在讨论正弦波振荡电路之后、非正弦波信号产生电路之前,还要研究一种重要单元电路——电压比较器,它不仅是波形产生电路中常用的基本单元,也广泛用于测控系统和电子仪器中。希望读者予以足够的重视。

以上这些电路都可以用集成运放构成。

10.1 滤波电路的基本概念与分类

1. 基本概念

滤波电路是一种有“频率选择”功能的电子装置,它允许一定频率范围内的信号通过,而同时抑制或急剧衰减此频率范围以外的信号。工程上常用它来作信号处理、数据传送和抑制干扰等。

以往这种滤波电路主要采用无源元件 R、L 和 C 组成,称之为无源滤波器。20 世纪 60 年代以来,集成运放获得了迅速发展,由运放和 R、C 组成的滤波电路,称之为有源滤波器。有源滤波器具有不用电感、体积小、重量轻等优点。

此外,由于集成运放的开环电压增益和输入阻抗均很高,而输出阻抗又低,所以构成有源滤波电路后还具有一定的电压放大和缓冲作用。但是,集成运放的带宽有限,所以目前有源滤波电路的工作频率难以做得很高,以及难以对功率信号进行滤波,这是它的不足之处。

图 10.1.1 是滤波电路的一般结构图。

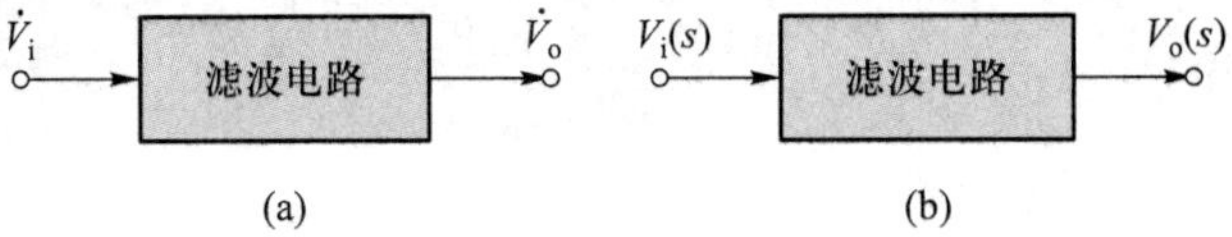

图 10.1.1 滤波电路的一般结构图
(a) 频域 (b) 复频域

在分析滤波电路时,一般先通过拉普拉斯变换将滤波器变换到复频域,即将输入、输出电压变换为象函数 $V_i(s)$ 和 $V_o(s)$,电阻、电容变换为运算阻抗形式 R、$1/(sC)$,通过输出电压与输入电压之比得到传递函数

$$A(s)=\frac{V_o(s)}{V_i(s)}$$

然后,令 $s=j\omega$,将传递函数转换到频域,得到

$$\dot{A}(j\omega)=|\dot{A}(j\omega)|e^{j\varphi(\omega)} \tag{10.1.1}$$

这里,$|\dot{A}(j\omega)|$为传递函数的模,也称幅频响应。$\varphi(\omega)$为输出电压与输入电压之间的相位差,也称相频响应。

由于正弦信号的相位变化与时间的关系可表示为 $\Delta\varphi=\omega\times\Delta t$,故常用时延 τ 来表示信号相位的变化量,定义为

$$\tau(\omega)=-\frac{d\varphi(\omega)}{d\omega}(s) \tag{10.1.2}$$

其单位为 s(秒)。$\tau(\omega)$表示不同频率的输入信号通过滤波电路时所产生的延迟时间。由于信号常为复合频率,所以 $\tau(\omega)$也常称为群时延①。

虽然常用幅频响应表征滤波电路特性,但实际上欲使信号通过滤波电路的失真小,不仅需要考虑幅频响应,还需要考虑相频(或时延)响应。当相频响应 $\varphi(\omega)$作线性变化时,$\tau(\omega)$为常数,即信号中各频率分量的时延相同,输出信号才可能避免相位失真。但实际滤波器的幅频响应和相频响应是相互制约的,幅频响应改善了,相频响应却恶化了,或者相反。因此,设计滤波器时总要有所舍弃。

2. 有源滤波电路的分类

从图 10.1.2 所示的幅频响应的角度看,通常把能够通过滤波电路的信号频率范围定义为通带,而把受阻或衰减的信号频率范围称为**阻带**,通带和阻带的分界频率称为**截止频率**②。理想滤波电路在通带内应具有零衰减的幅频响应和线性的相频响应,而在阻带内幅度衰减到零

---

① 系 Group Delay 的译文,用于衡量各种不同频率分量通过滤波器时的时间延迟。

② 这里用 ω_H、ω_L 分别表示低通、高通滤波电路的截止角频率,以便与 6.1 节一致。但在滤波器专业书籍中,通常用 ω_p 或表 ω_c 表示截止角频率、下标 p、c 分别是 passband(通带)、cutoff(截止)的首字母。

($|\dot{A}(j\omega)|=0$)。但实际滤波器的幅频响应并没有这么理想，在通带内，信号的幅度并不是零衰减，只不过衰减较小（一般规定不超过 3 dB）；在通带外，信号幅度也不会立即衰减到零，而是存在一个过渡带（将在本节最后讨论）。

按照通带和阻带的相互位置不同，滤波电路通常可分为以下几类。

（1）低通滤波电路

其幅频响应如图 10.1.2a 所示。它的功能是允许低频信号通过，阻止高频信号通过。图中 A_0 表示低频增益，$|A|$为增益的幅值。角频率的 $0\sim\omega_H$ 范围为通带，高于 ω_H 的范围为阻带，因此其带宽 $BW=\omega_H$。

（2）高通滤波电路

其幅频响应如图 10.1.2b 所示。它的功能是允许高频信号通过，阻止低频信号通过。图中 $0<\omega<\omega_L$ 的范围为阻带，高于 ω_L 的范围为通带。从理论上来说，它的带宽 $BW=\infty$，但实际上，由于受有源器件和外接元件以及杂散参数的影响，带宽受到限制，所以高通滤波电路的带宽也是有限的。

（3）带通滤波电路

其幅频响应如图 10.1.2c 所示。它的功能是允许某个频带范围内的信号通过，阻止或衰减该频带之外的信号。由图可知，它有一个通带 $\omega_L<\omega<\omega_H$，两个阻带：$0<\omega<\omega_L$ 和 $\omega>\omega_H$，因此带宽 $BW=\omega_H-\omega_L$。

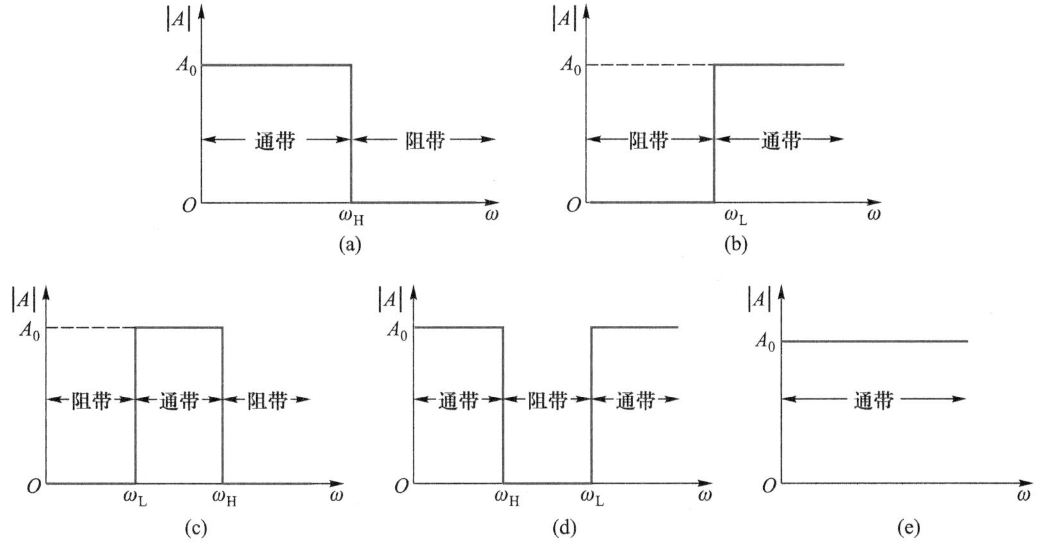

图 10.1.2 各种滤波电路的理想幅频响应

（a）低通滤波电路（low pass filter，LPF） （b）高通滤波电路（high pass filter，HPF） （c）带通滤波电路（band pass filter，BPF） （d）带阻滤波电路（band reject filter，BRF） （e）全通滤波电路（all pass filter，APF）

（4）带阻滤波电路

其幅频响应如图 10.1.2d 所示。由图可知，它有两个通带：$0<\omega<\omega_H$ 及 $\omega>\omega_L$；一个阻带：$\omega_H<\omega<\omega_L$。因此它的功能是允许某个频带范围之外的信号通过，阻止或衰减该频带（$\omega_H\sim\omega_L$）内的信号。同高通滤波电路相似，由于受有源器件带宽等因素的限制，$\omega>\omega_L$ 的通带也是有限的。

(5) 全通滤波电路

图 10.1.2e 所示是理想全通滤波器的幅频响应。它只有通带,没有阻带。因此,在全频域内幅度都没有衰减,只有相移随频率而变,常用作对某一特定频率信号的移相或对若干频率信号实现群时延。在时延电路、相移均衡电路中有广泛应用。

3. 频率响应的逼近方式

实际上,理想化的特性是无法实现的,物理上可以实现的只能是它的逼近。如何逼近呢?这既是一个电路理论问题,又是一个数学问题。关键是用什么样的数学函数来逼近这种理想化的响应曲线。

工程中,常用巴特沃斯(Butterworth)、切比雪夫(Chebyshev 或 Chebyshev 1)、反切比雪夫(Inverse Chebyshev 或 Chebyshev 2)、贝塞尔(Bessel)和椭圆型(Elliptic)等不同形式的传递函数去逼近理想化的频率响应。它们中的任何一种都可用来实现低通、高通、带通与带阻四种不同功能的滤波器。

图 10.1.3 给出了相同阶数情况下三类低通滤波器的典型幅频响应。巴特沃斯滤波器的幅频响应是单调下降的,且在通带中具有最平坦的幅度,但从通带到阻带衰减较慢。切比雪夫滤波器的幅频响应在一定范围内有起伏波动,但能迅速单调衰减到阻带。而贝塞尔滤波器的幅频响应也是单调下降曲线,但通带的平坦度不如巴特沃斯滤波器,从通带到阻带的衰减也比巴特沃斯慢,但它有线性的相频响应(未画出),相位失真最小。

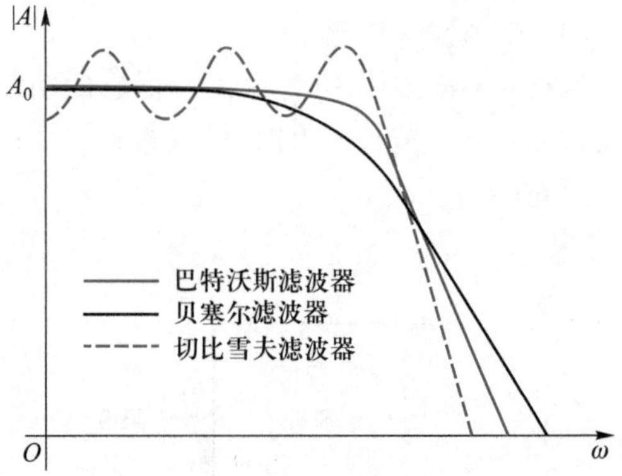

图 10.1.3 相同样阶数的三类低通滤波器幅频响应比较图

反切比雪夫滤波器(也称为切比雪夫 2 型)的幅频响应如图 10.1.4 所示,在通带内是单调平坦的,阻带内有起伏波动,且在截止频率后衰减速度较快。图 10.1.5 所示为椭圆型低通滤波器的幅频响应,虽然通带和阻带内均有波动,但衰减速度最快。

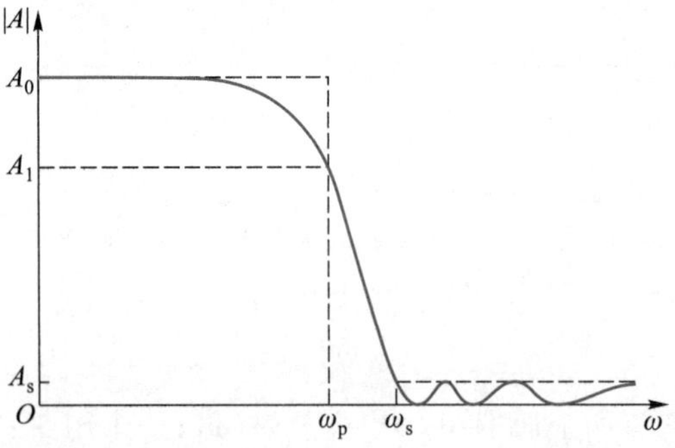

图 10.1.4 反切比雪夫低通滤波器的幅频响应

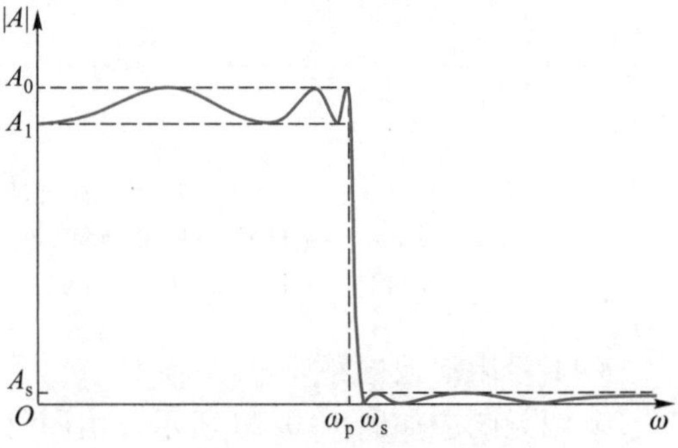

图 10.1.5 椭圆型低通滤波器的幅频响应

可根据实际需要,选用不同的滤波器。例如,在不允许带内有波动时,用巴特沃斯滤波器较好。如果允许带内有一定波动,则可用切比雪夫或椭圆型滤波器,以便从通带到阻带有更快速地衰减。如果需要线性的相移,就要选用贝塞尔滤波器。

4. 实际滤波电路的参数说明

图 10.1.6 是一个实际低通滤波电路的幅频响应,由于实际电路的传输特性在通带边界处不可能急剧变化,而只能指定增益下降到某一特定值(γ_{min})以下时为进入阻带,所以,通带与阻带之间存在过渡带。下面,对滤波电路中一些参数的含义进行说明。

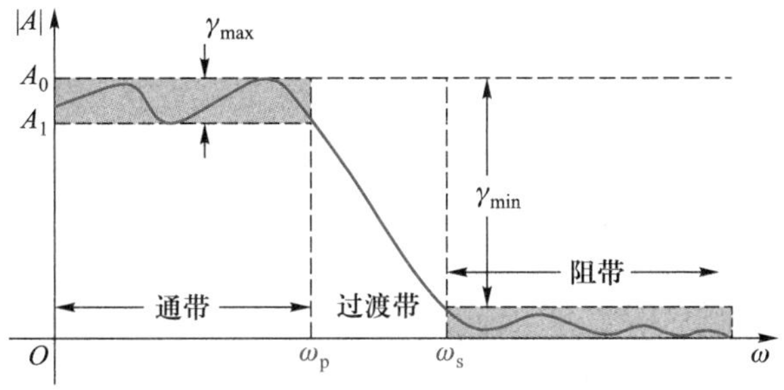

图 10.1.6 滤波电路常用参数定义

(1) 通带纹波(γ_{max}):指通带增益的波动范围(误差范围),如图中上部的阴影区域所示。一般用增益的最大变化值(常用 dB 表示)进行说明。根据不同的应用,γ_{max}的值一般为 0.05~3 dB。

(2) 通带截止角频率(ω_p):指幅频响应曲线在通带内下降到误差范围以外的频率点。对于单调衰减的幅频响应(巴特沃斯、贝塞尔等),通常定义 $|A/A_0| = 1/\sqrt{2}$ 所对应的频率点称为通带截止角频率或 **3 dB 截止频率**。由于该频率点输出信号的功率正好等于通带增益下输出信号功率的一半,所以也称**半功率点**。

(3) 阻带最小衰减量(γ_{min}):指通带增益衰减到阻带时的最小衰减量(常用 dB 表示)。理想情况下阻带最大衰减量可达无穷大。阻带内的 $|A|$ 也会有起伏,但它与通带内 $|A|$ 的差值的绝对值要大于 γ_{min}。根据不同的应用,γ_{min}的值一般为 20~100 dB。

(4) 阻带截止角频率(ω_s)①:指幅频响应曲线达到最小衰减量时所对应的频率点。

(5) 频率选择性因子(ω_s/ω_p):过渡带的带宽($\omega_s-\omega_p$)越窄,幅频响应曲线越陡峭,滤波器的频率选择性越好,因此,可用比值 ω_s/ω_p 来衡量滤波电路的选频性能,称 ω_s/ω_p 为频率选择性因子,简称**选择性**。通常(ω_s/ω_p) ≥1,此值越接近于 1,频率选择性越好。

注意,并不是所有滤波电路设计都需要用上述所有参数来描述。例如,巴特沃斯和贝塞尔滤波器就没有通带纹波。

复习思考题

10.1.1 滤波电路的功能是什么?什么叫无源和有源滤波电路?

10.1.2 如果把第 4 章讨论的阻容耦合放大电路看成一个滤波电路,它属于什么类型

① ω_s 中的下标 s 是 stopband 的首字母。

的滤波电路？其通带电压增益等于多少？

10.1.3 对于低通滤波电路,巴特沃斯、切比雪夫、贝塞尔三种常见的逼近方法有何不同?

10.2 一阶有源滤波电路

在前面 6.1.2 节,曾讨论过 *RC* 低通电路。如果在一级 *RC* 低通电路的输出端再加上电压跟随器,就构成了简单的一阶有源低通滤波电路。由于电压跟随器的输入阻抗很高、输出阻抗很低,因此,它能很好地隔离 *RC* 电路与负载,且带负载能力得到加强。

如果希望电路不仅有滤波功能,而且能起放大作用,则只要将电路中的电压跟随器改为同相比例放大电路即可,如图 10.2.1a 所示。下面介绍它的性能。

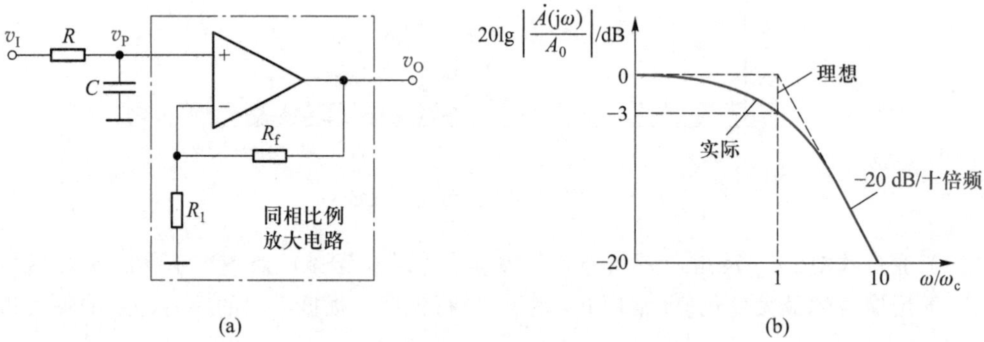

图 10.2.1 一阶低通滤波电路

(a) 带同相比例放大电路的低通滤波电路 (b) 幅频响应

1. 传递函数

在图 10.2.1a 中,同相比例放大电路的电压增益为

$$A_{vf}=\frac{V_o(s)}{V_p(s)}=1+\frac{R_f}{R_1} \tag{10.2.1}$$

而运放同相端的电压为

$$V_p(s)=\frac{\frac{1}{sC}}{R+\frac{1}{sC}}V_i(s)=\frac{1}{1+sRC}V_i(s) \tag{10.2.2}$$

因此,可导出电路的传递函数为

$$A(s)=\frac{V_o(s)}{V_i(s)}=\frac{V_o(s)}{V_p(s)}\cdot\frac{V_p(s)}{V_i(s)}=\frac{A_{vf}}{1+\frac{s}{\omega_c}} \tag{10.2.3}$$

式中 $\omega_c=1/(RC)$,ω_c 称为特征角频率(characteristic angular frequency)。

由于式(10.2.3)中分母为 s 的一次幂,故上式所示滤波电路称为一阶低通有源滤波电路。

2. 幅频响应

对于实际的频率来说, 式(10.2.3)中的 s 可用 $s=j\omega$ 代入,于是得到

$$\dot{A}(j\omega)=\frac{\dot{V}_o(j\omega)}{\dot{V}_i(j\omega)}=\frac{A_0}{1+j\left(\frac{\omega}{\omega_c}\right)} \tag{10.2.4}$$

A_0 称为通带电压增益，即 $\omega=0$（C 相当于开路）时，输出电压 v_O 与输入电压 v_I 的比值，且有 $A_0=A_{vf}$。

其幅频响应表达式为[①]

$$\left|\frac{\dot{A}(j\omega)}{A_0}\right|=\frac{1}{\sqrt{1+\left(\frac{\omega}{\omega_c}\right)^2}} \tag{10.2.5}$$

显然，当 $\omega=\omega_c$ 时，$|\dot{A}(j\omega)/A_0|$ 的分贝数为 -3 dB，因此，该电路的 ω_c 就是 -3 dB 通带截止角频率 ω_H。

由式（10.2.5）可画出其幅频响应曲线，如图 10.2.1b 所示。当 $\omega \gg \omega_c$ 时，幅频响应曲线以 -20 dB/十倍频的斜率下降，与理想滤波器的矩形特性相距甚远。

一阶高通有源滤波电路可通过交换图 10.2.1a 中 R 和 C 的位置来组成，这里不再赘述。

复习思考题

10.2.1　一阶滤波电路幅频响应通带外的衰减斜率是多少？

10.2.2　试写出图 10.2.1a 所示电路的相频响应表达式。

10.2.3　如何判断滤波电路的类型和阶数？如何推导滤波电路的传递函数？

10.3 高阶有源滤波电路

为了使滤波电路的幅频响应在过渡带内有更快的衰减速度，可以采用二阶、三阶等高阶滤波电路。实际上，高于二阶的滤波电路可以由一阶和二阶有源滤波电路级联构成。因此，下面重点研究二阶有源滤波电路的组成和特性。

在 20 世纪 50~70 年代，人们对滤波器进行了深入研究，获得了一些性能稳定的电路结构。常用的二阶有源滤波电路结构有两种。一种是将二阶 RC 滤波网络接在运放的同相输入端组成压控电压源型滤波电路。另一种是将二阶 RC 滤波网络接在运放反相输入端，组成无限增益多路反馈型滤波电路。它们都能构成低通、高通、带通、带阻等滤波电路。

10.3.1 有源低通滤波电路

1. 压控电压源型二阶有源低通滤波电路[②]

在一阶滤波电路的基础上再加一级 RC 低通电路，就可构成二阶低通滤波电路，如图

① 画幅频响应曲线时，以 $|\dot{A}(j\omega)/A_0|$ 为纵轴，ω/ω_c 为横轴，即对幅度和角频率进行了归一化。

② 在电路发展史上，称图 10.3.1 为 Sallen-Key 电路，因为这二位作者于 1955 年在 IRE 电路理论期刊上发表了下面的论文：R.P.Sallen and E.L.Key. "A Practical Method of Designing RC Active Filters". IRE Transactions on circuit Theory, Vol.CT-2, 74~85, March 1955。

10.3.1 所示。从反馈放大电路角度看，同相比例放大电路属电压控制的电压源，所以称该电路为压控电压源（voltage-controlled voltage source，VCVS）型二阶低通滤波电路。

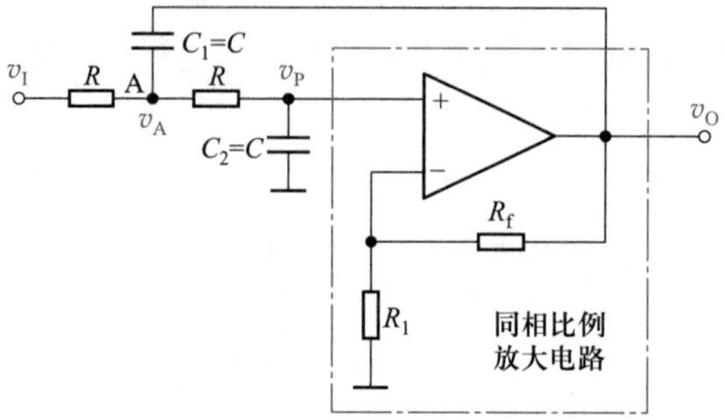

图 10.3.1 压控电压源型二阶低通滤波电路

图中 C_1 的另外一端没有接地而改接到输出端，形成了运放的另一个反馈。尽管它可能会引入正反馈，但当信号频率趋于零时，C_1 的容抗趋于无穷大，反馈很弱；而当信号频率趋于无穷大时，C_2 的容抗趋于零，使 v_P 趋于零，即 v_O 也几乎为零。也就是说在两种极端频率情况下，正反馈都很弱。因此，只要参数选择合适，就可以在全频域控制正反馈的强度，不致使电路自激振荡；而在截止频率附近引入正反馈，可以使 ω_c 附近的电压增益得到提高，改善 ω_c 附近的幅频响应。所以，电路中的运放同时引入了正反馈和负反馈（由 R_f 引入的）。

（1）传递函数

前已指出，同相放大电路的电压增益 A_{vf} 就是低通滤波器的通带电压增益 A_0，即

$$A_0=A_{vf}=\frac{V_o(s)}{V_p(s)}=1+\frac{R_f}{R_1} \tag{10.3.1}$$

考虑到运放的同相输入端电压为

$$V_p(s)=\frac{V_o(s)}{A_{vf}} \tag{10.3.2}$$

而 $V_p(s)$ 与 $V_a(s)$ 的关系为

$$V_p(s)=\frac{V_a(s)}{1+sRC} \tag{10.3.3}$$

对于节点 A，应用 KCL 可得

$$\frac{V_i(s)-V_a(s)}{R}-[V_a(s)-V_o(s)]sC-\frac{V_a(s)-V_p(s)}{R}=0 \tag{10.3.4}$$

将式（10.3.1）~式（10.3.4）联立求解，可得电路的传递函数为

$$A(s)=\frac{V_o(s)}{V_i(s)}=\frac{A_{vf}}{1+(3-A_{vf})sCR+(sCR)^2} \tag{10.3.5}$$

令

$$\left.\begin{aligned}\omega_c&=\frac{1}{RC}\\ Q&=\frac{1}{3-A_{vf}}\end{aligned}\right\} \tag{10.3.6}$$

得到二阶低通滤波电路传递函数的典型表达式

$$A(s)=\frac{A_{vf}}{1+\frac{1}{Q\omega_c}\cdot s+\frac{1}{\omega_c^2}\cdot s^2}=\frac{A_0}{1+\frac{1}{Q}\left(\frac{s}{\omega_c}\right)+\left(\frac{s}{\omega_c}\right)^2} \tag{10.3.7}$$

其中 ω_c 称为特征角频率，Q 称为等效品质因数。

（2）幅频响应

用 $s=\mathrm{j}\omega$ 代入式(10.3.7)，得到实际的频率响应表达式

$$\dot{A}(\mathrm{j}\omega)=\frac{A_0}{1-\left(\frac{\omega}{\omega_c}\right)^2+\mathrm{j}\frac{1}{Q}\cdot\frac{\omega}{\omega_c}} \tag{10.3.8}$$

当 $\omega=\omega_c$ 时，式(10.3.8)可以化简为

$$\dot{A}(\mathrm{j}\omega)\big|_{\omega=\omega_c}=-\mathrm{j}QA_0 \tag{10.3.9a}$$

对上式取模，得到

$$\left|\frac{\dot{A}(\mathrm{j}\omega)}{A_0}\right|_{\omega=\omega_c}=Q \tag{10.3.9b}$$

可见，$\omega=\omega_c$ 时的电压增益与通带电压增益 A_0 之比的绝对值与 Q 值相等。Q 值不同时，对应的 $|\dot{A}(\mathrm{j}\omega)/A_0|_{\omega=\omega_c}$ 也不同。

注意，根据式(10.3.6)，当 $A_{vf}=3$ 时，$Q\to\infty$，滤波电路将产生自激振荡。当 $A_{vf}>3$ 时，Q 为负，式(10.3.7)分母中复频率的一次项系数为负，将有极点处于右半 s 平面上，滤波电路将不能稳定工作①。因此，设计电路时，应使 $A_{vf}<3$。故这类滤波电路又被称为有限增益多路反馈(finite gain multiple feedback)滤波器。

由式(10.3.8)可得幅频响应和相频响应分别为

$$20\lg\left|\frac{\dot{A}(\mathrm{j}\omega)}{A_0}\right|=20\lg\frac{1}{\sqrt{\left[1-\left(\frac{\omega}{\omega_c}\right)^2\right]^2+\left(\frac{\omega}{\omega_c Q}\right)^2}} \tag{10.3.10a}$$

$$\varphi(\omega)=-\arctan\frac{\omega/(\omega_c Q)}{1-\left(\frac{\omega}{\omega_c}\right)^2} \tag{10.3.10b}$$

式(10.3.10a)表明，当 $\omega=0$ 时，$|\dot{A}(\mathrm{j}\omega)|=A_0$；当 $\omega\to\infty$ 时，$|\dot{A}(\mathrm{j}\omega)|\to 0$。显然，这是低通滤波电路的特性。由式(10.3.10a)可画出不同 Q 值下的幅频响应，如图 10.3.2 所示。

由图可见，Q 值的大小对 ω_c 附近的幅频响应影响很大，当 $Q>0.707$ 时，幅频响应出现升峰现象，Q 值越大，峰值越高（此时 C_1 引入的正反馈较强，提高了 ω_c 附近的电压增益）。只有当 $Q=0.707$ 时，在通带内幅频响应曲线最大限度平坦，没有起伏，在通带外则单调下降直至为零。具有这种特性的滤波电路被称为巴特沃斯低通滤波器。

---

① 参见文献【1】11.7~11.8 节。

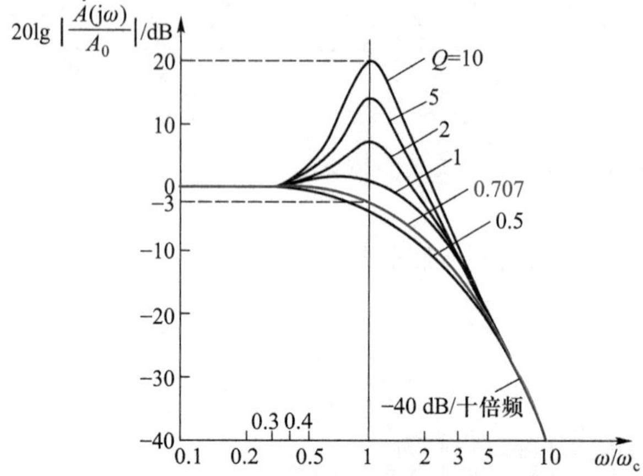

图 10.3.2　图 10.3.1 所示二阶低通滤波电路的幅频响应

在 $\omega=\omega_c$ 处，只有当 $Q=0.707$ 时，归一化增益才为 -3 dB，即此时 ω_c 才与通带截止角频率 ω_H 相等；在 $\omega=10\omega_c$ 处，归一化增益为 -40 dB，说明幅频响应大约从 ω_c 开始，以 -40 dB/十倍频的斜率下降，可见二阶滤波器通带外增益衰减速度快于一阶。但这种滤波电路在高 Q 值时，元件参数的微小误差就会引起频率响应的较大变化。

2. 无限增益多路反馈二阶有源低通滤波电路

另一种常用的二阶低通滤波电路如图 10.3.3 所示。信号由运放的反相端输入。

当 $\omega=0$（即直流信号）时，C_1 和 C_2 相当于开路，因此通带电压增益为

$$A_0=A_{vf}=\frac{V_o(s)}{V_i(s)}=-\frac{R_f}{R_1}\tag{10.3.11}$$

此时，运放构成反相放大电路。

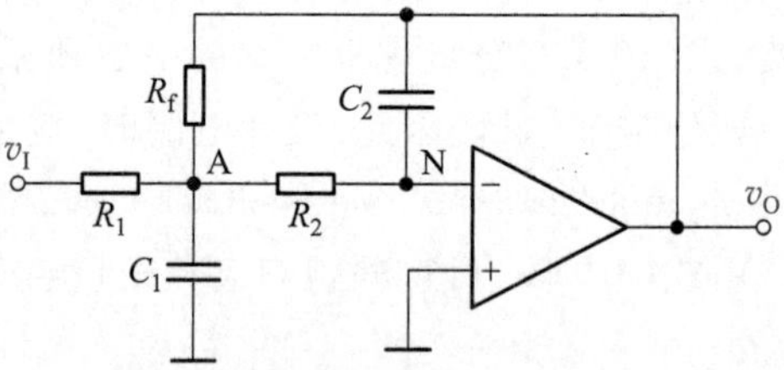

图 10.3.3　无限增益多路反馈型二阶低通滤波电路

由图 10.3.3 可以推导出该电路的传递函数

$$A(s)=\frac{A_{vf}}{1+sC_2R_2R_f\left(\frac{1}{R_1}+\frac{1}{R_2}+\frac{1}{R_f}\right)+s^2C_1C_2R_2R_f}\tag{10.3.12}$$

令

$$\left.\begin{aligned}\omega_c&=\frac{1}{\sqrt{C_1C_2R_2R_f}}\\ Q&=(R_1/\!/R_2/\!/R_f)\sqrt{\frac{C_1}{C_2R_2R_f}}\end{aligned}\right\}\tag{10.3.13}$$

得到二阶低通滤波电路传递函数的典型表达式

$$A(s)=\frac{A_{vf}}{1+\frac{1}{Q\omega_c}\cdot s+\frac{1}{\omega_c^2}\cdot s^2}=\frac{A_0}{1+\frac{1}{Q}\left(\frac{s}{\omega_c}\right)+\left(\frac{s}{\omega_c}\right)^2} \tag{10.3.14}$$

该式与式(10.3.7)完全相同。但式(10.3.13)的 Q 不会出现负值,电路始终可以稳定工作,无须限制增益 A_{vf}。又因为电路通过 C_2、R_f 形成两条反馈通路,故称该电路为无限增益多路反馈(multiple-feedback,MFB)型滤波电路。除了输出与输入反相外,该电路的优点是使用元件较少,对元件误差的敏感性弱于压控电压源滤波电路,特别适合于高 Q 值滤波器。但调节增益时会影响滤波特性。

3. 高阶低通滤波电路

为了获得更好的滤波效果,可以采用高阶滤波电路。在实现 n 阶滤波器时,需要级联 $n/2$ 个二阶滤波电路;如果 n 为奇数,则第一级通常为一阶滤波电路。而且通常是将 Q 值最低的一级放在输入端附近,将 Q 值最高的一级放在输出端附近,以便电路工作更加稳定。

在高阶巴特沃斯滤波电路中,为了使通带内总幅频响应曲线最平坦,对各级通带电压增益 A_0 是有限制的,如表 10.3.1 所示。按照表中规定的增益设计电路,可以保证在 ω_p 处总增益下降 3 dB 且与阶数无关。

表 10.3.1 巴特沃斯低通(高通)电路阶数 n 与增益的关系

阶数 n		2	4	6	8
单级增益 A_0	第一级	1.586	1.152	1.068	1.038
	第二级		2.235	1.586	1.337
	第三级			2.483	1.889
	第四级				2.610
总增益		1.586	2.575	4.206	6.842

例 10.3.1 试用运放设计一截止频率 $f_c=100$ Hz 的四阶巴特沃斯低通滤波器。要求:(1) 选择运放;(2) 选择和计算全部电阻、电容参数;(3) 用 SPICE 仿真做出总增益幅频响应波特图;(4) 用 SPICE 做出各级和总的纵轴归一化幅频响应曲线。

解:采用两个如图 10.3.1 所示的压控电压源型二阶低通滤波电路串联,便可构成四阶低通巴特沃斯滤波电路,如图 10.3.4 所示。设计时一般应考虑:① 对所用运放的技术参数应有适当要求(如增益带宽积、输入阻抗、转换速率等);② 所选元件数较少,且数值不宜太分散,如有必要应提出容差要求;③ 便于调整。

具体设计步骤如下。

(1) 选择运放

为了减少运放对滤波电路的负载效应,同时便于调整,现选用 CF412(LF412)。这是一种具有 JFET 作输入级的低失调、高输入阻抗运放。CF412 每片含有两个运放,其中 $I_{IB}\approx$ 60 pA,$V_{IO}\approx 1.5$ mV,$S_R\approx 15$ V/μs,单位增益带宽积约为 5.5 MHz。当输出电压幅值达到 10 V 时,其全功率带宽约为 239 kHz。各厂家产品参数略有不同。若选用 CF412C

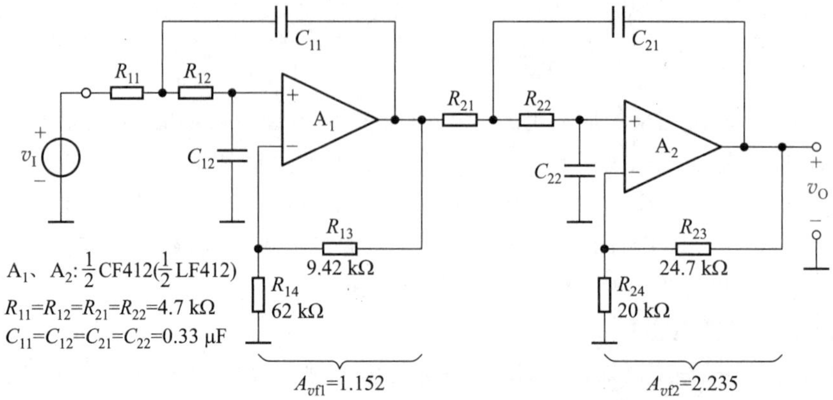

图 10.3.4 例 10.3.1 四阶巴特沃斯低通滤波电路

(LF412C),性能更好。输入阻抗可达 10^{12} Ω,单位增益带宽积为 8 MHz,$S_R=25$ V/μs。

(2) 选择电容器的容量,计算电阻器的阻值

在设计滤波器时,通常的做法是先确定电容的值,再计算电阻的值。这是因为市面上出售的电容器一般是公差为 20%的 E6 系列产品,而电阻器则有公差为 1%的 E96 系列产品。如果电路元件值的误差太大,可能就满足不了频率响应设计指标的要求了。

电容 C 的容量宜在微法数量级以下,电阻器的阻值一般应在几百千欧以内。现选择 $C_{11}=C_{12}=C_{21}=C_{22}=C=0.33$ μF,因巴特沃斯滤波器的特征频率 $f_c=f_H$,所以根据式(10.3.6)中的 $\omega_c=1/(RC)$ 可算出

$$R_{11}=R_{12}=R_{21}=R_{22}=R=\frac{1}{2\pi f_c C}=\frac{1}{2\pi\times100\times0.33\times10^{-6}}\ \Omega\approx4.8\ \text{k}\Omega$$

选择标准电阻 $R=4.7$ kΩ,这与计算值有一点误差,可能导致截止频率比预定值稍有升高。

由表 10.3.1 可见,四阶巴特沃斯滤波器总的增益由两级组成,即 $A_{vf1}=1.152$ 和 $A_{vf2}=2.235$,因此总的通带增益 $A_0=A_{vf}=1.152\times2.235\approx2.575$。

选择 R_{13}、R_{14}、R_{23} 和 R_{24} 时,为了减少偏置电流的影响,应尽可能使加到运放同相端对地的直流电阻与加到反相端对地直流电阻基本相等。

现选 $R_{14}=62$ kΩ,$R_{24}=20$ kΩ,则根据已知增益可算出

$$R_{13}=(1.152-1)R_{14}\approx9.42\ \text{k}\Omega$$
$$R_{23}=(2.235-1)R_{24}\approx24.7\ \text{k}\Omega$$

(3) 用 SPICE 仿真,画出波特图

图 10.3.5 是用 SPICE 仿真得到的幅频响应波特图(为了直观,图中横坐标用 f 而不用 ω 表示)。仿真时,采用了电路参数设计值和简单线性运放模型。

由图可见,$20\lg A_0\approx8.2$ dB,即 $A_0\approx2.57$,滤波器的截止频率 $f_H\approx100$ Hz,当 $f>f_H$ 时,四阶的增益曲线以-80 dB/十倍频斜率衰减。因此,在 $f=10$ kHz 时,增益从 8.2 dB 下降了约 160 dB。

(4) 用 SPICE 画出各级和总的纵轴归一化的幅频响应曲线

四阶巴特沃斯低通滤波器各级归一化幅频响应曲线如图 10.3.6 所示。

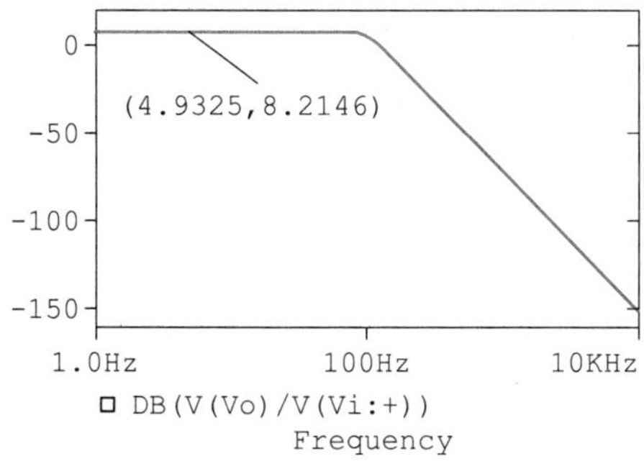

图 10.3.5 图 10.3.4 四阶巴特沃斯低通电路幅频响应波特图

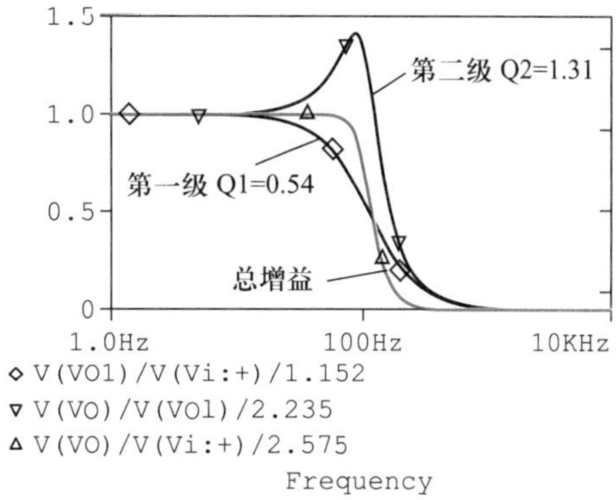

图 10.3.6 图 10.3.4 中各级及总的归一化幅频响应曲线

由图可见，因等效品质因数 $Q_1<0.707$，故第一级增益曲线没有过冲，是单调下降的；而第二级的 $Q_2>0.707$，故在 $f_H=100$ Hz 附近出现了增益提升。而总增益是各级增益的乘积（当各级增益用 dB 表示时，则是各级增益的相加），因此总增益的幅频响应曲线消除了峰值，曲线平坦部分得到了扩展，体现了巴特沃斯低通滤波电路的特点。

可见，在高阶巴特沃斯低通滤波电路中，限制各级的通带增益，是为了获得总幅频响应曲线的最大平坦度。

10.3.2 有源高通滤波电路

高通滤波电路与低通滤波电路有对偶关系，如果将 *RC* 低通电路中滤波元件 *R* 和 *C* 的位置互换，就可得到 *RC* 高通滤波电路。如互换图 10.3.1 电路中 *R* 和 *C* 的位置，便得到二阶压控电压源高通滤波电路，如图 10.3.7 所示。

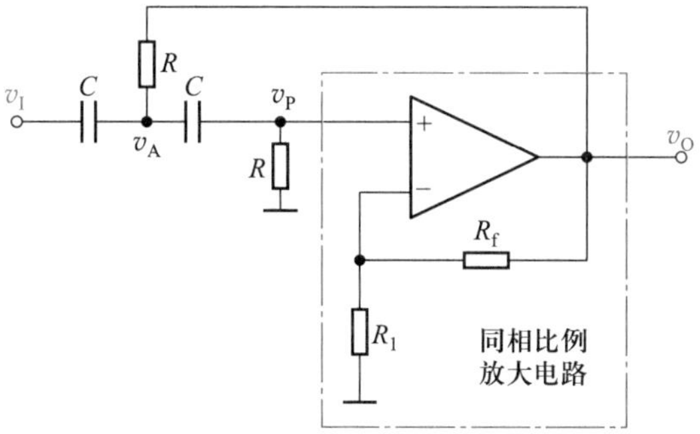

图 10.3.7 压控电压源型二阶高通滤波电路

由图 10.3.7 可导出其传递函数为

$$A(s)=\frac{A_{vf}s^2}{s^2+\frac{\omega_c}{Q}s+\omega_c^2}=\frac{A_0\cdot\left(\frac{s}{\omega_c}\right)^2}{1+\frac{1}{Q}\left(\frac{s}{\omega_c}\right)+\left(\frac{s}{\omega_c}\right)^2} \tag{10.3.15}$$

式中，$\omega_c=\frac{1}{RC}$，$Q=\frac{1}{3-A_{vf}}$，$A_0=A_{vf}$。

用 $s=j\omega$ 代入式(10.3.15)，整理后得到实际的二阶高通电路频率响应

$$\dot{A}(j\omega)=\frac{A_0}{1-\left(\frac{\omega_c}{\omega}\right)^2-j\frac{1}{Q}\frac{\omega_c}{\omega}} \tag{10.3.16}$$

其归一化的幅频响应表达式为

$$20\lg\left|\frac{\dot{A}(j\omega)}{A_0}\right|=20\lg\frac{1}{\sqrt{\left[1-\left(\frac{\omega_c}{\omega}\right)^2\right]^2+\left(\frac{\omega_c}{\omega Q}\right)^2}} \tag{10.3.17}$$

由式(10.3.17)可画出不同 Q 值下的幅频响应曲线如图 10.3.8 所示。可见，二阶高通电路的幅频响应和低通电路具有对偶(镜像)关系。

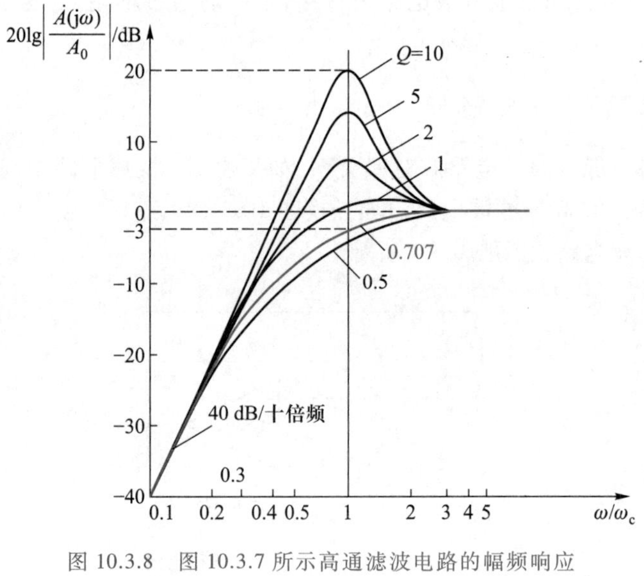

图 10.3.8 图 10.3.7 所示高通滤波电路的幅频响应

同理，为了保证电路稳定工作，要求 $A_{vf}<3$。当 $Q=0.707$ 时，幅频响应曲线最平坦，此时下限截止角频率与特征角频率相等，即 $\omega_L=\omega_c$。

10.3.3 有源带通滤波电路

将低通和高通滤波电路串行级联，且使低通滤波电路的截止角频率 ω_H 大于高通滤波电路的截止角频率 ω_L，如图 10.3.9 所示，则在 $\omega_L\sim\omega_H$ 之间形成一个通带，其他频率范围为

阻带,从而构成带通滤波电路。

图 10.3.10 为压控电压源型二阶有源带通滤波电路。其中 R、C 组成无源低通网络,C_1、R_3 组成无源高通网络,当 $RC<R_3C_1$ 时,就能满足 $\omega_H>\omega_L$ 的要求,两者串联就组成了带通滤波电路。R_2 引入正反馈。

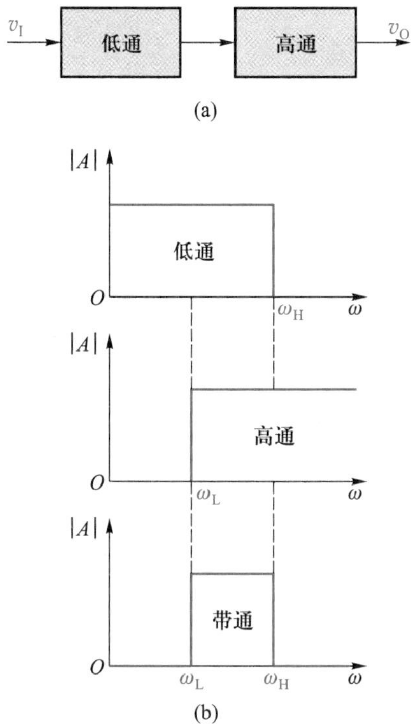

图 10.3.9 带通滤波电路构成示意图
(a) 原理框图 (b) 理想的幅频响应

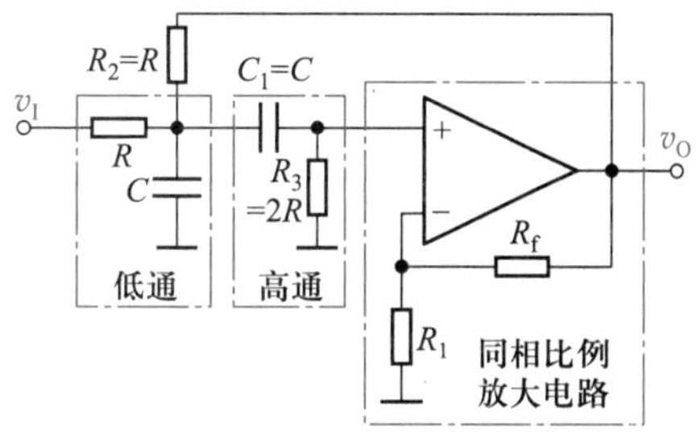

图 10.3.10 压控电压源型二阶带通滤波电路

为了计算简便,设 $R_2=R, R_3=2R, C_1=C$,通过列写电路方程,可导出带通滤波电路的传递函数

$$A(s)=\frac{A_{vf}sCR}{1+(3-A_{vf})sCR+(sCR)^2} \tag{10.3.18}$$

式中,A_{vf}为同相比例放大电路的电压增益,同样要求 $A_{vf}<3$,电路才能稳定工作。令

$$\left.\begin{aligned} A_0&=\frac{A_{vf}}{3-A_{vf}} \\ \omega_0&=\frac{1}{RC} \\ Q&=\frac{1}{3-A_{vf}} \end{aligned}\right\} \tag{10.3.19}$$

则得到二阶带通滤波电路传递函数的典型表达式

$$A(s)=\frac{A_0\dfrac{s}{Q\omega_0}}{1+\dfrac{1}{Q}\cdot\dfrac{s}{\omega_0}+\left(\dfrac{s}{\omega_0}\right)^2} \tag{10.3.20}$$

式中，ω_0 是特征角频率，也是带通滤波电路的中心角频率。

令 $s=j\omega$，代入式(10.3.20)，则有

$$\dot{A}(j\omega)=\frac{A_0\dfrac{1}{Q}\dfrac{j\omega}{\omega_0}}{1-\left(\dfrac{\omega}{\omega_0}\right)^2+j\dfrac{\omega}{\omega_0 Q}}=\frac{A_0}{1+jQ\left(\dfrac{\omega}{\omega_0}-\dfrac{\omega_0}{\omega}\right)} \tag{10.3.21}$$

式(10.3.21)表明，当 $\omega=\omega_0$ 时，图 10.3.10 所示电路具有最大电压增益，且 $|\dot{A}(j\omega_0)|=A_0=A_{vf}/(3-A_{vf})$，这就是带通滤波电路的通带电压增益。根据式(10.3.21)，不难求出其幅频响应，如图 10.3.11 所示。由图可见，Q 值越大，曲线越尖锐，表明滤波电路的频率选择性越好，但通带越窄。

当式(10.3.21)等号右边分母的虚部之绝对值为 1 时，得到 $20\lg|\dot{A}(j\omega)/A_0|=20\lg|1/\sqrt{2}|\approx-3\ \text{dB}$，因此，通带的截止频率可以由式

$$\left|Q\left(\frac{\omega}{\omega_0}-\frac{\omega_0}{\omega}\right)\right|=1$$

求出。解这个方程，取正根，可得图 10.3.10 所示带通滤波电路的两个截止角频率分别为

$$\left.\begin{aligned}\omega_L&=\frac{\omega_0}{2}\left(\sqrt{4+\frac{1}{Q^2}}-\frac{1}{Q}\right)\\ \omega_H&=\frac{\omega_0}{2}\left(\sqrt{4+\frac{1}{Q^2}}+\frac{1}{Q}\right)\end{aligned}\right\} \tag{10.3.22}$$

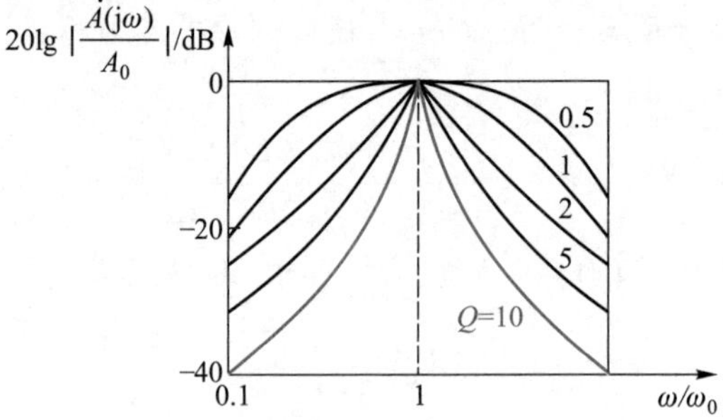

图 10.3.11　图 10.3.10 所示电路的幅频响应

于是，带宽为

$$BW=f_H-f_L=\omega_H/(2\pi)-\omega_L/(2\pi)=\omega_0/(2\pi Q)=f_0/Q \tag{10.3.23a}$$

考虑到 $Q=1/(3-A_{vf})$ 和 $A_{vf}=1+R_f/R_1$，则带宽还可写为

$$BW=f_0(3-A_{vf})=f_0(2-R_f/R_1) \tag{10.3.23b}$$

上式表明，改变电阻 R_f 或 R_1 就可以改变通带宽度，并不影响中心频率 f_0。为了避免 $A_{vf}=3$ 时发生自激振荡，一般取 $R_f<2R_1$。

例 10.3.2 带通滤波电路如图 10.3.10 所示，要求电路的中心频率 $f_0=1$ kHz，带宽 $BW=100$ Hz，试计算和选择该电路的电容值和电阻值。

解：首先选择一个合适的电容值。选择的原则是：C 值不易过大，通常是 1 μF～5 pF。推荐使用薄膜电容或钽电容，因为它们比其他类型电容的性能更好。选择 $C=0.01$ μF，则有

$$R=\frac{1}{\omega_0 C}=\frac{1}{2\pi f_0 C}=\frac{1}{2\pi\times10^3\ \text{Hz}\times0.01\times10^{-6}\ \text{F}}\approx15.92\ \text{k}\Omega$$

根据式(10.3.23b)得

$$\frac{R_f}{R_1}=2-\frac{BW}{f_0}=2-\frac{100\ \text{Hz}}{1\ 000\ \text{Hz}}=1.9$$

在考虑运放两输入端的平衡电阻时，要求 $R_f /\!/ R_1=R_3=2R=31.84$ kΩ，与上式联合求解，可得 $R_1=48.61$ kΩ 和 $R_f=92.36$ kΩ。

考虑到滤波电路性能对元件的误差相当敏感，电路宜选用精密的电阻器和电容器。

10.3.4 有源带阻滤波电路

带阻滤波电路是用来抑制或衰减某一频段的信号，而让该频段以外的所有信号通过。这种滤波电路也叫陷波电路，经常用于电子系统的抗干扰。

通过从输入信号中减去带通滤波电路处理过的信号，就可得到带阻滤波后的信号。这是实现带阻滤波的思路之一，读者可自行分析。

这里，讨论另一种方案，即将低通和高通滤波电路并联，且使低通电路的截止频率低于高通电路的截止频率，便可获得带阻滤波电路如图 10.3.12 所示。图中，起滤波作用的电阻和电容元件组成双 T 网络，故称为双 T 形带阻滤波电路。

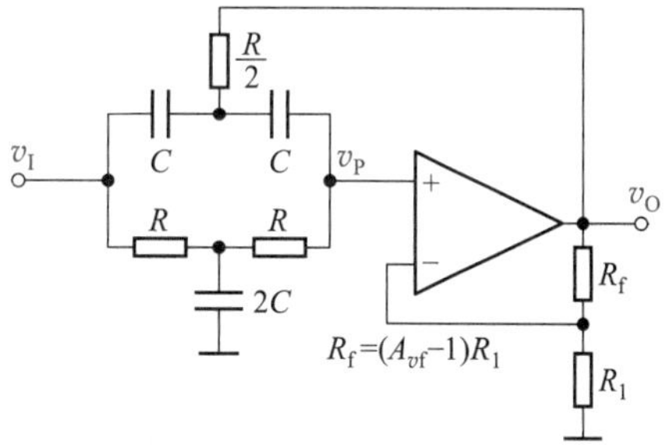

图 10.3.12 双 T 形带阻滤波电路

不难导出电路的传递函数为

$$A(s)=\frac{V_o(s)}{V_i(s)}=\frac{A_{vf}\left[1+\left(\dfrac{s}{\omega_0}\right)^2\right]}{1+2(2-A_{vf})\dfrac{s}{\omega_0}+\left(\dfrac{s}{\omega_0}\right)^2}=\frac{A_0\left[1+\left(\dfrac{s}{\omega_0}\right)^2\right]}{1+\dfrac{1}{Q}\cdot\dfrac{s}{\omega_0}+\left(\dfrac{s}{\omega_0}\right)^2}$$

或

$$\dot{A}(\text{j}\omega)=\frac{A_0\left[1+\left(\dfrac{\text{j}\omega}{\omega_0}\right)^2\right]}{1+\dfrac{1}{Q}\dfrac{\text{j}\omega}{\omega_0}+\left(\dfrac{\text{j}\omega}{\omega_0}\right)^2} \tag{10.3.24}$$

式中 $\omega_0=\dfrac{1}{RC}$，既是特征角频率，也是带阻滤波电路的中心角频率；$A_{vf}=A_0=1+\dfrac{R_f}{R_1}$ 为带阻滤波

电路的通带电压增益；$Q=\dfrac{1}{2(2-A_0)}$为等效品质因数。该电路稳定工作的前提条件是 $1\leqslant A_0<2$，如果 $A_0=1$，则 $Q=0.5$，增加 A_0、Q 将随之升高。当 A_0 趋近 2 时，Q 趋向无穷大。因此，A_0 越接近 2，$|\dot{A}(\mathrm{j}\omega)|$越大，可使带阻滤波电路的选频特性越好，即阻断的频率范围越窄。图 10.3.12 所示带阻滤波电路的幅频响应如图 10.3.13 所示。

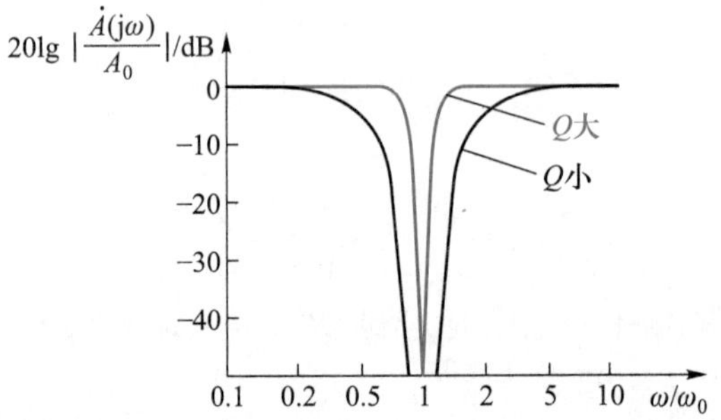

图 10.3.13 图 10.3.12 所示带阻滤波电路的幅频响应

以上主要分析了二阶有源滤波电路的传递函数和幅频响应。为便于对比分析，现将四种滤波电路传递函数的一般形式列于表 10.3.2 中。表中 ω_c 为特征角频率，ω_0 为带通、带阻滤波器的中心角频率。不同类型滤波电路的传递函数仅分子有区别，注意这些区别有助于识别滤波电路的功能。

实际上，设计一个满足特定需求的高阶滤波电路是一项比较复杂的电路综合任务，通常可以借助模拟滤波器的软件设计工具来完成。常用的滤波器设计软件有 Nuhertz 公司的产品 Filter Solutions，Schematica 公司的软件 Filter Wiz Pro，TI 公司提供的免费有源滤波器设计软件 WEBENCH Filter Designer，ADI 公司的软件 Analog Filter Wizard，Maxim 公司的软件 FilterLab 等。这些软件可以帮助我们完成无源或者有源滤波电路的设计。

表 10.3.2 二阶滤波电路的传递函数①

功能	二阶函数	功能	二阶函数
低通	$\dfrac{A_0}{1+\dfrac{1}{Q}\left(\dfrac{s}{\omega_c}\right)+\left(\dfrac{s}{\omega_c}\right)^2}$	带通	$\dfrac{A_0\dfrac{s}{Q\omega_0}}{1+\dfrac{1}{Q}\cdot\dfrac{s}{\omega_0}+\left(\dfrac{s}{\omega_0}\right)^2}$
高通	$\dfrac{A_0\cdot\left(\dfrac{s}{\omega_c}\right)^2}{1+\dfrac{1}{Q}\left(\dfrac{s}{\omega_c}\right)+\left(\dfrac{s}{\omega_c}\right)^2}$	带阻	$\dfrac{A_0\left[1+\left(\dfrac{s}{\omega_0}\right)^2\right]}{1+\dfrac{1}{Q}\cdot\dfrac{s}{\omega_0}+\left(\dfrac{s}{\omega_0}\right)^2}$

复习思考题

10.3.1 二阶滤波电路幅频响应通带外的衰减斜率是多少？

① 如果将表格中的(s/ω_c)看成是归一化的复频率，并用 s_n 来表示，则二阶传递函数的表达式更简洁。

10.3.2 对于图 10.3.1 所示的有源低通滤波电路,同相放大电路的 A_{vf} 最大不能超过多少才能使电路稳定？该滤波电路的通带电压增益为多少？

10.3.3 什么时候需要高阶滤波电路？通常用什么方法实现更高阶数的滤波电路？

10.3.4 两个特性参数完全相同的低通滤波电路级联后,其 -3 dB 截止频率 f_H 与原来的单个低通滤波电路是否相同？为什么？

10.3.5 能否利用低通滤波电路、高通滤波电路来组成带通滤波电路？有什么约束条件？

10.3.6 带通滤波器品质因数的含义是什么？品质因数的大小会对电路产生什么影响？

10.3.7 能否利用带通滤波电路和其他运算电路组成带阻滤波电路？

*10.4 开关电容滤波器

前面讨论的有源 RC 滤波电路,由于要求有较大的电容和精确的 RC 时间常数,以致在芯片上制造集成组件难度较大,甚至不可能。随着 MOS 工艺迅速发展,一种由电容、MOS 开关管和 MOS 运放组成的开关电容滤波器(switched capacitor filter,SCF)实现了单片集成化,并得到广泛应用。这种滤波器具有成本低、体积小、功耗低、温度稳定性好、易于制造等优点,可以对频率在零点几赫到几百千赫范围内的模拟信号进行滤波。但是,它会产生比传统有源滤波器更大的噪声。

1. 基本原理

图 10.4.1a 所示是一个有源 RC 积分器。在图 10.4.1b 中,用一个接地电容 C_1 和用作开关的源漏两极可互换的增强型 MOS 管 T_1、T_2(此处用的是简化符号)来代替输入电阻 R_1。

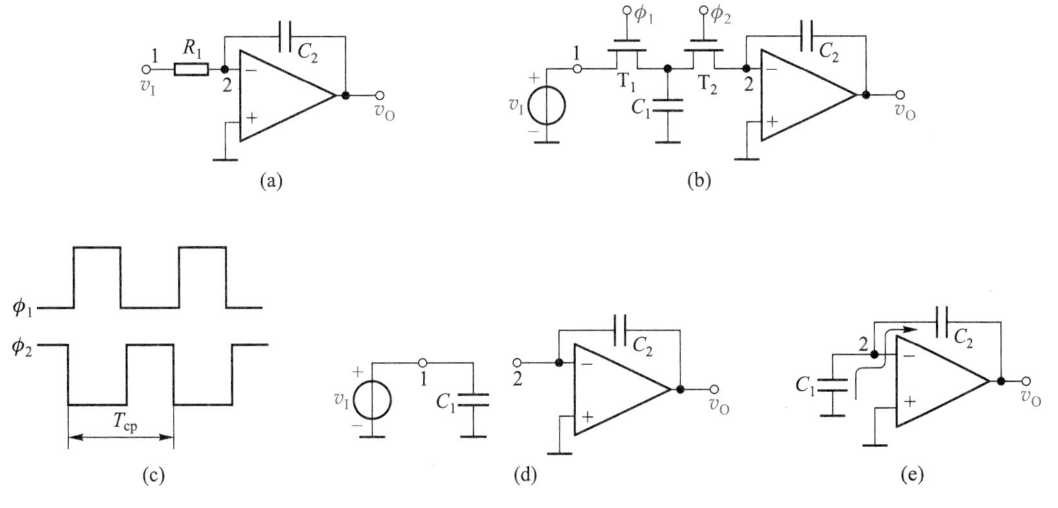

图 10.4.1 开关电容滤波器的基本原理

(a) 有源 RC 积分器 (b) 开关电容积分器 (c) 两相时钟

(d) 在 ϕ_1 为高电平时,v_I 向 C_1 充电 (e) 在 ϕ_2 为高电平时,C_1 向 C_2 放电

图中 T_1、T_2 用不重叠的两相时钟脉冲 ϕ_1 和 ϕ_2 来驱动。图 10.4.1c 画出了这种时钟波形 ϕ_1 和 ϕ_2。假定时钟频率 $f_{cp}(=1/T_{cp})$ 远高于被滤波的信号频率,那么,在 ϕ_1 为高电平时,T_1 导通而 T_2 截止(见图 10.4.1d)。此时 C_1 与输入信号 v_I 相连并被充电,即有

$$q_{c1}=C_1v_I$$

而在 ϕ_2 为高电平期间,T_1 截止、T_2 导通。于是 C_1 转接到运放的输入端,如图 10.4.1e 所示。此时 C_1 放电,所充电荷 q_{c1} 传输到 C_2 上。

由此可见,在每一时钟周期 T_{cp} 内,从信号源中提取的电荷 $q_{c1}=C_1v_I$ 供给了积分电容 C_2。因此,在节点 1、2 之间流过的平均电流为

$$i_{av}=\frac{C_1v_I}{T_{cp}}=C_1v_If_{cp}$$

如果 T_{cp} 足够短,可以近似认为这个过程是连续的。将这个表达式与欧姆定律进行比较,就可以在 1、2 两节点之间定义一个等效电阻 R_{eq},即

$$R_{eq}=\frac{v_I}{i_{av}}=\frac{T_{cp}}{C_1}=\frac{1}{C_1f_{cp}} \tag{10.4.1}$$

这说明,电路两节点间接有带高速开关的电容,就相当于该两节点间连接一个等效电阻。因此就可得到一个等效的积分器时间常数 τ,即

$$\tau=C_2R_{eq}=T_{cp}\frac{C_2}{C_1} \tag{10.4.2}$$

显然,影响滤波器频率响应的时间常数取决于时钟周期 T_{cp} 和电容比值 C_2/C_1,而与电容的绝对数值无关。在 MOS 工艺中,同一个芯片上电容比值的精度可以控制在 0.1%以内。这样,只要合理选用时钟频率(如 100 kHz)和不太大的电容比值(如 10),对于低频应用来说,就可获得合适的大时间常数(如 10^{-4} s)。

2. 开关电容滤波器举例

图 10.4.2a 所示为一阶低通滤波电路(在时域里看,它就是比例积分电路),其传递函数为

$$A(s)=\frac{V_o(s)}{V_i(s)}=-\frac{R_f}{R_1}\cdot\frac{1}{1+sR_fC_f}=\frac{A_0}{1+s/\omega_c} \tag{10.4.3}$$

上限截止角频率为

$$\omega_H=\omega_c=\frac{1}{R_fC_f} \tag{10.4.4a}$$

或

$$f_H=\frac{1}{2\pi R_fC_f} \tag{10.4.4b}$$

如果所需的截止频率为 10 kHz 且 $C_f=10$ pF,则所需电阻 R_f 约为 1.6 MΩ。此外,如果要求的增益为 $A_0=-\dfrac{R_f}{R_1}=-10$,那么电阻 R_1 必须为 160 kΩ。

图 10.4.2b 为图 10.4.2a 的等效开关电容滤波器电路。其传递函数仍如式(10.4.3)所示,式中 $R_f=R_{feq}=1/(f_{cp}C_2)$,$R_1=R_{1eq}=1/(f_{ep}C_1)$。则传递函数变为

$$A(\mathrm{j}\omega)=-\frac{1/(f_{\mathrm{cp}}C_2)}{1/(f_{\mathrm{cp}}C_1)}\cdot\frac{1}{1+\mathrm{j}\dfrac{2\pi fC_{\mathrm{f}}}{f_{\mathrm{cp}}C_2}}=-\frac{C_1}{C_2}\cdot\frac{1}{1+\mathrm{j}\dfrac{f}{f_{\mathrm{H}}}} \tag{10.4.5}$$

低频增益为 $-C_1/C_2$（也即是两个电容器比值），并且上限截止频率为

$$f_{\mathrm{H}}=(f_{\mathrm{cp}}C_2)/(2\pi C_{\mathrm{f}})$$

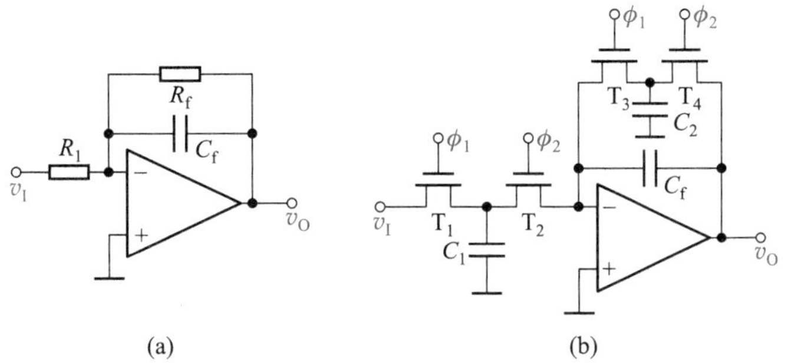

图 10.4.2　开关电容滤波器举例电路

（a）一阶低通滤波器电路　（b）等效的开关电容滤波器电路

3. 开关电容滤波器的类型

1978 年以来，已涌现出大量开关电容滤波器产品，在脉冲编码调制（pulse-code modulation，PCM）通信、语音信号处理等领域得到了广泛应用。Linear Technology[①] 和 Maxim 等公司提供多种不同型号的开关电容滤波器，主要有专用型和通用型两大类。

专用型开关电容滤波器已经根据确定的传递函数（巴特沃斯、贝塞尔和椭圆函数）完成了配置，不需要外接电阻，就能实现低通滤波，有许多产品供选择。使用时，除了提供电源外，只需要将一个特定频率的时钟信号连接到时钟引脚，其频率通常是滤波器截止频率的 100 倍或者 50 倍不等。例如，LTC1069-6 是一个 8 阶椭圆函数低通滤波器，有 8 个引脚（其中 2 个是空引脚）。它的通带纹波为±0.1 dB，最高截止频率为 20 kHz。图 10.4.3 是截止频率为 5 kHz 时的连接示意图。

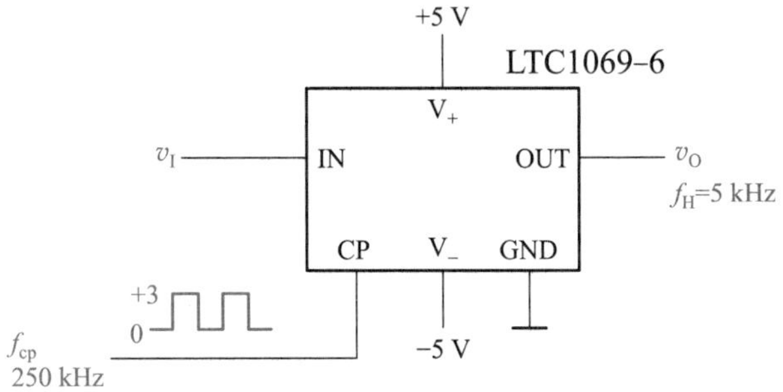

图 10.4.3　用 LTC1069-6 构成 8 阶椭圆函数低通滤波电路

① 该公司于 2017 年被 ADI 公司收购。

通用型开关电容滤波器通过连接外部电阻,可以实现低通、高通、带通和全通滤波。一般会将多个二阶电路制造在一个芯片中,于是可以将它们级联起来,在单个芯片上实现高阶滤波器。典型产品有 LTC 1060、LTC 1061、LTC 1064、LTC 1067、LTC 1068、MAX260 ~ MAX266 等。

总之,开关电容滤波器的滤波特性决定于电容比和时钟频率,可实现高精度和高稳定滤波,同时便于集成。

复习思考题

10.4.1 开关电容滤波器由哪几部分组成?对驱动 MOS 开关的两相时钟信号有何要求?

10.4.2 根据图 10.4.1b,说明为什么用两个 MOS 开关和一个电容就可以等效为一个电阻?其等效电阻等于多少?

10.4.3 开关电容滤波器中的开关频率 f_{cp} 要远大于输入信号的频率 f_s,对吗?

10.5 正弦波振荡电路的振荡条件

在没有外部交流输入信号的情况下,能够产生一定频率和固定幅度的重复波形的电路被称为振荡电路。振荡产生的波形可以是正弦波、方波或者三角波等。

正弦波振荡电路可以用图 10.5.1 的方框图来描述,它就像一个没有输入信号的闭环放大电路。图 10.5.1a 表示接成正反馈时,放大电路在输入信号 $\dot{X}_i=0$ 时的方框图,改画一下,便得图 10.5.1b。由图可知,如放大电路的输入端(1 端)外接一定频率、一定幅度的正弦波信号 $\dot{X}_a$,经过基本放大电路和反馈网络所构成的环路传输后,在反馈网络的输出端(2 端),得到反馈信号 $\dot{X}_f$,如果 $\dot{X}_f$ 与 $\dot{X}_a$ 在大小和相位上都一致,那么,就可以除去外接信号 $\dot{X}_a$,而将 1、2 两端连接在一起(如图中的虚线所示)而形成闭环系统,其输出端可能继续维持与开环时一样的输出信号①。这样,由于 $\dot{X}_f=\dot{X}_a$,便有

$$\frac{\dot{X}_f}{\dot{X}_a}=\frac{\dot{X}_o}{\dot{X}_a}\cdot\frac{\dot{X}_f}{\dot{X}_o}=1$$

或
$$\dot{A}\dot{F}=1 \tag{10.5.1}$$

在式(10.5.1)中,设 $\dot{A}=A\angle\varphi_a$,$\dot{F}=F\angle\varphi_f$,则可得

$$\dot{A}\dot{F}=AF\angle\varphi_a+\varphi_f=1$$

即

$$|\dot{A}\dot{F}|=AF=1 \tag{10.5.2}$$

和
$$\varphi_a+\varphi_f=2n\pi,n=0,1,2,\cdots \tag{10.5.3}$$

式(10.5.2)称为振幅平衡条件,而式(10.5.3)则称为相位平衡条件,这是正弦波振荡电

① 图 10.5.1b 中略去了基本放大电路的输入阻抗对反馈网络的负载效应。

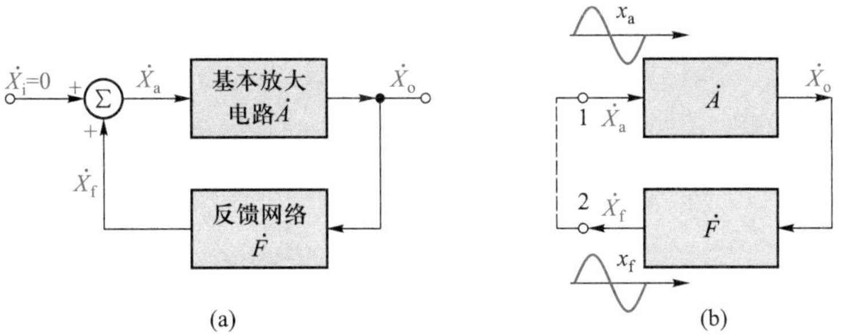

图 10.5.1　正弦波振荡电路的方案框图

(a) 正反馈放大电路的方框图($\dot{X}_i=0$)　(b) 正弦波振荡电路的方框图

路持续振荡的两个条件。这里"平衡"的含义是指振荡电路中的信号始终不改变自己的大小和相位。

值得注意的是,无论是负反馈放大电路的自激条件($-\dot{A}\dot{F}=1$)还是振荡电路的振荡条件($\dot{A}\dot{F}=1$),都是要求环路增益等于1,不过,由于反馈信号送到比较环节输入端的+、-符号不同[参见图 8.6.1 和图 10.5.1a],所以环路增益各异,从而导致相位条件不一致[比较式(8.6.2)和式(10.5.3)]。

由于正弦波为单一频率波形,所以为了振荡出正弦波,电路中要有选频功能环节,只在一个频率下满足式(10.5.3)的相位平衡条件,这个频率就是f_0。这就要求在$\dot{A}\dot{F}$环路中包含一个具有选频特性的网络,简称**选频网络**。它可以设置在放大电路$\dot{A}$中,也可设置在反馈网络$\dot{F}$中,它可以用R、C元件组成,也可以用L、C元件组成。用R、C元件组成选频网络的振荡电路称为RC振荡电路,一般用来产生1 Hz~1 MHz范围内的低频信号;用L、C元件组成选频网络的振荡电路称为LC振荡电路,一般用来产生1 MHz以上的高频信号。

欲使振荡电路能自行建立振荡,就必须满足$|\dot{A}\dot{F}|>1$的条件。这样,在接通电源后,振荡电路就有可能自行起振,或者说能够自激。当输出达到一定幅值时,通过稳幅环节自动调整环路增益,使$(\dot{A}\dot{F})=1$,电路进入平衡状态。

由于正弦波振荡电路中的放大器是工作在线性区(RC振荡电路)或接近线性区(LC振荡电路),因此在分析中,可以近似按线性电路来处理。

复习思考题

10.5.1　正弦波振荡电路的振荡条件和负反馈放大电路的自激条件都是环路放大倍数等于1,但是由于反馈信号加到比较环节上的极性不同,前者为$\dot{A}\dot{F}=1$,而后者则为$-\dot{A}\dot{F}=1$。除了数学表达式的差异外,构成相位平衡条件的实质有什么不同吗?

10.5.2　在满足相位平衡条件的前提下,既然正弦波振荡电路的振幅平衡条件为$|\dot{A}\dot{F}|=1$,如果$|\dot{F}|$为已知,则$|\dot{A}|=|1/\dot{F}|$即可起振,你认为这种说法对吗?

10.6 RC 正弦波振荡电路

RC 正弦波振荡电路有桥式、双 T 网络式和移相式等振荡电路，下面主要讨论桥式振荡电路。

1. 电路原理图

图 10.6.1 是 *RC* 桥式振荡电路的原理电路，这个电路由两部分组成，即放大电路 $\dot{A}_v$ 和选频网络 $\dot{F}_v$。$\dot{A}_v$ 为集成运放所组成的电压串联负反馈放大电路（即同相放大电路），具有输入阻抗高和输出阻抗低的特点。而 $\dot{F}_v$ 则由 *RC* 串并联（Z_1、Z_2）组成，同时兼作正反馈网络。由图可知，Z_1、Z_2 和 R_1、R_f 正好形成一个四臂电桥，电桥的对角线顶点接到放大电路的两个输入端，桥式振荡电路的名称即由此得来①。

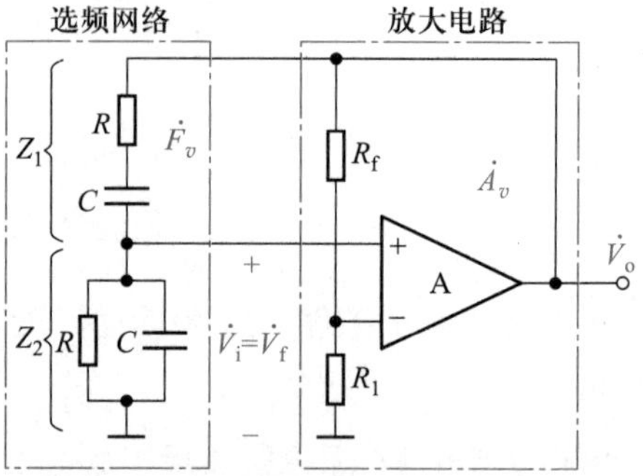

图 10.6.1　*RC* 桥式振荡电路

下面首先分析 *RC* 串并联网络的选频特性，然后根据正弦波振荡电路的振幅平衡及相位平衡条件设计合适的放大电路指标，就可以构成一个完整的振荡电路。

2. RC 串并联选频网络的选频特性

RC 串并联网络如图 10.6.1 中左侧的点画线方框所示，$\dot{V}_o$ 为网络的输入信号，$\dot{V}_f$ 是它的输出信号，下面求它的频率响应。

由图 10.6.1 有

$$Z_1=R+\frac{1}{sC}=\frac{1+sCR}{sC}$$

$$Z_2=\frac{R\cdot\dfrac{1}{sC}}{R+\dfrac{1}{sC}}=\frac{R}{1+sCR}$$

用 *RC* 串并联网络的输出信号除以输入信号，得到传递函数

$$F_v(s)=\frac{V_f(s)}{V_o(s)}=\frac{Z_2}{Z_1+Z_2}=\frac{sCR}{1+3sCR+(sCR)^2} \tag{10.6.1}$$

它也是振荡电路的反馈系数。就实际的频率而言，可用 $s=j\omega$ 替换，则得

$$\dot{F}_v=\frac{j\omega RC}{(1-\omega^2R^2C^2)+j3\omega RC}$$

---

① 这种振荡电路常称为文氏电桥（Wien-bridge）振荡电路。

如令 $\omega_0=\dfrac{1}{RC}$，则上式变为

$$\dot{F}_v=\frac{1}{3+\mathrm{j}\left(\dfrac{\omega}{\omega_0}-\dfrac{\omega_0}{\omega}\right)} \tag{10.6.2}$$

由此可得 *RC* 串并联网络的幅频响应及相频响应表达式

$$F_v=\frac{1}{\sqrt{3^2+\left(\dfrac{\omega}{\omega_0}-\dfrac{\omega_0}{\omega}\right)^2}} \tag{10.6.3}$$

和

$$\varphi_f=-\arctan\frac{\dfrac{\omega}{\omega_0}-\dfrac{\omega_0}{\omega}}{3} \tag{10.6.4}$$

由式(10.6.3)及式(10.6.4)可知，当

$$\omega=\omega_0=\frac{1}{RC}\quad 或\quad f=f_0=\frac{1}{2\pi RC} \tag{10.6.5}$$

时，幅频响应的幅值为最大，即

$$F_{v\max}=\frac{1}{3} \tag{10.6.6}$$

而相频响应的相位角为零，即

$$\varphi_f=0 \tag{10.6.7}$$

根据式(10.6.3)和式(10.6.4)可画出 *RC* 串并联网络的幅频响应及相频响应曲线，如图 10.6.2 所示。由此可见，$\omega=\omega_0$ 是一个特殊的频率点，只有在该频率点，F_v 才达到最大值 1/3，相位角 φ_f 才为 0°，即 *RC* 串并联网络的输出电压与输入电压同相。由图 10.6.2a 的幅频响应看出，该网络就是一个无源的带通滤波电路。

3. 振荡的建立与稳定

图 10.6.1 将 *RC* 串并联网络和放大电路结合起来组成 *RC* 振荡电路。当 $\omega=\omega_0=1/RC$ 时，经 *RC* 选频网络传输到运放同相端的电压 $\dot{V}_f$ 与 $\dot{V}_o$ 同相，即有 $\varphi_f=0°$；而运放 A 构成同相放大电路，有 $\varphi_a=0°$，于是 $\varphi_a+\varphi_f=0°$。这样，放大电路和由 Z_1、Z_2 组成的反馈网络刚好形成正反馈系统，可以满足式(10.5.3)的相位平衡条件，因而有可能振荡。

图 10.6.1 所示电路并无输入信号，电源接通后不久，电路就会输出角频率为 ω_0 的正弦波。那么信号的源头来自哪里呢？实际上电路中的元器件都是有噪声的，而且它们的频谱分布极广，其中也包含 ω_0 成分，只是它的幅值很小，需要将其不断放大，才能达到需要的幅值，这便是振荡的建立过程。只有当 $|\dot{A}_v(\mathrm{j}\omega_0)\dot{F}_v(\mathrm{j}\omega_0)|>1$ 时，ω_0 的噪声才能在环路中被不断放大。由于 $|\dot{F}_v(\mathrm{j}\omega_0)|=1/3$，所以要求 $|\dot{A}_v(\mathrm{j}\omega_0)|>3$，即电路的起振条件为

$$|\dot{A}_v(\mathrm{j}\omega_0)|=\left(1+\frac{R_f}{R_1}\right)>3\quad 或\quad R_f>2R_1 \tag{10.6.8}$$

当输出幅值达到规定值时，要通过电路中非线性元件的限制，使 $|\dot{A}_v(\mathrm{j}\omega_0)|$ 自动回到等

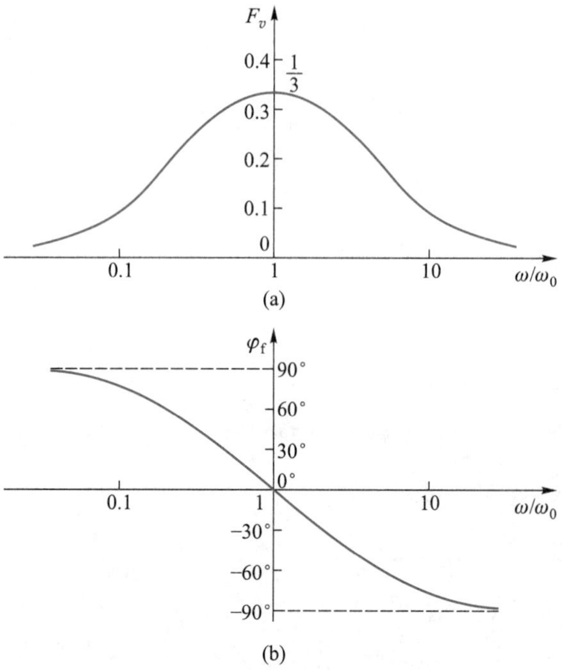

图 10.6.2 *RC* 串并联选频网络的频率响应

（a）幅频响应 （b）相频响应

于 3，满足幅值平衡条件 $|\dot{A}_v(j\omega_0)\dot{F}_v(j\omega_0)|=1$，从而使振荡幅度稳定下来，即稳幅时应有

$$R_f = 2R_1 \tag{10.6.9}$$

4. 振荡频率与振荡波形

前已提及，从正弦稳态的工作情况来看，振荡频率是由相位平衡条件所决定的，这是一个重要的概念。从式（10.6.5）~式（10.6.7）已知，只有当 $\omega=\omega_0=1/(RC)$，即 $\varphi_f=0°$，$\varphi_a=0°$ 时，才满足相位平衡条件，所以振荡频率由式（10.6.5）决定，即 $f_0=1/(2\pi RC)$①。

当适当调整 A_v 的大小，使 A_v 的值在起振时略大于 3 时，达到稳幅时 $A_v=3$，其输出波形为正弦波，失真很小。如 A_v 的值远大于 3，则因振幅的增长，致使放大器工作在非线性区域，波形将产生严重的非线性失真。反之，若 A_v 的值小于 3，电路将无法起振。

5. 稳幅措施

为了起振后能实现稳幅，可以在放大电路的负反馈回路里采用非线性元件来自动调整反馈的强弱以维持输出电压恒定。例如，在图 10.6.1 所示的电路中，R_f 可用一温度系数为负的热敏电阻代替。当输出电压 $|\dot{V}_o|$ 增加时，通过负反馈回路的电流 $|\dot{I}_f|$ 也随之增加，R_f 的功耗增加，温度升高，结果使 R_f 的阻值减小，$|\dot{A}_v|$ 减小，从而使输出电压 $|\dot{V}_o|$ 下降；反之，当 $|\dot{V}_o|$ 下降时，由于热敏电阻的自动调整作用，将使 $|\dot{V}_o|$ 回升，因此，可以维持输出电压基

① 关于 *RC* 桥式正弦波振荡电路的频率稳定性可参阅 Ulrich Tietze，Christoph Schenk，Eberhard Gamm 著．邓天平，瞿安连译．电子电路设计原理与应用（第二版）（卷Ⅱ应用电路）．北京：电子工业出版社，2014：第 4 章。

本恒定。

非线性电阻稳定输出电压的另一种方案是利用 JFET 工作在可变电阻区充当可变电阻。由第 4 章讨论可知,当 JFET 的漏源电压 v_{DS}较小时,它的漏源电阻 R_{ds}可通过栅源电压来改变。因此,可利用 JFET 进行稳幅,图 10.6.3 所示就是这样一个振荡电路。图中负反馈网络由 R_{P3}、R_3 和 JFET 的漏源电阻 R_{ds}组成。正常工作时,输出电压经二极管 D 整流和 R_4、C_3 滤波后变成直流,通过 R_4、R_5、R_{P4}为 JFET 栅极提供控制电压。当 v_O 幅值增大时,v_{GS}变负,R_{ds}将自动加大以加强负反馈。反之亦然。这样,就可达到自动稳幅的目的。

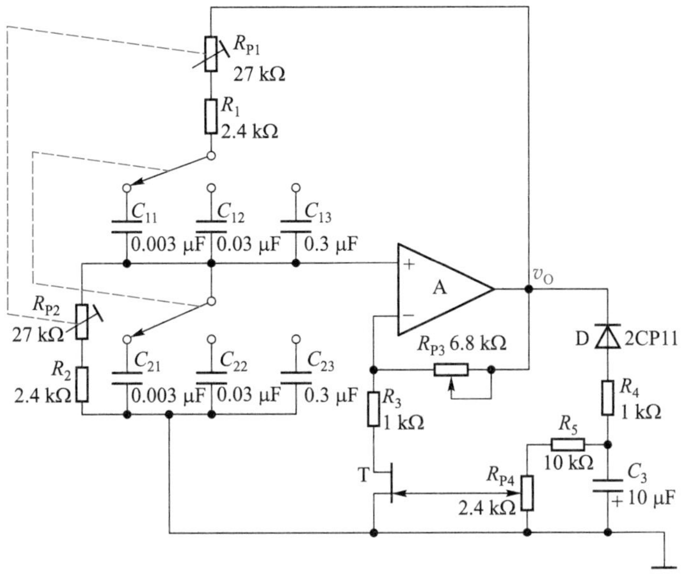

图 10.6.3 JFET 稳幅音频信号产生电路

调整 R_{P3}或 R_{P4},就可使失真最小。通过改变联动开关连接 C_{11} ~ C_{13}和 C_{21} ~ C_{23}中不同的电容,便可改变振荡频率,调节微调电阻 R_{P1}和 R_{P2},可微调振荡频率。该电路的频率范围为 20 Hz ~ 20 kHz,输出电压约为 1 V。

例 10.6.1 根据图 10.6.1,设计一个振荡频率为 1 kHz 的正弦波振荡电路。

解:(1) 选取一个合适的电容值,取 $C=0.01\ \mu F$。

(2) 由式(10.6.5)计算 R 的值:

$$R=\frac{1}{2\pi f_0 C}=\frac{1}{2\pi\times 1\ \text{kHz}\times 0.01\ \mu\text{F}}\approx 15.92\ \text{k}\Omega$$

选取标称电阻值 $R=16\ \text{k}\Omega$。

(3) 选取 R_1 的阻值,令 $R_1=10\ \text{k}\Omega$,由式(10.6.9)有

$$R_f=2R_1=2\times 10\ \text{k}\Omega=20\ \text{k}\Omega$$

为了满足式(10.6.8)的起振条件,R_f 可以采用具有负温度系数的热敏电阻。电路未工作时(冷电路),要求 $R_f>20\ \text{k}\Omega$。

例 10.6.2 图 10.6.4 所示为移相式正弦波振荡电路,试简述其工作原理。

解:在图 10.6.4a 中,运放 A 与反相端电阻 R 和 R_f 构成反相放大电路,其输出电压与输

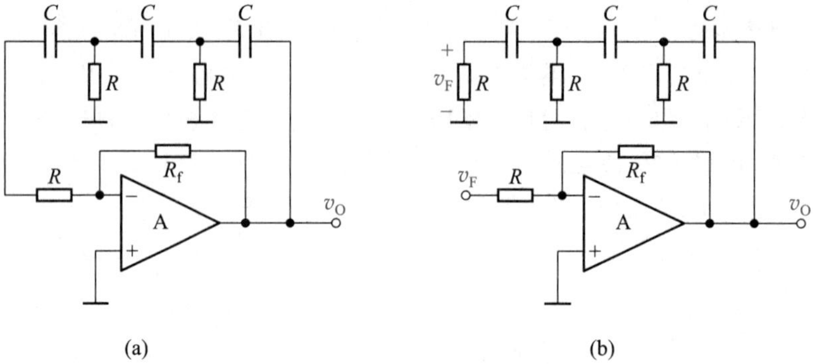

图 10.6.4 移相式正弦波振荡电路
（a）电路图 （b）等效电路图

入电压的相位差为 $\varphi_a=180°$。另外，输出电压经过 3 节 RC 电路又反馈到反相放大电路的输入端，因此，3 节 RC 电路引入的反馈信号必须再次反相，即 $\varphi_f=180°$，才能满足振荡的相位平衡条件。

由 6.1.1 节 RC 高通电路的频率响应已知，图 10.6.4 中每一节 RC 电路都是相位超前电路，能够提供 0~90°的相移。但是当相移为 90°时，R 两端的电压已为零了，所以两节 RC 电路组成的反馈网络（兼选频网络）不能满足相位条件。图中 3 节 RC 移相电路，移相范围为 0~270°，因此，可以在特定频率 f_0 下移相 180°，即 $\varphi_f=180°$。于是有

$$\varphi_a+\varphi_f=360° \quad 或 \quad 0°$$

显然，只要适当调节 R_f 的值，使 A_v 适当，就可同时满足相位和振幅条件，产生正弦振荡。

利用运放反相端的虚地，可以将图 10.6.4a 所示电路等效为图 b。于是得到移相电路的传递函数

$$F_v(s)=\frac{V_f(s)}{V_o(s)}=\frac{(RCs)^3}{(RCs)^3+6(RCs)^2+5RCs+1} \tag{10.6.10}$$

反相放大电路的电压增益为

$$A_v(s)=\frac{V_o(s)}{V_i(s)}=-\frac{R_f}{R} \tag{10.6.11}$$

将式（10.6.10）和式（10.6.11）代入振荡条件 $\dot{A}_v(j\omega_0)\dot{F}_v(j\omega_0)=1$，并以 $j\omega_0$ 替换 s，整理后得到

$$-\frac{R_f}{R}\cdot\frac{(\omega_0RC)^3}{(\omega_0RC)^3-5\omega_0RC-j(6\omega_0^2R^2C^2-1)}=1 \tag{10.6.12}$$

要使等式左侧部分等于右侧实数 1，首先虚部必须为零，所以令上式分母虚部等于 0，即 $(6\omega_0^2R^2C^2-1)=0$，可求得振荡频率

$$\omega_0=\frac{1}{\sqrt{6}RC} \quad 或 \quad f_0=\frac{1}{2\pi\sqrt{6}RC} \tag{10.6.13}$$

将 $\omega_0 = 1/(\sqrt{6}RC)$ 代入式(10.6.12),得到满足振荡条件的反相放大电路增益的绝对值

$$\frac{R_f}{R} = 29 \qquad (10.6.14)$$

综上所述,正弦波振荡电路(含 RC 和 LC 振荡电路)的分析方法可归纳如下。

(1) 从电路组成来看,检查其是否包括放大、反馈、选频和稳幅等基本部分。

(2) 分析放大电路能否正常工作。对分立元件电路,看静态工作点是否合适;对集成运放,看输入端是否有直流通路。

(3) 检查电路是否满足自激条件。

① 利用瞬时极性法检查相位平衡条件。

② 检查幅值平衡条件。$|\dot{A}\dot{F}|<1$ 不能振荡;$|\dot{A}\dot{F}|=1$ 不能起振;如果没有稳幅措施,$|\dot{A}\dot{F}|>1$,则虽能振荡,输出波形将失真。一般应取 $|\dot{A}\dot{F}|$ 略大于 1,起振后采取稳幅措施使 $|\dot{A}\dot{F}|=1$,产生幅度稳定的正弦波。

(4) 根据选频网络参数,估算振荡频率 f_0。

复习思考题

10.6.1 设图 10.6.1 中 $R_1 = 1\ \text{k}\Omega$,R_f 由一个固定电阻 $R_{f1} = 1\ \text{k}\Omega$ 和一个 10 kΩ 可调电阻 R_{f2} 串联而成。试分析:(1) 当 R_{f2} 调到零时,用示波器观察输出电压 v_O 波形,将看到什么现象?说明产生这种现象的原因;(2) 当 R_{f2} 调到 10 kΩ 时,电路又将出现什么现象?说明产生这种现象的原因,并定性地画出 v_O 的波形。

10.6.2 在图 10.6.3 中,利用 N 沟道 JFET 的漏源电阻 R_{ds} 随 v_{GS} 变负而增大的特点,可以达到稳幅的目的。若将 T 改用 P 沟道 JFET,为了达到同样目的,图中的整流二极管 D 和滤波电路中的 R_4、R_3 是否也要相应进行调整?

10.7 LC 正弦波振荡电路

LC 正弦波振荡电路是由放大器和 LC 选频网络组成的,主要用来产生频率为 100 kHz~100 MHz 范围内的正弦信号。下面首先讨论 LC 并联谐振回路的一些基本特性,然后介绍几种常用的 LC 振荡电路。

10.7.1 LC 并联谐振回路

LC 并联谐振回路如图 10.7.1 所示,其中 R 表示回路的等效损耗电阻,由于电容器的损耗很小,可以认为 R 主要是电感支路的损耗。

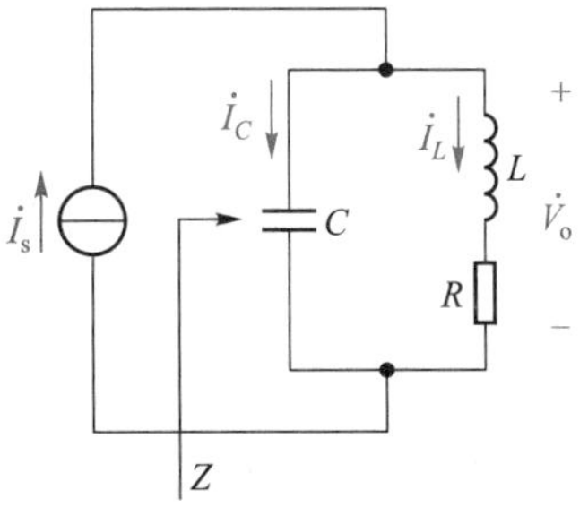

图 10.7.1 LC 并联谐振回路

先定性分析一下并联回路阻抗 Z 的频率特性。当频率很低时,容抗很大,可以认为开路,而感抗很小,则并联阻抗主要取决于电感支路,故阻抗 Z 呈感性,且频率越低,阻抗值越小。当频率很高时,感抗很大,可以认为开路,但容抗很小,此时并联阻抗主要取决于电容支路,且频

率越高，阻抗值越小。由此看来，只有在中间某一频率时，并联阻抗有最大值，这个频率称为 LC 并联电路的谐振频率。

为了求得 LC 并联电路的谐振频率，根据图 10.7.1，写出并联回路的等效阻抗为

$$Z=\frac{1}{\mathrm{j}\omega C}//(R+\mathrm{j}\omega L)=\frac{\frac{1}{\mathrm{j}\omega C}(R+\mathrm{j}\omega L)}{\frac{1}{\mathrm{j}\omega C}+R+\mathrm{j}\omega L} \tag{10.7.1}$$

考虑到通常有 $R\ll\omega L$，所以

$$Z\approx\frac{\frac{1}{\mathrm{j}\omega C}\cdot \mathrm{j}\omega L}{R+\mathrm{j}\left(\omega L-\frac{1}{\omega C}\right)}=\frac{L/C}{R+\mathrm{j}\left(\omega L-\frac{1}{\omega C}\right)} \tag{10.7.2}$$

对于某个特定频率 ω_0，满足 $\omega_0 L=1/(\omega_0 C)$ 时，上式分母的虚部为 0，Z 出现最大值，回路发生并联谐振。此时，LC 并联回路具有如下特点。

（1）回路的谐振频率为

$$\omega_0=\frac{1}{\sqrt{LC}}\qquad 或\quad f_0=\frac{1}{2\pi\sqrt{LC}} \tag{10.7.3}$$

（2）谐振时，回路的等效输入阻抗为纯电阻性质，其值最大，即

$$Z_0=\frac{L}{RC}=Q\omega_0 L=\frac{Q}{\omega_0 C} \tag{10.7.4}$$

其中

$$Q=\frac{\omega_0 L}{R}=\frac{1}{\omega_0 CR}=\frac{1}{R}\sqrt{\frac{L}{C}} \tag{10.7.5}$$

Q 称为谐振回路的品质因数，它反映了回路损耗程度。由于回路的等效损耗电阻值 R 较小，所以 Q 值在几十到几百范围内。Q 值越大，表示损耗越小，信号源电流 $\dot{I}_s$ 与 $\dot{V}_o$ 同相。

（3）输入电流 $|\dot{I}_s|$ 和回路电流 $|\dot{I}_L|$ 或 $|\dot{I}_C|$ 的关系

由图 10.7.1 和式（10.7.4）有

$$\dot{V}_o=\dot{I}_s Z_0=\dot{I}_s Q/(\omega_0 C)=\dot{I}_s Q(\omega_0 L)$$

并联谐振时，电容支路的电流是

$$\dot{I}_C=\frac{\dot{V}_o}{1/(\mathrm{j}\omega_0 C)}=\mathrm{j}Q\dot{I}_s \tag{10.7.6a}$$

同理，得到电感支路的电流是

$$\dot{I}_L=\frac{\dot{V}_o}{R+\mathrm{j}\omega_0 L}\approx\frac{\dot{V}_o}{\mathrm{j}\omega_0 L}=-\mathrm{j}Q\dot{I}_s \tag{10.7.6b}$$

可见，并联谐振时，电容支路的电流和电感支路的电流大小相等，方向相反。由于 $Q\gg 1$，故有 $|\dot{I}_C|\approx|\dot{I}_L|\gg|\dot{I}_s|$。即谐振时，$LC$ 并联电路的回路电流 $|\dot{I}_C|$ 或 $|\dot{I}_L|$ 比输入电流

$|\dot{I}_s|$大得多，此时可忽略谐振回路外部电流 $\dot{I}_s$的影响。这个结论对于分析 LC 正弦波振荡电路的相位关系十分有用。

(4) 回路阻抗的频率响应

根据式(10.7.2)有

$$Z=\frac{\dfrac{L}{RC}}{1+\mathrm{j}\dfrac{\omega L}{R}\left(1-\dfrac{\omega_0^2}{\omega^2}\right)}=\frac{\dfrac{L}{RC}}{1+\mathrm{j}\dfrac{\omega L}{R}\cdot\dfrac{(\omega+\omega_0)(\omega-\omega_0)}{\omega^2}} \tag{10.7.7}$$

在式(10.7.7)中，如果所讨论的并联等效阻抗只局限于 ω_0 附近，则可认为 $\omega\approx\omega_0$，$\omega L/R\approx\omega_0 L/R=Q$，$\omega+\omega_0\approx 2\omega_0$，$\omega-\omega_0=\Delta\omega$，则式(10.7.7)可改写为

$$Z=\frac{Z_0}{1+\mathrm{j}Q\dfrac{2\Delta\omega}{\omega_0}} \tag{10.7.8}$$

从而可得阻抗的模为

$$|Z|=\frac{Z_0}{\sqrt{1+\left(Q\dfrac{2\Delta\omega}{\omega_0}\right)^2}} \tag{10.7.9a}$$

或

$$\frac{|Z|}{Z_0}=\frac{1}{\sqrt{1+\left(Q\dfrac{2\Delta\omega}{\omega_0}\right)^2}} \tag{10.7.9b}$$

其相角为

$$\varphi=-\arctan\left(Q\frac{2\Delta\omega}{\omega_0}\right) \tag{10.7.10}$$

式中$|Z|$为信号的角频率 ω 偏离谐振角频率 ω_0 时回路的等效阻抗值；Z_0 为回路谐振时的等效阻抗；$2\Delta\omega/\omega_0$ 为相对失谐量，表明信号角频率偏离回路谐振角频率 ω_0 的程度。

图 10.7.2 绘出了 LC 并联谐振回路阻抗的频率响应曲线，从图中的两条曲线可以得出如下的结论。

① 从幅频响应可见，当外加信号角频率 $\omega=\omega_0$（即 $2\Delta\omega/\omega_0=0$）时，产生并联谐振，回路等效阻抗达最大值 $Z_0=L/(RC)$。当角频率 ω 偏离 ω_0 时，$|Z|$将减小，而 $\Delta\omega$ 越大，$|Z|$越小。曲线形状与带通滤波器幅频响应类似。

② 从相频响应可知，当 $\omega>\omega_0$ 时，相对失谐($2\Delta\omega/\omega_0$)为正，此时由图 10.7.1 可看出，由于容抗小于感抗，等效阻抗为电容性，因此 Z 的相角为负值，即回路输出电压 $\dot{V}_o$滞后于 $\dot{I}_s$。反之，当 $\omega<\omega_0$ 时，等效阻抗为电感性，因此 φ 为正值，$\dot{V}_o$超前于 $\dot{I}_s$。

③ 谐振曲线的形状与回路的 Q 值有密切的关系，Q 值越大，谐振曲线越尖锐，相角变化越快，在 ω_0 附近 φ 值变化更为急剧。

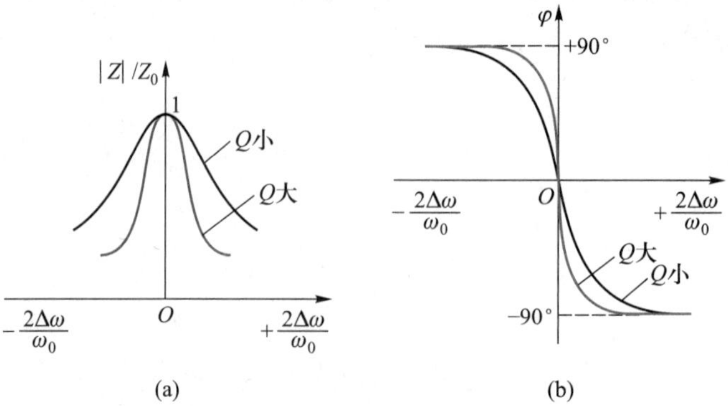

图 10.7.2 *LC* 并联谐振回路阻抗的频率响应
（a）幅频响应 （b）相频响应

10.7.2 变压器反馈式 *LC* 振荡电路

1. 电路的组成及工作原理

图 10.7.3 是变压器反馈式 *LC* 振荡电路。它包括放大电路、反馈网络和选频网络等。放大电路与前面学过的共射极放大电路类似，但在集电极上接的不是电阻 R_c，而是由并联谐振回路构成的选频网络，因此称为选频放大电路。电路的反馈是通过变压器耦合实现的，二次绕组 L_2 上的电压作为反馈信号引回到 BJT 的基极。振荡信号由二次绕组 L_3 输出送给负载。

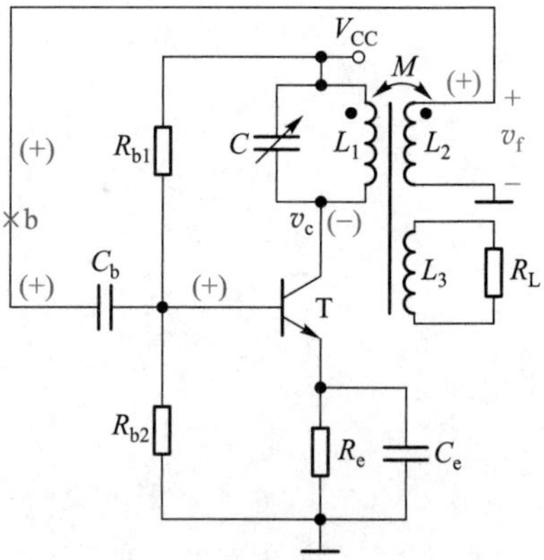

图 10.7.3 变压器反馈式 *LC* 正弦波振荡电路

注意，这里所说的谐振回路，不能仅理解为 L_1 和 C，而应该考虑 L_2、L_3 的影响。

当电源 V_{CC} 刚接通时，由于电路中存在噪声或某种扰动，这相当于在放大器的输入端上加了许多不同频率的正弦信号。这些不同频率的信号中，只有角频率为 ω_0（谐振频率）的信号才能得到充分的放大，其放大倍数为 $-\beta Z_0/r_{be}$，其他频率的信号则由于谐振电路的 $|Z|<Z_0$ 而不能得到足够的放大。因此，在这个电路中，只有角频率为 ω_0 的信号才能满足振幅平衡条件。

现在，用瞬时极性法来分析相位条件。将图中的反馈从 b 点断开，加入角频率为 ω_0 的信号 v_b，在输入端标记瞬时极性为（+），电容 C_b 和 C_e 对 ω_0 所呈现的阻抗均较小，可视为短路，则三极管 T 的基极信号极性为（+），由于并联回路呈纯电阻性，则 T 的集电极信号 v_c 极性为（−），即放大器相移 $\varphi_a=180°$。根据变压器同名端位置可知，二次绕组 L_2 的上端和一次绕组 L_1 的下端互为异名端，所以，L_2 上端的极性为（+），v_f 与 v_c 的相位差为 180°，即反馈网络相移 $\varphi_f=180°$。因此满足相位平衡条件（$\varphi_a+\varphi_f=\pm 2n\pi$）。

2. 振荡频率和起振条件

根据上述分析，只有在谐振频率处，电路才满足相位平衡条件，才有可能振荡。在 Q 值足够大和忽略分布参数影响的条件下，电路的振荡频率为

$$\omega_0=\frac{1}{\sqrt{L'C}}\approx\frac{1}{\sqrt{L_1C}} \tag{10.7.11}$$

式中，L'是谐振回路的等效电感，即应考虑其他绕组的影响。当 L_2 和 L_3 中的电流不大时，可以近似地认为 $L'\approx L_1$。

欲使电路起振，必须满足 $|\dot{A}\dot{F}|>1$ 的振幅条件。可以证明，该电路的起振条件为①

$$\beta>\frac{r_{be}R'C}{M}$$

式中，r_{be}为三极管 b、e 之间的等效电阻，R'是谐振回路和负载等的总损耗电阻，M 为 L_1 与 L_2 之间的互感。

振幅的稳定是利用放大器件的非线性来实现的。当振幅达到一定值时，BJT 集电极电流波形可能会出现截止失真，但由于集电极的负载是谐振回路，有很好的选频特性，因此，通过变压器绕组 L_3送到负载的电压波形一般失真不大。

在图 10.7.3 中，并联谐振回路接在集电极电路中，通常称为集电极调谐变压器反馈式振荡电路。并联谐振回路也可接在基极或发射极，如图 10.7.4 所示，它们分别称为发射极调谐和基极调谐变压器反馈式 LC 振荡器。由于基极和发射极之间的输入阻抗较低，为了避免过多地影响回路的 Q 值，故在这两个电路中，BJT 与谐振回路只作部分耦合（通过 L_1 部分线圈反馈）。

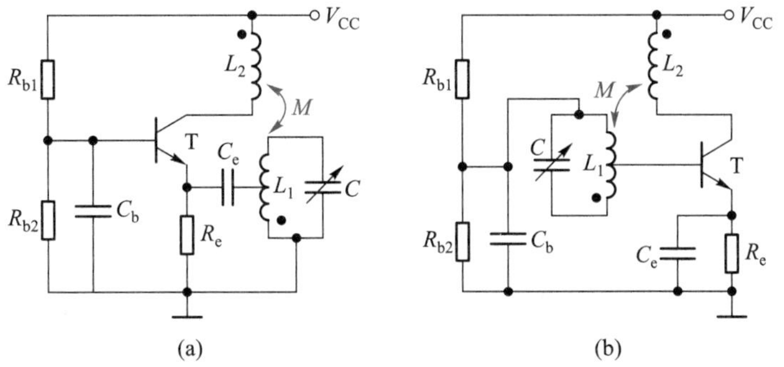

图 10.7.4　变压器反馈式 LC 正弦波振荡电路
（a）发射极调谐电路　（b）基极调谐电路

读者可自行分析，当 LC 回路谐振时，图 10.7.4 所示振荡电路同样满足相位平衡条件。

10.7.3　三点式 LC 振荡电路

LC 振荡电路除变压器反馈式外，尚有常用的电感三点式和电容三点式振荡电路。现分

① 推导过程详见参考文献[11]。

别讨论如下。

1. 电感三点式 LC 振荡电路

图 10.7.5a 是电感三点式振荡电路的原理图。电感分成 L_1 与 L_2 两个部分，通常绕在一个线圈架上，且绕的方向相同，其间有互感 M。由图 10.7.5b 所示的高频交流通路可见，并联回路的电感有首端、中间抽头和尾端三个端点，分别接到三极管的集电极、发射极（地）和基极，且反馈电压 v_f 取自电感 L_2，所以称为电感反馈三点式振荡电路或电感三点式振荡电路①。

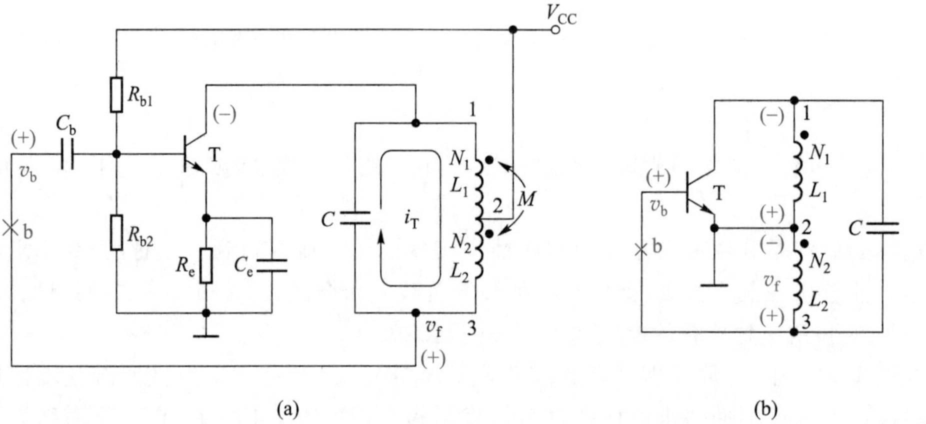

图 10.7.5 电感三点式振荡电路

（a）原理电路 （b）交流通路

由 10.7.1 节已知，LC 并联回路谐振时，回路电流远比外电路电流大，1、3 两端近似呈现纯电阻特性。因此，当 L_1 和 L_2 的同名端如图所示时，若选取中间抽头（2）为参考电位（交流地电位）点，则首（1）、尾（3）两端的电压极性相反。

现在用瞬时极性法分析图 10.7.5 所示的相位条件。设从反馈线的点 b 处断开，同时输入 v_b 为（+）极性的信号。由于并联回路呈纯电阻性，在纯电阻负载条件下，共射电路具有反相作用，因而其集电极电压（1 端）瞬时极性为（−），因此 3 端的瞬时极性为（+），即反馈信号 v_f（从 L_2 上取出）与输入信号 v_b 同相，满足相位平衡条件。

至于振幅条件，由于 A_v 较大，只要适当选取 L_2/L_1 的比值，就可实现起振。当加大 L_2（或减小 L_1）时，有利于起振。考虑 L_1、L_2 间的互感 M 后，电路的振荡频率可近似表示为

$$\omega=\omega_0\approx\frac{1}{\sqrt{LC}}=\frac{1}{\sqrt{(L_1+L_2+2M)C}} \tag{10.7.12a}$$

或

$$f=f_0\approx\frac{1}{2\pi\sqrt{(L_1+L_2+2M)C}} \tag{10.7.12b}$$

这里忽略了负载回路（图中未画出）和放大电路输入电阻的影响。

在电感三点式振荡电路中，采用可变电容器，就可以方便地调节振荡频率，其工作频率范

① 电感三点式振荡电路又称为哈特莱（Hartley）振荡电路。

围可以从数百千赫至数十兆赫。但由于反馈电压 v_f 取自电感 L_2，而电感对高次谐波（相对于 f_0 而言）阻抗较大，因此电压波形中含有高次谐波，波形较差，且频率稳定度不高。所以电感三点式振荡电路通常用于要求不高的设备中，例如高频加热器、接收机的本机振荡等。

2. 电容三点式 LC 振荡电路

图 10.7.6 是电容三点式 LC 振荡电路。与图 10.7.5 相比，原先接电感的地方现在接了电容，而原先接电容的地方现在接了电感。图中 C_{b1}、C_{b2} 为耦合电容，对振荡频率信号可视为短路。由于 C_1、C_2 不能传送直流，因此，将 C_1、C_2 之间的连接线直接接地，构成电容三点式电路①。

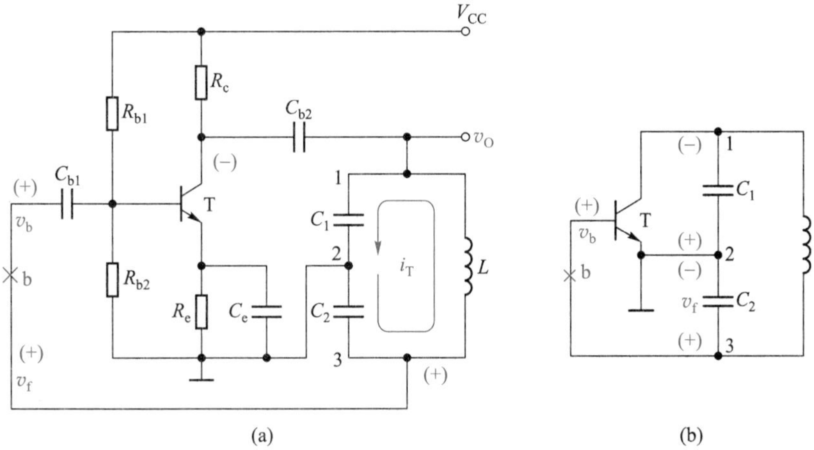

图 10.7.6 电容三点式 LC 振荡电路

（a）原理电路 （b）交流通路

电容三点式和电感三点式一样，都具有 LC 并联回路，因此，电容 C_1、C_2 中的三个端点的相位关系与电感三点式也相似。设从反馈线点 b 处断开，同时加入 v_b 瞬时极性为（+）的信号，则得 BJT 集电极的 v_c 瞬时极性为（−），因为 2 端接地，处于零电位，所以 3 端与 1 端的电压极性相反，即 v_f 为（+）极性，与 v_b 同相位，满足相位平衡条件。

至于振幅平衡条件或起振条件，只要将 BJT 的 β 值选得大一些（例如数十），并恰当选取比值 C_2/C_1，就有利于起振，一般常取 $C_2/C_1=0.01\sim0.5$。由于 BJT 的输入电阻 r_{be} 比较小，增大 C_2/C_1 的值也不会有明显的效果，所以实际上，有时为了方便起见，也取 $C_1=C_2$。

电容三点式振荡电路的振荡频率可近似表示如下：

$$\omega=\omega_0\approx\frac{1}{\sqrt{LC}}=\frac{1}{\sqrt{L\left(\dfrac{C_1C_2}{C_1+C_2}\right)}} \tag{10.7.13a}$$

或

$$f=f_0\approx\frac{1}{2\pi\sqrt{L\dfrac{C_1C_2}{C_1+C_2}}} \tag{10.7.13b}$$

---

① 电容三点式振荡电路又称为考毕兹（Colpitts）式振荡电路。

该电路的特点是，反馈电压取自电容 C_2，由于电容对高次谐波的阻抗较小，因而可滤除高次谐波，所以输出波形较好。调节 C_1 或 C_2 可以改变振荡频率，但同时会影响起振条件，因此常采用同轴电容器同时调节 C_1 和 C_2，在不改变它们比值的情况下改变振荡频率，可调范围从数百千赫到 100 兆赫以上。也可在 L 两端并联一个可调电容来调节频率，但受固定电容 C_1、C_2 的影响，频率的调节范围比较小。

10.7.4 石英晶体振荡电路

1. 正弦波振荡电路的频率稳定问题

在工程应用中，往往要求正弦波振荡电路的振荡频率非常稳定，例如通信系统中的射频振荡电路、数字系统的时钟产生电路等。通常用频率稳定度来衡量振荡频率的稳定性，它是振荡电路的质量指标之一。

一般用频率的相对变化量 $\Delta f/f_0$ 来表示频率稳定度，f_0 为振荡频率，Δf 为频率偏移。频率稳定度有时附加时间条件，如一小时或一日内的频率相对变化量。

影响 LC 振荡电路振荡频率稳定度的因素主要是 LC 并联谐振回路的参数 L、C 和 R。LC 谐振回路的 Q 值对频率稳定也有较大影响，可以证明，Q 值越大，频率稳定度越高。由式(10.7.5)可知，$Q=\omega_0 L/R=\dfrac{1}{R}\cdot\sqrt{L/C}$。为了提高 Q 值，应尽量减小回路的损耗电阻 R 并加大 L/C 值。但一般的 LC 振荡电路，其 Q 值只可达数百，在要求频率稳定度高的场合，往往采用石英晶体振荡电路。

石英晶体振荡电路，就是用石英晶体作为选频网路，取代 LC 振荡电路中的 L、C 元件。它的频率稳定度可高达 10^{-9} 甚至 10^{-11}。

石英晶体振荡电路之所以具有极高的频率稳定度，主要是由于采用了具有极高 Q 值的石英晶体元件。下面首先了解石英晶体的构造和它的基本特性，然后再分析具体的振荡电路。

2. 石英晶体的基本特性与等效电路

石英晶体是一种各向异性的结晶体，它是硅石的一种，其化学成分是二氧化硅(SiO_2)。从一块晶体上按一定的方位角切下的薄片称为晶片(可以是正方形、矩形或圆形等)，然后在晶片的两个对应表面上涂敷银层并装上一对金属板，就构成石英晶体产品，如图 10.7.7 所示，一般用金属外壳密封，也有用玻璃壳封装的。

石英晶片之所以能做振荡电路是基于它的压电效应。从物理学中知道，若在晶片的两个极板间加一电场，会使晶体产生机械变形；反之，若在极板间施加机械力，又会在相应的方向上产生电场，这种现象称为压电效应。如在极板间所加的是交变电压，就会产生机械变形振动，同时机械变形振动又会产生交变电压。一般来说，这种机械振动的振幅是比较小的，其振动频率则是很稳定的。但当外加交变电压的频率与晶片的固有频率(决定于晶片的尺寸)相等时，机械振动的幅度将急剧增加，这种现象称为压电谐振，因此石英晶体又称为石英晶体谐振器。

石英晶体的代表符号、电路模型和电抗特性如图 10.7.8 所示。电路模型中的 C_0 为切片与金属板构成的静电电容，L 和 C 分别模拟晶体的质量(代表惯性)和弹性，而晶片振动时，因摩擦而造成的损耗则用电阻 R 来等效。石英晶体的一个可贵的特点在于它具有很高的

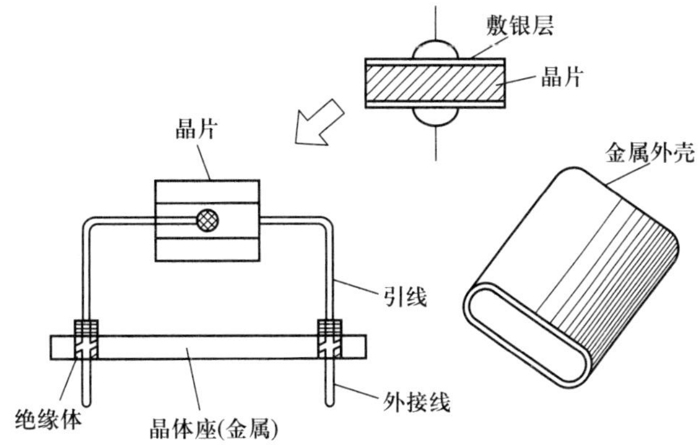

图 10.7.7　石英晶体的一种结构

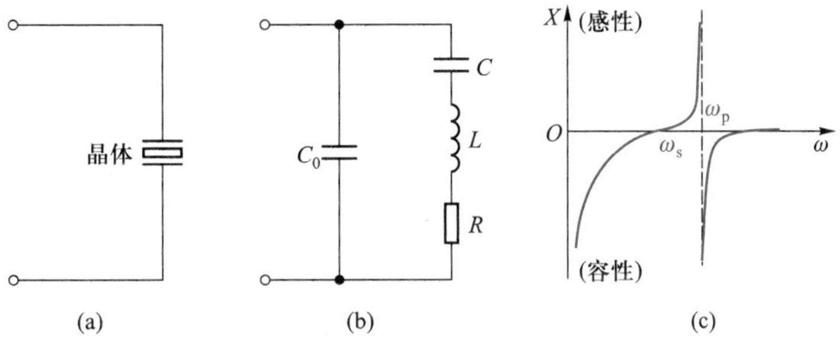

图 10.7.8　石英晶体的电路模型与电抗特性

(a) 代表符号　(b) 电路模型　(c) 电抗-频率响应特性

质量与弹性的比值(等效于 L/C),因而它的品质因数 Q 高达 10 000~500 000。例如一个 4 MHz 的石英晶体的典型参数为:$L=100$ mH,$C=0.015$ pF,$C_0=5$ pF,$R=100\ \Omega$,$Q=25\ 000$。

由图 10.7.8b 所示电路模型可知,石英晶体有两个谐振频率,即

(1) 当 R、L、C 支路发生串联谐振时,其串联谐振频率为

$$f_s=\frac{1}{2\pi\sqrt{LC}} \tag{10.7.14}$$

由于 C_0 很小,它的容抗比 R 大得多,因此,串联谐振的等效阻抗近似为 R,呈纯阻性,且其阻值很小。

(2) 当频率高于 f_s 小于 f_p 时,R、L、C 支路呈感性,当与 C_0 发生并联谐振时,其振荡频率为

$$f_p=\frac{1}{2\pi\sqrt{LC}}\sqrt{1+\frac{C}{C_0}}=f_s\sqrt{1+\frac{C}{C_0}} \tag{10.7.15}$$

由于 $C \ll C_0$,因此 f_s 与 f_p 很接近。

通常石英晶体产品所给出的标称频率既不是 f_s 也不是 f_p,而是外接一个小电容 C_s① 时校正的振荡频率,C_s 与石英晶体串联,如图 10.7.9 所示。利用 C_s 可使石英晶体的谐振频率在一个小范围内调整。C_s 的值应选择得比 C 大。

① 在某些厂家的技术说明中,常称为负载电容。

为了计算串入 C_s 后谐振频率的偏移，可从图 10.7.9b 导出新的电抗

$$X'=-\frac{1}{\omega C_s}\cdot\frac{C+C_0+C_s-\omega^2LC(C_0+C_s)}{C_0+C-\omega^2LCC_0} \tag{10.7.16}$$

令上式中的分子为零，得到新的串联谐振频率

$$f_s'=\frac{1}{2\pi\sqrt{LC}}\sqrt{1+\frac{C}{C_0+C_s}}=f_s\sqrt{1+\frac{C}{C_0+C_s}} \tag{10.7.17a}$$

将上式展开成幂级数，并注意到 $C\ll(C_0+C_s)$，从而略去高次项，可近似得

$$f_s'=f_s\left[1+\frac{C}{2(C_0+C_s)}\right] \tag{10.7.17b}$$

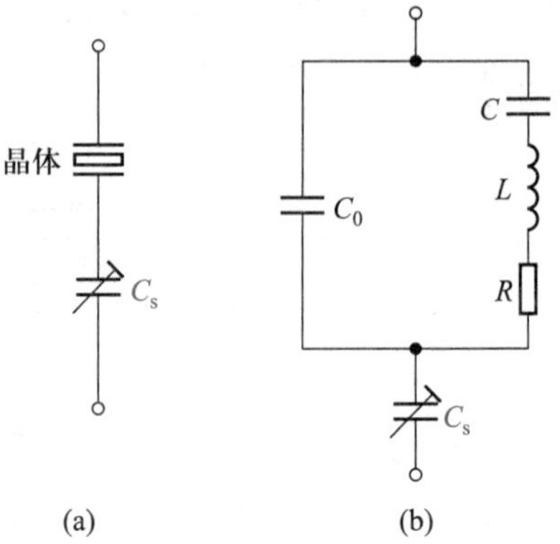

图 10.7.9 石英晶体串联谐振频率的调整

可见频率的相对变化量为

$$\frac{\Delta f}{f_s}=\frac{C}{2(C_0+C_s)} \tag{10.7.18}$$

由以上分析可知，串入 C_s 之后，并不影响并联谐振频率，因为式(10.7.16)中分母的第二项因子与 C_s 无关。但将式(10.7.17a)与式(10.7.15)做一比较表明，当 $C_s\to0$ 时，$f_s'=f_p$，而当 $C_s\to\infty$ 时，$f_s'=f_s$。实用时，C_s 是一个微调电容，使 f_s' 在 f_s 与 f_p 之间的一个狭窄范围内变动。根据前面给出的 4 MHz 石英晶体及参数，取 $C_s=3$ pF，可算出 $\Delta f\approx4$ Hz。

3. 石英晶体振荡器

石英晶体振荡器电路的形式是多种多样的，但其基本电路只有两类，即并联晶体振荡器和串联晶体振荡器，前者石英晶体是以并联谐振的形式出现，而后者则是以串联谐振的形式出现。现以图 10.7.10 所示(交流通路)并联晶体振荡器为例，简要介绍其工作原理。

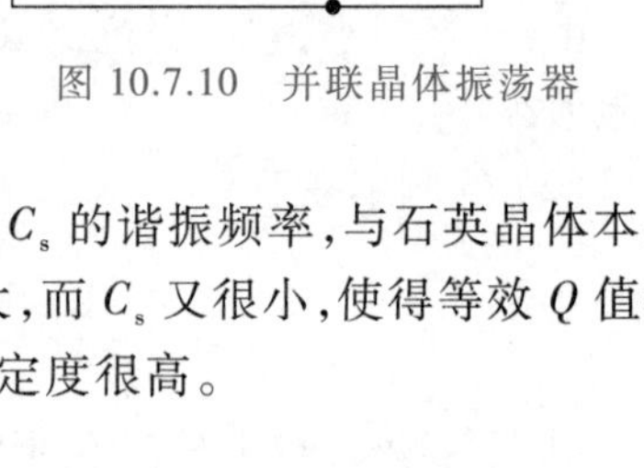

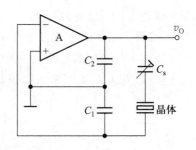

图 10.7.10 并联晶体振荡器

对比图 10.7.10 和图 10.7. 6b 可以看出，如果石英晶体与 C_s 支路呈感性，则图 10.7.10 就是电容三点式振荡电路。由图 10.7.8c 可知，振荡频率在 ω_s 与 ω_p 之间时，石英晶体呈现感抗。所以振荡频率主要取决于石英晶体与 C_s 的谐振频率，与石英晶体本身的谐振频率十分接近。石英晶体作为一个等效电感 L_{eq} 很大，而 C_s 又很小，使得等效 Q 值极高，其他元件和杂散参数对振荡频率的影响极微，故频率稳定度很高。

复习思考题

10.7.1 电容三点式振荡电路与电感三点式振荡电路比较，其输出的谐波成分小，输出波形较好，为什么？

10.7.2 在电感三点式振荡电路中，若用绝缘导线绕制一电感线圈(线圈骨架为一纸质或其他材料制成的圆筒)，问 L_1 和 L_2 如何绕法？如何抽出三个端子？是 L_1 的匝数多还是 L_2 的匝数应多些？

10.7.3 对于 RC、LC 和石英晶体三种正弦波振荡电路，试说明哪一种频率稳定度最高，哪一种最低。为什么？

10.7.4 试分别说明，石英晶体在并联晶体振荡电路和串联晶体振荡电路中等效为何种元件(电阻、电感和电容)。

10.8 非正弦信号产生电路

本节介绍的非正弦信号产生电路有方波产生电路、锯齿波产生电路等。考虑到电压比较器在信号产生电路中的广泛应用，下面首先讨论它的电路结构和工作原理。

10.8.1 电压比较器

1. 单门限电压比较器

电压比较器是一种用来比较两个输入电压大小的电路，也常用于一个输入电压 v_I 和一个参考电压 V_{REF} 的比较。图 10.8.1a 为其基本电路，符号 C 表示比较器，它在实际应用时最重要的两个动态参数是灵敏度和响应时间(或响应速度)，因此可以根据不同要求选用专用集成比较器或运放。现假设 C 由运放组成，参考电压 V_{REF} 加于运放的反相端。而输入信号 v_I 则加于运放的同相端。这时，运放处于开环工作状态，具有很高的开环电压增益。

电路的传输特性如图 10.8.1b 所示，当输入电压 v_I 小于参考电压 V_{REF} 时，即差模输入电压 $v_{ID}=v_I-V_{REF}<0$ 时，运放的高增益使输出进入负饱和状态，$v_O=V_{OL}$；当 v_I 升高到略大于参考电压 V_{REF} 时，即 $v_{ID}=v_I-V_{REF}>0$，运放立即转入正饱和状态，$v_O=V_{OH}$，如图 10.8.1b 的实线所示(图中 v_O 跳变时的斜率画得较倾斜，实际由于运放的开环增益很大，v_O 几乎是突变的)，它表示 v_I 从小于 V_{REF} 变到大于 V_{REF} 时，输出电压从负的饱和值 V_{OL} 跳变到正的饱和值 V_{OH}；反之亦然。把比较器输出电压 v_O 从一个电平跳变到另一个电平时对应的输入电压 v_I 值称为门限电压或阈值电压 V_T，对于图 10.8.1a 所示电路，$V_T=V_{REF}$。由于 v_I 从同相端输入且只有一个门限电压，故称为同相输入单门限电压比较器。反之，当 v_I 从反相端输入，V_{REF} 改接到同相端，则称为反相输入单门限电压比较器。其相应传输特性如图 10.8.1b 中的虚线所示。

要特别注意，由于运放工作于非线性状态，所以虚短不再成立，$v_P=v_N$ 仅对应输出翻转时刻。另外，由于运放的输入电阻较大，所以分析比较器时，虚断仍被采用。

用集成运放构成的电压比较器，可以如图 10.8.1c 所示加限幅措施，避免内部管子进入深度饱和区，来提高响应速度。

如果参考电压 $V_{REF}=0$，则输入信号电压 v_I 每次过零时，输出就要产生突然的变化。这种比较器称为过零比较器。

例 10.8.1 电路如图 10.8.1a 所示，v_I 为三角波，其峰值为 6 V，如图 10.8.2 中虚线所示。设电源电压 $\pm V_{CC}=\pm 12$ V，运放为理想器件，试分别画出 $V_{REF}=0$、$V_{REF}=+2$ V 和 $V_{REF}=-4$ V 时比较器输出电压 v_O 的波形。

解：由于 v_I 加到运放的同相端，因此有

$$\begin{cases} v_I>V_{REF}\text{时}, v_O=V_{OH}=12\text{ V} \\ v_I<V_{REF}\text{时}, v_O=V_{OL}=-12\text{ V} \end{cases}$$

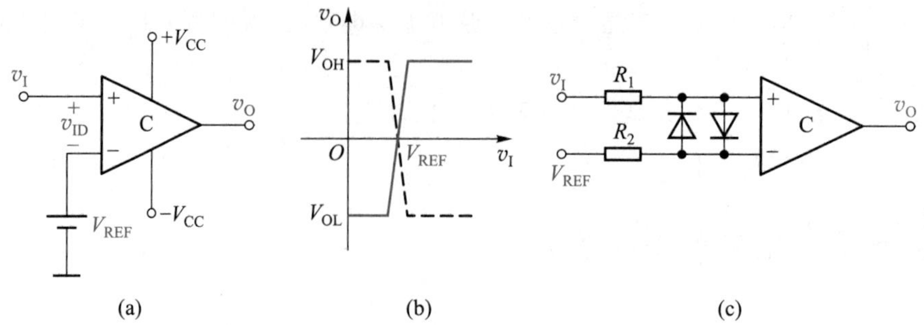

图 10.8.1 同相输入单门限电压比较器

（a）电路图 （b）传输特性 （c）提高响应速度的限幅电路

据此可画出 $V_{REF}=0$、$V_{REF}=2$ V 和 $V_{REF}=-4$ V 时的 v_O 波形，如图 10.8.2a、b、c 所示。由图可看出，当三角波固定不变，改变 V_{REF}时，会改变输出方波的高电平持续时间（也称脉冲宽度），但周期不变（与三角波周期相同）。此时称输出波形为脉冲宽度调制（pulse width modulation，PWM）波形，V_{REF}为调制信号。电路将 V_{REF}的大小转换到输出波形的脉冲宽度上了。

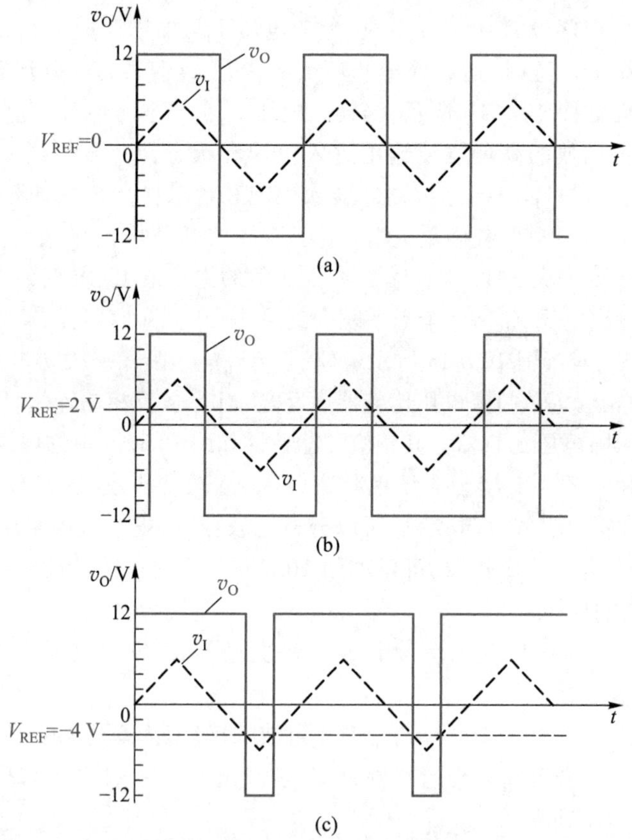

图 10.8.2 例 10.8.1 的解答图

（a）$V_{REF}=0$ 时的 v_O 波形 （b）$V_{REF}=2$ V 时的 v_O 波形

（c）$V_{REF}=-4$ V 时的 v_O 波形

例 10.8.2 图 10.8.3a 是单门限电压比较器的另一种形式，试求出其门限电压（阈值电压）V_T，画出其电压传输特性。设运放输出的高、低电平分别为 V_{OH}和 V_{OL}。

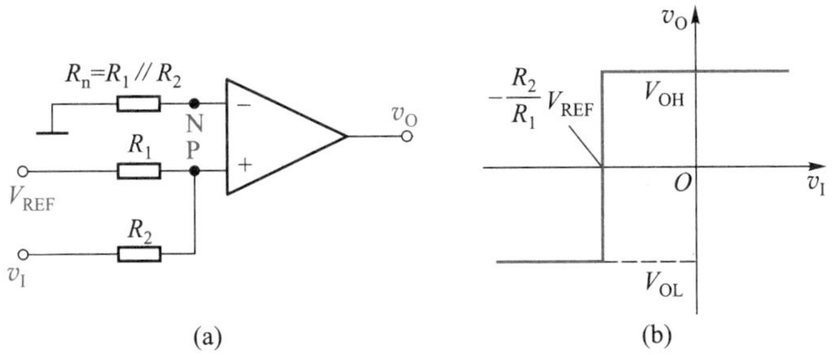

图 10.8.3 例 10.8.2 电路和解答图

(a) 电路 (b) 电压传输特性

解：根据图 10.8.3a，考虑到虚断，利用叠加原理可得

$$v_P = \frac{R_2}{R_1+R_2}V_{REF} + \frac{R_1}{R_1+R_2}v_I \tag{10.8.1}$$

理想情况下，输出电压发生跳变时对应 $v_P = v_N = 0$，即

$$R_2V_{REF} + R_1v_I = 0$$

由此可求出门限电压

$$V_T = (v_I =) -\frac{R_2}{R_1}V_{REF} \tag{10.8.2}$$

当 $v_I > V_T$ 时，$v_P > v_N$，所以 $v_O = V_{OH}$；当 $v_I < V_T$ 时，$v_P < v_N$，所以 $v_O = V_{OL}$。我们已知电压传输特性的三个要素：输出电压的高电平 V_{OH}和低电平 V_{OL}、门限电压和输出电压的跳变方向，因此，可画出图 10.8.3a 的电压传输特性如图 10.8.3b 所示。

根据式（10.8.2）可知，只要改变 V_{REF}的大小和极性，以及电阻 R_1 和 R_2 的阻值，就可以改变门限电压 V_T 的大小和极性。若要改变 v_I 过 V_T 时 v_O 的跃变方向，则只要将图 10.8.3a 所示电路运放的同相输入端和反相输入端所接外电路互换。

2. 迟滞比较器

单门限电压比较器虽然有电路简单、灵敏度高等特点，但其抗干扰能力差。例如，图 10.8.1a 所示单门限电压比较器，当 v_I 中含有噪声或干扰电压时，其输入和输出电压波形如图 10.8.4 所示。由于 v_I 在 $V_T = V_{REF}$附近出现干扰，v_O 将时而为 V_{OH}，时而为 V_{OL}，导致比较器输出不稳定。如果用这个输出电压 v_O 去控制电机，将出现频繁的起停现象，这种情况是不允许的。如果输出电压跳变后，门限值也跟着跳离当前的 v_I 值，那么就可以解决这个问题。迟滞比较器就具有这样的特性。

（1）电路组成

如何让门限值跟随输出电压跳变呢？我们自然会想到反馈。为了保证运放工作在非线性区实现比较器功能，这个反馈必须是正反馈，其电路如图 10.8.5 所示，R_1 引入了正反馈。此时门限值由 V_{REF}和 v_O 共同决定。而且正反馈会使增益变得更大，比较器的翻转速度会更快。

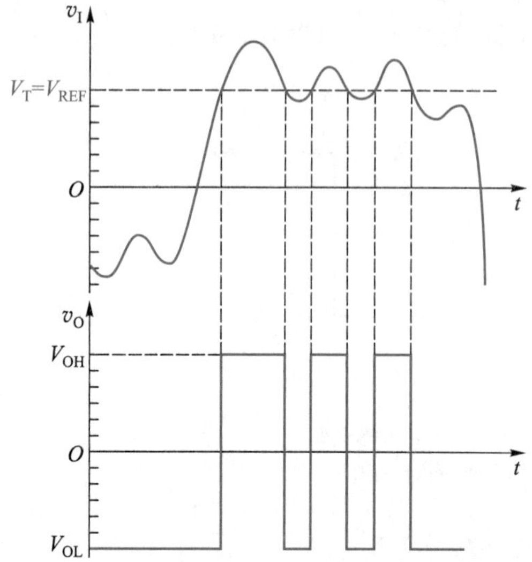

图 10.8.4 单门限电压比较器在 v_I 中包含有干扰电压时的输出电压 v_O 波形

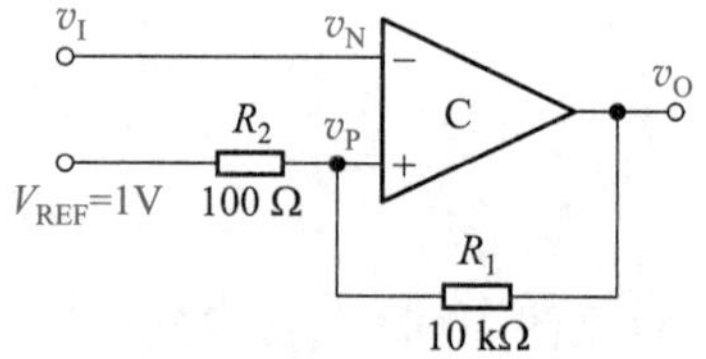

图 10.8.5 反相输入迟滞比较器电路

（2）门限电压的估算

由图 10.8.5 可知，当 $v_I>v_P$ 时，输出电压 v_O 为低电平 V_{OL}；反之，v_O 为高电平 V_{OH}；而 $v_I=v_N\approx v_P$ 是 v_O 翻转的临界条件，也即 v_P 值就是门限电压 V_T，据此可求出门限电压 V_T。设运放是理想的，利用叠加原理并考虑虚断有

$$v_P=V_T=\frac{R_1V_{REF}}{R_1+R_2}+\frac{R_2v_O}{R_1+R_2} \tag{10.8.3}$$

根据输出电压 v_O 的不同值（V_{OH} 或 V_{OL}），可分别求出上门限电压 V_{T+} 和下门限电压 V_{T-} 分别为

$$V_{T+}=\frac{R_1V_{REF}}{R_1+R_2}+\frac{R_2V_{OH}}{R_1+R_2} \tag{10.8.4}$$

和

$$V_{T-}=\frac{R_1V_{REF}}{R_1+R_2}+\frac{R_2V_{OL}}{R_1+R_2} \tag{10.8.5}$$

门限宽度或回差电压为

$$\Delta V_T=V_{T+}-V_{T-}=\frac{R_2(V_{OH}-V_{OL})}{R_1+R_2} \tag{10.8.6}$$

需要特别注意，由于 v_O 不可能同时为 V_{OH} 和 V_{OL}，所以 V_{T+} 和 V_{T-} 不可能同时存在。这意味着这种比较器看上去有两个门限值，但实际上是门限值随输出电压的跳变在 V_{T+} 和 V_{T-} 之间跳变，即实际门限值所处位置取决于当前输出电压的状态。由式（10.8.4）和式（10.8.5）看出，当 $v_O=V_{OH}$ 时，V_{T+} 有效；而当 $v_O=V_{OL}$ 时，V_{T-} 有效。

设电路参数如图 10.8.5 所示，且 $V_{OH}=-V_{OL}=5$ V，则由式（10.8.4）~式（10.8.6）可求得 $V_{T+}=1.04$ V，$V_{T-}=0.94$ V 和 $\Delta V_T=0.1$ V。

(3) 传输特性

设从 $v_I=0$,$v_O=V_{OH}$开始讨论。

由于 $v_O=V_{OH}$,所以当前门限值为 $v_P=V_{T+}$。当 v_I 由零向正方向增加到接近 V_{T+}之前,v_O 一直保持 $v_O=V_{OH}$不变。当 v_I 增加到略大于 V_{T+}时,v_O 由 V_{OH}下跳到 V_{OL},同时使门限值 v_P 下跳到 $v_P=V_{T-}$,v_I 再增加,v_O 保持 $v_O=V_{OL}$不变,其传输特性如图 10.8.6a 所示。

若减小 v_I,只要 $v_I>V_{T-}$,则 v_O 将始终保持 $v_O=V_{OL}$不变,只有当 $v_I<V_{T-}$时,v_O 才由 V_{OL}跳变到 V_{OH},门限值也随之跳回到 V_{T+},其传输特性如图 10.8.6b 所示。把图 10.8.6a 和 b 的传输特性结合在一起,就构成了如图 10.8.6c 所示的完整的传输特性,它有一个迟滞回环,所以这种比较器称为迟滞比较器①。根据 V_{REF}的正、负和大小不同,V_{T+}、V_{T-}可正可负。

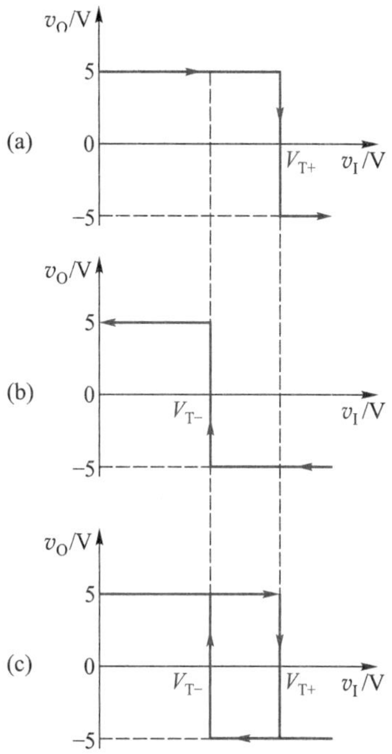

图 10.8.6 反相输入迟滞比较器的传输特性

(a) v_I 增加时的传输特性

(b) v_I 减少时的传输特性

(c) 合成(输入-输出)传输特性

图 10.8.5 所示比较器的输入信号 v_I 由反相端输入,所以是反相输入迟滞比较器。如将 v_I 与 V_{REF}位置互换,就可构成同相输入迟滞比较器。

例 10.8.3 设电路参数如图 10.8.7a 所示,输入信号 v_I 的波形如图 10.8.7c 所示。试画出其传输特性和输出电压 v_O 的波形。

解:(1) 求门限电压

由于 $V_{REF}=0$,由式(10.8.4)和式(10.8.5)有

$$V_{T+}=\frac{R_2V_{OH}}{R_1+R_2}=\frac{20\times10}{20+20}\ \text{V}=5\ \text{V}$$

$$V_{T-}=\frac{R_2V_{OL}}{R_1+R_2}=\frac{-20\times10}{20+20}\ \text{V}=-5\ \text{V}$$

(2) 画传输特性

由于图 10.8.7a 所示电路结构与图 10.8.5 的差别是,前者的 $V_{REF}=0$,因此可画出其传输特性如图 10.8.7b 所示。此时的上门限电压和下门限电压对称于纵轴。

(3) 画出 v_O 波形

根据图 10.8.7b、c 可画出 v_O 波形。

当 $t=0$ 时,由于 $v_I<V_{T-}=-5$ V,所以 $v_O=10$ V,$v_P=5$ V。以后 v_I 在 $v_I<v_P=V_{T+}=5$ V 内变化,v_O 保持 10 V 不变。

当 $t=t_1$ 时,$v_I\geqslant v_P=V_{T+}$,v_O 由 10 V 下跳到−10 V,门限值 v_P 也由 V_{T+}变为 $v_P=V_{T-}=-5$ V(V_{T+}已无效)。所以后面即使 v_I 又多次穿越 V_{T+},但只要 $v_I>V_{T-}$,v_O 就保持−10 V 不变。

当 $t=t_2$ 时,$v_I\leqslant-5$ V,v_O 又由−10 V 上跳到 10 V,门限值 v_P 又由 $V_{T-}=-5$ V 变回到 $v_P=$

---

① 这种迟滞比较器又叫施密特触发电路(Schmitt Trigger)。

$V_{T+}=5\ V$。

依此类推，可画出 v_O 的波形，如图 10.8.7d 所示。由图可知，虽然 v_I 的波形很不“整齐”，但得到的 v_O 是一近似矩形波。因此，图 10.8.7a 所示电路可以消除图 10.8.4 中的干扰，它可用于波形整形。具有迟滞特性的比较器在控制系统、信号甄别和波形产生电路中应用较广。

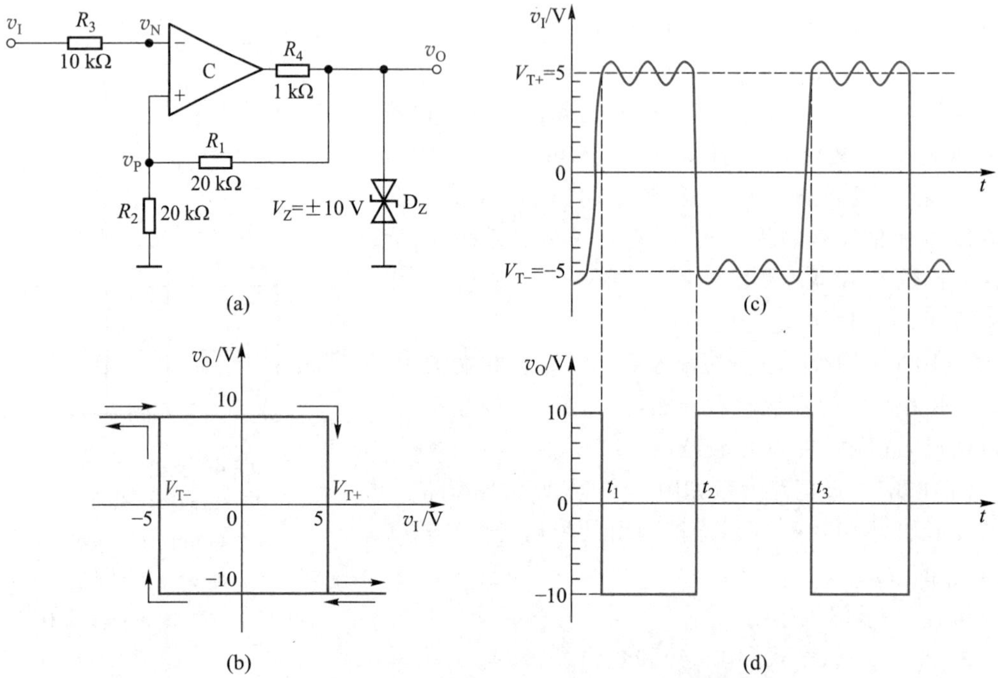

图 10.8.7 例 10.8.3 电路及波形

(a) 电路 (b) 传输特性 (c) 输入电压 v_I 波形 (d) 输出电压 v_O 波形

通过上述几种电压比较器的分析，可得出如下结论。

① 由于电压比较器通常工作在开环或正反馈状态，运放工作在非线性区，其输出电压只有高电平 V_{OH}和低电平 V_{OL}两种情况，虚短不再成立。

② 一般用电压传输特性来描述输出电压与输入电压的函数关系。

③ 电压传输特性的三个要素是输出电压的高电平 V_{OH}和低电平 V_{OL}、门限电压和输出电压的跳变方向。令 $v_P=v_N$所求出的 v_I 就是门限电压；v_I 等于门限电压时输出电压的跳变方向决定于输入电压作用于同相输入端还是反相输入端。

实际比较器的输出电压 v_O 从一个电平变到另一个电平并不是理想阶跃，它要经过线性区（见图 10.8.8a），设 V_{I1}、V_{I2}分别对应距离 v_O 底部和顶部 $0.1(V_{OH}-V_{OL})$处的 v_I 值，则 V_{I2}、V_{I1}的差值 ΔV_I 就称为比较器的灵敏度。ΔV_I 越小，灵敏度越高。因此，灵敏度 ΔV_I 表示了比较器对输入信号电压的分辨能力。为了提高灵敏度，应选择开环电压增益大、失调与温漂小的集成运放或集成比较器构成电压比较器电路。

如果在比较器的输入端加上一理想阶跃信号，其输出电压 v_O 如图 10.8.8b 所示。显然，

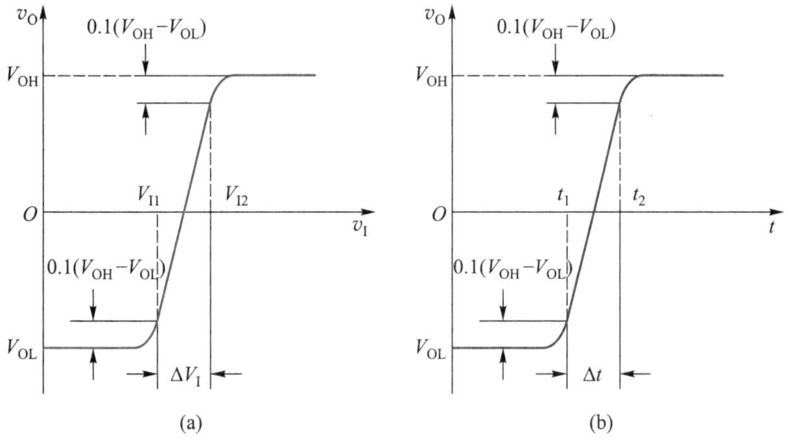

图 10.8.8 比较器的灵敏度和响应时间

（a）灵敏度 （b）响应时间

v_O 也不是一个理想跃变,而是需要一定时间 Δt,这个时间称为比较器的响应时间。Δt 越小,响应速度越快。为了提高响应速度,应选择高速、宽带集成运放或高速、超高速集成电压比较器。

3. 集成电压比较器

电压比较器可将模拟信号转换成双值信号,即只有高电平和低电平两种状态的离散信号。因此,可用电压比较器作为模拟电路和数字电路的接口电路。

集成电压比较器比集成运算放大器的开环增益低、失调电压大、共模抑制比小,因而它的灵敏度往往不如用集成运放构成的比较器高,但由于集成电压比较器通常工作在两种状态之一（输出为高电平或低电平）,因此不需要频率补偿电容,也就不会像集成运算放大器那样因加入频率补偿电容引起转换速率受限。集成电压比较器改变输出状态的典型响应时间是 30~200 ns。转换速率为 0.7 V/μs 的 741 集成运算放大器,其响应时间的期望值是 30 μs 左右,约为集成电压比较器 1 000 倍。

近年来,高速、超高速集成电压比较器获得迅速发展。例如,以互补双极工艺制造的 AD790 高速电压比较器,其精度已达到 $V_{IO} \leqslant 50$ μV,$K_{CMR} \geqslant 105$ dB。它可以双电源供电（±15 V）,也可以单电源工作（+5 V）。其输出可与 TTL、CMOS 电平匹配,输出级可驱动 100 pF 的容性负载。AD790 在+5 V 单电源工作时的功耗约为 60 mW,响应时间的典型值为 40 ns。

超高速集成电压比较器的型号也很多。例如,LT1016（10 ns）;LT685（5.5 ns）;TLV3201/TLV3202（40 ns）等。

此外,根据输出方式不同,集成电压比较器还可分为普通、集电极（或漏极）开路输出或互补输出三种情况。集电极（或漏极）开路输出电路必须在输出端接一个电阻至电源。互补输出电路有两个输出端,若一个为高电平,则另一个必为低电平。

例如,常用的 LM339,其芯片内集成了四个独立的电压比较器。由于 LM339 采用了集电极开路的输出形式,使用时允许将各比较器的输出端直接连在一起。利用这一特点,可以方便地用 LM339 内两个比较器组成双限比较器，共用外接电阻 R，如图 10.8.9a 所示。当信号电压 v_I 满足 $V_{REF1}<v_I<V_{REF2}$ 时，输出电压 v_O 为高电平 V_{OH}，否则 v_O 为低电平 V_{OL}。由此可画出其电压传输特性如图 10.8.9b 所示。

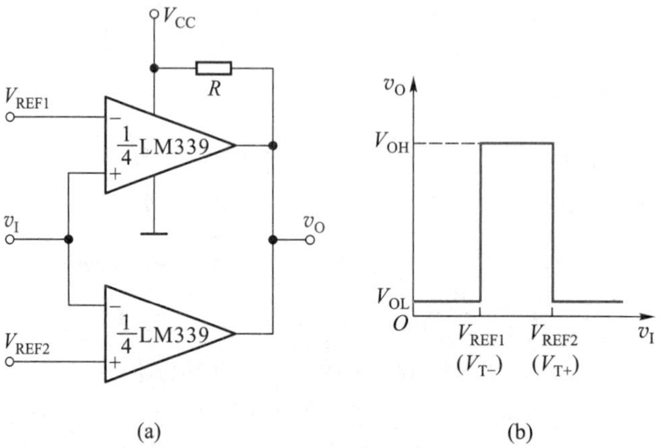

图 10.8.9 由 LM339 构成的双限比较器及其电压传输特性

（a）原理电路 （b）电压传输特性

10.8.2 方波产生电路

1. 电路组成及工作原理

方波产生电路是一种能够直接产生方波或矩形波的非正弦信号发生电路。由于方波或矩形波包含极丰富的谐波，因此，这种电路又称为多谐振荡电路。

基本电路组成如图 10.8.10a 所示，它在迟滞比较器的基础上，增加了一个由 R_f、C 组成的积分电路，把输出电压经 R_f、C 反馈到比较器的反相端。在比较器的输出端引入限流电阻 R 和两个背靠背的齐纳二极管（稳压值为 $\pm V_Z$）就组成了一个如图 10.8.10b 所示的双向限幅方波发生电路。由图可知，电路的正反馈系数为同相端电压与输出电压之比，即①

$$F\approx\frac{R_2}{R_1+R_2}\tag{10.8.7}$$

在接通电源的瞬间，输出电压究竟偏于正向饱和还是负向饱和，那纯属偶然。假设开始时输出电压为正饱和值，即 $v_O=+V_Z$ 时，加到电压比较器同相端的电压为 $+FV_Z$（当前门限值），而加于反相端的电压为电容器上的电压 v_C。由于 v_C 不能突变，只能由输出电压 v_O 通过电阻 R_f 按指数规律向 C 充电来建立，如图 10.8.11a 所示，充电电流为 i^+。显然，当加到反相端的电压 v_C 略大于 $+FV_Z$ 时，输出电压便从正饱和值（$+V_Z$）迅速翻转到负饱和值（$-V_Z$），即 $v_O=-V_Z$（见图 10.8.11b），于是电压比较器同相端的门限电压也立即变为 $-FV_Z$；输出电压变为 $-V_Z$ 后，电容 C 通过 R_f 开始放电，放电电流如图 10.8.11a 中 i^- 所示，使 v_C 上的电压值逐渐降低。直到 v_C 略低于 $-FV_Z$ 值时，输出状态又翻转回去。如此循环，形成一系列的方波输

① 在本节内，为了简化符号，反馈系数 F 一律不带下标。

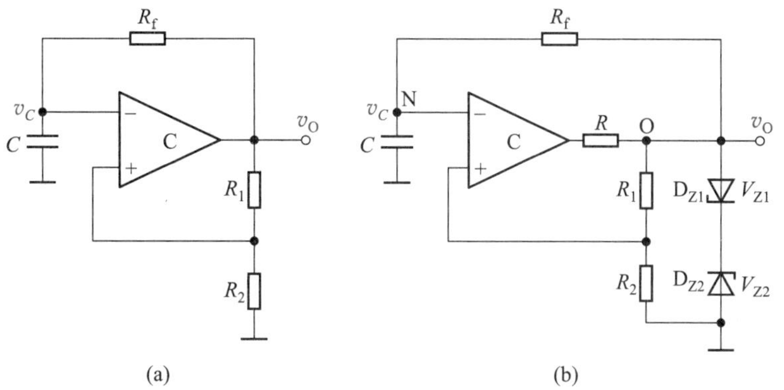

图 10.8.10 方波产生电路

（a）基本电路 （b）双向限幅的方波产生电路

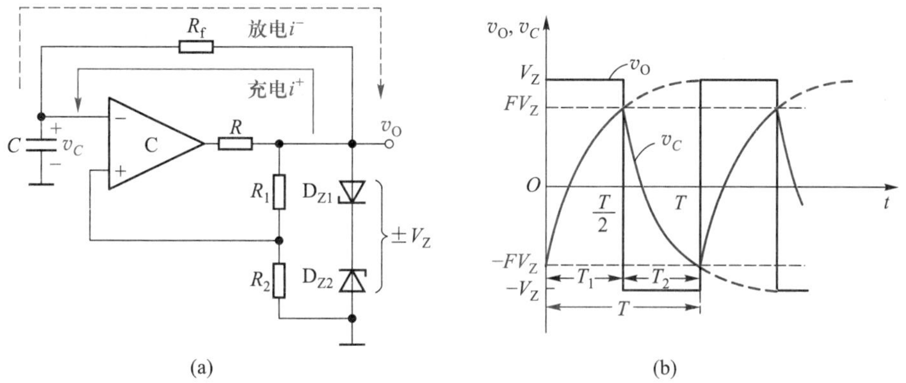

图 10.8.11 方波产生电路工作原理图

（a）电容器 C 充、放电情况 （b）输出电压与电容器电压波形图

出，如图 10.8.11b 所示。

2. 振荡频率

图 10.8.11b 画出了电路稳定振荡后，输出端及电容器 C 上的电压波形。设 $t=0$ 时，$v_C=-FV_Z$，则 $T/2$ 的时间内，电容 C 上的电压 v_C 将以指数规律由 $-FV_Z$ 向 V_Z 方向变化，电容器端电压随时间变化规律为

$$v_C(t)=V_Z\left[1-(1+F)e^{-\frac{t}{R_fC}}\right] \tag{10.8.8}$$

设 T 为方波的周期，当 $t=T/2$ 时，$v_C(T/2)=FV_Z$，代入式(10.8.8)，可得

$$v_C\left(\frac{T}{2}\right)=V_Z\left[1-(1+F)e^{-\frac{T}{2R_fC}}\right]=FV_Z$$

对 T 求解，可得

$$T=2R_fC\ln\frac{1+F}{1-F}=2R_fC\ln\left(1+2\frac{R_2}{R_1}\right) \tag{10.8.9}$$

方波的频率为

$$f=\frac{1}{T} \tag{10.8.10}$$

上式表明，方波的频率与充放电时间常数 R_fC 和迟滞比较器的电阻比值 R_2/R_1 有关，与齐纳二极管的稳压值 V_Z 无关，但方波的幅值是由 V_Z 决定的。实际应用中常通过改变 R_f 来调节频率。

在低频范围（如 10 Hz～10 kHz）内，对于固定频率来说，用运放来组成图 10.8.11 所示电路尚可。当振荡频率较高时，为了获得前后沿较陡的方波，最好选择转换速率较高的集成电压比较器代替运放。

3. 占空比可调的方波产生电路

通常将矩形波为高电平的持续时间与振荡周期的比值称为**占空比**（用 q 表示）。图 10.8.11 中的 v_O 波形为对称方波，其占空比为 50%。如需产生占空比小于或大于 50%的矩形波，只需使电容 C 的充电和放电时间常数不同即可。

图 10.8.12a 是一种占空比可调的矩形波产生电路，图中电位器 R_P 和二极管 D_1、D_2 的作用是将电容充电和放电的回路分开，并可调节充电和放电两个时间常数的比例。这样，当 v_O 为正时，D_1 导通而 D_2 截止，充电时间常数为 $(R_f+R_{P1})C$；当 v_O 为负时，D_1 截止而 D_2 导通，放电时间常数为 $(R_f+R_{P2})C$，v_C 和 v_O 的电压波形如图 10.8.12b 所示。

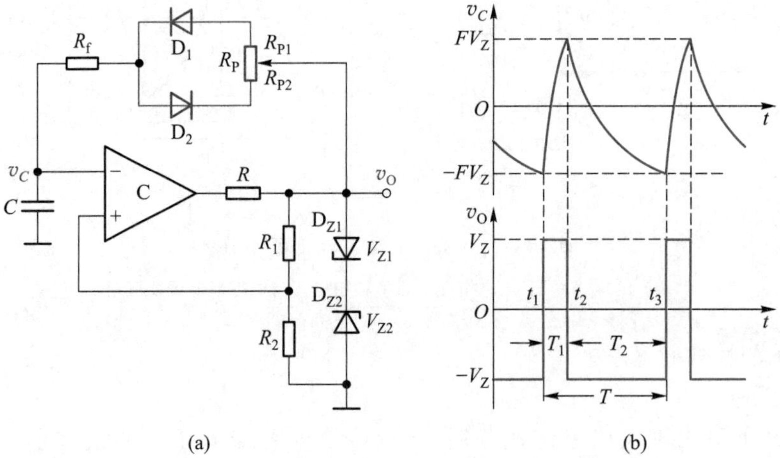

图 10.8.12　占空比可调的矩形波产生电路

（a）电路原理图　（b）输出波形图

当忽略二极管的正向导通电阻时，利用类似的方法，可求得电容充电和放电的时间分别为

$$T_1=(R_f+R_{P1})C\ \ln\left(1+2\frac{R_2}{R_1}\right) \tag{10.8.11a}$$

$$T_2=(R_f+R_{P2})C\ \ln\left(1+2\frac{R_2}{R_1}\right) \tag{10.8.11b}$$

输出波形的振荡周期为

$$T=T_1+T_2=(2R_f+R_P)C\ \ln\left(1+2\frac{R_2}{R_1}\right) \tag{10.8.12}$$

矩形波的占空比为

$$q=\frac{T_1}{T}\times100\%=\frac{R_f+R_{P1}}{2R_f+R_P}\times100\% \tag{10.8.13}$$

上式表明,调节 R_{P1} 的值,就能改变占空比,而输出波形的周期不受影响。

10.8.3 锯齿波产生电路

锯齿波和正弦波、方波、三角波是常用的基本测试信号。下面以图 10.8.13a 所示的锯齿波电压产生电路为例,讨论其组成及工作原理。

1. 电路组成

由图 10.8.13a 可见,它由同相输入迟滞比较器(C_1)和充放电时间常数不等的积分器(A_2)共同组成锯齿波电压产生电路。

2. 门限电压的估算

为便于讨论,单独画出图 10.8.13a 中由 C_1 组成的同相输入迟滞比较器,如图 10.8.13b 所示。图中的 v_I 就是图 a 中的 v_O。由图 b 有

$$v_{P1}=v_I-\frac{v_I-v_{O1}}{R_1+R_2}R_1 \tag{10.8.14}$$

考虑到电路翻转时,有 $v_{N1}\approx v_{P1}=0$,即得

$$v_I=V_T=-\frac{R_1}{R_2}v_{O1} \tag{10.8.15}$$

由于 $v_{O1}=\pm V_Z$,由式(10.8.15),可分别求出上、下门限电压和门限宽度

$$V_{T+}=\frac{R_1}{R_2}V_Z \quad (v_{O1}=-V_Z) \tag{10.8.16}$$

$$V_{T-}=-\frac{R_1}{R_2}V_Z \quad (v_{O1}=V_Z) \tag{10.8.17}$$

和

$$\Delta V_T=V_{T+}-V_{T-}=2\frac{R_1}{R_2}V_Z \tag{10.8.18}$$

3. 工作原理

设 $t=0$ 时接通电源,有 $v_{O1}=-V_Z$,则 $-V_Z$ 经 R_6 向 C 恒流充电,使输出电压按线性规律增长。当 v_O 上升到门限电压 V_{T+} 使 $v_{P1}=v_{N1}=0$ 时,比较器输出 v_{O1} 由 $-V_Z$ 上跳到 $+V_Z$,同时门限电压下跳到 V_{T-} 值。以后 $v_{O1}=+V_Z$ 经 R_6 和 D、R_5 两支路向 C 反向充电,由于时间常数小于之前的充电时间常数,所以 v_O 迅速下降到负值。当 v_O 降到 V_{T-} 使 $v_{P1}=v_{N1}=0$ 时,比较器输出 v_{O1} 又由 $+V_Z$ 下跳到 $-V_Z$。如此周而复始,产生振荡。由于电容 C 的正向与反向充电时间常数不相等,但都是恒流充电,所以 v_O 为锯齿波,v_{O1} 为矩形波,如图 10.8.14 所示。当忽略二极管的正向导通电阻时,可求得振荡周期为

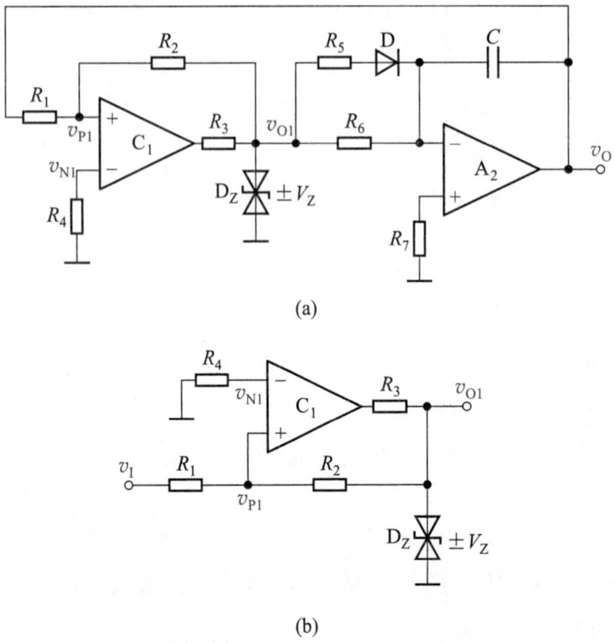

图 10.8.13 锯齿波电压产生电路

（a）电路 （b）同相输入迟滞比较器

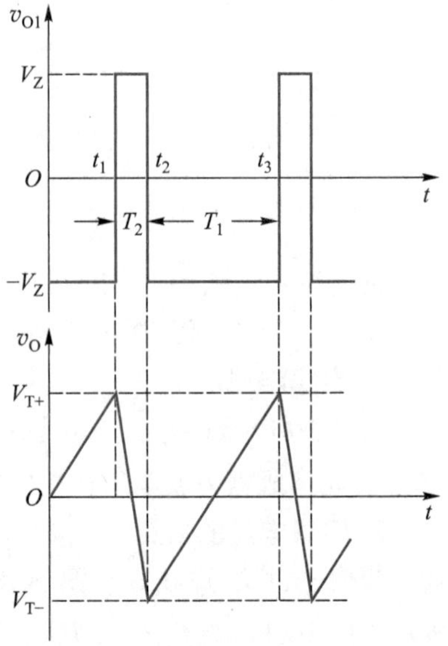

图 10.8.14 图 10.8.13a 所示电路的波形

$$
\begin{aligned}
T &= T_1+T_2 \\
&= \frac{2R_1R_6C}{R_2}+\frac{2R_1(R_6/\!/R_5)C}{R_2} \\
&= \frac{2R_1R_6C(R_6+2R_5)}{R_2(R_5+R_6)}
\end{aligned} \tag{10.8.19}
$$

显然，当去掉图 10.8.13a 电路中的 R_5、D 支路，C 的正、反向充电时间常数就相等，锯齿波就变成三角波了，电路就变成方波（v_{O1}）-三角波（v_O）产生电路了，其振荡周期为

$$
T=\frac{4R_1R_6C}{R_2} \tag{10.8.20}
$$

复习思考题

10.8.1 电压比较器中的运放通常工作在什么状态（负反馈、正反馈或开环）？一般它的输出电压是否只有高电平和低电平两个稳定状态？

10.8.2 迟滞比较器有几个门限电压值？

10.8.3 迟滞比较器的传输特性为什么具有迟滞特性？

10.8.4 试分别指出，在下列情况下应选用哪种输入方式和何种类型的比较器：

（1）要求 $v_I>0$ 时 v_O 为低电平，$v_I<0$ 时 v_O 为高电平；

（2）要求 $v_I>3$ V 时 v_O 为高电平，而在 $v_I<3$ V 时 v_O 为低电平。

10.8.5 集成电压比较器与集成运放比较主要有什么特点？为什么为了获得前后沿较陡的方波，宜选用转换速率较高的集成电压比较器组成比较电路？

小　结

教学视频 **10.1**：信号处理与信号产生电路小结

• 有源滤波电路通常是由运放和 *RC* 网络构成的电子系统，根据幅频响应不同，可分为低通、高通、带通、带阻和全通滤波电路。高阶滤波电路一般都可由一阶和二阶有源滤波电路组成。

• 开关电容滤波器的精度和稳定性均较高，目前已有多种集成电路器件供选用，但其高频信号的滤波受到限制。

• 正弦波振荡电路由放大电路、正反馈网络、选频网络和稳幅环节等部分组成，振荡的条件是环路增益 $\dot{A}\dot{F}=1$，它可拆分成幅值条件和相位条件。由相位条件决定振荡频率，由幅值条件决定电路能否起振和稳幅。

• *RC* 桥式正弦波振荡电路利用 *RC* 串并联网络作为选频网络和正反馈网络，结合同相放大电路构成。振荡频率为 $f_0=1/(2\pi RC)$，起振条件为 $|\dot{A}_v|>3$。*RC* 振荡电路可产生几赫至几百千赫的低频信号。

• *LC* 振荡电路有变压器反馈式、电感三点式、电容三点式等形式，它们的选频网络都是 *LC* 谐振回路，电路的振荡频率等于 *LC* 的谐振频率。谐振回路的品质因数越大，电路的选频特性越好，振荡频率越稳定。*LC* 振荡电路可产生几十兆赫甚至一百兆赫以上的正弦信号。

• 石英晶体振荡电路是用石英谐振器作为选频网路实现振荡的，其振荡频率取决于石英晶体的谐振频率，且频率稳定度可高达 10^{-9} 甚至 10^{-11} 数量级。石英晶体振荡电路有并联型和串联型两类。

• 单门限电压比较器、过零比较器和迟滞比较器均有同相输入和反相输入两种接法。单门限电压比较器和过零比较器中的运放或比较器工作在开环状态，只有一个门限电压；而迟滞比较器中的运放或比较器通常工作在正反馈状态，对应输出高、低两个电平，有两个门限电压值，电压传输特性有一个迟滞回环。输出电压发生跳变的临界条件是 $v_N\approx v_P$，据此可求得门限电压。

• 集成电压比较器比集成运算放大器的开环增益低、失调电压大、共模抑制比小，因而它的灵敏度往往不如用集成运放构成的比较器高，但集成电压比较器的响应时间远小于集成运放。因此，要求响应时间短的场合应当用高速集成电压比较器组成比较电路。

• 在非正弦波信号产生电路中没有选频网络。方波、锯齿波和三角波产生电路通常由比较器、反馈网络和积分电路等组成。判断电路能否振荡的方法是，设比较器的输出为高电平（或低电平），经反馈、积分等环节能使比较器输出从一种状态跳变到另一种状态，则电路能振荡。锯齿波产生电路与三角波产生电路的差别是，前者积分电路的正向和反向充放电时间常数不相等，而后者是一致的。

习　题

10.1　滤波电路的基本概念与分类

10.1.1　在下列几种情况下，应分别采用哪种类型的滤波电路（低通、高通、带通、带阻）？

(1) 有用信号的频率为 100 Hz; (2) 有用信号的频率低于 400 Hz; (3) 希望抑制 50 Hz 交流电源的干扰; (4) 希望抑制 500 Hz 以下的信号。

10.1.2 设运放为理想器件。在下列几种情况下,它们应分别属于哪种类型的滤波电路(低通、高通、带通、带阻)? 并定性画出其理想幅频响应。(1) 理想情况下,当 $f=0$ 和 $f\to\infty$ 时的电压增益相等,且不为零; (2) 直流电压增益就是它的通带电压增益; (3) 在理想情况下,当 $f\to\infty$ 时的电压增益就是它的通带电压增益; (4) 在 $f=0$ 和 $f\to\infty$ 时,其电压增益都等于零。

10.2 一阶有源滤波电路

10.2.1 图题 10.2.1 所示为一个一阶低通滤波电路,设 A 为理想运放,试推导电路的传递函数,并求出其 -3 dB 截止角频率 ω_H。

10.2.2 图题 10.2.2 所示电路,在时域中为比例积分器,而在频域中为一阶低通滤波电路。设运放是理想的,试推导电路的传递函数 $\dot{A}_v(j\omega)=\dot{V}_o(j\omega)/\dot{V}_i(j\omega)$,并求通带电压增益和 -3 dB 截止角频率 ω_H。

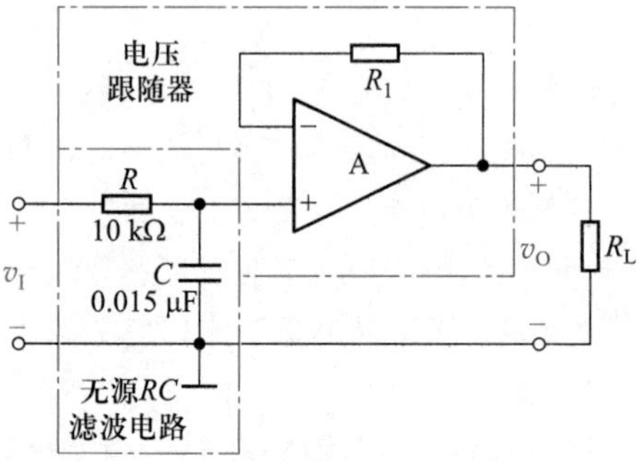

图题 10.2.1

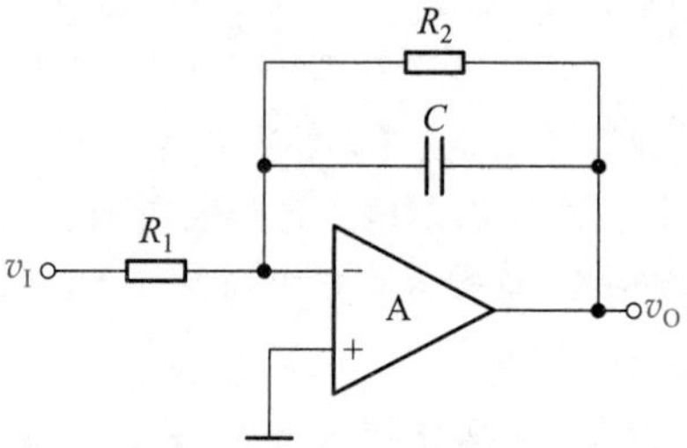

图题 10.2.2

10.2.3 图题 10.2.3 所示为一阶高通滤波器电路,设 A 为理想运放,试推导电路的传递函数,并画出其幅频响应波特图,求 -3 dB 截止角频率 ω_L。

10.2.4 图题 10.2.4 所示是一阶全通滤波电路的一种形式。要求: (1) 证明电路的电压增益表达式为 $\dot{A}_v(j\omega)=\dfrac{\dot{V}_o(j\omega)}{\dot{V}_i(j\omega)}=-\dfrac{1-j\omega RC}{1+j\omega RC}$。(2) 求它的幅频响应和相频响应,说明当 ω 由 $0\to\infty$ 时,相角 φ 的变化范围。

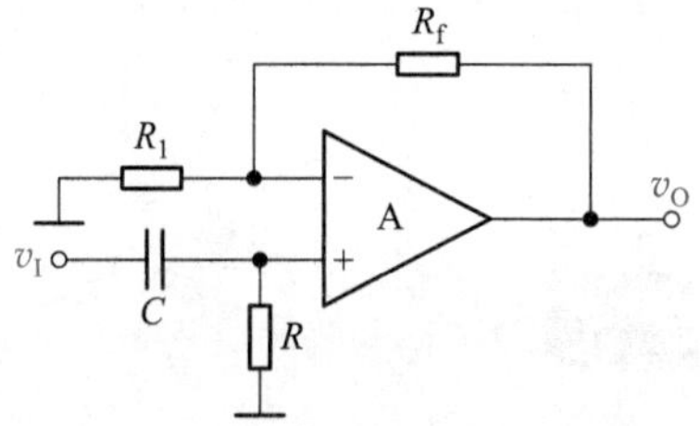

图题 10.2.3

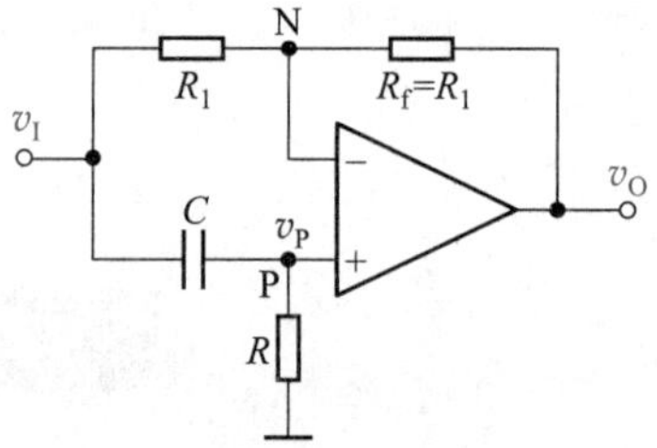

图题 10.2.4

10.3 高阶有源滤波电路

10.3.1 在图 10.3.1 所示低通滤波电路中，设 $R_1 = 10\ \text{k}\Omega$，$R_f = 5.86\ \text{k}\Omega$，$R = 100\ \text{k}\Omega$，$C_1 = C_2 = 0.1\ \mu\text{F}$，试计算截止角频率 ω_H 和通带电压增益，并画出其波特图。

10.3.2 设计一个电路结构如图 10.3.1 所示的压控电压源型二阶低通滤波电路，其截止频率 $f_H = 100\ \text{Hz}$，$Q = 0.707$，试确定电路中电阻和电容的值。

10.3.3 电路如图题 10.3.3 所示，设 A_1、A_2 为理想运放。(1) 求 $A_1(s) = \dfrac{V_{o1}(s)}{V_i(s)}$ 及 $A(s) = \dfrac{V_o(s)}{V_i(s)}$；(2) 根据导出的 $A_1(s)$ 和 $A(s)$ 表达式，判断它们分别属于什么类型的滤波电路。

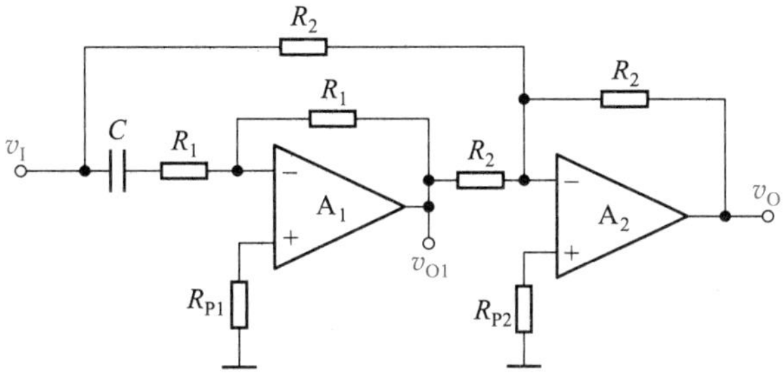

图题 10.3.3

10.3.4 设 A 为理想运放，试写出图题 10.3.4 所示电路的传递函数，指出这是一个什么类型的滤波电路。

10.3.5 设 A 为理想运放，试写出图题 10.3.5 所示电路的传递函数，指出这是一个什么类型的滤波电路。

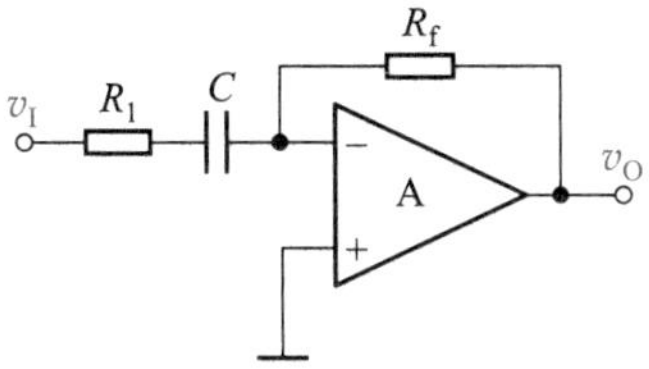

图题 10.3.4

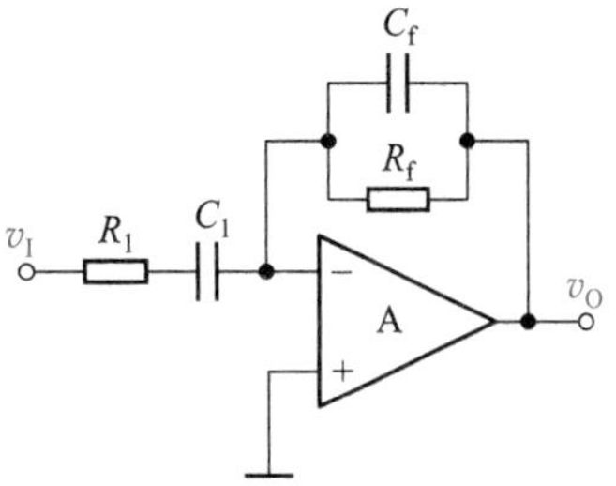

图题 10.3.5

10.3.6 在图 10.3.10 所示带通滤波电路中，设 $R = R_2 = 10\ \text{k}\Omega$，$R_3 = 20\ \text{k}\Omega$，$R_1 = 38\ \text{k}\Omega$，$R_f = 20\ \text{k}\Omega$，$C_1 = C = 0.01\ \mu\text{F}$，试计算中心频率 f_0 和带宽 BW，画出其幅频响应曲线。

10.3.7 高通电路如图 10.3.7 所示。已知 $Q = 1$，试求其幅频响应的峰值，以及峰值所对应的角频率。设 $\omega_c = 2\pi \times 200\ \text{rad/s}$。

10.3.8 已知某有源滤波电路的传递函数为

$$A(s) = \frac{V_o(s)}{V_i(s)} = \frac{-s^2}{s^2 + \dfrac{3}{R_1 C}s + \dfrac{1}{R_1 R_2 C^2}}$$

(1)试定性分析该电路的滤波特性(低通、高通、带通或带阻)(提示:可从增益随角频率变化情况判断);(2)求通带增益 A_0、特征角频率 ω_c 及等效品质因数 Q。

10.3.9 试画出下列传递函数的幅频响应曲线,并分别指出各传递函数表示哪一种(低通、高通)滤波电路(提示:下面各式中的 $S=s/\omega_c=j\omega/\omega_c$):

(1) $A(S)=\dfrac{1}{S^2+\sqrt{2}S+1}$

(2) $A(S)=\dfrac{1}{S^3+2S^2+2S+1}$

(3) $A(S)=\dfrac{S^3}{S^3+2S^2+2S+1}$

*10.4 开关电容滤波器

10.4.1 影响开关电容滤波器频率响应的时间常数取决于什么?为什么时钟频率 f_{cp} 通常比滤波器的工作频率(例如截止频率 f_p)要大得多(例如 $f_{cp}/f_p>100$)?

10.4.2 开关电容滤波器与一般 RC 有源滤波电路相比有何主要优点?

10.6 *RC* 正弦波振荡电路

10.6.1 电路如图题 10.6.1 所示,试用相位平衡条件判断哪个电路可能振荡,哪个不能,并简述理由。

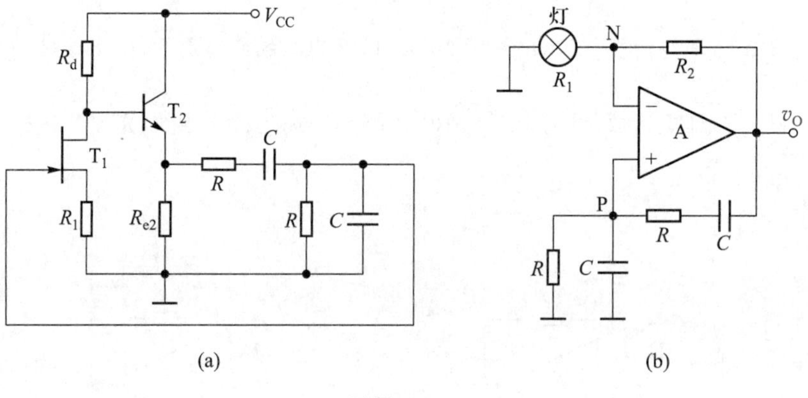

图题 10.6.1

10.6.2 电路如图题 10.6.2 所示。(1)试从相位平衡条件分析电路能否产生正弦波振荡;(2)若能振荡,R_f 和 R_{e1} 的值应有何关系?振荡频率是多少?为了稳幅,电路中哪个电阻可采用热敏电阻,其温度系数如何?

10.6.3 一节 RC 高通或低通电路的最大相移绝对值小于 90°,试从相位平衡条件出发,判断图题 10.6.3 所示电路哪个可能振荡,哪个不能,并简述理由。

10.6.4 在图题 10.6.1b 所示电路中,设运放是理想器件,运放的最大输出电压为±10 V。试问由于某种原因使 R_2 断开时,其输出电压的波形是什么(正弦波、近似为方波或停振)?输出波形的峰-峰值为多少?

10.6.5 设运放 A 是理想的,试分析图题 10.6.5 所示正弦波振荡电路:(1)为满足振荡条件,试在图中用+、-标出运放 A 的同相端和反相端;(2)为能起振,R_P 和 R_2 两个电阻之和应大于何

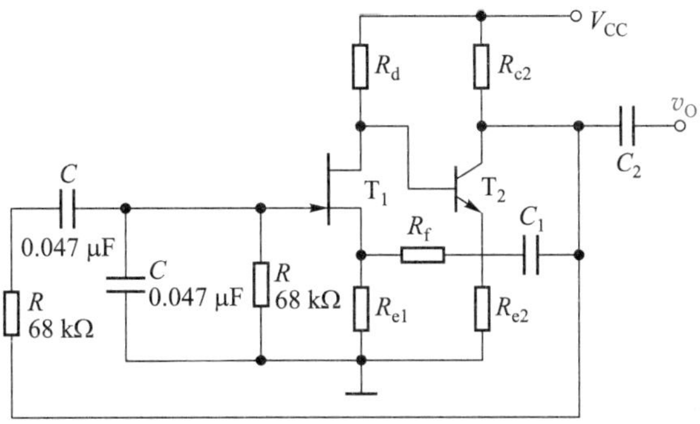

图题 10.6.2

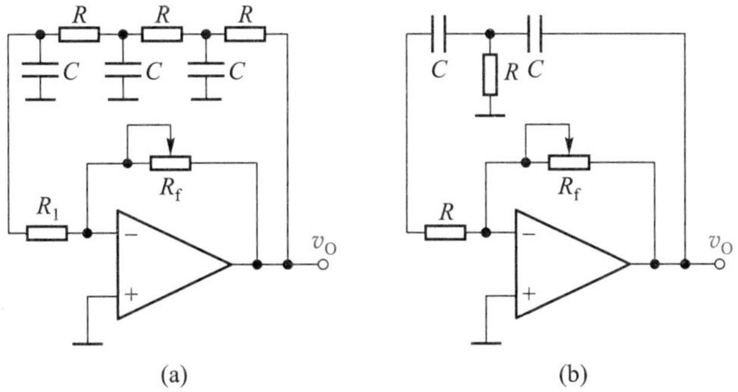

图题 10.6.3

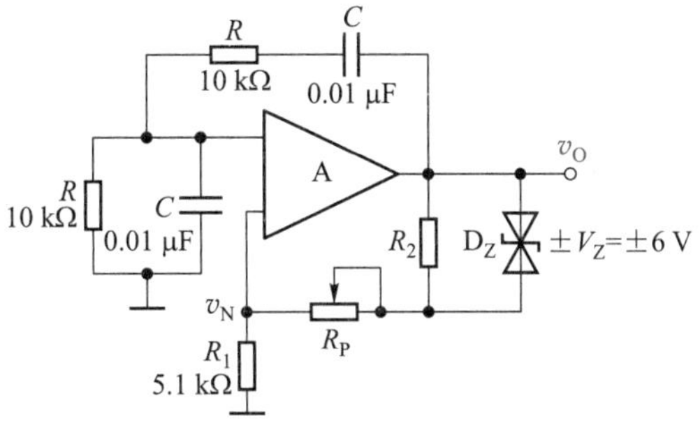

图题 10.6.5

值？(3)此电路的振荡频率 f_0=？(4)试证明稳定振荡时输出电压的峰值为

$$V_{om}=\frac{3R_1}{2R_1-R_P}\cdot V_Z$$

10.6.6 正弦波振荡电路如图题 10.6.6 所示，已知 R_P 在 0~5 kΩ 范围内可调，设运放 A 是理想的，振幅稳定后二极管的动态电阻近似为 r_d=500 Ω，求 R_P 应调整到的阻值。

10.6.7 图题 10.6.7 所示为 RC 桥式正弦波振荡电路，已知 A 为运放 741，其最大输出电压为 ±14 V。(1)图中用二极管 D_1、D_2 作为自动稳幅元件，试分析它的稳幅原理；(2)设电路已产生稳幅正弦波振荡，当输出电压达到正弦波峰值时，二极管的正向压降约为 0.6 V，试粗略估算输出电

压的峰值 V_{om}；(3)试定性说明因不慎使 R_2 短路时，输出电压 v_O 的波形；(4)试定性画出当 R_2 不慎断开时，输出电压 v_O 的波形(并标明振幅值)。

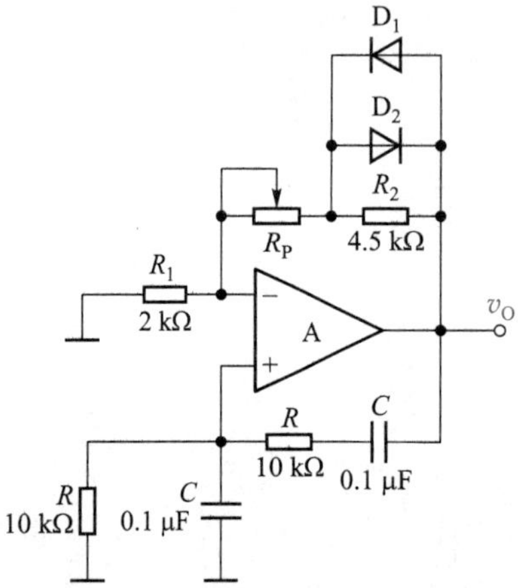

图题 10.6.6

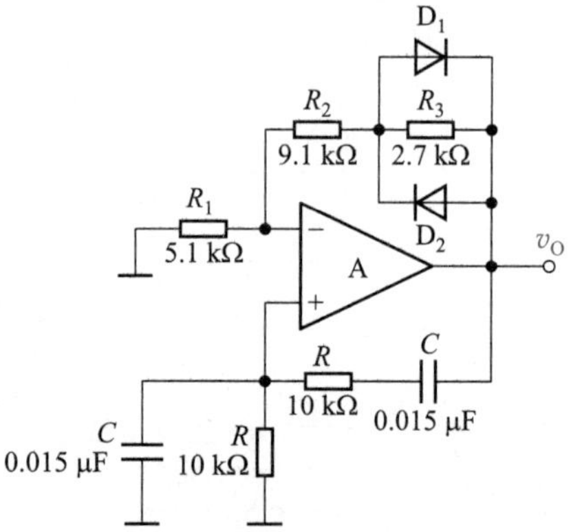

图题 10.6.7

10.6.8 图题 10.6.8 所示为简易电子琴电路，按下不同琴键(图中用开关表示)，就可以改变 R_2 的阻值(R_{21}～R_{28})，发出不同频率的琴音。当 $C_1=C_2=C$，而 $R_1\neq R_2$ 时，振荡频率为 $f_0=1/(2\pi C\sqrt{R_1R_2})$，且在 f_0 时，正反馈网络的反馈系数为 $|F_v|=1/(2+R_1/R_2)$。当 $R_2>>R_1$ 时，$|F_v|\approx 1/2$。已知 8 个基本音阶在 C 调时所对应的频率如表题 10.6.8 所示。试求：(1)计算图中 R_{21}～R_{28}的阻值。(2)R_P 大致调到多大才能起振？

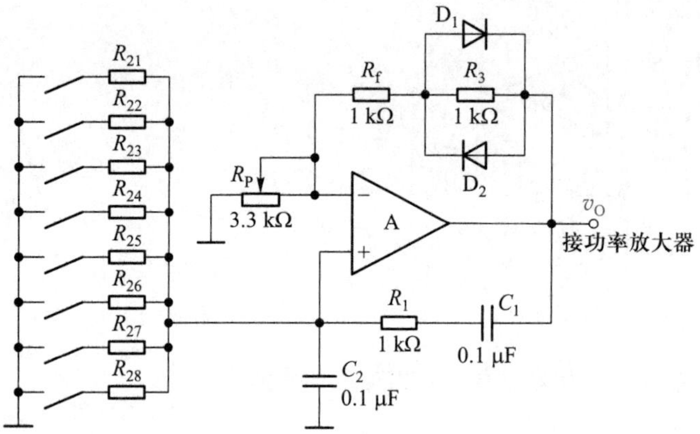

图题 10.6.8

表题 10.6.8 音阶在 C 调时所对应的频率

C 调	f_0/Hz
1	264
2	297
3	330
4	352
5	396
6	440
7	495
i	528

10.6.9 试推导图 10.6.4b 中移相反馈网络的传递函数表达式 $F(s)=V_f(s)/V_o(s)$。

10.7 *LC* 正弦波振荡电路

10.7.1 电路如图题 10.7.1 所示，试用相位平衡条件判断哪个能振荡，哪个不能，说明理由。

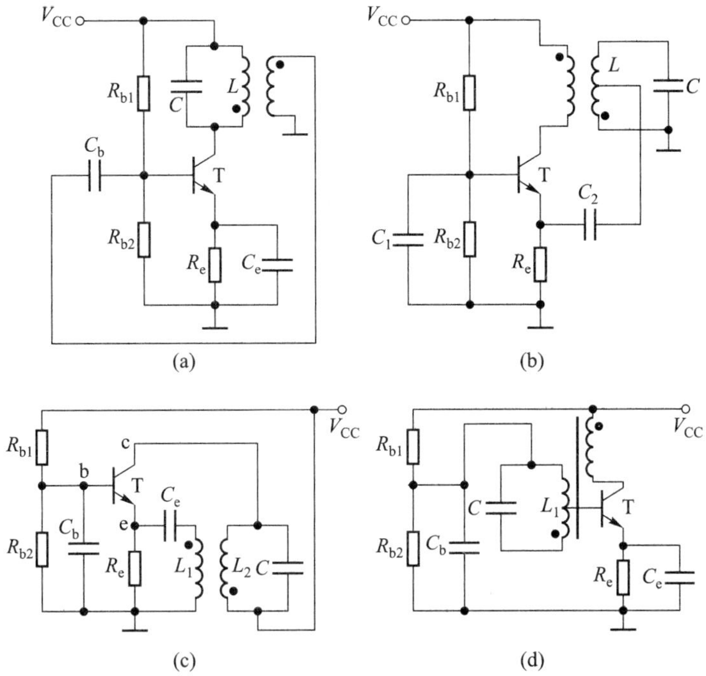

图题 10.7.1

10.7.2　对图题 10.7.2 所示的各三点式振荡器的交流通路(或电路),试用相位平衡条件判断哪个可能振荡,哪个不能,指出可能振荡的电路属于什么类型。

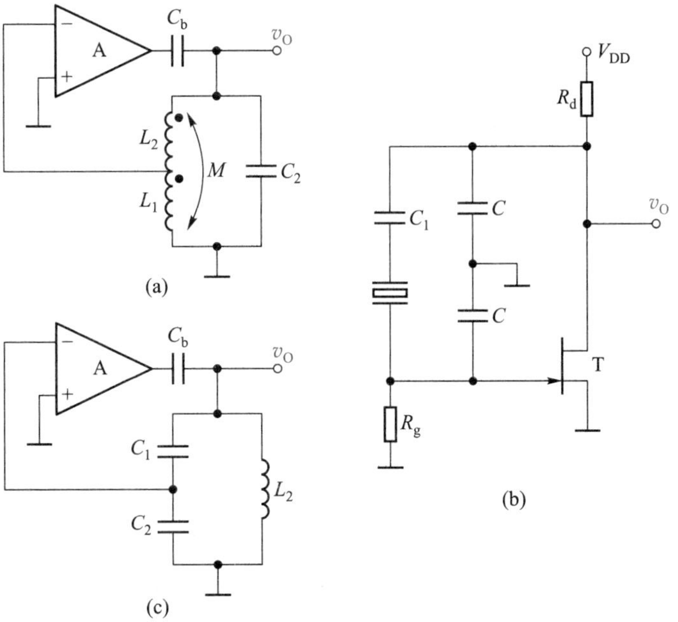

图题 10.7.2

10.7.3 两种改进型电容三点式振荡电路如图题 10.7.3a、b 所示。(1)画出图 a 的交流通路，若 C_b 很大，$C_1 \gg C_3$，$C_2 \gg C_3$，求振荡频率的近似表达式；(2)画出图 b 的交流通路，若 C_b 很大，$C_1 \gg C_3$，$C_2 \gg C_3$，求振荡频率的近似表达式；(3)定性说明三极管的极间电容对两种电路振荡频率的影响。

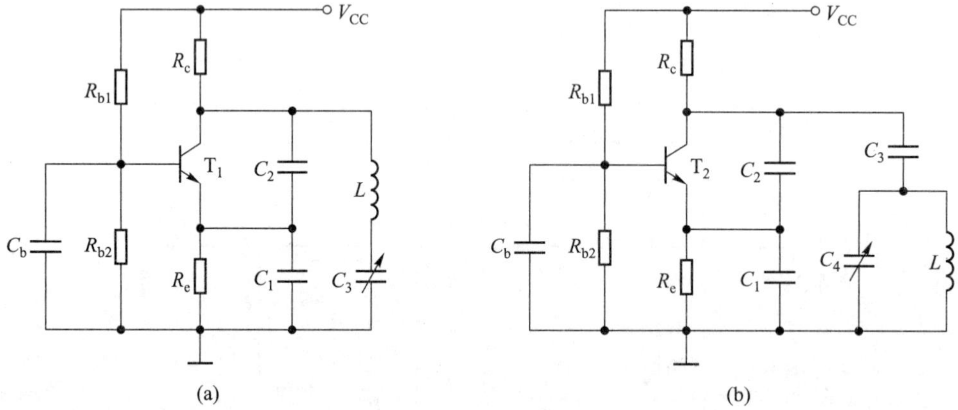

图题 10.7.3

10.7.4 *RC* 文氏电桥振荡电路如图题 10.7.4 所示。(1)试说明石英晶体的作用：在电路产生正弦波振荡时，石英晶体是在串联还是并联谐振下工作？(2)电路中采用了什么稳幅措施，它是如何工作的？

10.7.5 试分析图题 10.7.5 所示正弦波振荡电路是否有错误，如有错误请改正。

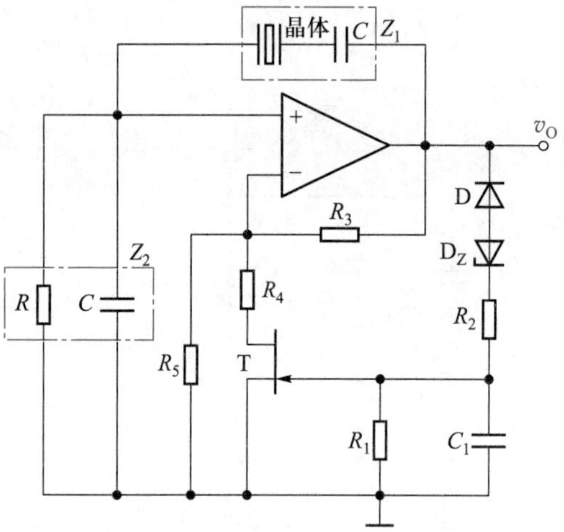

图题 10.7.4

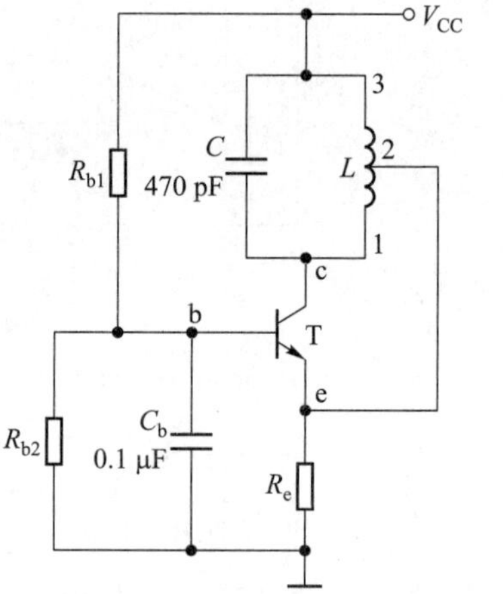

图题 10.7.5

10.8 非正弦信号产生电路

10.8.1 电路如图题 10.8.1 所示，A_1 为理想运放，C_2 为电压比较器，二极管 D 也是理想器件，$R_b = 51\ k\Omega$，$R_c = 5.1\ k\Omega$，BJT 的 $\beta = 50$，$V_{CES} \approx 0$，$I_{CEO} \approx 0$。(1)当 $v_I = 1$ V 时，v_O 为多少？(2)当 $v_I = 3$ V 时，v_O 为多少？(3)当 $v_I = 5\sin\omega t$ V 时，试画出 v_I、v_{O2} 和 v_O 的波形。

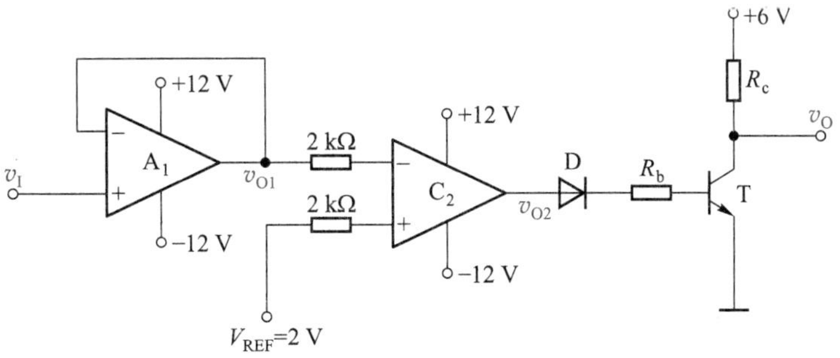

图题 10.8.1

10.8.2　电路如图题 10.8.2a 所示，其输入电压的波形如图题 10.8.2b 所示，已知输出电压 v_O 的最大值为±10 V，运放是理想的，试画出输出电压 v_O 的波形。

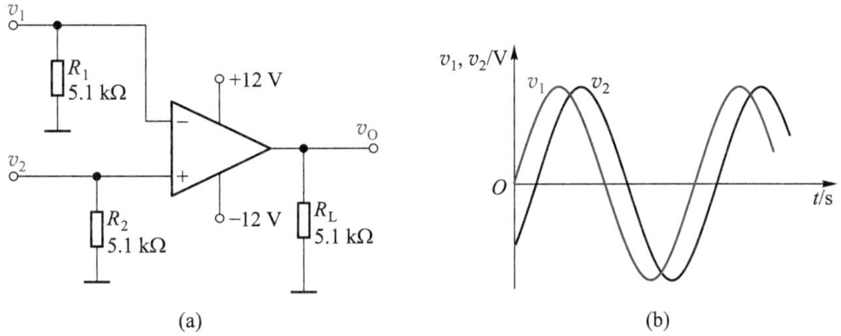

图题 10.8.2

10.8.3　一比较电路如图题 10.8.3 所示。设运放是理想的，且 $V_{REF}=-1$ V，$V_Z=5$ V，试求门限电压值 V_T，画出比较器的传输特性 $v_O=f(v_I)$。

10.8.4　设运放为理想器件，试求图题 10.8.4 所示电压比较器的门限电压，并画出它的传输特性（图中 $V_Z=9$ V）。

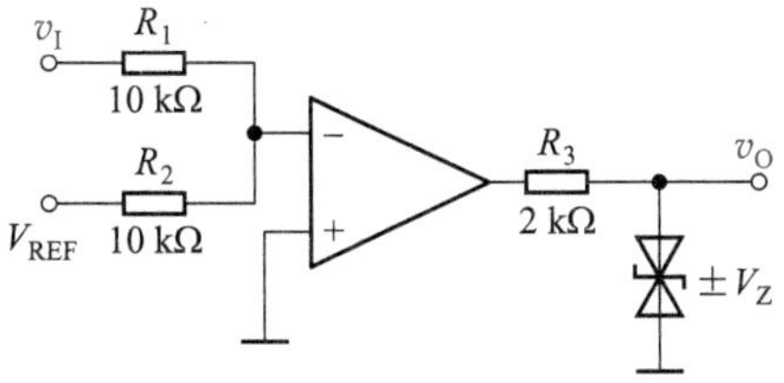

图题 10.8.3

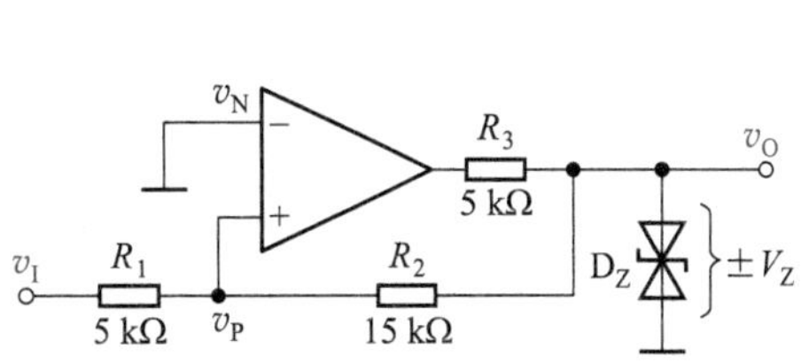

图题 10.8.4

10.8.5　一电压器比较器电路如图题 10.8.5 所示。（1）若稳压管 D_Z 的双向限幅值为 $\pm V_Z=\pm 6$ V，运放的开环电压增益 $A_{vo}=\infty$，试画出比较器的传输特性；（2）若在同相输入端与地之间接上一参考电压 $V_{REF}=-5$ V，重做第（1）问的内容。

10.8.6　电路如图题 10.8.6 所示，设稳压管 D_Z 的双向限幅值为±6 V。（1）画出该电路的传输特性；（2）画出幅值为 6 V 正弦信号电压 v_I 所对应的输出电压波形。

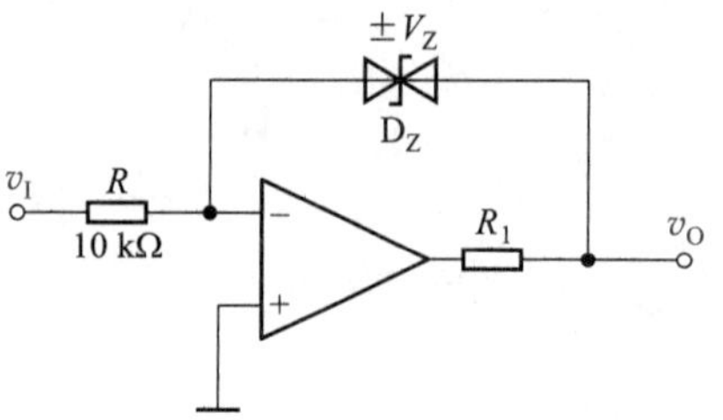

图题 10.8.5

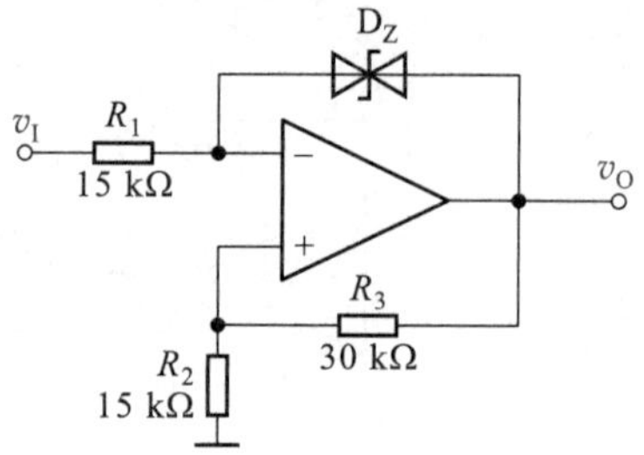

图题 10.8.6

10.8.7 图题 10.8.7 是利用两个二极管 D_1、D_2 和两个参考电压 V_A、V_B 来实现双限比较的窗口比较电路。设电路通常有：R_2 和 R_3 均远小于 R_4 和 R_1。(1)试证明只有当 $V_A>v_I>V_B$ 时，D_1、D_2 导通，v_O 才为负；(2)试画出它的输入-输出传输特性。

提示：例如，假设 D_1、D_2 为理想二极管，运放也是具有理想特性的，$R_2=R_3=0.1\ \text{k}\Omega$，$R_1=1\ \text{k}\Omega$，$R_4=100\ \text{k}\Omega$，$V_{CC}=12\ \text{V}$。

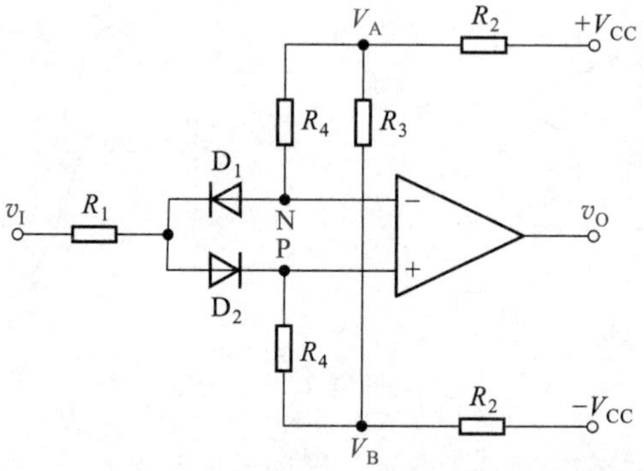

图题 10.8.7

10.8.8 图题 10.8.8 所示为一波形发生器电路，试说明，它是由哪些单元电路组成的，各起什么作用，并定性画出 A、B、C 各点的输出波形。

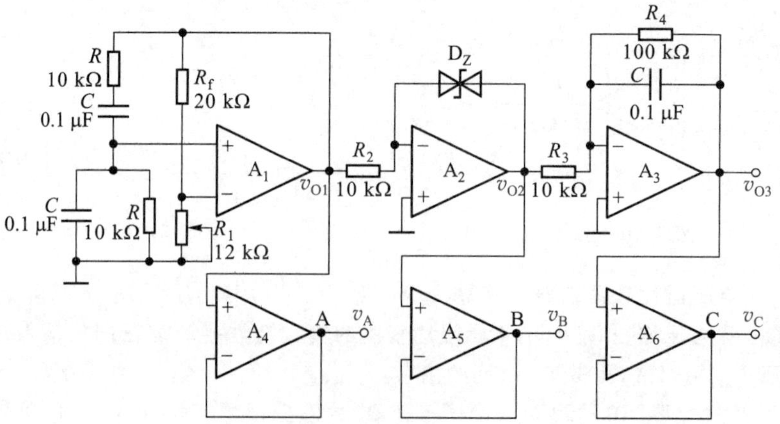

图题 10.8.8

10.8.9　方波-三角波产生电路如图题 10.8.9 所示，试求出其振荡频率，并画出 v_{O1}、v_{O2} 的波形。

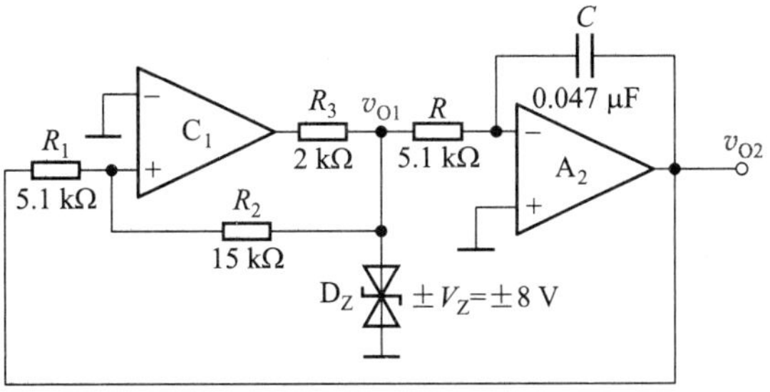

图题 10.8.9

10.8.10　电路如图题 10.8.10 所示，设 A_1、A_2 均为理想运放，C_3 为比较器，电容 C 上的初始电压 $v_C(0)=0$ V。若 v_I 为 0.11 V 的阶跃信号，求加上信号后一秒钟时，v_{O1}、v_{O2}、v_{O3} 所达到的数值。

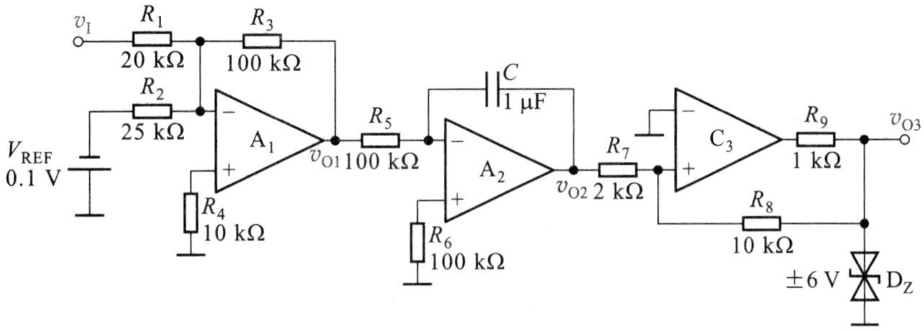

图题 10.8.10

第 10 章部分习题答案

11 直流稳压电源

引言

由前述章节看到，许多电子电路都需要直流工作电源，如何将 220 V 交流电网电压转变为稳定合适的直流电压是本章讨论的问题。小功率线性稳压电源的组成可以用图 11.0.1a 表示，它主要由电源变压器、整流、滤波和稳压电路四部分组成。电源变压器是将交流电网 220 V 的电压降为所需要的电压值，然后通过整流电路将交流电压变成脉动的直流电压。由于此电压还含有较大的纹波，必须通过滤波电路（电容 C、电感 L）加以滤除。但这样的电压还随电网电压波动（一般有±10%的波动）、负载和温度的变化而变化。为此在整流、滤波电路之后，还需要稳压电路以维持输出电压的稳定。

线性稳压电源输出电压稳定、纹波小、结构简单，但功率较小，且效率较低。为提高效率，可采用图 11.0.1b 所示的开关稳压电路。它先将 220 V 交流电压直接整流、滤波后得到 300 多伏的直流电压，用其产生高频振荡及控制脉冲，驱动高频功率开关管，将直流逆变成高频方波电压，而后通过高频变压器降压、二次整流、滤波再转换成直流电压。取样电路监视输出电压，通过反馈控制使输出电压保持稳定。

与线性电源相比，开关电源的突出优点是效率高，时常不需要散热器，且高频变压器体积远

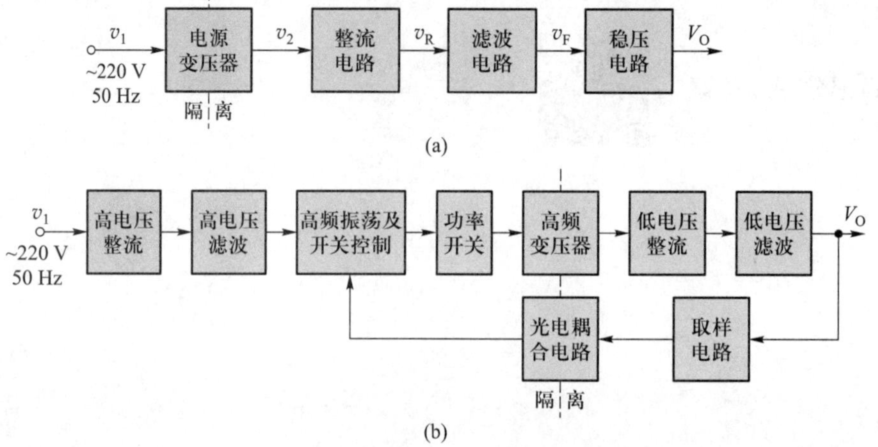

图 11.0.1　直流稳压电源结构图

（a）小功率线性电源　（b）开关电源

远小于工频变压器，因此电源体积可以做得很小，目前应用也极为广泛。但它电路复杂，纹波较大。另外两种电源的高、低压隔离位置也不同。

本章首先讨论小功率整流、滤波电路和线性串联型稳压电路，然后介绍三端集成线性稳压器和开关稳压电源的工作原理。

11.1 小功率整流滤波电路

11.1.1 单相桥式整流电路

整流电路的任务是将交流电变换成直流电。由第 3 章的内容可知，二极管的单向导电作用可以完成这一任务，因此二极管是构成整流电路的关键元件。在小功率整流电路中（1 kW以下），常见的几种整流电路有单相半波、全波、桥式和倍压整流电路。本节主要讨论单相桥式整流电路和滤波电路。

为简明起见，以下分析整流电路时，二极管均采用理想模型，即正向导通电阻为零，反向电阻为无穷大。

1. 工作原理

电路如图 11.1.1a 所示，图中 Tr 为电源变压器，它将交流电网电压 v_1变成整流电路所需要的交流电压 $v_2=\sqrt{2}V_2\sin\omega t$，$R_L$是负载电阻，整流二极管 $D_1\sim D_4$接成电桥的形式，因此称为桥式整流电路。图 11.1.1b 是它的简化画法。二极管 D_1、D_2的连接处称共阴极，其为整流电压的正极性端，用“+”标记，即电流从此处流出，D_3、D_4连接处称共阳极，其为整流电压的负极性端，用“-”标记，其他两点接交流电源，用“～”标记。

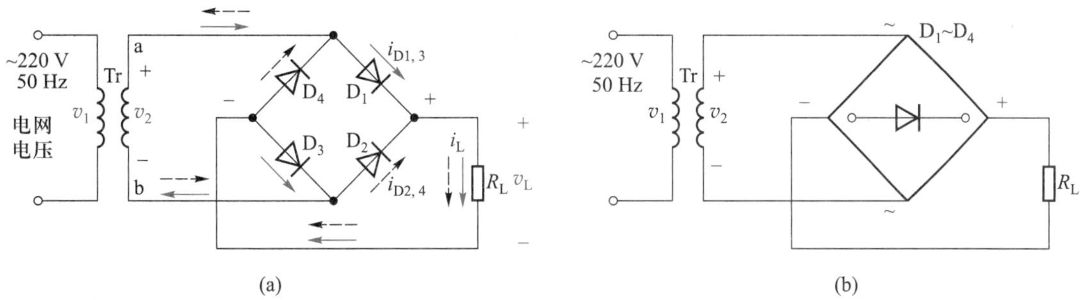

图 11.1.1 单相桥式整流电路图

(a) 单相桥式整流电路 (b) 简化画法

由二极管的单向导电性可知，在电源电压 v_2的正半周（a 端为正，b 端为负时）内 D_1、D_3导通，D_2、D_4截止，电流通路如图 11.1.1a 中实线箭头所示，而在 v_2负半周内 D_2、D_4导通，D_1、D_3截止，电流通路如图中虚线箭头所示，可见流过负载 R_L的电流方向始终不变。

通过负载 R_L的电流 i_L以及电压 v_L的波形如图 11.1.2 所示。显然，它们都是单方向的全波脉动波形。

2. 负载上的直流电压 V_L和直流电流 I_L的计算

对图 11.1.2 中 v_L的波形进行傅里叶级数分解后可得

$$V_L=\sqrt{2}V_2\left(\frac{2}{\pi}-\frac{4}{3\pi}\cos 2\omega t-\frac{4}{15\pi}\cos 4\omega t-\frac{4}{35\pi}\cos 6\omega t\cdots\right) \quad (11.1.1)$$

式中直流分量即为负载电压 v_L的平均值 V_L,因此有

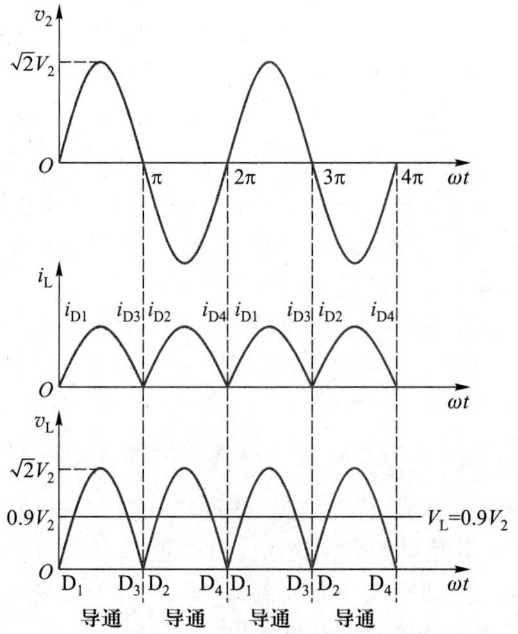

图 11.1.2 单相桥式整流电路电压、电流波形图

$$V_L=\frac{2\sqrt{2}V_2}{\pi}\approx 0.9V_2 \quad (11.1.2)$$

直流电流为

$$I_L=\frac{0.9V_2}{R_L} \quad (11.1.3)$$

由式(11.1.1)看出,最低次(2 次)谐波分量的幅值为$\frac{4\sqrt{2}V_2}{3\pi}$,角频率为电源频率的两倍,即 2ω。其他交流分量的角频率为 4ω、6ω……偶次谐波分量。这些谐波分量总称为纹波,其叠加于直流分量之上。常用纹波系数 K_γ来表示纹波电压相对直流输出电压的大小,即

$$K_\gamma=\frac{V_{L\gamma}}{V_L}=\frac{\sqrt{V_2^2-V_L^2}}{V_L} \quad (11.1.4)$$

式中 $V_{L\gamma}$为谐波电压总的有效值,它表示为

$$V_{L\gamma}=\sqrt{V_{L2}^2+V_{L4}^2+\cdots}=\sqrt{V_2^2-V_L^2}$$

式中 V_{L2},V_{L4}为二次、四次谐波的有效值。由式(11.1.2)和式(11.1.4)得出桥式整流电路的

纹波系数 $K_{\gamma}=\sqrt{(1/0.9)^2-1}\approx0.484$。由于 v_L中存在较大的纹波，故需用滤波电路来滤除纹波电压。

3. 整流元件参数的计算

在桥式整流电路中，二极管 D_1、D_3和 D_2、D_4是两两轮流导通的，所以流经每个二极管的平均电流为负载电流的一半，即

$$I_D=\frac{1}{2}I_L=\frac{0.45V_2}{R_L} \tag{11.1.5}$$

二极管在截止时管子两端承受的最大反向电压可以从图 11.1.1a 看出。在 v_2正半周时，D_1、D_3导通，D_2、D_4截止。此时 D_2、D_4所承受的最大反向电压均为 v_2的最大值，即

$$V_{RM}=\sqrt{2}V_2 \tag{11.1.6}$$

同理，在 v_2的负半周，D_1、D_3也承受同样大小的反向电压。

一般电网电压波动范围为±10%。实际上二极管的最大整流电流 I_{DM}和最高反向电压 V_{RM}应留有大于 10%的余量。

桥式整流电路的优点是输出电压高，管子所承受的最大反向电压较低，同时因电源变压器在正、负半周内都有电流供给负载，电源变压器得到了充分的利用，效率较高。因此，这种电路在整流电路中得到了颇为广泛的应用。目前市场上已有集成电路整流桥堆出售，其正向电流有 0.5~20 A，最大反向电压 V_{RM}为 25~1 000 V 等多种规格。如 QL51A~G、QL62A~L 等，其中 QL62A~L 的额定电流为 2 A，最大反向电压为 25~1 000 V。

11.1.2 滤波电路

滤波电路用于滤除整流输出电压中的纹波，一般由电抗元件组成，如在负载电阻两端并联电容 C，或在整流电路输出端与负载间串联电感 L，以及由电容、电感组合而成的各种复式滤波电路。常见的结构如图 11.1.3 所示，其中称图 a 为电容输入式，图 b 为电感输入式。电容输入式滤波电路多用于小功率电源中，而电感输入式滤波电路多用于较大功率电源中（而且当电流很大时仅用一电感与负载串联）。本节重点分析小功率整流电源中应用较多的电容滤波电路，然后再简要介绍其他形式的滤波电路。

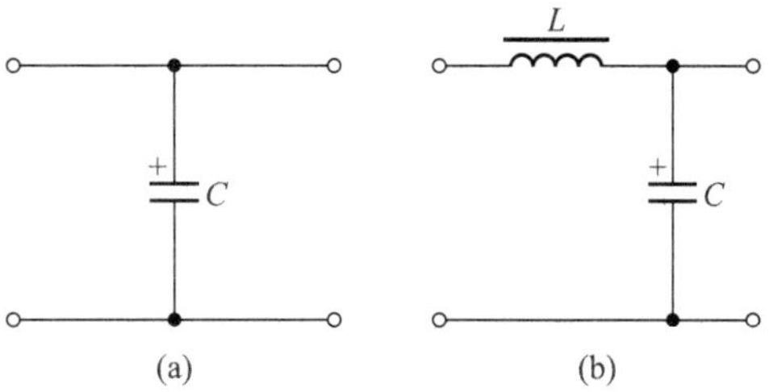

图 11.1.3 滤波电路的基本形式

（a）电容滤波电路 （b）倒 L 形滤波电路

1. 电容滤波电路

图 11.1.4 为单相桥式整流、电容滤波电路。在分析电容滤波电路时，要特别注意电容器两端电压 v_C对二极管导电状态的影响，二极管只有受正向电压作用时才导通，否则便截止。

负载 R_L未接入（开关 S 断开）时的情况：设电容器两端初始电压为零，接入交流电源后，当 v_2为正半周时，v_2通过 D_1、D_3向电容器 C 充电；v_2为负半周时，经 D_2、D_4向电容器 C 充电。

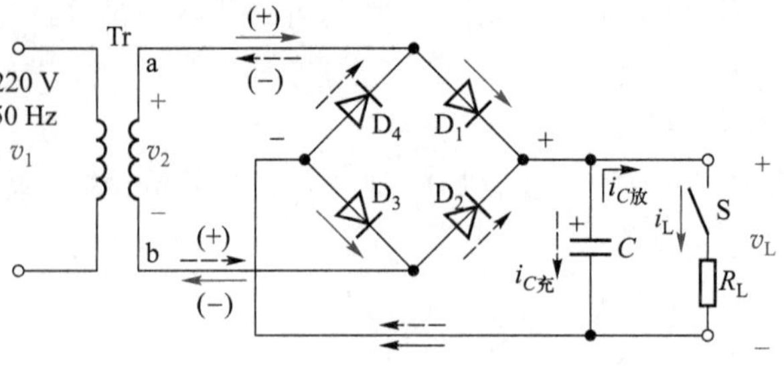

图 11.1.4 桥式整流、电容滤波电路

充电时间常数为

$$\tau_c = R_{int}C \tag{11.1.7}$$

式中 R_{int}包括变压器二次绕组的直流电阻和二极管的正向导通电阻。由于 R_{int}一般很小，电容器很快就充电到交流电压 v_2的最大值$\sqrt{2}V_2$，极性如图 11.1.4 所示。但是电容器无放电回路，故电容器 C 两端的电压 v_C保持在$\sqrt{2}V_2$，即输出为一个恒定的直流电压，如图 11.1.5 中 $\omega t<0$ 部分所示。

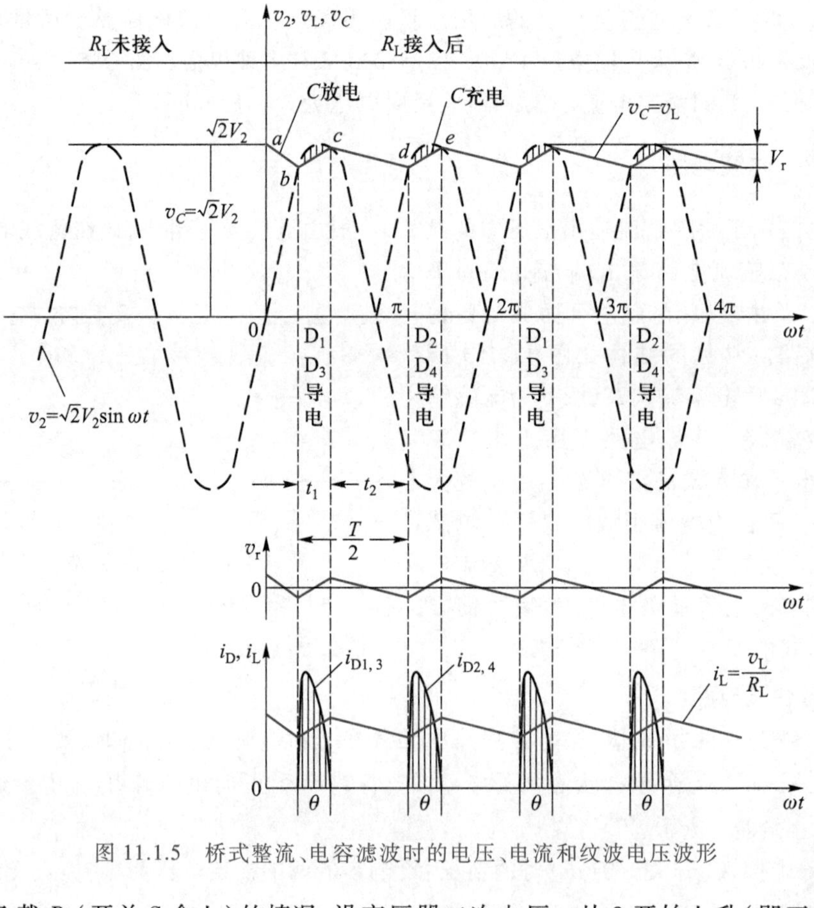

图 11.1.5 桥式整流、电容滤波时的电压、电流和纹波电压波形

接入负载 R_L(开关 S 合上)的情况：设变压器二次电压 v_2从 0 开始上升(即正半周开始)

时接入负载 R_L，由于负载接入前电容器已充满电压，故负载刚接入时，$v_2<v_C$，原本应该导通的 D_1、D_3 也受反向电压作用而截止，电容器 C 经 R_L 放电，放电的时间常数为

$$\tau_d=R_L C \tag{11.1.8}$$

因 τ_d 一般较大，故电容两端的电压 v_C 按指数规律慢慢下降。其输出电压 $v_L=v_C$，如图 11.1.5 的 ab 段所示。与此同时，交流电压 v_2 按正弦规律上升。当 $v_2>v_C$ 时，二极管 D_1、D_3 受正向电压作用而导通，此时 v_2 经 D_1、D_3 一方面向负载 R_L 提供电流，另一方面向电容 C 充电（接入负载时的充电时间常数 $\tau_c=(R_L /\!/ R_{int})C\approx R_{int}C$ 很小（$R_{int}\ll R_L$）），v_C 升高如图 11.1.5 中的 bc 段，bc 段上部的阴影分为电路中的电流在整流电路内阻 R_{int} 上产生的压降。v_C 随着交流电压 v_2 升高到最大值 $\sqrt{2}V_2$ 的附近。然后，v_2 又按正弦规律下降。当 $v_2<v_C$ 时，二极管受反向电压作用而截止，电容 C 又经 R_L 放电，v_C 下降，v_C 波形如图 11.1.5 中的 cd 段。电容 C 如此周而复始地进行充放电，负载上便得到如图 11.1.5 所示的一个近似锯齿波的电压 v_L，使负载电压的波动比无滤波电路时大为减小。电路的电压、电流和纹波电压 v_r 波形如图 11.1.5 所示。

由以上分析可知，电容滤波电路有如下特点。

（1）二极管的导电角 $\theta<\pi$，流过二极管的瞬时电流很大，电流 $i_{D1,3}$ 和 $i_{D2,4}$ 如图 11.1.5 所示。电流的有效值和平均值的关系与波形有关，在平均值相同的情况下，波形越尖，有效值越大。在纯电阻负载时，根据式(11.1.3)，变压器二次电流的有效值 $I_2=V_2/R_L=1.11I_L$，而有电容滤波时，C 与 R_L 并联，等效阻抗减小，导致变压器二次绕组的电流增大，此时应选为

$$I_2=(1.5\sim2)I_L \tag{11.1.9a}$$

因二极管的峰值电流很大，所以选择二极管的整流电流要留有充分的余地，一般选择为

$$I_D=(2\sim3)I_L \tag{11.1.9b}$$

（2）负载平均电压 V_L 升高，纹波（交流成分）减小，且 R_LC 越大，电容放电速率越慢，则负载电压中的纹波成分越小，负载平均电压越高。

为了得到平滑的负载电压，一般取

$$\tau_d=R_L C\geqslant(3\sim5)\frac{T}{2} \tag{11.1.10}$$

式中 T 为电源交流电压的周期。

（3）负载直流电压随负载电流增加（R_L 减小）而减小。V_L 随 I_L 的变化关系称为输出特性或外特性。如图 11.1.6 所示。

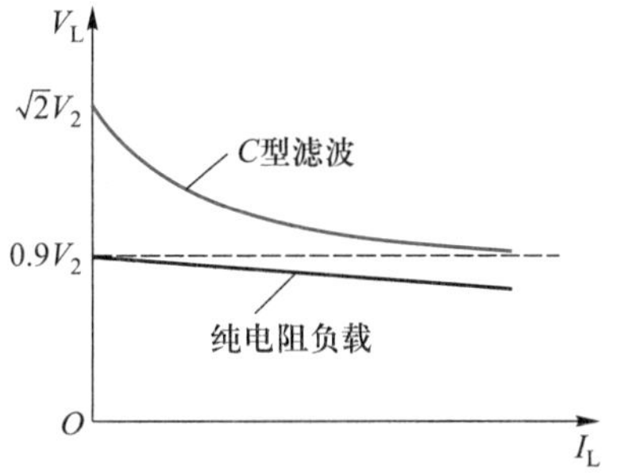

图 11.1.6 纯电阻 R_L 和具有电容滤波的桥式整流电路的输出特性

当 $R_L=\infty$，即空载时（C 值一定），$\tau_d=\infty$，有

$$V_{L0}=\sqrt{2}V_2\approx1.4V_2$$

当 $C=0$，即无电容（纯电阻负载）时，有

$$V_{L0}=0.9V_2 \tag{11.1.11}$$

在整流电路的内阻不太大（几欧）和放电时间常数满足式(11.1.10)的关系时，电容滤波电路的负载电压 V_L 与 V_2 的关系为

$$V_L=(1.1\sim1.2)V_2 \tag{11.1.12}$$

二极管承受的最大反向电压 $V_{RM}=\sqrt{2}V_2$，当考虑电网电压波动 10%等因数影响，反向击穿电压应选为

$$V_{BR}\geqslant 2V_2 \tag{11.1.13}$$

(4) 纹波电压(ripple voltage) V_r，由图 11.1.5 可知，V_r为从峰值到放电结束时下降的电压，由于二极管导电时间很短($t_1\ll T/2$ 时)，C 的放电时间近似为 $T/2$，在放电结束时有

$$\sqrt{2}V_2-V_r\approx\sqrt{2}V_2 e^{-T/(2R_LC)}$$

式中 $2R_LC\gg T$，利用 $e^{-T/(2R_LC)}\approx 1-T/(2R_LC)$ 得

$$V_r=\sqrt{2}V_2\times\frac{T}{2R_LC}=\frac{\sqrt{2}V_2}{R_L}\times\frac{1}{2fC}=\frac{I_L}{2fC} \tag{11.1.14}$$

由式(11.1.14)可看出，要减小纹波电压值，滤波电容越大越好，交流电源频率越高越好。目前在计算机、电视机等电子设备中采用了高频整流电源，其滤波电容很小。

总之，电容滤波电路简单，负载直流电压 V_L 较高，纹波也较小，它的缺点是输出特性较差，故适用于负载电压较高、负载变动不大的场合。

2. 电感滤波电路

在桥式整流电路和负载电阻 R_L 之间串入一个电感 L，如图 11.1.7 所示。当通过电感线圈的电流增加时，电感线圈产生自感电动势 e_L(左“+”右“-”)阻止电流增加，同时将一部分电能转化为磁场能量储存于电感中；当电流减小时，自感电动势 e_L(左“-”右“+”)阻止电流减小，同时将电感中的磁场能量释放出来，以补偿电流的减小。此时整流二极管 D 依然导电，导电角 θ 增大，使 $\theta=\pi$。利用电感的储能作用可以减小输出电压和电流的纹波，从而得到比较平滑的直流。当忽略电感 L 的电阻时，负载上的平均电压和无电感时相同，即 $V_L=0.9V_2$。

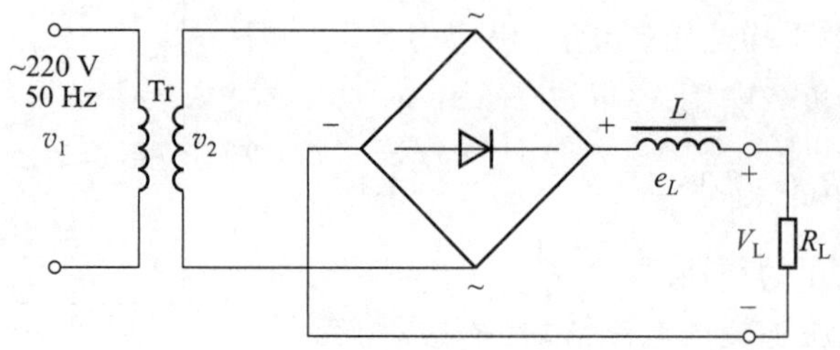

图 11.1.7　桥式整流、电感滤波电路

应当指出，要保证电感滤波电路中电流的连续性，需要满足 $\omega L\gg R_L$，也就是电感储存的能量可维持负载电流连续，此时负载上的平均电流为 $I_L=0.9V_2/R_L$。

电感滤波的特点是，二极管的导电角大(单相整流 $\theta=\pi$，电感 L 的反电动势使整流管导电角增大)，无峰值电流，输出电压脉动小，输出特性比较平坦。其缺点是由于铁心的存在，笨重、体积大，易引起电磁干扰。一般只适用于低电压、大电流且电流变化较大的场合。

此外，为了进一步减小负载电压中的纹波，在电感后面可再接一电容构成倒 L 形滤波电路，如图 11.1.3b 所示，它普遍用于开关电源中。与用于线性电源不同的是，在开关电源中滤除的是几十千赫到几百千赫的高频交流量，而不是工频交流量，所需电感量较小，所以

电感体积很小。

例 11.1.1 单相桥式整流、电容滤波电路如图 11.1.4 所示。已知交流电源电压幅值为 220 V,频率为 50 Hz,要求直流电压 $V_L=30$ V,负载电流 $I_L=50$ mA。试求电源变压器二次电压 v_2 的有效值;选择整流二极管及滤波电容器。

解:(1) 变压器二次电压有效值

由式(11.1.12),取 $V_L=1.2V_2$,则

$$V_2=30/1.2\ \text{V}=25\ \text{V}$$

(2) 选择整流二极管

流经二极管的平均电流根据 $I_D=(2\sim3)I_L$,可算出

$$I_D=(2\sim3)\times50\ \text{mA}=100\sim150\ \text{mA}$$

二极管承受的最大反向电压 $V_{RM}=\sqrt{2}V_2\approx35\text{V}$,反向击穿电压应为

$$V_{BR}\geqslant2V_2=50\ \text{V}$$

因此,可选用 2CZ54C 整流二极管(其允许最大电流 $I_F=500$ mA,最大反向电压 $V_{RM}=100$ V),也可选用硅桥堆 QL51-Ⅰ型($I_F=500$ mA,$V_{RM}=100$ V)。

(3) 选择滤波电容器

负载电阻

$$R_L=\frac{V_L}{I_L}=\frac{30}{50}\ \text{k}\Omega=0.6\ \text{k}\Omega$$

由式(11.1.10),取 $R_LC=4\times\frac{T}{2}=2T=2\times\frac{1}{50}\ \text{s}=0.04\ \text{s}$。由此得滤波电容

$$C=\frac{0.04}{R_L}=\frac{0.04}{600}\ \text{F}=66.7\ \mu\text{F}$$

若考虑电网电压波动±10%,则电容器承受的最高电压为

$$V_{CM}=\sqrt{2}V_2\times1.1\approx(1.4\times25\times1.1)\text{V}=38.5\ \text{V}$$

选用标称值为 100 μF/50 V 的电解电容器。

*11.1.3 倍压整流电路

利用滤波电容对电荷的存储作用,当负载电流很小时,由多个电容和二极管可以获得几倍于变压器二次电压的直流电压,具有这种功能的整流电路称为倍压整流电路。

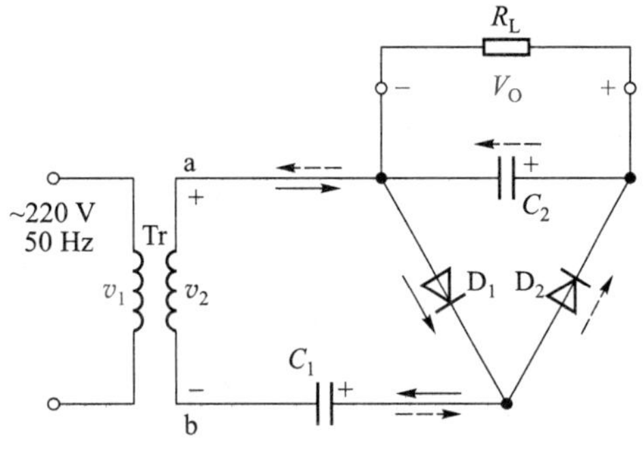

图 11.1.8 倍压整流电路

图 11.1.8 所示为二倍压整流电路,变压器二次电压 $v_2=\sqrt{2}V_2\sin\omega t$,当 v_2 处于正半周时,D_1 导通、D_2 截止,v_2 向电容器 C_1 充电,电压极性为右正左负,峰值电压可达 $\sqrt{2}V_2$;当 v_2 处于负半周时,D_1 截止,D_2 导通,电压 v_2+V_{C1}(C_1 两端电压)向电容器 C_2 充电,电压极性为右正左负,峰值电压为 $2\sqrt{2}V_2$,即 $V_O=V_{C2}=$

$2\sqrt{2}V_2$，故图 11.1.8 的电路为二倍压整流电路。上述结果的条件是 C_2 的放电时间常数远大于电源电压周期，即 $\tau = R_L C_2 >> T$。分析此类电路总假设电路空载（$R_L=\infty$）。如果接上负载，输出电压会有所下降，且电压纹波增加。

通常该电路中的二极管承受的最大反向电压大于 $2\sqrt{2}V_2$。C_1 的耐压大于 $\sqrt{2}V_2$，C_2 的耐压应大于 $2\sqrt{2}V_2$。当在图 11.1.8 所示电路中再增加连接的级数，可得到更高倍数的输出电压，但电路的内阻和流过二极管的峰值电流将随级数的增加而增加，尤其是通电瞬间峰值电流更大，故倍压整流电路所使用的二极管必须耐受更大的冲击电流。倍压整流电路一般用于高电压、小电流（几毫安以下）和负载变化不大的直流电源中。

复习思考题

11.1.1　整流二极管的反向电阻不够大，而正向电阻较大时，对整流效果会产生什么影响？

11.1.2　电路如图 11.1.1 所示，试分析该电路出现下述故障时，电路会出现什么现象：(1) 二极管 D_1 的正负极性接反；(2) D_1 击穿短路；(3) D_1 开路。

11.1.3　在整流滤波电路中，采用滤波电路的主要目的是什么？就其结构而言，滤波电路有电容输入式和电感输入式两种，各有什么特点？各应用于何种场合？图 11.1.4、图 11.1.7 和图 11.1.3a、b 各属于何种滤波电路？

11.1.4　电路如图 11.1.4 所示，v_2 的有效值 $V_2 = 20$ V。(1) R_L 和 C 增大时，输出电压是增大还是减小？为什么？(2) 在 $R_L C = (3\sim5)\dfrac{T}{2}$ 时，输出电压 V_L 与 V_2 的近似关系如何？(3) 若将二极管 D_1 和负载电阻 R_L 分别断开，各对 V_L 有什么影响？(4) 若 C 断开时，V_L = ？(5) 当要求 $V_L = 25$ V，$I_L = 40$ mA，应如何选二极管和电容？

11.1.5　电容滤波电路中二极管的导通角 θ 与哪些因素有关？电感滤波电路中的导通角 $\theta=\pi$ 的条件是什么？

11.1.6　若需要实现 3 倍压整流，试画出该电路并利用 SPICE 仿真其输出波形。

11.2 线性稳压电路

线性稳压电路分为串联型和并联型两类，最简单的并联型是由齐纳二极管与负载并联的稳压电路，这在第 3 章已做了介绍。本节主要介绍串联型线性稳压电路。

11.2.1　线性串联反馈式稳压电路

1. 输出电压固定的稳压电路

图 11.2.1 是串联反馈式稳压电路的一般原理图，电路可划分为如图点画线分割的四部分。实际上，如果将 V_{REF} 看作输入信号，V_O 为输出信号，V_I 为工作电源，那么 EA、T 和 R_1、R_2 组成的电路就是典型的反馈放大电路，其中 R_1 与 R_2 引入了电压串联负反馈。但作为稳压电路，V_{REF} 并非输入信号，而是由齐纳二极管 D_Z 与限流电阻 R 串联产生的恒定基准电压，从而使输出 V_O 也为恒定的直流电压。V_I 则是 11.1 节介绍的整流滤波电路的输出电压。

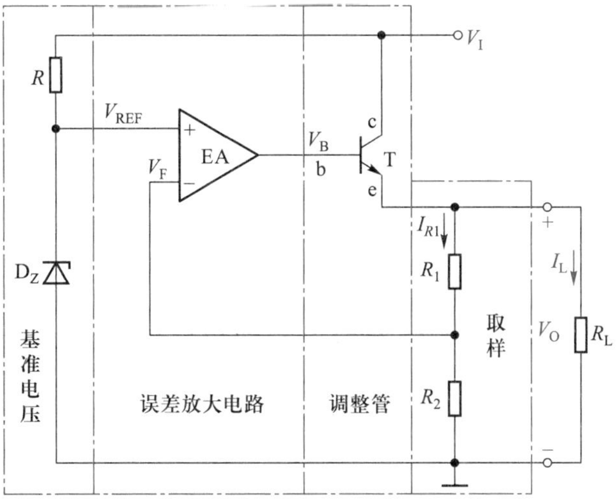

图 11.2.1 串联反馈式稳压电路一般结构图

电压负反馈可以稳定输出电压。该稳压电路正是通过这种深度的电压负反馈实现稳压的，具体稳压过程简述如下：当电网电压波动导致输入电压 V_I 增加，或负载电阻增大使输出电压 V_O 增加时，反馈电压 V_F 也增加，但是基准电压 V_{REF} 维持不变，而 V_F 接入的是 EA 的反相端，因此使 EA 输出减小，即 V_B 和 I_C 减小，限制了 V_O 的增加，从而维持 V_O 基本恒定。其反馈控制过程可简单表示如下：

$$\left.\begin{matrix} V_I\uparrow \\ R_L\uparrow \end{matrix}\right\} \rightarrow V_O\uparrow \rightarrow V_F\ (V_n)\ \uparrow \rightarrow (V_{REF}-V_F)\downarrow \rightarrow V_B\downarrow$$

$$V_O\downarrow \longleftarrow \text{(由 } V_B\downarrow\text{)}$$

同理，当输入电压 V_I 减小或负载电阻 R_L 减小使 V_O 减小时，通过负反馈亦将使输出电压基本保持不变。而且反馈越深，调整作用越强，输出电压 V_O 也越稳定，电路的输出电阻 R_o 也越小。

这里可能会有疑问，既然 V_{REF} 已经是恒定电压，直接做稳压输出就行，为什么还要后面的电路呢？这是因为齐纳二极管的工作电流有限，通常无法满足负载对电流的要求，就需要通过功率三极管提高输出电流。

以上看到，V_I 变化 V_O 不变时，变化量由 T 的 V_{CE} 承担了，所以称三极管 T 为调整管。这里调整管 T 与负载串联，故称为串联式稳压电路。另外，要使反馈控制起作用，电路中的 EA 和 T 必须工作在线性区，所以该电路也称为线性稳压电路。

利用误差放大器输入端的虚短和虚断，可得输出电压为

$$V_O = V_{REF}\left(1+\frac{R_1}{R_2}\right) \tag{11.2.1}$$

实际上，图 11.2.1 中的误差放大器 EA 也需有直流供电电源，通常取自 V_I。

2. 输出电压可调的稳压电路

如果将图 11.2.1 所示电路的取样部分置于点画线框的外部，如图 11.2.2 所示，并将反

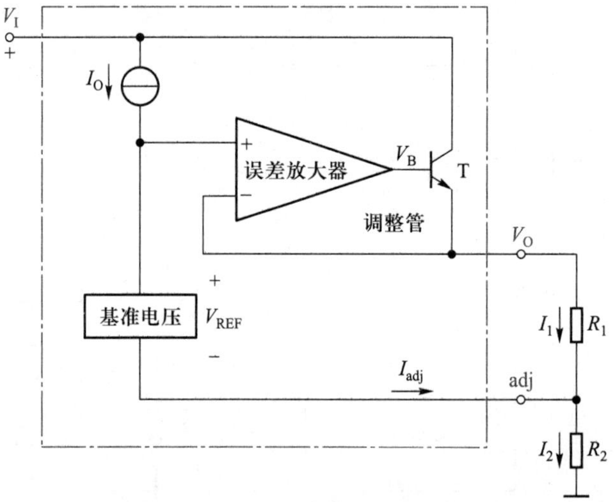

图 11.2.2 输出电压可调的电路结构图

馈信号 V_F 直接取自输出电压 V_O，基准电压下端作为调整端引出，便可构成输出电压可调的稳压电路。

利用误差放大器输入端的虚短，可得输出电压为

$$V_O = V_{REF} + I_2 R_2 = V_{REF} + \left(\frac{V_{REF}}{R_1} + I_{adj}\right) R_2$$

$$= V_{REF}\left(1 + \frac{R_2}{R_1}\right) + I_{adj} R_2 \tag{11.2.2}$$

可见，通过调整 R_2 和 R_1 的比值，就可以调整输出电压 V_O 的大小。也可以串入电位器，实现输出电压连续可调。

R_1 和 R_2 除了用于调整 V_O 的值外，还为稳压器在空载时提供静态电流通路，所以它们又称空载偏置电阻，一般建议通过 R_1 的电流 $I_1 = 5$ mA，且通常有 $I_{adj} \ll I_1$，此时可以忽略式(11.2.2)中的第二项。

3. 低压差稳压电路

无论是输出固定还是输出可调的稳压电路，由于调整管工作于放大区，为了保证其有一定的调整范围，输入和输出电压的差值通常要大于 2 V，但是在很多应用中，这个 2 V 是一个较为严重的限制。例如在数字逻辑电路中，我们需要稳定的直流输出是 3.3 V，但是输入直流电压只有 5 V，或者需要稳定的输出是 2.5 V，但是输入只有 3.3 V，即无法满足输入和输出压差的要求。另外，这个压差也是导致调整管功耗较大，稳压电路效率较低的根本原因。因此，低压差(low dropout，LDO)稳压电路应运而生。

采用 PMOS 管的 LDO 基本电路如图 11.2.3a 所示。电路由增强型 PMOS 管 T_1、误差放大器 A_1、基准电压 V_{REF} 和取样电路 R_1、R_2 构成。与图 11.2.1 所示电路类似，这里依然是通过电压串联负反馈实现稳压的。所不同的是，V_I 与 V_O 的压差可以很小，即 $|V_{DS}|$ 可能小到出现满足可变电阻区的工作条件：$V_{DS} > V_{GS} - V_{TP}$（注意式中电压都是负值），这时 T_1 工作在可变电阻区，其稳压原理如下：

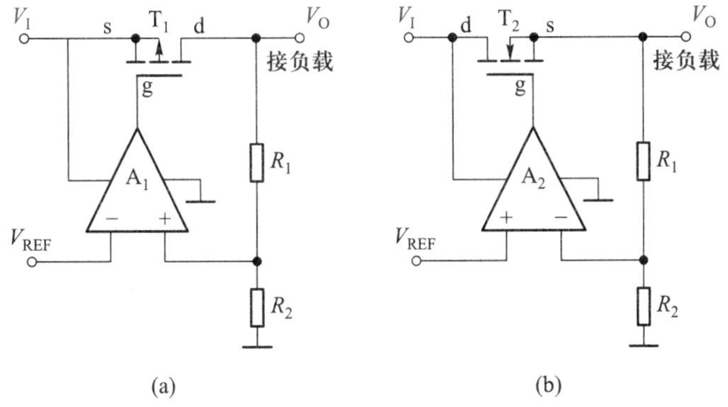

图 11.2.3 LDO 基本电路

（a）PMOS LDO （b）NMOS LDO

仿真说明文档 **11.1**：图 11.2.3 电路的仿真

当负载电阻减小或输入电压 V_I降低导致输出电压 V_O下降时，通过反馈使误差放大器 A_1的输出拉低 T_1的栅极电压，使 $|V_{GS}|$ 增大，从而减小漏源电阻 R_{DS}，导致其压降 $|V_{DS}|$ 减小，因而限制了输出电压的减小。如果某种原因使 V_O升高，调节过程则相反。

当 V_I与 V_O有较大压差时，T_1可能工作在恒流区，稳压原理与 11.2.1 所示电路相同，不再赘述。

但是由于 A_1的工作电源下轨接地，它的输出也就是 T_1的栅极电压不会低于 0 V，这就要求 T_1的源极电压必须大于一定的值，满足 $|V_{GS}|>|V_{TP}|$，才能使 T_1导通，因此这种以 P 沟道 MOSFET 为调整管的 LDO 电路要求 $V_I>|V_{TP}|$，一般 V_I最低约为 2.5 V。

在某些应用中，可能需要用非常低的电压来驱动 LDO 电路，这时可以选用以 N 沟道 MOSFET 为调整管的 LDO 稳压电路，如图 11.2.3b 所示。通过反馈电路的分析方法可知，该电路依然构成电压串联负反馈。这里要求调整管 T_2的栅极电压 V_G满足 $V_G-V_O>V_{TN}$，才能使 T_2导通。当 V_I较低时，A_2就不能再用 V_I作工作电源了，否则就无法提供足够高的 V_G电压。这时要由 LDO 内部电荷泵电路或外部输入高电压为 A_2供电。这种 LDO 稳压电路的输入电压可以低至 1 V。

图 11.2.3 所示 LDO 电路的输出电压表达式与式（11.2.1）相同。也有输出电压可调的 LDO 稳压电路。

11.2.2 线性集成稳压器及其应用举例

1. 集成稳压器简介及主要参数

将图 11.2.1 所示点画线内全部电路集成在一个芯片上，封装后仅引出输入 V_I、输出 V_O 和接地⊥（公共端）三个引脚，便是目前常用的、输出电压固定的线性集成三端稳压器。它的常见外形图和框图如图 11.2.4 所示。需要注意，不同封装形式和不同制造商，器件的引脚排列也不尽相同，使用时应查阅器件手册。

固定输出的三端集成稳压器常以 78××（正电源）和 79××（负电源）来命名。其中后两个数字“××”表示稳压的输出电压幅值，如 7805 表示输出+5 V 的直流电压。其额定电流一般用 78 或 79 后面所加的字母来表示，L 表示 0.1 A，M 表示 0.5 A，没有字母表示 1.5 A。当

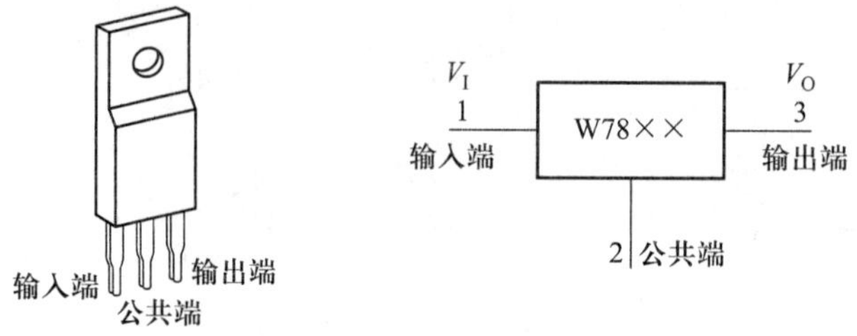

(a) (b)

图 11.2.4 78L××型输出电压固定的三端集成稳压器
(a) 常见封装外形图 (b) 方框图

然,使用时还是要以数据手册给出的参数为准。

LM317 则是采用图 11.2.2 所示原理电路的输出电压可调的集成三端稳压器。它的 $V_{REF}=1.25\ V$, $I_{adj}=50\ \mu A$,由于 $I_{adj} \ll I_1$,故式(11.2.2)可简化为

$$V_O = V_{REF}\left(1+\frac{R_2}{R_1}\right) \approx 1.25V\times\left(1+\frac{R_2}{R_1}\right) \tag{11.2.3}$$

LM337 是与 LM317 对应的负电压三端可调集成稳压器。可调式三端稳压器的特点是输出电压连续可调,调节范围较宽,且电压调整率①、电流调整率②等指标优于固定式三端稳压器。

LDO 集成稳压器属于新型线性集成稳压器,具有功耗低,效率高的优点,广泛用于低噪声、低功耗应用电路的供电。而且常常设有工作和关断控制端,使用灵活方便,所以引脚数通常多于 3 个。

表 11.2.1 列出了几款集成稳压器及其主要性能指标,更多详情请参阅它们的数据手册。

表 11.2.1 几款集成稳压器及其主要性能指标(未做特别说明,表中参数均为典型值)

参数 \ 型号	LM7805(输出固定)	LM7905(输出固定)	LM317(输出可调)	LM337(输出可调)	LT3080(LDO 输出可调)	TPS79901(LDO 输出可调)
输入电压 V_I/V	7~35	−35~−7	3~40	−40~−3	1.2~36	2.7~6.5
输出电压 V_O/V	5	−5	1.3~37	−37~−1.3	0~35	1.2~6.4
最小输入输出电压差 $\|(V_I-V_O)\|_{min}$/V	2	2			0.3	0.1

① 电压调整率也称线路调整率(line regulation),是指在负载一定的情况下,输入电压在额定范围内变化时,输出电压的绝对变化量 ΔV_O 或者是相对变化量 $S_V=\Delta V_O/V_O\times100\% \big|_{\Delta I_O=0,\Delta T℃=0}$。

② 电流调整率也称负载调整率(load regulation),是指输入电压不变时,调整负载使负载电流在指定范围内变化时,输出电压的绝对变化量 ΔV_O 或者是相对变化量 $S_I=\Delta V_O/V_O\times100\% \big|_{\Delta V_I=0,\Delta T℃=0}$。

续表

参数 \ 型号		LM7805（输出固定）	LM7905（输出固定）	LM317（输出可调）	LM337（输出可调）	LT3080（LDO 输出可调）	TPS79901（LDO 输出可调）
电压调整率	ΔV_O/mV	4	8				
	S_V/%			0.01	0.02	0.003	0.02
负载调整率	ΔV_O/mV	4	3			0.6	
	S_I/%			0.1	0.3		0.002
纹波抑制比①RR/dB		73	60	80	77	75	
输出电流 I_O/A		1	1	1	1	1.1	0.4
调整电流 I_{adj}/mA				50	65		
输出噪声电压 V_n/μV		42	40			40	70
静态电流 I_Q/mA		5	3				0.04
温度系数 S_T/(mV·℃$^{-1}$)		−0.8	−0.4				

① 用输入电压纹波的峰-峰值 $\tilde{V}_{\mathrm{Irp-p}}$ 与输出电压纹波的峰-峰值 $\tilde{V}_{\mathrm{Orp-p}}$ 之比的分贝数表示，即 $RR=20\lg(\tilde{V}_{\mathrm{Irp-p}}/\tilde{V}_{\mathrm{Orp-p}})$ dB。

2. 应用举例

（1）固定式三端稳压器应用

图 11.2.5a 为 78L××构成的输出电压固定的典型稳压电路，正常工作时，输入、输出电压差为 2～3 V。电路中靠近引脚处接入瓷介质电容 C_1、C_2用来实现频率补偿，防止稳压器产生高频自激振荡和抑制电路引入的高频干扰，C_3是电解电容，以减小由输入电源引入的低频干扰。D 是保护二极管，当输入端异常短路时，为 C_3提供一个放电通路，防止 C_3电压使稳压器的输出端电压高于输入端电压，导致稳压器内部调整管反向击穿而损坏。

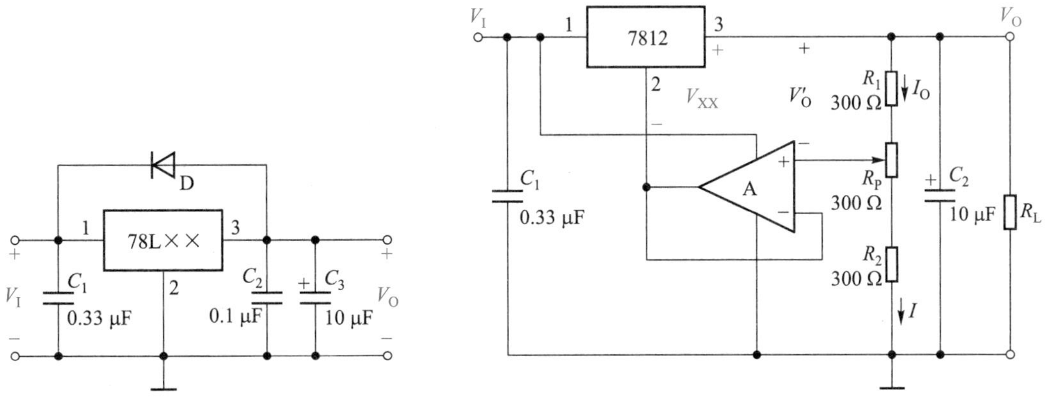

(a) (b)

图 11.2.5 稳压器应用举例

（a）三端稳压器的典型接法 （b）输出电压可调的稳压电路

在增加一定的辅助电路后，固定式三端稳压器也可以实现可调的稳压输出，如图 11.2.5b 所示。其中运放 A 构成电压跟随器，7812 的输出电压是固定的，即 $V_{XX}=V_{32}=12\ \text{V}$。考虑到 A 输入端的虚短和虚断，得知 V_O 与 A 同相端的差值电压 $V'_O=V_{XX}$ 也固定不变，这样，当调节 R_P 的动端位置时，输出电压随之变化，其调节范围为

$$V_{\text{Omin}}=\frac{R_1+R_P+R_2}{R_1+R_P}V_{XX};\quad V_{\text{Omax}}=\frac{R_1+R_P+R_2}{R_1}V_{XX}$$

设 $R_1=R_P=R_2=300\ \Omega$ 时，则输出电压的调节范围为 18~36 V。设计电路时可根据输出电压调节范围和输出电流的大小选择合适的三端稳压器、运放 A 以及取样电阻 R_1、R_P 和 R_2 的值。

例 11.2.1 小功率直流稳压电源如图 11.2.6 所示。(1) 电路两输出端对地的直流电压是多少？(2) 若 7815、7915 输入与输出的最小电压差为 2.5 V，则 v_2 的有效值不应小于多少？(3) 若考虑到交流电网电压有±10%的波动，则 v_2 的有效值不应小于多少？(4) 一般情况下，C_1、C_2 的电容值越大越好，还是越小越好？为什么？

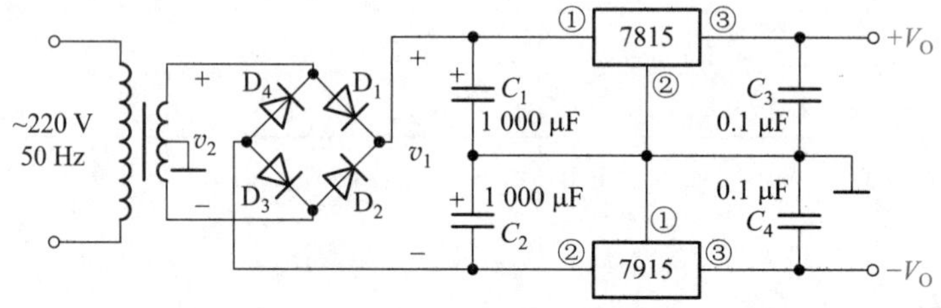

图 11.2.6 例 11.2.1 的电路

解：(1) 图示电路采用了集成三端稳压器 7815 和 7915，因此电路的两个输出端对地电压 $+V_O=+15\ \text{V}$，$-V_O=-15\ \text{V}$。

(2) 若稳压器的输入与输出最小电压差为 2.5 V，则 7815 输入端电压至少为：15 V+2.5 V = 17.5 V，7915 输入端电压至少为 −15 V+(−2.5 V) = −17.5 V，则 V_1 = 17.5 V−(−17.5 V) = 35 V，因此由式(11.1.12)可知，v_2 的有效值不应小于(这里取系数为 1.2 计算)

$$V_2=V_1/1.2\ \text{V}\approx 29\ \text{V}$$

(3) 若交流电网电压有±10%的波动，即变压器二次电压只有原来的 90%时，仍能实现稳压，此时 v_2 的有效值不应小于(这里取系数为 1.2 计算)

$$V_2=[V_1/1.2]/0.9\approx 32\ \text{V}$$

(4) 为了获得尽可能平滑的滤波效果，一般 C_1、C_2 的电容值越大越好。

(2) 可调式三端稳压器应用

这类稳压器是依靠外接电阻来调节输出电压的，为保证输出电压的精度和稳定性，要选择精度高的电阻，同时电阻要紧靠稳压器，防止输出电流在连线电阻上产生误差电压。图 11.2.7 所示为可调式三端稳压器的典型应用电路，其中图 a 是由 LM117 和 LM137 组成的正、负输出电压可调的稳压电路。稳压器的 $V_{21}=-V_{31}=V_{REF}=1.25\ \text{V}$，当 $I_1=5\sim10\ \text{mA}$ 时，$R_1=R'_1=120\sim240\ \Omega$，为保证空载情况下输出电压稳定，$R_1$ 和 R'_1 不宜高于 240 Ω。R_2 和 R'_2 的大小根据输出电压调节范围确定。该电路的输入电压分别为+25 V 和−25 V，输出电压可调范围为±(1.25~20) V。

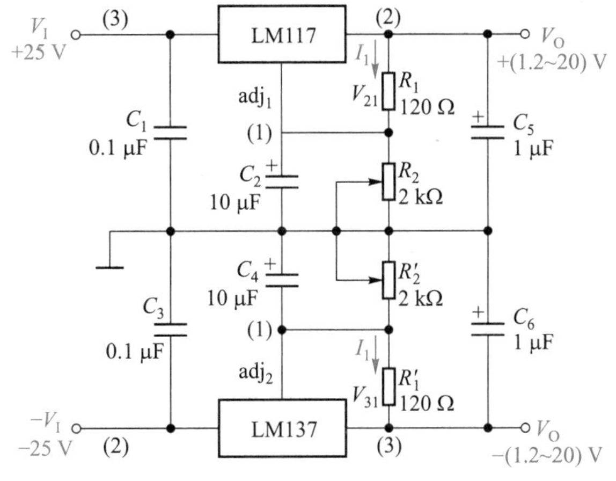

(a)

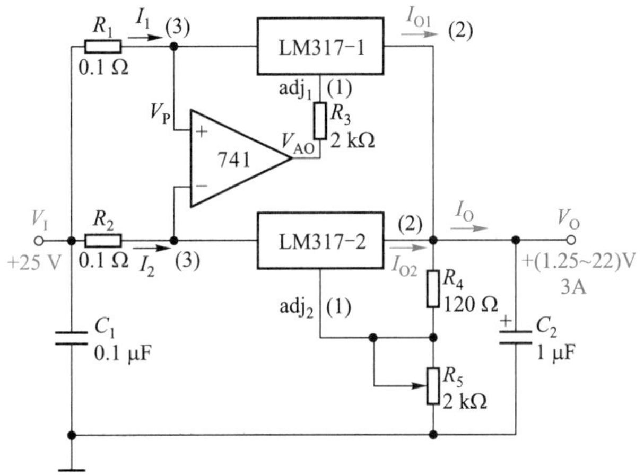

(b)

图 11.2.7 可调式三端稳压器的应用电路

(a) 输出正、负电压可调的稳压电路 (b) 并联扩流的稳压电路

当单个稳压器不能满足输出电流要求时,可以采用两个稳压器并联实现扩流,电路如图 11.2.7b 所示。它由两个可调式稳压器 LM317 组成,输入电压 $V_I = 25$ V,输出电流 $I_O \approx I_{O1} + I_{O2} = 3$ A,输出电压可调范围为 1.25~22 V。电路中的运放 741 用来平衡两稳压器的输出电流。如果 LM317-1 输出电流 I_{O1}大于 LM317-2 输出电流 I_{O2}时,电阻 R_1上的电压降增加,运放的同相端电位 $V_P = (V_I - I_1 R_1)$降低,运放输出端电压 V_{AO}降低,通过调整端 adj_1使 LM317-1 内部的 V_B(参见图 11.2.2)下降,从而减小 I_{O1},恢复平衡;反之亦然。改变电阻 R_5可调节输出电压的数值。

可调式三端稳压器的应用形式是多种多样的,只要能维持输出端与调整端之间的电压恒定并控制调整端电压,就不难设计出各种应用电路。

(3) LDO 稳压器应用

TPS79901 为可调式 LDO 集成稳压器。具有高电源抑制比(PSRR)、低噪声、快速启动特性,同时具有极低的接地电流(典型值 40 μA)。

采用 TPS79901 提供可调输出的典型应用电路如图 11.2.8 所示,在输出 200 mA 电流时输入输出压差仅为 100 mV。

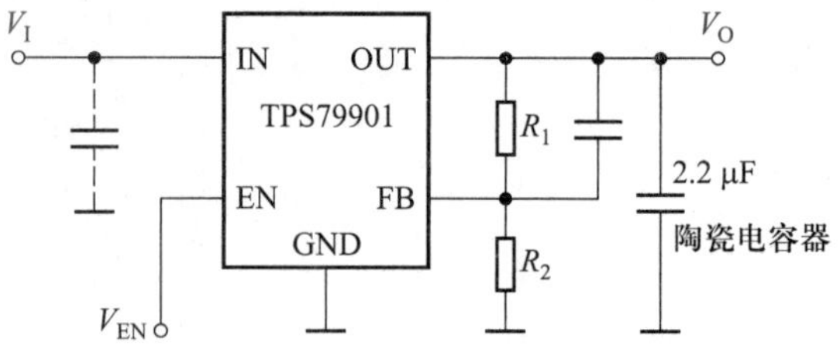

图 11.2.8 TPS79901 典型应用电路

另外,TPS79901 具备关断(shutdown)使能控制端 EN,当该引脚被施加高电平时,会启动稳压器工作,而当 EN 为低电平时,稳压器停止工作,如果不使用此控制引脚,应该将其连接到输入电压 V_I上。正常工作时,输出电压的值为:$V_O=[(R_1+R_2)/R_2]\times1.193$,可调输出电压范围为 1.2~6.4 V。

此外,型号 TPS799××中××的具体数字表示稳压器固定输出的电压值,如 TPS79915、TPS79918、TPS79925、TPS79933 等分别是固定输出电压为 1.5 V、1.8 V、2.5 V 和 3.3 V 的 LDO 稳压器。

复习思考题

11.2.1 整流滤波电路的输出电压不稳定的影响因素有哪些?

11.2.2 线性串联反馈式稳压电路的稳压原理是什么?调整管的主要作用是什么?调整管上的功耗如何计算?

11.2.3 在图 11.2.1 所示的电路中,若已知电路参数和基准电压 V_{REF}时,求下列三种情况下的输出电压:(1) R_1短路;(2) R_2开路;(3) $R_1=R_2$。

11.2.4 在使用三端稳压器时,需要注意哪些问题?

11.2.5 某集成三端稳压器,在输入电压为 5 V 时,若稳定的输出电压为 2.5 V,则该稳压电路的效率约为多少?若想提高效率,有哪些途径?

11.3 开关式稳压电路

传统的线性串联反馈式稳压电路的调整管工作在线性放大区,因此在负载电流较大时,调整管的损耗很大,电源效率较低,一般为 40%~60%,有时还要配备庞大的工频电源变压器和散热装置,体积大且笨重,而 LDO 线性稳压器在宽输入电压范围的应用场合也将失去用武之地。开关式稳压电路则可以克服上述缺点。相对于线性稳压电源,开关式稳压电源有如下特点:

(1) 开关稳压电路中的三极管主要工作在饱和导通和截止的开关状态,由于饱和导通时的管压降和截止时的管电流都很小,管耗主要发生在开与关的转换过程中,所以电源效率可提高到 75%~95%。

(2) 由于省去了体积庞大的工频变压器,改由体积很小的高频变压器降压(见图 11.0.1b),而且小功率电源也常省去调整管的散热装置,所以其体积小、重量轻。

(3) 主要缺点是输出电压中所含纹波较大,而且控制电路比较复杂。但由于其优点突出,且控制电路也高度集成化,所以开关稳压电源已成为众多电子设备中电源的主流,应用十分广泛。

交流输入的开关稳压电源的原理框图如图 11.0.1b 所示。

开关稳压电路要解决的核心问题是,在直流输入电压作用下,如何通过控制开关管的工作来实现输出稳定的直流电压。下面首先通过无变压器的开关稳压电路,介绍其基本工作原理,然后再介绍带变压器的完整开关稳压电源电路。

11.3.1 无变压器的开关稳压电路

在三极管"通"和"断"的开关工作状态下,如何输出直流电压是开关稳压电路需要解决的首要问题,其次是如何实现稳压。本小节首先讨论把开关电压转换为直流电压的基本电路,解决第一个问题,其次介绍稳压的实现。

1. 开关 DC/DC 变换器基本电路

可以将开关电压变换为直流电压的电路种类繁多,但它们可归结为三种基本电路:串联型(也称降压型或 Buck 型)、并联型(也称升压型或 Boost 型)和极性反转(inverting Buck Boost)型(也称反极型)。

① 串联型(降压型或 Buck 型)

串联型 DC/DC 变换电路主回路原理图如图 11.3.1 所示,电路由开关管 T、二极管 D(一般选用开关性能好的肖特基二极管)、LC 滤波电路构成。图中 V_I 是整流滤波后的直流电压, V_O 为输出电压。因为开关管 T 与负载 R_L 是串联结构,所以该电路称为**串联型**电路。

图 11.3.1 中的 v_G 控制 T 的通断,当 v_G 为高电平时 T 导通,如果忽略 T 的饱和压降,则 $v_S=V_I$,此时 D 截止,电感 L 充电存储能量,电流 i_L 开始增加,随着 i_L 不断增大,C 由放电转为充电,V_O 开始上升。当 v_G 为低电平时 T 截止,此时 L 的自感电动势极性如图中 v_L 所示,D 正向导通,接续 i_L 电流回路(因而常称 D 为续流二极管),$v_S=-V_D$。由于 i_L 不能突变,所以负载中电流无明显变化,V_O 也不会突变。随着 L 的放电,i_L 逐渐减小,C 由充电逐渐变为放电,V_O 开始下降。图 11.3.2 画出了 v_S、i_L 和 V_O 的示意波形。由此可见,尽管 v_S 是矩形波电压,但经过 LC 滤波电路后,输出电压 V_O 变成了较平坦的直流了。而且 T 导通时间越长,L 储能越多,V_O 越大,反之亦然。

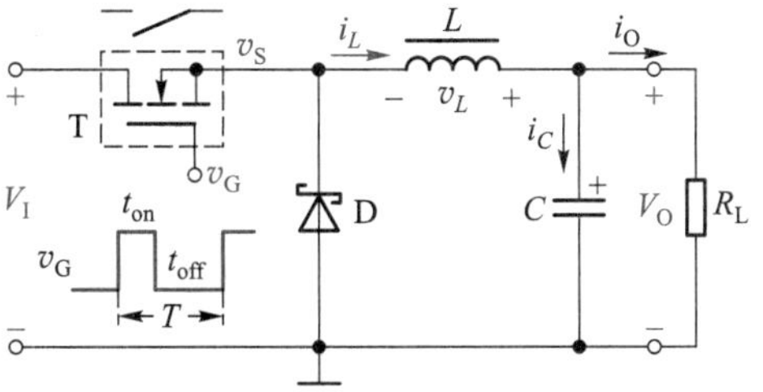

图 11.3.1 串联型 DC/DC 变换电路主回路原理图

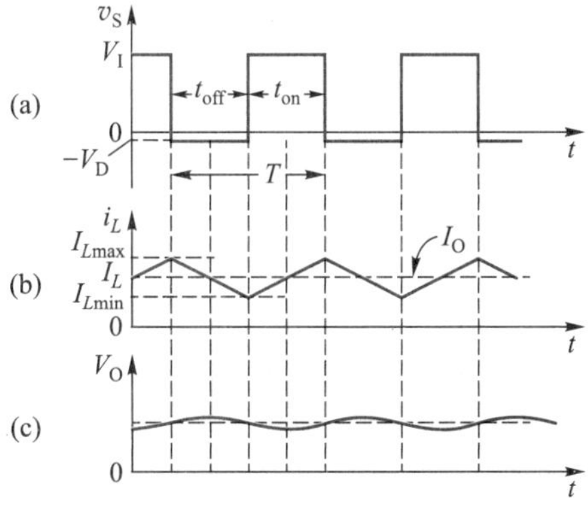

图 11.3.2 串联型主回路的电压、电流波形图
(a) v_S 波形 (b) i_L 波形 (c) V_O 波形

实际上在频域里看,正矩形波 v_S 可以展开成直流分量、基波分量及各高次谐波分量的叠

加。而 v_S 基波频率通常在几十千赫以上，只要 LC 滤波电路的截止频率远低于这个频率，就可以较好地滤除基波和各高次谐波，留下直流分量。

由于电路是将一直流电压 V_I 转换为负载工作所需的另一直流电压 V_O，且中间经过了矩形波电压，所以称这种电路为 **DC/DC 变换电路**（实际上还应包括后面要讲的稳压实现电路）。

在稳定的串联型电路中，理想电感只实现能量的传递，不会消耗能量。在一个开关周期中，电感吸收的能量和释放的能量相等。因此一个周期内，电感电压对时间的积分为零，称为伏秒平衡原理。

当串联型电路工作于电流连续模式（continuous-conduction mode，CCM）下，依据伏秒平衡原理，在一个周期内电感电压的平均值为零，当忽略二极管 D 和开关管 T 的压降时，$(V_I-V_O)\times t_{on} = V_O\times t_{off}$，也就是

$$V_O = V_I \frac{t_{on}}{t_{on}+t_{off}} = V_I\times q \tag{11.3.1}$$

这里 $q = t_{on}/(t_{on}+t_{off}) = t_{on}/T$，称为矩形波的占空比。由式（11.3.1）看出，输出电压 V_O 一定小于输入电压 V_I，所以称图 11.3.1 所示电路为降压（Buck）型。

当忽略转换电路的损耗时，由能量守恒定律，$V_I\times I_I = V_O\times I_O$，因此 $I_I = (V_O\times I_O)/V_I$，而 $V_O = V_I\times q$，故

$$I_I = q\times I_O \tag{11.3.2}$$

必须注意，由于电容也是储能元件，所以电路工作于 CCM 模式时，电感的平均电流一定等于输出电流，即 $I_L = I_O$（参见图 11.3.2）。而电感电流的变化量与输出电压、开关周期、占空比和电感值等有关，即

$$\Delta I_L = (I_{L\max}-I_{L\min}) = \frac{V_O(1-q)\,T}{L} \tag{11.3.3}$$

那么，维持电路工作于 CCM 模式时就需要限制最小输出电流，也称为临界输出电流，否则电感会出现断流，电路工作于断续电流模式（discontinuous-conduction mode，DCM）。

由图 11.3.2 看出，临界输出电流

$$I_{O\min} = \frac{\Delta I_L}{2} = \frac{V_O(1-q)\,T}{2L} \tag{11.3.4}$$

当所需输出电流确定时，也可以据此得到电路工作于 CCM 模式时电感的最小值，也就是

$$L_{\min} = \frac{V_O(1-q)\,T}{2I_O} \tag{11.3.5}$$

② 并联型（升压型或 Boost 型）

并联型 DC/DC 变换电路主回路如图 11.3.3a 所示，由于开关管 T 与负载 R_L 并联，所以称之为**并联型**电路。电感 L 接在输入端，D 仍为续流二极管。

当 v_G 为高电平时（t_{on} 期间），T 导通，输入电压 V_I 直接加到电感 L 两端，$v_L\approx V_I$（忽略 T 的导通压降），电感充电，i_L 线性增加，$i_L = \frac{1}{L}\int v_L\mathrm{d}t \approx \frac{V_I}{L}\cdot t$，此时 D 截止，之前已充电的电容 C 向负载提供电流 $i_{放} = i_O$，在满足 $R_LC \gg t_{on}$ 时，V_O 基本不变。当 v_G 为低电平时（t_{off} 期间），T 截止，i_L 不能突变，L 的自感电动势 v_L 为左负右正（如图中括号内标注），此时 $v_X = V_I+v_L$，因而此

电路的 L 常称为升压电感。当 $V_I+v_L>V_O$ 时，D 导通，V_I+v_L 给负载提供电流 i_O，同时又向 C 充电，此时 $i_L=i_C+i_O$，显然输出电压 $V_O>V_I$，所以该电路称为**升压(Boost)型**电路。

同样，V_O 与控制信号 v_G 的占空比有关。正常工作时 v_G、v_X、i_L 和 V_O 的示意波形如图 11.3.3b 所示。

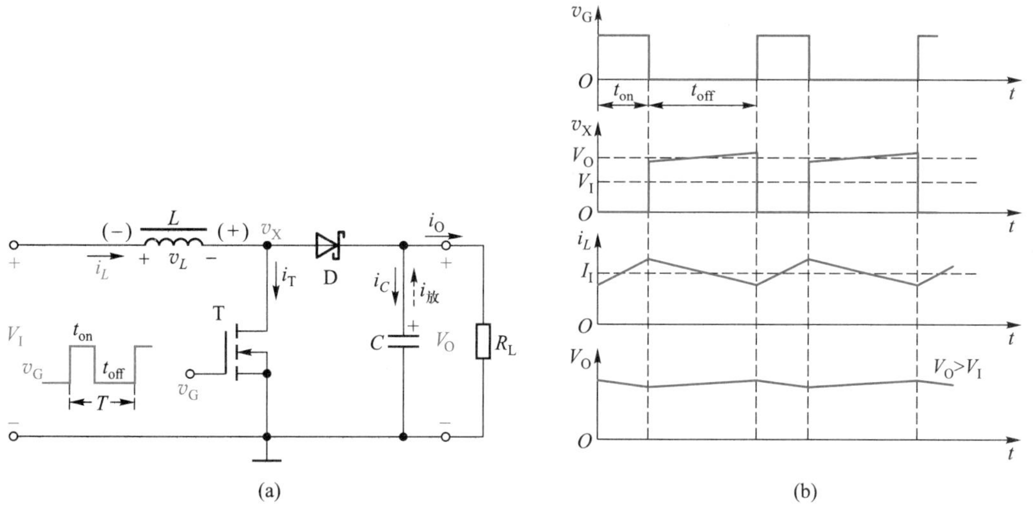

图 11.3.3 并联型 DC/DC 变换电路主回路

(a) 原理图 (b) v_G 作用在 i_L 连续条件下 v_X、i_L 和 V_O 波形

和串联型电路类似，当电路工作于 CCM 模式时，依据伏秒平衡原理，可以得到

$$V_O=\frac{V_I}{1-q} \tag{11.3.6}$$

为了维持工作于 CCM 模式，临界输出电流

$$I_{Omin}=\frac{TV_Oq(1-q)^2}{2L} \tag{11.3.7}$$

最小电感值为

$$L_{min}=\frac{TV_Oq(1-q)^2}{2I_O} \quad 或 \quad L_{min}=\frac{T}{2I_O}\left(\frac{V_I}{V_O}\right)^2(V_O-V_I) \tag{11.3.8}$$

③ 极性反转型

图 11.3.4 为极性反转型 DC/DC 变换电路主回路，与图 11.3.3a 比较，互换了 T 和 L 的位置，且颠倒了 D 的方向。其工作过程与并联型类似，当 T 导通时，D 截止，输入端直流电源对电感 L 充电，负载电阻 R_L 依靠电容器 C 的储能供电；当 T 截止时，L 中的自感电动势极性为下正上负，D 导通，L 存储的能量为 R_L 提供电流，并同时对电容 C 充电。可以看出，输出电压的极性与输入电压相反，所以称该电路为**极性反转型**电路。

当电路工作于 CCM 模式时，同样可以得到

$$V_O=-V_I\times\frac{q}{1-q} \tag{11.3.9}$$

由此看出，当改变开关信号的占空比时，极性反转型电路既可以降压输出，也可以升压输出。

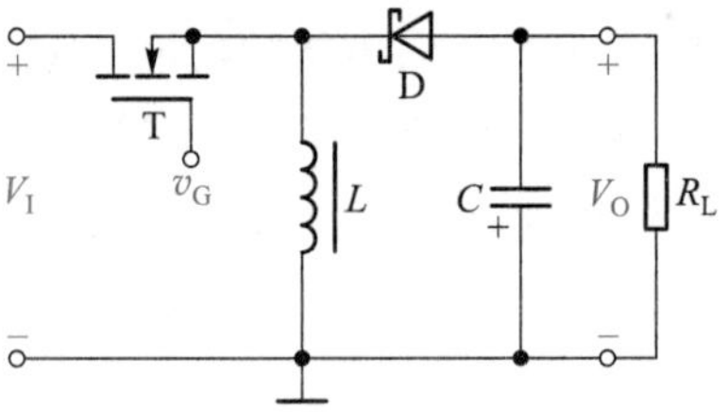

图 11.3.4　极性反转型 DC/DC 变换电路主回路

2. 稳压的实现

DC/DC 变换电路引入开关管的目的是要实现稳压。以上看出，无论哪种类型的变换电路，输出电压 V_O 的大小总是受信号 v_G 占空比的控制，如果通过负反馈使 V_O 的变化影响 v_G 的占空比，就可以实现稳压了。

在图 11.3.1 所示电路基础上，加入反馈控制电路，就可以构成串联型开关稳压电路（DC/DC 变换电路），如图 11.3.5 所示。与线性稳压电路类似，取样电路检测 V_O 并与基准电压 V_{REF} 比较，其误差经误差放大器放大得到控制电压 v_A。但与线性稳压电路不同的是，v_A 不能直接用于控制开关管 T，需将其转换成矩形波 v_G 的占空比 q，再去控制开关管 T（实际电路中比较器的输出还须通过驱动电路再驱动 T）。这里将 v_A 作为比较器 C 的阈值电压，与固定幅值和频率的三角波 v_T 进行比较，便可产生脉冲宽度调制（PWM）信号 v_G（见例 10.8.1），其占空比 q 就反映了 v_A 的大小，这样就可以通过 q 控制 V_O 实现稳压了。

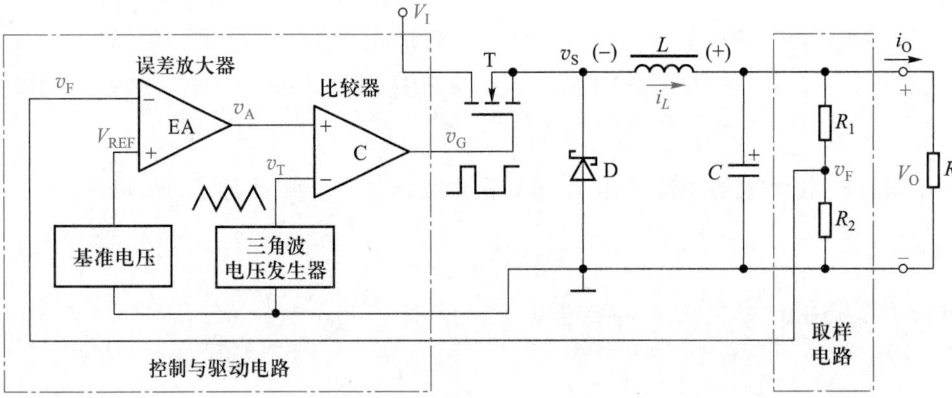

图 11.3.5　串联型开关稳压电路（DC/DC 变换电路）原理图

例如，当输入电压 V_I 增加或负载 R_L 增大，致使输出电压 V_O 增加时，反馈信号 v_F 也增大，经 EA 后使 v_A 减小（反相关系），通过脉宽调制使 v_G 的占空比 q 减小（v_G 与 v_T 是反相的），从而限制 V_O 增大，达到稳定 V_O 的目的。上述调节过程可表示为：

$$\left.\begin{array}{l} V_I\uparrow \\ R_L\uparrow \end{array}\right\} \to V_O\uparrow \to v_F\uparrow \to v_A\downarrow \to v_G\text{ 的 } q\downarrow \to V_O\downarrow$$

同理，V_O 受 V_I 或 R_L 影响减小时，有 v_F 减小使 v_A 增大，导致 v_G 的 q 增大，从而限制 V_O 的减小。

电路正常工作时，由于负反馈的作用，使 v_F 始终跟踪 V_{REF}，即有虚短 $v_F \approx V_{REF}$。再根据 EA 的虚断可得到取样电路的电压关系 $v_F = V_O R_2/(R_1+R_2)$，于是输出电压

$$V_O = v_F\left(1+\frac{R_1}{R_2}\right) = V_{REF}\left(1+\frac{R_1}{R_2}\right) \tag{11.3.10}$$

与式(11.2.1)完全相同。

注意,图 11.3.5 中的控制与驱动电路所用电源也是 V_I。

为了提高开关稳压电源的效率,应选取导通压降小、截止漏电流小的开关管。另外,开关频率 f_K 对稳压电路的性能影响也很大。f_K 越高,需要使用的 L、C 值越小。这样,系统的尺寸和重量都会减小。但另一方面,f_K 越高,开关管单位时间转换的次数会增加,功耗将增大,导致效率降低。因此要慎重选择开关频率,而且针对不同的器件和电路结构,最佳的开关频率往往是不同的。续流二极管 D 一般选用正向压降小、反向电流小及反向恢复时间短的肖特基二极管。滤波电容和电感要使用耐高温的高频电解电容和高频电感。

并联型和极性反转型稳压电路的稳压原理与串联型基本相同,不再赘述。

3. 集成开关稳压器及其应用举例

图 11.3.5 中的控制与驱动电路只是简化后的原理框图,三角波电压发生器、误差放大器和比较器等实际电路都较复杂,还要考虑如何驱动开关管才能保证它可靠地导通和截止并快速切换。通常还要设计过流、过压、欠压和过热等保护电路。不过目前对使用者来说这都不再是问题,因为这些电路都已被集成到一个芯片中,常称作 DC/DC 变换器/控制器,也称集成开关稳压器。

目前,集成 DC/DC 变换器有多种,一类是仅包含控制与驱动电路在内,需外接开关管、滤波电路和续流二极管,一般用于功率较大的场合,称之为开关控制器;另一类是将开关管也集成在芯片内部的转换器;还有集成电感的转换模块。几种典型集成 DC/DC 变换器性能如表 11.3.1 所示。

表 11.3.1 集成 DC/DC 变换器

稳压器类型		降压型 $V_O<V_I$		升压型 $V_O>V_I$		极性反转型	分离式转换器
参数	型号 / 符号	LM2596-5.0	TPS564201	LM3478	TPS61178	MAX764	TPS65131
输入电压	V_I/V	8~40	4.5~17	2.97~40	2.7~20	3~16	2.7~5.5
输出电压	V_O/V	5	0.76~7	1.26~500	4.5~20	固定-5或可调-(1~16)	-15~15
开关频率	f_K/kHz	150	500~600	100~1 000	200~2 000	300	1 250
最大占空比	q	100%	75%	100%	85%		87.5%
最大输出电流	I_{OM}/A	3	4	1	8	0.25	2
开关管类型	T	内置 BJT 开关管	内置 MOS 管	外接	内置 MOS 管	CMOS	一个内置 MOS 管另一个需外接
控制方式		PWM	PWM	PWM	PFM	PWM PFM	PWM
特点应用				外接开关 MOSFET			可输出正、负两组电压

(1) 固定输出降压型 DC/DC 变换器 LM2596-5.0 的应用

LM2596-5.0 是一款固定 5 V 输出的 DC/DC 变换器。器件内部包含图 11.3.5 中除续流二极管、滤波电感和电容以外的所有电路。三角波振荡频率为 150 kHz;外围电路简单,使用方便。其引脚如图 11.3.6 所示。各引脚功能为:1 V_{IN}为输入电压端;2 Output 为输出电压端;3 Ground 为接地端;4 Feed Back 为反馈端;5 $\overline{ON}$/OFF 为通/断控制端,在低电平时工作,高电平时输出关断,阈值电压为 1.3 V。

LM2596-5.0 应用电路如图 11.3.7 所示。输入电压 V_I范围是+7~40 V,输出电压 V_O为 5 V。其外部只需连接 4 个元件。C_I为输入端滤波电容,可以抑制在输入端出现大的瞬态电压,同时为 LM2596-5.0 在每次关断后的启动提供瞬态电流。其余 3 个元件的作用已在图 11.3.1 中介绍过,不再重复。

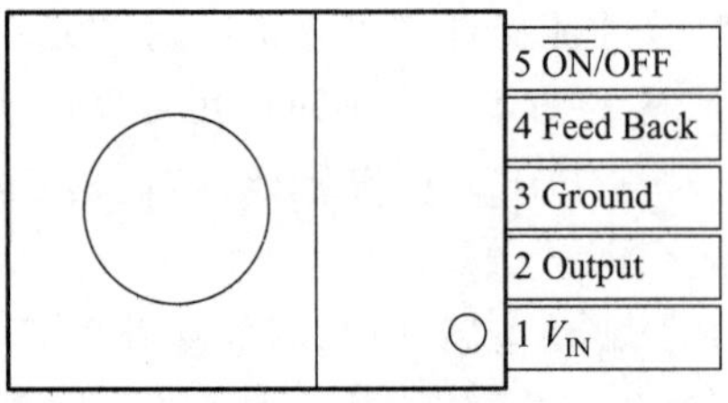

图 11.3.6 LM2596 引脚图

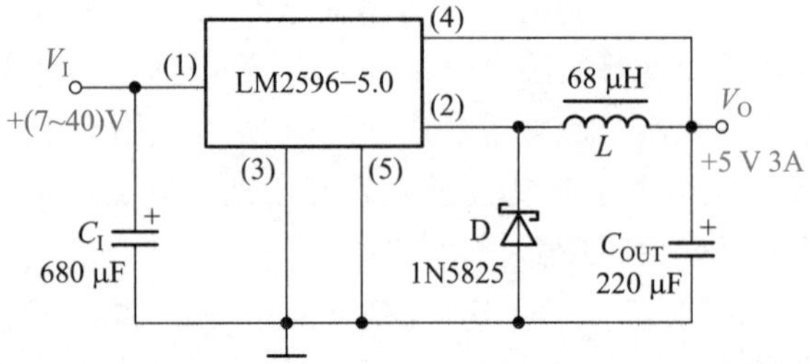

图 11.3.7 LM2596-5.0 应用电路

(2) 可调降压型 DC/DC 变换器 TPS564201 的应用

TPS564201 是一款内部封装了 MOS 开关管的降压型转换器,共有 6 个引脚,所需外部元件少。其输出为 5 V 电压的典型应用电路如图 11.3.8 所示。

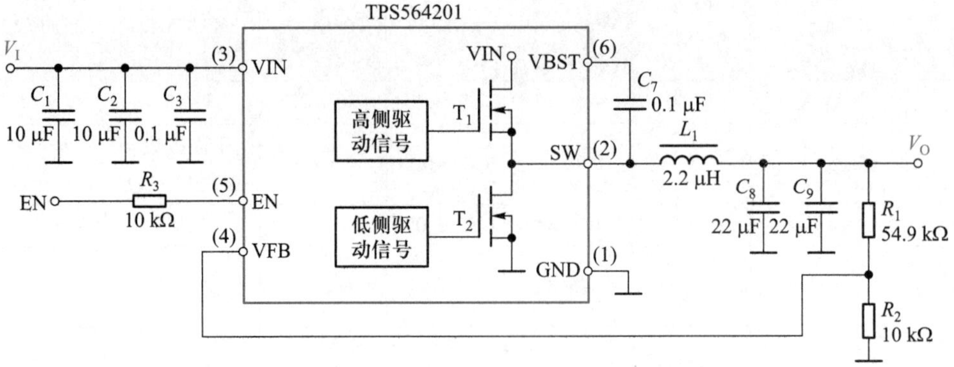

图 11.3.8 TPS564201 输出为 5 V 电压的典型应用电路

需要注意的是,TPS564201 内部集成了两个 MOS 开关管,一般称之为高侧开关管和低侧开关管,其中高侧开关管为主开关,而低侧开关管替代了图 11.3.5 中的续流二极管 D。

TPS564201 的引脚 1 为接地端,引脚 2 为高侧开关管和低侧开关管的连接点,引脚 3 为直流电压输入端,引脚 4 为反馈电压输入端,引脚 5 为使能端,高有效,引脚 6 为高侧开关管驱动电路的辅助供电端,用于外接自举电容。

电路中采用两容量相等电容的并联（C_1、C_2以及 C_8、C_9），主要是为了减小非理想电容的等效电阻，同时获得较大的电容量，可滤除低频干扰。电容 C_7为自举电容，用于给高侧的 T_1 提供足够高的开启电压。

查阅其数据手册可知，在合适的输入电压作用下，电路的输出电压由外部电阻 R_1和 R_2 决定，关系式为 $V_O=0.76\times(1+R_1/R_2)$，因此图 11.3.8 电路的输出电压为 $V_O=0.76\times(1+54.9/10)\ V\approx5\ V$。

（3）极性反转型 DC/DC 变换器 MAX764

MAX764 为一款输出电压固定-5 V 或可调的 DC/DC 变换器，其利用外部储能电感、滤波电容和续流二极管构成极性反转的-5 V 稳压电路如图 11.3.9 所示。输入正电压在 3～16 V 之间。其中，OUT(1)为固定输出检测端，FB(2)为反馈输入端，SHDN(3)为高有效的关断模式控制端，REF(4)为 1.5 V 的基准电压输出端，V+(6)(7)为正电源电压输入端，LX(8)端内部为 PMOS 开关管的漏极，GND(5)为接地端。

同样，MAX764 也可以连接为可调负电压输出，详见其数据手册。

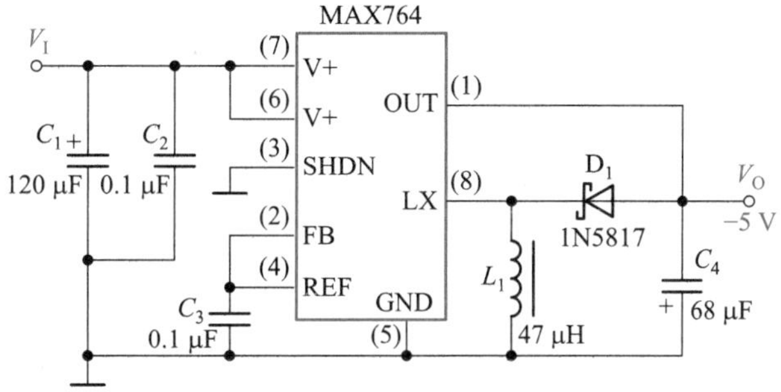

图 11.3.9 MAX764 应用电路

虽然在 DC/DC 变换器基本电路描述中给出过电感选取的最小值要求，但在实际电路设计时，所用集成 DC/DC 变换器数据手册中都会给出电感、电容等外接元件的建议值，使用者可据此选取合适的元件构成满足需要的稳压电路，这使得设计开关稳压电路变得简单容易了。

11.3.2 带变压器的开关稳压电路

尽管理论上可以通过 DC/DC 变换器，直接将电网交流电压整流滤波后 300 多伏的直流电压变换为几伏的直流低压，但工程实际中一般不这样做，这是因为这种电路高、低压部分没有隔离，存在极大的安全隐患，而且这时控制信号需要极小的占空比，对器件性能要求苛刻。这时普遍采用带隔离变压器的开关稳压电路。

1. 基本电路及工作原理

带隔离变压器的 DC/DC 变换器，通过磁耦合方式传递能量，实现了输入和输出端的电气隔离，同时完成降压任务。如果变压器二次侧采用多绕组，还很容易实现多个输出。

图 11.3.10a 所示电路为正激式 DC/DC 变换器基本电路，图 b 为反激式基本电路。

在图 a 的正激电路中，开关管 T_1导通时，变压器二次侧的二极管 D_1导通，D_2截止，电网

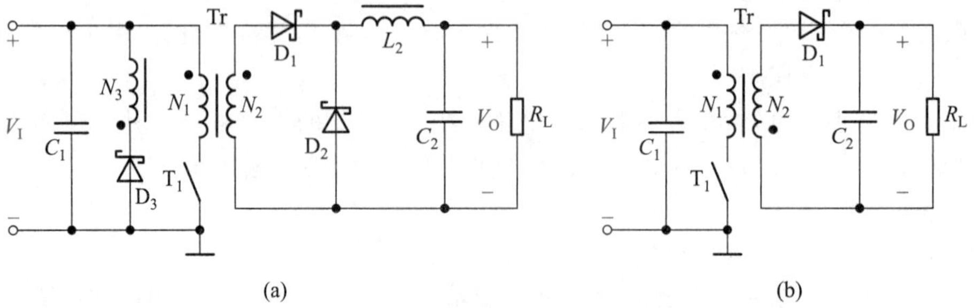

图 11.3.10 带变压器的 DC/DC 变换器基本电路

(a) 正激式 (b) 反激式

电压通过变压器Tr向负载 R_L传送能量,此时输出滤波电感 L_2也储存能量。当 T_1截止时,二极管 D_1截止,电感 L_2的储能通过续流二极管 D_2向负载释放,维持开关截止时的负载电压。电路的问题是:当开关管关断时,变压器处于“空载”状态,其中储存的磁场能量将会积累到下一个开关周期,直至电感饱和,烧坏开关器件。因此图中连接了 N_3与 D_3支路,提供释放多余磁场能量的回路。

观察图 b 所示的反激式电路,可以发现,变压器的同名端与图 a 不同,当 T_1导通驱动变压器一次侧时,二极管 D_1截止,变压器二次侧不对负载供电而储能,负载电阻 R_L依靠电容 C_2储能提供电流。当 T_1截止时,变压器二次侧的感应电压使 D_1导通,一方面给负载供电,另一方面给 C_2充电。

以上看出,正激式是开关管导通时,就通过变压器向电感、电容和负载传送能量了,而当开关断开时,便停止传送。反激式则是当开关管导通时将能量储存在变压器中,只有在开关断开时,才会向负载和电容释放能量。

与正激式电路相比,反激式电路少了一个续流二极管 D_2和储能滤波器电感 L_2,同时没有磁复位绕组 N_3支路,这是因为在变换器反激期间,二次绕组和整流二极管 D_1构成电流回路,同时完成了磁复位功能。

需要注意的是,这里所用到的变压器和图 11.0.1a 中的变压器不同,后者为工频降压器,工作于 50 Hz 频率下。而图 11.3.10 中变压器的工作频率和开关管的开关频率相同,一般为几百千赫,所以体积比工频变压器小很多。

采用和串联型电路类似的分析可知,在 CCM 模式下,正激式电路输入和输出电压的关系为

$$V_O = V_I \times \frac{N_{sec} \times T_{on}}{N_{pri} \times T} = V_I \times \frac{N_{sec}}{N_{pri}} \times q \tag{11.3.11}$$

这里 N_{pri}为变压器的一次匝数,而 N_{sec}为变压器的二次匝数。

反激式电路输入和输出电压的关系为

$$V_O = V_I \times \frac{N_{sec} \times T_{on}}{N_{pri} \times T_{off}} = V_I \times \frac{N_{sec}}{N_{pri}} \times \frac{q}{1-q} \tag{11.3.12}$$

在图 11.3.10 基础上增加取样、反馈、控制与驱动电路,就可以构成带变压器的开关稳

压电路如图 11.3.11 所示，稳压原理与无变压器的 DC/DC 变换器类似。由于要隔离输入和输出回路，所以反馈信号一般通过光电耦合器实现隔离。

与 DC/DC 变换器类似，目前，也有很多用于带变压器的开关稳压电路的集成控制器供选用。有的是集成了开关管的，如 TNY263，有的是需要外接开关管的，如 FAN6754。

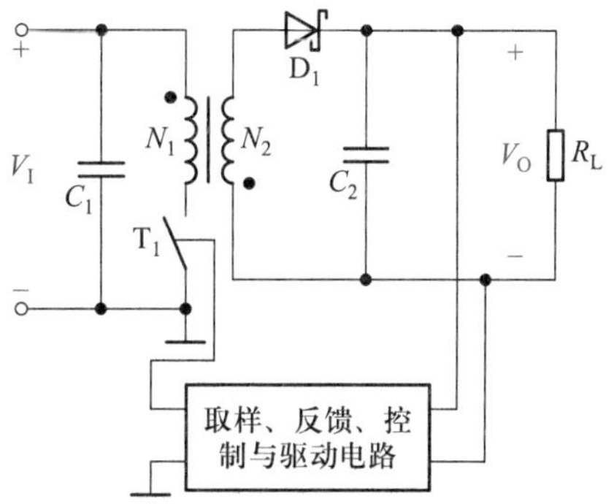

图 11.3.11 反激式开关稳压电路

2. 集成控制器及开关稳压电源

(1) 控制器 FAN6754 及其应用

FAN6754 是一种反激式开关电源的 PWM 控制器，具有引脚少、外围电路简单、性能优良等优点。内部振荡电路的振荡频率为 65kHz。其 8 个引脚的功能如表 11.3.2 所示。

表 11.3.2 FAN6754 引脚功能

引脚	引脚名称	引脚功能
1	GND	公共地端，外接阻容元件，补偿控制回路
2	FB	内部通过电阻接 5 V，外接光电耦合器输出端光电三极管的集电极，接收输出电压的取样信号，调节矩形波的占空比
3	NC	无须外部连接
4	HV	高电压启动
5	RT	温度过高保护，连接一个负温度系数的热敏电阻到地
6	SENSE	电流检测
7	V_{DD}	供电电源，开启电压 16.5 V，关断电压 9 V
8	GATE	栅极驱动输出，用于连接外部开关管的栅极，内部钳位低于 13 V

由 FAN6754 控制的隔离型开关稳压电源完整电路如图 11.3.12 所示。220 V 的交流电网电压经过电容 C_1 ~ C_4 和电感 L_1、L_2 构成电磁干扰（electro magnetic interference，EMI）滤波器，滤除电网中的高频噪声，再送入 KBP307 整流桥整流、经 C_5 滤波，将高压交流电转换为约 310 V 的直流电，C_5 的容量为 100 μF 或者 68 μF，耐压值 400 V 以上。C_6、R_2 和 D_3 构成钳位电路，可以在 T_1 断开时将变压器一次漏感电压尖峰值削弱到安全范围。开关管采用增强型 NMOS 管 FQPF8N80。

220 V 市电通过二极管 D_5 和启动电阻 R_1 支路触发芯片内部的恒流源，对 FAN6754 供电引脚 7 的 V_{DD} 电容充电，当 V_{DD} 引脚电压达到门槛电压（16.5 V）后，引脚 8 输出栅极控制脉冲，控制 T_1 的通断，电源开始工作，此后 FAN6754 由辅助绕组 L_4 供电，D_1、D_2、R_6、C_9 和 C_{10} 构成的整流滤波电路使引脚 7 的电压维持在 16.5 ~ 24 V 之间。

R_7 检测出 T_1 的电流，经滤波电路 R_8、C_{13} 滤除变压器寄生电容造成的脉冲前沿振荡，然后送入 SENSE 引脚，实现峰值电流控制。

电路的稳压过程为：FAN6754 的 8 号引脚输出 PWM 脉冲，驱动开关管 T_1 的导通和截止，一次绕组的高频脉冲高电压通过高频变压器降压后由二次绕组输出，再经过整流滤波电

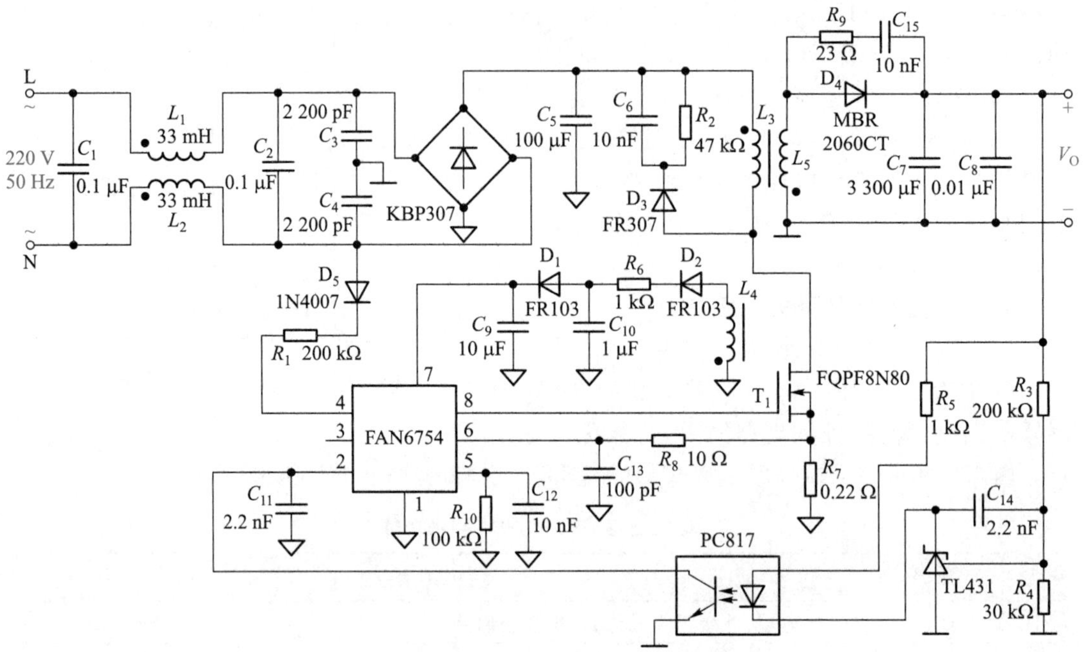

图 11.3.12 由 FAN6754 控制的隔离型开关稳压电源

路变成直流电压输出。分压电阻 R_3 和 R_4 对输出电压取样，与 TL431 的 2.5 V 精密基准电压进行比较，在 TL431 的阴极上得到误差电压，与电阻 R_5 一起控制光耦 LED 的工作电流，经过线性光电耦合器 PC817 反馈回 FAN6754，控制 8 号引脚输出 PWM 信号的占空比，从而实现稳压。高频变压器和光电耦合器 PC817 实现了高压电路和低压电路的隔离（注意，两边的接地符号不同）。

R_9 和 C_9 构成二极管 D_4 的高频振荡抑制电路，避免 D_4 反向恢复期间产生高频振荡。

从设计的角度看待该电路时，需要考虑：

① 开关管 T_1 的选择：由于变压器反电动势的作用，T_1 承受的电压通常高于直流输入电压，所以其耐压值要足够高；而依据输出功率、输入电压和脉冲占空比等指标可以核算 T_1 的平均电流和峰值电流；另外 T_1 的阈值电压应能满足 FAN6754 输出的控制电压高电平使 T_1 可靠导通的要求。当然 T_1 的工作频率也必须满足要求。

② 高频变压器的选择（设计）：需要根据开关频率和电源功率选择合适的磁芯材料和有效截面积；根据输入电压、T_1 的导通时间和磁芯磁通量大小等确定一次匝数；再根据输入电压、输出电压、一次匝数和占空比等，确定二次匝数。同样可以用类似的方法计算 FAN6754 供电绕组的匝数。根据变压器的输入功率、脉冲频率和脉冲占空比以及流过变压器的一次最大电流，确定变压器的一次电感量。

③ 取样电路参数的设计：需要根据输出电压、光电耦合器线性工作区以及 FAN6754 反馈信号输入引脚的电压范围，来确定取样电路的参数。

当然，最终要通过实测，检验参数设计是否正确。总之，与线性稳压电源和无变压器的开关 DC/DC 变换器相比，隔离型开关稳压电源的设计比较复杂，实际设计时需要结合电源指标要求和控制器选型等综合考虑。具体设计可参考器件手册。

(2) 含开关管的集成控制器应用

另外一种类型的开关电源控制器内部集成了高压功率 MOS 管，集成度更高，如 TinySwitch-4系列产品 TNY284-290，广泛应用于小功率(<30 W)的 PC 待机电源及小型便携式设备的充电器/适配器等。

目前大多数开关电源由额定负载转入轻载或待机状态时，电源效率急剧下降，待机效率不能满足要求，因此很多供电系统会同时配置一个待机时的电源，当系统进入待机状态时自动切换至待机电源，从而有效降低功耗。图 11.3.13 就是 TinySwitch-4 在待机电源中的典型应用。

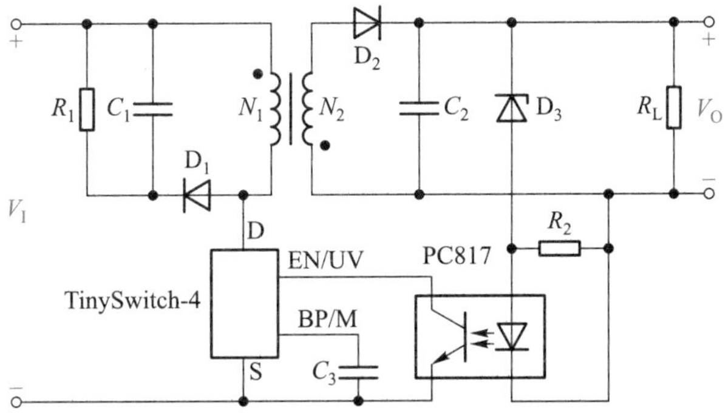

图 11.3.13 TinySwitch-4 的典型应用

芯片引脚 D 为内部功率 MOS 管的漏极，旁路/多功能引脚 BP/M 需要连接一个外部的旁路电路，用于得到内部 5.85 V 的供电电源，还可通过外部限流的设定值对芯片进行关断，使能/欠压引脚 EN/UV 为输入使能信号和输入电压欠压检测，引脚 S 内部连接到 MOS 管的源极，为电路提供电压参考点。

其一般工作于限流模式，启动时，芯片内振荡器在每个周期开始启动功率 MOS 管，当电流逐渐上升到限流值时 MOS 管关断。由于 MOS 管的限流和开关频率为常数，提供的功率与变压器的初级电感成正比，与输入电压基本无关，可实现宽范围的输入电压。

由于 TinySwitch 在一个器件上集成了高压 MOSFET 开关和电源控制器，因此集成度高，电路设计较为简单，成本低。

3. 简易型开关稳压电源

图 11.3.14 为某简易型开关稳压电源，图中交流电网电压经过 D_1 ~ D_4桥式高电压整流、电容 C_1滤波后，得到 310 V 左右的直流电压，通过启动电阻 R_2给开关管 T_1的基极提供启动电流，T_1导通后，经 L_1产生集电极电流，同时在 L_2和 L_3的二次侧产生感应电压，L_2通过反激式经 D_7整流、C_5滤波后为负载提供直流电压。L_3的电压经 D_6整流、C_2滤波后通过 D_{Z1}、T_2组成的取样比较电路，检测输出电压的高低。

L_3、C_3、R_4还构成 T_1管的正反馈通路，使得 T_1管可以产生高频振荡，周期性给 L_1供电，当电路的负载变大或者输入电压变大使得输出电压变大时，L_3的电压也增大，使 D_{Z1}反向击穿，导致 T_2导通，分流 T_1的基极电流，T_1集电极电流随之减小，从而使输出电压降低；若输出电压变低，T_2取样后会截止，T_1基极无分流，集电极电流增大，输出电压就会升高，从而实现自

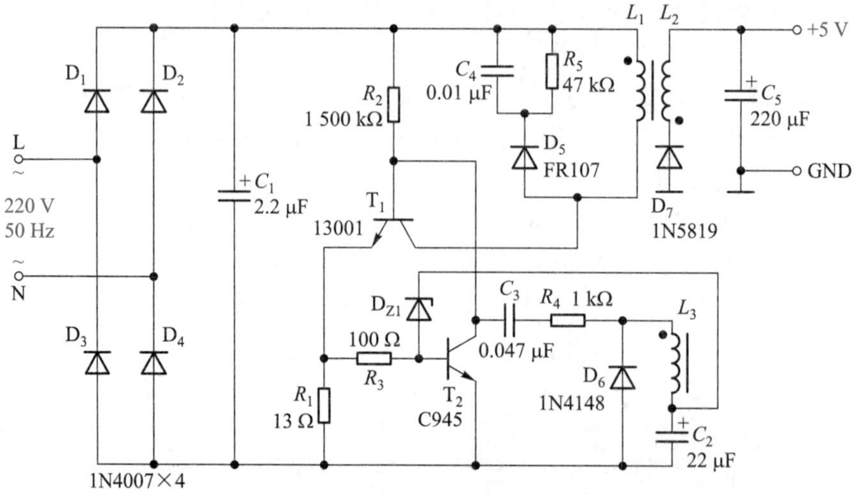

图 11.3.14　简易型开关稳压电源图

动稳压。

电路中负载过载或者短路时，T_1的集电极电流迅速升高，导致 T_1的发射极电阻 R_1上产生较大的压降，这个电压经过 R_3电阻，会让 T_2饱和导通，从而 T_1截止，没有输出信号，实现了过载保护。

和图 11.3.10 所示电路类似，电路中 C_4、R_5和 D_5构成了钳位电路，避免 T_1断开时 L_1过高的感生电压击穿开关管 T_1。

注意，T_1、T_2都需要有 310 V 以上的耐压值。T_1的选择要考虑 $V_{CE(max)}$ 和 $I_{C(max)}$ 以及功耗；改变电路中 T_1的发射极电阻 R_1，可以控制负载输出电流的大小，减小 R_1电阻，将会增加负载输出电流，但是可能导致 T_1过流而损坏，如果需要大电流输出，可以考虑更换 13003 等大电流的开关管。

由于电路无须集成开关控制器，结构比较简单，成本低，因此称之为简易型开关稳压电源。

复习思考题

11.3.1　串联开关式稳压电源与串联反馈式线性稳压电源的主要区别是什么？两者相比各有什么优缺点？开关式电源的开关管工作在什么状态？

11.3.2　电路如图 11.3.1 所示，简述开关稳压电源主电路的工作原理。

11.3.3　电路如图 11.3.5 所示，在闭环情况下，输出电压 V_O为某一预定值 V_{set}，当输入电压 V_I增加（或负载电流 I_O减小）时，使输出电压增加 $V_O>V_{set}$，电路如何自动稳定输出电压？

11.3.4　电路如图 11.3.5 所示，当 V_I、V_{REF}一定时，输出电压的调节范围应由电路中哪些参数决定？若要使 V_O增加，应如何调节电路参数？

11.3.5　并联型开关稳压电路实现直流升压变换（$V_O>V_I$）的基本原理是什么？为什么串联开关稳压电路是降压变换（$V_O<V_I$）？

11.3.6　开关稳压电源对电路中的元器件有何特殊要求？应如何选用？

11.3.7　开关稳压电源中，开关管的频率选择需要注意哪些问题？

小　结

教学视频 11.1：直流稳压电源小结

• 在电子系统中，经常需要将交流电压转换为稳定的直流电压，为此要用整流、滤波和稳压等电路来实现。

• 整流电路是利用二极管的单向导电性将交流电转变为脉动的直流电。为抑制整流输出电压中的纹波，通常在整流电路后连接滤波电路。滤波电路一般可分为电容输入式和电感输入式两大类。在输出直流电流较小且负载几乎不变的场合，宜采用电容输入式，而负载电流大的大功率场合，采用电感输入式。

• 电容输入式滤波电路是电容 C 与负载 R_L 并联（电容接在最前面），整流二极管导电角 $\theta<\pi$，滤波效果与电容 C 和负载电阻 R_L 的乘积有关，RC 越大滤波效果越好，但二极管导电角越小，导电电流的尖峰越大；电感输入式滤波是电感 L 与负载 R_L 串联（电感接在最前面），电路中 $\omega L\gg R_L$ 时，电流是连续的，整流二极管导电角 $\theta=\pi$（单相整流），电感一定时，负载电流大滤波效果好。

• 为了保证输出电压不受电网电压、负载和温度的变化而产生波动，可再接入稳压电路。在小功率供电系统中，多采用串联反馈式线性稳压电路，在移动式电子设备中或要求节能的场合，多采用由集成开关稳压器组成的 DC/DC 变换器供电，在而中、大功率稳压电源一般采用集成的 PWM（或 PFM）控制与驱动电路再外接大功率开关调整管和 LC 滤波电路的开关稳压电路。

• 串联反馈式线性稳压电路的调整管工作在线性放大区，利用控制调整管的管压降来调整输出电压，它是一个带负反馈的闭环有差调节系统，它的输出电压小于输入电压，即 $V_O<V_I$，调整管功耗大，电源效率低（只有 40%～60%），纹波电压小。

• 开关稳压电源的调整管工作在开关状态，通过控制调整管导通时间与截止时间的比例$\left(\text{或占空比 } q=\dfrac{t_{on}}{T}\right)$来调整和稳定输出电压，它也是一个带负反馈的闭环有差调节系统。按输出电压与输入电压的关系分类有降压型、升压型和反极型三种开关电源。它的控制方式有脉宽调制型（PWM）、脉频调制型（PFM）及混合调制（即脉宽-频率调制）型。开关调整管工作状态的转换过程消耗功率小，电源效率可高达 75%～95%，但纹波电压大。

习　题

11.1　小功率整流滤波电路

11.1.1　变压器二次侧有中心抽头的全波整流电路如图题 11.1.1 所示，二次电源电压为 $v_{2a}=-v_{2b}=\sqrt{2}V_2\sin\omega t$，假定忽略二极管的正向压降和变压器内阻：(1) 试画出 v_{2a}、v_{2b}、i_{D1}、i_{D2}、i_L、v_L 及二极管承受的反向电压 v_R 的波形；(2) 已知 V_2（有效值），求 V_L、I_L（均为平均值）；(3) 计算整流二极管的平均电流 I_D、最大反向电压 V_{RM}；(4) 若已知 $V_L=30$ V，$I_L=80$ mA，试计算 V_{2a}、V_{2b} 的值，并选择整流二极管。

11.1.2　电路参数如图题 11.1.2 所示，图中标出了变压器二次电压（有效值）和负载电阻值，若忽略二极管的正向压降和变压器内阻，试求：(1) R_{L1}、R_{L2} 两端的电压 V_{L1}、V_{L2} 和电流 I_{L1}、I_{L2}（平均值）；（2）通过整流二极管 D_1、D_2、D_3的平均电流和二极管承受的最大反向电压。

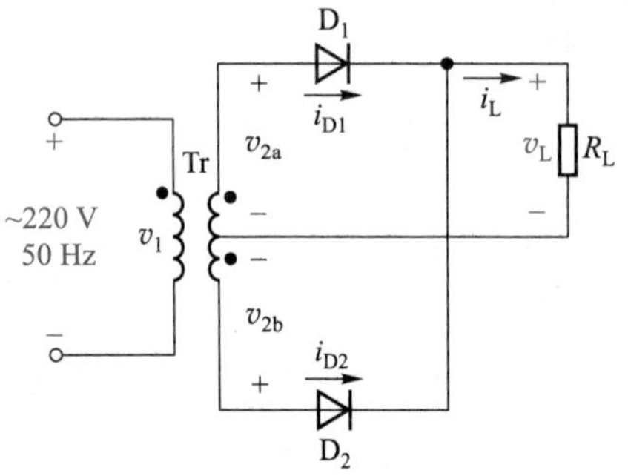

图题 11.1.1

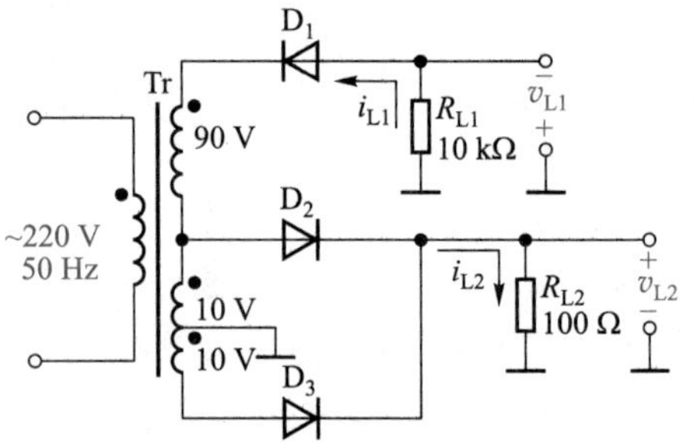

图题 11.1.2

11.1.3　桥式整流、电容滤波电路如图 11.1.4 所示，已知交流电源电压为 220 V/50 Hz，R_L = 50 Ω，要求输出直流电压为 24 V，纹波较小。（1）选择整流管的型号；（2）选择滤波电容器（容量和耐压）；（3）确定电源变压器的二次电压和电流；（4）确定纹波电压 V_r的值。

11.1.4　电路如图 11.1.4 所示，已知 V_2 = 20 V，R_L = 50 Ω，C = 1 000 μF。（1）如当电路中电容 C 开路或短路，电路会产生什么后果？两种情况下 V_L各等于多少？（2）当输出电压 V_L = 28 V，18 V，24 V 和 9 V 时，试分析，哪些属于正常工作的输出电压，哪些属于故障情况，并指出故障原因。

11.1.5　如图题 11.1.5 所示倍压整流电路，要求标出每个电容器上的电压和二极管承受的最大反向电压；求输出电压 V_{L1}、V_{L2}的大小，并标出极性。

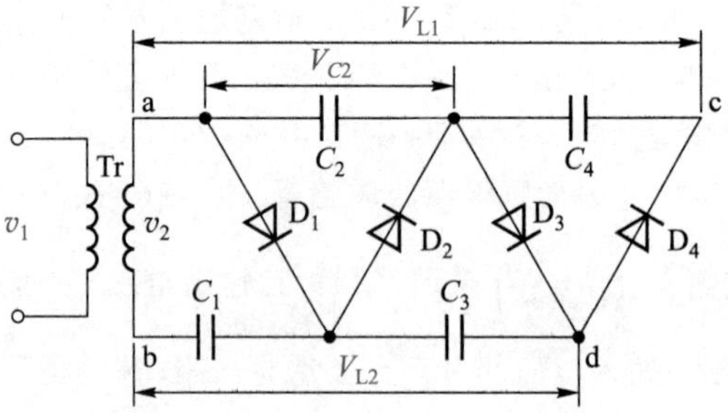

图题 11.1.5

11.2 线性稳压电路

11.2.1　并联稳压电路如图题 11.2.1 所示，稳压管 D_Z的稳定电压 V_Z = 6 V，V_I = 18 V，C = 1 000 μF，R = 1 kΩ，R_L = 1 kΩ。（1）电路中稳压管接反或限流电阻 R 短路，会出现什么现象？（2）求变压器二次电压有效值 V_2，输出电压 V_O的值；（3）若稳压管 D_Z的动态电阻 r_Z = 20 Ω，求稳压电路的内阻 R_o及 $\Delta V_O/\Delta V_I$的值；（4）将电容器 C 断开，试画出 V_I、V_O及电阻 R 两端电压 V_R的波形。（5）利用 SPICE 仿真 V_I，V_O 及电阻 R 两端电压 V_R 的波形。

11.2.2　有温度补偿的稳压管基准电压源如图题 11.2.2 所示，稳压管的稳定电压 V_Z = 6.3 V，BJT T_1的 V_{BE} = 0.7 V。D_Z具有正温度系数+2.2 mV/℃，而 BJT T_1的 V_{BE1}具有负温度系数−2 mV/℃。（1）当输入电压 V_I增大（或负载电阻 R_L增大）时，说明它的稳压过程和温度补偿作用；（2）试求基准电压 V_{REF}的值并标出电压极性。

11.2.3　直流稳压电路如图题 11.2.3 所示，已知 BJT T_1的 β_1 = 20，T_2的 β_2 = 50，V_{BE} = 0.7 V。（1）试说明电路的组成有什么特点；（2）判断电路中电阻 R_3开路或短路时会出现什么故障；（3）求电路正常工作时，输出电压的调节范围；（4）当电网电压波动 10% 时，电位器 R_P的滑动端在什么位置时，T_1的 V_{CE1}最大，其值为多少？（5）当 V_O = 15 V，R_L = 50 Ω 时，求 T_1的功耗 P_{C1}。

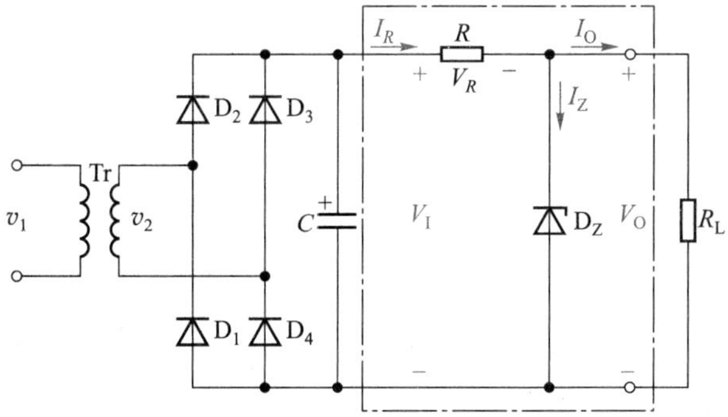

图题 11.2.1

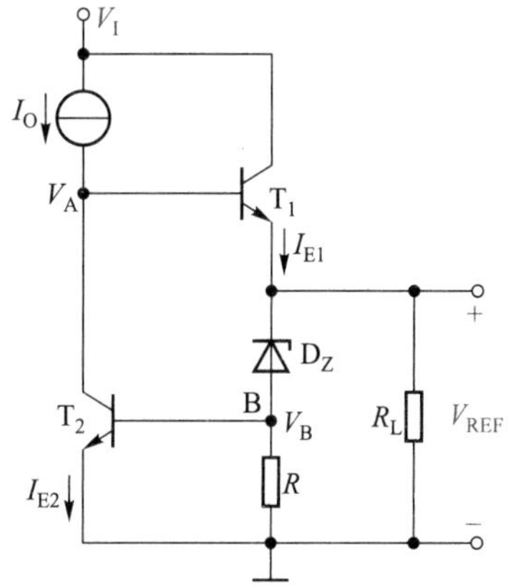

图题 11.2.2

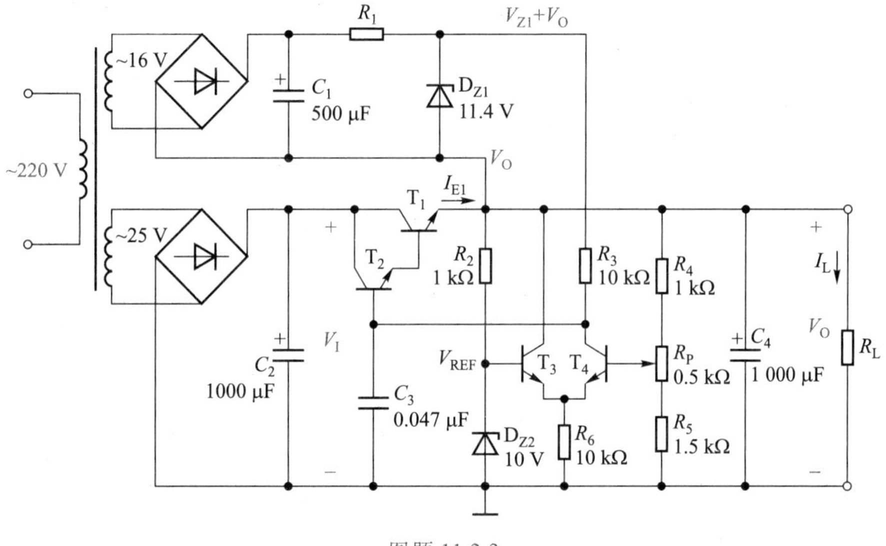

图题 11.2.3

11.2.4　图题 11.2.4 电路为−9 V(即 V_O = −9 V)的直流稳压电源，设 R_L = 30 Ω，整流滤波的电压关系按系数 1.2 计算，几种三端稳压器及部分参数如表 11.2.1 所示。(1)确定电路中三端稳压器应选用的型号；(2)求电压 $|V_A|$ 的最小值；(3)若电网电压有±10%波动，则按电网标称值设计的变压器二次电压 v_2 的有效值至少为多少?

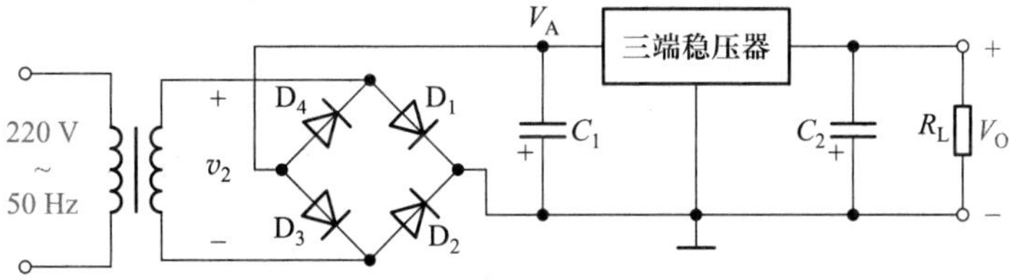

图题 11.2.4

11.2.5 输出电压的扩展电路如图题 11.2.5 所示。设 $V_{32}=V_{XX}$，试证明

$$V_O=V_{XX}\left(\frac{R_3}{R_3+R_4}\right)\left(1+\frac{R_2}{R_1}\right)$$

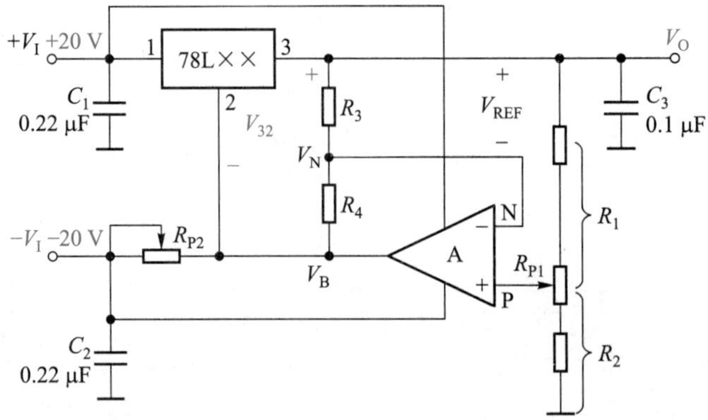

图题 11.2.5

11.2.6 图题 11.2.6 是具有跟踪特性的正、负电压输出的稳压电路、78L××输出为正电源电压$+V_O$，试说明用运放 741 和功放管 T_1、T_2 使$-V_O$跟踪$+V_O$变化的原理（正常时$+V_O$和$-V_O$是绝对值相等的对称输出）。

11.2.7 图题 11.2.7 是由 LM317 组成输出电压可调的典型电路，当 $V_{31}=V_{REF}=1.2$ V 时，流过 R_1的最小电流 $I_{R\min}$为 5～10 mA，调整端 1 输出的电流 $I_{adj}<<I_{R\min}$，$V_I-V_O=2$ V。（1）求 R_1 的值；（2）当$R_1=210\ \Omega$，$R_2=3\ \mathrm{k\Omega}$ 时，求输出电压 V_O；（3）当 $V_O=37$ V，$R_1=210\ \Omega$ 时，$R_2=$？电路的最小输入电压$V_{I\min}=$？（4）调节 R_2从 0 变化到 6.2 kΩ 时，求输出电压的调节范围？

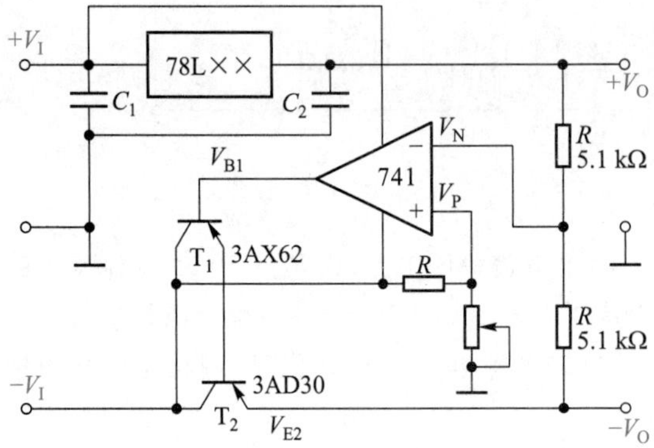

图题 11.2.6

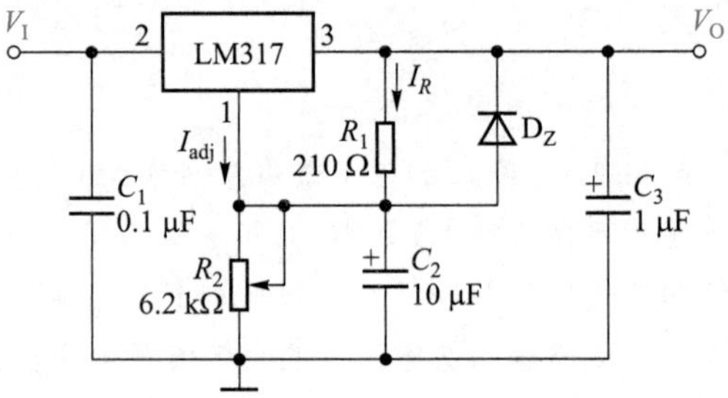

图题 11.2.7

11.2.8 可调恒流源电路如图题 11.2.8 所示。（1）当 $V_{31}=V_{REF}=1.2$ V，R 从 0.8～120 Ω 改变时，求恒流 I_O的变化范围？（假设 $I_{adj}\approx 0$）；（2）当 R_L用待充电电池代替，若 50 mA 恒流充电，充电电压 $V_E=1.5$ V，求电阻 $R_L=$？

11.2.9 图题 11.2.9 是 6 V 限流充电器，T 为限流管，$V_{BE}=0.6$ V，R_3是限流取样电阻，最大充电电流 $I_{OM}=V_{BE}/R_3=0.6$ A，说明当 $I_O>I_{OM}$时如何限制充电电流。

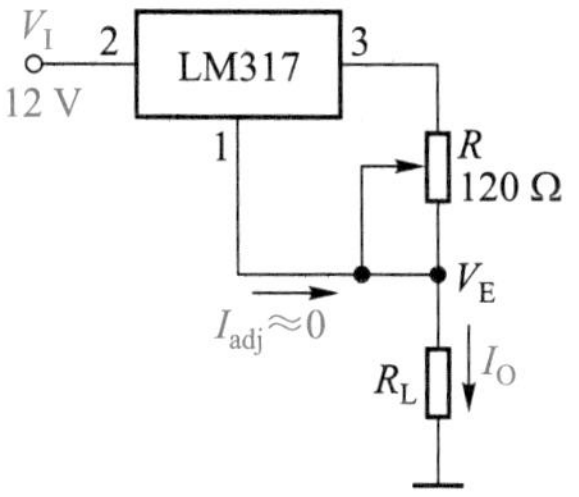

图题 11.2.8

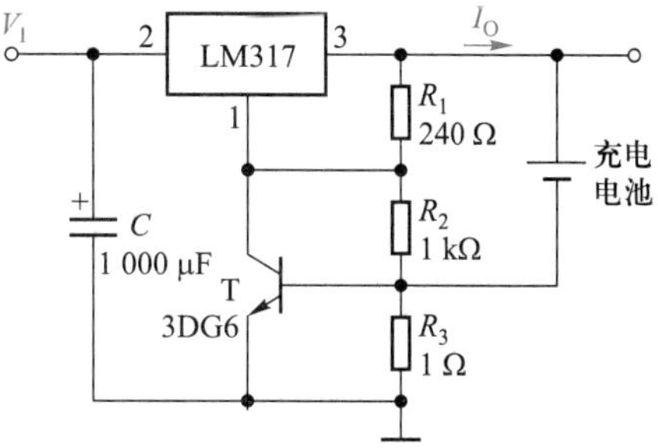

图题 11.2.9

11.3 开关式稳压电路

11.3.1 电路如图题 11.3.1 所示，开关调整管 T 的饱和压降 $V_{CES}=1$ V，穿透电流 $I_{CEO}=1$ mA，v_T是幅度为 5 V、周期为 60 μs 的三角波，它的控制电压 v_B为矩形波，续流二极管 D 的正向电压 $V_D=0.6$ V。v_E脉冲波形的占空比 $q=0.6$，周期 $T=60$ μs，输入电压 $V_I=20$ V，输出电压 $V_O=12$ V，输出电流 $I_O=1$ A，比较器 C 的输出电压为 0 和 20 V，试定量画出电路中当在整个开关周期电流 i_L连续情况下 v_T、v_A、v_B、v_E、i_L和 V_O的波形（标出电压的幅度）。

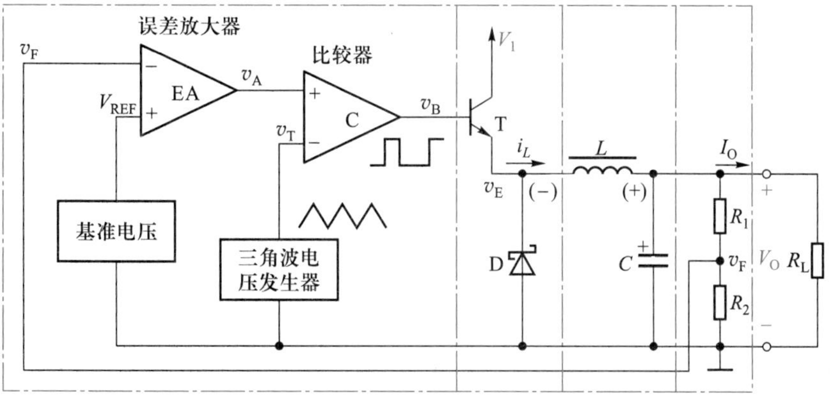

图题 11.3.1

11.3.2 电路给定条件如题 11.3.1，(1) 当续流二极管反向电流很小时，试求开关调整管 T 和续流二极管 D 的平均功耗；(2) 当电路中电感 L 和电容 C 足够大时，忽略 L、C 和控制电路的损耗，计算电源的效率。

11.3.3 反极型开关稳压电路的主回路如图题 11.3.3 所示①，已知 $V_I=12$ V，$V_O=-15$ V，控制电压 v_G为矩形波，电路中 L、C 为

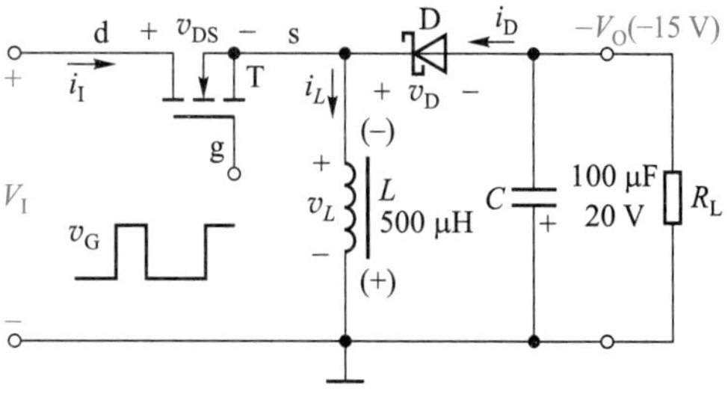

图题 11.3.3

① 该电路的占空比 $q<0.5$ 时，$V_O<V_I$；$q>0.5$ 时，$V_O>V_I$，即控制 q 可使电路用于降压或升压场合。

储能元件，D为续流二极管。(1)试分析电路的工作原理；(2)已知 V_I 的大小和 v_G 的波形，v_G 的占空比 $q=1/3$，画出在 v_G 作用下，i_L 在整个开关周期连续情况下，v_D、v_{DS}、v_L、i_L 和 V_O 的波形，并说明 V_O 与 V_I 极性相反。

11.3.4 图题 11.3.4 所示是利用集成的升压型 MAX633 和反极型 MAX637(结构如图中点画线内所示)，外接±12 V 汽车电池、电感 L 和电容 C 组成的±15 V 低功率开关电源，试分析电路的工作原理，当 MOSFET 控制电压 v_G 为矩形波时，在整个开关周期电感电流 i_L 连续情况下分别画出升压型和反极型两组开关稳压电路 v_D、v_{DS}、i_L、v_L 和 V_{O1} 和 V_{O2} 的波形($n=1,2$)。

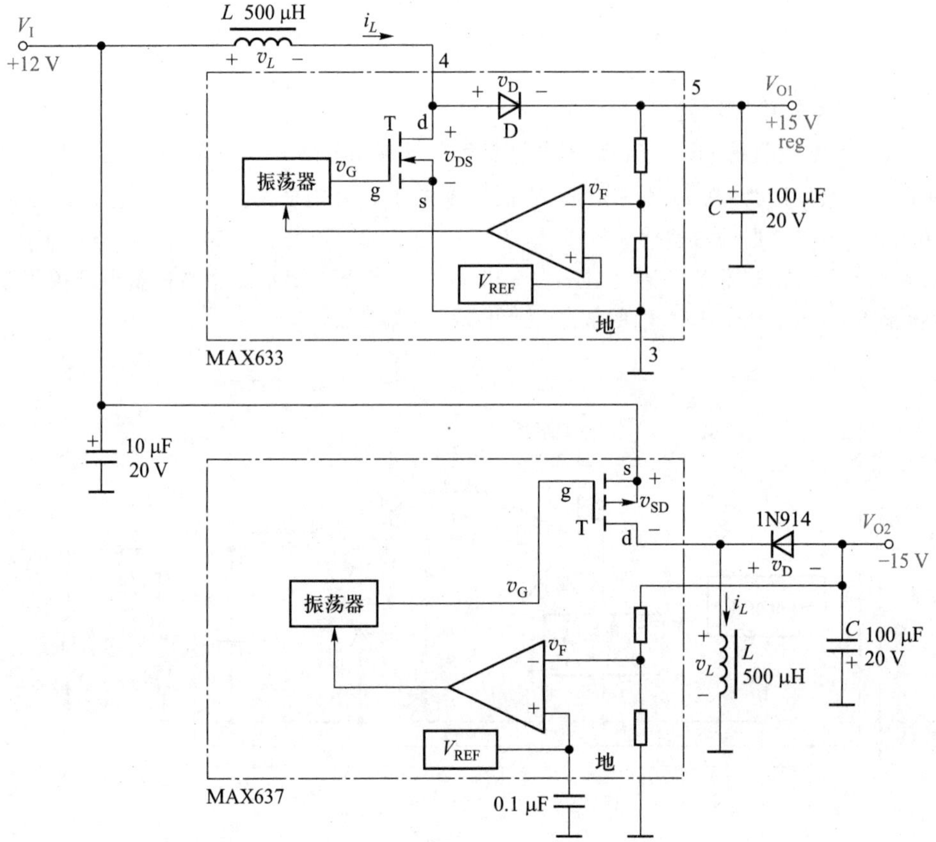

图题 11.3.4

*11.3.5 电路如图题 11.3.5 所示，当电路中开关频率 $f_K=\dfrac{1}{T}$ 和电感 L 较小时，试分析在整个开关周期 T 内电感电流 i_L 有断流条件下的工作特性，当 v_G 的波形和 V_I 已知时，画出 v_G、i_L、v_S 和 V_O 的波形。

*11.3.6 降压型、升压型和反极型三种开关稳压(DC/DC)电路结构如图题 11.3.6 所示，输入直流电压 $V_I=10$ V，控制电压 v_G 为矩形波，电路中电感足够大，流过电感的电流 i_L 是连续的，其占空比 $q=t_{on}/T$ 已知。(1)求出三种电路中用 q 表示的 V_O 与 V_I 的关系式，以及开关调整管最大的漏极电流 I_{Dmax}，漏源间的反向电压值 V_{DSR} 值，二极管的电流 I_{DF} 和反向电压 V_{DR} 的表达式；(2)列表表示电路中电压、电流的关系式；(3)当 q 分别为 1/3，1/2 和 4/5 时，输出电压 V_O 分别是多少？

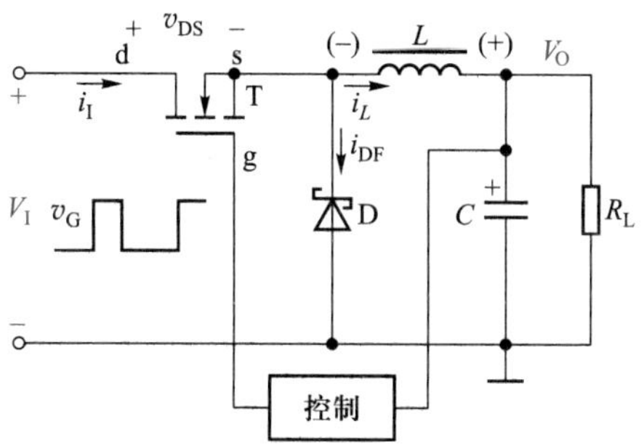

图题 11.3.5

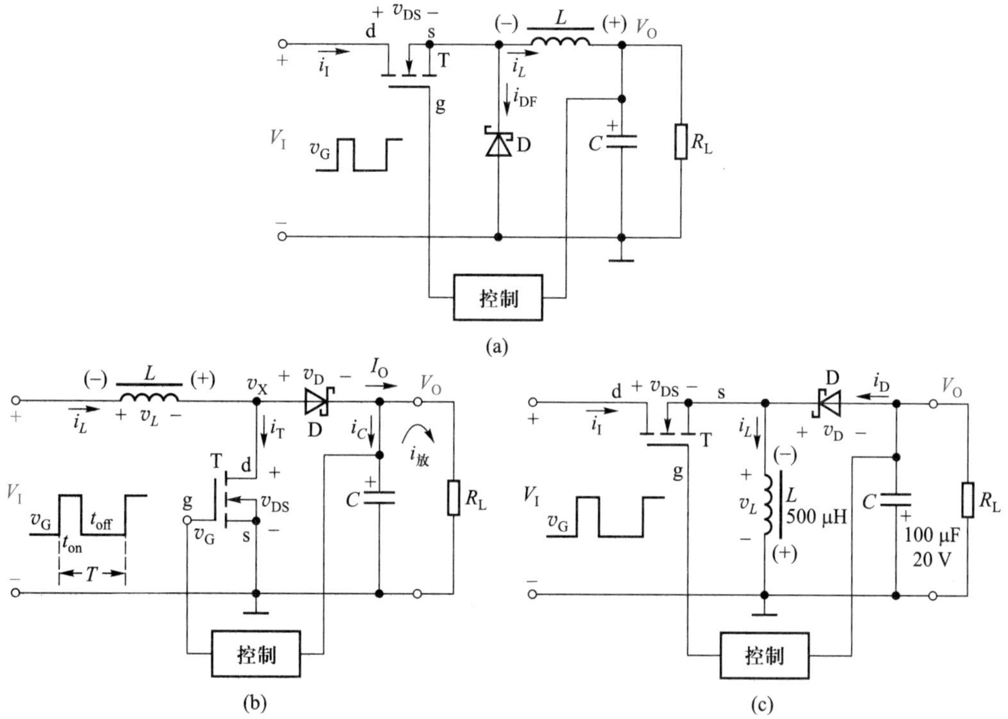

图题 11.3.6

11.3.7 TinySwitch 构成的 5 V/4 A 的应用电路如图题 11.3.7 所示，说明：(1) 电路中 C_3、VR_1、R_1的作用；(2) 二次绕组 4、5 的功能；(3) TNY290PG 的稳压过程；(4) 电路如何实现输入和输出的隔离。

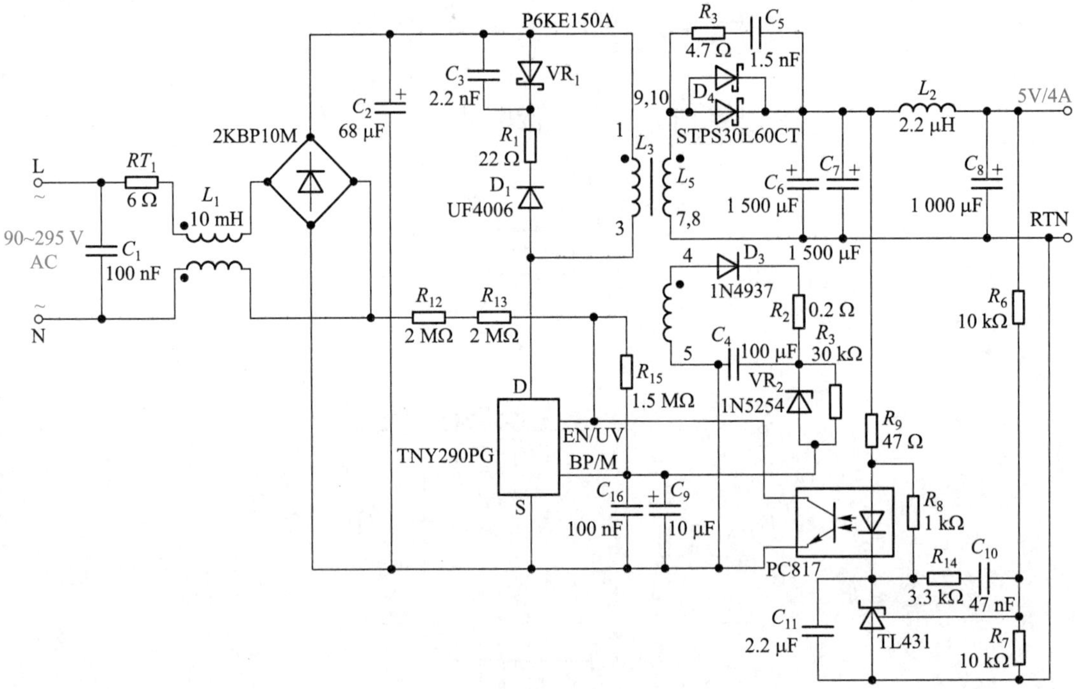

图题 11.3.7

第 11 章部分习题答案

附录 A PSpice/SPICE 软件简介

当前,计算机辅助分析与设计已普遍应用于电子电路设计的各个环节中。它可以根据电路的结构和元器件参数,对电路进行仿真,获得电路的技术指标,从而可以快速、方便、精确地评价电路设计的正确性,节省大量的时间和费用。同时,还可以进行传统方法难以进行或无法进行的容差分析、灵敏度分析、最坏情况分析、温度特性分析等,进一步提高电路设计的质量。并且,电子电路的制版甚至测试也需要借助 CAD 技术来完成。因此,CAD 已成为电子系统设计实现的必不可少的技术手段。

PSpice① 是非常著名的电子电路仿真软件。该软件从诞生至今历经多次改版升级。较早由 MicroSim 公司开发,后被 OrCAD 公司兼并,1998 年推出 9.0 版本。后来 Cadence 公司又并购了 OrCAD 公司。随后软件不断升级,目前可在 Windows 7/8/10 操作系统上运行。

本附录简要介绍该软件的基本仿真功能和使用方法,以期读者能用它对电子电路进行仿真。限于篇幅,这里的内容以电子文档的形式提供,读者可扫码阅读。另外,为便于学习,同时提供了软件使用操作演示的讲解视频,也可扫码观看。

附录文档 A.1:
PSpice A/D
仿真功能简介

附录文档 A.2:
Capture 中的
电路描述

① 由 SPICE 发展而来的用于微机系列的通用电路分析程序。SPICE(Simulation Program with Integrated Circuit Emphasis)是由美国加州大学伯克利分校(UC Berkeley)于 1972 年开发的电路仿真程序。

附录文档 A.3：
电路仿真的
一般步骤

附录文档 A.4：
PSpice A/D
中的规定

附录文档 A.5：
半导体器件的
SPICE 模型参数

仿真教学视频 A.1：
PSpice 电路仿真
软件介绍

仿真教学视频 A.2：
项目的新建

仿真教学视频 A.3：
电路图的绘制

仿真教学视频 A.4：
直流偏置点分析

仿真教学视频 A.5：

瞬态的时域分析

仿真教学视频 A.6：

交流扫描分析

仿真教学视频 A.7：

直流扫描分析

仿真教学视频 A.8：

元器件模型的编辑和导入

仿真教学视频 A.9：

MOSFET 仿真介绍

附录 B
电路理论简明复习

本课程的先修课程是电路理论(电路分析基础),在本课程的电子电路分析与计算中,需要用到电路理论中的有关定理和定律。为便于学习,本附录将对电路理论中的基尔霍夫定律、线性电路的叠加原理、戴维南-诺顿定理和密勒定理进行简要回顾。

B.1 基尔霍夫电流、电压定律

基尔霍夫定律是描述电路网络中电流关系和电压关系的基本定律,它包括电流定律和电压定律。

1. 基尔霍夫电流定律(KCL)

在集总电路中,对任一节点,在任何时刻,流出(或流进)该节点的所有支路电流的代数和为零。其数学表达式为

$$\sum_{k=1}^{n} i_k(t) = 0 \tag{B.1.1}$$

式中 $i_k(t)$ 为 t 时刻流出(或流进)该节点的第 k 条支路的电流;n 为该节点处的支路数。此处,电流的"代数和"是包含电流的流向的。若流出节点的电流前面取"+"号,则流入节点的电流前面取"-"号;电流是流出节点还是流入节点,均根据电流的参考方向判定。例如对图 B.1.1 所示电路中的节点 1,有

$$-i_s+i_1+i_3=0$$

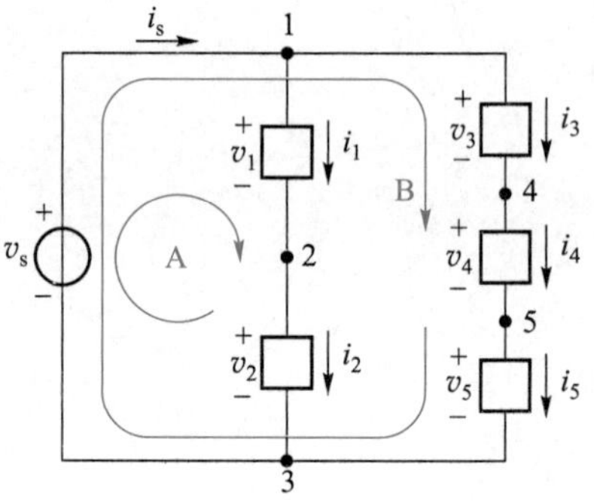

图 B.1.1

2. 基尔霍夫电压定律(KVL)

在集总电路中,对于任一回路,在任何时刻,沿着该回路的所有支路电压降的代数和为零。其数学表达式为

$$\sum_{k=1}^{n} v_k(t) = 0 \tag{B.1.2}$$

式中 $v_k(t)$ 为 t 时刻该回路中的第 k 条支路的电压;n 为该回路中的支路数。上式取和时,需要任意指定一个回路的绕行方向,凡支路电压的参考方向与回路的绕行方向一致者,该电压前面取"+"号,否则取"-"号。例如对图 B.1.1 所示电路中的回路 B,有

$$v_3+v_4+v_5-v_s=0$$

基尔霍夫定律适用于包括线性和非线性的任意集总电路网络。

B.2 叠加原理

叠加性是线性电路最重要的基本性质。一般来说，叠加原理可以陈述如下：

在任何线性电路中，任何支路的电流或电压都可以看作是每个独立源单独作用于电路时，在该支路上所产生的电流或电压的代数和。独立电源单独作用时，其他独立源应强制为零值，即令电压源短路，电流源开路。

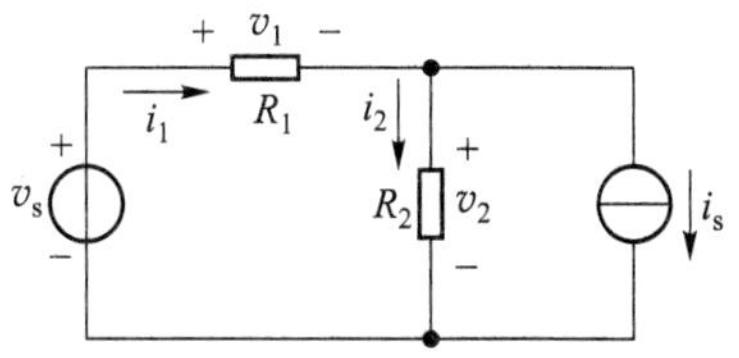

图 B.2.1 叠加原理应用举例

下面以图 B.2.1 所示电路为例加以说明。图中 v_s 和 i_s是两个独立电源，当独立电压源 v_s单独作用时，可以将图 B.2.1 等效为图 B.2.2a 的形式；而独立电流源 i_s单独作用时，则等效为图 B.2.2b 的形式。根据叠加原理，此时电流 i_1为图 B.2.2a 中电流 i_1'和图 B.2.2b 中电流 i''_1的线性叠加，即

$$i_1=i_1'\big|_{i_s=0}+i_1''\big|_{v_s=0}=\frac{v_s}{R_1+R_2}+\frac{R_2}{R_1+R_2}\cdot i_s$$

同理可得电流 i_2为

$$i_2=i_2'\big|_{i_s=0}+i_2''\big|_{v_s=0}=\frac{v_s}{R_1+R_2}-\frac{R_1}{R_1+R_2}\cdot i_s$$

由此可见，利用叠加原理，常常使电路求解变得较简单了。

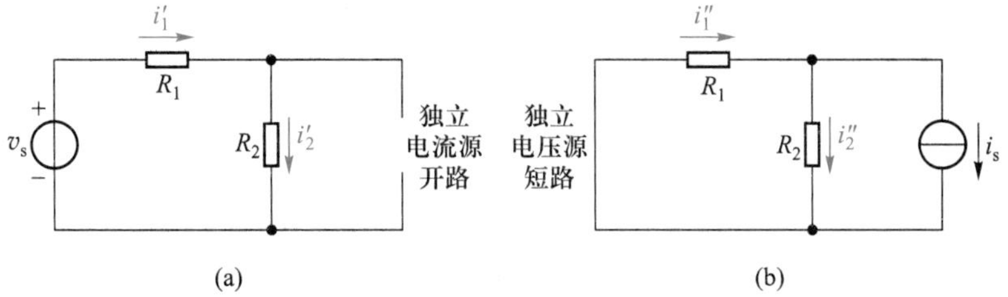

图 B.2.2 用叠加原理计算图 B.2.1 的例子

（a）令独立电流源 $i_s=0$ （b）令独立电压源 $v_s=0$

此例中，也可以用叠加原理求出电路中的电压 v_1和 v_2。

应用叠加原理时应注意：

（1）只有线性电路才具有叠加性，对非线性电路不能应用叠加原理。

（2）只有独立电源才能进行置零处理，对含有受控源的电路，使用叠加原理时切勿强制受控源取零值。这是因为一旦受控源被强制取零值就等于在电路中撤销了该受控源所代表的物理元件，从而导致错误的结果。

（3）功率的计算不能用叠加原理。

B.3 戴维南定理和诺顿定理

B.3.1 戴维南定理

戴维南定理指出:任何一个线性含源单口电阻网络可以用一个电压源 v_{Th} 和一个电阻 R_{Th} 串联替代,如图 B.3.1 所示,图 B.3.1b 电路称为戴维南等效电路。等效电路端口的 v-i 特性与实际电路端口的 v-i 特性完全相同。电压源的电压 v_{Th} 等于含源单口网络的端口开路电压,电阻 R_{Th} 等于含源单口网络化成无源(不含有独立电源)网络后的端口等效电阻。线性含源电阻网络是指仅包含电阻、独立电源和受控电源的线性网络。

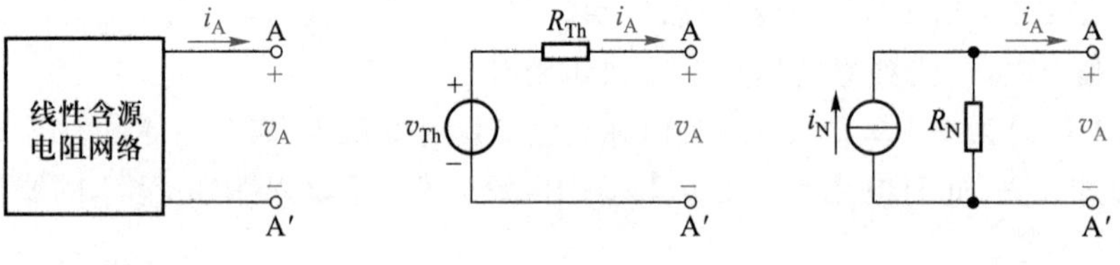

图 B.3.1 戴维南定理的应用例子

(a) 线性含源电阻网络 (b) 戴维南等效电路 (c) 诺顿等效电路

求解戴维南等效电路的方法归纳如下:

(1) 断开网络端口负载,求出端口开路电压即为戴维南等效电路中的电压源 v_{Th}。

(2) 运用以下两种方法之一求出戴维南等效电路中的电阻 R_{Th}。

① 将网络内部独立电源置零(即电压源短路,电流源开路),用串并联公式计算出从端口看入的等效电阻 R_{Th}。如果电路中包含受控电源,则需要用外加测试电源的方法求解等效电阻 R_{Th},具体见例 B.3.1。

② 将端口短路,求出短路电流 i_s,则等效电阻 $R_{Th}=v_{Th}/i_s$。

对于实际的电路,常常通过实验测得端口的开路电压和短路电流,从而得到其戴维南等效电路。这种实验测试方法可以在不知道网络内部具体电路的情况下进行。

例 B.3.1 试求图 B.3.2a 所示电路的戴维南等效电路。

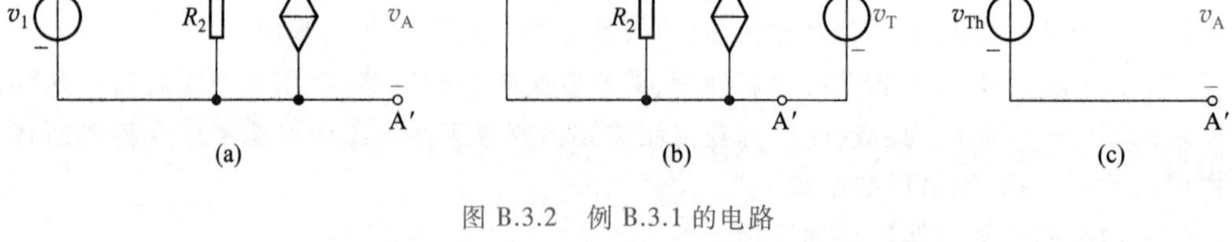

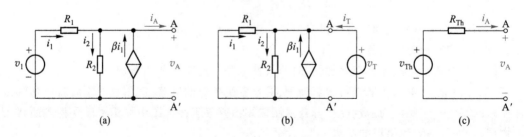

图 B.3.2 例 B.3.1 的电路

(a) 原电路 (b) 外加测试电压时 (c) 戴维南等效电路

解:首先求图 B.3.2a 的端口开路电压。由图看出,端口开路电压就是电阻 R_2上的电压。因为端口开路,所以 $i_A=0$,端口开路电压

$$v_{Th}=i_2R_2 \tag{B.3.1}$$

又根据基尔霍夫定律及欧姆定律有

$$\begin{cases} i_2-i_1-\beta\, i_1=0 \\ i_1=\dfrac{v_1-v_{Th}}{R_1} \end{cases} \tag{B.3.2}$$

由式(B.3.1)和式(B.3.2)得

$$v_{Th}=\frac{(1+\beta)R_2}{R_1+(1+\beta)R_2}v_1 \tag{B.3.3}$$

由于电路中含有受控源,所以需用外加测试电源的方法求解等效电阻 R_{Th}。将独立电压源置零后,在端口外加一测试电压源如图 B.3.2b 所示,对此可列出如下关系式:

$$\begin{cases} i_2-i_1-\beta\, i_1-i_T=0 \\ v_T=i_2R_2 \\ v_T=-i_1R_1 \end{cases} \tag{B.3.4}$$

由此可得端口等效电阻 R_{Th}为

$$R_{Th}=\frac{v_T}{i_T}=\frac{R_1R_2}{R_1+(1+\beta)R_2}=R_2/\!/\frac{R_1}{1+\beta} \tag{B.3.5}$$

故戴维南等效电路如图 B.3.2c 所示。

B.3.2 诺顿定理

诺顿定理指出:任何一个线性含源单口电阻网络可以用一个电流源 i_N和一个电阻 R_N并联替代,如图 B.3.1c 所示。电流源电流 i_N等于该网络的端口短路电流,并联电阻等于该网络内部独立电源均为零(即电压源短路,电流源开路)时,网络的端口等效电阻。

实际上,根据电源的等效变换原理,把用戴维南定理求出的等效含源支路(图 B.3.1b)变换为一个电流源和一个电阻的并联电路(图 B.3.1c),便可以得到诺顿等效电路,其中 $i_N=v_{Th}/R_{Th}$,$R_{Th}=R_N$。

B.4 密勒定理

在放大电路分析中,有时候会遇到图 B.4.1a 所示的网络结构,在节点 1 和节点 2 之间接有一阻抗 Z,会增加计算的复杂程度。密勒定理则提供了一种简化分析的方法。可以把图 B.4.1a 的电路变换成为图 B.4.1b 的电路,后者称为前者的密勒等效电路。现说明如下。

假设在一个任意网络中$\dot{V}_1$和$\dot{V}_2$分别为节点 1 和 2 对地的电压,节点 1 和 2 之间跨接着阻抗 Z,如图 B.4.1a 所示。并已知该两点间电压传输系数为

$$\dot{K}=\dot{V}_2/\dot{V}_1 \tag{B.4.1}$$

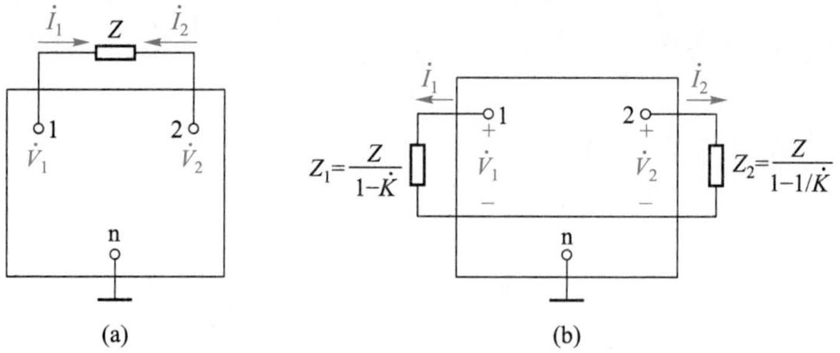

图 B.4.1 用密勒定理对网络进行变换

(a) 原网络 (b) 密勒等效电路

在图 B.4.1a 中，$\dot{I}_1$是由节点 1 出发流过 Z 的电流，有

$$\dot{I}_1=\frac{\dot{V}_1-\dot{V}_2}{Z}=\frac{\dot{V}_1-\dot{K}\dot{V}_1}{Z}=\frac{\dot{V}_1(1-\dot{K})}{Z}=\frac{\dot{V}_1}{Z/(1-\dot{K})}=\frac{\dot{V}_1}{Z_1} \tag{B.4.2}$$

其中

$$Z_1=\frac{Z}{1-\dot{K}} \tag{B.4.3}$$

式(B.4.2)说明，原来由节点 1 出发流过 Z 的电流$\dot{I}_1$等于由节点 1 出发通过接地阻抗 Z_1的电流，如图 B.4.1b 左侧所示。换句话说，在节点 1 与地之间并联一阻抗 Z_1以取代原先的阻抗 Z，从节点 1 流出的电流 $\dot{I}_1$与原网络相等。

同理，对于由节点 2 出发流过 Z 的电流 $\dot{I}_2$也有

$$\dot{I}_2=\frac{\dot{V}_2-\dot{V}_1}{Z}=\frac{\dot{V}_2-\dot{V}_2/\dot{K}}{Z}=\frac{\dot{V}_2\left(1-\frac{1}{\dot{K}}\right)}{Z}=\frac{\dot{V}_2}{Z/\left(1-\frac{1}{\dot{K}}\right)}=\frac{\dot{V}_2}{Z_2} \tag{B.4.4}$$

其中

$$Z_2=\frac{Z}{1-\frac{1}{\dot{K}}} \tag{B.4.5}$$

式(B.4.4)说明，在节点 2 与地之间并联一阻抗 Z_2以取代原来的阻抗 Z，则从节点 2 流出的电流 $\dot{I}_2$与原网络相等，如图 B.4.1b 右侧所示。

由上述分析可知，当比例系数 $\dot{K}$由图 B.4.1a 确定，而 Z_1和 Z_2则由式(B.4.3)及式(B.4.5)分别确定时，图 B.4.1 中的图 a 与图 b 是等效的。

必须指出的是，应用密勒定理对电路进行分析计算时，若电压传输系数 K 值很大，则经密勒变换后的阻抗 Z_2可以认为与 K 值无关，允许近似处理，即 $Z_2\approx Z$。

附录 C
电阻的彩色编码和标称阻值

1. 电阻器的容许误差和标称阻值

电阻器的标称阻值是产品标注的“名义”阻值。标称阻值的规定与电阻的误差等级直接相关。电阻器常见的容许误差有±20%、±10%、±5%三个误差等级,分别对应 E6、E12、E24 系列,它们分别表示对应的系列有 6 个、12 个和 24 个标称值。高精度的电阻器则有 E48、E96 和 E192 三个标称值系列,分别对应±2%、±1%、±0.5%三个误差等级,高于±0.5%的也使用 E192 误差等级。E48 系列有 48 个标称值,精度越高,标称值的数目越多。电阻器标称值系列如表 C.0.1 所示。表中未给出 E96 和 E192 系列。

表 C.0.1 标称阻值

标称值系列	允许误差	标称阻值系列
E6	±20%	10 15 22 33 47 68
E12	±10%	10 12 15 18 22 27 33 39 47 56 68 82
E24	±5%	10 11 12 13 15 16 18 20 22 24 27 30 33 36 39 43 47 51 56 62 68 75 82 91
E48	±2%	100 105 110 115 121 127 133 140 147 154 162 169 178 187 196 205 215 226 237 249 261 274 287 301 316 332 348 365 383 402 422 442 464 487 511 536 562 590 619 649 681 715 750 787 825 866 909 953

一般固定式电阻器产品都按标称阻值生产。它们的阻值应符合上表所列数值或上表所列数值乘以 10^n,其中 n 取值为-2,-1,0,1,2,3,…,9,单位为 Ω。

2. 电阻器的彩色编码

体积很小的电阻器经常采用色环法表示阻值和误差,不同颜色的色环代表不同的数字,通过色环的颜色可以读出电阻阻值的大小和容许误差。由于 E6、E12 和 E24 系列标称值的有效数字只有 2 位,而 E48、E96 和 E192 等高精度系列标称值有 3 位有效数字,所以色环电阻有 4 色环和 5 色环两种标注方式,如图 C.0.1 所示。两者的区别在于:4 色环电阻用前 2 位表示电阻的有效数字,而 5 色环电阻用前 3 位表示该电阻的有效数字,两者的倒数第二位表示倍率,即有效数字后零的个数,最后一位表示了该电阻的误差。色环表示的含义见表 C.0.2。

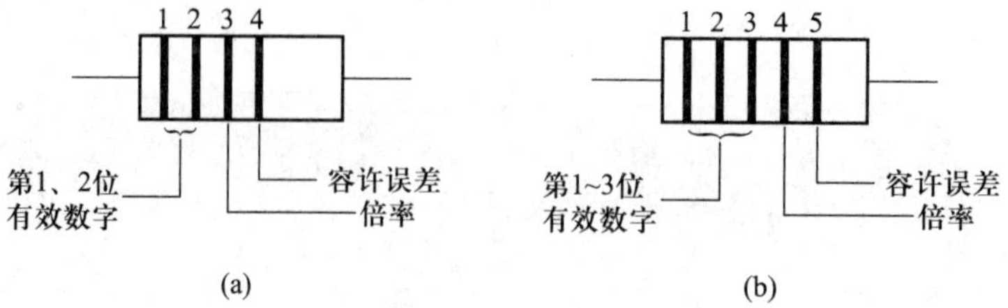

图 C.0.1 电阻的色环标记
(a) 4 色环标记 (b) 5 色环标记

表 C.0.2 色环颜色的规定

颜色	黑	棕	红	橙	黄	绿	蓝	紫	灰	白	金	银	无
对应数字	0	1	2	3	4	5	6	7	8	9			
倍率	10^0	10^1	10^2	10^3	10^4	10^5	10^6	10^7	10^8	10^9	10^{-1}	10^{-2}	
容许误差/%		±1	±2			±0.5	±0.25	±0.1			±5	±10	±20

在某些不好区分的情况下,也可以对比两个起始端的色彩,因为计算的起始部分即第 1 色环不会是金、银、黑 3 种颜色。如果靠近边缘的是这 3 种色彩,则需要倒过来计算。

例如,某电阻器的 5 道色环依次为“棕、绿、黄、橙、金”,则其阻值为 154 000 Ω,误差为 ±5%。

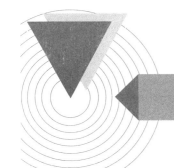

参考文献

[1] Adel S S, Keneth C S. Microelectronic Circuits[M]. 7th ed. New York: Oxford Univesity Press, 2015.

[2] Donald A N. Microelectronics: Circuit Analysis and Design[M]. 4th ed. 影印版. 北京: 清华大学出版社, 2018.

[3] Pual H, Winfield H. The Art of Electronics[M]. 3rd ed. Cambridge: Cambriage University Press, 2015.

[4] Sergio F. Analog Circuit Design: Discrete & Integrated[M]. New York: McGraw-Hill Education, 2015.

[5] Sergio F. Design with Operational Amplifiers and Analog Integrated Circuits[M]. 4th ed. New York: McGraw-Hill Education, 2015.

[6] Richard C J, Travis N B, Microelectronic Circuit Design[M]. 5th ed. New York: McGraw-Hill Education, 2016.

[7] Ulrich T, Christoph S, Eberhard G. Electronic Circuits Handbook for Design and Applications [M]. 2nd ed. Springer com., 2008.

[8] Allan R H. Electranics[M]. 2nd ed. New Jersey: Prentice-Hall Inc., 2000.

[9] Horenstein M N. Microelectronic Circuits and Devices[M]. 2nd ed. New Jersey: Prentice-Hall Inc., 1996.

[10] Millman J, Grabel A. Microelectronics[M]. New York: McGraw-Hilll Book Company, 1987.

[11] 清华大学电子学教研组编, 童诗白, 华成英. 模拟电子技术基础[M]. 5 版. 北京: 高等教育出版社, 2015.

[12] 哈尔滨工业大学电子学教研室编, 王淑娟, 蔡惟铮, 齐明. 模拟电子技术基础[M]. 北京: 高等教育出版社, 2009.

[13] 西安交通大学电子学教研组编, 赵进全, 杨拴科. 模拟电子技术基础[M]. 3 版. 北京: 高等教育出版社, 2019.

[14] 浙江大学电工电子基础教学中心电子技术课程组编, 郑家龙, 陈隆道, 蔡忠法. 集成电子技术基础教程　上册[M]. 2 版. 北京: 高等教育出版社, 2008.

[15] 谢嘉奎. 电子线路　线性部分[M]. 4 版. 北京: 高等教育出版社, 1999.

[16] 王远. 模拟电子技术[M]. 2 版. 北京: 机械工业出版社, 1994.

[17] 谢沅清, 邓钢. 电子电路基础[M]. 北京: 电子工业出版社, 2006.

[18] 陈大钦. 模拟电子技术基础[M]. 3 版. 北京: 高等教育出版社,2000.
[19] 瞿安连. 应用电子技术[M]. 北京: 科学出版社,2003.
[20] 朱达斌,张宝玉,张文骏. 模拟集成电路的特性与应用[M]. 北京: 航空工业出版社,1994.
[21] 李瀚荪. 电路分析基础 上、中、下册[M]. 3 版. 北京: 高等教育出版社,2000.
[22] 郑君里,应启珩,杨为理. 信号与系统 上、下册[M]. 2 版. 北京: 高等教育出版社,2000.
[23] 张凤言. 电子电路基础[M]. 2 版. 北京: 高等教育出版社,1995.

索　引

二　画

三　画

四　画

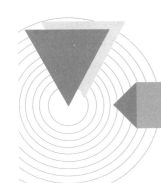

五 画

六 画

七 画

八 画

九 画

十 画

十 一 画

十 二 画

十 三 画

十 四 画

十 五 画

十 六 画

郑重声明

高等教育出版社依法对本书享有专有出版权。任何未经许可的复制、销售行为均违反《中华人民共和国著作权法》，其行为人将承担相应的民事责任和行政责任；构成犯罪的，将被依法追究刑事责任。为了维护市场秩序，保护读者的合法权益，避免读者误用盗版书造成不良后果，我社将配合行政执法部门和司法机关对违法犯罪的单位和个人进行严厉打击。社会各界人士如发现上述侵权行为，希望及时举报，我社将奖励举报有功人员。

反盗版举报电话　(010) 58581999　58582371

反盗版举报邮箱　dd@hep.com.cn

通信地址　北京市西城区德外大街4号　高等教育出版社法律事务部

邮政编码　100120

防伪查询说明

用户购书后刮开封底防伪涂层，使用手机微信等软件扫描二维码，会跳转至防伪查询网页，获得所购图书详细信息。

防伪客服电话　(010) 58582300